生命科学名著

分子植物育种
Molecular Plant Breeding

〔美〕徐云碧　著

陈建国　华金平　闫双勇
张再君　王松文　李朋波　译

U0230544

科学出版社
北京

图字:01-2014-3536

内 容 简 介

本书是国际上首部有关植物分子育种的百科全书式综合参考书。全书共15章,涵盖了植物分子育种的各个方面,包括:DNA标记技术,遗传图谱的构建,高通量"组学"技术,植物遗传学和作物改良的常用群体,分子工具在植物遗传资源管理、评价和创新中的应用,复杂性状分子剖析的理论和实践,标记辅助育种的理论与应用,基因型×环境互作的分析,基因的分离与功能分析,基因转移和遗传修饰植物,知识产权和植物品种保护,育种信息学,决策支持工具。每一章都经过同行评阅,包含了大量最新信息,并有表格、数据和参考文献的支持。

本书填补了基因组学与植物育种之间的鸿沟,是植物育种家的参考手册,也适合用作植物遗传育种及相关专业的本科生和研究生参考资料。

Molecular Plant Breeding, by Yunbi Xu
Copyright 2010 by CAB International
Chinese Translation Edition Copyright 2014 Science Press
All Rights Reserved
Authorized translation from English language edition published by CAB International

图书在版编目(CIP)数据

分子植物育种 / (美)徐云碧著;陈建国等译. —北京:科学出版社,2014.6
(生命科学名著)
书名原文:Molecular plant breeding
ISBN 978-7-03-041047-4

Ⅰ.①分… Ⅱ.①徐… ②陈… Ⅲ.①植物育种 Ⅳ.①S33

中国版本图书馆 CIP 数据核字(2014)第 127175 号

责任编辑:王海光 孙 青 / 责任校对:郑金红 郭瑞芝
责任印制:吴兆东 / 封面设计:北京美光制版有限公司

科 学 出 版 社 出版
北京东黄城根北街 16 号
邮政编码:100717
http://www.sciencep.com
北京九州迅驰传媒文化有限公司印刷
科学出版社发行 各地新华书店经销

*

2014 年 6 月第 一 版 开本:787×1092 1/16
2025 年 1 月第十六次印刷 印张:48 1/4 插页:1
字数:1 086 000
定价:240.00 元
(如有印装质量问题,我社负责调换)

中 文 版 序

当您读到中文版《分子植物育种》的时候,希望您能和我一起感谢几位为其出版付出了辛勤劳动的科学工作者,他们勇敢地承担了这一艰巨而费时的工作。我要感谢参与翻译和出版的整个团队,特别是陈建国教授的敬业奉献,华金平教授的全力协助,张再君研究员、闫双勇同行的辛勤努力,王松文教授的热情友好,王海光编辑的大力支持。尤其是在译著作为一种再创作极少被认可的今天,他们的牺牲精神尤为难能可贵。希望读者们会和我一样,发自内心地感谢他们为我们所做的奉献。

许多年来,我时常被同行们问及,我和朱立煌老师合著的那本《分子数量遗传学》(中国农业出版社,1994)什么时候再版。当年把这本书交给出版社之后,我就从祖国的地平线上消失了,一去就是多年。读者们对那本书的厚爱一直是我科研和生活的一股动力。当我看到那本书被推荐作为教材、被同行宠为蓝本的时候,当年的辛苦努力、甚至为了她的出版推迟出国,都得到了彻底的回报。我要感谢曾经读过那本书又推荐给其他同行的读者,正是由于您的热情,我才着手考虑在《分子数量遗传学》的基础上,撰写这本《分子植物育种》。中文版的问世,正是为了回馈同行和读者们的厚爱。

《分子植物育种》从构思到出版,整整耗费了我 10 年的时间:2001 年开始计划,2002年签订第一轮出版协议,2010 年正式出版。这 10 年,我的生活和工作波澜起伏,写作过程几度中断,在断断续续中艰难地前行。我的写作经历在英文的前言中有完整地描述。当我完成全书,将英文版前言寄给我在康奈尔大学的合作导师 Susan R. McCouch 的时候,她给我写了如下感人的话语(2009 年 8 月 29 日):"It brings tears to my eyes to see this Preface. It is beautifully written and provides a lovely, broad sweeping perspective on your professional life and dreams. To think that your book is finally a reality! I am proud of you, and very happy that you were able to climb this mountain and reach the top … I am honored to have been able to help you during a particularly difficult time in your life. Whatever my contribution, I remain ever so proud of your accomplishment. You deserve my most sincere congratulations for your tenacity and commitment to completing this book."因此我建议,读者应该首先阅读我的英文版前言。也许在我退休之后,我会将那段经历写成自传,与大家共勉。

全书各章节可以完全独立地阅读。读释可以按照自己的需要选择自己感兴趣的章节,而不必从头开始。应该说,《分子植物育种》包含了《分子数量遗传学》的全部内容,希望按照《分子数量遗传学》的大纲参考本书的读者,可以仅阅读第 1 章、第 2 章、第 4 章、第 6 章、第 8 章、第 10 章、第 11 章等。

由于中文版的出版比英文版滞后了四年,分子育种的许多领域已经发生了很大变化。为了反映这四年的最新进展,我特意为中文版撰写了"分子植物育种进展与展望"一章(中文版跋),附在全书最后。这一章的增加,使中文版在一些重要领域领先于英文版。同时,在科学出版社王海光编辑的支持下,中文版收录了发表在几个国际杂志上的书评。对于同行们的赞美之词,我当表示诚挚的感谢;而对于原版的许多批评和建议,我当铭记心中,将来再版时予以改进。读一读那些评论或许能够帮助读者更好地阅读本书。

我在 ccMAIZE 实验室的网站上开辟了一个分子育种论坛(http://www.ccmaize.org/index.php/Forum)。有兴趣的读者,可以在那里讨论相关问题。同时,诚恳地希望大家指出两个版本的《分子植物育种》中存在的问题及您的建议,我将会在 *Molecular Plant Breeding* Ⅱ 及后续的版本中采纳。您也可以将建议和评价直接发到我的邮箱 y. xu@cgiar.org。

徐云碧

2013 年 10 月

于北京中国农业科学院作物科学研究所/CIMMYT- 中国

纪念诺曼·欧内斯特·布劳格

诺曼·欧内斯特·布劳格（Norman Ernest Borlaug，1914～2009 年）是当代的伟人之一，他是为解决饥饿和贫困问题而奋斗的坚定的战士和倡导者。他在世 95 年，阅历丰富，毕生致力于解决粮食短缺问题。联合国世界粮食计划署（United Nations World Food Programme）赞誉他比历史上任何其他人都拯救了更多的生命。

布劳格博士是一位美国植物病理学家，在墨西哥度过了他的大半生。正是他的高产矮秆小麦品种防止了南亚（特别是印度和巴基斯坦）以及土耳其的大规模饥荒。这项伟绩被称为"绿色革命"（Green Revolution），他也因此于 1970 年获得诺贝尔和平奖。他帮助建立了国际玉米小麦改良中心（CIMMYT），以及后来建立的国际农业研究磋商小组（CGIAR）——一个由 15 个农业研究中心形成的组织。

布劳格博士起初是一名微生物学家，在杜邦公司（DuPont）工作。1944 年调到墨西哥工作，研究领域为遗传学和植物病理学，当时他开始培育抗秆锈病（stem rust）的小麦品种。1966 年布劳格博士成为 CIMMYT 小麦项目的主任，其研究得到洛克菲勒基金会的支持。他在 CIMMYT 的全职工作结束于 1979 年，此后担任兼职顾问，直至去世。1984 年他开始在大学任教，并随后建立了世界粮食奖（World Food Prize），以奖励那些为改进世界粮食的品质、产量或供给作出贡献的人。1986 年，他与美国前总统吉米·卡特（Jimmy Carter）和日本基金会（Nippon Foundation of Japan）联合建立了 Sasakawa 非洲协会（Sasakawa Africa Association，SAA），以解决非洲的粮食问题。该协会由 Ryoichi Sasakawa 担任主席。SAA 已为 15 个非洲国家超过 100 万个小农场主进行了改进耕作技术的培训。

布劳格博士影响了数千位农业科学家，他是小麦育种的开路先锋。同样重要的是，他的学术地位使他有机会接触世界各国的政要，并得到他们的支持。他的遗训和工作信念"为实现目标而脚踏实地勤奋工作"影响了我们所有人并将继续引导 CIMMYT 走向未来。

我们将缅怀布劳格博士，继承其历史使命，发扬其创新精神：应用农业科学来帮助小农场主利用较少的资源生产更多、更好的食品。人类的未来危机重重，因为正如布劳格所说："世界文明的命运取决于能否为所有人提供一个像样的生活"。布劳格将永远与 CIMMYT 同在，与我们同在。

Thomas A. Lumpkin 博士
CIMMYT 主任

Marianne Bänziger 博士
CIMMYT 研究和合作执行主任

Hans-Joachim Braun 博士
CIMMYT 全球小麦项目主任

原 书 序 一

过去 50 年是世界农业史上最富成效的时期。农业科学技术的革新使"绿色革命"成为可能,它把 10 亿人从饥饿的痛苦中拯救出来。虽然我们已经见证了历史上最大限度地减少饥饿,但这还不够。现在仍然有 10 亿人遭受慢性饥饿的折磨,其中半数以上来自发展中国家的小农户,他们耕种着对环境极为敏感的瘠薄土地。

在今后 50 年内,世界人口很可能再增加 60%~80%,这要求全球食品生产几乎要翻一番。我们必须在日益减少的农业用地上创造这样的伟绩,并且大多数增产必须来自于那些消耗粮食的国家。除非全球粮食供应加速增长,否则食品价格将居于高位,或被进一步抬高。

新近工业化的发展中国家(特别是亚洲)的经济显著增长,促使全球谷物需求快速增长,以满足更多人吃得更好,特别是摄取更多高蛋白的膳食。近年来,美国和欧洲将谷类转换为生物燃料的行动,更加速了需求的增长。就供给而言,发展中国家对研究的投资变缓,加上更频繁的气候冲击(干旱、洪涝),导致了产量的更大波动。

高昂的食品价格影响每个人,对穷人的影响更甚,因为他们必须把大多数可支配收入都花费在食品上。增加供应,主要通过新技术的产生和推广以提高生产力,这是降低食品价格、维系穷人最低营养标准的最佳方法。

今天的农业发展所面临的挑战集中于瘠薄的土地,以及"绿色革命"的影响尚未涉足的地区,如整个非洲和部分资源贫乏的亚洲地区。我们正面临着因饥饿、营养不良和贫困而导致的食品不安全的动荡影响。

虽然面临如此严重而令人生畏的挑战,但我们仍有理由充满希望。新的科学技术(包括生物技术)有可能帮助世界上的穷人,并解决粮食安全问题。生物技术已经为更多产的农业和附加值食品开发了极具价值的科学方法和产品。在分子水平上对基因组的深入了解将实现我们对自然界的逐步认识。基于基因组学的方法使育种家可以更精确地选择和转移基因,这不仅减少了剔除不良基因所需的时间,而且也使得育种家能够从远缘的物种中获得有用的基因。

利用科学技术的力量应对更为危险的环境是 21 世纪的巨大挑战之一。利用生物技术的新工具,我们为农业创新的另一次爆发作好准备。新的科学具有增加产量、应对极端农业气候和减缓一系列环境和生物学挑战的能力。

《分子植物育种》是我在 CIMMYT 的同事徐云碧博士所著。该书出色地综述和概括了推动现代植物育种发展所需的遗传学和基因组学的理论与实践。徐博士为把传统和分子植物育种方法有关的信息整合在一起做了杰出的工作。这本百科全书式的著作定会成为育种家和学生的标准参考书。我赞扬他对科学发展所作出的新贡献。

诺曼·欧内斯特·布劳格

Norman Ernest Borlaug

植物育种新路径
（原 书 序 二）

从基础研究成果到重要应用的道路是漫长的，但这是一条最终能够节省时间和金钱的道路。途中可能会有障碍而延迟道路的修建，但是它们通常被仔细的思考和及时的研究所克服。一条新道路可以在以前的道路上修成，但道路被拓宽，洞穴被填补。我们很少回首往事，并认为这些改进无关紧要。

通过传统植物育种改良品种的道路已经并且继续很好地服务于社会。传统方法基于仔细的观察、多种基因型（亲本和子代）的评价、不同世代的选择、广泛的测试，以及统计分析和数量遗传学的复杂运用。新品种生产力的提高有大约 50% 归因于遗传改良，剩下的 50% 归因于很多其他因素，包括种植的时间、灌溉、肥料、杀虫剂的应用和种植密度。

与传统植物育种相关的统计遗传学现在被广泛的基因组信息、基因序列、调控因子和连锁遗传标记所补充。我们现在可以在更宽的遗传基础上来识别控制各种性状的主效基因座，在各种生物和非生物的条件下进行全基因组的表达分析。我们可以预期将来对基因网络、基因型×环境（G×E）互作、甚至杂种优势得到更好的理解，并创造新的育种方法。重新变异（*de novo* variation）的重要性可能改变我们目前对育种行为的解释；包括突变在内的重新变异、基因内重组、甲基化、转座元件、不等交换、由分散重复元件之间的重组导致的基因组变化、基因扩增以及其他机制将被整合到植物育种的理论中。

该书提倡方法的整合，即传统育种方法与分子育种方法的整合，它是反映现代植物育种最高水平的一部理论与实践相结合的著作。我相信，读者会惊奇地发现由一位作者独自完成的著作竟然能够包含如此丰富的植物遗传和育种的信息。该书特别适合于想要更多地了解分子植物育种的大学生和在职研究人员。该书内容新颖，包含了很多最新的参考文献。很多表格都包含了丰富的信息和参考文献。通过很多例子很好地反映了国际和国内的育种现状。清楚地说明了 G×E 互作的重要性，并恰当地提供了各种各样的统计模型。阐明了确定大环境（mega-environment）对于品种培育的重要性。核心种质收集的作用、适当群体大小、主要数据库和数据管理问题等都与各种植物育种方法有机地结合起来。对标记辅助的选择给予了极大的关注，包括它的优点及实施的必要条件，并与数量性状基因座（QTL）分析方法一并讨论。评述了导致转基因作物广泛应用的转化技术，并与性状聚合结合起来。知识产权的获得在某种程度上正在驱动分子遗传学在植物育种中的应用，有关的论述使读者理解为什么现在私营企业日陷其中，为什么一些普通作物却代表着新的商机。

《分子植物育种》不同于其他植物育种著作，它所描述的互相连接的路径让读者在观赏当前风光的同时，还可以看到路径远方的地平线。

罗纳德 L. 菲利普斯

Ronald L. Phillips

前　　言

过去 10 年的基因组学革命已经大大提高了我们对生物,包括很多重要经济植物遗传组成的理解。拟南芥(*Arabidopsis*)和几种主要作物的全基因组序列,以及转录本、蛋白质和突变体的高通量分析,为理解基因、蛋白质和表现型之间的关系提供了基础。序列和基因已经用来开发功能标记和二等位基因标记(biallelic marker),如单核苷酸多态性(single nucleotide polymorphism,SNP)。这些标记是遗传作图、种质评价和标记辅助选择的强有力工具。

从基础的基因组学研究到常规育种计划的道路漫长而坎坷,更不用说歧路迭起,阻碍难料。因此,只有建立了一整套综合的方法之后,基因组学才能够真正应用于植物育种。这包括多个组成部分,如高通量技术、节省成本的实验方案、遗传和环境因素的全面整合以及对于数量性状遗传的精确认知。近年来,这条道路已经曙光初现,跨国公司已增加对这些技术的投资并对此充满期待。现在面临的挑战是把基因组学和分子生物学的新知识转化、整合成为合适的工具和方法,为公益性植物育种计划所用,尤其是低收入国家。实现 2050 年世界粮食产量翻番是一大挑战,基因组学研究的成果将为成功解决这一难题发挥重要作用。

本　书　内　容

“分子植物育种”这一术语已经在文献中被广泛使用,有时甚至被滥用,因此在读者中毁誉参半。在本书中,该术语用来泛指包括分子手段和方法与常规方法结合并用于作物改良的多学科领域。本书的目的在于全面归纳那些应该与育种计划相结合,实现更有效率、更有目标地开发作物产品的各种手段和方法。

本书第 1 章介绍了一些基本概念。这些概念对于理解后续章节的重要基础问题是必需的。所引述的概念包括作物驯化、植物育种历史上的关键事件、数量遗传学基础(方差、遗传率和选择指数)、植物育种目标以及分子育种目的。第 2 章和第 3 章介绍分子育种所需的关键基因组学工具,包括分子标记、图谱、“组学”技术和阵列(芯片)。比较了不同类型的分子标记,讨论了分子图谱的构建。第 4 章描述在遗传学和植物育种中广泛应用的几类群体,重点介绍重组自交系、双单倍体和近等基因系。第 5 章概述标记辅助的种质评价、管理和扩增。第 6 章和第 7 章分别讨论利用分子标记剖析复杂性状和定位数量性状基因座(QTL)的理论和应用。第 8 章和第 9 章分别讨论标记辅助选择的理论和实践。第 10 章讨论基因型×环境互作(GEI),包括多环境试验、基因型表现的稳定性、GEI 的分子剖析和最佳 GEI 的育种。第 11 章概述基因分离和功能分析方法,包括基因的电子预测(*in silico* prediction)、基因分离的比较基因组学方法、基于 cDNA 测序的基因克隆、定位克隆(positional cloning)以及通过诱变鉴定基因。第 12 章描述将分离和特征化的基因用于转基因并产生遗传修饰植物,包括表达载体,选择标记,转基因整合、表达和定位,转基因聚合以及转基因作物商业化。第 13 章介绍知识产权和植物品种保护,包括植物育种家的权利、与植物育种有关的国际协定、植物品种保护策略、与分子育种有关的知识产权以及分子技术在植物品种保护中的应用。最后两章(第 14 章和第 15 章)讨论分子育种中信息管理和决策所需要的支持工具,包括数据收集、整合、检索和挖掘以及信息管理系统,并介绍了有关的决策支持工具,这些工具涉及种质和育种群体的管理和评价、遗传作图和标记-性状关联分析、标记辅助选择、模拟和建模以及设计育种。

读者群及阅读指南

　　本书的目的是为生物学家、遗传学家和育种家提供一本手册,也为农学、遗传学、基因组学和植物育种专业的高年级本科生和研究生提供一本参考书。虽然本书试图涵盖植物分子育种的所有相关领域,但是很多例子主要来自于禾谷类作物的基因组学研究和分子育种。希望本书也能作为如下培训班的参考书。因为每一章是针对某个专题的完整描述,所以读者可以按任意次序选择阅读感兴趣的章节。

　　数量遗传学高级课程:第 1 章、第 2 章、第 4 章、第 6 章、第 7 章、第 10 章和第 14 章,涉及全部基于分子标记的 QTL 作图,包括标记、图谱、群体、统计学和基因型×环境互作。

　　标记辅助植物育种的综合课程:第 1 章、第 2 章、第 3 章、第 4 章、第 5 章、第 8 章、第 9 章、第 10 章、第 13 章、第 14 章和第 15 章,包括基础理论、工具,关于标记、图谱、组学、阵列的方法学,以及标记辅助选择的信息学和支撑工具。

　　遗传转化的短期课程:第 1 章、第 11 章、第 12 章和第 13 章,这些章节提供了基因分离、转化技术、遗传转化相关的知识产权以及遗传修饰生物(GMO)问题的简要介绍。

　　育种信息学的初级课程:第 1 章、第 2 章、第 3 章、第 4 章、第 5 章、第 10 章、第 14 章和第 15 章,涉及生物信息科学,重点在于与植物育种有关的应用,包括植物育种中的基本概念、标记、图谱、组学、阵列、群体和种质管理、环境和地理信息系统(GIS)、数据收集、整合和挖掘,以及分子育种需要的生物信息学工具。额外的入门信息可以在其他章节里找到。

创 作 历 程

　　这本书差不多准备了 10 年。实际上,写作这本书的最初想法是受我以前的一本书《分子数量遗传学》(Xu and Zhu,1994)的影响。这本书得到了中国同事和学生的好评,并被很多大学作为参考书。与《分子植物育种》有关的初步想法是在一篇关于 QTL 分离、聚合及克隆的综述中形成的,这篇综述发表在 *Plant Breeding Reviews* 上（Xu,1997)。在这篇文章里所描述的大部分愿望已有幸在后来的 10 年中得以实现,QTL 的操作发生了革命性的变化并成为主流。许多植物基因组的全序列已经得到,预期将会有更多的基因组被测序。同时,许多基因和 QTL 已经被分离和克隆,其中一些在植物育种中已经通过遗传转化或标记辅助选择被聚合在一起。

1998～2003 年我作为杂交水稻分子育种家在位于美国得克萨斯的 RiceTec 公司工作。在此期间，这本书的写作获得了一些有形的进展。在该公司的工作经历促使我思考如何将应用育种计划与分子方法结合起来。随着模式作物中 QTL 的大量积累，有必要把全部 QTL 综合起来进行考虑。关于这一点的最初想法在"*Global view of QTL…*"中得以描述，这篇文章发表在一个有关数量遗传学和植物育种的会议论文集中，它考虑了各种遗传背景效应和基因型×环境互作（Xu Y，2002）。杂交水稻育种涉及三系系统，为了鉴定在种子生产和粮食生产方面表现优良的性状，需要进行大量的测交。我将杂交水稻育种中标记辅助选择策略方面的经验归纳在一篇综述中，发表在 *Plant Breeding Reviews*（Xu Y，2003），这篇文章所涵盖的一般策略也适用于利用杂交种的其他作物。

随后在康奈尔大学与 Susan McCouch 博士一起从事研究工作。这段经历让我更好地理解了分子技术如何能够促进复杂性状的育种，如水分利用效率，这是一个难以测量的性状，需要多学科的研究人员密切合作。另外，有关模式作物水稻的研究经历提出了这样一个问题：我们怎样利用水稻作为改良其他作物的参考基因组？有关这个问题的讨论发表在 *Plant Molecular Biology* 的水稻特刊中（Xu et al.，2005）。

在水稻中积累了 20 多年的经验之后，我决定转换到另一主要作物，担任国际玉米小麦改良中心（CIMMYT）的玉米分子育种首席科学家。CIMMYT 为我提供了一个契机，把基础研究与发展中国家和资源贫乏地区的应用育种相结合。比较公共和私营企业的育种计划，使我强烈地认识到有必要把私营企业中已经卓有成效的那些育种系统推广到公共育种企业，特别是发展中国家。最近发表在 *Crop Science*（Xu and Crouch，2008）的一篇综述对此进行了阐述，并涉及实现这种转变的关键问题。我最近的研究集中于开发各种分子育种平台以促进育种程序，包括基于种子 DNA 的基因型鉴定、选择分析和 DNA 池分析，基于芯片的大规模种质评价、标记-性状关联分析和标记辅助选择（详见 Xu et al.，2009b）。因此，在职业方面我已完成了从分子生物学研究到常规分子植物育种应用的转变。我坚信，出版一种主流出版物，为新一代分子育种家提供相关领域的全面报道的时机已经成熟。

致　谢

协助与专业支持

没有康奈尔大学的 Susan McCouch 博士和孟山都（Monsanto）公司的肖金华（Jinhua Xiao）博士的热心支持，写这本书的梦想是无法实现的。他们从 2002 年起就全力支持我关于本书的建议。他们的支持和一贯的鼓励在整个写作期间极大地激励着我。在与 Susan 共事期间，她赋予我研究项目和工作时间上的巨大灵活性，使我能够不断推进本书的写作。同时康奈尔大学图书馆为本书中主要参考文献提供了不可或缺的资源。Susan 的鼓励一直是我继续写作的动力，尤其是在我生活中极为困难的时期。我还要感谢 CIMMYT 种质资源计划（Germplasm Resources Program）的项目主任 Jonathan Crouch 博士，是他的深深理解和支持，使我有可能写完本书的下半部分。在 CIMMYT 期间，Jonathan 对我项目研究和论文发表方面的指导和贡献对本书的准备产生了极大的影响。

　　我还要感谢三本国际杂志的主编,我在本书的准备期间担任这些杂志的编委:
Molecular Breeding 的 Paul Christou 博士,*Theoretical and Applied Genetics* 的 Al-
brecht Melchinger 博士以及 *International Journal of Plant Genomics* 的张洪斌博士。
我感谢他们在我写作期间的耐心、支持,并赋予我编委责任的灵活性。另外,Christou 博
士和 Melchinger 博士还在他们各自专长的领域对本书有关章节进行了审阅。

　　我还要感谢卢艳丽女士(来自四川农业大学的研究生)和郝转芳博士(来自中国农业
科学院的访问科学家)。他们在墨西哥 CIMMYT 我的实验室工作期间帮助准备了一些
图表。我特别感谢 CIMMYT 的 Rodomiro Ortiz 博士,在 CIMMYT 共事期间他始终不
渝的信息共享和启发性讨论使我获益匪浅。最后,我要感谢 CIMMYT 的同事,特别是
Kevin Pixley 博士、Manilal William 博士、Jose Crossa 博士和 Guy Davenport 博士,我们
在分子育种的许多问题上开展了有益的讨论。

序言

　　我非常感激布劳格博士。他是一位具有远见卓识的植物育种家,因为对"绿色革命"
的贡献而获得诺贝尔和平奖。也感谢 Ronald L. Phillips 博士,他是明尼苏达大学讲席教
授(Regents Professor)和基因组学 McKnight 首席。感谢他们两人为本书作序。他们在
序言中强调了分子育种在作物改良中的重要性以及这本书将在分子育种实践中所
起的作用。

评阅人

　　本书的每一章在完成之前经过了全面的同行评议和修正。这些评阅人的建设性意见
和批评性建议大大改进了这本书。各章的评阅人都是活跃在相关领域的专家。评阅人来
自世界各地,涉及各种领域,包括植物育种、数量遗传学、遗传转化、知识产权保护、生物信
息学和分子生物学,其中许多人是 CIMMYT 的科学家和管理人员。由于每章的内容庞
大,评阅人必须付出许多时间和努力。虽然这些投入是必不可少的,但我将对本书所存错
误负责。所有评阅人按姓氏字母顺序排列如下:

　　Raman Babu(第 7 章和第 9 章),CIMMYT,墨西哥

　　Paul Christou(第 12 章),Lleida,西班牙

　　Jose Crossa(第 10 章),CIMMYT,墨西哥

　　Jonathan H. Crouch(第 13 章和第 15 章),CIMMYT,墨西哥

　　Jedidah Danson(第 7 章和第 9 章),非洲作物改良中心,南非

　　Guy Davenport(第 14 章),CIMMYT,墨西哥

　　何玉卿(第 8 章),华中农业大学,中国

　　Gurdev S. Khush(第 1 章),IRRI,菲律宾

　　Alan F. Krivanek(第 4 章),孟山都公司,美国

　　李慧慧(第 6 章),中国农业科学院,中国

　　梁学礼(George H. Liang)(第 12 章),圣地亚哥,美国

　　Christopher Graham McLaren(第 14 章),GCP/CIMMYT,墨西哥

　　Kenneth L. McNally(第 5 章),IRRI,菲律宾

　　Albrecht E. Melchinger(第 8 章),霍恩海姆(Hohenheim)大学,德国

Rodomiro Ortiz（第 12 章、第 13 章和第 15 章），CIMMYT，墨西哥

Edie Paul（第 14 章），GeneFlow 股份有限公司，美国

Kevin V. Pixley（第 1 章、第 4 章和第 5 章），CIMMYT，墨西哥

Trushar Shah（第 14 章），CIMMYT，墨西哥

Daniel Z. Skinner（第 12 章），华盛顿州立大学，美国

Debra Skinner（第 11 章），伊利诺伊大学，美国

Michael J. Thomson（第 2 章和第 3 章），IRRI，菲律宾

Bruce Walsh（第 1 章、第 6 章和第 8 章），亚利桑那大学，美国

Marilyn L. Warburton（第 5 章），USDA/密西西比州立大学，美国

吴晖霞（Huixia Wu）（第 12 章），CIMMYT，墨西哥

邬荣领（Rongling Wu）（第 1 章），佛罗里达大学，美国

严威凯（Weikai Yan）（第 10 章），加拿大农业和农业食品部，加拿大

张启发（第 8 章和第 12 章），华中农业大学，中国

章旺根（第 12 章），Syngenta，中国

张玉华（Yuhua Zhang）（第 12 章），Rothamsted Research，英国

出版商和编辑

感谢多年来一直与我合作的 CABI 的几位编辑：Tim Hardwick（2002～2006 年）、Sarah Hulbert（2006～2007 年）、Stefanie Gehrig（2007～2008 年）、Claire Parfitt（2008～2009 年）、Meredith Caroll（2009 年）和 Tracy Head（2009 年）。他们及其同事做了极好的工作，一系列手稿在他们的手中变成一本实用而精致的书。我感谢他们的努力、理解和合作。

研究基金

在本书的准备期间，我在康奈尔大学关于植物水分利用效率的基因组分析得到了美国国家自然科学基金（植物基因组研究计划项目 DBI-0110069）的支持。我在 CIMMYT 的分子育种研究得到的经费支持来自洛克菲勒基金会、挑战计划（Generation Challenge Programme，GCP）、比尔和梅林达·盖茨基金以及欧盟，同时还得到了国际农业研究磋商小组（CGIAR）的成员和美国、日本及英国政府提供的非限制性项目的资助。

家庭

没有家庭的完全支持和理解，要完成一本书的写作是难以想象的。我最深挚地感谢我的妻子王宇（Yu Wang），她给了我全心全意、坚定不移的支持。还要感谢我的儿子徐晟（Sheng）、本杰明（Benjamin）和劳伦斯（Lawrence），他们在我创作的漫长岁月中保持了极大的耐心。最后要感谢我的父母，是他们的爱、鼓励和潜移默化，激励我从年轻的时候起，就不断地挑战自我，在自己所做的每件事情上都力求达到最高的顶点。

徐云碧

2009 年 9 月 10 日

书 评 一

徐云碧(Yunbi Xu)是一位玉米分子育种家,是位于墨西哥 El Batan 的国际玉米小麦改良中心(CIMMYT)应用生物技术中心的负责人,他在这本出版及时的著作中全面地概述了分子植物育种。已故的 Norman E. Borlaug 博士,以及明尼苏达大学的讲席教授和 McKnight 首席 Ronald L. Phillips 博士为这本单人独著撰写了两篇独立的序言。完美撰写的 15 章书稿,包含了各方面的主题,如 DNA 标记技术、"组学"、基因作图、数量遗传学、植物遗传资源、标记辅助育种方法(包括理论和实践)、基因型×环境互作、遗传转化、育种信息学、决策支持工具以及知识产权(着重植物品种的保护)。每一章都进行过全面的同行评审,包含了大量最新信息,并有表格、数据和参考文献的支持。所有的参考文献列在书后。

第 1 章为阅读此书提供了背景知识。对各种不同的问题作了恰当的概述,从作物的驯化到植物育种历史上的重要事件,包括绿色革命,到现代的分子工具辅助的遗传改良方法。这一章也概括了数量遗传学和选择理论。接下来的两章是有关育种工具的,解释了遗传标记和图谱(第 2 章)、"组学"和阵列(第 3 章)的理论。关于植物遗传图谱的表 2.4,除了列出的 11 种作物(主要是禾谷类作物)外,应该还参考其他作物。第 3 章如果给出表格,对已经完成或正在进行的植物基因组测序项目进行总结,并给出它们的网站链接以便获得更多信息的话,定会使读者受益更多。关于群体的第 4 章,对植物遗传育种中挑选进一步研究的子代群体极为有用。第 5 章的主题是植物遗传资源的管理、评价和扩增,每一小节都浓缩了大量有用的信息。关于核心种质的列表(表 5.1)主要集中于禾谷类和几种根类、块茎作物而遗漏了豆类、水果和蔬菜等作物。

第 6 章至第 10 章是这本书的核心。复杂性状的分子剖析和标记辅助选择(MAS)各用了两章的篇幅来描述(一章是理论,另一章是实践)。第 6 章主要关注数量性状基因座(QTL)作图的各种途径和统计方法,而第 7 章则回答了有关分离群体中控制性状的 QTL 数目、将紧密连锁的 QTL 分离成单个单位、比较不同遗传背景和发育阶段的 QTL、上位性或者多个性状和表达 QTL 等方面的问题。MAS 的构成因素、标记辅助的基因渐渗和聚合、对数量性状的选择以及长期选择都包含在第 7 章中。要是能给上面的每个主题配上例子,这一章应该更有益,这样可以向读者说明如何将 MAS 的理论应用到遗传研究或植物育种计划中去。第 9 章详细地讨论 MAS 的实践,它突出了育种工作者可用的多种选择方案、应用于植物育种的可能限制瓶颈、成本效益分析以及适于 MAS 的性状。虽然表 9.1 和表 9.3 给出了少数几个成功的 MAS 的例子——主要是谷类中的寄主植物抗性,如果有来自其他作物和性状的新例子就更好了。第 10 章处理基因型×环境互作(GEI)的分析、解释、分子辅助的探索和管理。这一章清楚地说明了 GEI 的重要性,给出了可用于分析 GEI 的各种方法的细节,最后是 GEI 的分子剖析。它还强调了品种培育需要定义大环境。表 10.1 列出了来自一个多环境试验的谷物产量数据,此例在本书中仅引用了一次，此后并没有用来作为分析这类试验的例子。作者没有在表10.2中说明方差分析的所有变异来源的期望均方指的是随机模型。

　　第11章的主题是基因的分离和功能分析，而第12章的重点是基因转化技术及其在产生转基因作物方面的用途。就像第12章所做的那样，也许再增加一些图来说明基因分离和功能分析的方法会更好。第12章充分地讨论了用于产生新一代转基因作物的性状聚合问题。最后对转基因作物的商业化做了概述，并且分析了一些相关问题（包括风险评估、监管制度、转基因监测）。第13章是关于知识产权和植物品种保护的，虽然很全面，但可能是本书中最薄弱的。这并不令人感到意外，因为作者本人并非这一领域的专家。作者用冗长的文风而不是综合分析列出了影响植物育种、遗传资源交换和流动的许多产权问题。在这本书的新版中作者和出版商也许应该考虑邀请有关专家来撰写这一章。最后两章的内容，就我所知，可以认为是植物育种书籍中的新内容：育种信息学和决策支持工具。它们是独特的，值得一读。作者很好地把这些内容整合进来。育种信息学和决策支持工具是现代植物育种必不可少的。

　　该书得益于徐云碧以前在水稻遗传改良方面的工作、目前的玉米研究以及分子植物育种的研究工作。他以前和朱立煌教授合著的《分子数量遗传学》一书（中国农业出版社，1994）被中国的大学广泛用作参考书。通过版该书，徐云碧填补了植物生物技术中的进展及其在作物遗传改良应用之间的空缺。该书应该推荐作为植物分子育种方面最先进的信息源。植物育种和遗传学方面的研究人员和学生是该分子育种百科全书式手册的最适读者，通过阅读该书他们将受益匪浅。该书可能成为"组学"时代培育新品种的一本标准参考书。

Rodomiro Ortiz

Crop Science，50：2196-2197（2010）

书　评　二

"然而,采用新种子和新技术的农户,无论大小,其数量正在快速增加,而且在过去三年中数量的增长一直是惊人的。"——诺曼·欧内斯特·布劳格博士。

这段摘录来自布劳格博士 1970 年 12 月在挪威奥斯陆的诺贝尔研究所作的诺贝尔获奖演说,涉及引发南亚国家"绿色革命"的具有里程碑意义的事件。农民和育种家对"新种子"和"新技术"的采用一直在继续发挥突出作用。在气候变化和人口空前增长之际,如果要使作物产量继续增长,植物育种家需要利用更新的技术,如通过测序进行基因型鉴定、通过近端遥感进行植物表型鉴定以及作物模拟建模,来提高包括杂交种子和合成肥料的"第一次革命"技术。有鉴于此,当今和未来的植物育种家需要具备各种学科的多种技能。最重要的是,现代植物育种家需要了解如何有效地将分子生物学用于品种改良。几乎还没有什么书把植物育种、数量遗传学和分子生物学彻底地整合起来提供给读者。因此,有幸评述墨西哥国际玉米小麦改良中心的首席玉米分子育种家徐云碧博士的《分子植物育种》专著,我感到很激动。

《分子植物育种》共 15 章,由布劳格博士和 Ronald L. Phillips 博士作序,是在 21 世纪富有成效和竞争性的植物育种家所需专业知识的佐证。第 1 章介绍了作物驯化的历史和早期的植物育种,以及数量遗传学和选择理论中的术语和主要概念,为后续章节奠定了坚实的基础。第 2 章和第 3 章讨论了分子标记、遗传图谱的构建以及高通量"组学"技术。很好地评述了单核苷酸多态性(SNP)和其他类型的分子标记及其在植物育种中的应用。缺少了通过测序来进行基因型鉴定(genotyping-by-sequencing)的一节,这并非由于作者的疏忽而造成的遗漏,反而正好反映了基因组学领域的快速发展。然而,用超过 10 页的篇幅来论述微阵列技术似乎太过了,因为对于大多数转录组研究来说下一代 DNA 测序技术有可能很快取代微阵列技术。第 4 章深入探讨了植物遗传学和作物改良中常用的群体设计。本章提供了有关双单倍体和重组自交系群体构建的有价值的信息。第 5 章涵盖了分子工具在植物遗传资源的管理、评价和扩增中的应用,对于困扰于潜在冗余种质收集物的植物种质管理者是很有意义的。

了解农作物复杂性状(其中大部分受多基因控制)的遗传基础,对于应对粮食、饲料、纤维和燃料生产需求日益增加的挑战是非常重要的。鉴于其重要性,复杂性状成为接下来 5 章讨论的中心问题,并构成了这本书的基石。第 6 章和第 7 章集中于复杂性状剖析的理论和实践。书中关于各种数量性状基因座(QTL)分析方法的内在的统计理论,对于非统计学家来说是很容易理解的,但是它不能代替 Lynch 与 Walsh 合著的更加理论性的《数量性状遗传与分析》(*Genetics and Analysis of Quantitative Traits*,1998 年)。有一个令人遗憾的遗漏是缺少关于混合模型理论的一节,因为它与关联作图有关。有关利用多个杂交组合进行 QTL 分析的讨论是富有启发性的,对于想要通过合并群体来提高统计功效的遗传学家和育种家肯定会有吸引力。还描述了一些重要的、但是经常被忽视的问题,如等位基因分散(allele dispersion)、多个 QTL 等位基因,以及动态的 QTL 作图。

充分考察了 QTL 和电子作图(*in silico* mapping)研究的功效和样本容量,尽管不如关联作图那样广泛。过去本应对功效和样本容量给予更多的关注,因为研究人员常常低估了它们对于作物关联作图的重要性。

第 8 章和第 9 章专门讨论育种群体遗传改良的标记辅助选择(MAS)的理论和实践。几乎涵盖了 MAS 的每种主要的形式,如前景选择、背景选择、基因聚合,以及全基因组选择。一个缺点是,基因组选择理论的描述尚不足以让读者完全理解和体会其在植物育种中的应用。另外,随着近年来全球对生物能源作物育种的重视,本来应该包括一个扩展的章节来讨论多年生的异交杂草物种对 MAS 的独特挑战。作者评述了一些物种的 MAS 实例,但是如同作者准确指出的那样,QTL 研究转化到实践还存在许多重要的瓶颈,目前几乎没有公立的育种计划可以将其克服。这一章还强调了精确表型鉴定的重要性,因为它与 MAS 有关——这是一个倍受欢迎的结论,但是很少有人给予它应得的重视。第 10 章集中于基因型×环境互作(GEI)的分析,以及如何在稳产、高产品种的培育中加以考虑。同时,还考察了可用于分析和剖析 QTL×环境互作(QEI)的各种模型。该章结束在一个制高点,那就是遗传建模在作物改良中的应用。

第 11 章讨论了各种基因分离和基因功能分析的方法。图 11.1 已经过时了,因为随着下一代测序技术的来临,大规模平行信号测序(MPSS)和基因表达序列分析(SAGE)实质上已经过时。本章也相当详细地介绍了以重组、表达、比较和诱变分析为基础的基因分离方法。第 12 章致力于转基因植物的复杂性和转基因作物的商业化。全面地讨论了基于农杆菌介导和粒子轰击的转化中使用的各类转化载体、选择性标记基因、报告基因以及启动子。然而,这一章和这本书的大部分章节一样偏重于禾谷类作物。第 13 章集中讨论有关知识产权和植物品种保护的问题。不像本书的大部分章节,关于国际协定的部分本来应该写得更加简洁,使对专利和贸易法了解有限的读者更容易理解。第 14 章和第 15 章探究了分子育种中生物信息学、数据管理分析和决策支持工具的应用。这两章巧妙地评述了目前植物育种家可利用的大量的公共植物数据库以及各种类型的选择和模拟工具。

该书是徐博士耗费近 10 年的时间、在其与朱立煌合著的《分子数量遗传学》(1994年)的基础上,整合植物分子遗传学方面数十年经验的结果。该书为填补基因组学和植物育种之间的鸿沟作出了巨大的努力。尽管有关基因组学技术的一部分内容最终也许会过时,但是涵盖数量遗传学和 MAS 的许多章节在未来的很多年里肯定仍然是有意义的。《分子植物育种》一定会是少壮的植物遗传学家或成熟的应用植物育种家的必备手册。我期待用它作为参考书,并向植物育种的研究生强烈推荐它。

Michael Gore

Field Crops Research,123:183-184(2011)

书 评 三

　　该书是有经验的植物育种家、分子遗传学家和生物学专业大学生的"必备"。该书包括 15 章,以一个综合性的导论开始,概述了该书的内容,描述了分子育种的简要历史和主要概念。第 2 章首先完整叙述了遗传标记,然后讨论了遗传连锁作图。第 3 章描述了用于评价遗传变异的"组学"工具及其应用。第 4 章介绍了遗传和育种群体,详尽地讨论了双单倍体、重组自交系和近等基因系群体,但没有涉及异交群体。第 5 章讨论植物遗传资源,从管理和评价直到利用,并对种质利用的未来进行了展望。第 6 章提供了复杂性状分子剖析的综合理论,逐步介绍了 QTL 作图的统计方法,在第 7 章中紧接着介绍了这些理论的应用。第 8 章和第 9 章则介绍标记辅助选择的理论和实践。第 10 章讨论和评价了基因型×环境互作的方法。第 11 章描述基因的分离和表征以及与表现型的关系。第 12 章阐述了遗传修饰流程直到商业化。知识产权和植物品种保护是第 13 章的主题。最后两章涵盖生物信息学和决策支持工具,它们实际上概括了其他章节所需的工具。

Julie Graham

Experimental Agriculture,47：173（2011）

目　　录

第1章 导　　论

植物育种的若干定义已经被提出,如"为了人类的利益而改良植物遗传性的艺术和科学"(J. M. Poehlman),或"由人的意志指导的进化"(N. I. Vavilov)。然而,Bernardo(2002)提出了最通用的描述:"植物育种是为了人类的利益而改良植物的科学、艺术和企业。"

植物被用于许多产品的制造,如家用产品(化妆品、药品和纺织品)、工业产品(橡胶产品、软木和发动机燃料)以及娱乐用品(纸张、美术材料、运动设备和乐器)。满足这些产品厂家日益增加的需要是植物育种家面临的挑战。Lewington(2003)在他的书 *Plants for People* 中描述过植物的各种用途。

植物育种从作物的驯化开始,已经变得更加复杂了。现在分子生物学的新进展已经导致越来越多的方法可用于提高育种的有效性和效率。本章简述植物育种的简短历史和育种目标,以及与本书的后续章节中讨论的理论和技术有关的一些背景知识。

1.1　作物的驯化

最早的记录表明农业发端于 11 000 多年前,在所谓的新月形沃土带(Fertile Crescent,近东地名。译者注),这是西南亚的一个丘陵地区,后来在其他的地区出现农业。考古学家认为由于人口数量的增加和对当地资源开采方面的变化,人们开始驯化植物(详见 http://www. ngdc. noaa. gov/paleo/ctl/10k. html)。驯化(domestication)是一种人为的选择过程,它使植物和动物适应农户或消费者的需要。对符合需要的植物的连续选择改变了早期作物的遗传组成(genetic composition)。对遗传学或植物育种一无所知的原始农民在短时间内取得了许多成就。他们通过无意识地改变进化的自然过程来做到这一点。实际上,驯化只不过是有方向的进化(directed evolution),驯化加快了进化的过程。驯化的关键是稀有突变等位基因的选择优势(selective advantage),它合乎成功栽培的需要,但是对于植物的野外生存是不必要的。持续进行选择,直到想要的突变表型在群体中占优势。驯化过程中有 3 个重要步骤。人类不仅种植种子,而且:①把种子从它们的原产地迁移出来并种植在它们或许还不适应的区域;②通过在耕地中种植植物来消除某些自然选择压力;③通过选择那些在自然条件下不一定对植物有益的性状来实施人工选择压力。栽培也产生选择压力,并导致等位基因频率的改变、物种内和物种间的等级分化(gradation)、主效基因的固定以及数量性状的改良。到 18 世纪结束时,由各处农民进行的非正式的选择过程导致在世界范围内每个主要作物中产生了成千上万的不同品种或地方品种(land-race)。

已经先后有 1000 个以上的植物物种被驯化,其中 100～200 个植物物种现在是人类膳食的主要部分。15 个最重要的植物物种可被分成以下 4 类。

(1) 谷物类:水稻、小麦、玉米、高粱、大麦。

(2) 根茎类:甜菜、甘蔗、马铃薯、薯蓣、木薯。

(3) 豆类:菜豆、大豆、花生。

(4) 水果类:椰子、香蕉。

某些性状可能已经被故意或无意地选择了。当农民将他们的收获物留出一部分用于在下一个季节种植时,他们选择的是具有特定性状的种子。这种选择导致作物与它们的原始种(progenitor)之间产生了很大的差异。例如,很多野生植物具有种子传播机制,保证种子与植株分开并且在一个尽可能大的区域中传播,而现代的作物已经发生了改变,通过选择阻止了种子的传播。另外一个例子是某些驯化的植物缺少种子休眠机制。更详尽的资料见 http://oregonstate.edu/instruct/css/330/index.htm 和 Swaminathan(2006)。

普遍认为作物驯化是在世界的若干地区独立进行的。苏联遗传学家和植物地理学家 N. I. Vavilov 从全世界收集植物,发现作物物种和它们的野生亲缘种显示出巨大遗传多样性的地区。1926 年他发表了《关于栽培植物起源的研究》一文,其中描述了他关于作物起源的理论。Vavilov 得出结论认为每个作物都有一个特异的主要多样性中心,这也是它的起源中心。他确定了 8 个区域,并假定这些区域是所有现代主要作物起源的中心。后来,他修正了他的理论,以便包括某些作物的"次级多样性中心"。这些"起源中心"包括中国、印度、中亚、近东、地中海、东非、中美洲和南美洲。农业从这些中心逐渐传播到其他地区,如欧洲和北美洲。后来其他人(包括美国地理学家 Jack Harlan)对 Vavilov 的假说提出了质疑,因为很多栽培植物并不适合 Vavilov 的模式,而看起来像是在一个广泛的地理区域中经过长时间被驯化的。

近年来,DNA 片段的变异及其他方法已经被用来研究作物的多样性。总的来说,这些研究没有证实 Vavilov 的"起源中心是具有最大多样性的区域"这一理论,因为虽然多样性中心已经被确定,但是这些常常不是起源中心。对于某些作物,它们的野生祖先的来源、驯化的区域以及进化的多样化的区域之间几乎没有联系。物种可能起源于一个地理区域,但是在一个不同的地区驯化,某些作物看来似乎没有多样性中心,因此被认识到的是进化活动的一个连续区域(continuum)而不是离散的中心。

1971 年 Jack Harlan 描述了他自己对农业起源的看法。他提出了 3 个独立的系统,其中每个系统具有一个中心和一个"共同中心"(concentre)(大的、分散的区域,驯化被认为在其中发生):近东+非洲、中国+东南亚以及中美洲+南美洲。

从那时以来收集到的证据表明这些中心也比他设想的更加分散。在最初的进化阶段之后,物种在大的、不明确的区域上传播。这可能是由于作物的传播和进化与重叠的群体(iterant population)有关。对于很多作物来说,区域性的和(或)多区域的起源经证明可能比唯一的、固定的起源的假说更加准确。表 1.1 中列出了很多作物的可能的地理起源。

表 1.1　作物可能的地理起源

地区	作物
近东(新月形沃土带)	小麦和大麦、亚麻、小扁豆、鹰嘴豆、无花果、枣、葡萄、橄榄、莴苣、洋葱、卷心菜、胡萝卜、黄瓜、甜瓜；水果和坚果
非洲	珍珠粟、几内亚粟、非洲水稻、高粱、豇豆、花生、薯蓣、油棕、西瓜、秋葵
中国	湖南稷子(Japanese millet)、水稻、荞麦、大豆
东南亚	水稻和旱稻、木豆、绿豆、柑橘类水果、椰子、芋头、薯蓣、香蕉、面包果、甘蔗
中美洲和北美洲	玉米、南瓜、菜豆、利马豆、辣椒、苋菜、红薯、向日葵
南美洲	低地：木薯；中海拔和高地(秘鲁)：马铃薯、花生、棉花、玉米

注：关于作物地理起源的全面的介绍见 http://agronomy. ucdavis. edu/gepts/pb143/lec10/pb143110. htm

1.2　早期植物育种

数千年来人们使用选择育种来重塑植物，以便产生合乎消费者需要的性状或品质。选择育种从早期的农户、牧场主和酒商开始，他们选择最好的植株来为它们的下一季提供种子。当他们发现在恶劣天气中也能良好生长的特殊植株特别丰产，或者能够抵抗已经毁坏了邻近作物的那些疾病时，他们自然地试着通过把它们杂交到其他的植株里来捕获这些合乎需要的性状。他们用这种方法选择和繁育植株来改良作物，并用于商业目的。虽然农民自己并不知道，但他们利用遗传学，通过选择和种植种子来改变我们的食物已经几个世纪了。这些种子产生更健康的作物，这些作物具有更好的味道、更富丽的色泽以及对某些植物病害具有更强的抗性。

现代植物育种始于定居农业(sedentary agriculture)和最重要的农业植物——谷物的驯化。这导致不合乎需要的性状被迅速淘汰，如种子落粒性(seed-shattering)和休眠(dormancy)，我们只能推测最初的选择者在选择不落粒的小麦和水稻、穗部紧凑的高粱或者软壳的南瓜时使用了哪种基于经验的方法，或者这些方法被使用到什么程度。人类已经有意识地塑造成百上千的植物物种的表现型(从而塑造基因型)达 10 000 年，以此作为正常的谋生过程中的很多日常活动之一(Harlan，1992)。在很长的时期内，从收集野生植物用作食物过渡到选择哪些植物进行栽培，由此开始引导植物的进化过程。现在植物育种家通过熟练操作育种程序，加快了主要作物的进化。作为探索之旅和现代科学的结果产生了高投入农业。

很多被早期的农学家认为重要的性状是可遗传的，因此能够可靠地进行选择。然而，这个阶段的育种是经验性的，通常不被看作现代意义上的科学，因为没有分析这些植物和动物群体的变化以求解释生命现象。在农业的这个阶段，重点在于生产食物的现实目标而不是寻找自然界的合理解释(Harlan，1992)。在很多早期的作物驯化期间，有关遗传的思想有神话解释也有接近科学的性状传递的概念。Janick(1988)在他"1987 年对美国园艺科学学会的会长致辞"中说到：

园艺学中的新知识来源于两个传统：经验的和实验的。经验产生于史前农民、希腊掘根者(root digger)、中世纪农夫,以及各处园丁为了获得植物栽培问题的切实可行的解决方案而付出的努力。通过口述从父母传到孩子、从工匠传到学徒而积累下来的成功和改良,经过传说、手艺秘诀以及民间智慧而植根于人类的意识中。这种信息现在被保存在故事、历书、植物志以及历史中,现已变成我们共同文化的一部分。当改良的种质被选择并从收割到收割、从一代到另一代通过种子和嫁接被保持时,所涉及的不止是措施和技巧。这些技术的总和构成了园艺学的传统知识。它代表我们不知名和未被赞颂的祖先们的不朽成就。

在欧洲很早就开始了大规模的育种活动,常常由商业的种子生产企业主持。除了选择具有有用性状的植物之外,育种家也用具有不同性状的植株杂交以期产生携带两个性状的可育子代。前孟德尔时代的育种(pre-Mendelian breeding)中人工杂交的利用可以用草莓(*Fragaria*)×凤梨草莓(*ananassa*)的案例作为例证,利用草莓(*Fragaria chioense*)与弗吉尼亚草莓(*Fragaria virginiana*)杂交是 17 世纪由 Duchesne 在巴黎植物园进行的。大约同一时期,在英国也通过人工杂交获得了水果、小麦和豆类的新品种(Sánchez-Monge,1993)。

1819 年 Patrik Sheireff 在小麦和水稻中采用了杂交与选择相结合的方法,将新选择的品系与栽培品种种植在一起进行比较。他推测引种和杂交是新品种的重要来源,并强调用仔细挑选的亲本进行杂交以满足新品种的目标。虽然到那时植物育种的基本要素已经为人所知,但是对于植株间变异的科学基础仍然缺乏了解。例如,错误地期望杂交材料的第一代必然产生新的品种而不是需要几代来达到稳定。在文献中可以找到植物育种历史上很多成功的例子,虽然在它能被称作一门技术之前仍然有很多重要的发现要完成(Chahal and Gosal,2002)。

1.3　植物育种史上的主要发展

当今的植物育种家利用各种方法来加速进化过程,以便通过开发物种内部的遗传差异增加植物的有用性。通过弄清作物育种方法的遗传基础,已经使其成为可能。这样的植物育种已具有悠久的历史。

1.3.1　育种和杂交

繁殖在植物中的作用是由 Camerarius 在 1694 年首次报道的,他注意到玉米中的雌雄生殖器官之间的差异并据此培育了第一株人工杂种植物。他证实没有植物雄性生殖器官中产生的花粉的参与就不能产生种子。第一个杂交试验是由 Fairchild 于 1719 年在小麦上进行的,现在的杂交技术主要是以 Kölreuter(1733~1806 年)的工作为基础。作为一名法国的研究人员,Kölreuter 在 18 世纪 60 年代进行了他的试验。杂交使育种家的工作不再仅仅局限于一个有限的群体内,他能够把来自两个或更多来源的有用性状汇集在一起,并且能够引入特定的基因。

通过了解植物的繁殖能力,植物育种家可以操纵这些杂种来产生能育的子代,以携带来自双亲的性状。杂交对植物育种家是很有价值的,因为它允许对植株表现型采取某种控制措施。几乎所有的现代植物育种都在某种程度上利用了杂交技术。

1.3.2　孟德尔遗传学

孟德尔(Gregor Johann Mendel)是一名摩尔达维亚(Moldavian，苏联成员国。译者注)的修道士，他用两个豌豆品种进行杂交，通过一系列的试验在 1865 年发现了控制遗传的基本规律。通过研究豌豆中全有全无变异(all-or-none variation)的遗传，孟德尔发现遗传的性状是由物质单位决定的，这种物质单位从一代传递到另一代。孟德尔可能超越了他的时代，因为那个时代的其他生物学家花费了 35 年来理解他的工作。直到 1900 年Hugo de Vries、Carl Correns 和 Erich von Tschermak-Seysenegg 重新发现孟德尔的工作，植物育种才有意识地应用遗传学的法则。

1.3.3　选择

1859 年达尔文在《物种起源》中提出自然选择是进化的机制。达尔文的论断是：群体对其环境的适应性来自于自然选择，如果这个过程持续得足够久，最终将导致新物种的起源。达尔文的"通过自然选择产生进化的理论"假定植物通过自然选择逐渐地改变，自然选择对变异的群体起作用。这是 19 世纪杰出的发现，与植物育种有直接的关系。

1.3.4　育种类型和多倍性

植物育种中的其他历史发展包括系谱育种、回交育种(Harlan and Pope，1922)和诱变育种(Stadler，1928)。自然和人工多倍体也为植物育种提供了新的可能性。Blakeslee和 Avery(1937)证明秋水仙素在诱导染色体加倍和多倍体化中的有效性，使植物育种家能够把两个或更多个物种的整套染色体合并以便获得新的作物。

1.3.5　遗传多样性和种质保护

到 20 世纪 60 年代人们认识到遗传多样性(genetic diversity)在植物育种中的重要性，Otto Frankel 爵士在 1967 年创造了术语"遗传资源"(genetic resources)来强调把种质看作作物长期改良的自然资源的重大意义和必要性。1970 年美国南部玉米小斑病流行，在仅仅 1 年中就摧毁了大约 15% 的美国玉米，这件事使遗传单一性(genetic uniformity)的潜在的有害影响变得更加明显。美国国家科学院发布了"主要作物的遗传脆弱性"的研究结果，清楚地注意到遗传单一性的原因和水平以及它的后果，它是种质资源历史中的转折点。1974 年成立了国际植物遗传资源委员会(International Board for Plant Genetic Resources，IBPGR)，后来更名为国际植物遗传资源研究所(International Plant Genetic Resources Institute，IPGRI)，现在称为国际生物多样性组织(Biodiversity International)，负责收集、评价和保存植物种质以备将来之用。

1.3.6　数量遗传学和基因型×环境互作

数量遗传学是对表现连续变异的性状的遗传控制的研究。它关心个体之间这些差异的遗传水平而不是差异的类型，也就是说，是数量的而不是质量的(Falconer，1989)。已经出版的一些重要的图书,记录了数量遗传学中的主要发展,这些书包括 *Animal Breeding Plans*(Lush,1937)、*Population Genetics and Animal Improvement*(Lerner,1950)、*Biometrical Genetics*(Mather,1949)、*Population Genetics*(Li,1955)、*An Introduction to Genetics Statistics*(Kempthorne,1957)以及 *Introduction to Quantitative Genetics*(Falconer,1960)。

Fisher(1918)的经典工作纠正了关于数量性状(包括大多数重要的经济性状)遗传的许多错误观念,他成功地应用孟德尔原理来解释连续变异的遗传控制。他把观察到的表型方差分解为 3 个方差分量:加性、显性和上位性效应。这个方法已经得到显著的改进并应用于提高植物育种的效率。Fisher 还提出了试验设计的理论,为科学的作物试验奠定了基础,那是任何植物育种计划必不可少的一个部分。然而在过去的 20 年中,由于植物基因组学特别是分子标记以及其他可用于将复杂性状剖析到单个孟德尔因子的分子工具的发展,数量遗传学已经取得了相当大的进展(Xu and Zhu,1994;Buckler et al.,2009;第 6 和第 7 章)。

基因型×环境互作(genotype-by-environment interaction,GEI)及其对植物育种的重要性首先被 Mooers(1921)以及 Yates 和 Cochran(1938)认识到。从那以后,各种统计方法相继出现并用于 GEI 的评价,利用了联合的线性回归、方差的异质性和相关性的缺乏(lack of correlation)、排序(ordination)、聚类以及模式分析(pattern analysis)。作为数量遗传学中的一个重要领域,GEI 近年来已经受到更多的关注,在第 10 章与 GEI 分析的分子方法一起介绍。

1.3.7 杂种优势和杂交种育种

虽然早期的植物学家已经观察到当同一物种的没有亲缘关系的植物杂交时生长增加,但是首次进行生殖试验的是达尔文。1877 年,他证明有亲缘关系的品系的杂种不表现杂交种的优势。他观察到杂种优势,即在像玉米那样的作物中杂种个体表现优于双亲的品质的趋势,并且得出结论认为异花受精通常是有利的,自花受精通常是有害的。1879 年,William Beal 利用两个没有亲缘关系的品种在玉米中证明了杂种优势(hybrid vigour)。最好的组合的产量比亲本平均数高 50%。Sanborn 在 1890 年以及 McClure 在 1892 年的报道证实了 Beal 的早期报道,并且扩展了杂交种比亲本类型的平均数优越的一般性。

1.3.8 群体改良

可以使用若干不同的"群体育种方法":①集团法(bulk);②混合选择法(mass selection);③轮回选择(recurrent selection)。用于管理大的分离群体的方法之一是由 Harlan 等(1940)提出的用于多亲本杂交的"集团法"。这个概念改变了自花授粉物种的育种方法。混合选择法是一个繁育体系,其中根据表现型从个体选择的种子被混合在一起用来种植下一代。混合选择法是植物改良的最古老的育种方法,被早期的农民用于从野生物种培育栽培种。

开放授粉群体的改良实质上取决于基因频率的改变,以至于有利的等位基因被固定,同时维持高的(但是远非最高的)杂合性程度,这样的作物有黑麦、玉米和甜菜、禾本科牧草、豆类以及热带树木,如可可、椰子、油棕、某种橡胶。轮回选择是与数量遗传性状有关的一种植物育种方法,通过这种方法使植物群体中的有利基因增加。该方法是循环的,每一轮包括两个阶段:①选择具有有利的或者需要的基因的基因型;②选择的基因型之间杂交。这导致想要的等位基因的频率逐步增加。虽然轮回选择常常是成功的,但是它在封闭的群体中也还有潜在的局限性,这一点已经导致了很多的修正和替代方案(Hallauer and Miranda,1988)。轮回选择育种方法已经被用于各种各样的植物物种,包括自花授粉作物在内。

1.3.9　细胞全能性、组织培养和体细胞无性系变异

在植物组织离体培养的首次成功之前,由 Went 及同事发现了植物生长素(auxin),由 Skoog 及同事发现了细胞分裂素(cytokinin)(White,1934;Nobécourt,1939)。

从成熟组织分离的活细胞,其中的全部基因可以被诱导,按照正确的顺序发生作用,形成一个完整的生物体[称为全能性(totipotency)]。从单个细胞再生成完整的植株是遗传变异性的一个重要的新来源,这种遗传变异性可用于改善植物性状,因为当由单细胞获得的体细胞胚胎长成植株时,植株的性状多少有些变化。Larkin 和 Scowcroft(1981)创造了术语“体细胞无性系变异”(somaclonal variation)来描述由微繁殖试验(micro-propagation experiment)获得的植株之间这种观察到的表型变异。当它被作为一个真实的现象而认识到时,体细胞无性系变异被认为是一个潜在的工具,用于可以无性繁殖的多年生作物(如香蕉)的新变异体的引入。体细胞无性系变异也已经被植物育种家利用,作为一年生作物的遗传变异的一个新来源。

1.3.10　遗传工程和基因转移

Watson 和 Crick 对 DNA 结构的发现增进了传统的育种技术,允许育种家精确定位对一个特定性状负责的特定基因并跟踪它传递到随后的世代。切割和重新接合 DNA 分子的酶使科学家能够在实验室中操纵基因。1973 年 Stanley Cohen 和 Herbert Boyer 把来自一个生物的基因拼接到另一个生物的 DNA 里产生了重组 DNA,它然后被正常地表达,这构成了遗传工程的基础。植物遗传工程师的目标是分离一个或多个特定的基因并将这些基因导入植物里。作物的改良常常可以通过导入单个基因来实现。现在可以利用一种混杂的(promiscuous)病原性土壤细菌——根癌农杆菌(*Agrobacterium tumefaciens*)的自然的基因转移系统来转移基因。还可以通过用 DNA 包被的粒子进行轰击或者通过电穿孔法(electroporation)来导入 DNA。转基因育种具有降低或者增加农业措施对环境的影响的潜力。

植物遗传工程的最初的成功标志着作物研究中一个重要的转折点。特别是 20 世纪 90 年代,私营部门对农业生物技术的投资形成热潮。一些最初的产品是能够合成一种杀虫蛋白质的植物品系,这种杀虫蛋白质由从苏云金杆菌(*Bacillus thuringiensis*,Bt)中分离的一个基因编码。现在 Bt 棉花、玉米及其他作物已经商业种植。还有能够耐受除草剂或者能够降解除草剂的作物品种。支持者强调这些作物在保持耕地土壤、减少有害化学

物品的使用以及减少作物生产中涉及的劳动力和成本方面的价值。

1.3.11　DNA 标记和基因组学

在 20 世纪 80 年代和 90 年代,各种类型的分子标记,如限制性片段长度多态性 (RFLP)(Botstein et al.,1980)、随机扩增多态性 DNA(RAPD)(Williams et al.,1990; Welsh and McClelland,1990)、微卫星(microsatellite)和单核苷酸多态性(SNP)被发展起来。由于它们的丰富性和在植物基因组中的重要性,分子标记已经被广泛地用于种质评价、遗传作图、基于图谱的基因发现以及标记辅助的植物育种等方面。分子标记技术已经成为农艺性状遗传操作的一个有力工具。

由 2000 年拟南芥基因组[拟南芥基因组动议(Arabidopsis Genome Initiative),2000] 和 2002 年水稻基因组(Goff et al.,2002;Yu et al.,2002)的全基因组测序开始,越来越多的植物的基因组已经或者正在被测序。生物信息学、基因组学以及各种组学领域的技术发展正在产生丰富的数据,这些数据在未来可能会引起植物育种的革命。

1.3.12　公立部门和私营部门的育种工作

农业研究主要是一个国家的政府部门的职责。为了加快粮食生产特别是发展中国家粮食生产的发展,建立了国际性的农业研究中心,主要着重于培育高产的品种。于 20 世纪 60 年代建立的两个中心,在菲律宾的国际水稻研究所(IRRI)和在墨西哥的国际玉米小麦改良中心(CIMMYT),通过培育生育期较短、产量更高的水稻、小麦和玉米品种,为粮食生产作出了显著的贡献。受这些中心以及后来成立的其他中心的非常惊人的成功的促进,1971 年建立了国际农业研究协商小组(Consultative Group on International Agricultural Research,CGIAR)。现在 CGIAR 有 15 个国际性的农业研究中心,其中 8 个集中于特定的作物,一个集中于遗传资源,其任务是对粮食安全的可持续性作出贡献,特别是发展中国家的粮食安全。这些中心培育的育种材料被分发给公立部门和私营部门的研究计划,用于培育适应当地的品种。通过国家农业研究系统(National Agricultural Research System,NARS),这些中心与每个国家的公立的和私营的育种计划密切协作,共享他们的育种技术和种质资源。

在美国,除棉花外,作物育种最初主要是由税款支持的,育种计划在大多数州农业试验站和美国农业部(USDA)进行。随着杂交玉米的出现,这种模式发生了变化,当时自交系最初是由公共机构培育的而被私营公司用于生产杂交种。随着 1974 年美国植物品种保护法案的实施,私营的育种扩展到包括饲料、谷物、大豆及其他作物。私营公司的活动对总的作物育种工作有贡献,并且提供了大量的品种供农户和消费者选择。现在在美国及其他工业化国家,新的生命科学公司特别是大的跨国公司,如 Dow、DuPont 和 Monsanto,主宰了生物技术在农业中的应用,开发了很多专利产品。

1.4　遗传变异

新等位基因的产生以及等位基因通过重组而发生的混合导致遗传变异,它是进化的力量之一。自然选择有利于一种表现型而不利于另外的表现型,这些表现型是由一个或多个等位基因决定的。遗传变异是选择的基础,通过它能够取得植物育种的进展。有各种来源的遗传变异,本节中描述的那些主要是以下网站提供的资料为基础的:http://www.ndsu.nodak.edu/instruct/mcclean/plsc431/mutation 和 http://evolution.berkeley.edu/evosite/evo101/IIICGeneticvariation.shtml。

1.4.1　交换、遗传漂变和基因流动

染色体的交换(crossover)发生在减数分裂过程中,产生的染色体具有完全不同于两个亲本染色体的化学组成。在这个过程中,两个染色体缠绕在一起并且交换染色体的一端与另外一个染色体的一端。交换的机制是重组的细胞遗传学基础。

基因流动(gene flow)指的是性状或者基因在群体之间的流通(passage),以阻止大量突变(mutation)和遗传漂变(genetic drift)的发生。在遗传漂变中,小群体中发生的随机变异导致特定的性状在群体内的增殖(proliferation)。基因流动的程度存在很大的变化,并且取决于生物的类型和群体结构。例如,一个可移动的群体中的基因很可能比定居的群体中的那些基因分布更加广泛,分别导致高比率和低比率的基因流动。

1.4.2　突变

突变是编码一个基因的 DNA 序列中的任何变化,当生物进行 DNA 复制时导致遗传物质的改变。在复制的过程中,一个染色体的核苷酸被改变了,因此不是创建 DNA 链的一个完全相同的副本,在复制的链中有化学上的变化。DNA 的化学组成上的变化引发一个个体的遗传信息中的连锁反应。一个突变的影响取决于它的大小、位置(内含子或者外显子等)以及发生突变的细胞类型。大的改变涉及整个染色体或者染色体片段的丢失、添加、重复或者重排。大多数 DNA 聚合酶能够校对它们的工作以保证未改变的遗传物质被传递到下一代。有很多类型的突变,下面列出最常见的类型。

(1) 点突变(point mutation)代表最小的变化,其中只有单个碱基被改变。例如,单个核苷酸的变化可能导致一个氨基酸(amino acid,aa)密码子改变成一个终止密码子并因此产生表现型的变化。点突变通常不利于生物体,因为大多数发生在隐性基因中,并且通常不表达,除非两个突变发生在相同的位点上。

(2) 在同义的或者沉默的替换中,蛋白质的氨基酸序列没有被改变,因为若干密码子可以编码相同的氨基酸,而在非同义的替换中氨基酸序列的变化可能不影响蛋白质的功能。但是,存在很多情况,其中单个核苷酸的变化可以引起严重的问题,如镰刀形红细胞贫血症(sickle cell anaemia)。

(3) 野生型等位基因一般编码一个为一种特定的生物学功能所必需的产物,如果一个突变发生在那个等位基因中,则它编码的功能也会丧失,这些突变通称为功能丧失突变(loss-of-function mutation),并且它们一般是隐性的。功能丧失的程度可能有不同。如果功能完全丧失,则该突变被称作无效突变(null mutation)。也可能还有一些功能可以保持,但是没有达到野生型等位基因的水平,这些被称为泄漏突变(leaky mutation)。

(4) 少量突变实际上是有益于生物体的,提供了新的或者改进的基因活性。在这些

情况下,该突变创造一个新的等位基因,该等位基因与一个新的功能相关联。任何包含新的等位基因又包含原始的野生型等位基因的杂合体将表达该新的等位基因。遗传学上将把该突变解释为显性的。这类突变被称为功能获得突变(gain-of-function mutation)。

(5)替换(substitution)是一种突变,其中一个碱基被换成另外一个碱基。这种替换能够改变:①一个密码子,使其编码不同的氨基酸,因此引起生产的蛋白质中小的变化;②一个密码子,使其编码相同的氨基酸,生产的蛋白质没有变化;③一个编码氨基酸的密码子变成一个"终止"密码子,导致一个不完全的蛋白质(这可能具有严重的影响,因为不完全的蛋白质或许是没有功能的)。

(6)插入/缺失(indel)通过在"亲本"DNA 序列中插入或者删除 DNA 片段来生产变化。因为通常不可能说明一个序列是否已经从一个植株中删掉了或者被插入到另一个植株中。显然一个基因的一部分缺失可能严重地影响生物的表现型。插入可能是破坏性的,如果它们把自己插入到基因或者调控区域的中间。

(7)移码突变(frame-shift mutation)是指一个核苷酸的改变引起它右边的所有密码子都改变的一种突变。因为编码蛋白质的 DNA 被分成 3 个碱基长的密码子,单个碱基的插入和缺失可以改变一个基因以至于它的信息不再被正确地解析。因此,单个碱基的变化可能对一个多肽序列具有严重的影响。

(8)生殖细胞(包括两种配子以及形成这两个配子的细胞)中发生的突变被称为生殖突变(germinal mutation)。一个生殖细胞突变可能具有一系列的影响:①没有表型变化;垃圾 DNA(junk DNA)中的突变被传递到子代,但是对表现型没有明显的影响;②小的(或者数量的)表型变化;③显著的表型变化。

(9)体细胞(它产生所有的非生殖细胞组织)中的突变只影响原始的个体,不能被传递到子代。为了保存这种体细胞突变,包含该突变的个体必须被无性繁殖。

总的来说,新突变的出现是稀有的事件。最初研究过的大多数突变是自然产生的。这种自发突变(spontaneous mutation)只代表所有可能突变中的一小部分。要更进一步地从遗传上剖析一个生物学的系统,可以通过诱变剂处理生物产生人工诱变。

1.5　数量性状:方差、遗传率和选择指数

用于量化生物分子的高通量技术的最新进展已经将数量遗传学的重心从单一性状转移到综合的大规模分析。所谓的组学技术现在已经使遗传学家能够确定遗传信息是如何被转换为生物学功能的(Keurentjes et al.,2008;Mackay et al.,2009)。组学时代数量遗传学的最终目标是把遗传变异与表型变异联系起来,并确定从基因到功能的分子途径。人类通过把连锁不平衡作图(第 6 章)与转录组学(第 3 章)结合而取得的最新进展给高分辨率的关联作图和识别调控的遗传因素带来了很大的希望(Dixon et al.,2007)。来自组学研究的信息将与我们当前在表型水平上的知识结合起来,提高植物育种的效果和效率。

1.5.1　质量性状和数量性状

总的来说,质量性状在遗传上是由一个或者少数主效基因(major gene)控制的,其中

每个基因对表现型具有相对大的效应,但是对环境影响相对不敏感。在一个典型的分离群体,如 F_2 代中性状分布表现为多峰分布,虽然类别内的个体表现连续变异。群体中的每个个体可以被清楚地分类到对应于不同基因型的不同的类别里,因此它们可以利用孟德尔方法进行研究。

数量性状在遗传上是由很多基因控制的,其中每个基因对表现型具有相对小的效应,但是很大程度上受环境因素影响(Buckler et al.,2009)。F_2 代群体中的性状分布通常表现为正态或者钟形分布特征,以至于个体不能被区分为对应于不同基因型的表型类别,因此不能辨别个别基因的效应。数量遗传学传统上被描述为把所有这些基因作为一个整体来进行研究,以及研究在一个群体中观察到的由遗传因素[作为一个整体的多基因(polygene)]和环境因素的联合效应导致的总变异。然而,数量变异并不仅仅归因于结构基因中的微效等位基因的变异,因为调节基因无疑也对这种变异起作用。我们预期多基因也表现染色体基因的所有典型的性质,不论是行为方面还是通过减数分裂的传递方面都是这样。

1.5.2　等位基因频率和基因型频率的概念

一个生物学的群体遗传上被定义为在时间和空间上共同存在的一群个体,可以交配或者相互杂交以生产能育的子代。统计上,这一群个体被称作一个"总体"(population)。育种群体是由育种家创造的,作为符合特定育种目标品种的来源。

在群体水平上,遗传学可以用等位基因频率(allelic frequency)和基因型频率(genotypic frequency)来表征。等位基因频率指的是群体中每个等位基因的比例,基因型频率指的是群体中具有特定基因型个体(植株)的比例。一个基因可能具有很多等位基因。一个给定基因的一些等位基因可能具有如此明显的效应以至被清楚地当作一个经典的主效突变体。其他的等位基因,虽然在 DNA 水平上是潜在地分得开的,但是在外在的表现型水平上很可能仅仅引起微小的差异。例如,一个与生长激素产生有关的位点上的一个等位基因可能是无活性的,结果产生一个矮生植物,而其他的等位基因可能仅仅使高度减少或者增加少数几个百分率。

等位基因频率和基因型频率可以通过在群体中进行简单的计数来计算。对于一个具有 n 个等位基因的基因,有 $n(n+1)/2$ 种可能的基因型。群体水平上单个等位基因的等位基因频率和基因型频率之间的关系可用于推断群体中该基因的遗传状态,相对于在某种假定的交配系统下预期的平衡状态而言。在由非近交亲本或者由 3 个或 3 个以上近交亲本创建的育种群体中等位基因频率通常不是一个问题。但是自花授粉作物和异花授粉作物的育种群体常常是通过两个近交个体杂交创建的。

1.5.3　哈迪-温伯格平衡(HWE)

如果等位基因频率和基因型频率代代不变,群体就处于平衡。一批纯的自交系也是处于平衡状态的,如果它们全部是完全自交的,具有 $P_{A_1A_1}=p$ 和 $P_{A_2A_2}=q$。这意味着等位基因频率和基因型频率具有一个简单的关系:

$$P_{A_1A_1}=p^2$$

$$P_{A_1A_2} = 2pq$$

$$P_{A_2A_2} = q^2$$

或者

$$(p+q)^2 = p^2 + 2pq + q^2$$

　　上述简单的关系将随着一代的随机交配(random mating)而形成,随机交配指的是群体中的一个个体可能与任何其他个体交配。然而,HWE 代表理想化的群体,而育种家使用的措施通常会引起与 HWE 的偏离。这些措施包括非随机交配、小的群体大小的使用、选型交配(assortative mating)、选择以及培育子代过程中的近交。这些措施中的一些,如近交和小的群体大小的使用,影响群体中的全部位点,而其他的仅仅影响某一个位点。假定两个性状由不同的位点控制,则一个性状的变化不影响另一个性状的变化。如果只对第一个性状进行选择,则影响那个性状的位点可能偏离 HWE,但是另外一个性状的位点将保持平衡状态。在大的自然群体中,迁移、突变和选择是使等位基因频率一代一代发生变化的力量。

1.5.4　群体平均数和方差

　　理论上,一个群体可以由它的参数(如平均数和方差)来描述,这些参数取决于群体的概率分布。算术平均数 μ(也称一阶原点矩)是用来度量一个频率分布的中心位置的参数。总体方差 σ^2(也称二阶中心矩)提供分布的离散性的度量。以一个遗传同质的品种的产量性状为例,这个品种群体的遗传效应是一个常量。假如环境因素不影响产量,则所有个体的产量应该也是一个常量,它等于群体平均数。但是,每个个体的产量不仅受它的基因型的影响,而且受环境因素(如温度、日照、水分以及各种养料)的影响。因此个体可能具有不同的表型值,在这种情况下产量导致个体之间的连续变异。因此,个体的产量测量值在群体平均数周围呈正的或者负的变化,因此它们要么比群体平均数高,要么比群体平均数低,相差的数目由它的方差决定。

1.5.5　遗传率

　　性状对选择的响应取决于对群体中基因型之间的表型变异起作用的遗传因素和非遗传因素的相对重要性,这个概念称为遗传率(heritability)。性状的遗传率影响到群体改良、近交和选择方法的选用。当遗传率高时对单个植株的选择更加有效率。选择需要的重复测定的范围取决于性状的遗传率。

　　一个性状的变异是由遗传的变异还是由环境的变异引起的,这个问题在实践中是没有意义的。除非生物生长在合适的环境中,否则基因不能导致一个性状的发育,反之,如果不存在必要的基因,即使再多的操作也不会导致一个表现型的发育。尽管如此,在一些性状上观察到的变异性可能主要由基因的数目差异以及不同基因的效应大小差异所引起,而在其他性状上观察到的变异性可能主要源于不同个体所处的环境的差异。因此,确定可靠的量度来测定涉及的基因的数目和效应大小以及不同环境对表型性状表达的相对重要性是很重要的(Allard, 1999)。

遗传率定义为遗传方差与表型方差的比率

$$h^2 = \frac{\sigma_G^2}{\sigma_P^2} = \frac{\sigma_G^2}{\sigma_G^2 + \sigma_E^2}$$

式中，σ_P^2 为表型方差，它有两个分量，遗传方差 σ_G^2 和环境方差 σ_E^2。σ_E^2 可以通过非分离群体（如自交系和 F_1）的表型方差来估计，因为在这种群体中个体具有相同的基因型，因此这些群体中的表型变异可以归于环境因素。σ_G^2 可以利用分离群体（如 F_2 和回交）来估计，其中方差分量可以通过理论获得。

1.5.6　选择响应

遗传变异构成植物育种中选择的基础。选择导致群体中基因型的有差异的繁殖，因此基因频率改变，被选择的性状的基因型值和表型值（平均数和方差）也随着改变。选择响应（response to selection），或者在一代选择中的进展，是通过选择的群体和它们的子代群体之间的差异来度量的，表示为 R。选择响应有若干不同的名称，包括遗传进度（genetic progress）、遗传进展（genetic advance）、遗传增益（genetic gain）以及预测的进度或者增益（predicted progress or gain），被表示为 R、GS、G 和 ΔG。

从平均数为 μ 的一个亲本群体开始，选择个体的一个子集。选择的个体具有平均数 $\bar{x}$，而选择群体的子代具有平均数 $\bar{y}$。选择群体和原始群体之间的差数定义为选择差（selection differential），用 S 表示，即

$$S = \bar{x} - \mu$$

选择响应 R 可以被写作

$$R = \bar{y} - \mu$$

S 和 R 之间的关系由遗传率决定

$$R = h^2 S$$

选择差在子代群体中实现到什么程度取决于性状的遗传率。遗传率 h^2，按照公式可以是 h_N^2 或者是 h_B^2（分别取决于子代是通过有性生殖还是通过无性生殖产生的）。从上述公式可得：$\bar{y} = \mu + h^2 S$。

由选择个体获得的子代群体平均数等于亲本的群体平均数加上选择响应（图 1.1）。当 $h^2 = 1$ 时，选择差将在子代群体中全部实现，因此它的平均数将偏离亲本群体 S。当 $h^2 = 0$ 时，选择差不能实现，因此子代群体平均数将退回到亲本群体。当 $0 < h^2 < 1$ 时，选择差将部分实现，因此子代群体的平均数将偏离亲本群体 $h^2 S$。在进行选择之前对响应进行预测是非常有用的，这些预测的数学推导的详情连同遇到的各种复杂情况可以在 Empig 等（1972）、Hallauer 和 Miranda（1988）及 Nyquist（1991）中找到。

1.5.7　选择指数和多性状选择

在大多数植物育种计划中，需要一次改良一个以上的性状。例如，一个对一种流行疾病敏感的高产品种对生产者来说是没有多少利用价值的。一个性状的改良可能导致与之相关联性状的改良或者退化，认识到这一点可以使我们重视同时考虑一种作物中的所有重要性状的必要性。有 3 个选择方法被认为适合于在一个育种计划中同时改良两个以上

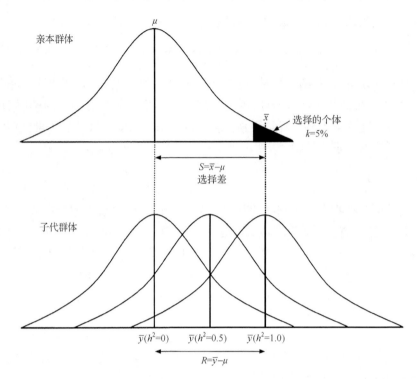

图1.1 选择强度为5%的情况下亲本群体和子代群体的分布。因为选择植株的表型值既包括
遗传的组分又包括环境的组分，所以子代平均数取决于被选择性状的遗传率

的性状，它们是指数选择(index selection)、独立淘汰法(independent culling)和顺序选择法(tandem selection)。独立淘汰法需要确定每个性状的最低价值水平(minimum level of merit)。一个个体的表型值如果低于任何性状的临界淘汰标准(critical culling level)，则该个体将被从群体中剔除掉。也就是说，只选择满足所有性状要求的个体。对于顺序选择法，一个性状被选择直到它被改良到一个符合要求的水平或者一个临界的表型值。然后，在下一个世代或者下一个计划中，在对第一个性状进行过选择的群体内对第二个性状进行选择，然后对第三个后续的性状进行选择，以此类推。选择指数是一个得分，它反映所有目标性状的优点和缺点。在个体之间的选择是以指数得分的相对值为基础的。选择指数提供了在一个育种计划中改良多个性状的一种方法。选择指数在植物育种中的运用最初由 Smith(1936)提出，他承认关键性的贡献来自 Fisher(1936)。后来，选择指数的推导方法得到了修正，受到关键性评估(critical evaluation)，并与多性状选择的其他方法进行比较。

普遍认为选择指数是不同性状的可观察到的表型值的一个线性函数。对谷类多个性状的指数选择有很多种公式可用。要构造一个选择指数，每个性状的观测值用一个指数系数(index coefficient)加权，

$$I = b_1 x_1 + b_2 x_2 + \cdots + b_n x_n$$

式中，I 为个体价值的一个指数；x_i 为第 i 个性状的表型观察值；$b_1 \cdots b_n$ 为分配给表型性状测量值 $x_1 \cdots x_n$ 的权数(weight)。b 值是表型的方差-协方差矩阵的逆、基因型的方差-协方

差矩阵以及一个经济权数向量的乘积。已经提出了这个指数的很多变异的形式,大多数是改变了 b 值的计算方式。这些包括 Williams(1962)的基本指数(base index)、Pesek 和 Baker(1969)的希望增益指数(desired gain index)以及 Johnson 等(1988)和 Bernardo (1991)提出的回溯指数(retrospective index)。在回溯指数的推导中强调的是对有经验的育种家已经获得的知识的量化。Baker(1986)概括了在那之前植物育种中提出的所有选择指数。

1.5.8　配合力

配合力(combining ability)是植物育种中的一个非常重要的概念,它可用于比较和研究两个自交系如何被结合在一起来产生一个高产的杂交种或者来培育新的自交系。选择和培育具有强的配合力的亲本品系或自交系是最重要的育种目标之一,不论目标是创造一个具有强优势的杂交种还是培育一个与它们的亲本品系相比具有改良性状的纯系品种。在玉米育种中,Sprague 和 Tatum(1942)把杂种之间的遗传变异性分割为主要归因于加性效应或非加性效应的效应,它们对应于两种类型的配合力,一般配合力(general combining ability,GCA)和特殊配合力(special combining ability,SCA)。GCA 和 SCA 的相对重要性取决于以前测定的、包括在杂种中的亲本的范围。尽管这些概念是为开放授粉作物玉米育种提出的,但是它们一般也适用于自花授粉的作物。

一个自交系或品种的 GCA 可以通过一套杂种组合中的产量或其他经济性状的平均表现来评价。一个杂交组合的 SCA 可以通过它的表现与根据它的两个亲本品系的 GCA 所预期的值的离差来评价。如果一套自交系之间的杂种是通过这样的方式取得的:每个品系以一种有规则的方式与若干其他的品系杂交,则杂种之间的总变异可以被分解为两个分量,这两个分量可以分别归因于 GCA 和 SCA。两个自交系 A 和 B 之间的一个杂种的平均表现 $(\bar{x}_{AB})$ 可以被表示为

$$\bar{x}_{AB} = GCA_A + GCA_B + SCA_{AB}$$

GCA_A 和 GCA_B 分别是亲本 A 和 B 的 GCA,A×B 的杂种的预期表现等于它们亲本的 GCA 的和(GCA_A+GCA_B)。但是该杂种的实际表现可能与该期望值不同,相差的数量为 SCA。Sprague 和 Tatum(1942)按照基因作用的类型对这些配合力做了解释。归因于 GCA 的品系差异是由加性遗传方差和加性与加性的互作造成的,而 SCA 是非加性遗传方差的反映。

1.5.9　轮回选择

轮回选择(recurrent selection)可以广义地定义为从一个群体中系统地选择合乎需要的个体,然后通过选择个体的重组(recombination)构成一个新的群体。轮回选择方法的基本特征在于它们是以一种重复或循环的方式进行的过程,包括培育一个基础群体(从它开始选择)、对来自该群体的个体进行评价以及选择优良的个体作为亲本(它们可以杂交以产生一个新的群体用于下一轮选择),如下所示:

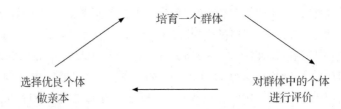

每当一个新的群体形成时一轮选择就完成了。培育出来用于轮回选择计划的原始群体被称为基础群体(base population)或第 0 轮群体。一轮选择之后形成的群体被称作第 1 轮群体;由第 2 轮选择培育出的群体被称作第 2 轮群体,以此类推。

轮回选择方法主要是对数量遗传的性状进行的。轮回选择的目的是改良植物群体的平均表现,通过以一致的方式增加有利等位基因的频率以便提高群体的值,并尽可能有效地保持群体中存在的遗传变异性。此外,将遗传效应和环境效应分开是有效轮回选择方法的一个重要方面。改良的群体本身可以被用作品种,也可以被用作品种间杂交种的亲本,以及作为优良个体的来源,这些优良个体可以被用作自交系、纯系品种、无性系品种或者综合品系(synthetic line)的亲本。成功的轮回选择产生一个改良的群体,此群体在群体的平均表现和群体内的最好个体的表现方面优于原始群体。理想地,改良群体的遗传变异性应该没有显著地减少,这样可以在将来进行额外的选择和改良。轮回选择是自交系培育方法的补充;事实上提出轮回选择的概念是为了纠正自交系培育中的局限性,特别对于异交作物,自交系的培育是通过连续自交来进行的,这个过程迅速地导致近交和等位基因固定,因此没有足够的机会进行选择。轮回选择通过两个方式来解决自交系培育中的这种局限性(Bernardo,2002)。首先,轮回选择通过重复的选择增加群体中有利等位基因的频率。其次,轮回选择保持群体中的遗传变异的程度以便允许后续选择的持续进展。遗传变异是通过足够多的个体重新组合以减少等位基因频率的随机波动(即遗传漂变)来保持的。

20 世纪 50 年代后期以来,已经进行了广泛的研究来确定不同的遗传效应对于大多数栽培植物数量性状遗传的相对重要性。如同 Hallauer(2007)所指出的,数量遗传研究已经提供了广泛的信息来帮助植物育种家发展育种和选择策略。直接地和(或)间接地,数量性状的遗传原理在培育优良品种来满足全世界粮食、饲料、燃料以及纤维的需求方面是到处渗透的。数量遗传学的原理在将来还将继续占有重要地位。

1.6　绿色革命和将来的挑战

20 世纪下半叶科学技术在作物生产中的应用导致了发达国家中的水稻、小麦和玉米产量的显著提高,这些工作的最终结果是"绿色革命"(green revolution),它导致了一种新型的农业——高投入农业或者化学-遗传的农业,它取代了更传统的体系。"绿色革命"这个术语是 Borlaug(1972)创造的,涉及"绿色革命"的国家包括日本、墨西哥、印度和中国及其他国家。

就总产量和土地面积指标来说,农业已经非常成功。对于许多重要的作物来说,科学知识在农业中的应用已经导致每单位土地面积的产量大幅度增加,举例来说,1961～1990

年发达国家的谷物总产量增加了 92%。人口急剧增长的同时,食品供应也成功地实现了平行增长。但是,产量增长速度在一些地区正在停滞,在少数情况下正在下降。主要谷物增产速率的减缓引起了关注,因为增加的产量应该是将来增加的粮食总产量的来源(Reeves et al. ,1999)。另外,由于经济发展导致国家财富的增长不一定与人口增长率的下降相关。广泛的饥饿继续存在,要求我们的世界生产足够的粮食。

有很多理由去关心如何满足未来的粮食需求(Khush,1999;Swaminathan,2007)。地球人口的膨胀对粮食和收入的增长提出了要求。其他的问题,如粮食的成本(它可能代表发展中国家 60% 的收入)、粮食无保障的 8 亿人口、营养不良的 2 亿儿童以及可用于耕作的土地和用于灌溉作物的水分的持续减少,所有这些都表明需要利用所有可用的技术来提高生产力,假定它们能够以与环境协调的方式被使用的话。植物育种大概已经解决了主要作物产量增加的一半,将来将继续取决于植物育种的进展。生产力的增长意味着大面积的土地可以被节省出来用作野生动物的栖息地或者用于农业之外的目的。由于土地和水分的可用量正在减少而人口正在增加,预计在下一个 25 年中粮食总产量需要增加50%,这提出了一个明显的挑战。

Malthus 在 1817 年就预见到了人口增长超过粮食供应的危险。通过扩大新土地的耕种面积以及通过现代农业科学的发展,Malthus 可怕的预测被阻止了(至少暂时被阻止了)。它使粮食作物的产量远远高出 Malthus 的预料。但是,粮食生产仍然没有在世界的所有地区被最优化。

天气和气候是影响作物生产的主要因素,自然事件可能破坏正常的气候周期而影响农业。此外,人类活动导致气候变化也在很大程度上影响作物生产。大量的可耕地已经用于工业,导致土地使用模式趋向于集约经营,这种经营模式必须是可持续的。

农产品受非生物胁迫和生物胁迫的影响,将来植物育种的主要挑战之一是培育对这些胁迫具有多种抗性或者耐受性的品种和杂交种。

对于正在增加的世界人口,食品供应安全性很大程度上取决于农业用水的可利用性。提高主要作物的水分利用效率是农业研究的一个重要目标,尤其是考虑到在世界上很多地方对有限的淡水供给的竞争正在增加。

提高农业生产力有 4 个先决条件(Poehlman and Quick,1983):①改良的耕作制度;②农户的指导;③水分和肥料供应的优化;④市场的可用性。要提高作物产量,高产品种的种植必须与改良的灌溉、施肥和害虫防治措施相结合。只有当改良的作物品种接受到水分、肥料和栽培技术的最优组合并对其作出反应时,才会获得最高的作物产量。

1.7　植物育种的目标

植物育种家的目标是重新装配合乎需要的遗传性状来产生具有改良性状的作物。到目前为止,植物育种家主要考虑的是产量、稳产性以及营养品质、感观品质或者其他品质性状的连续改良,产量是植株具有经济重要性的部分,稳产性是通过对害虫和病害的内在抗性达到的。

很多的参数和选择标准应该作为育种目标被包括。根据 Sinha 和 Swaminathan

(1984)及其他来源的资料,植物育种家的主要目标可以被概括为以下几个。

(1) 投入的每个栽培单位和太阳能单位的高的初级生产力和有效的最终生产量:保证落到田地上的所有光照都被叶片截取,光合作用本身尽可能地高效。更高的光合作用效率或许可以通过减少光呼吸作用(photorespiration)获得。

(2) 高的作物产量:被选择的植株必须把它们大部分的总初级生产力投入到那些合乎商业需要的区域,如种子、根、叶片或者茎秆。

(3) 合乎需要的营养价值、感官特性和加工品质:如谷粒中的必需氨基酸和总蛋白质的比例应该被提高以便改良它们的营养品质。

(4) 生物强化(biofortifying)作物,具有必需的矿质元素,那常常是人类膳食缺乏的,如铁和锌、维生素和氨基酸(Welch and Graham,2004;White and Broadley,2005;Bekaert et al.,2008;Mayer et al.,2008;Ufaz and Galili,2008;Naqvi et al.,2009;Xu et al.,2009a)。

(5) 改变作物以便生产来源于植株的药物,为发展中国家提供低成本的药物和疫苗(Ma et al.,2005)。

(6) 适应耕作制度:包括针对对照耕作(contrasting cropping)、间作(intercropping)以及可持续的耕作制度的育种(Brummer,2006)。

(7) 更广泛的以及高效的固氮作用:培育的谷物促使更多的固氮微生物在它们的根周围生长以减少氮肥的需要量。

(8) 更有效地利用水分,不管水分供应是充足还是缺乏。

(9) 作物产量的稳定性,通过对天气变动的顺应力(resilience),对多种杂草、害虫和病原菌的联合抗性,以及对各种非生物胁迫(如热、寒冷、干旱、风以及土壤盐渍度、酸性或者铝毒性)的耐受性。

(10) 对光周期和温度不敏感:选择对光周期或者温度不敏感、并且以高的每日生物量总产量为特征的作物品种将允许发展应急耕作方式(contingency cropping pattern)来适应不同的天气。

(11) 植株结构和对机械化耕作的适应性:叶片的数目和位置、茎秆的分枝模式、植株的高度以及要收割的器官的位置对作物生产来说都是重要的,并且常常决定了植株可以被机械收割的程度。

(12) 消除有毒的化合物。

(13) 识别并改良可用作生物质能源和可再生能源的耐寒植物。

(14) 单个作物的多种用途。

(15) 环境友好的以及跨环境稳定的作物。

总之,植物育种有很多育种目标,每个目标可以在一个特定的育种计划中解决。一个成功的育种计划包括一系列的活动,Burton(1981)总结为6个词:变异(variate)、分离(isolate)、评价(evaluate)、杂交(intermate)、繁殖(multiply)以及散发(disseminate)。

1.8　分　子　育　种

　　到 2025 年,全球的人口将超过 70 亿。在这期间随着生物胁迫和非生物胁迫的增加,人均可用的可耕地和灌溉用水将逐年减少。粮食安全(最恰当地定义为从经济的、物质的以及社会的角度能够使用的平衡的膳食和安全的饮水)将受到威胁,要在根除饥饿方面取得成功需要营养的因素和非营养的因素的一套整体处理办法。科学技术在促进和维持"长久的绿色革命"(evergreen revolution)方面可以起非常重要的作用,这种绿色革命导致生产力的长期增加而没有任何相伴的生态学危害(Borlaug,2001;Swaminathan,2007)。植物育种家的目标可以通过将常规育种与各种生物技术的进展相结合来实现(如Damude and Kinney,2008;Xu et al.,2009c)。

　　植物育种可以定义为一门正在发展的科学技术(图 1.2)。在最近的 10 000 年中它已经逐渐地由技艺进化到科学,作为一个古老的技艺开始到现在的基于分子设计的科学。随着分子工具的发展(这将在第 2 章和第 3 章更进一步地讨论),植物育种正在变得更快

基于技艺的育种

收集野生植物做食物
选择野生植物用于栽培
(始于10 000年前)

由商业种子生产企业支持的大规模育种活动
杂交与选择相结合
通过自然选择的进化
(18~19世纪)

孟德尔遗传学
数量遗传学
突变
多倍体
组织培养
(20世纪)

基因克隆和直接转化
基因组学辅助育种
(21世纪以后)

分子植物育种

图 1.2　"植物育种"的演变步骤。随着更复杂的工具的可利用性,植物育种的技艺变成了
基于科学的技术——分子植物育种

速、更容易、更有效和更高效(Phillips，2006)。植物育种家将充分装备创新的方法来鉴定和(或)创造遗传变异，确定与变异有关的基因的遗传特征(位置、功能以及与其他基因和环境的关系)，来认识育种群体的结构，来重组新颖的等位基因或者等位基因组合到特定的品种或者杂交种里，以及来选择具有合乎需要的遗传特征的最好的个体，使它们能够适应各种各样的环境。

现在很容易得到很多植物的序列数据，GenBank 数据库每 15 个月翻一番。超过 20 个植物物种(包括很多重要的作物)正在进行测序(Phillips，2008)。下一个挑战是确定每个基因的功能以及最终确定基因如何相互作用以构成复杂性状的基础。幸好，正在发展 DNA 芯片及其他技术以便同时研究多个基因甚至所有基因的表达。高通量机器人以及生物信息学工具在这方面将起重要的作用。

我们对作物的新了解正在扩展我们利用分子遗传学的能力。例如，我们以前不了解亲缘关系广的物种就它们的基因含量和基因次序而言是多么类似。因为这些物种通常不能杂交，没有办法评价它们的亲缘关系。随着基于 DNA 的分子标记的出现，染色体的广泛遗传作图对于许多物种变得容易实现。我们认识到基因组是高度相似的，这种相似性使我们能够在物种之间预测基因的位置。例如，水稻已经成为禾谷类作物的模式物种或参照物种，因为水稻染色体上的很多基因序列是与其他的禾谷类作物(如玉米、高粱、甘蔗、粟、燕麦、小麦以及大麦)共有的(Xu et al.，2005)。知道了一个模式基因组或参照基因组的全部 DNA 序列以后，就可以根据这个模式基因组来追踪其他基因组的基因或性状。我们已经认识到植物物种之间的差异不是归因于新的基因，而是归因于新的等位基因特化(allelic specification)和互作。

由于当前的植物育种程序的很多基础理论还没有被彻底阐明，只能利用作物遗传学的资料解释植物育种中的遗传增益(genetic gain)现象。例如，在成功的植物育种计划中，遗传基础常常变得更狭窄而不是更宽广。"优良×优良"杂交可能是这些计划中的规则。分子遗传标记已经被广泛地用来鉴定品种和有亲缘关系的物种之间隐藏的和新颖的遗传变异，并且用来提高农艺性状的选择效率以及从不同的遗传背景中聚合基因。

长期的选择程序预计将导致遗传的稳定，但是到目前为止还没有发现这种情况，在长期的选择中仍然可以观察到变异。已经描述了新生变异的若干机制，包括基因内重组(intragenic recombination)、重复元件之间的不等交换、转座子活动、DNA 甲基化以及副突变(paramutation)。植物育种中另一个分子基础还没有弄清楚的重要特性是杂种优势，尽管它是很多种子生产企业的基础。基因组学(特别是转录组学)现在被用来鉴定对提高作物产量负责的杂种优势基因(heterotic gene)。全面的基于数量性状位点的表型鉴定(表型组学)与基因组范围的表达分析相结合，应该有助于鉴定控制杂种优势表现型的位点，进而增进对杂种优势在进化和作物驯化中作用的理解(Lippman and Zamir，2007)，最终使对杂交种表现的预测成为可能。

信使 RNA 转录本分布型(transcript profiling)是功能基因组学应用于植物育种的一个显然的候选者。虽然利用微阵列或者实时 PCR 在基因转录水平上进行直接选择可能是一个长期目标，其他的基因组学工具可用于实现短期的目标，具有更多的实际应用(Crosbie et al.，2006)。现在，作物的遗传修饰涉及分子生物学、细胞和组织培养以及遗传学/育种的结合。通过细胞的和分子的手段转移基因将增大可利用的基因库,并导致植物的第二代生物技术产品,如那些具有改进的油分、蛋白质、维生素或者微量营养元素含量或者那些已经被改造来生产化合物的植物,这些化合物可以被用作疫苗或者抗致癌物。

　　虽然所有这些新的技术革新已经是可以利用的,但是实际的植物育种仍然是以杂交和选择为基础,基本程序没有多少变化。需要对遗传变异和环境变异如何改变产量及其组成的机制有更彻底的了解,以便能够确定特定的数量目标和质量目标。为了达到这个目的,植物基因组学(包括各种组学)的专门知识、生理学和农学以及植物模拟试验技术(plant modelling technique)必须结合起来(Wollenweber et al.,2005),很多逻辑的和遗传的限制因素也需要解决(Xu and Crouch,2008)。

(陈建国 译,华金平 校)

第2章 分子育种工具:标记和图谱

2.1 遗传标记

在传统植物育种中,遗传变异通常通过目测选择进行鉴定。然而,随着分子生物学的发展,遗传变异可以通过基于DNA的变化及其对表型影响从分子水平上进行鉴定。利用许多已用于标签和扩增DNA,并能显示出个体之间DNA变异的技术,DNA分子变化能得以识别。一旦从植株或它们的种子中提取出DNA,样品的变异就可以通过聚合酶链反应(PCR)或DNA杂交,基于它们的片段大小、化学构成和带电量,结合聚丙烯酰胺凝胶电泳(PAGE)或毛细管电泳(CE)鉴定出样品中的变异。遗传标记可以用来标记和追踪DNA样品中的变异。

遗传标记是等位基因形式决定的生物学特性,并可以作为实验探针或标签记录一个生物个体、组织、细胞、细胞核、染色体或一个基因。在经典遗传学中,遗传多态性代表等位基因的变异;在现代遗传学中,遗传多态性是全基因组水平上任何遗传位点的相对差异。遗传标记有助于遗传和变异的研究。

理想的遗传标记符合下列条件:①遗传多态性高;②共显性(可以区分纯合子和杂合子);③明确区分等位基因(比较容易地鉴定不同的等位基因);④全基因组均匀分布;⑤中性选择(没有基因多效性效应);⑥容易检测(以便整个程序自动化);⑦标记开发和基因型鉴定的成本低;⑧可重复性高(以便于数据在不同实验室之间积累和分享)。

大部分分子标记属于所谓的无名DNA标记类型,一般可以鉴定明显的中性DNA变异。合适的DNA标记代表DNA水平的遗传多态性,并可以在不同的组织、器官、发育阶段和不同环境表达一致;它们的数量应该是无限的;具有中性的自然多态性;这些标记应该是中性的,不影响目标性状的表达;最后,大部分的DNA标记应该是共显性的,或者可以转化为共显性标记。

表2.1列出了当前可用的主要分子标记技术。本节只对广泛使用的具有代表性的标记类型进行讨论。图2.1显示了几个主要分子标记的分子机制和基于限制性位点或PCR扩增位点的突变、插入、缺失或通过改变限制性位点或PCR扩增位点之间的重复单元数或通过核苷酸突变产生单核苷酸多态性(SNP)的遗传多态性。有几篇全面的综述覆盖了所有重要的DNA分子标记,如Reiter(2001)、Avise(2004)、Mohler和Schwarz(2005)、Falque和Santoni(2007)。有关DNA分子标记在遗传学和育种中应用的更详尽的信息详见Lorz和Wenzel(2005)。本节我们简短回顾经典标记之后,将对DNA分子标记进行更详尽的介绍。

表 2.1　DNA 分子标记及相关的主要分子技术

基于 Southern 杂交的标记	基于重复序列的标记
限制性片段长度多态性(RFLP)	卫星 DNA[含有几百碱基对(bp)到 1000bp 的重复单位]
单链构象多态性 RFLP(SSCP-RFLP)	微卫星 DNA(重复单元含有 2~5bp)
变性梯度凝胶电泳多态性(DGGE-RFLP)	小卫星 DNA(重复单元含有超过 5bp)
基于 PCR 的标记	简单重复序列(SSR)或简单序列长度多态性(SSLP)
随机扩增多态性 DNA(RAPD)	短重复序列(SRS)
序列标签位点(STS)	串联重复序列(TRS)
序列特征扩增区(SCAR)	mRNA 为基础的标记
随机引物 PCR(RP-PCR)	差异显示(DD)
任意引物 PCR(AP-PCR)	反转录聚合酶链反应(RT-PCR)
寡核苷酸引物 PCR(OP-PCR)	差异显示反转录 PCR(DDRT-PCR)
单链构象多态性 PCR(SSCP-PCR)	代表性差异分析(RDA)
小寡核苷酸的 DNA 分析(SODA)	表达序列标签(EST)
DNA 扩增印迹(DAF)	序列的目标位点(STS)
扩增片段长度多态性(AFLP)	基因表达序列分析(SAGE)
序列相关扩增多态性(SRAP)	单核苷酸多态性为基础的标记
目标区域扩增多态性(TRAP)	单核苷酸多态性(SNP)
插入/缺失多态性(Indel)	

2.1.1　经典标记

形态标记

19 世纪后半叶,孟德尔通过对豌豆的研究,提出了两个基本的遗传定律,后来称为孟德尔分离定律和独立分配定律。孟德尔选择特定性状上具有差异的单株作为亲本进行杂交育种试验,测定杂交后代特定性状的表型。术语"表型"(来源于希腊语)的字面含意是"显示的形式",已被遗传学家和育种家使用。孟德尔研究使用了豌豆 7 对具有明显差异的表型性状,包括圆滑种子与皱缩种子、黄色种子与绿色种子、紫色花瓣与白色花瓣、平滑豆荚与皱缩豆荚、绿色豆荚与黄色豆荚、侧枝与顶枝花、长茎与短茎。由豌豆杂交构建的 F_2、回交分离群体依据它们的表型可以明显地分为两组。这些差异明显的形态表型性状是所有遗传分析的起点,可以利用孟德尔遗传定律将它们定位到特定的染色体上,因此,可以作为基因和特定性状的形态标记。

形态标记代表在表型上可见的差异的遗传多态性,像植株的高矮、颜色的相对差异;对非生物、生物胁迫反应的明显不同,其他特殊形态特性有无的差异。这些大量具有特异形态特性的变异株可由组织培养和突变育种获得。由选择技术获得的这些变异株可以稳定遗传,并能作为形态标记。

一些遗传材料包含一个以上的形态标记,如在水稻的遗传研究中有超过 300 个可以利

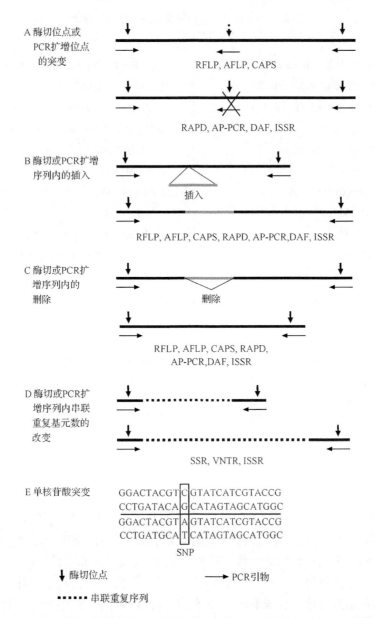

图 2.1　主要 DNA 标记的分子基础。A～E 显示了几种 DNA 标记突变产生的不同方式(在每个图
下部列出);A 中的×表示该突变消除了酶或引物的结合位点;缩略词见表 2.1;VNTR:串联重复单元
变异数目;CAPS:特异 PCR 引物结合 RFLP 产生的分子标记;ISSR:简单重复序列间标记

用的形态标记(Khush,1987),功能基因组研究正在创造更多的形态标记。许多植物的形
态标记有专门的数据库或文献可以查询到,如番茄(http://www. plantpath. wisc. edu/
GeminivirusResistantTomatoes/MERC/Tomato/Tomato. html)、玉米 (Neuffer et al. ,1997)
和豌豆 (Palmer and Shoemaker,1998)。许多形态标记和其他农艺性状连锁。
　　形态标记通常通过经典的两点或三点测验定位。连锁群的构建、标记的顺序和任意
两两标记之间的距离是通过它们的重组率计算获得的。在许多作物中,已经用形态标记

构建了较高密度的遗传连锁图谱,这些遗传图谱为诸多生理和生化性状的遗传定位提供了最基本的信息。

　　然而,由于具有明显差异的形态标记数量的限制,很难构建较为饱和的遗传图谱。另外,许多形态标记具有有害的效应,一些标记受环境、发育阶段的影响,当这些标记用来进行遗传和育种研究时,存在许多潜在的问题。

细胞学标记

　　通过研究不同物种染色体的形态、数目和结构,可以发现特定的细胞遗传学特征,如各类非整倍体、染色体结构变异和异常染色体变异类型。这些特性可以用作遗传标记,把其他基因定位在染色体上,并确定它们之间的相对位置,或通过对染色体的操作进行遗传作图,如染色体置换。

　　染色体结构特征通常以染色体核型和带型显示。带型特征是指染色体经特殊染色显带后,带的颜色深浅、宽窄和位置顺序等,由此揭示常染色质和异染色质在染色体上的分布差异。Q 带(用盐酸喹吖因制得)、G 带(用 Giemsa 染色)和 R 带(改良 Giemsa 染色),这些染色体标记不仅可以鉴定正常的染色体,还可以检测染色体的突变。

　　细胞学标记已经被广泛用于鉴定特定染色体的连锁群和物理作图。然而,由于这种标记数量和分辨率的限制,很大程度上限制了在遗传多样性分析、遗传作图、分子标记辅助选择(MAS)方面的应用。

蛋白质标记

　　同工酶是一种酶结构变异体,它与原酶在分子质量及电场中的迁移率不同,与原酶具有相同的催化能力。电泳迁移率的不同是由氨基酸替换导致的点突变引起的,同工酶是不同的等位基因产物的差异,而不是不同基因之间的差异。因此,同工酶可以定位在染色体上,它可以作为标记定位其他基因。同工酶标记是基于它们的生化特性,因此,这种标记也被称为生化标记或蛋白质标记。

　　然而,同工酶作为标记是很有局限性的。例如,在植物中已经鉴定的大约 100 个位点存在 57 种同工酶(Vallegos and Chase,1991)。但是,对于一些特定的物种,只有 10～20 种同工酶。因此,作为标记,它们不能构建较为完整的遗传图谱。另外,每一种酶只能用特定的染色方法鉴定,这也限制了它们的实际应用。

2.1.2　DNA 标记

RFLP

　　Botstein 等(1980)首次将 DNA 限制性片段长度多态性(RFLP)应用在人类连锁图谱上,开创了 DNA 多态性作为标记利用的先河。众所周知,所有生物体的基因组在DNA 水平上都有许多中性变异位点,这些中性变异位点没有任何表型效应。在某些情况下,一个中性突变位点也就是一个基因中或基因之间的单核苷酸差异;在另一些情况下,这些中性突变代表基因之间存在的数目可变的串联重复序列"垃圾 DNA"的位点。

RFLP 标记的开发加快了很多生物分子连锁图谱的构建,提高了基因定位的精度,减少了构建全基因组连锁图谱的时间。

　　RFLP 片段的产生是用限制性内切核酸酶(简称限制酶)切割纯化后的 DNA,酶切识别位点通常具有 4~8 个碱基对。对一个特定的单株来说,酶切后产生的印迹是特异的。假如碱基在全基因组是随机分布的,一个 6 个碱基识别位点的限制酶,将平均每隔 4096 (4^6)个碱基对切割一次。一个具有 10^9 碱基对的基因组经酶切后,将产生大约 250 000 个可变长度的限制性切割片段。如此大量的全基因组酶切片段经凝胶电泳分离后,将产生一个连续的弥散图像。不同单株之间产生的同质的特异片段,很可能是等位基因的特异片段,只有通过 Southern 杂交技术用分子探针才能将它们分离(Southern, 1975)。RFLP 分析包括如下步骤(图 2.2)。

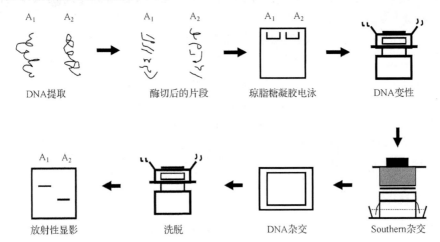

图 2.2　从 DNA 抽提到放射性显影的 RFLP 流程图(改自 Xu and Zhu, 1994)

　　(1) DNA 提取:从含目标基因型的单株中提取足够多的 DNA(亲本和分离群体,种质材料等),并纯化为相当严格的纯度,因为污染物经常影响限制酶的活性,并抑制其消化 DNA 的能力。

　　(2) 限制性消化:将限制酶加入含有缓冲液的全基因组 DNA 溶液中。限制酶将切割全基因组 DNA 的识别位点,产生数以千计的酶切片段。

　　(3) 凝胶电泳:酶消化产物(限制酶切片段)经琼脂糖凝胶电泳,这时,由于大量酶切片段的存在,在凝胶上可观察到弥散带。

　　(4) 琼脂糖凝胶用 NaOH 溶液变性,随后调至中性。

　　(5) Southern 印迹将 DNA 片段转移到硝化纤维素尼龙膜上。

　　(6) 探针可视化:用目标基因组克隆片段或近缘物种的基因组作为探针,与纤维素膜结合的基因组 DNA 进行杂交。

　　(7) 洗脱纤维素膜以去掉非特异杂交 DNA。

　　(8) 在大部分情况下,片段的长度用放射性检测的方法测定。探针-限制酶组合可以识别两个或多个大小不同的片段。酶切识别片段长度不一就揭示酶切具有多态性。

　　产生限制性切割片段的长度不同是由于:①碱基改变导致切割位点的增加或减少;

②探针定位的限制性片段长度内部发生了插入或缺失。

分子探针是克隆或 PCR 扩增后分离并纯化的 DNA 片段。分子探针可能来源于片段化后的总 DNA,从而包含细胞核或细胞质来源的,编码或非编码,单一或重复序列,也可能是互补 DNA(cDNA)。开发基因组探针的标准程序是用甲基化敏感的酶(如 *Pst*I)酶切消化总 DNA,随后富集单拷贝序列的文库 (Burr et al.,1988)。一般消化后的 DNA用琼脂糖凝胶进行分离,收集 500~2000bp 的 DNA 片段,切割这些片段并克隆到质粒载体(如 pUC18)。消化连接后的质粒,由此,插入的片段大小可以估计而被筛选。用剪切后的总基因组 DNA 进行 Southern 杂交检测插入片段,去筛选单拷贝和低拷贝的序列,消除中等和高拷贝的序列;用限制性内切核酸酶消化后的基因组 DNA 为各基因型样品的RFLP 筛选单拷贝和低拷贝的探针。通常情况下,在具有中等多态性到高多态性的物种中,用 2~4 个含有 6 个核苷酸的识别位点的限制性内切核酸酶进行测试。*Eco*RI、*Eco*RV 和 *Hind*III 这类限制酶被广泛使用;在低多态性的物种中,增加限制性内切核酸酶种类可以增加发现多态性的机会。在植物基因组作图中,对 RFLP 分析的理论和技术已经进行了深入探讨 (Botstein et al.,1980;Tanksley et al.,1988)。

大部分 RFLP 标记具有共显性和位点特异性。RFLP 基因型分析具有高度可重复性且方法简单,没有特别的仪器设备要求。高通量的标记可由 RFLP 探针序列开发而来,如切割扩增多态性序列(CAPS)或插入/缺失标记(indel)。CAPS 技术,也就是所谓的PCR-RFLP,用一个或几个限制性内切核酸酶消化 PCR 扩增片段,通过有或无限制性位点来检测多态性(Konieczny and Ausubel,1993)。

对比较作图和共线性作图来说,RFLP 标记是一个强有力的工具。然而,由于 RFLP分析要求大量的高质量的 DNA 和具有较低通量的基因型分析能力,很难实现自动化。大部分的基因型分析涉及放射性方法的使用,使得这种标记局限在特定的实验室。RFLP 探针必须低温保存,因此,很难在不同的实验室之间共享。另外,RFLP 的水平是相对低的,如何挑选具有多态性的亲本材料是构建 RFLP 图谱的限制性因素。

RAPD

Williams 等(1990) 及 Welsh 和 McClelland (1990) 分别提出了应用单链、随机寡核苷酸序列作为引物,在较低退火温度(35~45℃)下连续扩增几个不同长度的 DNA 片段,分别称为随机扩增 DNA 多态性(RAPD)和任意引物 PCR(AP-PCR)。另一个与此相似的技术是 DNA 扩增印迹(DAF)(Caetano-Anollés et al.,1991)。这些方法之间的差别在于引物长度、对扩增条件的要求和分离、检测扩增片段方法的不同。它们都可用来区分RAPD。

RAPD 的原理是用一个较短的引物,通常是 10 核苷酸的随机序列,扩增所研究材料的基因组 DNA。引物序列与复杂模板 DNA 上的互补序列(或者包括少量的错配碱基)结合扩增片段,这就意味着 PCR 扩增的片段取决于引物和目标基因组的长度和大小。通常使用不同 GC 含量的 10 碱基寡核苷酸引物(GC 含量为 40%~100%)。如果在一个模板 DNA(至少 3000bp)上有两个相似的与引物结合的位点,且方向相反,则能与引物很好结合,PCR 扩增就能顺利进行。扩增的产物(最高可达 3000bp)通常用琼脂糖凝胶电泳分离,用溴化乙锭染色观察。用含有 10 个寡核苷酸的引物,通常可以扩增几个片段长度不同的产物,这被认为源于不同的遗传位点。多态性来源于引物结合位点或位点之间的序列的突变或重排,用琼脂糖凝胶电泳分离后显示为有或无 RAPD 谱带。RAPD 大部分是显性标记,但借助详尽的系谱信息有时也可以鉴定同源等位基因组合。

　　RAPD 标记有许多优点,并因此被广泛应用 (Karp and Edwards, 1997):①RAPD 引物设计既不需要 DNA 探针,也不需要序列的信息;②RAPD 扩增程序不涉及 DNA 杂交及其相关步骤,该技术快捷、简单和高效;③RAPD 标记技术只需要少量的 DNA(大约每反应需要 10ng 模板 DNA),并且整个程序可以自动化,与 RFLP 标记相比,RAPD 能检测到更高的多态性;④标记的开发没有要求,对仅初步研究的任何生物都适用;⑤标记具有通用性,一组引物可以适用于任何物种。另外,RAPD 扩增的产物可以克隆、测序,转化为其他类型的标记,像序列标签位点(STS)、序列特异扩增区域(SCAR)标记等。

　　重复性影响 RAPD 带谱在不同实验室、不同样品及试验之间的比较,也影响 RAPD 标记信息能否积累和共享。由于频繁发现 RAPD 扩增总谱带和特异谱带的不稳定性,使得这类标记经常被修正。Pérez 等(1998)重复研究了这类标记,错配率高达 60%。下列几个因素是影响 RAPD 谱带的数量、规模和强度的主要原因,包括 PCR 缓冲液、dNTP、镁离子浓度、循环参数、*Taq* 酶的来源、模板 DNA 的质量和浓度及引物的浓度。由于操作者的原因,RAPD 可能获得不同的结果;同一样品在不同次 PCR 运行时,也会产生不同的结果。为了避免这些问题,必须时刻注意以下几点:①模板 DNA 浓度影响谱带数量;②镁离子浓度及 *Taq* 酶供应商提供的缓冲液是否含有镁离子影响 RAPD 带谱的稳定性;③*Taq* 酶有不同的来源,从不同供应商获得的 *Taq* 酶其扩增结果不一样;④不同的循环参数与温度在 PCR 中同等重要,由于 PCR 仪器型号的不同和 PCR 反应管壁的厚度不一,使得相同的扩增循环数和退火温度结果不一样。

　　一般来说,如果 PCR 扩增不成功,可能的原因是模板 DNA、引物、*Taq* 酶或反应条件等问题。起初 PCR 试验时,一个重要的工作是要按照相同的条件重新扩增一次,以保证不是因为上述简单错误导致扩增失败。另外,建议在试验中设置正对照、负对照。正对照是确认能很好地扩增 DNA 模板,以保证所有的试剂都加进去并能参与反应;负对照是没有 DNA 模板,以查看试剂是否有污染。大部分情况下,如果 PCR 扩增不成功,并且不知道是什么原因造成的,把所有的试剂换成新的重新做实验是值得的。细心的实验操作证明可以提高实验结果的可重复性,Taberner 等(1997)报道了 3422 条电泳谱带,有 3396 条可以重复,成功率达 99.2%。

　　另外,低重复性是影响 RAPD 标记使用的限制因素,特别是在正在进行的遗传和育种项目中,因为 RAPD 积累的信息、标记和标记数据需要能在不同的实验室或实验之间共享。在独立而不依赖数据共享或积累的遗传多样性及系统发育研究中,RAPD 标记仍然有重要的应用价值。因为 RAPD 标记可以转化为其他类型的标记,在一些标记有限不能覆盖全基因组的作物中,RAPD 标记对目标标记的开发有着独特的作用。

　　为了克服 RAPD 分析的相关问题,Paran 和 Michelmore (1993) 将 RAPD 扩增片段转化为简单而又实用的 SCAR 标记。SCAR 标记增加了 RAPD 标记的可重复性,也避免了相等分子质量非同源标记的出现。这些特定的标记是通过测序 RAPD 带(具有多态性），在原有 10 碱基引物的基础上增加 10～15 碱基以便只扩增目标区域而设计成的。一般情况下，可以从琼脂糖凝胶中分离 DNA，克隆和测序产生新的起始 DNA 模板去开发许多 PCR 为基础的标记。克隆、测序的 DNA 片段可以用来开发 CAP 标记、单链构象多态性（SSCP）标记或 SNP 标记。

AFLP

扩增片段长度多态性（AFLP）（Zabeau and Voss，1993；Vos et al.，1995）是基于选择性扩增双限制性内切核酸酶酶切总基因组 DNA 片段，也就是说，是限制性内切核酸酶酶切多态性和随机引物扩增的组合。因此，AFLP 也被称为选择性酶切片段扩增（SR-FA）。它由荷兰 Keygene 公司开发并最先应用于植物改良中且申请了专利。AFLP 技术结合了 RFLP 的强项和 PCR 的灵活性优点，提供了一个通用的、多位点标记技术，可以应用于任何来源复杂的基因组。这种方法基于选择性地扩增消化/连接后的基因组或 cDNA 模板，用聚丙烯酰胺凝胶电泳分离鉴定 AFLP 谱带，包括酶切-连接，预扩增和选择性扩增（图 2.3）。首先用能产生黏性末端的一个或几个限制酶，将纯化后基因组 DNA 切割成分子质量大小不等的限制性片段，即 6 碱基限制酶（EcoRI、PstI 和 HindIII）和 4 碱基识别酶（MseI、TaqI）。用 T4 连接酶连接接头（接头是 18～20 碱基对，其序列已知并可以与酶切片段的末端严格互补）和酶切片段，用接头特异序列设计的引物扩增 DNA 模板，产生一组大小不等的片段（大约 1000bp）。所形成带接头的特异片段用作随后的 PCR 反应的模板。所用的 PCR 引物 5′端与接头和酶切位点序列互补，3′端在酶切位点后增加 1～3 个选择性碱基，使得只有一定比例的限制性酶切片段被选择性地扩增。由于引物的末端用放射性元素标记，扩增的产物（50～400bp）经变性聚丙烯酰胺凝胶电泳分离后可以直接观察多态性（片段长度的变化）。

AFLP 标记引物包含一个人工合成的接头序列、限制酶识别序列和一个随机选择序列（典型的随机选择序列有一个、两个或三个核苷酸）。第一步，用两个限制酶完全酶切消化 500ng 的基因组 DNA，一个内切酶是 4 碱基识别序列，另一个是稀少识别序列（6bp 识别序列）。然后将寡核苷酸接头连接到消化后的限制性酶切片段末端，接头和限制酶识别序列共同作为引物的识别序列。引物中的一个和稀少限制酶的识别序列互补，另一个和较多限制酶识别序列的识别序列互补。这样，只有经两种限制酶酶切后的片段才能有效扩增。设计的引物序列包括已知的接头序列和 1～3 个选择性核苷酸序列，选择性碱基与限制性酶切片段末端互补，酶切后的片段只有与选择性碱基匹配互补才能有效扩增，不能与选择性碱基匹配互补的酶切后的片段将不能扩增，这样，使得只有一定比例的限制性片段被选择性地扩增。引物上选择性碱基将逐渐扩增所有的限制酶组合消化酶切后的片段，获得一系列适合基因型分析的选择性扩增片段。AFLP 多元分析的因素的多种组分包括：AFLP 引物组合引物的选择性碱基数、选择性碱基、GC 含量、基因组的大小和复杂性。一般来说，对较小基因组的物种（$1 \times 10^8 \sim 5 \times 10^8$ bp），如拟南芥（1×10^8 bp）和水稻（4×10^8 bp）应使用含有 2 个选择性碱基的引物。对于较大基因组的物种（$5 \times 10^8 \sim 6 \times 10^9$ bp），如玉米、豌豆、向日葵和许多其他的物种应使用含有 3 个选择性碱基的引物。理论上，有几十对识别四碱基、六碱基的限制酶组合和大量的选择性碱基组合去开发设计引

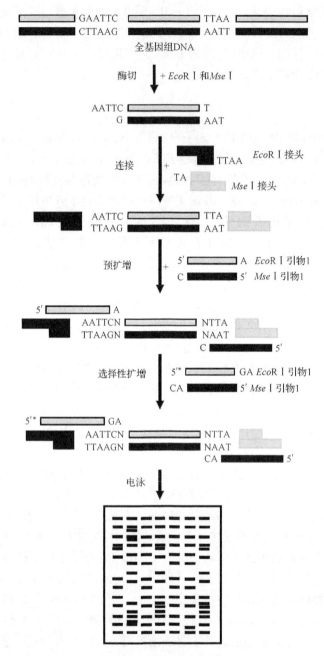

图 2.3　AFLP标记流程图。接头DNA＝短双链DNA分子,长度为18～20bp,代表两种分子类型的混合。每一种类型相比于一个限制性内切核酸酶产生的DNA末端,预扩增使用选择性引物,其中包含一个接头序列在3′端加上一个或两个随机碱基去扩增基因组片段。选择性扩增的引物是在预扩增引物的3′端加上一个或两个随机碱基。＊表示选择性扩增的一个引物的5′端附上标记以检测扩增的片段

物。Falque和Santoni(2007)研究表明,这种酶切-扩增组合几乎是无限的。

产物经变性聚丙烯酰胺凝胶电泳来分离,AFLP扩增片段的谱带数取决于采用的限

制酶及引物 3′端选择碱基的种类、数目。较好的 AFLP 扩增片段的大小为 50～150bp。对 AFLP 标记的一个主要的改良是，将引物末端的放射性元素标记改为荧光染料标记，经凝胶或毛细管分离后检测扩增的片段，这样，荧光染料标记后的扩增片段经凝胶或毛细管分离后形成一个电泳谱带，增强了对扩增结果的分析能力（Schwarz et al.，2000）。

　　一般来说，AFLP 分析只用较少的 DNA 样品就可以进行（每株提取 1～100ng DNA）。AFLP 有非常多的酶切-选择性扩增组合、很有效的基因型分析能力和在不同的实验室之间高度的重复性，这样"现货供应"的技术对没有正式的标记开发要求的任何物种都适合，另外，一组引物可以适用于任何物种。然而，AFLP 标记也有不足之处：①对任何双等位基因标记来说，最大的多态性信息含量只有 0.5；②限制酶酶切需要高质量的基因组 DNA，现在还没有适合 AFLP 分析的基因组 DNA 的快速提取方法；③分析杂合子和纯合子需要专有的技术，否则，AFLP 只是显性分析；④对较大基因组的物种来说，AFLP 标记往往聚集在染色体的着丝粒区域，如大麦（Qi et al.，1998）和向日葵（Gedil et al.，2001）；⑤开发单一片段特定位点标记比较困难；⑥AFLP 标记筛选需要优化引物特异性和组合，否则，只能采用"现货供应"技术；⑦在放射性标记及操作方面有相当高的技术要求；⑧标记开发复杂且效率不高；⑨与 RFLP 和 SSR 标记相比，AFLP 标记重复性相当低，但比 RAPD 好。由于在不同的实验室和实验之间不可避免地存在假阳性、假阴性和凝胶背景问题，并非所有的谱带都有可比性。

　　修订的 AFLP 技术其中一个引物是从已知的多拷贝序列开发的，可以用来检测序列特异扩增多态性。这种技术在大麦（Waugh et al.，1997）及二倍体燕麦（Yu and Wise，2000）中已成功地用于开发全基因组 Bare-1 反转录转座子标记，在苜蓿中利用 Tms1 反转录转座子的长末端重复序列开发的标记也使用了这种技术（Porceddu et al.，2002）。cDNA-AFLP 技术（Bachem et al.，1996）是按照标准的 AFLP 方法以 cDNA 为模板分析特异抗性的特定染色体区域基因差异表达的转录本和构建全基因组转录图谱（Mohler and Schwarz，2005）。另外，有几个基于限制酶修改后的 AFLP 技术，像单限制酶（$MspI$）AFLP 技术（Boumedine and Rodolakis，1998）、3-限制酶 AFLP 技术（Wurff et al.，2000）和二次酶切 AFLP 技术（Knoxand Ellis，2001）。AFLP 检测技术的修改包括用硝酸银染色替代放射性元素显影、荧光染料 AFLP 和单限制酶 AFLP 用琼脂糖凝胶。最近的研究已经讨论了特定的 AFLP 技术领域，包括与其他基因型分析方法的比较，像评估错误、非同源相似、系统发育信号和适当的分析技术。Meudt 和 Clarke（2007）对这些领域进行了整合，并探讨了 AFLP 技术在基因组时代的新方向。

　　SSR

　　微卫星，也就是 SSR、短基元重复（STR）或者序列标签微卫星位点（STMS），是 1～6 个核苷酸为基元的重复序列。2 个、3 个和 4 个核苷酸的重复序列，如$(CA)_n$、$(AAT)_n$ 和 $(GATA)_n$广泛分布于植物和动物的基因组（Tautz and Renz，1984）。微卫星位点最重要的贡献在于它们高水平的等位基因变异，作为遗传标记具有重要的价值，由 SSR 基元两侧独特的序列为通过 PCR 扩增 SSR 等位基因的特异引物设计提供了模板。像提到的简单序列长度多态性（SSLP）一样，SSR 涉及构成微卫星序列的重复单位数目。每个世代中每个等位基因 SSR 的突变率为 $4 \times 10^4 \sim 5 \times 10^6$(Primmer et al. ,1996)。微卫星最主要的突变机制是滑链错配(Levinson and Gutman,1987)。DNA 合成期间,微卫星序列内发生滑链错配时,导致增加或缺失一个或更多的重复单元,这取决于新合成的 DNA 链或模板链是否环突出来。两条链环突出来的相对倾向似乎部分取决于与微卫星阵列互补的合成链序列,部分取决于环突是发生在前导链(连续 DNA 合成)还是后滞链(非连续DNA 合成)(Freudenreich et al. ,1997)。SSR 位点由 SSR 两侧特异的序列设计的引物用PCR 扩增而来。

微卫星可由数据库中的序列或克隆文库中的序列搜索而来。假如没有可利用的序列,微卫星标记可由以下步骤开发:构建富集或不太富集小插入的克隆文库;用标记的oligo 序列(带有目标 SSR 序列)杂交筛选文库;测序阳性克隆;在 SSR 基元两侧单拷贝区设计引物,扩增的序列长度为 50～350bp;用聚丙烯酰胺凝胶电泳分离鉴定扩增片段的多态性。对于复合 PCR,设计的引物应具有相似的解链温度(T_m)和一系列预期的扩增片段大小,以便在电泳凝胶上得到互不重叠的标记群。

在水稻中,用栽培品种 IR36 基于 300～800bp 范围内的大小片段构建了酶切消化文库(Chen et al. ,1997)和物理剪切文库(Panaud et al. ,1996)。用菌斑及菌落杂交的方法从这些文库中筛选$(GA)_n$ 微卫星。当微卫星序列太靠近克隆点以至于很难精确地设计引物,也难以确定哪一端优先测序时,使用预测序筛选消除这种情况,基本的步骤包括:①插入克隆的 PCR 扩增及测序前扩增片段大小的测定,弃去过大或过小的插入克隆;②挑选测序的克隆和搜索 SSR;③对含有重复基元内的序列,用序列比对软件进行聚类和比对,以去掉重复的序列;④针对非冗余 SSR 侧翼单拷贝区域设计 SSR 的寡聚引物;⑤引物测试和 SSR 长度多态性的基因型分析。

一个可选的设计 SSR 引物的数据源是利用表达序列标签(EST)和其他的序列数据库(如 Kantety et al. ,2002)。用 BLAST 搜索引擎(见简单重复序列在线搜索工具 www.gramene. org)和可获得基因组或 EST 序列可以进行 SSR 计算识别。用这种方法在水稻中开发了 2414 对 2-、3-、4-基元重复的 SSR 引物,可以扩增 2240 个遗传位点 (McCouch et al. ,2002)。从 GenBank 数据库中选出同时含有 SSR 基元的序列(大于 24bp)及其任一侧大约 100bp 的序列,引物可以自动设计完成,设计的引物包含 18～24 个核苷酸,没有二级结构和连续的单核苷酸,GC 含量大约在 50%(退火温度大约是 60℃),3′端富含 G或者 C 的序列。用电子 PCR(e-PCR)的方法,将设计的 SSR 引物与水稻公共 BAC 数据库和 PAC 数据库的 3284 个克隆(大约代表水稻基因组的 83%)进行比对,65% 的 SSR 引物与 BAC 数据库和 PAC 数据库中的克隆相匹配,至少含有一个遗传作图标记,可以进行标记作图。基于遗传作图的更多信息和"最近标记"信息提供了定位水稻染色体总共1825 个标记图谱的基础。

相对于文库测序设计的 SSR 引物,基于 EST 数据库设计的 EST-SSR 引物具有较低的多态性,因为编码区域的序列比较保守(Scott,2001)。然而,与未知基因区域获得SSR 引物的低效率相比,从基因组表达部分获得的 SSR 标记更具有在不同物种间的通用性(Peakall et al. ,1998)。在植物研究中,这种方法所需的材料和费用是最少的。

一旦植物基因组被测序,通过在线数据库获得的信息可以轻松地获得全基因组所有的 SSR 引物。举个例子：国际水稻基因组测序项目鉴定了 18 828 个 2-、3-、4-核苷酸基元的 SSR 序列，它们在长度上超过 20bp，利用两端的保守序列设计了 SSR 引物供水稻研究使用（IRGSP，2005）。这些 SSR 引物相对于其他标记在水稻物理图谱上的定位可以通过在线查询（http：//www. gramene. org/Oryza_sativa_japonica/index. html）。

　　通常用 SSR 引物分析基因型的方法是通过变性或非变性聚丙烯酰胺凝胶电泳分析 PCR 产物，用放射性标记或印染方法鉴定（尽管有时用琼脂糖凝胶电泳分离，用 EB 染色显影也是可行的），这些分析通常可以分辨 2～4 碱基的差异。

　　半自动化的 SSR 基因型分析可由 DNA 测序仪分析具荧光标记的 PCR 扩增产物进行（如 Applied Biosystems 和 Li-Cor）（图 2.4）。荧光标记 SSR 基因型分析的一个缺点是荧光标记引物的费用较高。SSR 长度多态性也可用非变性高压液态套色板进行分析（HPLC），由重复基元数不同引起的 SSR 等位基因的差异在琼脂糖凝胶上就可以鉴定。

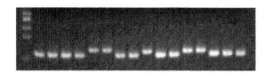

用琼脂糖凝胶进行SSR基因型分析

用PAGE凝胶进行SSR基因型分析

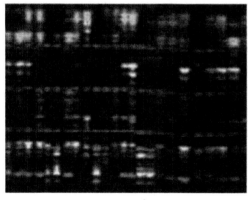

半自动化的SSR基因型分析

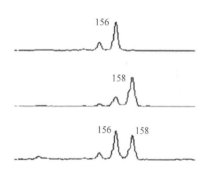

用荧光标记的全自动SSR基因型分析

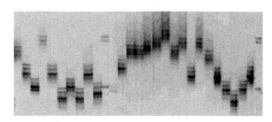

"结巴"带和多等位基因

图 2.4　用 SSR 标记进行基因型分析的例子

　　用聚丙烯酰胺凝胶进行的 SSR 分析通常显示"结巴"的特点，"结巴"是由 DNA 聚合酶滑动引起的。通常，最常见的"结巴"带是＋1 和－1 重复（如：＋2 或－2 碱基对代表 2-

核苷酸重复),如果能看见的话,第二常见的"结巴"带是＋2 和－2bp 重复。"结巴"降低了等位基因的分辨率,因此,2-碱基和4-碱基的差异在聚丙烯酰胺凝胶上就无法清晰地鉴别。图 2.4 显示了 SSR 进行基因型分析的例子,包括 SSR 基因型分析的多元技术和"结巴"带。

另外一个噪声源是增加了不完全非模板鸟嘌呤,因此产生了＋A 和－A 的 DNA 片段(Magnuson et al. ,1996)。在反向引物的 5′端增加一个"猪尾巴"序列(如 GTCTCTT)就促使前导链 3′端腺苷酰作用 (Brownstein et al. ,1996),因此,从根本上消除－A 产物,便产生了更同质化的一组片段。

SSR 标记具有高度可变性、可重复性、共显性、位点特异性和全基因组随机分布特点。另外,据报道,SSR 标记与 RFLP、RAPD 标记相比更具有变异性。SSR 标记的优点是 PCR 分析和聚丙烯酰胺凝胶检测均简便易行。大片段差异的 SSLP 标记也可以在琼脂糖上进行检测。SSR 标记也重复用,既可以通过汇集独立的 PCR 产物,也可通过实时多重 PCR 产物。SSR 标记的基因型分析具有高通量并且可以实现自动化。另外,对手工分析的方法来说,SSR 分析的起始费用是很低的(一旦开发出标记),并且 SSR 分析只需要很少量的 DNA 样品(每单株需 100ng)。

SSR 标记的缺点是需要大量的劳动量,特别是对富含 1 或 2 重复基元的基因组 DNA 文库进行筛选时(尽管 SSR 富集文库可以商业化购买),并且自动化分析时起始费用高。

SNP

单核苷酸多态性或 SNP 是两个 DNA 序列之间的单个核苷酸的差异。根据核苷酸的替代,如颠换(C/T 或 G/A)或转换(C/G、A/T、C/A 或 T/G),对 SNP 标记进行分类。例如,来自两个个体的 DNA 片段序列 AAGCCTA 和 AAGCTTA,包含一个单核苷酸的差异。在这种情况下有两个等位基因分别含有 C 和 T。C/T 颠换在人类的 SNP 标记中占 67%,在植物中也发现具有相似的概率(Edwards et al. ,2007a)。实际上,cDNA (mR-NA)中的单碱基变异认为是 SNP 标记,就如基因组中的插入/缺失(indel)。因为一个核苷酸是遗传上的最小的单元,SNP 标记提供了分子标记的最基本形式。

对于一个变异,被确认为是 SNP 标记,它必须至少在该群体中发生 1%的变异才被认可。SNP 大约占人类遗传变异的 90%,每 100～300bp 就有 1 个。三分之二的 SNP 是胞嘧啶(T)′替换了胸腺嘧啶(C),这已在水稻基因组分析得到证实。已构建好能解释 *Nipponbare*('日本晴'的一个亚种)和'93-11'(印度稻的一个亚种)之间的多态性的数据库,包含 1 703 176 个 SNP 和 479 406 个 indel (Shen et al. ,2004),这相当于在水稻基因组中每 268bp 就有 1 个 SNP。用改良的全基因组鸟枪测序法对粳稻和籼稻水稻的序列进行比对,SNP 变异的频率从编码区 3SNP/kb 到转录因子区域 27.6SNP/kb,也即全基因组的 15SNP/kb 或 1SNP/66bp (Yu et al. , 2005)。基于部分基因组测序信息,很多作物已经显示出 SNP 的频率,包括大麦、豌豆、甘蔗、玉米、木薯和番茄。在植物中,典型的 SNP 频率是每 100～300bp 有 1 个(见 Edwards et al. ,2007a)。

SNP 可能出现在基因的编码区、非编码区,或两个基因之间的区域,在不同的染色体区域,SNP 的频率不同。在拟南芥中,除了染色体上包含很少的转录基因的着丝粒区域之外,发现 SNP 均匀地分布在 5 个染色体上 (Schmid et al. ,2003)。因为遗传密码的冗余性,位于编码区的 SNP 未必改变生成的蛋白质氨基酸的序列。两个产生相同多肽序列的 SNP 定义为同义 SNP,产生不同多肽序列的则定义为非同义 SNP。处于非编码区的 SNP 仍可对基因的拼接、转录因子结合点或非编码 RNA 序列产生作用。在人类基因组已经发现的 300 万~1700 万 SNP 中,5% 的 SNP 产生在基因内部。因此,每个基因大约包含 6 个 SNP。

在包括植物在内的很多物种中,通过各种方法发现新的 SNP,主要归结为 3 大类 (Edwards et al. ,2007b):①*in vitro* 法,该方法中有新测序数据产生;②*in silico* 法,该方法依赖已知序列数据的分析;③间接发现,该方法中无需测序多态性碱基序列。另外,基于等位基因的分辨和检测平台的不同,已经建立了各种不同的 SNP 检测方法和化学方法。一个比较方便的检测 SNP 的方法是 RFLP(SNP-RFLP)或利用 CAPS 标记技术。如果一个等位基因包含一个限制性内切核酸酶识别的位点,而另一个没有该识别位点,两个等位基因的酶切将产生不同的片段长度。一个简单的程序可以用来分析数据库中的序列信息并鉴定 SNP。一个 DNA 片段的全部碱基序列已经分析过,其中每个 SNP 的碱基可用 A、T、G 和 C 代表时,就可以鉴定 4 个等位基因。

根据分子机制的不同,Sobrino 等(2005)把 SNP 基因型分析方法分为 4 种:等位基因特异性杂交;引物延伸;寡核苷酸连接和侵入裂解,这 4 种方法将在下文详细描述。Chagné 等(2007)在此基础上增加了三种方法,①测序、位点特异性 PCR 扩增和 DNA 构象方法;②广义的酶解方法,包括侵入检测;③dCAPS 和目标诱导基因组局部损伤。

(1) 等位基因特异性杂交(ASH),也就是所说的等位基因特异性寡核苷酸探针杂交,基于两个 DNA 序列目标区域在某一个核苷酸位置上存在差异的杂交识别的方法 (Wallace et al. , 1979)。用带有一个探针特异荧光标记及一个能降低完整探针荧光的普通猝灭剂的两个等位基因特异性探针来进行等位基因的检测。在扩增邻近 SNP 的序列时,与探针互补的目标序列区域被 *Taq* 酶的 5′端活性区域切割开。荧光染料和猝灭剂的空间分离使得探针特异荧光增强,可以由读盘器检测。

在最适的检测条件下,SNP 可以由两个探针-模板杂交时退火温度的差异检测,因为只有完全匹配的探针与目标区域杂交是稳定的,而带有 1 个错配碱基的杂交不稳定。为了增加 SNP 标记基因型分析的稳定性,探针应该尽可能短。起初,ASH 采用与附着在纤维素膜上的基因组 DNA 或 PCR 扩增片段点杂交的形式,然而,更高级的基于 PCR 的动态等位基因特异杂交(DASH)使用微滴板形式 (Howell et al. ,1999)。因为 PCR 的引物之一的 5′端进行生物素处理,PCR 扩增的产物可以吸附在链霉亲和素固定的微滴膜上,在碱性条件下进行变性。与等位基因互补的寡核苷酸探针添加到单链目标 DNA 序列。溶解曲线的差异可以通过缓慢加热并观察双链特异处荧光染料的变化加以测定。5′端酶切或 TaqMan 分析、分子信标和蝎子(scorpion)分析都是 ASH SNP 基因型分型的例子。使用位点特异性杂交的大规模 SNP 扫描可以在高密度的寡核苷酸芯片上进行。

(2) 引物入侵分析,也称为浮动限制酶检测,是通过三维浮动的限制酶,基于识别位点和切割位点的特异性,这种限制酶是两个相互重叠的寡核苷酸与目标 DNA 完全匹配杂交形成的 (Lyamichev et al. , 1999)。该切割片段是一个标有特异荧光染料的探针,由于与探针猝灭剂的空间分离,切割片段发出荧光。另外,该浮动限制酶在二级反应扩增荧光信号时作为入侵探头(Hall et al.,2000)。Third Wave Technologies 公司(http://www.twt.com)已制造一种用浮动限制酶检测的 Invader assay 试剂盒,可以采用结合寡核苷酸链霉亲和涂层颗粒,在固相状态下检测(Wilkins-Stevens et al.,2001)。

(3) 引物延伸,是一个用来描述微测序、单碱基延伸法或 GOOD 分析的术语(Sauer et al.,2002)。微测序技术是一个专门设计用于 SNP 基因分型的常用方法(Syvänen,1999;Syvänen et al.,1990),该方法构成了许多等位基因检测方法的基础。强力检测已知突变采用寡核苷酸,它能与该 SNP 上游及时退火,然后在测序反应中由一个单一双脱氧三磷酸(ddNTP)延伸扩增。高保真耐高温的 DNA 聚合酶校对,保证只有互补 ddNTP 才能反应。几种检测方法已描述了引物延伸(PEX)产品的检测,最流行的是用有不同荧光染料标记的 ddNTP 终止法。基于电荷耦合相机的 DNA 测序仪器可以比较容易地检测具有不同染料标记的 PEX 产物。

在单碱基延伸(SBE)的情况下,引物与毗邻 SNP 被退火,在多态位点扩增并整合一个 ddNTP。在 SBE 法中,SNaPshot(应用生物系统公司)使用 4 个差异 ddNTP 荧光标记,对整合的核苷酸荧光进行检测。SNP-IT(兰花生物科技公司)也是基于荧光 SBE,使用固相捕获和检测延伸产物。GOOD 试剂盒涉及近 3' 端修饰带电标签的引物,以增加质谱检测的灵敏度。SBE 法的替代方法,包括焦磷酸测序、等位基因特异性引物延伸和扩增阻滞突变系统。PEX 的实时监测依赖于整合的 dNTP 上释放的无机焦磷酸生物荧光的检测(Ahmadian et al.,2000)。

(4) SNP 分型(OLA)寡核苷酸连接试剂盒是基于寡核苷酸在 DNA 模板上与相邻另一个核苷酸杂交时,连接酶共价结合两个两个寡核苷酸的能力(Landegren et al.,1988)。两个引物在连接位点的碱基必须完全配对,以便在 SNP 位点对两个等位基因进行检测。改良的 OLA 利用了一个耐高温的 DNA 连接酶、检测 PCR 模板并利用了双色检测系统。OLA 也给出了另一种技术,即 Padlock 探针(Nilsson et al.,1994),该技术使用寡核苷酸探针,其在目标识别区域结扎成圈后,等温环式扩增。在 Chagné 等(2007)中显示,有些是已发展到使用 OLA 检测 SNP 的变异的几个应用程序,包括 ELISA 盘的比色板分析,连接寡核苷酸的分离,已经在自动测序仪上进行荧光染料的标记,用其中一个绑缚于芯片上的连接探针进行滚环扩增。

检测系统 有若干种检测方法分析每种等位基因差异反应的产物:凝胶电泳、荧光染料激发能量迁移(FRET)、荧光染料偏振、芯片、荧光、大量分光光谱测量、套色板等。图2.5 总结了 SNP 基因型分析中的酶化学反应、多路分离和检测选项。

一般来说,荧光染料是当前最广泛应用的高通量的基因分型的检测方法。荧光染料和许多其他检测系统,包括酶标仪、毛细管电泳和 DNA 阵列等一起使用。另外,荧光检测、质谱和光检测代表了高通量 SNP 分型新技术的应用。

读板仪 现有很多荧光读板仪,可以检测 96 孔或 384 孔荧光染料(Jenkins and Gibson,2002)。大多数模型使用光源和窄带滤光片来选择激发波长和发射波长,使其能够读取半定量稳态荧光强度。这项技术已经应用到 TaqMan、引物入侵(invader)和滚环扩增的基因分型。在增加额外的荧光参数包括偏振、生命周期、时间分辨荧光和 FRET

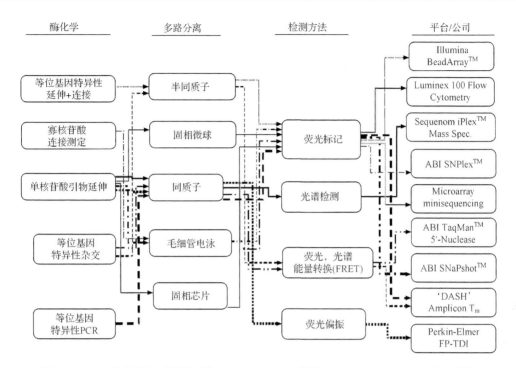

图 2.5 SNP 的化学多元检测系统(Syvanen,2001,获得 Macmillan Publishers 公司授权)

进行检测时,荧光读板仪也是可用的。

DNA 阵列 结合到固体支持物上的寡核苷酸被认为是未来进行高通量的基因分型的检测平台。已经提出了涉及 ASH 的两种不同的方法,即寡聚核苷酸直接探测目标区域和标签阵列,通过与反标签序列杂交捕获液相反应产物。

Affymetrix® 人类全基因组 SNP 阵列 6.0 版具有的特色为:超过 180 万个遗传变异标记,超过 906 600 个 SNP 标记,超过 946 000 个检测拷贝数变异的探针。SNP 阵列 6.0版可高性能、高功效和低成本地进行基因分型(http://www.affymetrix.com)。Luminex公司已经开发出具有特异荧光标记的 100 珠组面板,可以通过流动分析仪来识别。可以利用等位基因特异的寡核苷酸来衍生珠组,构建以珠子为基础的阵列,通过 ASH 进行复合式基因分型。

标签阵列是寡核苷酸的一般组装,它可以用于通过与反标签序列杂交的手段将寡聚探针归类。Affymetrix GeneChip® 是具有 3K、5K、10K 或 25K 构造和包含新颖、生物信息学设计的标签序列,具有最小交叉杂交潜力。

质谱 很多基因型分析技术将两个可选的等位基因位点特异性核苷酸序列整合到一个寡核苷酸探针上。由于固有的 DNA 碱基分子质量的差异,质谱通过测量延伸引物的量来测定哪个变异核苷酸已经被整合,这种方法通过引物延伸的 MALDI-TOF(基质辅助激光解吸-飞行时间)质谱方法已经初步应用到基因分型。MALDI-TOF 在多重 SNP的 PEX 产物方面具有明显的优势。

寡核苷酸的阴离子性质产生低信噪比的信号,特别是较长(大于 40 聚体)片段。通过由 P3′-N5 磷酰胺键酸解特异性切割长探针,以及采用组合方法将探针降解成短片段,降低至一个正电荷或负电荷等方法已解决将这个问题。

光检测　焦磷酸测序包括测序引物与单一链模板链的杂交及随后单 dNTP 的增加。整合一个 dNTP 进入引物释放焦磷酸核苷酸,由此触发一个荧光素酶催化反应。一个 SNP 的基因型由后续增加(和退化)的核苷酸决定。生产的光信号由电荷耦合摄像机检测,每个光信号与增加的核苷酸数成比例 (http://www. pyrosequencing. com),因此,焦磷酸测序技术适于对于多样本 DNA 池基因频率的定量估算。焦磷酸测序技术被证明是一种在多倍体植物基因组,如番茄中的 SNP 基因分型的合适方法,因为所有可能的二元 SNP 等位基因状态都可以进行精细检测 (Rickert et al. ,2002)。

现有多种的 SNP 检测系统,它们在化学反应、检测平台、多重级别及应用等方面有差异,其中的一些将在下面进行讨论。读者也可以参考 Bagge 和 Lübberstedt (2008)以了解更多的信息。

TaqMan® SNP 基因分型检测(Applied Biosystems 公司,美国)是一种单管 PCR 检测,它利用了 AmpliTaq gold® DNA 的 5′端外切酶活性。该检测试剂盒 PCR 引物包括两个感兴趣的 SNP 侧翼的特异位点引物和两个等位基因特异性寡核苷酸 TaqMan 探针。这些探针在 5′端有一个荧光染料(报告染料),和在 3′端具有一个小沟结合剂的非荧光染料猝灭剂。进行 PCR 时,用 5′端外切的 *Taq* 聚合酶活性进行切割,当荧光染料不再猝灭时报告染料将发出荧光,发射出的光的强度可以进行检测。修改后的探针(如核酸锁)、修改后的核酸类似物,均优于标准 TaqMan 探针杂交性能(Kennedy et al. ,2006)。TaqMan 是一种简化试剂盒,因为所有的试剂同时加入 96 孔或 384 孔的微量滴定板上。虽然该试剂盒可以进行单重或双重水平的 SNP,有多个步骤可以进行组装和自动化,使一名实验室技术员每天可获得 10 000 个 SNP 数据点。该平台非常适合转基因生物测试,并使用了大量样本多个标记的 MAS。

SNaPshot 多重检测(Applied Biosystems 公司,美国),是基于微型测序,即应用荧光标记 ddNTP 的单碱基延伸。该系统的多重准备反应混合物解决强大的多重反应 SNP 的 PCR 模板生成问题。将多个 SNP 产物分布在不同的空间来实现 PCR 的复合式分析。这是通过跟踪与非互补的寡核苷酸序列不同长度,在未标记的 SNaPshot 公司引物的 5′端加尾巴获得的。该反应使用 96 孔滴定板可进行 5～10 次复杂反应,用毛细管电泳进行数据检测,一个人每天可以产生超过 10 000 个数据点。SNaPshot 适合于同时对几个性状进行的分子标记辅助育种,假如多个 10 重 SNP 组合使用,它可用于粗略定位和几百个样品及标记的辅助回交。

SNPlex™基因分型系统(Applied Biosystems 公司,美国)使用 OLA/ PCR 技术进行等位基因扩增产物鉴别和连接。为用毛细管电泳进行快速检测,基因型信息编码在一个名为 Zipchute™ Mobility Modifiers 的通用染料标记上。不论选择哪个 SNP,每个 SNPlex™反应都采用同样的 Zipchute™ Mobility Modifiers。该 SNPlex™系统允许同时进行多达 48 个 SNP 基因分型,对单个样本检测的能力高达 15min 4500 个 SNP。这种集成系统提供了具有经济有效、中高通量基因分型,并适合于各种遗传应用,包括指纹、育种、基因定位等,以及针对前景和背景的 MAS。SNaPshot 和 SNPlex 都采用毛细管电泳系统作为基因分型的技术平台,也可为 SSR 进行基因分型。

MassARRAY® IPLEX GOLD(SEQUENOM,美国),结合了单碱基引物延伸反应的简单和强大与 MALDI-TOF 质谱具有的灵敏和精确的优点。它使用一个单一终端混合和所有 SNP 分析采用的普遍反应条件。依据模板序列的引物延伸,在扩增产物之间产生了特异性等位基因质量差异。这些测试在一个 384 板上多达 40 个 SNP,允许每天每台仪器进行高达 15 万基因分型。MassARRAY 非常灵活,适合为每个样品生成或多或少的标记数,因此可用于多种遗传育种计划。

现有两个主要以芯片为基础的高通量基因分型系统,即由 Affymetrix 公司(美国)开发的 DNA 微阵列和 Illumina 公司(美国)开发的高密度生物芯片,两者都提供水平高达数千或更多重反应的检测 (Yan et al.,2009)。随着越来越多的芯片推出,通过外包公司或服务中心用同样一组标记(如指纹)进行大样本数基因分型,将成为实现每个数据点的高效率和低成本的基因分型的选择之一。

SNP 技术展望　基于微阵列的全基因组 SNP 分型技术的障碍是 PCR 扩增步骤,它要求在较大的、多倍体基因组中进行 SNP 分型时降低复杂性,提高分型灵敏度。PCR 获得的复杂性水平和当前的微阵列分型方法不匹配,这使得 PCR 成为 SNP 的限速步骤 (Syvanen,2005)。结合 DNA 扩增反应和 SNP 分型原理,更高的多重微阵列系统已经发展起来了。

在数以十亿碱基构成的植物基因组中,对单碱基变化的鉴定是一个巨大的挑战。PCR 提供了一种降低基因组复杂性、增加 DNA 模板拷贝数达到特异、灵敏地检测单碱基变化的手段。然而,具有 10~20 个扩增子的多重强劲 PCR 分析的设计已经被证明比最初预计的更困难,因为在多元 PCR 中,当反应混合物中包含的引物数增加时,有很多引物之间不期望的相互作用(反应)呈指数增加,这使优先扩增引物二聚体代替了期望得到的 DNA 模板扩增子。多重 PCR 的另一个问题是在扩增子之间,PCR 的效率因序列而不同;多重 PCR 的问题可以通过使用尽可能相似的引物而降低到一定程度;标准 PCR 容易获得的多重 PCR 的水平低于当前产生高密度 DNA 微阵列的技术要求。用当前灵敏度的微阵列扫描仪同时分析一定量的基因组 DNA 需要一个扩增步骤,这个 PCR 扩增步骤使分析复杂化,多个实验步骤需要引入该分析程序中,因此,这是多重 SNP 分型技术的主要障碍。

多样性微阵列技术

多样性微阵列技术(DArT)是一种新兴的 DNA 标记类型,引入了 CAMBIA (http://www. diversity arrays. com)开发的微阵列杂交技术,使得遍布基因组的数百个多态性位点可以同时进行基因型分析 (Jaccoud et al.,2001; Wenzel et al.,2004)。DArT 可以在不同的基因组大小的物种中构建中等大小的遗传连锁图谱。DArT 技术包括两步:产生微阵列和样品的基因型分型。对每一个样品,代表性 DNA 样品通过限制酶消化随后连上接头,基因组的复杂性通过与接头序列互补,另加选择性碱基的引物扩增而得到降低。代表基因库多样性的限制性酶切片段克隆,这就是所谓的"代表性"(通常占基因组的0.1%~10%)。文库中的克隆多态性通过插入随机克隆得到鉴定。插入的克隆用载体的特异引物进行扩增、纯化和排列在固体支持物上(阵列)(图 2.6A)。为了分析一个样品的基因型,样品中的"代表"(DNA)先用荧光素标记并与阵列杂交。随后扫描阵列,检测每个阵列点的杂交信号。通过多重标记,样品中的"代表"DNA 与其他样品或探针形成鲜明的对比(Jaccoud et al. ,2001;http://www. cambia. org;http://www. diversityarrays. com)。多态性的克隆(DArT 标记)显示与不同个体杂交,信号强度不同,这些克隆随后组装到基因型分型的微阵列上,以进行基因型分型(图 2.6B)。

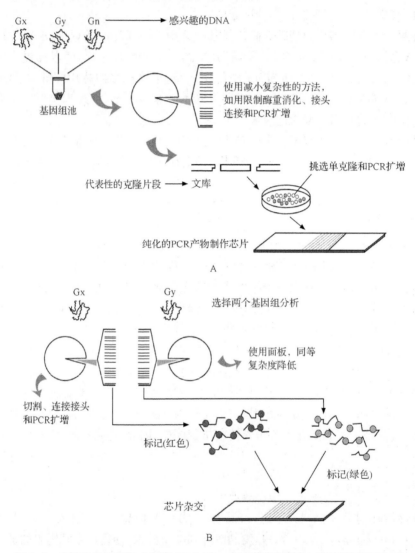

图 2.6　多样性微阵列技术程序 (DArT)。(A)微阵列制备;(B)样品基因分型

　　DArT 标记具有两等位基因的形式,可表现为显性(有或无)和共显性(双剂量或单剂量)。DArT 标记像 Indel 标记一样可以检测单碱基的变化。与当前 RFLP、AFLP、SSR 和 SNP 标记相比,在标记开发、全基因组印迹分析方面,DArT 标记是一个好的替换技术。一个 DArT 分析中可以发现数以百计的高质量标记,实现高通量自动化、成本低廉、序列独立、不需凝胶为基础的技术,免费的软件包 DArTsoft 可以实现数据的自动化抽取和分析。DArT 标记技术的缺点是标记呈显性和技术要求高;也有一个值得考虑的问题

是,在整个基因组上 DArT 标记是否随机分布,因为在大麦中,DArT 标记适度趋于在染色体末梢的低甲基化基因富集区域 (Wenzl et al. , 2006)。

DArT 标记技术在拟南芥、木薯、大麦、水稻、小麦、高粱、黑麦草、番茄和豌豆中已经获得成功的发展,然而在鹰嘴豆、甘蔗、羽扇豆、藜、香蕉和椰子中,DArT 标记技术正在建立中 (http://www. diversityarrays.com)。举个例子:在大麦中已经构建了包含 385 个 DArT 标记、覆盖基因组 1137cM (Wenzl et al. , 2004)。DArT 标记和 AFLP 标记、SSR 标记一起构建到小麦连锁图谱上 (Semagn et al. , 2006)。现在已经获得了包含 1000 个多态性克隆的 DArT 分型微阵列(Xia et al. ,2005)。

基因及功能标记

DNA 标记可以分为随机标记(RM)(就是匿名标记和中性标记)、目标基因标记(GTM)(候选基因标记)和功能标记(FM)(Anderson and Lübberstedt,2003)。RM 标记来源于基因组多态性随机位点,而 GTM 标记来源于基因内的多态性。FM 标记来源于基因内的多态性位点,通常和表型性状的变异关联,因其与性状基因位点及功能性单元 motifs 的连锁而优于 RM 标记 (Anderson and Lübberstedt,2003)。RM 标记的缺点是它们的预测值取决于标记和目标位点等位基因的连锁相 (Lübberstedt et al. , 1998b)。

物种及物种以下水平的遗传多样性,主要是通过基因组随机抽样的遗传变异的分子标记鉴定。对于育种系统的建立、自然群体中基因流的研究和 GenBank 种质资源的遗传结构的测定,与其他标记相比,RM 标记是一个非常有效的工具 (第 5 章;Xu et al. , 2005)。RM 系统仍然是分子标记辅助育种的可选系统 (Xu,2003),然而,生物多样性研究者通常对随机变异不感兴趣,而对影响物种进化潜能或单个基因型表现的变异感兴趣。这样的"功能性"变异可以用数量性状基因座(QTL)定位和连锁不平衡作图的方法获得中性标记标定。作为选择,RM 标记的 DNA 剖析可以作为功能基因组中特异目标遗传变异分析的一项技术。

基因标记

在越来越多的植物中,从许多全长基因、全长 cDNA 克隆获得了大量的 DNA 序列信息,这些信息存放在在线数据库中,包括 EST、基因和 cDNA 克隆在内的序列可以从 GenBank 上下载并能搜索到鉴定的 SSR。这样,可以设计位点特异的 EST-SSR 或基因-SSR 侧翼引物,以扩增基因中包含的微卫星序列。以玉米为例,已经从基因序列中开发的基因-SSR 侧翼引物序列可以在线查询(www. maizeGDB. org)。基因-SSR 与基因组-SSR 相比有很多内在的优点,因为它们可以很快地获得通过电子归类、在基因组的表达区域出现和可以在不同物种间共享(当引物是从更保守的基因区域设计的;Varshney et al. ,2005a)。为大麦和小麦开发的 EST-SSR 标记的潜在用途,已经在小麦、黑麦和水稻的比较作图中获得证实 (Yu et al. ,2004;Varshney et al. ,2005a),这些研究表明 EST-SSR 标记将应用在只有极少量 SSR 或 EST 信息的相关物种中。另外,针对不同物种的遗传及育种研究,基因-SSR 标记是开发具有保守性同源标记的候选。举个例子,一组开发的 12 个大麦 EST-SSR 标记,与 4 个单子叶植物(小麦/玉米/高粱和水稻)和 2 个双子叶植物(拟南芥和苜蓿)具有很大同源性,这些标记具有在不同物种间通用的潜力(Varshney et al. ,2005a)。

Kumpatla 和 Mukopadhyay (2005) 研究了 55 个双子叶物种的 154 万个 EST 序列中 SSR 丰度,结果发现不同物种中包含 SSR 的 EST 频率从 2.65% 到 16.82% 不等,最多的是以两碱基重复的 SSR,其次为三碱基和单碱基重复的 SSR,这为在双子叶的遗传分析和应用开发 SSR 标记中,使用电子 EST 展示出很大的潜力。然而,虽然可以开发很多高质量的 EST-SSR 标记,但与基因组序列开发的 SSR 标记相比,只有很低的多态性(Cho et al. ,2000;Eujayl et al. ,2002;Thiel et al. ,2003)。EST 序列也用来开发 SNP 标记(Picoult-Newberg et al. ,1999;Kota et al. ,2003)。EST 提供了一个在 cDNA 文库检测特异转录本的定量方法,也为基因的发现、表达、作图和基因谱的产生提供了一个强有力的工具。美国国家生物技术信息中心(NCBI)数据库,dbEST 0900409(http://www. ncbi. nlm. nih. gov/dbEST_summary. html)收集了水稻、小麦、大麦、玉米、豌豆、高粱和马铃薯的 EST 序列信息。

可以从转录本和特异的基因中开发出新颖的标记。正如 Gupta 和 Rustgi (2004)所述,这些包括 EST 多态性(用 EST 数据库开发)、保守性的同源基因组标记(通过比较密切相关的物种序列的目标基因组的序列开发)、扩增同源遗传标记(基于模式生物的已知基因)、特定的基因标签(使用基因序列设计引物)、抗性基因同源类似物(旨在确定同源域抗性的引物)、外显子的反转录转座子扩增多态性(与设计结合起来,一个长末端重复序列的反转录转座子的特异引物或引物随机选取针对具有较高的特异性外显子,内含子和已知基因的启动子区域的寡核苷酸)和针对已知基因的外显子、内含子和启动子区域开发具有高度专一性以 PCR 为基础的标记。

目标区域扩增多态性标记(TRAP)是围绕目标候选基因序列,以快速、高效的 PCR 技术为基础,运用生物信息学的工具和 EST 数据库的信息开发的一种高多态性的标记(Hu and Vick, 2003)。TRAP 标记是两个 18 个核苷酸构成的引物标记,两个引物中,一个引物是从 EST 数据库的序列开发的固定引物,另一个是排除了富含 AT-或 GC-核心序列设计的随机引物,因为 AT 或 GC 富集区极易与内含子和外显子退火。TRAP 技术在作物种质资源基因型分析及有益性状的基因标签中有很大的用处。

功能标记　功能标记(FM)是由影响表型变异基因的多态性位点开发的标记。FM 标记的开发要求影响植物表型的基因、等位基因特异序列已经鉴定。在小麦中,有关功能标记的理论和应用研究已有阐述(Bagge et al. ,2007;Bagge and Lübberstedt, 2008)。

FM　功能标记的开发需要功能已经鉴定的具有多态性的,其功能基元能影响表型变异的基因的等位基因序列。与随机引物相比,没有先前的图谱信息,功能标记也可在群体中作为标记;在已经作图的自然群体和育种的群体中,由于重组和更好地代表遗传变异,功能标记没有丢失信息的风险。一旦遗传效应和功能序列基元相对应,来自功能序列的功能标记,可以在没有标准的情况下,在几个遗传背景下定位基因的等位基因(一个或几个功能性标记基因)。这将是标记应用的一个重大进展,特别是在植物育种中,对构建分离群体的亲本选择来说,也包括随后的自交系选育(Andersen and Lübberstedt, 2003)。依鉴定方式,功能标记可以用于根据特异性状位点上等位基因的存在与否,测试在杂种、聚合育种、栽培种中的目标等位基因的聚合。在群体育种和回交选择中,功能性标记可以用来防止特定位点的遗传漂变。

　　一个典型的例子是玉米种的 *Dwarf8* 基因,该基因编码一个影响株高和开花期的赤霉素响应调节子。例如,玉米中 *Dwarf8* 基因中的 9 个基元与开花期的变异有关,一个特异的 6bp 缺失可以影响自交系间的开花期差别 7～11 天(Thornsberry et al. ,2001)。因为 *Dwarf8* 是个一因多效的基因(还影响株高),除了从 *Dwarf8* 基因开发的功能标记,其他开花时间基因的功能标记也可以进行鉴定。在小麦(*Rht1*)(Peng et al. ,1999)、水稻(*SLR1*)(Ikeda et al. ,2001)和大麦(*slnl*)(Chandler et al. ,2002)中,*Dwarf8* 基因的同源序列已经鉴定,该基因已经转育到高产小麦和绿色革命的水稻栽培种中(Hedden,2003)。改变这些同源基因的功能可以减少其对赤霉素的响应,进一步降低植株的株高。因此,该双等位基因(对赤霉素敏感和不敏感)功能性标记源于旨在增强抗倒伏的目标和快速育种。

　　在这一部分中,对几个广泛应用的 DNA 标记进行了详细的讨论,另外也对经典的遗传标记进行了回顾。由于覆盖全基因组并具有简单、容易的基因型分析,DNA 标记获得了广泛的认可。可以预期,随着越来越多的植物基因组测序的完成,SNP 标记将作为最终的遗传多样性形式,取代其他的标记类型(Lu et al. ,2009;Xu et al. ,2009b)。然而,在遗传学和育种领域,对 DNA 标记的选择依然高度依赖于各种遗传资源对遗传学家和育种家的可用性,以及时间与成本的无障碍。表 2.2 比较了 5 个最常用的 DNA 标记。

表 2.2　植物中 5 类广泛应用的 DNA 标记比较

	RFLP	RAPD	AFLP	SSR	SNP
基因组分布	低拷贝编码序列	整个基因组	整个基因组	整个基因组	整个基因组
DNA 用量	50～10μg	1～100ng	1～100ng	50～120ng	≥50ng
DNA 质量要求	高	低	高	中等	高
多态类型	单碱基变化,indel	单碱基变化,indel	单碱基变化,indel	重复的长度变化	单碱基变化,indel
多态性	中等	高	高	高	高
有效的多重比	低	中等	高	高	中等到高
遗传特点	共显性	显性	显性/共显性	共显性	共显性
探针/引物类型	低拷贝 DNA/cDNA 探针	通常 10ng 随机引物	特异引物	特异引物	等位基因特异 PCR 引物
技术难度	高	低	中等	低	高
同位素使用情况	通常是	不	通常是	通常不	不
可靠性	高	低到中等	高	高	高
耗时	高	低	中等	低	低
自动化水平	低	中等	高	高	高
成本	高	低	中等	高	高
是否专利	不	是	是	是(一些)	是(一些)
在多样性、遗传和育种的适合应用	遗传	多样性	多样性和遗传	所有目的	所有目的

2.2　分　子　图　谱

与遗传变异或多态性有关的遗传特征的顺序和相对距离可以由遗传图谱获得。用分子标记构建的遗传图谱也可以用来定位作为遗传标记的主基因。

2.2.1　染色体理论和连锁

在减数分裂中,亲本的二倍体细胞分裂产生 4 个单倍体配子。在减数分裂第一次分裂时,同源染色体配对并黏附在一起,这个过程称为联会。联会允许纺锤丝附着在联会的同源染色体(四分体)上,把它们作为一个整体移动到细胞的赤道板上。在第一次分裂后期开始时,在细胞中央的同源染色体被拉往细胞两极。经过末期和细胞质分裂,形成了两个子细胞,每个子细胞含有亲本细胞($2n$)染色体数的一半(n)。第二次减数分裂时,非常类似于在第一次减数分裂分裂产生的核有丝分裂,形成两个核,这样就形成了四个单倍体配子。

交换的过程是在减数分裂期间,同源染色体交换它们的部分染色单体,导致遗传信息新的重组,这样影响(性状的)遗传和增加遗传变异。分布在相同染色体上的基因趋向于共同遗传,称之为连锁。在交换期间,正常连锁的基因也可能独立遗传。

重组配子的概率取决于在减数分裂期间的交换率,也就是所谓的重组率(r)。配子的最大重组率是 50%,在这时所有细胞中两个遗传位点都发生了交换,这与独立非连锁基因的情况相同,即两个位点独立遗传。

重组率依据交换率,反过来交换率也取决于两个位点之间的线性距离。重组率为 0 (完全连锁)～0.5(完全独立遗传)。

2.2.2　遗传连锁图谱

为了更有效地利用分子标记提供的遗传信息,很有必要知道染色体上分子标记的位置和相对距离。用分子标记构建的遗传连锁图谱是基于经典遗传图谱相同的原理:分子标记的选择和基因型分析体统;在标记位点具有高多态性的种质库中亲本的选择;构建群体或随着分离群体中标记数量的增加的衍生系;用分子标记对每个株系或个体进行基因型分析;用标记数据进行连锁图谱构建。相互连锁的遗传标记之间重组率用遗传距离的单位厘摩(cM)或图距单位来定义。如果两个标记在后代中的分离是 100 个中有 1 个,那么这两个标记的遗传距离是 1cM。然而,在不同的物种中,1cM 并不总是对应相同的物理距离或同样的 DNA 量,每厘摩的 DNA 量是指物理距离。基因重组频繁的区域称为重组热点,在重组热点区每厘摩只有很少的 DNA 量,可以低至 200kb/cM。而在基因组的其他区域,重组可能受到抑制,1cM 代表更多的 DNA,甚至在一些区域物理图距/遗传距离之比高至 1500kb/cM。

构建作图群体

在群体的构建中,几个因素应该充分考虑,包括亲本的选择、群体的类型和群体大小。

亲本的选择　选择合适的亲本,如下 4 个因素应该考虑 (Xu and Zhu, 1994)。

(1) DNA 多态性:亲本之间的遗传多态性通常取决于它们之间血缘关系的远近,而血缘关系又由地理分布、形态学和等位酶多态性等标准来决定。一般来说,异花授粉物种的 DNA 的多态性高于自花授粉物种的多态性。举个例子:RFLP 标记在玉米中具有很高的多态性,以至于任意两个自交系构建的群体都很容易构建 RFLP 图谱;番茄的遗传多态性很低,只有种间杂交构建的群体才足可以构建较为理想的 RFLP 图谱;水稻的多态性居于玉米与番茄之间的中间水平。在植物育种中,很多新颖的性状从野生种转移到栽培种,这样的栽培种-野生种之间的杂交通常具有很高的 DNA 多态性。由于遗传多态性或许在一个群体中不能发现而在另一个群体中可以发现,所以需要好几种作图群体。

(2) 纯合度:以自花授粉的植物为例,构建作图群体的亲本应该达到育种纯合度,即在所有的遗传位点基本上都是纯合的。在杂交之前,进一步的自交纯化是需要的。在异花授粉的植物中,达到育种纯合度的自交系可以作为亲本。对不可能达到真正纯合的植物,可以利用两个异质亲本系衍生群体进行遗传作图。

(3) 育性:杂交种的育性决定了是否可以构建一个比较大的作图群体。远缘杂交通常伴随异常染色体配对和重组、偏分离和降低重组率。一些远缘杂交种或许是部分或全部不育,以至很难构建一个分离群体。在这种情况下,通过与其中一个亲本的回交,部分不育的杂交种可以获得,因此,回交群体可以作为作图群体。

(4) 细胞学特征:为了排除将含有易位染色体的单株或包含单体染色体及部分染色体的多倍体物种的亲本作为作图亲本,细胞学鉴定是必要的。

群体类型的选择　有许多类型的群体可以用来遗传作图。图 2.7 展示了用两个或多个亲本构建的群体之间的关系。在第 4 章将对部分群体进行详细讨论。它们在遗传作图中的应用将讨论如下。

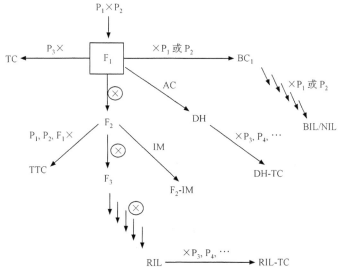

图 2.7　作图群体和它们的关系的例子。AC. 花药培养;BC. 回交
群体;BIL. 回交自交系;DH. 双单倍体;IM. 互交群体;NIL. 近等基因系;RIL. 重组自交系;
TC. 测交群体;TTC. 三交群体(改自 Xu and Zhu,1994)

F_2 群体是使用频率最高的群体,因为它们容易构建。然而,在每一个标记位点上,F_2 群体中 50% 单株是杂合的。对显性标记,由于不能区分显性纯合子和杂合子,作图的精度大大降低。为了提高作图的精确度,需要更大的 F_2 群体,除非使用共显性标记。F_2 群体的另一个缺点是,有性繁殖之后其遗传结构将发生变化,所以它们的遗传结构很难保持。营养繁殖是延长一个群体的比较好的方法,一些草本物种通过根苑再生就是例子。组织培养(见第 4 章和第 12 章)是另一种不改变群体结构再生群体的方法。用 F_2 单株衍生的 F_3 的混合 DNA 是延长群体生命的一个可选方法,因为像水稻和玉米这样的作物,每个 F_2 单株可以产生大量的种子,这些种子可以长成足够多的植株。通过 F_3 家系内的随机交配,F_3 群体可以保持。

回交群体(如 BC_1 群体)在遗传作图中也是比较常用的群体。作为遗传作图群体,BC_1 群体优于 F_2 群体的是,其在每个标记位点只有与 F_1 产生的配子相对应的两种基因型。如果用 F_1 杂交种分别作为父本和母本产生的互交回交群体 $A \times (A \times B)$ 和 $(A \times B) \times A$,那么雄配子和雌配子的重组率的差异可以相互比较,前者表明雄配子的重组率,后者表明雌配子的重组率。像 F_2 群体一样,自交之后,回交群体的遗传结构也将发生改变,它们需要像 F_2 群体一样的方式进行保存。对很多作物来说,假杂种可能造成遗传作图的不精确。远缘杂交时,由于 F_1 的不育性,回交群体是遗传作图的唯一群体。

Xu 和 Zhu (1994) 及在本书的第 4 章中进行过全面讨论的,如双单倍体(DH)、重组自交系(RIL)和回交自交系(BIL)等这些永久群体,提供了连续的遗传材料的供应,使在不同实验室、不同的实验所获得的遗传信息得到积累。对主要作物来说,有很多国际共享的永久性群体,其持续积累了遗传标记和表型数据。构建群体时,应注意影响分离模式的选择因素 (Xu et al.,1997;第 4 章)。在某些情况下,如果选择压高,偏分离将相当严重。

群体大小　　最好最精确的遗传图谱的获得往往取决于作图群体的大小:作图群体越大,遗传图谱精确度越高,研究目标决定了群体的大小。举个例子,标记图谱的构建比 QTL 的精细定位需要较小的作图群体(见第 6 和第 7 章)。构建高密度的分子图谱仅需要 200 个单株的群体,而为了克隆一个基因通常要求超过 1000 个单株的群体。一个可选的方案是构建一个包含 500 个甚至更多单株的群体,在开始构建遗传图谱时,从群体中选用一个亚群(大约 150 株)进行框架图谱的构建;当需要对特定染色体上的某一区域进行精细定位时,再使用群体的所有单株。

考虑到作图能力,确定群体大小的依据是可分辨的最大图谱距离和两个遗传标记重组可检测的最小图谱距离(图 2.8)。用一个较大的作图群体,可以定位标记较小的遗传距离,也能定位微弱的遗传连锁。举个例子,对一个 100 株的群体来说,一个重组代表 1% 的重组率(大约 1cM);对一个 50 株的群体来说,一个重组代表 2% 的重组率(大约 2cM),而对一个 1000 株的群体来说,一个重组代表 0.1% 的重组率(大约 0.1cM)。

可以分辨的最大作图距离(max)由以下决定: $\max = r + t_{0.01, n-2} SE < 0.50$ cM。n 是群体的大小,t 是显著概率为 0.01 的 t 参数,$n-2$ 是自由度,SE_r 是 r 的标准误,r 是重组率的点估计。

群体的大小也由作图群体的类型确定。举个例子,F_2 群体比 BC 或 DH 群体需要更多的单株,因为 F_2 群体包含更多的基因型,而为了保证每个基因型都能被检测到,所以需

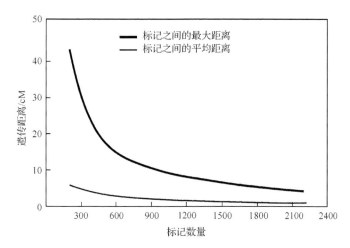

图 2.8　依据一个基因组为 1200cM 的随机引物数定位构建的遗传连锁图谱所预测标记之间
的最大距离和平均距离。例子:12 个染色体,每个染色体 100cM,95% 置信水平的最大距离曲
线(Tanksley et al. ,1988;获得 Springer Science and Business Media 许可)

要更多的单株。一般来说,为了获得同样的作图精度,F_2 群体的大小应该是 BC 群体大小
的两倍。因此,对遗传标记作图来说,BC 群体或 DH 群体比 F_2 群体更适合。重组自交系
的作图能力介于 F_2 群体和 BC (DH)群体之间。F_2 群体和 BC 群体的最大可检测图距和
最小可检测图距见图 2.9。

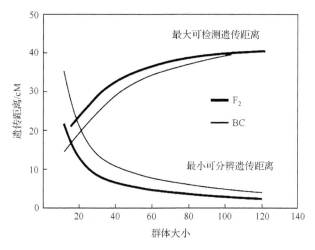

图 2.9　利用回交(BC)和 F_2 群体检测标记最大可检测和最小可分辨的遗传距离。曲线是 99% 的
置信区间(Tanksley et al,1988;获得 Springer Science and Business Media 许可)

干涉和作图函数

随着两个标记间遗传距离加大,在一个标记区间的双交换机会增加。对于三个连锁
的基因:A、B 和 C,单交换时 A-B 之间的重组率是 r_1,B-C 之间的重组率是 r_2,如果两个
单交换独立发生,A-C 之间的双交换频率估计是 $r_1 \times r_2$。然而,实际观察到的双交换频率

往往低于期望计算的重组率 $r_1 \times r_2$，这就意味着在特定的染色体区域，一个单交换的发生将降低其侧翼的第二个单交换发生。这种现象称为交换干涉。

干涉的程度由符合系数(C)估计：

$$C = \frac{观察到的双交换数}{期望的双交换数} = \frac{观察到的双交换数}{r_1 \times r_2 \times n}$$

n 是观察的总个体数(包括重组的和非重组的)。当 $C=0$ 时，完全干涉，没有双交换发生，这意味着涉及的染色体区域很短。当 $C=1$ 时，没有干涉，表明涉及的染色体区域很长，两个单交换是独立发生的。

如果双交换不考虑在内，用重组率估算的遗传距离将比真实的距离小 $2Cr_1r_2$。当两个标记间的遗传距离相当大时，双交换或多交换对重组率的估计的负效应将被修正。修正值将在遗传距离和重组率之间帮助建立一个可信的公式。修正公式就是作图函数。

两个遗传标记的给定区间，交换数 κ 符合以 θ 为平均数的泊松分布。

$$\begin{aligned}
\Pr(重组) &= \sum_k \frac{\theta^k \mathrm{e}^{-\theta}}{k!} \\
&= \mathrm{e}^{-\theta}\left(\frac{\theta}{1} + \frac{\theta^3}{3!} + \cdots + \frac{\theta^k}{k!}\right) \\
&= \frac{\mathrm{e}^{-\theta}(\mathrm{e}^{\theta} - \mathrm{e}^{-\theta})}{2} \\
&= \frac{1}{2}(1 - \mathrm{e}^{-2\theta})
\end{aligned}$$

用 r 表示概率，并有以下的限制范围 $0 \leqslant r \leqslant 1/2$。$\theta$ 是两个标记之间的图距(M)数。假定 $C=1$，Haldane (1919)得出了图距(cM)和重组率 r 之间的关系，表示 θ 的公式为：

$$\theta = -\frac{1}{2}\ln(1-2r)$$

这就是著名的 Haldane 作图函数。当 $r=0$，$\theta=0$ 时(完全连锁)，当 $r=1/2$，$\theta=\infty$ 时(标记之间不连锁)，表明标记或者位于同一染色体上，但距离较远，或者位于不同的染色体上。当 $r=22\%$ 时，$\theta=29\mathrm{cM}$。

Kosambi (1944)发展出了一个考虑交换干涉的作图函数：

$$\theta = \frac{1}{4}\ln\left(\frac{1+2r}{1-2r}\right)$$

当 $r=0.22$ 时，$\theta=23.6\mathrm{cM}$。随着两个位点距离的增大，通过 Kosambi 作图公式计算的干涉程度降低。对一个较小的重组值(r)来说，Haldane 和 Kosambi 作图函数都认为 $\theta \approx r$。

分离和连锁测试

在共显性和全显性模式中，F_2 群体、BC 群体和 DH (RIL)群体在 M 位点有两个等位基因 M_1 和 M_2 的分离比率见下文。

假定两个遗传位点 M 和 N 各有两个等位基因 M_1、M_2 和 N_1、N_2，及一个重组率 r，由两个亲本 $P_1(M_1M_1N_1N_1)$ 和 $P_2(M_2M_2N_2N_2)$ 构建的 F_2 群体的基因型和频率见图 2.10。

群体	F_2		BC	DH(RIL)
共显性	$1\,M_1M_1 : 2\,M_1M_2 : 1\,M_2M_2$		$1\,M_1M_2 : 1\,M_2M_2$	$1\,M_1M_1 : 1\,M_2M_2$
M_1 是显性	$3\,M_1\_ : 1\,M_2M_2$		$1\,M_1M_2 : 1\,M_2M_2$	$1\,M_1M_1 : 1\,M_2M_2$
F_2 配子频率	$M_1N_1(1-r)/2$	$M_1N_2\,r/2$	$M_2N_1\,r/2$	$M_2N_2(1-r)/2$
$M_1N_2(1-r)/2$	$M_1M_1N_1N_1(1-r)^2/4$	$M_1M_1N_1N_2\,r(1-r)/4$	$M_1M_2N_1N_1\,r(1-r)/4$	$M_1M_2N_1N_2(1-r)^2/4$
$M_1N_2\,r/2$	$M_1M_1N_1N_2\,r(1-r)/4$	$M_1M_1N_2N_2\,r^2/4$	$M_1M_2N_1N_2\,r^2/4$	$M_1M_2N_2N_2\,r(1-r)/4$
$M_2N_1\,r/2$	$M_1M_2N_1N_1\,r(1-r)/4$	$M_1M_2N_1N_2\,r^2/4$	$M_2M_2N_1N_1\,r^2/4$	$M_2M_2N_1N_2\,r(1-r)/4$
$M_2N_2(1-r)/2$	$M_1M_2N_1N_2(1-r)^2/4$	$M_1M_2N_2N_2\,r(1-r)/4$	$M_2M_2N_1N_2\,r(1-r)/4$	$M_2M_2N_2N_2(1-r)^2/4$

图 2.10　来自两个亲本 $M_1M_1N_1N_1$ 和 $M_2M_2N_2N_2$ 重组频率 r 的 F_2 群体的理论比

依据显性,两个位点 M 和 N 之间有三种重组类型:(1:2:1)-(1:2:1)、(3:1)-(1:2:1)和(3:1)-(3:1)。

图 2.10 中有 9 种基因型和它们的频率。类似地,我们可以获得(3:1)-(1:2:1)和(3:1)-(3:1)的连锁重组的基因型和频率(图 2.11)。

(1:2:1)-(1:2:1)		(1:2:1)-(3:1)		(3:1)-(3:1)	
基因型	频率	基因型	频率	基因型	频率
$M_1M_1N_1N_1$	$(1-r)^2$	$M_1M_1N_1\_$	$1-r^2$	$M_1\_N_1\_$	$3-2r+r^2$
$M_1M_1N_1N_2$	$2r(1-r)$	$M_1M_1N_2N_2$	r^2	$M_1\_N_2N_2$	$2r-r^2$
$M_1M_1N_2N_2$	r^2	$M_1M_2N_2\_$	$2(1-r+r^2)$	$M_2M_2N_1\_$	$2r-r^2$
$M_1M_2N_1N_1$	$2r(1-r)$	$M_1M_2N_2N_2$	$2r(1-r)$	$M_2M_2N_2N_2$	$1-2r+r^2$
$M_1M_2N_1N_2$	$2(1-2r+2r^2)$	$M_2\_N_1\_$	$2r-r^2$		
$M_1M_2N_2N_2$	$2r(1-r)$	$M_2M_2N_2N_2$	$(1-r)^2$		
$M_2M_2N_1N_1$	r^2				
$M_2M_2N_1N_2$	$2r(1-r)$				
$M_2M_2N_2N_2$	$(1-r)^2$				

图 2.11　在 F_2 群体中两位点之间的三连锁重组的基因型及其频率(每一个频率除以 4)

通过比较实际(观察到的)基因型频率与按照孟德尔定律计算的期望理论频率来决定连锁的程度。假如有 n 个单株,图 2.11 中基因型/表型的鉴定从顶端到底部为:从 n_1 到 n_9 是(1:2:1)-(1:2:1),从 n_1 到 n_6 是(3:1)-(1:2:1),从 n_1 到 n_4 是(3:1)-(3:1),是否连锁由这些观测值决定。

连锁检测取决于所涉及的遗传位点是否正常分离,这样每一个位点都应检测以确保符合孟德尔分离。对上面列到的三个连锁重组,卡方测验如下: x_T^2 为一般测验, x_M^2 测试 M_1 和 M_2 位点的分离是否符合孟德尔分离比率, x_N^2 测试 N_1 和 N_2 位点的分离是否符合孟德尔分离比率, x_L^2 测试 M 和 N 位点是否连锁。因此

$$x_T^2 = x_M^2 + x_N^2 + x_L^2$$

对连锁重组(1:2:1)-(1:2:1)

$$x_T^2 = \frac{4}{n}\{n_5^2 + 2(n_2^2 + n_4^2 + n_6^2 + n_8^2) + 4(n_1^2 + n_3^1 + n_7^2 + n_9^2)\} - n \qquad \mathrm{d}f_T = 8$$

$$x_M^2 = \frac{2}{n}\{2\,(n_1 + n_2 + n_3)^2 + (n_4 + n_5 + n_6)^2 + 2\,(n_7 + n_8 + n_9)^2\} - n \qquad \mathrm{d}f_M = 2$$

$$x_N^2 = \frac{2}{n} \{2 (n_1 + n_4 + n_7)^2 + (n_2 + n_5 + n_8)^2 + 2 (n_3 + n_6 + n_9)^2\} - n \qquad \mathrm{d}f_N = 4$$

$$x_L^2 = x_T^2 - x_M^2 - x_N^2 \qquad \mathrm{d}f_L = 4$$

对连锁重组(3∶1)-(1∶2∶1)

$$x_T^2 = \frac{8}{3n}(2n_1^2 + n_3^2 + 2n_5^2 + 6n_2^2 + 3n_4^2 + 2n_6^2) - n \qquad \mathrm{d}f_T = 5$$

$$x_M^2 = \frac{4}{3n}((n_1 + n_3 + n_5)^2 + 3 (n_2 + n_4 + n_6)^2) - n \qquad \mathrm{d}f_M = 1$$

$$x_N^2 = \frac{2}{n} [2 (n_1 + n_2)^2 + (n_3 + n_5)^2 + 2 (n_4 + n_6)^2] - n \qquad \mathrm{d}f_N = 2$$

$$x_L^2 = x_T^2 - x_A^2 - x_B^2 \qquad \mathrm{d}f_L = 2$$

对连锁重组(3∶1)-(3∶1)

$$x_M^2 = \frac{1}{3n}(n_1^2 + n_2^2 - 3n_3^2 - 3n_4^2) \qquad \mathrm{d}f_M = 1$$

$$x_N^2 = \frac{1}{3n}(n_1^2 - 3n_2^2 + n_3^2 - 3n_4^2) \qquad \mathrm{d}f_N = 1$$

$$x_L^2 = \frac{1}{9n}(n_1^2 - 3n_2^2 - 3n_3^2 + 9n_4^2) \qquad \mathrm{d}f_L = 1$$

$$x_T^2 = x_A^2 + x_B^2 + x_L^2 \qquad \mathrm{d}f_T = 3$$

相似地,对于 BC 群体或 DH(RIL)群体的三个连锁重复可以构建如下。

举个例子,表 2.3 中 F_2 群体中的(1∶2∶1)-(1∶2∶1)连锁测试如下:

$$x_T^2 = \frac{4}{132} \{56^2 + 2(6^2 + 5^2 + 4^2 + 3^2) + 4(27^2 + 1^2 + 0^2 + 30^2)\} - 132 = 165.818$$

$$x_M^2 = \frac{2}{132} \{2 (27 + 6 + 1)^2 + (5 + 56 + 4)^2 + 2 (0 + 3 + 30)^2\} - 132 = 0.045$$

$$x_N^2 = \frac{2}{132} \{2 (27 + 5 + 0)^2 + (6 + 56 + 3)^2 + 2 (1 + 4 + 30)^2\} - 132 = 0.167$$

$$x_L^2 = 165.818 - 0.045 - 0.167 = 165.606$$

表 2.3　F_2 群体中(1∶2∶1)-(1∶2∶1)连锁测试的例子

	$M_1 M_1$	$M_1 M_2$	$M_2 M_2$	小计
$N_1 N_1$	27	5	0	32
$N_1 N_2$	6	56	3	65
$N_2 N_2$	1	4	30	35
小计	34	65	33	132=n

我们有

$$x_T^2 \geqslant x_{0.05(8)}^2 = 15.5$$

$$x_M^2 \leqslant x_{0.05(2)}^2 = 5.99$$

$$x_N^2 \leqslant x_{0.05(2)}^2 = 5.99$$

$$x_L^2 \geqslant x_{0.05(4)}^2 = 9.49$$

这些结果表明,两位点 M 和 N 显示出正常的孟德尔分离和连锁。

重组率的最大似然估计

为了简单明了,我们以(3∶1)-(3∶1)连锁重组(每个位点的等位基因之一为完全显性)为例来说明如何计算重组率的最大似然估计。在图 2.11 中,有 4 种表型类型,$M_1\_N_1\_$、$M_1\_N_2N_2$、$M_2M_2N_1\_$ 和 $M_2M_2N_2N_2$,具有理论频率 $p_i(i=1,2,3,4)$。p_i 是 r 的函数、要估计的参数,f 是频率的函数:$p_i=f(r)$。

我们有 $p_1(M_1\_N_1\_)=(3-2r+r^2)/4$,$p_2(M_1\_N_2N_2)=p_3(M_2M_2N_1\_)=(2r-r^2)/4$,$p_4(M_2M_2N_2N_2)=(1-2r+r^2)/4$,$\sum P_i=1$。

考虑到观察到的每一类的单株数,n_1、n_2、n_3、n_4 和 $\sum n_i=n$,它们的概率分布为 $(p_1+p_2+p_3+p_4)^n$,似然公式为:

$$L(r)=\frac{n!}{n_1!n_2!n_3!n_4!}(p_1)^{n1}(p_2)^{n2}(p_3)^{n3}(p_4)^{n4}$$

$$=\frac{n!}{n_1!n_2!n_3!n_4!}(1/4)^n(3-2r-r^2)^{n_1}(2r-r^2)^{n_2+n_3}(1-2r+r^2)^{n_4}$$

r 的极大似然估计是 $L(r)$,可通过求解方程和设定为零获得

$$\frac{\mathrm{d}L(r)}{\mathrm{d}r}=0$$

$L(r)$ 的自然对数称为似然对数(support 或 log-likelihood),我们有

$$\ln L(r)=C+n_1\ln(3-2r+r^2)+(n_2+n_3)\ln(2r-r^2)+n_4\ln(1-2r+r^2)$$

在这里

$$C=\ln\frac{n!}{n_1!n_2!n_3!n_4!}n\ln(1/4)$$

是一个常数。

第一个偏导是公式的斜率。在最大值时斜率将是 0。部分偏导对应的 r 设定:$\mathrm{d}\ln L(r)/\mathrm{d}r=0$,$L(r)$ 的导数通常定义为得分 Score 或 S:

$$S=\frac{-n_1\times 2(1-r)}{3-2r+r^2}+(n_2+n_3)\frac{2(1-r)}{2r-r^2}-n_4\frac{2(1-r)}{1-2r+r^2}=0$$

就是

$$\frac{n_1}{3-2r+r^2}-\frac{n_2+n_3}{2r-r^2}+\frac{n_4}{1-2r+r^2}=0$$

$$\frac{n_1}{2+(1-r)^2}-\frac{n_2+n_3}{1-(1-r)^2}+\frac{n_4}{(1-r)^2}=0$$

如果 $(1-r)^2=k$ 那么

$$\frac{n_1}{2+k}-\frac{n_2+n_3}{1-k}+\frac{n_4}{k}=0$$

因此,最大似然是

$$nk^2+(2n-3n_1-n_4)k-2n_4=0 \qquad (n=n_1+n_2+n_3+n_4)$$

$$k=\frac{-(2n-3n_1-n_4)+\sqrt{(2n-3n_1-n_4)^2+8nn_4}}{2n}$$

最大似然估计值是

$$\hat{r} = 1 - \sqrt{k}$$

根据 Rao-Cramer 方程

$\hat{r}$ 的抽样方差为

$$\frac{1}{V_{\hat{r}}} = -E\left(\frac{\mathrm{d}^2\left[\ln L(r)\right]}{\mathrm{d}r^2}\right) = I$$

这里 $\dfrac{\mathrm{d}^2\left[\ln L(r)\right]}{\mathrm{d}r^2}$ 是 $\ln L(r)$ 相对于 r 的二阶导数，E 是期望值。

$$\frac{\mathrm{d}^2\left[\ln L(r)\right]}{\mathrm{d}r^2} = \sum_i^k \frac{n_i}{p_i^2}\left(\frac{\mathrm{d}p_i}{\mathrm{d}r}\right)^2 + \sum_i^k \frac{n_i}{p_i}\left(\frac{\mathrm{d}^2 p_i}{\mathrm{d}r^2}\right)$$

$$E\left(\frac{\mathrm{d}^2\left[\ln L(r)\right]}{\mathrm{d}r^2}\right) = -n\sum_i^k \frac{1}{p_i}\left(\frac{\mathrm{d}p_i}{\mathrm{d}r}\right)^2 + n\sum_i^k \frac{n_i}{p_i}\left(\frac{\mathrm{d}^2 p_i}{\mathrm{d}r^2}\right) = n\sum_i^k \frac{1}{p_i}\left(\frac{\mathrm{d}p}{\mathrm{d}r}\right)^2$$

因为 $\displaystyle\sum_i^k \frac{\mathrm{d}^2 p_i}{\mathrm{d}r^2} = \frac{\mathrm{d}}{\mathrm{d}r}\sum_i^k p = 0, \frac{1}{V_{\hat{r}}} = n\sum_i^k\left[\frac{1}{p_i}\left(\frac{\mathrm{d}p_i}{\mathrm{d}r}\right)^2\right] = n\sum_i^k i_i = I$

在这里 I 是总信息量，$\sum i_j = I/n$ 是从一个单一的观察获得的信息。

$\hat{r}$ 的变异可以用表 2.4 中的信息计算。

表 2.4　两个连锁的完全显性位点之间重组率方差的计算

分组	n_i	p_i	$\dfrac{\mathrm{d}p_f}{\mathrm{d}r}$	$l_i = \dfrac{1}{p_i}\left(\dfrac{\mathrm{d}p_i}{\mathrm{d}r}\right)^2$
$M_1\_N_1\_$	4831	$(3-2r+r^2)/4$	$-2(1-r)/4$	$l_1 = \dfrac{(1-r)^2}{3-2r+r^2}$
$M_1\_N_2 N_2$	390	$(2r-r^2)/4$	$2(1-r)/4$	$l_2 = \dfrac{(1-r)^2}{2r-r^2}$
$M_2 M_2 N_1\_$	393	$(2r-r^2)/4$	$2(1-r)/4$	$l_2 = \dfrac{(1-r)^2}{2r-r^2}$
$M_2 M_2 N_2 N_2$	1338	$(1-r^2)/4$	$-2(1-r)/4$	$l_4 = \dfrac{4(1-r)^2}{4(1-r)^2} = 1$
合计	$6952=n$	1	0	$\sum l_i = \dfrac{(1-r)^2}{3-2r+r^2} + \dfrac{2(1-r)^2}{2r-r^2} + 1$

为了估算 k, n 值用在如下公式中：

$$k = \frac{1927 \pm \sqrt{1927^2 + 8 \times 6952 \times 1338}}{2 \times 6952} = 0.7743$$

$$\hat{r} = 1 - \sqrt{0.7743} = 0.1201$$

$$V_{\hat{r}} = 1.76702 \times 10^{-5}$$

如此

$$\hat{r} = 0.1201 \pm \sqrt{1.76702 \times 10^{-5}} = 12.01\% \pm 0.42\%$$

这是一个(3：1)-(3：1)连锁重组的例子。Allard (1956)得出了一个 $\hat{r}$ 和 $V_{\hat{r}}$ 适合所有连锁重组和不同群体的公式。

似然比率和连锁测试

在人类遗传学中,连锁相(相斥还是相引)通常是未知的,因而不可能依据观察的重组体计算重组率。因此,似然率用来计算连锁测试(Fisher, 1935; Haldane and Smith, 1947; Morton, 1955)。这是一个基于观察值遵循某一假设的概率比较方法,例如,两个连锁的位点,以及备择假设——两个独立的位点。两概率的比值 $L(r)/L(1/2)$ 的测试如下: $r=1/2$ 参与了似然值公式(见方程 a)。

$$L(1/2) = \frac{n!}{n_1! n_2! n_3! n_4!} (1/4)^n (2.25)^{n_1} (0.75)^{n_2+n_3} (0.25)^{n_4} \tag{a}$$

$$\begin{array}{ccccccccc} r & 0.05 & 0.10 & 0.12 & 0.15 & 0.20 & 0.25 & 0.30 \\ \text{LOD} & 586.42 & 682.51 & 688.04 & 678.52 & 632.01 & 560.79 & 472.54 \end{array} \tag{b}$$

为了简化计算,$L(r)/L(1/2)$ 以 10 为底的对数称为 LOD:

$$\text{LOD} = \log_{10} \frac{L(r)}{L(1/2)}$$

$N=6952$, $n_1=4831$, $n_2=390$, $n_3=393$, $n_4=1338$,LOD 值的计算为不同的 r 值(见方程 b)。此结果表明 LOD 值随着 r 的变化而改变,当 $r=0.12$ 时,LOD 达到最大值。

如果 M 和 N 连锁,$L(r)/L(1/2) > 1$,LOD 值是正值;当 $L(r)/L(1/2) < 1$ 时,LOD 值是负值。

在人类遗传学中,为了确定必然的连锁,似然比应该大于 1000∶1,即 LOD>3。似然比的概念广泛应用于其他生物包括植物的遗传作图,以此判断连锁估计的真实性并证实它的存在。

多点分析和标记的排序

上面的讨论都是基于一次分析两个标记的两点分析。然而,分析一条染色体上两个以上的标记时,在理论上它们有很多排序,但是在染色体上只有一个特定的排序符合遗传排序,这一特定的顺序由多点分析决定。

考虑有 M_1、M_2…M_m 个遗传标记,m 个标记在一条染色体上的真实排序,总共有 $m! /2$ 个可能的顺序。考虑两个临近标记 M_i 和 M_{i+1} 的重组率是 r,我们的目的是找到 r_1、r_2…r_{m-1},取得最大似然率 $L(r)$,

$$L(r) \propto p_1 (r_1, r_2, \cdots r_{m-1})^{n_1} \times p_2 (r_1, r_2, \cdots, r_{m-1})^{n_2} \times \cdots \times p_m (r_1, r_2, \cdots, r_{m-1})^{n_m}$$

取自然对数,依次对 r_1、r_2…r_{m-1} 求偏导。EM 运算法可以获得 r_1, r_2, $\cdots$, r_{m-1} 的最大似然值,其包括期望值和最大值的多个迭代步骤:①提供一组初始估计值:$r^{old}=(r_1, r_2, \cdots, r_{m-1})$;②用初始估计值作为重组率计算得到期望值 E,即在每一个标记区间重组和非重组的期望数;③用这些期望值作为真实值去获得最大似然值 $r^{new}=(r_1, r_2, \cdots, r_{m-1})$;④重复步骤②和③直到最大似然值收敛于最大值为止。

Lander 和 Green (1987)提供了一个用 EM 方法计算多点连锁分析的例子。用人类 7 号染色体上 16 个标记构建的 15 个标记区间,最初的重组率 $r_i=0.05$,计算的似然对数为 -351.45。为了降低两个收敛迭代似然对数的差异到小于一个假定的临界值(临界值,

$T=0.01$），需要 12 次迭代运算，其导致在似然对数－303.28 时收敛。收敛测试观察值的概率比最初的 $r_i=0.05$ 的概率高 $10^{-303.28-(-351.45)}=10^{48}$ 倍。

在有基因型分析错误存在下的连锁作图

生成标记数据是费时和昂贵的，应该最大限度地利用生成的信息。如果不考虑基因分析的错误，数据集中的每一个非末端标记错误将引起两个明显的重组。这样标记中每 1‰的错误率在图谱上将增加大约 2cM 的距离浮动。假如平均每 2cM 一个标记，那么平均 1‰的错误率将增加图谱一倍的距离。相邻标记有很高的错误率将产生很大的距离，通过手工或者自动化都可以将这种标记删除。这样的基因型错误可以通过简单的归类标记数据以假定的连锁顺序决定是否有一个大的交换来进行检测。

具有低错误率的标记不能轻易被检测到，最好的策略是用图谱建立程序整合错误检测。Cartwright 等（2007）用包括基因型错误的概率来拓展传统的似然模式。每一个单株标记赋予一个错误率，其从作为遗传距离的数据中得出。用这种模式开发出了一个软件包（TMAP 软件包），根据连锁相已知的系谱来确定最大似然图谱。这种方法用葡萄数据集和模拟数据集进行了测试。证实了这种方法极大地降低了由增加标记数所产生的浮动性效应。

植物中的分子图谱

表 2.5 列出了一些代表性的分子图谱，这是为主要的作物包括豆类、谷物和无性繁殖作物构建的分子图谱，其在分子密度和基因组覆盖度上有差异。例如，大麦、玉米、番茄、水稻、高粱和小麦等作物已经有高密度的分子图谱，而木薯、芭蕉、燕麦、珍珠粟、甘薯和山药只有低密度的图谱。图谱长度的差异来自于染色体数、总基因组大小和不同标记数的使用（增加标记数将增加图谱长度到一定阈值），包括偏分离标记（趋于扩大图谱距离）和不同作图软件的使用（遗传距离的估计上有差异）。另外，很多报道的图谱包含的连锁群超过该物种的基本染色体数，这是标记密度不足的结果，因为饱和的图谱可以直接和基本的染色体比对（Tekeoglu et al.，2002）。

表 2.5　植物中代表性的遗传图谱

作物	标记和作图群体	图谱信息	参考文献
小绿豆	SSR、RFLP、AFLP；187 BC_1F_1（JP81481×*Vigna nepalensis*）	486 个标记定位到 11 个连锁群，覆盖基因组 832.1cM，标记间平均距离 1.85cM，覆盖基因组 95％	Han 等（2005）
大麦	AFLP、SSR、STS、*vrs*1；95 RIL（Russia 6×H. E. S. 4）SNP、SSR、RFLP、AFLP；3 个 DH 群体	1172 个标记，图谱总长 1595.7cM，标记间平均距离 1.4cM。1237 个标记，用 3 个群体构建的图谱包含 1237 个位点，总长 1211cM，平均每 1cM 有 1 个位点	Hori 等（2003）Rostoks 等（2005）
生菜	AFLP、RFLP、SSR、RAPD；7 个种间和种内群体	2744 个标记，9 个连锁群，图谱长度 1505cM，标记间平均距离 0.7cM	Truco 等（2007）

续表

作物	标记和作图群体	图谱信息	参考文献
玉米	SSR 标记;1 个 RIL 互交群体;2 个永久 F_2 群体 cDNA 探针;2 个 RIL 群体 IBM(B37×Mo17)和 LHRF(F2×F252)	IBM 图谱:748 个 SSR 标记和 184 个 RFLP 标记,总长 4906cM;2 个 IF2 群体:分别为 457 个和 288 个 SSR 标记,图谱总长为 1830cM 和 1716cM。框架图谱:IBM 群体 748 个标记;LHRF 群体 271 个位点,两个图谱共包含 1454 个位点(1056 个位点在 IBM;398 个位点在 LHRF),相应的 954 个 cDNA 探针	Sharopova 等(2002) Falque 等(2005)
燕麦	RFLP、AFLP、RAPD、STS、SSR、等位酶、形态标记;136 $F_{6:7}$ RIL(Ogle×TAM O-301)	426 个位点,图谱总长 2049cM	Portyanko 等(2001)
珍珠粟	RFLP 和 SSR;4 个群体	353 个 RFLP 标记和 65 个 SSR 标记,4 个图谱的标记密度为 1.49~5.8cM	Qi 等(2004)
马铃薯	AFLP 标记;杂合二倍体马铃薯	大于 1000 个 AFLP 位点	van Os 等(2006)
水稻	726 个标记;113 BC_1(BS125×WL02)BS125 2275 个标记;186F_2(Nipponbare×Kasalath)	726 个标记,图谱总长 1491cM,标记间平均距离 4.0cM;F2 群体,2275 个标记,总长 1521.6cM,标记间平均距离 0.67cM	Causse 等(1994); Harushima 等(1998)
高粱	2590 个 PCR 标记,137 个 RIL(BT×623×IS3620C) RFLP 探针;65 F_2(*Sorghum bicolor*×*Sorghum propinquum*)	图谱包含 2926 个位点,总长 1713cM;2512 个位点,总长 1059.2cM,标记间平均距离 0.4cM	Menz 等(2002) Bowers 等(2003a)
红薯	AFLP;F_2 群体(Tanzania×Bikilamaliya)	图谱总长 3655.6cM 和 3011.5cM,标记分别为 632 个和 435 个,标记间平均距离分别为 5.8cM 和 6.9cM	Kriegner 等(2003)
小麦	SSR 和 DArT 标记;152RIL(二粒小麦与野生二粒小麦构建)	14 个连锁图,690 个位点(197 个 SSR 标记和 493 个 DArT 标记),总长 2317cM,平均距离 7.5cM	Peleg 等(2008)

分子图谱的演变,从 20 世纪 80 年代的 RFLP 图谱到 90 年代的 PCR 为基础的标记图谱,发展到整合图谱。在过去的 10 年间,作为使用不同分子标记,包括基因标记的结果,连锁图谱已经应用到主基因和 QTL 的定位(第 6 章、第 7 章)、分子标记辅助育种(第 8 章、第 9 章)和图位克隆(第 11 章)。

2.2.3　遗传图谱的整合

分子图谱的常规整合

1980~1990 年,很多植物种发展出了分子图谱。第一代的分子图谱已经与传统的图谱(其用形态标记、酶标记及细胞学标记和不同图谱共享的标记)进行了整合。水稻中,12 个分子连锁群已经与用三体定位的 12 个染色体连锁群对应。传统标记和分子标记在相同的群体上构建连锁图谱,可以将共享的标记和分散在不同群体中的标记进行整合,因为只有很少的形态标记能同时在一个群体中共分离,要整合很多这样的标记,需要很多具有初步分子图谱的群体。假如有一个完全的形态标记图谱,可以通过形态和分子标记间的连锁关系,推断这些形态标记相对于分子标记的位置。另外,形态标记,包括一些重要的农艺性状,假如它们已经整合到一个高密度的分子图谱上,其定位将更精确。现在这已经成为性状和基因定位的必要步骤。对很多作物来说,传统标记和分子标记的整合已经很成功,形态标记的使用获得了相对完全的遗传连锁图谱。

这些图谱的一些代表性的例子包括:水稻、玉米、番茄和大豆。在水稻中,在由具有不同形态标记的籼稻 IR24 和粳稻系杂交构建的 19 个 F_2 分离群体中,对 39 个形态标记和 82 个 RFLP 标记一起进行了作图 (Ideta et al. ,1996)。在番茄中,应用很多形态标记、酶标记及 RFLP 标记进行作图。基于番茄 F_2 群体构建了一个高密度的整合 RFLP-AFLP 图谱(Haanstra et al. ,1999),覆盖 1482cM,包含 67 个 RFLP 标记和 1175 个 AFLP 标记。玉米 (Neuffer et al. ,1997;Lee et al. ,2002) 和大豆 (Cregan et al. ,1999)中也形成了整合图谱。

多分子图谱的整合

很多作物中,用不同的群体构建了多个分子图谱。这些群体的大小和结构不同,图谱构建所采用的标记数和类型不同。为了建立一个可参照或一致的图谱,便于在不同的群体和不同图谱间,对特定标记间的位置和遗传距离进行比较。Stam (1993)为几种作图群体(BC_1、F_2、RIL、DH 和远交全同胞家系)的遗传连锁图谱构建开发了一个计算机程序 JOINMAP,JOINMAP 可以组合几种来源的数据到一个整合图谱。

对每一个作物,所有用不同群体形成的分子图谱将最终整合进一个统一的图谱。这在几种主要的作物上相当成功,并且可以预计,当有足够的图谱时,所有作物的图谱将成功进行类似的整合。在小麦中,通过聚合几个遗传图谱,以最大限度地整合来自不同来源的遗传图谱信息,构建了一个 SSR 统一的图谱(Somers et al. ,2004)。在棉花中,将染色体归于用具有不同遗传背景的 4 个种间(陆地棉)群体构建的 RFLP 标记联合图谱的 15 个连锁群(Ulloa et al. ,2005)。在玉米中,两个 RIL 互交得到的群体构建了一个整合图谱,第一组群体(IBM)由 B73 和 Mo17 杂交制得,第二组群体(LHRF)由 F2 和 F252 杂交制得。IBM 群体构建了含有 237 个位点的框架图谱,LHRF 图谱包含 271 个位点。用两个群体共定位了 1454 个位点(1056 个标记定位在 IBM 群体图谱上,398 个标记定位在 LHRF 群体图谱上),对应于 954 个新定位的 cDNA 探针标记 (Falque et al. ,2005)。在大麦中,Wenzl 等(2006)组合 10 个群体(大部分共同由 DArT、SSR、RFLP 或 STS 标记进行分析)的数据集构建了一个高密度的整合连锁图谱,图谱包含 2935 个位点(2085 个 DArT 标记,850 个其他标记),覆盖 1161cM,包含总共 1629 个'bins'(特异位点)。整合图谱中位点的排列与单一群体构建的图谱中的标记的排列顺序非常相似。

遗传和物理图谱的整合

整合遗传和物理基因组图谱对图位克隆、比较基因组分析以及作为为基因组测序项目准备的序列克隆来源具有非常大的价值。物理和遗传图谱之间的高度相关,将大大推动具有重要生物或农艺性状的相关候选基因的辅助分子育种,以及相关基因的图位克隆和不同群体、物种和整个基因组序列之间的比较分析,反过来,这些研究又将有助于不同分子育种工具的开发。

为了组合复杂基因组的物理图谱,并将它们与遗传图谱进行整合,已经开发出多种方法。为了给玉米创建一个整合遗传和物理图谱资源,运用了包括三核心组分的综合方法(Cone et al. ,2002)。第一个核心是高分辨率的遗传图谱,这为定位物理图谱和利用其他小基因组的比较信息提供必要的遗传锚定点。物理图谱的组件组装了三个深度覆盖的基因组文库的克隆重叠群(重叠的指纹克隆套)。第三个核心成分是一组为分析、搜索和展示图谱数据而设计的信息工具。在水稻中,大部分的基因组(90.6%)通过全面杂交、DNA 凝胶杂交和硅片锚定进行遗传锚定(Chen et al. ,2002)。在小麦中,通过删除 bin系统建立了微卫星标记的遗传-物理图谱的关系(Sourdille et al. ,2004)。在高粱中,为构建一个完整的遗传和物理图谱,Klein 等(2000)开发了一种以 PCR 为基础的高通量方法,以建立细菌人工染色体(BAC)重叠群,并将 BAC 定位在遗传图谱。AFLP 分析与BAC 重叠文库比对分析,30%的 BAC 重叠文库提供合并重叠群和单一序列的信息不能单独用印迹数据合并。在草本植物黑麦草和高羊禾中,用包含 104 高羊禾特异的 AFLP标记的基因组原位杂交获得的遗传图谱与物理图谱整合。整合的图谱展示了大规模AFLP 标记物理分布,以及在高羊禾染色体上,从染色体的一部分到另一部分的遗传和物理距离之间的关系的变化 (King et al. ,2002)。

美国哥伦比亚市的玉米作图项目开发出了一个整合遗传作图和物理作图的工具(http://www. maizemap. org/iMapDB/iMap. html)。印迹识别装配的重叠群和自动匹配BAC 库随后添加到 IBM2 和 IBM2 邻居图谱。在 Gramene 数据库中,开发出网络工具软件 CMAP,它允许用户进行遗传图谱和物理图谱的比较 (Ware et al. ,2002)。另外,还开发出一个整合的生物信息工具 CMTV(比较性作图和性状查看),用以构建整合图谱及比较基因组和实验之间的 QTL 和功能基因组学数据(Sawkins et al. ,2004)。所有这些工具用来构建基于共享标记的整合图谱、基于起始过程的参考图谱。图 3.6 展示了遗传、细胞学和物理标记的整合图谱。

(梁清志 译,张再君 华金平 校)

第 3 章　分子育种工具：组学与阵列

分子育种的成功依赖于各种各样的工具，这些工具可以用于遗传变异的高效操作。各种"组学"、阵列和高通量技术，使人们比以往任何时候都有可能进行更大规模的遗传分析和育种实验。这些技术已经被纳入许多新的遗传与育种过程，其中一些已经在第 2 章描述过。本章将简要地讨论微阵列、高通量技术和基因组学的几个方面，为分子育种提供所需的一些基础知识。

3.1　组学中的分子技术

分子技术发展促成了不同领域的"组学"，其中包括基因组学（genomics）、转录组学（transcriptomics）、蛋白质组学（proteomics）、代谢组学（metabalomics）和表型组学（phenomics）。这些基本的发展包括先进的凝胶、杂交和表达系统，细胞的光学和电子显微镜成像，高密度微阵列和阵列实验，以及遗传检测实验。

以蛋白质组学为例，其传统技术的应用包括双向凝胶电泳（two-dimensional gel electrophoresis，2DE），通过从胶上切下蛋白质斑点、用特定的蛋白酶将多肽消化为较小的肽段，然后直接进行多肽测序或质谱分析（mass spectrometry，MS）鉴定蛋白质。虽然这种方法仍然是有用的并被广泛使用，但它的应用受灵敏度、分辨率以及不同蛋白质样品的丰度范围所限制（Zhu et al.，2003；Baginsky and Gruissem，2004）。例如，样品中高丰度的蛋白质在凝胶上占大部分，而低丰度的蛋白质可能不能显示出来。新的方法既涉及改良的分离方法，又涉及先进的检测设备，其他一些新技术也可以应用于蛋白质组学研究（Kersten et al.，2002；Zhu et al.，2003；De Hoog and Mann，2004）。新的检测方法和蛋白质组学技术也正在被开发成阵列的形式，这正日益成为研究蛋白质的相互作用、转录后修饰以及蛋白质三维结构解析的重点。

3.1.1　双向凝胶电泳

双向凝胶电泳（2DE）是一种常用的分析蛋白质的电泳技术。蛋白质混合物是通过蛋白质在 2DE 中的二维方向上的两种属性被分离的。从早期到最新的蛋白质组学研究中，蛋白质表达谱分析主要依靠双向聚丙烯酰胺凝胶电泳（2D PAGE），后来 2D PAGE 与质谱分析（MS）结合起来。其基本程序是溶解完整的细胞群、组织或生物流体的蛋白质，然后在裂解液中用双向电泳将蛋白质组分分离，通过银染使分离的蛋白质组分显影。这种方法只能有限地显示总蛋白质含量，并且只能识别含量相对丰富的蛋白质。

双向凝胶电泳从单向电泳开始，然后根据蛋白质的属性通过与第一次电泳成 $90°$ 方向的双向电泳来分离蛋白质分子。在这种技术中，蛋白质在一维方向上按等电点分离，在另一维方向上按分子质量分离。在单向电泳中蛋白质（或其他分子）是在一维方向分离的,因此,在一个泳道的所有蛋白质或分子的每个组分之间会根据某一属性(如等电点)的差异互相分离。其结果是蛋白质在凝胶表面分离出来(图 3.1A)。这些蛋白质可以由多种染色方法显影,最常用的是硝酸银和考马斯亮蓝染色。通过结合使用电泳与质谱分析,可分析各个蛋白质的质谱(图 3.1B、图 3.1C),通过数据库搜索可以将理论的与获得的质谱谱带进行匹配。

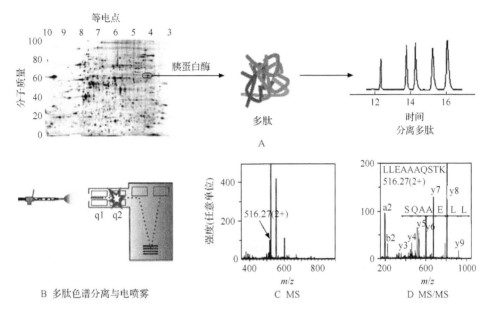

图 3.1 标准的蛋白质双向电泳分析与蛋白质组学质谱测定。(A)双向电泳分离蛋白质:在一维根据等电点(pI)分离,第二维根据质量(分子质量)分离,用胰蛋白酶切开肽链获得单个多肽。(B)多肽通过色谱分离后利用电喷雾(ESI)使其离子化:多肽通过第一四极管(q1)和碰撞室(q2)。(C)根据质荷比(m/z)利用质谱分析器分离出单个离子。(D)分析质谱谱带,选定一个单一多肽离子[516.27(2+)]做 MS/MS 分析,产生多肽离子裂解谱。字母 S、Q、A、A、E、L 和 L 代表选定肽中的氨基酸,a2、b2、y3 等代表不同的离子

2D PAGE 的一个重要发展是使用固相 pH 梯度(IPG),其中一个 pH 梯度在丙烯酰胺基质中是固定的(Gorg et al. , 1999)。因为可在凝胶中固定不同的 pH 范围,IPG 能够用于在单个凝胶上以高重现性检测数千个点。这种方法中的一种变化是使用"zoom 凝胶"。在"zoom 凝胶"中,一个样品中的蛋白质首先在较低分辨率条件下分离成窄 pH 范围的蛋白质样品,然后每个部分经过双向 PAGE 电泳实现高分辨率分离。双向电泳的另一个革新是差异凝胶电泳(differential in-gel electrophoresis, DIGE)(Ünlü et al. , 1997),其中两个蛋白质池(pool of protein)用不同的荧光染料标记,标记的蛋白质混合后在同一个双向电泳中分离。

利用双向 PAGE 或任何其他方法研究表达蛋白质组学也面临一些挑战,主要包括蛋白质丰度的动力学范围和各种蛋白质性质(包括质量、等电点、疏水程度和翻译后修饰)的差异(Hanash,2003)。在分析前降低样品的复杂性,如通过分别分析蛋白质子集和亚细胞器,可以提高双向电泳或其他分离技术对低丰度蛋白质的定量分析的检出率。亚蛋白

质组组分的分离与蛋白质标签(protein tagging)技术相结合,可以进一步提高灵敏度。例如,蛋白质标签技术已经用于细胞表面蛋白质组的全面分析(Shin et al., 2003)。

即使所有的技术改进都能够采用,2DE 将可能仍然是一个相当低通量的方法,需要一个相对大量的样品进行分析。当要分析的样品数量的通量相当低时后者是一个突出的问题(Hanash,2003)。特别是在使用激光捕获显微切割技术时,要从组织中分离出特定类型的细胞,产生极少量的蛋白质,难以满足 2DE 对大样品量的需要。

3.1.2 质谱分析

质谱是通过测量一个实物样品离子质荷比(mass-to-charge ratio)来确定其组成的分析技术,它已成为分析复杂蛋白质样品的首选方法(Han et al., 2008)。基于质谱的蛋白质组学研究方法已成为阐述基因组中编码信息不可少的技术。通过技术和概念上的进展,已经使这一技术在许多领域的应用成为可能,尤其是蛋白质电离方法的发现和发展已得到世界公认,其发明人 John B. Fenn 和 Koichi Tanakain 因此于 2002 年获诺贝尔化学奖。近年来,质谱分析仪在测量的动态范围和灵敏度方面已取得长足的进展(Blow,2008)。

质谱是在气相条件下对离子化的分析物进行测定。质谱仪由三个基本部分组成,第一是电离源,将分子转换成气相离子,一旦形成离子,在第二个设备即质量分析器中根据单个离子的质荷比(m/z)进行分离,然后通过磁场或电场转移到第三个设备——离子检测器中(图 3.1B～D)。质量分析器是这项技术的最重要部分,它利用离子的物理属性来分离具有特定 m/z 值的离子,然后轰击离子探测器。电流强度在探测器中以时间为函数产生,即在质量分析器物理场是作为时间的函数改变,以此电流强度来确定离子的 m/z 值。在蛋白质组学方面,其关键参数是灵敏度、分辨率、质量准确度和从多肽片段产生信息丰富的离子谱的能力。该技术已经有一些应用,包括根据化合物分子或它们的碎片的质量来鉴定未知化合物,通过对碎裂过程的观察确定一个元素的同位素的组成和结构,使用精心设计的方法定量测定样品中的化合物数量,以及研究气相离子化学的基本原理。

质量分析器有许多类型,有些使用静态场或动态场,有些使用磁场或电场,每种分析器类型都有其优点和缺点。在蛋白质组学研究中使用的质量分析器有 4 种基本类型:离子阱质谱、飞行时间(time-of-flight, TOF)质谱、四极杆(quadrupole)质谱以及傅里叶变换质谱(FT-MS)分析器。在离子阱分析器中,离子或者先被捕获,或者被截获一段时间,然后进行 MS 或串联 MS(MS/MS)分析。离子阱的特点是稳健、灵敏、相对便宜,缺点是其质量准确度相对较低,部分原因是在空间充电之前扰乱了离子的分布,聚集在其点状中心的离子的数量有限,进而影响了质量的测量精度。线性或二维离子阱是最近发展起来的,离子被储存在比传统三维离子阱大的圆柱形容器中,具有更好的灵敏度、分辨率和质量准确度。FT-MS 仪也是一种捕捉质谱仪,尽管它是在强磁场下的高真空中捕获离子。FT-MS 在磁场中通过离子回旋产生的影像电流(image current)来测量质量,其优点是具有高的灵敏度、质量准确度、分辨率和较宽的动态范围。尽管 FT-MS 仪具有巨大的潜力,但其费用高昂,操作复杂,肽片段检测效率低,限制了其在蛋白质组学研究中的常规应用(Aebersold and Mann, 2003)。TOF 分析仪用电场加速离子,测量它们通过电场到达探测器的时间。

离子化的技术已成为确定什么类型的样品可以通过 MS 来分析的关键。电喷雾离子化(electrospray ionization,ESI)(Fenn et al.,1989)和基质辅助激光解吸/离子化(matrix-assisted laser desorption/ionization,MALDI)(Karas and Hillenkamp,1988)是两种最常用来挥发和离子化用于质谱分析的蛋白质或多肽的技术,而电感耦合等离子源主要用于多种类型金属样品的分析。MALDI 通常与 TOF 分析器偶联来测量完整多肽的质量,而 ESI 大多与离子阱和三重四极管分析器一起使用,生成选定的前体离子的碎片离子谱(碰撞诱导谱)(Aebersold and Goodlett,2001)。ESI 产生离子的过程是通过对流动的液体加电压使液体带电荷,随后电离喷雾,电喷雾形成非常小的液滴,为包含溶剂的分析物,当小液滴进入质谱仪,用加热或其他形式的能量(如气体能量碰撞)除去溶剂,在这个过程中多电荷离子就形成了。ESI 使分析物从溶液中电离,因此容易结合基于液体的分离工具(如层析和电泳)(图 3.1)。MALDI 通过一个能量吸收基质激发由激光分离的分子产生离子。激光能量撞击结晶基质,引起基质的快速激发,然后基质激发物和分析物离子进入气相。MALDI-MS 通常用于分析相对简单的多肽混合物,在这种情况下综合的液相色谱 ESI-MS 系统(LC-MS)是用来分析复杂样品首选的方法。

导致蛋白质检测技术提高的重要发展包括采用 TOF MS 和将蛋白质转化为挥发性离子的相对非破坏性的方法(Zhu et al.,2003)。MALDI 和 ESI 使得分析多肽和蛋白质这样的大分子成为可能。虽然 MALDI-TOF MS 与 ESI 相比是一个相对高通量的方法,但后者更容易与 LC 或高压液相色谱法(HPLC)之类的分离技术结合(Zhu et al.,2003)。这就为 2DE 提供了一个有吸引力的替代方法,因为连低丰度和不溶性跨膜蛋白也可以被检测到(Ferro et al.,2002;Koller et al.,2002)。其他 MS 技术包括气相色谱质谱法(GC-MS)和离子迁移谱/质谱(IMS/MS)。所有以 MS 为基础的技术都需要一个内容丰富并且可以搜索的预测蛋白质数据库,最理想的是能够代表整个基因组。通过将推测的待分析肽片段质量与数据库中预测的多肽的理论质量进行比较有可能鉴定蛋白质。

质谱仪在任何时间点能够检测到的离子数量是有限的。在分离特定细胞类型或亚细胞器的基础上预分馏蛋白质,对降低复杂性往往是必要的(Lonosky et al.,2004)。另一个分馏复杂样品的方法是在 MS 分析前采用层析技术,这种方法被称为多维蛋白质鉴定技术(multidimensional protein identification technology,MudPIT)(Whitelegge,2002),已被用于水稻叶、根、发育中的种子的代谢途径的鸟枪法研究(Koller et al.,2002)。与 2DE-MS 分析比较,每种方法鉴别独特的蛋白质,不同的蛋白质组研究技术具有互补性。

3.1.3　酵母双杂交系统

酵母双杂交(yeast two-hybrid,Y2H)实验(Fields and Song,1989)为鉴定和分析蛋白质-蛋白质互作提供了一种遗传途径。酵母双杂交系统不仅能够检测已知复合物的成员,还能检测微弱或短暂的蛋白质互作(Jansen et al.,2005)。Y2H 检测利用在许多转录因子中发现的分子结构,该结构具有 DNA 结合域和可以独立起作用的活性区域,当这些结构域分别与两种互作蛋白质融合后,控制转录活性结构域的功能会再次形成。在这一分析中,一种结合 DNA 结合域的蛋白质 X 和一种结合转录因子激活域的蛋白质 Y 形成融合蛋白(图 3.2A)。X 和 Y 之间的互作重新形成转录因子的活性,并导致带有一个 DNA 结合域识别位点的报告基因的表达。这种方法的典型做法是,目标蛋白质与 DNA 结合域(即所谓的诱饵)融合,用来筛选一个具有激活域杂交(猎物)的文库,以此选择互作的对象(Phizicky et al.,2003)。

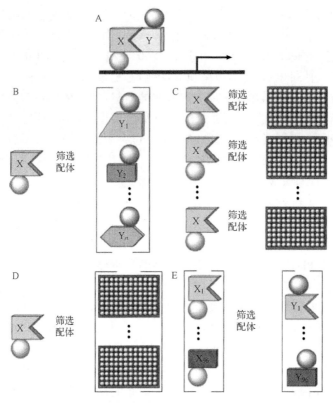

图 3.2　酵母双杂交方法。(A)酵母双杂交系统。DNA 结合和激活域(圆圈)被融合到两种蛋白质 X 和 Y,X 和 Y 的互作导致了报告基因的表达(箭头)。(B)标准的双杂交搜索。作为 DNA 结合域杂交者的蛋白质 X,筛选一个随机插入激活域载体的复合库(方括号内显示)。(C)双杂交阵列方法。蛋白质 X 筛选出现在激活域杂交中的一整套全长可读框(ORF)(表示微孔板上的酵母转化斑)。(D)应用全长 ORF 文库的双杂交搜索。作为激活域杂交的整套 ORF 结合形成一个低复杂性文库(方括号中微孔板)。(E)双杂交池策略。ORF 池既作为 DNA 结合域又作为激活域杂交者(方括号中)互相筛选。引自 Phizicky 等(2003),转载获得 Macmillan Publishers Ltd 的许可

Y2H 检测的主要优点是它的灵敏性和灵活性(Phizicky et al.,2003)。灵敏性部分源于蛋白质的活体过表达,其设计的方向是针对互作被监测的核区室(nuclear compartment),一次可以检测的大量互作蛋白质的可变插入,以及遗传选择的潜力。这种敏感性可以检测解离常数大约为 10^{-7} M 的互作,其检测范围覆盖细胞中发现的最弱的蛋白质互作,比蛋白质共纯化更敏感。它还能够检测可能只是影响一个杂交蛋白亚群的非稳态互作。这种方法的灵活性是,通过改变不同杂交蛋白质的表达水平、DNA 结合位点的数量和性质以及选择媒介的组成,调整检测条件,从而检测不同亲和力的互作。

Y2H 分析的缺点是不可避免地出现假阴性和假阳性(Phizicky et al.,2003)。假阴

性蛋白，如膜蛋白和分泌蛋白，通常不适合进行依赖细胞核的检测系统，这些蛋白质结构域在融合或翻译后修饰中受到阻碍，不能正确折叠和互作。假阳性蛋白包括不是来自真正的蛋白质互作克隆，以及在活体内没有关联的互作克隆。

Y2H 系统有几种变型。在反向 Y2H 系统（reverse Y2H system）中，诱导的 *URA3* 的表达导致 5-FOA 被 Ura3p 转化为有毒物质 5-氟尿嘧啶，导致生长停止。产生突变的基因或片段化的基因，然后进行分析，只有无互作的突变能够在 5-FOA 存在的条件下生长。在（酵母）单杂交系统中，诱饵是一个融合到报告基因的目标 DNA 片段。猎物能结合到 DNA 片段与报告基因的融合区，激活报告基因（*LacZ*、*HIS3* 和 *URA3*）。在抑制反式作用因子系统（repressed transactivator system）中，可以通过抑制报告基因 *URA3* 来检测诱饵-DNA 结合域融合蛋白与猎物-阻遏域融合蛋白的互作。诱饵和猎物的互作能够使细胞在 5-FOA 存在的条件下生长，而非互作细胞由于产生 Ura3p 而对 5-FOA 敏感。在三元杂交系统中，诱饵和猎物蛋白质的互作需要第三种互作分子参与形成一个复合体。第三种互作分子可以是一种与核定位（nuclear localization）共同起作用的蛋白质，其作为诱饵和猎物之间的桥梁促使转录激活。

不同的基因组范围的双杂交策略已被用来分析酿酒酵母（*Saccharomyces cerevisiae*）的蛋白质互作。一种方法是筛选一组随机产生片段的综合库中大量的单个蛋白质（图 3.2B）。第二种方法是使用菌株的综合阵列交配试验，一个接一个系统测试任何可能的蛋白质组合（图 3.2C）。第三种方法使用了一个对多个的交配策略，几乎表达全套酵母可读框（ORF）菌株的每个成员作为 DNA 结合域杂交者，与包含一个融合全长酵母 ORF 激活域的菌株库交配（图 3.2D）。第四种类型涉及确定的菌株阵列池的交配（图 3.2E）。Suter 等（2008）综述了目前 Y2H 及衍生技术在酵母和哺乳动物系统中的应用。Y2H 方法将继续在蛋白质互作评价中起主导作用。

3.1.4　基因表达的系列分析

基因表达系列分析（serial analysis of gene expression，SAGE）是全面地分析基因表达模式的方法。SAGE 被用来产生目标样品中 mRNA 总体的快照（Velculescu et al.，1995）。至今已衍生出几种类型，最引人注目、更稳健的是 LongSAGE（Saha et al.，2002）以及最近的 SuperSAGE（Matsumura et al.，2005），由于标签的长度增加到 25～27bp，它们可非常精确地注释现有基因，并在基因组内发现新基因。SAGE 研究方法的三项基本原则是：①如果一个标签是从每个转录本的特异位置获得的，则这个短序列标签（最初 10～14bp）包含足够的信息来特异识别这个转录本；②序列标签被连接在一起，形成长串分子进行克隆和测序；③定量观察特定标签出现的次数，确定相应转录本的表达水平。

该技术的原理如图 3.3 所示：从组织中分离出 mRNA，用生物素标记的 oligo-dT 引物合成双链 cDNA。用高频切割的限制酶（*Nla*III）切断 DNA，双链 DNA 的 3′端用链霉素（它结合生物素）分离。双链 DNA 被分成两组，5′端与引物 A 或 B 连接，这些引物含有内切酶 *Bsm*FI 的酶切位点，该酶从远离识别位点 20 个核苷酸的地方进行酶切，然后这两个群体混合、连接、扩增、测序。四核苷酸序列 CAGT（通过 *Nla*III 识别）可识别每个扩增区。获得的序列具有每一个基因的唯一识别区,虽然序列长度很短(约 12 个核苷酸),通过与序列数据库的比较足以识别特定的基因。

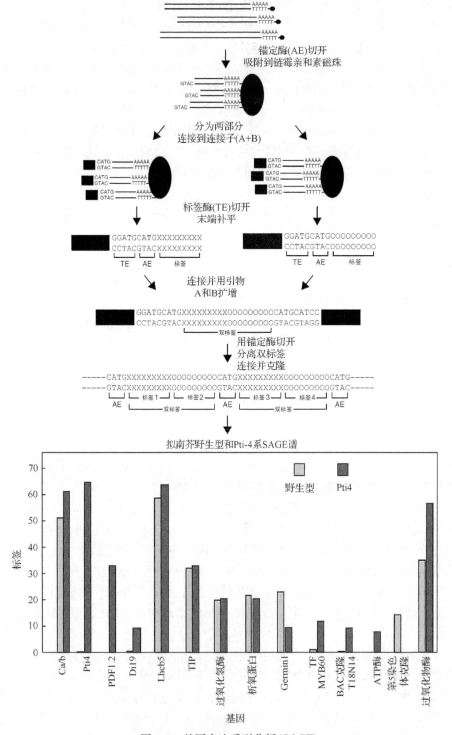

图 3.3　基因表达系列分析(SAGE)

SAGE 可以用来确定在某一特定组织或发育阶段转录的所有基因。它还可以估计每一个鉴定基因的转录频率,因为基因的转录频率与基因在获得的总序列中的比例是成正比的。Velculescu 等(1995)的研究表明:①如果序列是来自基因的一个特定位置,9 个碱基对的 DNA 序列已足以区分 262 144 个基因;②如果 9～bp 的序列首尾相连(连续),并用"标点"分开,那么它们可以"连续地"测序(类似于计算机传输数据的机制);③单个测序反应可以产生 10～50 个基因的信息。

3.1.5　实时定量 PCR

实时反转录 PCR(RT-PCR),也称为实时定量 PCR(QRT-PCR),在扩增过程中通过荧光实时测定 PCR 的扩增量。实时定量 PCR 可以在一个 DNA 样本中同时完成特定序列的检测和定量(对 DNA 标准化或应用其他标准化的基因可确定绝对拷贝数或相对量)。该过程遵循一般 PCR 的原则,其主要特点是扩增的 DNA 是量化的,因为每个扩增循环之后 DNA 的实时反应能够积累。两种常用的量化方法,一种是使用荧光染料插入双链 DNA,另一种是修饰的 DNA 寡核苷酸探针,其与互补 DNA(cDNA)杂交产生荧光。

实时 RT-PCR 使用荧光检测基因表达的水平。由于 mRNA 在核糖体翻译以生产功能蛋白,因此 mRNA 水平往往大致与蛋白质的表达相关。为了用 PCR 技术来检测 RNA,RNA 样品首先需要通过反转录酶反转录为 cDNA。最初的 RT-PCR 技术要求对扩增开始趋于稳定前的 PCR 循环数进行广泛的优化,从而获得在 DNA 的对数期的扩增结果。利用荧光测定 DNA 的实时 PCR 技术,使研究人员能够绕过标准 RT-PCR 的广泛优化过程。

在实时 RT-PCR 中,在每个循环结束时测定扩增产物。这些数据可以通过计算机软件进行分析,根据标准曲线计算几个样本或 mRNA 拷贝数之间的相关基因表达量(图 3.4)。通过比较目标 cDNA/基因线性扩增的循环数,可用 $2^{循环_x-循环_y}$ 计算相对表达倍数的差异。例如,样本 x 在 37 次循环时为线性,y 样本在 27 次循环时为线性,比较这两者可得 2^{37-27},假定序列扩增效率相同,这意味着 x 样本 mRNA 的积累量是 y 的 1024 倍(图 3.4)。

3.1.6　抑制性差减杂交

抑制性差减杂交(suppression subtractive hybridization,SSH)(Diatchenko et al.,1996)是利用 PCR 快速比较不同样品的 mRNA 表达,并显示这些分子的相对浓度差异的技术,它可用来富集差异表达的基因。差减 cDNA 文库通过杂交和 PCR 使样品均一化。它们可与全长 cDNA 文库结合起来应用。

SSH 包括以下程序:①制备来自两个阶段或条件的 cDNA;②分别消化试验方(来自待测样本的同一来源)和驱动方(来自正常样本)的 cDNA,以获得更短的片段;③将试验方划分成两部分,然后连接上不同的接头,而驱动方 cDNA 不连接头;④杂交动力学差异使单链试验方分子差异表达的序列得到均一化和富集;⑤差异表达序列作为 PCR 扩增的模板。最终,只有差异表达序列可以指数扩增。

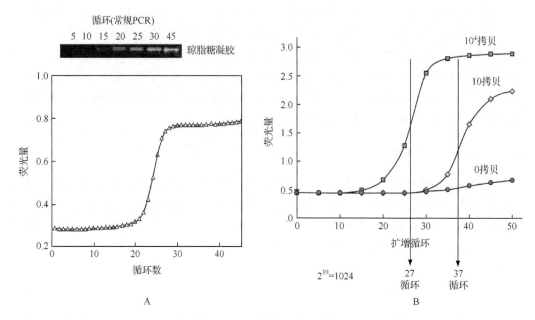

图3.4　实时定量 PCR。(A)琼脂糖凝胶显示不同循环数的常规 PCR 的扩增结果(上),用 LightCy-cler 获得的扩增曲线显示相关基因的表达(下)。(B)不同 mRNA 拷贝数的相关基因的表达,以此可以测定基因表达相对差异的倍数

3.1.7　原位杂交

原位杂交(*in situ* hybridization,ISH)是使用标记的 cDNA 或 RNA 链(即探针)来定位一个组织的一部分或切片(原位)或整个组织中特定的 DNA 或 RNA 序列的一种杂交类型。DNA 的原位杂交可用于确定染色体的结构。DNA 荧光原位杂交(FISH)技术可用于评估染色体的完整性。RNA 的原位杂交(杂交组织化学)被用来测量和定位组织切片或全部包埋组织的 mRNA 和其他转录本。

对于杂交组织化学,样本细胞和组织通常经过处理后以固定目标转录本,从而提高探针的杂交效率。探针可以是标记的 cDNA,但更常用的是 cRNA(SP6-RNA 探针法)。在高温条件下,探针与目标序列杂交,然后洗去多余的探针(预杂交后使用 RNA 酶处理未杂交的多余 RNA 探针)。可以控制溶液参数,如温度、盐、去污剂浓度等以消除任何不一致的干扰(即只有序列匹配的将保留结合状态)。然后,采用放射自显影、荧光显微镜或免疫组织化学检测同位素、荧光或抗原标记(如地高辛)标记的探针,在组织上将其定位或定量。原位杂交也可以使用两个或更多的放射性或其他非放射性标记探针,同时检测两个或更多的转录本。

通过在基因启动子下游插入一个报告基因,如 *lacZ* 或 GFP(绿色荧光蛋白)也可研究转录分析。*lacZ* 基因编码 β-半乳糖苷酶,可通过在 X-Gal 存在时变蓝色来检测其表达。绿色荧光蛋白是一种蛋白质,它含一个在蓝光(395 nm)下发出荧光的发色团。这些报告基因可用来评估表达水平,并可鉴定在选择启动子的条件下正常基因的表达。

3.2　结构基因组学

基因组学是由 Thomas Roderick 在 1986 年创造的一个术语，指的是遗传作图、测序和基因组分析的一门新学科。然而，现在的基因组学经历了从作图和基因组测序到侧重基因组功能研究的转变或扩展。为了反映这一变化，基因组分析现在可以分为"结构基因组学"和"功能基因组学"，结构基因组学代表基因组分析的初步阶段，有一个明确的终点：构建生物高解析度的遗传、物理和转录图谱，最终的生物体的物理图谱是其完整的 DNA 序列。

越来越多名词术语带有"组"和"组学"，一些例子包括细胞组学（cytomics）、表观基因组学（epigenomics）、基因组学（genomics）、免疫组学（immunomics）、互作组（interactome）、代谢组学（metabolomics）、ORF 组（ORFeome）、表型组学（phenomics）、蛋白质组学（proteomics）、分泌组（secretome）、转录组学（transcriptomics）、转基因组学（transgenomics）等。在本节中将讨论基因组结构、物理图谱和测序。有关详情，读者可参考 Primrose（1995）、Borevitz 和 Ecker（2004）、Choisne 等（2007）和 Lewin（2007）。

3.2.1　基因组结构

不同生物基因组的主要差别

真核生物基因组较大，线性染色体具有着丝粒和端粒，基因密度低，并且被内含子和高度重复序列中断；而原核生物基因组较小，呈单一环状染色体（很少数为线性），没有着丝粒和端粒，基因密度高，没有内含子，重复序列非常少或没有重复序列。基因组的大小是指单倍体基因组，因为在单个生物体中不同的细胞可以具有不同倍性，生殖细胞通常是单倍体，体细胞是二倍体。基因组的大小被称为 C 值，是通过复性动力学来测量的。变性后复性的速率取决于基因组大小，基因组越大，重复 DNA 序列越多，重新退火的时间越长，C 值就越高。$C_0 t_{1/2}$ 为 DNA 复性一半时浓度与所需时间的乘积，它直接与基因组 DNA 的量有关。

单倍体基因组的 DNA 含量范围从病毒的 5×10^3 bp 到显花植物的 10^{11} bp。在哺乳动物中，最大和最小的 C 值只有两倍的差异，然而，在显花植物之间其变化规模达 100 倍。从原核生物到哺乳动物每，各个门最小的基因组大小在逐渐增加（图 3.5）。

在最重要的粮食作物中，水稻基因组最小（389Mb）（IRGSP，2005），小麦基因组最大（15 966Mb）。据 Arumuganathan 和 Earle（1991）的报道，其他作物可分为七类：香蕉、豇豆和山药（873Mb）；高粱、菜豆、鹰嘴豆和木豆（673～818Mb）；大豆（1115Mb）；马铃薯和甘薯（1597～1862Mb）；玉米、珍珠粟和花生（2352～2813Mb）；豌豆、大麦（4397～5361Mb）；以及燕麦（11 315Mb）。

基因组大小往往与植物的生长和生态环境有关，非常大的基因组可能会受到生态和进化的限制。大基因组的多种细胞和生理效应可能是主要成分的选择功能，这些成分对基因组大小有贡献，如转座子和基因重复（Gaut and Ross-Ibarra，2008）。

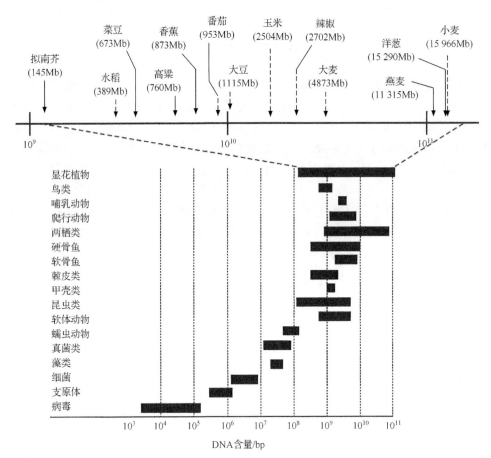

图 3.5　生物的 DNA 含量(改自 Primrose,1995;Arumuganathan and Earle,1991)

序列复杂性

生物的一个门中,虽然每种生物基因组大小有 100 倍的差异,但是基因的数量是非常相似的。据估计,显花植物的基因数量是 30 000～50 000 个,但基因组的大小变化约为 100 倍(拟南芥与小麦)。这是因为一些大的基因组包含重复 DNA 的比例很高。

在有代表性的真核基因组中,不同序列组分的比例差别很大。例如,大肠杆菌($Esch$-$erichia$ $coli$)基因组由 100% 的非重复序列组成,而烟草含有 65% 的中度重复序列和 7% 的高度重复序列。重复 DNA 分为两种类型:串联重复(一个接着另一个)和分散重复(出现在基因组的不同位置)。例如,两类分散高度重复 DNA,一种是 SINES(短的散布元件),即长度短于 500bp,拷贝数为 $10^{5～6}$,另一种是 LINES(长的散布元件),即长度超过 5kb,至少在每个基因组存在 10^4 个拷贝。

重复序列家族有时以基因表达的调控元件起作用,另外,它们可以是无功能的(如所谓的“自私基因”)。有些序列可以导致插入或缺失突变,如 Alu。

3.2.2　物理图谱

物理图谱需要构建一个由连续重叠克隆 DNA 片段组成的物理图,这些克隆具有与它们来源染色体相同的线性顺序。一系列共同覆盖特定的染色体区域的重叠克隆或序列形成的连续片段被称为重叠群(contig)。推荐的物理图谱参考文献包括 Zhang 和 Wing (1997)、Brown (2002)、Meyers 等(2004)以及 Lolle 等 (2005)。

DNA 文库

大片段插入 DNA 文库是基因组研究的关键组分之一,对于大型复杂的基因组研究特别适用。这些文库可用于各种项目的研究,如染色体物理定位、重要基因的图位克隆、基因组结构和进化、比较基因组学和分子育种计划。

基因文库或 DNA 文库是一个生物所有基因的集合,在这个集合中找到任何一个来源 DNA 的特定片段具有很高的概率。为了包含一个细菌的所有基因,文库中将包含成千上万个菌落或克隆。该集合的表现形式是来自生物体和载体 DNA 片段的重组,该文库已被整齐排序,相对于其他克隆,每个克隆被放置在精确的物理位置上(如在微孔板的孔中)。

各种高效克隆载体已被用于构建 DNA 文库。最常用的载体是 λ 噬菌体、黏粒、P1 噬菌体和人工染色体。不同的人工染色体类型包括酵母人工染色体(YAC)、细菌人工染色体(BAC)、双元 BAC(BIBAC)、P1 衍生的人工染色体(PAC)、可转化人工染色体(TAC)、哺乳动物人工染色体(MAC)、人类人工染色体(HAC)和植物人工染色体。当 DNA 被简单地连接到载体,然后包装到噬菌体颗粒时,文库是未扩增的。在一个扩增文库中,原始的 DNA 随着细菌的复制而增加。

在文库中克隆哪些 DNA 取决于研究目的。基因组文库由一种生物总的核 DNA 构成。在构建这些文库时,必须将 DNA 尽可能随机地切割成可克隆的片段,经常使用物理剪切或用限制酶部分酶切 DNA。染色体特定文库是用分离纯化的染色体 DNA 构建的。cDNA 文库包含了从一个特定环境下的特定生长或发育阶段的特定组织或器官收集的 mRNA 反转录的 cDNA 克隆的集合,因此,cDNA 文库只包含了在特定条件下表达的基因,此外,cDNA 不含有内含子或启动子。

根据功能,基因文库可分为克隆文库和表达文库。克隆文库使用克隆载体构建,含有复制子、多克隆位点和选择标记,克隆可以通过细菌培养来繁殖。表达文库的构建使用表达载体,除了包含克隆载体的元件外,还含有控制基因表达的特定序列,如启动子、SD 序列、ATG 和终止密码子等,编码产物可在宿主细胞内表达。

cDNA 文库是常用的表达文库,文库中的编码蛋白可以部分或全部在携带克隆 DNA 的细菌中表达。用抗体或酶的活性来筛选 cDNA 文库时需要表达这些蛋白。

为了确保几乎所有的基因组区域在文库中至少出现一次,文库中克隆 DNA 必须包含大量冗余。以一个特定概率(P)找到一个目标克隆需要的 DNA 克隆数(n)的计算公式是:

$$n = \frac{\ln(1-P)}{\ln\left(1 - \frac{k}{m}\right)}$$

式中,k 是以千碱基对表示的 DNA 插入片段大小,m 是以千碱基对表示的单倍体基因组大小。作为一个经验法则,文库中含有 DNA 插入片段加起来总共是生物单个配子体

DNA 的三倍,基因组任何 DNA 元件在文库中至少出现一次的置信度将达约 95%。一个文库具有"等同五个基因组"的覆盖(而不是三个)将有约 99% 的置信度包含目标元件。例如,对一个平均大小为 150kb 的 BAC 文库,要覆盖 5× 的拟南芥基因组($m=125\ 000$kb),其 BAC 数量需要 3835,当 DNA 片段是随机分布时,从这个文库获得任何 DNA 序列的概率不低于 0.99。

构建大片段插入基因组文库

构建大片段插入基因组文库包括三个步骤:①构建克隆载体;②提取高分子质量 DNA;③制备插入的 DNA。

大片段插入克隆载体的开发。开发一个可以容纳大 DNA 片段的载体是一个困难的任务,大多数质粒载体的最大插入大小是 10kb。随着插入片段大小的增加,连接和转化效率显著降低。

第一个大片段载体是噬菌体 λ 载体,其中最大的 DNA 插入片段大小约为 25kb。这是因为噬菌体头部的容量固定,防止太长的基因组被包装成后代颗粒。黏粒是一个杂合型载体,具有类似于质粒的复制方式,但可在体外包装进 λ 噬菌体外壳,该载体可以容纳高达 45kb 的插入 DNA。

开发的 YAC 载体中可容纳的插入片段高达 1000kb。YAC 克隆系统包括酵母端粒 Tel,自主复制序列 ARS1,酵母第四条染色体的着丝粒 CEN4,酵母筛选标记基因尿嘧啶 URA3 和色氨酸 TRP1,氨苄青霉素抗性基因 Amp 和 pBR322 的复制起始点。20 世纪 90 年代初期,YAC 克隆在一些基因组计划和多个物种基因的图位克隆中发挥了主要作用,但以下 4 个问题阻碍了其在基因组研究中的进一步应用:①高比例嵌合克隆;②DNA 制备和储存较困难;③转化效率低;④一些插入片段在酵母中不稳定。例如,在水稻品种'日本晴'YAC 文库中有 40% 的克隆是嵌合体,因而限制了其在基因组测序或图位克隆中的应用。

BAC 克隆系统是基于单拷贝的大肠杆菌 F 因子(Shizuya et al.,1992)。BAC 文库很容易操作、筛选和保留克隆的 DNA;BAC 文库为非嵌合体,并具有较高的转化效率。

为了便于鉴定植物基因,发展了第二代 BAC 载体,如 BIBAC(Hamilton et al.,1996)。一个在 BIBAC 载体中的 150kb 人类 DNA 片段通过农杆菌介导转化到烟草基因组。现在又开发了一种类似的载体——TAC,已经用于与拟南芥突变体的表型互补(Liu et al.,1999)。表 3.1 提供了几个人工染色体载体的特点。

表 3.1　人工染色体载体的特征

载体	寄主	最大片段/kb	稳定性	嵌合性	DNA 制备	植物转化
YAC	酵母	约 1000	−	+	困难	否
P1	大肠杆菌	约 100	+	−	容易	否
BAC	大肠杆菌	约 300	+	−	容易	否
PAC	大肠杆菌	约 300	+	−	容易	否
BIBAC/TAC	大肠杆菌和农杆菌	约 300	+	−	容易	是

高分子质量 DNA 的分离。制备高分子质量(HMW)DNA(多数 DNA>1Mb)是构建植物基因组大片段插入文库中最困难的步骤之一。分离植物核 DNA 有 4 个突出的问题:①必须物理破碎或用酶消化植物细胞壁,而不能损坏细胞核;②必须将叶绿体与细胞核分离和(或)首先破坏掉,这是一个重要的步骤,因为叶绿体基因组是多拷贝的,可能是植物细胞内 DNA 的主要组分;③必须防止挥发性次生化合物(如多酚)与核 DNA 的相互作用;④必须阻止组织匀浆后形成碳水化合物网状结构,以防止其结合细胞核。

已经开发出几种不同的分离方法,第一种方法是从叶片中分离出原生质体,然后将原生质体包埋到低熔点琼脂糖,做成楔形或珠形,这种方法既昂贵又费时,而且不能与叶绿体 DNA 分开。从叶片组织分离细胞核的方法已经得到发展,显著改进了操作程序,获得的 HMW DNA 质量可满足文库的构建。

制备用于连接的插入 DNA。用四碱基或六碱基识别序列限制酶完全消化产生的 DNA 片段的平均大小对于构建大片段插入文库太小了。要获得相对 HMW 限制性片段(100～300kb),普遍的方法是用一个四碱基限制酶部分消化目标 DNA。部分消化 DNA 不仅产生了预期大小的片段,而且随机切割产生的基因组片段也不会排除任何序列。

要确定以最大比例产生 100～300kb 片段的条件,需要通过使用不同数量的限制酶与消化时间进行一系列的部分消化。一旦确定产生 100～300kb 片段的最佳条件,就在多个反应器中进行大规模消化以获取足够的 DNA 用于片段大小的选择,部分消化的 HMW DNA 再经脉冲场凝胶电泳分析。

如果不对部分消化 DNA 的大小进行选择,随机文库中小片段插入将占优势,因为小片段连接效率和插入克隆的转换效率更高。钳位均匀电场凝胶电泳(contour-clamped homogeneous electrical field,CHEF)是最常用于分离大片段 DNA 分子的方法。它使用一个固定电极的六角形阵列,产生一个均匀电场以增加 DNA 的分辨力。用 CHEF Mapper 经过两种大小的选择,HMW 限制性片段必须从琼脂糖分离出来,才可以用于连接反应。完成高分子质量插入文库构建后,可以随机选择一些克隆以确认插入片段是否成功克隆,以及平均插入片段的大小。平均插入片段大小将决定需要多少克隆可获得期望的基因组覆盖率数量。

物理作图

物理图谱的构建方法有五种:光学作图、限制性片段指纹、染色体步移、序列标签位点(STS)作图以及荧光原位杂交(FISH)。在限制性片段指纹中,单个的克隆首先用不同的限制酶消化,然后用放射性或荧光染料标记酶切的 DNA,并在测序凝胶中电泳,收集分析指纹数据,组装重叠群。在实验过程中,使用已知图谱位置的标记作为探针筛选大片段插入文库,能够与相同的单拷贝标记杂交的克隆即被认为是相互重叠的。利用已知位置 DNA 标记的引物 PCR 扩增 DNA 池也可用于物理图谱的构建。这种方法的缺点是费工,填补间隙较困难。

STS 作图使用序列标签位点(STS),这是一种 200～300 个碱基的 DNA,它们的精确序列在基因组上只出现一次。两个或两个以上克隆含有相同的 STS 则必定重叠,重叠的克隆也必定包括相同的 STS。这种方法有两个缺点:它仍然是劳动强度大,引物合成昂贵。

　　FISH 使用的合成多核苷酸链是与特定染色体位置的特异目标序列互补的序列,多核苷酸通过一系列的连接分子与荧光染料结合,染料可以用荧光显微镜检测。

　　此外,物理图谱可以通过结合指纹识别、分子连锁图谱、STS 作图、末端测序及 FISH 作图来获得。物理作图的副产物是遗传图谱、物理图谱和测序图谱的整合,如图 3.6 所示。

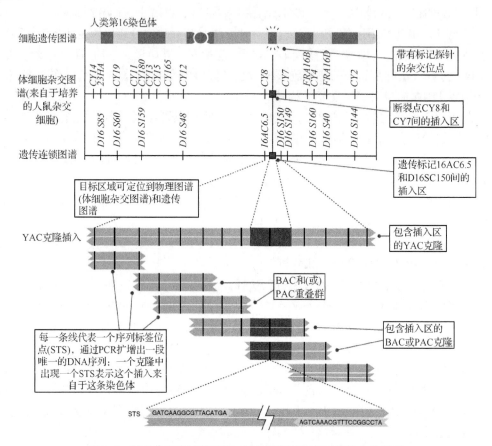

图 3.6　物理作图和遗传图谱、细胞图谱及物理图谱整合的例子

3.2.3　基因组测序

　　首次在实验室进行 DNA 测序开始于 1978 年。第一个多细胞真核生物秀丽隐杆线虫(*Caenorhabditis elegans*)基因组于 1998 年发表。基因组测序后面的基本原理包括鉴定测序基因组中所有基因、阐明基因组中基因的功能及其相互作用、相对复杂基因组的同源基因功能分析、基因或基因组进化分析以及产品开发和商业应用。由于新一代测序技术持续推动基因组测序,已经出现新应用和新分析概念(如 Huang et al. ,2009),很大程度上提高了我们了解基因功能的能力,包括功能基因组序列统计方法(Wold and Myers,2008; Varshney et al. ,2009)。

DNA 测序技术的发展

DNA 测序主要有三个里程碑:①测序反应的发明;②自动荧光 DNA 测序仪;③PCR 技术。直到 20 世纪 70 年代,甚至获得 5～10 个核苷酸的 DNA 序列也是非常困难和费力的。1977 年开发了两种新方法,即 Maxam 和 Gilbert 的化学测序方法和 Sanger 和 Coulson 的酶测序法,使人们有可能对大片段的 DNA 分子进行测序,后来改进的 Sanger 链终止法被证明在技术上更为简单,使其成为首选程序。

修饰的 Sanger 测序法或链终止法利用了 DNA 聚合酶的两个性质:①它们忠实地合成单链 DNA 模板互补拷贝的能力;②它们能够以 3′端双脱氧核糖核酸为底物。一旦这个脱氧核糖核酸类似物渗入到 DNA 链延长点,由于其 3′端缺少一个羟基,不能再作为链延伸的底物,这样,双脱氧核糖核酸起到了链终止物的作用。

标记和检测技术的发展为加速测序过程作出了贡献。这些发展包括[33]P 标记引物(20 世纪 70 年代);[33]P 或[35]S 标记引物产生清晰的图像,并降低辐射(80 年代早期);荧光标记引物,以及在 4 个不同的反应中使用染料(1986 年)。80 年代中后期时,每个反应所用的引物用不同颜色的荧光标签标记,实现了 DNA 测序的自动化。该技术可以在几个小时测序成千上万的核苷酸,使大型基因组测序变成了现实。在 ABI PRISM® 技术中,多达 4 种不同的染料可用于标记 DNA,这些含不同标记的 DNA 在凝胶的同一个泳道一起电泳或注入一个毛细管中时,可被区分出来。对于 DNA 测序来说,这意味着 4 个不同染料代表 4 种 DNA 碱基(A、C、G 和 T),标记的 DNA 可以在一起电泳。

20 世纪 80 年代末到 90 年代初,改进的聚丙烯酰胺凝胶电泳分辨率更高、凝胶更薄、图像更清晰。毛细管电泳(CE)(1998 年)具有诸多的性能优势,如电泳更快、样本量小,并能够消除人工凝胶制作和样品上样任务,轻易完成的自动化电泳比平板凝胶系统减少 80% 以上的仪器操作时间。毛细管电泳的引入推动了自动化电泳仪器的应用,也降低了每个样品的成本(Amersham 公司的 MegaBACE 和 Applied Biosystem 公司的 ABI3700、ABI3730 等)。高通量测序还可以结合全自动化的克隆挑选、96 孔质粒的分离和纯化、PCR 反应、装样和序列数据的分析。

新一代的高通量测序技术改变了科技型企业,有可能取代以阵列为基础的技术,并且开创许多新的可能性(Kahvejian et al.,2008;Shendure and Ji,2008)。有三种商业化的新一代 DNA 测序系统可供使用(Schuster,2008),它们可生产比以标准毛细管为基础的技术大得多的测序能力(每个反应产生超过 1Gb 的序列)。高通量 DNA 测序技术使用一种新的大规模平行合成测序的方法,称为焦磷酸测序技术,最近由 454 Life Sciences 公司开发(Margulies et al.,2005)。454 测序(454 Sequencing)利用在水油乳化液滴包裹的玻璃珠上扩增的克隆 DNA 片段,然后把液滴加载到一种光纤芯片 PicoTiterPlate 纳米级的孔中(约 44μm)。在每一个反应周期中,4 种脱氧核苷三磷酸(dNTP)中的一个与 DNA 聚合酶、ATP 硫酸化酶和荧光素酶一起被传递到反应器。结合后产生一个化学发光信号,产生的信号通过一个高分辨率电荷耦合器件(CCD)传感器检测。使用它们的 2007 测序设备 GS FLX Genome Analyzer,454 测序技术每 7h 大约可测定 100Mb 原始 DNA 序列。

　　与 Sanger 链终止法相比,454 测序能够进行大量 DNA 的测序,而且成本很低;富含 GC 的序列也不是太大的问题,不依赖于克隆就意味着非克隆的片段也不会被遗漏;它还能够在低灵敏度扩增子池检测突变。然而,2005 测序仪 GS20 每个读长(read)只有 100bp,在处理具有高度重复的基因组时产生一些问题,由于超过 100bp 的重复区域不能"架桥"连接,因此必须留下作为独立的重叠群。此外,这一技术的性质使其在长的同聚物测序中也存在问题。2007 年 5 月,454 测序的项目之一"Jim"测定了第一个个人的序列——James Dewey Watson 的完整基因组序列。

　　第二个高通量测序技术是 Solexa™(Illumina 公司;http://www.illumina.com),它依赖于边合成边测序。稀释的 DNA 模板黏附到一个固体平面上,然后扩增复制。测序通过释放一种与 DNA 聚合酶一起的 4 种差异标记的可逆链终止剂混合物来完成。在每个循环检测结果信号,终止剂移除后一个新的循环周期就被启动(Bennet et al.,2005)。目前,每次运行 1Gb 的测序量,平均读长为 30~40 个碱基。

　　第三种高通量测序技术是 SOLiD™ 系统。该系统能够对连接到珠子上的克隆扩增 DNA 片段进行大规模的平行测序。SOLiD™ 测序方法是基于与染料标记寡核苷酸的有序连接。SOLiD™ 技术提供无与伦比的精度、超高通量和应用的灵活性。它提供每次运行近 20Gb 的巨大通量。两个流通池相互独立,具有灵活性,每个流通池具有运行 1 个、4 个或 8 个样本的能力,可在一个单一的运行中进行多个实验。无与伦比的通量和超过 99.9% 的整体准确性,SOLiD™ 系统使完成大规模测序和以标签为基础的实验比以前成本更低。

　　还有一些新兴的测序方法:通过杂交测序、质量光谱分析技术、原子力显微镜直接观察单个 DNA 分子、单分子测序策略。开发出一种低于 1000 美元以下的人类全基因组低成本测序技术的强烈愿望,促使测序的速度和成本将继续得到快速改善(Schuster,2008)。例如,纳米孔设备提供了单分子检测和单分子分析能力,检测和分析通过溶液中由电泳驱动的分子通过一个纳米级孔隙来实现。进一步的研究和开发需要克服目前的挑战,即纳米孔鉴定 DNA 链上每个连续核苷酸,这将提供"第三代"测序工具的前景,测定一个二倍体哺乳动物的基因组序列大约需要 1000 美元,可在约 24h 完成(Branton et al.,2008)。

测序策略

　　通常的基因组测序策略有两种:①克隆接克隆或分级测序(国际人类基因组测序联盟,2001);②全基因组鸟枪测序(Venter et al.,2001)。在建立了完整的物理图谱后,克隆连接克隆测序可以从任何特定区域开始。克隆连接克隆或分级测序策略具有以下优点:①能够填补空白和重新测序非特定区域;②能够将克隆分配给其他实验室;③能够用限制酶检查生成的序列。主要缺点是昂贵、费时,因为它需要构建一个物理图谱,并且需要有丰富经验的人员。

　　鸟枪测序策略包括从生物体的基因组 DNA 制作小插入文库(1~10kb)、测序大量的克隆(6~8 倍冗余)和用生物信息学软件组装重叠群。它不需要构建物理图谱,重组克隆的风险低;成本低、快速,对于小基因组的测序很理想。然而,很难填补缺口,并且要重新追踪所有测序质粒,由此产生的数据对图位克隆用处很小。图 3.7 比较了两种测序方法。

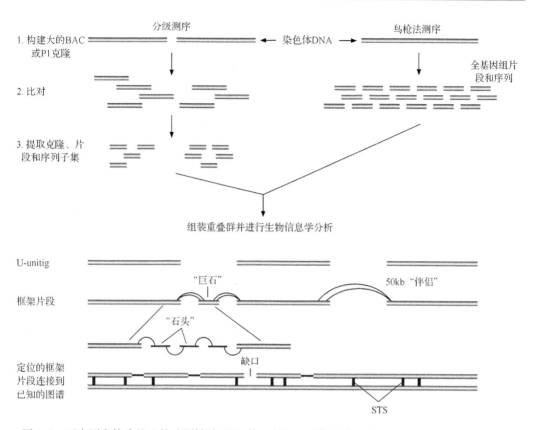

图 3.7　两个测序策略的比较:图谱框架的组装。利用配对信息将两个 U-unitig 间的缺口搭起来,从而将 U-unitig 组装成框架片段,并通过将 unitig 连接为"巨石",这种连接不是很可靠,不过根据至少两个独立的大型插入伴侣对仍然可以确定其位置。"石头"是单个的短重叠群,它的位置仅有一次读数支持。在测序完成阶段,用进一步定点测序填补空隙。根据序列标签位点(STS)定位的现有遗传和物理图的匹配和荧光原位杂交(FISH)的细胞学图谱定位框架的位置

克隆接克隆与鸟枪法测序策略的结合。1997 年,基因组研究所(TIGR)推出了一个人类基因组全基因组鸟枪法的倡议。但细菌人工染色体(BAC)、BAC 末端序列和 STS 标记广泛用于装配从鸟枪克隆测序的数据。人类基因组的第一张草图在 3 年内完成了,而政府机构资助的人类基因组计划用了 12 年。

基因组过滤策略

许多作物的基因组非常大,使得它们难以使用诸如克隆接克隆和全基因组鸟枪法测序基因组的标准方法来解码。它们的全序列测定艰巨而昂贵。近年来,两个基因组过滤策略,甲基化过滤(methylation filtration,MF)(Rabinowicz et al. ,1999)和基于 C_0t 的克隆和测序(C_0t-based cloning and sequencing,CBCS)(Peterson et al. ,2002)或高 C_0t(high C_0t,HC)(Yuan et al. ,2003)已被建议用于选择性测定大型基因组的基因区。MF 是根据植物的基因组中基因主要是次甲基化,但重复序列高度甲基化的特点。甲基化的 DNA 转入 $Mcr + E. coli$ 菌株被切割,只有次甲基化的 DNA 能够重新获得。CBCS/HC

是在它们的复性特点的基础上从重复序列上分离含有大多数基因的单拷贝、低拷贝序列。应用 MF 策略,Bedell 等(2005)测定了高粱 96% 的基因,平均覆盖率为其长度的 65%。高粱基因组测序过程中,这一策略过滤出重复序列,减少了高粱 DNA 量的三分之二,从 735Mb 到约 250Mb。MF 和 HC 都已经高效地用于玉米基因序列特征分析(Palmer et al.,2003;Whitelaw et al.,2003)。应用高 C_0t 和 MF,Martienssen 等(2004)用不到 100 万的基因序列读长产生高达两倍的基因空间覆盖,使用 BAC 克隆测序模拟预测,5 倍基因富集区的覆盖度需要不到 1 倍的 BAC 重叠群的亚克隆覆盖率,将产生满足遗传学家需求的高质量图谱序列,同时适应异常高水平的结构多态性。Haberer 等(2005)随即选取 100 个平均为 144kb 的区域,约占基因组的 0.6%,去定义它们的基因和重复序列的含量,描述玉米基因组结构特征。结合 CBCS 与基因组过滤可以大大降低成本,同时保留了基因区域的高覆盖率。另一种方法是在详细的物理图谱上鉴定基因富集区,测序来自这些区的大型插入克隆。

植物基因组序列

第一个完整测序的植物基因组是拟南芥。测序区覆盖了 125Mb 基因组中的 115.4Mb,并延伸到着丝粒区域。拟南芥进化涉及全基因组重复,随后伴随基因缺失和广泛的基因复制。基因组包含 11 000 个家族的 25 498 个编码蛋白质的基因(拟南芥基因组计划,2000 年)。拟南芥中含有许多新的蛋白质家族,但也缺少一些常见的蛋白质家族。预测不同功能类别的拟南芥基因比例如图 3.8 所示。完整的基因组序列为全面比较所有真核生物保守进化过程、确定植物特异基因的功能、为作物改良建立快速和系统的基因鉴定方法提供了基础(Varshney et al.,2009)。

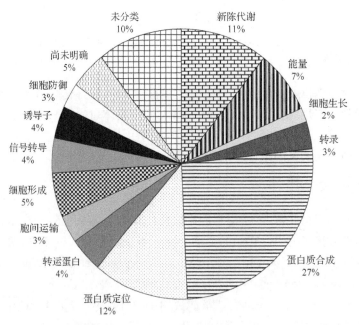

图 3.8　预测拟南芥不同功能类别基因的比例

　　水稻是第一个完整测序的作物,因为它作为主要谷物之一十分重要,还因为它的基因组小、染色体数目少($n=12$)、已充分鉴定了遗传资源和基因组资源、具有大量可用的DNA 标记和高密度遗传连锁图谱。2002 年完成两个草图序列(Goff et al.,2002;Yu et al.,2002),2005 年发表一个完整的序列(IRGSP,2005),序列结果可从国家生物技术信息中心(NCBI)数据库获得。

　　许多重要作物的测序项目目前正在进行中。美国能源部联合基因组研究所(JGI)正在提供资金和技术援助,以解码几个主要植物基因组,包括木薯(*Manihot esculenta*)、棉花(*Gossypium*)、谷子(*Setaria italica*)、高粱、大豆、甜橙(*Citrus sinensis* L.)(http://www.jgi.doe.gov/sequencing/)。正在进行的其他植物基因组测序项目包括苜蓿(*Medicago truncatula*)(http://www.medicago.org/genome)、莲藕(*Lotus japonicum*,http://www.kazusa.or.jp)、杨树、番茄(http://www.sgn.cornell.edu)和葡萄。

　　国际小麦基因组测序联盟(international wheat genome sequencing consortium,IWGSC)已经成立,利用普通(六倍体)面包小麦表达基因组的完整序列,开发以 DNA 为基础的工具和资源,推动小麦生产和利用的农业研究,确保这些工具和序列没有限制地免费供所有人使用(Gill et al.,2004;http://www.wheatgenome.org/)。全球的芭蕉基因组联盟(global musa genomics consortium,GMGC)正在解码芭蕉基因组(http://www.newscientist.com/article.ns?id-dn1037)。全球木薯合作伙伴(global cassava partnership),一个世界领先的木薯研究和开发联盟,已建议应优先测序木薯基因组(Fauquet and Tohme,2004)。

　　为测序玉米基因组,两个美国团体开始了试点研究:一个包括 Jo Messing(罗格斯大学)、Rod Wing(亚利桑那大学)、Ed Coe(密苏里大学)、Mark Vaudin(孟山都公司)和Steve Rousley(Cereon),另一个包括 Jeff Bennetzen(普渡大学)、Karel Schubert 和 Roger Beachy(丹佛斯中心)、Cathy Whitelaw 和 John Quackenbush(TIGR)及 Nathan Lakey(Orion)。这两个先驱团体已经获得大量来自美国国家科学基金会(NSF)、美国农业部和Rick Wilson(华盛顿大学)领导的能源部(DOE)的长期资助,测序策略采用 BAC 接 BAC方法和全基因组鸟枪法的综合方法。

3.2.4　cDNA 测序

为什么测序 cDNA

　　大规模 DNA 测序可以进行基因组 DNA 或 cDNA 测序。实行 cDNA 测序有四个优势。首先是全基因组测序的费用低。虽然在过去 10 年中 DNA 测序成本已下降超过 50倍,但费用仍然约为 1000 万美元测序 30 亿个碱基对。测序哺乳动物大小的基因组的成本降低到 10 万美元,最终降低到 1000 美元或更低的目标,这将需要数年才能实现。

　　其次,相对于原核生物,对真核生物的基因组序列的解释是不太简单的:编码区是由非编码区分开;有内含子和可变剪接;一个基因可以产生多种 mRNA 和基因产物;基因组DNA 一个重要部分不编码蛋白质(非编码序列)。

　　再次,cDNA 测序有助于注释鉴定外显子和内含子。对人类基因数量为 30 000～

80 000，拟南芥基因组第一张草图注释的准确性为 50%～70%，许多拟南芥基因仍然不能准确地注释。

最后，cDNA 测序可以帮助获得有关转录的信息。mRNA 群体在细胞间是可变的，转录组是动态的、不断变化的，细胞通过调节其转录组适应环境、发育和其他信号，mRNA 群体在信号感知和应答之间形成一个重要的调控水平，遗传上完全相同的细胞可以表现出明显不同的表型。cDNA 测序可以直接考察 mRNA 群体，并允许剖析单独基因组测序不能提供的转录组，来自不同组织的随机 cDNA 克隆测序还可以分析 mRNA 的丰度。

cDNA 文库

在构建一个有代表性的 cDNA 文库时，cDNA 文库的 mRNA 来源是至关重要的，它取决于研究的目的。为了估计 mRNA 在一个特定植物中的多样性表达，mRNA 应该代表植物的大多数组织和器官。另外，为了鉴定 mRNA 在一个特定组织、器官或发育阶段的多样性表现，文库应当从高度限定的可行来源来制备。正如 Nunberg 等（1996）指出的，最好是花时间获取足够数量的稀缺组织，而不是使用含有显著比例无关信息的材料。

如果有大量可用的 RNA，则可以直接创建一个质粒文库。因为电转化效率相当高，所以这种方法是可行的。质粒文库可能有方向或没有方向，很容易在一个有序阵列中排列。构建质粒文库直接避免任何序列偏差，包括内部删除、切除过程中可能发生的转移重组。

全长 cDNA 的频率取决于转录本的长度（转录本越长，获得全长 cDNA 的频率越低）。Carninci 和 Hayashizaki（1999）讨论使用帽子陷阱法（生物素帽）和反转录酶热活化法（在 60℃合成 cDNA：RNA 二级结构被熔化）高效率地克隆全长 cDNA。有些均一化和差减法也能富集全长 cDNA。

对于给定的 mRNA，可以获得多种表达序列标签（EST）。采样范围的不同，EST 可能重叠或不重叠。EST 的处理需要移除载体序列、接头序列，使用序列质量过滤器检查质量，清除污染物和嵌合序列，然后存储到数据库。构建 EST 重叠群，有两种常用的程序：Phrap/consed 和 TIGR 汇编程序。这些程序产生一个 unigene 集（重叠群或暂时一致（tentative consensus））：对应一个单一 mRNA（推测）的所有重叠 EST 的一致序列。

有几个因素影响 EST 重叠群的质量：污染序列、质量差的序列、来自同一 mRNA 的非重叠 EST，可变剪接引起的一个基因具有多个 mRNA 和密切相关的基因（嵌合重叠群）。EST 注释可以通过在 GenBank 和其他数据库（如蛋白质基序数据库）中搜索相似序列来实现，为 EST 指定一个假定的功能或识别功能类别，这个过程可以自动或手动（通常是两者结合）完成。

当经费预算有限或有针对某一特定阶段的具体目标时，有必要构建非随机（均一化或差减）cDNA 文库，以克服冗余 EST 的问题，使 EST 数据库饱和。以杂交为基础的方法是最常用的减少冗余的方法（减少丰富表达的 cDNA，增加稀有 cDNA）。当 EST 项目的主要目标是发现基因时，常采用均一化 cDNA 文库。

cDNA 测序

cDNA 测序的策略包括单通道 cDNA 测序(EST)、均一化 cDNA 文库、差减 cDNA 和高通量全长 cDNA 测序。单通道 cDNA 可以通过以下步骤获得:①构建 cDNA 文库;②随机挑选克隆测序(从 5′端或 3′端使用载体引物);③处理序列(载体/连接子去除,质量控制、污染、空载、嵌合);④建立重叠群(来自同一转录本的序列);⑤建立 unigene 集;⑥注释序列。高通量 cDNA 测序的目的是获得尽可能多的充分完成的 cDNA 序列,这对复杂真核基因组(人、小鼠、植物)是必要的。全长 cDNA 测序及其在基因克隆中的应用在第 11 章讨论。

cDNA 测序方法的主要局限性包括:①cDNA 文库中一些基因高度冗余;②难以分离稀有转录本或发育调控的基因;③一些基因在大肠杆菌($E.\ coli$)中不稳定。

3.3　功能基因组学

使用全基因组信息和高通量的工具,已经开辟了一个新的研究领域,称为功能基因组学。在其分支学科中,转录组学(一个细胞中产生的全套转录产物)(Zimmerli and Somerville,2005)、蛋白质组学(一个细胞中产生的全套蛋白质产物)(Roberts,2002)和代谢组学(一个细胞中表达的全套代谢产物)(Stitt and Fernie,2003)已被植物科学界使用。功能基因组学是指通过利用结构基因组学提供的信息和试剂,发展和应用全局(基因组范围或系统范围内)的实验方法来评估基因功能。它的特点是将高通量或大规模的实验方法与结果的统计和计算分析(生物信息学)相结合。所有组学学科提供的新信息将把植物科学界引向植物生长、发育和对环境变化的响应的电子模拟。

3.3.1　转录组学

转录组是指一个细胞或一群细胞中产生的所有的 mRNA 分子或"转录本"。该术语适用于一个给定生物体的全套转录本或一个特定细胞类型的全部转录本。不同于基因组的特指一个给定的细胞系(不包括突变),转录组可以随外部环境条件改变而改变。因为它包括所有细胞中的 mRNA 转录本,转录组反映在任何给定时间活跃表达的基因,除了 mRNA 降解现象以外,如转录衰减。转录组学是基于所有转录相关的内容与特定的处理或发育阶段相关这一思想,可为起作用的内在生物学过程提供合理概述。正如从 Northern 斑点杂交到 tiling 阵列,我们的研究已经从一个一个基因阶段进入全基因组学水平。转录组学的研究通常使用基于 DNA 微阵列或芯片的高通量技术。相关研究可参考 Bernot(2004)、Bourgault 等(2005)和 Busch 等(2007)的文献。

通过观察特定目标时间段全部基因组或(更典型)基因组起作用部分的活性,基因表达谱分析技术为分析"全局"基因表达提供了工具。基因表达谱具有开放和关闭的结构系统,在开放结构下,组织中全部基因表达均有检测到的可能性〔如 cDNA-AFLP、差异显示(dd)PCR、SAGE、cDNA 差减法〕。优势包括潜在发现未知基因、全面覆盖和较低的设备要求。缺点是仅获得部分基因(因为克隆全长 cDNA 非常费力),简单的基因鉴定受限于基因序列数据库(要不然相应的基因必须被克隆)。

　　现已出现几种可供选择的用于平行检测转录本丰度的技术。从本质上讲,根据其基本原理,这些方法可分为三类,即基于 PCR、序列及杂交的技术。因此,目前可供分析转录组的策略包括 RT-PCR(定性和定量)、杂交方法(Northern 杂交、宏阵列、DNA 微阵列和寡核苷酸微阵列)、cDNA 指纹(差异显示、cDNA-AFLP)、cDNA 测序(全长 cDNA、差减 cDNA、均一化 cDNA 文库、SAGE 和大规模并行信号测序——MPSS),以及上述技术的综合。

　　分析 RNA 群体的最直接和无偏的方法是 cDNA 文库测序和 EST 定量分析。从传统上讲,只由 200～900 个核苷酸读长的 EST 可用 Sanger 测序法进行,但此方法费用较高,严重限制了这种方法的使用(Busch and Lohmann,2007)。因为新测序流程和全新测序技术的发展,深度测序已经成为无偏的大规模表达谱测序可行的选择。非凝胶测序法的应用提高了测序通量、降低了测序成本。MPSS 法综合了在分散微珠上的数百万离体克隆模板标签与连接介质测序检测的方法,在每一个反应循环中,在每个标签上生成一个四碱基突出物,定义序列的荧光标记接头被连接上去,在每个反应循环中,高分辨率摄像头检测任何微珠的位置和荧光,允许重建 17 个核苷酸标签的序列(Brenner et al.,2000)。正如 Busch 和 Lohmann(2007)指出的,有限长度的序列标签排除了 MPSS 的从头测序,但使之成为用前导序列信息检测生物表达谱的非常强大的工具。与之相比,前述的其他两个高通量测序技术 454 和 Solexa™,对表达谱分析也非常适合。短的标签足以明确地鉴定一个转录本,因此,从多个短序列组装成较大的重叠群的问题可被忽略。

　　早期的全转录组分析大量使用 PCR 产物阵列分析法。然而,较低的实验室标准化、较高的干扰、实验变化和同源转录本之间的交叉杂交,降低了应用这些阵列的吸引力。目前,以寡核苷酸为基础的微阵列技术已成为目前最为流行的大规模表达谱分析方法,因为此技术允许在一个合理的成本下同时检测成千上万的转录本,任何基因表达水平均可用相应的探针荧光强度表示。然而,微阵列只能提供三个数量级线性表达范围,定量 RT-PCR 则可检测五数量级线性表达动态范围。与其他技术相比,尤其是在检测低丰度转录本时微阵列的精度和灵敏度较低,这在更大的变异性交互分析时很明显(Busch and Lohmann,2007)。为基因设计的微阵列的另一主要限制是它们依赖于目前基因组注释的情况,它排除了鉴定新的转录本或非常小的转录单元。

　　目前基因芯片和定量 RT-PCR 技术已经主宰表达谱分析领域,但深度测序和全基因组 tiling 阵列技术将会变得越来越重要,因为这些技术并不局限于已知的转录本检测,还可检测未知转录本序列。tiling 阵列将整个基因组用均匀分布的探针表现,提供了一种新的转录本鉴定手段。在拟南芥四种不同组织表达谱中,采用 tiling 阵列定位了转录活性区域(Yamada et al.,2003)。

　　互作转录组是所有微生物和宿主在互作过程产生的转录本总和。互作转录组研究中的挑战包括:如何从宿主 EST 中区分病原体转录本,基因组/cDNA 序列也如此,GC 分析和六聚体频率(6bp 窗口)的测定。系统基因组学/转录组学可以用来分析复杂的转录组,如分析来自不同物种的混合 mRNA(如感染组织、土壤或海水等环境样品等)。难点之一是确定混合物中含有的物种。

3.3.2　蛋白质组学

蛋白质组学是研究组织、细胞或亚细胞室(subcellular compartment)中全套蛋白质的识别、功能及调控的学科。这些信息对于我们了解发生在分子水平的复杂生物学过程,以及它们如何在不同的细胞类型、发育阶段和环境条件表现不同是至关重要的(Bourgualt et al.,2005)。因为蛋白质是细胞中的活性物质,它们执行基因编码的生物学功能,因此蛋白质组学是重要的。基因(或基因组)序列和转录组分析不足以阐明生物学功能。通过提供蛋白质合成和积累的时间和地点的有关信息,以及鉴定这些蛋白质和它们的翻译后修饰,蛋白质组学补充说明转录组学。基因表达并不一定表明是否有蛋白质合成,以及它是如何快速变换或蛋白质异构体合成的可能性(Mathesius et al.,2003)。在某些情况下,基因表达和蛋白质合成之间存在的相关性低至 0.4。首先,一个基因的转录水平仅粗略估计其表达为蛋白质的水平。产生的冗余 mRNA 可迅速降解或翻译效率低下,导致少量蛋白质的合成。其次,许多蛋白质经历翻译后修饰,严重地影响着它们的活性。例如,一些蛋白质在磷酸化前是无活性的,磷酸化蛋白质组学和糖蛋白质组学的方法常用来研究翻译后修饰。再次,许多转录本通过可变剪接或翻译后修饰形成一种以上的蛋白质。一般认为,如果基因组含有数以万计的基因序列,经过可变剪接和翻译后修饰的蛋白质也有数以几十万个。最后,许多蛋白质与其他蛋白质或 RNA 分子形成复合体,并且仅在这种分子存在时才具有功能。

蛋白质组学已成为研究细胞发育过程和网络功能的重要途径。无论是数据分析软件和质谱(MS)硬件水平上,高通量蛋白质组学技术现已取得了显著进展(Baginsky and Gruissem,2006)。本节将简单讨论蛋白质组学。有关进一步详情,读者可参考以下的综述文章:van Wijk(2001)、Molloy 和 Witzmann(2002)、deHoog 和 Mann(2004)、Saravanan 等(2004)、Baginsky 和 Gruissem(2006)、Cravatt 等(2007)和 Zivy 等(2007)。

蛋白质提取

获得高质量蛋白质是蛋白质组学研究的第一步。从植物组织中提取蛋白质,需要通过研磨和超声波破碎植物组织,用丙酮-三氯乙酸沉淀后离心,将蛋白质与不必要的细胞组织分离(细胞壁、水、盐、酚、核酸),在溶液中重新溶解蛋白质,溶液可溶解最大数量的不同蛋白质,通过丙酮-三氯乙酸处理或特定的蛋白酶抑制剂灭活蛋白酶。从不同的细胞器或微粒体获得的初步组织提取物可用于蛋白质分析。为获得更多的疏水性蛋白,溶解需要尿素或硫脲作为促溶剂,溶解、变性和释放出大多数蛋白质。两性非离子去垢剂,如 3-[3-(胆酰胺丙基)二甲氨基]-1-丙磺酸内盐(CHAPS)、Triton®-X 或辛酰基硫代甘氨酸三甲内盐(amidosulfobetaines)被用来溶解和分离混合物中的蛋白质。十二烷基硫酸钠(SDS)也是一个强力去污剂,用于溶解膜蛋白,然而,它给蛋白质提供一个负电荷,因此,干扰等电聚焦实验(Mathesius et al.,2003)。还原剂(通常用二硫苏糖醇[DDT],2-巯基乙醇或三丁基膦)用于破坏二硫键。

蛋白质鉴定和定量

N 端或 C 端测序尽管还十分有限,但已经可用于小规模鉴定蛋白质。质谱仪的改良使得它有可能使用少量的蛋白质,在较大范围内快速鉴定蛋白。此外,可通过质谱/质谱分析测定翻译后修饰,并且即使蛋白质与其他蛋白质绑定形成复合物也可以识别。用MALDI-TOF 质谱鉴定蛋白质的标准技术是肽质量指纹图谱。凝胶中蛋白质斑点可以使用化学染色或荧光标记等实现可视化。蛋白质通常可以利用染色强度进行量化。一旦蛋白质分离和量化,它们就可以被识别。蛋白质斑从凝胶中切割下来,并用蛋白质水解酶裂解成多肽。这些多肽可以由质谱特别是 MALDI-TOF 质谱仪来鉴别。MALDI-TOF质谱仪分析能够非常精确地(<0.1Da)测定消化的多肽质量。由于酶切位点是已知的,可通过信息学对蛋白质消化进行模拟,也就是说,消化产生的所有多肽产物可以用特定生物已知序列蛋白质来估算(Zivy et al.,2007)。由于大多数氨基酸具有不同的质量,因此,多肽质量取决于多肽的长度和其组成成分。因此,数据库中储存序列的预测质量可以与MALDI-TOF 质谱仪高效测定的质量进行简单比较。绝对质量匹配的数值越大,就越有可能是来自同一蛋白质的多肽,从而促进蛋白质的快速鉴定。

蛋白质谱

目前,相当复杂的蛋白质混合物现在可以详细进行常规特征描述。一个量度技术的进步是在每项研究中确定大量的蛋白质,对于适当的复杂样品这一数字可以达到数以千计。大规模蛋白质组学需要解决三类生物学问题(Aebersold and Mann,2003):①蛋白质与蛋白质连锁图谱的产生;②使用蛋白质鉴定技术注释、甚至必要时校正基因组 DNA 序列;③使用定量方法来分析蛋白质表达谱,作为特定细胞状态的功能来辅助推断细胞功能。

高等真核生物中许多经过处理和拼接的成熟蛋白质序列,通常不能直接显示它们的同源 DNA 序列。高质量的多肽序列数据可提供特定基因翻译的确凿证据,原则上可以区分可变剪接或蛋白质翻译形式(Aebersold and Mann,2003)。因此,它在系统分析细胞或组织的蛋白质表达方面具有诱人的前景,也就是说,产生完整的蛋白质图谱。

基于大规模质谱分析的蛋白质组学更常见和通用的应用是证明蛋白质表达作为特定阶段细胞或组织的功能。Aebersold 和 Mann(2003)的争论意味深长,这些数据必须至少是半定量的,并在不同状态下检出蛋白质的简单列表是不够的。这是因为复杂混合物的分析往往并不全面,因此,未在鉴定蛋白质列表中出现的特定序列,并不表明这些多肽或蛋白质在样本中不存在。此外,往往不可能准备无痕量污染的特定细胞类型、细胞组分或组织的完全纯品形式。由于多肽离子电流依赖于众多难以控制的变量,因此,测量离子电流不是多肽丰度的良好指标。在稳定同位素稀释方法尚未使用前,假如高度精确和可重复的方法得到应用,通过结合多肽质量峰值电流超过洗脱时间和比较不同状态间提取的离子电流,相对粗略地估计蛋白质的数量。稳定同位素稀释和 LC-MS/MS 分析法越来越多地用于精确检测定量蛋白质谱的变化,并从观察到的模式推断生物的功能(Aebersold and Mann,2003)。

蛋白质-蛋白质互作

大多数蛋白质之间存在蛋白质-蛋白质互作,现已发现 6 种蛋白质-蛋白质互作的界面类型:蛋白质域-蛋白质域、蛋白质域内、异源低聚物、异源复合物、同源寡聚体以及同源复合物。蛋白质相互作用的分析可以定性也可以定量。传统的生化方法,如共纯化和免疫共沉淀,已被用来确定蛋白质复合体的成分。基于蛋白质组学的策略已经用于确定复合物组成和建立互作网络。正在应用系统的、大规模的和高通量的方法建立蛋白质互作图谱,这些由基因组序列信息预测的蛋白质已经成为著名的互作组学(Causier et al.，2005)。

蛋白质-蛋白质互作具有许多重要特征。显然,重要的是要知道哪些蛋白质是有互作的。在许多实验和计算研究中,重点在于两个不同蛋白质之间的互作。然而,一个蛋白质可以与它自身的其他拷贝(寡聚化),或者与三个或三个以上不同的蛋白质互作。互作的化学计量学也很重要,那就是在特定的反应中有多少个同种蛋白质参与其中。由于一些蛋白质结合紧密,它们的互作比其他蛋白质间的互作要强大,这种约束力称为亲和力。如果蛋白质能量允许,蛋白质间的结合是自发的。结合能的变化是蛋白质互作的另一重要因素。许多计算工具预测蛋白质间的互作是基于能量的互作。

蛋白质互作图谱是后基因组学研究工具的重要组成部分,这些研究根据是在系统水平上理解生物学过程所必需的。在过去的 10 年里,各种各样的检测、分析和定量蛋白质间互作的方法得到发展,包括表面等离子体共振光谱、核磁共振(NMR)、Y2H 扫描、多肽标签结合质谱分析和荧光标记技术。Lalonde 等(2008)、Miernyk 和 Thelen(2008)等综述了最新的技术和用于检测蛋白质间互作的生化、分子及细胞学方法当前的局限性。体外识别和描述互作蛋白质特征的生化策略包括免疫共沉淀、蓝绿温和凝胶电泳、离体结合分析、蛋白质交联和速率区带离心等。荧光技术广泛应用于从共定位到受限于显微镜光学分辨率的标签,以及荧光能量共振转移(fluorescence resonance energy transfer,FRET)为基础的方法,这一方法具有分子级分辨率,也能够报告细胞内蛋白质间互作的动力学和位置。通过高度进化的互补表面,蛋白质间发生互作,具有的吸引力可以变化达到许多个数量级。一些技术,如表面等离子共振可为这些互作的物理性质提供详细信息。为了在亚基因组或全基因组水平上系统地分析蛋白质复合体,几种采用机器人技术的高通量筛选方法已得以应用:①Y2H 系统;②基于杂交的分离泛素系统(mbSUS);③蛋白质复合物亲和纯化后通过质谱鉴别蛋白质(AP-MS)。

关于一个新的蛋白质通常问起的第一个问题是除了它在哪里表达外,它与什么蛋白质结合? 通过质谱仪研究这个问题时,蛋白质本身常用作为亲和试剂,用于分离其结合成分。与双杂交和阵列为基础的研究方法相比,这种策略的优势在于加工和修饰后的成熟蛋白质可以作为诱导物,蛋白质间互作发生在自身环境和细胞位置,而且多组分复合物可以在一次操作中进行分离和分析(Ashman et al.，2001)。但是,由于许多生物学相关的互作亲和力低、通常是短暂的,而且通常依赖于它们出现的特定细胞环境,以质谱为基础的简单亲和力实验仅能检测实际发生蛋白质互作的一部分(Aebersold and Mann,2003)。生物信息学方法,与其他方法得到的质谱数据,或可能的反复质谱测量结合化学交联数据的相关性(Rappsilber et al. ,2000),常有助于进一步阐明蛋白质直接互作和多蛋白质复合物的整体拓扑结构。

在非特定关联蛋白质的背景下,定量质谱检测特定复杂成分的能力增加了对高背景的耐受性,使得此方法可用较少的提纯步骤和限制较低的洗涤条件,从而增加了检测到短暂的弱互作的机会。同样的方法可用于研究蛋白质与核酸、小分子与其底物的互作。例如,药物可被用作亲和剂,蛋白质来确定其细胞靶向,小分子,如辅助因子可用于分离目标"亚蛋白质组"(MacDonald et al. ,2002)。

Y2H系统已成为检测和描述蛋白质-蛋白质互作特性的实验室标准技术之一,它可用来构建特定蛋白质间互作的单个的氨基酸残基图谱,也可以用来确定复杂蛋白质表达文库中新的蛋白质-蛋白质互作。Y2H系统已广泛地用在不同的生物蛋白质互作网络的测定中。在植物研究中,Y2H系统已成功应用于检测光敏色素、隐花色素、转录因子、自交不亲和蛋白、生物钟及植物抗病性相关等的互作(Causier et al. ,2005)。结合大规模Y2H筛选程序的最新进展,适用于如拟南芥和水稻等生物的大规模Y2H扫描时机已经成熟。

检测蛋白质互作的另一个可能的方法是应用互作蛋白质上荧光标签间的FRET。FRET是一种非放射性的过程,在激发荧光团约60Å之内,能量从激发供体荧光团转移到受体荧光团(Wouters et al. ,2001)。激发第一次荧光团后,FRET既可通过使用适当的过滤器从第二个荧光团发射检测,也可通过供体荧光寿命的交替检测。两种常用的荧光团是GFP的变体:蓝色荧光蛋白(CFP)和黄色荧光蛋白(YFP)(Tsien,1998)。因为两个原因,FRET技术潜力巨大(Phizicky et al. ,2003),首先,它可以用于活细胞测定,允许在正常细胞环境中检测处在特定细胞位置的蛋白质互作,其次,可以跟随单细胞高瞬时分辨率检测瞬时互作。蛋白质组中的蛋白质间互作可通过在细胞阵列上进行FRET筛选来作图,细胞阵列是通过带有CFP和YFP融合蛋白的cDNA共转化而来。

近年来,对预测蛋白质互作计算引起了强烈关注。预测互作可以帮助科学家们预测它们在细胞、潜在药物和抗生素以及蛋白质功能中的途径。蛋白质是大分子,它们之间的结合往往涉及许多原子和各种互作类型,包括氢键、疏水作用、盐桥等及更多的互作。蛋白质也是动态的,它们的许多键能够伸展和旋转。因此,预测蛋白质的互作需要有良好的涉及互作的化学和物理学知识。

用杂种蛋白质分析互作的原理已经扩展到DNA-蛋白质互作、RNA-蛋白质互作、小分子-蛋白质互作、依赖桥梁蛋白质的互作或翻译后修饰的互作。此外,蛋白质重构不同于其他转录因子(如泛素等),已被用来建立检测互作的报告系统(Fashena et al. ,2000),并且还能够用于分析通常不适合于传统双杂交阵列的蛋白质,如膜蛋白。

今后,基于稳定同位素标记的定量方法,在检测稳定或瞬时互作以及翻译后修饰互作研究中有可能带来革命性进步。在此类实验中,通过稳定同位素标记方法的准确定量不用于蛋白质本身定量,而是用稳定同位素比例来区分两个或更多的蛋白质复合体(Aebersold and Mann,2003)。在一个样品包含蛋白质复合体而对照样品仅包含污染蛋白质的情况下(如不相干抗体免疫共沉淀,或者从缺乏亲和性标签蛋白质的细胞中分离),该方法能区分真正复合体成分与非特异相关的蛋白质。

翻译后修饰

蛋白质转变成成熟的蛋白质形式需要经过复杂的转录后蛋白质序列加工和"装饰"。对翻译后修饰的检测是必要的,尤其蛋白质的磷酸化或泛素化,因为它们会影响蛋白质的功能。蛋白质磷酸化可以通过 2DE 斑点上抗磷酸化抗体检测出来,或通过放射性蛋白质和标记蛋白质检出。使用过碘酸雪夫式反应(Schiff reaction)可以很容易在凝胶中检测蛋白质糖基化。此外,特殊酶可用于几种常见的翻译后修饰的选择性裂解(Mathesius et al. ,2003)。

许多翻译后修饰是可调节和可逆的,通过众多机制影响其生物学功能。从 20 世纪80 年代后期开始,用于确定单一纯化蛋白质修饰的类型和位点的质谱分析方法就已经经历了精细改进。在这种情况下,不同酶的多肽作图常用于"覆盖"尽可能多的蛋白质序列。通过人工或计算机辅助分析检测标准质量和片段谱,蛋白质修饰才被确认。对于某些类型的翻译后修饰分析,特定的质谱技术已经开发出来用以扫描来自出现特殊修饰蛋白质的多肽。可调节修饰的分析是复杂的,特别是常常出现较低的化学计量值的蛋白磷酸化,经过修饰的多肽及它们片段的大小和电离度都反映在质谱仪上(Aebersold and Mann,2003)。鉴于识别全部修饰蛋白质甚至单一蛋白质的困难,显然,现在的蛋白质组范围的修饰扫描是不完整的,所使用的策略之一本质上是分析蛋白质混合物方法的延伸。不是仅搜索非修饰蛋白质数据库,数据库搜索算法指令也匹配潜在的修饰多肽。为了避免需要考虑数据库中所有可能的多肽修饰引起的"组合爆炸",实验通常分为鉴定非修饰多肽基础上的一系列蛋白质鉴定,随后只搜索有修饰的多肽(MacCoss et al. ,2002)。一个更功能化取向的策略是在样品出现的所有蛋白质中集中搜索一种修饰类型。这种技术通常是基于某种形式的亲和选择,这种亲和选择对目的修饰是特异的,用来纯化带有这种修饰的"亚蛋白质组"。

在大规模翻译后修饰作图中仍然存在许多挑战,但很显然,基于质谱分析的蛋白质组学可以在这方面作出独特的贡献,如通过稳定同位素标记的翻译后修饰的系统定量测量将具有很大的生物学重要性。未来蛋白质组学的挑战之一是提高低丰度蛋白质可视化的灵敏度(如调控蛋白质),因为现在只有 10% 的蛋白质可通过 2DE 实现可视化。还需要高质量的数据库用于与质谱数据(或 MS/MS)序列匹配。人们对翻译后修饰、蛋白质复合物、蛋白质定位以及转录组学和代谢组学衔接的了解需要技术的发展。

3.3.3　代谢组学

植物存在广泛多样的低分子质量化学组成分子,目前,在植物中已经确定了超过 10万种次生代谢产物,这可能还占不到自然界总数的 10%(Wink,1988),估计单个物种体内有多少种代谢物,其变幅为 5~25 000(Trethewey,2005)。代谢物是相关的生化途径的产物,在代谢谱的变化可作为生物反应系统对遗传或环境变化的最终响应(Fiehn,2002)。由于基因组激活技术和传统生物化学的协同作用,使得植物代谢的研究经历了第二个黄金时代,基因组数据的快速累积创造了对强大的代谢组技术和快速准确鉴定酶活技术的不断增长的需求(DellaPenna and Last,2008)。

代谢组是指全套小分子代谢物(如代谢中间体、激素、其他信号分子和次生代谢物),这些代谢物可以在一个生物样品,如单一生物体中发现。代谢组学是指特定条件下,植物组织、细胞和细胞区室所有代谢物的系统研究(Bourgault et al.,2005)。代谢组学术语是在20世纪90年代创造的(Oliver et al.,1998)。代谢组学的基础在于对生物学途径和当前的代谢组学数据库的描述说明,如KEGG,它常常建立在已知特征的生化途径基础上。代谢组学可被认为是完整系统生物学的关键,因为它常常是一个期望表型的直接测量(Fiehn,2002),如谷物淀粉或油菜籽油脂的定量和定性测定。此外,代谢组学可以通过基因组、转录组和蛋白质组与遗传学联系起来,从而绕过传统的数量性状基因座(quantitative trait loci,QTL)的方法应用到分子植物育种中。本节推荐的主要参考文献包括Fiehn(2002)、Sumner等(2003)、Weckwerth(2003)、Bourgault等(2005)、Breitling等(2006)、Schauer和Fernie(2006)以及Krapp等(2007)。

靶向代谢组学涉及遗传改变或环境条件变化对特定代谢物的效应检测(Verdonk et al.,2003)。样品制备的重点是分离和浓缩目的复合物,使原始提取物中其他成分的干扰最小化。代谢物谱分析是代谢总产物定性和定量评价,如在特定的途径、组织或细胞室中的代谢物总和(Burns et al.,2003)。最后,代谢指纹集中在从原始提取物收集和分析数据,将全部样品分类而不是分离单个的代谢产物(Johnson et al.,2003;Weckwerth,2003)。

与转录组学和蛋白质组学形成鲜明对比的是代谢组学大部分不依赖于物种,这意味着代谢组学分析可以应用到不同物种,对一个新物种重新优化研究方案花费的时间较少。代谢谱分析可以监测异位表达转录因子在组培植物细胞中的代谢物积累的变化,作为一个假设生成工具,来建立受特定调节蛋白质调节的可能途径。第一步包括产生受组成型或诱导型启动子调控的转基因细胞系。第二步是从转化和对照细胞中提取样品,进行各种代谢谱分析,以测定代谢物积累的定量和定性差异。一个更实用的监测和纯化个体代谢产物的方法是从生物化学上分析成百上千的小分子谱,并扫描这些成分在相应水平上的变化。通过比较两种条件,即可获得差异谱,然后以此为蓝本鉴别受到影响的单个化合物(Dias et al.,2003)。生物小分子广泛的化学多样性使完整代谢谱筛选变得困难,缺乏统一的原则是代谢组学另一个重要的挑战,如有助于分子识别、比较和因果关系分析的遗传密码(Breitling et al.,2006)。

在复杂混合物样品中,缺乏鉴定代谢物与其生化关系的技术,使代谢网络的结构和动力学的全局性研究受到阻碍。超高质量精度的质谱分析的最新进展为此提供了两个有利条件,可以从头查明代谢网络:①精确质量的基础上准确识别分子式的能力;②直接从质量谱中推断不同质量分子之间的生物合成关系。具有必要性能参数的质谱仪(质量精度约1ppm,分辨率在100 000m/Δm以上)目前已经进入众多研究者的应用中,并将改变我们对代谢组学的认识(Breitling et al.,2006)。最近,傅里叶变换离子回旋共振质谱(FTICR-MS)在代谢组学分析上的应用指出了解决这一问题的道路。对于高成本的FTICR-MS,可选择低成本的Orbitrap质量分析仪,提供了加快该领域研究活动的工具。这两种分析仪均能对生物分子样品实现1ppm范围的高分辨率和质量测定准确度。在这两种仪器中,离子化的代谢混合物捕获在轨道轨迹上。其绕行频率取决于离子质/核比,并可以精确地测量,这是异常精确的基础。在 FTICR 质谱分析中,在一个强大磁场中实现诱捕,该磁场对带电粒子施加相对它们运动方向垂直的力,从而限制粒子运动在一个圆形的轨道上。Orbitrap 不用磁场俘获粒子,粒子被俘获在光电场中,此光电场位于中心和外围的圆柱电极之间。从理论上讲,FTICR-MS 和 Orbitrap 对直接输入的最复杂代谢混合物具有足够高的分辨率。气相色谱(GC)-MS 或 LC-MS 是获得高通量定性和定量识别小分子代谢物质量的可选工具(Weckwerth,2003)。毛细管电泳(CE)是一种更有效地分离特定类型复合物的替代方法,并且它还可以与 MS 或其他类型的探测器耦合。核磁共振(NMR)、红外(IR)、紫外线(UV)和荧光光谱等均可以作为可选择的检测手段,并往往与 MS 并行(Weckwerth,2003)。TOF MS 技术也被用于代谢产物分析,并提供一种高样品通量的手段。最后,各种方法的结合使得我们能在一个广泛的范围内进行代谢产物分析。

核磁共振是一个利用原子核磁能的光谱技术(Macomber,1998)。在核磁共振研究中,样品浸入在强烈的外部磁场中,由适当导向射频场引发核磁共振之间的能级转换。从理论上讲,任何分子含有一个非零的原子核自旋(I),即具有潜在可视的核磁共振。鉴于同位素带有非零核自旋,如 H^1、^{13}C、^{14}N、^{15}N 和 ^{31}P,所有的生物分子至少有一个核磁共振信号。不同的原子核具有广泛变化的实验敏感性,因为 ^1H 自然丰度高(99.8%)和敏感性强(Moing et al.,2007),因此 ^1H 核磁共振是核磁共振鉴定代谢谱的最好选择。核磁共振光谱一般具有一系列的离散线(共振),这些离散线性特征不仅具有频率、强度和线型常见的光谱数量(化学位移),而且还具有衰减时间。虽然相对于 GC 或 LC-MS 的敏感度稍差,但无论在植物体内还是组织提取物代谢物鉴定和定量分析上,质子核磁共振光谱学是一个功能强大的补充技术(Krishnan et al.,2005)。典型情况下,在植物提取物代谢谱中鉴定 20~40 种代谢物,量化代谢物的数量可以在较高的磁场强度下增加(增加光谱分辨率),也可通过使用少量样品的微型探针与低温探头结合的方式增加。^1H 核磁共振的主要优点之一是,在单一核磁共振中,大量具有广泛浓度范围的化学物质种类可获得样品结构和定量信息,并且样品重复性极好。

高效液相色谱和气相色谱是广泛应用于小分子代谢产物分离的分析技术。气相色谱用来分离化合物的基础是样品的相对蒸气压和其在色谱柱上的固相亲和力。它能提供非常高的色谱分辨率,但需要分析许多生物分子化学衍生物:只有挥发性化学物质可以分析而不需要衍生物。一些较大的和有极性的代谢物不能进行气相色谱分析。气相色谱比高效液相色谱能够提供更大的色谱分辨率,但受限于化合物的挥发性和热稳定性。气相色谱法的一大优势是它可以容易地与质谱结合,大大提高了多组分分析的实用性,原因在于其固有的高特异性、高灵敏度和正向峰度确认(Dias et al.,2003)。高效液相色谱是基于柱层析法,常用于生物化学和分析化学,它利用层析柱与被分析的化学物质(分析物)的多种相互作用分离混合物组分。相较于气相色谱仪,高效液相色谱法色谱分辨率较低,但它有其自身优点,具有测定更广范围分析物的潜力。

可再生和有目的的代谢数据的生成要求在样品采集、存储、提取和制备时非常小心(Fiehn,2002)。必须维持样品的真正代谢状态,样品采集后必须防止其他代谢活性或化学修饰。样品和分析方法不同,样品的制备方法也不同。最常见的方法是样品经过液氮冷冻、冷冻干燥和热变性以终止酶活性(Fiehn,2002)。典型的代谢实验通过比较实验植物维持一个预期代谢修饰（即引入转基因或暴露在特定处理下）以控制植物来进行。代谢水平的统计上的显著变化可归因于鉴定的植物实验受到干扰。代谢物水平自然变化的发生是植物体内正常动态平衡的一部分，因此大量的重复对建立实验和对照植株之间统计学显著性差异是非常必要的，特别是代谢水平之间的细微差异（Johnson et al.，2003）。为验证代谢研究和方便数据交换，代谢组标准计划（Metabolomics Standards Initiative，MSI）已发布文件，描述了报道代谢实验的最低参数。涵盖代谢组标准计划的参数包括生物研究设计、样品制备、数据采集、数据处理、数据分析和生物学假说阐述等。Fiehn 等（2008）用一个小案例举例说明了如何使用这种元数据：通过从拟南芥 Wassilewskija 生态型叶中敲除 At1g08510 等位基因的 GC-TOF 质谱代谢谱。

　　大型数据集和众多代谢物的研究需要计算机应用程序来分析复杂的代谢实验。理想的情况是，计算机分析系统汇编和比较从多种分离和检测系统获得的数据（Sumner et al.，2003）。最终实现基因功能预测或确定与特定生物应答有关的完整生物代谢谱。多元数据分析技术可以降低数据集的复杂性，使更多的简单可视化的代谢结果得到普遍应用。这些方法包括主成分分析（principle-component analysis，PCA）、分层聚类分析（hierarchical clustering analysis，HCA）、K 均值聚类和自组织图谱（Sumner et al.，2003）。

　　考虑到相同基因型的植株在转录本、蛋白质和代谢物水平的自然变异性，复杂波动的生化网络内的相关性研究可使用 PCA 和 HCA 进行分析（Weckwerth，2003；Weckwerth et al.，2004）。通过一种新的提取方法，如 RNA、蛋白质和代谢物都从一个单一的样本中提取，可实现代谢网络与基因表达和蛋白质水平的整合（Weckwerth et al.，2004）。

　　随着代谢谱技术的发展，此领域存在相关的术语命名混乱的趋势。问题的根源是，一些研究组的代谢组学采用"metabolomics"这个术语，另外一些研究组选择用"metabonomics"。本书代谢组学采用"metabolomics"这个术语，因为它源自代谢谱或指纹，而且是与转录组学和蛋白质组学相平行的术语（Trethewe，2005）。人类代谢组计划是由加拿大阿尔伯塔大学的 David Wishart 博士为首进行的，完成的人类代谢第一个草图包含 2500 种代谢物、1200 种药物和 3500 种食品成分（Wishart et al.，2007）。

　　Schauer 和 Fernie（2006）评估了多个植物代谢组学领域的代谢谱贡献。作为一个迅速发展的技术，代谢谱对植物的表型鉴定和诊断分析非常有用。它也迅速成为基因功能注释和全面了解生物细胞对生物学条件应答的一个重要工具，如各种生物或非生物胁迫。最近，代谢组学研究方法用来评估不同植株个体中代谢产物含量的自然变异，是一个对改良作物品质具有很大潜力的途径。

3.4　表型组学

　　表型组学是与表型鉴定有关的研究领域，表型是生物体通过基因组与环境相互作用产生的特性。基因组学催生了大量的与组学相关的名词，经常涉及建立研究领域。在这些名词中，表型组学（表型的高通量分析）在植物育种中具有最大的应用前景。

3.4.1　表型在基因组学中的重要性

从最简单、研究最深入的细菌细胞到人类,所有测序生物的基因中只有约三分之二具有一个特定的生化功能,这些基因中只有一小部分是与表型相关联的。即使表型确定,它们可能只代表对该基因作用的片面理解。一个基因除非可能预测、描述和解释所有由该基因的野生型和突变体形成的表型,否则这个基因的功能不能被完全理解(Bochner,2003)。

表型往往无法单独根据一个基因的生化功能做出预测,因为目前还不清楚催化或调控活动如何影响细胞或整个有机体的生物学。然而,如果一个基因具有生物学功能,那么每个鉴定的基因应该可以至少定义一个表型。第二层基因组学注释可以再按照每一个基因通过它产生的表型进行生物学描述。第一步是在二倍体和高等植物建立一个所谓的"表型组图谱",这一过程是复杂的,是由于几个基因可影响基因的表达,以及由此引起的表型的变化,导致上位性、复杂性状和多因素应激反应(Bochner,2003)。

生物学信息(即表型信息)的获取速度缓慢,阻碍了遗传和基因组分析的进展,使其没有跟上基因组学信息的步伐。Bochner(1989)预测全球表型分析需要很快补充大量遗传数据,Brown 和 Peters(1996)呼吁注意在小鼠研究中的"表型空洞"。诺贝尔奖得主 Sydney Brenner 在主题演讲(2002 年 9 月 9 日冷泉港实验室联合威康信托基因组信息学大会在英国辛克斯顿举行)中强调,过分依赖基因组序列和生物信息学推断的方法会关联太多的干扰,并变得与产物无直接关系,相反,他呼吁重新以细胞研究为重点,到 2020 年建立以各种细胞类型的功能为基础的细胞图谱。

然而,表型图谱的产生并不容易。科学家们通常一次仅测试和测量一个表型,速度过于缓慢,几乎每一个已经测序的模型系统基因组已被用于功能基因组研究计划,研究基因组与生物学的关系,包括一些典型的涉及表型组学的成就。一般通过采用从动物尸体解剖到细胞代谢质谱分析的现有各种表型鉴定技术,正在开展多项大型项目研究。已经设计出表型微阵列技术,它具有几个属性(Bochner,2003):①它可以检测 2000 个左右截然不同的培养性状;②它能够广泛用于微生物物种和细胞类型;③它适合于高通量研究和自动化;④它允许表型定量记录,以便在不同时期比较;⑤它提供一个细胞生理的全面扫描;⑥通过提供全部的细胞分析,它给基因组和蛋白质组研究提供一个补充。

3.4.2　植物表型组学

植物基因组具有从少量的遗传变异产生不同表型的极大可塑性,为作物改良既提供了挑战,又提供了机遇。对于详细系统的表型分析,既需要数据库又需要结构分析的手段。表型组学领域的发展从突变植物的表型特征描述开始,这些描述已发表在经常使用结构本体论术语的杂志上。这些数据与表型组学高通量分析应用、植物发育和自然变异一起存储在可搜索的数据库中,建立了从作物发育遗传到作物生产链条的最终联系(Edwards and Batley,2004)。

从不同生物制作可同时搜索的、可视的以及最重要的是可比较的表型数据,还具有额外的需求(Lussier and Li,2004)。作为这一领域尝试的例子,通过广泛合并从模式生物到人类基因型/表型公共数据,PHENOMICDB 已创建为多个物种基因型/表型数据库(Kahraman et al.,2005)。在基因组范围内,为基因缺失突变体的表型性状提供系统化的描述,建立了一个公共资源数据库 PROPHECY,用于挖掘、筛选和可视化表型数据。PROPHECY 是在环境胁迫的条件下,为了研究酵母缺失突变株群体的生长习性,容易和灵活地获取相关生理数据而设计的。

在植物生物学研究中,植物生长在略有不同的条件下,比较不同实验室收集的数据可能会产生问题,在参考实际苗龄单独收集数据时尤其如此。Kjemtrup 等(2003)描述了一个基于生长阶段尺度的植物表型平台建立过程,这将有助于产生连续的数据,虽然侧重拟南芥,他们所描述的原则也可以适用于其他植物系统。他们改编了修饰版的 BBCH 尺度,是根据研发它的农业公司命名的(BASF、Bayer、Ciba-Geigy 和 Hoechst),用于收集覆盖拟南芥发育时间表的高通量表型定性和定量数据。这种方法的第一阶段,数据收集能够限定一系列生长阶段的界标,第二阶段涉及采集上述特别关注的任何一个阶段的其他特征的详细数据。生长阶段描述为发芽和萌发、叶伸展(主枝)、侧枝到分蘖芽的形成、茎伸长或莲座叶生长(主枝、侧枝发育)、可收获的绿色植物部分的发育、花序出现(主枝)以及穗或圆锥花絮的出现,主枝开花、果实发育、果实和种子的成熟与衰老——开始休眠。

突变分析为确定基因功能提供了可选择的、通常更可靠的手段。然而,这种"表型中心"过程属经典上的正向遗传学,特别不适合系统的全基因组的基因分析,主要是由于需要付出巨大努力以确定每一个基因对应的特定表型。尽管改善了在表型基础上克隆基因(如可用全基因组序列、大量的图谱多态性和快速便宜的基因型鉴定技术),从突变体到受影响的基因,它往往需要一个熟练的科学家超过一年来完成。Alonso 和 Ecker 指出(2006),结合经典正向遗传学与最近开发的全基因组,基因突变库索引开始革新植物基因功能研究的方法。用这些突变体群体进行高通量筛选,提供一种在基因组学范围分析植物基因功能——表型组的手段。

3.5 比较基因组学

比较基因组学已被用来解决四个主要的研究领域的问题(Schranz et al.,2007)。首先,所有的比较分析都是基于系统发生假说,反过来,基因组学数据可以用来构建更强大的系统发生树。其次,比较基因组测序在识别基因组结构的改变是由于重排、片段重复还是多倍化等方面至关重要。多个基因组比对也可以用来重建一个祖先的基因组。再次,比较基因组数据已被用来注释同源基因,并在其后确定保守的顺式调控基序。具有多种不同的系统发生程度的基因组,已经证明在检测保守的非编码序列上非常有用。最后,比较基因组学可用来了解新性状的进化。

从具有很多分子标记、遗传背景了解充分的物种,到一个仅有有限信息的物种,比较基因组学提供了推断其性状的潜在能力。例如,水稻作为谷物基因组模型是因为它的基因组较小,通常谷物基因组的相似性,就意味着水稻的遗传和物理图谱可作为参考点,用以研究其他主要和次要谷类作物的更大、更复杂的基因组(Wilson et al.,1999)。反过来,玉米、小麦和大麦几十年的育种工作和分子分析成就,现在可在水稻改良中获得直接应用。比较基因组学也可以用来在基因库中定位接近目标作物的理想等位基因,可以用常规方法实现基因转移(Kresovich et al. ,2002)。

在所有植物物种中,基因组大小与基因数量或生物学复杂性不相关。整个植物物种的基因组物理大小变化很大,而基因组的遗传规模大致相当,大基因组通常具有大的物理/遗传距离比,此外,基因和基因家族数量的关系目前尚不清楚。在本节中,将讨论相关物种之间的比较图谱和共线性及其影响。推荐比较基因组学重要的综述参考文献,包括Shimamoto 和 Kyozuka(2002)、Ware 和 Stein(2003)、Miller 等(2004)、Caicedo 和 Purugganan (2005)、Filipski 和 Kumar(2005)、Koonin(2005)、Xu 等(2005)、Schranz 等(2007)以及 Tang 等(2008)。

3.5.1　比较图谱

比较图谱采用通用的标记或序列对两个或多个物种特异的图谱进行比对,它需要鉴定不同种或属的基因组序列的相似区域(通常采用基因),序列相似性可以被鉴别是由于共同的进化起源。在近亲物种之间,发现在较大的染色体片段上的基因种类和基因排列顺序是保守的。比较基因组学的长期目标是建立所有植物物种之间图谱、序列和功能基因组信息的关系,促进高等植物分类和系统发生的研究。

比较图谱的重要性

建立比较图谱的目的是鉴别开花植物从它们最后的共同祖先分散开后那些在序列和拷贝数方面仍然保持相对稳定的基因的子集。为什么比较图谱如此重要? 第一,真核基因组被组织成染色体,而图谱以染色体为组织原则概括了遗传信息。第二,在染色体上基因特性和基因排列顺序的恒定决定了有性生殖的潜力;其破坏将导致物种形成和主要的进化变化。第三,物种图谱提供了研究遗传和绘制遗传改变历史的背景。第四,比较图谱是分类格局中跨越种属间来回传递遗传信息的主要工具。

一旦鉴定了一个基因组中的染色体重复,相对被子植物分歧节点的复制/多倍化事件发生时间就已确定,在重复片段内的祖先基因顺序可以推断出来。比较不同属的图谱表明,一旦证明每个基因组发生了基因组范围的复制/基因丢失,祖先基因顺序和基因种类具有较大的保守性。亲缘关系近的物种之间的图谱比较是基本上不受影响的,因为大多数的复制发生在它们形成之前。比较图谱为询问关于物种的“连锁块”(linkage block)或基因排列是否与增加的适合度具有统计关联,或在多倍化植物的适应性之间具有关系奠定了基础。例如,比较拟南芥近亲属的连锁图谱和染色体绘图,推断出这些物种的祖先染色体核型,此外,通过与芸薹属图谱比较,鉴定了自拟南芥和芸薹属谱系分歧后保留的基因组块(Schranz et al. ,2007)。

实例:拟南芥-番茄比较图谱

建立拟南芥-番茄比较图谱以检测宏观同线性。Fulton 等(2002)通过比较拟南芥基因组序列与 130 000 条番茄 EST 序列(代表 27 000 个 unigene 或约 50% 的番茄基因含量),鉴定了番茄和拟南芥之间的 1000 多个保守直系同源序列(conserved orthologous

sequence,COS)。开发出 1025 个 COS 标记,927 个标记通过 Southern 分析对番茄 DNA
进行了筛选,把它们分为单、低或多个拷贝,其中,85% 被认为是单或低拷贝(>95% 的杂
交信号为三个或更少的限制性片段),50% 匹配未知功能基因(基因本体论分类)。共有
550 个 COS 标记作图到番茄基因组。保守片段大小一般小于 10cM。结果表明,拟南芥
和番茄的进化经历了多重多倍化事件。由于多倍化事件后基因和染色体片段的相互丢
失,区别直系同源与旁系同源是困难的。

　　染色体重复事件的系统发生分析检测微观同线性。基于推断的 26 028 个基因之间
的蛋白质匹配关系,用拟南芥基因组序列来分析内部的重复事件,总共鉴定出 34 个非重
叠的染色体片段对,由 23 177(89%)个拟南芥基因组成(Bowers et al.,2003b)。联系
"alpha"重复与被子植物系谱,所有拟南芥重复的共线基因对与从松树、水稻、番茄、苜蓿、
棉花和芸薹的单个基因进行了比较,决定推测的蛋白质序列是否来自重复的同线基因对。
拟南芥基因间彼此更相似,而与其他物种的非同源蛋白差异较大。

　　染色体重复事件发生的相对时期。得出的结论是"alpha"重复事件早于从芸薹属分
歧的时间,14.5~20.4MYA(million years ago,百万年前),但晚于从棉花分歧的时间,
83~86MYA。

　　大约 50%(49%~64%)的芸薹属序列与拟南芥的一个重复序列更接近,而不是其他
旁系同源的拟南芥序列。只有 6%~19% 的棉花、水稻、松树等与拟南芥同线重复序列聚
类到一起(Bowers et al.,2003b)。

　　大多数植物物种的多倍体祖先。随着越来越多的数据积累,被子植物出现的历史作
为一个全基因组重复的历史,伴随着大规模的基因丢失(并恢复到二倍体)。拟南芥只有
30% 的基因保留同线性拷贝,小于其 86MYA 发生"alpha"重复的数量。与此相反,哺乳
动物较少出现多倍化事件和很少的循环重复基因;70% 的人类和小鼠蛋白质在进化 1 亿
年后仍然表现保守的同线性。

3.5.2　共线性

直系同源和旁系同源

　　图 3.9 显示了直系同源(orthology)和旁系同源(paralogy)的概念。直系同源和旁系
同源是两种类型的同源序列。直系同源描述的是不同物种中来自一个共同祖先的基因。
直系同源基因可能有或没有同样的功能。旁系同源描述的是自从一个共同的祖先基因衍
生后,一个基因组内具有重复(串联重复或移动到新的位置)的基因。"同线性"(synteny)
[来自希腊语 syn(一起)和 *taenie*(色带)]是指沿着一条染色体上的基因之间的连锁,目前
用来表示不同物种的基因的保守顺序。根据这个定义,宏观同线性(macrosynteny)是指
在不同物种以低分辨率(即遗传图谱)检测的基因顺序保守性,而微观同线性(microsyn-
teny)是指在不同物种中以高分辨率(即物理或序列为基础的图谱)检测的基因顺序保
守性。

宏观共线性

　　植物基因组大小、染色体数目及形态差异很大,但是植物显著的共线性(collinearity)

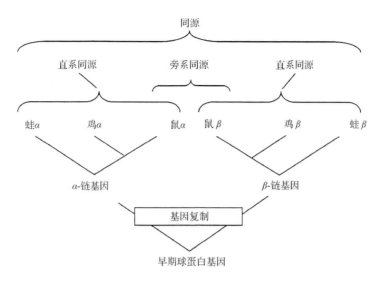

图 3.9　直系同源和旁系同源的概念(引自 http://www.ncbi.nlm.nih.gov/
Education/BLASTinfo/Orthology.html)

已经通过比较遗传图谱和基因组测序展示出来。使用低拷贝数、交叉杂交遗传标记比较
谷物基因组作图,已经为在不同区域跨越数百万碱基的高度保守基因顺序(即宏观共线
性)提供了令人信服的证据。禾本科基因组组织结构的初步研究显示,水稻染色体与其他
几个禾本科物种具有高度的共线性,广泛的研究表明,在水稻、玉米、高粱、大麦、小麦、黑
麦、甘蔗和其他几个重要的禾本科农作物间连锁群的大片段具有显著的保守性(Ahn and
Tanksley,1993;Kurata et al.,1994;van Deynze et al.,1995a;Wilson et al.,1999)。这些
研究导致了这样的预测:禾本科可以作为一个单一的同线基因组进行研究。Gale 和
Devos (1998) 对水稻和其他 7 种谷物使用现在著名的"圆环图"(彩图 1)总结了宏观共线
性(macrocollinearity)。进一步研究鉴定控制重要农艺性状的 QTL 定位,表明相同或相
似的性状在位点上具有相似性(Xu,1997)。落粒与株高也是在禾本科基因组之间具有
共线图谱的例子(Paterson et al.,1995;Peng et al.,1999)。近年来,Chen 等(2003)确定
了 4 个对稻瘟病数量抗性的 QTL,结果表明,在水稻和大麦相应的图谱位置,其中两个
QTL 具有完全保守的隔离特征,另外两个具有部分保守的隔离特征。这种对应位置和保
守特征暗示数量抗病性 QTL 中的基因具有共同来源和保守的功能,可用于发掘基因、了
解基因组功能和鉴别禾本科基因组组织结构的进化动力。这些研究结果强化了谷物基因
组之间的共线性概念。

　　这个统一的禾本科基因组模式对植物生物学产生了重大影响,但尚未发挥其潜力。
在宏观水平评价基因组之间的共线性存在一些困难(Xu et al.,2005)。第一,基因组标记
的数据非常不完整,许多主要禾本科物种在很大程度上缺乏基因序列数据。第二,数据
有时有偏离,因为用来比较作图的同源 DNA 探针选择简单的交叉杂交模式。第三,许多
基因是基因家族的成员,因此,经常难以确定定位在第二个物种的基因对应到第一物种是
直系或旁系同源。第四,在重组图谱水平观察到的基因顺序和内容的共线性,经常在局部
基因组结构水平观察不到(Bennetzen and Ramakrishna,2002)。最后,在多数早期的研究

中,少数标记在两个物种的两个染色体片段上以相同的顺序出现是偶然发生还是真实的显著性,没有得到统计分析的数据支持。

通过比较遗传连锁图谱和比较染色体绘图,最近已经分析了几个亚麻荠族(Cammelineae)和十字花科(Brassicaceae)物种与拟南芥基因组的共线性(Schranz et al.,2007)。一项全面的研究鉴定了 21 个同线区,是由油菜(*Brassica napus*)和拟南芥(*A. thaliana*)基因组共享,相当于 90%的油菜基因组(Parkin et al.,2005)。

微观共线性

以水稻基因组序列作为参照,与其他谷物比较分子标记信息,结果说明比过去从 Gale 和 Devos(1998)的同心圆模型预期的重排更多。在这一比较中,玉米 2600 多个作图的序列标记中只能确定 656 个假定的同源基因(Salse et al.,2004)。对小麦遗传图谱与水稻序列的比较也表明,这两个基因组之间具有大量重排,使共线性的破坏比率很高(Sorrells et al.,2003)。高粱和水稻也进行了广泛的比较(Klein et al.,2003;水稻第 10 号染色体测序联盟,2003)。为了比对高粱与水稻的物理图谱,从第 3 号染色体的最小 tiling 途径中选出高粱的 BAC 克隆。从每个 BAC 克隆获得独特的部分序列,可直接与水稻序列进行比较。这种方法揭示了高粱第 3 号染色体和水稻第 1 号染色体的整体结构和基因顺序的极好的保守性,但也显示出有几个重排。总之,这些研究表明,在谷物中大的同线性区块具有一般的保守性,但是,还有比原先预期更多的重排和同线性破坏。

当共线性是在序列水平进行分析时这种趋势更为明显。重排可能出现的区域小于几个厘摩,会被大多数重组作图研究遗漏。涉及大的基因组片段的比较序列分析可以检测到这些重排。这种分析揭示基因组的结构、组织和功能组成,并能够深入了解相关物种间组成的区域性差异。最近,谷物基因组片段测序使整个基因或基因簇的微观共线性可以进行研究。一粒小麦(*Triticum monococcum*)驯化基因座 Q 的测序显示与面包小麦遗传图谱具有极好的共线性(Faris et al.,2003)。继大麦叶锈抗性基因座 *Rph7* 测序之后,发现该基因座两侧是两个 *HGA* 基因,在水稻第 1 染色体同源基因座包含 5 个 *HGA* 基因。在大麦中,只存在 5 个 *HGA* 基因中的 4 个,一个是重复的假基因,另外 6 个基因插入到 *HGA* 基因之间。这 6 个基因在 8 个不同的水稻染色体上具有同源性(Brunner et al.,2003)。通过比较两个玉米自交系 *Bronze* 基因座周围 100kb 序列,揭示了最引人注目的重排,不仅两个系的反转座子分布不同,而且基因本身可能也有所不同(Fu and Dooner,2002)。比较一粒小麦(*T. monococcum*)和硬粒小麦(*T. durum*)低分子质量谷蛋白基因座,也显示出明显的重排:超过 90%的序列分歧是因为反式元件的插入和不同的基因出现在该位点上(Wicker et al.,2003),因此共线性很可能会在来自同一个物种的两个基因组内迅速丢失。

随着长片段区域的测序,谷物中的几项研究已经表明了序列水平上的不完全微观共线性。Song 等(2002)确定了玉米、高粱和两个水稻亚种的直系同源区域,结果发现,总的宏观共线性维持不变,但微观共线性在这些谷物中是不完全的。基因共线性偏差是由于微小重排或小规模的基因组变化引起的,如基因插入、缺失、重复或倒位。在所研究的区域,在直系同源区发现水稻含有 6 个基因,高粱 15 个基因,玉米 13 个基因。在玉米和高梁中,基因扩增引起了保守基因的局部扩展,但没有打乱它们的顺序或方向。正如 Bennetzen 和 Ma(2003)所指出的,大量的局部化重排区分开不同谷物基因组的结构。平均而言,任意比较水稻和一个远亲禾本科,如大麦、玉米、高粱和小麦的一个 10 基因片段,显示出涉及基因的重组有一个或两个。对水稻基因组的一个简单推断表明,约 40 000 个基因(Goff et al. ,2002)中有 6000 个发生了基因重排,可将水稻与任何其他谷物区分开。这些重排的大多数似乎是微小的,因此不会干扰重组图谱上观察到的宏观共线性。不过也有例外,包括染色体臂易位和单基因移动到不同的染色体(Bennetzen and Ma,2003)。

正如预期的那样,在两个鸟枪法测序的水稻亚种间具有高度的基因保守性,两个亚种,即粳稻和籼稻的分化在 100 多万年前。然而,通过仔细的检查,在这些基因组间发现狭窄的分化区域(Song et al. ,2002)。这些区域对应水稻、高粱和玉米增加分化的区域,这表明通过比对两个水稻亚种,可能对确定谷物基因组容易发生快速进化的区域是非常有用的。拟南芥种质类似的比较分析显示,无论是种质间基因的再定位还是序列多态性(在编码和非编码区),在拟南芥基因组中都是常见的(拟南芥基因组计划,2000),在玉米中也鉴定到了种内违背共线性的现象(Fu and Dooner,2002),Han 和 Xue(2003)也发现在比较水稻籼稻和粳稻的基因组时有大量的重排和多态性。背离共线性往往是由于插入或缺失,种内序列多态性通常既出现在编码区又出现在非编码区,这些变化往往会影响基因结构,可能有利于种内表型的适应。

基因组共线性的意义

在植物主要类群中,如果基因顺序是共同的(同线),基因组学研究会简单得多。模式植物和重要农作物基因组之间共线性的作用,可用在其开发中的失误或成功的数目来评估。例如,对拟南芥的序列分析提供的信息将促进水稻序列的注释;同样,苜蓿的测序为研究重要豆科作物提供了资源。此外,投入水稻基因组的测序和注释的努力也获得了回报,因为这种注释将被转移到相关的序列,并在将来反复使用。单子叶植物之间的共线性将有助于破解更为复杂的基因组的结构和功能。一个完全组装的水稻序列可以更准确地评估水稻与其他谷物的宏观和微观共线性(Xu et al. ,2005)。

直接在 DNA 水平上进行基因组作图的技术的出现,使得比较杂交不亲和物种的遗传图谱成为可能。大量植物分类单元已经建立广泛的标记基因的比较图谱,包括禾本科(水稻、玉米、高粱、大麦和小麦)、茄科(番茄、马铃薯和胡椒)和十字花科植物(拟南芥、大白菜、芥菜、芜菁和油菜)。因此,具有物种特异性修饰的单一遗传或所有禾本科祖先的图谱正在形成(Moore et al. ,1995)。小麦、黑麦、大麦、水稻和玉米的广泛共线性表明,有可能重建一个祖先谷物基因组的图谱。物种间保守的基因顺序、可能共享的 DNA 探针和 PCR 引物,将极大地扩展图谱分析的能力,通过促进不同物种间相应的染色体区域的分子分析,允许信息、甚至 DNA 序列和基因能够在不同的物种之间快速高效地转移。

现在的挑战是发现一个能够在所有植物物种中存取、比较和研究的物种图谱、序列和最终功能基因组信息。显花植物从他们最后的共同祖先辐射状散布以来,序列和拷贝数都保持相对稳定,需要鉴定植物的这些基因子集。鉴定这样的一组基因也有利于高等植物分类和系统发生研究,目前是基于非常小范围的高度保守序列,如叶绿体和线粒体基因。通过计算和实验鉴定的保守直系同源系列标记,可进一步研究比较基因组和系统发生,并阐明在整个植物进化中保守基因的性质。

在缺少序列信息的孤立物种中,完成的基因组序列可为设计基因组分析工具提供模板。例如,Feltus 等(2006)采用高粱、谷子的 EST 比对水稻基因组,根据保守外显子区域侧翼的内含子设计 384 个 PCR 引物,这些保守内含子扫描引物(conserved-intron scanning primer,CISP)扩增单拷贝基因座的成功率为 37%～80%,也就是说,禾本科物种间将近 5000 万年的分歧中的大多数都被抽样了。当评估 124 个水稻、高粱、谷子、百慕大草、画眉草、玉米、小麦和大麦 CISP 时,其中约有 18.5%似乎是受到严格的内含子大小的限制,与每个核苷酸的 DNA 序列变异无关。同样地,在 129 个 CISP 位点鉴定了约 487 个保守的非编码序列基序。正如 Feltus 等(2006)所指出的,因为在基因组范围内或候选基因基础上多态性与非编码序列保守性,CISP 提供了探测缺乏特征的基因组的有效手段,还提供了跨越不同范围物种的比较基因组学锚定点。主要粮食作物全基因组测序后,植物育种者将能够获得新的基因工具,便于选择具有抗生物和非生物胁迫特点和良好的种子质量的突出单株,因此,除了那些目前可用的以外,还可使育种者培育出新的品种。

作为生物学的基本工具,比较分析已由集中于一个特定的领域扩展到整个生物学。随着可利用的表型和功能基因组数据的增长,比较模式现在也被扩展到其他功能特性的研究中,最显著的是基因表达。微阵列技术提出一个研究密切相关的基因组之间差异的可供选择的方法。基于微阵列方法的进展(见第 3.6 节)使基因组变异的主要形式(扩增、缺失、插入、重排和碱基对的变化)可以很容易地在各个实验室使用简单的实验方法来检测(Cresham et al. ,2008)。

Tirosh 等(2007)综述了比较分析应用于大规模基因表达数据库的近年来的进展,并讨论了这些方法的主要原则和挑战。由于不同的功能特性往往共同进化,相互补充,其综合分析揭示出额外的见解。然而,不同于基于序列的遗传图谱信息,大多数功能特性是条件依赖的,一个特性需要在种间比较过程中阐明。此外,功能特性往往反映了多种基因的整合功能,需要新的以网络为中心而不是以基因为中心的比较方法。最后,比较分析的主要挑战之一是不同数据类型的整合,由于附加数据类型正在积累,这就变得特别重要。缺少适当的描述和度量,简洁地表现源自基因组数据的新信息成为这条途径上的障碍之一。Galperin 和 Koller(2006)概述了比较基因组分析最近的发展趋势,并讨论一些已经使用的新度量,这个问题关系到本体论概念,将在第 14 章详细讨论。

3.6　组学中的阵列技术

人们普遍认为,在任何有生命的生物体中,数以千计的基因及其产物(如 RNA 和蛋白质),都以一种复杂有序的方式发挥功能。然而,分子生物学中的传统方法是以"一次实验一个基因"来工作的,这意味着通量非常有限,而基因功能的"完整图形"是难以获得的。20 世纪 90 年代末,一种被称为生物芯片或 DNA 微阵列的新技术,引起了生物学家极大的兴趣。这种技术可以在单个阵列上监测整个基因组,因此研究者可以同时更好地了解数以千计的基因之间的互作关系。

各种文献中用不同的词语来描述这种技术,对于 DNA 微阵列,这些术语包括(但不限于):生物芯片、DNA 芯片、DNA 微阵列、基因阵列。Affymetrix 公司拥有注册商标 GeneChip®,指的是其基于高密度寡核苷酸的 DNA 阵列。然而,在专业刊物、大众刊物及互联网上发表的一些文章中,"基因芯片"已经被用作一般的术语,指的就是 DNA 微阵列技术。阵列化的分子类型除基因外,也可以以蛋白质、组织或碳水化合物为基础。

阵列是样品的有序排列。它根据碱基配对(如 DNA 的 A-T、G-C,RNA 的 A-U 和 G-C)或杂交,为已知和未知的分子样品的匹配提供媒介,并使未知样品的鉴定过程自动化。从初始作为大规模 DNA 作图、测序的新技术,以及作为转录水平分析的有效工具,通过改动基本概念并与其他技术相结合,微阵列技术已经广泛地应用于多个领域。基于微阵列的方法(成熟的或者还在开发的)包括:转录谱分析、基因型鉴定、剪接变异体分析、未知外显子的鉴定、DNA 结构分析、染色质芯片免疫沉淀反应(ChIP)、蛋白质结合、蛋白质-RNA 相互作用、基于芯片比较基因组杂交、表观遗传学研究、DNA 作图、重测序、大规模测序、基因/基因组合成、RNA/RNAi 合成、蛋白质-DNA 相互作用、芯片翻译,以及通用微阵列(Hoheisel,2006)。

在本节中,将对阵列的基本步骤进行介绍,并对几种主要的微阵列技术及应用平台做一简要阐述。两卷本的 *DNA Microarrays*(Kimmel and Oliver,2006a,2006b)全面覆盖了相关的领域,从技术和平台到数据分析。读者也可以参考 Zhao 和 Bruce(2003)、Amratunga 和 Cabrera(2004)、Mockler 和 Ecker(2004)、Subramanian 等(2005)、Allison 等(2006)、Hoheisel(2006)以及 Doumas 等(2007)。

3.6.1　阵列的产生

通常情况下,互补 DNA 链和核酸分子通过非共价键配对成双链体。这一基本特点被应用于所有的 DNA 阵列技术。Amaratunga 和 Cabrera(2004)、Arcellana-Panilio(2005)以及 Doumas 等(2007)阐述了 DNA 微阵列技术的原理及制备和使用方法。首先,介绍两个与微阵列有关的概念:探针(probe)和靶标(target)。在阵列上点样的基因特异的 DNA 称为探针,与探针进行杂交的检测样品称为靶标。同一个探针可以与不同的靶标(样品)进行反复杂交。高通量情况下,一次实验,一个 DNA 芯片,可以同时为研究者提供数以千计的基因信息。在 GeneChips(http://www.affymetrix.com/)上,探针阵列是利用计算机算法筛选的一段最佳寡核苷酸序列设计,通过 Affymetrix 光定向化学合成的。在杂交和检测中应用荧光标记,使用 Affymetrix 软件进行数据分析和数据库管理。图 3.10 显示的是一个微阵列应用的流程图。由于 DNA 微阵列技术是全基因组表达谱分析最成熟、应用最广泛的一种技术,将在本章作为范例对微阵列的基本程序进行讲解。

阵列的类型

阵列实验可以应用通常的阵列系统,如微孔板或标准印迹膜来进行;通过人工或机械点样形成阵列。一般情况下,根据样品点的大小,阵列被描述为宏阵列(macroarray)或微阵列(microarray)。样品点为 $300\mu m$ 左右或更大时是宏阵列,很容易用现有扫描仪凝胶

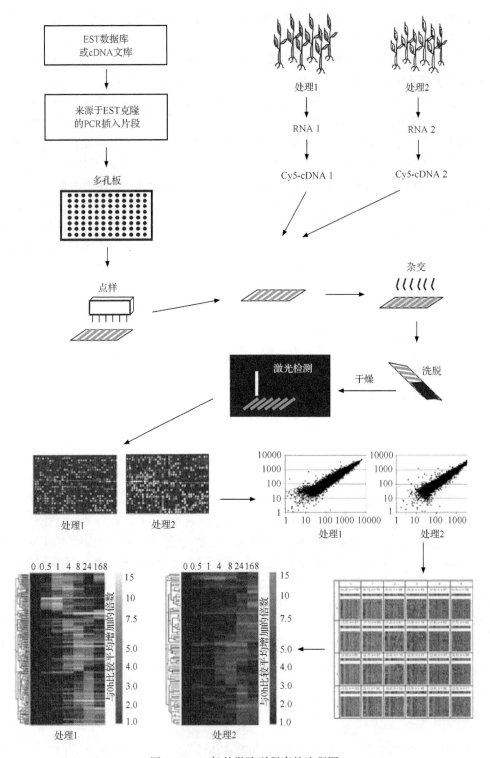

图 3.10 一般的微阵列程序的流程图

成像。而微阵列的样品点直径一般小于 $200\mu m$,且有数千个,同时需要专门的机械和成像设备。

目前主要有两种阵列类型:尼龙和玻璃。每片尼龙阵列含有约 1000 个探针。用放射性化学品对靶标进行标记,然后用磷屏成像系统或 X 光片进行杂交检测。每片玻璃阵列可点 40 000 个样,或每 $2cm^2$ 点 10 000 个样(具体视阵列容量而定)。靶标样品用荧光染料标记后,需要特殊设备进行杂交检测。

按照已知阵列 DNA 序列特征,DNA 微阵列技术有如下两种。

格式 I:机械点样,将 cDNA 探针(长度为 500~5000 碱基)固定在玻璃之类的固体表面,与一系列靶标,或分散或混合杂交。这种方法是"传统"的 DNA 微阵列技术,由美国斯坦福大学发明。

格式 II:原位合成或原位固定系统合成一个寡核苷酸阵列(20~80 个寡核苷酸)或肽核酸(PNA)探针,与标记 DNA 样品进行杂交,然后检测互补序列的特异性/丰度。这种方法,历史上称为 DNA 芯片,由 Affymetrix 公司开发,主要销售 GeneChip® 注册商标的照相平板装配产品。现在,很多厂商用原位合成技术或沉积技术生产寡核苷酸微阵列。

阵列的来源

试验的起始要求是纯化单链 DNA 的提取。每一种 DNA 溶液都由称为芯片点样仪的机械设备点到一个特制的玻璃载玻片上。这个过程被称为点阵或点样,由许多合成 DNA 细密、均匀的排列在一个小范围内组成。不同 DNA 阵列之间的主要区别在于探针的密度及杂交方式的不同。芯片点样仪可以在一个很小的范围,小到可以覆盖在一个标准载玻片下,即一角硬币大小(约 $1cm^2$)的范围内,迅速点成千上万个规则的样点。DNA 样点黏附在玻璃上,以防止在随后的杂交反应和清洗过程中脱落。

微阵列中的 DNA 样点可以是 cDNA(这种情况下,微阵列称为 cDNA 微阵列)、寡核苷酸(这种情况就称为寡核苷酸阵列)、特定染色体的亚基因组区域、甚至整组基因。cDNA 微阵列中的 DNA 样点被克隆成 cDNA,PCR 扩增后,与已测序的全基因组、部分序列或假定 ORF 相对应;EST 通常被阵列化了。依据所要研究的基因选择 DNA 探针。对于已经完成全基因组测序的植物,可以用已知的基因或推测的 ORF 来制作基因组 DNA 阵列。为了获得足够的 DNA 进行阵列分析,可以对基因组中的每一个基因或推测的 ORF 进行 PCR 扩增,或对每一个 cDNA 进行克隆,通过细菌培养获得大量同质 DNA 拷贝。

微阵列上的 DNA 斑点既可以通过原位合成也可以通过预合成产物沉淀形成。DNA 原位合成法广泛应用于商业公司。在这种方法中,通过单链 DNA 与对光敏感的 5′端保护基团修饰的亚磷酰胺配对(Doumas et al. ,2007),在硅片上原位合成长度为 20~25bp 基因的特异寡核苷酸片段,再通过掩膜法(Affymetrix;http://www. affymetrix. com)或无掩膜法(NimbleGen;www. nimblegen. com)进行寡核苷酸伸长。此外,用喷墨技术可将亚磷酰胺试剂滴入每一个样点(Agilent;http://www. agilent. com)。坚持不懈的研究与日益发展的技术,不仅确定了 DNA 的最佳用量,而且促进了高密度阵列的产生。

阵列内含物

点样 DNA 类型的选择是试验成功与否的根本。cDNA 序列长度可以是几百碱基对,也可以是几千碱基对。寡核苷酸阵列上已合成的寡核苷酸链,每一个通常为 25～70bp 长,与部分已知基因或推断的 ORF 相对应。在一个寡核苷酸阵列中,基因通常由一些精心挑选的、具有最大特异性的寡核苷酸作为差异代表进行表现。cDNA 克隆后的 PCR 扩增,得到的延伸 DNA 可以产生丰富的杂交信号,但特异性较小。短寡核苷酸(24～30nt)具有更明显的差别,而且适合单核苷酸差异检测。长寡核苷酸(50～70nt)在信号强度和特殊性之间取得了很好的协调,已经被扩展应用于核心学术机构(Arcellana-Panilio,2005)。选择与 3′端非翻译区(3′UTR)相对应的寡核苷酸,不仅可以增加其特异性,而且可以提高信号强度。

滑动底物

玻璃显微载玻片是首选的固体支架,在其上包被底物,有利于 DNA 的结合。原子平板滑动表面上的底物和更高信噪比的最小背景的发展,使数据质量得到了提高(Arcellana-Panilio,2005)。通过离子键或共价键作用与 DNA 结合的各种硅烷、胺、环氧树脂和乙醛底物可以作为商品买到。

阵列和点样针

将 DNA 转移到阵列上预先确定的坐标上的物理过程,涉及打印头上携带的点样笔或点样针,这些都是通过精密机械设备在三维空间进行调控的。在一个 25mm×75mm 的载玻片上,可以轻易地点 3 万个直径约 $90\mu m$ 的样点,最高甚至可超过 10 万个。目前的 DNA 点阵技术有:玻璃上的 DNA 片段高速机器人打印技术(通常用于 PCR 扩增的 cDNA),长片段寡核苷酸高速机器人打印技术(70mer;Agilent 技术和许多学术机构)、在微芯片上用照相平板印刷掩膜合成寡核苷酸(25mer)点阵技术(Affymetrix GeneChips),以及应用无掩膜铝镜合成寡核苷酸(25～70mer)点阵技术(NimbleGen GeneChips)。点阵技术还需要在更短的点样时间和更长期的回避操作方面不断完善,为了保持点阵的最佳环境,芯片点样仪只能在湿度可控的环境中安装点样。

3.6.2　试验设计

需要进行仔细的试验设计,以确定选用哪种芯片,几次重复,用哪些样品进行杂交以便获得便于统计分析的有意义的数据,从中得出可靠的结论。必须首先框定一个生物问题,其次选择一种微阵列平台,然后确定生物学的重复和技术性的重复,并设计一系列杂交。

微阵列实验设计通常由实验目的决定。实验设计的一个重要方面,是确定如何减少变异,它可能存在于三个层面:生物学的变异、技术上的变异和测量误差。处理变异的简单方法就是重复。为了充分利用现有资源,必须了解重复什么,以及重复几次。不同荧光标记的两个样品分别与相同的芯片进行杂交时,可以在两个样品的基本检测目标上进行直接比较（Arcellana-Panilio,2005）。需要对大量样品进行比较时,使用相同的对照,将使结果更直观有效。如果是多因素实验,一个详尽合理的试验设计将是实验成功与否的关键,不仅省时省力,而且节约资源。

3.6.3　样品制备

用于杂交的 DNA 样品制备可以参照一般的 DNA 提取流程。在此,参照 Arcellana-Panilio(2005)的方法,主要讲解 RNA 样品的制备。因为微阵列杂交的 RNA 样品可能来源于不同的细胞或组织,所以,获得没有 DNA 或蛋白质污染的纯化、完整的 RNA 至关重要。同时,还要考虑到 RNA 来源本身的同质性,这是由所提出的生物学问题确定的。实验所需的 RNA 量,短寡核苷酸阵列是 $2\sim5\mu g$,长寡核苷酸和 cDNA 阵列是 $10\sim25\mu g$。在有些情况下,需要扩增样品中的 RNA,以得到足以标记和杂交到阵列上的量。

制备标记样品的第一步,是从总的细胞内容物中纯化 mRNA。有以下几个难点：①mRNA 在细胞 RNA 中的比例很小（小于 3%）,提取实验所需的量（$1\sim2\mu g$）很困难。常用的 mRNA 分离方法利用多数 mRNA 具有聚腺嘌呤[poly(A)]尾部的特点,与互补寡脱氧胸苷[oligo(dT)]分子结合到层析柱或磁性固体材料上进行收集提取。②细胞的多样性越丰富,mRNA 的分离就越困难。③mRNA 的降解非常迅速,必须立即反转录成较稳定的 cDNA（用于 cDNA 芯片）。反转录通常从 mRNA 的多聚 A 尾巴开始向头部移动,称为 oligo(dT)引导。

3.6.4　标记

靶标（样品）在杂交到阵列或芯片以前,必须进行标记,以利于随后的检测。目前,根据芯片的不同类型,是玻璃还是尼龙,检测杂交分子的方法分别有：羟基磷灰石法、放射性标记法、酶关联检测法和荧光标记法等。为了检测微阵列上的 cDNA 是哪种类型,必须用一个信号分子对样品进行标记,以标示目标的存在。目前,微阵列实验中应用的标记分子为荧光染料,即荧光剂或荧光团,是一些在特定波长下能发出荧光的化学物质。不同的样品用不同颜色的荧光剂标记后,就可以在阵列中相互区分开来。

可以直接或间接地对 mRNA 或 cDNA 进行标记。直接标记的时候,荧光标记的核苷酸掺入到 cDNA 产物,犹如它是被合成出的。在这种方法中,由于不同标记部分空间位阻的差异,导致一些标记的核苷酸比其他使用效率更高,产生的染色偏差使其中一个样本比其他样本具有更高的标记水平。大分子的氰蓝 3(Cy3)和氰蓝 5(Cy5)可以降低长的转录本和特定序列的反转录效率。虽然不需要转化成更好的标记靶标,但 Cy3 标记核苷酸的合成效率比 Cy5 标记核苷酸的合成效率要高。为了降低染色偏差,发明了间接标记法,在氨基-烯丙基修饰的核苷酸作用下,RNA 进行反转录,然后用化学方法将荧光染料偶联在 cDNA 上。一旦偶联完成,荧光分子团将不会再影响实验中的标记频率（Arcellana-Panilio,2005）。

标记后的样品就是实验中的靶标。每一个 cDNA 分子上的荧光分子数主要取决于自身的长度及序列组成。不论是总 RNA 还是 mRNA,作为一个 RNA 样品,首先应该进行分离和标记,无论是直接标记还是间接偶联标记。对于非表达实验,应该选用 DNA 而不是 RNA 进行标记和芯片杂交。

3.6.5　杂交和杂交后洗涤

　　阵列中有成百上千个点,每一个点所包含的 DNA 序列各不相同。如果一个 cDNA 样品序列与阵列中的一个 DNA 序列完全互补,则这个 cDNA 就会与这个点杂交,从而被荧光检测仪检测到。应用这种方法,对于需要检测的不同 cDNA 来说,阵列中的每一个点,都是一个独立的实验。将标记后的样品点到阵列中,均匀扩散,与 DNA 配对后,密封在一个杂交室中,一定温度下稳定一段时间,使其充分杂交,必须确保杂交实验过程中整个阵列所处的标记样品量完全相同。

　　靶标合成后就可以直接在载玻片上进行杂交。所有东西都准备好时,杂交步骤开始逐步进行,如标记分子在阵列中与相同序列配对,形成稳定的双链杂交,即使清洗也不受影响。在传统的 Southern 和 Northern 斑点杂交中,要求靶标易于形成特异杂种并持久保持。杂交结果依赖于芯片上的探针长度,并要求在分析前进行广泛验证。例如:根据缓冲液的特性,探针熔化温度范围为 42~70℃;Denhardt 型缓冲液中,甲酰胺在 42℃ 起促进作用。而在十二烷基肌氨酸钠基(Sarkosyl)的缓冲液中,70℃ 左右才有作用。外源 DNA(如鲑鱼精和 Cot-1 DNA)通过芯片上的一般核酸亲和力作用,或者非特异标记序列滴定等模块区域,降低背景影响。Denhardt 试剂(含有相同比例的聚蔗糖、聚乙烯吡咯烷酮及牛血清白蛋白)就是一种模块化反应物。去垢剂,如 SDS,就是通过降低表面张力,促进混合效果,以降低背景影响。在微芯片的杂交和杂交后清洗过程中,温度因素至关重要,需要对温度进行控制,这方面可以从 Northern 和 Southern 斑点杂交中进行借鉴。微阵列作为靶标的定量表达方法,必须在限制浓度内应用,同时具有足够的探针,以确保杂交从始至终保持稳定(Arcellana-Panilio,2005)。荧光检测的一个重要特点是,可以同时对两个到多个不同标记靶标进行杂交。

　　通过样品与一系列对照基因的斑点杂交,比对标记样品与阵列中已知对照的浓度,并验证对照基因,结果显示为真实杂交,以此可以对杂交的质量进行评估。

3.6.6　数据采集和量化

　　一旦杂交完成后,每一个杂交目标的信号就可以被捕获,也就是说,必须扫描阵列,才能检测出每一个点样上所结合的标记样品多寡。无论是电荷耦合器件(CCD)类型还是共聚焦显微镜类型的阵列扫描仪,都配备激光装置,这些扫描仪以特定的波长激发荧光团,然后用光电倍增管进行检测,获得杂交信号。样点上结合的样品越多,荧光物质就越多,荧光信号也就越强。无论扫描结果如何,微阵列点样直径都要比扫描仪分辨率大 5~10 倍,而最近的仪器分辨率最小可以到 $5\mu m$。微阵列试验的最终结果是一个扫描的灰度图像,其强度范围为 $0\sim2^{16}$,通常以 16 位标签图像格式(简称 tiff)进行储存。最基本的扫描仪可以激发和检测两种最常用的荧光(Cy3 和 Cy5),而高端机型可以激发多个波长,并进行动态聚焦,形成一些数量线性动态分布,供高通量扫描选择。扫描的目的就是为了获得最佳图像,而最好的却不一定是最亮的(为了避免信号范围的过饱和),但却是芯片上样品数据的真实表达。

虽然扫描仪应该只检测与其互补点结合的目标 cDNA 发出的光,但是不可避免地也会检测到各种其他来源的光线,包括载玻片上与非特异 DNA 杂交的标记样品、粘在载玻片上的残留的(不想要的)标记探针、处理载玻片的过程中使用的各种化学药品,以及载玻片本身等。这些额外的光产生背景信号。每一次实验中,一旦所需信号和背景干扰信号得到明显区分,通过计算每一个探针信号和背景区域的像素,并用计算机易读格式进行记录,就可以获得所需数据。

从图像中提取数据包括以下步骤(Arcellana-Panilio,2005):①对阵列中的斑点进行网格化或定位;②分别将像素分割(或分配)到前景(真实信号)或背景中;③对光强度进行提取,获得每一个样点的前景和背景的新值,从前景光强中减去背景光强,得到点样的真正光强,作为相关基因表达的近似值。

3.6.7　统计分析和数据挖掘

微阵列实验可以得出庞大的数据集。例如,用拟南芥基因芯片进行的 20 个杂交实验,可以得到 262.4 万个数据点(8200 个基因×16 对寡核苷酸基因×20 个杂交组合)。这样海量的数据是任何人工处理无法完成的。此外,实验还有明显的不确定性,还需要对数据进行整理,以获得有价值的信息。Allison 等(2006 年)研究总结出微阵列分析的 5 个关键因素:①实验设计(一个完善的实验计划是使获得的信息的质量和数量最大化的基础);②预处理[微阵列图像的加工和数据的归一化(normalization),消除系统误差。其他一些潜在的预处理步骤包括:数据转换、数据过滤以及在两色阵列情况下的背景减法等];③推断(检验统计假设,如哪些基因得到了差异表达);④分类(在没有先验信息的情况下通过分析方法将数据进行分类,或将数据分成预先确定的类别);⑤验证(即确认推断和结论正确性的过程)。

可重复、可靠的微阵列分析结果只能通过数据生成时就开始的质量控制来得到。同时,良好的实验能力和适当的数据分析方法也是至关重要的(Shi et al. ,2008)。很多免费和商业的软件包,可用于微阵列数据的定量分析。一般情况下,得到解释的阵列数据将加亮相对少数的样点,值得进行进一步的研究。此外,谱分布的总的模式也可以用作"指纹"来表征特定的表型。

来自图像中的量化数据,都是以典型的制表符分隔的文本文件的形式获得。首先,需要对灰尘赝象、彗尾(comet tail)以及其他不规则斑点进行鉴别和标示,以便使它们不进入随后的分析。正式分析以前,需要对这些量化数据进行预处理,包括强度低于一个阈值的模糊斑点的标示,这个阈值是由推测的负斑点(没有 DNA、缓冲液和(或)非同源 DNA 对照)的平均强度加上两个标准差定义的。

对来自微阵列实验的数据的解释是有挑战性的。对每个点的强度进行量化时,受到不规则样点、载玻片上的灰尘以及非特异性杂交等的影响。确定点样和背景之间的光强阈值是很困难的,特别是当样点周围逐渐衰减的时候,将会更加困难。同一片载玻片上,如果检测效率不一,就可能引起阵列中一边的红光强度过强,而另一边的绿光强度过强。

数据归一化处理系统误差,这些系统误差可能会曲解对生物学效应的探索。最常见的一种系统误差,是由不同荧光染料对靶标进行标记时引起的染色偏差。打印头的不同也可能导致同一阵列中的分格偏差,而扫描仪异常可能会使阵列的一面比另一面更亮。在多张载玻片间实现归一化以消除偏差,可以通过对载玻片内部的规范化数据的尺度化来完成。实践中,检查每个阵列的归一化数据的箱式图(box plot),确保宽度一致,通常可以表明是否需要跨阵列进行归一化。

空间图可以解决背景问题和极端值问题。散点图的形状和分布以及箱式图的高度和宽度,可以使我们对数据质量有一个总体的了解,为过滤效果和制定不同的归一化策略提供线索。下面我们就以基因表达谱为例进行讲解。聚类算法就是根据表达方式的相似性对微阵列数据进行组织。在这种情况下,共表达基因必定是共调节的,这种分析的一个逻辑上的后续步骤是搜寻将这些共表达基因联系在一起的调节基序(motif)以及共同的上游或下游因素。处理可以根据基因表达谱的相似性进行聚类,基因可以根据不同表达谱的表达模式的相似性进行聚类。常用的数学方法有两种,分别是系统聚类(hierarchical clustering)或 k 均值聚类(k-means clustering)(斯坦福大学)和自组织图谱法(self organizing map,SOM)(Whitehead 研究所)。

识别差异表达基因的一个策略是计算 t 统计量,并用调整的 P 值对多重检验进行校正。模拟证明,源于经验贝叶斯方法的 B 统计量,在差异表达基因的排序方面,显著优于log 比率和 t 统计量(Lonnstedt and Speed,2002)。这一双重变化仍然是研究者读取微阵列数据,通过 PCR 对数据进行验证的基准。PCR 验证可以为特定基因的差异表达提供独立的证据。但随着更可靠的测量差异表达方法的应用,这一改变也成了从一系列基因中选择后续候选基因的次要标准(Arcellana-Panilio,2005)。经过初步的数据挖掘和统计分析,研究者就可以进行确认和设计随后的实验了。

本节中描述了阵列技术的很多例子。在酵母中,对应于所有基因的 26 万个寡核苷酸被整合到一个 $1.28\mathrm{cm}^2$ 的芯片上。这些芯片可以对不同培养条件或不同生长时期的各种突变体中表达的基因进行鉴定。因此已经识别了很多未知功能的基因,其调控方式与已知功能的基因相似或相反;从而将基因组的转录整合到一个庞大的组合网络中。在植物中,Affymetrix 公司已经使评价拟南芥基因表达的微芯片商品化,当植物在病原体感染或除草剂、杀菌剂、杀虫剂处理的时候,可以对活跃表达的基因进行鉴定。这还可以了解哪些基因,在哪种情况下,在哪个组织中,或在发育的哪个阶段进行表达。此外,Affymetrix 公司还开发了其他作物,如玉米和番茄等的商用微阵列。

3.6.8　蛋白质微阵列及其他

蛋白质芯片或微阵列就是将不同的蛋白质分子有序的黏附在一块玻璃上,形成一个微阵列。与 DNA 微阵列相比,蛋白质阵列因为以下原因,还存在技术困难(Bernot,2004):①蛋白质由 20 种不同的氨基酸组成,而 DNA 只由 4 种碱基组成;②取决于其氨基酸组成,蛋白质可能是亲水的也可能是疏水的,可能是酸性的也可能是碱性的(而 DNA永远是亲水性和负电荷的);③蛋白质往往存在转录后修饰(通过糖基化、磷酸化等)。

虽然可以用前面的方法对蛋白质微阵列进行检测,但问题是,在生物样品中,蛋白质的浓度可能与 mRNA 有很多个数量级的差别。因此,蛋白质阵列的检测方法必须有更大的检测范围。荧光检测法以其安全、灵敏、分辨率高而成为目前首选的检测方法。荧光检测法与标准的微阵列扫描仪兼容，但在软件应用上仍然需要做一些小的改进。

通过以下方式制作蛋白质微阵列（Macbeath and Schreiber，2000；Bernot，2004）。将蛋白质放在一个支撑物上，并进行固定，每平方厘米内可固定 1600 种不同的蛋白质。这些蛋白质有序排列，因此，哪个点代表哪种蛋白质就是可知的。接着，这些微阵列与其他配体（荧光标记）进行共培养，然后用共焦显微镜分析杂交结果（也可用放射性标记作为配体），最后用获得的信号定位数据对已识别的蛋白质进行鉴定，信号强度与蛋白质-配体的交互作用的水平成正比。

除了以上讨论的最常用的 DNA 微阵列和蛋白质微阵列外，还有利用组织（细胞）和碳水化合物构造的微阵列。与其他微阵列类似，组织芯片或微阵列就是固定了不同组织的玻璃片，而糖或碳水化合物微阵列则是固定了各种糖类的阵列，其中包括寡糖、多糖/聚糖和糖复合物等。碳水化合物与蛋白质存在以下几方面的不同：①因为碳水化合物由 50 多万个不同的寡糖单位决定，因此分子数目巨大，具有高度异质性；②合成过程复杂，多种酶参与合成；③各种碳水化合物所包含的生物信息还不太清楚。因此，碳水化合物微阵列将成为研究糖组学（glycomics）的一个有用的工具。

需要提及的一项与微阵列有关的新技术，微流体技术（microfluidics），是一种应用直径为几十微米到几百微米的少量液体流（$10^{-9} \sim 10^{-18}$ L）的科学系统技术（Whitesides，2006）。这一技术有以下优点：①能够用微量样品和试剂进行高灵敏度的分离和检测；②成本低；③分析时间短；④分析设备的足迹小。微流体技术为在空间和时间上更好地控制分子浓度提供了基础。在微量分析方面，微流体技术为生物分析提供了新途径，这些生物分析需要比以前更高的通量和灵敏性。它在促进蛋白质组学研究、DNA 提取、PCR 分析和 DNA 测序等分析应用方面具有很大的潜力。

3.6.9　通用芯片或微阵列

大多数微阵列平台旨在解决一个特定生物的一系列特定问题。这就意味着，每一个应用都需要建立一个特定的微阵列平台。此外，在同质溶液中，微阵列中进行的许多实验，比固体支撑物上的效果更好（Hoheisel，2006）。"邮政编码"阵列的建立，使真正的阵列从微阵列杂交中分离出来，从而可以解决这些问题（Gerry et al.，1999）。这种微阵列包含一系列独特的寡核苷酸，并且固定在已知的位点上。因为它们不会与任何生物中的任何序列互补，所以可独一无二地用于鉴定微阵列中的特定位置的"地址"，它们被称为"邮政编码序列"（图 3.11）。寡核苷酸被设计为具有相似的热力学特性，因此可以在一种温度和严格控制的条件下进行杂交。与需要产生多种不同的微阵列不同，一个设计可以用于各种不同的检测。

例如，Hoheisel（2006）描述了一种通用微阵列，包括使用 L-DNA 旋光异构体，即正常 D 型 DNA 的镜像，作为邮政编码寡聚物（图 3.11）。由于 L-DNA 可以形成左螺旋，在 L-DNA 和 D-DNA 之间不能产生交叉杂交。而由 L 型和 D 型延伸组成的嵌合分子却可以通过普通化学形成。因此，在阵列中，D-DNA 引物可以由一个 L-DNA 的邮政编码标签绑定到 L-DNA 的互补寡核苷酸上形成。因为 L-DNA 具有抗核酸酶活性，所以 L-DNA 微阵列比较稳定。同时，只有在同质溶液中的分子的邮政编码部分才可以与阵列进行杂

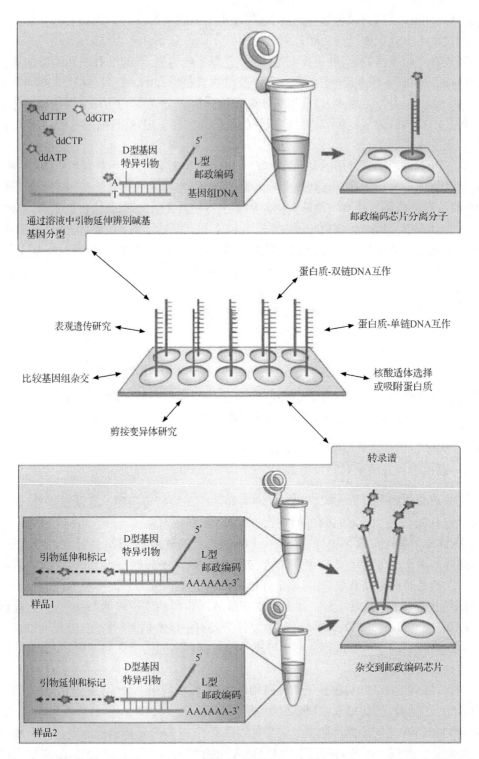

图 3.11　通用微阵列的概念。dsDNA. 双链 DNA；SSDNA. 单链 DNA；CGH. 比较基因组杂交

交。无论是 D 型引物部分还是底物(如基因组 DNA 或 RNA 制备物)都不能与阵列进行交叉杂交。

3.6.10　应用 Tiling 微阵列进行全基因组分析

最近几年可用的基因组序列数据不断激增,使得全基因组水平上的微阵列分析成为可能。有趣的是,这些序列数据导致了以高密度 DNA 寡核苷酸为基础的全基因组 tiling 微阵列技术(whole-genome tiling microarray,WGA)的诞生,它可以在一个单一的实验中,对整个基因组中的有价值的序列信息进行查询。运用这一技术,可以更全面地了解生物体的基因组组成,并在了解许多生物学过程方面提供显著的改进。WGA 含有相对较短的(<100-mer)寡核苷酸结构。此外,它们可以利用 6 000 000 个以上的离散结构来创建,每一个都含有数百万拷贝的不同 DNA 序列。例如,Affymetrix® GenneChip® 的拟南芥 tiling 1.0R 阵列(http://www.affymetrix.com),单个阵列含有与非重复的拟南芥全基因组 35bp 片段完全配对和不配对的超过 320 万对探针(约 640 万探针)(Zhang X et al.,2006)。

WGA 可应用于植物中的各种目的,包括转录组特性的经验性注释、ChIP-on-chip 进行调控 DNA 基序的作图、新基因发现、RNA 可变剪接的分析、全基因组胞嘧啶甲基化状态(甲基化组)分析、序列多态性识别等(Gregory et al.,2008)。总而言之,在植物界内进行标准的 RNA 标记、杂交、微阵列处理、数据采集和数据归一化,将显著减少实验室和微阵列平台之间的误差来源和数据变异性。通过这种方式,在不同的团体间进行的 WGA 分析将产生高质量、易重复的数据,有助于整个植物界的研究。

3.6.11　以阵列为基础的基因型鉴定

阵列技术作为一种分析工具,以其分析的多样性、成本低等特点,已经越来越普遍地应用于全基因组的基因型鉴定。最早一个基于微阵列的基因型鉴定的报道,是在酵母中用照相平板印刷合成高密度 WGA,同时发现 DNA 多态性并进行阵列分析(Affymetrix 公司)。在基于微阵列的基因型鉴定分析中,等位基因变异与覆盖已知基因组位置的单个探针或系列探针进行差异性杂交,作为标记基因组 DNA 而得到检测。这两个序列来自于两个不同的栽培种或基因型,由于其多态性,产生的杂交强度也不相同,这一特性与序列的特异功能相关,就是众所周知的分子标记——单特征多态性(single feature polymorphism,SFP)。运用这一技术,在两个实验室酵母菌株之间鉴定出了大量的 SFP(Winzeler et al.,1998)。

对于更大和更复杂的拟南芥基因组,tiling 阵列无法得到,可以用 Affymetrix AtGenome1 基因芯片进行初始的标记基因组 DNA 杂交,这些芯片是以可得的、ORF 的基于表达的注释为基础的。尽管这里的焦点是基于 ORF,在 Columbia 和 Landsberg *erecta*(拟南芥的两种生态型)中,仍然鉴定出近 4000 个 SFP(Borevitz et al.,2003)。为了确定这些 SFP 的全基因组模式,用 ATH1 基因表达阵列进行杂交,检测 23 个野生品系中的基因组 DNA 多样性,并与参考品系 Columbia 进行比较。以<1% 的错误发现率(false discovery rate),在全基因组范围内检测到 77 420 个具有不同变异模式的 SFP。着丝粒附近和

异染色质节区域的总的和成对方式的多样性较高(Borevitz et al.，2007)。通过 20 个不同品系的高密度阵列重测序,鉴定出超过 100 万个非冗余的 SNP(Clark et al.，2007)。Salathia 等(2007)提出了一种以微阵列为基础的方法,在一个杂交实验中,一次可以鉴定 240 个独特的插入/缺失标记(indel marker),而每个品系的材料成本不超过 50 美元。这种基因型鉴定阵列用 70-mer 的寡核苷酸元件构建,代表 Columbia 和 Landsberg *erecta* 之间的插入缺失多态性。在一次实验中,多样池芯片(multi-well chip)可以同时对 16 个品系进行基因型鉴定。

最近,以微阵列为基础的基因型分析在几种作物上得到了进一步的发展。利用 Perlegen Sciences(http://www.perlegen.com)开创的高密度微阵列技术,国际水稻功能基因组联盟(International Rice Functional Genomics Consortium)发起了一个项目,通过 21 个水稻基因组的全基因组比较,包括栽培品种、种质品系以及地方品种,来鉴定栽培水稻中的大部分 SNP(McNally et al.，2006)。Perlegen 设计了 SNP 鉴定阵列,来包括所有可能的具有多种冗余水平的 SNP 变异。

Edwards 等(2008)以水稻为模型,开发了一种快速、经济的遗传作图微阵列技术平台。与基因组 tiling 微阵列基因型鉴定方法相反,这种方法以低成本点样的微阵列生产为基础,只关注已知的多态性特征。生产出了一个基因型鉴定的微阵列,由 880 个源自插入缺失标记的 SFP 元件构成,这些插入缺失标记是通过比对粳稻品种"日本晴"与籼稻品种"9311"的基因组序列识别的。这些 SFP 通过与来自这两个品种的标记过的基因组 DNA 杂交而得到实验证明。利用这一基因型鉴定微阵列,在不同的水稻种质间鉴定出高水平的多态性。

在大豆上已经对 GoldenGate 分析技术进行了测试,以确定将验证过的 SNP 转化成有功能的阵列的成功率,GoldenGate 分析可以在一次反应中多路传输 SNP,为 96~1536 个(Hyten et al.，2008)。当应用于三个重组自交系(RIL)作图群体时,对于 384 个 SNP 位点的 89% 成功地产生了等位基因数据。通过康奈尔大学、CIMMYT 和 Illumina 公司之间的协作,使用相同的系统,在玉米中获得两组 1536 个 SNP 标记,一组 SNP 来自于耐旱候选基因,另一组 SNP 则随机分布于玉米基因组(Yan et al.，2009)。

　　　　　　　　　　　　　　　　　　　　　　　　(李朋波 译,华金平 校)

第4章 遗传育种中的群体

当前的遗传学研究和植物育种中使用的群体有很多类型。群体的特点取决于它是如何培育的,涉及哪些亲本。双单倍体(DH)、重组自交系(RIL)和近等基因系(NIL)是3种重要的群体类型,在植物育种中有很长的应用历史。自从发明了DNA分子标记之后,这3种群体被广泛地用于遗传作图、基因功能研究和基因组学辅助育种。本章在Xu和Zhu(1994)广泛深入讨论的基础上,介绍这些重要群体的结构、构建及应用,这些群体应用的更多细节将在其他章节中介绍。

4.1 群体的特点和分类

可以根据群体的遗传组成、群体的维持、遗传背景以及群体的来源对目前在遗传学研究和植物育种中使用的群体进行分类,并描述它们的特点。

4.1.1 基于遗传组成的分类

对于一个特定基因座 A 上的两个等位基因 A_1 和 A_2,有3种不同的基因型:A_1A_1、A_2A_2 和 A_1A_2。如果一个群体由基因型完全相同的个体组成(无论它们是纯合的 A_1A_1 或 A_2A_2 还是杂合的 A_1A_2),则该群体被称为同质群体(homogeneous)。如果群体由不同基因型的个体组成(如有些个体为 A_1A_1 或 A_2A_2,另外一些个体为 A_1A_2),则该群体被称为异质群体(heterogeneous)。

根据上述定义,有以下4种类型的群体。

(1)由纯合个体组成的同质群体:如由来自自花授粉物种的品种或开放授粉植物的自交系组成的群体。

(2)由杂合个体组成的同质群体:如由自花授粉物种的两个同质纯合品种之间或开放授粉物种的两个自交系之间杂交得到的 F_1 代植株组成的群体。

(3)由纯合个体组成的异质群体:由两个自交系或品种的杂交种通过连续自交产生的纯合个体组成的群体,如重组自交系,其中每个个体都是纯合的,个体的基因型要么是 A_1A_1,要么是 A_2A_2,但是不同的个体具有不同的基因型。

(4)由杂合个体组成的异质群体:育种的低世代就是这样的群体,如由两个自交系或纯合品种杂交得到的 F_2 或 F_3。一组开放授粉物种的开放授粉品种是包含杂合个体的异质群体。

4.1.2 基于遗传维持的分类

根据群体能否通过自交维持其遗传组成,可以把群体分为以下两种类型。

(1)暂时性群体:这种群体(如 F_2、F_3、BC_1、BC_2 等)中的个体有不同的基因型,其遗传组成将随着自交或近交导致的重组而发生改变。

（2）永久性群体：这类群体由一系列纯合的品系组成，它们来自两个亲本或一组共同的亲本。同一个品系内的个体具有相同的基因型，来自不同品系的个体具有不同的基因型。每个品系都可以作为来自亲本群体的一个分离单位，自交或近交群体结构和遗传组成保持不变。

4.1.3　基于遗传背景的分类

按遗传背景的差异可以将群体分为两类：一类中的个体具有近等基因的遗传背景，另一类中的个体具有异质性的遗传背景。由遗传背景几乎完全相同的个体组成的群体可以通过像连续回交这样的遗传操作来得到，其中杂交种与亲本之一连续回交，使得群体中的不同品系之间仅在个别特定的目标性状或基因座上有差异。所有其他类型的群体（包括 F_2、回交、RIL 和 DH）都具有异质的遗传背景，即这些群体中的个体除了在目标性状上有差别外，在其他性状上也有差别。

4.1.4　基于来源的分类

根据群体中个体来源的不同可以分成两类：一类群体由自然的品种构成，另一类群体由选择的亲本之间杂交培育的后代材料组成或者为遗传交配群体。

自然品种群体

这样的群体由一组不同的品种构成，这些品种是从大量的品种中根据特定的目标性状或者基于特定的系谱关系选择的。可以调查品种之间目标性状的变异，然后建立目标性状与其他性状或分子标记之间的联系。例如，可以通过比较高秆品种和矮秆品种的株高来研究株高的遗传效应。

通过计划的交配形成的群体

交配群体是专门为遗传研究设计的，来自于用选择的遗传材料进行的特定遗传交配设计。有几个在遗传学和育种中广泛应用的交配设计。

双列杂交：一共选择 n 个不同的品种或自交系作为父本和母本，产生所有可能的杂交组合，然后对来自这些杂交的 F_1 代或 F_2 代进行遗传分析。交配设计见表 4.1。

表 4.1　双列杂交交配设计

亲本	P_1	P_2	P_3	...	P_n
P_1	×	×	×		×
P_2	×	×	×	...	×
P_3	×	×	×	...	×
...					
P_n	×	×	×	...	×

完全双列分析包括所有两两杂交组合及亲本，部分或不完全双列分析可以只包含一

半的杂交组合,而不包含反交组合或亲本。双列杂交常用于估计亲本的一般配合力和特定组合的特殊配合力,为杂交种的组配提供信息。

北卡罗来纳设计:有 3 种北卡罗来纳设计(North Carolina design),分别表示为 NC I、NC II 和 NC III。这些设计常用于开放授粉作物,以及用于研究遗传基础广泛的群体。它们在自花授粉作物中的应用通常涉及很多自交系,这些自交系可以合理地当做一个大的参考群体(如适应于一个美国地理带的晚熟大豆)的代表。为了简化描述,用自交系作为例子。

NC I:两个自交系杂交产生 F_2 代,然后从 F_2 代中随机选择一些单株作为父本,随机选择一些其他的单株作为母本,进行杂交。杂交种的衍生后代用来进行遗传分析。该设计如图 4.1 所示。

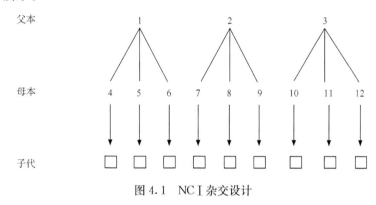

图 4.1 NC I 杂交设计

NC II:把 n 个亲本品系分为两组,一组为母本,另一组为父本,来产生所有可能的组合(表 4.2)。

表 4.2 NC II 杂交设计

品种	1	2	3	...	n_1
n_1+1	×	×	×	...	×
n_1+2	×	×	×	...	×
n_1+3	×	×	×	...	×
...					
n_1+n_2	×	×	×	×	×

NC III:从 F_2 代群体中选择 n 个个体与双亲 P_1 和 P_2 进行回交(表 4.3)。

表 4.3 NC III 杂交设计

F_2 代个体	1	2	3	...	n
P_1	×	×	×	...	×
P_2	×	×	×	...	×

三重测交(triple testcross,TTC)和简化的三重测交(simplified TTC,STTC):TTC 是 NC III 设计的扩展,从 F_2 代群体中选择 n 个个体($n>20$),与两个亲本 P_1 和 P_2 以及

$F_1(P_1 \times P_2)$ 都进行回交（表 4.4）。

表 4.4　TTC 杂交设计

F_2 代个体	1	2	3	…	n
P_1	×	×	×	…	×
P_2	×	×	×	…	×
F_1	×	×	×	…	×

在 sTTC 中：从种质资源库中选择 n 个品种或品系（$n > 20$），与两个品种或品系 P_H 和 P_L 杂交，其中 P_H 和 P_L 分别具有最高的或最低的极端表型值（表 4.5）。

表 4.5　sTTC 杂交设计

品系	1	2	3	…	n
P_H	×	×	×	…	×
P_L	×	×	×	…	×

由上述遗传交配设计衍生的群体已经被广泛地用在传统的数量遗传学中，用于研究和利用决定目标性状的遗传和表达基因的作用模式。关于利用这些交配设计来构成杂交种或家系，并获得有关遗传信息的详情，请读者参考 Hallauer 和 Miranda（1988）、Mather 和 Jinks（1982）或者植物育种教材中讨论数量遗传学的章节。其中部分设计也已经用于数量性状的遗传作图。

近交群体

这种类型的群体包括分离群体，如来源于 F_1 代杂种自交或同胞交配的 F_2 代和 F_3 代群体，来源于 F_1 代和其中一个亲本回交产生的 BC 群体，或者通过 F_1 代与一个亲本多轮回交得到的高代回交群体（advanced BC population）。

遗传学研究和植物育种中用到的群体可以由上面讨论的任何一种交配设计得到。如果以育种为目的，要保持的群体大小比遗传学研究中使用的群体小很多，因为育种家只需要保留具有目标性状的群体。然而对于遗传学研究，需要维持尽可能大的群体，使各种类型在群体中分离，包括那些具有不利性状的个体。

4.2　双单倍体

只包含单套染色体的细胞或植株称为单倍体（haploid）。来源于二倍体（diploid）的单倍体称为一倍体（monoploid），来源于多倍体（polyploid）的单倍体称为多元单倍体（poly-haploid）。由单倍体通过染色体加倍得到的二倍体称为双单倍体（doubled or double haploid，DH）。DH 方法的优点使其在遗传学研究和植物育种中很有用。DH 能利用活体（*in vivo*）和离体（*in vitro*）系统来创制。广泛杂交后，通过单性生殖（parthenogenesis）、假受精（pseudogamy）或染色体剔除（chromosome elimination）等方法可以活体创制单倍体胚。单倍体胚通过胚拯救、组培和染色体加倍来产生双单倍体。离体的方法包括：雌核发育(gynegenesis)(子房和花培养)和雄核发育(androgenesis)(花药和小孢子培养)。Forster 等(2007)综述了植物中创制单倍体的各种方法。Forster 和 Thomas(2004)以及 Szarejko 和 Forster(2007)综述了 DH 在遗传学研究和植物育种中的应用。对特定农作物最近的综述有番茄(Bal and Abak,2007)和营养食品物种(nutraceutical species)(Ferrie,2007)。

4.2.1　单倍体的产生

有多种产生单倍体的方法。在许多物种中已经报道了自然产生的单倍体,如番茄、水稻和玉米。在大麦中报道了控制单倍性的 *hap* 启动基因(initiator gene),自然产生的单倍体的频率很高(Hagberg and Hagberg,1980)。当以基因型为 *hap/hap* 的品种作为母本与其他品种杂交时,得到的单倍体子代高达 8%,但如果用其作父本则不会产生单倍体。玉米中的不确定配子体基因(indeterminate gametophyte gene,*ig*)控制从精细胞或卵细胞产生单倍体胚胎(Kermicle,1969)。虽然可以从这类自然产生的单倍体得到 DH,但是频率太低,不能满足遗传学研究和育种的需要。

认识到 DH 在植物育种中的重要作用,所以进行了广泛的研究来诱导单倍体胚胎发生(embryogenesis)以及提高产生 DH 的频率。很多研究和育种计划中已经证明了 DH 的优点。已经培育出商业化生产的 DH 品种和用于遗传学及育种研究的 DH 群体。育成超过 100 个大麦 DH 品种,也育成了同样多的水稻和油菜 DH 品种(Forster and Thomas,2004)。DH 也已经成功地用于难进行组织培养的物种(recalcitrant species),如燕麦(Kiviharju et al.,2005)和黑麦(Tenhola-Roininen et al.,2006)。

Maluszynski 等(2003)编写了建立 DH 群体的操作指南,其中有 22 种主要农作物,包括 4 个树种。该指南包含多种不同的产生 DH 的方法,这些方法已经成功地用于每个物种不同的种质资源。指南中的方法详细地描述了产生 DH 的所有步骤:从供体植物的生长条件到离体准备、培养基成分和单倍体植株的再生准备,以及染色体加倍的方法。该指南使研究人员能够根据其特定的实验室条件和植物材料选择最合适的产生 DH 的方法,如用小孢子培养还是花药培养、远缘杂交还是雌核发育。该指南中还有关于 DH 实验室的组织、基本的 DH 培养基以及进行倍性分析的简单的细胞遗传学方法等方面的信息。在 Palmer 等(2005)编著的 *Haploids in Crop Improvement II*(*Biotechnology in Agriculture and Forestry*)中对十字花科(Brassicaceae)、禾本科(Poaceae)和茄科(Solanaceae)中单倍体的诱导及应用进行了很好的综述。

现在有 5 种方法可以广泛地用于植物单倍体的产生,这些方法产生单倍体的频率足够用于遗传学研究和育种计划(Palmer and Keller,2005)。

(1)广泛杂交继之以杂交亲本之一(通常是授粉亲本)的染色体剔除。

(2)雌核发育:将花芽的未受精胚珠或子房分离出来进行培养,从胚囊细胞发育成胚。

(3)雄核发育:培养的花药或分离的小孢子直接或者通过中间愈伤组织(intermediate callus)进行胚胎发生(embryogenesis)或器官发生(organogensis)。

(4)单性生殖:通过假受精、半配子生殖(semigamy)或无配子生殖(apogamy)产生胚胎。

(5)基于诱导系的方法:用单倍体诱导品系来产生单倍体。

染色体或基因组剔除

在植物中利用远缘物种进行授粉以后可以产生单倍体胚。在大多数情况下发生正常的双受精来形成杂种合子和胚乳。某些杂交发生染色体或基因组的偏向性的或单一亲本的剔除;受精发生后不久其中一个亲本的基因组被选择性地剔除。通过种间杂交继之以染色体剔除可以产生单倍体。在大麦中,广泛的杂交方法包括用栽培大麦(*Hordeum vulgare*)($2n=2x=14$)与异花授粉的多年生野生二倍体大麦(*Hordeum bulbosum*)($2n=2x=14$))进行杂交。大多数后代(95%)是大麦单倍体,其余的是二倍体杂种。这个技术称为球茎大麦法(bulbosum method),已经广泛地用于创制大麦单倍体。六倍体小麦也可用类似的方法。在六倍体小麦('中国春'品种)中,通过小麦与 *H. bulbosum*($2x$ 和 $4x$ 都可以)杂交和随后的染色体剔除也可以得到单倍体。用 $2x$ 野生大麦杂交获得的结实率为 13.7%,用 $4x$ 野生大麦杂交获得的结实率为 43.7%(Barclay,1975)。在胚胎形成过程中,野生大麦的染色体被剔除。对未成熟的胚进行离体培养,通过高效的染色体加倍技术可以由这些胚诱导获得再生苗,产生可育的花,结出纯合的六倍体种子。

Zenkteler 和 Nitzsche(1984)首次报道了小麦×玉米杂交产生的胚。Laurie 和 Bennett(1986)对这个系统产生的胚进行了细胞学研究,发现在前 3 次细胞分裂期间玉米染色体被偏向性地剔除,剩下小麦单倍体组分。这个方法用于小麦单倍体的创制,在产生遗传群体和作图群体方面取得了一定的成功(Laurie and Reymondie,1991)。已经报道的平均受精率、胚形成率、胚萌发率和单倍体再生率分别为 83%、20%、45% 和 8%(Chen et al.,1999)。观察到不同组合之间胚萌发和单倍体再生的频率有显著差异,表明通过选择更合适的亲本可以提高单倍体创制的效率。80% 的单倍体植株能加倍,具有正常的结实率;然而,只有 6% 的单倍体产生了能存活的后代。最终平均每个授粉穗获得 2 个 DH 绿色植株。在 2000 年冬季的研究中通过对胚胎进行预冷处理,单倍体再生的频率从 35% 提高到 50%。

已经报道的通过染色体剔除产生单倍体方法的影响因素有:基因型、生长期间的温度(高温导致高的剔除速率)、亲本品系的基因组的比例等。在小麦×玉米系统中影响 DH 产生效率的因素包括:①技术实施的专业性和一致性;②控制温度和光照条件使玉米和小麦都处于最佳的生长发育状态;③小麦 F_1 代基因型的差异;④2,4-二氯苯氧乙酸(2,4-D)的处理时机;⑤应用秋水仙素时的生长阶段。

和花药培养相比较,小麦×玉米系统(有时也称为玉米花粉法)有 3 个优点:基因型依赖性小、效率高、耗时少。根据 Kisana 等(1993)的报道,玉米花粉法的效率是花药培养法的 2~3 倍。在 Chen 等(1999)的研究中,用玉米花粉法获得的绿色植株(平均值为 7.54%)是花药培养法的 2 倍。Kisana 等(1993)报道小麦和玉米的杂交后代中没有观察到非整倍体(aneuploid)和显著的染色体异常,证实该体系中染色体的变异并不普遍。他们还认为这个技术可以节省获得相同年龄的单倍体绿色植株所需时间 4~6 周。

利用玉米的花粉成功地克服了小麦中的杂交不亲和性障碍。目前小麦×玉米技术已经成为替代球茎大麦法和花药培养法的一种创制小麦单倍体方法。为了在育种实践中应用小麦×玉米系统,需要进一步改进胚形成、萌发、绿色植株再生和加倍等技术环节。在利用秋水仙素进行染色体加倍和将秋水仙素处理过的幼苗转移到大田的过程中一部分绿色植株会死亡;因此最终的群体大小可能太小,不能获得能进行有效选择的、足够数量的基因型。另外 2,4-D 的应用也是很关键的,没有它可能不会结实或形成胚。在试验过的各种方法中,小穗培养为利用麦×玉米有性杂交产生小麦多单倍体提供了一种切实可行的通用方法(Kaushik et al. ,2004)。

体细胞减数和染色体剔除

已经知道在某些情况下由于自发的原因或者通过特殊处理使体细胞组织中染色体数目减少一半,这种现象称为体细胞减数(somatic reduction)或减数有丝分裂(reductional mitosis)。早期研究中,Swaminathan 和 Singh(1958)通过辐射处理西瓜种子诱导出了单倍体的分枝。出现这种情况肯定是在体细胞组织中通过一种未知的机制减少了染色体的数目(可能由于不能正常地形成纺锤体。类似地,在高粱中,四倍体体细胞($2n=4x$)对秋水仙素处理产生反应,产生二倍体细胞,完全占据生长点,从而形成二倍体个体。还有许多其他的化学物质[如氯霉素和对-氟苯丙氨酸(para-fluorophenylalanine),一种氨基酸类似物]有时也成功地用来在很多材料中产生单倍体。在体细胞产生的远缘杂种中也观察到亲本染色体剔除。在这些情况中,剔除趋向于不规则和不完全,产生不对称杂种(asymmetric hybrid)或胞质杂种(cybrid)(Liu J H et al. ,2005)。

染色体剔除的机制

目前,有几种假设来解释植物杂种胚发育过程中发生的单个亲本的染色体剔除现象,如由于不同步的细胞周期或核蛋白合成中的异步性(asynchrony)导致关键的有丝分裂过程在时间上的差异,丢失掉大多数迟滞的染色体。其他的假设还有:形成多极纺锤体(multipolar spindle)、细胞分裂期间和中期染色体组的空间分离、亲本专化的着丝粒失活(与细菌的宿主限制和修饰系统类似)、由宿主专化的核酸酶降解外源染色体。Gernand 等(2005)提供了小麦×珍珠粟杂种中染色体剔除的一个新途径:除了在有丝分裂后期形成微核(micronuclei)外,在分裂间期形成核穿壁(nuclear extrusion)。他们发现核和微核的染色质结构不同,微核化的珍珠粟染色质的异染色质化(heterochromatinization)和 DNA 片段化是形成单倍体的最终步骤。

Subrahmanyam 和 Kasha(1975)以及 Bennett 等(1976)研究了大麦属杂种染色体剔除的机制,得到以下结论:①细胞学研究证明种间杂交能发生正常的双受精;②受精后从胚乳核及胚胎细胞核中逐步选择性地剔除野生大麦染色体,最终产生单倍体胚。在发育的胚和胚乳中蛋白质的突然短缺,以及普通大麦染色体相对于球茎大麦染色体有更强的纺锤体附着能力,可能是球茎大麦染色体被剔除的原因。作者排除了其他可能的原因,如有丝分裂周期的差异、有丝分裂过程中的联会等。

另外已经证明球茎大麦染色体的剔除是受遗传控制的(Subrahmanyam and Kasha,1975)。上述作者在与四倍体球茎大麦(*H. bulbosum*)的杂交中使用了初级三体(primary trisomics)与单末端三体(monotelotrisomics),他们的结论是 *H. vulgare* 的第 2 染色体的两条臂和第 3 染色体短臂与染色体剔除有关,虽然当存在足够剂量的球茎大麦染色体时它们的效应可能会被中和或抵消。

子房培养或雌核发育

子房培养是通过培养未受精的子房来产生单倍体植株,该单倍体来源于卵细胞或胚中的其他单倍体细胞;这个过程也称为雌核发育。在合适的培养条件下胚囊中未受精的细胞能通过一种未知的机制发育成胚。在大多数物种中单倍体植株通常来自于卵细胞(体外单性生殖)。但是在一些物种(如水稻)中单倍体植株主要来自于助细胞(synergid),在有的物种中甚至可以由反足细胞(antipodal cell)产生单倍体植株,至少在韭菜(*Allium tuberosum*)中是这样的(Mukhambetzhanov,1997)。

雌核发育可以通过胚胎发生或者从愈伤组织再生小植株的途径来发生。在水稻中,2-甲-4-氯酸(2-methyl-4-chlorophenoxyacetic acid,MCPA)通常能刺激产生少量原球茎状愈伤组织(protocorm-like callus),由这些愈伤组织上再生出幼芽和根;而氨氯吡啶酸(picloram)促进胚的再生。相反,甜菜总是表现为胚发育,而向日葵则在形成愈伤组织后才进行胚再生。总的来说,至少在目前看来从愈伤阶段再生比直接胚胎发生更容易。

雌核发育通常有两个或多个阶段,每个阶段可能有不同的要求。在水稻中有两个阶段,即诱导和再生。在诱导期间,子房悬浮在含有低浓度生长素的液体培养基中进行暗培养;再生阶段它们被转移到含有高浓度生长素的琼脂糖培养基上进行光照培养。

根据物种的不同,未受精的胚珠、子房或花芽都可以进行培养。在藜科(Chenopodiaceae)、百合科(Liliaceae)和葫芦科(Cucurbitaceae)的一些成员中,雌核发育是产生 DH 的主要途径(Palmer and Keller,2005)。即使在花药或小孢子培养成功应用的物种中也有通过雌核发育产生单倍体的报道,如在大麦、玉米、水稻和小麦中。

San Noeum(1976)是第一个证明在离体条件下能够诱导雌核发育的研究者。她通过大麦的子房培养获得了雌核发育的单倍体。后来在很多其他物种,如小麦、水稻、玉米、烟草、矮牵牛、向日葵、甜菜、洋葱、橡胶等中也取得了成功。0.2%～6%的培育子房表现出雌核发育,每个子房能产生 1 棵或 2 棵苗,极少数情况下能得到多达 8 棵苗。

在多数情况下胚胎发生的频率是低的,但有些情况下也有相对高的频率的报道(Alan et al.,2003;Martinez,2003)。成功率随物种的不同而有很大的差异,并且受外植体基因型的影响很大,以至于有些品种根本没有反应。在水稻中,粳稻基因型的反应性比籼稻品种强得多。在大多数情况下,进行子房培养的最优时期是胚囊接近成熟时,但在水稻中游离核胚囊阶段的子房是反应性最好的。

培养反应仍然取决于基因型(Alan et al.,2003;Bohanec et al.,2003)。通常对于整花的培养来说,附着到胎座(placenta)的子房和胚珠反应会更好,但在非洲菊和向日葵中游离的胚珠反应更好。在子房培养前对花序进行预冷处理(向日葵 4℃处理 24～48h,水稻 7℃处理 24h)可以促进雌核发育。

培养基成分和胚囊发育阶段是成功培养需要考虑的重要因素(Keller and Korzun,1996)。生长调节剂对于雌核发育很关键,高浓度时可以诱导体细胞产生愈伤组织,甚至抑制雌核发育。对生长调节剂的需求似乎和物种有关。例如,在向日葵中无生长调节剂的培养基是最佳的,即使是低水平的 MCPA 也会诱导体细胞愈伤组织和体细胞胚。但是在水稻中,0.125~0.5mg/L 的 MCPA 对于雌核发育是最佳的。蔗糖的含量看起来也很重要:在向日葵中 12％的蔗糖导致产生雌核发育的胚,而浓度较低时还会产生体细胞愈伤组织和体细胞胚。子房培养通常在光照条件下进行,但在一些物种中(举例来说,至少在向日葵和水稻中),暗培养更有利于雌核发育,并且使体细胞愈伤组织化降到最低;在水稻中光培养可以导致雌核发育的原胚(pro-embryo)退化。

子房培养有两个主要的局限性:①不是所有物种都能成功;②有反应的子房的频率和再生植株的数量通常较低。因此和子房培养相比,花药培养应该优先考虑。只有在不能进行花药培养的情况下才考虑子房培养,如甜菜和雄性不育系。

花药培养或雄核发育

花药培养或雄核发育是由花粉粒产生单倍体植株的一种途径。花药培养常常是农作物中产生双单倍体优先选用的方法(Sopory and Munshi,1996)。进行花药培养需要良好的无菌操作技术,但这种方法通常比较简单,可以应用到许多农作物中(Maluszynski et al.,2003)。一般来说,离体产生的单倍体植株来自花药中的小孢子,需要进行染色体加倍处理。单倍体植株中的染色体数目可以自然加倍,也可以通过秋水仙素处理加倍。

对花药培养的机制还知之甚少。孢子体花药壁的存在阻碍了对小孢子的直接观察。这已经成为一个重要的问题,因为尽管许多物种都能进行花药培养,但反应性的基因型可能是一个限制因素,所以为了建立不依赖于基因型的方法,有必要研究、了解和操纵小孢子胚胎发生(Forster et al.,2007)。许多因素影响花药培养植株的产生,包括供体植株的生理状态、花药的前处理、花粉的发育阶段、培养基成分和培养条件(如光照、温度、湿度等)。与这个方法有关的限制是基因型对花药培养过程或培养基的选择性反应以及高比例的白化苗和体细胞无性系变异。Taji 等(2002)已经讨论过这些因素,本章的下面部分将概述其要点。

供体植株的基因型是决定花粉植株培养效率的重要因素。有的基因型非常难以进行花药培养。例如,在水稻中粳稻品种的花药培养比籼稻品种要容易得多。基因型依赖性是影响该方法广泛应用的主要限制因素。

培养基的作用非常关键,因为对培养基的要求因基因型而不同,并且可能还因花药的年龄和供体植株生长的条件而不同。培养基应该包含正确数量和比例的无机营养物,以满足培养中的许多植物细胞的营养需要和生理需要。蔗糖被认为是最有效的碳水化合物来源,其不能被其他的二糖(disaccharide)替代。蔗糖浓度在花粉植株的诱导中也起重要作用。培养基中还需要加入活性炭。

除了基本的盐和维生素以外,培养基中的激素对胚或者愈伤组织的形成起关键作用。细胞分裂素(如激动素)对于许多茄科植物(烟草除外)花粉胚的诱导是必需的。生长素(特别是 2,4-D)能大大促进禾谷类中花粉愈伤组织的形成。花粉愈伤组织再生植株常常需要细胞分裂素和低浓度的生长素。

在培养基中添加某些有机物常常可以在花药培养过程中促进生长。这些有机物包括蛋白质的水解产物(如酪蛋白,存在于牛奶中)、核酸等。从嫩椰子中提取的椰子汁也常常被添加到培养基中,因为它包含了核酸、糖、生长激素和维生素等多种成分。

　　亲本植株的生理状态也是影响单倍体产生的一个因素。在不同的植物物种中已经证明雄核发育的频率在开花初期取材的花药中较高,随着植株的生长而逐渐降低。这可能是由于植株整体条件的退化,特别是在结实的过程中。取自较老植株的花药诱导成单倍体的频率较低可能也与花粉的生活力降低有关。季节性变异、物理处理、对植株使用激素和盐也改变植株的生理状态,这种改变表现在花药对组织培养的反应上。

　　温度和光照是花药培养中两个重要的物理因素。较高的温度(30℃)能获得更好的结果。温度刺激也能增加小孢子雄核发育的诱导率。一般来说在光照条件下单倍体产生的频率更高,再生苗的生长更好。培养前对花芽或花药进行某些理化处理可以大大地促进花粉发育成植株,其中效果最显著的是冷处理。

　　花粉的发育阶段极大地影响小孢子的命运。当小孢子或花粉经诱导从配子体发育途径转到胚胎形成的孢子体途径时才能发生雄核发育。在一些物种(如曼陀罗、烟草)中,花粉在第1次有丝分裂或稍后的阶段(有丝分裂后)进行培养,花药对培养的反应是最好的。然而在大多数其他物种(大麦、小麦、水稻)中最佳培养时期是单核小孢子期(有丝分裂前)。在发育的早期阶段(包含小孢子母细胞 m 四分体)或晚期阶段(包含两核的、充满淀粉的花粉)对花药进行培养通常是无效的,虽然存在一些例外的情况。

　　大麦和水稻被认为是雄核发育研究的禾谷类模式作物。将大麦的花药培养方法应用到其他禾谷类(如小麦)获得绿色植株的频率比较低。虽然大多数大麦杂交都产生了高频率的绿色植株,但是雄核发育仍然有一些问题需要解决。有的大麦基因型极端抗拒小孢子分裂和(或)会产生高频率的白化苗。胚胎发生率仍然较低,并且往往形成发育不良的胚。所以需要能降低产生 DH 的成本并且对所有基因型都有效的新方法。

　　植物雄核发育的未来研究目标包括:建立适合大多数基因型的雄核发育方法,更好地了解胁迫前处理中涉及的生物学过程,研究不同的微量营养素(micronutrient)对配子胚胎发生以及可能的配子体选择的影响。鉴定与花药培养反应过程相关的基因座,将促进对雄核发育的内在机制的了解。鉴定和定位与每个花药的绿色植株产生能力连锁的分子标记,并评估其在预测基因型的花药培养反应中的潜在用途,也会有助于优化 DH 的创制方法。

半配生殖

　　半配生殖是一种单性生殖方式,当卵细胞的核和萌发花粉粒中的生殖核独立地分裂时发生半配生殖,产生单倍体嵌合体(这种植株的组织具有两种不同的基因型)。半配生殖是兼性无融合生殖(facultative apomixis)的一种,其中雄性的精核在渗透到胚囊中的卵细胞以后不与卵核融合。随后的发育可以形成包含单倍体嵌合组织的胚,这些单倍体嵌合组织来源于父本和母本。在棉花中,Turcotte 和 Feaster(1963)首次报道了半配生殖现象,他们培育了能高频率产生单倍体种子的美国长绒棉(Pima)品系'57-4'。目前半配生殖是棉花中产生单倍体的唯一可行的方法(Zhang and Stewart,2004)。

　　在棉花中有许多利用半配生殖培育 DH 品系的例子,这些品系来源于品种和陆地棉(*Gossypium hirsutum* L.)与美国长绒棉(*Gossypium barbadense* L.)的种内和种间杂种。半配生殖性状也已经被转育到不同的棉花细胞质中以便进行快速的核置换。Stelly 等

(1988)提出了一种方案称为杂种剔除和单倍体产生系统,该系统利用了具有半配生殖基因(Se)、致死基因(Le_2^{dav})、淡绿色基因(v_7)以及雄性不育或无腺体(gl_2gl_3)的棉花品系。

半配生殖品系自交可以产生 $30\% \sim 60\%$ 的单倍体,当用做母本与正常的、非半配生殖的棉花亲本杂交时能产生 $0.7\% \sim 1.0\%$ 的产雄单倍体(androgenic haploid)(Turcotte and Feaster,1967)。半配生殖的一个独特的特点是其控制基因可以通过雄配子和雌配子传递,但性状的表达(就能否产生单倍体而言)只发生在母本上。举例来说,在 $SeSe$ 和 $sese$ 亲本的正反交组合中,只有当 $SeSe$ 或 $Sese$ 为母本时才会产生单倍体。

Zhang 和 Stewart(2004)的结果证实棉花中的半配生殖受单基因控制,以前用符号 Se 表示。该基因在孢子体和配子体中都起作用,产生不完全显性的遗传模式。与两个亲本的等基因系之间的差异一致,半配生殖的 $F_{2.3}$ 系的叶绿体含量显著低于非半配生殖的 $F_{2.3}$ 系,这个现象被单倍体的产生和叶绿体含量之间的显著关联所证实。Se 基因和降低叶绿素含量的基因可能是同一基因或紧密连锁。

基于诱导系的方法

玉米中已经用单倍体诱导系(haploid inducing line)使未受精卵细胞发育产生单倍体(Eder and Chalyk,2002)。Coe(1959)在用自交系 'Stock 6' 进行的杂交中检测到高达 2.3% 的单倍体诱导率。Sarker 等(1994)和 Shatskaya 等(1994)分别在 'Stock 6' 与印度种质和俄罗斯种质之间的杂交中获得了更高的诱导频率(大约 6%)。现在在温带玉米种质中已经发现了单倍体种子诱导率为 $8\% \sim 12\%$ 的诱导系(Melchinger et al.,2005;Röber et al.,2005)。

分离研究(Lashermes and Beckert,1988;Deimling et al.,1997)和数量性状基因座(QTL)分析(Röber,1999)表明玉米中的活体单倍体诱导能力是一个数量性状,受多个未知数目的基因座控制。单个 QTL 只能解释少部分的遗传变异。

和产生 DH 的其他方法(如花药培养)相比,基于诱导系的方法是相当高效的,对基因型的依赖性较小,几乎可以在任何育种计划中实施而不需要昂贵的实验设备(Röber et al.,2005;http://www.uni-hohenheim.de/~ipspwww/350a/linien/indexl.html)。

在实际育种中活体产生 DH 需要如下条件:①诱导系遗传材料的可用性;②高诱导频率;③诱导系花粉好;④繁殖性好,有足够数量的种子;⑤有可用的标记系统,该系统独立于母本的遗传背景和环境效应,能明确有效地鉴定单倍体籽粒;⑥可用的染色体人工加倍系统,加倍率高,安全、简单并且成本低。

20 世纪 90 年代后期以来,这些条件在玉米中已经得到部分满足:①有 10% 或更高频率的诱导系[如霍恩海姆大学(University of Hohenheim)培育的 'RWS' 和 'UH400'];②两个显性标记的组合(胚乳和胚的花青素颜色用于鉴定单倍体,茎的花青素颜色用于假阳性的田间鉴定);③改良的染色体加倍系统,利用秋水仙素,加倍率高于 10%。

活体诱导单倍体的方案包括下列步骤。

(1) 通过与选择的品系杂交产生新的变异。

(2) 在 F_1 代活体诱导单倍体。

(3) 对单倍体幼苗进行染色体加倍:①单倍体籽粒的选择;②籽粒的萌发;③切下胚

芽鞘;④加倍过程:用秋水仙素处理幼苗;⑤在温室种植处理后的幼苗;⑥在3叶期将DH植株移栽到大田并自交(D_0代);⑦形成测交杂种。

(4) 在多环境产量试验中评价测交杂种(分两个阶段)。

4.2.2　单倍体植株的二倍体化

如上所述,可以通过各种不同的方法来产生单倍体。单倍体植株可以在离体或温室条件下正常生长到开花阶段,但由于没有一套完整的同源染色体而不能形成有活力的配子,因此不能结实。

永久保存单倍体的唯一方法是对整套单倍体进行加倍以得到纯合的二倍体。在来源于花粉的植株中染色体的加倍可以在组织培养过程中自发地进行,然而自发的染色体加倍频率通常比较低。例如,在玉米中的频率为0~10%(Chase,1969;Beckert,1994;Deimling et al.,1997;Kato,2002),因此需要通过化学方法对单倍体进行加倍。染色体人工加倍(二倍体化)对于单倍体植物的高效大规模利用是必需的。

染色体加倍通过下面4种机制中的一种或几种进行,即核内有丝分裂(endomitosis)、核内复制(endoreduplication)、C-有丝分裂(C-mitosis)或核融合(Jensen,1974;Kasha,2005)。核内有丝分裂中染色体复制并分离,但由于不能形成纺锤体而产生一个染色体数目加倍的重建核(restitution nucleus),该过程也被称为"核重建"(nuclear restitution)。核内复制是指复制染色单体而不分离,产生双染色体(diplo-chromosome)或多线染色体(polytene chromosome)(如果发生多次复制的话)。核内复制是特化的植物细胞的一个普遍特点,发生核内复制的细胞产生分化或变大,细胞中代谢物的产生非常活跃。C-有丝分裂是核内有丝分裂的一种特殊形式,在秋水仙素的作用下,着丝粒在细胞分裂中期最初不分离,而染色体臂或染色单体却发生分离。当两个以上的核同步分裂并形成一个共同的纺锤体时发生核融合。因此两个或多个核可能导致两倍、多倍或非整倍的染色体数目。

简单的染色体加倍方法包含下列步骤,即将幼嫩的单倍体放在过滤灭菌过的秋水仙素溶液中(0.4%)处理2~4天,然后转移到培养基中进一步生长。在玉米中按Gayen等(1994)的方法用秋水仙素溶液浸泡2~3天秧龄的幼苗可以获得最高的加倍率。Deimling等(1997)用该方法的改良版获得了高达63%的加倍率。Eder和Chalyk(2002)利用遗传基础更广泛的材料进行研究获得了27%的平均加倍率。用优化的秋水仙素处理方法处理单倍体幼苗成功地获得10%的可育的结实正常的二倍体植株(Mannschreck,2004)。与秋水仙素或化学处理的其他方法相比,在优化的染色体加倍方法中染色体或基因的不稳定性是最小的。

4.2.3　DH品系的评价

随机性

用来产生DH品系的系统不应该对特定的配子有选择性,这意味着每个配子应该有同等的机会发育成为一个单倍体。在大麦中使用球茎大麦方法导致的染色体剔除通常是一个随机的过程,没有与之关联的显著的偏分离(segregation distortion)。Park等

(1976)和 Choo 等(1982)通过比较 DH 群体和单粒传(single seed descent,SSD)群体,没发现与这个方法相关联的任何配子选择性。然而在水稻中,特别是来自远缘杂交花药培养的 DH 群体,在同工酶、限制性片段长度多态性(RFLP)和形态性状上都发现了偏分离。结果是许多单基因基因座上两种类型的纯合体的分离比偏离 1∶1 的比例(Chen Y et al.,1997)。

稳定性

理论上 DH 品系有两个特点:品系内完全同质和纯合。除了在花药培养或其他发生过程(generation process)中可能产生的变异之外,DH 品系在遗传上应该是稳定的,在 DH 品系中可能发生的突变率应该与其他纯育品种(true-breeding cultivar)处于相同的范围内。

一些研究报道了与花药培养产生的 DH 品系相关联的体细胞无性系变异(Chen Y et al.,1997),并提出了一些理论来解释体细胞无性系变异的来源(Taji et al.,2002)。DH 品系中的变异可以分为两类:①由原始(单倍体)植株的体细胞的遗传异质性引起的变异;②由组织培养引起的 DNA 和染色体结构变化导致的变异。

体细胞无性系变异是 DH 品系不稳定性的一个重要原因,这种变异并不限于由愈伤组织再生的植株,但是在这种植株中尤其常见。变异可以是基因型的或者是表现型的,在后一种情况下其来源是遗传的或是表观遗传的。典型的遗传变异有:染色体数目变异(多倍性和非整倍性)、染色体结构变异(易位、缺失和重复)、DNA 序列变异(碱基突变)。

来源于供体植株的遗传变异:用来进行初始培养的供体植株可能是异质的,其分化状态、倍性水平和年龄可能不同。这些与外植体有关的因素将影响培养中产生的细胞的遗传构成,因此由这样一群具有不同遗传组成的细胞产生的愈伤组织,将不可避免地产生一群混合的细胞。由于植株的遗传组成取决于其所来自的细胞类型,因此由这样一种遗传上嵌合的愈伤组织再生的植株毫无疑问会具有不同的遗传构成。Taji 等(2002)的研究表明这种遗传嵌合性(genetic mosaicness)通常出现在多倍体植物中而不是在二倍体或单倍体中。

组培过程中产生的遗传变异:虽然有一定程度的遗传变异性可以认为是外植体细胞的遗传异质性造成的(至少在多倍体物种中是这样),但是有大量的证据表明在再生植株中观察到的很多变异来自于培养过程本身。在组培过程中可能产生非整倍体、多倍体或者具有染色体结构变异的细胞。很多分化的细胞在培养中被诱导分裂时会经历染色体的核内复制,产生具有不同表现型的四倍体(tetraploid)或八倍体(octaploid)细胞。

在各种不同植物物种的组织培养中观察到许多现象,这些现象能解释有异常倍性水平的细胞是如何产生的(Bhojwani,1990)。在细胞分裂过程中由于不能成功地形成纺锤体而导致多极纺锤体的出现,这是导致异常倍性水平的因素之一。在有丝分裂过程中不能形成纺锤体,产生染色体数目加倍的细胞,而细胞分裂后期(anaphase)在落后染色体上形成多极纺锤体,会产生有单倍体、三倍体或其他不均匀倍性状态的细胞系。

许多研究已经表明,在很多组织培养的植物中,与倍性变异相比,各个染色体隐秘的结构变化更容易引起体细胞无性系变异。在组培过程中发生的染色体改变包括可移动遗传元件(mobile genetic element)(转座子)的转座、染色体断裂和染色体片段的重新排列。

如同 Taji 等(2002)所归纳的那样,已经提出了几种机制来解释在组织培养中发生的遗传变异。最可能的原因有以下几个。

(1)组培中的有丝分裂事件的调控减少:从某些物种的愈伤组织、细胞悬浮培养和原生质体培养中获得的植株的倍性水平显著不同,尽管培养物来自于高度同质的遗传背景。这表明培养中的细胞在增殖过程中与细胞周期相关的过程缺乏严格的调控。

(2)生长调节剂的使用:植物生长调节剂,特别是合成的生长素(如 2,4-D)被认为是培养中的遗传变异性的主要原因。例如,已经证明低浓度的细胞分裂素减小培养中的倍性的范围,而低浓度的生长素和细胞分裂素两者都似乎优先地激活细胞学上稳定的分生组织细胞的分裂,因而能够再生出遗传上一致的小苗。

(3)培养基成分:一些矿质营养素影响组培过程中的遗传变异性的产生。例如,通过改变培养基中的磷酸盐和氮素的水平以及氮的形式,可以将培养细胞的遗传组成(倍性水平)控制在一个合理的范围内。在具有不同水平镁或锰的培养基中生长的植物细胞培养物中,已经观察到染色体断裂显著增加。

(4)培养条件:一些培养条件,如 35℃以上的培养温度和长的培养时间,都与再生植株中的遗传变异性的诱导有关。

(5)遗传的基因组不稳定性:分子研究表明存在对组培诱导的结构改变更敏感的某些基因组区域,但这些被称为“热点”的基因组位点的敏感性增加的原因还不是完全清楚。

组织培养中的表观遗传学变异的原因:组培过程中诱导的稳定但不能遗传的任何变异通常都被认为是表观遗传学变异(epigenetic variation)。但是,最近对组培过程中的遗传变异和表观遗传学变异有了更深入的理解,已经能够明确地区分这两种变异类型。例如,遗传突变是随机发生的,其频率比表观遗传学变异低很多。遗传变异通常是稳定的和可遗传的。表观遗传学变异也可以产生稳定的性状;然而,在非选择性的条件下可能以较高的频率发生逆转。表观遗传学性状常常以一种稳定的方式通过有丝分裂传递,但极少通过减数分裂传递,表观遗传学性状的诱导水平与细胞经受的选择压直接相关。通常认为表观遗传学的变化反映的是表达方面的改变,而不是基因信息内容的改变。

如同 Taji 等(2002)所归纳的那样,在培养细胞或再生植株中观察到的表观遗传学变异主要归因于 3 种细胞事件:①基因扩增;②DNA 甲基化;③转座元件活性增强。在植物中,基因组的将近 25% 可以在胞嘧啶残基上发生甲基化,但是这种胞嘧啶甲基化的意义还不明显。有人认为 DNA 的甲基化(以及去甲基化)是调控转录活动的一种方式,这个过程可能受组培过程的影响。因此在许多组培系统中观察到的非遗传变异可能是由组培诱导的 DNA 甲基化和去甲基化引起的。由组培诱导的转座子和反转录转座子(retro-transposon)的活动也可能是培养中观察到的遗传变异和表观遗传学变异的原因。

4.2.4　DH 系的数量遗传学

由 F_1 代植株产生的配子随机衍生出的 DH 品系在数量遗传学中非常有用。与 F_2、F_3 或 BC 这类群体的二倍体遗传模型相比较,DH 群体的遗传模型中不涉及显性或与显性有关的上位性效应。因此适合加性、与加性有关的上位性和连锁效应的研究。作为一种永久性的群体,DH 品系可以在不同环境、不同季节和不同实验室中进行任意多次的重复试验,为进行表型鉴定和基因型鉴定、特别是研究基因型×环境互作提供无穷尽的遗传材料。在 DH 群体中,遗传方差的加性分量比二倍体群体(如 F$_2$ 和 BC)大。Choo 等(1985)详细讨论了与 DH 群体相关的数量遗传学,包括上位性的检测、遗传方差分量的估计、连锁检验、基因数目的估计、多基因的遗传作图以及遗传模型和假设的检验。Röber 等(2005)比较了从 DH 品系和其他群体中进行选择的期望选择增益以及上位性效应的意义,这里简单地介绍一下。

期望选择增益

如同数量遗传学中熟知的那样[参见 Falconer 和 Mackay(1996)和本书的第 1 章],期望选择增益可以表示为 $\Delta G = i h_x r_G \sigma_y$,其中 i 是选择强度,h_x 是选择标准(selection criterion)的遗传力的平方根,r_G 是选择标准和增益标准(gain criterion)之间的遗传相关系数,σ_y 是增益标准的标准差。在长期的育种计划中,用于评价杂交种育种中选择过程的决定性增益标准是改良品系的一般配合力(general combining ability,GCA)。在育种周期的开始阶段测试单元是 DH 系本身,在育种周期的后期是它们的测交组合。

强选择(大的 i 值)导致小的有效群体大小,因而导致遗传方差的损失,这种损失归因于随机漂变。为了将这种损失控制在一定的限度内,在每个育种周期之后应该有最小数目的重组品系。该数目取决于候选品系的近交系数(F)。对于自交系来说这个数目应该比非自交基因型的大 $2F$ 倍。假定 S$_2$ 品系($F=0.75$)是常规育种的重组体,DH 品系($F=1$)的数目必须增加 1∶0.75=1.33 倍,才能保持相同的遗传变异水平。这意味着当使用 DH 品系时选择强度必须相应地降低。

当使用 DH 品系时,和选择强度不同,h_x 和 r_G 增加。在第一次测交阶段这种增加尤其大。忽略上位性,自交系的 GCA 方差等于 $1/2F\sigma_A{}^2$(Falconer and Mackay,1996),其中 $\sigma_A{}^2$ 是基础群体的加性方差。因此 DH 品系的 GCA 方差比 S$_2$ 品系的要大 1∶0.75=1.33 倍。这导致测交之间能够更好地区分,产生更高的遗传力。Seitz(2005)比较了 3 套 S$_2$ 和 S$_3$ 品系,每套 DH 品系来自相同的杂交,并在相同的环境中评价了同样的测验种。平均起来,S$_2$、S$_3$ 和 DH 品系的测交产量的遗传方差的估计值分别达到 50、94 和 124。

选择和增益标准之间的遗传相关(r_G)也随着测验品系的近交程度而增加。例如,S$_t$ 品系和它们的纯合后代之间 GCA 的相关系数等于 $\sqrt{F_t}$,而对于 DH 品系这种相关系数为 1。因此与 S$_2$ 品系相比较,DH 系的相关性要强 1∶$\sqrt{0.75}$=1.15 倍。

上位性效应的意义

上位性基因效应对杂交种表现的影响可能是正向的也可能是负向的(Lamkey and Edwards,1999)。根据研究报告,大多数情况下上位性效应引起分离世代的测交表现下降(Lamkey et al.,1995)或者使三交或双交种的表现比它们的非亲本的单交种更差(Sprague et al.,1962;Melchinger et al.,1986)。这些效应通常称为"重组损失"(recombinational loss),可以由减数分裂过程中共同适应的基因排列(co-adapted gene arrangement)受到破坏来解释,这些基因排列是通过以前的自然选择和人工选择形成的。基于分子标记的 QTL 分析为这个假说提供了部分证据(Stuber,1999)。为了避免重组损失同时还要提供新的正向互作(positive interaction)的选择机会,在重组和基因排列的固定之间需要一种平衡。DH 品系可能提供了实现这个目标的方法,因为只需要一轮或几轮重组就可以达到纯合,当用 F_1 代来培育 DH 品系时只需要一轮重组,当用不同世代的分离群体来培育 DH 品系时需要几轮重组。

4.2.5 DH 群体在基因组学中的应用

在遗传学研究中,DH 品系可用于复原隐性性状。利用 DH,通过对单倍体配子抽样可以直接获得连锁数据。DH 是研究突变频率和范围的理想材料。因为 DH 代表纯合、永久和纯育的品系,它们可以重复地进行表型和基因型鉴定,这样就可以累积多个年份、不同实验室的表现型和基因型的信息。因此在基因组学中 DH 是研究复杂性状的理想材料,复杂性状是数量遗传的,为了积累表现型资料可能需要多年多点的重复试验。

DH 群体是进行遗传作图的理想材料,包括构建遗传连锁图谱和利用遗传标记进行基因定位。建立 DH 群体需要的时间相对较短,在初始的杂交后需要 1~1.5 年。它们提供了一种永久群体,可以无限地用于作图。DH 的同质性使我们能够通过多点重复试验对表型进行准确的鉴定(Forster and Thomas,2004)。此外,在 DH 群体中显性标记和共显性标记效率相当,因为连锁统计量是以相同的效率估计的(Knapp et al.,1995)。DH 也可以用来提高转基因的表达水平(Beaujean et al.,1998)。

这里只讨论利用 DH 来构建遗传连锁图谱。假设用来建立 DH 群体的两个亲本品系的基因型为 $P_1(AABB)$ 和 $P_2(aabb)$,它们的 F_1 代将产生 4 种配子:AB、Ab、aB 和 ab。作为"单性生产"(single-sex production)的结果,这些配子产生 4 种类型的单倍体,通过染色体加倍将产生 4 种类型的 DH:$AABB$、$AAbb$、$aaBB$ 和 $aabb$。当 A-a 和 B-b 独立(不连锁)时,这 4 种类型的 DH 品系以完全相同的比例(25%)存在。DH 群体中两个基因座的分离情况显示在图 4.2 中,其中 AB 和 ab 是亲本型配子,Ab 和 aB 是重组型配子,$AABB$ 和 $aabb$ 是亲本品系的基因型,$AAbb$ 和 $aaBB$ 是重组体的基因型。按照预期,对每个分子标记在 DH 群体中都有两个亲本型基因型,而在任何一个 DH 品系中表现为亲本型条带中的一个。

$$P_1 \frac{AB}{AB} \qquad \times \qquad P_2 \frac{ab}{ab}$$

$$\downarrow$$

$$F_1 \frac{AB}{ab}$$

配子		AB	Ab	aB	ab
单倍体		AB	Ab	aB	ab
双单倍体		$\frac{AB}{AB}$	$\frac{Ab}{Ab}$	$\frac{aB}{aB}$	$\frac{ab}{ab}$
比例	独立	25%	25%	25%	25%
	连锁	$(1-r)/2$	$r/2$	$r/2$	$(1-r)/2$

图 4.2 两个基因座在 DH 群体中的分离

在图谱构建和基因作图之前通常要评价 DH 群体。在水稻中,从籼稻'Apura'和粳型旱稻(upland rice)'Irat 177'之间杂交的 F_1 通过花药培养得到了 66 个 DH 品系。在有些基因座上发现了杂合性,具有两个亲本型的条带,在其他基因座上发现了非亲本型的等位基因(或新的等位基因)。利用这个 DH 群体进行遗传连锁作图的局限性并不在于部分杂合性或出现了新的等位基因,而在于两个亲本间 RFLP 标记的多态性水平较低(S. R. McCouch,康奈尔大学,私人通信)。检测过的 100 个 RFLP 标记中只有 40% 表现多态性。在已经定位到'IR34583/Bulu'组合的 F_2 群体的那些标记中,只有 55% 在'Apura'和'Irat 177'之间表现多态性。但是,如果使用其他类型的标记,如简单重复序列(SSR)或单核苷酸多态性(SNP),则可以建立相对饱合的分子图谱。

在大麦中,从两个春大麦品种'Prottor'和'Nudinka'之间的 F_1 杂种通过花药培养得到一个由 113 个品系组成的 DH 群体(Heun et al.,1991)。用 55 个 RFLP 标记和两个已知的基因构建了遗传图谱。这是农作物中用 DH 群体构建的第一个完整的分子图谱。从那以后,利用上节提到的各种方法已经建立了许多 DH 群体,并且已经用于图谱构建和遗传作图。

4.2.6　DH 在植物育种中的应用

DH 在植物育种中的应用及优点已经被广泛地综述,读者可以参考 Forster 和 Thomas(2004)、Forster 等(2007)以及由 Jain 等(1996~1997)编辑的五卷本 *In Vitro Haploid Production in Higher Plants*。

DH 在植物育种中应用的优点可以通过获得固定的自交系所需要的时间(与近交相比)来显示,从杂合体开始(表 4.6)。

表 4.6　DH 与近交对比

杂合体自交	杂合体的单倍体
配子:$1/2\ A+1/2\ a$	配子:$1/2A+1/2\ a$
F_2 $1/4\ AA$,$1/2\ Aa$,$1/4\ aa$	染色体加倍
F_3 $1/4\ Aa$	$1/2\ AA+1/2\ aa$
F_4 $1/8\ Aa$	
F_5 $1/16\ Aa$	
F_6 $1/32\ Aa$	
$\sim 1/2\ AA+1/2\ aa$	

很明显 DH 方法比基于近交的方法能缩短 3 代或 4 代的时间。DH 方法的特点在于它有很多程序上的优点,能在选择的早期阶段评价遗传上固定的杂交组分(hybrid component),在很大程度上简化育种。取决于材料、成本和所采用的育种方案,DH 方法可以缩短新自交系的培育和商业化的时间,使得每单位时间的期望遗传增益更高。

像上面总结的那样,从杂合体或分离群体中得到的 DH 品系代表"永久的"、可繁殖的配子,可以直接评估它们对于目标性状的真实育种潜力。它们具有下列优点和用途(Melchinger et al.,2005;Röber et al.,2005;Longin et al.,2006;W. Schipprack,德国霍恩海姆大学,私人通信)。

(1) 提供了达到完全的纯合最快的途径;

(2) 从种间杂交得到稳定重组体的直接产物;

(3) 没有屏蔽效应(masking effect),因为在 DH 群体的第一个世代就获得了高度的纯合性;

(4) 由于在单倍体阶段和(或)DH 的第一个世代中的选择压,使其表现更好;

(5) 从选择过程一开始就可以得到全部遗传方差;

(6) 品系/杂交种的培育容易与轮回选择相结合;

(7) 和常规育种圃相比,在 DH 品系的第 1 次繁殖之后,育种圃中的工作量减少;

(8) 在品系本身或测交试验中具有最大的遗传方差;

(9) 早期选择结果具有高度可重现性(reproducibility);

(10) 高效地将特定的目标基因聚合到纯合的品系中;

(11) 简化主季和淡季之间种子交换的程序,因为每个品系是固定的,并且可以用一个单株来代表。

在许多重要物种的育种计划中已经用 DH 来产生纯合基因型,如烟草(*Nicotiana tabacum L.*)、小麦、大麦、油菜(*Brassica napus L.*)、水稻、玉米(Maluszynski et al.,2003)。但在小黑麦、燕麦、黑麦等中用得比较少。水稻、小麦和玉米等作物中的研究表明,经过广泛的研究和努力单倍体技术可以取得很大进展。在这些作物中建立起来的成熟方法允许部分或整个育种计划以 DH 的产生为基础。燕麦、小黑麦、野生大麦、马铃薯和甘蓝中 DH 技术不太成熟,但仍然可以获得数百个 DH 系(Tuvesson et al.,2007)。在其他作物中,包括一些蔬菜、饲料作物、草皮草等,DH 方法正在建立,但育种应用还比较少。在豆科作物中 DH 技术还有待开发,主要由于它们在发展中国家种植,因此研究经费不足。另外豆科作物的花药小,每个花药中的小孢子数量比较少,研究困难(Croser et al.,2006)。

DH 技术提供了一种从杂合材料中提取单个配子并将其转化为能随意自交繁殖的纯合品系的高效工具。从杂合群体(如地方品种)中得到的 DH 品系代表了“永久化的”、可再生的配子,可以直接用于评估其对于目标性状的真实的育种潜力。它们也可以作为杂交种和综合品种育种计划的原始材料。此外,DH 品系可以用于长期保存异质的种质资源(如地方品种),而没有遗传漂变和基因频率的其他变化的风险,也可以用于对每个收集的异质种质育种潜力深度表征,因为可以在不同环境重复试验中对每个 DH 系进行评价。

对于有些 DH 方法,由于未考虑到的遗传负荷(genetic load)和染色体加倍的秋水仙素处理对植物发育产生的胁迫,只有一小部分单倍体幼苗能够发芽并存活到成熟阶段。然而,由于 DH 技术相当简单,能够产生和鉴定大量单倍体种子,对它们进行秋水仙素处理并移栽到大田。因此通过一开始就获得足够数量的单倍体种子,可以产生成百上千个农艺性状表现良好的、有生活力的 DH 品系。

DH 品系在评价多样性方面有重要的作用,因为它们固定了稀有等位基因,并且有助于在育种中对数量性状进行有效的选择。在异交物种中,DH 使我们能够在任何育种阶段淘汰不利的隐性基因(Forster and Thomas,2004)。

20 世纪 70 年代以来,通过花药培养培育 DH 已经非常成功,在全世界的大麦育种和中国的水稻育种中育成了许多品种。在许多高级植物育种研究所和商业公司中DH方法已经成为很多作物的首选育种工具。由于DH系的明显优点以及近年来在单倍体活体诱导方面取得的进展,许多商业育种公司(如 Agreliant、孟山都和先锋)在他们的玉米育种计划中都正在采用或已经常规性地使用这个技术(Seitz,2005)。利用 DH 对测交表现进行轮回选择已经缩短了每一轮的时间,提高了遗传进度(genetic advance)(Gallais and Bordes,2007)。在一些育种公司中,单倍体活体诱导已经或多或少地取代了常规的品系选育方法,每年每个育种项目有多达 15 000 个 DH 系产生,所有育种项目每年共有多达 100 000 个 DH 系产生,平均每个 DH 系的成本不超过 10 美元。利用 DH 系培育的第 1 个玉米杂交种已经在美国和欧洲商业化推广(W. Schipprack,德国霍恩海姆大学,私人通信)。然而,新的、更加高效和低成本的大规模生产方法的发展意味着 DH 最近能应用到较先进的育种计划中。

4.2.7　局限性和未来的前景

虽然自从 20 世纪 80 年代后期以来已经对单倍体研究进行了大量的投资,但是对 DH 的遗传学和育种研究并没有获得预期效果。DH 育种的一些公认的局限性如下:①在大多数重要的农作物中不能按选择所需的高频率获得单倍体。②尽管有明显的优点,但是 DH 育种中的成本效益比常常不令人满意,妨碍了它的应用。③单倍体和 DH 会表达隐性不利性状,并且在培育 DH 的过程(包括花药培养)中可能产生有害突变,特别是开放授粉种。④可能得到不同的倍性水平,因此需要从细胞学上确认单倍体的状态;或者可能需要进行花粉培养,花粉培养成本高,成功率相对较低,而且在许多物种中还受基因型影响。⑤双单倍性(doubled haploidy)也可能降低遗传多样性,而遗传多样性在杂合的品系中可以更好地保持。⑥DH 方法的成功与否在很大程度上取决于基因型,所以并不是对所有育种计划都合适。⑦有些技术,如玉米中的诱导系(特别是好的诱导系)是专有的,不是所有感兴趣的育种家都能得到。⑧与化学加倍剂的操作有关的健康和法律上的考虑。

第三届高等植物单倍体国际会议(The Third International Conference on Haploids in Higher Plants,2006 年 2 月 12~15 日,维也纳,奥地利)特别突出了下列问题,这些问题对于未来的 DH 研究很重要:①单倍体及 DH 植株形成的新方法;②单倍体启动的机制;③单倍体细胞、配子、单倍体和 DH 植株在基础科学和应用科学中的应用;④控制由雌配子和雄配子形成单倍体的基因;⑤单倍体二倍体化的方法。

4.3　重组自交系(RIL)

重组自交系(recombinant inbred line,RIL)或随机自交系(random inbred line)通常是许多育种计划最终产品的一部分,也用来作为遗传材料。它们可以通过各种不同的近交方法获得。为了帮助了解 RIL 的培育和应用的全过程,首先将讨论近交过程及其效应。

4.3.1　近交及其遗传效应

　　RIL 来自于从 F_2 群体开始的连续的近交(如自交或同胞交配),直到纯合。对近交的遗传响应有两种:基因重组和基因型纯合。例如,从一个基因座 A-a 的杂合体开始,自交将产生 3 种基因型——AA、Aa 和 aa。通过连续的自交,两种纯合体 AA 和 aa 将不再分离,而杂合体 Aa 将继续分离产生 3 种基因型。然而群体中杂合体的比例将随着连续的自交而降低,最终将接近于零。下面部分将进一步说明该过程。

　　考虑一个基因座,有两个等位基因 A 和 a,进行连续的自交。每个自交世代纯合体将增加 50%,而杂合体将降低 50%。在世代 t 时,群体中杂合体的比例为 $(1/2)^t$,而纯合体的比例为 $1-(1/2)^t$;AA 和 aa 的比例分别为 $[1-(1/2)^t]/2=(2^t-1)/2^{t+1}$(表 4.7)。

表 4.7　单基因座杂合体在自交世代中的基因型及其频率

世代	基因型			杂合体频率	纯合体频率
	AA	Aa	aa		
0	—	1	—	1	0
1	1/4	2/4	1/4	1/2	50.0
2	3/8	2/8	3/8	1/4	75.0
3	7/16	2/16	7/16	1/8	87.5
4	15/32	2/32	15/32	1/16	93.8
5	31/64	2/64	31/64	1/32	96.9
10	1023/2048	2/2048	1023/2048	1/2048	99.9
⋯					
t	$(2^t-1)/2^{t+1}$	$2/2^{t+1}=1/2^t$	$(2^t-1)/2^{t+1}$	$1/2^t$	$1-1/2^t$

　　当涉及两个以上(如 k 个)基因座时,从 F_1 代杂种开始的连续自交在世代 t 将产生 $(1/2)^{tk}$ 的杂合体和 $[1-(1/2)^t]^k=[(2^t-1)/2^t]^k$ 的纯合体。涉及的基因座越多,达到纯合需要的时间越长(图 4.3)。例如,从杂合的杂种开始的第 7 个自交世代中,如果只涉及一个杂合基因座则群体纯合体的比例将为 99%,涉及 5 个杂合基因座时为 96%,15 个基因座时为 89%,30 个基因座时为 79%,100 个基因座时为 46%。

　　如果杂合基因座是连锁的,连续的近交仍然可以产生纯合的群体。但是接近纯合的速率取决于连锁基因座之间的重组率。重组率越低,群体中纯合体的比例越高,群体同质化的速度越快。如果重组率 r 接近于 0 或者两个基因座完全连锁,同质化的速率将接近或等于只有一个杂合基因座的群体的速率。如果 r 约为 50%,则同质化的速率将和有两个杂合基因座的群体一样。可以估计出两个连锁的杂合基因座经过一代的自交之后纯合体的比例,当 $r=10%$ 时为 41%,当 $r=20%$ 时为 34%,当 $r=40%$ 时为 26%,当 $r=45%$ 时为 25.26%。

　　连续的近交(如自交)导致分离的固定,因此由 F_2 中各个植株所代表的两个亲本基因组的每个遗传组合都可以由一个 RIL 来代表(图 4.4)。两个亲本基因组的遗传组合被固定在 RIL 群体中。

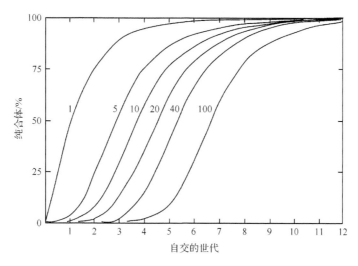

图 4.3　世代和遗传基因座对自交群体中纯合体比例的影响，世代数为 1、5、10、20、40、100

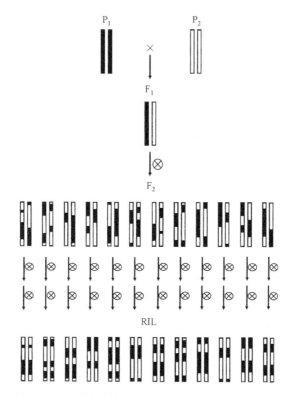

图 4.4　通过连续自交产生 RIL。两个亲本品系 P₁ 和 P₂ 杂交产生 F₁，F₁ 自交产生 F₂。自交过程
一直持续到达到某个纯合水平。终产物为一套 RIL，其中每一个 RIL 是亲本品系的一个固定的重组体

对于由多基因或多个 QTL 控制的数量性状，群体平均值将恢复到亲本品系的平均
值，因为随着同质性的增加，显性和与显性相关的上位性将消失。方差也将随着同质性的
增加而改变，但是改变的方向将取决于相关基因的效应及其互作。图 4.5 显示了由 SSD

法产生的 RIL 群体在不同遗传模型下平均值和方差的改变。

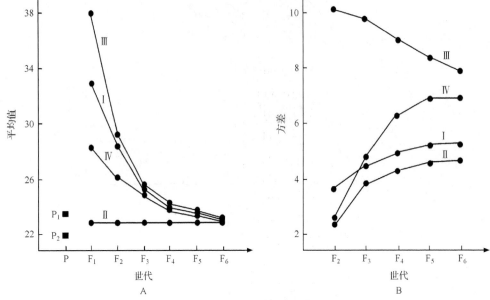

图 4.5　由 SSD 法产生的 RIL 群体中平均值(A)和方差(B)的变化。Ⅰ. 加性的增效等位基因为完全显性；Ⅱ. 只有加性效应，没有显性效应；Ⅲ. 加性的增效等位基因为完全显性，具有互补性互作(complementary interaction)；Ⅳ. 加性的增效等位基因为完全显性，具有重复性互作(duplicate interaction)

　　在动物中，通常需要 20 代的同胞交配才能得到稳定的 RIL。这样长期持续的同胞交配导致 RIL 系生存能力极低，以至于很难保持群体。小鼠是利用 RIL 来进行遗传作图的第一种动物，其 RIL 群体相当小。然而，通过合并来自多套 RIL 的信息可以改善与小群体相关的问题。相反，在植物中通过近交来获得稳定的 RIL 所需要的时间大约只有动物中的一半。另外植物中的 RIL 群体可以以低得多的成本来维持，所以有可能对大规模的群体进行操作。但是在一些植物［如烟草和芸薹属(*Brassica*)］中自交不亲和阻碍了通过近交来产生 RIL。

4.3.2　RIL 的培育

　　RIL 是连续近交的产物。基于繁殖系统和近交的程度，有几种培育 RIL 的方法。

　　全同胞交配：对于异交的生物，最严格的近交是全同胞交配(full-sib mating)，即亲本的后代之间进行交配。因为异交生物是高度杂合的，所以必须近交若干代以便接近纯合。然后可以用近交的亲本来产生子代，子代互交(intermate)产生下一代的子代。这个过程一直持续到子代高度纯合为止。

　　自交：对于自花授粉植物，品种是遗传同质的，所以可以直接用来产生杂种，然后不断自交。对后代的处理有两种不同的方法：集团法和单粒传(single seed descent，SSD)。在集团法中，杂交后代混种混收直到 $F_5 \sim F_8$ 代，然后按家系种植。

单粒传(SSD)方法

SSD 方法是由加拿大科学家 Gulden 于 1941 年提出的。从 F_2 开始,从每个单株上收 1 颗或几颗种子种植产生下一代,直到 $F_5 \sim F_8$ 代。当大多数植株纯合时,来自每个单株的 SSD 种子被收获,用来产生 RIL。植物育种家用 3 种方法来实现 SSD 的思想(Fehr, 1987)。

(1) 单粒法:使用单粒法(single-seed procedure)时每个世代群体大小将减小,因为种子有可能不萌发或植株不能生长到产生种子的阶段。所以需要根据最终世代想要获得的近交植株数目,确定合适的 F_2 群体大小进行单粒传。单粒法确保最终群体的每个个体可以追溯到一个 F_2 单株。然而该方法不能保证一个特定的 F_2 个体会在最终群体中得到体现,因为任何种子都可能不发芽或不能产生可繁殖的植株,一旦出现这种情况那个种子的 F_2 家系就被自动淘汰了。

(2) 单穴法:单穴法(single-hill procedure)可以用来确保每个 F_2 植株在每个近交世代中都有代表性的后代。来自各个植株的后代在每个近交世代中都作为单独的行来维持,在一穴或一行中播几粒种子,从穴中收获自花授粉的种子,在下一个世代将它们种在另一穴中。当群体达到了理想的纯合水平时,从每个系中收获一个单株。

通过单穴法,每个 F_2 单株的身份及其后代在自交过程中都可以得到保持。当一个 F_2 单株的身份被保持时,种子袋和穴必须用行号做上合适的标记,以方便种植和收获。

(3) 多粒法:使用单粒法时要求 F_2 群体比后续世代的群体大,因为后来的世代中种子可能不发芽或者植株不能生长到结实阶段。通常收获两份样品:一份用于下一代种植,另一份用于储备。研究者有时也从每个单株取 $2 \sim 3$ 粒种子,然后将这些种子混合。将混合种子的一部分用于种植,剩余的保存起来。这个方法被称为修饰的单粒传法(modified SSD)。每个季节播种和收获的种子数量取决于想要从群体中得到的品系数目、预期的种子发芽率、幼苗成活率及结实率等。

SSD 方法的优缺点

Fehr(1987)总结了 SSD 方法的特点,其主要优点表现在以下几个方面。
(1) 它们是近交过程中保持群体的一种容易的方法;
(2) 群体不受自然选择的影响,除非基因型在每代至少产生 1 粒有活力的种子的能力方面有差异;
(3) 该方法很适合于温室和非季节性苗圃,在这些环境条件下基因型的表现并不代表正常种植条件下基因型的表现。

其缺点主要表现为:①当 SSD 用于培育品种而不是建立遗传群体时,人工选择是以单株的表型而不是后代的表现为基础的;②自然选择不能正面影响群体,除非不利基因型不发芽或不结实。

4.3.3　RIL 群体中的图距和重组率

从理论和实践来看,无论近交多少代,在 RIL 群体中始终存在一定程度的杂合性。

根据上面的讨论,我们可以估计每个近交世代中残留的杂合性。在遗传作图中使用的是几乎完全纯合的 RIL。RIL 在固定前已经经历了几轮减数分裂,这与 F_2 和 BC 群体不同,F_2 和 BC 只发生了一轮减数分裂。因此在 RIL 群体中连锁的基因有更多的机会发生重组。Haldane 和 Waddington(1931)通过对近交群体的研究发现了这个特点。对于紧密连锁的基因座,在 RIL 群体中观察到的重组体的数目是只有一轮减数分裂的群体的两倍。在遗传作图的初始阶段,RIL 中的这种多次重组使连锁的检测比较困难。一旦初步建立了基因座间的连锁关系,较大的重组率会使基因座间的非等位性容易检测。也会使遗传距离的估计更准确,因为估计的重组率的置信区间是重组率的函数。随着减数分裂事件的增加,发现两个紧密连锁的基因座之间的重组体的机会更多(图 4.6)。

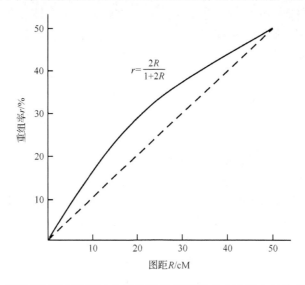

图 4.6 图距(R)和重组率(r)之间的关系,实线为来自连续自交的 RIL 群体,虚线为只经历一轮减数分裂的群体(如 F_2 或 BC)

在只经历过一轮减数分裂的群体中,重组体频率 r(%)与图距 R(cM)线性相关,如图 4.6 中的虚线所示。在由自交获得的 RIL 群体中,当图距较小时 r 差不多等于 $2R$,这个关系由实线和公式 $R=r/(2-2r)$ 表明了(图 4.6)。对于由同胞交配获得的 RIL 群体,偏离变得更加显著,当图距较小时 r 差不多等于 $4R$。

4.3.4 用 RIL 构建遗传图谱

由于每个 RIL 像 DH 系一样是纯系,可以无限地繁殖,RIL 在基因组学研究有很多优点:①每个系只需要进行一次基因型鉴定;②可以对每个系中的多个个体进行表型鉴定,以降低个体的、环境的和测量的变异性;③可以在同一套基因组上获得多个侵害性的(破坏性的)表现型;④由于在 RIL 中比在只有一次减数分裂的群体中有更高频率的重组,因此在遗传作图中可以达到更高的分辨率。

在利用 RIL 群体进行遗传作图时,应该用 Haldane 和 Waddington(1931)提出的公式 $R=r/(2-2r)$ 将重组率转化成图距。与第 2 章中讨论的具有一轮减数分裂的群体不同,对于 RIL 群体没有可用于调整双交换事件的作图函数。当图距在适合进行连锁检测的范围内时,重组率和图距有线性关系(图 4.6;Silver,1985)。

非连锁的基因座可能仅仅由于偶然因素而被检测为连锁。这些假连锁通常可以得到证实,方法是观察用一个标记检测到的连锁是否能被同一连锁群中的其他标记检测到,以及观察一个群体中发现的有疑问的连锁在其他 RIL 群体中是否也能检测到。小鼠遗传学家讨论了由于群体较小而不能确认连锁的情形。Silver(1985)提供了一个表格,用于计算图距的 95% 和 99% 置信区间,这个图距是利用由同胞交配得到的 RIL 估计的。当重组率低时,与从规模相当的 F_2 和 BC_1 群体中根据二项分布所得到的置信区间相比较,由这种 RIL 获得的置信区间相对较小。根据 Taylor(1978)的研究,当 $R \leqslant 12.5cM$ 时,来自同胞交配的 RIL 比只经历了一次减数分裂的群体对于估计图距更有效。基于 Taylor 的方法可以推测,当 $R \leqslant 23cM$ 时,由自交产生的 RIL 对图距的估计影响更大。

因为 RIL 的优点,所以它们在基因组学研究中得到极大关注。在植物已经培育了 RIL 群体,特别是在玉米和水稻中。Burr 等(1988)报道了利用两个玉米 RIL 群体 ('T232×CM37' 和 'CO159×Tx303')构建的 RFLP 图谱。在定位的 334 个标记中有 220 个在两个群体中都是多态性的。通过对从这两个群体中得到的图距相互比较,以及与公布的图距比较,他们发现在有些情况下差异可以达到 2 倍。尽管这些差异仍然在置信区间的范围内,但它们可能归因于特定染色体区域中的重组率的遗传差异。在玉米中,除第 10 染色体外,没有由染色体重排引起的明显的多态性。因此这两个玉米 RIL 群体之间的图距没有显著差异并不让人感到惊讶。表 4.8 提供了玉米(Burr et al.,1988)和水稻(Xu Y,2002)中培育的 RIL 群体的一些例子,这些群体已经被广泛用于连锁作图和基因定位。

表 4.8　玉米(Burr et al.,1988)和水稻(Xu,2002)中培育的 RIL 群体的一些例子

物种	群体	群体大小	标记数目*
玉米	T232×CM37	48	
	CO159×Tx303	160	
	Mo17×B73	44	
	PA326×ND300	74	
	CK52×A671	162	
	CG16×A671	172	
	Ch593-9×CH606-11	101	
	CO220×N28	173	
水稻	9024×LH422	194	141
	CO39×Moroberekan	281	127
	Lemont×Teqing	315	217
	IR58821×IR52561	166	399
	IR74×J almagna	165	144
	Zhenshan 97×Minghui 63	238	171

续表

物种	群体	群体大小	标记数目*
	Asominori×IR24	65	289
	Acc8558×H359	131	225
	IR1552×Azucena	150	207
	IR74×FR13A	74	202
	IR20×IR55178-3B-9-3	84	217

* 显示的标记数量为第1代遗传图谱的标记数量，后来有许多标记又加入这些图中

4.3.5　互交的 RIL 和巢式 RIL 群体

互交的 RIL

在构建 RIL 的近交过程中可以积累重组断点（recombination breakpoint）。然而，RIL 中的这种积累是有限的，因为每代近交使重组染色体彼此更加相似，以至于减数分裂中不再产生新的重组单倍型（recombinant haplotype）。作为 RIL 的替代，Darvasi 和 Soller(1995)提出使两个自交系奠基者（founder）亲本之间杂交的 F_2 子代进行随机交配，利用连续几个世代的随机交配来促进产生的高代互交系或互交重组自交系（intermated recombinant inbred line，IRIL）中重组断点的积累。IRIL 设计很有吸引力，因为它结合了 IRIL 和 RIL 的优点。已经有好几个物种利用该方法建立作图群体。现在 IRIL 在 QTL 作图中已经越来越流行。

Rockman 和 Kruglyak(2008)研究了 IRIL 的育种设计。他们的结果表明，最简单的设计为随机成对交配，每一对交配正好只为下一代提供两个子代，这种设计在扩展遗传图谱、提高精细作图的分辨率以及控制遗传漂变等方面与避免近交的极端交配方案效果相同。循环交配设计（circular mating design）在控制漂变方面的作用可以忽略不计，而且大大降低了图谱扩展性（map expansion）。具有不同后代数目的随机交配设计对于提高作图分辨率也没有什么作用。用于构建 IRIL 的最有效的设计是避免近交和随机交配，其中每个亲本对下一个世代有相等的贡献。

多向或巢式 RIL 群体

用两个或多个 RIL 群体进行遗传作图有下列几个优势：①在一个群体中没有检测到的多态性可能在另外的群体中检测到；②在一个群体中检测到的微弱连锁可以通过另外的群体来确认或者排除；③具有共享的遗传数据的多个群体可以合并，当作一个群体，这样可以得到更可靠的结果；④多个群体能提供跨越整个基因组的更多的目标基因座，因为对于数量性状来说，与亲本间的遗传差异有关的基因座几乎总是随群体的不同而不同。

小鼠复杂性状联盟（Complex Trait Consortium）建议培育一套八向 RIL（eight-way RIL）(Complex Trait Consortium，2004)。八向 RIL 也称为协同杂交（collaborative cross），是用 8 个亲本自交系互交，然后进行重复的同胞交配来产生一套新的自交系，它们的基因组是这 8 个亲本品系基因组的嵌合体（Broman，2005)。这样一组 RIL 是宝贵的

资源,可用于对小鼠中影响复杂表型的基因座进行遗传作图,还将支持这样的研究:将多个遗传的、环境的、发育的变量纳入复杂性状的综合统计学模型中(Complex Trait Consortium,2004)。8 个奠基者亲本品系的基因组被迅速地合并,然后近交产生最终的 RIL。到第 23 代时八向 RIL 品系完成了 99% 的近交,每个品系大约捕获 135 个独特的重组事件。由于具有来自多个亲本品系(包括若干野生近缘种的衍生系)的遗传贡献,八向 RIL 将获得丰富的遗传多样性,而且可以保持每 100~200bp 就有分离的多态性基因座。这种水平的遗传多样性几乎足以驱动任何目标性状的表型多样性。为了保证高的作图分辨率和检测上位性及基因-环境互作的扩展网络,估计需要 1000 个品系。这个估计是以检测成千上万个测定性状间的生物学相关性所需的统计功效为依据的。1000 个品系包含 135 000 个重组事件,与包含相同总数的重组事件的 100 个品系相比,这是一个检测效力高得多、灵活性强得多的研究工具。越来越多的证据表明基因间互作(上位性)在许多复杂疾病病原学中起关键作用。1000 个品系的一套材料将很容易对很多两向或三向上位性互作同时进行作图。

在玉米、拟南芥和果蝇中已经培育了类似的资源。为了对玉米中大量的分离变异进行作图,已经建立了 25 个 RIL 作图群体。选择了 25 个不同的品系来捕获玉米中 80% 的核苷酸多态性。为了提供一致的评价背景,每个系和一个共同的亲本'B73'(美国标准自交系)杂交,形成 25 个 RIL 群体。每个 RIL 群体至少有 200 个 RIL,每个 RIL 都来自一个独特的 F_2 单株,总共得到 5000 个 RIL。采用 SSD 和低密度种植,每个世代的品系加代有 88% 的成功率。这已经发展成为一个综合的作图策略,称为巢式关联作图(nested association mapping,NAM)。像第 6 章讨论的那样,该方法可以同时利用连锁分析和关联(或连锁不平衡,LD)作图的优点。已经通过计算机模拟证实了 NAM 对于全基因组 QTL 作图的功效,模拟中考虑了不同数目的 QTL 和不同的性状遗传力(Yu et al.,2008)。利用密集覆盖的(2.6cM)共同亲本特异的(common-parent-specific,CPS)标记,可以根据亲本基因组信息推断 5000 个 RIL 的基因组信息。实质上,由 CPS 标记捕获的连锁信息和驻留在 CPS 标记间的 LD 信息则以亲本信息为基础映射到 RIL 上,最终使我们可以进行全基因组的高分辨率作图。利用含 5000 个 RIL 的 NAM 群体可以使 30%~79% 的模拟 QTL 被精确地鉴定。正在进行的基因组测序计划中,NAM 将极大地促进许多物种复杂性状的剖析,在这些物种中可以很容易地应用相似的策略。

4.4 近等基因系(NIL)

大多数情况下来源于近交的近等基因系(near-isogenic line,NIL)都是连续回交的产物。本节将先介绍获得 NIL 的方法,包括回交的遗传效应,然后介绍 NIL 在基因组学和植物育种中的应用。

4.4.1 回交及其遗传效应

回交是一种杂交方法,该方法将杂交种和其中的一个亲本再进行杂交。杂交种可能是任意世代的,尽管通常是从 F_1 代开始。回交已经广泛用于植物育种中,改良一个或少数几个主要目标性状,这些性状是商业品种或优良品种中缺少的重要农艺性状或遗传性状。在这种情况下,用商业品种与提供目标性状的种质(供体)杂交,然后用杂种与商业品种回交来开始回交计划。选择前一次回交中产生的具有目标性状的子代重新与商业品种回交,持续进行这个过程,直到子代与商业品种非常相似(除了来自供体的目标性状之外)。

在这个过程中反复使用的商业品种称为轮回亲本(recurrent parent,RP),作为目标性状供体的种质称为供体亲本(donor parent,DP)。连续回交的最终产物是回交近交系(backcross inbred line,BIL),它具有与 RP 几乎完全相同的基因组(除了目标性状/基因座之外)。在最后一次回交之后经过一代或多代自交得到最终的 BIL。利用相同的轮回亲本对多个目标性状/基因/染色体区域进行选择,可以同时产生一套 BIL。在极端的情况下,通过标记辅助选择(MAS)可以产生分布在全基因组上的任何遗传基因座的 BIL,这将在后面讨论。

通过连续回交,回交子代中轮回亲本基因组的比例不断提高,而供体基因组的比例不断降低。当目标性状由一个基因座控制时,在第 t 个回交世代的回交子代中来自非轮回亲本或 DP 的等位基因的比例为 $(1/2)^t$,而来自 RP 的等位基因的比例为 $1-(1/2)^t$。这个结果适用于整个基因组(图 4.7)。

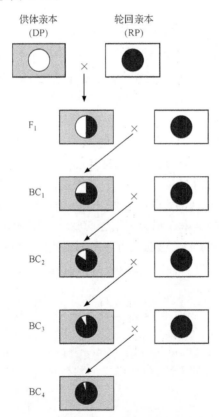

图 4.7　回交的遗传效应(在完全按孟德尔式分离的情况下)

如果两个亲本间有差异的 k 个基因座不连锁,则在第 t 个回交中对于轮回亲本等位基因纯合的后代将占 $[1-(1/2)^t]^k$。例如,对于 $k=10$ 个基因座的情况,在第 5 个回交世代中,72.8%的后代将是纯合的,并且在这些基因座上具有与轮回亲本相同的基因型。回交产生的同质化不同于自交产生的同质化,前者是沿 RP 同质化,而后者是沿亲本基因型(双亲)及其重组体同质化。

因为遗传连锁,在目标基因及其附近基因侧翼的基因组区域中,供体亲本基因组被轮回亲本基因组取代的速率将比其他基因组区域低。低的速率取决于连锁的紧密程度,也就是说目标基因离连锁的基因有多远。在没有选择的条件下,获得重组体(即在非目标基因座上的 DP 等位基因被 RP 等位基因替代产生的重组体)的概率为 $1-(1-r)^t$。因此,回交次数越多,重组的概率越大。

当目标性状的等位基因是显性时,只有目标基因座是杂合的并且表型与轮回亲本非常相似的后代才会被选择用于下一轮回交。这样,轮回后代的基因组恢复速度将加快。

当目标性状的等位基因是隐性时,用来进行回交的植株也应进行自交。相同的植株自交和回交,其后代种植在相邻区域进行比较,根据自交后代的表型确定用于回交的单株含有的目标等位基因。如果自交后代对于目标性状是分离的,那么来自同一植株的回交后代可以用于进一步回交,如果自交后代对于目标性状不分离,那么相应的回交后代应该从进一步的回交中排除。利用连锁的标记来选择目标性状(第 8 章),将使我们有可能不需要自交来选择包含隐性基因的植株而继续进行回交。

从公式 $[1-(1/2)^t]^k$ 确定的 RP 基因组的回复速率来看,理论上需要无数次回交来完全消除 DP 基因组。当前获得的 BIL 大多数少于 10 次回交(通常是 5~6 次)。所以在特定的 BIL 中除了目标基因座之外在很多其他的基因座上仍然包含有来自供体亲本的等位基因。这就是来自重复回交的 BIL 经常被称为 NIL 的原因。

4.4.2　产生 NIL 的其他方法

除了持续回交外还有一些产生 NIL 的其他方法,如 Xu Y(2002)讨论过的。

(1)来源于自交的 NIL:通过连续自交同时保持目标性状基因座杂合,可以培育成对的 NIL。一旦其他遗传基因座差不多全部固定,再自交一代将产生一对 NIL,它们仅仅在目标基因座上有差异(Xu and Zhu,1994)。来源于自交的 NIL 可以是亲本基因型的任意组合,每对 NIL 具有完全相同的遗传组成(除了目标基因座之外),而来自回交的 NIL 具有和 RP 一样的遗传组成。

(2)永久群体的全基因组选择:随着永久作图群体的积累,如前面描述过的 RIL 和 DH 群体,有可能根据全基因组分子标记信息发现两个其他基因座完全相同,但一个或少数几个基因座不同的系。

(3)突变:产生供体亲本的单基因座突变体,是获得大量 NIL 的快速方法。对于大多数突变体,突变仅仅发生在一个或少数几个遗传基因座上。这些突变体可以看作是其野生型供体的近等基因系,因此称为等突变系(isomutagenic line,IML)。IML 已经广泛用在功能基因组学研究中,用于基因克隆(详情见第 11 章)。

(4)染色体替换:利用染色体基因工程或 MAS 的方法,可以建立整个或部分染色体的替换系,每个系有 1 条染色体或部分染色体被替换。可以建立一套覆盖全基因组的染色体替换系(也称为渐渗系),每个系代表来自供体基因组的一个染色体片段。

4.4.3　渐渗系库

覆盖全基因组的遗传材料是大规模的基因功能研究(第11章)和有效的标记-性状关联分析(第6章)需要的条件。已经在世界范围内进行了广泛的研究,来为功能基因组学研究培育全基因组遗传材料。Eshed 和 Zamir(1994)提出了渐渗系(introgression line, IL),也称为染色体替换系(chromosome substitution line,CSSL)或渐渗系库(IL library)的利用。渐渗系可以通过持续回交和 MAS 产生,其整个基因组被来自 DP 的渐渗片段的叠连群(contig)覆盖。IL 有高比例的 RP 基因组和低比例的 DP 基因组。与常规群体相比,渐渗系有以下几个优点:①它们是进行高效的 QTL 或基因检测及精细定位的有用材料;②它们可以用于检测 QTL 之间的上位性互作;③它们可以用来对新的、区域特异的 DNA 标记进行作图(Eshed and Zamir,1995;Fridman et al.,2004)。目前在大麦、玉米、水稻、大豆和小麦中已经建立了几套 IL,它们包含来自野生近缘种的有利等位基因,因而丰富了这些作物的主要基因库中的遗传多样性。当这些 IL 与品种杂交时能获得性状表现更好的后代,如番茄和小麦中的增产(Gur and Zamir,2004;Liu et al.,2006)。IL 对于评价不同的供体等位基因在特定遗传背景中的表型效应,以及进行后续的图位克隆尤其有用(Zamir,2001)。IL 库将促进对复杂性状进行大规模 QTL 克隆和功能基因组研究。其主要克服了4个技术困难(Li Z K et al.,2005)。它们可以:①有效地鉴定对目标性状具有大效应的 QTL;②对目标 QTL 进行有效的精细作图,确定 QTL 内在的候选基因;③有效地确定和验证 QTL 候选基因的功能;④解析控制复杂表型的基因网络和代谢途径。

有很多在各种作物中培育 IL 的报道,但大多数涉及的群体都比较小(Dwivedi et al.,2007),所以不能足够准确的覆盖大部分遗传变异。在大麦中建立了一套包含146个系的 IL,来自 Harrington 和 Caesarea(*Hordeum vulgare* ssp. *spontaneum*)杂交的 BC_2F_6,平均覆盖12.5%的 *H. spontaneum* 基因组(Matus et al.,2003)。水稻中已经报道了几个群体大小超过100的渐渗系。例如,从栽培稻('台中65')和展颖野生稻(*Oryza glumaepatula*)的正反交中培育了147个 IL,包含 *O. glumaepatula* 或'台中65'的细胞质,但具有来自 *O. glumaepatula* 的全部染色体片段(Sobrizal et al.,1999)。从粳稻品种'日本晴'和优良籼稻品种'珍汕97B'之间的杂交中得到140个 IL(Mu et al.,2004);培育了159个具有籼稻品种'桂朝'的遗传背景的 IL,它们带有来自普通野生稻(*Oryza rufipogon* Griff.)的不同的渐渗片段,代表了67.5%的普通野生稻基因组,以及92.4%～99.9%(平均97.4%)的 RP 基因组(Tian et al.,2006)。作为对上面列举的例子的补充,下面将详细讨论水稻和番茄中渐渗系的3个例子。

水稻渐渗系

为了促进对水稻复杂性状的功能基因组研究,Li 等(2005)在3个优良水稻品种的遗传背景中培育了20 000多个 IL,这3个品种分别为高产籼稻品种'IR64'、'特青'以及新株型热带粳稻品种'NPT(IR68552-55-3-2)'。选育方法是标记辅助选择的渐渗,涉及多种复杂性状,包括对许多生物和非生物胁迫的抗性或耐受性、形态-农艺性状、生理性状等。来自34个国家的总共195个材料被用作回交计划的供体亲本,代表了不同的亚种、生态型和基因库。从每个 BC_1F_1 群体中随机选择 25 个单株与每个 RP 回交产生 25 个 BC_2F_1 系。每个杂交在下一个季节种植 25 个 BC_2F_1 系,来自每个杂交的 25 个 BC_2F_1 系的单株上的种子混收形成一个 BC_2F_2 群体。另外,来自每个杂交的 30～50 个超高产的 BC_2F_1 植株与 RP 进一步回交产生 BC_3F_1 系,按同样的方法产生 BC_4F_1 系。同样,从来自每个杂交的所有 BC_3F_1 和 BC_4F_1 系中混收种子,得到 BC_3F_2 和 BC_4F_2 集团。然后根据对不同生物和非生物胁迫的抗性或耐受性对回交集团进行筛选,包括干旱、盐渍、淹水、厌氧发芽、锌缺乏、褐飞虱等。在所有情况下胁迫的强度足以淘汰轮回亲本,只选择存活下来的 BC 后代。根据对 BC 集团的目测观察,对许多农艺性状进行了选择,如花期、株高、株型相关性状(叶和茎夹角)、谷物品质性状、产量相关性状等。对每个选择的 BC 后代测试选择的表型,然后自交 2 代以上以形成纯合的 IL。每个遗传背景中的 IL 表型上与它们的 RP 相似,但是每个 IL 带有一个或少数几个来自已知供体的性状。这些 IL 合起来包含了相当数量的影响选择的复杂表型的等位基因,在水稻的主要基因库中存在这些表型的等位基因的多样性。他们提出了一种正向遗传学策略来将这些 IL 用于大规模功能基因组学研究,并举例说明(第 11 章)。作为全基因组插入突变体的补充,这些 IL 提供了新的方法,用于高效的基因功能研究、特定表型的重要 QTL 的候选基因识别和克隆,这些研究是以综合 QTL 位置、表达谱、候选基因的功能和分子多样性分析等方面的证据为基础的。

　　在水稻的另一个例子中,以华南的优良籼稻品种‘Hua-Jing-Xian’为受体,24 个水稻品种为供体建立了一个单片段代换系(single-segment substitution line,SSSL)库,其中包括来自世界各地的 14 个籼稻和 10 个粳稻品种(Xi et al. ,2006)。当前的库中包含 1529 个 SSSL,平均替换片段长度为 18.8cM,总共覆盖基因组的 28 705.9cM,相当于 18.8 个基因组。该库已经用来对很多性状进行 QTL 作图(Xi et al. ,2006; Liu et al. ,2008)。

番茄渐渗系

　　Eshed 和 Zamir(1994)利用全基因组标记分析建立了一个用于 QTL 分析的永久群体。该资源以番茄品种(*Lycopersicon esculentum* cv. M82)为背景,从野生的绿果种 *L. pennellii* 中导入单个的基因组片段。这些同类系资源(congenic resource)包括 76 个 IL,几乎完全覆盖了野生种的基因组。IL 图谱被连接到由 1500 个标记组成的高分辨率的 F_2 图谱(IL 染色体图谱)中。通过加利福尼亚大学戴维斯分校 C. M. Rick 番茄遗传资源中心(Tomato Genetics Resource Center, University of California Davis)可以获得这些 IL 的种子。

　　水稻和番茄中建立的 IL 的应用将在后面的章节中进一步讨论。

4.4.4　用 NIL 进行基因定位的策略

　　由于遗传连锁,目标基因座附近的染色体片段将被拖进回交子代中,并可能在其后续的子代中保持。这个现象称为连锁累赘(linkage drag)。用 NIL 进行基因定位的基本思想是利用连锁累赘来识别位于目标基因座附近的染色体片段上的分子标记。这可以通过比较 RP、DP 和 NIL 之间的标记基因型来实现。当一个特定的标记基因座的基因型在 NIL

和 DP 相同,但与 RP 不同时,则可以确定这个标记与目标基因座间可能连锁(图 4.8)。

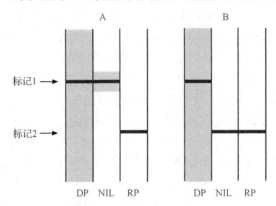

图 4.8　用 NIL 标签基因。A. 可能有连锁,NIL 在标记 1 基因座上具有与 DP 相同的等位基因。B. 不连锁,NIL 在两个标记基因座(1 和 2)上都具有与 DP 不同的等位基因。NIL:近等基因系;DP. 供体亲本;RP. 轮回亲本

利用 NIL 来定位基因,成功与否取决于如下假设:DP 和 RP 之间在目标基因座的侧翼染色体区域存在遗传差异。显然,检测到这种差异的概率与回交过程中保留在 DP 中的染色体区域的长度有关;这个参数随着回交次数的增加而减小。对这些差异的检测也与 DP 和 RP 中的这个区域的分子多态性有关。当 DP 和 RP 来自不同的种(如栽培种和野生种)时,在它们之间发现多态性的概率很高。相反,如果 DP 和 RP 在遗传上彼此的亲缘关系相近,则发现多态性的概率会较低。通过使用大量的标记和(或)不同类型的标记,可以增加在目标区域中检测到 DP 和 RP 之间分子多态性的概率。

随着覆盖全基因组的整套 BIL 或 NIL 的获得,NIL 作图策略提供了一种方便的方法来定位和分离大量的基因。下一节将集中讨论与主效基因相关的问题,而利用 NIL 进行 QTL 作图将在第 7 章阐述。

4.4.5　用 NIL 作图的理论考虑

利用 NIL 作图的一种错误来源是 RP 和 DP 不仅在目标基因座周围区域有差异,而且在遍布全基因组的其他基因座也有差异。这是因为对于有限的回交次数 t,保留在回交后代中的 DP 基因组的比例为 $1/2^t$,导致了这样一种可能性:保留区域中的多态性标记被错误地鉴定为位于目标区域中。这些假阳性标记实际上与目标区域并不连锁。如同 Muehlbauer 等(1988)从理论上计算的,对于包含 20 个染色体(每个为 50cM 长)的基因组,由 5 次回交得到的子代在随机选择的 100 个标记中将保留 4 个 DP 等位基因。在这 4 个保留的 DP 基因座中,估计只有 1 个或 2 个与目标基因连锁。这个估计基于这样的假设:没有对 RP 表型进行选择,也就是说,在目标标记基因座上杂合的个体被随机选择,用于与 RP 回交。

不进行 RP 表型选择的回交渐渗

假设一个植物物种有 n 条染色体,每条染色体长 L M,我们的目的是将位于其中一

条染色体中部的目标基因(经典的标记)经过 t 次回交($b=t+1$)从 DP 转移到 RP。假设 DP 和 RP 之间有 100 个多态性标记,这些标记随机分布于基因组上。在最终的回交后代中,来自 DP 的有标记的染色体(染色体 M,目标基因位于其上)的比例为

$$U_{\text{Mb}} = [2(1 - e^{-bL/2})/b]/L$$

方差为

$$V_{\text{Mb}} = (2/L^2)\{[2 - (bL + 2)e^{-bL/2}]/b^2 - [(1/b)(1 - e^{-bL/2})]^2\}$$

对于 20 条染色体($n=20$),每条染色体长 50cM($L=0.5$),5 次回交($t=5, b=t+1=6$),包含目标染色体的 DP 基因组的比例为

$$U_{\text{Mb}} = 0.5179 \pm 0.2498 = 51.79\% \pm 24.98\%$$

预期有 51.79% 的目标染色体将来自于 DP。因为染色体长 50cM,这个比例可以用下面的计算转化成遗传图距:

$$0.5179 \times 50\text{cM} = 25.90 \pm 12.49\text{cM}$$

在回交后代中,非目标染色体(N)中的 DP 基因组的比例为

$$U_{\text{Nb}} = (1/2)^b = 0.015625 = 1.56\%$$

方差为

$$V_{\text{Nb}} = (1/2)^b (2/L)[(1/b)(1 - e^{-bL/2})] - [(1/2)^b]^2$$

这可以用下面的公式转化成遗传图距:

$$(0.015\,625 \times 50)\text{cM} = (0.78 \pm 4.43)\text{cM}$$

因此在回交后代中,DP 基因组(目标和非目标染色体)在总基因组(T)中的比例为:

$$U_{\text{Tb}} = [L \times U_{\text{Mb}} + (n-1)L \times U_{\text{Nb}}]/(nL)$$

方差为

$$V_{\text{Tb}} = [L \times V_{\text{Mb}} + (n-1)(L \times V_{\text{Nb}})]/(nL)^2$$

因此

$$U_{\text{Tb}} = [(50 \times 0.5179) + (20 - 1) \times 50 \times 0.015\,625]/(20 \times 50) = 0.040\,74 \pm 0.1028$$

如果使用 NIL,则目标 QTL 和其他主效基因/QTL 之间的互作可以被消除,只需要考虑多个目标 QTL 之间的上位性。由于消除了来自杂合背景的噪声,由目标 QTL 解释的方差的比例将增加,并且可以鉴定微效 QTL。没有了背景效应的干扰,多个 QTL 可以很容易地分离。因为所有的基因型变异都来自目标基因座,所以可以估计环境效应。在 QTL 克隆中,通过利用所有这些优点,NIL 已经用来进行目标 QTL 的精细作图。

通过 RP 表型选择的回交渐渗

上述的讨论适用于不进行 RP 表型选择的回交。然而,实际上总是选择最像 RP 的个体来进行回交,以便尽可能迅速地获得渐渗系。表型选择回交的有效性取决于下列要求是如何得到满足的:①RP 和 DP 之间不仅在目标基因座上存在等位基因的差异,而且在覆盖基因组的许多其他的基因座上也存在等位基因的差异;②这些差异控制回交后代的表型,即是高度可遗传的;③每次回交产生足够多的后代,使不同表型的个体能够得到鉴别。如果这些要求得到满足或部分满足,则对 RP 表型的选择将有助于提高回交后代恢复 RP 等位基因的速率,不仅是在目标基因座,也在目标区域的侧翼。

对 RP 表型的选择加速了 DP 基因组的取代,回交完成时保留在回交后代中的 DP 基因组的平均比例将减小。因为 DP 基因组的取代与回交次数成正比,RP 表型选择对 DP 基因组的取代和保留的影响将随着回交的继续而降低。

为了像上节对不进行 RP 表型选择的情况所讨论那样,推导出 RP 表型选择的回交渐渗的同样的公式,需要确定上面提到的影响表型选择的 3 个因素(要求)。但是,这些因素随特定的 DP×RP 杂交而变化,所以不可能推导出适用于不同杂交的通用公式。Muehlbauer 等(1988)提供了两个例子来解释 RP 表型选择对保留在目标和非目标染色体上的 DP 基因组的影响。在每一种情况下,对 RP 表型的选择都显著减少了保留在回交后代中的 DP 基因组的比例。

4.4.6　NIL 在基因定位中的应用

在具有分子标记系统和 NIL 的作物中差不多都已经成功地利用 NIL 来进行基因定位。这个领域中的一些先驱性的例子包括:鉴定番茄中烟草花叶病毒抗性基因 *Tm-2a*(Young et al. ,1988)、莴苣中霜霉病抗性基因 *Dm1*、*Dm3* 和 *Dm11*(Paran et al. ,1991),番茄中茎腐病抗性基因 *Pto*(Martin et al. ,1991)的分子标记。从那以后,很多利用 NIL 来进行基因定位和基因图位克隆的研究被报道,从这些研究中可以得出一些一般性的结论。

(1)回交显著减少了目标区域周围的连锁累赘;

(2)回交次数越多,回交后代中连锁累赘的片段越小,NIL 之间越不容易发现假阳性;

(3)通过显著减少连锁累赘和提高 RP 基因组比例,分子标记可以用于提高回交效率;

(4)连锁累赘对目标区域附近的 RP 基因组的恢复有显著影响,表明其对回交育种计划的重要影响;

(5)利用多个 NIL 能显著降低假阳性连锁基因座的概率;

(6)与不进行 RP 表型选择的情况相比,对 RP 表型进行选择在回交过程中降低了 DP 基因组的比例。

4.5　不同群体的比较:重组率和选择

4.5.1　不同群体的重组率

在玉米(Murigneux et al. ,1993)、小麦((Henry et al. ,1988)、水稻(Courtois,1993;Antonio et al. ,1996)中利用来源于不同杂交的群体对 DH 群体和 RIL 群体中的重组率进行了比较。

DH 系在大麦育种中广泛应用,以便缩短获得纯系的时间,提高育种效率。大麦有高密度连锁图谱,所以能够比较大部分大麦基因组球茎大麦方法和花药培养产生的 DH 系(见 4.2.1 节)的重组率。这两种群体构建方法主要有三个方面的不同。①Hb 和花药培养产生的 DH 系分别来源于雌性和雄性重组体。②最佳的供体植株生长条件不同(Pickering and Devaux,1992)。③离体培养阶段不同:花药培养是由小孢子发育成胚状体,然后获得再生苗;而在 Hb 方法中,再生苗来自合子胚。重组率可能受前两个因素的影响。Devaux 等(1995)报道了一个试验的结果,在这个试验中对通过 Hb 和花药培养产生的 DH 系中观察到的图距进行了比较,DH 系来自一个 F₁ 杂种(Steptoe×Morex)。雄性(来源于花药培养)和雌性(来源于 Hb 方法)的 DH 群体用于进行大麦基因组作图,进而确定发生在 F₁ 杂种供体植株减数分裂期间的重组率的差异。来源于花药培养(雄性重组)的群体比来源于 Hb 的群体重组率高 18%。在每条染色体和大多数染色体臂上都观察到了重组率的增加。对各个标记之间的连锁图距进行考察,发现在花培来源的群体中有 8 个片段的重组率显著增加,而在 Hb 来源的群体中有一个这样的片段。虽然花培群体的 8 个片段中有 3 个看起来更长的片段是非端粒的,但是重组率最显著的增加是在第 2 和第 5 染色体长臂的端粒区。

在番茄第 9 染色体最末端区域(de Vicente and Tanksley,1991)、黑芥(Brassica nigra)几个连锁群的前末端区域(Lagercrantz and Lydiate,1995)以及珍珠粟(Pennisetum glaucum)的几个末端区域(Busso et al.,1995)也发现了显著增加的雄性重组。在大麦中,大多数染色体末端已经利用在 Steptoe×Morex HB 群体中作图过的端粒标记进行了定位(Kilian et al.,1999)。AC 群体中的这些端粒标记也需要进行作图,以便确定端粒区重组率的增加在大麦中是普遍现象还是仅限于特定的染色体臂。

现在随着植物和动物中有更多完整的连锁图谱可以用于不同性别之间重组率的比较,减数分裂中雄性染色体端粒区的重组率趋向于增加似乎是一个普遍现象。既然交叉分布的差异显示相似的趋势,端粒上的重组率的增加可能是一个重要的生物学现象。有一些证据表明人类和禾谷类基因组的亚端粒区(sub-telomeric region)比近端粒区(proximal region)富含更多的基因。如果这一点在其他物种中也得到确认,则可以推测端粒区雄性重组率的增加有选择优势而且是进化保守的,因为这可以使雄配子中基因类型(gene assortment)的数目增加。雄配子不仅数量上比雌配子更丰富,而且能量消耗也更少,还要经历授粉或受精阶段的选择。

4.5.2　群体构建过程中无意识的选择

构建遗传和育种群体的过程可能包含各种无意识的选择压,导致基因型频率和等位基因频率偏离孟德尔期望值。在很多生物(包括植物)中已经报道过偏分离(segregation distortion)。偏分离可以用几乎任何类型的遗传标记来检测,包括形态突变体、同工酶和 DNA 标记(Xu et al.,1997)。一个特定基因座上的同一个等位基因可以朝两个方向中的任意一个发生偏分离,等位基因频率要么比期望值高,要么比期望值低。例如,一个分离群体的水稻植株上的糯性和非糯性籽粒的比率可能等于、大于或小于期望分离比率(3∶1),因杂交组合而不同,糯性水稻籽粒比例的范围为 8.9%~95.6%(Xu and Shen,1992d)。

如同 Xu 等(1997)所综述的,在植物中异常的分离比可能由多种生理的或遗传的原因引起,可能表现为雄性或雌性生殖细胞系(germ line)中的差异性传递,或者起因于基因型评价前的合子后选择(postzygotic selection)。然而大多数情况下偏分离似乎由雄配子体选择引起,这种选择是通过雌蕊群的选择性影响而产生的,包括遗传的不亲和性、环境效应以及遗传的不同花粉之间竞争能力的差异。

与 DH 培育相关联的选择压

DH 品系的代表性可以受 DH 培育中涉及的过程的严重影响。对于由花药培养(雄配子体)产生的 DH 群体,观察到的偏分离可以归因于花粉差异性的生活力或致死性,或者归因于离体培养时的选择性再生,但显然不能归因于雌蕊群的选择性影响或花粉的差异性的竞争能力。Xu 等(1997)在水稻 DH 群体的 3 个染色体区域(两个在 2 号染色体上,一个在 10 号染色体上)中检测到的偏分离表明,来自粳稻亲本的等位基因比例过高,而已经证明粳稻容易通过花药培养再生。另外一个亲本是籼稻,这个亚种更难以进行花药培养(Shen et al.,1982;Yang et al.,1983)。有人认为这些区域可能与粳稻基因型在花药培养过程中的优先再生有关。Yamagishi 等(1996)也在几个染色体区域中检测到一些标记,这些标记在 DH 群体中表现出粳稻等位基因占优势的偏分离比率,但这些标记在相应的 F_2 群体中分离正常。所以偏分离区域可能和粳稻基因型在花药培养中的再生能力有关。他们断定这些区域包含一些赋予粳稻基因型在花药培养中的选择优势的遗传因子。

基因型的选择性再生在其他植物中也有报道。在花药培养产生的大麦群体中观察到非常强的单基因座偏分离(Devaux et al.,1995)。Devaux 和 Zivy(1994)证明有些偏分离标记与花药培养应答基因连锁。在另一个大麦 DH 群体中,作图标记的很大一部分(44%)表现出偏分离,这些偏分离主要归因于对离体培养反应更好的亲本的等位基因的优势比例(Graner et al.,1991)。虽然偏分离可能由遗传的、生理的和(或)环境的原因引起,而且在特定的群体中每种因素的相对贡献可能不同,但是花药培养产生的群体中报道的大多数偏分离可能是由对花药培养反应不同的亲本基因型引起的。

RIL 培育中涉及的选择压

在 RIL 的产生过程中由选择压造成的偏分离是一个潜在的问题,需要更多的关注。与来自一步同质化(one-step homogenization)的群体不同,RIL 是通过多代近交产生的,其间植株要经受由各种环境干扰和植株间竞争产生的选择压,这可能发生在多年、多个季节及多个地点。RIL 群体构建过程中由选择压产生的偏分离,可以通过比较来自同一组合的多个遗传结构不同的群体以及比较不同方法产生的群体来理解。

He 等(2001)比较了由同一水稻杂交组合'窄叶青 8 号(籼稻)×京系 17(粳稻)'分别通过花药培养和 SSD 法得到的 DH 和 RIL 群体的分子标记的分离情况。在 RIL 群体中,27.3%的标记在 $P<0.01$ 的水平上表现偏分离,其中 90%的偏分离标记偏向于籼稻等位基因;然而在 DH 群体中 18.2%的标记偏分离,偏籼或偏粳标记数量几乎相等。这可能反映了在构建 DH 和 RIL 群体时遭受的不同类型的选择压。第 1、第 3、第 4、第 7、第8、第 10、第 11 和第 12 染色体上的 8 个普遍的偏分离区在两个群体中都检测到,其中 7 个偏向籼稻等位基因,1 个偏向粳稻等位基因。其中 5 个位于配子体基因基因座(ga)和(或)不育基因基因座(S)附近。

为了对不同群体类型（F_2、DH、RIL）之间的偏分离基因座的频率和位置进行比较，Xu 等（1997）总结和分析了来自 53 个群体的信息，这些群体都具有已知数目的偏分离标记。概括地说，RIL 群体偏分离标记的频率（39.4%±2.5%）显著高于其他群体结构（DH：29.4%±3.5%；BC：28.6%±2.8%；F2：19.3%±11.2%），这可能表明了 RIL 群体建立过程中选择压有累积效应。通过 SSD 法建立的 RIL 群体中的偏分离代表了遗传因素（G）和环境因素（E）在多个世代上的累积效应，并且随着自交的进行 G×E 互作变得更加明显。因此在 RIL 群体中很难区分偏分离的遗传因素和环境因素。然而，在第 3 染色体和第 6 染色体的两个区域中籼稻等位基因频率过高是一个 RIL 群体特异的。这些染色体区域可能和籼稻生长环境的选择优势有关，RIL 群体在这样的环境中培育。

在 DH 和 RIL 群体中由于没有杂合体，基因型频率完全反映了等位基因频率，与此相反，F_2 群体能检测特定基因座上与杂合体相关的优势及劣势，即使亲本等位基因分离正常。

遗传力低的偏分离因子的表现将受环境影响，因此只能在控制良好的条件下进行的试验中才能检测到。因为偏分离要么发生在减数分裂过程中，要么在减数分裂之前或之后，所以必须控制亲本品系生殖生长期间的试验环境，尽管这种影响只能在后代中被检测到。

与偏分离相关的选择遗传学

偏分离的遗传控制已经在水稻[如同 Xu 等（1997）所归纳的]和大麦（Konishi et al. ，1990；1992）中利用形态学标记和同工酶标记进行了研究。偏分离的遗传基础可能是雄配子或雌配子的败育或者特定的配子基因型的选择性受精。水稻中一个标记基因座上的偏分离可能是由于该标记和低授粉能力的基因——配子体基因（ga）（Nakagahra,1972）连锁，该基因也称为配子消除者（gamete eliminator）或花粉杀手（pollen killer），引起配子败育（Sano,1990）。利用形态标记已经鉴定了大量的 ga 基因座和不育基因基因座（S）。

如果偏分离因子具有高的遗传力，它们将在几乎任何群体中被检测到，只要亲本之间在目标基因座上有差别，也可以在群体生长的任何环境中被检测到。一个偏分离基因座被错误地分配到一个特定染色体区域的概率，将随着共享同一偏分离群体数目的增加以及一个偏分离标记簇中标记数目的增加而降低。使用在多个环境中培育的多个群体将会促进高遗传力的偏分离遗传因子的检测。水稻中利用 6 个分子连锁图谱比较了与标记偏分离相关的染色体区域（Xu et al. ,1997）。作图群体来自一个种内回交和 5 个亚种间（籼/粳）杂交，包括 2 个 F_2 群体、2 个 DH 群体和 1 个 RIL 群体。偏分离标记基因座分布在所有 12 条染色体上。8 个偏分离染色体区域的在以前鉴定的配子体基因（ga）或不育基因（S）区。在不止一个群体中检测到另外 3 个偏分离标记簇，在这些区域中以前没有报道过配子体基因或不育基因座。推测总共有 17 个偏分离基因座，并估计了它们在水稻基因组中的位置。利用单个 F_2 杂交，Harushima 等（1996）在第 1、第 3、第 6、第 8、第 9 和第 10 染色体的 10 个位置上鉴定了 11 个主要的偏分离，这些偏分离区域中至少有 2 个区域也被 Xu 等（1997）检测到。

在 4 个玉米作图群体中用 1820 个共显性标记进行了类似的比较（Lu et al. ,2002）。在一个特定的染色体上几乎所有表现偏分离的标记都偏向于来自同一亲本的等位基因。在 10 个玉米染色体上总共有 18 个染色体区域与偏分离有关。在 4 个群体中这些染色体区域的位置是一致的,这说明存在偏分离区域。3个已知的配子体因子可能是存在这些区域的遗传原因。

在杨属(*Populus*)中大多数表现偏分离的标记通常出现在两个连锁群上大的连续区域中,有人提出假设认为亲本种之间已经发生了染色体规模的歧化选择(divergent selection)(Yin T M et al.,2004)。

用一个 F_2 群体的194个分子标记将粗山羊草(*Aegilops tauschii*)的偏分离基因座定位到染色体区域,其中包括5D染色体上的3个区域(Faris et al.,1998)。两套正反交的BC群体被用来进一步分析性别和细胞质对偏分离的影响。在 F_1 作父本的群体中,在5D染色体区域中观察到标记分离比的极端偏离,等位基因的比例倾向于其中一个亲本。有些证据表明核质互作引起差异性传递。这个结果,连同其他的研究一起,表明影响雄配子中配子体竞争的基因座位于5DL上。

为了用分子标记对偏分离基因座进行作图,建立了最大似然法(maximum likelihood,ML)和贝叶斯方法(Vogl and Xu,2000)。ML作图是通过一种期望-最大化(expectation-maximization)算法来实施的,贝叶斯方法是用马尔可夫链蒙特卡尔(Markov chain Monte Carlo,MCMC)方法实施的。贝叶斯作图的计算量比ML作图的要大,但是能够处理更复杂的模型,如多个偏分离基因座。

对遗传学和植物育种的意义

偏分离现象与遗传学和育种群体中产生感兴趣的特定重组体的概率密切相关。在遗传学研究中,遗传图谱的构建,标记之间的连锁、标记与基因之间的连锁关系的确定,都取决于涉及的所有标记和基因的分离模式。在育种中,成功地获得特定基因、基因型及基因组合取决于目标基因和基因组合以孟德尔期望分离比率出现的概率。为了拓宽栽培品种的遗传基础,育种家常常进行远缘杂交,但他们常常不能获得感兴趣的重组体,部分原因在于后代的生存或繁殖是非随机的。另外,近交(包括回交)过程中的表型选择(这是育种家当然会采用的)可以显著提高获得想要的等位基因的概率。

对与偏分离相关的遗传因子的鉴定将有助于我们了解这些遗传因子位于何处以及在育种计划中如何处理。如果已知一个目标基因座与一个偏分离基因座连锁,并且在一个想要的群体中目标等位基因频率偏低,则可以通过利用分子标记对感兴趣的区域中的重组体进行选择来增加有利等位基因的频率。为了降低偏分离在植物育种中的负面影响,减少使育种品系稳定所需的世代数是合适的。从 F_1 杂种产生DH群体可以使达到纯合所需的世代数最少,从而使想要的等位基因保留在群体中的概率达到最大,除非它们与影响DH产生的偏分离因子连锁。在远缘杂交中野生种的等位基因常常不成比例地丢失,根据与偏分离相关的遗传信息调整选择的类型和使用的群体结构,可以提高稀有等位基因的频率,因此为后续世代中的有利重组提供更多的机会(Xu et al.,1997)。为了理解偏分离的内在机制,培育包含各个偏分离基因座的NIL是有用的,这样可以在不同的遗传背景和环境中系统地评价这些因子的效应。NIL也为克隆这些遗传因子提供了材料,能够对它们的分子结构和功能进行更深入的研究。

(闫双勇 译,陈建国 校)

第 5 章　植物遗传资源:管理、评价与创新

不管是在发达国家还是在发展中国家的农业研究中,植物遗传资源都是一个重要的工具,它常用于提高生产力和维持生产系统。当今国际种质资源保存系统的起始可以追溯到苏联植物学家尼古拉·瓦维洛夫(Nikolai Vavilov)所进行的辉煌而又富有开创性的工作。20 世纪 20 年代,瓦维洛夫最先意识到,从世界各地收集植物遗传资源并把它们组织在一起,具有重要意义和潜在价值;瓦维洛夫指出,这项工作不仅仅是为了满足苏联当时的农业育种工作需求,而且可以拯救那些濒危物种;瓦维洛夫也认识到现代栽培品种正在取代古老地方品种并破坏它们自身生存的环境,继而也威胁到全球食物安全。自 20 世纪 50 年代后期开始,有关生物多样性的利益和遗传侵蚀所造成的危害相关的认识和文献日益增加。人们采取了许多方法来保存植物遗传资源,以便于育种家利用。包括分子标记和地理信息系统(GIS)在内的分析方法,已经用于描绘遗传多样性,使之更加有效地用于管理、评价和创新工作。本章涉及植物遗传资源相关的大多数领域,包括种质资源的收集、保存、评价、创新、利用及编目。作为引言部分,我们将首先讨论生物多样性和遗传多样性的内容。

生物多样性具有生态、经济及文化重要性。生态系统内的多样性使其在正常生存和繁衍的同时,能为人类开采利用提供各种各样的产品和服务。农业生物多样性是生物多样性的一部分,对农业生产尤为重要,它可以确保农业生产持续、稳定和高产(Hawtin,1998)。根据《生物多样性公约》,生物多样性包含三个层级:生态系统多样性、物种多样性和遗传多样性,这三个层级相互依赖,相互影响。

Hawtin(1998)将生态系统多样性定义为:相互依赖的生物种群与它们生存的自然环境之间的可变性。不同的农业生态系统能够在国家、地区和社区层面引导一系列的组成部分帮助提高就业机会和国家或社区的自身发展能力,从而最大限度地为食物安全作出贡献。物种多样性与一个地区栽培植物的种类数相关。一个地区、一个农场或一块农田的作物和动物物种的多样性有助于增加稳定性,减少对单一企业的依赖。这种多样性也能促进资源被更有效地利用,如可促进养分的循环利用。农田的物种多样性,如混合种植的作物,对逆境、病虫害等有一定的缓冲作用。另外,多样性的农业企业能有效利用劳力等各种投入。遗传多样性是指物种内的变异,这些物种具有其中所有个体的全部遗传信息,每个个体都由独一无二的基因构成它们的进化遗传信息。这种多样性起始于分子水平上的差异,被染色体上的结构序列所承载,奠定环境适应性并最终进化为不同品种的基础。遗传多样性使经自然或人为选择后的不同品种适应新的生态系统和环境或现有环境的变化。农作物品种的多样性可以避免由于病虫害造成的损失,同时,多样的生长习性和根系结构还可以为利用不同性质的微环境创造机会。这些因素不仅能增强系统稳定性,而且在多数情况下能够提高生产力。同时,农作物品种多样性还可以为将来农场主或专业育种家改良品种提供丰富的基因库。图 5.1 是一个关于遗传多样性的例子,图中显示

了多种玉米种质资源的籽粒形状,这仅是现存玉米栽培品种的一部分。

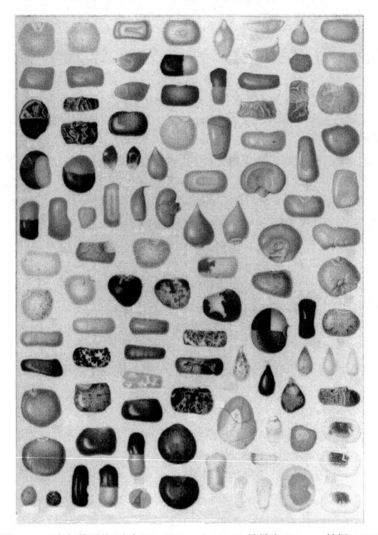

图 5.1　玉米籽粒形状(改自 Neuffer et al.,1997,最早由 Correns 拍摄,1901)

在生物多样性三个部分中,遗传多样性在农业领域受到高度重视。遗传多样性是未来主要栽培品种的原材料,也是农业生产持续性的指示器,因此,遗传多样性的状况最终受到农业生产尤其是全社会的广泛关注。农作物的遗传多样性是本章的重点内容,即遗传资源,这是农业持续发展的核心和作物进化与适应的基础。

5.1　遗传侵蚀和潜在的遗传脆弱性

5.1.1　遗传侵蚀

长期以来,人类活动干涉已经打破了各种各样的生态系统之间的动态平衡,这些生态系统提供食物、饲料、燃料、纤维、住所和药材等。然而,人类社会一个影响最深远的不可逆转的变化是,通过殖民、扩张及集约化农业和工业化已经加速了物种的灭绝。例如,目前热带雨林的采伐速度,或许是导致某些地区在 1990～2020 年世界物种 5%～15% 灭绝的原因。以当前世界物种为 1000 万个估算,这样的灭绝速度意味着每年有 15 000～50 000 个或者每天有 50～150 个物种在地球上消失。Thomas 等(2004)认为,在亚马孙河流域,由最大程度的气候变化所造成的栖息地破坏或者气候不适应性,导致 69% 的种子传播植物和 87% 的非种子传播植物灭绝。森林的消失和城市范围的扩张也导致作物近缘野生种的消失。另外,Brown 和 Brubaker(2002)也指出,人们先前利用的数百个农作物和野生植物种,现在却被忽略或未被充分利用。

多种因素造成了生物多样性的侵蚀,这其中包括生长环境的损失、破碎和退化、外来物种的引进、过度放牧、采伐森林等超过自然再生能力的过度采收、支撑生态系统中营养循环的各种介质的污染等。被列为非洲遗传侵蚀最普遍的原因是森林采伐和土地流失、干旱和洪水等不利的环境条件、新的病虫害的侵入、人口压力和城市化、战争和民间冲突、农业技术进步(尤其是使人们放弃传统而选择新的品种的绿色革命、新土地的开垦、栽培方式和农业生产系统的改变等)。除了大范围种植单一作物造成遗传狭窄外,绿色革命由于过度利用土地直接造成了生物多样性的减少。由于过多地施用化肥、化学投入和灌溉,依赖绿色革命的农业生产,使得土壤肥力下降并在许多情况下不适宜种植其他品种。另外,遗传漂移现象和选择压产生所累积的遗传侵蚀,有时会远远超过自然发生的遗传侵蚀(Esquinas-Alcázar,1993)。20 世纪中叶科学家们开始重视植物遗传资源的侵蚀,并从那时开始,它就成为诸多国家政策和国际条约的重要部分。

农作物的遗传侵蚀,或称遗传多样性的减少,从不同的方面具有各种各样的形式,包括所种植的作物品种数量的减少和遗传多样性的减少(与农作物品种不相关的栽培品种的数量)。另外,其他的生物,包括农业生态系统内部和外部的生物种群,只要与农业相关,在评价生物多样性时也逐渐被考虑在内(Collins and Qualset,1999;Hillel and Rosenzweig,2005)。作为遗传侵蚀的一个主要因素,植物育种导致的从初级到高级栽培品种的转变,值得深入探讨。这通过两条截然不同的路径实现:①选择相对整齐,进而到纯系,多个纯、单交种或双交种等;②选择完全确定的目标。两种途径都导致遗传变异明显减少。同时,作为亲本来源的基因库也显现出局限性,这是高水平生产力导致的结果,因为在一个有限的但具有很好适应性的基因库内采取相应的育种方法开展育种工作时,通过回交或转基因的方法就可以将诸如抗病性和质量性状等引入到育种材料中,这样对基因型结构的影响极小。

在现代植物改良过程中,传统栽培品种(地方品种)逐渐被现在栽培品种所取代。在 20 世纪 90 年代,仅有全球水稻面积的 15% 及发展中国家小麦面积的 10% 种植农家品种(Day Rubenstein et al.,2005)。其他的例子还有:①20 世纪种植在美国的近 8000 个苹果栽培品种中,95% 已不复存在;②墨西哥 1930 年登记在册的玉米品种,仅 20% 还在种植;③1949 年种植在中国的近 10 000 个小麦品种中,仅仅 10% 仍然在种植(Day Rubenstein et al.,2005;Gepts,2006)。这样的过程在所有的国家同样发生,不管是发达国家还是发展中国家,甚至几个重要的粮食作物最丰富的初级和次级基因中心也不幸地包括在内(Dodds,1991)。随着对粮食作物整齐度和品质需求的逐渐增加,人们越来越热衷于从适应性强的、遗传相关的及具有优势的现代栽培品种中获得新的栽培品种包括杂交种,而遗传变异多但产量优势不强的早期亲本几乎完全从大多数育种工作中被排斥出去。在一份研究 140 个美国水稻品种的系谱关系中,Dilday(1990)认为,美国南部地区种植的公共栽培品种的所有的亲本种质资源都可以追溯到 20 世纪早期的 22 个引进品种,加利弗尼亚州的则可以追溯到 23 个引进品种。大豆和小麦也是如此。事实上,美国现在种植的所有大豆品种都能追溯到来自中国东北一个较小范围内的一系列品种,而大部分硬粒红麦品种则起源于从波兰和俄罗斯引进的两个品系(Duvick,1977;Harlan,1987)。

5.1.2　遗传脆弱性

遗传脆弱性是由于遗传基础狭窄而带来的具有潜在危险的情形。历史上遗传脆弱性所引起的最为悲剧的事件是发生在 19 世纪 40 年代的爱尔兰马铃薯饥荒。在过去的数个世纪,马铃薯一直是爱尔兰人的主食,但由于晚疫病(*Phytophthora infestans*)的严重影响,马铃薯生产遭受毁灭性打击,超过 100 万爱尔兰人被饿死。这次灾难的根本原因就是当地种植的马铃薯遗传基础狭窄,所有品种都源于 16 世纪从拉丁美洲引入的统一品种中的一小部分。其他有影响的例子还有 1868 年 Ceylon 的咖啡锈病流行和 1970 年美国南部玉米小斑病流行等事件。

遗传脆弱性的主要原因是遗传一致性,其中的一个例子就是由无性繁殖和利用自交亲本配制 F_1 杂交组合(如杂交玉米)导致的同质性(通常为隐性)。在农作物中期望具有一致性的类型有:①种子快速一致地萌发;②基本同时开花与成熟;③适宜机械化收获的植株高度;④产品具有一致性的口感、风味和化学组成;⑤每年有稳定的产量(Wilkes,1993)。随着原始栽培种被替代和相应减少,包含在其中的遗传多样性也正在消失。为了阻止这种损失,被取代的本地农家品种应当被充分地保存下来,以备将来不时之需。原始农家品种遗传多样性消失的趋势,危及能够适应不可预知需求的未来栽培品种的正常发展。

当少数几个当家栽培品种占据全球主要农作物支配地位时,遗传脆弱性也随之增加。Wilkes(1993)指出,全球正在倡导越来越矮的谷类作物品种。潜在的脆弱性的范围之广由下面两个事实可见一斑,一是亚洲种植的大多数杂交稻具有相同的不育系细胞质,二是目前大多数的高产面包小麦品种都基于三种类型的细胞质。在其他重要的粮食作物中还有更多这样的例子。由于植物育种的技术原理可以用来减少遗传脆弱性的影响,如选育组合的或综合的品种和品系,因此植物育种者首先肩负着克服遗传脆弱性的重担。生物技术包括基因组技术,都可能增进或进一步减少多样性,它像一把双刃剑,能够促进或危及遗传资源的更大范围的利用。

5.2　种质的概念

5.2.1　广义的种质概念

种质可以定义为代表某种生物的遗传物质。植物遗传资源的定义常常指全基因组、基因组合或者具体化为能用于作物遗传改良的栽培品种的基因型。按照 Harlan 和 De Wet(1971)的提议,可把植物遗传资源分为三类基因库,以反映日益增加的实施有性杂交和获得可育、可繁殖的后代工作中的困难。基因库Ⅰ包括作物品种和它的野生型祖先。基因库Ⅰ内部的杂交通常容易进行,且后代是可育的和可繁殖的。因此这个基因库相应的更接近于生物种的概念。基因库Ⅱ和Ⅲ包含与有利用价值的作物种不相关的其他种质。基因库Ⅱ和Ⅲ间的杂交虽有可能但通常较难成功,其后代显示出育性和繁殖率降低。最后,在基因库Ⅰ和Ⅲ之间杂交是最难进行的,从这种杂交中获得后代必须采用组织培养和胚拯救等特殊技术,后代仍然表现为育性和繁殖率严重降低。Harlan 和 De Wet (1971)的可操作性的定义是非常有用的,因为它具体地反映了育种的真实过程,尤其是通过有性杂交技术将新的遗传多样性引入到一个育种群体中(Gepts,2006)。然而,这个定义也存在争议,它可能需要扩展到基因库Ⅳ,基因库Ⅳ是建立在科技进步和总体上对生物多样性价值意识增强的基础之上的。植物转化技术(在第 12 章讨论)的应用已将植物育种的范围延伸到突破有性杂交亲和性,相应的,基因库Ⅳ有可能将所有的生物作为遗传多样性的潜在来源。

根据繁殖再生系统,经典的种质可以定义为包括有性植株的种子和各种能以无性繁殖的组织,如根、茎以及其他器管等。因此,传统上将种质定义为形态学上有明显区别的生物体。不同的植物品种和源于同一品种的品系在形态大小、颜色和形状上是有区别的。在有性植物中,种子是种质的主要载体,其大多数种质可以通过收集和再生种子得以保存和繁殖。在种质资源的管理、收集、保存和繁殖过程中,种子是至关重要的。评价和利用种质资源依赖于有生命力的种子和其他有用的器管,如根、叶、茎和胚等。

随着分子生物学的发展,种质被赋予了更一般和更广泛的概念。作为遗传物质的载体,种质可以是任何承载着控制和再生生物体所必需的遗传信息,它包括基因以及它们的克隆、染色体片段甚至是一条条的功能 DNA 序列。种质概念的广度得益于两个主要的发展:细胞全能性(单个细胞具有长成完整植株的潜能)和基因概念的延伸(遗传物质能够细化到一条 DNA 片段,它控制着生物性状和编码某种蛋白)(Xu and Luo,2002;图 5.2)。

DNA 成为遗传资源后重要性迅速增加。从细胞核、线粒体和叶绿体上提取的 DNA,可以程序化地萃取并嵌入到硝化纤维膜上,在硝化纤维膜上 DNA 可被无数的克隆基因检测。随着 PCR 技术的发展,一些特殊片段或基因组 DNA 混合物中的完整基因都能被程序化扩增(Engelmann and Engels,2002),利用 DNA 序列信息可以合成遗传信息和创造或克隆生命。这些进步促成了储存基因组 DNA 信息库的国际网络的建立。PCR 技术的优势在于它简单有效地克服了实验人员体力的约束和限制,它与后续的基因分离、克隆和转移技术一样存在不利方面(Maxted et al.,1997),一个潜在的重要技术是从冰冻环境下从野生种中收集 DNA 样本。

基因组测序和对植物全部基因功能的了解将对植物遗传资源的保存产生重要影响,遗传资源群体承担着保护分子遗传产物的作用也是确定的。基因数据库正面临着用户群新的需求,与遗传资源保护工作相关的通过分子技术生产的资源数量越来越庞大,许多基因数据库除了储存用于基因分离和植物改良的群体之外,更倾向于储存引物、探针和DNA 库以便利于他们的工作。将来,用户可以索要功能 DNA 序列、基因、克隆和分子标

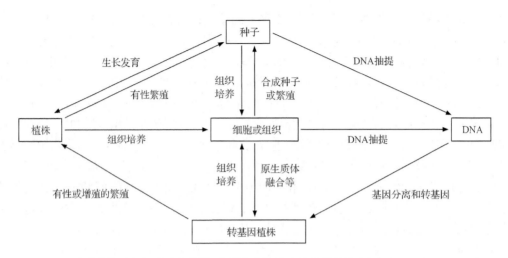

图 5.2　　种质载体及它们通过生物学、分子和生物技术途径的转换(改自 Xu and Luo,2002)

记,而不仅仅是种子和传统方式的转基因 DNA,用户也可以索要一系列的特殊等位基因而不是等位基因分离位点的填充序列。Kresovich 等(2002)指出,以后导向性的分析这些趋势和它们蕴含的意义,对预测并进一步改进基因数据库和其管理者的作用,具有非常重要的价值。

　　从另一方面讲,种质不再定义为各个生物种或粮食作物品种及其近缘种。第 11 章和第 12 章我们将要讨论基因克隆和转基因技术,随着这些技术的发展,过去存在于不同种、属中的遗传障碍都不复存在了,基因可在不同的家族和属间甚至在植物、动物和微生物间自由交换。在一个种群鉴定的有用基因可被用于修改其他种群的基因。正如我们在第 2 章讨论的那样,对那些进化相关的(如禾类、豆类、茄科类)基因,可以明显发现它们具有相似的基因组结构,在基因水平上,不同家族的许多序列是高度保守的,因此,遗传资源的用户可以从独立来源的库中获得有用的基因(Kresovich et al.,2002)。种质作为遗传物质的载体,已不再局限于某一具体的物种,种质管理的基础,是建立在种间而不是学术上的基因或特性的分类以及植物分类之上的。随着运用在分子生物学和基因组学上的新技术的发展,任何种群的基因库都扩展并超过了第三个基因库,它们可以囊括任何来源的任何基因,甚至在不久的将来,还可以涵盖人工合成的或随意的序列。

　　当种质资源的收集越来越倾向于组织、细胞和 DNA 时,收集和保存这些材料的方法就需要修正或是彻底地改变,它们需要通过多样化的技术来保存和繁殖。例如,可能通过培养基再生而不储存种子来保存组织和细胞,利用克隆和转基因技术,可将 DNA 转移到其他植株中而获得转基因植株(图 5.2)。未来种质资源的管理将发展成为一门综合学科,它与组织培养、基因克隆和转基因、分子标记和合成种子技术等生物技术联系密切。Taji 等(2002)概括了生物技术的 5 个领域直接有助于植物的保存工作。①分子生物学,尤其是分子标记:在种质的收集、辅助基因数据库和登记序列的设计及评价基因组稳定性、遗传多样性、群体结构和分布格局等方面。②分子诊断:评价农作物的抗病级别。③异位培养:微生物培养、慢速生长和胚拯救。④低温储藏:长期休眠的种子、生长繁殖的种子和生物技术产品等的长期保存。⑤信息技术:文件归档,人员培养,技术转让,种质交流,DNA 数据库,基因组图谱,基因库目录和国际网络系统等。这五个方面将在本章的不同部分进行讨论。

5.2.2　经典的种质

经典的种质可通过它们在农业生态系统中的定位来鉴定。

(1) 商业栽培品种(商业交流中的栽培品种):一般是指由专业育种家培育、符合一定标准、用于商业交流的栽培品种。其中许多品种的特点是,在需要加大投入(化肥、灌溉、杀虫剂等)的定向集约栽培系统中获得高产,大多数情况下要求整齐一致,这样在很大程度上导致了遗传脆弱性。

(2) 先进的选育品系:这些育种材料可被育种家作为半成品引进。一般来讲它们源自于少数的栽培品种或群体,通常遗传基础狭窄。

(3) 农家品种或传统的原始栽培品种:这些原始的栽培品种演化了数百年甚至上千年,无疑一直受到人类迁徙的影响,并被自然和人为选择所驯化。这些栽培品种相互之间和其内部多样性丰富,这些多样性提高了品种的适应性,让它们在不适应的条件下生长,保持虽低但稳定的产量水平,因此这些多样性也是农业得以可持续发展所需要的特征特性。这些原始栽培品种常被作为选育新品种的亲本。

(4) 与栽培品种关系较近的野生种:这些近缘野生种或是栽培作物的祖先,或是与作物亲缘关系较近,所以基因漂移可以在它们之间毫无困难地发生,或者它们之间的遗传障碍可通过像杂交后代胚拯救一样的方式来克服。当遗传工程使不同种、科、属间的转基因变得更加便利时,这些种质资源正变得日益重要。

(5) 特殊的遗传库:这包括其他的遗传组合,如基因、染色体及基因组的突变,它们是自然或人为产生的并被遗传学家或育种家所收藏,这些材料不管是自身还是用于研究都是非常有价值的。

(6) 伴生或共生生物:指共同生长在一起的一种作物的两种形式、两种截然不同的作物或者一种作物与它的共生体(不相关的杂草或豆类与根瘤菌)。

5.2.3　人工或合成的种质

被称作人工或合成的人造种质包括如下几种类型。

(1) 拥有外来遗传物质的生物体包括转基因植株和基因工程产生的植株。

(2) 遗传修饰方法获得的生物体,包含由物理和化学方法诱导的变种,从组织培养和种质保持和生产过程中自然突变体中获得的体细胞克隆。

(3) 人工合成的栽培品种和品系,前者包括从远缘杂交获得的新品种,如带有玉米染色体片段或基因的高粱品种;后者包括人造谷物,如八倍体小黑麦,它是以小麦(*Triticum aestivum*)和黑麦(*Secale cereale*)杂交培育而成的。

(4) 染色体结构和数量变化产生的变种,包括染色体加倍产生的多倍体,从细胞杂交和非整倍体变异获得的异源多倍体,非整倍体变异是由染色体缺失造成的非整倍染色体数量。

(5) 如第 4 章讨论的一系列带有特殊遗传结构个体,包括近等基因系,它可以显示特殊基因位点的等位基因差异；从杂交 F_1 代连续自交获得的重组自交系；以及利用分化培养和染色体加倍等单性生殖技术由雌雄配子培育而成的双单倍体 DH 系。这些类型的种质资源已成为遗传学研究和植物育种中非常重要的材料。

5.2.4　原位或异位保存

如上所述，物种灭绝的前景总可以找到人为干涉的因素。因此，应对将来不确定性的最好方式是保存尽可能多的基因源、特种和生态系统，而不论它们是否对人类有利用或潜在的利用价值。利用种质资源造福人类是保存植物遗传资源最正当的理由。最近几十年，人们逐渐认识到保护植物基因库的重要性，这样才可保证育种家有足够的原始材料。由于育种家一直在寻找新的等位基因和等位基因的组合来提高作物适应目标环境的能力，因此保护种质资源这项工作是动态发展的。

种质资源保护的意义远远超过某一物种的保护，目标必须是在每一个物种内保持足够的多样性以保证其遗传潜力在将来完全可用。种质资源的保护一般包括所有与种质管理相关的工作，如收集、保存、更新和繁殖、评价、交流和编目。本节的讨论主要集中在种质资源的保存方式上。

保存和控制是两个与生物多样性广泛相关的话题，与生物技术的作用关系密切。种质资源的保存指的是维持或增强生物多样性，尤其是植物品种，而控制是指获取这种多样性。多样性保护有两个基本的策略，即原位保存和异位保存，两者都要用到各种各样的技术来保护遗传多样性，以用于不同的研究和改良过程，包括植物育种。原位保存指的是在进化的动态生态环境中保护种质资源，而这些是它们最初或自然生长的环境，保护范围包括自然的和人为创造的环境。这种类型的保护控制最适合于相关野生种。异位保存必须从种质资源（种子、花粉、配子和单个植株）原始的生长环境中将它们转移出来，必须在种质圃或基因（种子）库中保护。不同方式异位保存资源的例子有田间基因库、种子储藏、花粉储藏、离体保存和 DNA 储藏。

这两种策略在基础上有一个明显的差异：异位保存工作包括将来源于不同收集地的目标分类取样、转运和储存，然而，原位保存工作却包括将之按目标所在组织进行设计、管理和监控（Maxted et al.，1997）。另外一个区别在于，原位保存动态存在于自然界，而异位保存却是静态存在。

各种技术都有它的优势与局限性。异位保存的主要缺陷是种的进化不再发生，因为再不需要适应环境或是原生地的生物压力，同时选择和继续适应于原产地的进化过程也终止了。其他的缺点还有，种质长期保存的完整性问题和异位保存植株的高比例突变。更深层次的缺陷在于基因漂移的发生（由于样本收集和繁殖而造成的多样性自由流失必须尽可能地减少）和选择压力的存在（收集的材料常常要在不同于其原生地的新生态环境中繁殖）。

原位技术保存了更多的种间和种内遗传多样性，这一点是异位保存技术无法达到的。不管是在野生条件下还是人类起决定性作用的人为环境中，原位技术都容许持续进化和适应性的发生。许多物种如许多热带树木等，这是唯一的保存方式。这项技术的主要困难在于对遗传资源的性状描述、鉴定和评价以及它们对极端气候条件、病虫害等环境的耐受性评价。另外,该项技术花费较高,尤其是在选择用地压力较大的地区。选择原位保存的方式主要依据物种的特性,传统作物品种可以保存在试验田里,而尚未被驯化的粮食作物的近缘种则需要划拨土地作为保存地(Hawtin,1998)。

原位保存尤其适合于保存野生种和农家品种,而异位保存技术则适合于保存农作物和它们的近缘野生种(Engelmann and Engels,2002)。原位保存的生物多样性,可使农业系统知识得以延续,包括与之相联系的生物学和社会学知识,另外,异位保存则将生物学从社会学中分离开来。

原位和异位技术系统保护种质资源是相互补充的,而不是对立的。目前的方法是依据生物学繁殖特性、储藏器官和繁殖体的特性及对人类的可利用性、经济和行政资源等,将两种保存技术相结合(Bretting and Duvick,1997)。多数的主要粮食作物种子经过成熟烘干或在低水分情况下干燥,由于它们可以耐受极度干燥环境,因此能在低温下干燥储存。这种类型的种子被称为"传统"种子(Roberts,1973)。储存这些传统种子是植物遗传资源异位储存中最常用的方式,基因库中大约 610 万份资源中的 90% 是以传统种子方式保存的(Engelmann and Engels,2002)。对绝大多数植物种来说,储存种子是与遗传学关联度最强的方式,即储存的这些材料,育种家可以用来培育新品种,同时种子繁殖代表了作物生长周期的整个过程。

也有相当数量的作物品种没有列入经典种子的目录,主要有如下一些原因。第一,一些植物品种根本不能产生种子,它们只进行无性繁殖,包括香蕉和车前草(*Musa* spp.)。第二,一些植物品种如马铃薯及其他的块根和块茎类作物如山药(*Dioscorea* spp.)、木薯(*Manibot esculenta*)、甜菜((*Ipomoea batatas*)和甘蔗(*Saccharum* spp.),它们都有许多不育的基因型,不能产生传统意义的种子。然而,如果将它们进行种子生产,它们的种子将是高度杂合的,因此只能有限用于保存某些特定的基因型,这些作物通常进行无性繁殖来保存其基因型(Simmonds,1982)。第三,相当数量的种,特别是热带和亚热带的原生种,如椰子、可可和许多经济林木及水果树种,产生的种子不需要经过干燥休眠,它们萌发时需要较高的水分,这些种子不能经受干燥条件,且不宜进行冷冻保存。因此它们被称为不宜冷藏的种子,需要保存在潮湿、相对温暖的条件下才可保持活力(Roberts,1973;Chin and Roberts,1980),即使以最好的方式保存,这类种子的寿命也仅仅只有几周或是几个月。

保存这些不宜冷藏的品种,需要其他的方式,包括收集活体种植在田间基因库里,以了解其习性,便于原位保存或是离体保存,或者作为活体小苗,在适当的介质中培养组织,常设置低速生长条件或是在非常低的温度下储藏,常使用液氮。这些种子在通常条件下保存不能存活的主要原因是它们不能耐受干燥,当处于低温环境中时它们就将死亡,通常采用田间基因库来保存它们。然而,这样做也有很多缺陷,主要是田间基因库不能提供安全、长期的保存,与安全和低投入的种子基因库相比时更是如此。

5.3 收集/获取

对大多数植物种,收集的材料主要是种子,很多情况下依据它们种的特点和材料保存的方式,在离体培养中,它可能是块根、块茎、切块或是整个植株、花粉粒甚至是组织样本的形式进行。在全球收集和征集种质资源,很多工作已经开展。国际农业研究磋商小组(CGIAR)的各个中心有责任收集、保存、描述、评价和编目一些栽培品种及其近缘野生种的遗传资源,包括谷类作物(大麦、玉米、粟、燕麦、水稻、高粱和小麦),豆类作物(花生、鹰嘴豆、普通大豆、豇豆、蚕豆、草豆、扁豆、豌豆、鸽嘴豆和大豆),块根和块茎类作物(安第斯块根和块茎类作物、木薯、马铃薯、甜菜和山药)和芭蕉(香蕉和车前草)。根据最近的可靠数据,超过 600 万份样品保存在国际农业研究磋商小组(CGIAR)系统,其余 540 万份保存在国家或地区的基因库中,其中 39% 是谷类作物,15% 为食用豆类,8% 为蔬菜,7% 为饲料类作物,5% 为水果,2% 为块根和块茎类,0.2% 为油料作物(Scarascia-Mugnozza and Perrino,2002)。大约 52.7 万份保存在世界各地田间(原位)基因库,其中有 28.4 万份在欧洲,1 万份在近东,8.4 万份在亚太地区,1.6 万份在非洲,11.7 万份在美洲(联合国粮农组织,1998)。世界各地有 1500 个植物园(11% 为私人的)保存着多种植物活体样本,其中10% 建有种子库,2% 离体保存。无性繁殖种、林木树种、药用植物和观赏植物种,以及粮食作物和当地重要的农业植物遗传资源通常被较好地保存着。

5.3.1 种质收集的几个问题

与整个种相比,收集品究竟有多少代表性,是收集种质资源首要关心的问题。一个育种者通常愿意寻找有用的农艺性状(有选择的取样),然而群体遗传学家可以尝试随机收集(随机取样)。必须指出的是,有用的观念与收集者的目标和他们可获得的信息紧密相关,并依此而不同。为了使收集样本更具有代表性,可通过分析地理生态学格局差异来鉴定相关种,包括作物基因库,确保 90% 的投入不是为了只保存 10% 已知的多样性,同时计划更多的考察和采集以扩大样品收集,避免任何多余的努力。既然遗传侵蚀的发生与否不是由国际社会或交联工作的安排所决定的,我们应该有计划收集种质,考虑一些国际研究机构所估计的必需样品数量,这些研究包括作物基因库、林木树种、药用植物、生态系统复原和传统的过度开发的植物。分子标记如随机扩增多态性 DNA(RAPD)、简单重复序列(SSR)和单核苷酸多态性(SNP)都有助于更好地了解基因库的遗传结构。同时,结合一些技术,如 GIS,提供新的潜在的地理多样性,这将有助于更有效地建立更有代表性的种质收集系统。

在收集田间种质资源过程中,理想的取样方法需要清晰了解收集的作物品种的遗传结构。生物技术至少从两个方面有助于减少高效收集工作中的障碍。首先,生物化学和分子鉴定技术能用于提供一个收集地区有用遗传多样性的信息,从而使收集工作更理性,取样工作更有效。分子标记也能用于度量不同种间的差异程度,也可用于分析群体内部和群体间的多样性和在基因库收集样品中监测遗传侵蚀。其次,离体繁殖方式经过修饰可用于田间提供收集问题材料的新方式。

无性繁殖和不宜冷藏的有种子植物,收集的材料经常体积较大且较重。此外,它们常常生长在土壤中,因此引入了一些危及植物生长的因素。不宜冷藏的种子和营养繁殖的植体,如根、导管或茎的生命力有限,它们更易于在微生物的作用下分解。很多情况下,适宜收集的材料可能不存在,种子可能未发育成熟或由于放牧而被啃食。然而,新的离体收集技术涉及离体接种的基因原理和精简的条件培养,它们通常适合于实验室操作。这些技术最初用在可可树芽和椰子树胚上,也成功地用于数种其他的材料(Withers,1993)。

遵从足够的检疫惯例、发病标定指数和灭菌程序,可从根本上保证种质从其原生地到基因库以及在基因库和使用者间的安全转移。无性繁殖作物显现出的特殊问题通常在于收集营养体的形式,这些营养体具有高度的带病转移危险因素。由于这些营养体缺乏种子生产过程中可以进行的病原体过滤机制,因此会累积系统性的病原体。可能的根除病原菌的方法是通过分裂组织切片培养,有时联合其他的治疗过程,如温热疗法,现在这些方法是许多无性繁殖作物引进保存库过程中一个重要的步骤。酶联免疫吸附法(ELISA)和其他基于核酸、生物化学和分子技术方法的引入,为病原菌检测提供了许多新的方法。

我们目前所种植作物的野生近缘种,尽管农艺性状不太适合,但是也有可能获得许多期望的抗逆性状,这是它们长期忍受自然选择压力的结果。最近很多研究利用近缘野生种进行基因组测序,提示了在栽培植物中不存在神秘等位基因(详见第 7 章),这些工作使野生种的保存变成种质资源保存中比以往任何时间都更为重要的内容。适合近缘野生种收集战略发展的需求已逐步增加,利用在第 5.5 节中讨论的方法,基因组技术包括分子标记有助于鉴定存在于近缘野生种中的遗传多样性和优点。

5.3.2　核心种质

主要粮食作物的种质收集样品数量不断增加,范围遍及全球,更好收集和使用种质库中的遗传资源已经成为重要的议题。潜在的使用者需要群体中具有多样性代表的或某一特定农艺性状的种质(如抗病、耐旱),满足这两种需求对种质库的管理者来说都比较困难。植物育种中利用基因库的材料的增加,受到许多收集种质的范围和不同结构的限制。认识到这一点,Frankel(1984)提出了一个他称之为核心种质的概念,即以最少的“代表”代表一个作物种和相关近缘种的遗传多样性,核心种质之外的种质可以保存在储备库中。核心种质库的建造需要大约 10% 的种质代表至少 70% 的遗传变异(Brown,1989a,1989b),除非整个种质库非常大,其中只有不到 10% 的种质是必需的。Frankel 和 Brown(1984)和 Brown(1989a)进一步完善了这个建议,它们勾划出如何利用信息记录种质的起源和性状来获得核心种质的覆盖率。按照实际使用情况,将核心种质三个主要目的设置成尽可能代表广泛的遗传多样性,这样可以深入研究简化的基因型,同时尝试推断出结果,从而获得促进研究基础种质库的适宜基因型(Noirot et al.,2003)。

核心的建议是从根本上抛弃关于遗传资源的思想(Frankel,1986)。自那时开始,主要任务就是无限制地收集尽可能多的种质并安全保存,不考虑开销和费用。Frankel 和 Brown(1984)引入了一个种所应收集的足够种质的观念。分析物种范围内气候上、生态上和地理上的信息能用于指示物种所适宜的明显不同的环境或隔离的地点,这种分析与可利用的种质是相符的,常用于鉴定生产地或生活环境,在这些地点种质是足够多的,同时,在这些地点,进一步收集种质也是有保证的。利用这种途径,一个完整的种质库才能建立起来,核心种质也可以从中提炼出来。

利用所有的可利用数据,核心种质将可以完整地代表遗传多样性,基本程序是在种质库和各组的种质中分出相关的或类似的种质组。目前,在核心种质库的格局中,绝大多数的研究者都认为分类分层的需要优先于取样。换句话说,群和亚群内的变异组织结构应该被考虑进去。更多地使用这种方法对更准确地测量遗传变异,其益处显而易见。非常清楚,产生这些度量会花费大量的人力和财力资源,因此,这些方法只能应用于有限数量的种质,需要考虑选择哪个种和哪个种质是至关重要的。既然目标是从有限的抽样中获得最大数量的有用信息,核心种质的使用是一个明显的捷径。

选择一个核心种质的一般程序可以分为如下4个步骤。

(1)定义一个域:创建一个核心种质的第一步是定义被代表的材料,即核心种质的定义域。

(2)分成不同的组:第二步是将域分成不同的群,每个群间有尽可能多的遗传差异。

(3)完整的定位:核心种质的范围应被确定,选择完整的每个群的数量。

(4)抽样选择:最后一步是从包含在核心库的每个群中选择抽样。

几个不同的方法可用于建立核心种质,它们的目的是利用尽可能少的抽样,代表绝大多数的遗传多样性(Noirot et al.,2003)。许多关于核心子集形式的研究报告已经发表。Hintum(1999)描述这样一个系统,核心选择机制产生种质抽样的代表性的选择。Up-adhyaya 和 Ortiz(2001)发展了一个两级战略用于开发最小的核心种质,再次基于从核心种质中选择10%的抽样代表整个种质90%的变异。在这个过程中,代表性的核心种质首次发展并提供所有的地理起源、性状特征和进化资料的可用信息。在第二步,从不同的形态学、农艺学和质量性状评估核心种质,以从核心子集(或整个种质的1%)选择出含10%抽样的子集,这样获得大比例(即超过整个种质的80%)的有用变异。在选择核心和最小核心种质的两步中,标准的聚类程序常用于分离类似的抽样群,这些群由用于鉴定最好代表性的统计测验的许多不同的样品所组成。

分子标记用于建立核心子集,它保存尽可能多的最初种质所具有的多样性(Franco et al.,2005,2006)。三个玉米数据设置和24个分层取样策略的遗传标记常用于调查哪个策略保护核心子集中与起始样品相比的最多的多样性(Franco et al.,2006)。这些策略由三个混合因素组成:①两种聚类方法(UPGMA 和 Ward);②两种遗传距离检测方法;③六个分配标准[两个基于聚类的范围和四个基于核心(D 法)的最大距离,使用四个多样性指数]。每个策略成功测验建立在每个核心中最大遗传距离(改良的 Roger 和 Ca-calli-Sforza 和 Edwards 距离)和遗传多样性指数的基础上(Shannon 指数,杂合位点的比例和有效的等位基因的数目)。对这三个数量集来说,UPGMA 和在位点法产生核心子集,这种方法比其他方法产生的核心子集明显具有更多的多样性,比 M 策略在最大遗传距离的 MSTRAT 运算法则方面更完善。

利用改进的 M 策略与启发式搜索建立核心种质库,已有一个被称为 PowerCORE 的程序开发出来(Kim et al.,2007)。这个程序支持通过减少有用等位基因的冗余来发展核心种质库,因此增强了核心种质库的丰度。PowerCORE 的输出通过一些案例的研究来验证,程序有效地简化了核心种质库的生产过程,同时明显地削减了核心完整性的数量,却保存了全部的多样性。PowerCORE 适用于不同类型的基因组数据包括 SNP。

基于重要的经济性状的表现型评价和 DNA 标记的利用,以发展核心种质为目标的遗传多样性研究在几个植物种中已有报道。核心库建立的早期阶段,作物包括了苜蓿、大麦、鹰嘴豆、三叶草、小扁豆、药用植物、花生、大豆、豌豆、红花和小麦(Clark et al.,1997)。报道的作物小型核心种质有鹰嘴豆(Upadhyaya and Ortix,2001)、花生(Upadhyaya et al.,2002)、鸽嘴豆(Upadhyaya et al.,2006b)和水稻(1536 份资源,D. J. Mackill,国际水稻研究所 IRRI,个人通信)。这样的工作使不同的种质得以鉴定,同时具有重要的经济价值的有益的性状在大麦和许多豆科作物中发现(Dwivedi et al.,2005,2007；Brick et al.,2006)。表 5.1 提供了已经建立起来的核心种质的例子,包括大量相关的种质。几种类型的数据用于每一种作物,地理起源常常是选择的最基本的标准。

表 5.1   几种作物核心种质的描述(改自 Dwivedi et al.,2007)

作物	描述	登记材料的数目	参考文献
大麦	USDA-ARS 大麦核心种质	2303	Bowman 等(2001)
	核心种质	670	Fu 等(2005)
木薯	核心种质	630	Chavarriaga-Aguirre 等(1999)
龙爪粟	核心种质	622	Upadhyaya 等(2006a)
玉米	中国玉米核心种质	1193	Li 等(2004)
珍珠粟	核心种质	1600	http://icrtest:8080/Pearlmillet/Pearlmillet/coreMillet. html
马铃薯	核心种质	306	Huamán 等(2000)
水稻	USDA 核心种质	1801	Yan 等(2004)
	IRRI 核心种质	11 200	Mackill 和 McNally (2004)
高粱	核心种质	3475	Rao 和 Rao (1995)
小麦	Novi Sad 核心种质	710	Kobiljski 等(2002)
	中国普通小麦核心种质	340	Dong 等(2003)

注：IRRI,国际水稻研究所；USDA-ARS,美国农业部—农业研究院

　　研究水稻资源选择样品建立核心种质库的方法,基于共享等位基因频率(SAF)和唯一 RFLP 及 SSR 等位基因的频率(Xu et al.,2004,图 5.3)。按照随机选择的方法选择了不同范围的子集(代表美国和全球收集库的 5%～50%)。每一个样品的范围,利用再取样技术和分析 200 份复份种质和每个亚群等位基因数目,与子库取样的较大的种质库中的等位基因数目相比。在 SAF 和检测的单等位基因数目的基础上选择的栽培品种亚库(整个种质库的 13%),代表 94.9% 的 RFLP 等位基因而只有 74.4% 的 SSR 等位基因。可以期望,基于附加信息源的选择标准将进一步提升核心种质库的价值和代表性。这个资源可以作为一个新的等位基因源,用于遗传研究和扩展美国水稻栽培品种的遗传基础。另外,可以得出以下结论(Xu et al.,2004)：①需要更多的样品代表全球种质库,它比美国种质库具有更多的多样性,后者包含较多的有亲缘关系的栽培品种；②结合使用 SAF 和特殊等位基因提高核心种质库的代表种质；③在相同的代表性水平上,通过 SAF 选择的核心种质库比随机选择需要更少的种质；④如果采用高的多态性标记(如 SSR 与 PFLP),充分代表遗传多样性需要更多的种质。

　　核心种质库概念已引起相当广泛的兴趣,也在植物种质资源界引起了争议。通过发展小样本群使现有的种质库获得更多的种质,这种方式是受欢迎的,这将成为评价和使用

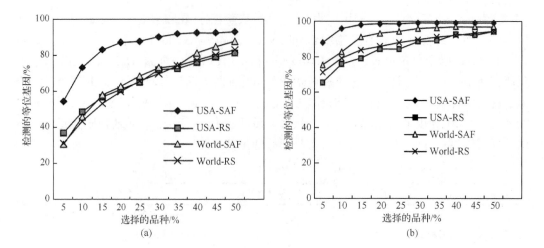

图 5.3　选择方法的比较,以共享的等位基因频率(shared allele frequency,SAF)或随机选择 (random selection,RS)为基础,用于鉴定水稻中的一个核心种质的成员。图中显示了以 SAF 或 RS 为基础,在美国种质和世界种质中检测到的 RFLP 等位基因的比例(A)和 SSR 等位基因 的比例(B)。根据 Xu 等(2004)修改

及提供大的种质库的突破点的核心,而大的种质库是为了具有更多的代表性。然而,仍存 疑虑的是,关于任何作物遗传多样性的可用信息仍不足够建立起一个有意义的核心种质 库,以及绝大多数有用性状发生的频率很低,以至于在核心种质库中被忽略。其他关于核 心种质库的疑虑包括核心种质外的种质更加脆弱、容易损失、缺乏代表稀有或特有的等位 基因,以及与使用者的特殊需要相差甚远(Gepts,2006)。

分子标记从未知或无功能 DNA 序列发展而来,在种质库中同样的标记等位基因并 不必意味着这些种质库共有与标记位点相连的同样功能等位基因。如果核心种质仅仅只 利用这些分子标记,重要表型性状的遗传变异可能会丢失。随着基因组序列密码子的译 解和诸多基因功能的确定,带有确定功能的核苷酸多态性的基因专化标记(FNP)将可用 于许多基因的识别。利用 FNP 建设种子资源核心种质库将被组合成代表基因的核心种 质。随着更高精度的基因结构与功能关系的阐明,研究者们将有可能集中关注在结构基 因活动位点或关键启动子区域的遗传多样性。这将有可能筛选出大量的种质用于 FNP, 其目的是搜索等位基因,这些等位基因有可能与专一位点表型相关。从最初的种质,用户 鉴定一个或多个感兴趣的种质,将变换到新的信息水平上,这里确定了种质的聚类信息, 这些种质代表了某一特定的基因池或特定性状的更广泛的多样性。第二阶段的调查将采 用详细设计的已知的特定目标性状或基因组区域的分子标记集合来实施。用这种方法建 立的核心种质库有助于建立异质群,从中可选亲本建立基础群用于杂交育种工作。

5.4　保存、复壮和繁殖

种质库的主要任务是在一定区域内保存种质,在其中可以不确定地繁殖而不损失遗 传多样性或完整性。总的来说,基础收集是用于长期条件下贮存收集样品,而活动收集是

用于中期条件下保存样品,工作收集指的是育种家通常在短期条件下的收集保存。监测收集库的正常运转,尤其是田间基因库、评价样品的生命力和复壮及繁殖,是其最本质的主要的功能。对以种子作为种质载体的大多数作物,种质的保持、复壮和繁殖过程可以很容易地建立起来。本节将主要讲解问题作物和一些方法,这些方法在田间操作中变得日益重要。

5.4.1　离体保存技术

在 20 世纪 70 年代后期和 80 年代早期,组织培养或离体培养技术已开始在植物生理学研究、营养繁殖、病害根除和遗传操作中产生影响。离体保存技术后来被认定为问题作物的一种保存遗传资源的方式,也是随着植物生物技术领域发展出现的一种保存方法。图 5.4 说明了植物组织培养中从不同组织到产生植株的流程。在植物组织培养中涉及的一个共同因素是,无菌植物材料在无菌环境下如在已灭菌培养基的试管中生长。

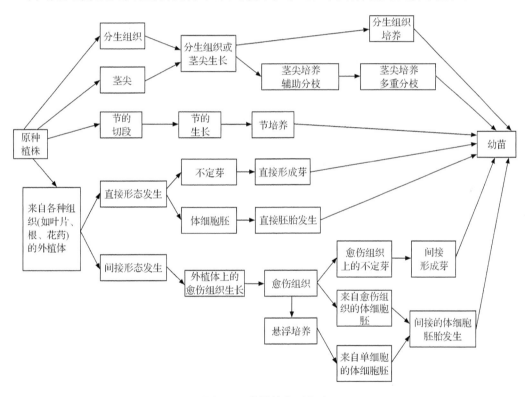

图 5.4　微繁的主要方法

伴随着其他新技术的发展,离体技术正逐渐增加保存的效率和安全性,不仅仅是问题作物,还包括诸多其他的作物。离体保存技术有如下的优点(Dodds,1991):①在控制环境条件下,离体技术系统可以发掘出很高的无性繁殖率;②产生植株过程中通过分生组织培养结合温热疗法,培养系统是无菌的,能很容易祛除真菌、细菌、病毒和寄生昆虫,并隔离多种外来的威胁,这样能确保产生无病的种块,简化了种质资源国际交流中的检疫程序;③由于外植体的小型化,在连续使用中它们需要较小的储存空间,转存运输也较轻松;

④在理想的组织培养储存系统中,遗传侵蚀的发生概率被降低为零;⑤借助于花粉和花药培养,可以产生单倍体植株,它们在遗传学和育种过程中都非常有用(详见第4章);⑥它们也用于植物育种过程中,作为不亲和杂交中胚拯救和随后受精胚培养的一种方式,不亲和杂交常导致胚分离;⑦与维持大面积的田间收集库相比,减少了劳力和财经花费,是离体收集得以广泛运用的更深一层的原因。离体技术在种质保存包括后熟阶段还有其他的优点,如森林树种的保存;培养或溶和种内或种间的原生质;通过插入外源DNA来转化植物细胞核和细胞质结构等;生产和转化发酵池中有用的自然混合物(生物同化或生物转化)(Kumar,1993;Ashmore,1997)。

有许多应用离体保存技术的例子。这些技术已经发展用于收集那些产生不可冷藏种子的植物种以及营养繁殖的材料,可以使收集者引进无菌条件下的离体材料直接种在田里(Withers,1995)。这种方式将使在偏远地方(如收集非常不宜冷藏的可可种子)或在收集果实转运代价非常大时(如收集椰子种质)收集种质成为可能。在收集没有种子的目标资源、其他的储存器官或是会很快失去生命力的发芽的树木以及被污染的资源时,无菌培养的建立将使收集工作变得容易和更有效(Engelmann and Engels,2002)。

离体保存的缺点有:相关时间和劳力高投入用于培养和保存设施的建立,由于污染或遗失标签造成的潜在损失,在亚培养过程中微生物感染的风险,体细胞变异所累积的风险以及设备故障所造成的意外损失。在某些组织培养过程中,随着离体条件时间的延长,培养的分化潜能会出现下降。分离不同的植物细胞长时间保存和离体组织重复继代培养是非常昂贵的,要花费大量的时间和增加劳动强度,并经常导致分化,或生物同化能力以及在遗传、染色体或基因组的合成,如突变、非整倍和多倍体变异等方面变化的减少。起因于继代培养的体细胞变异可以表现在分子、生物化学或表现型水平上。然而,体细胞变异也受到环境控制因素,如培养基的形式和继代培养的间隔等的限制,直到新陈代谢中断,它才会完全终止。外植体的类型和保存的方式对体细胞变异的存活和范围有重要的影响。总的来说,活跃组织的培养(分生组织、根尖和胚)要比非活跃组织的培养更稳定。因此,活跃组织的培养能更好地保存长时间的离体培养的遗传完整性。需要开发和利用新的保存方式,它能够减少维护植物培养的必要条件,并能保存基因、生物化学和表型的稳定性。对短期和中期保存来说,某些形式生长量的减少有利于细胞和组织培养,但是对长期保存来说,生长停止是必需的。

离体培养需要严格地控制环境条件,如培养基的构成,某一条件不能立即应用于培养较大范围的种或者是在一个种内的每一个样本。因此,培养条件常常需要根据不同的种、亚种或是感兴趣的培养而调整。国际植物遗传资源委员会(IBPGR,现在称为国际生物多样性组织)发布了离体储存的一般建议,包括设计和操作培养用具的建议(IBPGR,1986)。通过减少培养基的成分和修订物理环境来减少生长率,已经有了广泛的研究。通过矿物油覆盖来修正气态环境或控制气体平衡可以延迟生长。然而,最有实践意义和最有效的降低生长速度的方式涉及降低培养温度和(或)增加培养基的渗透延迟作用。在不需要继代培养的情况下,许多物种的培养能以这种方式保存6个月至2年的时间。

5.4.2　超低温储藏

为了降低或消除以上所讨论的危险，人们付出了很多的努力用于开发中期储藏的低生长水平和长期保存的超低温方式（Withers，1993；Harding，2004），超低温储藏被认为是离体培养中扩展期间保存材料的最有效方式。超低温储藏在－130℃得以实现，在这个温度点上，液态水完全不存在，分子动力学和扩散概率异常低。在实践中，这需要储藏在液氮内（－196℃为液态，－150℃为气态）。在超低温储藏条件下，新陈代谢停止，因此，时间似乎有效地停止了。超低温储藏的优点包括不经过继代培养的不确定储藏，频繁的生命力检测或植株产生和生物同化的保持，超时培养的再生能力。一旦条件确定可以安全达到库温度时，唯一威胁材料生存和完整性的情况是在非理想条件下的意外溶解，以及在背景辐射下随意造成的根本性损害（Benson，1990）。前面的危险可通过适当的装置、备份系统和实验程度而降至最低，后面的危险可通过筛选和应用免费的基本净化低温保护而降到最低。超低温保存的成功与否依赖于许多因素，如起始材料和它的预处理，低温保护处理和冷冻及解冻率。事实证明遗传稳定在超低温保存材料中保存较好，遗传损害可能发生在实际的冷冻和解冻阶段，而不是在保存阶段。

植物细胞首次成功地实现超低温保存是在 20 世纪 70 年代早期。细胞悬浮培养已经在最适合的材料中应用这种保存方式。这些材料的程序设计如下几步骤：前期生长、低温保护、冷却（保护性脱水）、储藏、增温、后期解冻处理和恢复生长。使植物能够再生的超低温胚胎悬浮培养是一种具有潜在价值的保存工具。因为关系到遗传稳定性，绝大多数超低温保存研究都集中于较活跃的组织，如根尖、根和受精胚。一些植物材料在传统的超低温保存下可以较好地保持生命力，而有些其他材料却完全没有反应。除了带有物理损害，大量的材料能以一定程度的细胞和组织水平存活。在这些情况下，愈伤组织有较大的体细胞变异风险，应当更换。近年来的努力使能被超低温保存的物种数量飞速增加，也提高了超低温保存样本的质量。然而，这种进展还是相当慢，涉及的物种仍然是一个相当狭窄的范围。不宜冷藏种子在超低温保存中出现了一个双重的问题：它们常常因此结构容易受伤，它们对脱水非常敏感。或许超低温保存的新发展最有前途、最能使人们感兴趣的是它涉及人工种子技术。Dereuddre 等（1991）开创了一项技术涉及包装、脱水和根尖或成熟胚的超低温保存，即在藻酸盐凝胶中包装、空气中脱水或在高渗透压的蔗糖溶液中接种和快速冷却。这可能比传统方法获得更高的存活率，也能受到更少的结构损害。

5.4.3　合成种子和 DNA 的储存

下面两项技术或许能用于保存传统技术较难保存的遗传材料，即生产和保护合成种子及保存核苷酸（DNA）。DNA 的储存从原理上操作简单并有广泛的应用，然而，没有办法代替或解决种质储藏的问题，因为所有的组织都不能由 DNA 再生获得，它只能被当做一种补充方法。随着生物技术方法用于育种过程，我们可以设想，这种方法对控制着特定性状基因的离散收集品是有用的。此外，基因源间的障碍随着生物技术发展而减少，使基因有选择的转移变得更加便利，相关的材料以 DNA 形式储存不必起始于目标作物本身的基因源。

最初的植物保存一直是按照需求主要集中于在国际上具有重要地位的农业物种和常规品种,稍微扩展也只到哪些面临危险和濒临灭绝的物种。相反,很少有力量对伴随生物技术应用而日益增加的大量基因型进行系统收集和保护(Owen,1996)。自从这些优异资源被个人研究者或实验室保存后,它们随时面临被丢失的危险。Owen(1996)强调指出了用于保存和储藏植物种质的几种方法,并且特别强调了那些用于保存通过生物技术利用获得的优异种质并依靠它们获得植株的技术。

体细胞和受精胚也被认为可以作为有用的繁殖体而进行保存。体细胞胚胎分化包括非遗传性繁殖,这种方式产生的培养系一般便于操作并容易采用许多技术,如人工种子进行生产,这样产生的种子能够进行超低温储藏。通过观察离体胚在传统方式下的行为,一些不宜冷藏的物种的保存已变得可能,并能超低温保存。也有研究确定利用干的体细胞胚或压缩的体细胞胚保存的可行性。这些合成种子的保存对于无性系的保存特别有用,然而,更多的研究需要用来阐明干燥后如何增加生命力,如何抑制早熟性萌芽。

植物总的遗传信息能被容易地分离,DNA 片段也能以冻干的形式储存。因此,基因转移技术是用于储存有益基因的一个有用的方法。与储存 DNA 类似,花粉储存也是一个有用的方法,常用于育种过程培育的品系的保存,但细胞质基因就无法这样保存。花粉储存可以保存基因,但不能保存理想的基因组合。

5.4.4　复壮和繁殖

由于保存种子的萌发能力的丧失,对它们进行定期复壮是非常必要的。随着储存时间增加,在种子丧失萌发能力之前突变增加,如果在一定时间内不进行材料的复壮,群体的遗传结构可能会发生改变。为了防止选择可能改变等位基因频率、甚至能消除那些对一定的土壤气候因素极其敏感的等位基因,繁殖的地点应具有类似于材料收集地的生态特点。

组织培养能用于大量生产某一选定的优良植株的碳拷贝,它们的农艺性状是已知的(图 5.4)。它能以高繁殖率状况在无菌环境下生产植物材料。自 20 世纪 70 年代以来,主要基于愈伤增殖和体细胞胚分化的离体繁殖技术,已被广泛开发出来并应用于数以千计的不同植物物种。

如先前所预示的,离体繁殖技术能用于快速无性繁殖那些以营养生长的种质,也可用于其他材料,如不宜冷藏的种子,但常常用于相当小的数量。优选的繁殖方式通常在培养中具有最低的体细胞变异风险,如通过非遗传方式生产的茎尖或分裂组织的培养。然而,其他的因素必须从总体上考虑,这包括首选的系列技术的实用性、繁殖的难易和比率,以及是否适用于储存。

5.5　资源评价

如果资源不能得到适当的利用,那么,仅仅拥有许许多多的资源也是毫无意义的。种质资源的评价是资源在作物改良中得以利用的前提条件。大量作物遗传资源是可以利用的,但是,到目前为止,无论是在表型还是在基因型方面,很少资源得到较全面的鉴定。在已经鉴定的资源中，通常也只有少量农艺性状或仅仅在表型水平上鉴定，在基因型水平上，有利用价值的农艺性状可利用的信息很少。然而，目前，对可利用的遗传及基因组信息的需求正日益增长，基因库中资源材料的分子评价让科学家们更有兴趣，也更容易得到支持。

资源样本或者群体的评价实际上从收集资源就已经开始，而且永远也不可能结束。当某个农艺性状被认为是资源群体或样本中重要或有用性状时，关于这些性状的描述术语也逐渐增多。根据性状是被植物育种家、植物学家、遗传学家还是其他科学家选择利用的情况，种质资源的描述术语也有所不同。

基于种子繁殖种质资源的遗传与利用评价，往往集中在种子本身的性状和诸如形态性状、生理性状、耐胁迫及品质等植物整体方面，大多数最早评价的性状是容易以肉眼观察到的。由于植物育种与分子生物学的有机结合，种质资源的遗传评价已经扩展。形态学评价已经从几个重要的经济性状扩展到能与其他种质样本区别的几乎所有性状。这种种质鉴定模式是根据种质资源在基因库中明确定义，并能用于识别该种质的整体性状的表型评价实施的。当这种表型由主基因控制时，这种评价方法的效果很好。对于像产量性状这样受多基因控制的性状，由于同样的表型可能由不同的基因型控制，反之亦然，因此，单独由表型评价去区分资源样本十分困难。实际情况是，根据表型观察得到的评价被认为不能用于大多数性状改良的外源种质，可能含有能用于改良这些性状的优良基因，但是，这些种质资源却藏匿于基因库里成千上万的种质样本中。肉眼观察进行资源评价常常不足以鉴定所有性状，例如，解剖学及品质鉴定就可以通过使用新技术揭示那些肉眼观察不能鉴别的新的差异。

因为种质资源保存的类型已经延伸到植物组织、细胞及 DNA，增加新的评价标准和方法是必要的。例如，细胞及植物组织的特异性是由它们对培养基的反应决定的，通过诸如 DNA 的吸收光谱、电泳分辨率及染色反应等 DNA 的物理和化学特性，对 DNA 样本进行评价，即使对于基于种子的种质资源，分子生物学也提供了在细胞、染色体及分子水平评价种质资源的新方法，如在 DNA 水平上鉴定染色体数目变异及差异。因此，种质资源评价不仅可以在形态和生理水平上进行，也可以进行从分子生物学等多学科水平上的评价。在众多可利用的新技术中，最切实可行的是分子标记技术，该技术是根据 DNA 的差异及 DNA 差异与 QTL 分析的结合。正如第 6、第 7 章所述，这一技术给予基因、等位基因及以其为基础的有用性状更确切的鉴定和定义，该技术还可用于从劣等种质中鉴定和分离特异优质基因，因此，该技术将把种质资源评价从形态学及生理水平，推进到生物化学和分子生物学水平。

5.5.1　标记辅助种质评价

标记辅助种质评价（MAGE）目标在于，通过分子标记辅助确定种质资源的遗传结构和鉴定、管理与重要经济性状有关的等位基因的种质，以弥补种质资源表型评价的不足。分子标记可以进行基于基因、基因型和基因组水平上的种质鉴定，与经典的表型鉴定相比，分子标记鉴定可以提供更确切的信息。分子标记可以回答种质资源评价中的一致性、重复、遗传多样性、污染和再生植株的完整性等问题。另外，分子标记也是无性繁殖物种，如马铃薯、甘蔗、芋头等的重要基因位点识别的重要工具。分子标记揭示出的很多特点，如独特的基因、基因频率及杂合性等，反映出种质资源在分子水平上的遗传结构。在更深层次上，分子标记信息能指导种质样本中有利基因的鉴定，辅助指导将这些基因转移到新的当家品种中去。标记辅助评价（MAGE）在种质资源的获取与分发、保护及利用过程中发挥重要作用。正如 Xu 等 2003 年总结的那样，分子标记常应用于以下几个方面：①分析栽培品种的分化，构建杂种优势群；②鉴定现有种质中存在的冗余种质、隐含基因及遗传缺失类型；③监测种质储藏、繁殖更新、驯化及育种过程中发生的遗传漂移；④筛选种质资源中的新基因或优异基因；⑤构建代表性的次级种质或核心种质样本。

对分子标记辅助种质评价的重要性的认识，导致了全球挑战计划项目（The Generation Challenge Programme, GCP）（http://www.generationcp.org）的出现。GCP 项目旨在利用分子标记工具和比较生物学，探索、开发种质样本中的遗传多样性，改良多种禾谷类作物、豆类及无性繁殖食用作物的耐旱性。GCP 项目的初始目标之一是，对全球相关遗传资源进行广泛的基因组鉴定，起初利用 SSR 标记确定遗传结构，现已转向全基因组扫描（包括 SNP 和多种芯片技术）、次级种质样本的功能基因组分析。因此，GCP 项目已经创制了由 CGIAR 托管的 20 种作物中大多数作物的复合种质样本，这些复合种质样本覆盖全球的多样性。这些样本由 3000 份种质资源组成，其中自交作物占已有种质总数的比例少于 10%；对异花授粉作物，则由 1500 份种质组成，异花作物中的每份种质均被视为一个群体。可以预测，这一分析方法还能引导广泛的遗传作图及构建育种群体。GCP 支持项目的结果已经开始使一些科学团队受益，此外，GCP 项目正在支持直系同源候选基因的等位基因多样性分析。直系同源候选基因（ADOC）将产生和公布 8 种重要的 GCP 作物直系同源候选基因的等位基因多样性公共数据，评估每种作物 300 个相关种质的 DNA 序列多态性。对这些已经进行过全基因组扫描的相关种质，将实行与耐旱相关的 DNA 多态性与性状变异间的关联性性状评价分析。

通过不同的方式，分子标记可用于种质资源的管理。已知功能等位基因标记或与农艺性状关联的标记可用于追踪、选择和管理这些相应的基因或性状。诸如 RAPD 或 AFLP 这样揭示多态或代表多基因位点的遗传标记，通常难以追踪，因此，它们需要转换成位点特异性系列标签位点标记，如 STS、SSR 或 SNP。中性标记或未知染色体区位的标记常常用于指纹和遗传背景检测，在这种检测中，只要标记能揭示全基因组多态性，所有能检测到高多态性的标记都可用。Spooner 等（2005）提供了一些分子标记在基因库管理中应用的例子，如在种质样本间或样本内遗传丰度水平评价，以及对收录种质在基因库繁殖实施过程中遗传完整性的评价，其中包括基因流动幅度和表现情况等。正如第 9 章及 Xu（2003）等讨论的那样，有效的 MAGE 系统由几个关键部分组成。

MAGE 主要依赖 DNA 基因型的多变量分析，每个实验需要回答几个问题，即哪个收录种质必须包含在样品中？抽样的种质样本的遗传本质是什么？异质的、分离群体如何抽样？什么样类型的变异需要测度？测度多少种变量？应该分析原始的多变量数据还是分析派生的遗传相似数据？等等。在所有这些问题中，问得最多的是多少个标记足够进行全基因组的 MAGE？而答案依赖于 MAGE 能否回答这个问题，也有赖于使用的分子标记类型。Smith 等（1991）利用了分布玉米全基因组的 200 个 RFLP 标记对 11 个玉米自交系(遗传距离矩阵由 55 个元素组成)做了指纹分析,以 5 为增量值选取 5～200 间的 RFLP 标记(如 5,10,15,…,200)估计遗传距离矩阵,其结论是:100 个 或 100 个以上的标记足可以满足估计精度的要求。Bernardo(1993)的研究结果认为,要精确估计共同家系系数则必须使用 250 个以上的标记位点。粗略估计,检测基因组中任意两个标记位点间连锁不平衡所需标记的数量,能用于判断多少个标记对全基因组 MAGE 是必需的,从表面上看因作物而不同,如果全基因组 MAGE 在基因组或基因系列水平上密切相关的种质或群体中进行,也高于已经报道的 MAGE 项目所需要的标记数目。在不远的将来,由于覆盖全基因组的 SNP 标记和基于高通量基因型分析芯片系统的开发使用,适用于全部可利用种质样本的所有候选基因的分子标记可能成为现实的目标。

5.5.2　离体评价

遗传变异是从植物组织培养中获得特异植株体的基础。细胞培养被视作专一性试剂处理产生突变细胞系优先选择的方法。在多个这样的实例中,这些细胞系产生的植株,在整体水平上表现出新的性状,增加了特殊性状的农艺价值。细胞水平上对选择试剂的反应与整体植株对选择试剂的反应有一定的相关性。通过使用能优先筛选特殊细胞系的专一性选择试剂,能使整体筛选的植株数量减少。细胞培养中,遗传稳定性鉴定和评价可用的技术包括细胞学技术、同工酶分析、DNA 分子标记分析,还包括其他分子生物学及生物化学方法。与传统的温室或田间的大群体植株筛选相比,细胞培养的大群体筛选能在一个离体的小空间内进行,这就节省了时间、空间、劳动力和资金的投入,也允许在一个可控的实验室进行全周年的筛选。同时,离体筛选还能减少传统田间筛选可能遇到的环境变异和大田肥力不均一等问题。

在离体培养条件下,植物会丧失其区别于其他个体的显著表型特性,因此,为确保其遗传完整性,在培养过程中,必须准确记录和警觉变异的发生。通过密切监测能减少体细胞变异的风险,但从储备培养物中频繁繁殖再生植株和大田检测常常耗费资金,效率也不高。离体培养的视觉监控只能监测到最为明显的变异,如花斑叶和极端矮化植株,更为精确、广泛、可靠的监测结果仍然是要借助生物化学及分子生物学技术手段。分子标记提供了一种检测遗传完整性的理想方法,DNA 水平上的微小变化能用分子标记技术检测,在培养阶段,也能监测到突然出现的非预期的变异植株,因此,消除了离体繁殖植株田间监测的需要。

5.5.3　遗传多样性

新的遗传学技术,尤其是大规模 DNA 测序技术(第 3 章),导致了分子系统学的发展和在植物种和种内群体中检测遗传相似性和遗传分化的新方法的出现。从基因组水平(如使用 FISH 技术)到单核苷酸水平(DNA 测序和 SNP 技术)对生物体进行比较成为可能。分子标记在遗传多样性研究方面可应用于以下几个方面:①在群体间或群体内鉴定分子变异;在单个基因位点检测基因型频率的偏差;②根据遗传距离构建系统树,或进行收录种质的分类,确定杂交作物的杂种优势群;③分析遗传距离与杂种优势表现及杂种优势与特殊配合力之间的相关性;④玉米不同种质类群间的遗传多样性比较。以玉米为例,这些领域里的某些应用,在 Melchinger(1999)、Warburton 等(2002)、Betrán 等(2003)、Reif 等(2004)、Xia 等(2005)和 Lu 等(2009)的研究中都能看到,这些研究为基因库的监护、基因识别及育种提供了有利用价值的信息。

理解基因库中多样性范围及遗传结构对有效管理和利用种质资源非常重要。由于我们应该努力维持在一个什么水平的遗传多样性的问题仍然在争议中,我们首先要问的问题便是关于种质(entities)的特殊性。有些人认为,高度特异性种质应该比其他丰度分布的近缘种更加受到关注(Vane-Wright et al.,1991)。另一种观点则认为,因为物种适应环境的能力似乎更为重要,所以物种丰度分布的类群进化潜力最高(Erwin,1991)。另外,物种对亚种、杂种对群体的重要性,引发了关于科学合理合法保护单元的较大争议(O'Brien and Mayr,1991)。因此,正如 Hahn 和 Grifo(1996)所提出,首先要采用分子方法检测的是分类的特异性标记和各保存单元之间分化程度的估计。

多样性研究中,通常采用的分子标记被假定为中性,也就是非 DNA 表达区段存在的分子标记。在表达性状 DNA 区段的分子变异与数量变异之间的关系却少有详细的研究,但是,如果要使这类遗传多样性研究在生物多样性评价和保护中得到更有效利用,这是一个必须解决的问题(Butlin and Tregenta,1998)。像玉米一样,在一个大的基因组区段,多样性的积累使 1.5 亿个位点具有普遍的多态性。这些多态性中,小而重要的部分是对应表型性状中的复合变异。分子标记增加了我们对产生和保护遗传变异时空模式及进化机制的理解。然而,这对实际生物多样性保护,对种质资源的收集、管理的直接好处仍然不明确(Harris,1999)。

过去的一些研究强调,与地方种及野生近缘种相比现代栽培品种的遗传多样性下降了。例如,Liu 等(2003)利用 94 个 SSR 标记评价 260 个不同玉米自交系的遗传多样性,结果发现,与温带玉米自交系相比,热带及亚热带地区的玉米自交系包含更多基因和基因多样性。同时还发现,这些玉米自交系只含不足 80% 地方玉米的基因。因此建议,地方玉米品种可为玉米育种提供大量额外(新增)的遗传多样性。Vigouroux 等(2005)利用 462 个 SSR 标记分析了 100 个玉米自交系和大刍草样本,结果表明,玉米和大刍草的祖先种中的很多基因在现代玉米品种中已经消失了。Wright 等(2005)比较了玉米和大刍草中 774 个基因的 SNP 多样性,认为玉米种质样本具有较低的遗传多样性,这与作物改良人工选择的结果相符合。玉米研究中的这些报道,连同其他作物中涉及有关近缘种的遗传图谱研究结果,支持早先的结论,即未经驯化的种和野生近缘种包含将来作物育种改良中重要的、但现在还没有用过的新的基因资源(Tanksley and McCouch,1997)。

影响遗传多样性的因素

多态性范围在物种和抽样位点间是明显不同的。在对一条玉米染色体变异的综合研究中,21 个位点的分化差别达到了 16 倍(Tenaillon et al.,2001)。位点间的变异可以部分反映抽样结果的影响,但是选择和其他因素往往起着更加主要的作用(表 5.2)。虽然多种因素影响多态性,但中性进化理论认为,多态性水平(θ)应该是有效群体大小(N_e)和突变率(μ)以 $\theta=4 N_e\mu$ 建立的关系(Kimura,1969)。不幸的是,关于这一点,在植物中没有得到实证证明。背景选择可能是决定核苷酸多样性的主要因素之一,因此建议,遗传多样性水平应该由基因组内重组和物种水平上的异交率加以修正。在一些植物物种中，强大的选择压力对降低核苷酸多样性具有重要作用。在有利表现型的选择过程中，有些作物似乎已经通过了明显减少其多样性的瓶颈（Doebley，1992）。在增加基因组内特异位点的多样性上，平衡选择和（或）频率依赖性选择对于增加基因组内特殊位点的多样性发挥着重要作用。在这些选择机制中，选择往往趋向于在进化过程中以不同的方式维持多等位基因。

表 5.2 影响核苷酸多样性的因素

因素	与多样性的相关性	范围
突变率	正相关	常常为全基因组
群体大小	正相关	全基因组
异交	正相关	全基因组
重组	正相关	全基因组
性状正选择	负相关	个别的基因
品系选择	正相关	全基因组
多样化选择	正相关	个别的基因
平衡选择	正相关	个别的基因
背景选择	负相关	个别的基因或全基因组
群体结构	混合的相关	全基因组
测序误差	正相关	个别的基因
PCR 问题	负相关	个别的基因

资料来源：Buckler and Thornsberry，2002；获得 Elsevier 的许可

多样性的检测

遗传相似性的估计对最佳种质管理策略的制定是至关重要的，也是现代植物系统学和进化生物学的核心。植物系统学家和进化遗传学家已经开发了适合于解决某些种质资源管理问题的遗传相似性的分析技术。Kresovich 和 McFerson（1992）强调指出了遗传多样性评估在植物遗传资源管理中的重要作用。在一个给定的分类单元（taxa）、种质样本或地理区域内，遗传多样性的简单估计就是在一个较大的分类单元中的分类单位数（如在一个给定的区域的一个物种内发现的亚种数）。然而，因为分类单元中实际的遗传分化，这个公认的下属（次级）分类单元数在分类学处理单元之间的变化非常明显（Bretting and Goodman，1989），据此，派生于分子标记数据的多样性估计值也许比多数种质资源应用的分类单元值更有价值，因为这种分子标记估计值更易于在分类单元间比较，因此，问题的焦点可能集中在保护基因而不是保护分类单元上。

因为基因组检测是直接的，基于 DNA 技术克服了作物中常出现的形态学与遗传多样性的不一致。因为 STS 技术是基于 EST（表达标签）发展而来的，甚至可能使用对应于特定生命阶段的表达基因，而不是隐含的序列差异，去分析种质样本间的遗传差异。因为 DNA 数据库常常能识别 EST 的功能产物，基因库管理者不仅能获得种质样本间的遗传

多样性及其亲缘关系的指标,也能得到种质样本增加的信息内容(Brown and Brubaker, 2002)。当遗传标记数据能用一个位点或等位基因模型解释时,等位基因多样性可以用下列指标描述:①多态性位点百分率:多态性位点数除以分析位点总数;②每个位点等位基因平均数:分析位点数除以检测等位基因总数;③总的基因多样性或平均期望杂合度(Nei, 1973;Brown and Weir, 1983),按以下公式计算:

$$H = 1 - \sum_i \sum_{j=1}^m P_{ij}^2 / m \tag{5.1}$$

④多态性信息含量(PIC),按 Botstein 等(1980)所述方法,是关于每个标记显示的多态性的相对值,按以下公式计算:

$$PIC_i = 1 - \sum_{j=1}^m P_{ij}^2 \tag{5.2}$$

在式(5.1)和式(5.2)中,P_{ij} 是 m 基因座位的 i 位置上第 j 个等位基因的频率。所有这些估计的方差受多态性位点和样本大小的影响,这里样本大小是指每个植株的分析后代数,每个群体的分析植株数或每个分类单元的分析群体数(Brown and Weir, 1983;Weir, 1990)。大量理论和时间研究表明,为了估计值更加精确,分析位点的数量比样本大小更为重要,而样本大小应该尽可能与实际大小相同。

在分子标记数据的实际应用中,适当选择相似系数 s 或相异系数 $d (d=1-s)$ 很重要(表 5.3),s 或 d 的选择依据以下因素:①采用的标记系统的特性;②种质的谱系;③考虑到操作分类单元(operational taxonomic unit,OUT),如株系、群体等;④研究目标和⑤随后多变量分析必要的前提条件。

表 5.3　等位基因标记数据信息相异系数 d

变量	相异系数		取值范围
d_E	$\sqrt{\sum_{i=1}^m \sum_{j=1}^{n_i} (p_{ij}-q_{ij})^2}$	Euclidean	$0, \sqrt{2m}$
d_R	$\frac{1}{m}\sum_{i=1}^m \sqrt{\frac{1}{2}\sum_{j=1}^{n_i}(p_{ij}-q_{ij})^2}$	Rogers(1972)	$0, 1$
d_W	$\frac{1}{\sqrt{2m}}\sqrt{\sum_{i=1}^m \sum_{j=1}^{n_i}(p_{ij}-q_{ij})^2}$	Modified Rogers	$0, 1$
d_{CE}	$\sqrt{\frac{1}{m}\sum_{i=1}^m (1-\sum_{j=1}^{n_i}\sqrt{p_{ij}q_{ij}})}$	Cavalli-Sforza and Edwards(1972)	$0, 1$
d_{RE}	$-\ln(1-\theta)$	Reynolds 等(1983)	$0, \infty$
d_{N72}	$-\ln\dfrac{\sum_{i=1}^m \sum_{j=1}^{n_i} p_{ij}q_{ij}}{\sqrt{\sum_{i=1}^m \sum_{j=1}^{n_i} p_{ij}^2 \sum_{i=1}^m \sum_{j=1}^{n_i} q_{ij}^2}}$	Nei(1972)	$0, \infty$

续表

变量	相异系数		取值范围
d_{N83}	$\dfrac{1}{m}\sum\limits_{i=1}^{m}\left(1-\sum\limits_{j=1}^{n_i}\sqrt{p_{ij}q_{ij}}\right)$	Nei 等(1983)	0,1

$$\theta=\frac{\sum\limits_{i=1}^{m}\left\{\dfrac{1}{2}\sum\limits_{j=1}^{n_i}(p_{ij}-q_{ij})^2-\dfrac{1}{2(2n-1)}\left[2-\sum\limits_{j=1}^{n_i}(p_{ij}^2+q_{ij}^2)\right]\right\}}{\sum\limits_{i=1}^{m}\left(1-\sum\limits_{j=1}^{n_i}p_{ij}q_{ij}\right)}$$

注:p_{ij} 和 q_{ij} 分别是两个分类操作单元在第 i 座位上第 j 个等位基因的频率,n_i 是第 i 座位上等位基因数,m 是位点数

　　虽然存在着各种各样的成对遗传相似性测度方法,但是,目前只有少数方法得到广泛应用。Reif 等(2005)检测了广泛应用于种质资源调查中的 10 种相异系数,其主要方法是,通过调查相异系数的遗传和数学特征,检测它们应用于植物育种和种子库不同领域的结果,然后确定 10 个系数之间的关系。利用 Procrustes 分析方法,对 7 个 CIMMYT 玉米群体发表的公开数据分析结果表明,一方面 Euclidean、Rogers、修饰 Rogers 值(Rogers,1972;Wright,1978)及 Cavalli-Sforza 与 Edwards 距离关系密切,而另一方面 Nei 标准遗传距离和 Reynolds 遗传相异系数关系密切。这一研究也表明,当我们采用遗传相异系数分析分子标记数据资料时,遗传相异系数的遗传学及数学特征是十分重要的。

　　种质分类

　　根据形态性状、地理分布、进化及育种历史、系谱或分子水平的遗传多样性,可以对种质进行分类,属性和数量数据资料一直用于表型分类。广泛的分类方法有助于我们理解种内亚群的遗传结构,以及怎么去识别有用的基因供体和构建杂种优势群的基本原理。满足以下特征的分类技术是最理想的分类技术(Crossa and Franco,2004):①能产生与优化目标函数的分类群;②确定的优化组群数,尤其是与统计假设测验的技术相关联;③有助于计算一个衡量分群质量的尺度;④依据每个观测值属于某分组的概率,可以将其分到组;⑤既能使用属性数据变异,也能使用连续变异数据;⑥能延伸到不同环境条件下测量的变量数据的分类问题。最好的数值分类策略是能形成一个简洁明晰、组别区分明显的分组,也就是组内有最小变异而组间有最大变异。Crossa 和 Franco(2004)综述了与基于混合分布模型同样的统计模型的几何分类技术。与其他分类方法相比,两阶段顺序聚类策略,可以使用所有变异类型,包括连续变量数据和属性变量数据,因此,往往趋于形成更均匀的分组。顺序聚类策略可用于由基因型与环境互作的三元属性数据。在不同环境条件下,这种分类方法对基因型的分群结果与多数连续变异性状和属性变异性状的响应一致。

　　通过聚类分析和排序分析,我们可以得到关于各分类单元或种质样本间的遗传相似性的可视化模式。理想情况下,这两种多变量分析技术常常一起使用,因为它们是优势互补的(Sneath and Sokal,1973;Dunn and Everitt,1982;Sokal,1986)。在聚类分析中,根据前述的成对遗传相似性模式、分类单元、种质样本或遗传标记通过聚类演算法排成一个

阶梯图(称为表型图或系统树)。这种聚类分析得到的阶梯聚类图高度依赖于相似性测度和聚类算法。最常用的聚类方法包括算术平均(非加权配对算术平均 UPGMA 和加权配对算术平均 WPGMA)(Sneath and Sokal, 1973)。NTSYS(http://www. exetersoftware. com/cat/ntsyspc/ntsyspc. html)是实现这些及其他计算方法的商业软件包之一。最近,一套专为 SSR/SNP 遗传标记数据分析设计的综合统计方法软件——POWERMARKER,已经广泛用于聚类分析(Lu et al. , 2009)。POWERMARKER 有选择不同的遗传距离和聚类方法的选项,并可以免费从以下地址下载:http://statgen. ncsu. edu/powermarker/。

在排序中,通过特征结构分析,成对分类单元间或标记间的相似性矩阵中的多维变量可描绘成一维或多维。排序最适合揭示通过连续的数量变异性状描述的分类单元或种质样本之间的相互作用和关联性。主成分、主坐标和线性判别式等分析是与未来种质资源管理最相关的分类技术。

已经有很多用分子标记进行种质分类的报道,这里只讨论两个例子。一个是利用 AFLP 和 SSR 标记对代表 5 个高粱种和 9 个中间种的 46 个改良外来系进行指纹分析,共有 453 个标记位点用于计算系间遗传相似性。以 Jaccard 系数大于 0.75 为界,用 UPGMA 构建的系统树将 31 个外来系分成了三群,其余 15 个系分为 4 个小亚群和 7 个单一样本,每个小亚群含 2 个系(Perumal et al. , 2007)。另一个例子是,经 RFLP 分析,236 个水稻栽培品种鉴定分为对应于水稻籼、粳两个亚种的 2 个主要类群。比较籼稻和粳稻等位基因的频率发现了 7 个亚种特异基因,其中一个基因存在于 99% 以上的籼稻品种中,另一个基因存在于 99% 以上的粳稻品种中(Xu Y et al. , 2003)。

图 5.5 提供了一个用 169 个 SSR 标记对 18 个 1930 年以前选育或收集的水稻品种进行聚类分析的例子(Lu et al. , 2005)。18 个水稻品种分为 3 个组,分别对应于不同谷粒大小的三个美国水稻类型,即美国西部水稻带(加利福尼亚州)的短粒水稻品种和美国南部水稻带的中、长粒水稻品种。这三个水稻类型形成了美国培育短粒温带粳稻和中及中长粒热带粳稻的种质资源基础。

种质资源分类可用于构建杂种优势群,每个群内的品种具有高度相似的遗传背景。因此,不同群间杂种较群内杂种表现更强的杂种优势。商业玉米杂种是典型的利用两个相对、互补的杂种优势群自交系创制杂交种的例子。很多农作物中,杂种优势模式仅仅是在大量测交和广泛培育经验的基础上形成的,在近亲繁殖的物种中,其亚种或亚群间的差异比异交物种更大或更显著,DNA 分子标记可用于将种质资源样本分成不同的杂种优势群,每个群内有高度遗传相似性。水稻、甘蓝型油菜、大麦和小麦中的研究结果表明,DNA 标记是构建杂种优势群的有用工具(Xu,2003)。分子标记位点间的差异在将玉米自交系分配到已经建立的杂种优势群时也是有用的,分子信息和系谱信息也是一致的(Lee et al. , 1989; Melchinger et al. , 1991; Messmer et al. , 1993)。

在种质资源分类中,还有两个方面需要进一步发展:数据分析方法和对数量变异分子多样性的理解,目前分析分子数据的方法没有赶上复杂数据生成的方法(Harris, 1999)。因此,复杂的分子数据(如 AFLP 数据)分析还常常采用十多年前的相似性测度方法,而处理多倍体的分子数据又需要专门的相似性测度和分类处理方法。

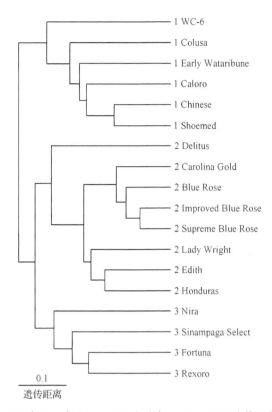

图 5.5　依据 169 个 SSR 标记，采用 UPGMA 方法与 Nei's(1972)遗传距离，对收集或选自美国 1930 年以前的 18 个水稻栽培品种的分群(Lu et al.，2005)。1、2、3 三个群经鉴定由 6 个、8 个、4 个栽培品种组成，分别代表短、中、长粒美国水稻栽培品种。得到 Lu 等(2005)授权

系统遗传学

在植物种质资源管理系统中，遗传标记最重要的作用之一是阐明种属内、群落和家族内的系统学关系，获得种质特征特性基因档案。利用上述相似性测度和分类方法，所有遗传标记类型都已经成为鉴定系统和进化遗传关系，及建立一个分类学一致性的工具，而这将可能改变如何管理和利用种质资源。如 Bretting 和 Widrlechner(1995)所述，澄清中间类型的进化关系可能挑战资源管理者对资源的判断和敏锐度。分子分类学将大大增进我们对很多作物初级、次级、三级基因库的认识，进化研究将帮助我们鉴定作物的祖先、过去的遗传瓶颈和引进有用变异的机遇。区别近期合成、自然产生的杂种 F_1 和(或)源于平行趋同进化、克隆变异、重组形成物种和(或)中间祖先保留的性状(包括系谱分类现象等)(Avise，1986)等分类学的中间类型派生杂种对种质资源管理目标特别重要。

用系统遗传学方法最能阐述物种的系统关系。系统遗传学方法有时能帮助我们判断作物和相关类别物种之间的系统遗传学关系，并据此帮助我们确定一个似杂草的作物近缘种是该作物的祖先还是一个野生的作物衍生种。因为一个作物与其近缘种之间的确切系统关系得到较好的理解，种质资源保护与利用的策略变得清晰明白。例如，至少从 20 世纪 80 年代中期起，玉米进化学家通常已经接受 Mangelsdorf 的三分假说[源自 30 年

代,修改完善于 Mangelsdorf(1974)]。该假说推测:玉米是直接从一个未知的玉米野生种进化而来的,而大刍草是从一个玉米与摩察禾属种的杂交种衍生的。在这一阶段,大量的资源(相对于那些与大刍草有近似贡献的资源)分配以向摩察禾属种质渐渗的方式改良玉米(Galinat,1977)。简言之,从整体上看,对作物及其野生近缘种之间系统关系的清晰理解对于合理的资源管理和作物改良是至关重要的。

采用分子标记和某些特异性状覆盖的部分基因组的测序,试图以一个或更多的分子标记或序列位点数据的调查代替经典形态学调查,已经对很多作物的分类关系进行了重新评估。例如,关键产量相关性状(花和种子生产、成熟期和光周期反应)的遗传结构研究使我们集中精力于基因组领域,在基因组中,多样性对性状十分重要(Hodgkin and Ramanatha Rao,2002)。系统发生学研究提供了一个遗传认识的根本进展,不仅提供两个个体或基因拷贝的差别,而且也基于一个共同祖先的时代将它们置于一个层次关系中。

全基因组分析能够评估系统遗传学多样性,从而构建基因组范围的系统发育树。根据基因组成、基因顺序、直系同源基因和直系同源蛋白序列连接阵之间的进化距离,也能构建基因组发育树(Wolf et al.,2003)。用全基因组信息获得的初步结果和普遍观点能够帮助我们改进系统遗传学信号,全基因组分析方法的必将得到更广泛的应用。

5.5.4　收集资源的冗余和缺失

由于大量种植样本对相应的每个栽培植物是有用的,同一栽培植物有很多相似复本或近乎一致的样本,而另一些则以稀有等位基因或高度不寻常的基因组合具体体现,或有些栽培植物中很多基因或等位基因没有出现在收集的样本中。分子技术将帮助我们理解现存样本的遗传结构,设计适当的获取策略。在特殊情况下,可以用前述计算遗传距离的方法去识别特别相异的亚群体,这种群体可能隐含能补充现有群体中有价值的遗传变异。

一个相同的栽培品种可能被给予了不同的名称,或者同一样本的复样,种质资源的冗余常常存在于很多种质资源的样本中。收集的种质资源样本中复样量很大,因为减少开支与基因库的运行相关联,常常需要消除这些种质资源的冗余。Lyman(1984)估计至少有 50% 的现有种质资源由复样组成。FAO(Food and Agriculture Organization)(1998)估计世界各地保存的 600 万个种质样本中,只有 100 万～200 万个是单一的。另外,人们认识到,所有种质应该至少要备份在两个不同地方,以避免在任何一个地点的完全丧失。谱系相关的栽培品种、姐妹系及早期的近等基因系代表另一形式的种质冗余,因为它们在大多数遗传位点上是重复的基因型。例如,美国水稻栽培品种'M5'、'M301'、'M103'、'S201'、'Calrose'、'Calrose 76'、'CS-M3'和'Calmochi-202'在 100 个调查的 RFLP 位点上共有同一族等位基因,其中每个品种都可以追溯到一个共同的 Caloro 祖先。另外,用更具多态性的 SSR 标记检测时,在'Calrose'和'Calrose76'之间也不能发现遗传多态性的存在(Xu et al.,2004),这可能是因为'Calrose'与'Calrose 76'是同一株系,'Calrose 76'代表一个通过化学诱变产生的变异株系。Dean 等(1999)采用 15 个 SSR 标记,分析了 19 个被鉴定为保存于美国 NPGS(the US National Plant Germplasm System)中且均被赋予的"Orange"名称的高粱[*Sorghum bicolor* (L.) Moench]种质样本,他们发现其中的多数样本在遗传上是独特的,但是有两个冗余存在。方差分析也说明,减少 NPGS 保存的几乎一半的 Orange 种质样本数量,也不严重损害其中的整个存有种质样本的遗传变异。

种质资源可用以比较所有遗传位点的等位基因频率,因此,在一个给定群体中,可以识别特异等位基因、基因组及等位基因频率模式。不同的种质样本间,显示出等位基因频率改变最大的含有这些基因的染色体区段能定位出来。这一分析的理论基础是定义基因组区段,在这个区段里,选择能产生等位基因组合或等位基因频率,它们能使一个拥有较少多样性的种质样本群体明显不同于具有更大的多样性的种质样本群。在祖先栽培品种或野生近缘种中的等位基因可能通过驯化和育种过程逐步丧失。现代育种工作通常依赖于少量优良的种质资源,这些优良资源导致遗传单一性和对于将来的育种工作可能是重要的多种等位基因的丢失。通过追溯作物物种的祖先或野生近缘种,已损失的具有重要价值的基因或等位基因可以重新获得。Christiansen 等(2002)利用 47 个 SSR 标记,确定了 20 世纪培育的 75 个北欧春小麦栽培品种的遗传多样性变异。他们发现,有些基因在 20 世纪前 25 年丢失了,而在随后的 25 年,几个新的基因又引入了北欧春小麦材料中。

通过利用 100 个 RFLP 和 60 个 SSR 位点比较美国和世界各地收集的水稻种质及世界各地水稻种质中籼稻和粳稻这两个主要栽培类型的等位基因频率,Xu 等(2004)发现,在世界水稻资源中出现最大基因频率(等位基因频率为 20.4%~59.5%)的 20 个 RFLP 和 14 个 SSR 位点共 34 个等位基因中,3 个基因在美国水稻种质(粳稻)中已完全丧失,31 个基因在美国水稻种质(粳稻中)表现不充分(低于 5%),而有些基因则在籼稻中出现类似的情况。以此为例,丢失的基因和频率低于 2% 表现不充分的基因列于表 5.4 中。对这些基因的不利选择很清楚,主要源于现代美国栽培稻品种来自很少量引进种质的事实。

表 5.4 在美国种质中丢失或表现不充分,而在世界种质中出现最高频率的 SSR 和 RFLP 等位基因

染色体	标记	基因	等位基因频率/%			
			世界	美国	世界粳稻	世界籼稻
1	RM259	156bp	20.4	0	0	35
1	CDO118	17kb	49.5	1.6	0	85.7
2	RM207	131bp	21.7	0	4.7	35
3	RM7	181bp	31.5	1.6	2.3	54.1
5	RM233B	138bp	41.9	1.7	2.5	74.5
7	RM11	143bp	29.6	1.6	4.7	48.4
9	RM219	216bp	21	0.9	0	35.6
9	RM257	149bp	21.5	0	0	36.5
9	RM205	123bp	46.4	1.6	4.5	77.8
9	CDO1058	4.1kb	55.9	1.6	4.5	93.8
12	RG901X	4.6kb	43.6	1.6	9.1	69.8

注:前缀 RM 是 SSR 标记,其他标记是 RFLP(Xu et al. , 2004)

5.5.5 遗传漂移和基因流

为满足种质资源分发要求繁殖存量资源或为维持种子活力,大量种质资源样本需要

定期繁殖,在这一过程中,存在因为遗传漂移、选择或基因流危害种质资源遗传完整性的风险(Sackville Hamilton and Chorlton,1997)。遗传漂移是在偏离亲本群体的后代群体中,等位基因频率波动的随机现象,这将导致等位基因频率从一代到另一代出现随机波动或某些等位基因最终从群体中丧失。对二倍体生物,在一个世代中这种等位基因频率变化可以由 $q(1-q)/2N_e$ 量化计算,这里 q 代表等位基因频率,N_e 表示有效群体大小(Falconer,1981)。因此,有效群体大小决定遗传漂移程度。因为存在雌雄个体数的不均等、世代重叠、非随机交配、生育力差别及群体大小的波动,有效群体大小常常小于实际群体大小(Falconer,1981;Barrett and Kohn,1991)。遗传漂移可以通过调整繁殖群体大小或开发改良繁殖方法等措施得到控制(Engels and Visser,2003)。因为遗传漂移的随机性特点,可以利用中性和共显性分子标记度量遗传漂移值。

由于繁殖期间选择的影响,群体的遗传构成也可能发生改变。选择与遗传漂移不同,因为选择通常是对特定基因型或基因位点发生的,而不会同时影响所有基因位点。繁殖阶段的选择,可以通过亲本和后代群体之间某基因位点标记等位基因频率的强烈漂移加以推断(Spooner et al.,2005)。维持遗传多样性和预防遗传漂移是种质资源保存的重要目标。在开放授粉的物种种质资源繁殖阶段,需要监测主要以选型交配或同型交配形式存在的偏离随机交配。在玉米中,由于重视 1 个或 2 个合成的或开放授粉的玉米栽培品种详细的多位点同工酶分析,偏离随机交配得到广泛研究(Kahler et al.,1984;Pollak et al.,1984;Bijlsma et al.,1986)。一般而言,在随机交配模式中,自交水平不会超过预期水平,但是花粉库的暂时变异或配子体选择会导致显著的偏离发生。

在种质中期、长期储藏过程中,种质的基因档案可能改变。储藏影响分为三大类:①突变发生;②染色体畸变发生;③异质群体中基因型生存能力的差异产生的基因频率漂移。Roos(1988)全面综述储藏对种子影响后,没有发现归因于储藏诱导染色体畸变的可遗传变异的证据,同时提出:无需要关注因储藏突变改变种质遗传组成。然而,Bretting 和 Widrlechner(1995)指出,随着时间的流逝,种子寿命的差别显著减少遗传变异性。这一观点已经为利用 8 个菜豆株系的混合种子的实验(Roos,1984)和栽培小麦种 4 个储藏蛋白基因型实验所证实(Stoyanova,1991)。

遗传漂移也可能因离体培养产生。历史上,曾经用核型标记,如染色体数和染色体形态等监测以(离体)组织培养方式保存的种质的遗传稳定性,因为细胞学变异曾经被认为是体细胞变异的主要原因。Lassner 和 Orton(1983)报道,在离体培养下,具有一致的同工酶酶谱的芹菜发生明显的细胞学变异。最近,因为转座子的转移,离体培养已经显示诱导变异(Jiang et al.,2003;Kikuchi et al.,2003;Nakazaki et al.,2003)。这些发现加强了离体培养种质的遗传稳定性应该用一套不同的遗传标记,尤其应用全部跨越整个基因组的基于转座子 DNA 标记,应加以监测的概念。

以自花授粉为主的种质资源样本含有一定水平的异质性,这为遗传多样性的保持提供了一个缓冲并防止遗传漂移。监测异质性种质样本有助于开发种质样本重建的策略,而不损失由异质性提供的等位基因多样性。一般来说,如 Olufowote 等(1997)在水稻研究领域报道,一个较高水平的杂合性存在于传统栽培品种中,由于杂合性或异质性产生的遗传多样性也常在不同来源的水稻(Olufowote et al.,1997)和玉米(Gethi et al.,2002)

自交系中发现。在另一个水稻例子(Xu et al.,2004)中,236 个水稻种质资源样本中,在 1 个或多个 RFLP 或 SSR 位点上,共有 120 个(占 50.8%)水稻样本发现是杂合或异质的。单个水稻样本中检测到的杂合位点数为 0~39 个(占 160 个位点的 25.3%),这些杂合性基因模式既可能显示有种子的混杂,也可能表明,尽管在分析基因型之前,所有种质样本已经纯化并且没有检测到明显的表型变异,但在这些栽培水稻品种中仍保留着真实的杂合性。

在植物育种中,一些特异的种质被选作育种亲本,以根据其可利用的目标性状或其整体表现,培育新的栽培品种。某些种质比其他种质更被频繁利用,其结果是:考虑已经培育出的栽培品种及其应用的总情况,在很多遗传位点基因型选择和等位基因频率的改变发生,并导致特异的基因型、等位基因及其基因组的丧失或频率很低,不具有代表性。

基因流在产生难以控制的杂草过程中扮演了重要角色。基因流既导致作物的分化(Harlan,1965;Jarvis and Hodgkin,1999),也导致作物的遗传同化(Para et al.,2005),或在不同的时间和不同的基因位点两者同时发生。

分子标记分析可用于监测一个长时间的植物育种历史阶段培育的品种之间的基因流(垂直流)、一个相对短时期内培育的谱系相关的栽培品种间的基因流(水平流)以及栽培品种和杂草之间的基因流。在亲子控制和广泛用于保护育种者权益的品种鉴定中,追溯特异等位基因或基因已经成为一个重要的目标。关于转基因植物和杂草之间的基因流的进一步讨论放在第 12 章。

5.5.6 特异种质

为了扩展特定栽培物种的遗传基础,在每个物种总的遗传多样性背景下,必须对所有收集品的遗传多样性进行评估。由于利用 DNA 图谱,一个种质收集品或一个群体内的每个收录种质遗传特异性都能确定,独特的单个基因及其频率也能清楚描述和鉴定(Brown and Kresovich,1996;Smith and Helentjaris,1996;Lu et al.,2009)。建立 DNA 库进行基因挖掘,以识别包含新等位基因和基因组合的特异种质资源。

外来种质的采样应该强调的是遗传组成而不是其非同寻常的性状表现。DNA 图谱明显区别于现代种质的那些种质可能包含大量新基因(不同于已存在于优良基因库中的基因)。标记分析能用于鉴定稀有或新的基因,所以用传统杂交和基于测序的基因组方法可以确定常驻基因的功能意义。各个品种和种质样本的基因频率会使我们知道关于该种质是否保持或包含有稀有基因或等位基因,并且进一步的基因型鉴定可能确定这些基因是否对将来的植物育种有重要意义,拥有特异基因的种质可能含有植物性状改良所需的新的遗传变异。例如,检测的 236 个种质样本中,15 个种质样本(占 6.4%)含有至少 1 个 RFLP 位点的特异等位基因(这些基因只出现在一个栽培品种中),81 个种质样本含有 SSR 位点的等位基因。经鉴定含有特异等位基因的种质样本也具有不同寻常的高遗传多样性的地理起源,可能在杂种优势利用方面具有潜在的利用价值,同时拥有新的农艺性状基因。

任意两个品种间的遗传相似性程度可以估算为共享基因的比例。最相似的种质共享几乎所有标记位点的等位基因,而最不相似的种质样本少有或几乎没有共同的基因。评估遗传相似性时,SAF(共享基因频率)是一个抽样样本中所有可能成对品种的平均值。较小的平均相似性表明,一个抽样种质群体中的其余品种有更大的遗传差异。依据平均SAF,最多样化的种质被选来代表拥有最低频率的等位基因的品种,也是遗传上最不同于其他种质样本的种质。从 236 个水稻栽培品种中,Xu 等(2004)依据 RFLP 标记选择了16 个最具多样性的种质样本(SAF< 50%),依据 SSR 标记选择了 49 个种质。这些选择中的多数,如 Caloro、Cina、Badkalamkati、DGWG 和 TN1 等,都是祖先栽培品种,它们在以前 40 多年的水稻育种中被用作亲本,没有一个选择是包含了更狭窄的遗传基础的美国种质样本株系。

种间杂种遗传图谱研究已经鉴定出新基因/优异基因,这些基因来自那些表型不佳的远缘物种中,它们提高了现代栽培品种的表现(Xiao et al.,1998;Moncada et al.,2001;Brondani et al.,2002;Nguyen et al.,2003;Thomson et al.,2003)。这些新基因存在于种质资源样本中,但以前一直没有被鉴定出来,因为它们被隐藏在劣质的表型下。从 *Oryza rufipogon* 中鉴定出来并能增加商业栽培水稻品种产量的有价值的基因已经用于改良 1989 年以来就已经商业化的中国杂交水稻品种(Xiao et al.,1998),并且含有 *O. rufipogon* 渗入基因的新杂交稻较之前的杂交稻增产 30% 以上(Yuan,2002)。如果有性杂交转移不能实现或进展太慢,尤其是在普通遗传背景下测试这些新基因或等位基因期间,这些新基因/等位基因也能采用第 12 章描述的方法之一进行转化利用。植物育种中遗传资源的利用是植物育种家的主要任务,关于这一主题将在第 7 章和第 9 章中讨论。

5.5.7　等位基因挖掘

关于鉴定或捕获现有育种系种质库中没有的多样性,有几个选择:基因挖掘、转化、突变育种、利用地方品种或合成多倍体及远缘杂交(Able et al.,2008)。这里讨论的是挖掘基因,这对利用隐藏在遗传多样性中的新基因是非常重要的。

通过基因挖掘、鉴定不同自交系的特异"单倍型"、单征多态分析、发现近等同源系(nearly identical paralogues , NIP)(Emrich et al.,2007)和确定它们的进化意义,均可以鉴定作物基因组的分子和功能多样性。通常,有两种已经精心设计的方法用于基因挖掘:重测序(Huang et al.,2009)和 EcoTILLING(第 11 章讨论)(Comai et al.,2004)。

使用基因分子标记分析全基因组基因型是重测序方法的基础。从种质样本中发掘基因尚处于初始阶段,面临着下列巨大的挑战,首先是在大量的等位基因中确定哪些与野生型具有不同功能,其次是哪些新的等位基因对目标性状具有有利影响且能够被发掘出来。探知基因功能的方法包括标记辅助回交、转化、瞬时表达分析和使用一组独立的关联作图种质以识别原基因的关联分析。随着越来越多地开展这类研究,越来越多的序列变异与表型之间的比较数据将允许生物信息学识别形成将来预测方法的模型。

目前,在植物育种中影响基因发掘有效利用的限制因子是还没有足够关于 SNP 变异和可供育种家利用的表型变异之间关系的信息。然而,能在芯片上从等位基因发掘产物中开展目标性状选择的资源和工具已逐渐具备条件。因此,概念验证项目正在模式生物中实施,以研究 SNP 单倍型和表型变化之间的关系。这已经导致一些预测工具的开发,这些工具能够以一个高概率去识别那些与有害表型相关的单核苷酸多态性(SNP)。然而,该领域里下一个大的步骤是发展生物信息学工具来比较序列变异与蛋白质及其功能域变异或与包括表型在内的关联数据的公共数据,以预测 SNP 单倍型变异体的哪些亚选择最有可能提供目标性状中有益的表型变异。也可能是,在启动子和非编码区的 SNP 对表型分析预测也很重要。

关联作图中用到的同样的方法也可能用于多种次级核心种质的基因挖掘,这些次级核心种质来源于育种家育成的株系、基因库种质样本和野生近缘种。一旦一个有益基因(通过关联作图或任何其他技术)得到肯定并且确定了其序列,在次级核心种质中的其他所有个体中,同样的基因就能(完整或部分)重测序(Huang et al., 2009;Vashney et al., 2009)。相应这一位点的新基因的 DNA 序列变化能以这种方式鉴定,携带这种新基因的植株可以被评价为表型关联变化的目标性状并确定其在后续育种中的利用价值。这些基因通过简单的表型扫描不曾被发现,可能是因为在所有可能的环境条件下种植和测度一个大的种质样本的每个植株不可能实现,因为在不适合的遗传背景下这些基因的效应可能被掩盖掉,或者因为这些基因的效应很小,以至于除非特别种植在密切控制的表型筛选条件下(一般不可能有非常大的规模),否则这些基因不可能被发现。

5.6　种质创新

尽管评价数据对积极利用种质资源非常重要,这些信息不会自动保证被积极使用。多数基因库的种质是传统的农民种植了几个世纪的地方品种,这些品种经历了无数次适应生物和非生物胁迫的选择循环,因此,它们对现代作物改良有特殊价值。原始的野生种质是有价值的种质,它常常为重要性状改良提供巨大潜力,然而,育种家通常不愿意直接接触这些有价值的资源,因为其他不良影响的基因与选择基因一起以连锁累赘方式携带在这些资源中。

"预育种"术语常用于指定资源评价与育种期间的阶段,许多旨在辅助植物种质开发利用的项目包括预育种过程,也称为"开发育种"或"种质创新"。Duvick(1990)将通过使外来种质适应当地环境而不失去其基本的遗传基础,或使外来种质中高价值的性状渗入到当地栽培品种中,最终使特定基因更易于使用和可用的过程定义为"预育种"。尽管预育种的终端产品在某些理想性状方面是不足的,由于与原始的资源相比,其在育种的直接利用中有较大潜力,它们仍然引起了育种家的兴趣。种质创新或将原始种质转化成可以利用的形式是现代作物改良的关键,育种家寻求的是具有特异性状的创新或改良种质而不是原始、未经改良的种质,而这些种质又是重要基因库的主要组成部分,因此,种质管理者并不希望来自育种家的大量、直接的种质请求。与种质创新专家及实验生物学家(分子遗传学家、生理学家、生物化学家、病理学家和解剖学家)的有效联盟将加强原始种质的利用。

下面用普通菜豆(*Phaseolus vulgaris* L.)作为预育种的例子。野生普通菜豆资源评价表明其对病虫具有很好的抗性,并在种子中有高含量的 N、Fe 和 Ca,这些特性最终有助于改善菜豆营养品质和产量(Acosta-Gallegos et al., 2007)。在这种情况下,预育种工作可以通过以下几方面得到加强:①基因库来源的信息、综合性状的分类,野生型的分子多样性及图谱数据;②对生物和非生物胁迫的间接筛选;③分子标记辅助选择。

5.6.1　种质样本的纯化

种质样本中非典型类型是潜在的种质质量问题。习惯上说,非典型定义为表型上与典型植株或育种家培育的植株不同的个别植株,它们可能来自机械混杂、异交、突变或残余变异。从种质保护的角度看,非典型类型可能与真实类型混杂,当种质中非典型类型的比例足够高时,非典型类型占种质样本中的主导地位,不能把它们与典型植株区别开。从种质利用的角度看,非典型植株的存在将降低作物的一致性,因此降低其产量和品质。如果非典型类型植株不是太多且如果它们能从表型上与真实类型区别,非典型类型容易被去除。除表型可观察到的非典型类型外,许多非典型类型是在遗传上与典型植株不同,但难以目测观察区别的。这种基因型的非典型类型的存在可能对种质产生更严重的影响,这可能是种质资源发生遗传漂移和隐匿损失的原因之一,通过繁殖,基因型和表型的非典型类型可能被扩大。分子技术提供了一个强大的机制以使表型和基因型的非典型类型区别于典型植株。性状关联标记和诸如 SSR 及 SNP 的高分辨率分子标记可用于区别两个拥有非常相似的遗传背景的植株。以 10 个或更多共显性的分子标记为例,育种家能从他们的育种群体和杂交种子群体中鉴定出独特的非典型类型,并获得非典型类型基因型来源详细的基因型信息和非典型类型对典型植株的比例,然后,育种家做出选择和纯化的决定以提纯种质和育种材料。

种质中存在的异质性降低了种质利用的潜力,减少了育种家的兴趣。对这类种质遗传改良的第一步是通过选择典型植株纯化种质以获得真正的育种需要的基因型,这一工作对自花授粉作物的野生近缘种是极其重要的。

5.6.2　种质创新中的组织培养和转化

在 20 世纪 70 年代,关于植物细胞系对氨基酸类似物、核苷酸类似物、抗生素和植物病原菌毒素等抗性的报道,曾经掀起了植物细胞培养研究热潮。在植物育种方面真正令人兴奋的报道是,通过植物细胞培养,能够创造利用常规育种方法无法获得的抗除草剂、抗植物病原菌和抗矿物质及盐胁迫的新资源。植物细胞、组织和器官的离体培养操作正在产生越来越多可用于工业化、生物化学、基因型和农艺性状上有重要意义的特异克隆,这些例子包括可再生的基因型、转化株、单倍体、多倍体、突变体、近等基因系、体细胞无性系变异体、体细胞杂种和次生产物生产培养物等。此外,广泛的系列工业化学品是来自植物,包括香精、色素、树胶、树脂、蜡、染料、精油、食用油、农药、酶制剂、麻醉剂、止痛药、兴奋剂、镇静剂、催眠剂和抗癌药物。最终的策略是,将最先进的育种种质进行细胞培养,通过选择或体细胞变异以获得附加一个新性状的改良衍生系。

组织培养和分子生物学的发展为把多种不同的生物(植物、动物和微生物)中的新基因精确转移进作物开辟了新途径,这在以前是不可能实现的。

体细胞培养、花粉培养、原生质体培养及大量植物类型的植株再生技术有效规程的发展,结合包括基于 Ti 和 Ri 农杆菌质粒的改良 DNA 载体、直接 DNA 转移方法、转座子、启动子系列、标记基因和大量克隆基因等的广泛系列工具,使基因转移更精确和直接(详见第 12 章)。这些技术发展的结果,在许多植物种类中已经产生了携带外源基因并整合了新性状的转基因植株,也产生了大量具有改良农艺性状的种质或栽培品种。

5.6.3　种质改良中的基因渐渗

到目前为止,原始栽培品种和相关的野生种群已经成为丰富的、有时是唯一的植物抗病虫害、适应逆境及其他农艺性状等基因的来源。根据改良计划(项目)的特定目标,在改良种质中原基因组和改编基因组或基因型的比例有所不同,整合基因项目通过使保留原基因组/基因型比例最大化寻求增加遗传多样性。相反,要将高价值的性状渗入改良种质时,只要我们将需要的高价值基因转入即可。最后,提高产量的努力就是要鉴别哪种原基因组与改编基因组或基因型的比例能使理想最终产物创造理想的产量。

通过分子标记辅助选择从野生物种中渗入基因将在第 8 章和第 9 章详细讨论,这里只给两个关于种质改良的例子。同工酶、RFLP 和用染色体诊断的野生杂草近缘种的形态标记协助使野生番茄基因组片段渐渗进优良番茄育种种质中(DeVerna et al., 1987,1990)。基因渗入的结果是,接受了野生基因组片段的优良种质改进了园艺学性状,提高了产量(Rick,1988)。尤其重要的是,作为该项目的结果,现代番茄栽培品种比祖传的古老栽培品种具有了更多的遗传多样性(Williams and St Clair,1993)。

Stuber 和 Sisco(1991)及其合作者通过以下途径将适应美国得克萨斯州能提高产量的玉米杂交系的基因组片段渗入到一个适应爱荷华州的玉米自交系中:①识别通过与分子标记基因型分析一致的产量实验(RFLP 和同工酶)获得的有利基因组片段,和②利用分子标记基因型分析的协助,把来自得克萨斯玉米株系的有利基因片段转入爱荷华的品种或株系中。

虽然在美国北卡罗来纳州、艾奥瓦州和伊利诺伊州等不同环境下进行的大田试验中能鉴定有利基因片段,但是对该项目的主要育种试验地点而言,在北卡罗来纳州的试验中,有利基因片段的受体和供体可能稍有不同(somewhat alien to)。然而,这两个例子代表了遗传标记明显帮助提高产量的成功事例。由于通过分子标记鉴定了大量来自作物野生近缘物种的基因,分子标记辅助基因渗入在种质创新中的利用明显增加。

目前各种正在开发的扩大遗传基础应该受到重视。遗传资源工作者需要与植物育种家密切合作,以便使新(资源)材料得到有效测试并系统地引进到作物改良工作中,正如 Hodgkin 和 Ramanatha Rao(2002)所指出的那样,渐渗和整合外缘基因将是非常必要的。

5.7　信 息 管 理

由于植物育种和种质资源保护领域大量数据资料的积累,信息管理变得越来越重要。因为育种相关信息管理在第 14 章有详细描述,本节只讨论关于种质资源中信息管理的问题。

5.7.1　信息系统

过去几年有两个方面的快速发展对植物遗传资源工作有主要影响:分子遗传学(已经

在第2章和第3章讨论)和信息技术。整个种质资源保护活动产生的信息必须以一种便利的形式储存,关于资源数量、质量和可用性等信息水平的不满,是种质资源用户表达关注的最常见现象(Fowler and Hodgkin,2004)。过去几年遗传资源信息状况已经有了明显改善,CGIAR 的全系统遗传资源信息网(System-wide Information Network for Genetic Resources,SINGER)提供了对未来收获中心(Future Harvest Centres)以信托形式持有的植物种质资源的数据访问,美国遗传资源信息网络(Genetic Resources Information Network,GRIN)DA 系统和欧洲 EURISCO 系统分别提供了对美国和欧洲持有资源数据的访问信息。信息革命使我们能够管理和处理在种质资源各个领域所产生的数据,互联网提供了全球访问这些数据的潜力。信息管理在植物遗传资源保护中已经具有了中心地位,关于种质资源数据信息的识别、记录和交流的需求,导致了大量的具有相对较高的高级数据库结构基础设施和信息管理系统的开发,信息革命将深刻影响我们对所保护生物的理解,涉及种质资源收集、保存和利用领域的所有科学家都将受益于专业构建、发布和维护他们感兴趣生物的信息资源。

20 世纪 50 年代后期以来,地理信息系统(GIS)技术在全球植物多样性信息管理中的应用,是植物遗传资源保护最伟大的成就之一(Kresovich et al., 2002)。GIS 系统是一个数据库管理系统,它可以同时处理数字空间数据和相关的非空间属性数据,通过相当便宜的地理定位系统设备采集种质资源的空间或位置数据是对种质资源工作的要求,且已成为田间考察强制性应用设备的一部分。此外,一个正在增加的地理参考数据集团已经成型,也就是说这些数据可以包括地理坐标和海拔数据等信息,这些地理参照数据包括生物学(如土地覆盖、家畜密度)和非生物学(如气候、地形、土壤和人类活动的)数据。非空间属性数据是与收集种质样本相关联的所有生物学数据,包括遗传学数据等。因此,GIS 是一个设计用于可视化和分析与生态数据相关的遗传数据空间模式的工具,也是一个研究形成基因组过程的假设工具。借助一个免费的作图程序 DIVA-GIS,我们可以创建生物多样性分布的网格地图,以确定的"热点地区"和有互补多样性水平的领域(Hijmans et al., 2001;http://www.diva-gis.org/),而且,利用 GIS 分析产生的信息能帮助我们尽可能有效和高效率地保护和利用种质资源的遗传多样性(Greene and Guarino, 1999;Jarvis et al., 2005)。

Gepts(2006)总结的关于 GIS 应用的例子包括:①通过比较遗传和地理距离,对距离隔离及其对基因库遗传结构影响进行研究;②使多样性与环境异质性联系起来;③确定物种分布及最大多样性范围;④鉴定具有特殊适应性的种质;⑤预测有兴趣的物种的分布并识别种质发展的新区域;⑥通过识别高度不同的区域、生态不同的区域及保护区和包含濒危物种的区域等规划种质发展线路,确定种质发展时间和护照资料外的信息;⑦整合社会经济和地方文化知识,设计原位保护区;⑧建立核心种质样本(如部分依据环境变异,如种植季节长度、光周期、土壤类型和湿度状态等建立的种质样本)。

5.7.2　数据采集的标准化

由于来自不同种质样本数据的积累,关于数据标准化的问题变得更加突出,在不同的地方,使用不同的方法,遗传资源的编目系统已经发展起来。由于基因库间日益增加的国际合作,单个基因库采用的不同方法已经使信息交换越来越困难,制定作物种质编目国际文本格式的需求变得非常紧迫(Hazekamp,2002)。为了协助这项任务,国际植物遗传资源研究所(International Plant Genetic Resources Institute,IPGRI)于 1979 年开始形成作物的描述符列表并已产生了 80 多个描述符列表。1996 年,国际植物遗传资源研究所则更进一步定义了一套多作物护照描述符(Hazekamp et al.,1997)。这些描述符旨在为所有作物提供一套公共护照描述符一致的编码方案,因此将方便护照的数据积累形成多作物信息系统。

另一个问题是要确保有共同的词汇,也被称为本体论,借助这些词汇,不同的数据库相连并有非常直观的方法连接它们(Sobral,2002)。几个基因库提出,标准化是充分利用护照数据的障碍,在植物分类处理中标准化的缺失严重阻碍了基础生物学数据的交流。不仅基因库依赖丰富的基础生物学数据去完成种质资源的获取和维护,使用者对基因库种质的访问同样被不一致的分类学数据所阻碍。不同种质保藏机构的数据库之间的科学名词不一致是公认的事(Hulden,1997),不仅分类学数据的处理会因为一些新的研究结果而经常改变,而且有些物种中还有相互矛盾的处理结果共存的情况,这造成了试图交换基础生物学数据的主要问题(Hazekamp,2002)。

物种 2000 和综合分类学信息系统"生命目录"(http://www.sp2000.org/)旨在到2011 年创建所有地球上已知生物物种的综合目录。最近该工作已经取得了快速进步,2006 年度目录包含了 884 552 个物种,几乎是所有已知生物的一半。这个数据库是一笔宝贵的财富,并将提供一个统一的结构,借此丰富的基础生物学信息得以连接。对于基因库来说,追求分类数据标准化是至关重要的,这不仅有助于基因库间的数据交换,也能保证相关生物学学科间的有效联系。物种 2000 项目行动方案到合理利用不同的分类学处理将有很长的路要走,需要在国家计划内有足够的分类空间正确运用该分类标准(Hazekamp,2002)。

5.7.3 信息整合与利用

许多种质资源保护方法依赖于综合各种方案、依据各个个体种质的好的编目系统。举例来说,种质样本可以归类,什么时候谁存储了什么种质等冗余能被识别。种质收集地数据和性状数据能使特异种质材料得以识别,提供特异地方种质或原始栽培品种起源地的知识使这些种质能在相似的环境地域保存和繁殖,且有利于决定由谁保护什么是合理的。有必要为一个更综合的生物学方法提供一个工作框架,这样来自不同资源的广泛的信息能综合在一起,以帮助我们理解作物的表现和多样性以及我们观察作物模式的元驱动力。为整合不同地方产生的信息,跟随报道基因型和表现型结果的通用规则对所有研究者都是很重要的,利用种质资源数据的一个方向是使来自全球的研究收集数据合并。促进现存基因组数据、专门的 DNA 序列信息或表达数据与标注了基因型和表型变异的种质资源数据的交流将增加所有信息资源的价值。

整合种质资源的分子信息是重要的,但是,更重要(且有挑战性)的是使分子信息与在整个生物体水平上获得的表型信息的整合,后者通常是通过种质资源库和突变体库提供。这种需要是清楚的,因为生物总是超过其部分的总和。此外,在生物有机体背景下,数据信息可以转化成有用信息,或许这就是知识。来自基因库的数据将与来自植物园和保护区的数据相连接以支持种质资源保护计划。来自分子数据的序列信息将与从多样性研究中获得的 EST 信息比较,以把与潜在应用性状相关的标记作为目标(Hodgkin and Ramanatha Rao,2002)。一旦分子信息与生物表型信息以一种强大的方式取得整合,那么它可能产生的系统将会更改我们考虑种质资源保护和种质创新的方式。

综合作物基因库,包括尽可能多的栽培品种、杂交亲本和后代的 DNA 指纹图谱,是种质改良中利用分子标记技术的第一步。DNA 指纹图谱数据可能以等位基因和凝胶及放射自显影的扫描图像方式储存,这些数据必须与表型信息和护照及系谱信息整合。一个作物优异基因库的 DNA 标记等位基因数据库提供关于特异 DNA 多态性的信息,这些信息需要设计、执行和分析针对特定性状或特定杂交实验的遗传图谱试验结果才能获得。同样的数据库可以作为分类工具,用以描述作物基因库内变异的整体水平和模式,并阐明基因库内诸如杂种优势群的细分情况,这些信息在预测新栽培品种和杂种的表现或选择杂交亲本方面是有用的,可能产生新的基因组合或给予最优化的表现度。植物遗传学家和育种家利用来自种质资源评价项目的数据作为遗传研究和育种工作选择最有效杂交的指导。例如,一个由 N 个种质样本的基因型项目理论上可以提供 $n \times (n-1)/2$ 个可能的杂交组合所具有的多态性调查数据,随着对大量种质样本扫描的标记数量的增加,以及来自于多种来源的更多数据进入数据库,越来越有可能在广泛的亲本系、栽培品种和野生近缘物种之间确定其遗传组成和遗传关系,这也为建立关联遗传学和单倍型与重要农艺学表型及特异分子标记是否存在关联的假设提供了坚实的基础。一项最宏伟的计划是利用基因组中所有候选基因的分子标记来确定全部可以利用种质的基因型,最终,所有种质相关的工作都以全基因组为基础。

种质资源筛选的有效方法是根据储存在数据库中关于种质的地理、表型和基因型多样性的信息,迅速建立巢式系列核心种质,该系统的构建要求用一套服务该标准的分子标记大规模提供基因型多样性信息。因为新标记及其系统的开发,它们可以覆盖在以前建立的多样性的基本框架上。如果数据模式清楚且数据结构是模块化的,以致当新类型的遗传信息可用时能比较容易整合起来,那么,一个日益强大的信息系统就可能被开发出来(第 14 章)。通过以系统方式累计的历史信息,种质资源将快速获得增值,因为为了有兴趣的表型性状和基本分子标记,这些信息都能用计算机筛选。

对几个重要物种,包括双子叶和单子叶植物的全基因组序列数据,可以用于直接发现高等植物的基因和广泛存在于育种种质中的等位基因的分类。例如,Sorrells 和 Wilson(1997)指出,控制性状的基因的识别和相应的 DNA 序列知识将有助于根据基因指纹对种质库中的变异进行分类或对关键 DNA 序列中的变异进行鉴定。对大量目标位点的基因,如 FNP 的基因内功能序列变异的分类,将大大减少以前用于确定育种价值优良等位基因鉴定的工作量。

5.8 前景展望

种质资源的收集、管理和评价是复杂且需要无尽努力的工作,保护植物遗传多样性正面临着政治、伦理和技术的挑战(Esquinas-Alcázar,2005)。种质资源管理者也面临一些严重的问题,包括操作资金的不足、新种质资源获取的需要、基因库管理过程中的遗传侵蚀、研究机会的缺乏和大量的人员流动等。另外,已保护种质资源的有效利用也有几个主要的限制因素,这包括:①种质库中有活力种子不足以分发使用;②种质资源种子生产和分发的高额消耗;③缺少相关的鉴定和评价数据;④育种家不愿意使用原始的种质资源材料;⑤植物检疫条例限制;⑥关于植物育种家权利和知识产权立法设置的障碍。.

近年的发展一直在种质资源公平使用和惠益分享争论中强调其公共特性,也加强了全球机构及设施在保护种质这个公共财产中的作用,同时保证使用它们及与它们相关的信息的权利。全球作物多样性信托基金和解码遗传多样性的挑战计划(现在名为:全球挑战计划 Generation Challenge Programme,GCP)是其中的两种发展类型(Thompson et al.,2004)。全球作物多样性信托基金已经建成为一个国际基金,旨在长期支持作物遗传多样性保护,该基金的建立包括 FAO 和 CGIAR 之间的合作。信托基金的目的是通过创建一个为世界各地作物多样性收集提供一个永久资金来源的捐赠,为长期保护种质资源匹配长期安全和持续的资金。CGIAR 已经主动启动了一个大的研究计划,该计划旨在用分子工具研究转向育种项目解码基因库中种质资源的遗传多样性。这一挑战计划汇集了先进的科研院所、来自发展中国家的国家计划和许多 CGIAR 的研究机构。CIMMYT、IRRI 和 IPGRI 都是挑战计划 GCP 的创始人。除了推进种质资源鉴定最先进的技术外,GCP 主要推进的工作之一是为五大模式植物(水稻、拟南芥、苜蓿、小麦和玉米)外的作物,包括豆类、木薯、香蕉和小米等作物开发分子工具包和信息系统。

尽管分子标记被认为是多种分子技术中最有用的工具,但每个数据点的高成本仍然是一个瓶颈,目前它限制了分子标记在种质资源管理中的广泛利用。基因型分析成本依赖于分子标记的类型及其在高通量分析中的能力。例如,目前每个基因型的 SNP 分析成本是 0.20~0.30 美元,预计在未来几年,每个基因型的分析成本只有几美分(Jenkins and Gibson,2002)。采用完善的标记系统和测序设施,用 SSR 标记分析基因型的成本是每个数据点 0.30~0.80 美元,这依赖于标记复用和分析每个样本基因型的标记数(Xu et al.,2002)。有几种方法可以降低基因型分析的成本。第一种,通过使用自动基因型分析和数据记录系统以增加数据生产量,这样可提高日数据输出量(Coburn et al.,2002);第二种,优化包括设备和人员在内的标记系统,将每个数据点的成本降低。现在有强大的新技术,筛选在任何育种计划中具有重要性的特定基因序列变异的成千上万的植物。单核苷酸多态性(SNP)检测感兴趣的基因序列变化能使成千的植株减少到几十个植株,这些植株能甄别表型性状并在适当的地方利用(Peacock and Chaudhury,2002)。

基因组学研究已经帮助建立了从分子标记到遗传图谱、到序列、到基因、到功能等位基因的信息流。然而,很明显,靶向基因及等位基因的序列信息与育种相关的种质信息系谱和表型之间仍然有差距。即使一个完整的基因组序列已经存在,表型评价还是提供许多基因功能分析的基础。在未来几年里,整合育种相关的表型评价与基因组学层面上对突变体高通量评价将加快我们对所有植物基因功能的理解。这个消息将增加我们在未来几年中有效利用 MAGE 的努力以取得种质资源管理效率的大大提高。

正如第 3 章所述,诸如位点特异性芯片和重测序等新的基因型分析方法的使用,使在一个单芯片上扫描来自多个种质的基因位点变异成为可能。从成千的 DNA 多样性获得的遗传信息的广度和表型测度获取的遗传信息的深度,使通过基于关联遗传学的连锁不平衡分析识别标记与性状的相关关系成为了可能。现行的 QTL 克隆是耗时的工作,如在一个每年有两个种植季节的物种中,可能要花 5 年时间创建精细图谱定位需要的群体,由于有数以千计的基因具有 QTL 效应,因此需要一个更有效的方法弥补图位克隆的不足,这项工作可以应用自然群体的关联分析完成(Buckler and Thornsberry,2002)。这个过程,又称为在一个已知系谱的样本中的关联作图或连锁不平衡作图(第 6 章所述),利用在特定性状上不同的相关个体植株,创建一个在群体中与表型相关的基因组区域。为了将该方法用于在一个植物遗传资源样本上定位基因,必须满足下列先决条件:①一套密集的分子标记;②护照数据和表型数据;③群体结构信息;④有一个目标基因型的对照样本(Kresovich et al.,2002)。目前,有几个原因使人们对连锁不平衡关联研究带来的期望以解密人类复杂性状的遗传组成热情高涨:全基因组密集的 SNP 图谱、精湛的高通量基因分型技术、同时比较群体所有可用位点、评估的全基因组意义的统计方法和不同人类群体之间的比较基因组研究为基础的表型预见性可以利用等。这些条件也已经或即将在一些植物物种中得到满足,关联研究已经在包括玉米、水稻、大麦和拟南芥的许多植物中有报道,这些研究汇聚了拥有丰富种质资源的基因组学力量,有望提供主要粮食作物驯化和生产力遗传基础研究的新视野。

在基因组学时代,新的关注将集中于种质资源价值上,包括植物整体、种子、植物部分、组织和来自特异物种及合成种质和所有突变体类型的克隆等。种质资源保护的最终目标是保持基因及基因组和的多样性(Xu and Luo,2002)。关于种质资源的信息越来越多地来自一些研究,包括在遗传资源背景下基因组序列与其生物学及进化意义之间关系的研究。在比较背景下,这些信息可以在不同物种间通译,因此当今的种质资源有效管理涉及种子、组织、克隆、突变体库的实际管理及大型电子信息库的有效管理两个方面,这将帮助我们解码每份种质包含的遗传信息的价值和意义。一个重要的问题是,是否基因库中分子标记使用的增加将使基因库进入真正基因的库,是否信息数据如关联序列数据可以自由使用。

曾经从初级种质中鉴定过感兴趣的种质样本的种质资源用户将进入下一个层次的信息水平,在这个层次上,已知在一个特异基因库(在一个种内的一个亚种或生态型)或一个特异性状(抗病和抗虫)中代表广泛多样性的种质资源集群已经明确。使用精心设计已知靶向特异性状或为基因组特异区域设计提供单倍型数据的分子标记,可以进行第二个层次水平的研究。由于来自水稻和其他作物的基因组序列信息可以利用,在植物中正在加速努力确定所有基因的功能。因为基因结构与功能的关系已经更加明确,将可能把注意力集中在一个结构基因的活性位点内或关键启动子区域内的遗传多样性。这将使针对 FNP 筛选大量种质的工作富有成效,其目标是寻找表型相关和具有高育种价值的等位基因。

在种质中定位有用基因要求能把来自分子生物学和其他研究领域的信息汇集在一起的综合研究方法,这可能包括使用一套广泛的多样性研究的分子标记、分析连锁不平衡的程度及鉴定有重要基因出现的基因组区域,与更传统的方法结合使用护照数据、GIS 和征集信息(Kresovich et al.，2002)。这些技术共同为表型分析和遗传分析提供一套最优化的候选种质样本。在各种情况下，高效鉴定方法仍然是植物遗传资源研究的基本组成部分。

最后，玉米和番茄的驯化事件给所有遗传资源的管理者和用户提出了一个警示，即种质间的主要表型差异不一定总是意味着存在同样广泛的遗传差异。此外，对理想农艺性状的重要贡献可能来自基因表达的时空调节，而不是来自氨基酸序列或蛋白质结构的差异。对种质资源管理者的挑战是要解释这些知识不仅仅影响通常的遗传资源保护，而且影响在哪里和如何寻找对遗传多样性鉴定以及植物育种有用的等位基因。

（张再君 译，杨庆文 校）

第6章 复杂性状的分子剖析:理论

如同第1章中讨论过的那样,表现型的数量变异可以通过很多离散遗传因子(或多基因)的联合作用来解释,每个多基因对总的表现型具有相当小的效应,并且受环境的影响。每个数量基因座在表型水平上的贡献表现为性状值的增大或减小,因此不可能仅仅根据表型变异来辨别以这种方式起作用的每个基因座的效应。此外,特定环境变量的效应也表现为最终性状值数量上的增减。相同数量的总遗传变异可以由很多基因座上的等位基因的变异引起,每个基因座对性状的影响较小;也可以由少数基因座上的等位基因的变异引起,每个基因座对性状的影响较大。由于遗传因素和环境因素都以同样的方式(正的或负的)对性状值起作用,通常不可能仅仅根据性状的表型分布将性状变异来源中的遗传因素与环境因素的效应相区别。因此,数量性状的育种往往是一个效率较低并且耗时的过程。

20世纪80年代末以来,随着分子标记的发展(第2章),直接对数量性状进行遗传操作的工具已经经历了关键性的变革。因此,90年代以来,分子生物学和数量遗传学这两个独立发展了很多年的学科之间已经产生了明显的交叉(Peterson 1992;Xu and Zhu,1994)。从那时起,在很多作物中构建了高密度的分子图谱,已经有可能对影响数量性状的基因进行全基因组作图(genome-wide mapping)和基于标记的操作。过去主要通过常规育种进行改良以及通过生物统计学方法进行遗传分析的性状,现在可以利用分子标记进行操作了。可以通过基于标记的遗传分析来确定控制数量性状的基因的位置和效应。数量性状基因座(quantitative trait locus,QTL)被定义为与标记连锁或者与标记有关联的、影响一个数量性状的染色体区域(Geldermann,1975)。在大多数情况下,效应较大并且可以解释较大部分总变异的QTL可以作为主效基因来进行遗传分析。在这一章,我们讨论效应相对小的基因。

经典的数量遗传学是以目标性状的平均数和方差的统计分析为基础的(第1章)。更可取的是脱离方差的统计学考虑,直接研究个别的QTL。虽然有可能研究候选基因座(candidate loci),但更有可能的是,我们可以利用与标记基因座连锁的QTL来进行间接的研究。早期的QTL研究是以整个染色体的操作为基础的。包括将染色体从一个自交系替换到另一个自交系。Thoday(1961)对该方法进行了改进,以便应用于小的染色体片段,这种片段最初通过形态学标记来刻画。

随着大量分子标记的利用,有可能对数量性状进行全基因组作图。Xu(1997)提出了分离、聚合以及克隆QTL的思想,介绍了如何处理多个QTL(这些QTL要么聚集在一起,要么分散在不同的染色体中)的方法:首先通过分子标记辅助的QTL作图和选择来分离或剖析这些QTL,然后通过标记辅助选择(marker-assisted selection,MAS),或者通过多个克隆的QTL的转化,将它们聚合到一个遗传背景中,来创造植物育种中的渐渗后代(transgressive progeny)。在差不多相同的时间,由多个作者创作了一本书,这本书的标题很吸引人:*Molecular Dissection of Complex Traits*(Paterson,1998)。

在孟德尔遗传学中,用来发现连锁关系的基本方法是根据表现型对个体进行分类,将这些类别的比例与根据独立基因座所期望的理论比率进行比较,然后估计重组率。QTL作图(QTL mapping)是确定标记基因座和 QTL 之间的连锁。基本原理是相同的,即对个体进行分类。根据对个体进行分类时所使用的标准,可以将 QTL 作图方法分为两大类:基于标记的分析(marker-based analysis,MB 分析)和基于性状的分析(trait-based analysis,TB 分析)。

1. 基于标记的分析

Thoday(1961)最先提出根据与孟德尔标记基因座的连锁关系来定位影响数量性状的染色体区域或基因座(QTL)的方法,并应用于实验物种和农业物种中。这些研究都是以一个分离群体(如两个自交系之间的 F_2、BC 以及 DH)(第 4 章)中标记基因型之间数量性状的差异为基础的,这种差异由 QTL 引起,这些 QTL 与标记基因座连锁。如果一个标记与一个 QTL 连锁,则在后代中标记和 QTL 等位基因在某种程度上共同分离。从而,标记基因型之间在 QTL 基因型频率上将会存在差异(图 6.1),因此标记基因型之间对于数量性状将具有不同的分布(如平均数和方差)。基于标记的连锁分析是通过对标记基因型之间的表型差异进行检验来进行的(Soller and Beckmann, 1990)。

在发现分子标记之前,基于标记的分析利用来自单个标记的数据(如 Sax,1923)。在一个试验中只能分析一个或者少数几个标记,因为在那时可利用的标记数目有限。此外,大多数是形态标记或生化标记,不可能利用单个甚至多个群体来构造一个完整的连锁图。随着高密度分子图谱的发展,可以看出仅仅基于简单(单基因座)标记的分析不能充分地将完整的连锁图谱中所隐藏的遗传信息用于 QTL 作图。为了充分利用完整连锁图谱的潜力来更高效和更准确地定位 QTL,已经提出了很多同时利用多个标记的 QTL 作图方法。

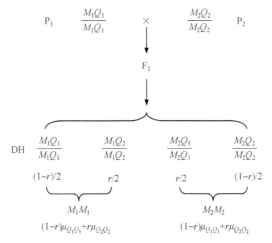

图 6.1 在双单倍体(DH)群体中,两种标记基因型 M_1M_1 和 M_2M_2 内的 QTL 基因型 Q_1Q_1 和 Q_2Q_2 的频率分布。r 是标记和 QTL 基因座之间的重组率。当 $r=0.5$(它们之间没有连锁)时,两个标记基因型之间的 Q_1Q_1 和 Q_2Q_2 的频率相同,这意味着两个标记基因型之间没有表型差异

2. 基于性状的分析

与 MB 分析不同的另一种方法是研究来源于一个分离群体、但是对特定表现型进行了选择的品系中的标记等位基因频率(Stuber et al.，1980;1982)。在这样的群体中，选择(特别是对极端表型的选择)预计将改变 QTL 上分离的增效等位基因(plus allele)或减效等位基因(minus allele)的频率，因而影响所研究的性状。虽然在一个群体中数量性状的变异是连续的，但是如果排除了中间的表现型，则两种极端的表现型是可以区别的。在高值的极端表现型中增效等位基因的频率增加，在低值的极端表现型中减效等位基因的频率增加(请参考图 7.6B)。可以预计，QTL 等位基因和邻近的标记等位基因之间的这种搭车效应(hitchhiking effect)将改变处于相引连锁相的标记等位基因的频率。因此，在高值极端表现型和低值极端表现型中其等位基因频率有显著差别的那些标记基因座，将被认为与 QTL 连锁，这些 QTL 影响被选择的性状。用这种方法可以确定影响被选择性状的、分离的 QTL 及其大概的图谱位置。可以通过 χ^2 统计量来检验每一种极端表现型中的等位基因频率对孟德尔比率的偏离，这种方法被称作基于性状的分析(Keightley and Bulfield，1993)。基于性状的分析没有统计学问题，但是有很多实际问题，在第 7 章讨论这个方法的应用，与选择性基因型鉴定(selective genotyping)和混合 DNA 分析(pooled DNA analysis)一起讨论。

本章讨论 QTL 作图的理论或统计学原理。为了更好地理解 QTL 作图的内在原理，读者应该具有一些统计学、试验设计、线性模型和概率论的基础知识。虽然建议在这些领域没有多少背景的读者着重看第 7 章——复杂性状分子剖析的更实际的概念，但是通过浏览本章的每一节，他们还是会有收获的。另外，在一章里要充分地描述这个领域中的所有统计学问题是一个挑战。关于 QTL 作图统计学的方方面面，极力推荐下列参考文献：Xu 和 Zhu(1994)、Lynch 和 Walsh(1997)、Liu(1998)、Sorensen 和 Gianola (2002)及 Wu 等(2007)。此外有一些网址提供了统计基因组学和 QTL 作图的课程，可以自由访问(如 http://www.stat.wisc.edu/~yandell/statgen/course/)。

6.1　基于单标记的方法

尽管性状变异常常已知是遗传的，控制这种变异的基因数目和位置通常却是未知的。另外，标记基因型可以被准确地鉴定。如果在标记基因型和性状值之间存在关联，则很可能在那个标记基因座附近有一个 QTL。因此，最简单的分析是依次考虑每一个标记基因座。

6.1.1　假设

假定两个亲本自交系 P_1 和 P_2 以及它们的 F_1，标记基因座 M 与一个 QTL(Q)连锁，M 具有两个等位基因 M_1 和 M_2，Q 具有两个等位基因 Q_1 和 Q_2，M 和 Q 之间的重组率是 r，性状值呈正态分布，我们有

$$P_1(Q_1Q_1M_1M_1): Y \sim N(\mu_{Q_1Q_1}, \sigma^2)$$

$$P_2(Q_2Q_2M_2M_2): Y \sim N(\mu_{Q_2Q_2}, \sigma^2)$$

$$F_1(Q_1Q_2M_1M_2): Y \sim N(\mu_{Q_1Q_2}, \sigma^2)$$

对于源自这个杂交的群体,F_2 有三种标记类型(M_1M_1、M_1M_2 和 M_2M_2),双单倍体(DH)有两种标记类型(M_1M_1 和 M_2M_2),回交群体(BC)也有两种标记类型(由 F_1 与 P_1 回交得到的 BC 为 M_1M_1 和 M_1M_2,由 F_1 与 P_2 回交得到的 BC 为 M_1M_2 和 M_2M_2)。类似地,可以得到每个群体的 QTL 基因型。表 6.1～表 6.3 提供了 F_2、DH 和 BC 群体中每个标记类型中 QTL 基因型的基因型频率、平均数和方差。

表 6.1　F_2 群体中标记和 QTL 基因型的基因型频率、平均数和方差

标记基因型	基因型频率			样本平均数	样本方差	样本容量
	Q_1Q_1	Q_1Q_2	Q_2Q_2			
M_1M_1	$(1-r)^2$	$2r(1-r)$	r^2	$\mu_{M_1M_1}$	$\sigma^2_{M_1M_1}$	$n_{M_1M_1}$
M_1M_2	$r(1-r)$	$1-2r+2r^2$	$r(1-r)$	$\mu_{M_1M_2}$	$\sigma^2_{M_1M_2}$	$n_{M_1M_2}$
M_2M_2	r^2	$2r(1-r)$	$(1-r)^2$	$\mu_{M_2M_2}$	$\sigma^2_{M_2M_2}$	$n_{M_2M_2}$
平均数	$\mu_{Q_1Q_1}$	$\mu_{Q_1Q_2}$	$\mu_{Q_2Q_2}$			
方差	$\sigma^2_{Q_1Q_1}$	$\sigma^2_{Q_1Q_2}$	$\sigma^2_{Q_2Q_2}$			

表 6.2　DH 群体中标记和 QTL 基因型的基因型频率、平均数和方差

标记基因型	基因型频率		样本平均数	样本方差	样本容量
	Q_1Q_1	Q_2Q_2			
M_1M_1	$1-r$	r	$\mu_{M_1M_1}$	$\sigma^2_{M_1M_1}$	$n_{M_1M_1}$
M_2M_2	r	$1-r$	$\mu_{M_2M_2}$	$\sigma^2_{M_2M_2}$	$n_{M_2M_2}$
平均数	$\mu_{Q_1Q_1}$	$\mu_{Q_2Q_2}$			
方差	$\sigma^2_{Q_1Q_1}$	$\sigma^2_{Q_2Q_2}$			

表 6.3　与 P_1 回交得到的 BC 群体中标记和 QTL 基因型的基因型频率、平均数和方差

标记基因型	基因型频率		样本平均数	样本方差	样本容量
	Q_1Q_1	Q_1Q_2			
M_1M_1	$1-r$	r	$\mu_{M_1M_1}$	$\sigma^2_{M_1M_1}$	$n_{M_1M_1}$
M_1M_2	r	$1-r$	$\mu_{M_1M_2}$	$\sigma^2_{M_1M_2}$	$n_{M_1M_2}$
平均数	$\mu_{Q_1Q_1}$	$\mu_{Q_1Q_2}$			
方差	$\sigma^2_{Q_1Q_1}$	$\sigma^2_{Q_1Q_2}$			

在大多数情况下,我们假定不同 QTL 基因型的性状方差是同质的,以致对于 F_2,$\sigma^2_{Q_1Q_1} = \sigma^2_{Q_1Q_2} = \sigma^2_{Q_2Q_2} = \sigma^2$,对于其他的群体,如 BC、DH 和重组自交系(RIL),我们也做出相同的假设。

为了便于讨论,我们用矩阵来表示 F_2 和 DH(BC)群体中的基因型频率:

$$p_{ij} = \begin{bmatrix} (1-r)^2 & 2r(1-r) & r^2 \\ r(1-r) & 1-2r+2r^2 & r(1-r) \\ r^2 & 2r(1-r) & (1-r)^2 \end{bmatrix}$$

$$(对于 F_2, i, j = 1, 2, 3)$$

及

$$p_{ij} = \begin{bmatrix} 1-r & r \\ r & 1-r \end{bmatrix}$$

$$(对于 DH 或 BC, i, j = 1, 2)$$

6.1.2 标记平均数的比较

回交设计

现在我们以 BC 群体为例,介绍如何通过比较不同标记类别的平均数来检测标记-性状关联。

由 F_1 与 P_1 回交得到的 BC 群体的基因型阵列是:

$$\frac{1-r}{2} Q_1 Q_1 M_1 M_1 + \frac{r}{2} Q_1 Q_2 M_1 M_1 + \frac{r}{2} Q_1 Q_1 M_1 M_2 + \frac{1-r}{2} Q_1 Q_2 M_1 M_2$$

对于由 F_1 与 P_2 回交得到的 BC 群体,两个标记基因型是 $M_1 M_2$ 和 $M_2 M_2$,两个 QTL 基因型是 $Q_1 Q_2$ 和 $Q_2 Q_2$,其他项不变。

只有标记基因型是可以直接观察的,BC 个体分离为两种类型:标记类型 $M_1 M_1$ 和 $M_1 M_2$。这两种类型中的性状分布是:

$$M_1 M_1 : Y \sim (1-r) N(\mu_{Q_1 Q_1}, \sigma^2) + r N(\mu_{Q_1 Q_2}, \sigma^2)$$

$$M_1 M_2 : Y \sim r N(\mu_{Q_1 Q_1}, \sigma^2) + (1-r) N(\mu_{Q_1 Q_2}, \sigma^2)$$

这两个混合分布(mixture distribution)的平均数和方差是

$$\mu_{M_1 M_1} = (1-r)\mu_{Q_1 Q_1} + r\mu_{Q_1 Q_2}$$

$$\mu_{M_1 M_2} = r\mu_{Q_1 Q_1} + (1-r)\mu_{Q_1 Q_2}$$

$$\sigma^2_{M_1 M_1} = \sigma^2_{M_1 M_2} = \sigma^2 + r(1-r)(\mu_{Q_1 Q_1} - \mu_{Q_1 Q_2})^2$$

性状平均值之差的期望值是:

$$\mu_{M_1 M_1} - \mu_{M_1 M_2} = (1-2r)(\mu_{Q_1 Q_1} - \mu_{Q_1 Q_2})$$

因此,只有当 $r = 0.5$,即 M 和 Q 之间没有连锁时,

$$\mu_{M_1 M_1} - \mu_{M_1 M_2} = 0$$

如果 $r < 0.5$,则有连锁,且 $\mu_{M_1 M_1} \neq \mu_{M_1 M_2}$。$r$ 越小(连锁越紧密),$\mu_{M_1 M_1}$ 和 $\mu_{M_1 M_2}$ 之间的差数就越大。当 $r = 0$,即 M 和 Q 完全连锁时,差数达到最大,$\mu_{M_1 M_1} - \mu_{M_1 M_2} = \mu_{Q_1 Q_1} - \mu_{Q_1 Q_2}$。在这种情况下,标记基因型之间的所有差异可以归于推定 QTL(putative QTL)的效应:

可以用 t 统计量来检验标记基因型之间的差异:

$$t = \frac{\tilde{\mu}_{M_1 M_1} - \tilde{\mu}_{M_1 M_2}}{\sqrt{s^2 \left(\frac{1}{n_{M_1 M_1}} + \frac{1}{n_{M_1 M_2}} \right)}}$$

参数 s^2 是每种标记类别的 BC 个体内部方差的合并估计。t 值越大,则差异越显著,M 和 Q 之间的连锁越紧密。

上述讨论可以推广到 DH 群体,其中 $\mu_{M_1M_2}$ 被 $\mu_{M_2M_2}$ 取代,$\mu_{Q_1Q_2}$ 被 $\mu_{Q_2Q_2}$ 取代。

F_2 设计

对于 F_2 群体,有 10 种性状-标记基因型,有 3 种可区别的标记类别。性状分布是:

M_1M_1: $(1-r)^2\, N(\mu_{Q_1Q_1}, \sigma^2) + 2r(1-r)N(\mu_{Q_1Q_2}, \sigma^2) + r^2 N(\mu_{Q_2Q_2}, \sigma^2)$

M_1M_2: $r(1-r)\, N(\mu_{Q_1Q_1}, \sigma^2) + [r^2 + (1-r)^2]N(\mu_{Q_1Q_2}, \sigma^2) + r(1-r)N(\mu_{Q_2Q_2}, \sigma^2)$

M_2M_2: $r^2\, N(\mu_{Q_1Q_1}, \sigma^2) + 2r(1-r)N(\mu_{Q_1Q_2}, \sigma^2) + (1-r)^2 N(\mu_{Q_2Q_2}, \sigma^2)$

这 3 种标记类别的性状平均数是:

$$\mu_{M_1M_1} = (1-r)^2 \mu_{Q_1Q_1} + 2r(1-r)\mu_{Q_1Q_2} + r^2 \mu_{Q_2Q_2}$$

$$\mu_{M_1M_2} = r(1-r)\mu_{Q_1Q_1} + [r^2 + (1-r)^2]\mu_{Q_1Q_2} + r(1-r)\mu_{Q_2Q_2}$$

$$\mu_{M_2M_2} = r^2 \mu_{Q_1Q_1} + 2r(1-r)\mu_{Q_1Q_2} + (1-r)^2 \mu_{Q_2Q_2}$$

这 3 种类别的性状方差是:

$$\sigma^2_{M_1M_1} = \sigma^2 + 2r(1-r)[(\mu_{Q_1Q_1} - \mu_{Q_1Q_2}) - r(\mu_{Q_1Q_1} + \mu_{Q_2Q_2} - 2\mu_{Q_1Q_2})]^2$$
$$+ r^2(1-r)^2(\mu_{Q_1Q_1} + \mu_{Q_2Q_2} - 2\mu_{Q_1Q_2})^2$$

$$\sigma^2_{M_1M_2} = \sigma^2 + r(1-r)[(\mu_{Q_1Q_1} - \mu_{Q_1Q_2})^2 + (\mu_{Q_2Q_2} - \mu_{Q_1Q_2})^2$$
$$- r^2(1-r)^2(\mu_{Q_1Q_1} + \mu_{Q_2Q_2} - 2\mu_{Q_1Q_2})]$$

$$\sigma^2_{M_2M_2} = \sigma^2 + 2r(1-r)[(\mu_{Q_2Q_2} - \mu_{Q_1Q_2}) - r(\mu_{Q_1Q_1} + \mu_{Q_2Q_2} - 2\mu_{Q_1Q_2})]^2$$
$$+ r^2(1-r)^2(\mu_{Q_1Q_1} + \mu_{Q_2Q_2} - 2\mu_{Q_1Q_2})^2$$

对于加性性状(additive trait),即 $\mu_{Q_1Q_1} + \mu_{Q_2Q_2} - 2\mu_{Q_1Q_2} = 0$,这 3 个 F_2 方差一般来说是相等的。因此

$$\sigma^2_{M_1M_1} = \sigma^2_{M_1M_2} = \sigma^2_{M_2M_2} = \sigma^2 + 2r(1-r)\delta^2$$

其中 $\delta^2 = (\mu_{Q_1Q_1} - \mu_{Q_1Q_2})^2 = (\mu_{Q_2Q_2} - \mu_{Q_1Q_2})^2$。

通过比较 3 种标记类别的平均数,可以检验"标记和性状基因座之间没有连锁"的假设。在这个假设下,不管显性程度如何,这三个标记平均数和方差将是相等的。

对于 F_2 群体我们可以构造两个 t 检验来分别检验标记的加性效应和显性效应。设 $\widetilde{\mu}_{M_1M_1}$、$\widetilde{\mu}_{M_1M_2}$、$\widetilde{\mu}_{M_2M_2}$ 为 F_2 群体中标记基因型为 M_1M_1、M_1M_2 和 M_2M_2 的个体组群的性状平均数,各组群的相应样本容量为 $n_{M_1M_1}$、$n_{M_1M_2}$ 和 $n_{M_2M_2}$,方差为 $\sigma^2_{M_1M_1}$、$\sigma^2_{M_1M_2}$ 和 $\sigma^2_{M_2M_2}$。回想一下第 1 章中定义的加性效应和显性效应,用于检验标记加性效应的检验统计量是:

$$t_1 = \frac{\widetilde{\mu}_{M_1M_1} - \widetilde{\mu}_{M_2M_2}}{\sqrt{S^2\left(\dfrac{1}{n_{M_1M_1}} + \dfrac{1}{n_{M_2M_2}}\right)}} \tag{6.1}$$

其中

$$S^2 = \frac{(n_{M_1M_1} - 1)\sigma^2_{M_1M_1} + (n_{M_2M_2} - 1)\sigma^2_{M_2M_2}}{n_{M_1M_1} + n_{M_2M_2} - 2}$$

用于检验标记显性效应的检验统计量是:

$$t_2 = \frac{\widetilde{\mu}_{M_1M_2} - (\widetilde{\mu}_{M_1M_1} + \widetilde{\mu}_{M_2M_2})/2}{\sqrt{S^2\left(\frac{1}{n_{M_1M_2}} + \frac{1}{4n_{M_1M_1}} + \frac{1}{4n_{M_2M_2}}\right)}} \tag{6.2}$$

其中

$$S^2 = \frac{(n_{M_1M_1}-1)\sigma^2_{M_1M_1} + (n_{M_1M_2}-1)\sigma^2_{M_1M_2} + (n_{M_2M_2}-1)\sigma^2_{M_2M_2}}{n_{M_1M_1} + n_{M_1M_2} + n_{M_2M_2} - 3}$$

6.1.3　方差分析

还可以通过方差分析(ANOVA)来检验标记-性状关联,ANOVA 旨在对每个标记进行标记类别间的差异分析。如果标记基因座 M 和 QTL 之间没有连锁,则不会发现标记-性状关联。因此,对于 F_2,标记基因型的平均数是相等的,即:

$$\hat{\mu}_{M_1M_1} = \hat{\mu}_{M_1M_2} = \hat{\mu}_{M_2M_2}$$

如果标记基因型的个体组群被看作独立样本,则可以通过样本容量不相等的单向方差分析(one-way ANOVA)来检验标记基因型之间的表型差异。方差分析模型是:

$$y_{ij} = \mu + \tau_i + \varepsilon_{ij}$$

式中,y_{ij} 为第 i 种标记基因型内的第 j 个个体的表型值;μ 为作图群体的表型平均数。因此我们有:

$$\tau_i = \hat{\mu}_i - \mu$$

$$\varepsilon_{ij} = y_{ij} - \hat{\mu}_i$$

式中,$i=1,\cdots,k(F_2:k=3;BC(DH):k=2),j=1,\cdots,n_i$。我们得到一个如表 6.4 所示的方差分析表。显著的处理效应意味着标记与一个分离的 QTL 连锁。

表 6.4　标记基因型之间数量性状值的单向方差分析。df,自由度;SS,平方和;
MS,均方;EMS,期望均方

变异来源	df	SS	MS	EMS
基因型之间	df_g	SS_g	MS_g	$\sigma_e^2 + n_0\sigma_\tau^2$
误差	df_e	SS_e	MS_e	σ_e^2
总和	df_T			

$$df_T = \sum_i n_i - 1, \ df_g = k-1, \ df_e = df_T - df_g$$

$$SS_T = \sum_i \sum_j y_{ij}^2 - \left(\sum_i \sum_j y_{ij}\right)^2 / \sum_i n_i$$

$$SS_g = \sum_i \frac{\left(\sum_j y_{ij}\right)^2}{n_i} - \frac{\left(\sum_i \sum_j y_{ij}\right)^2}{\sum_i n_i}$$

$$SS_e = SS_T - SS_g$$

$$n_0 = \frac{\left(\sum_i n_i\right)^2 - \sum_i n_i^2}{\left(\sum_i n_i\right)(k-1)}$$

6.1.4　回归方法

除了 t 检验或方差分析之外,也可以用性状值对标记基因型进行回归。以 BC 群体为例,对于第 j 个个体

$$Y_j = \beta_0 + \beta_{YX} X_j + \varepsilon_j$$

式中,X_j 为指示变量(indicator variable),当个体的标记基因型为 M_1M_1 时 X_j 取值为 1,当个体的标记基因型为 M_1M_2 时 X_j 取值为 0。变量 X 和 Y 的平均数、方差以及它们之间的协方差和相关系数是:

$$\mu_X = \frac{1}{2}, \mu_Y = \frac{1}{2}(\mu_{Q_1Q_1} + \mu_{Q_1Q_2})$$

$$\sigma_X^2 = \frac{1}{4}, \sigma_Y^2 = \sigma^2 + \frac{1}{4}\delta^2, \sigma_{XY} = \frac{1}{4}(1-2r)\delta, \rho_{XY} = (1-2r)\sqrt{1+4\sigma^2/\delta^2}$$

因此,Y 对 X 的回归系数是:

$$\beta_{YX} = (1-2r)\delta$$

这个方法每次运用一个标记来检验这个标记是否与所研究的数量性状具有显著的关联,检验统计量为:

$$t = \frac{\hat{\beta}_{YX} - 0}{\hat{s}_{\beta_{YX}}}$$

根据这个统计量,我们知道环境误差将会影响 $\hat{s}_{\beta_{YX}}$ 而不影响 $\hat{\beta}_{YX}$,因此通过控制环境因素来减小环境误差将提高 QTL 作图的效果。这种基于线性模型(如方差分析、回归)的单标记方法的主要缺点在于它们没有指出 QTL 位于标记的哪一侧,也没有指出它离标记有多远。

6.1.5　似然方法

对于一个正态变量,$Y \sim N(\mu, \sigma^2)$,参数的似然函数(关于似然法的基本介绍见第 2 章)是:

$$L(\mu, \sigma^2) = \frac{e^{-(Y-\mu)^2/(2\sigma^2)}}{\sqrt{2\pi\sigma^2}}$$

如果 Y_{1i} 和 Y_{2i} 是 BC 标记类别 M_1M_1 和 M_1M_2 中第 i 个个体的性状值,那么由所有 $n_{M_1M_1}$ 和 $n_{M_1M_2}$ 个回交个体得到的似然函数为:

$$L = \prod_{i=1}^{n_{M_1M_1}} \left[\frac{1-r}{\sqrt{2\pi\sigma^2}}\exp\left(\frac{-(Y_{1i}-\mu_{Q_1Q_1})^2}{2\sigma^2}\right) + \frac{r}{\sqrt{2\pi\sigma^2}}\exp\left(\frac{-(Y_{1i}-\mu_{Q_1Q_2})^2}{2\sigma^2}\right) \right]$$

$$\times \prod_{i=1}^{n_{M_1M_2}} \left[\frac{r}{\sqrt{2\pi\sigma^2}}\exp\left(\frac{-(Y_{2i}-\mu_{Q_1Q_1})^2}{2\sigma^2}\right) + \frac{1-r}{\sqrt{2\pi\sigma^2}}\exp\left(\frac{-(Y_{2i}-\mu_{Q_1Q_2})^2}{2\sigma^2}\right) \right]$$

用似然比统计量可以检验不连锁的假设

$$\lambda = \frac{L(\tilde{\mu}_{Q_1Q_1}, \tilde{\mu}_{Q_1Q_2}, \hat{\sigma}^2, r=0.5)}{L(\tilde{\mu}_{Q_1Q_1}, \tilde{\mu}_{Q_1Q_2}, \hat{\sigma}^2, \hat{r})}$$

对于被估计的 r 或者被设为 0.5 的 r,所得到的 $\mu_{Q_1Q_1}$、$\mu_{Q_1Q_2}$、σ^2 的估计值将是不同的。

6.2 区 间 作 图

在单标记分析中不能对重组率 r 小于 0.5 和基因座 Q 的效应大小分别进行检测,这两者是混杂的,因为实际上检验的是乘积 $(1-r)\delta$ 与 0 的偏差。一个效应小的 QTL 附近的标记给出的信号将与一个远离效应大的 QTL 的标记给出的信号相同。Lander 和 Botstein(1989)提出了一种 QTL 作图方法,称为区间作图(interval mapping),这种方法利用两个侧翼标记(flanking marker)。van Ooijen(1992)比较详细地描述了这个方法以便使它更容易理解,而 Xu 等(1995)将其中的统计学问题推广到 DH 群体。

6.2.1　假设

假定用来产生作图群体(F_2、BC 或者 DH)的两个亲本品系的基因型分别为 $M_1M_1Q_1Q_1N_1N_1$ 和 $M_2M_2Q_2Q_2N_2N_2$,其中标记基因座 M 具有等位基因 M_1 和 M_2,标记基因座 N 具有等位基因 N_1 和 N_2,一个 QTL 具有两个等位基因 Q_1 和 Q_2。该 QTL 位于两个标记基因座之间。它与 M 和 N 的遗传距离分别是 θ_{MQ} 和 θ_{QN}。标记 M 和 N 之间的遗传距离(cM)是 θ。θ 可以被转换成重组率 r,转换的公式为:

$$r = \frac{1}{2}\tanh(2\theta) = \frac{1}{2}\frac{e^{2\theta}-e^{-2\theta}}{e^{2\theta}+e^{-2\theta}}$$

理论上我们有 $0 < r_{MQ} < r$。当没有交换干扰时,$r = r_{MQ} + r_{QN} - 2r_{MQ}r_{QN}$。

要检验的假设包括:

H_0: $r_{MQ} = r_{QN} = 0.5$,QTL 与标记不连锁

H_1: $\min(r_{MQ}, r_{QN}) < 0.5$,QTL 与标记连锁

或

H_0: $\min(r_{MQ}, r_{QN}) > r_{MN}$,QTL 在区间之外

H_1: $\min(r_{MQ}, r_{QN}) < r_{MN}$,QTL 在区间之内

假定没有干扰,当 Q 在 MN 区间内时,"M 和 N 之间没有重组"这一事件等价于 MQ 和 QN 两个区间都没有重组或者任一区间都没有重组:

$$(1-r_{MN}) = (1-r_{MQ})(1-r_{QN}) + r_{MQ}r_{QN}$$

$$r_{MN} = r_{MQ} + r_{QN} - 2r_{MQ}r_{QN}$$

$$(1-2r_{MN}) = (1-2r_{MQ})(1-2r_{QN})$$

式中,r_{MN} 已知,只有一个独立的未知重组率。

假定测量了作图群体中的 n 个个体或家系/品系的表型值,为 $y = \{y_1, y_2, \cdots, y_n\}$,三个 QTL 基因型 Q_1Q_1、Q_1Q_2 和 Q_2Q_2 的遗传效应服从正态分布 $N(\mu_{Q_1Q_1}, \sigma^2)$、$N(\mu_{Q_1Q_2}, \sigma^2)$ 和 $N(\mu_{Q_2Q_2}, \sigma^2)$。因此,QTL 对数量性状的效应可以用这三个正态分布的混合分布来描述。对于标记基因座 M,三个分布的比例分别为 P_{m1}、P_{m2} 和 P_{m3}。对于由 F_1 与 P_2 回交得到的 BC 群体 P_{m1} 为 0,对于 DH 群体 P_{m2} 为 0,对于由 F_1 与 P_1 回交得到的 BC 群体 P_{m3} 为 0。一个个体或品系的表型值的概率密度函数是:

$$f(y_i \mid m_i; r_M) = \sum_{q=1} P_{mq}f_q(y)$$

式中,m 为标记基因型;r_M 为标记 M 和 QTL 之间的重组率;P_{Mq} 为 QTL 基因型的概率(对于 F_2 群体 $q \in \{1, 2, 3\}$),它取决于标记基因型 m 和 r_M 以及

$$f_q(y) = \frac{1}{\sqrt{2\pi\sigma^2}}\exp\left[-\frac{(y-\mu_q)^2}{2\sigma^2}\right]$$

它是平均数为 μ_q、方差为 σ^2 的正态分布的概率密度函数,对于 F_2 群体,$\mu_1 = \mu_{Q_1Q_1}$,$\mu_2 = \mu_{Q_1Q_2}$,$\mu_3 = \mu_{Q_2Q_2}$。

6.2.2　似然方法

对于两个特定的标记 M 和 N,F_2 和 BC(DH)群体分别有 9 种和 4 种标记基因型,群体中的任何个体必定具有这些基因型的一种。对于具有一个特定的标记基因型的个体或品系,3 个 QTL 基因型 Q_1Q_1、Q_1Q_2 和 Q_2Q_2 概率的总和是 $P_{m1} + P_{m2} + P_{m3} = 1$。根据表 6.5 和表 6.6 中提供的基因型频率,可以获得 3 个 QTL 基因型的概率。一个群体所有个体/品系的联合概率密度函数或似然函数(likelihood function)可以表示为:

$$L = L(\mu_q, \mu_j, \sigma^2, y_1, y_2, \cdots y_n)$$
$$= \prod_{i=1}^{n} f(y_i \mid m_i; r_M) = \prod_{i=1}^{n} \sum_{q=1}^{3} P_{mq} f_q(y)$$
$$= \prod_{i=1}^{n} \sum_{q=1}^{3} P_{mq} \frac{1}{\sqrt{2\pi\sigma^2}}\exp\left[-\frac{(y_i-\mu_q)^2}{2\sigma^2}\right]$$

式中,m_i 为第 i 个个体/品系的标记基因型,群体中总共具有 n 个个体/品系。

表 6.5　F_2 群体的期望基因型频率(每个频率×4)

基因型	Q_1Q_1	Q_1Q_2	Q_2Q_2
$M_1M_1N_1N_1$	$r_M^2 r_N^2$	$2r_M(1-r_M)r_N(1-r_N)$	$(1-r_M)^2(1-r_N)^2$
$M_1M_1N_1N_2$	$2r_M^2 r_N(1-r_N)$	$2r_M(1-r_M)[r_N^2 + (1-r_N)^2]$	$2(1-r_M)^2 r_N(1-r_N)$
$M_1M_1N_2N_2$	$r_M^2(1-r_N)^2$	$2r_M(1-r_M)r_N(1-r_N)$	$(1-r_M)^2 r_N^2$
$M_1M_2N_1N_1$	$2r_M(1-r_M)r_N^2$	$2[r_M^2 + (1-r_M)^2]r_N(1-r_N)$	$2r_M(1-r_M)(1-r_N)^2$
$M_1M_2N_1N_2$	$4r_M(1-r_M)r_N(1-r_N)$	$2[r_M^2 + (1-r_M)^2][r_N^2 + (1-r_N)^2]$	$4r_M(1-r_M)r_N(1-r_N)$
$M_1M_2N_2N_2$	$2r_M(1-r_M)(1-r_N)^2$	$2[r_M^2 + (1-r_M)^2]r_N(1-r_N)$	$2r_M(1-r_M)r_N^2$
$M_2M_2N_1N_1$	$(1-r_M)^2 r_N^2$	$2r_M(1-r_M)r_N(1-r_N)$	$r_M^2(1-r_N)^2$
$M_2M_2N_1N_2$	$2(1-r_M)^2 r_N(1-r_N)$	$2r_M(1-r_M)[r_N^2 + (1-r_N)^2]$	$2r_M^2 r_N(1-r_N)$
$M_2M_2N_2N_2$	$(1-r_M)^2(1-r_N)^2$	$2r_M(1-r_M)r_N(1-r_N)$	$r_M^2 r_N^2$

表 6.6　DH(BC)群体的期望基因型频率(每个频率×2)

基因型	$Q_1Q_1(Q_1Q_2)$	Q_2Q_2
$M_1M_1N_1N_1(M_1M_2N_1N_2)$	$r_M r_N$	$(1-r_M)(1-r_N)$
$M_1M_1N_2N_2(M_1M_2N_2N_2)$	$r_M(1-r_N)$	$(1-r_M)r_N$
$M_2M_2N_1N_1(M_2M_2N_1N_2)$	$(1-r_M)r_N$	$r_M(1-r_N)$
$M_2M_2N_2N_2(M_2M_2N_2N_2)$	$(1-r_M)(1-r_N)$	$r_M r_N$

参数 μ_j 和 σ^2 的最大似然估计(MLE)是使上述似然函数最大化的那些值。为了使函数最大化,我们对似然函数取对数,

$$
\begin{aligned}
\ln L &= \ln\Big[\prod_{i=1}^{n} f(y_i \mid m_i; r_M)\Big] \\
&= \ln\frac{n}{\sqrt{2\pi\sigma^2}} + \sum_{i=1}^{n}\ln\sum_q P_{mq}\exp\Big[-\frac{(y_i-\mu_q)^2}{2\sigma^2}\Big]
\end{aligned}
\tag{6.3}
$$

如果我们定义:

$$
W_q(y_i \mid m_i; r_M) = \frac{P_{mq}f_q(y_i)}{f(y_i \mid m_i; r_M)}
$$

因而当一个个体或品系具有表现型 y 和标记基因型 m 时,QTL 基因型为 q 的概率由 W_q 决定。

令式(6.3)的导数为 0 并求解方程,得到:

$$
\hat{\mu}_q = \frac{\displaystyle\sum_{i=1}^{n}\big[W_q(y_i \mid m_i; r_M)\times y_i\big]}{\displaystyle\sum_{i=1}^{n} W_q(y_i \mid m_i; r_M)}
\tag{6.4a}
$$

$$
\hat{\sigma}^2 = \frac{1}{n}\sum_{i=1}^{n}\sum_{q=1}\big[W_q(y_i \mid m_i; r_M)\times(y_i-\mu_q)^2\big]
\tag{6.4b}
$$

当 QTL 位于两个标记基因座之间时,式(6.4)没有显式解(explicit solution)。但是,可以利用 EM 迭代法来求解(Dempster et al. , 1977)。EM 方法中的 E(期望)步是利用已知的数据(y 和 m)以及初始的近似值来获得未知的缺失数据的期望值。例如,对于 F_2 群体,$\lambda \in (\mu_1, \mu_2, \mu_3, \sigma^2)$(利用标记基因型的个体/品系组群的数量性状的表现型平均数 x_1、x_2 和 x_3,以及群体的样本方差 s^2 作为初始值)。M(最大化)步是利用 λ 的初始值和得到的缺失数据的期望值使似然函数[式(6.3)]最大化,以便获得新一轮的 λ 值。通过利用新的 λ 来替换旧的 λ,交替地进行 E 步和 M 步,直到似然函数[式(6.3)]不再增大(两次迭代之间的差数小于一个预先设定的临界值)。

在零假设 $H_0: \mu_i = \mu_L (i \neq L)$(没有连锁的 QTL)下,似然函数变成

$$
L_0 = L(\mu_p, \sigma_p^2, y_1, y_2. \cdots y_n) = \prod_{i=1}^{n} f(y_i)
\tag{6.5}
$$

其中

(1) $\hat{\mu}_p = \dfrac{1}{n}\sum_{i=1}^{n} y_i$ 是作图群体的平均数;

(2) $\hat{\sigma}_p^2 = \dfrac{1}{n}\sum_{i=1}^{n}(y_i-\mu_p)^2$ 是作图群体的方差;

(3) $f(y_i) = \dfrac{1}{\sqrt{2\pi\sigma^2}}\exp\Big[-\dfrac{(y_i-\mu_p)^2}{2\sigma^2}\Big]$ 是平均数为 μ_p、方差为 σ_p^2 的正态密度函数。

备择假设(在这个位置上至少存在一个 QTL)的似然比检验统计量可以被转换成 LOD(likelihood of odd)值,

$$LOD = \log_{10}\left[\frac{L(\mu_j, \sigma^2, y_1, y_2, \cdots y_n)}{L_0(\mu_p, \sigma_p^2, y_1, y_2, \cdots y_n)}\right]$$

对于由两个标记 M 和 N 围成的区间,在每个扫描的位置上计算 LOD 值(LOD score)。可以用同一染色体上的所有标记区间获得的 LOD 值构成一个似然轮廓图(like-lihood profile),以此来显示与数量性状有关联的 QTL 的可能位置。这个方法每次使用两个侧翼标记来检验是否有 QTL 位于由两个标记围成的区间内。对于一个特定的区间,该检验在任一点上进行,通过一个步长,从一个标记移动到另一个标记。在完成了对该区间的检验以后,继续对后面两个侧翼标记进行检验。LOD 值并不提供对两个标记之间存在一个 QTL 的检验,因此不是区间内的 QTL 的正式检验。LOD 只是对两种似然值进行比较,一个是 QTL 处在由重组率 r_{MQ} 和 r_{QN} 表征的位置上时的似然值,一个是 QTL 位于与该区间不连锁的某个位置上时的似然值。

对特定图谱位置上的 QTL 的支持程度常常用似然图(或者轮廓图)来表示(图 6.2),它把似然比统计量(或者一个密切相关的参数)作为推定 QTL 的图谱位置的函数来绘图。Lander 和 Botstein(1989)绘制了由 Morton(1955)定义的 LOD 值的曲线。

经验上,当 LOD 大于一个预设的临界值(如 2 或 3)或者由排列(permutation)产生的临界值时则认为存在一个 QTL。如果有好几个侧翼标记区间中的 LOD 值都大于临界值,则 QTL 的位置应该是对应于似然图的最高处的染色体区域。由最高 LOD 值减去两个 LOD 单位,得到的范围确定了 2-LOD 支持区间(two-LOD support interval),它提供了 QTL 位置范围的一个经验性置信区间(图 6.2)。模拟计算表明二 LOD 区间接近于 95％置信区间。

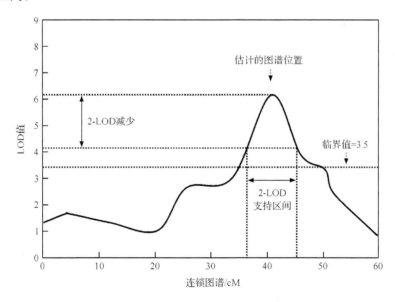

图 6.2　在区间标记分析中一个连锁图上的标记-QTL 关联的假设的似然图。如果似然图的任何部分超过临界值则表明有一个 QTL。在这种情况下,估计的 QTL 位置是给出最高似然值的厘摩值。QTL 位置的近似置信区间(2-LOD 支持区间)常常是这样构造的:把最大值的 2-LOD 值范围内所有所得到似然值的厘摩值包括在内

6.3 复合区间作图

通过以添加的标记基因座为条件,并利用多基因座基因型的条件概率,大多数单 QTL 方法可以扩展到多 QTL。这个方法已经用来导出两个或三个连锁 QTL 的显式模型(explicit model)(如 Knapp, 1991; Haley and Knott, 1992; Martinez and Curnow, 1992; Jansen, 1996; Satagopan et al., 1996)。Kearsey 和 Hyne(1994)、Hyne 和 Kearsey(1995)以及 Wu 和 Li(1994;1996)也提出了非常简单的基于回归的方法,同时考虑单个染色体上的所有标记,用于定位多个连锁的 QTL。Wright 和 Mowers(1994)以及 Whittaker 等(1997)证明连锁 QTL 的位置信息可以从标准的多元回归的回归系数中提取出来,这种多元回归结合了若干个连锁的标记[关于这些主题的详细讨论见 Lynch 和 Walsh(1998)]。Zeng(1993;1994)以及 Jansen 和 Stam(1994)提出一种复合区间作图(composite interval mapping,CIM)方法,这里是按照 Zeng(1998)描述的。

6.3.1 基础

当一个染色体上有多个紧密连锁的 QTL 时,上面描述的单个 QTL 的区间作图法是不合适的。当两个 QTL 以相引相紧密连锁,即两个增效(或减效)等位基因连锁在一起时,由于两个连锁 QTL 的相加性,两个 QTL 之间的标记将显示单标记分析的最高的 t 值或 F 值。因此,一个假的 QTL 将被断言位于两个真实的 QTL 之间,它被称作"幽灵 QTL"(ghost QTL)。对于区间作图同样如此。区间作图给出的结果可能被存在于所考虑的区间以外的额外的 QTL 所混杂。

理想情况下,当我们在一个区间中对一个 QTL 进行检验时,我们希望检验统计量独立于染色体的其他区域上可能存在的 QTL 的效应,以便避免"幽灵 QTL"。如果能够进行这样的检验,我们可以将多 QTL 作图从多维搜索问题简化为一维搜索问题,因为对每个区间的检验是独立的,对于每个标记区间我们可以有效地考虑只存在一个 QTL 的可能性。可以利用区间作图与多元回归相结合来构造这种检验。主要是由于基因在染色体上位置的线性结构,多元回归分析具有一个非常重要的性质:如果没有交换干扰,并且没有上位性的话,一个性状关于一个标记的偏回归系数应该仅仅取决于位于两个相邻标记所包围的区间的那些 QTL,独立于任何其他的 QTL(Stam, 1991; Zeng, 1993)。

6.3.2 模型

CIM 是区间作图的扩展,一些选择的标记也配合在模型中作为辅助因子,来控制其他可能连锁或不连锁 QTL 的遗传变异。利用合适的不连锁标记可以部分地解决由不连锁的 QTL 引起的分离方差。由于包括了与目标区间连锁的标记,可以减小连锁 QTL 的影响。特别地,为了检验相邻的标记 M_i 和 M_{i+1} 之间的一个区间上的 QTL,我们将模型

$$y_j = \mu + b^* x_j^* + e_j$$

扩展为:

$$y_j = \mu + b^* x_j^* + \sum_k b_k x_{jk} + e_j$$

式中,y_j 为群体中第 j 个个体的性状值;b^* 为推定 QTL 的效应;x_j^* 指的是推定 QTL;x_{jk} 指的是选择出来用于控制遗传背景的那些标记。

6.3.3　似然分析

似然函数被表示为:

$$L(b^*, \boldsymbol{B}, \sigma^2) = \prod_{j=1}^n p_{1j} \phi\left(\frac{y_j - \boldsymbol{X}_j\boldsymbol{B} - b^*}{\sigma}\right) + p_{0j} \phi\left(\frac{y_j - \boldsymbol{X}_j\boldsymbol{B}}{\sigma}\right)$$

式中,$\boldsymbol{X}_j\boldsymbol{B} = \mu + \sum_k b_k x_{jk}$。不同参数的 MLE 可以按区间作图类似的方式来得到。对于 b^* 见下面的公式:

$$\frac{\partial \ln L}{\partial b^*} = \sum_{j=1}^n \frac{p_{1j}\phi([y_j - \boldsymbol{X}_j\boldsymbol{B} - b^*]/\sigma)}{p_{1j}\phi([y_j - \boldsymbol{X}_j\boldsymbol{B} - b^*]/\sigma) + p_{0j}\phi([y_j - \boldsymbol{X}_j\boldsymbol{B}]/\sigma)} \frac{y_j - \boldsymbol{X}_j\boldsymbol{B} - b^*}{\sigma^2} \quad \text{(a)}$$

$$P_j = \frac{p_{1j}\phi([y_j - \boldsymbol{X}_j\boldsymbol{B} - b^*]/\sigma)}{p_{1j}\phi([y_j - \boldsymbol{X}_j\boldsymbol{B} - b^*]/\sigma) + p_{0j}\phi([y_j - \boldsymbol{X}_j\boldsymbol{B}]/\sigma)} \quad \text{(b)}$$

令这个导数为 0,得到

$$\sum_{j=1}^n P_j(y_j - \boldsymbol{X}_j\boldsymbol{B} - b^*) = 0$$

式中,P_j 为通过式(b)计算的。这得到由 Zeng(1994)给出的解:

$$\hat{b}* = \sum_{j=1}^n (y_j - \boldsymbol{X}_j\hat{\boldsymbol{B}})P_j / \sum_{j=1}^n P_j = (\boldsymbol{Y} - \boldsymbol{XB})'\boldsymbol{P}/c$$

式中,$c = \sum_{j=1}^n p_j$;$\boldsymbol{Y} = \{y_j\}_{n\times1}$;$\boldsymbol{P} = \{P_j\}_{n\times1}$;撇号表示转置。

求对数似然函数关于 $\boldsymbol{B}$ 的微分:

$$\frac{\partial \ln L}{\partial \boldsymbol{B}} = \sum_{j=1}^n [P_j \boldsymbol{X}_j'(y_j - \boldsymbol{X}_j\boldsymbol{B} - b^*) + (1 - P_j)\boldsymbol{X}_j'(y_j - \boldsymbol{X}_j\boldsymbol{B})]/\sigma^2$$

以矩阵符号表示,公式 $\partial \ln L/\partial \boldsymbol{B} = 0$ 变成:

$$\boldsymbol{X}'(\boldsymbol{Y} - \boldsymbol{XB}) = \boldsymbol{X}'\boldsymbol{P}b^*$$

$$\hat{\boldsymbol{B}} = (\boldsymbol{X}'\boldsymbol{X})^{-1}\boldsymbol{X}'(\boldsymbol{Y} - \boldsymbol{P}\hat{b}^*)$$

求对数似然函数关于 σ^2 的微分:

$$\frac{\partial \ln L}{\partial \sigma^2} = \sum_{j=1}^n [P_j (y_j - \boldsymbol{X}_j\boldsymbol{B} - b^*)^2 + (1 - P_j)(y_j - \boldsymbol{X}_j\boldsymbol{B})^2]/(2\sigma^4) - n/(2\sigma^2)$$

令这个导数为 0,得到解:

$$n\hat{\sigma}^2 = (\boldsymbol{Y} - \boldsymbol{X}\hat{\boldsymbol{B}})'(\boldsymbol{Y} - \boldsymbol{X}\hat{\boldsymbol{B}}) - \hat{b}^{*2}c$$

6.3.4　假设检验

要检验的假设是 $H_0: b* = 0$ 和 $H_1: b* \neq 0$。零假设下的似然函数是:

$$L(b^* = 0, \boldsymbol{B}, \sigma^2) = \prod_{j=1}^n \phi\left(\frac{y_i - \boldsymbol{X}_j\boldsymbol{B}}{\sigma}\right)$$

最大似然,估计量(MLE)为

$$\hat{\boldsymbol{B}} = (\boldsymbol{X}'\boldsymbol{X})^{-1}\boldsymbol{X}'\boldsymbol{Y}$$

$$\hat{\sigma}^2 = (\boldsymbol{Y} - \boldsymbol{X}\hat{\boldsymbol{B}})'(\boldsymbol{Y} - \boldsymbol{X}\hat{\boldsymbol{B}})/n$$

似然比(LR)检验统计量是:

$$LR = -2\ln\frac{L(b^* = 0, \hat{\boldsymbol{B}}, \hat{\sigma}^2)}{L(\hat{b}^*, \hat{\boldsymbol{B}}, \hat{\sigma}^2)}$$

或

$$LOD = -\log_{10}\frac{L(b^* = 0, \hat{\boldsymbol{B}}, \hat{\sigma}^2)}{L(\hat{b}^*, \hat{\boldsymbol{B}}, \hat{\sigma}^2)}$$

与 Lander 和 Botstein 的区间作图相似,这个检验可以在基因组的任何位置上进行。因而它给出了在基因组中搜索 QTL 的一个系统的策略。由于每个区间的检验统计量差不多都是独立的,在每个区间上的检验很可能是对单个 QTL 的检验。

6.3.5 选择标记作为辅助因子

应该添加哪些标记作为辅助因子并没有单一的解,因为这个问题取决于内在的 QTL 的数目和位置,这些信息是不能事先得到的。假定目标区间由标记 i 和 $i+1$ 确定。额外的标记 $i-1$ 和 $i+2$ 作为辅助因子,它们解释标记 $i-1$ 左侧的所有连锁的 QTL 和标记 $i+2$ 右侧的所有连锁的 QTL。虽然这些辅助因子没有解释紧邻于目标区间中的连锁 QTL 的效应,但是它们确实解释了所有连锁的 QTL。

辅助因子的数目不应超过 $2\sqrt{n}$,其中 n 是分析的个体数目(Jansen and Stam, 1994);也可以通过向前或向后逐步回归分析中的"引入变量 F 值"(F-to-enter)或者"剔除变量 F 值"(F-to-drop)标准来自动地求出这个数目。第一个方法可能包括所有表现出显著的标记-性状关联的非连锁标记(如通过标准的单标记回归检测的)。如果来自单个染色体的几个连锁标记都显示显著的效应,人们可能只利用具有最大效应的标记。一个相关的策略是首先利用与目标区域不连锁的所有标记进行多元回归,然后剔除那些不显著的标记。

在为 CIM 设计的计算机程序 QTL CARTOGRAPHER 中,对实际数据的分析是分两个步骤实施的。在第一步中,通过(向前或向后)逐步回归选出与性状显著相关的 n_p 个标记。在第二步(作图步)中,对每个检验的区间,除推定 QTL 的标记外,首先挑选与检验的区间相距至少 W_s cM 的两个标记(每个方向一个)来配合在模型中,以便确定一个检验窗口(testing window),用于阻断其他可能的连锁 QTL 对检验的影响。然后,在该检验窗口之外选择的 n_p 个标记也被放进模型中来减小剩余方差。

CIM 提高了 QTL 定位的准确性,但是降低了统计功效,因为在检验的区间周围选择标记作为辅助因子将放大位于检验区间中的 QTL 的效应。因此,被检验的区间附近的标记不适合作为辅助因子。为了解决这个问题,应该选择与检验区间相距一定距离的标记。因为这个检验窗口的大小取决于检验区间,应该对不同的窗口大小进行测试,以便为每个检验区间找到一个合适的窗口大小。

6.3.6　完备区间作图

在 Zeng(1993,1994)的算法中,当前检验的位置上的 QTL 效应和用来控制遗传背景的标记变量的回归系数是用期望和条件最大化(expectation and conditional maximization,ECM)算法同时估计的。因此,当检验的位置沿着染色体改变时同一标记变量可能具有不同的系数估计值。在 CIM 中使用的算法不能完全保证当前的检验区间上的 QTL 的效应不为背景标记变量所吸收,这可能导致 QTL 效应的有偏估计。

Li 等(2007)提出了一个改进的算法,称为完备区间作图(inclusive composite interval mapping,ICIM)。在 ICIM 中,标记选择是通过逐步回归进行的,只进行一次。通过同时考虑所有的标记信息,然后通过保留在回归方程中的所有标记(除了当前作图区间的两个侧翼标记之外)来调整表型值。调整的表型值最终被用在区间作图中。改进的算法形式上比 CIM 更简单,但是收敛更快。ICIM 保留了 CIM 相对于区间作图的优点,并且避免了可能增加的抽样方差,以及复杂的背景标记选择过程。利用两个基因组和各种不同的遗传模型进行的广泛模拟表明 ICIM 的检测功效增加,错误检出率(false detection rate)减小,QTL 效应估计的有偏性减少。ICIM 已经被扩展来对二基因互作的 QTL 进行作图(Li et al.,2008)。已经开发了利用 ICIM 方法进行作图的软件 I$_{CI}$M$_{APPING}$,在 http://www.isbreeding.net 上可以得到。

6.4　多区间作图

总的来说,QTL 的遗传作图有三种不同的方法:①利用 EM 的最大似然法,包括多区间作图(multiple interval mapping,MIM)(Kao and Zeng,1997)和搜索模型空间的序贯检验(sequential testing);②多重推算(multiple imputation)(Sen and Churchill,2001),利用贝叶斯对数后验优势(Bayesian log posterior odd)和序贯检验以及成对绘图(pairwise plot)来搜索;③马尔可夫链蒙特卡尔模拟计算方法(Markov chain Monte Carlo,MCMC)(Satagopan et al.,1996)。在本节中,我们将集中于 MIM,以 Kao 和 Zeng(1997)以及 Kao 等(1999)的研究为基础。

MIM 是一个面向多 QTL 的方法,把 QTL 作图分析与数量性状遗传结构的分析结合起来,通过搜索算法来搜索显著的 QTL 的数目、位置、效应和互作。利用标记同时对多个 QTL 进行分析最先是由 Lander 和 Botstein(1989)提出的,虽然该思想仅仅在一个非常有限的范围内推行。通过 MCMC 进行 QTL 作图的贝叶斯统计学也是以多 QTL 为基础,尤其是当它与可逆跳跃过程(reversible-jump process)相结合时,这个过程将在 6.7 节讨论。

MIM 包括如下 4 个组分。

(1) 评价方法:分析给定遗传模型(QTL 的数目、位置和上位性)时数据的似然函数。

(2) 搜索策略:在参数空间中选择最好的遗传模型(在那些抽样的遗传模型中)。

(3) 估计过程:在给定选择的遗传模型的情况下,估计数量性状的遗传结构中所关心的参数(QTL 的数目、位置、效应和上位性;由 QTL 效应解释的遗传方差和协方差)。

（4）预测过程：估计或预测个体的基因型值，以选择的遗传模型和估计的遗传参数值为基础，估计或预测的基因型值用于 MAS。

6.4.1 多区间作图模型和似然分析

对于 m 个推定的 QTL，MIM 的模型表示为：

$$y_i = \mu + \sum_{r=1}^{m} \alpha_r x_{ir}^* + \sum_{r \neq s \subset (1, \cdots, m)}^{t} \beta_{rs} (x_{ir}^* x_{is}^*) + e_i \qquad (6.6)$$

其中：（1）y_i 是个体 i 的表现型值；

（2）i 表示样本的个体（$i = 1, 2, \cdots, n$）；

（3）μ 是模型的平均数；

（4）α_r 是推定的 QTL r 的边缘效应（marginal effect）；

（5）x_{ir}^* 是指示变量，表示推定的 QTL r 的基因型（对于两个基因型由 $1/2$ 或者 $-1/2$ 来定义），它是未观察到的，但是可以根据标记数据按照概率来推断；

（6）β_{rs} 是推定的 QTL r 和 s 之间的上位性效应；

（7）$r \neq s \subset (1, \cdots, m)$ 表示成对 QTL 的一个子集，每个子集显示一个显著的上位性效应，因为如果 m 个 QTL 的所有配对被配合在模型中，则该模型可能被过度参数化；

（8）m 是推定的 QTL 的数目，这些 QTL 要么通过它们显著的边缘效应要么通过显著的上位性效应被选出；

（9）t 是显著的成对上位性效应的数目；

（10）e_i 是模型的剩余效应，被假定为正态分布，具有平均数 0 和方差 σ^2。

由于在很多基因组位置上个体的基因型是不能观察的（但是标记基因型是可以观察的），该模型包含缺失数据。因此给定模型时数据的似然函数是一个正态分布的混合体

$$L(\boldsymbol{E}, \mu, \sigma^2) = \prod_{i=1}^{n} \left[\sum_{j=1}^{2^m} p_{ij} \phi(y_i \mid \mu + \boldsymbol{D}_{ij} \boldsymbol{E}, \sigma^2) \right] \qquad (6.7)$$

括号中的项是 2^m 个正态密度函数的加权总和，其中每个正态密度函数对应于一个可能的多 QTL 基因型。p_{ij} 是每个基因型的条件概率，以标记数据为条件；$\boldsymbol{E}$ 是 QTL 参数（α 和 β）的向量，$\boldsymbol{D}_{ij}$ 是遗传模型的设计向量，为第 j 个 QTL 基因型的 x^* 与每个 α 和 β 的关联指定配置（见 Kao and Zeng, 1997）；而 $\phi(y_i \mid \mu, \sigma^2)$ 表示 y 的正态密度函数，具有平均数 μ 和方差 σ^2。

因此每个个体的概率密度是 2^m 种具有不同的平均数 $\mu + \boldsymbol{D}_{ij} \boldsymbol{E}$ 和混合比例 p_{ij} 的正态密度的混合体，混合比例是根据标记信息计算的。

利用 EM 算法来获得 MLE 的过程已经被 Kao 和 Zeng（1997）描述过。在第 $[t+1]$ 次迭代中，E 步是

$$\pi_{ij}^{[t+1]} = \frac{p_{ij} \phi(y_i \mid \mu^{[t]} + D_{ij} E^{[t]}, \sigma^{2[t]})}{\sum_{j=1}^{2^m} p_{ij} \phi(y_i \mid \mu^{[t]} + D_{ij} E^{[t]}, \sigma^{2[t]})} \qquad (6.8)$$

M 步显示在式（6.9）~式（6.11）中，其中 E_r 是 $\boldsymbol{E}$ 的第 r 个元素，D_{ijr} 是 $\boldsymbol{D}_{ij}$ 的第 r 个元素。

$$E_r^{[t+1]} = \frac{\sum_i \sum_j \pi_{ij}^{[t+1]} D_{ijr} \left[(y_i - \mu^{[t]}) - \sum_{s=1}^{r-1} D_{ijs} E_s^{[t+1]} - \sum_{s=r+1}^{w} D_{ijs} E_s^{[t]} \right]}{\sum_i \sum_j \pi_{ij}^{[t+1]} D_{ijr}^2}$$

$$\qquad (6.9)$$

$$\mu^{[t+1]} = \frac{1}{n}\sum_i\Big(y_i - \sum_j\sum_r\pi_{ij}^{[t+1]}D_{ijr}E_r^{[t+1]}\Big) \tag{6.10}$$

$$\sigma^{2[t+1]} = \frac{1}{n}\Big[\sum_i(y_i - \mu^{[t+1]})^2 - 2\sum_i(y_i - \mu^{[t+1]})\sum_j\sum_r\pi_{ij}^{[t+1]}D_{ijr}E_r^{[t+1]}$$
$$+ \sum_r\sum_s\sum_i\sum_j\pi_{ij}^{[t+1]}D_{ijr}D_{ijs}E_r^{[t+1]}E_s^{[t+1]}\Big] \tag{6.11}$$

这些公式可以用矩阵符号表示为一般的形式(Kao and Zeng,1997)

$$E^{[t+1]} = diag(V)^{-1}\big[D'\Pi'(Y-\mu) - nondiag(V)E^{[t]}\big]$$
$$\mu = \frac{1}{n}\mathbf{1}'[Y - \Pi DE] \tag{6.12}$$
$$\sigma^2 = \frac{1}{n}\big[(Y-\mu)'(Y-\mu) - 2(Y-\mu)'\Pi DE + E'VE\big]$$

其中

$$V = \{\mathbf{1}'\Pi(D_r\sharp D_s)\}_{r,s=1,\cdots,w} \quad\text{和}\quad \Pi = \{\pi_{ij}\}$$

其中 ♯ 表示 Hadamard 乘积,它是两个同阶矩阵对应元素的"元素×元素"乘积(element-by-element product),′表示矩阵或向量的转置。

这两种形式[式(6.9)和式(6.12)]实际上在计算方面多少有些不同。式(6.12)意味着 E 的更新是作为向量在一个步骤中完成的,而式(6.9)意味着 E 中的每个元素是依次更新的(总是利用其他参数的新近更新的值)。数值上,式(6.9)比式(6.12)更稳定:式(6.12)在某些情况下可能不收敛,而式(6.9)总是可以导致收敛,虽然收敛的速度稍微慢些(Z. B. Zeng,北卡罗来纳州立大学,私人通信)。

关于 p_{ij} 和 π_{ij} 的含义以及它们之间差异的注解:p_{ij} 是每个多基因座 QTL 基因型以标记基因型为条件的条件概率,而 π_{ij} 是每个多基因座 QTL 基因型以标记基因型以及表型值为条件的条件概率。

对每个 QTL 效应(即 E_r)的检验是通过似然比检验来进行的,这种检验以其他选择的 QTL 的效应为条件:

$$LOD = \log_{10}\frac{L(E_1\neq 0,\cdots,E_{m+t}\neq 0)}{L(E_1\neq 0,\cdots,E_{r-1}\neq 0,E_r = 0,E_{r+1}\neq 0,\cdots,E_{m+t}\neq 0)}$$

对于 m 个推定 QTL 的给定位置和 $m+t$ 个 QTL 效应,可以像上面归纳的那样进行似然分析。现在的任务是搜索和选择对数据配合得最好的遗传模型(QTL 的数目、位置和互作)。

6.4.2　模型选择

预模型选择

由于对 MIM 模型的评价是计算密集的,因此选择一个好的预模型(pre-model)对于 MIM 分析是重要的。可以使用下面的过程。首先选择显著标记的一个子集。然后利用来自选择标记的结果来进行 CIM,以便对候选者的位置进行基因组扫描。最后,评价和检验 MIM 下的预模型中的每个参数,按照逐步的方式删掉任何不显著的估计值。

利用多区间作图进行模型选择

在首先对预模型进行评价之后,进行下列逐步的选择分析来最终完成对 MIM 下遗传模型的搜寻。

(1) 从包含 m 个 QTL 和 t 个上位性效应的模型开始。

(2) 扫描基因组以便寻找第 $(m+1)$ 个 QTL 的最佳位置,然后对这个推定 QTL 的边缘效应进行似然比检验。如果检验统计量超过临界值,则这个效应被保留在模型中。

(3) 在成对的互作项之中搜索还没有被包括在模型内的 $t+1$ 上位性效应,然后对效应进行似然比检验。如果 LOD 超过临界值,则这个效应被保留在模型中。重复该过程直到不再有显著的上位性效应被发现。

(4) 重新评价当前配合在模型中的每个 QTL 效应的显著性。如果一个 QTL(边缘的或者上位性的)效应的 LOD 低于显著性阈值(以其他配合的效应为条件),则该效应被从模型中剔除。但是,如果一个具有显著上位性效应的 QTL 对其他 QTL 的边缘效应低于阈值,则这个边缘效应仍然保留。这个过程以逐步的方式进行,直到每个效应的检验统计量超过显著性阈值。

(5) 以当前选择的模型为基础最优化 QTL 位置的估计值。不是在 QTL 位置的当前估计值周围区域进行多维搜索(这是一个选项),而是依次对每个区域更新 QTL 位置的估计值。对于模型中的第 i 个 QTL,对它的两个相邻的 QTL 之间的区域进行扫描来寻找使似然函数最大化的位置(以其他 QTL 的位置和 QTL 上位性的现行估计值为条件)。对每个 QTL 位置连续地重复这个提炼过程,直到 QTL 位置的估计值不再有变化为止。

(6) 回到步骤(2)并重复该过程,直到不再有显著的 QTL 效应可以被增加到模型中,QTL 位置的估计值被最优化。

停止规则

与模型选择有关的一个重要问题是模型搜索算法的停止规则(stopping rule)或者比较不同模型的标准。在利用模型选择进行的回归分析中,停止规则通常由最小化最终预测误差(final prediction error,FPE)标准或者信息标准(information criteria,IC)决定。

FPE 标准是:

$$S_k = (n+k)RSS_k/(n-k)$$

式中,RSS_k 是残差平方和;k 是配合在模型中的参数的数目。IC 的一般形式是

$$IC = -2[\log L_k - kc(n)/2] \qquad (6.13)$$

式中,L_k 是给定一个具有 k 个参数的遗传模型时数据的似然函数[式(6.7)];$c(n)$ 是样本容量的加权函数(在下面给出例子)。这大致相当于回归分析中的

$$IC = \log[RSS_k/n] + kc(n)/n$$

IC 标准可以与逐步选择过程中的"引入变量 F 统计量"(F-to-enter statistic)(回归分析)或者"引入变量 LR 统计量"(LR-to-enter statistic)(似然分析)联系起来。已经证明(Miller 1990)如果 $c(n)/n$ 较小,由式(6.12)可以在 IC 的最小值上得到回归分析的引入变量 F 统计量[见式(6.14)]。

$$\frac{SSR_k - SSR_{k+1}}{SSR_{k+1}/(n-k-1)} \leqslant (n-k-1)(e^{c(n)/n}-1) \approx 2c(n)\left(1-\frac{k+1}{n}\right) \quad (6.14)$$

由于在回归分析的背景中 $LR = n\log(SSR_k/SSR_{k+1})$,式(6.13)和式(6.14)意味着在最小值上似然分析的引入变量 LR 统计量是:

$$LR_k = -2\log\frac{L_k}{L_{k+1}} \leqslant n\log[c(n)/n+1] \approx c(n)$$

该标准主要是通过罚分(penalty)$c(n)$ 的选择来确定的。Akaike(1969)建议的 $c(n)$ $=2$ 意味着最终的 LOD 阈值是 0.43。$c(n)$ 可以取多种形式,如 $c(n) = \log(n)$,这是经典的贝叶斯信息标准(Bayes information criterion,BIC);$c(n) = 2$,这是 Akaike 信息标准(Akaike information criterion,AIC)(Zou and Zeng,2008)。

关于按标记对 QTL 进行分析,Broman(1997)提出利用 $c(n) = \delta\log n$,并且建议 δ 为 $2\sim3$。对于 $n=100\sim500$,当 $\delta=2$ 时 LOD 阈值将是 $2\sim2.7$,当 $\delta=3$ 时 LOD 阈值将是 $3\sim4$。但是,这个观点仍然是相当随意的,没有与连锁图的遗传长度、标记和连锁群的数目或者标记的分布联系起来。

6.4.3　估计基因型值和 QTL 效应的方差分量

给定 QTL 参数的估计值,就可以估计个体的基因型值。由于 QTL 基因型不能被直接观察,只有标记基因型是可以观察的,所以这种估计比较复杂。个体的估计值是所有可能的基因型值的加权平均数,以每个 QTL 基因型的条件概率($\hat{\pi}_{ij}$)为权数,这种概率是以标记和表型数据为条件的。根据式(6.10),这个估计公式是:

$$\hat{y}_i = \hat{\mu} + \sum_{j=1}^{2^m}\sum_{r=1}^{m+t}\hat{\pi}_{ij}D_{ijr}\hat{E}_r$$

其中第一个求和是对所有 2^m 种可能的 QTL 基因型进行的,第二个求和是对模型的所有效应(m 个主效应和 t 个上位性效应)进行的。$\hat{\mu}$ 是 μ 的 MLE,根据式(6.10)在最终模型的平衡状态上获得,$\hat{E}_r$ 是 QTL 效应 E_r 的 MLE,根据式(6.9)获得,$\hat{\pi}_{ij}$ 是 π 的 MLE,根据式(6.8)获得。

为了仅仅根据标记信息预测数量性状的基因型值,我们需要使用

$$\hat{y}_i = \hat{\mu} + \sum_j\sum_r p_{ij}D_{ijr}\hat{E}_r$$

因为 $\hat{\pi}_{ij}$ 是表现型 y_i 的函数,它在早期的选择中是不可用的。

由每个 QTL 效应解释的遗传方差和协方差可以直接从似然分析中估计。应用 EM 算法,式(6.12)引出

$$\hat{E} = \hat{V}^{-1}D'\hat{\Pi}'(Y-\hat{\mu})$$

这意味着

$$\hat{\sigma}^2 = \frac{1}{n}[(Y-\hat{\mu})'(Y-\hat{\mu}) - \hat{E}'\hat{V}\hat{E}]$$

或者式(6.15)

$$\hat{\sigma}^2 = \frac{1}{n}\Big[\sum_{i=1}^n(y_i-\hat{\mu})^2 - \sum_{r=1}^{m+t}\sum_{s=1}^{m+t}\sum_{i=1}^n\sum_{j=1}^{2^m}\hat{\pi}_{ij}D_{ijr}D_{ijs}\hat{E}_r\hat{E}_s\Big]$$

$$= \frac{1}{n} \Big[\sum_{i=1}^{n} (y_i - \bar{y})^2 - \sum_{r=1}^{m+t} \sum_{s=1}^{m+t} \sum_{i=1}^{n} \sum_{j=1}^{2^m} \hat{\pi}_{ij} (D_{ijr} - \bar{D}_r)(D_{ijs} - \bar{D}_s) \hat{E}_r \hat{E}_s \Big] \quad (6.15)$$

式中，$\bar{y} = \sum_{i=1}^{n} y_i / n$；$\bar{D}_r = \sum_{i=1}^{n} \sum_{j=1}^{2^m} \hat{\Pi}_{ij} D_{ijr} / n$。按照这个形式，$\hat{\sigma}^2$ 可以表示为总表型方差的 MLE $\hat{\sigma}_p^2$ [式(6.15)的第一部分]与遗传方差的 MLE $\hat{\sigma}_g^2$ [式(6.15)的第二部分]之间的差数。$\hat{\sigma}_g^2$ 可以按下面的公式被进一步分解：

$$\hat{\sigma}_g^2 = \sum_{r=1}^{m+t} \Big[\frac{1}{n} \sum_{i=1}^{n} \sum_{j=1}^{2^m} \hat{\pi}_{ij} (D_{ijr} - \bar{D}_r)^2 \hat{E}_r^2 \Big] + \sum_{r=2}^{m+t} \sum_{s=1}^{r-1} \Big[\frac{2}{n} \sum_{i=1}^{n} \sum_{j=1}^{2^m} \hat{\pi}_{ij} (D_{ijr} - \bar{D}_r)(D_{ijs} - \bar{D}_s) \hat{E}_r \hat{E}_s \Big]$$

$$= \sum_{r=1}^{m+t} \hat{\sigma}_{E_r}^2 + \sum_{r=2}^{m+t} \sum_{s=1}^{r-1} \hat{\sigma}_{E_r, E_s}$$

$\hat{\sigma}_{E_r}^2$ 是由 QTL 效应 E_r 引起的遗传方差的估计值，$\hat{\sigma}_{E_r, E_s}$ 是 QTL 效应 E_r 和 E_s 之间的遗传协方差的估计值。

把由每个 QTL 效应引起的方差与这个 QTL 效应跟其他效应之间的协方差的一半合并，然后把这个方差的分量作为由这个 QTL 效应解释的方差分量来报告，这是方便的和信息性的（informative）：

$$\hat{\sigma}_r^2 = \hat{\sigma}_{E_r}^2 + \frac{1}{2} \sum_{s \neq r} \hat{\sigma}_{E_r, E_s}$$

而 $\hat{\sigma}_{E_r}^2$ 是处于连锁平衡的第 r 个 QTL 效应的方差的估计值（这时 $\sigma_{E_r, E_s} = 0$），$\hat{\sigma}_r^2$ 是第 r 个 QTL 对连锁不平衡的当前群体的总方差的贡献。这些方差、协方差和方差分量的估计值可以作为总表型方差的比率被给出。注意 $\hat{\sigma}_g^2 / \hat{\sigma}_p^2$ 是 MIM 模型的决定系数（R^2），也要注意 $\hat{\sigma}_{E_r}^2$ 总是正的，$\hat{\sigma}_r^2$ 不一定是正的。

6.5 多个群体或杂交组合

6.5.1 试验设计

在遗传学和育种计划中有很多不同类型的群体（第 4 章）。但是，如前所述，它们只有少数已经被用于 QTL 作图。这些杂交或群体来源于不同的自交系、群体和物种，为更方便的 QTL 作图以及作图与植物育种计划的更好整合提供了潜在的机会。

最常使用的杂交之一是 BC，一个基因座上只有两种基因型，便于分析。另一个常见的杂交 F_2 代一个基因座上有 3 种基因型，可用于估计加性效应和显性效应。与 BC 相比，虽然它提供了研究 QTL 的遗传结构的更多机会和信息，并且比 BC 具有更高的功效，但是数据分析更复杂，尤其对于具有上位性的 QTL。

一些较少使用的杂交是：①由 F_2 代自交或随机交配得到的 F_3、F_4 等。随机交配增加重组，并且消耗连锁图的长度，因此提高作图的分辨率（QTL 位置的估计）。②通过与一个亲本品系连续回交得到重复的 BC，最终产生近等基因系（near-isogenic line，NIL）。③多向杂交（multi-way cross），通过用一个杂交种与另一个杂交种或者自交系/品种进行杂交得到，它导致一个群体涉及 3 个或 4 个亲本品系。④来源于复杂的交配设计（如

NCII 和双列杂交设计)的多个杂交(multiple cross)(第 4 章)。

对于所有可利用的杂交和群体,QTL 作图可以基于来源于相同自交系亲本或者一个杂交种的多个群体,或者基于来源于不同亲本品系的多个杂交。在前一种情况下,对于二倍体物种,群体中有两个可能的等位基因发生分离,而在后一种情况下,发生分离的可能的等位基因多于两个,这取决于有多少个亲本品系被涉及。另外,所有的杂交或群体可以源自于异交亲本,它导致相引相/相斥相不明确,并且对于一些或者所有的亲本品系是杂合的。

对于利用来自分离群体的杂交进行的 QTL 作图,可以使用与自交系杂交相似的模型的分析方法,但是分析更加复杂。每个基因组位置的等位基因来源的概率需要根据观察的标记进行估计。这类群体的功效比 QTL 分析的要低,因为 QTL 等位基因不可能被优先地固定在亲本群体中,这使得功效计算更加困难。

对于由不同的异质亲本品系得到的多个杂交,在一些用于作图的单株中可能存在半同胞或者全同胞关系。半同胞可以根据一个亲本的分离来进行分析,这与回交模型的分析相似。这类群体对于 QTL 检测的功效较低,因为在其他的亲本中存在更多无法控制的变异性。仅仅对一个亲本分析等位基因效应差异,没有对相差很大的自交系、群体和物种之间的等位基因效应的差异进行分析。一般来说有关的遗传率对于 QTL 分析是低的。对于全同胞,一个基因座上存在 4 种基因型;可以估计雄性亲本和雌性亲本的等位基因替换效应(allelic substitution effect)以及它们的互作(显性)。为 QTL 分析提供的信息是半同胞的两倍,这类群体应该具有更高的功效。

6.5.2　多个杂交组合的 QTL 分析

利用多个杂交进行 QTL 分析时,可以分别对每个杂交进行分析,这是简单的,但是效率低,功效也较低。来源于不同亲本的多个杂交具有更高的功效,因为涉及更多的个体,因此有更多的信息性标记。这类杂交可用于研究不同遗传背景下 QTL 的效应,如基因型与杂交的互作以及上位性互作。对于所有的多个杂交,更合理的分析应该是对不同的杂交进行联合分析。用这种方法,在不同的时期创造或评价的杂交可以被合并,而一个团队中的多个科研项目或者不同科研小组的多个科研项目可以被联系起来并得到共享。缺点是分析更加复杂,可用的软件很少,并且必须考虑多个相关的杂交(其中个体可能在基因型和表现型上彼此相关)。已经有人提出了四向杂交(four-way cross)的 QTL 作图方法(Xu,1996)和来源于多个自交系的杂交的 QTL 作图方法(Liu and Zeng,2000)。

Broman 等(2003a)讨论了在 QTL 分析中如何合并多个杂交。对于具有奠基者(founder)(这些奠基者彼此没有亲缘关系)的杂交,可以使用按照杂交分别得到的 LOD 的简单总和(naïve sum),假定在不同的杂交中具有不同的基因作用,或者对独立的杂交使用联合分析。对于具有亲缘关系的奠基者的杂交,QTL 分析取决于杂交内部和杂交之间的遗传关系。当一个杂交内部具有恒定的遗传协方差时,所有个体具有相同的遗传关系,联合分析对单个杂交的分析没有影响。但是,不同杂交之间的遗传协方差可能不同,取决于通过来源相同(identity by descent,IBD)共享的等位基因的期望数目。应该注意多个杂交之间的协方差不是恒定的。在这些情况下,联合分析将提供不同于单个杂交分析的结果。通过引入杂交的区组因子作为遗传关系的一个随机效应,可以解决多个杂交分析的问题。这个方法处理了每个杂交的恒定的协方差以及杂交之间的不同协方差的问题,它为杂交提供了一个合适的重组模型,来将重组率与距离联系起来,并且提供了跨越所有杂交的共同的表现型模型,来考虑杂交与遗传效应的互作。

忽略多基因效应将导致有偏的加性效应估计值,当显性不存在时检测到显性,以及增大方差,因此导致有偏的 QTL 结果,虽然位置的估计值是无偏的。通过杂交的合并分析可以提高统计功效,当若干相关的杂交被创造时这是重要的。Zou 等(2001)已经把检验的阈值思想和基因座区间扩展到多个杂交。

Jannick 和 Jansen(2001)提出了一个方法,通过鉴定具有强互作的基因座来对上位性 QTL 进行作图,这种互作是 QTL 和遗传背景之间的互作。该方法需要来源于多个相关的自交系间杂交的大群体,被用于模拟由 3 个自交系亲本之间双列杂交得到的 DH 群体。该方法不仅可以检测成对互作中涉及的 QTL,而且可以检测高阶互作中涉及的 QTL,并且对一维的基因组搜索也可以做到这一点。

北卡罗来纳试验设计 III(第 4 章中的 NCIII 设计),最初由 Comstock 和 Robinson(1952)提出,是第一个用于 QTL 作图的复杂设计。在 NCIII 中,试验单元(experimental unit)是由 F_2 代植株与两个亲本品系回交产生的。在二倍性、二等位基因、相等的基因频率以及没有连锁和上位性的假设下,能够以差不多相等的精确性估计加性和显性方差分量。Cockerham 和 Zeng(1996)扩展了 Comstock 和 Robinson 的方差分析,包括了 F_2 和 F_3 后代的连锁和上位性,提出了利用单个标记的方差分析进行 QTL 作图的正交对比(orthogonal contrast)。Melchinger 等(2007)证明了 NCIII 对于识别对杂种优势起作用的 QTL 的非凡特性。他们定义了一个新型的杂种优势的基因效应,表示为增广显性效应(augmented dominance effect)d_i^*,它等于 QTL_i 对中亲优势(mid-parent heterosis, MPH)的净贡献。它包括显性效应 d 减去与遗传背景的加性×显性上位互作的总和的一半。他们的方法的新颖之处在于可以鉴定对 MPH 显著起作用的 QTL,并且解释了显性和上位性。

一种能够对上位性的存在进行显著性检验的精致的试验设计是三重测交(triple testcross,TTC)设计(第 4 章),它由 Kearsey 和 Jinks(1968)提出,这个设计是 NCIII 的扩展。在 TTC 设计中,杂交后代不仅与两个亲本品系进行测交,而且与由这两个亲本品系得到的 F_1 代进行测交。对于来自一个分离群体的每个后代(如 F_2 代植株或者 RIL),可以产生 3 个数据集:①亲本测交(parental testcross)后代的平均表现;②亲本测交后代表现之间的差异;③F_1 测交后代(testcross progenies with the F_1)与亲本测交后代的平均数之间的偏差。Kearsey 等(2003)以及 Frascaroli 等(2007)给出了基于 TTC 设计的 QTL 分析的试验结果,数据分别来自拟南芥和玉米。Melchinger 等(2008)给出了存在上位性的情况下利用 TTC 设计得到的 QTL 效应估计的遗传期望值。对于 TTC 设计,可以利用一维的基因组扫描来估计各个 QTL 与遗传背景的显性×加性上位互作。他们证明 TTC 设计可以克服 NCIII 在分析杂种优势方面的部分局限性,以便分离 QTL 主效应以及它们与所有其他 QTL 的上位互作。他们还给出了在假定二基因上位性和任意连锁的情况下,在裂区设计中测定的 TTC 后代方差分量的遗传期望值。Kusterer 等(2007)

使用该理论来研究拟南芥中与生物量(biomass)相关的性状的杂种优势。

6.5.3 合并分析

人们经常在两个以上的作图群体中对相同或者相关的性状进行研究。Lander 和 Kruglyak(1995)提出将来自多个作图群体的数据合并进行 QTL 分析。合并分析(pooled analysis)提供了一种手段,从整体上对自不同研究中 QTL 存在的证据进行评价,以及考察不同群体之间 QTL 基因效应的差异。

Walling 等(2000)扩展了最小二乘区间作图法(Haley et al.，1994),用来分析来自猪的 7 个群体的合并数据,而 Li R 等(2005)扩展了贝叶斯 QTL 分析方法(Sen and Churchill，2001),用来分析来自 4 个小鼠群体的合并数据。前者(Walling et al.，2000)的计算简单,一般的统计软件(如 SAS)都可以实现。后者(Li et al.，2005)采用了一种新的 QTL 分析方法,需要专门的软件。一些早期的研究(Rebai and Goffinet，1993；Xu,1998；Liu and Zeng，2000)也提出了对可能由若干群体产生的数据进行 QTL 分析的方法。

Guo 等(2006)提供了对来自多个 QTL 作图群体的数据进行合并分析的一个例子。通过在多元线性模型中分别把群体和辅助因子标记作为指示变量和协变量(covariate variable),将最小二乘区间作图进行扩展用于合并分析。一般的线性检验方法被用于 QTL 的检测。在大豆中对胞囊线虫(cyst nematode)的抗性,有两个 $F_{2,3}$ 作图群体:Hamilton(感病)×PI90763(抗病)和 Magellan(感病)×PI404198A(抗病)。对来自这两个群体的数据进行基于单群体的分析和合并分析,结果表明当群体之间共有一个 QTL 时,在 QTL 候选区域中,合并分析的 LOD 值比单群体分析的 LOD 值增大。但是当群体之间不共有 QTL 时,在 QTL 候选区域中,合并分析的 LOD 值比单群体分析的 LOD 值减小。相对于单群体的分析来说,对来自遗传上相似的群体的数据进行合并分析可能具有更高的 QTL 检测功效。从这种合并分析中显露出来的一个重要问题是:如果有很多群体被合并的话,由于这种稀释作用(dilution effect),一个具有强的效应、但是仅仅存在于一个或者少数群体中的 QTL,可能变得不可检测。

6.6　多个 QTL

6.6.1 多个 QTL 的现实性

多 QTL 模型被用来:①在遗传结构的"空间"中对基因座的数目和位置、基因效应(加性、显性、上位性)进行有效的搜索;②选择"最好的"或者"较好的"模型,包括使用什么标准以及在哪里抽取品系;③估计模型的"特征",如平均数、方差和协方差、置信区域(confidence region)和边缘分布或者条件分布(Broman et al.，2003a)。

相对于单 QTL 的方法而言,多 QTL 方法应该具有若干优点。首先,可以提高统计功效和精确性,因此检测到的 QTL 数目将增加,并且将提供基因座的更好的估计(偏差更少、区间更小)。其次,可以提高对复杂遗传结构的推断,包括上位性的模式和各个元素；可以恰当地估计平均数、方差和协方差，可以评价不同 QTL 的相对贡献。最后，可以改进基因型值的估计，具有更小的偏差（更高的准确性）和更小的方差（更加精确）。

QTL 的估计有什么局限吗？如同 Bernardo（2001）所指出的，对于有效率的 MAS，QTL 的合理数目是 10。超过这个数（如 50）就太大了。当有很多 QTL 时，表现型是一个比基因型更好的预测值。增加样本量并不会使多 QTL 具有什么优点。此外，同时选择很多 QTL 也是很困难的，因为当一个性状由 m 个 QTL 控制时，可以从中进行选择的可能的基因型有 3^m 种。QTL 之间的遗传连锁，即多重共线性（multi-collinearity），将导致基因效应的估计值相关，随着更多的预测值被添加，每个效应的精确性下降。有必要平衡偏差和方差。少数 QTL 可以显著地减小偏差，而很多的预测值（QTL）可以增大方差。最后，QTL 参数的估计取决于样本容量、遗传率和环境变异。

我们该如何处理低于检测阈值（limit of detection）的 QTL 呢？有一个选择偏差（selection bias）的问题：中等效应的 QTL 有时可以被检测到，但是当检测到时它们的效应是偏大的（Beavis，1994）。为了避免输入/输出的巨大差异，对于只考察"最好的"模型应该采取谨慎的态度，并且应该考虑 QTL 在模型中的概率。把 m 个检测到的基因座构建到 QTL 模型里，可以处理遗传结构和模型选择对 QTL 数目的不确定性。

6.6.2　选择一类 QTL 模型

当选择一类 QTL 模型时有很多参数要考虑（Broman et al.，2003a）：①QTL 的数目，单个 QTL 或者已知数目或未知数目的多个 QTL；②QTL 的位置，具有已知的位置，间距较宽（在一个标记区间内没有两个 QTL）或者间距任意紧密；③基因效应，包括加性效应和（或）显性效应、上位性效应（对于二倍体物种有 4 个组合：aa、ad、da、dd；对于具有更高倍性水平的物种则有更多的组合）和表型的分布（正态分布、二项分布、泊松分布等）。

考虑一个正态分布的表现型，具有

$$\Pr(Y \mid Q, \theta) = N(G_Q, \sigma^2)$$

一般的，建立模型需要的假设有：①正态分布的环境变异，即剩余误差 e（不是 Y！）产生一个钟形的直方图；②遗传值 G_Q 是 m 个 QTL 的复合物，即 $Q = (Q_1, Q_2, \cdots, Q_m)$；③遗传效应与环境不相关，即

$$Y = \mu + G_Q + e, e \sim N(0, \sigma^2)$$
$$E(Y \mid Q, \theta) = \mu + G_Q, \ \mathrm{var}(Y \mid Q, \theta) = \sigma^2$$
$$\theta = (\mu, G_Q, \sigma^2)$$

考虑多个 QTL，假定没有上位性，则基因型值可以被剖分为

$$G_Q = \theta_{Q(1)} + \theta_{Q(2)} + \cdots + \theta_{Q(m)} \ 或 \ G_Q = \sum_j \theta_{Q(j)}$$

因此遗传方差可以被剖分为

$$\mathrm{var}(G_Q) = \sigma_G^2 = \sum_j \sigma_{G(j)}^2, \sigma_{G(j)}^2 = \mathrm{var}(\theta_{Q(j)})$$

剖分的遗传率 h^2 为

$$h^2 = \frac{\sigma_G^2}{\sigma_G^2 + \sigma^2} = \sum_j \frac{\sigma_{G(j)}^2}{\sigma_G^2 + \sigma^2}$$

当有很多可选的模型时,应该对备择的模型进行比较。这种比较可以残差平方和(RSS)、信息标准[如贝叶斯信息标准(BIC)和贝叶斯因子(Broman et al. ,2003a)]为基础。

(1) 可以以 RSS 为基础对模型进行比较,RSS 一个良好的性质是它从来不随模型大小的增长而增大。目标是获得一个具有"最简单"模型的小 RSS。

(2) 可以用于模型比较的经典的线性模型包括均方误差(MSE)、Mallow 的 C_p 以及校正的 R^2。

(3) 可以基于重抽样技术来比较模型,包括自举法(bootstrap)(从数据中有放回地抽样)、交叉验证(cross validation)(反复地将数据分裂成估计集和检验集)以及序贯排列检验(sequential permutation test),它以已经在模型中的 QTL 为条件,当增加的 QTL 不显著时就停止。

(4) 有一些信息标准用于比较模型,这些标准建立在 RSS 和似然值的基础上,包括 Akaike 信息标准(AIC)、Bayes/Schwartz 信息标准(BIC)、BIC-delta(BIC_δ)以及 Hannon-Quinn 信息标准(HQIC)。

6.6.3　多个具有上位性的 QTL

当一个性状由多个 QTL 控制时,基因座之间很有可能存在上位性。当涉及两个 QTL 时,有 4 种类型的上位性:aa、ad、da 以及 dd。当涉及两个以上的基因座时,将有高阶的上位性。

考虑具有上位性的遗传模型,基因型值可以被剖分为

$$G_Q = \theta_{Q(1)} + \theta_{Q(2)} + \theta_{Q(1,2)}$$

遗传方差可以相应地被剖分为

$$\mathrm{var}(G_Q) = \sigma_G^2 = \sigma_{G(1)}^2 + \sigma_{G(2)}^2 + \sigma_{G(1,2)}^2$$

对于 2-QTL 互作

$$G_Q = \sum_j \theta_{1Qj} + \sum_j \theta_{2Qj}$$

式中,$\theta_{1Qj} = \theta_{Q(j_1)}$;$\theta_{2Qj} = \theta_{Q(j_1,j_2)}$;$j_1, j_2 = 1,\cdots, m_j$。

用一个额外的下标 k 来跟踪基因座的次序,遗传方差被剖分为

$$\sigma_G^2 = \sigma_{1G}^2 + \sigma_{2G}^2$$

$$\sigma_{kG}^2 = \sum_j \sigma_{kGj}^2, \quad \sigma_{kGj}^2 = \mathrm{var}(\theta_{kQj})$$

考虑具有高阶上位性的 m 个 QTL($m>2$),它对次序 k 和 QTL 下标 j 求和,

$$G_Q = \sum_k \sum_j \theta_{kjQ}$$

$$\theta_{kjQ} = \theta_{(j_1,j_2,\cdots j_k)Q}$$

遗传方差可以被剖分为

$$\sigma_G^2 = \sum_k \sigma_{kG}^2, \quad \sigma_{kG}^2 = \sum_j \sigma_{kGj}^2, \quad \sigma_{kGj}^2 = \mathrm{var}(\theta_{kQj})$$

对于如此多的参数,即使对于中等合理的估计值也需要大的样本容量。

多个上位性 QTL 的作图已经受到大量的关注,提出了各种统计方法(如 Doebley et

al. , 1995；Jannink and Jansen, 2001；Boer et al. , 2002；Carlborg and Andersson, 2002；Yi and Xu, 2002；Yang, 2004；Baieri et al. , 2006；Alvarez-Castro and Carborg, 2007)。可以处理多个上位性 QTL 的作图软件有 QTL CARTOGRAPHER 和 MUL-TIQTL。

6.7 贝叶斯作图

贝叶斯范式(Bayesian paradigm)提供了统计建模的一个合乎逻辑的方法,它已经被成功地应用在各种背景中(Malakoff, 1999),包括遗传学中的问题(Shoemaker et al. , 1999；Huelsenbeck et al. , 2001；Sorensen and Gianola, 2002；Xu S, 2003)。在贝叶斯分析中一切都被当做具有先验分布的未知数。一个变量可以被分成两种类型之一:可观测的和不可观测的。可观测的包括数据(表型值、标记得分和系谱等);不可观测的包括参数。一般地,这个方法包括对所探讨的问题的结构进行仔细考虑,然后它在一个模型(似然函数)中达到顶点,并且按照不可观测的先验信念(prior belief)以概率分布的形式表示。给定似然函数和先验信念,贝叶斯方法通过不可观测的事物的后验概率分布准确地传递有关信息。使用的先验信念可以从没有信息的分布到信息十分丰富的分布,并且应该反映可用的知识(如由早期的研究或者现有的理论得来)。模拟(积分)方法可用于根据后验分布产生近似的样本。为一个特定的模型定制的抽样算法被称作 MCMC 抽样器(MCMC sampler)。

6.7.1 贝叶斯作图的优点

由于可以利用基于模拟的 MCMC 算法,贝叶斯方法在 QTL 作图中已经变得很流行。MCMC 提供了实现很多分析目标的一种方法,这些目标用其他方法是难以实现的(Xu S,2002)。贝叶斯作图允许使用 QTL 参数的先验知识,并自动地获得 QTL 参数估计值的后验方差和可信区间(credibility interval)。利用 MCMC 方法,有可能用任何数目的标记基因座、多性状基因座(multiple-trait loci)以及多个基因组片段来进行连锁分析。同时,这个方法允许使用任意大小和复杂性的系谱。除了对基因座进行作图之外,贝叶斯可逆跳跃 MCMC 方法(Bayesian reversible-jump MCMC approach)允许人们在联合连锁(joint linkage)和寡基因分离分析(oligogenic segregation analysis)中估计基因座的数目,以及估计相关联的各个基因座的模型参数和协变量效应。当考虑多个数目未知的基因座时,这尤其有用。它的优点是能够估计起作用的基因座的数目,而不是事先固定这个数目。整体方法(overall approach)做出了妥协,以便实现这些目标,它以统计抽样为基础,而不是准确列举所有可能的、但是未观察到的内在基因型。

6.7.2 贝叶斯作图统计学概述

对于观察的性状表型值、标记、连锁图数据(Y, X)以及未知的数量性状基因型(Q),我们可以研究未知数(θ, λ, Q),其中 λ 是 QTL 位置,θ 是它们的遗传效应。

$$Q \sim \Pr(Q \mid Y_i, X_i, \theta, \lambda)$$

可以对每个个体在 m 个 QTL 上的基因型进行抽样,检验它们的位置、边缘效应和上位性效应 θ。通过利用先验分布以及根据后验概率进行的抽样可以研究后验分布的性质。先验分布在 QTL 之间是独立的。用于多重插补(multiple imputation)或者 MCMC 的条件后验概率的公式为

$$\Pr(\theta, \lambda, Q \mid Y, X) = \frac{\Pr(Q \mid X, \lambda)\Pr(Y \mid Q, \theta)\Pr(\lambda \mid X)\Pr(\theta)}{\Pr(Y \mid X)}$$

为了围绕后验分布构建一个马尔可夫链,我们需要一个稳定分布的后验概率,这种后验概率是一个马尔可夫链。在实践中,该链趋向于稳定分布。MCMC 算法从先验分布中参数的给定值以及根据它们的先验分布产生的所有未知数的初始值开始:

$$(\lambda, Q, \theta, m) \sim \Pr(\lambda, Q, \theta, m \mid Y, X)$$

根据全部条件得到的 m-QTL 模型分量用下列更新步骤进行更新:

(1) 给定基因型和性状,更新遗传效应 θ;

(2) 给定基因型和标记图谱,更新基因座 λ;

(3) 给定性状、标记图谱、基因座和效应,更新基因型 Q。

这产生下列估计值的链:

$$(\lambda, Q, \theta, m)_1 \rightarrow (\lambda, Q, \theta, m)_2 \rightarrow \cdots \rightarrow (\lambda, Q, \theta, m)_N$$

为了保证该链混合得好(指马氏链从开始阶段迅速获得一个稳定状态,译者注),调试阶段(period of burn-in)初始值的后验概率可能较低,调试阶段是 MCMC 过程的初始迭代,用于在样本空间的这个部分中定位抽样器。

在调试阶段之后,(λ, Q, θ, m) 的实现(realization,即观测值)被从链中抽样并存储。一旦抽样了足够的观测值,就可以从后验的样本中产生 (λ, Q, θ, m) 中参数的经验性后验分布。

根据一个具有 m 个 QTL 的模型的全部条件,很难根据下面的联合后验概率进行抽样

$$\Pr(\lambda, Q, \theta \mid Y, X) = \Pr(\theta)\,\Pr(\lambda)\,\Pr(Q \mid X, \lambda)\Pr(Y \mid Q, \theta)/\text{常数}$$

但是从如下所示的全部条件中对参数进行抽样是容易的:

$$\Pr(\theta \mid Y, X, \lambda, Q) = \Pr(\theta \mid Y, Q) = \Pr(\theta)\Pr(Y \mid Q, \theta)/\text{常数} \qquad (\text{对于遗传效应})$$

$$\Pr(\lambda \mid Y, X, \theta, Q) = \Pr(\lambda \mid X, Q) = \Pr(\lambda)\Pr(Q \mid , \lambda)/\text{常数} \qquad (\text{对于 QTL 基因座})$$

$$\Pr(Q \mid Y, X, \lambda, \theta) = \Pr(Q \mid X, \lambda)\Pr(Y \mid Q, \theta)/\text{常数} \qquad (\text{对于 QTL 基因型})$$

6.7.3 贝叶斯作图方法

在贝叶斯框架中充分地构造基因作图问题时,需要事先确定合适的模型类型(如没有上位性)。除了参数本身的合理数值之外,还需要包括模型维数(参数数目)合理值的先验看法。这包括关于起作用的基因(QTL)的数目及其效应的先验分布,它们共同反映了对于小的基因效应的敏感性的先验信念。总的来说,MCMC 分析需要特定的先验分布或者先议提议,并且涉及很多的迭代。为了使 MCMC 过程提供有用的估计值,有必要使抽样器围绕样本空间成功地运转。

贝叶斯作图是由 Hoeschele 和 VanRaden(1993a;1993b)首创的,后来由 Satagopan

等(1996)及 Sillanpää 和 Arjas(1998;1999)进行了发展。从那时起,对于不同的模型和遗传系统发展了各种贝叶斯作图方法,包括反向跳跃 MCMC 贝叶斯法(Green,1995;Satagopan et al.,1996;Sillanpää and Arjas,1998;1999;Sillanpää and Corander,2002)、模型选择框架(Yi,2004;Yi et al.,2005;2007)以及收缩估计(shrinkage estimation,SE)方法(Xu S,2003;Zhang and Xu,2004;Wang et al.,2005)。Wu 和 Lin(2006)认为,SE 方法使我们可以采用 QTL 作图的解析策略,通过利用所有的标记将方法扩展到上位性 QTL 的全基因组作图。但是,涉及的变量数目是如此大以至于计算时间太长。为了解决这个问题,Zhang 和 Xu(2005)提出惩罚最大似然(penalized maximum likelihood,PML)方法。Yi 和 Shriner(2008)综述了在实验的杂交中对多个 QTL 进行作图的贝叶斯作图方法和相关的计算机软件。他们比较了各种方法以便清楚地描述它们之间的关系。

贝叶斯收缩估计(BSE)方法

利用贝叶斯收缩估计(Bayesian shrinkage estimation,BSE),能够处理的效应数目可以比观测值的数目大。BSE 方法已被扩展到对多个 QTL 以及上位性的 QTL 进行作图(Zhang and Xu,2004;Wang H et al.,2005)。

假定 m 个 QTL,$Q_1,Q_2,\cdots,Q_m$,数量性状值的模型可以写成

$$y_i = b_0 + \sum_{j=1}^{q} x_{ij}b_j + e_i$$

式中,y_i 是个体 i 的数量性状值;b_0 是平均数;b_j 是 Q_j 的主效应,x_{ij} 被编码为 $1/2$ 或 $-1/2$;如果 Q_j 的基因型是 Q_jQ_j 或者 $Q_jq_j(j=1,\cdots,m)$,m 不等于多标记分析的标记数目,而是等于多 QTL 分析的标记区间的数目。BSE 方法使得假的 QTL 效应朝着零的方向减小,而效应大的 QTL 被估计,估计值实际上没有收缩。为了做到这一点,每个标记效应被允许具有它自己的方差参数,也具有它自己的先验分布以便能够估计方差。此后,首先假定所有参数的先验分布,即 $p(b_0) \propto 1,p(\sigma_e^2) \propto 1/\sigma_e^2,p(b_j)=N(0,\sigma_j^2)$ 以及 $p(\sigma_j^2) \propto 1/\sigma_j^2(j=1,\cdots,q)$;然后推导出所有参数和超参数(hyperparameter)的条件后验分布(conditional posterior distribution,CPD),即 b_j 的 CPD 是 $N(\hat{b}_j,s_j^2)$,其中

$$\bar{b}_j = \Big(\sum_{i=1}^{n} x_{ij}^2 + \sigma_e^2/\sigma_j^2\Big)^{-1} \sum_{i=1}^{n} x_{ij}\Big(y_i - b_0 - \sum_{k \neq j}^{q} x_{ik}b_k\Big)$$

而

$$s_j^2 = \Big(\sum_{i=1}^{n} x_{ij}^2 + \sigma_e^2/\sigma_j^2\Big)^{-1} \sigma_e^2$$

σ_j^2 的 CPD 是一个逆卡方分布(inverted chi-square distribution);最后,我们根据相应的 CPD 抽样所有参数的观测值。当抽样链收敛到平稳分布(stationary distribution)上时,抽样的参数实际上服从联合的后验分布。当考虑单个参数的样本时,这个单变量样本实际上是这个参数的边缘后验样本。因此,可以估计 QTL 的数目、位置和效应。

假如第 j 个 QTL 是假的(即效应大小为零),则 σ_j^2 的估计值将倾向于零,而 b_j 的后验分布的平均数和方差退回到零,因此 b_j 的样本观测值接近于零。注意,更新第 j 个

QTL 的方差 $\sigma_j{}^2$ 是重要的,因为这要么克服了岭回归中固定的岭参数的缺点,要么反映了数据的信息。如果公式 $\sigma_j{}^2 = b_j{}^2 / \chi_{\nu=1}^2$ 中的 $b_j \to 0$,则 $\sigma_j{}^2 \to 0$;但是,$b_j{}^2$ 除以一个卡方变量使得 $\sigma_j{}^2$ 有一个复原的机会,因为由于偶然性 $\chi_{\nu=1}^2$ 可能是非常小的。

贝叶斯收缩分析被用来导出一个 QTL 模型,用于在最大似然法的框架下对动态性状[如生长轨迹(growth trajectory)]的多个 QTL 进行作图(Yang and Xu,2007)。生长轨迹用勒让德多项式(Legendre polynomial)来配合。该方法将个别的数量性状的收缩作图与动态性状的勒让德多项式分析结合起来。多 QTL 模型是以两种方式来实施的:①固定的区间方法,其中在每个标记区间中放一个 QTL;②移动的区间方法,其中 QTL 的位置可以在一个范围内被搜索,这个范围覆盖很多的标记区间。模拟表明贝叶斯收缩方法比区间作图方法产生更好的 QTL 信号。

模型选择

Yi(2004)提出了一种复合模型空间方法(composite model space approach)用于多个非上位性的 QTL 作图,然后 Yi 等(2005)将这个模型扩展到连续性状的上位性 QTL 的作图。这个方法的主要优点是它提供了一个方便的方法,来适度地缩小模型空间,并建立探索复杂后验分布的有效算法。Yi 等(2007)提出了一个贝叶斯模型选择方法,用于在实验杂交中在基因组范围内对有序性状(ordinal trait)的互作 QTL 进行作图。他们首先根据复合的模型空间框架发展了多个互作 QTL 的一个贝叶斯有序 Probit 模型,然后使用这个框架来导出一个高效的 MCMC 算法,用于鉴定有序性状的多个互作的 QTL。

惩罚最大似然(PML)方法

将收缩估计与最大似然(ML)方法相结合可以减少运行时间。PML 与 ML 方法不同,因为要被最大化的函数是一个惩罚似然函数(penalized likelihood function)而不是一个似然函数。惩罚似然函数与参数的后验分布相似,用参数的先验分布作为惩罚(penalty)。因此 PML 方法取决于先验分布。它估计 QTL 效应的先验分布的平均数和方差,连同 QTL 效应,即 QTL 效应可以利用下面的公式来估计:

$$\hat{b}_j = \Big(\sum_{i=1}^n x_{ij}^2 + \sigma_e^2 / \sigma_j^2 \Big)^{-1} \Big[\sum_{i=1}^n x_{ij} \big(y_i - b_0 - \sum_{k \neq j}^q x_{ik} b_k \big) + \mu \sigma_e^2 / \sigma_j^2 \Big]$$

如果 $\sigma_j{}^2 \to 0$,则 $\hat{b}_j \to \mu_j$。另外,$\hat{\mu}_j = \hat{b}_j / (\mu + 1)$,所以 $\hat{b}_j \to 0$。这解释了为什么一个假的 QTL 的效应接近于零。注意 PML 方法可以在参数的估计中选择变量,处理的模型所具有的效应数目可以比样本容量大 10 倍(Zhang and Xu,2005;Hoti and Sillanpää,2006),并且是 QTL 作图的一个改善的方法(Yi et al.,2006),因为在参数估计开始时具有小的剩余方差。但是,PML 方法不能检测邻近的标记之间的上位性,因为它们具有多重共线性。对于实际数据分析,有两个方法可用于上位性分析:①PML 方法与变量-区间方法(variable-interval approach)结合,通过利用所有的标记,可以对上位性 QTL 进行全基因组作图;②BSE 方法与变量-区间方法结合,可用于作图上位性 QTL。

MCMC,特别是吉布斯抽样器,使我们可以对十分复杂的似然表面进行高效的探索,并计算贝叶斯后验分布。为此,Walsh(2001)预言下一个 20 年贝叶斯方法很可能取代似然方法而成为主流。和传统方法相比,MCMC 方法需要更多的人为努力以便保证通过模拟从后验分布中产生代表性的样本。这需要对收敛性以及 MCMC 抽样器的混合性质进行仔细监控。

6.8　连锁不平衡作图

到目前为止最常使用的 QTL 作图方法主要以来源于两个亲本品系的分离群体为基础,虽然其中一些方法经过改进后可以同时使用多个群体。本节要讨论的连锁不平衡(linkage disequilibrium,LD)或者关联作图(association mapping)可以利用种质、品种以及所有可用的遗传和育种材料来鉴定 QTL。通过这种方法,复杂性状的分子剖析可以与植物育种计划更紧密地结合起来。

LD 也称配子相不平衡(gametic phase disequilibrium)、配子不平衡(gametic disequilibrium)和等位基因关联(allelic association)。简言之,LD 是"不同基因座上等位基因的非随机关联"。它是多态性[如单核苷酸多态性(SNP)]之间的相关,这种相关是由它们共享突变和重组的历史所引起的。连锁和 LD 这两个术语常常被混淆。连锁指的是一个染色体上的基因座通过物理连接进行的相关联的遗传,而 LD 指的是一个群体中等位基因之间的相关性。因为紧密的连锁可以导致高水平的 LD,所以就存在混淆。例如,如果两个突变发生在少数几个碱基之内,则它们经历相同的选择压力和随时间而生的漂变。因为两个相邻碱基之间的重组是稀有的,这些 SNP 的存在是高度相关的,紧密的连锁将导致高的 LD。相反,独立染色体上的 SNP 经历不同的选择压力和独立的分离;因此这些 SNP 具有低得多的相关性或者 LD 水平。

本节集中于 LD 作图的基本概念。本节的重要参考文献包括 Jannink 和 Walsh(2002)、Flint-Garcia 等(2003)、Breseghello 和 Sorrels(2006b)、De Silva 和 Ball(2007)、Mackay 和 Powell(2007)、Oraguzie 等(2007)、Zhu 等(2008)、Buckler 等(2009)、Myles等(2009)以及 Yu 等(2009)。

6.8.1　为什么要进行连锁不平衡作图?

标记基因座之间的等位基因关联和标记等位基因与表现型之间的关联可以分别称为标记-标记关联(marker-marker association)和标记-性状关联(marker-trait association)(Xu Y,2002)。如上所述,连锁作图的目的是鉴定与影响 QTL 的遗传因子靠得很近的、简单遗传的标记。这种定位依赖于一种过程,这种过程创造标记和 QTL 等位基因之间的统计关联,以及有选择地缩小关联,这种关联是标记与 QTL 之间距离的函数。产生DH、F_2 或者 RIL 的减数分裂中的重组减小了特定的 QTL 与远离它的标记之间的关联。令人遗憾的是,这些群体的衍生(第 4 章)需要相对少的减数分裂,因此即使标记远离QTL(如 10cM)仍然会与它有很强的关联。这种长距离的关联妨碍了 QTL 的准确定位。精细作图的一个方法是扩展遗传图谱[如通过使用 RIL 和高代互交品系(advanced inter-cross line)](第 7 章)。

虽然设计的分离群体容易创建,但是它们有很多缺点(Malosetti et al., 2007)。首先,群体内分离的遗传变异的数量是有限的,因为在一个二倍体物种中每个基因座至多不过两个等位基因可以分离,在亲本之间没有等位基因多态性的情况下是不能够鉴定 QTL 的。其次,进行作图研究的遗传背景通常不能代表优良种质中使用的遗传背景(Jannink et al., 2001)。为了增大遗传多态性,通常从高度多样的种质中选择亲本品系。最后,在最大的 LD 之后相对低的世代数(其中最大的 LD 在 F_1 代达到)意味着在设计的群体内抽样的减数分裂的数目减少(一般只有几百个),导致处于 LD 中的染色体片段相对较长。因此,典型的 QTL 位置的置信区间的大小为 10~20cM(Darvasi et al., 1993)。此外,在育种计划中积累的种质资源和育种群体具有可用的表型信息,这些材料不能被使用,因此遗传作图和育种通常是两个分开的、独立的过程。

LD 作图利用了在相当遥远的过去创造关联的那些事件。假定从这些事件以来,许多世代(因而也是许多减数分裂)已经过去了,重组已经消除了一个 QTL 和与它没有紧密连锁的任何标记之间的关联。因此关联作图可以进行比标准的双亲本杂交方法精细得多的作图。从基本原理的层次上说,LD 和连锁都依赖于相邻的 DNA 变异体的共同遗传,连锁通过识别单倍型来利用这一点,这些单倍型是在若干世代完整遗传的,而 LD 依赖的是与相邻的 DNA 变异体在很多世代上的维持。因此,LD 研究可以被认为是未观察到的、假设系谱的非常大的连锁研究(Cardon and Bell, 2001)。LD 分析具有识别一个基因内部的单个多态性的潜力,这个基因对表现型的差异负责,完全适合于以较高的分辨率从种质收集中抽样各种各样的等位基因(Flint-Garcia et al., 2003)。一个不太明显的、额外的、吸引人的性质是 LD 作图方法提供了识别多倍性作物中的 QTL 的可能性,多倍性作物中对分离模式(segregation pattern)建模是很困难的(Malosetti et al., 2007)。

对于标记-性状关联,可以在一批品种中识别表现型的差异和等位基因频率的差异,这些品种来源于一个共同的祖先基因库(Xu and Zhu, 1994)。该过程被认为是 QTL 鉴定的初始筛选(Bar-Hen et al., 1995;Virk et al., 1996)。植物中饱和的连锁图谱、高度信息性的微卫星以及 SNP 标记的发展使我们有可能在全基因组尺度上系统地调查标记-性状关联。与基于传递的连锁作图相比较,LD 作图为育种应用提供了更多的机会,因为育种中涉及可以作为亲本使用的成百上千的种质材料。LD 作图策略的一个重要优点是可以简单地应用大量历史上的表型数据,这些数据以很低的额外费用或者不需要额外费用就可用于作图工作,特别是当性状(如平均产量、适应性和稳定性)的评价费时费钱时。随着利用分子标记对越来越多的种质材料进行评价,并观测农艺性状的表现型,有必要考虑利用 LD 作图方法来作图基因,或者至少为基于连锁的遗传作图提供预筛选(Xu Y,2002)。

6.8.2　连锁不平衡的度量

已经用过许多统计量来度量 LD。Delvin 和 Risch(1995)以及 Jorde(2000)综述了每个统计方法的优点和缺点。这里,我们介绍两个用于度量 LD 的最常用的统计量:r^2 和 D'。考虑一对基因座,在基因座 1 上具有等位基因 A 和 a,基因座 2 上具有等位基因 B 和 b,等位基因频率分别为 π_A、π_a、π_B 和 π_b。产生的单倍型频率为 π_{AB}、π_{Ab}、π_{aB} 和 π_{ab}。所有 LD 统计量的基本成分是观察的和期望的单倍型频率之间的差数,

$$D_{ab} = (\pi_{AB} - \pi_A\pi_B)$$

这些统计量之间的区别在于这个差数的尺度(Flint-Garcia et al.，2003)。

两个度量的第一个，r^2，在文献中也描述为 Δ^2，其计算公式为：

$$r^2 = \frac{(D_{ab})^2}{\pi_A\pi_a\pi_B\pi_b}$$

把 r^2 看作两个基因座之间的相关系数的平方是方便的。但是，r^2 的值通常不可能为 1，除非这两个基因座具有完全相同的等位基因频率。LD 的统计显著性(P 值)通常是利用 Fisher 的精确检验(Fisher's exact test)或者多因子排列分析(multi-factorial permutation analysis)来计算的，Fisher 精确检验比较每个基因座上具有两个等位基因的基因座，多因子排列分析比较两个基因座之一或者两个基因座都具有两个以上等位基因的基因座。

LD 统计量 D'(Lewontin，1964)的计算公式为：

$$|D'| = \frac{(D_{ab})^2}{\min(\pi_A\pi_b, \pi_a\pi_B)} \quad \text{当 } D_{ab} < 0 \text{ 时}$$

$$|D'| = \frac{(D_{ab})^2}{\min(\pi_A\pi_B, \pi_a\pi_b)} \quad \text{当 } D_{ab} > 0 \text{ 时}$$

根据观察的等位基因频率对 D' 进行尺度化，因此它将为 0~1，即使基因座之间的等位基因频率不同。如果所有 4 种可能的单倍型被观察到，则 D' 将小于 1；因此，在两个基因座之间发生了一个假定的重组事件。

统计量 r^2 和 D' 反映了 LD 的不同方面，并且在各种不同的条件下使用。图 6.3 给出了 3 种情况，说明连锁的多态性可以如何表现出不同的 LD 水平(Flint-Garcia et al.，2003)。图 6.3A 显示了绝对 LD 的一个例子，其中两个多态性完全彼此相关。可以导出绝对 LD 的一个情况是当两个连锁的突变发生在一个相似的时间点上并且在基因座之间没有发生重组时。在这种情况下，基因座的突变和重组的历史是相同的。在这个情况中 r^2 和 D' 的值都为 1。图 6.3B 显示的是多态性完全不相关、但是没有重组的证据时的一个例子。能够导出这种类型的 LD 结构的一个方式是当突变发生在不同的等位基因谱系(allelic lineage)上时。这个情况能够反映相同的重组历史，但是突变历史不同。这是 r^2 和 D' 以不同的方式起作用的情况，其中 D' 仍然等于 1，但是 r^2 可能要小得多。图 6.3C 显示了连锁平衡中多态性的一个例子。如果基因座是连锁的，那么平衡可以由两个基因座之间的一个重组事件产生。在这种情况下，不同的单倍型具有不同的重组历史，但是突变的历史是相同的。因此，r^2 和 D' 都将是零。

虽然对于小样本和(或)低的等位基因频率来说 r^2 和 D' 都非常不好，但是它们也有不同的优点。尽管 r^2 同时概括了重组和突变的历史，但是 D' 仅仅度量了重组的历史，因此对于估计重组差异是更准确的统计量。但是，D' 受小样本容量的强烈影响，当比较具有低的等位基因频率的基因座时会导致非常不稳定的估计结果。这是由于发现低频率的多样性的全部 4 个等位基因组合的概率降低，即使基因座是不连锁的。对考查关联研究的分辨力来说，统计量 r^2 是更可取的，因为它表示的是标记怎样与所研究的 QTL 相互关联。

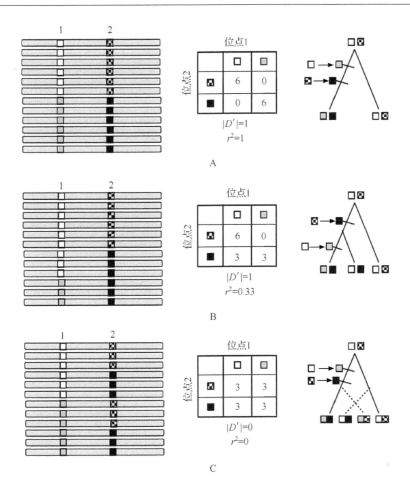

图 6.3 连锁的多态性之间连锁不平衡(LD)的假想情况,由不同的突变和重组历史引起,演示 r^2 和 D' 统计量的特性。左边一栏的图像代表两个基因座的等位基因状态。中间一栏代表单倍型的 2×2 列联表,以及产生的 r^2 和 D' 统计量。右边一栏代表对观察到的 LD 负责的一个可能的树。(A)绝对 LD 的一个例子,其中两个多态性完全彼此相关。(B)多态性不完全相关、但是没有重组的证据时的 LD 的一个例子。(C)多态性处于连锁平衡时的一个例子(改自 Rafalski,2002)

有两种常见的方法来使成对基因座之间 LD 的程度可视化(Flint-Garcia et al.,2003)。LD 衰减曲线(decay plot)用来可视化 LD 随遗传距离或物理距离而衰变的速率(图 6.4)。可以沿着染色体或跨越基因组构造一个基因内部的全部成对等位基因之间的 r^2 对遗传距离或物理距离的散点图。另外,不平衡矩阵对于直观化一个基因内部的多态基因座之间的 LD 或沿着一个染色体的基因座的 LD 的线性分布是有效的(彩图 2)。应该注意 LD 衰减是无法预测的。两种曲线类型突出了由下面要讨论的多种力量造成的 LD 的随机变异。

可以通过一种联合的作图策略来克服单独使用连锁分析和 LD 作图时的局限性,如同 Wu 和 Zeng(2001)指出的那样,在这种作图策略中对来自一个自然群体的随机样本以及该样本的开放授粉后代进行了联合分析。连锁和 LD 作图的联合策略被扩展到对自然群体中分离的 QTL 进行作图(Wu et al.,2002b)。该扩展允许同时估计很多遗传的和

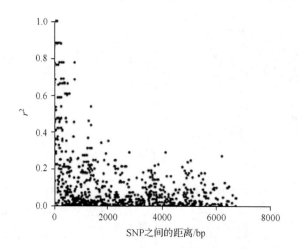

图 6.4　玉米中的皱缩 1 基因(*shrunken* 1, *sh*1)的连锁不平衡(LD)衰减图。成对多态基因座之间的 LD 用 r^2 度量,LD 是对基因座之间的距离绘图的。对于这个特定的基因,LD 在 1500bp 之内衰减(数据改自 Remington et al. ,2001)

基因组的参数,包括 QTL 的等位基因频率、它的效应、它的位置以及它与一个已知标记基因座的群体关联。

6.8.3　影响连锁不平衡的因素

在一个大的、随机交配的、具有独立分离基因座的群体中,在没有选择、突变或迁移的情况下,多态的基因座将处于连锁平衡之中(Falconer and Mackay,1996)。突变提供产生多态性的原材料,这些多态性将处于 LD 之中。重组是使连锁和关联随着世代进程而消除的主要力量,以及减弱染色体内 LD 的主要现象,但是染色体间的 LD 是通过自由组合打破的。在紧密连锁的基因座之间,重组使 LD 衰减的速率是缓慢的。例如,对于相隔 1cM 的基因座,在 50 个世代之后仍然保持了 50% 以上的初始不平衡(Falconer and Mackay,1996)。LD 随时间衰减,但是在 LD 为 5~10cM 的情况下并不是这样,除了上位性之外。多种机制产生 LD,包括连锁、选择和混合,其中好几个机制可以同时起作用。下面根据 Jannink 和 Walsh(2002)、Flint-Garcia 等(2003)以及 Mackay 和 Powell(2007)汇总了一些常见的机制。

(1) 奠基者效应(founder effect)

当群体从少数奠基者扩展而来时,存在于奠基者中的单倍型的频率将比平衡下所期望的要高。3 种特殊的情况是值得注意的。首先,遗传漂变通过这个机制影响 LD,因为一个正在经历漂变的群体来源于比它现在的大小更少的个体。其次,通过把一个具有新突变的个体当做一个奠基者考虑,我们看到它的后裔将主要得到该突变以及与它以相同的相(phase)连锁的基因座。因此连锁标记等位基因将与该突变体等位基因处于 LD 之中。最后,在来源于两个自交系之间杂交的 F_2 群体中出现一个极端的情况。这里,全部个体来源于单个 F_1 奠基者基因型,基因座之间的关联可以根据它们的图距被预测。

（2）突变

紧接着在一个突变发生以后,它与所有其他基因座都是处于 LD 之中的:新的突变仅仅发生在单个单倍型上。在连续的世代中,当新的单倍型被创造时,重组使 LD 发生衰减,但是对于紧密连锁的标记来说这个过程需要很长的时间。我们观察到的大多数多态性都是古老的:等位基因频率达到一个频率（在这个频率上我们对它们进行检测）需要很多个世代。因此,大多数成对的多态性基因座几乎不显示来源于突变的 LD,除非紧密连锁。

（3）群体结构

样本中存在亚群(subgroup),其中的个体彼此之间比在该群体中随机取的一般的成对个体之间相关更加密切。亚结构(substructure)是多基因效应的协方差的一个常见原因,因为亲属间往往在基因组范围内共享标记和等位基因。当两个基因座上的等位基因频率跨越亚群体有差别时,在结构化的群体中出现 LD,不管基因座的连锁状态如何。以前单独存在的群体合并到一个随机交配的群体里形成混合的群体,可以被认为是结构化群体的一个案例,其中亚结构化已经在最近停止了。随着遗传上不同群体个体之间的基因流动(gene flow)继之以群内交配(intermating),混合导致具有不同祖先来源和等位基因频率的染色体的引入。

（4）选择

选择改变 QTL 等位基因的频率（这些 QTL 控制被选择的性状）,它引起一个基因座和与其连锁的基因座上被选择的等位基因之间的 LD。这个过程称为搭车(hitchhiking),使选择的基因座周围的标记之间产生 LD。此外,有利或不利于由两个不连锁的基因座（上位性）控制的表现型的选择可能导致 LD,尽管这两个基因座物理上是不连锁的。由于 Bulmer 效应(Bulmer effect),在稳定化选择(stabilizing selection)或定向选择(directional selection)下的群体中影响一个性状的基因座之间将出现负的 LD。在分裂选择(disruptive selection)下,影响一个性状的基因座之间将出现正的 LD。当基因座有上位性互作时,由有利于选择的等位基因构成的单倍型的频率也将高于期望值。

（5）交配模式

群体交配模式可以强烈地影响 LD。一般地,与自交物种相比,在异交物种中 LD 衰减更加迅速(Nordborg,2000)。这是因为在自交物种中重组的影响更小,其中的个体比异交物种中的个体更可能是纯合的。LD 随着随机交配被迅速地打破(Pritchard and Rosenberg,1999)。

（6）遗传漂变

群体大小在决定 LD 的水平中起重要作用。在小群体中,遗传漂变的效应导致稀有等位基因组合的一致丧失,提高 LD 的水平。当遗传漂变和重组处于平衡时,

$$r^2 = \frac{1}{1 + 4Nc}$$

式中,N 是有效群体大小;c 是基因座之间的重组率(Weir,1996)。因此,在新近经历过群体大小的减少（瓶颈化）并且伴随着极度遗传漂变的群体中可以产生 LD(Dunning et al.,2000)。在瓶颈化的过程中,只有很少的等位基因组合被传递到将来的世代,这可以产生

相当大的 LD。植物育种家的活动本身可以导致瓶颈化——一个新的抗病性或农艺性状的引入可能导致一段育种时期内少数亲本品系被广泛地使用,产生一定程度的 LD。

(7) 迁移

如果在等位基因频率方面有差异的两个群体被放在一起,就会产生 LD。不太极端的群体混合或迁移也产生 LD。

6.8.4 连锁不平衡作图的方法

传递不平衡检验及其扩展

传递不平衡检验(transmission disequilibrium test,TDT)是第一个将由紧密连锁标记之间的 LD 引起的 QTL-标记关联与假的背景关联区别开来的方法,也是最稳健的一个方法(Spielman et al.,1993)。连锁和不平衡(即不连锁标记之间的不平衡)单独都不产生阳性的结果,因此 TDT 是控制假阳性的一个非常稳健的方法。

通常从每个家系中选择具有极端表现型的子代个体。对亲本和子代进行基因型鉴定,但是只有在标记基因座上杂合的亲本被纳入分析。在每个亲本中,一个等位基因必须被传递到子代,而一个不被传递。在全部家系上得到一个计数,这个计数由传递和非传递的等位基因数目组成。在 QTL 和标记之间没有连锁的情况下,传递与非传递的等位基因的期望比率是 1:1。在有连锁的情况下它偏离期望比率,偏离的程度取决于标记和 QTL 之间 LD 的强度。用卡方检验对偏离进行检验。检验的功效取决于 LD 的强度和对极端的子代进行选择的有效性,这种极端的子代使得分离远离期望值(Mackay and Powell,2007)。

这个精致的检验不容易受群体结构的影响,尤其是在人类遗传学中,但是对由基因型错误和有偏的等位基因判定(biased allele calling)引起的假阳性结果的增加是敏感的(Mitchell and Chakravarti,2003)。通过在分析中对基因型错误和缺失数据建模,或者比较极端的表现型与对照个体的等位基因传递比率或者对不同的极端表现型的传递比率进行比较,可以降低这个风险。TDT 已经被扩展来研究单倍型传递、数量性状、同胞对(sib pair)的使用(而不是亲本和子代的使用)以及来自扩展系谱的信息。

在作物中,亲本和子代品系通常相隔了几个世代。在这种情况下,TDT 仍然是有效的,但是可能不再那么稳健了:繁殖过程本身可能使分离模式偏离。Stich 等(2006)提出了一个基于家系的关联检验,可以用于植物育种计划。作者们指出,对于候选基因研究,假定不需要额外的对照标记的话,这个方法比下面描述的方法成本更低、更加有效。但是会损失一定的功效,因为只有由具有杂合标记基因型的 F_1 产生的子代是信息性的。Laird 和 Lange(2006)综述了 TDT 及其他基于家系的关联检验。

结构化的关联

结构的关联(structured association)提供了一个精致的方法来检测和控制群体结构(Pritchard et al.,2000a,2000b;Falush et al.,2003;Mackay and Powell,2007)。已经提出了好几种方法,来处理表现型和一个不连锁的候选基因之间的无功能的、假的关联,这些关联是由群体结构和亚群体内等位基因的不均匀分布所引起的。Pritchard 等(2000b)提出了一个检验关联的方法,该方法依赖于个体的推断的祖先。个体的祖先是用 Pritchard 等(2000a)提出的贝叶斯方法推断的。Thornsberry 等(2001)扩展了这个方法来处理数量性状,并研究了控制玉米开花期的一个候选基因。

计算机程序 STRUCTURE(http://pritch. bsd. uchicago. edu/software/structure2_1. html; Pritchard et al. , 2000a)运用计算密集的方法在给定分子标记数据的情况下将个体分派到群体里。很多个体或品系不会唯一地属于一个群体,而是两个或更多个祖先群体之间杂交的后代。STRUCTURE 估计也可归因于每个群体的祖先的比例。将个体分配到群体之后,通过模型拟合来对关联进行检验。这里的原理是利用从 STRUCTURE 得到的群体从属关系(membership)的估计,首先解决可归因于群体从属关系的那些变异,然后检验标记和表现型之间是否存在剩余的关联。例如,为了检验一个数量性状和一个微卫星标记之间的关联,首先计算性状对群体从属关系的估计系数的回归,然后计算性状对标记的回归,标记被当做一个因子来进行编码,就像在方差分析中一样(Aranzana et al. , 2005)。另外,组群(group)可以被当做一个额外的因子或者一组协变量结合到统计模型中,这个统计模型将表现型和基因型联系起来(Thornsberry et al. , 2001; Wilson et al. , 2004)。

作为 STRUCTURE 的一个有效的替代,经典的多元分析方法可用于基因型的归类。在这种情况下由分子标记信息计算一个遗传的/基因型的距离矩阵,用作聚类和(或)尺度技术(scaling technique)的输入(Ivandic et al. , 2002; Kraakman et al. , 2004)。对于品种和育种品系的选择试样,从系谱或者中性的标记分布型(profile)(Yu et al. , 2006)得到的基因型关系可以被转换为距离,随后通过聚类来进行分析。通过这种聚类分析检测到的组群可以被解释为代表了群体结构,并且构成基因型之间原始关系的一个近似,如同归组之前存在的一样。识别的组群可以被用作关联分析中的一种校正因子。

主成分分析

一个称为 EIGENSTRAT 的方法(Price et al. , 2006)以主成分分析(principal component analysis,PCA)为基础,对分布在全基因组的大量二等位基因的控制标记(control marker)进行主成分分析。PCA 把在所有标记上观察到的变异归纳到少数内在的成分变量里。这些成分变量可以被解释为与独立的、未观察到的亚群体有关,数据集中的个体(或者它们的祖先)就是从这些亚群体中起源的。每个个体在每个主成分上的载荷量(loading)代表每个个体的群体从属关系或者每个个体的世系(ancestry)。但是,按照与STRUCTURE 的世系估计同样的方式,这些载荷量的估计值不是个体祖先的比例(值可以是负的)。用载荷量来调整个体的候选标记基因型(用数字编码)和表现型,用于它们的世系。基因型和表现型修正值与估计的世系独立,因此如果一个调整的候选标记和调整的表现型之间具有统计上显著的相关性,则表明是一个性状基因座与标记紧密连锁。

EIGENSTRAT 方法与结构化的关联方法相似,但是很少依赖于祖先群体数目估计。虽然每个主成分被归于一个独立的群体,但是该分析对涉及的祖先群体的数目是稳健的,假如这个数目大到足以获得所有真实的群体效应。

EIGENSTRAT 是为了分析人类数据集开发的,人类数据集具有高密度的标记基因型和低水平的群体分化(population differentiation)。很多作物的群体分化水平比在人类数据集中发现的高得多,并且常常只有低密度的标记可用。与结构化的关联方法不同,EIGENSTRAT 不容易处理复等位基因的标记。但是,一个具有 10 个等位基因的微卫星标记可以被编码为 10 个二等位基因的基因座,全部处于完全的 LD 之中。对人类数据的分析表明 EIGENSTRAT 几乎不受超过 300 万的 SNP 之间的 LD 影响。该方法显示了巨大的希望,但是证明它适用于作物尚需进行进一步研究。

混合模型

Parisseaux 和 Bernardo(2004)介绍了怎样把基于系谱的关系矩阵结合到 QTL 作图里。Yu 等(2006)提出 QK 混合模型 LD 作图方法,有希望对由群体结构和家系相关所引起的 LD 进行校正。在这个方法中,一个基于标记的关系矩阵 (**K**) 和一个代表群体结构的因子被归入到混合模型中,用于单个环境中的单个性状的关联分析。群体结构矩阵 **Q** 是用软件 STRUCTURE 计算的,它给出所考虑的每个个体从属于各个亚群体的概率。

Malosetti 等(2007)提出了一个基于混合模型的 LD 方法,结合了基因型之间的关系,不管这种关系是由系谱、群体亚结构还是由其他因素导致的。此外,他们强调还需要注意数据的环境特征,即如果对相同基因型进行多次观测,这些观测之间的关系要具有足够的代表性。他们利用荷兰国家品种登记中遗传复杂的作物马铃薯对晚疫病抗性的 25 年的数据,说明了他们的建模方法。他们使用核苷酸结合位点标记(nucleotide binding-site marker),这是一种特殊类型的标记,其目标是抗性或者类似抗性的基因。为了评价用他们的混合模型方法识别的 QTL 的一致性,分析了第二个独立的数据集。识别出了两个标记,这两个标记对于马铃薯晚疫病抗性的选择具有潜在的利用价值。

Malosetti 等(2007)说明了混合模型框架对于植物中的关联作图如何灵活和有效。他们通过分析晚疫病抗性的两个独立的数据集说明了混合模型的使用,其中第二个数据集作为对第一个数据集中识别的 QTL 的经验性验证。该方法可以在具有混合模型分析的扩展工具的任何统计程序包中实施。

Stich 等(2008)在自花授粉物种小麦中利用一个经验数据集评价了各种 LD 作图的方法,利用状态相同(identical in state)而不是来源相同(identical by descent)的同一基因座上两个等位基因的概率的限制性最大似然(REML)估计值确定一个基于标记的亲缘关系矩阵,对基于调整的条目平均数(adjusted entry mean)的 LD 方法(两步法)的结果与另一种方法(一步法)的结果进行了比较,在一步法中表型数据分析和关联分析在一个步骤中进行。以 303 个软粒冬小麦自交系的表型数据和基因型数据为基础,他们的结果表明方差分析(ANOVA)方法对于考查的种质集合中的 LD 作图是不合适的。他们的观察表明由 Yu 等(2006)提出的 QK 方法不仅在异体受精的物种(如人类和玉米)中对于 LD 作图是合适的,而且在自体受精的物种小麦中也是合适的。就下面几点而论,利用由 REML 估计的亲缘关系矩阵的 LD 作图方法比由 Yu 等(2006)提出的 QK 方法更加适合于 LD 作图:①对额定的 α 水平(nominal α-level)的遵守;②对检测 QTL 的调整的功效。他们证明,可以按提出的 LD 方法(两步法)对数据集进行分析,与相应的一步法相比,没有显著地增加实际的第Ⅰ型错误率。

数量自交系系谱不平衡检验

Stich 等(2006)进行了一个研究,目的在于:①修改数量系谱不平衡检验(quantitative pedigree disequilibrium test),以便用于植物育种计划中产生的自交系的典型系谱;②在 QTL 检测的功效和第Ⅰ型错误率方面对新提出的数量自交系系谱不平衡检验(quantitative inbred pedigree disequilibrium test,QIPDT)与通常使用的逻辑斯谛回归比率检验法(logistic regression ratio test,LRRT)进行比较;③把 QIPDT 应用到欧洲优良玉米自交系的开花期数据,来演示 QIPDT 的使用。根据计算机模拟对 QIPDT 和 LRRT 进行了比较,该模拟对中欧地区 55 年的杂交玉米育种进行建模。此外,QIPDT 被用于 49 个欧洲优良玉米自交系的一个样本,对 722 个 AFLP 标记进行基因型鉴定,在 4 个环境中对从播种到开花的天数进行了表现型观测。与 LRRT 相比,当利用在植物育种中常规收集的数据时,利用 QIPDT 检测 QTL 的功效更高。QIPDT 应用到 49 个欧洲玉米自交系,在一个位置上产生显著的关联($P < 0.05$),在以前的一个研究中在这个位置上检测到一个一致的 QTL(consensus QTL)。

贝叶斯法

在 6.7 节中讨论过用于作图多个 QTL 的贝叶斯法,这种方法是以 MCMC 算法为基础的。那些基于贝叶斯的变量选择的方法(如 Yi et al. , 2003; Yi, 2004; Sillanpää and Bhattacharjee, 2005)是有利的,因为它们可以通过一个简单易用的吉布斯抽样器(Gibbs sampler)来实现,并且可以被扩展到全基因组 LD 作图(Kilpikari and Sillanpää, 2003)。

Iwata 等(2007)提出了一个方法,将多 QTL 作图的贝叶斯法与回归方法结合起来,该回归方法直接包括了群体结构和多个 QTL 的估计值。在模拟的和真实的性状分析中评价了该方法的效率,真实的数据来自一个水稻种质收集。基于真实标记数据的模拟分析表明该模型既可以抑制假阳性率又可以抑制假阴性率,并且可以抑制遗传效应的估计误差,相对于单 QTL 模型来说,该方法具有合乎需要的特性。

6.8.5　连锁不平衡作图的应用

在各种不同的植物中有很多有关 LD 作图的报道(如 Thornsberry et al. , 2001; Kraakman et al. , 2004; Breseghello and Sorrels, 2006a; Auzanneau et al. , 2007; Crossa et al. , 2007; Brown et al. , 2008; D'hoop et al. , 2008; Raboin et al. , 2008; Weber et al. , 2008; Buckler et al. , 2009; Chan et al. , 2009; McMullen et al. , 2009; Stich et al. , 2009)。早期的努力在于跨越种质收集(germplasm collection)建立性状和标记之间的关联,涉及的作物有水稻、燕麦、玉米、海甜菜(sea beet)和大麦。在水稻中,Virk 等(1996)利用多元线性回归预测了 6 个性状的值。在燕麦中,Beer 等(1997)在 64 个地方品种和品系中在标记和 13 个数量性状之间发现了关联。在玉米中,Thornsberry 等(2001)在 *Dwarf*8 多态性和开花期之间发现关联。在海甜菜中,Hansen 等(2001)在 4 个群体中利用 AFLP 标记作图了抽薹基因。在大麦中,Igartua 等(1999)得出结论说在作

图群体中发现的出穗期的标记-性状关联，在某种程度上被维持在 32 个品种中。Ivandic 等(2003)在 52 个野生大麦品系中发现了水分胁迫耐受性(染色体 4H)和白粉菌抗性的标记和性状之间的关联。根据 Forster 等(2000)，已知染色体 4H 上有很多基因座涉及非生物胁迫耐受性，包括耐盐性、水分利用效率和对干旱环境的适应性。

利用从全世界收集的 237 份水稻材料，100 个限制性片段长度多态性(RFLP)和 60 个简单序列重复(SSR)标记基因座的基因型数据，和 12 个性状的表型数据，在具有更大的遗传变异或者更密切的系谱关系的品种组群中发现了较强的标记-标记关联(Xu Y，2002)。连锁群内的标记表现出比连锁群之间的标记更强的等位基因关联。但是该统计关联不能仅仅根据遗传连锁来解释。比较不同品种组群中的标记-性状关联表明水稻材料之间的表型变异和系谱关系都强烈地影响关联的检测。在一个给定的基因座上揭示了复等位基因之间非常一致的等位基因-性状关联。若干个染色体区域作为标记-性状关联的热点被认为是 QTL 簇。在特定的基因座上揭示了复等位基因之间若干非常一致的等位基因-性状关联。

相同的数据集被用来评价判别分析(discriminant analysis)(一种多元统计方法)对检测与农艺性状有关的候选标记的潜力(Zhang et al.，2005)。基于模型的方法揭示了品系之间的群体结构。通过判别分析识别了与所有性状关联的标记等位基因，在亚群体之内以及跨越全部品系正确分类的百分率都很高。当与以前的 QTL 作图试验相比时关联的标记等位基因指向水稻遗传图谱上相同的和不同的区域。结果表明判别分析与其他方法相结合可以在自交系之中容易地检测到与农艺性状有关联的候选标记。

利用 236 个 AFLP 标记和 146 个现代二棱春大麦品种，在相隔 10cM 上发现了标记之间的关联(Kraakman et al.，2004)。随后，对于这 146 个品种，根据品种试验数据的分析，估计了复杂性状平均产量、适应性(Finlay-Wilkinson 斜率)和稳定性(与回归的离差)。那些性状对个体标记数据的回归揭露了平均产量和产量稳定性的标记-性状关联。许多关联的标记位于早先发现过产量和产量构成因素的 QTL 的区域中。在四倍体马铃薯中，LD 作图已经被成功地应用于研究抗病性，确定了候选基因(Gebhardt et al.，2004；Simko et al.，2004a；2004b)。

历史上的多环境试验数据为基因型×环境互作的 LD 作图和建模提供了全面的表型数据。Crossa 等(2007)报道了利用历史上的小麦数据的一个综合研究。在来自国际玉米小麦改良中心(CIMMYT)的 5 个历史上的小麦国际多环境试验中(该试验时间为 1970～2004 年)，用作图的多样性阵列技术(diversity array technology，DArT)标记(第 2 章)来发现对秆锈病、叶锈病、条锈病和白粉菌抗性以及谷物产量的关联。结合群体结构和亲属之间协方差的信息，利用两个线性混合模型来评价标记-性状关联。发现了若干 LD 簇，这些 LD 簇带有多个寄主植物抗性基因。在发现关联标记的大多数基因组区域中，以前的报道也发现过影响相同性状的基因或者 QTL。此外，与抗病性和籽实产量相关联的很多新的染色体区域也被识别。跨越高达 60 个环境和年份的表现型鉴定允许对基因型×环境互作建模，因此有可能识别对加性效应以及加性×加性互作效应起作用的标记。

随着越来越多的植物物种全基因组序列的获得，基于序列的标记覆盖全基因组，在遗传研究中全基因组关联(genome-wide association，GWA)研究正在变得流行，以取代基于候选基因的方法。全基因组关联研究的繁荣伴随一个长的萌芽阶段,在这个阶段发展和组装了必要的概念、资源和技术(Kruglyak,2008)。随着人类中 GWA 扫描初始浪潮的完成,McCarthy 等(2008)综述了 GWA 扫描实施中的每个主要步骤,指出了对于成功的要素正在形成共识的领域,也指出了仍然存在相当大挑战的那些方面。

在植物中,随着高度信息性的 DNA 标记和高通量基因型鉴定技术(如 SNP)的发展,基于分子标记的种质评价将产生大的数据集,可以用于对具有不同 LD 水平的作物进行 LD 研究(如 Lu et al.,2009)。GWA 需要的 SNP 的数目显然取决于基因组的 LD 的程度,因为鉴定了基因型的 SNP 的间隔必须足够密集,以便与没有鉴定基因型的大多数变异体处于 LD 之中。在甜菜中,LD 扩展到高达 3cM(Kraft et al.,2000),而在一些拟南芥(*Arabidopsis*)群体中 LD 甚至超过 50cM(Nordborg et al.,2002)。相反,在玉米中在2000bp 之后 LD 已经减少了(Remington et al.,2001)。很多植物物种中的标记密度将允许进行有效的 GWA。

6.9　元　分　析

对 QTL 作图的兴趣的迅速增长已经导致植物中的大量研究,每个以它自己的试验群体为基础。每个试验受规模的限制,并且通常局限于单个群体或单个杂交,种植在特定环境中。因此,能够被检测到的 QTL 效应也是有限的。QTL 分析的一个方向是将来自若干研究的信息结合起来,如通过 QTL 研究结果的元分析(meta-analysis)(Goffinet and Gerber,2000)或者原始数据的联合分析(Haley,1999),如同 6.5.3 节中讨论的。

将来自单独研究的结果合并起来的工作具有悠久的历史。Glass(1976)提出一个方法来整合并归纳一个研究团体的研究结果,他称这个方法为元分析。从那时起,元分析已经变成了一个在多种学科中被普遍接受的研究工具(Hedges and Olkin,1985)。元分析涉及将标准的统计学原理(假设检验、推断)应用到只有摘要信息(如发表的报告)可用而不是原始单位记录资料的情况。进行得好的元分析允许对证据进行更加客观的评价,它可以分辩不确定性和不一致性。与传统的叙述性综述相比较,元分析使文献综述过程更加透明,在传统的综述中,结论如何从研究数据中得来常常是不明确的(Smith and Egger,1998)。将元分析应用到 QTL 检测中是最近的事(Goffinet and Gerber,2000;Hayes and Goddard,2001)。与任何单个的研究相比较,合并不同研究的结果能够提供 QTL 的位置和效应的更加准确和一致的估计。但是,在合并不同研究的 QTL 作图结果方面有很多挑战,包括标记密度、连锁图、样本容量、研究设计以及使用的统计方法的差异。可能克服元分析的问题并且有益于全领域的 QTL 检测和定位的一个方面是表征 QTL 的主要参数的可靠性:位置、置信区间、R^2 以及 LOD 值(Hanocq et al.,2007)。这些参数对元分析过程来说是关键性的,但是常常在研究报告中只有部分地报道。

6.9.1　QTL 位置的元分析

我们按照 Goffinet 和 Gerber(2000)描述的方法进行介绍。总起来说,对总共 m 个发表的论文中一个特定染色体上的一个 QTL 进行元分析时,涉及的统计学问题是要弄清这些论文中报道的结果是否代表单个 QTL、两个 QTL 等，直到 m 个独立的 QTL(每个发表的论文中报道的是一个独立的 QTL)。

QTL 数目的评价可以用似然比检验、AIC 或者调整的 AIC 为基础来进行，如同在 Goffinet 和 Gerber(2000) 的方法中所归纳的那样。这涉及从具有 1、2、…、m 个不同 QTL 的最佳拟合的模型中进行选择。因而每个发表的 QTL 可以被分派给它相应的一致 QTL。注意，元分析通常只包括一个出版物系列中关于相同的研究群体的最近的论文，以避免相同 QTL 的重复报道。一个出版物要被纳入元分析，理想的情况下它应该提供区间图谱[检验统计量立面图(profile)]，还要提供 QTL 位置 $(\hat{a}_i)$ 的估计值，区间图谱也使我们在将检验统计量转换为一个(近似的)对数似然($\ln L$)尺度之后能够估计 QTL 位置的标准误差，$\sigma_i = se(\hat{a}_i)$。有人提出可以根据估计的图谱位置上的对数似然立面图的曲率(Fisher 信息)来估计该标准误差

$$\sigma_i = \left[-\partial^2 \ln L / \partial d^2 \mid_{d=\hat{a}_i} \right]^{-1/2}$$

特别地，该曲率是通过在 $\ln L$ 的最大值附近配合一个局部的二次项并求出该二次项的系数来估计的。这些标准误差被用来构造 QTL 位置的加权估计值，权重与标准误差的平方成反比 $(w_i = \sigma_i^{-2})$。

对于没有包括区间图谱的那些研究，可以根据具有区间图谱的研究来计算平均的标准误差

$$\bar{\sigma} = \sqrt{(1/m) \sum_{i=1}^{m} \sigma_i^2}$$

6.9.2　QTL 图谱的元分析

通过在一个参考图谱上进行迭代投影(iterative projection)来整合遗传图谱和 QTL，现在被广泛地用来在单个并且同质的一致图谱上定位标记和 QTL(如 Arcade et al.，2004；Sawkins et al.，2004)。通过与一个通用的参考图谱或者一致图谱进行比对来比较多个 QTL 作图试验，得到的性状遗传控制的情况要比任何一个研究中得到的更加全面。为了研究 QTL 的一致性，Goffinet 和 Gerber(2000) 提出了一个基于元分析策略的新颖方法。Etzel 和 Guerra(2003) 提出了一个基于元分析的方法来克服研究之间的异质性，并且改善 QTL 位置和遗传效应的大小。Goffinet 和 Gerber(2000) 以及 Etzel 和 Guerra(2003) 的方法都限于少量内在的 QTL 位置(前者从一个到 4 个，后者只有一个)，这对于 QTL 一致性(同等性)的全基因组研究是一个严重的局限。即使在植物中每个试验的 QTL 的平均数目大约是 4 个(Kearsey and Farquhar，1998；Xu Y，2002；Chardon et al.，2004)，人们预期在单个染色体上可能有 4 个以上的基因涉及性状的变异。

玉米中从 22 个 QTL 检测研究的开花期和相关性状的元分析得出结论：这些性状的变异可能涉及总共 62 个不同的 QTL，但是在单群体分析中平均检测到的 QTL 是 4~5 个(Chardon et al.，2004)。为了消除这些障碍，Veyrieras 等(2007) 提出了一个新的二阶段元分析方法，以便整合多个独立的 QTL 作图试验，目的在于创造一个综合的框架来评价来自文献和公共数据库的遗传标记和 QTL 作图结果的同质性。首先，它执行一个新的统计方法来将多个不同的遗传图谱合并到单个一致图谱里，这个一致图谱就加权最小

平方而言是最优的,并且可用于考察不同研究之间重组率的异质性。其次,假定 QTL 可以被投射到一致图谱上,一个为 QTL 作图试验的全基因组元分析开发的计算和统计软件 METAQTL 提供了一个新的聚类方法,以高斯混合模型为基础来决定观察到的 QTL 的分布中有多少个 QTL。和现存的方法相反,METAQTL 提供了一个完整的统计方法来对标记和 QTL 在全基因组上的定位建立一个一致模型。

6.9.3　QTL 效应的元分析

在利用上述方法估计了一致的 QTL 位置以后,就可以对每个一致 QTL 的效应大小进行元分析。假定对于一个一致 QTL,QTL 等位基因替换效应(a)因公畜(sire)不同而不同,并且假定 $a \sim N(0, \sigma_A^2)$。这种元分析的内在目的是估计这些效应的方差 σ_A^2。接下来假定对于可用的研究中的每个公畜,QTL 等位基因替换效应 a_i 的估计值是 $\hat{a}_i$,相应的标准误差为 $\zeta = se(\hat{a}_i)$,方差为 ζ^2,$i = 1, 2, \cdots, n$,其中 n 是公畜的数目。为了对 $\hat{a}_i$ 估计 a_i 的不精确性进行建模,我们假定 $\hat{a}_i | a_i \sim N(a_i, \zeta^2)$,因此效应估计值的无条件分布将是 $\hat{a}_i \sim N(0, \zeta^2 + \sigma_A^2)$。如同 Hayes 和 Goddard(2001)考虑过的,有两个其他的特征需要在元分析中建模。首先,因为哪一个公畜等位基因被标记为具有正效应在某程度上是随意的,我们将忽略符号,并且以 $a_i > 0$ 和 $\hat{a}_i > 0$ 为条件。其次,只有"显著的"QTL 易于被发表(导致潜在的发表偏差),因此我们假定 $\hat{a}_i > c$,其中 c 是刚好达到发表水平的"阈值"QTL 效应('threshold' QTL effect)。有了这些限制因素以后,观察的 QTL 效应的概率密度函数 $h(\cdot)$ 将是

$$h(\hat{a}_i \mid a_i > c) = n_i(\hat{a}_i)/[1 - N_i(c)], \quad \hat{a}_i > c$$

其中,比方说

$$n_i(y) = \frac{1}{\sqrt{2\pi(\zeta_i^2 + \sigma_A^2)}} \exp\left(-\frac{y^2}{2(\zeta_i^2 + \sigma_A^2)}\right)$$

是正态概率密度函数,$N_i(y) = \int_{-\infty}^{y} n_i(t)\mathrm{d}t$ 是对应的累积正态分布函数。因此有两个参数 σ_A^2 和 c 要估计,这是通过 ML 方法实现的。

对于那些没有报道 ζ 的论文,平均值 $(\bar{\zeta})$ 是按照与 $\bar{\sigma}$ 相似的方法计算的。但是,因为不同的研究是在不同的条件下进行的,对于一个特定的性状,不同的研究之间在表型标准差方面变异较大。因此,效应估计值以及它们的标准误差被重新尺度化,尺度化的方法是通过除以它们的表型标准差(对于表型标准差被报道过的情况),或者除以合适的用于国际评价的一致标准差(对于表型标准差没有报道过的情况)。因此,σ_A^2 的一致估计将是由一致 QTL 解释的表型方差的比例。

6.9.4　元分析的例子

对所有识别的 QTL 进行元分析有助于我们理解基础的问题以及促进作物改良。Khatkar 等(2004)综述了奶牛中 QTL 作图的结果。以公共领域中可用的信息为基础,他们制作了牛奶产量性状的一个在线的 QTL 图谱。为了从这些发表的记录中抽提最多的

信息,进行了元分析来得到这些 QTL 的位置和等位基因替换效应的一致性。元分析显示了很多一致性区域,最醒目的是影响产奶量的两个不同的区域,在染色体 6 上 49cM 和 87cM 的位置,分别解释产奶量的遗传方差 4.2% 和 3.6%。这种分析的结果突出了基因组的特定区域,在这些地方,将来的资源应该用于改善 QTL 的刻画。

为了识别普通小麦中与早熟及其三个组分(光周期敏感性、春化作用需求和内在的早熟性)的控制有关的基因组区域,Hanocq 等(2007)进行了一个 QTL 元分析来研究跨越 13 个独立研究的 QTL 的重复性并且提出元 QTL(meta-QTL)的概念。利用 BIOMER-CATOR 2.0 软件(Arcade et al. , 2004),QTL 被投射到参考图谱上。为了评价投影的可靠性,计算了 5 个变量来评价每个 QTL 的投影质量:①包括在连锁区域中的 QTL 置信区间(confidence interval,CI)的百分比;②N_m(表征一个 QTL CI 区域的共同标记的数目,即在该区域之内的标记和该区域两侧的标记);③局部的图谱密度(它是作为在投射图谱上的 N_m 个标记的局部平均距离计算的);④相邻标记的最大间隙尺寸或者最大区间的大小(当考虑 N_m 个标记时);⑤加权的标准差,标准化到 100cM[它对一个 QTLCI 区域内部的区间和该 QTL CI 区域两侧的区间的相似系数(homothetic coefficient)中的异质性进行评价]。连锁群 2 和 5 的染色体对早熟性的发生率具有更大的作用,因为它们携带已知的主效基因 *Ppd* 和 *Vrn*。其他 4 个染色体区域在早熟性的控制中起中等作用。

在棉花中,总共 432 个 QTL,涉及棉纤维质量、叶片形态、花形态、对细菌的抗性、茸毛分布和密度及其他性状,被作图在 1 个二倍体和 10 个四倍体种间棉花群体中,利用一个参考图谱进行比对,这个参考图谱由总计 3475 个基因座组成,在一个 CMAP 资源中被描述过(Rong et al. , 2007)。多倍体棉花 QTL 的元分析表明亚基因组(sub-genome)对皮棉纤维发育中涉及的基因和基因簇的复杂网络的贡献不均匀。不同研究之间 QTL 的一致性不是很高,表明目标性状的额外的 QTL 还有待被发现。在单基因突变体上有差别的密切相关的基因型之间的杂交产生非常不同的 QTL 地貌(landscape),表明纤维变异涉及相互作用的基因的一个复杂的网络。与基于共线性的和基于表达的信息有关联的元分析提供了关于 QTL 网络中涉及的特定基因和家族的线索。

Munafò 和 Flint(2004)描述了元分析是如何起作用的,并且考虑了它是否将解决研究功效低的问题,或者它是否是统计学家对遗传学家感到苦恼的另一个方面。任何元分析的一个关键性的问题是存在于各个研究之间的异质性的程度,这种异质性是非常普遍的。Ioannidis 等(2001)对 370 个研究进行了元分析,这些研究找到 36 个遗传关联。他们发现不同的研究之间常常具有显著的异质性,并且第一个研究结果与对相同关联的后续研究之间的相关性并不是很高。有人认为元分析类似于把苹果和柑橘的性状进行平均(Hunt, 1997),因此,它的结果是无意义的。元分析中的另一个令人关心的问题是发表偏差,当不显著的结果还没有得到发表时可能存在发表偏差,因此我们所了解到的效应大小会出现人为的夸大。这个问题不是最近才有的,而是在 20 世纪 50 年代后期就提出了,这个问题与人类的精神病学和心理学研究有关(Sterling, 1959)。

如同 Munafò 和 Flint(2004)所指出的,元分析可以成功地揭示异质性的无法预料的来源,如发表偏差。如果充分地认识到异质性并将其纳入考虑,那么元分析可以证实不同的研究之间涉及的遗传性变异,但是它不能代替充分有效的原始研究。

6.10　计算机作图

计算机作图(*in silico* mapping)与利用 F_2 或 BC 群体进行的作图试验不同,它利用育种计划和基因组数据库中现存的表型、基因型以及系谱数据来检测基因。Grupe 等(2001)最先使用这个方法,研究是否可以借助于 mSNP 数据库以及从小鼠自交系中得到的表型信息通过计算来预测控制数量性状的染色体区域(QTL 区间)。他们通过计算机分析了表型信息和基因型信息来识别候选的 QTL 区间。评价了正确地预测 QTL 区间的计算方法的能力,结果发现用实验方法确认的 10 个表型性状的 26 个 QTL 区间中有19 个被正确地识别了。计算机作图可以免除产生杂交子代、对杂交子代进行表型和基因型鉴定所需要的长年累月的实验室工作,当有大量的相关数据可利用时,可以将识别QTL 区间需要的时间减少到毫秒。

6.10.1　优点和缺点

由于在主要作物的政府和私营的育种计划中已经对不同性状积累了海量的表型数据,植物中的计算机作图已经变成可能的和有吸引力的。与设计的作图试验相比较,计算机作图具有若干优点(Grupe et al. , 2001;Parisseaux and Bernardo, 2004)。第一,计算机作图可以利用比设计的作图试验更大的群体。例如,在玉米中每年要评价数以千计试验性的杂交种(Smith et al. , 1999)。相反,在设计的作图试验中经常使用的群体较小(如少于 500 个子代),导致 QTL 检测的功效较低(Melchinger et al. ,1998),QTL 效应的估计过高(Beavis, 1994)以及 QTL 位置的估计不精确(van Ooijen, 1992;Visscher et al. ,1996)。第二,用于计算机作图的表型数据是在多种多样的环境下通过更加广泛的试验获得的。典型情况下一个试验性的玉米杂交种在 20 个环境中被评价;那些最终被作为品种释放的杂交种在高达 1500 个地点-年份组合中被评价(Smith et al. , 1999)。使用很多的环境使我们有可能对 QTL×环境互作的一个足够的集合进行取样。第三,测定的杂交种和自交系通常代表种质和遗传背景的一个广泛的样本。相反,在使用 F_2 或 BC 群体的设计作图试验中仅仅利用了狭窄的遗传背景。第四,用于计算机作图的数据已经是现成的,而不需要额外的费用。

抵消这些优点的是计算机作图有三种主要的复杂情况(Parisseaux and Bernardo, 2004)。首先,表现型数据是高度不平衡的:同一组杂交种或自交系是在不同的环境中评价的,一些表现不好的杂交种或自交系被抛弃,表现好的受到更多的测试。其次,杂交种或自交系不构成单个同质的群体。因此任何计算机作图方法必须解决测验的杂交种或自交系之间的系谱关系和遗传背景的差异。最后,很少的作物具有足够的数据用于计算机作图。

6.10.2　混合模型方法

在玉米(*Zea mays* L.)中通过混合模型方法探索了计算机作图的有用性,以确定该方法得到的结果是否在不同的群体之间能够重复(Parisseaux and Bernardo, 2004)。从欧洲 Limagrain Genetics 公司 1995～2002 年的杂交种试验计划中得到了多地点数据,包括：①22 774 个单交种的多地点表型数据；②这些单交种的 1266 个亲本自交系的 96 个基因座上的 SSR 标记数据；③1266 个亲本自交系的系谱记载，这些自交系被分成 9 个不同的杂种优势群。

利用混合模型方法，估计了每个杂种优势类型中与标记等位基因关联的一般配合力效应。具有显著效应的标记基因座的数目——株高的 37 个，黑穗病［*Ustilago maydis* (DC.) Cda.］抗性的 24 个，籽实含水量的 44 个，与以前从设计的作图试验中得到的结果一致。每个性状具有很多带有微小效应的基因座和少数具有大效应的基因座。对于黑穗病抗性，染色体 8 上 bin 8.05 中的一个标记在 7 种情况下具有显著的效应。对于这个主效的 QTL，等位基因替换的最大效应为 5.4%～41.9%，平均为 22.0%。结果表明通过混合模型方法进行的计算机作图可以检测关联，这些关联在不同的群体之间是可重复的。

由于使用的种质不同，通过计算机作图识别的 QTL 的数目不能直接与以前通过设计的作图试验检测的那些相匹配。一方面，利用计算机作图时对种质的大范围的抽样增进了很多 QTL 的检测；另一方面，作图群体常常是通过两个亲本杂交产生的，这两个亲本对于一个性状有很大的差异，如对黑穗病感病的亲本和抗病的亲本。一个多样的作图群体也增进很多 QTL 的检测。在玉米中发表的最大的 QTL 作图研究中（来自一个 F_2 群体的 976 个家系，用 172 个标记进行基因型鉴定，在 19 个环境中评价），Openshaw 和 Frascaroli(1997)对株高检测到 36 个显著的标记，对籽粒含水量检测到 32 个显著的标记（缺乏对黑穗病抗性的数据）。株高的这个结果（36 个 QTL）与通过计算机作图检测到的显著标记的数目（37）一致。籽粒含水量显著标记的数目（44）比 Openshaw 和 Frascaroli (1997)检测到的要多，或许因为在计算机作图的种质中抽样的成熟期比在 Openshaw 和 Frascaroli(1997)使用的单个 F_2 群体中的范围更广。对于黑穗病抗性，Lübberstedt 等 (1998a)在 4 个不同的群体中检测到 19 个显著的标记，但是 Kerns 等(1999)在一个群体中检测到 22 个显著的标记。这些以前的结果与计算机作图中检测到的黑穗病抗性的显著标记的数目（24）一致。

6.10.3 统计功效

已经证明在设计的 QTL 作图试验中影响统计功效的因素有性状的遗传率和遗传结构（如 QTL 数目和效应的分布）以及可用于 QTL 作图的资源（如样本容量和标记数目）。这些遗传的和非遗传的因素也会影响用混合模型方法进行的计算机作图的功效。

Yu 等通过混合模型方法在杂交种作物中对计算机作图方法的统计功效进行了评价 (2005)。他们模拟了玉米中的一个二阶段的育种过程，包括自交系的培育和杂交种的测定。首先，考虑了两个相反的杂种优势群，每个群有 $n_1 = n_2 = 112$ 个自交系，这些自交系来自不同的祖先自交系。其次，假定从两个杂种优势群之间所有潜在的单交种之中（112 ×112＝12 544）抽取 $n = 600$ 个或 2400 个杂交种，具有来自多地点试验的数据。在每个杂种优势群中选择的自交系的数目和具有表型数据的杂交种的数目与 Parisseaux 和 Bernardo(2004)的经验数据一致。

总共进行了 64 次模拟试验。这 64 个试验具有 6 个不同参数的对照值：初始的 LD 水平（t 为 10 代或 20 代随机交配）、显著性水平（α 为 0.01 或 0.0001）、QTL 的数目（l 为

20 或 80)、遗传率(H 为 0.40 或 0.70)、标记数目(m 为 200 或 400)、样本容量(n 为 600 个或 2400 个杂交种)。对于每个试验,以 QTL 和标记在遗传图谱上的不同位置和不同的自交系以及杂交种进行 50 次运行。

　　结果表明,当显著性水平为 $\alpha = 0.01$ 时,检测 QTL 的平均功效为 0.11~0.59,错误发现率为 0.22~0.74;当显著性水平为 $\alpha = 0.0001$ 时,检测 QTL 的平均功效为 0.01~0.47,错误发现率为 0.05~0.46。如同设计的作图试验的情况一样,通过混合模型方法进行计算机作图时,在样本容量大、标记密度高、遗传率高以及 QTL 数目少的情况下功效最高。对效应大的 QTL 的检测比对效应小的 QTL 的检测具有更大的功效。得出的结论是,杂交种作物中的基因发现可以通过计算机作图开始。但是,有必要在检测 QTL 的功效和假 QTL 的比例之间找到一个可以接受的平衡点。

　　在植物育种计划中,表型数据是高度不平衡的,并且自交系和杂交种具有系谱结构。通过在混合模型中配合相应的项,利用混合模型方法进行的计算机作图可以处理不平衡的数据、系谱关系以及亲本自交系的不同的杂种优势群。此外,QTL 的相对效应是通过显著标记的回归系数度量的,QTL 的近似位置是通过显著标记的位置表明的。

　　和其他的 QTL 作图方法一样,在计算机作图结果的基础上,应该继续进行目标区域上的精细作图、序列分析以及基因效应的功能测定(Glazier et al. , 2002)。在具有多个杂种优势群的杂交种作物中,通过混合模型方法进行的计算机作图可以用于不同的杂种优势模式。随后,在不同的群体中都与目标性状具有关联的那些标记或基因组区域可以被认为是进一步分析的主要目标(Parisseaux and Bernardo, 2004)。通过在多个杂种优势模式中对计算机作图进行交叉验证,可以更好地控制总的错误发现率(false discovery rate),为在假定的 QTL 区域中进行进一步的研究提供更高的置信度。

6.11　样本容量、功效和阈值

6.11.1　功效与样本容量

　　进行统计检验时可能会犯两种类型的错误。当实际上正确的零假设被拒绝时发生第 I 类错误(假阳性)。我们通过为检验设置一个低的显著水平(假阳性的概率)来控制这种错误。另一种错误是假阴性(第 II 类错误),即当零假设事实上是错误的时未能拒绝它。检验的功效被定义为当零假设确实是错误的时它被拒绝的概率。因此如果 β 是假阴性的概率,则功效是 $1-\beta$。本节的讨论是以 Broman 等(2003a)和 Zeng(2003)在第 XI 次动植物基因组会议上的讲稿为基础的(Plant and Animal Genome XI Meeting, 2003)(http://statgen. ncsu. edu/zeng/QTLPowerPresentation. pdf)。

　　首先一个简单的情况(出发点)是 F_2 的一个标记和一个 QTL。假定 QTL 基因型 Q_1Q_1、Q_1Q_2 和 Q_2Q_2 的效应分别是 a、d 和 $-a$。

　　参照式(6.1),标记效应可以通过下面的公式来检验

$$t_1 = \frac{\mu_{M_1M_1} - \mu_{M_2M_2}}{\sqrt{\dfrac{\sigma^2}{n/4} + \dfrac{\sigma^2}{n/4}}} = \frac{(1-2r)2a}{\sqrt{8\sigma^2/n}} \tag{6.16}$$

而参照式(6.2),则可以得到公式:

$$t_2 = \frac{\mu_{M_1M_2} - (\mu_{M_1M_1} + \mu_{M_2M_2})/2}{\sqrt{\dfrac{\sigma^2}{n/2} + \dfrac{\sigma^2}{n} + \dfrac{\sigma^2}{n}}} = \frac{(1-2r)2d}{\sqrt{4\sigma^2/n}} \tag{6.17}$$

注意 $\mu_{M_1M_2}$ 并不对式(6.16)中的检验起作用;在式(6.16)中增加 $\mu_{M_1M_2}$ 并不提高检验的效率,除非 $|d| \geqslant a/2$(具有显性时需要的样本容量的计算见下面)。

当 n 较大时,观测到的差异 $\hat{t}$ 是近似正态分布的,检测该差异的功效 $1-\beta$(对于单尾检验)为

$$1-\beta = \Pr[\hat{t} > z_\alpha, \text{其中} \hat{t} \sim N(t,\ 1)] = 1 - \Phi(z_\alpha - t)$$

式中,z_α 是检验的 z 临界值,在零假设 $t=0$ 下具有置信度 $(1-\alpha)$;$\Phi(x)$ 是标准正态分布的累积分布函数。

对于给定的 α 和 β,检验加性效应需要的样本容量 n 是

$$n_1 = 8\left[\frac{z_\alpha + z_\beta}{(1-2r)2a/\sigma}\right]^2 \tag{6.18}$$

检验显性效应需要的样本容量是

$$n_2 = 4\left[\frac{z_\alpha + z_\beta}{(1-2r)d/\sigma}\right]^2 \tag{6.19}$$

决定样本容量的因素

(1) 如果是两尾检验(通常的情况),则 z_α 应该被 $z_{\alpha/2}$ 取代。

(2) 对于区间作图,需要的样本容量可以减少一个系数 $(1-r^*)$,其中 r^* 是两个标记基因座的一个区间之间的重组率。例如,如果一个 30cM 区间的 r^* 大约为 0.23,则式(6.18)和式(6.19)中的 $(1-2r)^2$ 可以被 $(1-r^*)=0.77$ 取代,以便处理最坏的情况,这种情况是一个 QTL 位于区间的中央 $(r \approx r^*/2)$。

(3) 在检验中,如果用很多不连锁的标记来控制遗传背景,则群体中的大部分遗传方差可以从剩余方差中消除(CIM 的思想),并且 σ_r^2 可以由环境方差 σ_e^2 粗略地近似。性状的总遗传率极其重要。

(4) 如果在基因组中对 QTL 进行系统的搜索,每个检验的第 I 型错误 α 应该还要低很多,以便解决在总的搜索中假阳性概率增加的问题。在大多数情况下,对每个单独的检验使用 $\alpha^* = 0.001$(一个非常保守的水平)应该足以保证总的假阳性率小于 5%。对于加性效应相应的样本容量可以计算为

$$n_1 = \frac{8}{0.77}\left[\frac{z_{\alpha^*} + z_\beta}{2a/\sigma_e}\right]^2。$$

现在还需确定 $2a/\sigma_e$ 可能的范围。假定一个 QTL 对一个 F_2 群体的遗传方差 σ_g^2 的贡献比例为 f。假如没有别的基因与该 QTL 连锁,并忽略显性 $(d=0)$,则

$$\frac{(2a)^2}{8\sigma_e^2} = f\sigma_g^2/\sigma_e^2$$

σ_g^2/σ_e^2 是未知量。例如,假定 $h_{F_2}^2 = \sigma_g^2/(\sigma_g^2 + \sigma_e^2) = 0.6$,这意味着

$$\frac{\sigma_g^2}{\sigma_e^2} = 1.5 \quad \text{和} \quad \frac{(2a)^2}{\sigma_e^2} = 12f$$

给定 $\alpha^* = 0.001$ 和 $\beta = 0.1 (z_{0.001} + z_{0.1} = 3.09 + 1.28 = 4.37)$，检测 QTL 需要的样本容量对于 $f = 0.01$、$f = 0.02$、$f = 0.05$、$f = 0.1$、$f = 0.2$、$f = 0.3$、$f = 0.4$ 和 $f = 0.5$ 为 $n = 1653$、$n = 826$、$n = 330$、$n = 165$、$n = 82$、$n = 55$、$n = 41$ 和 $n = 33$。

显性的影响

取决于显性效应的程度，检测显性效应需要的样本容量可能需要显著增大。但是显性不影响 QTL 检测功效的计算。例如，假定 $d = a$，在这种情况下我们可以使用

$$t_3 = \frac{\mu_{M_1} - \mu_{M_2 M_2}}{\sqrt{\dfrac{\sigma^2}{3n/4} + \dfrac{\sigma^2}{n/4}}} = \frac{(1 - 2r) 2a}{\sqrt{16\sigma^2/(3n)}}$$

但是由于有显性

$$\frac{3 (2a)^2}{16} = f\sigma_g^2$$

因此只要归因于 QTL 的遗传变异的比例 f 被固定，检验需要的样本容量是不变的。

连锁的影响：多个连锁的 QTL

有如下两个问题需要考虑。

(1) 在染色体上检测 QTL：对于两个连锁的 QTL，如果模型被错误地识别（把两个 QTL 作为一个来分析），则识别这"一个 QTL"的功效是以 QTL 的联合效应（一个加权总和）为基础的。如果两个 QTL 是处于相引连锁相的，则联合效应被聚合，因此功效被提高。如果两个 QTL 是处于相斥连锁相的，则联合效应被减少。因此功效被降低并且可能是非常低的。但是，如果模型可以被正确地识别（对两个 QTL 进行搜索或有条件的搜索），则问题是关于如何将连锁的 QTL 分开，识别相斥连锁的 QTL 的功效不一定很低。

(2) 将连锁的 QTL 分开（识别两个 QTL）：需要的样本容量增加一个系数 (Zeng, 1993)

$$\frac{\sigma_i^2}{\sigma_{i,j}^2} = \frac{1/4}{r(1 - r)}$$

式中，σ_i^2 是标记 i 的方差；$\sigma_{i,j}^2$ 是标记 i 以标记 j 为条件的方差。

对应于两个 QTL 之间的重组率 r 的这些系数的值列在表 6.7 中。

表 6.7　两个 QTL 之间的重组率 r 的系数值

r	0.5	0.4	0.3	0.2	0.15	0.1			
$\dfrac{1}{4r(1-r)}$	1	1.04	1.19	1.56	1.96	2.78			
r	0.09	0.08	0.07	0.06	0.05	0.04	0.03	0.02	0.01
$\dfrac{1}{4r(1-r)}$	3.05	3.40	3.84	4.43	5.26	6.51	8.59	12.76	25.25

QTL 检测和功效计算取决于 QTL 作图分析过程:CIM 比简单的区间作图功效高;MIM 比 CIM 功效高。

通过合并来自多个相关的性状、多个杂交以及多个环境的信息可以提高检验的功效。在这种情况下遗传结构变得更复杂,因此统计分析也变得更加复杂。但是,QTL 的多性状联合分析有明显的优点(Jiang and Zeng,1995),当然对于假设检验和参数估计也有优点。

对于一个特定的 QTL 作图试验来说,需要的样本容量由很多因素决定。样本容量取决于所研究性状的遗传率,预计要检测到(至少)多大的 QTL 效应(如检测一个解释 5% 变异的 QTL),QTL 的遗传结构可能有多么复杂以及有多少个 QTL,QTL 效应的分布、上位性等。

6.11.2 交叉验证与样本容量

交叉验证(cross validation,CV)是一种重抽样技术,从一个遗传杂交(如 F_2 互交)中抽样,然后将一个大的样本分成若干子样本(如 $k=5$)。作为一个例子,本节将讨论用于样本容量研究的交叉验证(Melchinger et al. ,2004)。

Melchinger 等(2000)撰写了一篇文献综述,以作物中 45 个发表的 QTL 研究为基础,包括 34 个复杂性状。样本容量为 $60\sim380$,中位数为 150。在大多数研究中只有少数 QTL(中位数为 6)被检测到,这些 QTL 通常解释了遗传方差的很大比例(50% 以上)。虽然这些发现似乎与 Fisher(1918)的无穷小模型(infinitesimal model)相矛盾(数量遗传学是基于无穷小模型的)。Beavis(1998)根据模拟结果推测,如果对大的试验群体进行研究,可能会得出不同的结论。植物中试验性的 QTL 研究对于推断大多数数量性状的 QTL 的数目、大小和分布是不够的。除非对大量的子代进行 QTL 评价,MAS 将对植物育种具有极微小的影响(Gimelfarb and Lande,1994a)。为了实现 MAS 的潜力,基于大量子代评价的新的育种策略将是必需的。

为了检验这个假设,Schön 等(2004)详细分析了由 Pioneer Hi-Bred® 公司在玉米中进行的试验,这是植物中可利用的最大的 QTL 试验。这个研究包括来源于两个优良品系之间杂交的 976 个 $F_{4,5}$ 品系的测交。在 16 个环境中对这些材料连同它们亲本的测交一起进行了评价。利用覆盖整个基因组的 172 个 RFLP 标记测定了 $F_{4,5}$ 品系。利用这个数据集(包括 $N=976$ 个基因型和 $E=16$ 个环境),检测到的 QTL 的数目证实了数量遗传学的无穷小模型(如以 LOD$\geqslant$2.5 检测到株高的 30 个 QTL,解释了遗传方差的 61%)。

为了研究样本容量以及基因型抽样和环境抽样对 QTL 分析结果的影响,以 $N=488$、$N=244$、$N=122$ 和 $E=16$、$E=4$、$E=2$ 将整个数据集分成较小的数据集。在对基因型和环境随机化之后,重复分割参考群体的试验数据 $P_{ED}(N,E)$,以便对于 N 和 E 的给定值得到总共 120 个不同的小数据集。在每个 $P_{ED}(N,E)$ 内,估计了遗传率,并且对每个数据集以 LOD$=2.50$ 和 LOD$=3.21$ 进行了 QTL 分析。通过将每个小数据集再分成 5 个基因型样本,使用了 5 倍的 CV 用于说明基因型的抽样。4 个基因型样本被用作 QTL 的位置及其效应的估计集合。第五个样本被用作一个检验数据集来得到每个检验集合中由 QTL 解释的基因型方差的比例的渐近无偏估计。对于每个小数据集,5 个不同的估计集和相应的检验集是可能的。通过把基因型随机地分派给 5 个子样,产生了 120 个估计集和检验集,并且对参数估计求平均数。在估计集的分析中,一些(4 个)子样本被用来预测 QTL 基因座 λ 和效应 θ。也可以通过下面的公式来预测遗传率 h^2:

$$h^2 = \frac{\sigma_g^2}{\frac{\sigma^2}{re} + \frac{\sigma_{ge}^2}{e} + \sigma_g^2}$$

在检验集的分析中,可以利用来自估计集的基因座对其他的(一个)子样本进行检验,以便预测效应 θ 和由 QTL 解释的基因型方差的比例。

N 从 976 减少到 244 甚至减少到 122 时,检测到的 QTL 的平均数目(n_{QTL})降低一半以上,不管 E 是多少(图 6.5)。比较起来,E 从 16 减少到 4 或 2 对 n_{QTL} 的影响非常小。在所有的情况下,在不同的数据集之间观察到 n_{QTL} 的大的变异,特别是对于较小的 N 和 E 值。虽然 n_{QTL} 随数据集的减小而减少,但是由于偏差增加很大,解释的遗传方差的估计值仍然差不多是相同的。这说明从较小的样本容量得到的 QTL 效应通常是高度夸大的,导致对 MAS 前景的过分乐观的评价。此外,不能以较小的样本容量来对复杂性状的遗传结构(QTL 的数目及其效应)进行可靠的推断。

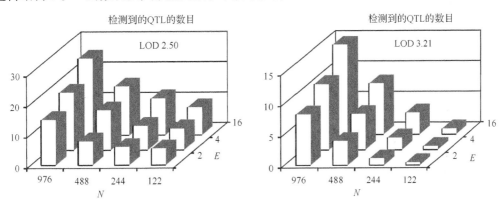

图 6.5 利用标准的交叉验证在 120 个不同数据集的估计集和 $P_{ED}(N, E)$ 分割的数据集中检测到的株高 QTL 的平均数目(n_{QTL}),LOD = 2.50 和 LOD = 3.21。来自 Melchinger 等(2004),得到 Springer Science and Business Media 的许可

6.11.3 QTL 位置的置信区间

在旨在检测 QTL 的基因组扫描或试图重复以前报告过的 QTL 的有目标的扫描中,QTL 位置估计的精确性通常是低的,甚至在来自自交系的控制的杂交中也是这样,但是位置的准确性对于以后的基因渐渗或者精细作图是重要的(Lynch and Walsh, 1998)。Darvasi 和 Soller(1997)给出了试验性杂交中对密集标记图谱的 QTL 位置的置信区间的经验性预测。他们根据模拟结果证明对于来自自交系的 BC 和 F_2 群体,95% 置信区间是样本容量和 QTL 效应的一个简单函数:

$$\text{对于 BC:} CI95_{BC} = 3000/[n(a + d)^2]$$
$$\text{对于 } F_2: CI\,95_{F_2} = 1500/(na)^2$$

式中，a 和 d 分别是 QTL 的加性效应和显性效应（以剩余标准差为单位）；n 是样本容量。Darvasi 和 Soller(1997)的结果可以与功效研究结合，在给定 QTL 的效应和试验的样本容量的情况下，在试验之前用于评价一个 QTL 的期望置信区域。在进行过试验并且检测到一个 QTL 之后，或者利用 LOD 减除方法(LOD drop-off method)（图 6.2；Lander and Botstein，1989）或者利用自举方法(Visscher et al.，1996；Talbot et al.，1999)来估计 QTL 的置信区间。

Visscher 和 Goddard(2004)从理论上推导出了简单的公式，可用于预测任何置信区间，并给出 95％区间的表达式。以厘摩为单位的这个置信区间是

$$CI(1-\beta) \approx (200x)X_{1-\beta}/(nd^2)$$

对于 F_2，$x=2$，对于 BC，$x=4$，$X_{1-\beta}$ 是一个自由度为 1 的中心卡方分布的阈值，对应于一个 $(1-\beta)$ 的累积密度。例如，对于 BC 和 F_2 群体，95％置信区间被预测为

$$CI95_{BC} \approx (200)(4)(3.84)/(nd^2) = 3073/(nd)^2$$

和

$$CI\ 95_{F_2} \approx (200)(2)(3.84)/(nd)^2 = 1537/(nd)^2$$

CI 的预测是

$$CI \approx 200X_{1-\beta}(1-q^2)/(nq^2)$$

它是由 QTL 解释的方差比例（q）的函数。例如，在 BC 或者 F_2 群体中，解释 35％的变异的一个 QTL 的 95％ CI 是

$$CI95 \approx (200)(3.84)(1-0.35)/(nq^2) = 499/(nq)^2$$

对于密集的标记图谱，CI 预测值的一般形式是

$$CI(1-\beta) \approx 200X_{1-\beta}/\lambda$$

式中，λ 是对真实的 QTL 位置上存在一个 QTL 进行卡方检验的非中心参数，这也适用于其他的群体结构。

6.11.4　QTL 阈值

区间作图的 QTL 阈值

区间作图是在一个基因组中在位置 λ 上对基因座扫描以便以大的 $LOD(\lambda)$ 发现 QTL 的证据。LOD 和 LR 之间的关系是 $LOD(\lambda)=0.217\times LR$。设置一个基因组范围的 LOD 阈值可以防止一个或多个假阳性并且粗略地调整每个单独检验的规模。在任何特定的位置 λ 上在零假设下的 LOD 分布取决于设计（对于 BC 为 1 个自由度，对于 F_2 为 2 个自由度），具有

$$\frac{LOD(\lambda)}{0.217} = LR \sim \chi_1^2 \text{ 或 } \chi_2^2$$

表 6.8 为不同水平的 LR 和 LOD 提供了一些点方式的(point-wise)P 值。

表 6.8　LR、LOD 和点方式的 P 值

LR	LOD	P 值	
		1 df*	2 df
10	1	0.031 9	0.1
31.6	1.5	0.008 6	0.031 6
100	2	0.002 4	0.002 4
1000	3	0.000 2	0.001
10 000	4	$<$0.000 1	0.000 1

* df 表示自由度

基因组范围的阈值

假定一个密集的标记图谱,各处都有标记。LR 检验统计量是相关的,相关性随着距离迅速地减弱,但是不连锁的标记没有相关性。

以 Lander 和 Bostein(1989)的结果为基础,利用奥恩斯坦-乌伦贝克过程(Ornstein-Uhlenbeck process)可以确定一个基因组范围的阈值 t,如下所述

$$\Pr[\max_{\lambda \text{ in genome}} LR(\lambda) > t] = \alpha \approx (C + 2Gt)\alpha_t$$

式中,$\Pr(\chi_1^2 > t) = \alpha_t$;$C$ 是染色体数目;G 是基因组的长度,以厘摩为单位;t 是基因组范围的阈值;α_t 是对应的点方式的显著性水平。

图 6.6 显示在 BC 和 F_2 群体中对于不同的点方式和基因组方式的 P 值的 LOD 阈值 (Broman et al.,2003a)。

排列和阈值

通过在数据集中的个体之间对数量性状值进行"洗牌"(shuffling),有可能推导在一个合适的零假设下任何检验统计量的分布。如果在基因组中的特定位置上存在一个 QTL,则性状值和遗传图谱上分析的点之间将有关联。如果基因组中不存在 QTL,或者它不与分析的点连锁,则不存在标记-性状关联(即正好是零假设下描述的情况)。排列检验(permutation test)解决了寻找显著性阈值的问题,通过模拟观测数据集的大量排列(如 1000 次)[标记观测值被相对于性状洗牌(完全打乱)],因此在性状和标记之间没有关联的零假设下可以估计检验统计量(LOD 值)的分布。这个分布确定从一个特定的数据集中由于偶然性得到的 LOD 值可以达到多大。

完全打乱数据集中个体之间的性状值代表的是零假设下的情况(Churchill and Doerge,1994),即随机性。完全打乱性状值不改变概括统计量,如个体的数目、平均数和个体的方差。通过排列估计显著性阈值包括 4 个步骤(Doerge and Churchill,1996)。

(1) 保持遗传图谱固定(即使来自一个抽样个体的标记信息保持完好。如果个体具有 m 和 y,则向量 m 的元素应该保持在一起,而性状值 y 应该被完全打乱)。

(2) 完全打乱性状值。

(3) 通过 t 检验、似然比检验或者 LOD 值来分析洗牌的数据集。

(4) 将来自步骤 3 的每个分析点的检验统计量存储在一个分析矩阵中。

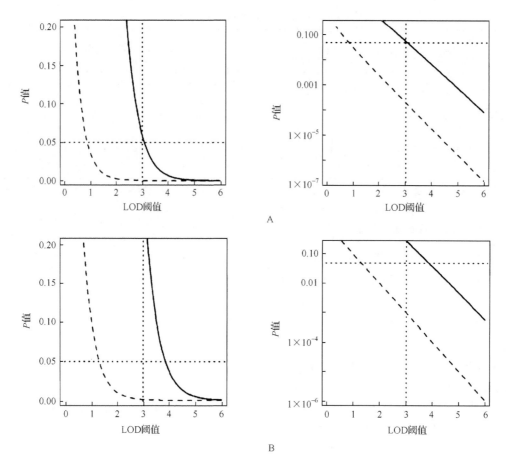

图 6.6 BC(A)和 F_2 杂交(B)的点方式和基因组范围的 P 值和 LOD 阈值

将步骤(2)~(4)重复 N 次。

排列检验可以产生比较方式(每个标记)、染色体方式(染色体专化)和试验方式(试验专化)的阈值。在为 CIM 方法开发的计算机软件中,排列方法被结合进模型中,因此可以计算判断 QTL 是否显著所需的经验性阈值。

6.11.5 错误发现率

宣告存在一个 QTL 总是有一定的风险,即这种声明是错误的。该风险可以用错误发现率(false discovery rate,FDR)来衡量,它表示一个 QTL 为假的概率。在表征和利用数量性状的基因方面,高的 FDR 可以导致错误的指引和资源的浪费,而且使 QTL 文献和数据库混乱。对 FDR 大小的认识将有助于设计 QTL 作图试验以及正确地解释它们的结果。

举个例子,这个例子是 Bernardo(2004)给出的。假定在一个作图群体的 64 个独立的标记中有 60 个不与 QTL 连锁。在这 60 个标记中,有 3 个被错误地宣告与一个 QTL 连锁(即假阳性,图 6.7),57 个被正确地宣告不与 QTL 连锁(即真阴性,图 6.7)。比较方式的显著性水平或者第 I 型错误率,用 α_C 表示,等于(假阳性的数目)/(假阳性的数目+真阴性的数目)。在图 6.7 的例子中,$\alpha_C = 3/(3+57) = 0.05$。QTL 作图研究在使用的显著水平方面有差别。一些研究者使用严格的显著性水平($\alpha_C \approx 0.0001$),如同由排列检验建议的那样,来控制试验方式的错误率(error rate)(Churchill and Doerge,1994),而其他的研究者(Openshaw and Frascaroli,1997)使用放宽的显著性水平($\alpha_C = 0.1$)。

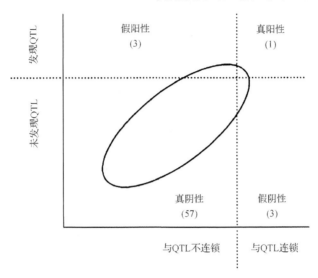

图 6.7　QTL 检测的显著性检验的结果。来自 Bernardo(2004),得到 Springer
Science and Business Media 的授权

　　不管使用的显著水平是什么,一个错误观念是 α_C 等于假阳性在全部宣告的标记-QTL 连锁之中的比例。换句话说,如果在显著性水平 $\alpha_C = 0.05$ 上宣告了 20 个 QTL,一个错误观念是这 20 个宣告的 QTL 中只有 $20 \times 0.05 = 1$ 个是错误的。错误发现率定义为一个 QTL 为假的概率,假使一个 QTL 已被宣告(Benjamini and Hochberg,1995;Fernando et al.,2004);它等于(假阳性的数目)/(假阳性的数目 + 真阳性的数目)。在图 6.7 的例子中,FDR 等于 $3/(3+1) = 0.75$ 而不是 0.05。因此 FDR 可以比 α_C 大得多(Fernando,2002)。

　　Bernardo(2004)进行了模拟研究,试图在给定不同的 QTL 数目、群体大小以及性状遗传率的情况下确定一个 F_2 作图群体中的 FDR。通过表现型对标记基因型的多元回归检测到与 QTL 连锁的标记。他比较了表型选择和基于标记的轮回选择。FDR 随着 α_C 的增加而增加。值得注意的是,FDR 常常比使用的 α_C 要高 10~30 倍。不管 QTL 数目、遗传率或者基因组的大小如何,当 $\alpha_C = 0.0001$ 时 FDR ≤ 0.01。当 $\alpha_C = 0.05$、遗传率低、并且只有一个 QTL 控制性状时 FDR 增加到 0.82。当很多 QTL(30 或者 100)控制性状时一个 0.05 的 α_C 导致低的 FDR,但是这个低的 FDR 伴随着检测 QTL 的功效减弱。大的作图群体既可以降低 FDR 又可以增加功效。放宽的显著性水平的 $\alpha_C = 0.1$ 或者 $\alpha_C = 0.2$ 导致对基于标记的轮回选择的最大响应,虽然有高的 FDR。为了防止假的 QTL 搅乱文献和数据库,一般说来,只有当一个 QTL 是在一个严格的显著性水平(如 $\alpha_C \approx 0.0001$)上识别的时才应该加以报道。总之,“植物中宣告的 QTL 有多大比例是假的?”这个问题不能被明确地回答,因为 QTL 研究使用不同的显著性水平,性状在内在的 QTL 数目方面有差别,试验使用不同类型的作图群体(如 BC 而不是 F_2 群体)。

　　作为 FDR 的一个潜在的替代方案,Chen 和 Storey(2006)提出了扩展版的基因组范围出错率(genome-wide error rate,GWER)。扩展的 GWER 不是防止出现任何单个的假阳性连锁,而是允许研究人员防止超过 k 个以上假阳性连锁,其中 k 是由使用者选择的。例如,如果我们令 $k=1$,则 $GWER_k$ 的目标是防止出现一个以上假阳性连锁。使用者可以把这个显著性标准应用在合适的 k 值或者若干个 k 值上。$GWER_k$ 允许使用者提供真阳性和假阳性之间更无偏见的平衡,而没有计算或者假设方面的额外的成本。

6.12　总结和前景

　　QTL 作图已经从基于单标记和基于两个侧翼标记的方法发展到基于多标记的方法,最终发展到基于所有标记的全基因组方法。它开始于利用简单的和来源于双亲本品系的充分表征的 F_2 或者 RIL 群体,现在扩展到任何群体,包括那些来源于多个亲本或者随机选择的材料。随着群体数目的增加,图谱和 QTL 信息已经在世界范围内积累,使用所有可利用的数据进行元分析、合并分析以及计算机作图已经变得越来越重要了。

　　QTL 作图也已经从基于单个性状的分析发展到多个性状的综合分析,甚至同时分析数以千计的表达"性状"。也已经为一些特殊的性状和复杂的遗传效应发展了方法,包括三倍体胚乳和跨越不同发育阶段的动态性状,上位性和基因型×环境互作(第 10 章)。

　　研究人员已经为复杂性状的遗传剖析中将遇到的几乎所有类型的复杂情况发展了统计方法。但是,大多数方法仍然停留在理论阶段,由统计学家发表,他们继续朝新的发表机会前进,或者用无穷尽的努力去优化他们的方法,只把少数切实可行的方案留给遗传学家。应该注意到再好的方法也只是统计学家的游戏,除非它可以被转换为使用方便的软件。

　　在实践上,可能没有能够满足所有需求的通用方法。这是因为,一方面,最简单的方法(如两种标记基因型的表型比较)对简单的性状反而更好;另一方面,建模或者模拟(不管模型中能够纳入多少参数)对于与各种环境有相互作用的复杂性状可能是过于复杂的。最终,复杂性状的剖析将依赖于连续不断的研究工作,应用 QTL 作图和综合利用已经积累的各种信息和材料,包括遗传材料和育种材料(群体、结构化的材料)、分子标记(序列和基因)以及跨越环境(年份、季节和地点)收集的各种表型数据。

　　商业的育种计划每年种植成千上万的子代,这些子代来源于许多有亲缘关系和没有亲缘关系的杂交,并且在各种不同的环境中对它们的许多重要的农艺性状进行评价。借助于高通量的工具(DNA 序列测定仪、DNA 微阵列、蛋白质芯片等),这些材料可以被测定,并同时使用基因组工具。因此,经典的 QTL 作图研究当前的局限性可能很快被基于系谱和(或)基于单倍型的 QTL 作图方法克服(Jannink et al. ,2001;Jansen et al. ,2003)。主要的想法包括:①系谱和表型数据的开发利用,这些资料通常在应用植物育种计划中收集,用于 QTL 作图;②在很宽的种质范围内对存在的全部 QTL 变异进行抽样,它允许育种家寻找最好的等位基因("等位基因挖掘"),这些等位基因存在于优良材料中,也存在于遗传资源中。另外,复杂性状的分子剖析将既取决于基于连锁的方法又取决于基于 LD 方法的应用(Manenti et al. ,2009;Myles et al. ,2009)。

(陈建国 译,华金平 校)

第 7 章　复杂性状的分子剖析:实践

近年来,数量性状基因座(quantitative trait loci ,QTL)研究吸引了许多科学家,所以每年有许多相关的论文发表。然而,从实践的角度出发,我们应该考虑 QTL 研究的全景:从单一 QTL 到多个 QTL,从单一性状到性状复合体(trait complex),从同质的遗传背景到异质的遗传背景,以及从静态作图到动态作图。复杂性状的分子剖析的进展可以回答下列问题:在一个分离群体中,每个数量性状的遗传控制涉及多少个基因? 能否将紧密连锁的 QTL 分解为单个基因? 怎样才能在不同的遗传背景和发育阶段比较 QTL? 怎样处理多个性状和表达 QTL(expression QTL)? 本章将讨论与这些问题相关的主题。作为对第 6 章的补充,这里也将讨论一些相关理论。相关的主题读者还可以参考下列资源:Xu (1997)、Liu (1998)、Lynch 和 Walsh (1998)、Paterson (1998)、Flint 和 Mott (2001)、Xu Y (2002)、Collard 等(2005)、Gibson 和 Weir (2005) 以及 Wu 和 Lin (2006)。

QTL 作图实践通常包括建立作图群体,进行基因型鉴定和表型鉴定,构建遗传连锁图谱以及建立标记-性状关联。QTL 作图需要 3 个主要的数据集:分子标记、表型和连锁图谱;还有能提供合适的作图方法及用户友好的结果输出的遗传作图软件。连锁图谱可以是作图群体特有的,或者根据分子标记的物理位置推测建立。

7.1　QTL 分离

大多数数量性状可以与位于不同染色体区域的分子标记相关联。这些区域可能存在分离的单个 QTL 或多个紧密连锁的 QTL。QTL 的数目和在染色体上的分布决定了其在遗传学研究和育种中的可操作性。一般来说,影响一个特定性状的多个 QTL 在染色体上有 4 种可能的分布(Xu, 1997;图 7.1):①独立的 QTL——基因独立地分布在不同的染色体上;②松散连锁的 QTL——基因位于同一染色体上,但分隔距离较大,以至于它们可以较高的频率发生重组,可以很容易分离;③成簇的 QTL——基因紧密连锁或成簇地分布在特定的染色体区域,因此它们的行为和一个主效基因相似;④混合分布——对于一个特定的性状,QTL 的分布为上述 3 种模式的混合。

由于数量性状的变异呈连续分布,所以不能仅仅根据性状表型值的分布来确定 QTL 基因型。这是数量遗传学的一个基本问题。历史上重要的遗传参数,如遗传方差和遗传力(第 1 章),总括了由全部 QTL 引起的效应,但是不能提供区分单个 QTL 效应的信息。为了理解 QTL 的遗传结构并最终克隆它们,影响同一个性状的多个 QTL 必须定位在染色体上,并区分不同 QTL 的遗传效应。理论上利用包括作图和选择在内的不同方法,能够将多个 QTL 分解为单个可操作的孟德尔因子。

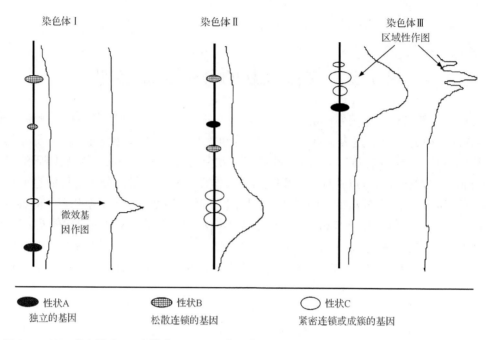

图 7.1　QTL 分布模式。3 个性状（A、B、C）作为例子来表示独立的 QTL（性状 A）、松散连锁的 QTL（性状 B）和紧密连锁或成簇的 QTL（性状 C，染色体 II 和染色体 III），以及混合模式（性状 C）。可检测的 QTL 用椭圆表示，椭圆的大小代表 QTL 效应。性状 C 的似然图在各连锁图的右边给出，对于染色体 I 和染色体 III，给出两个似然函数图，显示来自微效 QTL 作图和区域性作图的期望结果。来自 Xu（1997）。本图得到 John Wiley & Sons 公司的授权

7.1.1　作图方法

理论上，基于分子标记的 QTL 作图可以用来作出关于 QTL 等位基因差异的推断。然而，判定一个特定的分子标记检测到的效应是由一个效应较大的 QTL 决定还是多个连锁效应小的 QTL 共同决定通常是比较困难的。由于这个原因，术语 QTL 通常用来表示一个染色体区域，该区域通过与基因连锁的标记来确定（Tanksley，1993）。利用作图方法可以将多个 QTL 分解成为单个可操作的单位，并确定每个 QTL 是由一个还是多个基因组成（图 7.1）。该策略取决于分子图谱的分辨率，也取决于对小效应 QTL 作图的功效，需要进一步提高 QTL 分析的统计功效、分子图谱的饱和度和优化群体结构。

精细作图

通常认为一个典型的高等植物基因组包含 1 万～10 万个基因，分布在总共 10^8～10^{10} bp 的 DNA 上。所以 0.1% 的基因组应该包含平均 10～100 个基因。一个性状具有小效应的若干个基因紧靠在一起，可能会表现为一个有较大效应的 QTL（Michelmore and Shaw，1988；Paterson et al.，1988）。通过精细作图缩小 QTL 区域的大小是鉴定单个 QTL 的初始步骤，最终可以通过转化（重组 DNA）技术操作单个 QTL（Stuber，1994a；Tanksley et al.，1995）。当前的 QTL 作图策略取决于对重组体和非重组体类型的平均

值的比较。对于实践中常用的分离群体大小(n 为 200~300)和 QTL 研究中最常用的分子标记密度来说,初步的 QTL 作图分辨率被限制为 10~20cM,这对于区分单个基因还是多个基因组合是不够的。为了揭示单个基因座的遗传组成,需要分辨率更高的技术。

传统的作图群体(如回交和 F_2 群体)QTL 精细作图时有局限,因为缺少足够的重组事件(即使在大群体中)。因此,精细作图的另一种途径是利用经历了多轮重组的群体。这些群体包括重组自交系(RIL)(Burr and Burr,1991)、高代互交系(advanced inter-crossing line,AIL)(Darvasi and Soller,1995)或互交重组自交系(intermated recombinant inbred line,IRIL)(Liu et al.,1996)。如第 5 章所述,RIL 是一个 F_2 单株的后代通过连续自交或同胞交配直到纯合获得。考虑到在育种计划中已经积累了越来越多的 RIL,并且这样的群体可以用来对一个或多个性状进行作图,因此 RIL 方法在大多数农作物中是可行的。AIL 从两个自交系之间的杂交开始,每世代进行持续的随机交配直到高世代。对于这两种群体,在相对小的群体中通过多个世代积累了 QTL 精细作图需要的许多重组事件。由于有更多的减数分裂重组机会,所以它们有可能分解紧密连锁的 QTL。例如,对于相同的群体大小和 QTL 效应,F_2 群体中 QTL 图谱位置的 95% 置信度区间(20cM),在经过 8 代随机交配的群体(F_{10})中减小了 5 倍(Darvasi and Soller,1995)。RIL 对 QTL 作图精度有相似的影响。值得注意的是,重组事件的增加将降低和 QTL 关联的特定分子标记的效应,因此这些群体更适合中等效应和大效应的 QTL 的精细作图。Paterson 等(1990)提出在初期世代鉴定重组个体,在后续世代中选择性地扩繁,这样重组类型和非重组类型有几乎相同的频率,提高了比较这两种类型的统计功效。

与传统的 F_2 和 BC 相比,利用 RIL 这样的设计可以在同一套个体中进行基因型鉴定和表型鉴定,其优点包括降低成本和环境方差,以及能利用其他 RIL 群体的结构方面的变化。Kao(2006)提出了一个统计方法,考虑了不同的 RIL 群体之间群体结构的差异,该方法建立在多 QTL 模型的基础上,能对不同杂交设计的 QTL 进行作图。该方法有改善数量性状遗传作图精度的潜力,是利用 RIL 群体进行 QTL 作图研究的有效工具。Martin 和 Hospital(2006)描述了在 RIL 重组数据中出现的多个重组的非独立性,尽管在每次减数分裂中可能没有干扰。他们也提出了在 RIL 群体中用于干扰的检验、基因作图和 QTL 检测的公式。

Fu 等(2006)利用来自互交的 B73×Mo17(IBM)群体的 IRIL 构建了一个新的玉米遗传图谱 ISU-IBM Map4,该图谱整合了 2029 个已有标记和 1329 个新的插入缺失多态性(indel polymorphism,IDP)标记。培育了 91 个 IRIL,它们有镶嵌基因组结构,是进行 QTL 和表达 QTL(expression QTL,eQTL)研究和作图的重要资源。用这个 IRIL 群体在 4 个环境中评价了由小斑病菌 O 小种(*Cochliobolus heterostrophus* race O)引起的玉米小斑病 (southern leaf blight,SLB)抗性(Balint-Kurti et al.,2007)。在所有环境中检测到 4 个共同的 SLB 抗性 QTL,其中两个 QTL 位于 bin 3.04,另外两个分别位于 bin 1.10 和 bin 8.02/3。在 SLB 的 QTL 分析时,比较了由相同亲本杂交独立培育出来的高代互交群体 IBM 和常规 RIL 群体。两个群体是从相同亲本的杂交中独立地培育出来的:高代互交群体 IBM 和常规 RIL 群体。在两个群体中都检测到几个 SLB 抗性 QTL,但 IBM 群体的分辨率比常规 RIL 群体高 5~50 倍。

　　群体大小和交配设计是培育 IRIL 的过程中需要充分考虑的两个重要方面。虽然有研究者在 F₂ 群体中进行随机交配以便精确估计紧密连锁的基因座间的重组率,然而,Frisch 和 Melchinger(2008)最近的模拟研究显示:在互交世代中由小样本引起的抽样效应(sampling effect)已经抵消了以前的理论研究中报道的随机交配的优势,以前的理论研究考虑的是无限大的群体。他们还提出了一个交配方案,利用计划的杂交组合进行互交,这个方案得到的估计值比随机交配的更精确。

微效 QTL 作图

　　大多数 QTL 研究中都设置了相当严格的阈值概率水平,犯 Ⅰ 型错误(即假阳性)的风险较低。因此只有那些表型效应足够大的 QTL 能够被检测到,而效应较小的 QTL 将落在检测的阈值以下而不能被检测到(图 7.1)。当多个 QTL 位于同一染色体区域时,大多数情况下效应较小的 QTL 不能被检测到。主效 QTL 对微效 QTL 的这种"遮蔽"效应使分子标记方法偏向于检测表型效应大的 QTL。应当指出的是这些主效 QTL 可能是有较高遗传力的 QTL,很容易通过传统的育种方法进行操作,可能已经在许多育种材料中被固定了。从很多 QTL 研究中积累的数据显示影响许多数量性状的 QTL 分布于整个基因组,但某些染色体区域可能比其他的区域有更大的贡献。更另人惊讶的发现是,在很多情况下数量性状的较大比例的变异可以由少数主效 QTL 的分离来解释。发现单个 QTL 能解释 20% 以上的表型变异并不罕见(Tanksley,1993),能解释 85.7% 表型变异的单个 QTL 也有报道(Lin et al.,1995)。所以应更加强调用分子标记技术发掘效应相对较小的 QTL(即微效 QTL)。

　　一个性状控制基因座的可检测性受其遗传背景的严格限制。遗传背景的一个直接的效应是"稀释",即存在的 QTL 等位基因越多,一个给定基因座的相对贡献越小(Frankel,1995)。一个 QTL 能够通过标记方法被检测到的最小效应取决于如下几个因素(Tanksley,1993;第 6 章)。

　　(1) 图距:QTL 与标记的距离越近,能被检测到的 QTL 效应越小。这个关系表明 QTL 作图的功效可以利用饱合的分子图谱来提高。现在许多农作物中已经建立了进行 QTL 作图的高密度遗传图谱。

　　(2) 样本大小:样本(群体)越大,效应较小的 QTL 达到统计显著性的可能性越大。这个关系表明检测效应相对较小的 QTL 在很大程度上取决于作图群体的大小。用典型的样本大小($n < 500$),两个或多个紧密连锁(< 20cM)的基因通常检测为单个 QTL,即当用两个侧翼标记的区间作图方法时,它们不能用被区分为单独的 QTL。在玉米中利用 1700 个单株的 F₂ 群体和 0.05 的概率阈值,检测到一个对表型方差的贡献小到 0.3% 的 QTL(Edwards et al.,1987)。在样本容量较小、概率阈值较高的试验中,对表型方差的解释少于 3% 的 QTL 通常不能被检测到。对较大效应 QTL 检测的偏向性意味着在任何单个分离群体中,要检测和定位影响一个性状的所有 QTL 是不可能的。

　　(3) 遗传力:环境对性状的影响越大(即遗传力低),QTL 被检测到的可能性越低。可以通过控制环境误差来改善遗传力的估计。永久作图群体(如 RIL、DH 和高代回交群体或 NIL)可以通过在不同环境(年份、季节或地点)中重复鉴定表型来提高作图功效。

(4) QTL 阈值:用于显示一个 QTL 效应显著的较高的概率阈值会减少检测到假阳性 QTL 的机会,但同时也减少了检测到小效应 QTL 的概率。这个关系表明发展在特定群体大小条件下能够提高作图功效的 QTL 作图方法,将有利于微效 QTL 的分离。以置换检验(permutation test)为基础,Churchill 和 Doerge(1994)提出了一种方法来确定合适的阈值水平,用于显示显著的 QTL 效应。该方法为优势对数似然(likelihood of odds, LOD) 减少法(Lander and Botstein, 1989)提供了一种替代。根据条件经验阈值和残余经验阈值产生临界值,用于构造对微效 QTL 是否存在的检验,同时解释已知的主效基因的效应(Doerge and Churchill, 1996)。现在排列检验已经广泛用到不同的 QTL 作图方法中,一些 QTL 作图软件[如 QTL CARTOGRAPHER(http://statgen. ncsu. edu/qtl-cart/WQTLCart. htm)]为包含的统计方法提供了排列检验功能。

在水稻中,已经在粳稻品种日本晴和籼稻品种 Kasalath 之间杂交衍生的若干群体中检测到 15 个抽穗期的 QTL($Hd1 \sim Hd3$、$Hd3b \sim Hd14$)[由 Yano 等(2001)综述]。其中 9 个已经分解为单个孟德尔因子。研究表明 $Hd1$、$Hd2$、$Hd3a$、$Hd3b$、$Hd5$ 和 $Hd6$ 涉及对日长的反应[由 Uga 等(2007)综述]。使用抽穗期极晚的籼稻品种 Nona Bokra(抽穗期为 202 天)和粳稻品种 Koshihikari(抽穗期为 105 天),通过 QTL 分析在 7 条染色体上检测到 12 个 QTL。所有来自 Nona Bokra 的 QTL 等位基因有增加抽穗期的作用。通过比较这些 QTL 和前述 15 个 QTL 的染色体位置,发现其中 8 个抽穗期 QTL 位于 $Hd1$、$Hd2$、$Hd3a$、$Hd4$、$Hd5$、$Hd6$、$Hd9$ 和 $Hd13$ 附近。该结果表明 Nona Bokra 品种的强感光性主要由以前鉴定的 QTL 基因座特定等位基因的加性效应累加引起(Uga et al. , 2007)。这也说明控制复杂性状(如极端晚抽穗)的多个 QTL 可以通过 QTL 作图进行剖析。

区域作图

将分子标记在连锁图上定位最常用的方法是利用基因组序列或随机克隆 cDNA 序列发现多态性,通过 PCR 进行多态性检测,或者通过芯片技术进行 SNP 检测(第 3 章),然后进行连锁分析。这种全基因组作图方法非常有用,可以用来构建复杂基因组的低分辨率和高分辨率的遗传图谱。然而如果研究者的兴趣是染色体的特定区域,这种方法就有局限性。大多数随机标记将最终将被定位于目标区间之外,随着区间减小,任何新的随机产生的标记被置于其中的概率也减小了(Tanksley et al. , 1995)。

Xu(1997)已经提出了两种策略来进行目标染色体区域的作图(区域性作图),并且已经证明它们可以有效地从大量标记中识别出少数靠近目标基因座的标记。两种策略都使用遗传上(几乎)完全相同的材料(除了侧翼目标基因的区域之外)。第一种策略使用通过渐渗产生的近等基因系(NIL)(Wehrhahn and Allard, 1965)。正如在第 4 章讨论的,自交系在目标基因座或区域有差异。如果供体亲本和轮回亲本具有足够的差异,就有可能检测到成对 NIL 之间的多态性。这样的多态性标记可能和目标基因连锁。作为一个早期的例子,Young 等(1998)用 NIL 和限制性片段长度多态性(RFLP)探针池来检测番茄的 Tm-$2a$ 区域中的新标记。用相似的策略,Martin 等(1991)检测到了番茄 Pto 抗病性基因座新的 RAPD 标记。现在 NIL 已经广泛地用到精细定位和图位克隆中。

随着像 RIL 和 DH 这样的永久群体的积累,有可能选择到这样的品系:除了一个或少数几个标记基因座之外,它们在全基因组上基因型几乎完全相同。结合表型的相似性,这种信息可以用于获得质量或数量性状的 NIL(Xu,1997)。

第二种策略称为 DNA 混合池(DNA pooling)或集群分离分析法(bulked segregant analysis,BSA),将在本章的后面部分讨论。该方法只需要用分离群体(Michelmore et al.,1991;Giovannoni et al.,1991),并不要求高度专化的遗传材料。这个策略来源于选择性基因型鉴定(selective genotyping)的概念,选择性基因型鉴定是以对截然不同的表现型或区间 DNA 标记的选择为基础的。

上述两种区域性作图方法,结合高通量 DNA 标记技术,可以筛选成千上万的基因座,并且可以选择性地鉴定特定的染色体区域中与目标基因邻近的标记,非常适合成簇 QTL 的分析。此外,这两种区域性作图方法可以在没有遗传图谱的情况下完成。对于主效基因,NIL 和 BSA 方法已经证明在植物中是有效的。早期成功的例子有 Young 等(1988)、Michelmore 等(1991)、Giovannoni 等(1991)、Schüller 等(1992)、Mackill 等(1993)以及 Pineda 等(1993)。

在以 RIL 为基础的 QTL 作图中,为了解决与主效 QTL 的屏蔽效应及多个 QTL 的上位性互作有关的问题,Keurentjes 等(2007a)经验性地比较了拟南芥中来源于相同亲本的全基因组 NIL 群体和 RIL 群体的 QTL 作图功效。通过对影响 6 个具有不同遗传力的发育性状进行 QTL 分析和作图表明,总的来说,NIL 群体比 RIL 群体更容易检测效应较小的 QTL,尽管 QTL 位置的分辨率比较低。一般来说,群体大小比重复数对提高 RIL 的作图功效更加重要,然而对 NIL 来说几次重复是绝对需要的。

Nguyen 等(2004)为了鉴定与水稻耐旱性有关的推测候选基因,用 BSA 方法开发了若干基于表达序列的标记,用于 QTL 区域的饱和作图。13 个标记定位在目标 QTL 附近。在水稻中,与超亲变异相关的一个抽穗期 QTL 的替换作图(substitution mapping)将以前定位的一个 QTL(*dth1.1*)分解成至少两个亚 QTL(Thomson et al.,2006)。QTL *dth1.1* 与一个高代回交群体中抽穗期的超亲变异有关,这个回交群体来自普通栽培稻(*Oryza sativa*)品种 Jefferson 和普通野生稻(*Oryza rufipogon*)。为了利用替换作图来分解 *dth1.1*,构建了一系列在目标区域周围包含不同野生稻片段的 NIL。与野生稻亲本的晚抽穗不同,替换系中的 *O.rufipogon* 等位基因在长日照和短日照条件下都能引起早抽穗,并提供了至少存在两个不同的亚 QTL(*dth1.1a* 和 *dth1.1b*)的证据。这些亚 QTL 潜在的候选基因包括与拟南芥的 *GI*、*FT*、*SOC1* 和 *EMF1* 以及牵牛花(*Pharbitis nil*)的 *PNZIP* 相似基因。来自具有非目标的 *O.rufipogon* 片段和 *dth1.1* 等位基因的家系的证据也表明,在第四染色体上检测到一个早抽穗 QTL,在第六染色体上检测到一个晚抽穗 QTL,这为 *dth1.1* 区域中存在额外的亚 QTL 提供了证据。

7.1.2　对等位基因分散的筛选

当多个 QTL 控制一个性状时,它们的正效应或负效应的等位基因(增加或减少性状值)倾向于分散在遗传材料之间,其中一个或一些基因座上具有正效应的等位基因,其他基因座上具有负效应的等位基因。具有相似效应的 QTL 等位基因分散在遗传材料中的现象称为等位基因分散(allele dispersion)。然而,一个遗传材料可能在多个 QTL 上包含所有具有相似的(正的或负的)效应的等位基因,这称为等位基因联合(allele association)。对于朝着中间表型自然选择的性状,多个基因座上的相似效应的等位基因更可能是分散的,而不是联合的。在有中性选择的自然或育种群体中,有很多遗传材料在一些基因座上有正效应的等位基因,而在其他基因座上有负效应的等位基因。数量性状的极端表型来源于 QTL 等位基因的联合,而中间表型通常表明等位基因的分散。因此,可以从现有群体中鉴定有相似效应的不同的 QTL 等位基因。另外,如果有等位基因联合的材料,可以通过对不同基因型的选择来分离 QTL 等位基因。等位基因分散与连锁平衡(linkage equilibrium)有两个方面的不同。首先,等位基因分散指的是控制同一性状的独立的或连锁的基因座;而在连锁平衡中有关的遗传基因座通常被假定为是遗传上连锁的,控制不同的性状。其次,等位基因分散代表的是这样的情形:同一物种中的任何两个没有遗传关系的基因型(品系)在相同的遗传基因座上显示出等位基因的差异;而连锁平衡代表的情形是:在由两个有亲缘关系的品系衍生的一个给定的群体中等位基因频率已经达到恒定值。

具有分散的 QTL 等位基因的遗传材料通常表现出相似的表型,所以很难仅仅通过表型评价来识别遗传差异。然而,当这些材料被用作亲本来产生分离群体时,后代的一部分将具有超亲的表型,即它们在表型上超出亲本的范围,因为通过不同 QTL 等位基因的重组,这些后代联合了全部效应相似的等位基因。正向和负向超亲个体分别来自正向和负向等位基因的联合。可以通过对超亲个体进行持续自交,观察它们是否在高世代还保持相同的表型,来排除显性或超显性引起的超亲变异。如果用生物统计学方法和遗传分析不能检测到显著的上位性,那么两个亲本的分离群体中出现的超亲分离就提供了等位基因分散的证据。Xu 和 Shen(1992a)提出了 3 种方法,通过对等位基因分散的检测来筛选可分离的 QTL 等位基因,包括:①检验 F_2 表型方差和环境方差的同质性,环境方差根据不分离群体(P1、P2、F1)的表型方差估计;②检验 F_1、F_2、$F_1 \times P_1$ 和 $F_1 \times P_2$ 之间平均值的差异;③比较由超亲个体互交和由原始材料杂交估计的遗传参数,如基因效应和遗传方差。

经典的遗传分析提供了一些等位基因分散的例子。植物中第一个例子可能来自烟草(*Nicotiana rustica*)。株高、花期以及相关性状的等位基因差异在两个品种(基因型)1 和 5 之间是高度分散的(Jinks and Perkins,1969;1972;Perkins and Jinks,1973),这两个品种的株高分别为 127cm 和 103cm,花期分别为播种后 77 天和 72 天。从这两个品种之间的杂交衍生的 82 个自交系的随机样本中,发现两个超亲系 B2 和 B35,它们是最矮株(株高为 92cm)和最高株(株高为 144cm)及最早和最晚的花期(分别为 70 天和 84 天)。同时分析两个对照组合(1×5 和 B2×B35)表明了原始品种的等位基因分散(Jayasekara and Jinks,1976)。另一个例子是水稻的分蘖角度(主茎和分蘖的夹角)。在来源于具有相似分蘖角度的 4 个籼稻品种的两个组合中发现了超亲分离,通过超亲个体的连续自交获得了分蘖角度最小和最大的极端品系(Xu and Shen,1992b)。两个对照组合(来自原始的品种和来自相应的极端品系)的比较遗传学分析表明两个基因座决定每对原始品种中分蘖角度的遗传差异,相似效应的等位基因在原始品种中是分散的,但是在超亲品系中是联合的(最大分蘖角品系具有全部正向等位基因,最小分蘖角品系具有全部负向等位基因)。由不同的原始杂交衍生的极端品系之间进行第二轮杂交,发现了进一步的超亲变异。生物统计遗传分析和选择响应表明4个基因座控制4个原始品种中分蘖角度的总变异,每个品种只在一个基因座上携带两个正向等位基因(Xu et al.,1998)。

　　根据QTL作图结果也可以识别等位基因分散。在QTL作图中,亲本间的表型差异对于QTL的检测不是必需的。在亲本间没有表型差异的大多数情况仍能检测到QTL,这可能归因于正向和负向等位基因效应的互补模式。QTL作图可以提供作图群体中每个分离体的遗传组成信息,因此我们可以推断哪个个体携带有合乎需要的等位基因,然后通过选择具有不同等位基因组合的个体来分离多个QTL。例如,如果推断出4个QTL控制一个性状,则可以确定所有个体以及每个QTL的等位基因组成。因此,很容易筛选到在4个QTL基因座均为正向等位基因的单株。因为等位基因的分散,所以不可能用单个群体的QTL作图试验来检测到影响一个特定性状的所有QTL。因此,独立的实验倾向于揭示不同的QTL或QTL等位基因。比较QTL的效应和位置可能分离出多个QTL。然而,这个方法在很大程度上取决于可用的QTL作图结果的精确性。目前在大多数作物中已经鉴定了影响相同性状的许多QTL,它们在位置和效应方面有差别。不同的研究及群体中检测结果的不同可能是由于下列原因引起:①研究群体的多态性不同;②影响性状的多态性区域的数量和位置不同;③环境效应或基因型-环境互作;④小的样本容量。随着高多态性的DNA标记的发展,如简单序列重复(SSR),第一个原因将变得不那么重要了。永久群体能在不同季节、不同年份或地点进行表型鉴定,减小了环境对QTL检测的影响。使用相对大的群体,结合高多态性标记、永久群体以及重复表型鉴定,将帮助确定QTL作图结果的不同是否来自于群体QTL组成的不同。值得注意的是,经常发现"隐秘的"因子(如Stuber,1995;Ragot et al.,1995),表明了QTL分散的可能性。例如,玉米中决定高产和高秆的遗传因子偶尔会与来自低产、矮秆亲本的标记等位基因相关联(Edwards et al.,1992)。一个低产的野生稻中包含着可以显著增加高产栽培稻产量潜力的基因(Xiao et al.,1996a)。有许多最近的例子支持这些早期的报道。

　　如同在水稻QTL作图中所观察到的那样,平均而言,每个性状大约检测到4个QTL(表7.1;Xu Y,2002),这与Kearsey和Farquhar(1998)从176个试验-性状组合中得到的平均数相同。当对不同的研究或群体中检测到的同一性状的QTL进行汇总时,这个数目变大很多。例如,已经用13个群体对水稻株高进行了作图,共报道63个QTL。其中一些QTL是相互等位的,即它们被定位到同一染色体不超过15cM的区间。当排除了可能是等位基因的QTL时,株高的QTL总数减少到29,在一条染色体上最多有5个QTL(Xu Y,2002)。在6个群体中检测到QTL *qPH1-1*,它对应于主效的半矮秆基因 *sd-1* 和 *qPH8-1*。QTL *qPH2-2* 和 *qPH3-3* 分别在5个群体中被检测到。已经发现超过50个矮秆或半矮秆突变体的主效基因(Kinoshita,1995),14个已经发现连锁的分子标记(Huang et al.,1996;Kamijima et al.,1996),其中13个(93%)与株高QTL位置相同。随着更多的主效基因座连锁的分子标记的发现,更多的株高QTL将可能与主效基因座位置相同。这些结果支持Robertson(1985)的假设:质量性状突变体的等位基因是决定数量性状变异的相同基因座上的简单的"功能失活"等位基因。然而,只有QTL被定位到更高的精度或者被克隆,才能证明一个特定的 QTL 实际上对应于由突变体等位基因确定的已知基因座,以及哪些 QTL 是相互等位的。QTL 的等位性测验及主效基因与 QTL 的对应性取决于高密度分子标记图谱,以及研究者之间共享的一套标记。

表 7.1　水稻中利用永久作图群体检测的 QTL 的数目(Xu Y,2002)

群体	群体大小	标记数目	性状数目	QTL 数目
IR64/Azucena DH	105~135	146~175	56	215
Zhaiyeqing 8/Jingxi 17 DH	132	137~243	35	115
9024/LH422 RIL	194	141	25	74
CO39/Moroberekan RIL	143~281	127	14	121
Lemont/Teqing RIL	255~315	113~217	8	46
IR58821/IR52561 RIL	166	399	5	28
IR74/Jalmagna RIL	165	144	5	18
Nipponbare/Kasalath BIL	98	245	4	19
Zhenshan 97/Minghui 63 RIL	238	171	3	6
Asominori/IR24 RIL	65	289	2	17
Acc8558/H359 RIL	131	225	1	11
IR1552/Azucena RIL	150	207	1	4
IR74/FR13A RIL	74	202	1	4
IR20/IR55178-3B-9-3 RIL	84	217	1	4
Overall	65~315	113~399	161	682

随着这个概念的推广,可以在整套有亲缘关系的物种中搜索非等位的等位基因(non-allelic allele)。种间杂交中超亲分离的高发生率告诉我们,不表现特定性状的个体常常携带控制性状的优良的/隐藏的等位基因。非等位的等位基因通常可能存在于其他的品系中,但由于遗传分析的限制而被错过了。通过使用整套有亲缘关系的物种,有可能识别一个给定的性状或生理过程中涉及的所有基因,因为在一个种中表型上隐藏的基因,在另外的种中可能不是隐藏的(Bennetzen,1996)。

7.2　复杂性状的 QTL

7.2.1　性状组分

许多数量性状是由不同的或相关的组分或亚性状组成的复合体。例如,有 6 个直接的组分影响豆类作物的花期,其中 4 个是遗传因素,2 个是环境因素。遗传因素调控 3 个植物发育和 1 个植物特征,环境因素调控 3 个植物发育中的一个或多个中的基因行为。这 6 个直接的组分是:节和叶的发育速率、从节到花的改变、春化作用、最早开花时的节数、光周期和温度(Wallace,1985)。在大多数作物中,产量性状是由几个产量因子构成的,而油分或蛋白质含量与许多化合物和氨基酸有关。在水稻中,由多基因控制的低育性可以被分解为几个组分,包括雄性不育和雌性不育,或子房败育和花粉败育,因此多基因可以分解为多个具有不同效应的单基因,这样容易进行处理。将复杂性状分解为不同的组分对 QTL 作图和 QTL 克隆都是有利的。

7.2.2　相关性状

性状的相关性可能由单个基因的多效性引起,也可能由影响不同性状的多个基因的紧密连锁引起。相关的性状常常共有一些 QTL,这些 QTL 被定位到相似的染色体区域。在大多数禾本科植物中较高的株高和迟开花相关。数据比较的结果支持这两个性状是由紧密连锁的不同基因决定,而不是由于一因多效。高粱中,3 个影响开花时间的 QTL 中有 2 个与株高 QTL 连锁,2 个主效 QTL 被定位到有 90% 重叠的置信区间内,分别解释表型变异的 85.7% 和 54.8%,并且表现出相似的基因作用(显性/加性为 0.72 和 0.73)(Lin et al., 1995)。许多影响株高和抽穗期的独立的突变基因在相应的位置上紧密连锁,如小麦(*Ppd1* 和 *Rht8*)(Worland and Law, 1986; Hart et al., 1993)、水稻(*Se-1*/*Se-3* 和 *d-4*/*d-9*)(Kinoshita and Takahashi, 1991; Causse et al., 1994)。

在 QTL 作图中相关的性状是各自单独分析的,没有利用相关性的信息,因此性状之间的相关性将影响涉及的任何单个性状的作图。考虑不同生理性状之间的相关性,控制一个生理性状的多基因复合体在很大程度上可以通过从这个复合体中克隆一个或少数几个 QTL 来操作。也就是说,影响多个生理性状的多基因复合体的全部功能可以通过使其中一个功能进入一个高效的系统来起始和推动。这一点已经在生长激素转化的小鼠中观察到(Palmiter et al., 1983):当通过插入额外的拷贝大量产生生长激素时,所有其他的组分都能够对这种变化作出适当的反应,尽管生长激素只是影响发育的一个因素。看起来似乎可以操纵密切相关性状的 QTL,通过仅仅操纵这些 QTL 中的一个或少数几个来表现连锁反应。

复杂性状的多变量分析可以用来研究一个遗传系统的结构,包括多个基因座的等位基因变异、中等程度的表型以及它们的关系。Jiang 和 Zeng(1995)提出了一个 QTL 检测的方法,该方法以无约束协方差结构的多元正态模型为基础。另外,像主成分分析这样的降维技术可以用于一组相关的性状。当性状高度相关并且具有共同的遗传决定因素时,多变量 QTL 分析可以提高 QTL 作图的功效和分辨率(Korol et al., 2001)。对相关表型簇(cluster of related phenotype)的作图研究常常揭示出遗传效应的一个网络,其中每个表型受多个基因座的影响(异质性),而不同的表型受一个或多个基因座共同控制(多效性)。观察到的 QTL 网络的复杂性将随性状和研究设计功效的不同而不同。独立于遗传因子的生理互作也可能导致相关的表型响应(phenotypic response)。Li 等(2006)介绍了一个多基因座、多性状遗传数据的分析方法,该方法提供了对遗传组成的直观而精确的表征,他们指出有可能推断多个相关的表型之间的因果关系的强度和方向。他们利用来自小鼠互交群体的身体构成和骨密度的数据展示了这种技术。因果关系网络的识别有助于揭示复杂遗传系统中的遗传异质性和多效性的性质。

可以在基因表达水平上理解遗传相关。不同实验条件下基因表达水平的协同调控提供了相关转录本功能的宝贵信息。为了注释基因功能和识别调节网络的潜在成员,

Lan 等(2006)探索了跨越一个遗传维(genetic dimension)表达谱(expression profile)的相关性,这里的遗传维是一组 60 个 F_2 小鼠分离的基因型,这组小鼠由同一杂交衍生而来,该杂交用于研究肥胖小鼠的糖尿病。他们首先鉴定了 6016 个种子转录本(seed transcript),他们观察到这些转录本的基因表达与一个特定的基因组区域相关。然后他们寻找这样的转录本:它们的表达与种子转录本高度相关。对相关的转录本之间共同的生物学功能是否得到强化进行检验。他们发现了 1341 套共享一个特定的"基因语义学"(gene ontology)术语的转录本,并探索了其特性。G 蛋白偶联受体蛋白信号途径中的 38 个种子转录本与 174 个转录本相关,所有这 174 个转录本也被注释为 G 蛋白偶联受体蛋白信号,其中的 131 个共享第 2 染色体上的一个调节基因座。他们注意到如果没有相关分析的步骤,仅靠简单的 eQTL 分析会错过许多发现。性状相关和连锁作图结合比单纯的连锁作图更灵敏。

7.2.3 质量-数量性状

许多经济上重要的数量性状,包括株高、抗虫性、抗病性及谷物质量等,在植物群体中表现为主基因和多基因的联合效应。换句话说,许多性状同时受质量和数量基因影响,或受主效-微效基因系统的影响,表型为双峰分布(图 7.2;例子见 Jiang et al.,1994 和 Lin et al.,1995)。这样的性状可以定义为数量-质量性状(quantitative-qualitative trait,QQT)(Mo,1993a;1993b)或半数量性状(semi-quantitative trait)(Stuber,1995)。将主基因效应从多基因效应中分离出来,对于理解这种性状的整个遗传系统,以及对涉及的基因进行作图和克隆,都是很重要的。

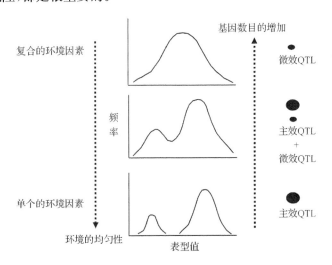

图 7.2 基因型、基因和环境之间的关系。质量性状的离散的表型分布由主效基因引起,质量-数量性状的双峰分布由主效 QTL(有显性效应)和一些微效 QTL 的联合效应引起,典型的数量性状的正态分布由很多微效 QTL 引起。利用对环境的分割和均匀性,一些连续分布的性状可以被转化为双峰分布或离散分布的性状(改自 Xu,1997)。本图得到 John Wiley & Sons 公司的授权

Jiang 等(1994)对 Elston(1984)的混合了主效基因座和多基因的模型进行了修改和

扩展,用来得到对主基因在育种计划中的应用进行评估的可靠信息。正如 Xu(1997)指出的那样,具有较大效应的 QTL 会遮蔽相同位置或附近的较小效应的 QTL,因此如果同时对它们进行作图,则后者不容易被检测到。在分析其他 QTL 的显著性时,为了将主效基因的表型效应从剩余(误差)项中剔除,Lin 等(1995)尝试了两种方法,一种方法是针对主基因效应来调整单株的表型值;另一种方法是利用软件 MAPMAKER/QTL 里的"fix QTL"算法来固定具有最大 LOD 值的 QTL 效应。如同作者们所指出的那样,这样的方法有如下风险:一部分剩余(误差)方差将从试验模型中消除。原因在于与固定参数的偶然相关性、人为地减小剩余的误差项以及增加了假阳性的概率。Doerge 和 Churchill (1996)使用条件经验阈值和剩余经验阈值来搜索多个 QTL。一旦检测到一个主效 QTL,其表型效应可以在对第 2 个 QTL 的搜索中得到解释。这个方法适合于不连锁的多个 QTL 和位于不同染色体上的 QTL。适合主效-微效基因的作图方法保证了更进一步的研究。

7.2.4　种子性状

　　种子产量和质量的改良是禾谷类作物最重要的育种目标之一。作为禾谷类种子的主要储藏器官,胚乳为人类提供蛋白质、必需的氨基酸和油分。了解胚乳性状的遗传对于提高产量潜力和改良种子品质是非常重要的。三倍体胚乳的遗传行为和为谷粒生长发育供应营养成分的母体植株非常不同。因此,适合母体植株(大部分禾谷类作物是二倍体)性状的遗传分析方法不能直接用于胚乳性状(Xu, 1997)。已经提出了以三倍体模型为基础的生物统计学方法用于胚乳性状的常规遗传分析 (Gale, 1975; Bogyo et al. , 1988; Mo, 1988; Foolad and Jones, 1992; Pooni et al. , 1992; Zhu and Weir, 1994)。胚乳性状的任何分析方法都需要将为二倍体母体植株设计的 QTL 分析方法和为常规遗传分析提出的三倍体模型结合起来。

　　另外,控制胚乳性状的遗传系统可能比控制母体植物性状的遗传系统要复杂得多。因为母体植株为种子提供一部分它们的遗传物质和生长发育所需的差不多全部营养物,种子性状在遗传上既受种子核基因影响,也受母体植株核基因影响。另外,细胞质基因也通过它们对叶绿体和线粒体的生物合成过程的间接效应来影响一些种子性状。为了从生物学准确性角度来理解胚乳性状,我们在考虑种子直接遗传效应的同时应该考虑母体遗传效应和细胞质效应(Xu, 1997)。由于种子是不同于母体植株的新一代的起始,一些种子的性状应该考虑为比其母体植株高一个世代。因为大多数分子分析使用的 DNA 是从母体植株的叶片或组织提取的,胚乳性状的遗传分析应该以从母体植株和胚乳组织中提取的 DNA 为基础,以便理解不同遗传因子对胚乳性状变异的相对贡献。

　　在 Xu(1997)提出倡议多年以后,相继有相关文章发表,细化了与三倍体性状有关的独特的差异,并且已经建立了一些同时考虑胚乳的三倍体遗传特性以及作图群体与胚乳之间的世代差异的统计方法(Wu et al. , 2002a;2002c; Xu C et al. , 2003; Kao, 2004; Cui and Wu, 2005; Wang X et al. ,2007)。总的来说,所提出的基于三倍体的方法利用仅仅来自母体植株的标记信息,或者利用来自母体植株和它们的胚的标记信息,进行胚乳性状作图,其检测功效和估计精确性比基于二倍体的方法更高。也建立了处理上位性效应的遗传模型(Cui and Wu，2005)和利用混合种子样品的方法(Wang X et al.，2007)。

Zheng 等(2008)利用包含胚乳效应、母体效应及环境互作效应的遗传模型,利用母体和胚乳基因组对水稻的 3 个蒸煮品质性状(直链淀粉含量、胶稠度、糊化温度)进行了QTL 分析。结果表明一共有 7 个 QTL 与水稻的蒸煮品质相关联,随后将其定位到第 1、第 4、第 6 染色体上。还发现其中 6 个 QTL 具有环境互作效应。

如同我们前面讨论的那样,好几个研究表明母体基因型变异可以极大地影响控制胚乳性状的 QTL 的直接效应估计。最近 Wen 和 Wu(2008)提出了胚乳性状 QTL 的区间作图方法,该方法利用来自两个纯系之间的杂交($P_1 \times P_2$)的 F_2 或 BC_1($F_1 \times P_1$ 和 $F_1 \times P_2$ 等比例混合,F_1 作母本)。这些试验设计最显著的优点是母体效应不对胚乳性状的遗传变异作贡献,因此可以估计胚乳 QTL 的直接效应,而不受母体效应的影响。另外,这些试验设计还可以大大地降低环境变异,因为种植在小块土地上的少量 F_1 植株就将产生足够的 F_2 或 BC_1 种子用于胚乳性状的 QTL 分析。He 和 Zhang(2008)提出用一种随机杂交设计来进行胚乳性状基因座(endosperm trait loci，ETL)和上位性 ETL 作图的方法。这可能是谷物品质遗传改良的一种有效方法。利用罚分最大似然法(penalized maximum likelihood method),随机杂种系的胚乳性状平均值连同来自它们相应的 F_2 植株的已知的标记信息,被用来高效而无偏地估计 eETL 的位置和全部效应。这个新方法使我们将来能够像二倍体数量性状那样对三倍体 eETL 进行作图。

7.3　跨物种的 QTL 作图

对于通过平行的基因组作图联系起来的物种(如第 3 章所述),应该有可能比较相同或相似性状的 QTL 的图谱位置。在这种情况下,育种者或许能够根据其他物种的作图研究来预测重要 QTL(如动物中的生长速率或植物中的产量)的图谱位置。图谱位置的一致性将支持这个假设:自然的数量变异的内在基因座在长期的进化分歧过程中一直是保守的[即它们是直向同源基因(orthologous gene)]。有亲缘关系的物种之间的基因组共线性(collinearity)为确定不同物种中的基因的相对“等位性”提供了一个重要的工具(Bennetzen，1996)。

关于由比较基因组连锁图谱联系起来的不同物种的 QTL 作图,已有很多研究发表,这可以用来测验关于不同物种之间保守 QTL 的假设。或许直向同源 QTL 的第一个证据来自于绿豆(mung bean)和豇豆(cowpea)的比较作图(Fatokun et al.，1992),在这个研究中,发现在这两个不同的种中决定种子质量的单个最重要的 QTL 在两个基因组中都被定位到相应的基因座,而偶然发生这种巧合的定位结果是极其不可能的。Lin 等(1995)和 Xiao 等(1996c)讨论了不同禾本科植物中推测的直向同源 QTL。尽管水稻、玉米、小麦、燕麦和大麦的染色体数目和倍性水平不同,还是利用共同的锚定探针(anchor probe)确定了它们的染色体之间的部分同源关系(Ahn and Tanksley，1993；Ahn et al.，1993；van Deynze et al.，1995a；1995b)。这种信息可以用来比较不同物种中影响相同的或对应的性状的 QTL 的位置。对于已经定位的 QTL,其中一些在相同的或相似的性状上显示出位置的相似性。以开花性状(到抽穗、开花的天数)为例,水稻第 3 染色体上靠近 CD01081 的 QTL,与玉米第 1 染色体(Stuber et al.,1992)和第 9 染色体(Koester et al.,1993;Veldboom et al.,1994)、大麦第 4 染色体(Hayes et al.,1993)以及六倍体燕麦第 5 染色体(Siripoonwiwat,1995)等部分同源染色体上的 QTL 位置一致。在 7 个研究小组研究过的 15 个玉米群体中,报道了 55 个影响开花时间的 QTL 或突变体。总共 26 个(47%)QTL 成簇地分布在 5 个区域,这些区域覆盖了玉米基因组的 12.1%。同源区域包含高粱中报道的一个花期 QTL(Pereira et al.,1994)、水稻中的 3 个 QTL(Li et al.,1995)、小麦中的 3 个独立的突变体(Hart et al.,1993)以及大麦中的 1 个 QTL。这些不同的物种之间 QTL 图谱位置的一致性表明这种类型的基因座可以追溯到这些物种的最终共同祖先(Laurie et al.,1994)。Paterson 等(1995)指出在高粱、水稻和玉米中,3 个相似的表现型(种子大小、成熟花序的脱落、日长钝感的开花期)主要由少数 QTL 决定,这些 QTL 在这 3 个物种中紧密对应,推动了跨越远的进化距离对复杂表型进行比较作图。

进一步的研究鉴定了控制重要农艺性状的 QTL,相同或相似性状的 QTL 显示出图谱位置的相似性[Fatokun et al.,1992;Lin et al.,1995;Xiao et al.,1996c;见 Xu(1997)的综述]。落粒性和株高也是定位到不同的禾本科基因组的共线性区域的例子(Paterson et al.,1995;Peng et al.,1999)。Chen 等(2003)鉴定了 4 个水稻稻瘟病抗性 QTL,它们位于水稻和大麦之间对应的图谱位置,其中两个具有完全保守的小种特异性(isolate specificity),另外两个有部分保守的小种特异性。这种对应的位置和保守的特异性表明数量抗性 QTL 的内在基因有共同的起源和保守的功能。

在森林树种中,在属于壳斗科(Fagaceae)的两个主要树种夏栎(*Quercus robur* L.)和欧洲板栗(*Castanea sativa* Mill)间进行了比较遗传和 QTL 作图研究(Casasoli et al.,2006)。橡树 EST 来源的标记(序列标签基因座,STS)用来比对这两个物种的 12 个连锁群。在橡树和板栗中分别定位了 41 个和 45 个 STS 标记。这些 STS 标记,加上在这两个物种中以前作图的 SSR 标记,提供了总共 55 个直向同源的分子标记用于壳斗科的比较基因组作图。在橡树和板栗之间鉴定的同源基因组区域可以用于比较 3 个重要的适应性状的 QTL 位置。两个物种之间控制出芽时间的 QTL 的同位性(co-location)是显著的。然而控制生长高度的 QTL 保守性没有得到统计检验的支持。两个物种之间控制碳同位素识别(carbon isotope discrimination)的 QTL 不保守。可以根据 STS 标记与 QTL 之间的同位性来推测出芽时间的候选基因。

Schaeffer 等(2006)报道了一个构建 QTL 一致图谱(consensus QTL map)的策略,该策略综合利用了 MaizeGDB 中高度注释的数据,尤其是很多 QTL 研究和图谱,这些研究和图谱在一个共同的坐标体系中与其他基因组数据整合。另外,他们开发了一个系统的 QTL 命名法,建立起 20 世纪 90 年代中期培育的超过 400 个玉米性状的分级分类系统;这个分类系统的主要节点与禾谷类作物比较作图数据库 Gramene 上的性状语义学(trait ontology)一致。给出一致图谱的有一个性状类——昆虫响应(80 个 QTL);两个性状——谷物产量(71 个 QTL)和粒重(113 个 QTL),代表了超过 20 个不同的 QTL 图谱集,每个图谱集都有 10 条染色体。

锚标记(anchor marker)的使用使我们能够通过对各种禾谷类作物的 QTL 进行比

较来检测可能的直向同源 QTL,或者建立系统发生关系。虽然不清楚有多少检测到的直向同源 QTL 是真实的,但是对不同禾谷类中共同 QTL 的检测至少表明相同的 QTL 可以从非常不同的遗传背景中检测到。

在一个重要的跨物种研究中,Campbell 等(2007)鉴定了一套进化保守和血统专化的水稻基因,称为保守的禾本科专化基因(conserved Poaceae-specific gene,CPSG),反映了禾本科的 3 个不同亚科之间存在显著的序列相似性。利用水稻基因组注释数据,以及来自 184 个植物物种的基因组序列和成簇的转录本组装数据,他们鉴定了 861 个水稻基因,这些基因在禾本科的 6 个物种之间是进化保守的,但与非禾本科物种间无显著相似性。值得注意的是,大多数水稻 CPSG(86.6%)编码的蛋白质没有预测功能或功能域,其余 CPSG 中,8.8%编码一种 F-box 域包含蛋白(F-box domain-containing protein),4.5%编码有预测功能的蛋白质。与注释为转座因子(transposable element,TE)的基因或与非禾本科物种具有显著的序列相似性的基因相比,CPSG 外显子较少,总的基因长度较短,GC 含量较高。在基因组水平上对高粱(*Sorghum bicolor*)与 861 个水稻 CPSG 中的 103 个(12%)呈共线性,显示禾本科内这组基因的额外的保守性水平。

7.4　跨遗传背景的 QTL

数量性状表型表达在很大程度上受内在的遗传背景的影响。至少部分原因在于控制不同性状的 QTL 之间、QTL 与相应的主效基因或其他主效基因之间基因作用不总是独立的。相同性状的 QTL 作图实验很难得到一致的结果,除了 7.1.2 节中提到的原因之外,部分原因在于不同作图群体的异质遗传背景的作用。

7.4.1　同质的遗传背景

为 QTL 分析培育的群体在遗传背景上可能是高度异质的,同时有成百上千或成千上万的基因在分离;也可能是高度同质的,只有 1 个目标基因分离。同质的或近等基因的遗传背景(如 NIL)可以通过第 4 章和 Xu Y(2002)描述的 5 种方法来创建。Tanksley 和 Nelson(1996)提出一种高代回交 QTL 分析,其中高代回交群体(如 BC_2、BC_3 等)通过 F_1 与轮回亲本多次回交获得。如果在回交世代进行全基因组选择,则该方法可以用来建立 QTL-NIL。QTL-NIL 与它们的供体之间遗传背景的均一性使我们可以进行直接的表型评价,也有利于 QTL 作图。

在玉米中,利用标记辅助选择(MAS)建立了 89 个 NIL 系(Szalma et al.,2007)。通过 3 代回交将 19 个基因组区域从供体品系 Tx303 渐渗到 B73 的遗传背景中,这 19 个基因组区域通过 RFLP 标记确定,选择性代表全部 10 条玉米染色体的各部分。在另外 128 个 SSR 基因座上对 NIL 进行了基因型鉴定,以估计渐渗片段的大小和背景渐渗的程度。Tx303 渐渗片段的大小为 10~150cM,平均为 60cM。从全部 NIL 来看,89%的 Tx303 基因组在目标渐渗片段和背景渐渗片段中得到了体现。在相同的环境中进行了平行试验,用每个 NIL 与一个无亲缘关系的自交系 Mo17 测交,利用 NIL 测交杂种中的 QTL 进行作图。

在拟南芥中也培育了一个覆盖全基因组的 NIL 群体,该群体是将弗得角群岛材料〔Cape Verde Islands (Cvi) accession〕基因组区域渐渗到 Landsberg *erect* (L*er*) 遗传背景 (Keurantjes et al. , 2007b)。对这个群体和来源于相同亲本的 RIL 群体的 QTL 作图功效进行了经验性的比较。对具有不同遗传力的影响 6 个发育性状的 QTL 进行了分析。总的来说,和 RIL 群体相比 NIL 群体可以检测到效应更小的 QTL,虽然位置的分辨率较低。此外,还估计了群体大小和重复次数对发育性状 QTL 检测功效的影响。大体上,群体大小比重复次数对于提高 RIL 的作图功效更加重要,然而对于 NIL 来说几次重复是绝对需要的。这些分析促进了利用这两种常见的分离群体进行 QTL 作图的试验设计。

已经利用基于 NIL 的大量子代分析的作图策略对 QTL 进行了精细作图。这个方法在产生精细作图所需的杂交之前需要构建高度近交的自交系,涉及很多个世代。和同质化全部遗传背景的策略(如 NIL 策略)不同,Peleman 等(2005)选择了专门集中于表型表达涉及基因座的策略。这个策略对在 F_2 阶段同时进行 QTL 精细作图,而不是在精细作图之前先产生自交系。该方法的主要原理是只对在 QTL 图谱位置上产生信息的那些单株进行选择性的基因型鉴定和表型鉴定。这些单株是利用标准的方法(如 200 个 F_2 个体)进行了粗定位后选择的。在鉴定了目标性状的 QTL 之后,利用该 QTL 的侧翼标记在大的 F_2 群体(如 1000 个 F_2 植株)中进行筛选,以得到 QTL 近等基因重组体(QTL isogenic recombinant,QIR)的集合。信息最多的 QIR 植株是在一个 QTL 基因座有重组事件而在所有其他 QTL 上为纯合的那些个体。复杂性状被简化为单基因性状,因为被选择的植株除一个 QTL 之外其余 QTL 都具有完全相同的纯合基因型。随后用足够多的标记在重组的 QTL 区域对 QIR 进行基因型鉴定,以精确地确定 QTL 所在区间内的重组事件。通过减少性状的复杂性使得对其他 QIR 的表型鉴定变得更加可靠,因为这些植株对于影响该性状的所有 QTL 几乎是近等基因的。Peleman 等(2005)证明,对于寡基因性状(oligogenic trait)的精细作图,并不要求背景基因组的同质化。通过对油菜中影响芥酸含量的 QTL 的精细作图验证了这个方法。对于由很多 QTL 控制且每个 QTL 效应相对较小的性状,需要进行后裔测验并利用覆盖全基因组的标记来进行背景选择,以便使遗传背景的影响达到最小,并确认选择的重组体的表型。

7.4.2　异质的遗传背景

虽然非常不同的杂交组合之间遗传图距和 DNA 标记的次序是类似的,但是用来源于同一杂交组合的不同群体进行 QTL 作图鉴定出非常不同的 QTL。只有一些 QTL 为不同结构的群体所共有,如来源于单个杂交的 DH 和 RIL(He et al. , 2001),其中有一套完全相同的基因在发生分离。异质的遗传背景也可能来自不同品种的不同杂交。具有异质遗传背景的遗传材料可以用来估计上位性,检测非等位的 QTL,发现复等位基因。可以以大麦中的种子休眠为例,来说明利用不同的群体对相同的性状进行 QTL 作图。该研究在 7 个 RIL 群体和 1 个 DH 群体之间对 QTL 进行了比较,这些群体的亲本包括 11 个栽培品系和 1 个野生大麦品系,这些品系表现出不同的种子休眠水平 (Hori et al. , 2007)。用 EST、SSR、RFLP 和形态标记构建了连锁图谱,每个图谱中包含 82~1114 个标记(表 7.2)。利用这些群体总共检测到 38 个 QTL,成簇地分布于除 2H 染色体之外的大麦染色体的 11 个区域。位于 5H 染色体长臂的着丝粒区域的 QTL 在具有不同的休眠深度和周期的全部群体中均检测到(图 7.3)。

表 7.2　大麦中的 8 个永久作图群体的连锁图谱信息汇总

群体	标记数目						总图谱长度 /cM
	形态标记	EST	SSR	RFLP	AFLP	总数	
Haruna Nijo×H602 DH (DHHS)	4	1055	35	16		1110	1362.7
Russia 6×H. E. S. 4 (RHI)	3	75	34	3	1134	1249	1595.7
Mokusekko 3×Ko A (RIA)	2	102		1		105	1233.5
Harbin 2-row×Khanaqin 7 (RI1)	4	81				85	1217.0
Harbin 2-row×Turkey (RI2)	4	29	45	1	328	407	1377.1
Harbin 2-row×Turkey 45 (RI3)	2	80				82	1103.8
Harbin 2-row×Katana (RI4)	4	90				94	1208.2
Harbin 2-row×Khanaqin 1 (RI5)	2	76	32			110	1078.3

注：改自 Hori et al. ,2007,获得 Springer Science and Business Media 的授权

　　同时考虑来自不同亲本材料的多个群体,增加了 QTL 至少在一个群体中具有多态性的概率。除了比较不同群体之间的结果以外,一些作者建议对不同的群体进行联合分析。这可以首先对独立的群体(不同群体的亲本之间没有已知的系谱)实现(Muranty,1996；Xu, 1998)。在这种情况下,QTL 效应被嵌套(在统计学意义上)在群体内,需要估计的参数的数目随着群体数目的增加而增加。然而由于群体间缺少关联,所以不能对不同群体中检测到的 QTL 等位基因的效应进行全面比较。因此另一种方法是建立有联系的群体(不同群体有共同的亲本)。在加性的假设下,考虑不同群体之间完全相同的等位基因效应,而不是群体内的嵌套的效应,这样减少了参数的总数,因而提高了 QTL 检测的功效 (Rebai and Goffinet, 1993; Jannink and Jansen, 2001)。在这样的分析中同时估计了分离的等位基因的效应,方便进行全面比较。特别有趣的是鉴定每个 QTL 基因座上有利等位基因的亲本来源。

　　Chaïb 等(2006)研究了番茄中 6 个品质性状(果实质量、硬度、子囊腔数目、可溶性固形物、糖含量、可滴定酸度)的 QTL,以调查各个 QTL 的效应以及它们跨年度、跨世代及在不同遗传背景中的稳定性。研究中比较了与三个世代对应的 3 套基因型:①一个 NIL 群体,包含每个亲本各 50% 的基因组；②3 个 BC_3S_1 群体,5 个携带果实品质的 QTL 区域分离,但是不携带 QTL 的 8 个染色体上的受体基因组几乎完全纯合；③三套 QTL-NIL (BC_3S_3 系),它们与受体系仅仅在 5 个染色体区域中的一个上有差异。除了果实硬度的两个 QTL 之外,在 RIL 群体中检测到的 10 个 QTL 中有 8 个能在 QTL-NIL 中检测到,这些 QTL-NIL 具有初始的 QTL 作图试验中使用过的遗传背景。检测到一些新的 QTL。在两个其他的遗传背景中,与 RIL 共有的 QTL 的数目较少,但在高世代中也检测到若干新的 QTL。

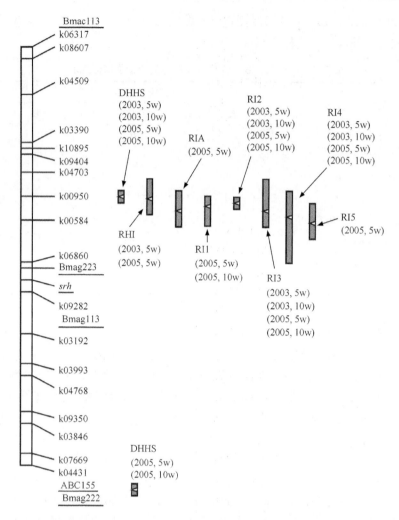

图 7.3 基于 8 个作图群体的大麦一致连锁图谱(代码参见表 7.2),以及 2003 年和 2005 年成熟后 5 周和 10 周(分别表示为 5w 和 10w)种子休眠的 QTL 的位置。连锁图的方向是短臂在上部。包括 SSR、RFLP 和形态标记的锚基因座用下划线标明。QTL 位置用灰色框表示。显著的标记区间的峰用框中的三角形表示。只包含了染色体 5H,其在所有群体中的长臂靠近着丝粒的区域有大效应的 QTL(改自 Hori et al.,2007),获得 Springer Science and Business Media 的授权

7.4.3 上位性

上位性的重要性

上位性对于数量性状的遗传控制的重要性一直有争议。作为支持上位性的重要性的早期例子之一,Eshed 和 Zamir(1996)利用番茄 NIL 的研究结果显示 QTL 上位性是决定表型值的重要组分。对于 5 个产量相关性状,45 对染色体片段组合中有 20%～40%是上位性的,这比随机预期的比例高得多。检测到的上位性普遍地小于加性效应,即双杂合体的效应小于相应的单杂合体的效应之和。其他几个研究显示上位性方差可以解释数量

性状遗传方差的大部分(Carlborg et al. , 2005;Malmber and Mauricio,2005;Malmberg et al. , 2005),基因座间的上位性互作可能对复杂性状的变异有相当大的贡献(Carlborg and Haley,2004;Marchini et al. , 2005)。

相反,在综述了那个时期进行的大多数研究之后,Tanksley(1993)认为强的上位性互作是特例而不是自然存在的多基因的通例。这些结论在一定程度上得到少数几个研究的支持,在这些研究中单个 QTL 已经通过建立 QTL-NIL 的方法得到了遗传上的鉴别,这些 QTL 在 NIL 中继续产生单个 QTL 的效应(De Vicente and Tanksley,1993;Eshed and Zamir,1995);也得到最近一个研究报告的支持,该研究利用北美洲大麦基因组作图计划的一个 DH 群体进行 QTL 作图(Harrington× TR306),它由 145 个系组成,使用了覆盖 1270cM 基因组总长度的 127 个标记,在 25 个环境中对 DH 系的 7 个数量性状进行了评价,包括抽穗期、株高、粒重、倒伏性、熟期、外种皮重(test weight)和产量,研究结果表明上位性互作是微不足道的。Xu 和 Jia(2007)应用经验贝叶斯方法同时估计了全部标记的主效应,主效 QTL(单个标记)和最大的上位性效应(单对标记)分别解释表型方差的大约 18%和 2.6%。平均所有显著的主效应的总和及所有显著的上位性效应的总和分别贡献了总表型方差的 36%和 6%。对于这 7 个性状来说上位性似乎是可以忽略不计的。他们还发现两个基因座是否互作并不取决于它们单独是否具有主效应。这显示通常的上位性分析方法是错误的,通常的上位性分析只对主效应的成对基因座估计上位性效应。

矛盾的报道可能来自这样的事实:QTL 作图研究和分析方法不能检测上位性,因此结论可能有偏差,优先地检测有大效应的和(或)独立起作用的基因(Xu,1997)。这个观点得到以下结果的支持:具有大效应的 QTL 在非常不同的杂交组合和环境中都能被检测到。第二个原因是通常的 QTL 分析使用全基因组同时分离的群体,所以可能难以检测特定组合中的 QTL 互作。例如,Yano 等(1997)预测了抽穗期的两个最大效应的 QTL($Hd1$ 和 $Hd2$)之间存在互作。但是在他们的初级群体(F_2)中未能检测到另一个 QTL($Hd6$)的存在及其互作,在这种群体中很多上位性互作可能存在于所谓的微效 QTL 中。用初级作图群体检测上位性互作成功的例子似乎与群体大小和结构、数量性状以及 QTL 的数目和效应有关。涉及的 QTL 越多,越难检测各个 QTL 间的显著差异。虽然使用大群体可能有助于检测上位性互作,但是由于增加了有效管理这种群体的难度,因此也增加了试验误差。

检测上位性 QTL 的统计方法

对具有上位性的 QTL 进行作图的方法仍然不成熟。一些方法使用的模型一次包含一个上位性效应(Holland,1998;Malmberg et al. , 2005),而另外一些方法使用一种模型选择策略,对多个上位性效应进行搜索(Carlborg et al. , 2000;Yi et al. , 2003;2005;Baieri et al. , 2006)。Xu(2007)建立了一种经验贝叶斯方法,可以同时估计所有单个标记的主效应和所有成对标记的上位性效应。最近,上位性 QTL 分析已经被扩展到了全基因组水平。这样的一个例子是:Yi 等(2007)提出一种全基因组互作 QTL 的贝叶斯模型选择方法,用于对试验杂交中的等级性状(ordinal trait)进行分析。Stich 等(2007)利用 RIL 的基因组序列信息考察了一种全基因组 QTL 作图策略,这些 RIL 来自多个自交系间的杂交。B73 和 25 个不同玉米自交系的 SNP 单倍型数据被用来模拟不同 RIL 群体的产生。对于检测三向互作(three-way interaction)基于遗传距离的优化配置设计的 RIL 比巢式设计或双列杂交设计的 RIL 有更高的功效。根据检测三向互作的功效和假阳性比例评估,含 5000 个 RIL 的巢式群体适用于 4 个和 12 个 QTL 的情况,这种情形下能检测到相应的 QTL。通过利用马尔可夫链蒙特卡罗(Markov chain Monte Carlo,MCMC)抽样来寻找上位性效应的优化模型——贝叶斯模型选择(George and McMulloch,1993)是一种比穷举和启发式搜索都更有效的算法。Xu(2007)进行的模拟试验表明当样本容量为 600 时,基于 MCMC 的方法表现令人满意。经验贝叶斯方法比基于 MCMC 的全贝叶斯方法对小的样本容量更加稳健。考虑到迄今为止报道的大多数 QTL 研究的样本容量都小于或远小于 600,因此为了使用基于 MCMC 的全贝叶斯方法进行涉及上位性效应的 QTL 作图,必须创建更大的作图群体。

上位性 QTL 研究的群体策略

已经用不同类型的植物材料来分析 QTL 互作,包括一系列染色体替换系或 QTL-NIL。如果使用 NIL,则目标 QTL 与其他主效基因/QTL 之间的互作可以不加考虑,只需要考虑多个目标 QTL 之间的上位性。由于消除了来自异质背景的噪声,由目标 QTL 解释的方差的比例将增大,微效 QTL 也可以被鉴定。

可以用多个群体的连接设计(connected design)来研究 QTL 和遗传背景之间的上位性互作,只要交配设计中包含"循环"(最简单的情况是来源于 3 个亲本的 3 个群体 A×B、B×C、A×C)。在这样的设计中,可以通过如下比较来检验上位性:①"连接加性"(connected additive)模型,其中假定一个 QTL 上的等位基因效应在不同的群体中是完全相同的;②"分级"(hierarchical)模型,其中等位基因效应是嵌套在群体内的,它解释与遗传背景的可能互作。这样分析检验的是不同群体之间等位基因效应的一致性,因此可以评价 QTL 与遗传背景的上位性效应相对于其他因素(如亲本自交系间的等位基因关系和统计噪声)对不同群体的 QTL 检测结果中观察到的变异的贡献。按照这个原理在连接设计中对上位性进行检验的方法已经被几个学者提出(Rebai et al.,1994;Charcosset et al.,1994;Jannink and Jansen,2000;2001)。与仅对两个基因间的互作进行的检验相比,这些检验的优点之一是能够检测更高水平的上位性互作(Charcosset et al.,1994)。通过模拟分析了在单个两基因互作(digenic interaction)的情况下 QTL 与遗传背景互作的统计特点(Jannink and Jansen,2001),结果表明利用合适的统计检验有可能检测涉及的两个 QTL,并且提出了对 QTL 与遗传背景的互作效应的标志(sign of the QTL-by-genetic-background)进行解释的指导方针。对于更复杂的情况,结果很难预测。涉及一个给定的 QTL 的多个二基因上位性互作如果标志相同就可以累加,得到与遗传背景显著的互作,尽管累加之前它们之中没有一个是显著的。如果标志相反,它们也可能相互抵消,导致与遗传背景的互作不能被检测。因此比较两种形式的互作是有意义的。

Blanc 等(2006)给出了来自 6 个连接的 F_2 群体的研究结果,这 6 个群体每个都有 150 个 $F_{2,3}$ 家系,来自 4 个玉米自交系,用 MCQTL 软件分析了 3 个农艺性状(Jourjon et al.,2005)。这个软件可以对多个群体进行联合分析,利用以线性化的回归模型

(lineaized regression model)为基础的复合区间作图方法(Haley and Knott,1992;Charcosset et al. ,2000)。他们首先在每个群体中独立检测 QTL(单群体分析),其次,在整个设计(whole design)上进行分析但不考虑连接(多群体非连接分析),然后利用连接在全局设计(global design)上进行分析(多群体连接分析)。最后,他们对二基因互作和基因座-遗传背景互作进行检验,估计上位性对所研究性状的变异的贡献,检查上位性互作是否能够解释不同分析之间的不一致。在连接模型中不同亲本等位基因效应的联合估计,允许他们对每个 QTL 鉴定携带最感兴趣的等位基因的亲本自交系。将群体之间的联系纳入考虑,增加了检测到的 QTL 的数目,提高了 QTL 位置估计的准确性。检测到许多上位性互作,特别是谷物产量 QTL(R^2 增加了 9.6%)。除了有限的检验功效之外,等位性关系和上位性也都是在群体之间观察到的 QTL 位置不一致的原因。

Melchinger 等(2008)推导了 QTL 效应及成对标记基因座之间的互作的数量遗传期望,QTL 效应是从利用三重测交(TTC)设计进行的一维基因组扫描中获得的,成对标记基因座之间的互作是在 F_2 和 F_∞ 度量模型(metric model)下利用两向分组的方差分析(ANOVA)估计的。已经证明,在杂种优势的分析中,在将 QTL 主效应与它们的上位性互作分开方面,TTC 设计可以部分克服设计 III(design III)的局限性,并且各个 QTL 与遗传背景的显性×加性上位性互作可以利用一维的基因组扫描来估计。

7.4.4　一个基因座上的复等位基因

在二倍体作物中来源于两个亲本的群体在每个基因座上只有两个等位基因发生分离。对复等位基因的鉴定需要比较来自不同杂交的群体。为了把在一个群体中鉴定的 QTL 等位基因与在另一个群体中鉴定的 QTL 等位基因区分开,所有作图的等位基因必须被准确地估算大小并有文献证明。

主要由 wx 基因控制的水稻直链淀粉含量可以作为一个基因座上的复等位基因的例子。直链淀粉含量存在广泛的变异,在育种中已经选择到了具有不同直链淀粉含量的品种:从糯(0～2%)、非常低(3%～9%)、低(10%～19%)、中等(20%～25%)到高(>25%)。利用具有不同直链淀粉含量的品种进行传统的遗传研究,在几乎所有可能的亲本组合的 F_2 中都发现了超亲分离(Pooni et al. , 1993)。在 wx 基因中鉴定了一个多态性的微卫星标记(Bligh et al. , 1995),位于推测的 5′端前导内含子剪切基因座的上游55bp 处。Ayres 等(1997)确定了那个基因座上的多态性与直链淀粉含量的变异之间的关系。从 92 个长粒、中粒和短粒美国水稻品种中鉴定了 8 个 wx 微卫星等位基因,它们解释了 85.9%的变异。扩增产物的长度为 103～127bp,包含(CT)n 重复单元,其中 n 为8～20。在具有不同等位基因的品种中平均的直链淀粉含量为 14.9%～25.2%。利用更加多样性的种质材料($n=243$),通过微卫星和 G-T 多态性,Zeng 等(2000)在 wx 基因座上鉴定了 15 个等位基因,因此到目前为止总共鉴定了 16 个等位基因。现在的问题是在waxy 基因座上鉴定的复等位基因是否能够关联到 QTL 等位基因,这种情况是否可以扩展到其他性状或遗传基因座。

在 QTL 作图中使用具有复等位基因的分子标记将有助于鉴定 QTL 的复等位基因。利用不同的群体进行的 QTL 研究已经鉴定了一些共同的 QTL。然而,有必要进一步明确它们鉴定的那些 QTL 上的共同的等位基因是不同的等位基因。报告相关的等位基因的大小,并在 QTL 研究中使用富含等位基因的标记(假设每个标记等位基因有一个对应的 QTL 等位基因),将为此提供信息。

7.5 不同生长和发育阶段的 QTL

传统的育种方法极度地依赖于对农业生产力(agricultural productivity)的终点测量(end-point measurement),它在不同的环境中受不同参数的影响,因而受不同基因的影响。如果可以鉴定农业生产力的更加专化的度量,如直接与特定环境胁迫下与植株生产力相关的物理或化学特性,则通过作图来鉴定内在的基因将更加切实可行。然而,农业生产力的度量通常反映很多基因的效应,这些基因在生物体漫长的生长发育过程中的不同时间起作用。数量性状的遗传表达与发育阶段密切相关,可能有一个特定的阶段最适合进行性状鉴定(Xu,1997)。对于发生在生长中的任何生物化学过程,所涉及的活动中可能只有远远少于 0.1%的将导致植物细胞的活性和最终输出(Peterson,1992)。因此,对数量性状进行发育研究,不仅对于通过常规方法进行的数量遗传分析是重要的,而且对于通过分子方法来确定性状鉴定的最佳时期也是重要的。例如,对水稻不同生长阶段的分蘖数进行了遗传分析,发现了不同的表型表达,表明分蘖数的评价和选择应该在分蘖高峰期(Xu and Shen,1991)。在这个时期,不同遗传材料之间分蘖数的表型差异达到最大,适合区分不同的基因型。一般而言,对数量性状的发育遗传学进行透彻的研究,对于QTL 作图和克隆都十分重要,但在大多数农作物中这个工作做得很少。

7.5.1 动态性状

在生命的发育过程中能够被重复测量的数量性状在人类遗传学中被称为纵向性状(longitudinal trait),但在动物和植物中更多地被称为动态性状。一些基因在固定的时间点上控制动态性状的表型值,其他的基因可能影响表型在连续的时间点之间的转变。动态性状的生长模式被称为生长轨迹(growth trajectory)(Yang and Xu,2007)。另外,生物学过程的正常功能和控制它们的基因密切相关。模式动物中的一些研究已经利用突变体鉴定了不同的所谓生理节律时钟基因(circadian clock gene)和时钟控制的转录因子。对植物中的昼夜节律(circadian rhythm)还理解很少,它们可以确定为复杂的动态性状。

一些动态性状由于其极端的非线性特性,不符合正态分布,也不是典型的数量性状。这些性状的突出特点是:在特定的时间点突然转变为有质量差别的表型状态,与以前状态的数量性延伸相反。它们被称为事件发生时间(time-to-event)或者失效时间(time-to-failure)性状。最有名的这种性状可能是有机体的死亡,许多其他的性状(如开花)也可以按这种方式来解释。在一个典型事件发生时间(或失效时间)的试验中,人们按时间跟踪样本,记录个体在给定时间(如小时、天)发生的事件,得到的表型的分布通常是向右倾斜的。

7.5.2　动态作图

许多重要的农艺性状和生物医学性状在遗传时间中经历了可以预测的变化。这些变化在某种程度上是受控于这些表型的基因或 QTL 的时间性调控(temporal regulation)的。为了理解不同发育阶段的遗传表达,已经提出了动态作图(Xu,1994,1997;Xu and Zhu,1994)。Xu Y (2002) 总结了 3 种方法,利用在不同发育阶段采集的表型数据进行动态分析或时间相关的作图。第一种方法以在每个观察时间测量的性状值的分析为基础(如 Bradshaw and Stettler,1995;Plomion et al.,1996;Price and Tomos,1997;Verhaegen et al.,1997),在这样的分析中可以估计一个 QTL 从个体发生(ontogenesis)的开始到每个观察时间的累积效应。这称为效应累积分析(effect-accumulation analysis)或无条件的 QTL 作图(unconditional QTL mapping)(Yan et al.,1998a)。第二种方法是分析在连续的时间间隔上观察到的性状值的增量(如 Bradshaw and Stettler,1995;Plomion et al.,1996;Verhaegen et al.,1997),从这种分析中可以估计一个 QTL 在每个时间间隔上的增量或净效应。这称为效应增量分析(effect-increment analysis)或条件 QTL 作图(conditional QTL mapping)(Yan et al.,1998a)。在不同生长阶段或时间间隔采集的表型数据可以单独分析,也可以联合分析。和单独分析比,联合分析能综合来自不同时间或时间段的信息,对每个 QTL 位置给出一个综合估计,由此可以估计每个 QTL 的完全表达(或表达率)曲线(Wu et al.,1999)。在实践中,单独分析和联合分析都应该进行。考察不同时间的 QTL 的第三个方法是进行多元分析,这种分析以配合生长曲线的参数为基础(动物育种家称这种一般的方法为"随机回归")。

动态作图的显著优点是,它为检验一个时间进程中遗传作用(或交互作用)与发育模式之间的相互影响提供一个数量框架。动态作图为精确地估计和预测发育的遗传控制中的很多基本事件建立了一种环境(Wu et al.,2004),这些基本事件包括:①在一个时间进程中一个 QTL 打开和关闭的时间控制;②一个 QTL 的动态遗传效应的持续时间;③一个 QTL 对最大生长速度的遗传效应的大小;④生长 QTL 对其他与生长过程相关的发育性状的多效性效应。

大体上,在事件发生时间试验中有 4 种类型的 QTL 效应(根据 Wu and Lin,2006;Johannes,2007 修改)。这些效应包括:①早期执行的,QTL 在发育的早期阶段表达,但在该过程的其余部分中不表达;②晚期执行的,QTL 只在发育的晚期表达;③相反地执行的,QTL 在早期高度表达,但晚期低度表达;或者反过来;④成比例地执行的,QTL 要么以成比例增加或降低的速率表达,要么以稳定的速率表达。

作为动态 QTL 作图的一个早期例子,Yan 等(1998a;1998b)利用水稻 IR64/Azucena DH 群体来研究分蘖数和株高的发育特点,采用的是条件和非条件的区间作图,移栽后每 10 天对这些性状进行表型观察。他们推断出许多在早期鉴定的 QTL 在最后阶段是不能检测的。条件作图比非条件作图能检测到更多的 QTL。基因表达的时间模式(temporal pattern)随着发育阶段而改变。一个特定基因组区域上的基因在不同的生长阶段可能具有相反的遗传效应。对于与株高显著关联的染色体区域,仅仅在一到几个特定的时期发现了条件 QTL,没有一个株高的 QTL 在整个生长时期持续有活性。

7.5.3 动态作图的统计方法

已经建立了几种动态作图方法(Ma et al., 2002;Wu W et al., 2002;Wu et al., 2004;Wu and Lin, 2006),这使对表型变化速率的数量遗传控制及遗传效应的时间特异性的有关假设进行检验成为可能。为了获得丰富的信息,这些后来的方法需要获得同一个个体在不同时间点的性状测量值,表型可以描述为沿一个持续的轨迹展开的过程。

动态作图的生物学和统计学优点来自于在一系列时间点上获得的复杂性状的发育轨迹的均值-协方差结构的联合建模。虽然增加时间点数目可以更好地描述性状发育的动态模式,但是进行动态作图的主要困难来自于需要过多的计算时间以及高维协方差矩阵结构的建模。把动态作图应用于高维数据的一个有效的方法是通过降维,即把数据从高维变成低维的转化。Zhao 等(2007)建立了一个控制数量性状发育过程的 QTL 的动态作图的统计模型,该模型以小波降维(wavelet dimension reduction)为基础。通过取平均值(平滑系数,smooth coefficient)和差数(细节系数,detail coefficient)将原始信号分解成一个频谱,他们利用离散的 Haar 小波收缩技术将一个本来是高维的生物学问题转化成它的可追踪的低维表示,这种表示处于通过高斯混合模型构建的动态作图框架中。基于小波参数的动态作图作为一个强有力的统计工具,为利用大规模的高维数据来揭示发育轨迹的遗传机制带来了巨大希望。

为提供信息,以遗传效应的时间特异性的检验为基础的方法要求在不同时间点获得同一个体的性状值,表型可以被描述为沿一个连续轨迹展开的过程。Johannes(2007)在事件发生时间(time-to-event)分析的背景下建立了随时间改变的 QTL 效应的概念。一个扩展的 Cox 模型(EC 模型)(Therneau and Grambsch, 2000)已经被应用到区间作图的框架中。这个模型的最简单的形式假设 QTL 效应在某个时间点(t_0)发生改变,在这个变化点之前和之后其是一个线性函数。首先估计发生这种改变的大致的时间点,再利用模拟数据和真实数据,比较 EC 模型和 Cox 比例风险模型(Cox proportional hazard,CPH)的作图表现,CPH 模型明确地假设一个固定不变的效应。结果表明 EC 模型检测到和时间相关的 QTL,而 CPH 模型未能检测到。同时,EC 模型检测到了 CPH 模型检测到的所有 QTL。由此推论,如果不考虑和时间相关的效应,潜在的重要 QTL 可能被错过。

动态性状的多 QTL 作图中最难处理的问题是怎样确定 QTL 的最佳数目。为了做到这一点,通常在最大似然作图中通过逐步回归来进行变量选择。可逆跳跃蒙特卡洛(reversely-jump Markov chain Monte Carlo,RJ-MCMC)是贝叶斯分析中使用的对应的变量选择方法。然而,已经证明 RJ-MCMC 混合较差,收敛到平稳分布的速度慢。通过贝叶斯收缩分析和随机搜索进行的变量选择比 RJ-MCMC 更有效(Yang and Xu, 2007 综述)。在这些方法中,没有以显式的方式进行变量选择;而是通过将额外的 QTL 效应收缩到 0 来含蓄地进行一种类似于变量选择的处理。Yang R Q 等(2006)在最大似然框架下建立了一个区间作图方法来对动态性状进行 QTL 作图。他们利用勒让德多项式来配合生长轨迹。这个方法计划每次作图定位一个 QTL,全部的 QTL 分析涉及整个基因组的扫描。Yang 和 Xu(2007)提出一个贝叶斯收缩分析,用于在单个模型中估计和检测多个 QTL。该方法是单个数量性状的收缩作图和勒让德多项式分析之间的结合,是一个在动物中广泛使用的动态性状的线性生长模型。模拟研究表明该方法产生的信号比区间作图方法产生的信号好得多。

虽然已经建立了多种统计方法来满足不同性状类型的动态作图的需要,但这些方法的有效性和效率还需要进一步研究。这些方法在 QTL 作图中的应用需要用户友好的作图软件的支持。

7.6 多性状和基因表达

植物育种家同时处理很多表型,以便培育适合特定环境的品种。当遗传学家在遗传作图中处理基因表达的很多转录本时,他们面临同样的挑战。就复杂性和变异性来说,育种家处理的表型和遗传学家处理的转录本属于同一类别——多性状(multiple trait)。然而本节的讨论将集中在基因表达。在本节中讨论的所有主题均在第 1 章关于多个数量性状的相应论述中有所体现。

7.6.1 基因表达的特点

一个正在显现的方法是探询基因活动转录水平上有关加性、遗传力及复杂性的参数是否与经典表型性状的那些参数相似(Gibson and Weir,2005)。基因表达研究有 6 个特点。

第一,目前有个合理的推测:对于来自在一组特定的环境条件下取样的任何生物的任何组织的样品,将发现 10%~50% 的转录本由于可遗传的差异而变化(Stamatoyanno-poulos,2004)。

第二,观察到转录的非加性的许多例子,包括超显性或低显性(under-dominance)(F_1 比任何一个亲本有更高或更低水平的表达)、亲本来源、母体效应和正反交 F_1 效应,表明将转录作为表型进行遗传作图是异常复杂的。在玉米(Auger et al.,2005)和小麦(Sun et al.,2004)的以特定候选基因为目标的研究,及杂种牡蛎的大规模平行签名测序(massively parallel signature sequencing,MPSS)分析中(Hedgecock et al.,2002),已经观察到相似的结果。

第三,转录水平的遗传复杂性可以通过 QTL 数目和效应大小以及许多形式的遗传复杂性来反映。转录水平的遗传复杂性的直接证据来自于至少一些表达性状检测到多个QTL。甚至可以说检测到的 QTL 通常只解释少部分的性状变异(Rockman and Krugly-ak,2006)。在酵母中,检测到一个中等表型效应 QTL,其能解释 27% 的遗传方差,只有23% 的性状具有能够解释大于 50% 的遗传方差的 QTL(Brem and Kruglyak,2005;图7.4)。然而可见的性状变异常常由几个 QTL 决定,这些 QTL 合起来解释多达一半的遗传方差,但是单个 QTL 解释的方差很少大于 20%。解释 25%~50% 的转录变异的eQTL 是普遍的[如同 Gibson 和 Weir(2005)所归纳的]。清楚的是主效 QTL 比许多研究者预期的要普遍。

第四,转录变异可能是高度多基因控制的。重要的是要认识到,即使在主效 eQTL解释了转录丰度的遗传方差的一半的情况下,剩下的一半仍然需要解释,并且在大多数情

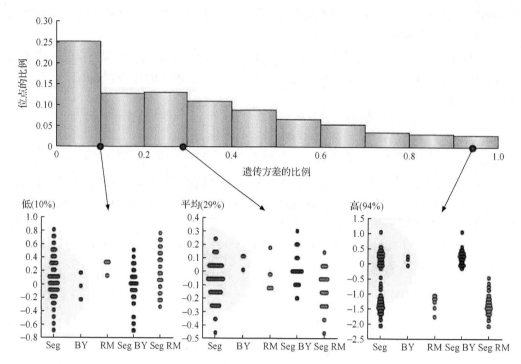

图 7.4　大多数基因表达性状受多个基因座影响。每个条形表示 QTL 的比例，这些 QTL 解释 x 轴上范围内的遗传方差的一个百分比。对于每个具有显著连锁的性状，只包括了单个最显著的 QTL。数据来源于 Brem 和 Kruglyak(2005)的第一张表。下面的图版显示解释遗传方差百分比的 QTL 的一些例子，从左到右分别为低(10%)、平均(29%)和高(94%)。在每个图版中，最左边栏显示全部 112 个分离体中对应的基因的相对表达量(Seg)，接下来两栏显示两个亲本品系重复中的表达(BY，RM)，最后两栏显示遗传了第一个和第二个亲本品系的 QTL 等位基因的分离体中的表达 (Seg BY, SegRM)。改自 Rockman 和 Kruglyak(2006)，获得 Macmillan Publishers Ltd. 公司的授权

况下将由未检测到的基因座引起。由于需要保守的检测阈值来适应数千个转录本的全基因组连锁扫描中涉及异常多的比较(所谓的"多重比较问题")，大多数真实的 eQTL 仍然不能被检测到。根据 Brem 和 Kruglyak(2005)研究过的一个酵母数据集，转录更经常是高度多基因的而不是单基因的：只有 3% 的高度可遗传的转录本和单基因座遗传相符，18% 可能是两个基因座控制，大于 50% 需要加性模型下的至少 5 个基因座(图 7.5)。他们还认为超过一半的转录本表现超亲分离(F₂ 后代的转录丰度超出父母的转录丰度范围之外)，大于 15% 的转录本用包括上位性互作的模型解释更好。显然，酵母中的基因表达模式在遗传上是复杂的，可以预期高等真核生物中会更复杂。

　　第五，有多达 1/3 的 eQTL 是顺式作用的(*cis* acting)。如果一个 eQTL 被定位到表达性状(eTrait)基因所在的基因组区域，它可能表明该 eQTL 的顺式调节机制，也就是说，在 eTrait 的基因区域周围的某些序列变异可以直接影响该基因的转录丰度。在大多数情况下，直觉表明 eQTL 效应可能由基因的调节区域中的多态性(即转录因子结合基因座中的序列变异)引起。另外，作图结果也表明有反式作用调节(*trans*-acting regulation)，即一个 eTrait 的变异受其他基因中的序列多态性影响。

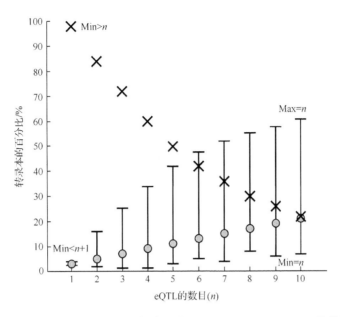

图 7.5　来自 eQTL 分析的多基因调节的推断。由 Brem 和 Kruglyak(2005)的数据得到的图显示了酵母中转录调节的复杂性的范围,这是根据他们的似然分析推断的。误差线表明 F₂ 分离群体中不同表达的转录本的百分比,这些转录本预计由 x 轴上显示的 n 个基因调节。大写的 X 表示被多于 n 个 eQTL 调节的转录本的最小数目,如至少 20% 的转录本被预计有超过 10 个 eQTL。圆圈表示被多达 n 个 eQTL 调节的转录本数目的下限,如至少 10% 的转录本由个 4 或更少的 eQTL 调节。改自 Gibson 和 Weir(2005),获得 Elsevier 的授权

　　第六,大多数 eQTL 研究检测到 eQTL 热点,这些热点解释了多转录本的变异。这些案例的直接解释是,eQTL 识别一个调控基因,该基因同时调节多达 25 个下游目标[但是也有更批评性的解释,见 Koning and Haley(2005)及 Pérez-Enciso(2004)]。

7.6.2　植物中 eQTL 的例子

　　对基因表达本质的遗传学剖析将表达谱的大规模微阵列分析和同一分离群体的常规 QTL 作图结合起来。在这种分析中表达谱被当做受多个基因和环境因素影响的数量表型(Jansen and Nap,2001)。这个方法已经促进了与共调节基因(co-regulated gene)中的转录变异相关基因组区域或 eQTL 的鉴定,并且当与表型数量性状的数据相关时,通过 eQTL 和性状的 QTL 的共定位成功地鉴定了候选基因(Brem et al.,2002;Klose et al.,2002;Wayne and McIntyre,2002;Schadt et al.,2003;Rockman and Kruglyak,2006;Keurentjes et al.,2007b)。

　　植物在形态-生理发育和生殖发育过程中,以及在遭受生物或非生物胁迫时,在基因表达方面会表现出大量的变化。这些变化已经作为转录谱(transcriptional profile)差异在许多作物中观察到。目前在越来越多的作物中正在利用 eQTL 分析将转录丰度的变异与基因表达关联起来。例如,Kirst 等(2004)利用一种桉树的种间杂交 BC 群体解析了生长变异的遗传和代谢网络。木质素相关基因的转录水平的 QTL 分析显示它们的

mRNA 丰度受两个遗传基因座控制,协调木质素生物合成的遗传控制。这两个基因座与影响生长的 QTL 在同一位置,说明相同的基因组区域调节生长和木质素含量和组成。Hazen 等(2005)利用高密度寡核苷酸芯片和表型多样的水稻材料及其超亲分离后代,检测了几乎一半的水稻基因的表达(约 21 000 个),以便将受胁迫调节的基因表达的变化与渗透调节(osmotic adjustment,OA)的 QTL 关联起来,而渗透调节是耐旱性的一个已知的机制。总共观察到 662 个转录本在亲本品系之间差异性表达。在中等水平的缺水胁迫下,低 OA 亲本(CT9993)中只有 12 个基因被诱导表达,而在高 OA 亲本(IR62266)中有超过 200 个基因被诱导表达。69 个基因在所有高 OA 品系中被上调(upregulate),其中 9 个基因在任何低 OA 品系中都没有被诱导表达,其中 4 个注释为蔗糖合成酶(sucrose synthase)、微孔蛋白(pore protein)、热激蛋白和胚胎发育晚期富集蛋白(late embryogenesis abundant protein,LEA)。以前用这两个相同的水稻材料进行的常规 QTL 作图表明亲本基因型在 5 个 OA QTL 上有差别,其中两个 QTL 与其他禾谷类的干旱胁迫 QTL 是共线性的(Zhang et al.,2001),在一个不同的杂交中也报道了水稻第 7 染色体上相同的基因组区域中的一个主效 OA QTL(Lilley et al.,1996)。在对应于该染色体区域的 3954 个探针中,很少有在高 OA 和低 OA 品系之间显示差异表达模式的。因此,这些初步的结果表明将基因表达数据的数量分析与遗传图谱信息结合,能用于鉴定通过常规的 QTL 分析不能检测到的遗传和代谢网络。

Guo M 等(2006)应用全基因组转录谱来获得 16 个玉米杂交种的幼穗组织中大部分基因表达的全貌。这些杂交种具有不同程度的杂种优势。关键的观察包括:①加性表达等位基因(allelic additively expressed gene)的比例与杂种产量和杂种优势呈正相关;②偏向父本表达水平的基因的比例与杂种产量和杂种优势呈负相关;③玉米杂交种中特定基因的超表达或低表达与产量或杂种优势没有相关性。通过对种植在不同密度水平的遗传改良的现代杂交种(Pioneer hybrid 3394)和较少改良的老杂交种(Pioneer hybrid 3306)的比较分析显示了基因表达模式与杂种表现之间的关系。加性表达等位基因的比例与现代高产杂交种、杂种优势及高产环境呈正相关,而偏向父本的基因表达则表现相反。杂交种中对基因型和环境产生反应的基因表达的动态变化,可能起因于两个亲本的等位基因的差异性调控。他们的发现表明差异性的等位基因调控可能在杂种产量和杂种优势中起重要作用,也为杂种优势内在机理的分子理解提供了新的契机。

最近,Keurentjes 等(2007b)描述了在一个拟南芥 RIL 群体中的全基因组表达变异分析的结果,许多基因表达的变异可以通过 eQTL 来解释。以遗传参数(如遗传力和超亲变异)为基础,通过考察 eQTL 的基因组位置和基因位置、多态性频率和基因语义学(gene ontology),讨论了这种变异的性质和结果。此外,作者们通过结合 eQTL 作图和调控候选基因的选择建立了一种构建遗传调控网络的方法。

到目前为止,大多数 eQTL 作图研究通过一次分析一个基因表达性状来对 eQTL 进行搜索。由于通常要分析成千上万个表达性状,这可能会降低功效,因为需要对假设检验的数目进行校正。另外,基因表达性状表现出复杂的相关性结构,当单独分析性状时这被忽略了。为了解决这些问题,Biswas 等(2008)将两种多元降维技术——奇异值分解(singular value decomposition,SVD)和独立成分分析(independent component analysis,

ICA)应用于两个酿酒酵母(*Saccharomyces cerevisiae*)品系间杂交的基因表达性状。总共发现 21 个 eQTL,其中 11 个是新的,观察到了与元性状(meta-trait)的顺式和反式连锁。这些结果表明降维方法是检测基因表达变异的遗传结构的有用的补充途径。

如同我们前面讨论过的,一系列生物学的和统计学的工具使我们对自然变异的研究能够从集中于单个基因的还原论研究转化到将多个基因座上的分子变异与生理过程联系起来的综合性研究。Hansen 等(2008)提供了一个全面的综述,集中讨论了最近的例子,这些例子说明表达 QTL 数据怎样用于基因发现和剖析复杂的调控网络。后者也在第 10 章做了简短的讨论。

7.7　选择性基因型鉴定和 DNA 混合分析

如同第 6 章介绍的,有人提出用选择性基因型鉴定(仅从表型分布的高尾和低尾中选择个体)或者 DNA 混合分析(选择个体的 DNA 混合后进行分析)来代替个体的基因型鉴定,用于 QTL 分析,以及用于标记与主效基因间连锁的检验。这个概念被称为"截尾分析"(tail analysis)(Hillel et al.，1990;Dunnington et al.，1992;Plotsky et al.，1993)、"集群分离分析"(bulked segregant analysis,BSA)(Giovannoni et al.，1991;Michelmore et al.，1991)或"选择性 DNA 混合"(selective DNA pooling)(Darvasi and Soller，1994),是降低大的作图群体的基因型鉴定成本的一种有效的解决方案。减小 QTL 作图群体的大小将降低检测功效(Charcosset and Gallais，1996),还将增大 QTL 置信区间,增加检测假阳性 QTL 的风险。选择性基因型鉴定可以比使用较小的群体大小节省很多成本,同时可以保持与大群体相同的作图功效。例如,一个具有 500 个个体的大群体,从表型值分布的两尾各选 25 个个体,这意味着选择性基因型鉴定的成本仅为对整个群体进行基因型鉴定所需要的总成本的 10%(=2×25/500)。当使用 DNA 混合分析时,两尾可以当成两个个体来进行基因型鉴定,这使基因型鉴定的成本降低到总成本的 0.4%(=2/500)。显然,原始群体越大,所有相关的成本(包括基因型鉴定)就节省得越多。

7.7.1　主基因控制的性状

主基因控制的性状可以通过集群分离分析来进行选择性基因型鉴定(图 7.6A；Xu and Crouch,2008)。简言之,按目标性状选择个体,使得两组个体具有截然不同的目标表型,如抗病对感病植株,或者早熟对晚熟,而其他性状随机选择。两组之间的多态性分子标记可能与该性状连锁,连锁的概率可以在分离群体中进行检验。为了获得遗传图谱位置已知的基因附近的标记,可以根据已知的侧翼标记从分离群体中选择跨越目标区间纯合的个体。然后把从这些个体中提取的 DNA 合并成两个池:一个池的个体在这两个标记基因座上对一个亲本类型纯合;另一个池的个体在这两个标记基因座上对另一个亲本类型纯合。结果是每个 DNA 池在目标区域内及其附近的所有基因座上都是纯合的。然而,两个池之间纯合的目标区域在亲本来源上有差异,因此为选择目标区域专化的多态性标记提供了基础。当混合的 DNA 样品被用来作为模板通过 PCR 进行随机引物扩增时,只有当引物引导目标区间内部或附近的扩增时才应该产生多态性。这种多态性也可以利用其他分子标记作为探针来检测。

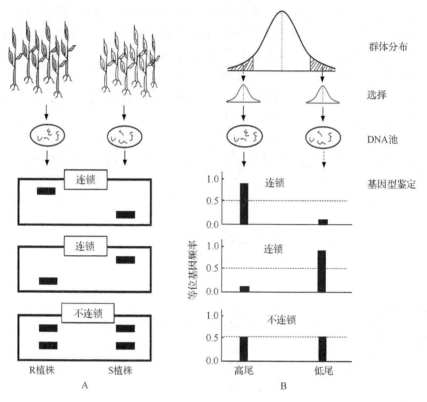

图 7.6 选择性基因型鉴定和 DNA 混合分析。(A)用抗病(R)和感病(S)植株为例子来说明混合分析。DNA 池是由作图群体中选择的 R 和 S 植株构建的,然后通过分子标记进行基因型鉴定。当两个 DNA 池在特定的标记基因座显示不同的等位基因时,标记与疾病反应连锁;而当两个池都显示相同的杂合基因型时,标记与疾病反应不连锁。(B)利用针对一个目标数量性状选择的极端植株进行 DNA 混合分析,这些植株是从作图群体中性状的正态分布的两尾选择的。标记-性状连锁是通过特定标记基因座上的等位基因频率来揭示的。当两个池之间在一个标记基因座上的等位基因频率显著不同时,该标记与目标性状连锁;而当等位基因频率彼此非常接近(都接近 0.5)时,标记与目标性状不连锁。在 A 和 B 中都假定标记是显性的,并且都揭示了用来产生作图群体的亲本品系之间的多态性

在这个方法中基因型鉴定变得非常简单,因为它仅仅检测两个 DNA 池,每个池的植株来自一种或另一种极端表型(Giovannoni et al. ,1991;Michelmore et al. ,1991)。在植物中已经使用过的池通常由从尽可能大的群体中选取的 10～15 个个体组成。这个方法已经成功地应用到许多植物中(如 Barua et al. ,1993;Hormaza et al. ,1994;Villar et al. ,1996;van Treuren,2001;Zhang et al. ,2002)。

7.7.2 数量性状

当选择性基因型鉴定被用于数量性状时(图 7.6B；Lander and Botstein,1989；Xu

and Crouch,2008),两尾之间标记等位基因频率的差异可以用来检测标记-性状关联,如同 Stuber 等(1980;1982)建议的那样。由于搭载效应(hitchhiking effect),选择将改变与被选择性状 QTL 紧密连锁标记的频率(Lebowitz et al.,1987)。Darvasi 和 Soller(1992)已经证明,对于给定的功效,选择性基因型鉴定使需要进行基因型鉴定的个体数目显著减少。这个方法可以是双向的,如果考虑表型分布的两尾;也可以是单向的,如果只考虑其中一尾,后者更适合遭受了不利环境的强烈选择的性状。该方法在植物 QTL 检测或验证中的应用已经有报道(Foolad and Jones,1993;Zhang L P,et al.,2003;Wingbermuehle et al.,2004;Coque and Gallais,2006)。这对于对目标性状的大效应基因尤其有用。也可以用于由少数主效 QTL 控制的性状(Quarrie et al.,1999)。此外,在玉米中,Moreau 等(2004)通过对来自 F_4 独立家系的一个群体的两轮轮回选择表明,标记等位基因频率的显著变化发生在检测到的 QTL 附近的标记基因座上。标记频率方法的另外一个重要性是能利用选择个体的 DNA 混合池来估计检验所需的频率(Darvasi and Soller,1994)。

7.7.3　选择性基因型鉴定和 DNA 混合分析的功效

如同 Xu 和 Crouch(2008)所归纳的那样,有若干问题与植物中的混合或集群 DNA 分析有关。这些问题包括:①试图用数目相对少的标记来覆盖全基因组,假设重组频率在整个基因组上是一致的,可以容易地用 15～25cM 的标记密度检测到目标基因;②从相对小的群体中选择极端表型个体,这样池之间的表型差异可能只能检测大效应的基因/QTL;③当等位基因信号是通过基于凝胶的基因型鉴定系统来判断时,每个池中的等位基因频率不能准确地量化,由池中的少部分个体产生的等位基因信号不能被检测到,因此池之间的遗传差异只能被记录为"存在"和"不存在";④由于上述原因,每个池中包含相对少数目的个体(大约 15 个),以便确保真正关联的标记不会被错过,代价是假阳性水平比较高(这里的假阳性是指标记和性状彼此没有真实的关联,但统计上仍然表明它们有关联)。假阳性标记必须被剔除,方法是利用所有推定的标记对整个群体进行验证。

Xu 等(2008)和 Sun 等(2009)用软件 QTL ICIMAPPING(可以在这里得到:http://www.isbreeding.net)进行了模拟研究,QTL ICIMAPPING 是一个常用 QTL 作图方法的集成计算软件包,作图方法包括单标记分析、传统的区间作图(Lander and Botstein,1989)、加性(Li et al.,2007)和互作(Li et al.,2008)QTL 的完备区间作图(inclusive composite interval mapping)。模拟了几个与选择性基因型鉴定相关的参数,以如下假设为基础:来自一个重组自交系群体的两尾的极端表型能够被可靠地选择,可以对单个系进行基因型鉴定,或者可以根据两个 DNA 池中的相对信号强度来估计等位基因频率。模拟的参数包括:总群体大小(200～3000)、极端表型群体大小(每尾 15～100 个单株,相当于 13%～50%的选择率)、QTL 的数目(1～5)、标记密度(1～15cM)、QTL 效应(解释1%～20%的表型变异)、两个连锁的 QTL 和具有上位性互作的两个 QTL。每个条件下进行 100 次模拟,然后计算 QTL 检测的功效和平均 LOD 值(LOD score)。

两种选择性基因型鉴定策略的比较分析(图 7.7)表明,常规的选择性基因型鉴定(图7.7A,策略 A,其中使用了相对小的总群体大小和尾群体大小以及低密度的标记覆盖),

在目标区域中只检测到一个标记,平均 LOD 值为 3.94,检测的功效为 67%。相反,策略 B(图 7.7B,其中使用了大的总群体和尾群体以及高密度的标记)在目标区域侧翼检测到多个标记,最高的 LOD 记分为 10.37,检测的功效为 98%。

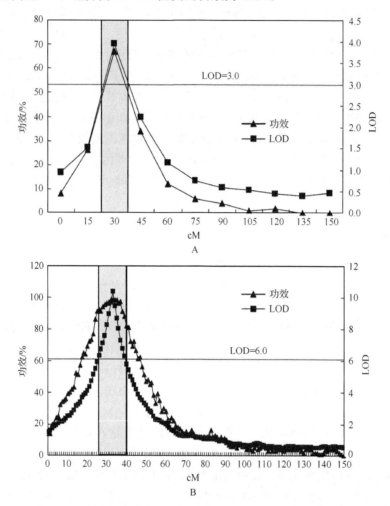

图 7.7　选择性基因型鉴定策略对目标区域(15cM,灰色区域)周围的检测功效和平均 LOD 记分的影响,假设 QTL 解释 10%的表型变异。(A)策略 A:总群体大小为 200,尾群体大小为 15,标记密度为 15cM,结果只有 1 个标记在目标区域为阳性,LOD=3.94,检测的功效为 67%,这已经广泛地用于常规的 DNA 混合分析中。(B)策略 B:总群体大小为 500,尾群体大小为 30,标记密度为 1cM,结果是目标区域中有多个标记显示为阳性,LOD=10.37,检测的功效为 98%,建议用该策略进行基于选择性基因型鉴定的精细作图

　　当不同的 QTL 效应(解释总表型变异的 1%～20%)、尾群体大小(15～100)及总群体大小(200、500、1000 和 3000)(图 7.8)被用于模拟分析时,QTL 检测的功效显示了检测小效应 QTL 所需的最佳的总群体大小和尾群体大小。为了以不低于 95%的功效检测到解释 15%表型变异的 QTL,需要的总群体大小为 200 以上,最小的尾群体大小为 15,这与报道的成功应用 DNA 混合分析的大多数情况相符。然而,要检测小效应的

QTL(解释 3%~10%的表型变异),为了使 QTL 检测功效为 95%,需要从具有 1000 个个体的群体的每尾中选择 50~100 个个体(图 7.8)。模拟分析也表明,当涉及多个(2~5个)相互独立的 QTL 时,检测功效不变。模拟还表明选择性基因型鉴定可以用于分离距离在 25cM 的连锁 QTL,以及用于检测上位性 QTL。

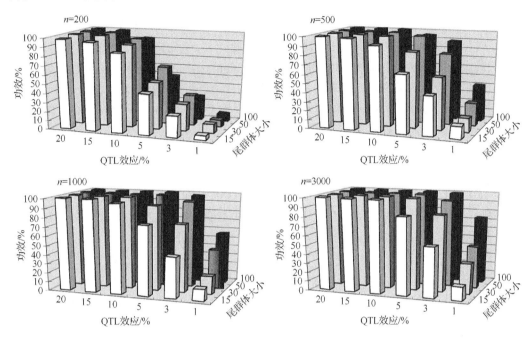

图 7.8　在不同的 QTL 效应(由鉴定的 QTL 解释的表型变异的百分比为 1%~20%)、尾群体大小(15~100)和总群体大小(200~3000)下,选择性基因型鉴定的检测功效。对每种情况和每个组合一共进行 100 次排列(permutation)

　　已经对选择性基因型鉴定方法的优化进行了研究,这个研究没有对 QTL 效应(如QTL 对表型方差的可以忽略的贡献 r_p^2)做出假定,选择了两尾(双向基因型鉴定或 BSG)或只选择了一尾(单向基因型鉴定或 USG)(Gallais et al. , 2007)。对于经过表型鉴定的植株的一个给定的群体大小,用于选择性基因型鉴定的优化的选择比例是每尾大约30%。对于与 ANOVA 中相同的投入来说,当基因型鉴定与表型鉴定的成本比大于 1时,在表型鉴定上比在基因型鉴定上投入更多,优化的选择比例似乎是每尾为 10%~20%。优化的选择比例主要受基因型鉴定和表型鉴定成本比的影响,当该成本比增加时选择比例降低。在这个优化点上,当成本比高于 1 时,BSG 与 ANOVA 相当,甚至优于它。当成本比大于 2 时,USG 也和 ANOVA 相当。利用来自两个玉米群体(每个群体大约 300 个 F₄ 自交系家系)的试验数据,证实了在优化点上 BSG 得到的结果与 ANOVA 相同或更好,而 USG 则没那么有效或相当。

7.7.4　选择性基因型鉴定和 DNA 混合分析的应用

代替全群体的基因型鉴定

从模拟分析中可以得到的一般结论是:几乎在所有情况下选择性基因型鉴定可以用来代替全群体基因型鉴定方法,包括具有相对小的效应的 QTL 以及具有上位性互作的 QTL 或者连锁的 QTL。对于不同效应的 QTL,推荐用于选择性基因型鉴定的群体大小为:大效应 QTL(解释表型变异的 15％以上),总群体大小为 200,从每尾中选择 20 个个体;对于中等效应的 QTL(解释表型变异的 3％～10％),总群体大小为 500～1000,从每尾中选择 50 个个体;对于小效应的 QTL(解释表型变异的 0.2％～3％),总群体大小为 3000～5000,从每尾中选择 100 个个体。

"一网打尽"——在一个步骤中对所有目标性状进行遗传作图

在全世界的大多数作物中,已经培育并保存了大量性状特异的遗传和育种材料,这些材料具有新颖的特性,包括具有极端表型的自交系或品种、永久的/固定的分离群体[如 RIL、DH、NIL、渐渗系(IL)]、遗传材料[如单片段代换系(SSSL)]以及突变体库。这些材料对于培育它们的目的来说是有价值的,同时当它们被共同使用的时候也为遗传作图和基因发现提供了新资源。由于它们有永久固定的遗传组成,这些材料通常已经在多个环境中进行了表型鉴定。通过从当前可用的遗传和育种材料中收集极端表型的材料并利用选择性基因型鉴定和 DNA 混合分析,理论上有可能用一个 384 孔板进行一个作物中的几乎所有主基因/QTL 控制的重要农艺性状的定位(Xu et al.,2008;Sun et al.,2009)。

全基因组关联作图

最近在人类基因组学中报道的 SNP 基因型鉴定技术和方法的发展,使我们现在能在人类中进行以连锁不平衡为基础的全基因组关联作图,这需要利用集成的技术包,包括选择性基因型鉴定、DNA 混合分析和利用 100 000 个标记进行的基于微阵列的 SNP 基因型鉴定(Sham et al.,2002;Meaburn et al.,2006;Yang H C et al.,2006a)。该系统有从几百个个体的 DNA 混合样品中估计等位基因频率和识别独特等位基因的能力。如果这种方法成功地移植到植物中,则将解决 DNA 混合分析中的许多局限性问题。当每个池中使用的植株非常少时,可能检测到高频率的假阳性标记,如果可以利用从大群体中选择的很多植株来构成一个 DNA 混合池,则可以避免这个问题。然而,为进行 DNA 混合分析而对 SNP 基因型鉴定系统进行优化比对 SSR 标记系统的优化要复杂得多,而且会遭受更高水平的冗余。在已经完成的人类基因组学的这类研究中,为了鉴定 10 万个适合于混合分析的优化 SNP,至少需要 50 万个 SNP 作为起点。这种密度的 SNP 标记在水稻和玉米中已经可用了,当获得了全基因组序列的时候在其他作物中也可用。

全基因组关联作图为发现功能性的等位基因以及与目标农艺性状关联的等位基因变异提供捷径。选择性基因型鉴定和 DNA 混合分析可以被扩展到从各种种质资源中选择的具有极端表型的自交系。这在原理上和基于连锁不平衡的关联作图相似,只是使用了选择的极端表型。对由大量微效基因控制、基因间存在互作、基因与环境之间也存在互作的性状,选择性基因型鉴定将面临利用全群体进行基因型鉴定的、基于连锁的 QTL 作图所经历过的同样的挑战。

与选择性表型鉴定的整合

选择性表型鉴定方法涉及偏向性地选择个体以便使它们的基因型差异最大化。当遗传结构的先验知识允许我们集中于特定的遗传区域(Jin et al. , 2004; Jannink, 2005)和特定的等位基因组合时,选择性表型鉴定是最有效的。当基因型鉴定变得更加便宜时,首先进行全群体的低密度标记鉴定,以便识别最有信息的个体的子集,这样做可能效率更高。个体的信息从个体之间最低水平的亲缘关系、最优的亚群体结构和等位基因的代表性等方面考虑。然后对这个子集进行精确的表型鉴定,特别是对难以评价或者鉴定成本高的性状。最后对来自表型分布两尾的个体进行密集的全基因组基因型鉴定。以这种方式,进行表型鉴定和基因型鉴定的个体总数可能不变,但分析的功效将显著提高。这个方法也可以用于极端表型很容易通过简单的筛选办法来鉴定的性状,如非生物胁迫耐受性,其中大量单株或家系可以在胁迫条件下通过肉眼观察容易地淘汰掉。由于可以在强的环境胁迫下对原始群体进行选择,以淘汰大量的植株,只选择耐受性最好、也可能还有耐受性最差的植株用于基因型鉴定。在对极端表型个体进行选择性基因型鉴定后,可以利用生理组分或代理性状(surrogate trait)对得到的个体子集进行精确的表型鉴定。高密度种植及在植物发育早期进行选择,结合选择性表型鉴定和基因型鉴定,也应是一些性状研究的选项,以便使人们能够以同样的成本处理更多的植株或家系(Xu and Crouch, 2008)。当目标性状受种植密度或强烈的选择压影响时,这显然会干扰取得遗传增益的能力(genetic gain)。然而,许多主基因控制的性状可以用这种方式进行研究,而不会有很大的干扰。

图 7.9 显示了这种方法用于检测胁迫耐受性和其他性状的标记-性状关联,这些性状可以在目标环境中进行极端表型的选择。可以推断的是,极端表型或者极端耐受性的植株是积累了来自多个基因座的有利等位基因的植株,每个基因具有从小到大的不同的效应,因此遗传作图将识别在目标性状上具有相对大的累积效应的遗传区域。就这种情况来说,从玉米蛋白和油分含量的长期选择中得到的经验是很有启发性的(Dudley and Lambert, 2004),特别是成功地利用标记辅助轮回选择(MARS)来积累许多基因座上的有利等位基因。按照这个方法,利用 MARS 可以实现微效基因的聚合,以便积累微效QTL,其中数十年的育种努力已经固定了所有的主效基因。

可以预期的是,已经广泛用于遗传作图并取得成功的选择性基因型鉴定和 DNA 混合分析,在遗传作图和 MAS 中将变得越来越重要,并且在很多情况下将逐步取代全群体基因型鉴定。一般来说选择性基因型鉴定将极大地促进和改善遗传作图和标记辅助的育种方法。随着全基因组选择性基因型鉴定成为可能,将需要一种有效的信息管理和数据分析系统来充分发掘选择性基因型鉴定在遗传学、基因组学和植物育种中的潜力。

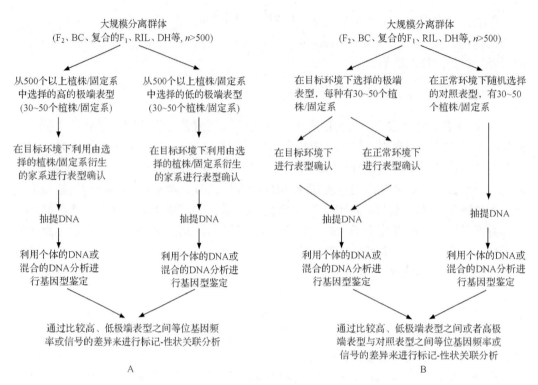

图 7.9 大规模选择性基因型鉴定和遗传作图的流程图。包括:从大的分离群体中选择极端表型,表型确认,DNA 提取,基因型鉴定和分子标记-性状关联分析。(A)用于大多数目标性状的方法,可以对全部个体/固定系进行性状记录,然后选择高的和低的极端表型用于进一步的分析。(B)特别适合于生物和非生物胁迫耐受性的方法,其中只有耐受性的极端表型在目标环境下是可用的,在极端表型和对照表型之间进行比较,对照表型是从正常环境下的个体/固定系中随机选择的。改自 Xu 和 Crouch(2008),得到许可

（闫双勇 译,陈建国 校）

第8章　标记辅助选择:理论

常规育种方法受到如下事实的限制:在实践中能够被常规育种方法处理的遗传变异的来源局限于单个物种的基因库内部那些可利用的遗传变异。另外,常规的育种操作涉及整个基因组的杂交,依赖于自由组合和重组来产生优良的重组体;以及从许多分离的产物之中识别这些优良的重组体。即使对于具有较大的和清晰的表型效应的等位基因,这一点也可能涉及许多世代,当想要的和不想要的等位基因紧密连锁时,该任务几乎是不可能的。就原理而论,这些局限性可以通过遗传工程方法(如重组 DNA)来克服。利用这些方法,能够克隆具有确定作用的基因,并以快速而高度专化的方式把它们导入不同的物种中。因此,各种各样的生物现在都变成了有用的等位基因的来源,避免了整个基因组的混合(Beckmann and Soller,1986a)。目前遗传工程应用的基本限制似乎是公众对遗传修饰生物(genetically modified organism,GMO)的接受,这些遗传修饰的生物由第11章和第 12 章描述的基因克隆和转化方法获得。

在标记辅助育种中,植物育种家利用了农艺性状和遗传标记(主要是分子标记)的等位基因变异体之间的关联。标记辅助育种的总体思想如下。在育种家可以利用性状和标记之间的基于连锁的关联之前,必须以某种程度的准确性对该关联进行评价,从而可以将标记基因型用作性状基因型和表现型的指示物或者预报物。当所述的等位基因数目少并且对表现型具有较大的效应时,如基于单个基因的抗病性,对关联的评价是简单的:对一个单基因性状的作图与标记的作图一起进行,如第 2 章所述,并且可以通过传统的育种方法(杂交、回交、自交和选择)将想要的等位基因导入到品种里。在这两种情况下,育种家依靠基因型和表现型之间明确的关系来监测在有关群体中是否存在想要的等位基因。但是,对于数量性状,对性状-标记关联的可靠评价需要大规模的田间试验和统计方法,被称为数量性状基因座(quantitative trait loci,QTL)作图,如第 6 章和第 7 章所述。一旦标记-性状关联得到了可靠的评价,育种家就能够通过紧密连锁的标记来监测性状基因的传递,因此能够进行"基因型构建"(genotype building),即通过周密计划的杂交和选择,利用标记基因型作为选择标准,来构建想要的基因型。

80 多年前人们就已经认识到了遗传标记、连锁图谱和间接选择在植物育种中的潜在价值。自 20 世纪 80 年代 DNA 标记技术出现以来,它已经显著地提高了植物育种的效率。在过去的 20 年中,很多育种公司已经在不同程度上使用标记来提高育种的选择效率,并显著地缩短品种的培育时间(Dwivedi et al.,2007)。现在,自动化技术方面的进展启动了标记辅助育种中的一个新方法,称为"设计育种"(breeding by design)。应用基因组学的进展以及产生大规模标记数据集的可能性为我们提供了工具,来确定所有重要农艺性状的遗传基础。现在用于评价重要农艺性状基因座的等位基因变异的方法也有了。这些综合的知识最终将允许育种家以可以控制的方式把所有这些基因座上的有利等位基因组合起来,得到优良的品种(Peleman and van der Voort,2003)。

正在改变的观念和分子方法提供了机会来发展合理的和改进的育种策略。关于重要农艺性状基因座的图谱位置和等位基因变异的知识与可利用的、容易测定的分子标记结合起来,使得优良品种的设计成为可能。与表型的测定相比,如同根据 Xu Y(2002)、Peleman 和 van der Voort(2003)、Xu Y(2003)以及 Xu 和 Crouch(2008)所归纳的,DNA标记提供了巨大的优势来加快品种培育时间,理由有如下几个。

(1)增加可靠性:除了别的以外,表型测定的结果还受到如下因素的影响,即环境因素、性状的遗传率、涉及的基因的数目、它们的效应大小以及这些基因座的互作方式。因此,对表现型测量的误差范围往往显著地大于以 DNA 标记为基础的基因型鉴定的误差范围。

(2)提高效率:DNA 标记可以在幼苗期鉴定,甚至在发芽之前以种子为基础进行鉴定。这对于仅仅在发育的后期才表达的性状(如与花、果实和种子有关的性状)的选择是特别有利的。通过在幼苗期或者以种子 DNA 为基础进行选择,可以节省相当多的时间和空间。

(3)降低成本:有很多性状,其表现型的测定比利用 PCR 分析或者杂交进行基因型鉴定花费更多。在高通量的装置中,一个 PCR 分析的材料和消费耗用成本通常不超过 2美元。比较起来,在加热的温室中一株番茄或黑胡椒生长到完全成熟将花费大约 20 美元。每个可以在种植之前被淘汰的植株,尤其对于那些种子大到足以进行以单个种子为基础的 DNA 抽提的植株,按照这种装置将节省大量的金钱。

将 DNA 标记用于间接选择为遗传率低的数量性状提供了巨大的好处,因为这些性状在田间试验中最难以评价。显然,由于这种性状需要广泛的表型测定,这种性状的标记辅助分析的研制是困难的,并且是昂贵的。但是,一旦有了估计参数的知识(这些参数决定所研究的性状),精心设计的试验装置将使得标记辅助选择(marker-assisted selection,MAS)工具成为可利用的,它可以减少到一个主要的范围:表型测定的将来的应用(Peleman and van der Voort,2003)。如前几章所述,分子标记技术将帮助识别农艺性状的有利等位基因,把这些等位基因与特定的分子标记相关联,并通过 MAS 将它们从一个遗传背景导入到另一个遗传背景。这一章将讨论 MAS 的理论方面的问题,MAS 的实践方面的问题将在第 9 章讨论。

8.1　标记辅助选择的组分

Xu Y(2003)以及 Mohler 和 Singrün(2004)对分子标记在 MAS 中成功使用的关键问题归纳如下。

(1)标记应该与目标基因共同分离或者作图到尽可能靠近目标基因(如小于 2cM),以便目标基因和标记之间具有低的重组率。如果使用侧翼目标基因的标记而不是单个标记,则将提高 MAS 的准确性。最理想的标记是以基因为基础的标记或者功能标记,因为标记和目标基因之间将不再存在分离,或者分离被减少到最低程度,其中以基因为基础的标记是根据目标基因的序列开发的,功能标记揭示了与目标基因有关联的功能差异。

(2)为了在 MAS 中无限制的使用,标记应该在具有和不具有目标基因的基因型之间显示多态性。

（3）需要价格划算的、简单的和高通量的标记来保证对大群体进行快速筛选需要的基因型鉴定的效率。能够直接揭示来自 DNA 样本的差异的、以杂交为基础的非 PCR 标记将是更加可取的。

另外,标记辅助的背景选择依赖于充分表征并且分布在整个基因组的分子标记。把以基因为基础的标记用于标记辅助的前景选择和背景选择是最合乎需要的。在这种情况下,可以为这两种选择目的建立一套核心的标记,这样相同的标记可以被用于一些杂交中的前景选择,而在其他的杂交中用于背景选择。

如同 Xu Y(2003)所归纳的那样,效率高的 MAS 需要 5 个关键部分,包括:①合适的遗传标记和它们的表征;②高密度的分子图谱;③为所研究的性状建立标记-性状关联;④高通量的基因型鉴定体系;⑤实用的数据分析和传递(delivery)。

8.1.1　遗传标记和图谱

合乎 MAS 需要的 DNA 标记应该满足下列要求:多态性的高频率的检测、共显性、丰富、覆盖整个基因组、重复性高、适于高通量分析和扩增(multiplex)、技术简单、价格划算、需要的 DNA 量少以及使用方便(如适用于不同基因型的鉴定体系和设备)。在所有这些要求之中,共显性对于杂交种作物育种中的 MAS 是最重要的,因为通过共显性标记可以清楚地区分两个亲本自交系和杂种组合。SNP 标记对于利用芯片技术的超高通量分析具有巨大的潜力,并且在越来越多的植物物种中变得可利用了,但是简单序列重复(SSR)标记在不同的作物中被更加广泛地使用。对于迄今为止可利用的所有类型的DNA 标记,SSR 满足全部要求。如同根据水稻序列草图估计的一样,基因组中的 SSR 的密度大约是每个基因一个 SSR。这些标记可以通过国际互联网发布的引物序列在国际上共享。SSR 标记可以利用琼脂糖或者聚丙烯酰胺凝胶以及溴化乙锭或银染手工地进行基因型鉴定,或者在高度自动化的设备中进行基因型鉴定。SSR 标记可以利用荧光标记物通过 PCR 进行扩增,在凝胶上进行多样本加载。从一小片叶子或者从单个干燥的种子中抽提的 DNA 足以进行数百次标记。随着越来越多的基因被克隆,有可能发展以目标基因内部序列为基础的分子标记。与基因连锁的标记相比,基因内的标记具有若干优点。首先,标记和基因之间没有重组,或者基因间重组。其次,可以标签和区别复等位基因。一个例子是水稻中的 SSR 标记 RM190,该标记来源于具有蜡质基因的一个拼接位点的一个微卫星序列,它决定直链淀粉的合成,直链淀粉是水稻的一个重要的谷粒品质性状。随着越来越多的克隆基因变得可用,从目标基因中开发的功能标记将是 MAS 中的最佳选择。

以关联标记为基础对目标染色体区域进行选择(前景选择)和对一个亲本基因组的遗传背景进行选择(背景选择)可能需要不同的标记。前景选择的标记必须被遗传作图并且与农艺性状有关联。显示多条带或者代表多个基因座的遗传标记通常难以被追溯到特定的、已知与性状关联的等位基因或基因座,尤其当用于 MAS 的群体不同于作图中使用的群体时。这类标记包括随机扩增多态性 DNA(RAPD)和扩增片段长度多态性(AFLP),它们对于前景选择是不好的。要使用以这些标记为基础的标记-性状关联,最好使用更加基因座专化的标记,如序列标签位点(STS)或者 SSR 标记。对于背景选择,显示高比率多态性的任何类型的标记都是有用的。背景选择不需要使用作图的标记,只要它们能够揭示基因组范围的多态性,并且揭示的差异可以被追踪到它们的亲本身上就可以了。但是,如同以前指出的,开发一套以基因为基础的核心标记对于前景选择和背景选择都是合乎需要的,这样这一套标记可以被用作不同群体的通用标记。

MAS 的效率主要取决于标记与目标性状的连锁程度有多高。利用高通量的分子标记构建高密度的遗传图谱是大规模 MAS 计划的第一步。每个作物或者物种需要一个以永久分离群体为基础的参考图谱,它可以在国际上共享,允许在同一图谱上放置额外的标记。这个图谱应该利用对使用者友好的标记来构建。我们需要一个高密度的分子图谱的原因有两个。首先,以标记-性状关联为基础的 MAS 的最低要求包括一个三标记系统:一个与性状共同分离的标记用于前景选择,另外两个标记侧翼一个目标区域,用于重组体的选择。因为目标基因可以位于基因组的任何区域,所以需要一个密集的图谱来在基因组中的任何位置对这种三联体标记进行识别。即使可利用目标性状的基因标记或者功能标记,当涉及标记辅助的基因渐渗时,这样的三联体对于在目标附近以供体基因组为背景进行选择仍然是需要的。其次,利用作图群体识别的标记在来源于其他亲本品系的育种群体中可能不是多态的。为了保证三标记系统对其他的育种群体起作用,必须在目标区域周围识别很多标记。对于具有物理图谱和全基因组序列可用的作物物种,分子标记可以用来覆盖整个基因组,因此瞄准特定基因和基因组区域的标记可以从标记和(或)序列数据库中选出来。利用价格比较低廉的、以阵列为基础的基因型鉴定体系,可以建立一套以阵列为基础的核心分子标记,用于不同群体的所有遗传作图和基因组范围的 MAS。

8.1.2　标记的表征

仅仅有成千上万的遗传标记在手是不够的。为了高效地使用分子标记,必须对它们的许多特征进行表征,包括等位基因的数目、多态性信息含量(polymorphism information content,PIC)、等位基因差异(如等位基因大小和它们的范围)、在标准品种或对照品种中的等位基因特征(如单倍型)、在特定的基因型鉴定条件下的信号强度、背景或干扰信号、PCR 或杂交条件、染色体位置(侧翼标记和遗传距离)以及扩增需要的信息。

分子标记的表征有助于识别对育种计划有重大意义的基因附近的标记,以及评价种质和育种材料。对于每个植物物种应该表征一套核心的分子标记,这些标记应该在所有的染色体上均匀分布,并且适合于扩增。许多作物现在已经建立了核心标记,并且已经被用于评价种质登记材料,构建杂种优势库和 MAS[一个水稻中的例子见 Xu Y(2003)]。已经做了很多的工作来表征以阵列为基础的标记和最优化基因型鉴定体系。

等位基因数目

一个标记基因座上的等位基因数目与可以通过一个特定的标记揭示的遗传多样性有关。一个基因座上的等位基因越多,能够被揭示的多样性的程度越高,亲缘关系紧密的品系能够被区别的效率越高。SNP 标记通过两个不同的核苷酸来显示多态性,通常表现为跨越种质的两个不同的等位基因。与 SSR 标记相比,RFLP 标记的每个基因座的等位基因要少很多。作为一个典型实例,据 Xu 等(2004)以很多种质登记材料为基础所得的结果,RFLP 和 SSR 标记每个基因座上的平均等位基因数分别是 2.7 个和 11.9 个。

多态性信息含量(PIC)值

每个标记的相对信息可以根据它的 PIC 值来评价,如同 Botstein 等(1980)描述的,它反映多态性的数额,是任何给定基因座上的等位基因数目和等位基因频率的函数。PIC 值被用来表示每个标记相对于表现的多态性数量的相对值,它可以通过 $PIC_i = 1 - \sum_{j=1}^{n} P_{ij}^2$ 估计,其中 P_{ij} 是标记 i 的第 j 个等位基因的频率,对 n 个等位基因求和(Weir,1990;Anderson et al.,1993)。该计算是根据由一个标记检测到的一个给定基因座上的等位基因数目和检验的登记材料中每个等位基因的相对频率来进行的。在水稻中,SSR 的平均 PIC 值(0.66)差不多是 RFLP 的平均 PIC 值(0.36)的两倍(Xu et al.,2004)。

信息性标记

以 PIC 值和检测到的等位基因数目为基础,可以选择一组高度信息性的标记,以便通过测量较少的分子标记来获得相同数额的基因型鉴定信息。选择的标记应该是在基因组各处均匀分布的。作为一个例子,从 236 个登记材料×160 个标记的水稻数据集中选出 24 个 RFLP/SSR 标记作为一组高度信息性的标记,用于水稻种质和育种群体的初步指纹分析(Xu et al.,2004)。

除了以前讨论过的对标记系统的要求之外,对标记和核心标记还有其他的要求。以 SSR 标记为例,一个有用的标记应该在每个基因座上有很多等位基因(>10)、高的 PIC 值(>0.8)、等位基因大小的差异适宜(任何两个等位基因之间 4～10bp)、检测的信号强、较少的背景或干扰信号以及高的重复性或者可靠性。由于 SNP 标记每个基因座上只有两个等位基因,应该使用信息性标记集而不是个别的标记,它们的信息可以用它们的单倍型来衡量。对于从一个基因的不同区域开发的标记,还应该考虑基于候选基因的、基于基因的或者功能标记的等位基因多态性。无论使用哪种类型的标记,一套有用的标记应该提供全基因组覆盖,在每个染色体上均匀分布,并且扩增或者高通量基因型鉴定的潜力高。

8.1.3　标记-性状关联的验证

建立极显著的标记-性状关联是 MAS 的一个先决条件,在第 6 章和第 7 章讨论过了。目标性状/基因和分子标记之间被证明的连锁传统上是以遗传作图试验为基础的,重要的是要证实这些关联在作图群体和育种群体中是一致的。作为一个例子,Knoll 和 Ejeta (2008)利用两个其他的群体验证了高粱早季耐寒性的三个 QTL,他们发现所有三个关联的标记被证明在不同的遗传背景中保持影响。

但是在很多情况下,从特定的杂交中得到的遗传作图结果不能在不同的杂交中用于相同性状的 MAS。这个现象有三个原因。首先,数量性状通常由很多基因控制。基因仅仅在亲本之间有遗传差异的基因座上分离,从而可以利用来源于这两个亲本的群体进行作图。对于一个随机选择的作图群体,亲本将有很大的可能性在一些基因座上共有完全相同的等位基因。任何育种群体中分离的基因很有可能不同于已经作图的基因。其次,一个基因座上的复等位基因以同样的方式起作用,这使 MAS 复杂化,因为作图亲本可能具有不同于育种群体的等位基因。当考虑不同的等位基因组合时,这些复等位基因之间的互作将改变标记-性状关联。最后,基因型×环境互作可能使标记-性状关联依赖于特定的环境。因此,在没有标记验证和(或)精细作图的情况下,利用单个作图群体识别的 QTL 标记不能自动地在没有亲缘关系的群体中直接使用(Nicholas,2006)。在标记-性状关联能够被用于常规的 MAS 之前,必须在代表性的亲本品系、育种群体以及极端的表型中对它进行验证,尤其对于效应相对小的 QTL。在一定比例的情况中,标记在这个验证步骤过程中将丧失它们的选择能力。在这些情况下,需要在目标基因座周围识别新的标记(通过精细作图或者候选基因分析),以便找到跨越不同育种群体共享的标记-性状关联。在这个过程中可能有捷径,如通过与密集图谱的交叉比较或者通过筛选候选基因标记(对于具有这种标记的物种)。通过在单个基因内部找到若干标记,极可能任何育种群体的亲本将对于它们中的至少一个是多态的,因此允许育种家在育种过程中跟踪从每个亲本贡献出的等位基因,加快 MAS,以及在任何杂交中的回交。在较好地研究过的物种中,通过基因克隆和精细作图报告可以常规地访问最新的标记-性状关联和关联的 SNP 标记。

到目前为止 MAS 已经被成功地应用于由主效基因控制的单基因性状和寡基因性状,以及影响复杂性状的大效应的 QTL,尤其在私营部门(Dwivedi et al.,2007)。对于复杂性状的更加准确的基因型选择,如微效基因控制的非生物胁迫耐受性,需要开发连锁更加紧密的标记,最好为基于基因的标记,或者更好的是功能的核苷酸多态性标记(Rockman and Wray,2002;Andersen and Lübberstedt,2003)。这应该与精确的表现型鉴定结合,以便使检测的效率达到最大,使假阴性的概率减至最小。

为什么需要紧密的标记-性状关联?有很多原因:①如果必须克隆特定的基因,则与性状有关联的染色体位置必须被缩小到一个易驾驭的 DNA 片段;②要识别一个特定性状的所有相关基因,需要高密度的遗传图谱,因为使用的标记越少,贡献于那个性状的遗传因素被抽样的比例越小;③标记和目标性状之间的遗传距离将使 MAS 效率在几轮连续的选择之后迅速降低;④为了使基因渐渗中涉及的连锁累赘减至最少,需要目标区域周围的紧密连锁的标记。

QTL 作图假定表现型鉴定方法是准确的,这些方法难以最优化,更难以对月份或者年份保持一致。仅仅少数错误鉴定的个体就可以使 QTL 的检测和位置面目全非(Young,1999)。对用于图位克隆的主效基因的精细作图来说也是如此,在一个具有成千上万个体的群体中几个植株的错误鉴定将导致遗传距离估计的大的误差(高达 1cM)。为了剖析与一个给定的性状有关联的染色体区域,以及将候选区域压缩到单个叠连群(contig)或者几百万个碱基(那是可以被组装到一个线性次序里的一组克隆),需要很高的准确性。

8.1.4　基因型鉴定和高通量基因型鉴定系统

要使基于标记的技术能够应用于育种实践,需要自动化的基因型鉴定系统。作为一种终极的标记类型,SNP 作为供连锁和关联研究之用的遗传标记已经获得广泛的认可,特别是用于人类遗传学,以及很多作物。高通量 SNP 基因型鉴定对于很多应用具有巨大的潜力,包括以全基因组方法为基础的 MAS。这已经导致需要高通量 SNP 基因型鉴定平台的产生。这种平台的研制依赖于利用一个合适的检测系统进行偶联的可靠的化学测定,来使效率达到最大(就准确性、速度和成本而论)。利用当前的技术平台(如 Illumina),利用基于阵列的 SNP 基因型鉴定系统,一个实验室每天可以传递的通量超过 100 万个数据点,准确性大于 99%,成本为每个数据点 0.06～0.10 美元。但是为了满足将来的需要,基因型鉴定平台需要以每个基因型(而不是每个数据点)仅仅几美分的代价每天以100 万基因型的数量级传递通量。另外,DNA 模板的需求必须减至最少,以至于利用比较少量的基因组 DNA 就可以查询几十万的 SNP。模式植物和作物(包括拟南芥、水稻和玉米)中发表的基因组序列已经用来为其他相关的物种开发基于基因的 SNP。

8.1.5　数据管理和传送

为了处理从实验室到育种家的每日的数据流,以及整合来自分子标记、遗传作图和表现型鉴定的信息,需要很多信息学的工具。分子育种中需要的决策支持工具在第 15 章详细讨论,因此这里仅仅简短地描述作为 MAS 的一个组分的数据管理和传送。

对于效率高的数据管理和传送,重要的是所有研究人员都遵循一般的规则。一个标准报告系统对于比较基因组学、QTL 等位性测验、数据共享和挖掘以及主效基因和 QTL之间的对应也是关键性的。如同由 Xu(2002)所讨论的那样,一个标准的标记-性状关联系统应该包括关联的等位基因和等位基因表征,如等位基因大小、基因效应、由每个基因或者模型中的全部基因解释的变异、基因互作(如果多于一个基因被识别)、基因型×环境互作(如果多于一个环境被涉及)。遗传信息应该被共享,并且与植物育种中产生的数据相结合,如种质多样性、作图群体、系谱、图示的基因型、突变体及其他遗传材料。

由于一个实验室每日产生的数据点成千上万甚至上百万,结果的及时鉴定并传送到育种家是一个高效率的育种系统的基本要求。进行基因型鉴定和记录的训练有素的助手,加上能够以有意义的方法分析数据的研究科学家,是一个数据管理和传送系统的关键组成部分。一个具有良好设备的实验室还必须具有合格的人员和数据集成、处理、分析和挖掘需要的软件。将数据及时地传送到育种家也同样重要,因为在很多情况下育种家能够用于选择的时间窗口(time window)是非常有限的。对于现行的高通量的基因型鉴定和数据管理系统,需要 5～10 天来产生和分析数据,其中的活动包括叶片组织的采收,DNA 抽提,基因型鉴定,数据评分、分析、归纳和报告。一个实验室一星期能够产生的数据点的数目(从而也是能够处理的植株数目)取决于高通量的水平和基因型鉴定工具的工作效率。

8.2　标记辅助的基因渐渗

基因渐渗(gene introgression)是将一个目标基因导入到一个有生产价值的受体品系或品种中,它可以用于回交和杂交计划。通过利用 DNA 标记来识别重组体,渐渗的染色体片段可以被"修剪"到最低限度的大小,减少由与目标性状紧密连锁的、不合需要的等位基因引起的对轮回基因型的破坏程度。同时,可以在基因组范围内对遗传背景进行选择,以便使供体基因组含量(donor genome content,DGC)减到最小。

历史上,Tanksley 和 Rick(1980)以及 Tanksley(1983)考虑过使用同工酶标记来加快一个性状的渐渗,这个性状由一个按孟德尔方式遗传的主效基因控制,渐渗是从一个外来的资源群体到一个品种。在这种情况下,总的问题是尽可能迅速地除去外来的供体基因组(通过用受体品种基因组取代它),同时保留来自供体的目标基因。这通常是通过大量的回交(BC)世代来完成的。Tanksley 和 Rick(1980)指出如果供体品系的染色体携带同工酶或其他能够将它们与受体染色体区分开来的标记,则通过针对供体标记等位基因的选择可以显著地减少需要的 BC 世代的数目。由于同工酶或使品种互相区分的其他标记的普遍缺乏,Tanksley 和 Rick(1980)以及 Tanksley(1983)认为这个方案主要是对从野生种到品种的渐渗有用。但是,随着信息性分子标记的利用,全基因组能够被区别地标记,这个技术已经被用于物种内品种到品种的渐渗。

基因渐渗中的 MAS 的效率受很多因素影响,包括群体大小、基因组大小、标记-基因连锁强度以及标记的数目。Stam(2003)提出了与渐渗育种计划的设计有关的若干问题:

- 在世代 BC_1、BC_2 等中,DGC 中的变异量有多少是预期的?
- 这对染色体数目和基因组大小的依赖达到什么程度?
- 要以 90% 的可靠性保证,在 BC_1 中至少有一个个体具有一个小于如 0.30 的 DGC,需要多大的群体?
- 如果标记是侧翼目标基因的,要保证与目标基因连接在一起的供体片段比由这些侧翼标记包围的片段还要小,在连续的世代中最优的群体大小是多少?
- 增加背景选择的标记数目值得吗? 倘若如此,这对使用的群体大小和(或)基因组大小的依赖达到什么程度?
- 如果要在给定数目的世代中实现某种预置的目标(如小于 0.05 的 DGC),群体大小在连续的世代中应该是恒定的还是在不同的世代间变化更好?
- 如果限制因素不是世代数目,而是要进行基因型鉴定的植株的总数,植株数目在不同世代间的最优分布是什么?
- 单个目标基因最佳转移的相同的指导原则也适用于多个基因的转移吗?

很多作者利用解析方法、数值方法、计算机模拟或者这些方法相结合,考虑过有关基因渐渗的一些问题(Hospital et al.,1992;Hospital and Charcosset,1997;Hospital,2001;van Berloo et al.,2001;Stam,2003)。作为一个特例,Frisch(2004)讨论了与一个隐性基因的渐渗有关的问题,其中在没有借助分子标记的情况下循环回交在每个 BC 世代需要进行后裔测验以便确定一个植株是否为该隐性基因的杂合携带者。

8.2.1 标记辅助的前景选择

利用分子标记来选择一个关联的目标基因或等位基因[前景选择(foreground selection)]的方法有好几种。前景选择可以用于从一个遗传背景到另一个遗传背景的基因渐渗,也可以用于将来自多个供体的多个基因/等位基因聚合到一个基因型中。对于一个特定的目标基因或等位基因,前景选择可能涉及一个到若干个标记。最简单的方法是使用一个紧密连锁的标记(在目标基因座的任一侧)。最复杂的方法是利用目标基因座的多标记和覆盖整个基因组的其他标记将前景选择与背景选择结合起来,在本书中这被称为“全基因组选择”(whole genome selection),不同于将在这一章的后面讨论的基因组范围的选择(genome-wide selection)。最常使用的方法是使用一个三联体:标记-目标-标记。识别特定基因型需要的群体大小以及与前景选择有关的成本和效率与表型选择相比变化显著,这种变化取决于标记与目标的连锁程度。例如,当标记是从目标基因中开发的时,带有一个标记和一个目标基因座的二基因座模型可以被简化为对单个基于基因的标记的选择。

利用单标记进行选择

前景选择的可靠性主要取决于标记和目标基因之间的遗传距离。如果在选择中只使用位于目标基因一侧的一个标记,则标记和基因之间的连锁必须非常紧密以便具有比较高的选择效率。假定一个标记基因座(M/m)与目标基因座(Q/q)连锁,重组率为r,F_1的基因型为MQ/mq,其中Q是要被选择的目标等位基因;当M与Q连锁时,Q可以基于M被选择。能够通过对标记基因型M/M的选择来得到Q/Q基因型的概率(即选择正确个体的概率)是

$$P_1 = (1-r)^2 \tag{8.1}$$

从图 8.1 可以看出,选择正确个体的概率随着重组率的增加迅速减小。为了具有90%以上的概率,标记和目标基因之间的重组率必须小于 0.05。当 r 大于 0.10 时,概率减小到80%以下。但是,如果我们仅仅想要至少一个选择的个体带有目标基因型,MAS仍然是非常有用的,即使连锁很松散。如果得到至少一个带有目标基因型的个体的概率是 P_2,则获得目标基因型 M/M 需要的最小的样本容量可以根据二项分布的概率函数得到,为

$$n = \log(1-P_2)/\log(1-P_1) \tag{8.2}$$

Frisch 等(1999b)提供了得到目标基因型的概率 P_2,它不仅由与目标基因以及它的侧翼标记有关联的因素确定,而且由以下条件确定:一个侧翼标记和最接近的端粒之间的染色体区域全部由轮回亲本基因组组成。

图 8.2 显示了当 $P_2=0.99$ 时需要的最小样本容量与重组率之间的关系。即使重组率高达 0.3,为了以 99% 的概率保证至少有一个植株具有目标基因型,只需要 7 个具有M/M 基因型的植株。在不利用分子标记的选择中,它等价于标记和目标基因之间不连锁($r=0.5$),至少需要 16 个植株。

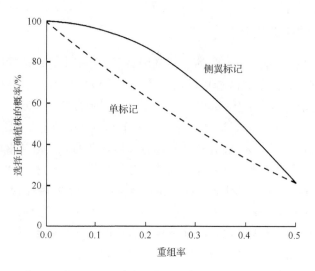

图 8.1　标记和目标基因之间的重组率与根据连锁标记选择正确植株的概率之间的关系

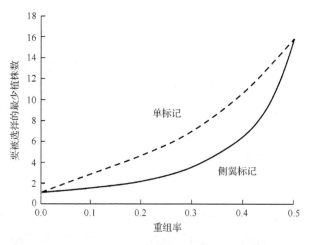

图 8.2　标记和目标基因之间重组率与 MAS 中应该选择的最少植株之间的关系。当考虑侧翼标记
（bracket marker）时，假定目标基因在两个标记的中间（即 $r_1 = r_2$）

使用侧翼标记进行选择

通过监测侧翼目标基因座的标记以及侧翼标记上的受体等位基因，可以有效地减少目标基因周围完整的供体染色体片段的长度（Tanksley et al., 1989）。这个原理可用于在 BC 计划中确定群体大小，以至于可以以高的检出概率发现目标基因和侧翼标记之间的重组体。

为了减少 MAS 中的假阳性，应该同时使用侧翼标记或者该区域周围的多个标记。在这种情况下一个三标记系统将是合乎需要的，三个标记位于一个染色体区块上（Zhang and Huang, 1998）。当中的标记（最好为基因内的或者与该基因共同分离）将用来指示在选择过程中目标基因的存在。每一侧的标记将用来指示没有来自供体亲本的染色体片段

（负选择），即对目标基因座和标记基因座之间的重组的选择。随着越来越多的基因被克隆，当中的标记可以从克隆的基因中开发。当目标基因只在一个野生种中是可用的以及连锁累赘与要被渐渗的染色体片段有关联时这个系统将是很有用的。

假定有两个标记基因座（M_1/m_1 和 M_2/m_2），位于目标基因（Q/q）的两侧，重组率为 r_1 和 r_2，F_1 的基因型为 M_1QM_2/m_1qm_2。F_1 将产生两种具有标记基因型 M_1M_2 的配子，其中一种是包含目标等位基因的亲本型（M_1QM_2），另一种是不包含目标等位基因的双交换型（M_1qM_2）。因为双交换的频率非常低，所以双交换的配子非常稀少。因而，根据 M_1 和 M_2 的存在正确选择目标等位基因 Q 的概率是很高的。在没有交叉干扰的情况下，在 F_2 代中根据对 M_1M_2/M_1M_2 的选择获得目标基因型 Q/Q 的概率是

$$P_1 = (1-r_1)^2(1-r_2)^2 / \left[(1-r_1)(1-r_2) + r_1r_2\right]^2 \tag{8.3}$$

当目标基因位于两个侧翼标记的中间（即 $r_1 = r_2$）时，做出正确选择的概率被减至最小。图 8.1 和图 8.2 显示了当 $P_2 = 0.99$，$r_1 = r_2$ 时需要的最小植株数和 r_1（或 r_2）之间的关系。利用两个侧翼标记比利用一个标记的选择效率高得多。如果单交换之间有交叉干扰（如同通常的情况），双交换的实际频率比假定没有交叉干扰时的期望值低。因此，根据侧翼标记做出正确选择的实际概率应该比理论上的期望值还要高。

对大多数作物来说，（在单个 BC 世代中）要以高的检出概率获得目标基因和两个侧翼标记之间的至少一个重组体植株需要的群体大小大于繁殖率（reproductive rate）。例如，对于在目标基因每一侧上 5cM 的一个侧翼标记距离，以 0.99 的概率得到一个双重组体需要大约 4000 个个体（Frisch et al. , 1999b）。因此，Frisch（2004）提出一个顺序的策略来在 BC_1 世代中得到一个具有目标基因和一个侧翼标记之间的重组个体，在 BC_2 中得到一个目标基因和第二个侧翼标记之间的重组体（这个策略的更进一步的解释也见图 8.4B）。

表 8.1 给出了在世代 BC_1 中的最适群体大小 n_1 和在世代 BC_2 中相应的期望群体大小 $E(n_2)$，这样一来在一个两世代 BC 计划中以最小数目的个体渐渗一个基因需要的期望个体总数 $E(n) = n_1 + E(n_2)$ 被减至最少。该值取决于目标基因和两个侧翼标记之间的图距 d_1 和 d_2（Frisch，2004）。

表 8.1　在一个两世代 BC 计划中以最小数目的个体渐渗一个基因需要的期望个体总数

图距 d_1/cM	图距 d_2/cM				
	4	6	8	12	16
	$n_1/E(n_2)$ *				
4	143/252	136/186	130/155	123/128	117/117
6		91/167	88/135	83/105	79/93
8			66/125	63/94	60/80
12				48/83	41/68
16					32/62

注：改自 Frisch(2004)，获得 Springer Science and Business Media 的授权

* n_1 是世代 BC_1 中的最适群体大小，$E(n_2)$ 是世代 BC_2 中相应的期望群体大小

利用多个标记对多个目标进行选择

MAS 提供了利用多个标记同时对多个性状/基因进行选择的机会。有时候,必须用多个病原菌小种或者昆虫生物型来识别植株的多种抗性,但是在实践中表型选择可能是困难的或者是不可能的,因为不同的基因可以产生相似的表现型,不能相互区别。标记-性状关联可用于同时选择对不同的病害小种和(或)昆虫生物型的多种抗性,并通过 MAS 将它们聚合到单个品系里。

例如,在水稻中为了通过测交和后代鉴定来发现细胞质雄性不育(cytoplasmic male sterility,CMS)的恢复系,一个候选的雄性植株必须与一个 CMS 品系测交,以便根据测交子代的育性来了解它是否具有育性恢复能力。但是,当涉及的是一个亚种间杂交时,测交子代的不育性可能由于没有恢复能力而产生,也可能由于没有广亲和性基因而产生,或者两者都没有。可以用多标记的 MAS 来区别两种不同类型的不育性。作为另一个例子,考虑水稻中对多个性状的表型选择,如温敏基因雄性不育性(thermal-sensitive genic male sterility,TGMS)、直链淀粉和广亲和性。候选植株必须在两个不同的环境中被测定,在这样的环境中 TGMS 可以被识别。每个植株必须与广亲和性测交亲本进行测交,在下一个季节进行后裔测定。同时,还必须采收大量的种子用于直链淀粉测定。常规的选择方法需要延迟到可以得到大量种子的时候,以及达到一个合理的纯合性水平的时候,在 MAS 中当这些性状的关联标记可利用时只需要在任何分离群体中的任何生长阶段采收的一个叶片。

随着来自不同作图群体的遗传作图信息的积累,有可能对与一个特定的性状或者性状类别有关联的所有基因建立一个完整的分布图。多标记方法可用于根据对基因组位置已知的每个目标的选择来选择最好的性状/基因组合。有可能为任何性状和(或)性状组合选择最好的"磁带"(cassette)。

当可以区别单个的染色体时,部分的基因组选择或全染色体选择可以代替全基因组选择,以致其他的染色体保持不变。MAS 可以集中于一个染色体的区域或臂,如果它能够与基因组的其余部分区分开。控制相同的性状或性状类别的基因可能聚集在一些特定的染色体区域,这些区域被称为基因区块(gene block)。区域性的作图策略(Xu,1997;Monna et al.,2002)与高密度的遗传图谱相结合,可以帮助构建高密度的区域性图谱,其目标基因区块用于分离紧密连锁的基因。

8.2.2　标记辅助的背景选择

在 BC 计划中,分子标记可以用于对一个有利等位基因进行间接选择(Tanksley,1983),以及用于针对不合需要的遗传背景选择供体基因型(Tanksley et al.,1989)。对目标基因以外的基因组的其余部分(即遗传背景)进行选择被称作背景选择(background selection)(Hospital and Charcosset,1997)。

背景选择是针对全基因组的。在一个分离群体中,每个染色体代表两个亲本的染色体的一个随机的组合。因此我们必须知道每个染色体的亲本组合,以便进行全基因组选择,即整个基因组必须被分子标记覆盖。对于一个单独的植株,当所有标记基因座上的基因型已知时，我们可以跨越全基因组推断每个标记等位基因的亲本来源，从而可以推断每个染色体的亲本组合。

图示基因型的概念

在育种计划中，重要的是除了特定的目标基因之外要考虑个体的全基因组。在有性繁殖的生物中，分离的子代包含的染色体是来源于它们亲本染色体片段的嵌合体。对一个特定的基因座或跨越若干紧密连锁基因座的单倍型上的分子标记基因型的认识，会得到在基因组中那个特定基因座上的等位基因的亲本来源的信息。对贯穿整个基因组的很多连锁基因座的分子标记基因型的认识，会得到一个个体的染色体的亲本组成的准确估计。换句话说，一个基因组中关于连锁点(linked point)的信息使我们有可能推断一个连续的基因型，它可以用图解表示(图 8.3)。图示的基因型(graphical genotype)提供了每个植株的基因组结构的一个清晰的图像，它使 MAS 变得容易，对背景选择尤其有用。选择首先是对前景进行的，以便保留目标基因，然后在已经进行过前景选择的植株中进行背景选择。

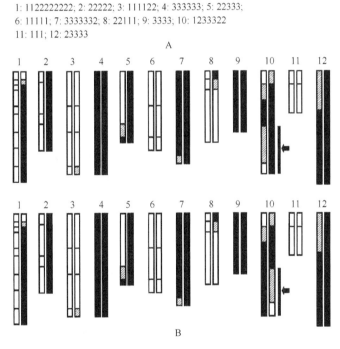

图 8.3　来源于番茄 *Solanum esculentum* 和 *Solanum pennellii*（又名 *Lycopersicon esculentum* 和 *Lycopersicon pennellii*）之间杂交 F_2 群体的一个个体的图示基因型。（A）用数字表示的 RFLP 数据，在基因组中沿着 12 条染色体按次序给出：1. 对 *S. esculentum* 纯合；2. 杂合；3. 对 *S. pennellii* 纯合。（B）从 A 中显示的用数字表示的 RFLP 数据推导出的图示基因型。白色区间表示来源于 *S. esculentum* 的片段；黑色区间表示来源于 *S. pennellii* 的片段；条纹区间表示包含一个交换事件的片段。每对染色体的两个同源染色体被并排地显示。显示了两个异构的图示基因型，具有相等的似然值，仅仅在由箭头和粗线标注的区域有差别。改自 Young 和 Tanksley(1989a)，获得 Springer Science and Business Media 的授权

　　在任何减数分裂中，在一对给定的同源染色体之间可能发生零次、一次或多次交换事件。当交换已经发生时，对一个个体的基因组的完整描述将包括由重组导致的等位基因组成变化的信息，以及交换事件发生位置的信息（Young and Tanksley，1989a）。在传递遗传学中，个体通常是通过它们在一个或多个所研究的基因座上的基因型来描述的。该描述实质上通常是用字母或数字表示的，提供了特定基因座上的等位基因组成和起源的精确信息。高密度的分子图谱可用于确定一个个体在成千上万的基因座上的基因型，从而有可能推导出一个给定个体中所研究的区域或整个基因组的最可能的遗传组成。与用数字表示的基因型相比，图示的基因型具有很多优点，它以图的形式描绘分子数据。在以单个图形描述整个基因组方面它与细胞学的核型相似，但是差别在于图示的基因型是根据分子标记数据推断的，因而将显示基因组的组成和基因组中全部点的亲本起源。

　　要作出图示的基因型，以数字形式获得的分子标记数据需要被转换成容易解释和准确的图解图形。Young 和 Tanksley（1989a）研究出了以图示基因型来表示 RFLP 数据的技巧，将这个思想应用到番茄的 BC 群体和 F_2 群体，并讨论了与图示基因型的潜在能力和应用有关的一些问题。在他们的论文中使用的术语"RFLP 标记"可以被扩展到包括来源于各种类型的共显性的分子标记的基因型和来源于二等位基因标记（如 SNP）的单倍型。这个思想（在结构化的群体，如 BC 和 F_2 的基础上提出）可以推广到所有的群体，包括由种质登记材料或品种组成的自然群体。

推导图示基因型需要的条件

　　为了建立图示基因型，必须满足某些条件。首先，必须要有一个物种的全基因组的、充分填充的或高密度的分子图谱。这个图谱应该由大量的标记组成，覆盖整个基因组，每 10cM 或者 10cM 以下至少有一个标记。另外，为了制备图示基因型，分子标记的顺反构型（*cis-trans* configuration）也必须是已知的。在来源于自交系的群体中，如由 BC 或者 F_2 子代组成的育种群体，顺反构型可以简单地由育种方案的知识推断出来。在更复杂的情况下，必须得到三个世代的完整的分子标记数据，以便对第三个世代中的个体制备图示基因型。例如，在人类中，为了作出系谱中的孩子的图示基因型，必须测定祖父母和父母的分子标记数据。如果没有对顺反构型的认识，来自基因组的一些区域的分子标记数据可能具有多于一个可能的图示基因型，所有这些可能的图示基因型同样可能是正确的。

在推导图示基因型中使用的假设

　　研制图示基因型需要的主要假设是两个分子标记之间的区域的基因型是根据定界该区间的标记的基因型推断的。当根据端点标记的基因型推断一个区间的图示基因型时，常常有可供选择的配置，这些配置将满足可用的标记数据。Young 和 Tanksley（1989a）使用最可能的配置来制作图示基因型。因而，需要的交换事件数目最少的简单配置被用于研制图示基因型，而不使用需要一个或多个多交换事件的备择配置。在实践中，这意味着如果两个连续的基因座具有相同的基因型，则标记之间的区段的基因型被推断为两个侧翼标记的基因型。当两个相邻的基因座具有不同的标记基因型时，可以推断在两个基因座之间某个地方发生过一个交换事件。

　　因为一个非重组体区间的基因型是根据它的端点标记的基因型推断的,一个给定的区间中的双交换(或其他偶数的交换)会歪曲这个推断,双交换的可能性按相邻的分子标记之间单交换的概率的平方增加。因而,对于任何区间,推断的基因型为正确的概率是 $1-r^2$,其中 r 是相邻的分子标记之间一个交换事件的概率。对于整个基因组,没有不正确的区间的概率是

$$P_t = \prod_{n=1}^{\text{区间总数}} (1 - r_n^2) \tag{8.4}$$

　　式(8.4)仅仅考虑了双交换,并且假定交换之间的交叉干扰可以忽略。作为一个例子,考虑总基因组大小为 1000cM 的一个生物,其中分子标记在整个基因组上均匀地分布。由图示基因型正确描述的基因组的期望比例,是通过首先对一个给定的分子标记间隔确定被错误地描述的 0、1、2、… 个区间的概率来计算的。这些概率与间隔大小一起被用于确定正确推断的基因组的期望长度,它再除以总的基因组大小来得到由图示基因型正确描绘的基因组的期望比例。对于每 10cM 间隔的分子标记,在所有的区域中一个推断的图示基因型完全正确(即没有不正确的区间)的概率将只有 30%。但是,这个相同的图示基因型在描述基因组组成方面对于基因组的 99% 以上将是准确的。甚至当分子标记之间的间距增加到 30cM 时,推断的图示基因型将对于大约 95% 的基因组是准确的。显然,与提出这个思想时相比,随着可管理的和可用的分子标记的数目变成无限的,正确的概率将显著提高。

　　当杂合的基因座被一个或多个同源基因座(homologous loci)的一段序列分隔时,在一个 F₂ 群体中会发生顺反模糊(Cis-trans ambiguity)。在这种情况下,可能有两个同样可能的图示基因型,它们在侧翼的杂合区域的顺反构型方面有差别(Young and Tanksley,1989a)。根据泊松分布对由 10 个染色体(每个为 100cM)组成的基因组的计算表明只有基因组的 6% 将是模棱两可的。F₂ 群体中图示基因型的应用性通常不会受到顺反模糊的严重损害。

图示基因型的应用

　　在图 8.3 中显示了从一个番茄 F₂ 群体中随机选择的一个个体的图示基因型,是从RFLP 数据得出的,由 Young 和 Tanksley(1989a)提供。注意,不仅有可能看出每套同源染色体的哪些部分源自于哪个亲本,而且有可能看出交换发生的区域。

　　利用图示基因型,选择的植株可以不仅包含所关心的基因,而且通过额外的杂交可以使基因组的其余部分以高的概率恢复到轮回亲本。虽然图示基因型的思想是在很久以前提出的,但是它已经广泛地使用在基因组学的不同领域中。如第 4 章所述,它已经被用于基因组范围的渐渗系的选择,作为一个库来一段接一段地覆盖所有的性状和整个基因组。随着高通量基因型鉴定系统的可利用,分子标记数据按指数规律增加,图示基因型的思想以及它的衍生型已经得到更多的关注,并且被广泛地用在 MAS、近等基因系(NIL)的构建、渐渗系库的培育和关联作图中。由于基因组中的很多点可以被标记覆盖,图示基因型可以被简化,利用标记的物理位置而不是由侧翼标记确定的区间来显示它们。

8.2.3　BC 世代中的供体基因组含量

在用于改良亲本品系的回交过程中,基于 DNA 标记的全基因组选择或背景选择可用于加快轮回基因型(recurrent genotype)的复原。背景选择的基本原理(与对目标基因的"前景选择"相反)是在任何给定的 BC 世代中,实际的供体基因组含量(donor genome content,DGC)在理论平均值周围变化。

一旦源(供体)亲本中的目标 QTL 等位基因已经通过连锁被鉴定为源专化的标记等位基因,则与该品种的重复回交(在每一轮回交中只选择携带着与外来的 QTL 连锁的标记等位基因的回交子代)将允许连锁的数量等位基因从供体有效地渗入到品种里。根据要被渗渗的等位基因的数目,通过以不与渗渗的等位基因连锁的外来的标记等位基因为背景(从而也是以关联的染色体区域为背景)进行主动的选择,有可能加速事情的进展。

表 8.2 显示了在对一个连锁的标记等位基因进行选择和不进行选择的情况下,在 1~6 个 BC 世代之后一个有利等位基因的频率。也显示了对要被渗渗的 QTL 的一对侧翼标记等位基因进行选择的结果。当使用单个标记时假定标记等位基因和连锁的有利等位基因之间的重组率为 0.10,而两个侧翼标记之间的重组率为 0.40。所关心的比较是,在三代标记辅助的回交(marker-assisted backcrossing,MAB)之后,渗渗等位基因的频率(单标记下为 0.66;侧翼标记下为 0.85)与 5~6 个不使用标记辅助的 BC 世代之后渗渗等位基因的频率(0.01)相比。在前一种情况下,渗渗的等位基因将对品种值(cultivar value)有直接的作用,并且可以通过自交或选择被迅速地固定。

表 8.2　在给定数目的 BC 世代之后有利等位基因的频率,对一个连锁的标记等位基因或侧翼有利等位基因的一对标记(侧翼标记)进行选择和不进行选择,以及利用和不利用以剩余的外来基因组为背景的 MAS 时复原的受体基因组的比例

BC 世代的数目	对有利等位基因的 MAS (有利等位基因的频率)			以外来基因组的剩余部分为背景的 MAS (复原的受体基因组的比例)	
	没有	单标记[a]	侧翼标记[b]	没有	全标记覆盖[c]
1	0.25	0.81	0.92	0.75	0.85
2	0.12	0.73	0.88	0.88	0.99
3	0.06	0.66	0.85	0.94	1.00
4	0.03	0.59	0.82	0.97	1.00
5	0.02	0.53	0.78	0.98	1.00
6	0.01	0.48	0.75	0.99	1.00

注: 改自 Beckmann 和 Soller(1986a),获得牛津大学出版社(Oxford University Press)的授权

a 标记等位基因和连锁的有利等位基因之间的重组率为 0.10

b 两个侧翼标记之间的重组率为 0.40

c 每个染色体两个标记

以外来基因组的其余部分为背景,每个染色体上的两个标记用于 MAS,在 BC_2 中复原的受体(轮回)基因组的比例将等于不用 MAS 时 BC_6 中得到的比例(表 8.2)。这个结果也显示在图 8.4 中,并且被很多作者充分认可(如 Tanksley et al. , 1989;Hospital et al. ，1992；Frisch et al. ，1999a；2000)。因此,以能够区别供体和轮回亲本基因组的标记为基础进行选择,可以大大加快轮回亲本基因组的复原。

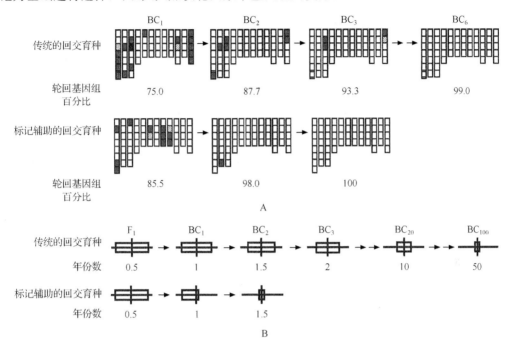

图 8.4　传统的回交育种与标记辅助回交育种的比较(假定使用共显性标记)。(A)在与被引入的基因不连锁的基因组区域中回复到轮回亲本的速率。(上部)传统的回交育种。对于来自不同 BC 世代的随机选择的个体产生了图示基因型,这些 BC 世代来源于单个 BC₁ 个体,通过计算机模拟产生。12 个番茄染色体的每一个都只显示了两个同源染色体中的一个(另外一个同源染色体可以从轮回亲本唯一地推导出来)。黑色区域表示供体基因组片段,条纹区域表示发生交换的片段,白色区域表示轮回基因组片段。每个区间的长度为 20cM。每个图示基因型下面的数字表示来源于轮回亲本的基因组的百分比。从 20 个独立的模拟中估计的回复到轮回基因组所需要的平均世代数是(6.5±1.7)代。(底下)来自标记辅助回交育种计划的个体的图示基因型,表明仅仅在三个世代中就回复到轮回亲本的血缘。在每个 BC 世代中,产生 30 个子代,最好的(就轮回亲本基因组百分率而言)被用作下一个 BC 世代的亲本。(B)在一个选择的基因附近预期的连锁累赘,这个基因在回交过程中保持杂合。(上部)传统的回交育种。(底部)对携带在选择的基因附近有重组的染色体的植株进行 MAS。在 BC₁ 中,与目标基因紧密连锁的标记被用来识别在选择的基因一侧 1cM 之内具有交换的个体。然后将这些重组的个体与轮回亲本回交,在 BC₂ 中,其他紧密连锁的标记被用来选择目标基因的另一侧 1cM 之内的重组体。得到一个给定水平的连锁累赘的期望年份数(对于一个典型的作物,一个世代的时间为 0.5 年)被显示在下面。改自 Tanksley 等(1989),获得 Macmillan Publishers 公司的授权

如果只使用了目标染色体上的两个背景选择标记(假定对目标基因进行直接选择),目标基因和标记之间的距离 d_1 和 d_2 可以被选择,以至于目标染色体上期望的 DGC 被减至最少,如果两个标记对于受体等位基因被固定(Hospital et al. ，1992),选择 d_1 和 d_2 的公式为

$$d_1 = d_2 = \frac{1}{2}\ln(1 + 2\sqrt{s}) \tag{8.5}$$

式中，s 是选择的 BC_1 个体的比例。这个方法基于"群体大小为无限"的假设，并且只有携带目标基因的染色体上的两个标记被使用时最优的性质才成立(Frisch，2004)。

8.2.4 基因渐渗中的连锁累赘

当通过重复回交将单个基因从供体转移到轮回亲本的遗传背景里时，遗传连锁将导致目标基因周围的供体基因组片段被一起"拖拽"，它被称作"连锁累赘"(linkage drag)，是植物育种中基因渐渗的一个持久性的问题。不与目标基因连锁的小的供体基因组片段，也可能在受体的遗传背景中终止。连锁片段的除去以复杂的方式发生，Hanson(1959)描述过这种方式，Stam 和 Zeven(1981)做了更精细的描述。他们的工作表明需要花费很多的世代来清除连锁的供体片段。例如，即使在 20 个 BC 之后，人们预期还能够找到相当大的供体染色体片段(10cM)仍然与被选择的基因连锁(Stam and Zeven，1981)，这在图 8.4B 中显示。在实践中，由于与期望值有关的方差大，这个区域可能比期望值大，也可能比期望值小，因为一个育种家不可避免地在子代之中进行选择。在大多数植物基因组中，10cM 的 DNA 足以包含成百上千的基因。因此，回交不仅导致目标基因的转移，而且导致来自供体的额外的连锁基因的转移。这个现象常常可以产生一个新的品种，这个品种除了最初的目标性状被改良以外，还有别的性状也被改变了。已知有很多"连锁累赘"的例子，其中与目标基因紧密连锁的不合需要的性状在育种计划的过程中被一起携带，这不令人吃惊，特别是当涉及外来的种质时。

除了连锁累赘之外，在 BC 育种计划的过程中来自供体亲本的不连锁的 DNA 也必须被除去。为了充分了解连锁的和不连锁的供体片段在 BC 育种中的相对重要性，由 Hanson(1959)以及 Stam 和 Zeven(1981)的工作得到一个简单的曲线，来比较归因于这两个来源的外源 DNA 的量，这种 DNA 的量是 BC 世代数目的函数(Young and Tanksley，1989b)。这个分析的结果表明对于一个由 10 个染色体组成的假想基因组(每个染色体为 100cM)，仅仅在最初 4 个 BC 世代中来源于供体基因组的不连锁的 DNA 的比例大于剩余的连锁的 DNA。在这个时间之后，归因于连锁累赘的供体 DNA 的比例以一个系数 50 远远超过不连锁的 DNA，在第 20 个 BC 世代，连锁的供体 DNA 以一个大于 10^5 的系数超过不连锁的 DNA。这个简单的分析清楚地强调了连锁累赘作为 BC 育种计划中的突出问题的重要性。

在传统的 BC 计划中，大的连锁片段通常保持很多世代，不是因为在这些区域中没有发生重组，而是因为没有有效的方法来识别重组的个体。在传统的育种中，这种重组体通常仅仅由于偶然性被选择，它减少供体片段大小。利用高密度的分子图谱有可能直接选择在目标基因附近经历过重组的个体。在大约 150 个 BC 植株中有 95% 的概率至少有一个植株在被选择的基因的一侧或另一侧 1cM 之内经历过一次交换。分子标记使我们可以明确地识别这些个体(Young and Tanksley，1989b)。利用 300 个植株的一个额外的 BC 世代，将有 95% 的概率在该基因的另外一侧 1cM 之内有一个交换，产生一个包围着目标基因的小于 2cM 的片段。利用分子标记，这一点将在两个世代中完成，而不利用分子标记时平均起来将需要 100 个世代(图 8.4B)。很明显在一个所关心的区域中对合乎需要的重组体进行选择的能力是在那个区域中作图过的标记数目的函数，也是测定的植株数目的函数。随着植物分子图谱变得更加饱和,选择重组体的效率将提高。

Peleman 和 van der Voort(2003)提供了莴苣基因渐渗中发生的连锁累赘的一个例子。在 20 世纪 90 年代,关键基因(keygene)被纳入到一个标记辅助的育种方法中,培育出对蚜虫 *Nasonovia ribisnigri* 有抗性的一个新颖的莴苣品种(Jansen,1996)。这种蚜虫在欧洲和美国加利福尼亚的莴苣种植地区是一个主要问题,除了传播病毒性病害之外,还引起生长异常和减产。对这种蚜虫的抗性可以通过重复回交从莴苣一个野生亲缘植物毒莴苣(*Lactuca virosa*)中渐渗。但是,虽然经过了很多轮回交,新产品的质量还非常差,具有黄色的叶片和大大缩小的头状花序。这要么可能由抗性基因的多效性效应引起,要么由连锁累赘引起,一个负面的性状与所关心的正面性状紧密连锁。标记分析最终证明质量降低是由连锁累赘引起的。在这种情况下,连锁累赘是隐性的,仅仅在纯合状态下是可见的,因此严重地增加了根据表现型对重组进行选择的困难。他们决定利用侧翼的 DNA 标记来对该基因附近的重组体进行预选择。用这种方法筛选了 1000 多个 F$_2$ 植株,选择了 127 个个体,这些个体在该基因附近发生了重组甚至双重重组。只需要对这些个体进行抗性鉴定,同时在 F$_3$ 水平上对负面性状的有无进行鉴定。用这个方法最终选择到一个个体,这个个体在非常靠近该基因的每一侧发生过重组事件,因此消除了连锁累赘。结果证明(隐性的)连锁累赘归因于抗性基因两侧的紧密连锁的因子。如同由 Peleman 和 van der Voort(2003)指出的,用传统的选择方法很难得到这个结果。

8.2.5　基因组大小对基因渐渗的影响

基因组大小对 BC 世代中 DGC 分布的影响对于供体基因组替换可达到的速率具有重要的决定作用。BC$_1$ 世代中 DGC 的分布显示在图 8.5 中,对于三个基因组大小(单倍体数目的染色体的图谱长度):小基因组为 5cM×100cM;中等基因组为 10cM×100cM;大基因组为 15cM×150cM(Stam,2003)。可以观察到的重要特征是随着基因组大小(总厘摩)的增加 DGC 的方差减小。

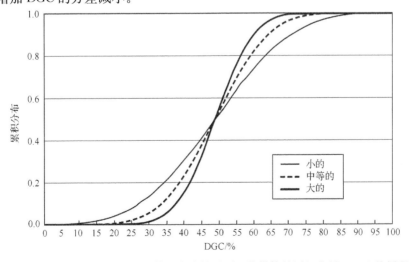

图 8.5　在一个 BC$_1$ 世代中小的、中等的或大的基因组的供体基因组含量(DGC)的累积分布。
结果根据 50 000 次重复的模拟得到(Stam,2003)

把图 8.5 的累积分布制成表格,从这个表中可以读出小于一个给定 DGC 的概率。例如,对于小的、中等的和大的基因组,DGC 小于 0.35 的概率分别等于 0.21、0.12 和 0.06。根据这些概率人们可以计算要保证以一定的可靠性(如 90%)至少将出现一个植株具有小于一个给定的 DGC 所需要的群体大小。设 DGC 阈值为 x,相应的概率为 p_x。则根据 Stam(2003),需要的最小群体大小 N 满足

$$1-(1-p_x)^N > P_C \tag{8.6}$$

式中, P_C 是预置的可靠性水平。

对于这三个基因组大小,在一个 BC_1 世代中要以 90% 的概率保证至少一个或至少两个植株具有小于一个给定的 DGC 所需要的群体大小(在表 8.3 中给出),它表明了基因组大小的重要性。例如,为了在至少一个植株中使 DGC 小于 0.40,一个大的基因组需要的群体大小是一个小的基因组需要的群体大小的 2 倍(14 对 7)。随着 DGC 的减小,这个趋势迅速地增加,当 DGC 小于 0.30 时高达 10 倍,当 DGC 小于 0.25 时高达 30 倍。从这些简单的计算可以看出,在一个大的基因组中 DGC 快速下降的代价是双重的(Stam,2003):①基因组越大,需要的标记越多(每个植株的标记数据点越多);②基因组越大,要达到一个给定的供体基因组替换速率需要的群体越大。

表 8.3　在一个 BC_1 中,对于小的、中等的或大的基因组,要以 0.90 的概率得到具有小于某个供体基因组含量(DGC)的至少一个或两个植株,所需要的群体大小

DGC	至少一个植株			至少两个植株		
	小基因组	中等基因组	大基因组	小基因组	中等基因组	大基因组
<0.45	5	5	6	8	9	11
<0.40	7	9	14	14	16	25
<0.35	10	18	40	17	31	68
<0.30	16	41	169	28	69	285
<0.25	28	111	822	48	187	>1000

当考虑多个 BC 世代时,有关于群体大小的选择策略。在一个模拟研究中,从世代 BC_1 到 BC_3 使用增加的、恒定的,或者减少的群体大小对选择的 BC_3 植株的轮回亲本基因组值的影响很小(Frisch et al.,1999a)。例如,这样分配总共 $n=300$ 个植株,使得从 BC_1 到 BC_3 每个世代产生 100 个植株(比率 $n_1 : n_2 : n_3 = 1 : 1 : 1$),导致 97.4% 的轮回亲本基因组的一个低的 10% 百分位数(Q10),而从 3:2:1 的一个极端到 1:3:9 的另一个极端的不同的比率分别导致 97.3% 和 97.4% 的 Q10 值。相反,在世代 BC_1 中使用一个大的群体大小会使标记辅助 BC 计划需要的标记数据点的数目倍增。例如,对于 $n_1 : n_2 : n_3 = 1 : 3 : 9$,需要的标记数据点只有 2650,而对于比率 1:1:1 和 3:2:1,需要的标记数据点分别是 5000 甚至是 7250。但是,在对数量性状的多阶段选择中,早期世代中的大群体是有利的,因为当使用高的选择强度时,由于分离方差大,预期有大的选择增益(selection gain)(Frisch,2004)。

8.2.6　携带者染色体上的背景选择

对于携带目标基因的染色体[即携带者染色体(carrier chromosome)],供体基因组替

换是最重要的,同时也是最困难的。假定目标基因与两个侧翼标记之间的间距为 d_1 和 d_2,这些侧翼标记可以像前面所讲的那样被用于背景选择。在一个给定数目的世代之内渗渗的片段必须小于由 d_1-d_2 覆盖的片段。那么,给定一个达到这个目标的预置概率(以 99% 的成功率),在连续的 BC 世代中最佳的群体大小是多少?

答案已经由 Hospital 和 Decoux(2002)给出,并且可以容易地利用软件包 POPMIN (http://moulon.inra.fr/~fred/programs)获得。表 8.4 提供了根据 POPMIN 的结果得到的三个重要特征。首先,标记侧翼的片段(区间)越小,需要的植株越多,因为稀有的重组体很少会出现在较小的群体中。其次,群体大小应该随着世代的前进而增大,因为在大多数情况下两侧的脱离(detachment)(交换)是一个二阶段的过程。如果在一个给定的世代中在任何一侧都没有发生脱离(交换),则在其后的世代中需要更多的植株。最后,允许用更多的世代(三个对两个)来实现目标,这时需要种植和进行基因型鉴定的植株总起来要少些,表明在渗渗计划的速度和成本(总的样本容量)之间的一个平衡。

表 8.4 在连续的 BC 世代中,要以 **99%** 的可靠性达到在最后的 BC 世代中至少一个植株中的两个侧翼目标基因的标记变成脱离这个目标,所需要的最优群体大小(表示为个体数目)(Stam,2003)

构型	世代	BC_1	BC_2	BC_3	ΣN	(ΣN)
$d1\text{-}10\text{-}T\text{-}10\text{-}d2$	2	62	100	—	162	(137)
	3	25	36	76	137	(74)
$d1\text{-}5\text{-}T\text{-}5\text{-}d2$	2	118	200	—	318	(289)
	3	48	70	149	267	(149)

注:ΣN 为累积的植株数目。(ΣN) 为平均的累积植株数目,它小于 ΣN,因为目标有可能在最终的世代之前达到。在"构型"列中标明的数字是距离,以厘摩(cM)为单位。T 为目标基因座;$d1$、$d2$ 为侧翼标记

另外,POPMIN 软件也允许使用者指定标记基因座和目标基因座上的初始基因型。给定 BC 世代的一个初始条件,如 BC_1,使用者可以最优化后续的 BC_2、BC_3 等的群体大小。反之,如果在一个给定的 BC 世代中没有得到一个重组体,则需要增大其后的世代中的最初计划的群体大小。

根据背景选择对于携带者染色体和基因组的剩余部分的相对重要性,Hospital (2002)认为携带者染色体上的背景选择比非携带者上的更加重要,因而对携带者标记和非携带者标记指定了不同的权重(weight)。Frisch 和 Melchinger(2001)考虑了标记的"多阶段"选择:在选择目标基因之后,再根据携带者标记选择植株,最终从得到的子集中根据非携带者标记进行选择。

8.2.7 遗传背景的全基因组选择

关于遗传背景的全基因组选择应该使用的标记数目(每个染色体)以及这个数目如何依赖于基因组和(或)群体大小,出现了问题。一些作者(如 Hospital and Charcosset,1997;Frisch et al.,1999a;1999b)已经表明在一个中等大小的群体中(从其中选择"最有希望的"植株用于进一步的回交),每个染色体的标记数目增加两个以上几乎没有效益(表 8.5)。标记数从 1 增加到 8 在相对的意义上减少了 DGC(在 BC_2 中从 0.13 减少到

0.07），但是绝对影响是有限的。然而，当快速的进展需要利用更大的群体大小时，特别是在大基因组情况下（其中无论如何都需要更大的群体大小），情况是不同的（表 8.6）。

表 8.5 在一个具有中等基因组大小和单个目标基因的 BC 计划中 DGC 的平均减少（Stam，2003）

标记数目	BC_1	BC_2	BC_3
1	0.34	0.13	0.07
2	0.31	0.09	0.04
8	0.30	0.07	0.02

注：每个染色体具有 1 个、2 个或者 8 个标记，均匀分布在染色体上。每个世代从 50 个植株中选择一个用于回交。选择的植株满足：①它携带目标等位基因；②它具有最少数目的供体标记。结果以 5000 次重复模拟为基础

表 8.6 在小基因组和大基因组的 BC_2 中以不同的群体大小和每个染色体的标记数目获得的平均的 DGC（Stam，2003）

标记数目	群体大小	基因组大小	
		小基因组	大基因组
2	50	0.082	0.121
	200	0.079	0.095
	400	0.078	0.088
8	50	0.040	0.100
	200	0.021	0.067
	400	0.019	0.055

可以得出两个一般的结论（Stam，2003）：①对于每个染色体上只有少数标记的小基因组，增加群体大小几乎没有什么意义。然而，当很多标记可用时，群体大小的增加的确减少 DGC，但是超过则很难这样了。②对于一个大的基因组，增加群体大小是有利的，不管每个染色体上的标记数目如何。显然，当基因组大小增大时，要获得 DGC 的给定的减少需要更多独立的重组事件，也需要更大的群体来发现这些重组事件。

对背景的全基因组选择有助于减少 DGC。一般地说，最终的 DGC 水平为多少才是"可接受的"这个问题不容易回答。当仅仅依赖估计的 DGC 时（以标记为基础），人们仍然会面临这样的风险：在选择结束之后，一个小的供体片段包含少数"野生型"基因，带来一个不合需要的性状。特别是在一个快速循环的渐渗计划中，很难允许对一般的农艺性状进行表型选择，不想要的供体性状可能出人意料地卷入，虽然是一个昂贵的、理论上有效的 BC 方案（Stam，2003）。另外，不同的 BC 群体之间合乎需要的 DGC 水平主要取决于供体和轮回亲本之间的遗传差异。在很多情况下，不饱和的回交伴以对目标基因的选择可能是足够的，特别当供体亲本也是一个商业品种时。

8.2.8 通过重复回交的多基因渐渗

既然在抽样和 DNA 抽提之后几乎不需要额外的工作就可以用多个分子标记进行筛选，人们可以考虑通过 MAB 同时将很多基因添加到一个品种中。例如，与传统育种需要

的很多世代相比,可以在少数几个世代中添加几组抗病性基因。迅速地调整现有品种的能力将允许育种家更加迅速地对市场需求和不能预料的环境压力(如新的病原菌的出现)作出反应。

对于标记辅助的渐渗,渐渗的等位基因的频率足够地高以致 2/3 的等位基因可以容易地引入,并且在一个给定的育种周期中被固定(Beckmann and Soller,1986a)。由于携带想要的外来等位基因的 BC 子代极端稀少,在没有 MAS 的情况下,很多的 BC 子代将不得不对于引入的性状进行筛选。

一些作者已经考虑过通过重复的 MAB 转移多个基因的优化问题(van Berloo et al.,2001;Frisch and Melchinger,2001;Hospital,2002;Stam,2003)。Frisch(2004)讨论了两个显性基因的渐渗。很明显,粗略地说,群体大小、基因组大小以及标记的总数对轮回亲本基因组复原效率的影响与单个基因转移的情况相似。作为一个例子,表 8.7 显示了群体大小对一个中等大小的基因组中三个目标基因渐渗的影响,利用每个染色体上的 8 个标记进行背景选择(Stam,2003)。对于多个目标,增加群体可以提高效率。但是,当群体大小从小增加到中等(如从 50 增加到 100)时,BC 群体中平均 DGC 的减少更加明显。

表 8.7　在三个目标基因同时渐渗的例子中 BC$_2$ 和 BC$_3$ 中的平均 DGC(Stam,2003)

群体大小	BC$_2$	BC$_3$
50	0.18	0.09
100	0.14	0.06
200	0.11	0.04
400	0.09	0.03

注:基因组大小为中等,利用每个染色体上 8 个标记进行背景选择。选择单个植株用于进一步的回交,该植株携带三个目标等位基因并具有最少数目的供体标记。根据 1000 次重复的模拟平均

目标基因的数目影响对"一个给定的植株总数是否应该被分散在两个或三个世代"这个问题的回答。对利用总共 900 个植株获得的平均 DGC 进行比较,这些植株分布在两个或三个 BC 世代,具有中等基因组大小,每个染色体 8 个选择标记(Stam,2003),结果表明三个 BC 世代(其中每个世代 300 个植株)比两个 BC 世代(其中每个世代 450 个植株)更加有效。前者的平均 DGC,一个目标基因时为 0.010,三个目标基因时为 0.036,而后者的这些数字分别是 0.023 和 0.083。同样,在时间(涉及多少世代)、成本(每个世代要产生多少数据点)和效率(轮回亲本基因组多久能够复原)之间有一个平衡。

多 QTL 转移中出现的一个复杂情况是 QTL 的准确位置的不确定性。Hospital 和 Charcosset(1997)研究了前景选择中使用的标记的最佳位置。这个最优化过程还应该考虑要被渐渗的多个 QTL 的目标性状的相对经济价值。

8.3　标记辅助的基因聚合

农业生产率是在优良的环境中种植优良基因型的结果,这种环境允许优良的基因型

表达它们的优越性(Boyer，1982)。遗传值(genetic value)的增加依赖于控制那个性状的有利基因频率的增加。为了创造一个优良的基因型,育种家必须将很多优良的基因集合在一起,对于一个特定的性状,将来自不同基因座的具有相似效应的等位基因集合在一起。这个过程被称作聚合(pyramiding),通过它,不同的 QTL 等位基因能够被重新组合,能够选择联合了相似(正的或者负的)效应的等位基因的真正育种品系(Xu，1997;图 8.6)。相关的技术包括有效地识别具有有利等位基因组合的个体、将不同的等位基因聚集到一个共同的品种里来产生新的基因型以及确定不同基因座上的等位基因的联合效应。按照 Allard(1988)的话来说:"因此重点被转移到一个特殊的方法……确定单个标记基因座对适应性改变(adaptive change)的单独的效应,然后确定一对基因座的联合效应。"

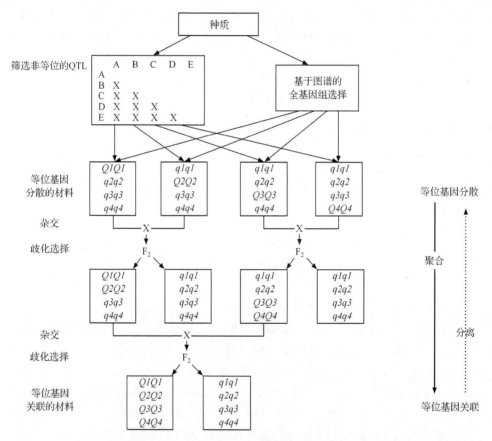

图 8.6　QTL 分离和聚合的流程。具有分散的 QTL 等位基因的非等位的 QTL 是通过观察超亲分离和基于图谱的全基因组选择识别的,然后通过从来源于非等位基因 QTL 材料的杂交中的歧化表型选择得到重组体。例示了两轮交叉选择来聚合 4 个基因座上的非等位的 QTL($Q1$-$q1$、$Q2$-$q2$、$Q3$-$q3$ 和 $Q4$-$q4$)。QTL 分离是聚合的逆过程,在其中等位基因关联的材料被用作亲本来产生一个分离群体(F_2),选择居中的表现型以便得到等位基因分散的个体(改自 Xu,1997)。获得 John Wiley & Sons 公司的授权

8.3.1　基因聚合方案

如果所有基因不能在单个选择步骤中被固定,则必须用具有不完全的、但是互补的纯合基因座集合的选择个体进行杂交(Xu et al., 1998)。但是这种策略限于少数目标基因座。为了通过对标记的选择在单个基因型中积累更多的基因座,Hospital 等(2000)提出了一个基于标记的轮回选择(marker-based recurrent selection,MBRS)方法,在随机交配群体中利用 QTL 互补的策略。他们利用模拟对这个方法进行了评价,模拟群体有 200个个体、50 个检测的 QTL,他们发现当标记正好在 QTL 上时有利等位基因的频率在 10个世代中上升到 100%,但是当标记-QTL 距离为 5cM 时只上升到 92%。在后一种情况中效率降低的原因在于,由于标记和 QTL 之间的重组,在育种方案的过程中有可能"丢失"QTL。由于减数分裂的累积,随着育种方案持续时间的增加这个影响变得更加严重;因此,重要的是要尽可能迅速地累积和固定目标基因。Hospital 等(2000)得出结论说在费用不变的条件下选择的个体之间成对杂交方式的优化是减少育种方案持续时间的最有效方法。

Servin 等(2004)提出了一个一般的框架来最优化育种方案以便将识别的基因从多个亲本积累到单个基因型中(基因聚合方案)。本节将介绍由这些作者提出的有关标记辅助的基因聚合理论。

定义

为了将多亲本中已经识别的基因积累到单个基因型中,假定我们有 n 个目标基因座和一组基础亲本,记为 $\{P_i, i \in [1,\cdots,n]\}$,其中 P_i 是对于第 i 个基因座上有利等位基因和剩余的 $n-1$ 个基因座上的不利等位基因纯合的。我们假定基因座之间的重组率是已知的,我们想要推导出在所有 n 个基因座上对于有利等位基因为纯合的理想基因型[理想型(ideotype)]。

如图 8.7 所示,基因聚合方案有两个部分:第一部分被称作系谱(pedigree),目的在于将所有的目标基因积累在单个基因型中[称为根基因型(root genotype)];第二部分被称作固定步(fixation step),目的在于将目标基因固定到纯合的状态,也就是说,从根基因型中获得理想型。一个系谱可以用一个二叉树(binary tree)来表示,具有对应于 n 个基础亲本的 n 片树叶和 $n-1$ 个节点。树的每个节点被称作一个居间基因型(intermediate genotype),有两个亲本。每个居间基因型(它是从子代中选择出来的一个特定的基因型)在下一个杂交中成为亲本。把从亲本传递到居间基因型的配子(基因的子集)表示为 s。以 $H_{(s_1)(s_2)}$ 为例,居间基因型必须产生一个配子,在 s_1 和 s_2 中携带所有有利的等位基因,并把这个配子传递给它的子代。

有很多可能的方法可用于固定根基因型,其中一个是产生双单倍体(DH)群体,如第4 章所述。利用 DH 方法,在得到根基因型之后只需要一个额外的世代就可以培育出理想型,再加上一个世代繁殖种子以便产生大的群体。利用 DH 方法的固定步可以概述如下。

首先,通过根基因型与一个不包含有利等位基因的空白亲本(blank parent)(表示为

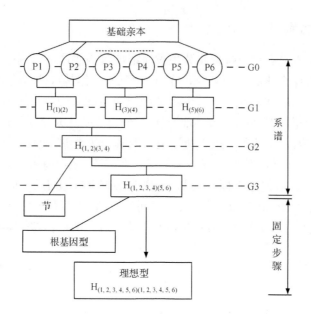

图 8.7　基因聚合的例子,累积 6 个目标基因。系谱部分的目的在于将来自基础亲本的所有目标
基因的一个拷贝累积在单个基因型(根基因型)中。固定步是从根基因型中获得理想型,其目的
在于将目标基因固定到纯合的状态(Servin et al.,2004)

$H_{(B)(B)}$ 杂交,得到一个携带处于相引相的所有有利等位基因的基因型,即 $H_{(1, 2, \cdots, n)(B)}$ 。
这保证子代的连锁相是已知的,并且 $H_{(1, 2, \cdots, n)(B)}$ 基因型可以被明确地识别。

其次,$H_{(1, 2, \cdots, n)(B)}$ 自交以便在一个世代之内产生理想型。

系谱高度

一个系谱跨越的世代数目被称作系谱高度(pedigree height),表示为 h 。如果固定步
跨越两个世代,则整个基因聚合方案跨越 $h+2$ 个世代。当在每个世代上仅仅进行一个杂
交(涉及一个居间基因型 H 和一个基础亲本)时,系谱具有最大的高度。这类系谱被称作
串联系谱(cascading pedigree)。反之,当每个世代进行最大数目的杂交时系谱具有最低
的高度。累积 n 个基因的系谱的高度满足

$$[\log_2(n)] \leqslant h \leqslant n-1 \tag{8.7}$$

式中,$[x]$ 表示大于或等于 x 的最小的整数。

系谱数目

积累 n 个基因的系谱的数目是具有 n 片标签过的树叶的二叉树的数目。一个积累 n 个
目标基因的系谱的根基因型来自分别携带 p 和 $n-p$(不相重叠)个目标基因的两个亲本
的杂交,其中($1 \leqslant p \leqslant n-1$)。设 $N(p)$ 是累积 p 个指定基因的子系谱(subpedigree)的数
目。对 p 的所有可能值求和,则累积 n 个基因的系谱的数目 $N(p)$ 可以通过下面的公式
来计算

$$N(n) = \frac{1}{2} \sum_{p=1}^{n-1} \binom{n}{p} N(p) N(n-p) \tag{8.8}$$

系数 1/2 是为了保证两个给定亲本的杂交只被计数一次。可以求解这个递推[见 Servin 等(2004)的附录]并得到累积 n 个基因的系谱的总数

$$N(n) = \prod_{k=2}^{n} (2k-3) = (2n-3)(2n-5)\cdots 1 \tag{8.9}$$

随着考虑的基因座数目的增加,系谱总数非常迅速地增加。例如,当 $n=3$、$n=4$、$n=5$、$n=6$、$n=7$ 时,系谱总数分别是 3、15、105、945 和 10 395。

基因通过系谱传递的概率

给定基因座之间的重组率,我们可以计算一个居间基因型 $H_{(s_1)(s_2)}$ 将基因的集合 s(它是 s_1 和 s_2 的并集)传递给其子代的概率。如果用 $v(s)$ 表示集合 s 中的基因总数,我们有 $v(s) = v(s_1) + v(s_2)$。设 $\{a_i\}$ 是集合 s 中的基因,根据它们在遗传图谱上的位置排序过,以致 $s = (a_1, a_2, \cdots, a_{v(s_1)+v(s_2)})$。设 $r_{x,y}$ 是 x 和 y 之间的重组。由 $H_{(s_1)(s_2)}$ 产生的包含基因集合 s 的配子的概率是

$$P(H_{(s_1)(s_2)} \to s) = \frac{1}{2} \prod_{i=1}^{v(s)-1} \pi(i, i+1) \tag{8.10}$$

式中,$\pi(i, i+1) = r_{a_i, a_{i+1}}$,如果基因 a_i 和 a_{i+1} 在不同的子集内,则 $\pi(i, i+1) = (1 - r_{a_i, a_{i+1}})$。

注意另外一个目标基因可能在图谱上,位于 a_i 之间,但是不属于集合 s;在这里这些基因之间的重组无关紧要。举一个例子来说明式(8.10),考虑基因型 $H_{(1,3)(2,5,6)}$。它传递集合(1, 2, 3, 5, 6)的概率是

$$P(H_{(1,3)(2,5,6)}) \to (1,2,3,5,6) = \frac{1}{2} (r_{1,2})(r_{2,3})(r_{3,5})(1 - r_{5,6}) \tag{8.11}$$

知道这些概率,得到一个给定系谱的根基因型的总概率是所有系谱的节点(除根节点以外)的概率的乘积,这些节点上的概率按照式(8.10)计算。

得到理想型必需的最小群体大小

设 P_f 和 P_m 为一个给定节点上的每个亲本传递其特定基因子集的概率,这些概率是按式(8.10)计算的。根据这些概率我们可以计算在这个节点上以成功概率 γ 得到居间基因型所需的群体大小 N。N 个子代中一个也没有正确基因型的概率是 $(1 - P_f P_m)^N$;令这个概率等于 $1 - \gamma$,得到

$$N = \frac{\ln(1-\gamma)}{\ln(1 - P_f P_m)} \tag{8.12}$$

式中,$\ln$ 表示自然对数。根据式(8.12)可以计算每个节点上需要的群体大小。现在系谱的总成功概率是它的每个节点上的成功概率的乘积。类似地,可以计算固定步需要的群体大小。与结合两个基础亲本有关联的节点总是传递它们的目标基因。设 p 是育种方案中其他节点的数目;如果它们都具有如同这里考虑的某个成功概率 γ,那么该基因聚合方案的总成功概率是 γ^p。基因聚合方案(系谱步和固定步)需要的全部群体大小的总和用 N_{tot} 表示。在整个基因聚合方案过程中在任何节点或步骤上要被处理的群体大小的

目标是 N_{max}。

案例研究

Servin 等（2004）开发了一个计算机程序来对给定的基因数目 n 构建产生理想型的全部系谱。给定 $r_{i,j}$ 值，该程序确定每个系谱的基因传递概率和累积的群体大小 N_{tot}，继之以固定步。

Servin 等（2004）提供了积累 4 个基因的一个案例研究，它可能经常被用于积累主效基因控制的性状（如抗病性）。对于积累位于单个染色体上的 4 个基因，有 15 种可能的系谱，这些系谱是利用"相邻基因座之间的重组率相同"这个假设来产生的，利用 Haldane 作图函数（Haldane，1919），相邻基因座之间的重组率对应于 20cM。由于所有成对的相邻基因座的重组率是一样的，某些基因聚合方案具有相同的传递概率或群体大小，我们将注意到这对几乎所有实际的情况来说都是不成立的。

图 8.8 显示了三个方案，每个代表多基因聚合方案，这些方案具有相同的累积群体大小，需要最小的 N_{tot}。群体大小是这样计算的，以至于每个方案的成功概率是 0.99。在以串联系谱为基础的方案中（图 8.8A）有 4 个节点，对于这些节点来说得到居间基因型的概率不是 1。因此在那些节点的每一个上使用的成功概率是 $0.99^{1/4}=0.9975$。在其他两个方案中，这种节点有三个，因此在这些节点的每一个上使用的成功概率是 $0.99^{1/3}=0.9967$。基础亲本之间的杂种是以概率 1 得到的，因此在相应的节点上需要的群体被假定为只有一个个体。

图 8.8A 显示了一个涉及串联系谱的基因聚合方案。它跨越 5 个世代（系谱高度为 $h=n-1=3$，加上用于固定步的两个世代），在所有的方案中这个方案需要的累积群体大小最小（$N_{tot}=325$）。其他两个最好的方案持续 4 个世代［系谱高度为 $h=\log_2(n)=2$，加上用于固定步的两个世代］。需要次最小（next smallest）$N_{tot}(=961)$ 的方案是图 8.8B 中代表的那一个。在产生 $H_{(1,2,3,4)(B)}$ 基因型之前，它将基因座 1 和 4 累积在一个子系谱上，将基因座 2 和 3 累积在另外一个子系谱上。与串联类型相比，这个基因聚合方案需要的群体大小在所有节点上都是大的。图 8.8C 中代表的基因聚合方案甚至需要一个更大的 $N_{tot}(=1001)$，因为要产生根基因型 $H_{(1,2)(3,4)}$ 需要一个巨大的群体大小；反之，产生 $H_{(1,2,3,4)(B)}$ 基因型需要的群体大小要小得多（$N=97$）。

Xu 等（1998）提供了一个实际例子，利用表型选择和两个方案来积累 4 个控制分蘖角度的基因座，一个方案与串联系谱相似，另一个方案与图 8.8B、图 8.8C 描述的方案相似。

虽然基于串联系谱的基因聚合方案需要最小的群体大小来组合所有有利的等位基因，但是与其他的方案相比它需要花费更多的世代来导出根基因型。当基因型鉴定的成本是比育种成果转化需要的时间更重要的限制因素时，应该选择串联系谱方案。但是，当快速的培育出根基因型成为更加重要的时，尤其在私营的育种部门中，少几个世代将产生市场份额竞争方面的巨大差异。

理论上上述方法可以被扩展到涉及很多基因的方案。随着更多的基因被涉及，系谱高度（一个系谱跨越的世代数目）增加，因此累积的群体大小数目也增加，不同方案之间群体大小的差异也将增加。随着基因数目的增加，对于某些方案来说每个世代中需要的群体大小将变得如此大以至于它将几乎是不可能的。因而,基于串联系谱的方案将成为唯一的选择,虽然它将使用更多的世代来导出根基因型。

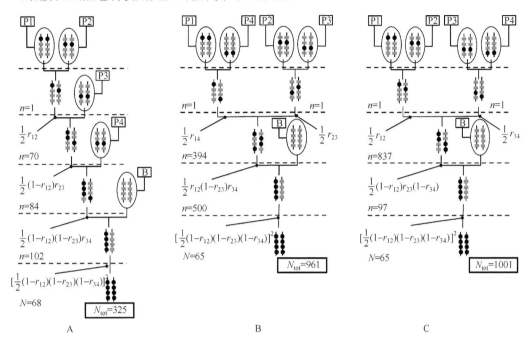

图 8.8　累积 4 个基因座的三种不同基因聚合方案的图示。方案 A 是以串联系谱为基础的。方案 B 和 C 的差别在于基础亲本的杂交次序不同。目标基因用实心的圆圈表示,其他的基因用阴影框表示。在每个节点上给出了目标基因从亲本传递到子代的概率。当概率等于 1 时,它不被标明。每个节点上需要的群体大小(N)和累积的群体大小(N_{tot})在图中也有标示(Servin et al. ,2004)

8.3.2　杂交和选择策略

不同的杂交和选择策略可能需要极其不同的群体大小来以相同的可靠性复原一个目标基因型,即使使用相同的亲本(Bonnet et al. ,2005)。最有效率的策略具有这样的潜力:显著地减少将一组目标等位基因组合到一个理想基因型(理想型)里需要的资源(植株、小区、标记测定和劳动力)的数量。如果植物育种家能够选择最合适的杂交(如单交、BC 或顶交)以及最好的 MAS 方法则可以达到相当大的效率增益(efficiency gain)。

在利用标记方面,育种家通常面临一些情况:①聚合多个基因座上的等位基因,包括考虑最合适的杂交类型;②通过逐次淘汰使标记筛选成本减至最少;③利用不完全连锁的标记来组合目标等位基因;④在对于其他不连锁的目标等位基因分离的杂交中组合以相斥相连锁的等位基因。Wang 等(2007)使用群体遗传学理论来建立需要的标记数目、最好的杂交策略以及近交水平的一般规则,来使标记实施的效率达到最大,其中标记和目标等位基因之间没有重组。

双亲本杂交、回交和顶交的比较

如果两个亲本之间在 n 个基因座上有差别,第一个亲本 P_1 的 n_1 个基因座上具有有利等位基因,第二个亲本 P_2 的 n_2 个基因座上具有有利等位基因,则来源于 F_1、P_1BC_1(与 P_1 回交)和 P_2BC_1(与 P_2 回交)的 DH 或重组自交系(RIL)中目标基因型的相对比例是

$$f_{F_1} = \left(\frac{1}{2}\right)^n$$

$$f_{P_1BC_1} = \left(\frac{3}{4}\right)^{n_1} \left(\frac{1}{4}\right)^{n_2} \tag{8.13}$$

$$f_{P_2BC_1} = \left(\frac{1}{4}\right)^{n_1} \left(\frac{3}{4}\right)^{n_2}$$

这三个比例被用作 BC 是否减少群体大小的一个指导,以及表明哪个亲本应该被用作轮回亲本。

如果目标等位基因在三个亲本(即 P_1、P_2 和 P_3)之间是分散的,为了组合所有的等位基因需要顶交(或三向杂交),如 $(P_1 \times P_2) \times P_3$。如果每个亲本携带不同的等位基因,则在第一个杂交中由亲本 P_1 和 P_2 贡献的等位基因继与 P_3 顶交之后将以 0.25 的频率存在,而由 P_3 贡献的每个等位基因的频率将为 0.5。如果 n_1、n_2 和 n_3 分别是这三个亲本中有利的目标等位基因的数目,则在没有选择的条件下,在 DH 或 RIL 群体中具有目标基因型的个体的期望比例是

$$f_{TC} = \left(\frac{1}{4}\right)^{n_1+n_2} \left(\frac{1}{2}\right)^{n_3} = 2^{n_3-2n} \tag{8.14}$$

式中,$n = n_1 + n_2 + n_3$。式(8.14)用来确定亲本的杂交次序以便使顶交中需要的群体大小减到最小。

利用逐次淘汰使标记测定的总数减到最小

在由 N 个个体组成的群体中,个体要利用 n 个独立基因座上的标记进行连续的筛选,只有具有目标基因型的个体被保留用于进行下一个标记的筛选,为了识别所有基因座上的目标基因型需要的标记测定的总数(M)可以根据下式计算

$$M = N + Nf_1 + Nf_1f_2 + \cdots + Nf_1f_2\cdots f_{n-1} \tag{8.15}$$

式中,$f_1, f_2, \cdots f_n$ 是利用每个标记筛选之后保留的个体的比例。对于任何标记的集合,如果首先使用具有最低保留百分率 f(或最高淘汰率)的标记,然后使用具有次最低的保留百分率的标记,以此类推,则 M 将减至最少。标记测定的总成本(C)可以通过把每个测定的成本包括在式(8.15)中来确定

$$C = Nc_1 + Nf_1c_2 + Nf_1f_2c_3 + \cdots + Nf_1f_2\cdots f_{n-1}c_n \tag{8.16}$$

式中,$c_1, c_2, \cdots, c_n$ 是标记测定的成本。当 $\dfrac{c_1}{1-f_1} < \dfrac{c_2}{1-f_2} < \cdots < \dfrac{c_n}{1-f_n}$ 时总成本 C 被减至最少。

应当指出逐次淘汰成本的解析表达式忽略了处理植株/品系(做标签、叶片取样等)和 DNA 抽提的成本,这些成本对于总的样本容量是固定的,不能通过逐次淘汰减少。如果这些固定的成本是基因型鉴定的主要费用,则标记在逐次淘汰中的使用次序可能变成次要的了。随着高通量基因型鉴定系统的建立,对所有的样本利用所有的标记来使得基因型鉴定总体上最划算,标记在逐次淘汰中的使用次序可能变得不那么重要了。

在早世代富集有利的等位基因

当必须选择很多(不连锁)的标记时,纯合目标基因型的频率将是低的,将需要较大的群体。例如,在 5 个不连锁的基因座上分离的两个自交系杂交,在 F_2 中目标基因型的频率是 $0.25^5 = 0.000\ 98$,要复原至少一个目标基因型需要的最小群体大小[式(8.2)]是 $4714(\alpha = 0.01)$。如果选择是在来自相同杂交的纯合品系(即 DH 或 RIL 群体)之中进行的,则目标基因型的频率是 $0.5^5 = 0.031\ 25$,最小群体大小只有 $146(\alpha = 0.01)$,即如果选择被推迟至达到更大的纯合性,则利用较小的群体大小就可以更容易地复原目标基因型。

对于更多的分离基因座,即使在 DH 或 RIL 群体中群体大小也迅速地增加。例如,在一个具有 8 个不连锁的分离基因座的双亲本的群体中,在一个纯合群体中的目标基因型的频率是 $0.5^8 = 0.0039$,最小群体大小是 1777。在这些情况下,Bonnet 等(2005)提出了一个二阶段选择策略。第一个阶段是"F_2 富集",其中携带整套目标等位基因的 F_2 个体被选择,无论目标等位基因是纯合的还是杂合的。F_2 富集利用了每个基因座上的携带者(纯合或杂合)的高期望频率 0.75。该技术的价值可以从一个在 12 个基因座上分离的群体中看出,其中在 F_2 富集步被选择的基因型的频率是 $0.75^{12} = 0.031\ 676$,得到 F_2 代的最小群体大小为 144,与 $0.25^{12} = 5.960\ 464 \times 10^{-8}$ 的频率和在 F_2 中识别单个纯合个体时的 >7700 万的群体大小相当。

在 F_2 富集之后,选择的群体中 12 个目标等位基因的每一个的频率从 0.5 增加到 0.67。第二步是从选择的 F_2 中产生一个由大体上纯合的品系组成的群体。从富集的 F_2 中产生的 DH/RIL 群体中目标基因型的频率将从 0.5^{12} 增加到 0.67^{12},导致最小群体大小从 18 861 减少到 596。因此,利用富集,F_2 和 DH/RIL 群体的大小都对育种更具有实际意义。

当涉及多个世代的选择时,可以在多个世代中进行等位基因富集。在两个选择阶段上的富集(如在 F_2 和 F_3 中)总是比简单的 F_2 富集需要更大的测定数目(Wang et al.,2007)。如同 Bonnet 等(2005)所指出的,F_2 富集增加了选择等位基因的频率,使目标基因型复原(通常在 90% 左右)所需的最小群体大小大大减小,并且可以在更多的基因座上进行选择。因此在 F_2 富集之后接着在 F_3 中进行的另外一轮等位基因富集的收益是十分微小的,常常导致最小群体大小的小的净增额。

对于来自一个现存的育种计划的三个适应的小麦品系的一个顶交杂种,9 个目标基因(7 个不连锁)上的等位基因频率变化的模拟表明利用在顶交 F_1 代(TCF1)、顶交 F_2 代(TCF2)和 DH 中的一个三阶段选择使群体大小减至最少。TCF2 中等位基因频率的富集使筛选的品系的总数从 >3500 减少到 <600。选择之后有 8 个基因的频率 >0.97(Wang et al.,2007)。

8.3.3 不同性状的基因聚合

上面讨论的方法是用于聚合影响一个特定性状的基因的。然而,长期以来将来自不同性状的有利基因聚合在一个基因型对于植物育种家是一种挑战。上面讨论的原理同样可被用于积累控制不同性状的 QTL 等位基因。概念上的一个明显的差别是要被积累的不同性状基因座上的等位基因可能具有不同的有利方向,即负的等位基因对某些性状是有利的,而正的等位基因对其他的性状是有利的。因此,为了符合育种目标,人们可能需要将某些性状的正的 QTL 等位基因与其他性状的负的等位基因结合在一起。当考虑多个性状时标记辅助的基因聚合也是重要的,因为在表型选择中这些性状的每一个必须在不同的环境中、不同的发育阶段或育种计划的不同阶段被测定。

当人们实际进行不同性状的等位基因聚合时,应该注意性状相关性。正相关将促进涉及对具有相同的有利方向的等位基因进行选择的聚合过程,但是将阻碍对具有不同的有利方向的 QTL 的选择过程,反之亦然(对于负相关来说)。如果相关性来自一个标记基因的多效性效应而不是连锁,则很难朝着与相关性相反的方向进行选择。

8.3.4　标记辅助的轮回选择与基因组选择的比较

轮回选择被认为是将分散在不同来源的种质中的有利等位基因结合起来的一个选择方法。轮回选择有不同的新版本,这些新的轮回选择结合了分子标记信息。这些新版本的主要优点是每个选择世代的所有子代都可以得到遗传数据,基因型数据和表型数据整合,选择的世代可以快速循环,在连续的苗圃上进行信息指导的交配。

标记辅助的轮回选择(marker-assisted recurrent selection,MARS)是在 20 世纪 90 年代提出的(Edwards and Johnson,1994;Lee,1995;Stam,1995),它在每个世代利用标记来瞄准所有的重要性状,并且为这些性状获得遗传信息。遗传信息通常是从在试验群体上进行的 QTL 分析中得到的,它包括 QTL 位置和效应。当 QTL 作图是以一个双亲本的群体为基础进行的时,两个亲本常常都贡献有利的等位基因。因而,理想的基因型是来自两个亲本的染色体片段的一个嵌合体。MARS 的目标是得到具有尽可能多的有利等位基因的个体。然而,理想基因型(定义为来自两个亲本的有利染色体片段的嵌合体)通常从来不会出现在现实大小的任何 F_n 群体中(Stam,1995)。如上所述,一个育种方案要以试验群体的个体为基础产生或接近这个理想的基因型,这个育种方案可能涉及杂交个体的若干连续的世代(Stam,1995;Peleman and van der Voort,2003),因此将构成被称为 MARS 或基因型构建(genotype construction)的东西。这个思想可以被扩展到有利等位基因来自多于两个亲本的情况。请注意 MARS 还可以在没有任何 QTL 信息的情况下启动,而选择可以以 MARS 过程中确定的显著的标记-性状关联为基础。

所有的模拟研究表明在将有利的等位基因积累在一个个体方面 MARS 通常优于表型选择(van Berloo and Stam,1998;2001;Charmet et al.,1999),MARS 的效率比表型选择高 3%~20%(van Berloo and Stam,2001)。当被选择的群体较大或更杂合(包括 BC_1 或 F_2 群体)时,MARS 对表型选择的优势更大。

通过模拟,Bernardo 和 Yu(2007)评价了由 MARS 导致的响应,与基因组选择相比较,并确定在基因组选择中表现型鉴定被减至最少和基因型鉴定达到最大的程度。按照他们的定义,MARS 指的是在一个非季节性的苗圃中通过一轮的 MAS(即以表型数据和标记得分为基础)继之以三轮基于标记的选择(即只以标记得分为基础)来改良一个 F_2 群体(Johnson,2001;2004)。标记得分一般是根据 20~35 个已经被识别的标记来确定的,在一个多重回归模型中,与一个或多个目标性状有显著关联(Edwards and Johnson,

1994)。基因组选择指的是在没有显著性检验和没有识别与性状有关联的一个标记子集的情况下进行的基于标记的选择(Meuwissen et al.，2001)。分布在整个基因组中的所有基因型鉴定的标记对目标性状的效应(即育种值)被作为随机效应配合在一个线性模型中。然后预测性状值,性状值是作为跨越所有基因型鉴定的标记的一个个体的育种值的总和来预测的,随后以这些基因组范围的预测为基础进行选择。本书中,术语"基因组选择"将只用于这个特定的情况。

让我们考虑如图 8.9 中所描述的基因组选择和 MARS。Bernardo 和 Yu(2007)模拟了基因组选择,通过在第 0 轮中评价 DH 对于测交的表现,后面是两轮以标记为基础的选择。第 0 轮是在正常生长季节评价的,这个时候的表型测定才是有意义的。第 1 轮和第 2 轮基因组选择和 MARS 是在一个非季节性的苗圃中进行的,其中表型的评价是没有意义的,但是可以在 1 年内种植 3 代。对于第 0 轮,基因组范围的选择和 MARS 可以认为要么涉及 F_2 植株要么涉及 DH 的产生。利用 DH 得到的对基于标记的选择的响应大于利用 F_2 植株所得到的。

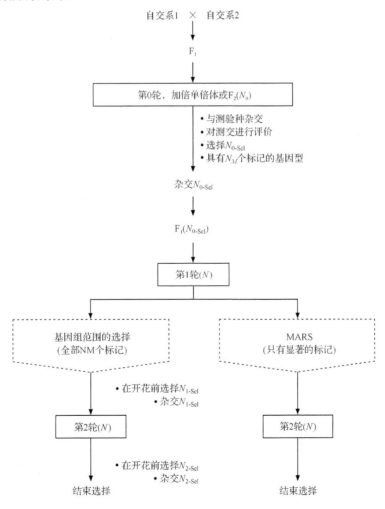

图 8.9 基因组选择和标记辅助的轮回选择(MARS)(Bernardo and Yu,2007)

假定对个体的 N_M 个标记进行了基因型鉴定,并且预测了与这 N_M 个标记的每一个有关的育种值,所有这些预测的育种值都用在基因组选择中,Bernardo 和 Yu(2007)发现跨越不同数目的 QTL(20、40 和 100)和遗传率水平,对基因组选择的响应比对 MARS 的响应要大 18%~43%。不管遗传率和 QTL 数目如何,当使用的标记 N_M=64 个时对基因组选择的响应是最小的。在玉米的基因组选择中应该使用的多态性标记最少应该是 N_M=128~256,对于具有高的遗传率的复杂性状应该使用更多的标记。相反,当 N_M=64 个或 N_M=128 个标记时对 MARS 的响应是最大的。基因组选择对于由很多 QTL 控制并且具有低的遗传率的复杂性状是最有用的。当第 0 轮中表现型鉴定和基因型鉴定的 DH 的数目减少而第 1 和第 2 轮中基因型鉴定的植株数目增加时选择响应被保持。只有当每个标记数据点的成本减少到大约 0.02 美元时这种使表现型鉴定减至最少、使基因型鉴定达到最多的方案才会是切实可行的。随着很多作物中大量 SNP 标记和基于阵列的便宜的基因型鉴定系统的可利用,基因组范围的选择作为一个开发利用便宜而丰富的分子标记的穷举尝试(brute-force)和黑箱(black-box)方法,在植物中要优于 MARS。请注意在基因组选择中不需要任何 QTL 信息。相反地,人们在一个检验组中运用一般的回归方法来从一组非常密集的标记中得到育种值的一个估计,然后按这一组标记进行选择。

8.4　数量性状的选择

数量遗传最显著的特征是基因型和表现型之间没有(简单的)对应关系,尽管常规的植物育种是以表现型选择为基础的。这是常规的植物育种常常效率低的主要原因。因此,根据它们的重要性和必要性,MAS 的主要目标应该是用于数量性状的。就原理而论,MAS 中为质量性状开发的方法也适用于数量性状。然而,当涉及数量性状时应该考虑到更多的因素。首先,迄今为止 QTL 作图提供的结果是有限的,没有哪个性状的所有有关的 QTL 已经被准确地定位。因此,对任何特定的性状进行综合选择是非常困难的。同时选择多个 QTL 也是一个复杂的问题。其次,上位性将影响 MAS 的效率,又将影响 MAS 的最终产物。最后,数量性状之间存在一定的遗传相关,因此对一个性状的 MAS 也可能改变其他相关的性状。因此,将 MAS 应用到数量性状要难得多。

8.4.1　根据表型值进行选择

表型选择的理论基础在于表型值是基因型值的一个近似的估计,因此根据表型值进行选择可以近似地看作是根据基因型值进行的选择。表型值和基因型值之间的相关性越高,表型选择的效率越高。

应当指出的是,在随机交配下,只有总基因型值的一部分,即由加性效应贡献的组分,可以从一个世代传递到下一个世代,因此只有对基因型值的加性组分的选择是有效的。更确切地说,一个个体的加性效应与它的表型值越相似表型选择的效率越高。在动物育种中,一个个体的加性效应值常常被称为它的育种值(breeding value)。表型值与加性效应的关系取决于狭义遗传率 ($h^2 = \sigma_A^2/\sigma_P^2$),其中 σ_A^2 和 σ_P^2 分别是加性遗传方差和表型方差。h^2 越高,表型值和加性效应之间的相关越大。当 $h^2 = 1$ 时,表型值等于加性效应值。

表型选择的效率随着狭义遗传率的增加而增加。

在常规的植物育种中,数量性状的改良依赖于直接选择。直接选择是在每个世代中选择具有极端表现型的个体(要么具有最大的表型值要么具有最小的表型值的个体),以便群体平均数朝着选择的方向改变。如同在第 1 章中讨论过的,直接选择的效率可以用选择响应(response to selection)(R)或遗传进展(genetic advance)(ΔG)来确定,它定义为来源于选择个体的子代的群体平均数($\bar{y}$)和原始的或亲本的群体平均数(μ)之间的差数,即 $\Delta G = \bar{y} - \mu$(图 1.1)。遗传进展越高,选择的效率就越高。显然,遗传进展与遗传率成正比。在给定的遗传率下,遗传进展取决于选择比率(选择的个体占群体中个体总数的比例)。选择比率越小,选择强度(选择的个体和原始群体之间群体平均数的差数)和遗传进展越大。

8.4.2　根据标记得分进行选择

根据以上的讨论,在随机交配下,如果可以以加性效应为基础进行选择则选择将是更有效的,这里的关键问题是如何估计每个植株的加性效应。理论上,可以通过标记 QTL 分析来估计。然而,通过基本的 QTL 分析难以检测所有的 QTL 和准确地估计它们的效应,因此加性效应的估计值只是一个近似的估计,可能具有较大的估计误差。为了得到个体加性效应的准确估计,必须对每个 QTL 准确地作图。目前,只能根据近似的加性效应进行 MAS。

大多数 QTL 作图方法可用于得到加性效应(详情见第 6 章)。然而在实践中需要更方便和高效的方法。这里将介绍由 Lande 和 Thompson(1990)提出的 MAS 方法,它是以标记-性状回归为基础的,已经被普遍接受。在加性效应模型下,标记-性状回归方程为

$$y = \mu_0 + \sum_{i=1}^{N} a_i x_i + \varepsilon \tag{8.17}$$

式中,y 是个体的的表型值;μ_0 是模型平均数;a_i 是标记 i 的加性效应;x_i 是标记 i 的分类变量(对于标记基因型 MM、Mm 和 mm,x_i 的值分别为 1、0 和 -1);ε 是随机的环境误差;N 是标记的数目。通过逐步回归,可以选择对目标性状具有显著影响因而最可能与 QTL 连锁的标记,而加性效应估计值($\hat{a}_i$)可用于计算每个植株的标记得分:

$$m = \sum_{i=1}^{n} \hat{a}_i x_i \tag{8.18}$$

式中,n 是选择标记的数目。标记得分 m 是加性效应的近似值,近似的程度取决于由选择的标记解释的加性遗传方差(σ_M^2)占总加性遗传方差(σ_A^2)的比例,即 $p = \sigma_M^2 / \sigma_A^2$。$p$ 的值越高,m 作为个体加性遗传值的预测值就越好。只有当 $p = 1$ 时,m 才等于一个个体的加性效应。根据标记得分进行选择被称作标记得分选择(marker-score selection)。

标记得分和表型值都是加性效应的近似值,它们的近似程度分别取决于 p 和 h^2。因此这两个方法的选择效率取决于 p 和 h^2 的相对大小。也就是说,基于标记得分的选择可能不比基于表现型的选择更有效,取决于 p 是否大于 h^2。

现在让我们来讨论直接选择。把通过标记得分选择和表型选择获得的遗传进展分别表示为 ΔG_M 和 ΔG_P。在相同的选择比率(selection rate)下,这两个方法的相对效率是

$$RE_{MP} = \frac{\Delta G_M}{\Delta G_P} = \sqrt{\frac{p}{h^2}} \tag{8.19}$$

它表明相对效率由 p 和 h^2 的相对大小决定。可以推断,具有相对低的遗传率的性状其相对效率较高。遗传率越低,相对效率越高。对于遗传率比较高的性状,表型选择的效率将是足够高的,以致没有必要进行标记得分选择。另外,由于标记得分的估计误差,标记得分选择可能没有表型选择那么有效。

虽然遗传率低时基于标记得分的选择具有比较高的效率,但是会降低 QTL 检测的功效,增大标记得分的抽样误差,因此如果遗传率太低,以标记得分为基础的选择效率将减小(Moreau et al. , 1998)。因此,在低的遗传率下,必须增大群体大小并且使用低的阈值用于宣告 QTL,以便提高 QTL 检测的功效,减小标记得分的估计误差(Gimelfarb and Lande,1994a;Hospital et al. , 1997;Moreau et al. , 1998)。

如果标记得分的估计值是可靠的,则基于标记得分的选择在早期世代将具有显著的遗传进展。然而,遗传进展常常随世代的前进而减少,并且在 3~5 个世代后消失,以至于不可能有更进一步的显著遗传进展(Edwards and Page,1994)。这个现象有两个原因。第一,遗传重组打破了标记和 QTL 之间的连锁关系;第二,具有微小效应的有利等位基因在选择过程中丢失,而不利的等位基因被固定(变成纯合的),固定的速率在标记得分选择中比在表型选择中要快(Hospital et al. , 1997)。第一个问题可以通过对性状具有显著影响的标记进行不断的重新评价和筛选来解决。如果在每个世代对分子标记进行重新评价并对关联进行选择,则将显著地提高选择效率(Gimelfarb and Lande,1994a)。然而,这个方法将增大分子标记分析的成本。每 2~3 个世代进行一次这种重新评价和选择应该是更加合理的(Hospital et al. , 1997)。

8.4.3 指数选择

正如以上讨论的,标记得分和表型值都是加性效应的近似,每个都只包含加性效应的部分信息,两者可以相互补充。如果可以将标记得分和表型值结合起来,则以综合信息为基础的选择应该具有更高的效率。因此,Lande 和 Thompson(1990)认为应该利用标记得分和表型值构造一个选择指数:

$$I = b_z z + b_m m \tag{8.20}$$

它可以通过选择加权系数 b_z 和 b_m 来优化,以便使每个世代的平均表现型的改良速度达到最大。

以选择指数为基础的选择方法被称作指数选择(index selection)。在上面的公式中,z 是表型值,m 是标记得分。最优的加权系数 b_z 和 b_m 分别是

$$b_z = \frac{\sigma_G^2 - \sigma_M^2}{\sigma_P^2 - \sigma_M^2} = \frac{(1-p)h^2}{1-ph^2} \tag{8.21}$$

和

$$b_m = \frac{\sigma_P^2 - \sigma_G^2}{\sigma_P^2 - \sigma_M^2} = \frac{1-h^2}{1-ph^2} \tag{8.22}$$

选择指数也近似于加性效应,近似到什么程度取决于它的遗传率(Knapp,1998):

$$h_I^2 = \frac{(1-p)h^2}{1-ph^2} + \frac{p(1-h^2)}{h^2 - 2ph^2 + p} \tag{8.23}$$

根据这个公式，选择指数遗传率（h_I^2）越高，选择指数成为加性效应的预测值越好，选择效率越高。当 $p = 0$ 时，$h_I^2 = h^2$，即指数选择等价于表型选择。对于一个给定的 h^2，h_I^2 随着 p 的增加而增加，当 h^2 低时它增加得很剧烈。当 $0 < p \leqslant 0.5$ 时 h_I^2 迅速增加（图 8.10），这表明低的遗传率对标记得分具有很强的影响，在这种情况下 MAS 应该对选择具有更高的影响。

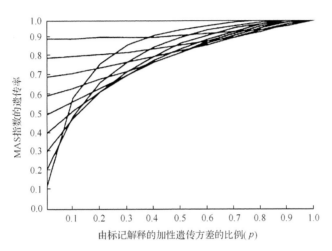

图 8.10　MAS 指数的遗传率（h_I^2）和加性遗传方差的比例 $p = \sigma_M^2/\sigma_G^2$ 之间的关系，p 为 $0.0 \sim 1.0$，遗传率（h^2）为 $0.1 \sim 1.0$，其中 σ_M^2 是与标记有关的加性遗传方差，σ_G^2 是加性遗传方差（Knapp，1998）

对于定向选择，指数选择和表型选择的相对效率可以表示为（Lande and Thompson，1990）：

$$RE_{IP} = \frac{\Delta G_I}{\Delta G_P} = \sqrt{\frac{p}{h^2} + \frac{(1-p)^2}{1-ph^2}} \tag{8.24}$$

式中，ΔG_I 是选择指数的遗传进展。图 8.11 显示了在 h^2 的不同水平下 RE_{IP} 如何随 p 而变化。对于一个给定的 p，RE_{IP} 随着 h^2 的减小而增加，即当遗传率低时 MAS 是更加有效的；虽然 RE_{IP} 随着 p 的增加而增加，但是当 h^2 高时增长率变得缓慢。当 h^2 达到中等水平（$h^2 = 0.5$）时，指数选择没有明显的优势。当 $h^2 = 1$ 时，RE_{IP} 不随 p 而变化，有一个恒定的值 1，表明在这种情况下分子标记没有提供任何额外的信息，以致 MAS 完全没有正面的贡献。

指数选择和标记得分选择的相对效率可以表示为

$$RE_{IM} = \frac{\Delta G_I}{\Delta G_M} = \frac{RE_{IP}}{RE_{MP}} = \sqrt{1 + \frac{h^2(1-p)^2}{p(1-ph^2)}} \tag{8.25}$$

它表明无论 p 和 h^2 取什么值，总有 $RE_{IM} \geqslant 1$。因此，指数选择的效率总是比标记得分选择的效率高，这已经通过计算机模拟得到证明（Whittaker et al.，1997），并且不同于以标记得分为基础进行选择的情况。

指数选择既取决于表型值又取决于标记得分。因此，影响标记得分选择效率的因素

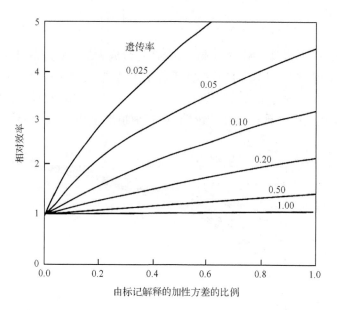

图 8.11　在单个性状的改良中,MAS 相对于传统的个体选择指数的效率,假定样本容量非常大,
选择强度相同。相对效率(作为性状中与标记基因座有显著关联的加性遗传方差的比例的函数)
对于性状遗传率的不同值绘图(Lande and Thompson,1990)

也将影响指数选择的效率。计算机模拟(Gimelfarb and Lande,1994a;1994b;1995)表明至少对于最初几个世代指数选择比表型选择更加有效,但是随着世代的推移这个优势迅速消失。在高世代,指数选择的效率可能比表型选择低。这可能发生在高世代中:当由标记得分解释的加性效应的程度不如由表型值解释的加性效应的程度(即 $p<h^2$)时,当式(8.20)中的加权系数的抽样误差放大了标记得分的相对重要性,以致由选择指数解释的加性遗传方差的比例不如由表型值解释的加性遗传方差的比例($h_1^2<h^2$)时。因此,标记得分选择和指数选择都只在选择的早期阶段具有优势,在高世代表型选择的作用更好。

　　虽然指数选择利用更多的遗传信息(因此它比标记得分选择效率更高),但是它花费更多,并且为了得到额外的表型值的信息需要做更多的工作。此外,表型值的测定被限制在性状表达的时期,它抵销了 MAS 能够在任何阶段进行的优势。另外,当表现型的测量需要后裔测定时,指数选择的循环变得更长,以至于指数选择的优势可能不能弥补这个缺点。例如,杂交玉米产量必须通过后裔测定来度量,每一轮指数选择将花费 2 年,而 4 轮标记得分选择可以在 2 年中完成(Edwards and Page,1994)。尽管与指数选择相比标记得分选择每一轮的遗传进展较低,但是它具有每单位时间较高的遗传进展,因为在给定的时期内可以完成更多轮的选择。根据这个结果,Hospital 等(1997)提出一个选择策略,一个世代进行指数选择,几个世代进行标记得分选择,轮流进行。在进行指数选择的世代中,需要一个相对大的群体用于进行重新评价和以分子标记为基础的选择,以便保持标记-性状回归的可靠性。相反,在标记得分选择的世代中可以使用相对小的群体。

8.4.4　基因型选择

标记得分选择和指数选择都取决于基因型值,或者更具体地说,取决于基因型值的加性分量而不是基因型本身。因此,两个选择方法都是通过基因型值对基因型的选择,是间接的,它们与表型选择没有本质上的差别。这不完全是已经提出过的和预期的 MAS 的概念。因为基因型值是基因型表达的结果,不同的基因型可能具有相同的基因型值,即一个基因型值可以与很多的基因型相配。从基因型到基因型值有遗传信息的损失或者退化。这种信息退化将导致低的选择效率以及一些具有相对小的效应的有利 QTL 的丢失。选择中涉及的 QTL 越多,有利等位基因丢失的概率越大。因此,更有效的选择方法应该是以基因型本身为基础的[它被称作基因型选择(genotypic selection)],如同质量性状的 MAS 那样。更具体地说,每个目标 QTL 是根据它的两个侧翼标记、单个紧密连锁的标记或者一个基于基因的标记被选择的。

目前,数量性状的基因型选择受限于已经被精细作图的 QTL 的可利用性。对于大多数数量性状来说,只有具有较大效应的 QTL 已经被作图在一个相对粗糙的尺度上,许多微效的 QTL 还不能检测。为了提高 MAS 的效率和可靠性,侧翼目标 QTL 的标记应该是紧密连锁的。然而,如果目标区域太小,它可能不包含目标 QTL,因为基本的 QTL 作图没有这么准确。重要的是要开发出高置信度侧翼目标 QTL 的侧翼标记以便得到高的选择效率。

如同在前一节对于质量性状选择的讨论一样,在选择中最好使用三个连锁的标记,这些标记的最佳位置将由 QTL 的置信区间确定。中间的标记应该与 QTL 紧密连锁、正好位于 QTL 上或者相同于 QTL,它应该被两个侧翼标记包围。由侧翼标记确定的目标区域的最佳窗口大小与 QTL 的置信区间成正比。QTL 置信区间越大,为了保证 QTL 位于目标区域需要的由侧翼标记包围的目标区域越大。

如同 Hospital 和 Charcosset(1997)指出的那样,在 BC 育种中利用位置优化的标记来跟踪目标 QTL,利用一个由数百个个体组成的群体,可以将 4 个独立的 QTL 上的有利等位基因从供体亲本转移到轮回亲本。如果 QTL 之间有连锁并且 QTL 被准确地作图,或者使用了大的群体,则更多的 QTL 可以被同时转移。

8.4.5　综合的标记辅助选择

如上所述,在一个群体中确定的标记-性状关联在用于其他群体中的 MAS 之前必须被验证。避免标记验证步骤的最好办法之一是将遗传作图与 MAS 结合起来,即从一个育种群体中识别的标记-性状关联将被用于同一群体的 MAS,这对于由很多基因控制并且与环境相互作用的数量性状是关键性的。由 Tanksley 和 Nelson(1996)提出的用于加快分子育种过程的高代回交 QTL(AB-QTL)分析是能够用于这个目的的方法之一。Stuber 等(1999)讨论了他们的工作,检验一个基于标记的育种方案,用于在没有供体来源的基因的任何先验鉴定的情况下系统地产生优良的品系。供体中基因的鉴定和作图是对得到的 NIL 进行评价时获得的一个附带的好处。这个方法有点类似于 AB-QTL 分析。其他的方法包括利用在 F_2 群体中识别的关联来选择后续的自花授粉群体。

　　AB-QTL 策略将 QTL 作图推迟到 BC_2 世代或 BC_3 世代。QTL 分析的延迟提供了对 QTL 进行鉴定的优点,以至于检测到供体等位基因之间表现上位互作的 QTL 的概率减少,因为它们的总频率低。事实上,检测到加性 QTL 的概率将比较高,这种加性的 QTL 在近等基因的背景中仍然起作用。在产生 BC_2 群体或 BC_3 群体的过程中,正在实施负选择来使不利的供体等位基因的出现减至最少。把注意力放在 BC_2 群体或 BC_3 群体的优点在于一方面它们为 QTL 鉴定提供了足够的统计功效,另一方面提供了与轮回亲本的足够相似性来在短的时间跨度内(在 1～2 年内)选择 QTL-NIL。通过利用 QTL-NIL,发现的 QTL 可以被验证,NIL 可以直接作为改良的品种应用,也可以作为杂种优势利用中的亲本品种(Peleman and van der Voort,2003)。

　　可以利用 AB-QTL 方法来进行 QTL 等位基因的聚合。每次应用 AB-QTL 分析时,将有可能发现影响关键性状的供体 QTL 的图谱位置,因此来源于 AB-QTL 分析的 QTL 作图信息是累积的。根据这些知识,如同 Tanksley 和 Nelson(1996)指出的,可以直接将在一个试验中检测到的有利供体 QTL 等位基因与来自其他试验(这些试验使用不同的供体亲本)的影响同一性状的非等位基因的 QTL 结合起来。用这种方法,应该有可能将在一个给定的物种内或跨越有亲缘关系的物种检测到的具有相似效应的所有非等位基因的 QTL 聚合起来,如果它们的作用受上位性的影响不是很大的话。

　　AB-QTL 方法已经被成功地用来识别对番茄中的果实大小、形状、颜色、硬度以及可溶性固形物和总产量起作用的 QTL 的标记。在这个基础上,在一个 BC 世代中识别了QTL-标记关联,并且在大约 6 个月之后立即应用在接下去的 BC 世代中(Tanksley et al.,1996)。在水稻中,通过 Cornell 大学与全世界育种家的合作已经培育出了一系列高代回交群体,来鉴定来自野生种的性状改良等位基因(trait-enhancing allele),并将其从野生种渐渗到高产的优良品种中。第一个这样的研究使用了野生的水稻亲缘植物 *Oryza rufipogon* 和中国的籼稻杂交种 V20/Ce64 之间的一个杂交(Xiao et al.,1998)。虽然 *O. rufipogon* 登记材料对于所研究的全部 12 个性状在表现型上都是比较差的,但是对于所有性状都观察到了超亲分离,检测到的 QTL 的 51％ 具有来自 *O. rufipogon* 的有利等位基因。通过 MAS 和田间选择,培育了一个优秀的 CMS 恢复系(Q661),它携带一个产量构成因素的 QTL。它的杂交种——J23a/Q661,其产量在 2001 年第二季稻作的一个重复试验中比对照杂交种高出 35％(Yuan,2002)。第二个 QTL 研究使用了相同的 *O. rufipogon* 登记材料和高地粳稻品种 Caiapo 之间的一个高代 BC 群体,在检测到的使性状改良的 QTL 中,有 56％ 鉴定了来自 *O. rufipogon* 的有利 QTL 等位基因(Moncada et al.,2001)。第三个研究用长粒的 Jefferson(一个美国热带粳稻品种)与 *O. rufipogon* 杂交,并且 *O. rufipogon* 等位基因对 53％ 的产量和产量构成因素的 QTL 是有利的(Thomson et al.,2003)。有几个进行中的项目正在将这些有利的等位基因从 *O. rufipogon* 登记材料渐渗到栽培稻中。

8.4.6　标记辅助选择的响应

　　由主效基因控制的性状的 MAS 将得到强的响应。但是数量性状的选择响应或遗传进展将取决于几个因素:标记和基因之间的连锁、性状遗传率、基因效应、基因互作、群体大小、选择的植株数目和育种方案。在传统的选择理论中，目标性状的期望值、遗传方差和遗传率是需要的，在间接选择的情况下还需要目标性状和选择标准（selection criterion）之间的协方差。如第 4 章所述，在没有选择的回交中，在世代 BC_n 中预期的供体基因组的比例是 $1/2^{n+1}$。在对目标基因进行选择的回交中，Stam 和 Zeven(1981)推导出了携带目标基因染色体上的供体基因组的期望比例。他们的结果被扩展到一个携带目标基因的染色体和两个侧翼标记上的轮回亲本等位基因(Hospital et al.，1992)以及一个携带几个目标基因的染色体(Ribaut et al.，2002a)。

Lande 和 Thompson(1990)中的一个例子说明，在单个性状上，与表型选择的标准方法相比，综合利用分子信息和表型信息进行选择的潜在选择效率取决于性状的遗传率、与标记基因座有关的加性遗传方差的比例以及选择方案。如上所述，如果加性遗传方差的一大部分与标记基因座有关联，则对于遗传率低的性状来说 MAS 的相对效率是最大的。影响 MAS 在育种计划中潜在应用性的限制条件包括：①群体中连锁不平衡的水平，它影响需要的标记基因座数目；②检测低遗传率的性状基因座需要的样本容量；③估计选择指数中的相对权数的抽样误差。

Frisch 和 Melchinger(2005)提出了在 BC 计划中对轮回亲本的遗传背景进行 MAS 的一个理论框架来预测选择响应，并给出选择最有希望的 BC 个体用于进一步回交或自交的标准。该方法处理 BC 计划的世代 n 中的选择，考虑对一个或几个目标基因进行预选、目标基因的连锁图谱、用作产生 BC 世代的非轮回亲本的个体的标记和标记基因型。

选择响应 R 定义为在一个 BC_n 群体中选择的部分中预期的供体基因组比例 μ 和未经过选择的 BC_n 群体中预期的供体基因组比例 μ' 之间的差数：

$$R = \mu - \mu' \tag{8.26}$$

可以使用选择响应的预测值来对可供选择的方案进行比较（就群体大小和需要的标记数目而论）。通过一个 BC_1 群体的例子来说明这个应用，利用接近于玉米(10 个长度为 2M 的染色体)和甜菜(9 个长度为 1M 的染色体)的模式基因组，标记在整个染色体上均匀地分布，在一个染色体上离端粒 66cM 的位置有一个目标基因，一个个体被选为 BC_2 世代的非轮回亲本。

玉米的预期选择响应从约 5% 的供体基因组（20 个标记，20 个植株）到 12%（120 个标记，1000 个植株），甜菜预期的选择响应为 7%～15%（图 8.12）。为了以 60 个标记得到约 10% 的选择响应，在玉米中需要的群体大小为 180，对应于约 180/2×60＝5400 个标记数据点(marker data point，MDP)。比较起来，在甜菜中群体大小为 60 就足够了，只需要玉米 30% 的 MDP。该结果表明 MAB 的效率在具有较小基因组的作物中比具有较大基因组的作物中高得多。

在玉米中利用>80 个标记（对应于一个 25cM 的标记密度）或在甜菜中利用>60 个标记（标记密度 15cM）仅仅导致选择响应的一个边际增加(marginal increase)，不管使用的群体大小如何（图 8.12）。将群体大小增加到 100 个植株在两个作物上导致选择响应的大幅度增加，甚至使用更大的群体仍然提高预期的选择响应。Frisch 和 Melchinger(2005)得出结论说只有达到一个上限时通过增大使用的标记数目来增加选择响应才是可能的，该上限取决于染色体的数目和长度。相反，通过增大群体大小来增大选择响应是可能的,直到群体大小超过大多数作物的繁殖系数。

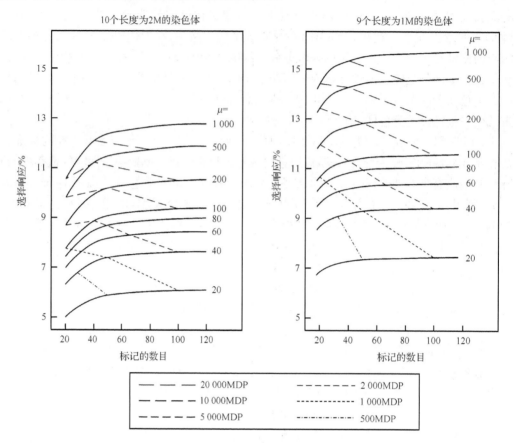

图 8.12 当从 $\mu=20$ 个、40 个、60 个、80 个、100 个、200 个、500 个和 1000 个 BC_1 个体当中选择最好的个体时,贯穿整个基因组的期望选择响应和需要的标记数据点(MDP)的期望数目。玉米基因组的模型具有 10 个长度为 2M 的染色体(左侧)。甜菜基因组的模型具有 9 个长度为 1M 的染色体(右侧)(Frisch and Melchinger,2005)

在一个 BC 群体中 MAS 设计的一个最优准则可以通过以固定数目的 MDP 达到的预期的选择响应来定义。对于甜菜中的一个固定的 MDP 数目,具有少数标记的大群体的设计总是比具有很多标记的小群体的设计达到更大的选择响应值(图 8.12)。对于玉米,对 500MDP 和 1000MDP 观察到相同的趋势,而对更大数目的 MDP 最优设计为 40~50 个标记。因此,在玉米和甜菜的 BC_1 群体中,对于固定数目的 MDP,在一定的范围内,较大群体的 MAS 比较高的标记密度的 MAS 效率更高。

理论上,当一个性状的遗传率低时 MAS 被认为是比表型选择效率更高的,其中 QTL 和标记之间有紧密的连锁(Dudley,1993;Knapp,1998),利用较大的群体(Moreau et al. ,1998)以及在选择的早期世代,在标记-性状关联被重组削弱之前(Lee,1995)。Edwards 和 Page(1994)认为标记和 QTL 之间的距离是对 MAS 的遗传增益限制最大的因素。Yousef 和 Juvik(2001a)报告了一个甜玉米中的经验性试验,该试验提供了关于 MAS 和表型选择在增进经济上重要的数量性状的相对效率方面的含糊的结果。MAS 和表型选择被用于三个 $F_{2:3}$ 基础群体,这三个群体要么具有 sugary 1(sul,含糖的)、要么具有 sugary enhancer 1(sel,含糖的强化因子)、要么具有 shrunken 2(sh2,皱缩)胚乳突变。一轮的选择被用于单个性状和多个性状,如出苗(seedling emergence)。在一轮选择收益的基础上评价了选择效率。在 MAS 和表型选择的复合群体的 52 个成对比较中,MAS 在 38% 的比较中产生比表型选择显著高的增益,而表型选择仅仅在 4% 的比较中显著更大。MAS 和表型选择的平均增益(计算为与随机选择的对照增加或减小的百分率)分别是 10.9% 和 6.1%。

小的作图群体对于 QTL 作图是不够的,这是研究机构首先必须认识到的最重要的问题(Young,1999)。科学家必须明白,简单地证明一个复杂性状可以利用 DNA 标记被剖析到 QTL 以及作图到大概的基因组区域是不够的。科研项目需要利用更好的鉴定方法、更大的群体大小、多次重复和多个环境、合适的数量遗传分析、不同的遗传背景以及(只要有可能)通过高世代或平行的群体进行独立的验证(Melchinger et al.,1998;Utz et al.,2000;Schön et al.,2004),只有到那时才会有足够的试验证据用于一个成功的 MAS 计划。

"如果我们知道杂交作物中的一个数量性状的全部基因又怎样?"这是 Bernardo (2001)提出的问题,那时他正在通过计算机模拟研究杂种表现的预测。利用玉米作为模式物种,他通过性状和基因的最佳线性无偏预测(TG-BLUP)发现当少数基因座(如 10 个)控制性状时基因信息是最有用的。对于很多的基因座(≥50),基因效应的最小平方估计变得不精确。因此基因信息仅仅使杂交种中的选择效率提高 10% 或更少,随着更多的基因座变得已知,基因信息实际上变得对选择不利。Bernardo 进一步指出增加群体大小和性状遗传率来改进基因效应的估计也改进了表型选择,几乎没有为通过基因信息来提高选择效率留下余地。他认为基因组学在杂交种的数量性状的选择中价值有限。上位互作将使基因效应的估计更加困难,在他的研究中上位互作是假定不存在的。还不知道除了 TG-BLUP 或多元回归以外的方法是否会显著地提高基因信息在选择中的有用性。

8.5　长期选择

作为生物学中的一个最有效的工具,选择被用在植物和动物科学中来培育改良的作物和家畜品种。选择也用在实验室物种中,来检验数量遗传模型许多内在的假设,以及检验选择本身的极限。选择的功效通过在两个重要的农业物种中观察到的选择响应得到了充分的显示。美国玉米产量从 1930 年之前的平均 $1.6t/hm^2$ 增加到 1998~2002 年 5 年期间的平均 $8.6t/hm^2$,70 多年增加了 5 倍(http://www.usda.gov/nass/)。当然,不是所有的增加都归因于选择,但是研究已经一致地表明遗传学可以解释 50% 的增加。荷兰牛的产奶量已经从 1957 年的 5870kg 增加到 2001 年的 11 338kg,在 44 年中牛奶产量翻了一番(http://aipl.arsusda.gov/dynamic/trend/current/trndx.html)。有证据说明在荷兰牛中遗传的趋势继续随时间而增加。分子技术已经提供了新颖的工具来分析最终的选择产物和揭示遗传结构随着选择试验的进展而发生的变化。

在这一章中收入长期选择被证明是正确的,通过一个概念"反向的育种到遗传学"

(reversed breeding-to-genetics)，它从一个选择计划开始，将来自不同种质来源的有利等位基因聚合起来，创造渐渗的变异和巨大的选择响应，继之以遗传分析（通常是标记辅助的评价）来鉴定与选择响应有关的基因和等位基因。因为通过遗传作图和 MAS 聚合来自多个来源的基因和等位基因将花费多年，"反向的育种到遗传学"方法通过利用在遗传和育种计划中已经积累的植物材料，可用于开发利用累积的新颖等位基因和基因。与 Xu 等（2008）和 Sun 等（2009）修正的选择性基因型鉴定（selective genotyping）策略结合，通过从选择开始来聚合等位基因，继之以遗传分析来鉴定基因，与"遗传学到育种"（genet-ics-to-breeding）途径相比可能是更现实的，通过这个途径基因/QTL 在独立的遗传分析中被作图，然后通过 MAS 来聚合。在本节中，我们将讨论植物中的长期选择试验和选择结果的标记辅助评价，它可以被看作"反向的育种到遗传学"方法。

8.5.1　玉米中的长期选择

在玉米中有几个长期选择试验（Duvick et al.，2004；Hallauer et al.，2004；Dudley and Lambert，2004），最著名的是对油分和蛋白质含量的选择，已经持续了 100 多个世代。这个试验的详情可以在 *Plant Breeding Reviews* 的专刊（Volume 24，Part 1，2004）中找到。这里仅仅概括一些重要的措施和结果。

措施

玉米中对油分和蛋白质含量的长期选择试验是 C. G. Hopkins 在伊利诺伊大学开始的，在孟德尔定律重新发现之前（Hopkins，1899）。有关这个长期选择的最新进展可以从 Dudley 和 Lambert（2004）中找到。虽然最初的目标是通过提高籽粒的油分和蛋白质含量来产生在农业方面宝贵的作物，但是从理论观点来看其结果也是十分出色的。最令人感兴趣的结果之一是持续的选择并没有耗尽变异性。事实上结果并不与简单的孟德尔期望完全一致。

1896 年，Hopkins 在开放授粉的玉米品种 Burr's White 中开始进行选择（Hopkins，1899）。他分析了 163 个果穗的油分和蛋白质含量。分别选择了蛋白质含量最高的 24 个果穗，蛋白质含量最低的 12 个果穗，油分含量最高的 24 个果穗，以及油分含量最低的 12 个果穗，来开始伊利诺伊高蛋白（illinois high protein，IHP）、伊利诺伊低蛋白（illinois low protein，ILP）、伊利诺伊高油分（illinois high oil，IHO）和伊利诺伊低油分（illinois low oil，ILO）品系的选择。该试验在不同时期已经进行了正反两个方向的选择。试验的正向阶段被分成 4 个部分，如下所述。

（1）第 1 部分：世代 0～9，根据化学组成进行集团选择（mass selection）。分析和选择的果穗数目有变化，但是大约 20% 分析过的果穗被选择。每个品系被种植在一个独立的、隔离的田地。

（2）第 2 部分：世代 10～25。每个品系分析 120 个果穗，24 个被保留。来自每个果穗的种子被种植成穗行（ear-to-row）。隔行去雄，从产量最高的 6 行的每一行中分析 20 个果穗。每一行保留 4 个果穗。

(3) 第 3 部分:在 IHP 和 ILP 中的世代 26～52;在 IHO 和 ILO 中的世代 26～58。12 个选择的果穗被任意地分成两批(A 和 B),每批 6 个果穗。每一批内的种子被混合,种植在苗圃中。A 批中的花丝用来自 B 批中的 15～20 个植株的花粉的混合样品授粉,而 B 批中的花丝用来自 A 批中的花粉授粉。从每一批中分析 30 个果穗,在 60 个分析过的果穗中,12 个最极端的果穗被保留。

(4) 第 4 部分:在 IHP 和 ILP 中的 53～90;在 IHO 中的 59～90,在 ILO 中的 59～87。选择过程与第 3 部分相同,但是土壤中施用了氮肥,用量为 90～100kg/hm²。在 ILO 中只完成了 87 个世代,由于结实困难和种子质量问题,损失了一些世代。

在 48 个世代的前向选择以后,在这 4 个品系中开始了反向选择,形成 4 个新的品系:反向高蛋白(reverse high protein,RHP)、反向低蛋白(reverse low protein,RLP)、反向高油分(reverse high oil,RHO)和反向低油分(reverse low oil,RLO)(图 8.13 和图 8.14)。目标是确定可用于选择的剩余变异性的程度。选择过程与前向品系的相同,除了在 IHP 中选择是对于低蛋白的、在 ILP 中选择是对于高蛋白的等之外。在 RHO 中的 7 个世代的选择之后,进行逆反向(against reverse)的选择,开始转向高油分(switchback high oil,SHO)品系的培育。从 ILP 的第 90 个世代开始,通过在 ILP 中对高蛋白的选择来培育一个新的品系,称为反向低蛋白 2(reverse low protein 2,RLP2)。培育这个品系是为了确定在 ILP 中接近 35 个世代明显缺乏进展之后是否仍然存在遗传变异性,这种变异性可以通过选择来开发利用。选择过程与通常的和反向选择品系的过程相同,已经详细描述过了(Dudley et al. ,1974;Dudley and Lambert,1992)。

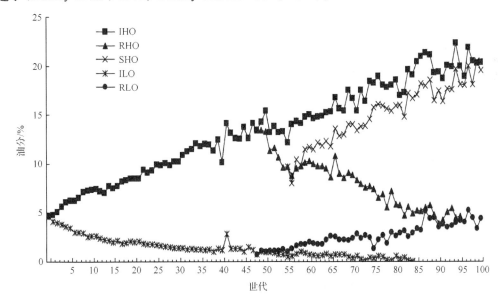

图 8.13　来源于 100 个世代的选择的 IHO、RHO、SHO、ILO 和 RLO 的平均含油率对世代的曲线
(Dudley and Lambert,2004)。获得 John Wiley & Sons 公司的授权

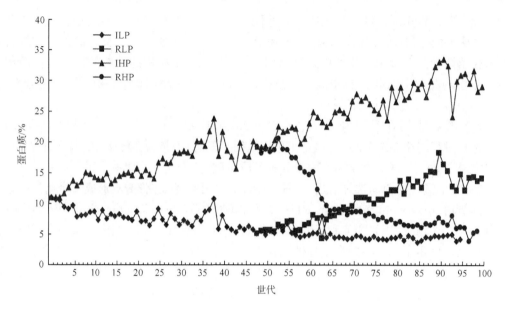

图 8.14　来源于 100 个世代的选择的 IHP、RHP、ILP 和 RLP 的平均蛋白质百分率对世代的曲线
(Dudley and Lambert,2004)。获得 John Wiley & Sons 公司的授权

选择极限

对于全部品系,用每个世代的平均数对世代数的曲线来表示所有世代上的响应
(图 8.13 和图 8.14)。这些图所用数据的详情在 Dudley 和 Lambert(2004)的附录表
5. A1～表 5. A5 中可以找到。

这个试验的目的之一是确定玉米中油分和蛋白质的选择极限。低油和低蛋白的问题
已经得到回答,因为当油分变得如此低以至于利用可用的分析工具已经无法测量时进展
停止。在大约 65 个世代之后蛋白质似乎达到了一个下限,那时利用所使用的选择方法不
可能有进一步的进展。这个下限很可能实际上是生理学的下限。

3 个类型的证据表明在 IHO 和 SHO 中油分还没有达到上限。显著的遗传变异仍然
存在于世代 98,并且从世代 65 以来没有变化,因为评价性试验本身的结果表明在最近测
量的 5 个世代期间油分显著增加。因此 100 个世代的选择没有消除遗传变异性,IHO 或
者 SHO 都没有达到上限。

对于 IHP,结果不明确。评价性试验的数据表明从世代 88 以来蛋白质没有显著的增
加。世代 98 与世代 68 中的遗传方差并没有显著的不同。在 IHP 中也没有明显的生活
力问题(在用其他物种进行的试验中生活力问题导致进展停止),在已经达到停滞的品系
中发现显著的遗传变异性。因此,在 IHP 中蛋白质是否达到上限还不清楚。

根据反向选择品系中的显著进展,遗传方差在世代 48 还没有耗尽。来自 RLP2 的结
果不排除 ILP 的世代 90 中对于高蛋白是否仍然存在可利用的遗传方差的可能性。来自
评价性试验本身的结果表明正在取得进展,但是世代数据中并未证实这个结果。

反向选择的一个不寻常的结果出现在 RHP 中。来自最初 48 个世代的全部选择增

益被接下来的 15 个世代的选择消耗了(图 8.14)。这 15 个世代每个世代的进展大约是 0.68%,这个速率是蛋白质任何品系的任何其他部分的至少 3 倍。

进展的解释

对于油分,IHO 中的总增益大约是 ILO 中总增益的 4 倍。对于蛋白质,IHP 中的增益大约是 ILP 中增益的 3 倍。对于油分和蛋白质,世代 49~100 比世代 0~48 高方向的增益要大。相反,在 ILO 和 ILP 中将近 90% 的选择增益来自最初 48 个世代的选择。假定 ILO 和 ILP 的选择下限接近零,上限可能接近 100%,高方向的这样巨大的增益是不令人惊讶的。对于 IHO 在世代 48 和世代 100 之间的增益(9.7% 油分)与 RHO 中的相似(9.0% 油分),IHP 中世代 48~100 的蛋白质的增益(12.5%)与 RHP 中的相似(12.2% 蛋白质)。在 RLO 中世代 48~100 的增益是 ILO 中的将近 10 倍,在 RLP 中在同样世代上的增益是 ILP 中的 13 倍。

这些结果与基因频率估计一致,假定的模型为影响性状的基因数目相对较大,其中每个具有相似的效应,基因的效应为加性。原始群体中的有利等位基因的频率(q)被估计为大约是 0.2;因此,对于更高的油分或蛋白质应该可能比更低的值得到更大的增益。当反向选择被启动时,在 IHP 和 IHO 中 q 都被估计为大约是 0.5。因此,在任一方向的选择都应该是可能的,并且在任一方向可能的总变化应该大致相同。逆选择发生在基因频率 0.35 时,它可能允许在高的方向比在低的方向有更大的进展,如同观察到的那样。

通过对来自 48 个世代的选择结果的评价,Leng(1962)提出了 4 种可能的遗传解释:①偶然的异交;②杂合体在选择中的有利;③涉及的“化学基因”(chemical gene)的高突变率;④由一些未知的手段释放的变异性。他紧接着驳回了这些解释,因为:①在整个长期研究中传粉是被严格控制的。②不能排除有利于杂合性;但是,“在全部四个品系中对反向选择的快速的响应,如果仅仅被归因于剩余的杂合性,将要求在所有 48 个成功的选择世代中杂合性保持在差不多相同的水平,这看起来非常不可能。”③因为“所有四个品系是比较均匀的,没有显示非常易突变的证据……突变不被认为是一个可能的解释。”④一个讲得通的机制是持续的重组起了作用。

但是,如同 Dudley(1977)指出的,有可能用比较多的基因(n)的分离来解释所有的进展,每个基因在原始群体中的频率(q)比较低。表 8.8 列出了给定 n 和 q 下可能的进展的加性遗传标准差的数目,如同 Dudley(1977)根据 Robertson(1970)推导的理论计算的。对于 IHO 中取得的 $21\sigma_A$ 的进展和 IHP 中取得的 $18\sigma_A$ 的进展,基因频率需要是低的,大约是 0.25,并且 $n>50$。这样的数值与油分和蛋白质的 q 大约为 0.2、n 分别为 54 和 123 所得到的估计值一致。虽然这些结果表明所有的进展可能由原始群体中的大量基因的分离来解释,但是突变作为一些变异的可能来源不能被排除,在它上面选择继续起作用。

Goodnight(2004)以及 Eitan 和 Soller(2004)认为上位性是解释长期选择品系之间的杂交中观察到的油分和蛋白质的负的或正的杂种优势的一个重要因素,支持“加性×加性上位性是重要的”的假说。更进一步的证据来自 Moreno-Gonzalez 等(1975)的设计 III 研究,其中 IHO×ILO 的杂交 F_2 和 F_6 与亲本的回交表现出油分的负杂种优势。这个假说得到 IHP×RLP 和 IHP×ILP 杂交中蛋白质存在显著的负杂种优势的更进一步的支持

(Dudley et al. ,1977)。

表 8.8　终极选择极限，测量为 σ_A 的数目，具有变化的 n(分离的基因座数目)和
q(有利等位基因的频率)的值(Dudley,1977)

n	q				
	0.1	0.25	0.5	0.75	0.9
10	13	8	3	3	2
50	30	17	10	6	3
100	42	24	14	8	5
200	60	35	20	12	7

Dudley 等(1974)认为 IHP 中持续响应的一部分可能归因于环境的变化,在世代 53 增施氮肥使每个世代的响应从 1.4g/(kg 蛋白质·每轮)增加到 1.6g/(kg 蛋白质·每轮)。氮肥的增加可能允许高蛋白等位基因被表达和选择。

最后,Walsh(2004)主张突变是解释长期选择试验结果的一个必需的假设。他指出在油分的大约 46 个世代和蛋白质的 33 个世代之后,以突变的方差为基础的增益预计超过来自原始群体的剩余分离的增益。虽然每基因座突变率一般是非常小的,对于大范围的性状在每个世代中引入的突变方差是环境方差的 1/100 数量级。在 10~20 个世代之后这一点可能是十分显著的。Keightley(2004)综述了自交系中的选择试验,得出结论说突变的方差在选择响应中是重要的。但是,如同 Dudley(2007)所指出的,Walsh 和 Keightley 都没有考虑上位互作对选择响应的影响。他们得出结论认为上位性可能是解释长期选择响应的一个重要因素,这一点已经得到 IHO×ILO 和 IHP×ILP 杂交结果的支持,因为显著的上位互作比预期的更多,只与显著的上位性效应关联的标记数目占检测的显著标记总数的 46.3%~72.2%(Dudley, 2008)。我认为原始群体中的大量低基因频率的基因座以及它们在长期选择品系中的重组和上位互作应该对长期选择响应起作用。

标记辅助评价

利用分子标记可以评价对表型选择的响应,也可以鉴定关联的基因。美国伊利诺伊州对玉米油分和蛋白质含量的长期选择试验(Dudley and Lambert,1992;2004)和标记辅助评价(marker-assisted evaluation)(Goldman et al. , 1993)提供了这样的例子。长期歧化选择的响应可以归于具有相似效应的等位基因的累积作用,这些等位基因在原始群体的个体之中已经分散(Xu, 1997),而新生突变(de novo mutation)可能是这种歧化的一个可能的解释,如同果蝇中对刚毛数目的选择所表明的(Mackay, 1995)。选择品系提供了一个极难得的机会来研究籽粒化学性状的遗传基础,并且已经用来产生玉米群体,用于对选择响应负责的 QTL 进行作图(Goldman et al. , 1993)。利用 90 个分布在整个玉米基因组的基因组克隆和 cDNA 克隆来检测 IHP 和 ILP 品系之间的 RFLP,分布在 10 个染色体臂上的 22 个基因座显著地与蛋白质含量有关联,并且在染色体臂 3L、5S 和 7L 上检测到 3 个或更多显著的基因座簇(cluster),表明在这些位置上存在具有较大效应的 QTL。一个由不同染色体上的 6 个显著的基因座组成的多重线性回归模型解释了总变

异的 64％以上(Goldman et al., 1993)，这些显著的 QTL 关联可用于解释长期选择响应和 IHP 与 ILP 品系之间蛋白质含量的差异。人们预期，只要群体继续对选择作出响应，选择进行得越长，在产生的选择品系中蛋白质含量的差异将越大，因此检测到额外的 QTL 的潜在可能性越大。这个期望可以通过利用来源于不同轮选择的 IHP 和 ILP 品系的杂交进行 QTL 作图来检验。

Wassom 等(2008)没有利用亲本的极端分歧来创建作图群体，而是在一个遗传背景与实际育种更加相关的遗传背景中鉴定了籽粒 QTL，利用了 150 个来自 IHO 和轮回亲本 'B73' 的 BC_1 衍生的 S_1 品系(BC_1S_1)。在 BC_1S_1 和 'Mo17' 顶交杂种中测量了油分、蛋白质和淀粉。通过复合区间作图，在 BC_1S_1 中每个性状具有 3~9 个 QTL 的多元回归模型对于油分、蛋白质和淀粉分别解释了表型方差的 46.9％、45.2％和 44.3％，在测交杂种中分别解释了 17.5％、22.9％和 40.1％的表型方差。

Laurie 等(2004)使用关联研究来推断对含油量进行选择所造成的显著变化的遗传基础。研究群体是通过世代 70 上的高选择品系和低选择品系之间的一个杂交产生的，那时对 IHO 的含油量估计为 16.7％，ILO 的估计为 0.4％，继之以 10 个世代的随机交配，然后通过自交衍生出 500 个品系。这些品系对 488 个遗传标记进行基因型鉴定，在重复的田间试验中评价了含油量。因为 IHO 和 ILO 之间的单个混合事件造成具有不同等位基因频率的基因之间的连锁不平衡(LD)，这 10 个世代的随机交配基本上消除了不连锁标记以及大部分松散连锁的标记之间的所有关联，该群体可以用于 LD 作图。在模拟中检验了 3 个分析方法对于检测 QTL 的能力。利用最有效的方法——多元回归中的模型选择，检测到约 50 个 QTL，它们解释了遗传方差的约 50％，表明 >50 个 QTL 被涉及。QTL 效应估计是小的并且主要是加性的。大约 20％的 QTL 具有负效应(即没有被亲本的差异预测到)，这与选择过程中的搭便车(hitchhiking)和小的群体大小是一致的。大量检测到的 QTL 解释了维持于整个 20 世纪的平滑的选择响应。

Mikkilineni 和 Rocheford(2004)在 IHP、ILP、RHP 和 RLP 的两轮(65 和 91)中表征了 RFLP 变异体频率。如同由 RFLP 所揭示的，在 91 个世代的选择之后，在伊利诺伊长期选择的蛋白质品系中保持了 DNA 水平上的相当大的变异。仅仅在 4 个品系的一个中观测到仅仅一个基因座具有唯一的 RFLP 变异体。虽然只考察了 35 个 RFLP 基因座，但是看起来的确没有很多的变异可以被归因于突变。来自 65/69 和 91 轮的 RFLP 数据计算的近交值比分子标记数据可用之前在品系上计算的要低。玉米具有近交衰退，因此在选择品系之内对于更加健壮的和更加杂合的植株可能具有一些自然选择。同时，由于使用的系统是将来自多个雄穗的花粉混合然后用混合的花粉对很多果穗授粉，有效群体大小可能比以前计算的要大，使得近交比早期估计的更低(Walsh, 2004)。反向品系观察到的自交水平低于正向品系，表明对蛋白质水平选择方向的改变可能对反向品系中杂合性在世代间的保持起作用。在正向品系和反向品系中存在变异体频率的趋势，这些趋势与选择响应一致。

所有被挑选出来用于对品系进行测定的 RFLP 基因座在一个或两个反向品系中显示了与选择响应一致的频率趋势，这些 RFLP 基因座是根据与 IHP×ILP 派生的作图群体中蛋白质含量的 QTL 的关联来选择的。只有一个 RFLP 基因座显示了一个趋势，没有被确定为一个 QTL。根据前面的 QTL 关联选择探针,很可能增大对具有变异体频率趋势的基因座的鉴定概率。这些探针更可能揭示对反向选择作出反应的变异体,如果到 48 轮时它们还没有被固定的话(这时候反向选择被启动了)。因此这些基因座是好的候选者,用来寻找响应于反向选择的变异体频率的变化。8 个探针(23%)显示了 RHP 品系的反向趋势,12 个探针(34%)显示了 RLP 品系的趋势,一个探针(3%)仅仅显示了 RHP 品系的趋势,5 个探针(14%)仅仅显示了 RLP 品系的趋势,7 个探针(20%)显示了两个品系的共同趋势。所有在两个方向显示出趋势的 7 个基因座都与 IHP×ILP 作图群体中的 QTL 有关联(Goldman et al.,1993;1994;Dijkhuizen et al.,1998)。

油分品系 IHO、ILO、RHO 和 RLO 的第 90 轮当中的 RFLP 基因型频率和变异体频率差异也被确定(Sughroue and Rockeford,1994)。在 4 个油分品系之中发现高度的变异体多态性,很多 RFLP 基因座在 90 个世代的选择之后在油分品系之内仍然在分离。在 4 个油分品系之间进行的比较中检测到与对定向选择的响应一致的 RFLP 变异体趋势。

应用于植物育种

来自选择的总增益,按照绝对值也好,按照加性遗传标准差的总数目也好,都大大超过了根据原始群体中的油分和蛋白质的分布可能做出的预期。同样地,对于农艺性状(如谷物产量)它们也大大超过了通过选择可能获得的增益。为了举例说明如果对产量的选择如同对油分和蛋白质的选择那样有效的话玉米籽实产量可能增加,使用了在伊利诺伊得到的两个玉米综合品种 RSSSC(硬秆的综合品种)和 RSL(Lancaster 衍生系)的籽实产量和 σ_A 的估计值。RSL 的原始平均数是 6.66t/hm²,RSSSC 的是 9.23t/hm²。假定增益为 $24\sigma_A$,这近似于对油分和蛋白质观察到的平均数。RSL 的增益将是 33.28t/hm²,RSSSC 的增益将是 27.44t/hm²,或者 RSL 的产量界限为 39.94t/hm²,RSSSC 的产量界限为 36.68t/hm²。假定有一定的杂种优势,最终的产量将在 43.96t/hm² 左右。当 2002 年在艾奥瓦州报告了一个超过 31.4t/hm² 的产量时这些值是不合理的。如同 Dudley 和 Lambert(2004)指出的,这些结果表明在玉米基因组中存在比通常预期的更多的遗传变异性和更多的可塑性,他们也认为还没有达到产量的选择极限。为了纪念伊利诺伊大学玉米蛋白质和油分的长期选择试验的重要性,2002 年 6 月 17~19 日在伊利诺斯州 Urbana 召开了一次会议,会议的名称为"长期选择:庆祝玉米油分和蛋白质的 100 个世代的选择"。

8.5.2 水稻中的歧化选择

Xu 等(1998)报告了水稻中的一个歧化选择试验。在两个水稻 F₂ 群体 5002×Zhu-Fei 10 和 HA79317-7×Zhen-Nong13 中发现分蘖角度的超亲分离。通过在每个 F₂ 群体中对分蘖角度进行歧化选择,得到两个类型的纯育的极端,一个具有大的分蘖角度,另外一个具有小的分蘖角度。在两个极端的杂交中证实了分蘖角度的超亲现象(transgression)(Xu and Shen,1992b)。对于对分蘖角度的变异起作用的基因座,效应相似的等位基因被证明在原始亲本中是分散的,而在极端的选择物中是联合(聚合)的。通过用两个极端的品系杂交(每个品系来源于一个原始的杂交),在 F₂ 中发现新的超亲分离,然后通过第二轮的歧化选择得到两个类型的极端个体。通过将第二轮的极端个体互相杂交并且对大的分蘖角度进行第三轮歧化选择，来自 4 个原始亲本的全部正的等位基因被聚合。每个原始杂交中的超亲分离可以用基因的互补作用解释，这些基因分散在原始的亲本之间，当它们被聚合在极端的品系中时它们相互补充(Xu et al.，1998)。因为这些超亲分离是在重复的试验中观察到的(Xu and Shen，1992b；1992c)，这些结果不太可能被归因于突变事件，如同果蝇中对刚毛数目的歧化选择所报告的(Mackay，1995)。

我们预期随着长期选择计划的进行会产生遗传的固定。但是，上面讨论的对玉米的高蛋白和低蛋白或者对高油分和低油分的选择试验以及果蝇中对刚毛数目的选择试验(Yoo，1980)表明导致表现型显著改变的长期选择并没有导致遗传的固定。经常鉴定的大效应的 QTL，如同 Tanksley(1993)、Kearsey 和 Farquhar(1998)以及 Xu Y(2002)所综述的，使得稳定的和持续的选择响应令人费解：大效应的等位基因应该被迅速地固定，在此之后将看不到更进一步的选择响应。Barton 和 Keightley(2002)提出了两个可能的因素可以解释这个明显的悖论：第一，QTL 作图试验低估了 QTL 的数目，高估了它们的效应；第二，突变产生大效应的等位基因，通过选择它们可以被迅速地挑选，足以维持持续的选择响应。已经描述了可以创造新生变异的若干机制，包括基因内重组、重复元件之间的不等交换、转座子活动、DNA 甲基化以及副突变(paramutation)。Barton 和 Keightley(2002)列举了若干因素，这些因素使我们难以估计影响一个数量性状的基因座的真实数目和效应。Hyne 和 Kearsey(1995)指出，在一个典型的试验中(遗传率约 40%，约 300 个 F_2 个体)，可能被检测到的 QTL 至多约 12 个，这一点得到植物中检测到的 QTL 数目的经验数据的支持，如同 Tanksley(1993)、Kearsey 和 Farquhar(1998)以及 Xu Y(2002)所综述的。Beavis(1994)以及 Utz 和 Melchinger(1994)都指出除非样本很大(如>500)，统计上显著的 QTL 的效应被显著地过高估计了。如同来自对长期选择的玉米品系的基于 RFLP 的评价结果那样，在不同的试验中发现的 QTL 的数目已经开始迫近解释长期选择响应所需要的基因数目。

如果没有长期选择的品系，这种类型的研究是不可能进行的。这个事实表明了维持长期选择计划的重要性，这样才有这些类型的遗传材料可用于各种型式的研究。在现在这个时代，人们的研究经常集中于由短期的竞争性拨款支持的短期的、基于基因组的试验，长期育种材料的维护变得更加具有挑战性。但是，正是由政府部门的长期育种和选择计划培育的遗传材料促进了许多分子水平上的研究。

(陈建国 译，华金平 校)

第 9 章　标记辅助选择:实践

基因组学的发展提供了新的工具,用于发现对改良目标性状有用的新等位基因和基因,以及用于在育种计划中通过标记辅助选择(marker-assisted selection, MAS)来操纵这些基因。MAS 是利用标记直接对表型性状进行选择,这些标记与性状紧密连锁,或者是根据相关基因的序列开发。植物育种将通过以下几个方面从 MAS 中获益:①从所有可用的种质资源中更有效地鉴定、量化和表征遗传变异(Tanksley et al., 1989;Tanksley and McCouch, 1997;Gur and Zamir, 2004);②通过遗传转化和分子标记技术来定位、克隆和导入对改良目标性状有用的基因和(或)数量性状基因座(QTL)(Dudley, 1993;Gibson and Somerville, 1993;Paterson, 1998;Peters et al., 2003;Gur and Zamir, 2004;Peña, 2004;Holland, 2004;Salvi and Tuberosa, 2005);③在育种群体中对遗传变异进行操作(包括鉴别、选择、聚合及整合)(Stuber, 1992;Xu, 1997;Collard et al., 2005;Francia et al., 2005;Varshney et al., 2005b;Wang, J. et al., 2007)。在植物育种中,MAS 还可以应用于辅助植物品种保护(plant variety protection, PVP)和特殊性、均匀性及稳定性测试(distinctness, uniformity and stability testing, DUS)过程(CFIA/NFS, 2005;Heckenberger et al., 2006;IBRD/World Bank, 2006)。如果标记基因座在遗传图谱或物理图谱上的位置足够近,则可以对品种的单倍型做出相当好的推断。这种信息被用来进行品种鉴定,解决与种质所有权和收购相关的争议,增加杂交种的遗传多样性以及避免使用包含转基因的自交系,这些自交系可能违反管理上的条款和受到限制。这些常常是私营部门的育种计划中基因组学最先的应用,在第 13 章讨论。

分子标记在育种计划中的应用已经被广泛讨论过(Beckmann and Soller, 1986a;Paterson et al., 1991;Dudley, 1993;Stuber, 1994a;Xu and Zhu, 1994;Lee, 1995;Hospital and Charcosset, 1997;Xu Y, 2002;2003;Eathington et al., 2007;Bernardo, 2008;Collard and Mackill, 2008;Xu and Crouch, 2008;Xu et al., 2009b;2009d)。Xu Y(2003)以水稻和其他禾谷类作物为例,对 MAS 系统、种质资源评价、杂种优势预测及种子质量控制进行了全面综述。Stuber 和 Moll(1972)首次报道了玉米中对产量的选择导致了分布于整个基因组的若干同工酶基因座上的等位基因频率的改变。他们这样做实质上为玉米中的 MAS 奠定了基础。的确,如果表型选择(phenotypic selection, PS)能够改变标记等位基因的频率,那么为什么不能在特定基因座上有意识地改变标记等位基因频率产生一个或几个性状的可预测的表现改变呢?

MAS 的成功取决于标记相对于目标基因的位置。标记与各自的基因之间的关系可以分为三种类型:①分子标记位于目标基因内部,这是最有利于 MAS 的一种情况,在这种情况下可以从观念上称之为基因辅助选择(gene-assisted selection)。虽然这种关系是首选的,但这类标记也是最难找到的。②标记与目标基因在整个群体中处于连锁不平衡(linkage disequilibrium, LD),LD 是等位基因的某种组合共同遗传的一种趋势。当标记和目标基因的物理位置很近时,可以发现群体范围的 LD。利用这些标记进行的选择可以称为 LD-MAS。③标记在整个群体中与目标基因处于连锁平衡,这是对于应用 MAS 来说最困难和最有挑战性的情形。

MAS 的效率取决于很多因素,这些因素与内在的标记-性状关联(marker-trait association,MTA)是如何识别的有关,包括作图群体的大小、表型鉴定的性质、实验的设计和分析、使用的标记数目、标记基因座之间的距离、包含想要的 QTL 的基因组区域、被分子标记解释的加性遗传方差的比例、选择的方法和试验设计。MAS 的效率还取决于与它的应用有关的很多因素,包括作物和育种系统、分子育种过程和基因型鉴定系统的特点。对于私有公司的育种计划,MAS 有几个吸引人的特点,这些特点大多数与时间和资源的分配有关。

由于常规的育种体系试图结合越来越多的目标性状,存在全面失去育种增益、延长育种周期(产生一个新品种的时间)的趋势。因此,MAS 通过更加精确地将目标性状集中到相同的基因型中,极大地改进育种进展的总体速度、精确性,减少了非故意的损失,缩短了选择周期。

9.1　标记辅助选择的选择方案

MAS 对于表型评价昂贵或困难的性状是最有用的,特别是对于那些遗传力低、受环境影响大的多基因控制的性状。它在所谓的标记加速的回交育种(markeraccelerated backcross breeding)中对于打破目标性状与不利基因之间的连锁也是有用的。MAS 还可能实现一些通过常规育种不能实现的目标,如聚合有相似表型的不同来源的抗性基因。以标记基因型而不是表现型为基础的间接选择可以用于加快遗传改良的速度,增加精确性,减少世代数;当与优化的分子育种策略整合时,还可以降低选择的成本。Xu Y (2002)讨论了最适合于 MAS 的 6 种情形。其中包括:不用测交或后裔测定(progeny test)的选择;独立于环境的选择;不需要繁重的田间工作或密集的实验室工作的选择;育种早期的选择;对多个基因或多个性状的选择;全基因组选择。

9.1.1　不用测交或后裔测定的选择

在植物育种中,为了得到明确的鉴定结果,许多性状需要进行测交和后裔测定。典型的例子包括雄性不育恢复性、广亲和性、杂种优势和配合力。在测交中,每个候选单株将与测交种杂交,然后从下一个季节的后裔测定中推断候选单株的基因型。每个候选单株必须单独收割和保存,只有表现目标性状的单株将晋级到下一个世代。测交可能要持续若干个世代直到选择的植株达到某个纯合性水平。利用 MAS,可以不进行测交和后裔测定,因为可以根据标记基因型从候选植株本身来鉴别目标性状,省去了繁重的测交和费时的后裔测定。

9.1.2　独立于环境的选择

很多性状必须在性状可以充分表达的环境中进行筛选。例如,光周期或温度敏感性只能通过比较它们在两种不同的光周期或温度条件下的表型来鉴定。对于抗虫性或抗病性的鉴定,植株必须人工接种或自然接种。对于非生物抗性,如耐旱性、耐盐性、耐淹性和抗倒性,在常规育种计划中只有当特定的胁迫存在时才能进行选择。为了测量植株对农用化学品(如除草剂和植物生长调节剂)的反应,这些化学制品必须在合适的环境中、在合适的生长发育阶段应用到植株上。MAS 使对这些性状进行间接选择成为可能。

9.1.3　不需要繁重的田间工作或密集的实验室工作的选择

许多重要的性状在表现上是不可见的,或者不能通过目测的方法进行鉴定,而必须在实验室中利用复杂的仪器设备来进行测量;或者需要大量的样品,这意味着它只有到晚期或高世代才能被测量,那时候对每个选择单位都有相对大量的种子可用。谷物的物理和化学特性是这种类型的例子。像组织的可培养性(tissue cultivability)这样的性状需要繁重的实验室工作,来对每个样本进行测定。一旦确定了相关联的标记,利用 MAS 则在植株的任何生长阶段收获的一小片叶子甚至一小片胚乳都足以对上述所有性状进行准确的测量。

9.1.4　育种早期的选择

只能在生殖阶段或之后进行测量的性状进行 MAS 是很适合的。例如,谷物品质只能利用成熟的种子进行鉴定。产量杂种优势和产量潜力必须在收获后和(或)高世代才能进行测量。对于林木或果树,许多性状必须等若干年,直到成年阶段才能进行表型鉴定。MAS 可以在任何阶段和任何世代进行,所以育种家不需要一代又一代(年复一年)地保留大量的候选单株。关于小麦 MAS 的一份最新的总结报告(Kuchel et al.,2008)表明,对特定目标基因的 MAS 的整合,特别是在育种计划的早期阶段,有可能大幅度地增进遗传改良。

9.1.5　对多个基因和多个性状的选择

在有些情况下,需要用多个病源小种或昆虫生物型来对植株的多种抗性进行鉴定,但在实践上这可能很困难甚至是不可能的,因为不同基因可能产生相似的表型,这些表型无法彼此区分。MTA 可以用于同时选择多种抗性。

考虑对多个性状的选择,如水稻中的温敏雄性不育性(TGMS)、直链淀粉和广亲和性。候选植株必须在 TGMS 能够被识别的两种不同的环境中进行试验。每个植株必须与广亲和测验种测交,然后在下一个季节进行后裔测定,与此同时还要收获大量种子进行直链淀粉的测定。因此,利用表型选择(PS)的方法,必须等到有大量的种子可用,并且达到了足够的纯合性水平时才能进行鉴定。

9.1.6　全基因组选择

MAS 也可以在全基因组的水平上进行。全基因组选择可以用来消除回交育种中的供体基因组,或者当涉及远缘杂交时用来清除连锁累赘。与多性状的 MAS 结合,全基因组选择使育种家可以通过回交同时转移多个性状。

高密度分子图谱可以用来确定一个个体在许多(有时是成千上万个)基因座上的基因型,使我们有可能推断一个给定个体中覆盖整个基因组不同区域的最有利的遗传组成。通过图示基因型(如第 8 章所述)来显示所有基因座基因组组成和亲本来源(Young and Tanksley, 1989a),这为在基于图谱的全基因选择中方便地分析数量性状提供了可能。作为这个思想的扩展,可以图示描述 QTL 基因型,从作图群体中选择需要的个体,这些个体具有不同 QTL 等位基因的有利组合,或者具有跨越全基因组的、效应相似的所有等位基因的联合态。

9.2　标记辅助选择应用中的瓶颈

为了分析可能限制 MAS 在植物育种中应用的瓶颈,有必要对 MAS 的当前状况作一个简短的概述。几个私营公司已经在育种计划中常规地使用 MAS,这得益于他们长期的基础研究和建立了完整的 MAS 系统。从零开始运转一个高效且完全运作的、基于 MAS 的育种计划对于育种公司或研究所来说肯定是个巨大的投资。与常规的育种方案相比,支持 MAS 所需要的方法和基础设施条件已经发生了巨大的变化。为了应用 MAS,公司必须做出重大的投入来装配或修改基础设施的各个方面,如检测 DNA 多态性、管理信息或分析和追踪样品的方法,将基因型与表型关联起来的软件,以及淡季苗圃或连续的苗圃(Ragot and Lee, 2007)。这些要素必须互相结合,并与育种活动结合,这意味着科学家在考虑时间和成本时,必须知道 MAS 在什么时候、怎样表现相对于其他方法的比较优势。

在私营公司里 MAS 已经应用到有巨大商业价值的农作物中,包括玉米、大豆、油菜、向日葵和蔬菜。在玉米品种培育中,MAS 的目标是获得理想基因型,这里的理想基因型被定义为来自不同亲本的有利染色体片段的嵌合体,称为基因型构造(genotype construction)。更具体地说,在玉米中 MAS 已经用来同时选择多个性状(只基于标记信息进行选择),如产量、生物和非生物胁迫抗性以及品质性状(Ragot et al. , 2000;Eathington, 2005;Eathington et al. , 2007),其中多个性状本质上是多基因的。虽然关于成功的育种产品投入使用的信息非常有限,但跨国育种公司已经释放了分子育种(而不是有限的 MAS)的第一批商业化产品。由孟山都公司(Monsanto)培育的第一批分子育种的玉米杂交种于 2006 年种植季进入美国商业投资组合(US commercial portfolio),当时预计到 2010 年美国 12% 以上的商业化作物品种来源于分子育种(Fraley, 2006)。

公立机构中也在一定程度上使用了 MAS,主要利用基因渐渗(gene introgression)和基因聚合(gene pyramiding)的方法对主效基因控制的抗病性进行选择,对于私营公司不太感兴趣的作物也有应用(综述见 Dwivedi et al. , 2007)。William 等(2007b) 报道了 MAS 在国际玉米小麦改良中心(CIMMYT)小麦育种计划中的应用。在澳大利亚已经建立了大规模的 MAS 辅助小麦育种计划,MAS 广泛地用于澳大利亚小麦育种计划的品种培育中,至少涉及 19 个基因或染色体区域(Eagles et al. , 2001)。在最近几年中,美国 MAS 小麦联盟(MAS Wheat Consortium)在 MAS 策略用于品种培育的实施方面已经取得了显著的进展,完成了 80 个 MAS 项目,超过 300 个额外的回交育种计划正在试图整合 22 个不同的抗病、抗虫基因和 21 个有利于面包制作和面团品质的等位基因(Dubcovsky，2004）。虽然做了上述全部工作，并且在世界范围内公营机构还有其他的 MAS 育种计划，但是新品种的发放或注册登记非常少。表 9.1 中有一些例子，包括在美国释放的两个水稻品种 Cadet 和 Jacinto，具有独特的蒸煮和加工品质性状（http：//www.ars.usda.gov/is/AR/archive/dec00/rice1200.pdf）；在印度尼西亚释放的两个水稻品种 Angke 和 Conde 具有对白叶枯病的抗性，比 IR64 增产 20％（Bustamam et al.，2002）。在菜豆中，USPT-ANT-1 被作为抗炭疽病的杂色菜豆种质品系注册，它含有 Co-4² 基因，该基因提供了对美国的所有已知的炭疽病北美生理小种的抗性（Miklas et al.，2003）。在珍珠粟中，通过 MAS 和常规的回交育种改良了原始杂交种（HHB67）亲本品系的霜霉病抗性，印度释放了抗性改良过的新杂交种 HHB67-2（Navarro et al.，2006）。最近印度释放了一个来自特早熟玉米单交种的优质蛋白玉米 Vivek Maize Hybrid-9，该品种由 *opaque2* 基因的 MAS 育成（Babu et al.，2005）。

表 9.1　通过标记辅助选择培育发放的作物品种的例子

作物	性状	育种产品	参考文献
菜豆	炭疽病抗性	含 Co-4² 基因的杂色菜豆品种 USPT-ANT-1，能抗北美所有已知的炭疽病生理小种	Miklas 等（2003）
珍珠粟	霜霉病	通过 MAS 和常规的回交育种改良了原始杂种（HHB67）的亲本品系对霜霉病的抗性，育成了具有改良的霜霉病抗性的新杂交种 HHB 67-2 在印度发放	Navarro 等（2006）
水稻	白叶枯病	印度尼西亚释放的品种 Angke 和 Conde 具有对白叶枯病的抗性，产量比 IR64 高 20％	Bustamam 等（2002）
水稻	直链淀粉含量	美国释放的品种 Cadet 和 Jacinto 具有独特的蒸煮和加工品质性状	http://www.ars.usda.gov/is/AR/archive/dec00/rice1200.pdf

　　通过第一代 DNA 标记发现以来产生的有关 QTL 作图和 MAS 出版物的数量，可以对 MAS 在育种使用方面有限的成功做进一步的说明（Xu and Crouch，2008）。"标记辅助选择"（marker-assisted selection）这个术语在 20 多年以前首次出现（Beckmann and Soller，1986b），最初集中于其潜在的用途。10 年后，在由分子标记定位的基因应用方面这个专业术语变得越来越吸引人，1995 年这个术语出现在 100 多篇文章中（图 9.1）。然而，植物育种中利用 DNA 标记进行 MAS 的第一篇真正的论文也许是 Concibido 等（1996）发表的大豆胞囊线虫病抗性的那一篇。在最近 10 年中，有关标记的开发和标记在辅助植物育种中应用的出版物已经显著增加。结果是，在 2003 年包含术语"marker-assisted selection"的文章数量超过 1000 篇（图 9.1）。只有少数特定公共机构资助在田间育种中对 MAS 进行大规模的验证、精细的改进和应用。从带有术语"marker-assisted selection"的论文的数量（2004 年 1390 篇）与带有术语"quantitative trait locus"或"quantitative trait loci"的论文的数量（1998 年 1250 篇，2005 年 4440 篇，图 9.1）的比较上可以看出这一点。大多数有关 MAS 的文章要么起因于有科学任务的捐赠人的投资，要么起因于对展示 MAS 在植物育种中的应用潜力有特殊兴趣的学术机构。要将有希望的出版物转换成田间育种中的实际应用需要突破许多实践的、程序性的以及遗传的瓶颈（Xu and

Crouch，2008）。这包括开发简单、快速、廉价的取样、DNA 提取和基因型鉴定的技术规程，当常规地应用于高通量分析时，这些技术要保持可靠和精确；还包括建立样品和数据追踪及管理系统，以及强大的决策支持工具来确保将基因型鉴定有效地整合到育种计划中。Xu 和 Crouch（2008）讨论了 MAS 从理论转化为实践的瓶颈，尤其是在公共机构的育种计划中。William 等（2007a）根据在一个国际农业研究中心的经验提供了有关作物中 MAS 的技术、经济和政策方面的考虑。原则上，有效的 MAS 系统是下列活动的结果：

（1）建立适合于大规模田间试验的 DNA 提取、组织取样和追踪系统；

（2）建立分子数据的产生、管理和分析的平台，满足植物育种的需要；

（3）开发利用分子标记信息进行综合品种培育、杂种优势群构建和杂种预测的分析方法；

（4）开发利用遗传和育种材料，包括群体、杂交种、开放授粉群体、选择的地方品种，以及正在进行的育种计划中的综合品种；

（5）利用任意群体来验证 MTA，这些群体针对标记辅助回交（marker-assisted back-crossing，MABC）在基因组范围内进行了基因型鉴定，并对目标性状进行表型鉴定，更新和精炼分子标记；

（6）通过改进下列程序来优化 MAS 系统和精练 MAS 育种计划，即高通量取样、DNA 提取和基因型鉴定、环境控制和表征、精确的表型鉴定、多样性分析的整合、遗传作图和 MAS，以及数据产生、解释及传送系统。

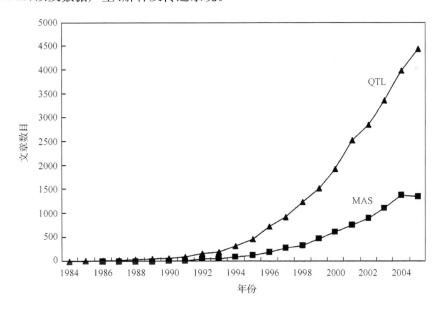

图 9.1　从 Google Scholar 中检索到的带有术语 QTL（quantitative trait locus 或 quantitative
trait loci）和 MAS（marker-assisted-selection）的文章数目，按年度分布（至 2007 年 4 月）
（Xu and Crouch，2008）

9.2.1　有效的标记-性状关联

如同图 9.1 所示的那样,在过去的 20 年中 QTL 文献已经急剧增长,涉及几乎所有的作物和所有类型的农艺性状[如同 Dwivedi 等(2007)所综述的]。然而到目前为止 QTL 作图的报道倾向于以单个小到中等规模的作图群体为基础,用数量相对少的标记进行扫描,提供分辨率相对低的标记-性状关联(MTA)(Xu Y, 2002; 2003; Salvi and Tuberosa, 2005)。报道过的 QTL 极少通过 MAS 用于植物育种。因此,学术界正在投入大量的人力和财力来产生大量文献而对植物育种中的应用几乎没有影响。有效的 MTA 方法之一是选择性基因型鉴定和 DNA 混合分析,已在 7.7 节讨论了。

MAS 的一些固有的局限性与 QTL 位置和遗传效应的估计及假阳性率和假阴性率有关。QTL 的置信区间一般为 10~15cM;这么长的遗传区域应该不是实施 MAS 的一个主要障碍,虽然它可能通过妨碍对想要的重组事件的选择来限制遗传增益的实现。关联作图的出现及日益增加的候选基因将提供一定的资源,使与 QTL 位置估计相关的问题减到最少。由于许多原因,QTL 的遗传效应被高估,其中一些原因与表型鉴定或群体培育的实验设计有关,其他原因是 QTL 检测过程固有的(Lee, 1995; Beavis, 1998; Melchinger et al., 1998; Holland, 2004)。

9.2.2　有成本效益的高通量基因型鉴定系统

与研究单位不同,私营公司已经建立或正在开发的服务实验室有每年产生数以亿计个数据点的能力。此外,小型"生物技术"公司正在开发能够将每个标记数据点的成本降低到几美分的技术(Ragot and Lee, 2007)。然而,在不考虑 MAS 中的任何其他成本的情况下,当前仅仅与 DNA 提取有关的成本对于许多植物育种计划来说已经是很大的负担,这是基于样品的成本考虑,特别是在早期阶段,每个样品都需要进行少量测定。因此首先需要做出巨大的努力来使与 DNA 提取的每个步骤有关的成本最小化,包括取样、标记、试剂及塑料耗材。

PCR 扩增是所有基于 PCR 的标记的一个必需步骤,也是一个高成本的步骤。多重 PCR 引物是一个能显著降低 PCR 相关费用的方法,但需要做很多的工作来优化合适的多重 PCR 标记的流程,多重 PCR 引物能很好地用于遗传多样性分析。然而,当它们用于遗传作图和 MAS 时必须被优化,甚至针对每个特定的杂交或群体来重新设计,因为不存在对所有杂交或群体都有多态性的通用标记集。

另一个与 MAS 相关的重要成本是 PCR 扩增之后的标记检测步骤,这因检测方法的不同而有很大差异。当通过琼脂糖凝胶电泳来筛选基于 PCR 的标记时(这被认为更适合于单个性状的 MAS),50~200 个样品凝胶的制备、电泳和记录可能要 3~4h。比较而言,用微孔板或点杂交检测等位基因专化的、基于基因的标记极大地提高了通量,降低了成本。然而,这些系统不适合用大量标记进行遗传背景选择和多个目标性状的大规模的 MAS。用于大规模 MAS 的高效标记基因型鉴定系统是需要利用大量标记的高通量检测系统。总的来说,开发和优化这样的检测系统既费时又昂贵。

自动化程度增加了的新型标记的开发方法已经使实验室产生分子数据的能力得到了

持续提高。然而这也有负面结果,就是实现高通量低成本的基因型鉴定所需要的设备成本增加,反过来,分子标记基因型鉴定能力影响现代植物育种的规模。由于基础设施安装及基因型鉴定人员的大量前期费用,单个国家的标记实验室不可能低成本地获得标记数据。在先进的实验室以及在动物和人类的研究中,这已经导致集中化趋势的增加,特别是转化到外包加工(out-sourcing)的操作模式。因此,实际的基因型鉴定可以通过区域性的中心或外包加工服务站来最高效地进行。Collard 等(2008)讨论了可能适合不同情况和育种计划的基因型鉴定系统,包括用于偏远的育种站实验室的基于凝胶和非凝胶的基因型鉴定系统,以及用于区域性中心实验室的基于毛细管电泳和芯片的基因型鉴定系统。

9.2.3 表型鉴定和样品追踪

一旦建立了 DNA 提取、PCR 扩增和标记检测的高通量系统,则瓶颈将是进行 MAS 之前的 MTA 所需要的表型鉴定和 MAS 过程中大量单株和家系所需要的样品追踪。表型鉴定已经被认为是后基因组时代的关键,现在比以前受到更大的关注。对大量植物样品进行精确和全面的表型鉴定是非常昂贵和费时的,这也是影响遗传作图的准确性和MAS 功效的限制因素。私营公司已经认识到需要高精度的表型鉴定,这可以从他们积极地招募特征性状的表型鉴定科学家上反映出来,他们招募的科学家常常居住在更容易进行目标性状鉴定地区(如进行耐旱性鉴定的专用地点,位于世界的干旱地区)(Ragot and Lee,2007)。在实验室之外,植株的处理也正成为高通量方法的瓶颈,必须在连续种植的地点装备每年可以处理数百万植株的高通量设备。

测量性状的遗传力水平取决于表型鉴定能否在不同季节、地点和环境中重复进行。已经利用将目标地点聚类成大环境(mega-environment)并将这些大环境与不同地点的选择进行比较,来了解一个育种计划的目标环境如何根据产量和其他农艺性状对种质进行鉴别(如 Rajaram et al.,1994;Lillemo et al.,2004;第 10 章)。对表型进行跨群体和跨环境的比较将确定在一个环境中鉴定的 MTA 可以怎样用于另一环境下的选择。在这种情况下,良好表征的环境和完善建立的选择标准是开发精确可靠的表型鉴定系统的关键。正在为很多性状建立的精确、高通量的多点表型鉴定,以及有效的取样和数据获取系统,为开发以表型组学为基础的方法提供了潜力,用于性状专化的育种计划。这不仅有助于理解一个植株拥有的表型谱,而且提高了遗传作图的精度,因而也提高了对目标性状进行MAS 的精度。

对样本的追踪,从田间到收获种子的种子袋,再到提取 DNA 的 96 孔板、PCR 扩增和标记检测,然后根据基因型鉴定结果重新追踪到选择的田间植株,这是一个耗时和易错的过程,占用 MAS 的很大一部分成本。由于植物育种家总是在大量植株和群体的基础上工作,有些作物不像其他作物那样容易在田间安排,不便于取样和追踪,样品追踪将最终决定 MAS 能否以高通量的方式进行,因而决定 MAS 能否大规模地应用。

9.2.4 上位性和基因×环境互作

在育种计划中与上位性相关的遗传效应要么没有得到很好的估计,要么被忽略了(Holland,2001;Crosbie et al.,2006)。遗传效应的这种评估将扩大遗传增益的预测。

MAS的相对优点将取决于备选方法的预测、实际结果和成本。

人们已经认识到基因型×环境互作（GEI，在第 10 章详细讨论）是标记辅助育种（marker-assisted breeding，MAB）的一个瓶颈，因为它既影响 QTL 检测的功效，也影响对 MAS 的响应。为了评价 QTL×环境互作，需要在多个地点/环境试验中进行精确的表型鉴定。选择合适的地点进行表型鉴定和精确估计 QTL 在不同环境中的效应是决定发现的 QTL 能否进行有效的 MAS 的两个重要因素。在 MTA 中，要么通过连锁作图，要么通过 LD 作图，QTL×环境互作效应也应该被整合到 MTA 的统计模型中去。

9.3　降低成本增加规模和效率

高度丰富的、以单核苷酸多态性（SNP）为基础的基因标记有增加规模和提高效率从而降低 MAS 成本的潜力，因为基因型鉴定可以自动化。人类和动物的研究及应用极大地推动了高通量基因型鉴定平台的发展。然而，牲畜的 MAB 与人类健康的诊断之间有许多共性，这对分子植物育种家有重要的间接影响。标记辅助方法在植物育种中的可行性受与常规育种相比的相对成本（时间和资金）的严重影响。

有几种降低 MAS 成本的方法。第一，用自动化的基因型鉴定和数据记录系统进行高通量分析将有助于增加每天的数据产出。第二，利用同一个样品对多个性状进行选择将降低基于性状的成本。第三，在植物发育的早期阶段，或者在种植前，或者在育种过程的早期进行选择将使需要保留的植株数目最小化，因此总的育种成本下降。第四，MAS系统（包括设备和人员）的优化将降低每个数据点的成本。

虽然涉及的方法确实没有固有的局限性，但是 MAS 的一个不可避免的限制是装配和整合必要的基础设施和人员的成本。这些可能是重要的，并且超出了很多育种计划的预算。对于这样的育种计划，MAS 的实施可能导致从关键活动（如高质量的表型评价和目标环境中的选择）中不平衡地重新分配资源（Ragot and Lee，2007）。目前，只有在一个给定的市场或区域中最大的玉米育种计划有这样的销售规模和产品多样性，可以调整和支持 MAS，并承担得起建立和替换系统组分（如检测 DNA 多态性的方法和平台的变化）的财务负担。

来自 DNA 测序的经济学故事告诉我们期望的标记基因型鉴定成本可以降低到多少。1990 年每个碱基的测序成本为 10 美元，但 1996 年降低到了 1 美元，2002 年降低到了 0.1 美元，2006 年降低到了 0.01 美元，这比 1990 年便宜了 1000 倍。利用分子标记进行基因型鉴定的成本取决于标记类型及高通量分析的能力。利用良好建立的标记系统和测序设备，用 SSR 标记进行基因型鉴定的成本为每个数据点 0.30～0.80 美元，取决于标记的多重化及每个样品要进行基因型鉴定的标记数目（Xu et al.，2002）。例如，现在玉米中 SNP 分析的最低成本大约是 1536 个样品 90 美元。

9.3.1　成本效益分析

成本效益分析将帮助我们了解系统中的哪些组分需要改进、MAS 大规模应用的瓶颈在哪里。玉米（Dreher et al.，2003；Morris et al.，2003）和小麦（Kuchel et al.，2005）在这个领域已经取得了初步的结果。随着新的基因型鉴定系统的应用,以及在各自的基因型鉴定实验室中进行了新的优化之后,这种分析需要不断地更新。因为许多能降低成本的因素可能影响遗传增益,所以有必要将成本效益分析模块整合到促进不同育种系统的遗传建模和模拟分析中(Wang et al.,2003,2004;Wang J et al.,2007)。

MAS 的经济价值可能包括这样的情况:其中分子成本比由表型评价中节约的成本所抵消的要多。如果分子成本附加在表型成本上,而不是代替表型成本,那么 MAS 的经济价值将变得不可靠,也更难以评价。在其他情况下,早期选择的能力抵消了与 MAS 关联的额外成本。DNA 标记开发和应用的各种要素的详细成本效益分析,包括需要的基因型鉴定平台和专业知识,需要在最早的可能阶段进行评价。这一点在现阶段尤其重要,因为大多数公共的植物育种计划还没有获得足够的经费或者设备较差,达不到高通量标记检测的最低要求。

关于 MAS 相对于表型选择(PS)优势的比较已有研究(van Berloo and Stam,1999;Yousef and Juvik,2001a)。MAS 的优势取决于性状的遗传力和群体大小。当遗传力高时,对大量植株进行基因型鉴定的成本可能不超过根据 PS 预期的收益。当利用重组自交系(RIL)计算时,对于 0.1～0.3 的遗传力范围预期可以获得收益(van Berloo and Stam,1998)。如果遗传力小于 0.1,不可能利用侧翼标记准确地检测 QTL 进行选择。

在考虑用分子标记来改良由两个自交系杂交形成群体的一个遗传性状的平均值时,Moreau 等(2000)指出当表型评价与基因型评价的成本比率超过一个临界水平时,MAS 将比 PS 更划算。对菜豆细菌性疫病抗性的 MAS 和常规的温室筛选之间的比较表明,MAS 的成本大约比温室试验的少 1/3(Yu et al.,2000)。

在墨西哥的 CIMMYT 进行了一个研究,旨在比较玉米的常规育种和标记辅助回交育种(MAB)的成本效益(Dreher et al.,2003;Morris et al.,2003)。该研究分两个阶段实施。第一阶段,利用基于电子表格的预算方法估计了与玉米育种的常规方法和 MAS 方法相关的成本 (Dreher et al.,2003)。没有考虑与目标性状连锁的分子标记的最初开发成本;该分析假定已经获得了合适的分子标记。对常规和 MAS 育种方案所需的田间操作和实验室步骤进行了确认和成本估算。然后进行了灵敏度分析来确定田间操作和实验室步骤的成本可能如何随研究方法的改进和(或)关键投入的价格波动而变化。这个信息被用来比较利用常规的筛选方法和 MAS 来实现一个确定的育种目标的成本,这个育种目标是培育带 *opaque2* 隐性基因的优质蛋白(QPM)玉米。除了产生对 CIMMYT 的研究管理人员有用的经验性成本信息之外,第一阶段的研究产生了 4 种重要的信息,可以普遍应用到其他的 MAS 情况中。第一,对于任何特定的育种项目,需要详细的预算分析来确定 MAS 相对于 PS 方法的成本效益。第二,对表型分析和基因型分析的单位成本的直接比较为研究管理人员提供了有用的信息,但是在许多情况下,技术选择的决策不是仅仅基于成本来做出的。例如,对时间的考虑常常是关键的,因为表型筛选和基因型筛选对时间的要求可能不同。即使当"实时"的要求相似时,对于需要成熟的谷物样品来进行表型筛选的应用来说,基因型筛选常常可以在植株生长周期的很早时期完成。第三,常规方法和 MAS 方法之间的选择可能更加复杂,因为这两者不是总能直接替换的。利用分子标记,育种家也许能够获得更多关于基因型水平上发生的事情的信息,如遗传背景信息,比用表型筛选方法获得的信息多。第四，当与来自实际育种计划的经验数据一起使用时，需要预算工具来提高当前使用方法的效率，做出关于未来的技术选择的决策。

在该研究的第二个阶段（Morris et al.，2003），针对一个特定的育种应用比较了在CIMMYT使用常规方法和MAS方法的相关成本：将一个优良的显性等位基因渐渗到一个优良的玉米品系中（品系转换）。在CIMMYT，同时就成本和速度来说，两种方法都没有表现出明显的优势：常规育种方案成本较低，但基于MAS的育种方案可以在较短的时间内完成。对于时间和资金之间需要权衡的应用，可以用传统的投资理论来评价相对利润率。私营公司可以通过支取公司的现金储备、在股市发行股票或者在商业信贷市场借贷来筹集流动资本，积极地实施MAS来使他们的育种计划产生的净收益（利润）最大化，通过MAS，使他们能够将新产品更快地投入市场，即使实施这些技术要花更多的钱。相反，公共植物育种计划实施MAS就要慢得多，因为他们更可能会面临资金的限制，他们通常被要求在其预算分配内进行工作。公共育种计划可以通过坚持使用成本较低的PS方法来使他们有限的资源得到最大的回报，尽管这意味着育种项目将需要更长的时间才能完成。

对于许多植物育种项目，相对于MAS来说PS的吸引力是不容置疑的。当PS和MAS之间的选择意味着时间和资金的权衡时，DNA标记的成本效益主要取决于4个参数：①表型筛选和基因型筛选的相对成本；②利用MAS节约的时间；③与改良品种的加速发放相关联的效益的大小和时间分布；④可以用于育种计划的流动资本。所有这4个参数在不同的育种项目之间可以有很大的变化，表明可能需要详细的经济分析来预测哪种选择技术对于一个特定的育种项目是最优的（Morris et al.，2003）。

9.3.2　基于种子DNA的基因型鉴定和MAS系统

DNA提取是目前许多MAS系统中单项开支最大的，常常也是整个体系的限速步骤。建立和优化非破坏性的基于单粒种子的DNA提取系统，能极大地提高MAS的效率，特别是对于在种植季节晚期表达的性状。与利用叶片及其他组织提取DNA进行的MAS相比，基于种子的DNA基因型鉴定有许多优点，包括：①在种植前鉴定理想基因型，丢弃不想要的基因型；②通过在淡季选择基因型来加快育种速度；③减少费时而又容易出错的取样步骤，目前这个步骤涉及在田间或温室从植株上收获叶片组织，当获得基因型数据后需要重新追溯到取样单株；④节约土地，因为只种植选择的基因型（种子）。虽然在许多植物中已经研究过从单粒干种子中提取DNA的方法，但大多数报道的是破坏性的方法。为了开发一种利用单粒种子和非破坏性的DNA提取进行MAS的综合的、可操作的系统，提取的DNA必须具有与叶片组织DNA相当的高质量，以便不影响PCR扩增和检测过程。同样，DNA的量必须足够用于全基因组的基因型鉴定，而且DNA提取应该是高通量的，取样的种子应该保持高水平的发芽率。

CIMMYT在玉米的分子育种中已经建立了适合于种子相对大的农作物的、基于种子DNA的基因型鉴定系统（Gao et al.，2008）。开发了利用来自单粒玉米种子胚乳DNA的优化基因型鉴定方法（图9.2），该方法可以高通量地实施，并且对于不同类型的籽粒是普遍适用的。给予种子DNA的基因型鉴定方法包括从吸水的玉米种子中切取胚乳碎片,然后在 96 孔板中用组织研磨仪将碎片研磨成粉末以提高效率。为便于数据追踪,将种子样品储存在两个 48 孔板中,每个板作为一个单元,这样很容易根据理想基因型鉴定结果发现候选的种子。利用基于种子 DNA 的基因型鉴定方法,DNA 提取和随后的基因型鉴定都可以利用常规的提取缓冲液在 96 孔板中完成,DNA 质量与叶片提取 DNA 相当,从 30mg 胚乳中提取的 DNA 足够用于 200~400 个基于琼脂糖凝胶的标记和几百万个基于芯片的 SNP 标记。通过比较一个 F_2 群体的胚乳 DNA 和相应的叶片 DNA,由果皮污染和花粉污染导致的基因型鉴定错误分别为 3.8% 和 0.6%,这和所用的 SSR 标记有关。胚乳取样不影响在控制条件下的发芽率,但对一些基因型来说在田间条件下发芽率、出苗和植被归一化指数(normalized different vegetative index,NDVI)显著低于对照。仔细的田间管理可以弥补在发芽和出苗方面的这些轻微影响。与基于叶片 DNA 的基因型鉴定相比,基于种子 DNA 的基因型鉴定使成本降低 24.6%,降低的成本主要来自于田间种植规模的减小及劳动力成本的降低。

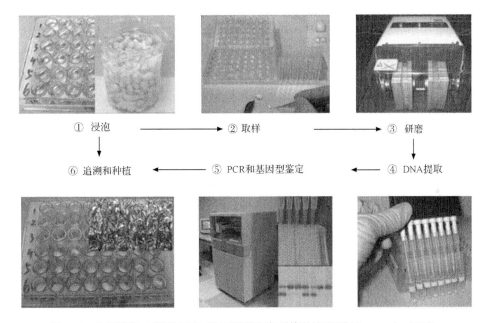

① 浸泡　　　　→　　　② 取样　　　　→　　　③ 研磨

⑥ 追溯和种植　　←　　⑤ PCR 和基因型鉴定　　←　　④ DNA 提取

图 9.2　大规模基于种子 DNA 的基因型鉴定系统的流程图(Gao et al.,2008),
获得 Springer Science and Business Media 的授权

由于基于种子 DNA 的基因型鉴定可以在种植前实施,如选择从 F_1 植株收获的 F_2 种子,因此有可能在种植前选择想要的基因型。这对育种计划具有潜在的重大影响,从改变群体大小和选择压到田间设计和 MAS 策略的差别。通过几轮的育种循环可能加速产出,提高效率。基于种子 DNA 的基因型鉴定的另一个优点是:可以持续进行基因型鉴定,直到鉴定出最少数量的理想基因型。这意味着可以通过对尽可能小的群体进行基因型鉴定来识别目标基因型,与基于叶片 DNA 的基因型鉴定相比,节约了对田间所有可用的植株进行取样的成本,同时避免了不能利用田间可用的植株来发现想要的基因型的风险(因为没有办法在已经种植的植株之外选择)。例如,在 F_2 群体中 n 个目标基因座上纯合体的比例为$(1/4)^n$，因此对于 3 个基因座，则群体中 1/64 的植株将具有想要的基因型。由于一旦鉴定了足够数量的、携带想要的基因型的目标种子，基于种子 DNA 的基因型鉴定就可以在任何阶段停止，需要进行基因型鉴定的种子的数量可能大大少于，或者在最坏的情况下等于，必须在田间种植的植株数量。对于基于叶片 DNA 的基因型鉴定，为了确保以 99% 的概率至少获得一个想要的基因型，必须种植的最少植株数为 $\log(1-0.99)/\log(1-1/64)=292$。随着目标基因座数目的增加，必须在田间种植的最少植株数将超过大多数当前育种计划的承受能力。所有这些因素对 MAS 的程序、方法和策略（这些都是基于叶片 DNA 的基因型鉴定建立的）都具有显著影响，简化了程序，提高了育种效率。下一个重要的步骤是对这种基因型鉴定方法的各个方面进行综合的建模和分析，如同对基于叶片 DNA 的 MAS 所做过的那样，基于叶片 DNA 的 MAS 假设选择是在种植后进行的，这方面的先驱性研究是 Lande 和 Thompson(1990)完成的。对种子 DNA 提取方法的评估也需要综合考虑负面因素（如异质授粉、胚乳三倍性和潜在的果皮污染）和正面因素（如减少劳动时间和在种植前选择想要的基因型）。

在将玉米中开发的基于种子 DNA 的基因型鉴定推广到其他作物之前，有几个问题需要考虑(Gao et al.，2008)。第一，作物应该有相对大的种子，至少有 8~10mg 的组织能用来作为 DNA 提取的样品以满足基于单粒种子的基因型鉴定的要求，特别是对于基于琼脂糖凝胶的基因型鉴定。第二，种子的质地和组织（单子叶植物的胚乳或双子叶植物的子叶）应该适合于取样，或者当干种子太硬难以切割时，种子可以被浸泡而不会显著影响其发芽率。第三，果皮污染可以忽略，因为它处于相对较低的水平，或者果皮在取样时很容易除去。第四，可能需要针对每种作物建立合适的 DNA 提取方法，这些方法可以用于具有高含量的特殊化学组成（如脂肪、蛋白质和淀粉）的作物种子。可以预期这个方法将在很大程度上取代基于叶片 DNA 的基因型鉴定，而基于叶片 DNA 的基因型鉴定已经在很多作物中被用于知识产权保护、转基因检测、品种纯度和杂种性(hybridity)的遗传检测、遗传作图、遗传多样性分析和 MAS。

9.3.3　整合多样性分析、遗传作图和 MAS

遗传作图和 MAS 通常涉及多个连续的步骤，从建立作图群体、遗传作图和标记验证到 MAS。现在正在出现新的多功能方法，有助于将遗传多样性分析、MTA 分析以及 MAS 验证和应用整合在单个育种计划中。这些方法依赖于多种策略的应用，如用一套多样性的基因型进行 LD 分析，高代回交 QTL(AB-QTL)作图(Tanksley and Nelson，1996)和"mapping-as-you-go"(MAYG) (Podlich et al.，2004)，以至于这些过程中的不同步骤可以进行整合。在 MAYG 方法中，通过对经过几轮选择产生的新的优良种质重新作图来不断地修正 QTL 等位基因的效应，因而确保的 QTL 估计始终与育种计划中的当前种质相关。遗传作图与 MAS 的整合有两个主要优点：①能够直接用育种群体来进行 MTA 分析，而不必费时地建立遗传群体；②将 MTA 与它的验证相结合。这个过程本身以及建立需要的遗传材料都节约了时间。然而，也许最重要的是，在整个过程中终端用户相关遗传材料的普遍使用有可能显著降低冗余水平，当在遗传学研究中转换输出以及在育种群体中验证它们时，这种冗余是经常遇到的。

9.3.4　建立同时改良多个性状的育种策略

多性状改良策略的建立包括了解不同性状间的相关性(包括非常复杂的性状分量性状之间的互作,如耐旱性);多个性状之间发育相关性的遗传解析;理解相关性状的遗传网络;构建多个性状的选择指数。该领域已经取得了许多进展,如在玉米(Edmeades et al.,2000;Bänziger et al.,2006)和小麦(Babar et al.,2006;2007)中的耐旱品种培育。可以开发 MAS 试剂盒,包含与控制性状的一组关键的主基因相关联的分子标记,加上均匀覆盖全基因组用于标记辅助背景选择的标记。几千个精心选择的 SNP 标记可以整合到一个芯片上,越来越多的重要经济性状的基因的定位和功能分析,使这些标记可以更新,最终被基于基因的标记和功能标记所取代。只要群体足够大,就可以在一个步骤中对多个性状进行选择,获得想要的能够结合不同优良性状的个体。然而在一个步骤中能够操作的性状基因座数目是有限的,因为涵盖重组体所需的群体大小随性状/基因座数目的增加而呈指数增加。为了对超出可处理群体大小的多个性状进行操作,可以使用 Bonnet 等(2005)提出的一种两阶段选择策略,该策略涉及两个世代,Wang J 等(2007)对该策略进行了模拟,第 8 章对该策略做了讨论。在这个方法中,首先通过所有目标标记对纯合的和杂合的个体都进行选择,获得包含较高频率的目标等位基因群体的一个子集,这样下一代要获得目标基因座上的纯合体所需的群体大小就小很多了。

9.4　最适合 MAS 的性状

对于现有的分子标记和基因型鉴定系统,一些性状可能比其他性状更适合 MAS。Xu Y(2002)评价了不同的性状,列出了最适合 MAS 的性状,包括需要进行测交或后裔测定的性状、依赖于环境的性状以及种子和品质性状。

9.4.1　需要测交或后裔测定的性状

细胞质雄性不育性和育性恢复

许多重要的农作物,包括水稻、高粱和向日葵,需要细胞质雄性不育性(cytoplasmic male sterility,CMS)及其育性恢复来进行杂交种种子生产。在培育 CMS 系及其恢复系的过程中涉及大量的测交和后裔测定。测交早到 F_2 代就可以进行。先根据其他农艺性状对 F_2 植株进行选择,中选单株再与保持系测交以测试 CMS 保持能力,或者与恢复系测交以测试恢复能力。在下一个季节种植测交后代,进行育性考察。只有测交后代是完全不育的(对于 CMS)或者完全可育的植株(对于恢复性)才进入到下一个育种程序。如果开发了育性恢复性的标记,则可以用 MAS 来代替测交和后裔测定。Xu Y(2003)列举了 12 个农作物中与分子标记关联的恢复基因,包括玉米、水稻、高粱、小麦、大麦、黑麦、向日葵、油菜、甜菜和洋葱。其中一些基因已经克隆(如 Desloire et al.,2003;Koizuka et al.,2003;Komori et al.,2004;Wang Z et al.,2006),预期还会有更多的克隆研究。克隆的基因为开发基因标记或功能标记进行育性恢复能力的选择。

异交性

在开花植物的历史中,经常发生植物交配系统从异交(异花授粉)到近交(自花授粉)的进化,这也是被子植物中最普遍的进化趋势(Stebbins,1957;1970)。例如,野生稻常常是异花授粉的,而栽培稻是自花授粉的。交配系统的进化中涉及的许多性状,如花器官的大小或产生的花粉量,本质上是数量的。杂交种的种子生产依赖于对异交相关性状的改良,对于自花授粉作物来说,这可能涉及异交交配系统的重建(或恢复)(Xu Y,2003)。

已经建立了各种不同的产生杂交种的技术,这些技术取决于作物,包括人工去雄,去除雌雄异株系中的雄性植株,使用全雌或高雌系,CMS和遗传的雄性不育,雌性先熟,或自交不亲和(Janick,1998)。异交率常常是决定一个杂交种是否具有商业化潜力的限制性因素:种子成本和价格都主要取决于如何容易地生产高质量的杂交种种子,能够同时被种子生产者和农户接受。玉米特别适合于杂交种育种,因为它是雌雄同株的作物,有简单的去雄方法,很容易进行自交和异交(Simmonds,1979)。在高度自花授粉的农作物,如水稻和小麦中,由于需要高播种量,这就带来一个经济问题:种子生产成本必须足够低,农户大田中种植的杂交种的产量必须足够高,农户可以从购买和使用杂交种种子中获益,公司可以从杂交种种子的生产和销售中得利。

杂交种的种子产量由许多因素决定,有遗传的也有环境的。在肥沃的、有利的环境中,通过异花授粉结实的种子产量在小麦中可以接近常规的自花授粉品种的产量(Lucken,1986),或者在水稻中可以达到自交系的80%(Yuan and Chen,1988;Lu et al.,2001)。育种家的高产、稳产种子的生产方法是:①鉴定出影响异花授粉的植株和花的特性;②发现这些性状的变异;③将性状的有利表达的基因导入亲本品系中(Lucken,1986)。考虑所有利用CMS系统的禾谷类作物的杂交种,提高异交率的措施将包括选择有利于种子生产的气候条件;确保两个亲本花期相遇;提供适合的花粉源;培育具有需要的异交性状的雄性不育系;辅助授粉;用生长调节剂,如赤霉酸调节开花习性和柱头性状(Xu Y,2003)。

许多植物是天然自花授粉的,它们的花器官结构适应了自交。亲本品系的培育可能需要完全转变花的结构,使其适合于异交。水稻中的异交取决于柱头接受外源花粉的能力以及花药散发出很多花粉使邻近的其他植株授粉的能力(Oka,1988)。野生稻的长外露柱头与不利农艺性状基因的连锁非常强,需要打破连锁将有利性状导入选择的基因型中。另外,在中国已经用长穗颈节间基因 *eui*(elongated upmost internode)来解决CMS系的包颈问题,以最少的赤霉素用量来进行高产制种。这个基因已经被克隆(Zhu et al.,2006),而且有望通过MAS来促进该基因的转移。

小麦的花结构被认为是倾向于异花授粉的(Wilson,1968)。然而,小麦的花性状清楚地表明,就其现在的形式来说,小麦比玉米、高粱和黑麦等作物更不适合异花授粉(Wilson and Driscoll,1983)。在对杂交小麦的状况进行了综述之后,Lucken 和 Johnson(1988)指出需要更多关于花生物学的遗传变异的知识,包括:①穗和花的形态学;②花粉传播、浮力、花粉持久性及花粉活力;③柱头的易接近性、接受能力和持久性;④对这些性状的选择筛选的进展。

许多影响异交的因素为 MAS 提供了机会,然而,对异交相关性状的遗传作图研究却非常少。Grandillo 和 Tanksley(1996)在番茄(*Lycopersicon esculentum*)和野生醋栗番茄(*Lycopersicon pimpinellifolium*)之间的一个回交中研究了花药长度。他们发现了影响该性状的两个 QTL,位于第 2 和第 7 染色体上,仅仅解释表型变异的 24%。Georgiady 等(2002)研究了醋栗番茄中区分异交和自交习性的性状。总共发现 5 个 QTL,涉及 4 个性状:花药总长度、不育花药长度、花柱长度以及每穗小花数。这 4 个性状的每一个都有一个主效应 QTL(> 25%)。在水稻中,已经开展了一些异交习性的遗传作图研究。在由籼稻品种 Peikuh 和野生稻 W1944(*Oryza rufipogon* Griff.;Uga et al.,2003)之间杂交衍生的 RIL 中检测到两个影响柱头外露率的 QTL。在由粳稻品种 Asominori 和籼稻品种 IR24 之间杂交衍生的 RIL 中检测到 9 个柱头外露率的 QTL(Yamamoto et al.,2003)。用粳稻品种 Koshihikari 和一个柱头外露的育种品系之间杂交的 F_2 群体进行了进一步的 QTL 分析,这个育种品系是用 IR24 作为供体与粳稻品种回交,从回交群体中选择的(Miyata et al.,2007)。在第 3 染色体的着丝粒区域验证了一个极显著的 QTL($qES3$),该 QTL 在 IR24 的 RIL 中已经检测到。来自 IR24 的 $qES3$ 等位基因使柱头外露率提高 20%,解释总表型方差的大约 32%。在一个田间评价中,$qES3$ 的 QTL 近等基因系(NIL)的柱头外露率比 Koshihikari 提高了 36%。

可以预期 MAS 将提供有力的工具,来帮助解决天然自花授粉作物在杂交种育种中有很大潜力的与异交有关的问题。进行测交需要的性状,如柱头寿命和接受能力,以及需要密集劳动鉴定的性状,如花粉团(pollen load),可以更加容易地通过连锁的标记来选择。

广亲和性

很多作物物种的远缘杂交中都在一定程度上存在杂交障碍。因为亲本在遗传上不亲和,由亚种间杂交(如水稻中的籼稻×粳稻)衍生的杂交种是部分不育或完全不育的,结实率低于 30%。一些中间品种与籼稻或粳稻杂交都没有障碍,可以称之为广亲和品种。因此"广亲和性"可以定义为使亚种间杂种可育的能力。

为了鉴定广亲和性并将相关的基因转移到其他遗传背景中,需要像育性恢复性那样进行测交和后裔测定。在水稻中,已经为此目的选择了几套测验种。为了找到具有广亲和性的品种或植株,测交和后代鉴定涉及很多工作。已经报道了广亲和基因的分子标记辅助鉴定(Wang G W, et al.,2005;2006;Zhao et al.,2006),这将通过取消或最小化测交和后代鉴定来促进和加速育种过程。在水稻中已经用关联的 SSR 标记来选择广亲和性。

杂种优势

利用杂种优势来提高作物产量始于 20 世纪早期的玉米育种。根据很多作物(包括玉米)的近交,George H. Shull 提出了关于杂种优势的观点,归纳在他 1908 年发表的标题为 *The composition of a field of maize* 的文章中。在作物生产体系中杂交种有许多优势。最主要的优点是提高产量。在开放授粉的物种中,一个最常被忽略的益处是匀一性,这是很多作物(如蔬菜)中允许生产快速扩大的因素。其他的益处可能包括胁迫忍受性、抗虫性以及其他性能方面的性状。杂交种的育种家面对变化的市场、消费者需求和产品的需要可以作出更快的反应,也有更多的选择。杂交种的其他优点包括可以联合不同自交系中的有用的显性基因,优化杂合状态中的基因表达以及产生独特的性状。

Xu Y(2003)讨论了与杂交种预测相关联的杂交种育种的 4 个特点,包括杂种表现的选择、种子生产、商业化及谷物生产。杂种表现取决于基因及其互作和组合。在育种计划中对杂种表现的选择是以测交和后裔测定为基础的。也就是说,我们通过选择具有想要的农艺性状的亲本来培育杂交种。为了将亲本的表型与杂交种的表现联系起来,育种家必须将他们的候选育种品系与若干测验种杂交,根据杂种后代来决定候选品系是否包含杂交种需要的基因,以及亲本组合能否产生有用的杂交种。这种基于测交和后裔测定的直接选择非常费时且花销很大。此外,由一个杂交得到的亲本品系与杂交种之间的关联不能用于对其他组合的预测。

两个极端低产的自交系的杂交可能产生具有良好的中亲优势或高亲优势,但表现差的杂交种,而两个高产自交系的杂交可能表现较低的中亲优势或高亲优势,但仍然产生具有良好表现的杂交种。高产杂交种的产量不仅仅归因于杂种优势,而且归因于不一定受杂种优势影响的其他可遗传的因素。为了进行有效的选择,人们需要了解各个杂交种中杂种优势和非杂种优势的每种遗传贡献的相对重要性(Duvick,1999)。就像后面讨论的那样,杂种优势的 MAS 是有可能的,并且将通过关联的标记来促进育种过程。

9.4.2 依赖于环境的性状

有些性状的表型表达在很大程度上依赖于特定的环境。依赖于环境的性状的典型例子是光周期/温度敏感性、环境诱导的雄性核不育(environment-induced genic male sterility,EGMS))以及生物和非生物胁迫。MAS 对这种性状特别有用,因为可以在任何环境下通过关联的标记进行选择。然而,在进行 MAS 之前,必须在表型能够表达的环境(大多数情况是在受控的环境)下建立 MTA。控制的环境可以相互比较,或者和自然环境比较。如果两个环境主要在一个宏观环境变量(macroenvironmental variable)上有差别,则它们被认为是对照的或近等环境(near iso-environment,NIE),标准的小区到小区变异以及其他微环境效应可以被忽略(Xu Y,2002)。如果两个环境来自于不同年份或地点的试验,则假定地点和年份效应不会混杂宏观环境因素的效应。

一些性状需要在 NIE 中测量,在其中植物有不同的反应。在这种情况下,一个环境对植株施加的胁迫比另一个环境的小得多,如具有正常温度和高温的两个环境。可以通过比较胁迫环境和胁迫小得多的环境或无胁迫的环境,来测量胁迫环境的效应。然后根据在每个环境中测量的两个直接的性状值衍生出一个相对性状值来确定植株对胁迫的敏感性。如果不同的植株在胁迫小得多的环境下具有完全相同的表型(对于分离群体来说在大多数情况下不会如此),则胁迫环境中的直接性状值可以用来测量敏感性。然而,当两种环境对植株施加的胁迫都很小而植株反应不同时,应该用相对性状值(Xu Y,2002)。

光周期/温度敏感性

依赖于环境的性状的一个典型例子是许多植物物种中的光周期敏感性,它只能在 NIE 中被测量,一个具有短日照,另一个具有长日照。当特定的光周期和(或)温度条件满足时,植株开始开花。在利用杂交种的作物中,两个亲本的花期相遇是影响杂交种制种产量、因而影响杂交种相对于自交系或品种的经济优势的因素之一。为了理解光周期和温度反应,杂交种及其亲本必须种植在若干不同的环境或 NIE 中。这些反应的遗传研究将最终刻画亲本的光温反应模式及对其杂交种的影响,从而使杂交种的光温反应可以预测。

用水稻窄叶青 8 号和京系 17 的 DH 群体,在主要是日长和温度不同的两个环境(北京和杭州)对抽穗期及光温敏感性的进行了研究(Xu,2002)。4 个染色体区域在两个或其中一个环境中与抽穗期显著关联,而第 7 染色体上的一个不同的基因座(G397A-RM248)与光温敏感性显著关联,表明光温敏感性 QTL 与抽穗期的 QTL 是独立的。通过在 10h 和 14h 的日长条件和温室中评价 CO39/ Moroberekan 的各个 RIL 的抽穗期,Maheswaran 等(2000)鉴定了 15 个抽穗期的 QTL,其中仅有 4 个也鉴定为影响光周期反应的 QTL。

已经利用直接性状值和相对性状值鉴定了不同的 QTL。如上所述,在水稻中抽穗期和光周期常常由不同的 QTL 控制。另外,直接性状和相对性状可能共享一些 QTL。这意味着抽穗期和光周期敏感性在某种程度上是遗传相关的,因为这两个性状都和开花前植株必须完成的基本营养生长有关。有的在 NIE 中进行的 QTL 作图研究,QTL 是利用在每个环境中记录的性状值而不是用相对性状值来作图的。性状本身被定位,而不是在 NIE 下测量的相对反应。在水稻中,已经利用分子标记定位了大量的抽穗期 QTL,但它们极少同时在长日照和短日照条件下进行过测试。Yano 等(1997)利用粳稻品种'日本晴'和籼稻品种 Kasalath,鉴定了控制抽穗期的两个主效 QTL 和三个微效 QTL,其中 3 个(Hd1、Hd2 和 Hd3)后来通过 QTL 近等基因系在不同日长条件下鉴定为光周期敏感基因(Lin et al. ,2000),其中一个已经克隆(Yano et al. , 2000)。

环境诱导的雄性核不育性

雄性不育可以由特定的环境因子诱导。Shi(1981)最先从粳稻品种'农垦 58'中发现了环境诱导的雄性核不育性(environment-induced genic male sterility,EGMS)。农垦 58S 的突变体在长日照条件下(>13.5h)不育,但在短日照条件下(<13.5h)变为可育。因此育性转换是由光周期长度触发的。胡椒、番茄、小麦、大麦、芝麻、豌豆和大豆中也已经报道过 EGMS。

雄性不育性对温度或光周期-温度互作的依赖要求在育种和选择过程中使用两种不同的环境。育种群体必须种植在一个环境中(在此环境植株为不育)以确保不育基因的存在;还要种植在另一个环境中(在此环境植株为可育)以确认育性转换并生产种子。利用相关联的分子标记,可以避免涉及两种环境的育性转换的确认。水稻中的遗传作图研究已经为 EGMS 系的 MAS 打下了基础。为了促进水稻 tms2 基因的整合,鉴定了位于第 7

染色体上的一个 SSR 标记 RM11,可以用来在 F_2 群体及 $F_3 \sim F_4$ 后代中鉴定杂合的可育植株,用于预先选择子代(Lu et al. , 2004)。Lang 等(1999)报道,用基于 PCR 的标记在水稻幼苗阶段鉴定 *tms3* 的准确率为 85%。

生物和非生物胁迫

抗虫性、抗病性及对非生物胁迫的耐受性的育种已经成为一个世界性的课题。为了鉴定抗虫性或抗病性,植株必须进行人工或自然接种,或者在存在胁迫的特定环境中进行性状鉴定。当虫害或病害处于检疫控制下时,人工接种就不现实了。另外,用传统的筛选方法来评价植物对不同的虫害或病害,或相同胁迫因子的不同生物型、菌系或小种的反应是非常困难的。

在传统的育种计划中,对非生物耐受性的选择,如耐盐、耐旱、耐淹和抗倒伏等只能在特定的环境中进行,这些环境要么存在于特定的地点,要么在良好控制的环境中创建。在育种中对这些性状的选择被认为是最困难的。

为了进行有效的 MAS,建立合适的选择标准对于 MTA 和后面的 MAS 都是很重要的,特别是对于非生物胁迫。以水稻的耐旱性为例,目前的生理学知识表明旱性取决于下列组分中的一个或几个:①根利用深层土壤水分以满足蒸腾需要的能力;②调节渗透的能力,使植株能够保持膨胀性,保护分生组织免受极端干燥的伤害;③控制从叶片上的非气孔水分损失(Nguyen et al. , 1997)。这些组分也适用于其他禾本科作物。在水稻中已经鉴定了渗透调节、脱水耐受性、脱落酸积累、气孔行为、根渗透指数、根密度、总根数、根长、根总干重、深根干重和根拉力的大量 QTL (Zhang et al. , 1999)。在玉米中,干旱胁迫下的产量与雌雄穗开花间隔(anthesis-silking interval, ASI)——散粉和吐丝之间的天数呈负相关。短的 ASI 意味着花丝快速的抽出,因为开花期受干旱影响小。

9.4.3 种子性状和品质性状

种子性状

作为作物种子的主要储藏器官,胚乳为人类提供蛋白质、必需氨基酸和油。理解胚乳性状的遗传是改善种子品质的关键。三倍体胚乳的遗传行为与为谷物生长发育提供同化物的二倍体母体非常不同。因此适合母体植株(对于大多数禾谷类作物为二倍体)性状的遗传分析方法不能直接用于胚乳性状(Xu, 1997)。任何胚乳性状的遗传分析方法都需要把为二倍体母体植株开发的遗传学分析方法和为常规的遗传分析提出的三倍体模型结合起来。

控制胚乳性状的遗传系统比控制植株本身的性状的遗传系统要复杂得多。因为植株为种子提供其部分遗传物质和几乎所有生长发育需要的营养物质,所以种子性状在遗传上既受种子核基因影响,又受母体植株核基因影响。另外,细胞质基因也通过间接影响线粒体和叶绿体的生物合成而影响一些种子性状。为了以生物学的准确性来理解胚乳性状,应该同时考虑母体植株遗传效应和细胞质效应以及种子的直接遗传效应。因为种子起始于一个不同于母体植株的新世代,一些种子性状应该被当做比其母体植株高一个世代。胚乳性状的遗传学分析应该以从母体植株和胚乳组织中提取的 DNA 为基础,以便了解不同的遗传因素对胚乳性状变异的相对贡献(Xu,1997)。在很多情况下,胚乳性状被处理成和母体植株同样的性状,少数报道考虑了世代提高的问题(Tan et al.,1999)。

杂交种种子性状

虽然 F_1 植株是同质的,但其结的种子代表的是 F_2 世代,所以有些谷粒性状会分离。谷物质量的主要决定因素,如在禾谷类作物中,是谷粒大小、形状和外观;碾磨、蒸煮和食味品质。一些谷粒组织来源于母体,一些来源于受精和遗传上不同的配子的结合,如水稻稻壳的外稃和内稃是母体组织。种子大小和形状由稻壳的大小和形状决定,而后者由 F_1 植株的基因型决定。所以所有 F_1 植株上的 F_2 种子具有几乎相同的大小,即使它们亲本的种子大小可能相差很大。胚乳是两个雌核和一个雄核结合产生的三倍体组织。如果亲本在胚乳性状上有差别,则 F_1 植株上的 F_2 谷粒之间这些性状显示明显的分离(Kumar and Khush,1986;Tan et al.,1999)。水稻杂交种汕优 63 的单粒分析表明,当两个亲本的直链淀粉含量分别为 15.8% 和 27.2% 时,一个 F_1 植株上的直链淀粉含量可以为 8%～32%。在大麦中也报道过一个相似的情况。如果亲本在麦芽品质性状上显著不同,则由大麦杂交种产生的谷粒对于麦芽加工的关键性状将是异质和杂合的(Ramage,1983)。

品质性状

许多品质性状,包括上面讨论的种子性状,在遗传上是由多基因基因座控制的,或者由一个基因座的多个等位基因控制(因为胚乳的三倍体特点)。所以同样的表型可能来自于不同的遗传因子或同一基因座的不同等位基因。对相同性状值进行的表型选择(PS)可能不会使同样的等位基因或基因在亲本中固定。

另外,几乎所有品质性状都只能在生殖阶段或者之后进行测量。MAS 将有助于区分对相同的品质性状起作用的不同遗传基因座。从单粒种子中非破坏性地提取 DNA 的方法,如同在 9.3 节和 Xu 等(2009d)中所讨论的,提供了一个选择种子性状的机会,可以在播种前进行选择。早期选择也为遗传力相对低的性状的选择提供了更多的机会。MAS 可用于进行早期品质测试或基于 DNA 的品质测试,然而这样的检测在常规育种计划中将被推迟,因为需要相对大量的种子。

品质的遗传贡献来自两个亲本,但在一些特殊情况下一个亲本可能比另一个亲本更重要。由于母性效应,胚乳性状可能受母本影响更多;或者由于种子直感效应(xenia effect)而受父本影响更多。籽粒的组成和发育可以通过花粉的性质而改变。Kiesselbach(1926)最先观察到这个现象,一个甜玉米母本用一个硬质胚乳的父本受精后,甜玉米胚乳变成了含大量淀粉的胚乳。在高粱 F_1 中观察到麦芽品质的大的种子直感效应,但在 F_2 代完全消失了(Wenzel and Pretorius,2000)。Curtis 等(1956)观察到玉米胚芽的重量、油和蛋白质含量受种子亲本和花粉亲本两者的显著影响,有明显的母性效应。

9.5　标记辅助的基因渐渗

如同第 8 章讨论的那样,MAS 在植物育种中的主要应用是从供体亲本中转移新等位基因到优良种质中,或者将不同来源的有利等位基因聚合到一个遗传背景中。在前一种情况下,用标记辅助的背景选择来消除供体的遗传背景,而在后一种情况下,背景选择可能不是必需的,这取决于受体亲本是否是最好的商业化品种。虽然 MAS 已经在私营公司中广泛地用于主效基因控制的性状的育种和数量性状的 MARS,但是由于前面章节中讨论过的原因,在公共部门中的应用还很有限。MAS 的一些重要的应用已经在几个国际农业研究咨询小组(Consultative Group on International Agricultural Research,CGIAR)的中心开展了。作为一个例子,CIMMYT 正在利用分子标记来促进一系列性状的选择,这些性状具有较低的遗传力但有较高的经济价值,或者不能在墨西哥的一个季节的基础上进行有效的筛选。这些性状包括与根的健康、叶病害以及影响品质的因素相关联的参数(表 9.2)。所有的 MAS 都与现存的田间育种操作紧密结合。分子标记的应用从对杂交材料的表征开始。首先用已知基因的标记来表征亲本材料,以识别具有有利等位基因的亲本,然后用这些亲本在杂交中选择性地配组(William et al. , 2007b)。MAS 的例子很多,包括其在质量性状和数量性状的基因渐渗和基因聚合中的应用。几篇最近的综述很好地覆盖了一般的方法(Xu, 2003)以及在若干主要作物中的应用(Dwivedi et al. , 2007)。对所有的性状和所有的作物来评述所有的细节超出了本章的范围。在这一节中为标记辅助的基因渐渗提供一个概貌。

表 9.2　CIMMYT 当前用于 MAS 的标记及目标基因的染色体位置

性状	基因	标记类型	染色体
对禾谷孢囊线虫(*Heterodera avenae*)的抗性	*Cre1*	STS	2BL
对禾谷孢囊线虫(*Heterodera avenae*)的抗性	*Cre3*	STS	2DL
颈腐病	Qtl-2.49	SSR	1DL
面粉颜色/根腐线虫(*Pratylenchus neglectus*)	*Rlnn-1*	STS	7BL
硼耐受性	*Bo-1*	SSR	7BL
俄罗斯小麦蚜虫	*Dn2*	SSR	7D
俄罗斯小麦蚜虫	*Dn4*	SSR	1D
黑森瘿蚊(Hessian fly)	*H25*	SSR	4A
秆锈病	*Sr24*	STS/SSR	3DL
秆锈病	*Sr25*	STS	7DL
秆锈病	*Sr26*	STS	6AL
秆锈病	*Sr38*	STS	2AS
秆锈病	*Sr39*	STS	2B
持久的叶锈病和褐锈病	*Lr34/Yr18*	STS	7DS

性状	基因	标记类型	染色体
膨胀体积	*GBSS-null*	STS	4B
谷粒硬度	Hardness	STS	5ABD
面筋强度	*GluI BX*	STS	1BS
大麦黄矮病毒	*BDV2*	STS	7DS
农艺学	*Rht-B1b*	STS	4B
农艺学	*Rht-D1b*	STS	4D
农艺学	*Rht8*	SSR	2D
同源配对	*ph1b*	STS	5B
高蛋白基因	*Gpc-B1*	STS	6B

注：William 等(2007b)，获得 Springer Science and Business Media 的授权

9.5.1　从野生近缘种的标记辅助基因渐渗

新等位基因和遗传多样性广泛存在于栽培植物的野生近缘种中。作物的野生近缘种一直被认为是各种农艺性状的潜在的基因来源，包括栽培种中没有的许多抗病性和抗虫性，因此使它们成为栽培种中基因转移的宝贵资源(Tanksley and McCouch,1997)。传统的杂交和选择以及分子育种(MAS 和转基因)已经用于将野生近缘种的抗虫性和抗病性转移到栽培种中。来自野生近缘种的抗性基因已经促进了作物在世界上病害或虫害特有地区的大规模栽培，即水稻中的白叶枯病和草状矮缩病毒，玉米和马铃薯中的细菌性疫病以及很多作物中的线虫。就产量和种子品质而言，野生近缘种通常不及现代品种。通过标记辅助的新等位基因发掘(marker-assisted novel allele discovery)将促进性状的等位基因鉴定并从野生种渐渗到栽培种中。番茄中改良的果实产量和加工品质的成功转移(Rick, 1974；de Vicente and Tanksley, 1993；Fulton et al., 1997；Bernacchi et al., 1998a；1998b；Fridman et al., 2000；Yousef and Juvik, 2001b)，使人们认识到野生近缘种中可能含有与产量和种子品质相关联的的有利基因(除了对生物胁迫的抗性之外)，虽然这些基因在表型上常常被不利基因掩盖，因而难以通过 PS 和常规育种来鉴定和转移。

对商业化杂交种中遗传多样性的减少和育种使用的基因库中的遗传多样性消耗殆尽的担忧，可能通过 MAS 的成功实施而得到部分缓解。标记辅助回交(MABC)将唤起人们利用基本上未开发的外来种质作为有利等位基因的来源，用于改良优良品种的兴趣(Ragot and Lee, 2007)。来自于外源种质的很小的目标染色体片段可以渐渗到优良自交系中，同时引入不良性状的风险有限。这种方法可能在很多作物中都是有益的，但是对它的实施说明还没有报道过，尽管它在番茄(Tanksley et al., 1996；Bernacchi et al., 1998a；1998b；Robert et al., 2001)、水稻(Xiao et al.,1998)和大豆(Concibido et al., 2003)中成功应用的报道已有很多年。

稻属内水稻的野生近缘种不仅是有关该属内变异起源的一个丰富的信息来源，而且是各种各样重要农艺性状种质的宝贵来源，这些种质可用于水稻和其他禾谷类作物的育

种。为了填补发展中国家的国家研究计划与育种应用之间的巨大差距,已经建立了一个国际研究计划:Generation Challenge Programme-Cultivating Plant Diversity for the Resource Poor (www. generationcp. org),以便开始鉴定和利用广泛的种质资源。已经证明分子标记对于加速将外来品种或野生近缘种中的基因或 QTL 回交导入到优良品种或育种品系特别有用(Tanksley and Nelson, 1996)。已经在回交到优良品种之后检测到来自水稻野生种的有利的基因或等位基因(Xiao et al. , 1998;Moncada et al. , 2001;Septiningsih et al. , 2003;Thomson et al. , 2003)。同样,这种方法可以鉴定的外来品种中能进一步改良表型的等位基因,即使受体亲本这个性状的表型可能并不差(Tanksley and McCouch, 1997;Xu, 1997;2002)。McCouch 等(2007)总结了 10 年协作研究的结果,这个研究利用来源于 *O. rufipogon* L. 的高世代回交群体:①在栽培稻中鉴定与 QTL 相关联的改良表现;②克隆关键目标 QTL 的基因。他们证明 AB-QTL 分析能够:①成功地发现野生种质中的正向等位基因,这些基因用基于亲本表型的方法不容易被发现;②提供外来种质的育种值的估计;③产生 NIL,可以作为基因分离的基础,也可以用作品种改良计划中进一步杂交的亲本;④提供基于基因的标记,用于通过 MAS 进行目标等位基因的渐渗。

建立外源遗传库(exotic genetic libraries),也称为染色体片段代换系(chromosome segment substitution line,CSSL)、渐渗系(introgression Line,IL)或者重叠群系(contig line,CL),是促进野生近缘种的利用、扩大作物基因库的另一种途径。这些遗传材料为通过聚合有利的基因座以及固定正向的杂种优势来突破产量限制提供了良好的潜在资源。例如,当携带 3 个独立的增产基因组区域的番茄渐渗系被聚合时,后代的产量比对照高 50%(Gur and Zamir, 2004)。Yoon 等(2006)报道,几个水稻渐渗系比轮回亲本 Hwaseongbyeo 表现好(差不多每公顷增加 1t 的产量)。通过一个含大颖野生稻(*Oryza grandiglumis*)片段的高世代渐渗系 HG101(与 Hwaseongbyeo 非常相似)与 Hwaseongbyeo 杂交,改良了若干谷粒性状,包括粒重。上述例子表明野生近缘种包含农艺性状的有利等位基因,尽管它们的表型效应在野生近缘种中不明显。更加强调开发野生近缘种,发掘增产等位基因来进一步提高作物品种的产量潜力,是非常重要的。

通过 AB-QTL 分析,野生近缘种中的促进产量和品质的等位基因已经成功地渐渗到水稻、小麦、大麦、高粱、菜豆和大豆中。在水稻中已经报道了巨大的产量优势,如在水稻中已经报道了通过将两个来自普通野生稻(*O. rufipogon*,AA 基因组)的增产 QTL (*yld1. 1* 和 *yld2. 1*)导入到 9311(中国超级杂交稻生产中使用的顶级亲本品系之一)中而产生的巨大的产量优势。使水稻产量增加了 20%以上,即在一些新培养的品种中,每公顷增加 1t 的产量。产量的增加主要由于穗长、每株穗数、每株粒数和粒重增加。这些带有"9311"遗传背景的改良品系正被用来提高中国超级杂交稻目前的产量潜力(Liang et al. , 2004)。大颖野生稻(*O. grandiglumis*,异源四倍体,CCDD 基因组)是另一个为水稻提供正向增产等位基因的野生近缘种。相比之下,当来自钝稃野大麦(*Hordeum spontaneum*)的正向等位基因被渐渗到大麦中时,只使谷物产量增加了 6%~8%。野生近缘种也提供了改良谷粒性状的正向等位基因,如水稻(细长半透明的子粒和粒重)、小麦(粒重和硬度)、大麦(粒重、蛋白质含量和麦芽品质性状)。特别使人感兴趣的是一个粒重基因

座 *tgw2*，它提供来自大颖野生稻(*O. grandiglumis*)的正向等位基因，该基因无株高及熟期的不利效应(Yoon et al.，2006)。在一个类似的研究中，Ishimaru(2003)在'日本晴'的遗传背景中鉴定了一个粒重 QTL，*tgw6*，它能提高产量潜力，但对株型或谷物品质没有任何负面效应。相似地，来自野生大豆(*Glycine Soja*)的等位基因使产量增加 8%～9%，并提高大豆的蛋白质含量(Concibido et al.，2003)。

9.5.2　从优良种质的标记辅助基因渐渗

毫无疑问，私营部门中 MAS 的最普遍和最直接的应用是通过回交将转基因导入到商业化杂交种的直接亲本——优良自交系中，特别是在玉米中(Ragot et al.，1995；Crosbie et al.，2006)。目前最普遍应用的转基因以及由此得到的组合(即基因材料)是对除草剂或害虫[如玉米螟(*Ostrinia*)和玉米根萤叶甲(*Diabrotica*)]的抗性。因为任何种植商业化玉米作物的地区、成熟带(maturity zone)、市场或国家对于转基因还不是一致的或同质的，所以玉米育种家已经决定培育优良自交系和商业杂交种的近等基因系版本(转基因的和非转基因的)，以便满足许可协议、农艺措施、法规要求、市场需求以及产品开发计划等方面的需要(Ragot and Lee，2007)。这要求公司有两个平行的玉米育种计划，即转基因的和非转基因的。用这种方式，转基因的标记辅助回交(MABC)，以及在较小程度的其他性状的原生基因(native genes)和 QTL 的 MABC，已经加速了商业化杂交种的培育。如果调控政策不发生显著的改变，MABC 将依旧是把转基因推向市场的首选方法。

MABC 明确地提供了减少回交世代数所需要的信息，迅速地将转基因、原生基因或 QTL 合并(即"堆积")到一个自交系或杂交种中，以便在回交后代中最大程度地复原原轮回亲本的基因组。在几个私营的育种计划中，MABC 能将复原 99% 的轮回亲本基因组所需要的世代数从 6 代减少到 3 代，将培育一个转换品种(converted cultivar)所需要的时间缩短 1 年(Crosbie et al.，2006；Ragot et al.，1995)。由于通过 MABC 得到的品系与原始的非转换品系非常相似，它的大多数特性，包括农艺性状，可以假定为与原始品系相同或相似。

标记辅助的基因渐渗在水稻中是有前途的，因为许多水稻品种由于其适应性、稳定的表现或良好的品质而被广泛种植。Chen 等(2000)使用这种方法将白叶枯病抗性基因 *Xa21* 导入中国的杂交水稻生产中广泛应用的一个亲本明恢 63 中。Ahmadi 等(2001)等用相似的方法将两个控制水稻黄斑驳病毒抗性的 QTL 渐渗到品种 IR64 中。

马铃薯育种群体中利用基于 PCR 的 DNA 标记追踪 *RB* 基因，几个阳性标记的选择系表现出对晚疫病的抗性。*RB* 基因已经被克隆并转化到一个高度感病的马铃薯品种 Katahdin 中。带有 *RB* 的 Katahdin 转化植株显示出对很多晚疫病生理小种的广谱抗性(Song et al.，2003)。显然，通过得到目标基因的全部序列，应该有可能建立该性状的高效低成本的分析系统。MAS 在商业化大麦育种中应用的最好例子是大麦黄花叶病毒复合体，其中已经开发了很多不同的标记用于抗性基因 *rym4* 和 *rym5* 的选择，一个 SSR 标记 Bmac0029 被许多欧洲冬大麦育种家使用(Rae et al.，2007)。*rym4/5* 基因的克隆为基于 *rym4/5* 的病毒抗性的诊断标记提供了基础(Stein et al.，2005)。

　　如同 Dwivedi 等(2007)综述的，MAS 与回交、系谱育种及田间评价相结合，已经产生了很多抗性遗传改良的报道，如水稻的白叶枯病($Xa21$)、稻瘿蚊($Gm-6t$)和褐飞虱($Bph1$、$Bph2$)；小麦的叶锈病($Lr19$、$Lr51$ 和 $Yr15$)；大麦的黄矮病毒($Yd2$)、条锈病($Yr4$)和白粉病($mlo-9$)；珍珠粟的霜霉病(主效 QTL)。后代在温室和田间评价中都表现出与供体亲本品系相同的抗性水平。

9.5.3　耐旱性的标记辅助渐渗

　　国际水稻研究所(IRRI)有几个利用定位的 QTL 和 MAS 进行耐旱性育种的计划。利用来自 IR64×Azucena 组合的 DH 群体鉴定了影响根参数的 QTL。启动了一个 MABC 计划将 Azucena(陆稻)位于第 1、第 2、第 7、第 9 染色体上的 4 个控制深根的 QTL 从选择的 DH 系转移到 IR64 中(Shen et al. ,2001)。回交后代严格根据其目标区域中的标记基因座的基因型进行选择，直到 BC_3F_2 世代，从该世代中培育了 BC_3F_3 近等基因系(NIL)，然后与 IR64 进行目标根性状的比较。在检测的 3 个携带目标 1(第 1 染色体上的 QTL)的 NIL 中，有一个的根性状比 IR64 显著改善。7 个只携带目标 7(第 7 染色体上的 QTL)的 NIL 中的 3 个，以及 8 个同时携带目标 1 和目标 7 的 NIL 中的 3 个，都表现出显著改善的根系质量。6 个携带目标 9(第 9 染色体上的 QTL)的 NIL 中的 4 个具有显著改善的最大根长度。

　　Steele 等(2006)启动了 MABC 来改良籼型陆稻品种'Kalinga Ⅲ'的耐旱性。经过 5 次回交并对 323 个单株用超过 3000 个标记(2548 个 RFLP 标记和 700 个 SSR 标记)进行分析之后，培育了 NIL 并对根性状进行了评价。第 9 染色体上的目标染色体片段(RM242-RM201)在灌溉和干旱胁迫环境下都显著增加根长度。RM248 基因座上的 Azucena 等位基因(在第 7 染色体上的目标根 QTL 之下)使开花推迟。然而，对该基因座上的轮回亲本等位基因进行选择获得了早开花的 NIL,适合于印度东部的高地环境。

　　雌雄穗开花间隔(ASI)是一个与玉米耐旱性相关的重要性状。Ribaut 等(1996；1997)启动了一个重要的 MAB 项目，将 5 个涉及短 ASI 表达的基因组区域从 Ac7643(一个耐旱品系)转移到 CML247 中(一个优良的热带育种品系)。5 个基因组区域用侧翼的基于 PCR 的标记进行转移。70 个最好的 BC_2F_3(即 S_2)系与两个测验种 CML254 和 CML274 杂交。这些杂交种和来自选择的 BC_2F_3 植株的 BC_2F_4 家系在干旱胁迫条件下评价了 3 年。MABC 衍生的 5 个最好的杂交种在水分胁迫条件下平均比对照杂交种至少增产 50%(Ribaut et al. ,2002b；Ribaut and Ragot, 2007)。然而，当胁迫的强度减小时这种差异就变得没有那么明显了:对于减产水平小于 40%的胁迫，来源于 MAS 的测交杂种的表现并不比其原始的材料 CML274 更好。

　　在珍珠粟品种 PRLT 2/89-33 中，第 2 连锁群(LG2)上的一个主效 QTL 与晚期胁迫(terminal stress)下的增产和收获指数相关联 (Yadav et al. , 2002)。比较了由 QTL 分子标记辅助选择产生的顶交杂交种(top cross hybrid, TCH)和通过田间鉴定选择的 TCH 的表现。在晚期胁迫环境中总体表现最好的后代用来产生 TCH。这些 TCH 与从整个群体中随机选择(不考虑在晚期干旱胁迫下的表现)的子代随机交配产生的 TCH 进行比较。在两种情况下选择子代，不管在耐旱性 QTL 上存不存在有利的等位基因，并在

21 个环境中（无胁迫、晚期胁迫和梯度胁迫）进行评价。利用 QTL 的分子标记辅助选择产生的杂交种，在全部和部分晚期胁迫环境中产量显著增加，但增产幅度不太大。然而，在胁迫条件下的这种优势的代价是同样组合在非胁迫条件下减产。QTL 分子标记辅助选择产生的杂交种开花较早，基本有效分蘖有限，生物量低，收获指数高。所有这些性状都与耐旱亲本相似，因而证实了在 LG2 上检测的耐旱性 QTL 的有效性（Bidinger et al.，2005）。

9.5.4　品质性状的标记辅助基因渐渗

水稻

水稻直链淀粉含量主要由 wx 基因控制，这是 MAS 的一个好例子。Ayres 等（1997）确定了该基因座上的多态性和直链淀粉含量的变异之间的关系。从 92 个美国长粒、中粒、短粒品种中确定了 8 个 wx 微卫星等位基因。当用其来预测直链淀粉含量时，这 8 个等位基因解释了 85.9% 的变异。扩增产物的长度为 103～127bp，包含 $(CT)_n$ 重复，其中 n 为 8～20。不同等位基因的品种的平均直链淀粉含量为 14.9%～25.2%。虽然微卫星标记位于蜡质基因的内含子中，但是标记等位基因与直链淀粉含量之间的完全的关联仍然依赖于对淀粉合成中涉及的其他基因的全面了解。

为了改良最广泛种植的杂交水稻，Zhou 等（2003）利用 MAS 成功地将 wx-MH 片段从恢复系明恢 63 导入到保持系珍汕 97B 中，然后转移到珍汕 97A 中，该过程用了 3 个世代的回交及 1 个世代的自交。该片段的导入大大改善了不育系和相应杂交种的蒸煮和食味品质，而农艺性状和原始的保持系及杂交种基本相同。Liu 等（2006）用 MAS 将 $Wx\text{-}T$ 等位基因（控制中等直链淀粉含量）导入两个广泛应用的保持系（龙特甫和珍汕 97）以及它们相应的不育系中，来产生改良的籼稻杂交种。得到的保持系和杂交种表现出改良的蒸煮和食味品质，而农艺性状没有显著的改变。

谷蛋白含量低的水稻适合糖尿病及肾脏衰竭的患者食用。位于第 2 染色体的两个分子标记间的 $Lgc\text{-}1$ 基因控制低谷蛋白含量（Miyahara，1999）。这个性状已经用分子标记 SSR2-004 和 RM358 成功整合到粳稻中，选择效率为 93%～97%（Wang Y H et al.，2005）。另外，谷物品质性状，如千粒重、谷粒长宽比、香味和高直链淀粉含量等已经利用 MABC 与白叶枯病抗性结合起来（Ramlingam et al.，2002；Joseph et al.，2003）。

小麦

Sun 等（2005）用一个序位标（sequence tagged site，STS）标记来改良面包小麦的多酚氧化酶（polyphenol oxidase，PPO））活性。培育低 PPO 活性的小麦品种是降低面包小麦加工产品发黑的最好方法，特别是亚洲的面条。基于籽粒发育过程中影响 PPO 活性的基因序列，开发了 28 对引物。其中一个标记 PPO18，定位在 2A 染色体长臂上，在高、低 PPO 活性的小麦品种中分别扩增出 685bp 和 876bp 的片段。QTL 分析表明 PPO 基因和 STS 标记 PPO18 共分离，和第 2A 染色体长臂上的分子标记 Xgwm312 和 Xgwm294 紧密连锁，在三个环境的试验中解释 PPO 活性的表型方差的 28%～43%。总共 233 个中国小麦品种和高代品系被用于验证 PPO18 的多态性片段与谷粒 PPO 活性之间的相关性。结果表明 PP018 是 PPO 活性的一个共显性的、有效而可靠的标记,可以用于旨在改良面条品质的小麦育种计划中。

玉米

玉米种子的胚乳有几个具有不同物理特性的区域。糊粉层是胚乳的外层,其中包含有能在发芽时分泌出水解酶的特殊细胞。在糊粉层下是淀粉胚乳细胞,充满了淀粉和储藏蛋白,因此产生两个不同的区域——玻璃质胚乳和淀粉质胚乳。玻璃质胚乳透光,而淀粉质胚乳不透光。典型的胚乳含 90% 的淀粉和 10% 的蛋白质(Gibbon and Larkins,2005)。正常的玉米蛋白质缺乏两种必需氨基酸(赖氨酸和色氨酸),有较高的亮氨酸:异亮氨酸比值和生物价(Babu et al.,2004)。最初在秘鲁玉米地方品种中发现的自然发生的隐性突变基因 *opaque2* 使籽粒产生白垩质的外观,由于胚乳中的赖氨酸和色氨酸含量提供,改善了蛋白质质量(Mertz et al.,1964)。然而这个性状似乎与不良的农艺性状关联,如脆性和增加的虫害敏感性。由于发现了能改变软的粉质胚乳质地的修饰基因,玉米育种家培育了硬质胚乳的 *o2* 突变体,被称为"优质蛋白玉米"(Quality Protein Maize,QPM)(Prasanna et al.,2001;Nelson,2001;Xu et al.,2009d),它具有正常玉米的表型和产量潜力,但保持了 *o2* 的高赖氨酸含量。*Opaque2* 是一个隐性性状,但由于修饰基因的作用,QPM 的行为像数量性状。利用 SSR 标记和回交育种,Babu 等(2005)通过两代回交,培育出了赖氨酸和色氨酸含量为本地品种的两倍,恢复了轮回亲本 95% 基因组的玉米品系。

大麦

麦芽是啤酒生产的主要原材料。影响麦芽质量的性状包括麦芽提取物含量、α-淀粉酶和 β-淀粉酶活性、糖化力、麦芽 β-葡聚糖含量、麦芽 β-葡聚糖酶活性、谷物蛋白含量、籽粒丰满度和休眠,所有这些性状都是数量遗传的,而且以各种各样的方式受环境影响(Zale et al.,2000)。只有少数几个麦芽品质好的大麦品种,酿造者不愿意改用其他品种,因为他们担心改用其他品种会导致味道和酿造过程的变化。例如,美国西北太平洋大麦育种计划的目标是得到高产的 NIL,这些 NIL 保持了传统的麦芽品质性状,但通过 MABC 从高产品种 Baronesse 将产量相关的 QTL 转移到北美二棱啤酒大麦工业标准品种 Harrington 中。Schmierer 等(2004)标记了 Baronesse 的 2HL 和 3HL 染色体片段,据推测这些片段包含影响产量的 QTL。利用回交育种和 QTL/标记信息,他们鉴定了一个NIL(00-170),在 22 个环境中评价其产量,在 6 个环境中评价其麦芽品质,结果表明该NIL 的产量与 Baronesse 相当,同时保持了 Harrington 的麦芽品质。其他研究也报道了具有改良的麦芽品质的品系的培育:白色糊粉和高 α-淀粉酶含量(Ayoub et al.,2003),高 β-葡聚糖含量和粗细粉差(fine-coarse difference)(Igartua et al.,2000)。

9.6　标记辅助的基因聚合

基因聚合(gene pyramiding)指的是将分散在不同品种中的基因或等位基因集中到

一个品种/基因型中的过程。QTL 聚合是一个能重建从还原论者的基因组学研究到基于所有性状值的作物改良的重要策略。基因可以通过系谱育种聚合,其中的杂交涉及包含不同有利等位基因的多个亲本品系,或者通过 MABC 将相关等位基因渐渗到相同的遗传背景中。系谱方法的途径之一是利用 NIL。一旦检测到想要的 QTL,就在一个共同的优良遗传背景中对每个 QTL 产生 NIL,并单独评估每个 QTL 的效应。包含有对目标性状最重要的 QTL 的 NIL 被用来进行成对杂交,以聚合一个或多个目标性状的两个或多个 QTL。例如,在水稻中,增加粒数的 QTL($Gn1$)和降低株高的 QTL[$Ph1$($sd1$)]被聚合在 Koshihikari 背景中,与 Koshihikari 相比,增产 23%,株高降低 20%(Ashikari et al.,2005)。

9.6.1　主基因的聚合

由 MAS 提供的根据基因型而不是表型来选择优良品系的重要性变得非常明显了,特别是在单个基因型中聚合针对特定病原菌的、具有大效应的、不同的简单遗传的抗性基因。基因聚合对于抗病育种尤其重要。它是增加抗虫性和抗病性的持久性或水平,或者提高对非生物胁迫的耐受性水平的有用方法。控制对害虫或病原菌的不同小种或生物型的抗性基因,以及对农艺性状或种子品质性状起作用的基因可以被聚合在一起,通过在一个改良的遗传背景中对若干个性状的同时改良,使 MAS 的优势最大化。对不同病害的多个抗性基因的聚合,可以通过延长新品种的有效期来提供巨大的经济回报。这种方法已经用于珍珠粟霜霉病抗性 QTL 的回交转移(Witcombe and Hash,2000)。

已经有许多标记辅助基因聚合的报道,虽然它们很少导致商业品种的释放。表 9.3 列举了来自大麦、菜豆、水稻、大豆和小麦的代表性例子,大部分是主效基因。基因聚合包括对同一病害的多个生理小种的抗病基因、对不同病害的抗性基因以及抗病和抗虫基因的结合。在水稻中,三个稻瘟病抗性基因已经被聚合到一个品种中。三个稻瘟病抗性基因($Pi-2$、$Pi-1$ 和 $Pi-4$)定位到水稻第 6、第 11 和第 12 染色体上。基因聚合从 3 个 NIL 开始,每个 NIL 携带其中一个基因。通过两轮杂交和选择后,获得了一个包含这 3 个基因的植株,已经作为这些基因的供体用在植物育种中。一个包含 MAS 的综合育种计划被用来改良优良杂交水稻汕优 63,其亲本为珍汕 97 和明恢 63。利用 MAS 将广谱白叶枯病抗性基因 $Xa21$ 导入恢复系明恢 63 中,通过转基因的方法将对二化螟有毒的 Bt 基因导入明恢 63 中。通过 MAS 将来自明恢 63 的 Wx 基因座上的等位基因转移到珍汕 97 中,以改良杂交稻的蒸煮和食味品质,得到一个新型的珍汕 97,具有中等直链淀粉含量、软胶稠度高糊化温度。Bt、$Xa21$ 和 wx 基因的聚合创造了一个改良的汕优 63(He et al.,2002)。水稻中其他的成功例子包括改良的聚合品系和品种,它们含有白叶枯病、褐飞虱、三化螟和纹枯病抗性基因的组合。在小麦中,通过 MAS 培育出了白粉病基因聚合系($Pm2$、$Pm4a$、$Pm6$、$Pm8$ 和 $Pm21$),以及具有对赤霉病(6 个 QTL)、红吸浆虫($Sm1$)和叶锈病($Lr21$)抗性的基因聚合材料。对大麦和性花叶病毒和大麦黄色花叶病毒复合体以及条锈病的抗性基因已经通过 MAS 分别整合。许多这些聚合系显示出增强的抗虫性和抗病性,有些甚至在田间条件下的高病害或虫害压力下比对照产量高。在豆类中,锈病和炭疽病的抗性 QTL 已经整合到菜豆中。

表 9.3　作物中对生物胁迫抗性的标记辅助基因聚合的例子

作物和目标性状	基因	育种计划	标记	MAS 产品	参考文献
大麦黄色花叶病毒和大麦和性花叶病毒	rym4, rym5, rym9 和 rym11	利用双单倍体进行简单杂交或复合杂交	RAPD 和 SSR	携带 rym4, rym5, rym9 和 rym11 的 DH,以及携带 rym5, rym9 和 rym11 的 DH	Werner 等 (2005)
大麦条锈病	QTL(1H,4H 和 5H)	回交衍生的渐渗系	SSR	单独或联合携带 1H,4H 和 5H 的渐渗系	Richardson 等 (2006)
莱豆锈病(Uromyces appendiculatus)和炭疽病(Colletotrichum lindemuthianum)	锈病和炭疽病各 9 个主效抗性基因	3 次回交	RAPD	结合了对锈病和炭疽病抗性的品系	Faleiro 等 (2004)
水稻白叶枯病(BB)	Xa4, xa5, xa13 和 xa21	系谱育种	RFLP	对 BB 具有广谱抗性的品系	Huang 等 (1997)
	Xa7 和 xa21	系谱育种	6 个基于 PCR 的标记	对 BB 的抗性强于携带单个基因的品系的聚合系	Zhang J 等 (2006)
水稻白叶枯病(BB)、二化螟(SB)、稻瘟病、褐飞虱(BPH)	Xa21 和 xa7;Bt(SB);Pi1, Pi2, Pi3;Qbph1 和 Qbph2	系谱育种	AFLP 1415, STS P3, M5, 248,RM144,RM224 和 Pi2	改良的明恢 63,对 BB 有广谱抗性,对 SB 有联合抗性;改良的珍汕 97,对 BPH 有更好的抗性	He Y 等 (2004)
水稻白叶枯病(BB)、三化螟(YSB)、纹枯病(SB)(Rhizoctonia solani)	Xa21, Bt 和 RC7 几丁质酶(Sb)	系谱育种	Pc822(Xa21),Bt 和 RC7 几丁质酶	携带对 BB,YSB 和 SB 的三个抗性基因的品系	Datta 等 (2002)
水稻稻瘟病(BL)	Pi1,Piz-5 和 Pita	系谱育种	RFLP	对稻瘟病具有更好抗性的聚合系	Hittalmani 等 (2000)
水稻稻瘟病(BL)和白叶枯病(BB)	Piz-1 和 Piz-5(BL),Xa21(BB)	系谱育种	RZ536 和 r10(BL);Xa21 的(pC822 的 1.4kb 片段)	对 BL 和 BB 抗性增强的聚合系	Narayanan 等 (2004)
大豆谷实夜蛾(CEW)(Helicoverpa zea Boddie)	QTL 和 Bt(cryIAc)	三次回交	9 个 SSR	聚合系对幼虫重具有有害影响,防止由 CEW 引起的落叶	Walker 等 (2002)

续表

作物和目标性状	基因	育种计划	标记	MAS 产品	参考文献
大豆谷实夜蛾和大豆尺尽蠖（*Pseudoplusia includens*）	*cry1Ac* 和 QTL（PI 229358）	两次回交	6 个 SSR 和序列特异的引物 *cry1Ac*	携带 *cry1Ac* 和三种鳞翅目害虫抗性 QTL 等位基因的品系	Walker 等（2004）
小麦赤霉病（FHB）（*Fusarium graminearum*），黄吸浆虫（*Sitodiplosis mosellana*）和叶锈病（*Lr21*）	6 个 FHB QTL，吸浆虫的 *Sm1*，叶锈病的 *Lr21*	两次回交	gwm533,gwm493 和 wmc808	含有染色体片段 FHB、*Sm1* 和 *Lr21* 的抗性后代	Somers 等（2005）
小麦白粉病（*Erysiphe graminis* DC. *F. tritici* Em. Marchal）	*Pm2*、*Pm4a*、*Pm6*、*Pm8* 和 *Pm21*	系谱育种	RAPD 和 SCAR 标记*	带有 *Pm2* 和 *Pm4a*,对白粉病免疫的品系	Wang 等（2001）

* RAPD,随机扩增多态性 DNA;SCAR,序列特征性扩增区域标记

9.6.2　通过标记辅助轮回选择的基因聚合

已经建立了标记辅助轮回选择(Marker-assisted recurrent selection,MARS)的方案和基础设施,用于相对复杂的性状的原生基因和 QTL 的正向育种(forward breeding),如抗病性、非生物胁迫的耐受性和谷物产量(Ribaut and Betrán, 1999; Ragot et al. , 2000; Ribaut et al. , 2000; Eathington, 2005; Crosbie et al. ,2006)。Eathington(2005)和 Crosbie 等(2006)报道在玉米的一些参考群体中,通过 MARS 获得的遗传增益的速率大约是表型选择(PS)的 2 倍。已经对多个性状实施了只基于分子标记的轮回选择方案,包括谷物产量和谷物水分(Eathington,2005)、非生物胁迫耐受性(Ragot et al. , 2000),多个性状同时作为目标性状。选择指数是以 10～50 个的基因座为基础的,这些基因座是在已经启动了 MARS 的试验群体中鉴定的 QTL、在其他群体中鉴定的 QTL 或基因。得到选择指数中包含的所有 QTL 的侧翼标记的基因型(Ragot et al. , 2000)。如同 van Berloo 和 Stam(1998)建议的那样,在每轮进行植株的基因型鉴定,选择特定组合的植株进行杂交。利用连续种植的苗圃每年可以进行几轮(可能 3～4 轮)循环或 MARS。关于私营公司的 MARS 试验的这些最新的通讯中报告的结果(Ragot et al. , 2000;Eathington, 2005)与早期文献中的那些结果形成鲜明对比 (Openshaw and Frascaroli, 1997; Moreau et al. , 2004)。如同 Ragot 和 Lee(2007)所归纳的,这种选择响应可以归功于:①每轮受到选择的群体相当大;②用侧翼标记而不是单标记;③在开花前进行选择;④每年的世代数从 1 增加到 4;⑤标记数据点的较低的成本。

9.7　标记辅助的杂交种预测

杂交种的表现主要取决于亲本品系的一般配合力(general combining ability,GCA)和亲本之间的特殊配合力(specific combining ability,SCA)。GCA 被定义为一个自交系的属性,用该自交系作亲本配组的所有杂交种的平均表现来测量。一个自交系的 GCA 越高,它的杂交种的平均表现也越高。SCA 是针对亲本的特定组合定义的,通过杂交种表现与根据亲本的 GCA 估计的期望表现的偏差来测量。因此,杂交种的表现取决于亲本的 GCA 和组合的 SCA。杂交种的表现可以通过杂种优势——杂种超过其亲本品系的表现来衡量。

假定一个育种家有 100 个来自杂种优势群 1 的自交系和 100 个来自杂种优势群 2 的自交系。有 10 000 个可能的单交组合(优势群 1×优势群 2)。为了培育新的杂交种,如果测交从 F_2 开始,则有 495 000 种可能的(优势群 $1F_2$)×(优势群 2 测验种)组合和 495 000种可能的(优势群 1 测验种)×(优势群 $2F_2$)组合。由于资源有限,育种家不能在所有感兴趣的环境中测试所有组合,只能测试有限的一部分单交和 F_2×测验种组合。典型地,由育种家测试的玉米单交种中最终只有＜1% 的成为商业杂交种(Hallauer, 1990)。因此,预测杂交种的表现一直是是所有杂交种育种计划的一个主要目标。预测单交种的表现的方法将大大提高杂交种育种计划的效率。开发杂交种表现或杂种优势的可靠的预测方法,利用标记数据和标记的组合以及表型数据,而不用产生和测验成百上千或成千上万的单交组合,是众多研究的目标,尤其在玉米和水稻中。

9.7.1　杂种优势的遗传基础

杂种优势的 QTL

杂种优势是一种受很多因素影响的复杂的生理现象。产量是作物杂种优势分析中最重要的性状。理解杂种优势的遗传基础是进行杂交种预测的基本前提。已经提出了几种假说来解释杂种优势。在这些假说中,争论集中在显性假说(Davenport,1908)和超显性假说(East,1908;Shull,1908)上,这两个假说都是以单个基因座的遗传效应的描述为基础的。最近的研究表明上位性在数量性状和杂种优势的遗传控制中起重要作用。显性假说认为杂种优势起因于杂合的 F_1 中来自一个亲本的有害隐性等位基因的效应被来自另一个亲本的显性基因抵消。这个假说强调显性对杂种优势的贡献。超显性假说认为一个基因座上的特定的杂合等位基因组合比那个基因座上亲本等位基因的两种纯合组合更优越。随着分子标记的发展,水稻和玉米中的 QTL 作图通过将杂种优势分解为单个孟德尔因子并评价它们的遗传模式来研究这些经典模型(Stuber et al. , 1992;Xiao et al. , 1995;Yu et al. , 1997a;Li Z K et al. , 2001;Luo et al. , 2001;Hua et al. , 2002, 2003;Lu H et al. , 2003)。证据表明显性和基因座专化的超显性在杂种优势中均有一定的作用,也涉及一定的上位性,尽管这些机制的相对贡献仍然不清楚。Crow(1999;2000)对显性和超显性假说作了历史的评述。Xu Y(2003)及 Lippman 和 Zamir(2007)对包括上位性在内的所有可能的假说做了综述。

在许多研究中,产量本身的基因以及与产量相关的杂种优势的基因被彼此混淆。20世纪 90 年代关于显性(Xiao et al. , 1995)、超显性(Stuber et al. ,1992)和上位性(Stuber et al. ,1992)的报道是根据产量和产量构成因子本身来测量杂种表现的,没有用亲本品系作对照来得到中亲或超亲杂种优势的值。该测量方法将鉴定产量和产量构成因子的基因而不是杂种优势的基因。对于像玉米这样的开放授粉物种,具有严重的自交衰退,很难将 F_1 杂种与其亲本进行肩并肩的比较。但是在理论上,如果需要测量的是杂种优势而不是杂种表现,则这种比较是绝对必要的(Xu Y,2003)。

后来在水稻中报道了几个关于杂种优势本身的遗传分析的研究。Li 等(2001)研究了水稻的杂种优势遗传基础,所用的材料为由粳稻品种'Lemont'和籼稻品种'特青'之间杂交衍生的 254 个 RIL,以及由 RIL 与其亲本和两个测验种(中 413 和 IR64)之间的杂交衍生的两个回交和测交群体。结果显示大多数与减少的产量和生物量或者与水稻中的杂种优势关联的 QTL 似乎都涉及上位性,大约 90%的对杂种优势起作用的 QTL 似乎是超显性的。Hua 等(2002;2003)设计了一个交配方案,用由珍汕 97×明恢 63 杂交衍生的240 个 RIL 来产生固定的或"永久的" F_2 群体。在这个设计中,通过 240 个 RIL 的随机排列来选择 RIL 进行杂交。在每轮排列中,240 个 RIL 被随机地分为两组,这两组中的品系不重复地随机配对来提供 120 个杂交的亲本。三轮这样的随机排列(包括 360 个杂交)得出两个结论。第一,所有类型的遗传效应,包括主要由超显性引起的单基因座杂种优势效应和三种形式的二基因互作(加性×加性、加性×显性和显性×显性),似乎在该"永久的"F_2群体的杂种优势的遗传基础中都有一定作用。然而,QTL还没有精细作图,有可能像玉米中那样,单基因座效应是由于"假超显性"(pseudo-overdominance),而不是真正的超显性。第二,单基因座杂种优势效应和显性×显性互作合起来足以解释F_1杂种优势的遗传基础。

为了评价具有超显性(ODO)效应的基因座在杂种优势的表达中的重要性,Semel等(2006)使用了NIL将杂种优势剖分到定义的基因组区域,排除全基因组上位性的主要部分,这些NIL携带来自亲缘关系远的番茄野生种 Solanum (Lycopersicon) pennellii 的单标记定义的染色体片段。他们对35个不同的性状检测到841个QTL。表现出更大的生殖适合度NIL的特征是普遍具有超显性的QTL(ODO QTL),但非生殖性状基本没有这样的QTL。ODO来自于由单个基因的等位基因互作引起的真实的ODO,或者来自具有相斥相的显性等位基因的连锁基因座的假ODO。在他们的研究中,虽然对所有的表型性状都检测到了显性的和隐性的QTL,但只有生殖性状检测到超显性QTL,这表明假的ODO不可能解释NIL中的杂种优势,因此他们支持真的ODO模型,杂种优势为单个功能性的孟德尔基因座控制。

杂种优势的基因表达分析

Bao等(2005)利用基因表达系列分析(serial analysis of gene expression,SAGE,)调查了超级杂交水稻'两优培九'(LYP9)的穗、叶和根中的转录组,与其亲本品种(9311、培矮64s)比较。他们在 LYP9 中鉴定了595个上调标签和25个下调标签,这些标签与增强的碳同化和氮同化有关,包括叶片中的光合作用,根中的氮吸收,以及根和穗中的快速生长。他们发现大量转录水平上的互补,进一步表明杂种优势的内在机制并不像已经报道的少数基因的研究那样简单(Birchler et al.,2003)。

Yao等(2005)使用了普通小麦(Triticum aestivum L.,$2n=42$,AABBDD)品系3338和斯卑尔脱小麦(Triticum spelta L.,$2n=42$,AABBDD)品系2463之间的一个种间杂种,该杂种对于气生的生长和与根相关的性状表现高度的杂种优势。在他们的研究中,用修改的抑制消减杂交方法(suppression subtractive hybridization,SSH)进行了表达分析,以产生小麦杂种及其亲本基因型之间的4个消减cDNA文库。在得到的748个非冗余cDNA中,465个cDNA与不同功能类别的GenBank条目有高度的序列相似性,如代谢、细胞生长和维持、信号转导、光合作用、对胁迫的反应、转录调节及其他。他们通过反向Northern杂交进一步证实了68.2%的SSH衍生cDNA的表达模式,半定量RT-PCR显示了相似的结果(72.2%)。这表明在杂交种及其亲本间差异表达的基因涉及不同的生理途径,这些途径可能对小麦的杂种优势起作用。

玉米自交系B73和Mol17产生有优势的F_1杂交种。以13 999个cDNA微阵列的分析为基础,Swanson-Wagner等(2006)对杂交种(B73×Mol17)及其亲本基因型幼苗中的基因表达的整体模式进行了比较。用估计的15%的错误发现率作为界限,总共观察到1367个表达序列标签(EST)在杂交种及亲本间的表达显著不同。观察到了所有可能的基因作用模式,包括加性、正向和负向显性、显性不足(underdominance)和超显性。1367个EST中的1062个(78%)的表达模式与加性没有统计学上的显著差异,而剩下的305

个 EST 显示出非加性的基因表达。这 305 个非加性的 EST 中有 181 个表现正向显性,23 个表现负向显性,44 个表现显性不足或超显性。这些结果表明多种遗传机制(包括超显性)对杂种优势起作用。这与以前报道的杂种优势归因于少数玉米基因的效应的结果不同(Song and Messing,2003;Guo et al.,2004;Auger et al.,2005)。进一步分析玉米杂交种及其亲本(B73 和 Mo17)中基因表达的等位基因变异,识别了 27 个在亲本间差异性表达的基因。当分析杂交种中来自不同自交系的每个等位基因的转录贡献时,观察到大多数差异表达归因于顺式调节变异,而不是反式调节因子的差异。这说明加性表达占优势,缺少上位性效应,因为在杂交种中顺式调节的基因预期是在中亲或加性水平上表达的(Stuper and Springer,2006)。用包含 32 000 个基因的 57 000 个玉米基因特异的长寡核苷酸微阵列来研究玉米杂交种及其亲本(B73 和 Mo17)间的差异性基因表达,Scheuring 等(2006)发现至少 800 个基因在杂交种中的表达水平为亲本的 2~10 倍。利用用大规模平行签名测序(massively parallel signature sequencing,MPSS)———一种开放末端的 mRNA 表达谱检测技术分析近 400 对等位基因签名标签,Yang X 等(2006)发现在杂交种的分生组织中表达的 60% 的基因在等位基因特异的表达水平方面与亲本基因型有显著差异。这表明影响杂交种分生组织基因表达的丰富的顺式调节多态性。此外,当比较杂交种和亲本自交系的同一等位基因的表达时,他们发现 50% 的基因的表达水平显著不同。表达方面的这种差异可能归因于杂交种和自交系之间具有差异的反式作用因子的效应。当顺式调节变异预测加性表达时,反式调节可能导致杂交种中的非加性表达。因此,在等位基因特异的基因水平上研究转录调节的效应,提供了基因调节的不同水平的理解,与杂交种中的全面表达不同。

然而,正如 Lippman 和 Zamir(2007)指出的,撇开方法学上的差异,这些研究中的一个根本问题是它们不能将杂交种中新的表达模式与任何杂种优势的表型相关联。因为太多的基因被发现在两个亲本品系之间有差异,所以关键的问题是进一步了解哪些基因真正与杂种优势的表达有关。这与下列情况非常相似:有经验的育种家可以告诉你他们正在处理的两个亲本品系之间有多少性状可能是有差异的,但他们不能告诉你这些差异如何对优势杂交种的产生起作用。对表达 QTL(expression QTL,eQTL)进行作图并检验 eQTL 和表型 QTL 之间的是否存在关联应该是下一个逻辑步骤。因而,可以预期的是在不同的物种和不同的群体中将鉴定大量的 eQTL,这将重复表型 QTL 作图的历史——在表型 QTL 作图中已经鉴定了大量的 QTL,但对于它们的杂种优势效应却不能证实任何东西。需要进一步的研究来识别从遗传上控制杂种优势的 QTL,以及它们在跨越整个基因组、与杂种优势效应关联的基因网络中的互作。

杂种优势的遗传基础的前景

杂合性极其相关的基因互作是解释杂种优势的主要的遗传学基础,因为杂交种对于亲本之间有差异的所有基因座都是杂合的。因此,杂种优势的程度取决于哪些基因座是杂合的,以及基因座内等位基因和基因座间等位基因彼此之间如何互作(Xu Y,2003)。基因座内等位基因的互作导致显性、部分显性或超显性,理论上的显性程度为 0(无显性)至大于 1(超显性)。基因座间等位基因的互作导致上位性。遗传作图的结果表明杂种优势和其他数量性状中涉及的大多数 QTL 具有显性效应。随着能够更有效地估计上位性的统计方法的出现,上位性已经被更频繁地发现,并且被证明是数量性状(包括杂种优势)的遗传控制中的一个普遍现象(Xu Y,2003)。由于涉及如此多的基因座,在这些基因座的任何一对之间都完全没有互作是不可能的。

可以得出结论:两种不同类型的等位基因互作——基因座内等位基因互作和基因座间等位基因互作在杂种优势的遗传控制中都有重要作用。一个特定基因座对杂种优势的贡献可能归因于这些互作的任何一种。当涉及多个基因座(这在 20 世纪 00 年代早期没有纳入考虑)时,基因座内和基因座间互作(特别是显性×显性互作)的各种不同组合可能对杂种优势的遗传控制起作用。对于一个特定的杂交和特定的性状,杂种优势可能由这些互作的任何一种来解释(Xu Y,2003)。然而,对于不同的杂交、物种或者性状,它们的杂种优势必须通过不同程度的显性结合所有可能的基因座间互作来解释,如同 Goldman (1999)所指出的那样。对杂种优势的充分理解将依赖于与杂种优势有关的所有基因的克隆和功能分析。这个过程可能与理解抗病基因的过程非常相似,只是抗病基因在功能上似乎比杂种优势要简单得多。

9.7.2　杂种优势群

杂种优势群(heterotic group)是成功的杂交种育种的基础。在大多数情况下,不了解杂种优势模式而进行杂种优势育种已经证明是一种漫无目的的方法(Jordaan et al., 1999)。杂种优势群或杂种优势池(heterotic pool)的概念是首先在玉米中建立的,基于这样的观察:从某个群体中选择的自交系,当与来自其他群的自交系杂交时,倾向于产生表现更好的杂交种(Hallauer et al., 1988)。这个认识来自对不同群体来源的成千上万份自交系的系统杂交,以及对杂交种的评价(Havey,1998)。Brummer(1999)在综述饲料作物品种培育中的杂种优势利用时指出,成功的半杂交种(semi-hybrid)生产的关键使杂种优势群保持分离,它们间的相互杂交,用于测试和品种释放。强优势杂交种的培育主要取决于选择合适的亲本,这是大多数杂交种育种计划的先决条件,因此这也取决于植物育种家可以利用的种质资源的遗传多样性。所以,杂种优势群的构建或培育一直是很多作物的杂交种育种中的关键组分。外来种质的渐渗常常被认为是增加对立的杂种优势群体之间的遗传差异,从而潜在地提高杂种优势响应(heterotic response)的一种方法。为了明智地开发利用外来种质,需要了解群体之间的杂种优势关系。Melchinger 和 Gumber (1998)综述了具有不同授粉系统的 5 种主要作物中杂种优势群的建立:异花授粉的玉米和黑麦;部分异花授粉的蚕豆和油菜;自花授粉的水稻。

对杂种优势群一个可能解释是:不同遗传背景的群体具有独特的等位基因多样性,这种多样性可能起源于奠基者效应、遗传漂变,或通过突变或者选择累积的独特的等位基因多样性。显著增大的杂种优势可能起因于这种遗传多样性,通过特定的等位基因间互作(超显性),表现显性的基因座之间的相斥相连锁(假超显性)(Havey,1998)和(或)基因座间互作(上位性)。显然,最明显的潜在杂种优势群是地理隔离的群体或单独的亚种或生态型。Melchinger 和 Gumber(1998)推荐用下列标准来鉴定杂种优势群和杂种优势模式,按重要性递减排序:①杂交种群体具有高的平均表现和大的遗传方差,以确定未来的选择响应;②两个亲本杂种优势群或至少其中一个本身具有高的表现和良好的适应性;③用于培育自交系的原始材料中自交衰退程度低;④如果杂交种育种是基于 CMS 的,则需要一种没有副作用的稳定的 CMS 系统,以及有效的保持系和恢复系。

基于杂交种的表现来构建杂种优势群

当有大量的自交系或开放授粉品系或群体可用时,在大多数作物中进行双列杂交并产生足够的 F₁ 种子用于多环境田间试验是不可行的。因此,Melchinger 和 Gumber(1998)提出了一个多阶段方法来鉴定杂种优势群,包括下列步骤:①根据遗传相似性将种质分组;②从每个亚组中选择代表性的基因型(如两个或四个品系或一个群体)用于双列杂交;③在重复的田间试验中对亚组之间的双列杂交组合及其亲本进行评价;④利用鉴定标准,选择最有希望的杂交组合作为潜在的杂种优势模式。如果已经建立了杂种优势模式,则推荐利用从它们中选择的优良基因型作为测验种用于产生和评价待分类的种质。根据测交的表现,具有相似配合力和杂种优势响应的群体或品系可以合并,组成一个新的独立的杂种优势群,如果它们的表现不同于现存的杂种优势群的话;然而,如果它们的表现与一个现存的杂种优势群相似,则可以将它们合并到这个现存的杂种优势群中,以扩大其遗传基础。在许多作物中已经基于大量的测交和育种经验建立了杂种优势模式,没有利用分子标记。

Ron Parra 和 Hallauer(1997)综述了世界上主要玉米生产区使用的杂种优势模式。一些模式对特定的生产区有重要作用。其他的已经在几个大陆上利用,如来自美国温带的瑞德黄马牙(Reid Yellow Dent,RYD)和兰卡斯特杂种优势模式(Lancaster Sure Crop,LSC)、来自墨西哥热带和南美洲的 Tuxpeño 和 Estación Tulio Ospina 杂种优势模式。两个常用的杂种优势群是 Iowa Stiff Stalk Synthetic (BSSS)和 LSC 的衍生系,从中选择自交系用于产生优良的玉米杂交种(Darrah and Zuber,1986;Gerdes and Tracy,1993)。虽然这两个群体都主要由南部的马齿型种质组成,但是 LSC 比 BSSS 具有更多的北方硬粒型种质(Smith,1986;Gerdes and Tracy,1993)。对于遗传均衡的杂交组合集合(genetically balanced sets of crosses),在 RYD×LSC 杂交中群间杂交种比各自的群内杂交种增产 21%(Dudley et al.,1991),在硬粒型×马齿型杂交中的群间杂交种比群内杂交种增产 16%(Dhillon et al.,1993)。在这两个研究中,群间杂交种比群内杂交种产量杂种优势增加的百分比大约是杂交种产量本身的 2 倍。大多数杂种优势群的报道都是关于玉米的,其他作物的报道非常少,其中有西葫芦(Anido et al.,2004)和油菜(Qian et al.,2007)。

水稻可能是唯一一个杂交种被广泛种植、但有关杂种优势群的研究报道非常少的作物。水稻中的杂种优势主要是通过 CMS 来利用的。幸运的是,中国的水稻育种家从来自东南亚的地理位置远的水稻品种中鉴定了 CMS 的恢复系并将它们用于杂交水稻育种。这导致了亚种内(籼稻×籼稻)杂交种的高水平的杂种优势。多样性的 CMS 保持系和恢复系的大规模筛选为杂种优势模式的研究提供了一些线索。来自不同亚种的 3 种生态型——籼稻、粳稻和爪哇稻具有不同的形态和生理特点以及生态地理分布,因此,这可用作为定义不同杂种优势群的基础(Xu Y,2003)。如同 Yuan(1992)所总结的那样,这 3

种水稻生态型之间杂交,谷物产量的杂种优势具有如下趋势:籼×粳＞籼×爪哇＞爪哇×粳＞籼×籼＞粳×粳。这反映了水稻杂种优势群的现状。杂交水稻育种家都知道高水平的杂种优势来自于中国培育的 CMS 系与由东南亚籼稻品种衍生的恢复系之间的杂交,这是籼×籼杂交种的杂种优势模式。

利用分子标记信息构建杂种优势群

自从 20 世纪 90 年代以来分子标记在杂种优势群的构建中起着越来越重要的作用。大多数报道集中在玉米、小麦、大麦和油菜上。因为基于标记的分组反映了亲本品系之间的遗传差异,它们可以用于亲本改良和有效选择优势杂交种。一般来说,根据标记信息建立的杂种优势群与系谱吻合得非常好,但是其优势在于缺失的历史信息(如不完全的系谱信息或含糊不清的系谱)将不会影响基于标记的方法。

在玉米中,不同类型的分子标记已经成功地用于区分杂种优势群,结果与基于系谱的分组一致(Mumm and Dudley,1994;Liu et al.,1997;Peng et al.,1998;Wu et al.,2000;Menkir et al.,2004)。Peng 等(1998)利用来自不同杂种优势群的品种进行杂种优势和配合力分析,提出玉米杂种优势利用的 7 个杂种优势群。分子标记基因座上的多样性用于将玉米自交系归入以前在育种计划中建立的杂种优势群,并且分子信息与系谱信息一致(Lee et al.,1989;Melchinger et al.,1991;Messmer et al.,1993)。对先锋公司生产的一系列成功的玉米杂交种进行了并行表型评价,这些都是从 20 世纪 30 年代到现在每 10 年间隔的代表性玉米杂交种,这种评价提供了对育种家直接或间接改变的许多关键性状的表型变化信息。这些杂交种的亲本自交系的遗传指纹提供了与持续的育种工作一起发生的基因型变化的描述(图 9.3;Cooper et al.,2004)。可以确定育种时期的重

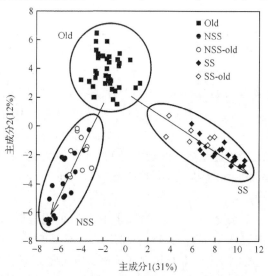

图 9.3　玉米杂交种的亲本的 SSR 标记谱主成分分析最前面两个主成分的自交系得分图(SS,Stiff Stalk Synthetic 自交系;NSS,非 Stiff Stalk Synthetic 自交系)。大的边界将自交系分为 3 个主要群:Old,杂种优势群建立前使用的老自交系;另外两个群代表 SS 和 NSS 自交系。箭头代表 SS 和 NSS 杂种优势群中自交系改良进展的方向(Cooper,2004)

要阶段。最初培育了双交种(double-cross hybrid)20 世纪 20～60 年代。从 60 年代起相对快地转向单交种的应用,其基础是将玉米种质分成了杂种优势群,在这个例子中用 Stiff Stalk Synthetic(SS)和 Non Stiff Stalk Synthetic(NSS)优势群来代表(图 9.3)。

Zheng 等(1994)用 160 个 RFLP 标记和 21 个广亲合品种及 3 个籼稻和 3 个粳稻品种构建了的聚类关系树(dendrogram tree),讨论了广亲和性在籼×粳杂交稻育种中的应用潜力。基于 8 个籼稻品系间的双列杂交(这 8 个籼稻品系代表在中国种植的表现最好的商业化杂交水稻的亲本),Zhang 等(1995)研究了分子多样性和杂种表现的关系。他们的结果表明在籼稻中存在两个杂种优势群,一个由来自华南的品种组成,另一个由来自东南亚的品种组成。Mackill 等(1996)用两种类型的分子标记 RFLP 和 AFLP 获得了相似的结果。Xiao 等(1996b)用 RAPD 和 SSR 标记将 10 个亲本分成两组,对应于籼稻和粳稻两个亚种。这些结果以及来自大麦(Melchinger et al.,1994)和小麦(Sun et al.,1996;Ni et al.,1997)的研究结果支持这样的结论:DNA 标记是构建杂种优势群的非常有用的工具。

未来方向

从对不同研究的综述可以明显地看出,由时间和(或)空间隔离的适应的群体是有希望的杂种优势模式的最合适的候选者。遗传多样性可能与亲本品系的地理起源有关。地理变异可能与生态变异和环境变异相关,而生态变异和环境变异反过来支配生存适合度(survival fitness),这是在自然选择或人工选择情况下通过自发的和诱导的遗传变异产生的。因此,不同地理来源的亲本品系被认为比相同地理来源的亲本品系具有更大的遗传多样性。在植物育种工作国际化以及改良和未改良的种质的全球大规模交换的过程中,需要注意避免远缘杂交的负面效应,这种负面效应可能混淆存在于不同地理来源的品种之间的杂种优势群。例如,水稻中培育广亲和品种作为利用籼/粳杂种优势的桥梁,与根据典型的籼稻和粳稻品种之间杂交所预期的相比,杂种优势降低了(Xu Y,2003)。

杂种优势群不应该被当做封闭的群体,而应该通过持续导入独特的种质来确保中、长期的选择增益。由很少利用的或者未适应的种质组成的杂种优势群应该通过公共和私营育种企业的合作来加以创新。不同的表型可能反映或不反映遗传背景的多样性。表型不同的群体可能具有同样的遗传背景,不同的表型可能是相对少的基因座上的等位基因差异引起的(Havey,1998)。MAS 在创建、保持和改良杂种优势群方面可能是有用的。如上面讨论的,种质和育种群体基于标记的分组将有助于建立杂种优势群,在群间保持最大的遗传多样性,而在群内保持最小的多样性。每个群杂种优势专有的标记等位基因的鉴定将有助于它们保持基因型上的独立。MAS 可以用于改良现存的杂种优势群,通过把来自一个杂种优势群或外源种质的目标基因渐渗到另一个杂种优势群,同时使来自供体亲本的连锁累赘最小化。

9.7.3　标记辅助的杂交种预测

在某种意义上,认为杂种优势来源于亲本之间的遗传差异或杂合性是合理的。理论上,杂种表现等于亲本的平均表现加上杂种优势。在过去的几十年中,杂交种预测主要以亲本品系之间遗传多样性的评价为基础。人们一直期望,对杂合性/亲本差异与杂种优势之间关系的了解将有助于预测杂种优势。分子标记技术的发展为杂交种预测提供了新的工具,DNA 分子标记已经广泛地用于研究亲本遗传距离(genetic distance,GD)与杂交种表现之间的相关性。

全基因组杂合性和杂交种预测

亲本遗传多样性与杂交种表现之间的关系首先在玉米中得到了研究。分子标记的变异性大体上与系谱信息一致,也与根据杂种表现将种质归类到已知的杂种优势群的结果一致(Smith O S et al., 1990; Dudley et al., 1991; Melchinger et al., 1991);然而,分子标记基因座的变异性在预测来自玉米自交系之间杂交的特定的杂交种表现方面是无效的(Lee et al., 1989; Melchinger et al., 1992)。一些报道表明杂交种表现/杂种优势与亲本的遗传距离(GD)或杂合性程度高度相关 (Lee et al., 1989; Smith O S et al., 1990; Stuber et al., 1992; Reif et al., 2003),而其他的研究只发现很弱的相关性(Godshalk et al., 1990; Dudley et al., 1991)。对于没有亲缘关系的亲本自交系,单交种的表现与分子标记多样性之间的相关性太低,没有任何预测价值(Godshalk et al., 1990; Melchinger et al., 1990; Dudley et al., 1991),这一点也得到来自高粱的研究结果的支持(Jordan et al., 2004)。在燕麦(Moser and Lee,1994)、大豆(Gizlice et al., 1993)、鹰嘴豆(Sant et al., 1999)和辣椒(Geleta et al., 2004)中,基于分子标记的遗传距离估计也不能预测优良杂交种的表现。最近在玉米中的一个大规模的试验也支持这种不可预测性。Lee 等(2007)用 3 套姊妹系(每套 6 个自交系)和 45 个通过部分双列杂交产生的姊妹系杂交种,重新研究了玉米中亲缘关系程度、遗传效应和杂种优势之间的关系。每套姊妹系具有很近的亲缘关系,是从一个共同的亲本杂交衍生来的。这 3 套姊妹系的血统相同(identical-by-descent)概率变化为 47%~77%,产生一系列在基因频率上有潜在变化的品系。他们报道了与谷物产量的杂种优势有关的三个发现:①显著的全基因组杂合性不是表现杂种优势的必要条件;②亲缘关系程度与杂种优势的大小之间没有一致的关系;③非加性遗传效应的存在不是表现杂种优势的必要条件。

杂种优势群内比杂种优势群间杂交种更具可预测性

对于属于同一杂种优势群的品系之间的杂交种(群内杂交种),杂合性(或遗传距离)与杂种表现(或杂种优势)之间的相关性有变化。在玉米中,对于硬粒型×硬粒型的群内杂交种的所有性状,遗传距离与 F_1 的表现及杂种优势之间具有显著的正相关,但对于硬粒型×马齿型和马齿型×马齿型则不是这样(Boppenmaier et al., 1993)。这一点得到 Benchimol 等(2000)的结果的支持,他们用了 18 个热带玉米自交系来研究亲本遗传距离与单交种及其谷物产量的杂种优势之间的相关性,亲本品系来自相同杂种优势群的杂交的相关性高于亲本品系来自不同杂种优势群的杂交。Xiao 等(1996b)报道,在水稻中,对于籼稻×籼稻或粳稻×粳稻杂交组合,产量潜力及其杂种优势与遗传距离具有显著的正相关,但是对于籼稻×粳稻杂交组合相关不显著。Zhao 等(1999)证实在亚种间杂交中检测到的相关性非常低,他们使用了由 11 个优良水稻品种衍生的双列杂交。然而在其他情况下,在群内杂交种中只发现很弱的相关或者没有发现相关。例如,大豆(Cerna et al. ,1997)、小麦(Martin et al. ,1995)和美国长粒水稻品种(Saghai Maroof et al. ,1997)中,遗传距离与 F_1 表现和中亲优势之间的关联很弱或者没有显著的关联。这些结果可能归因于在这些品种群中杂种优势的水平较低。

　　以玉米中不同研究的结果为基础,Melchinger(1993)以概要的表示方法总结了亲本遗传距离(GD)与中亲杂种优势(mid-parent heterosis,MPH)之间的关系。对于有亲缘关系的自交系之间的杂交,产量性状的 GD 和 MPH 之间存在紧密的关系,因为这两个参数都是共祖系数 f 的线性函数,因此随着 f 的增加而降低。对于杂种优势群内的杂交,相关系数 r(GD, MPH)通常也是正的。可以这样解释:根据系谱被认为没有亲缘关系的一些亲本其实具有隐藏的亲缘关系;在群内杂交种的父本、母本配子阵列中 QTL 和标记基因座之间存在相同的连锁相,这导致 GD 和 MPH 之间具有正的协方差(Charcosset et al. ,1991)。相反,对于群间杂交种这两个参数之间不存在显著的关联。在这种情况下,母本和父本的配子阵列对于很多 QTL-标记对可能具有不同的连锁相;结果,在它们对 GD 和 MPH 之间的协方差的净贡献中正项和负项相互抵消,导致相关性低或相关性为零(Charcosset and Essioux,1994)。

杂种优势关联的标记和杂交种预测

　　在大多数研究中,一个普遍的做法是根据为良好地覆盖整个基因组而选择的一套 DNA 标记来估计 GD 或杂合性,而不是根据与影响目标性状的杂种优势的基因连锁而选择的标记。理论研究(Charcosset et al. ,1991)和计算机建模(Bernardo,1992)表明,对于群内和群间杂交,如果影响杂种优势的基因不与用来计算遗传估计值的标记紧密连锁,则 GD 和 MPH 之间的相关性预期会减小,反之亦然,如果用于计算 GD 的标记不与控制性状的基因连锁的话。因此,单独增加标记密度不一定提高通过 GD 估计值来预测 MPH 的能力;倒不如在所研究的种质中额外地选择与影响目标性状的杂种优势的基因紧密连锁的标记。通过对用 209 个 AFLP 和 135 个 RFLP 标记获得的结果(Ajmone Marsan et al. ,1998)和 Dudley 等(1991)的一个研究进行比较证实了这一点。利用这些关联的基因座将有助于建立杂合性与杂种优势之间的强相关。然而,标记基因座上的等位基因差异并不能确保连锁的杂种优势基因座上的等位基因差异。对于可以用来预测杂交种表现的有限数目的标记,与特定标记等位基因连锁的基因座上的等位基因的效应必须被查明(Stuber et al. ,1999)。

　　Zhang 等(1994)提出了两个统计参数:一般杂合性(general heterozygosity)和特殊杂合性(specific heterozygosity),来衡量基因型的杂合性。前者是根据利用所有可能的标记得到的亲本之间的 GD 计算的杂合性,后者是利用与所研究的性状显著关联的分子标记计算的杂合性,标记与性状之间的关联是通过单因素方差分析确定的。来自水稻的研究结果表明,对于产量和生物量,一般杂合性与杂种优势之间具有弱相关,而特殊杂合性与杂种优势之间具有显著的相关。

有利等位基因组合和杂交种预测

异质的基因组合不一定总是导致杂种优势,杂种优势可能最终取决于基因的有利互作与不利互作之间的平衡。可以合理地推断杂种优势可能是由来自两个亲本的特定的基因组合引起的。那些基因可能会同时在不同的遗传背景中产生不同的遗传效应。因此,对于亲本改良和杂交种预测,调查对杂种优势起作用的特定的基因组合应该比研究任何单个基因或 QTL 更重要。Liu 和 Wu(1998)利用来源于 9 个 CMS 和 11 个恢复系的 99 个半双列杂交的水稻杂交种,发现亲本品系上的 4 个有利的等位基因和 6 个有利的杂种优势模式对它们的谷物产量的杂种优势有显著的贡献,而 6 个不利的等位基因和 6 个不利的杂种优势模式显著地降低了杂种优势。他们认为通过将有利的等位基因集中到亲本品系,并把不利的等位基因从亲本品系中剔除,可能培育出具有优异谷物产量的最优杂交种。

结论和展望

从有关杂合性和 GD 与杂交种表现和杂种优势之间关系的大量研究中可以得出几个结论。第一,亲本之间的杂合性越高,杂种优势越强。第二,单独利用更多的标记不会提高预测效果。第三,如果这种关联用来预测由相同杂种优势模式衍生的杂交种的表现,利用已知与杂交种表现或杂种优势关联的标记进行预测是可能的。第四,遗传变异(杂种优势的存在)是预测的先决条件。第五,杂合性与杂种优势的关系和杂合性与杂交种表现的关系将是不同的,如果两者涉及不同的基因(Xu Y,2003)。最后这个结论得到 Zhu 等(2001)的研究结果的支持,在该研究中,用 48 个 SSR 标记和 50 个 RFLP 标记对来自 6 个生态型的 57 个水稻材料及其杂交种进行基因型鉴定,发现杂种优势是极显著的,但杂交种表现却不是。可以预期,如果杂合性是由与杂种优势和杂交种表现关联的特定的标记基因座得到的,并且所有可能的关联基因座已经被鉴定,它们的效应及互作也已经被明确地确定,则杂交种预测是可能的。

考虑到如下事实:只有优势组合才有商业价值并被育种家关注,所以用遗传距离来预测杂种优势和杂交种表现的方法的实用价值是有限的(Vuylsteke et al.,2000)。对于一些作物的确如此,如玉米。然而,对于水稻、籼稻和粳稻两个亚种之间存在的生殖障碍限制了籼粳杂种优势的利用,虽然广亲和基因的利用对这个限制有很大的影响。籼型杂交水稻的育种一直以籼稻群内的杂交为基础。如同以前报道的那样,标记基因座上的杂合性与籼稻群内杂种优势之间存在强相关(Xiao et al.,1996b),表明根据分子标记估计的 GD 对于将籼稻品种划分成不同的亚群用于杂交籼稻的培育是非常有用的。

可以用来进一步改进利用分子标记进行的杂交种表现/杂种优势预测的方法包括,由 Melchinger 等(1990b)提出的对杂种优势相关的分子标记的筛选,由 Zhang 等(1994)提出的特殊杂合性的使用,以及有利的等位基因组合和杂种优势模式的鉴定(Liu and Wu,1998)。了解试验品种之间的遗传变异,鉴定与杂种优势及杂种优势相关性状关联的标记,是杂交种预测中的两个重要组分。我们应该记住,在一个杂交中鉴定的标记-杂种优势关联,可能并不适合于其他杂交种的选择,因为杂种优势可能受很多基因控制,每个杂交有不同的基因和基因组合起作用。

尽管相关系数的数值低,但是自交系和杂交种产量正相关。它们显示一种趋势:高产的自交系产生高产的杂交种。杂交种育种总是伴随着亲本品系的改良。现代的玉米自交系,种植在今天的高密度条件下,产量几乎和 20 世纪 30 年代的杂交种一样高(Duvick,1984;Meghi et al.,1984)。Duvick(1999)认为,如果投入到开放授粉品种(open-pollinated variety,OPV)改良中的工作像多年以来投入到杂交种改良中的那样多,则最好的杂交种与最好的 OPV 之间的差距可能会比现在小。一些作者甚至认为 OPV 可能优于杂交种(Lewontin and Berlan,1990),但是他们的假设没有数据支持。

DNA 标记在杂交种育种中的应用潜力在很大的程度上取决于是否已经建立了不同的杂种优势群,也取决于作物物种。如果没有已经建好的杂种优势群可用,则基于标记的 GD 估计值可以用来避免产生和测试亲缘关系近的品系间的杂交。此外,具有较差的 MPH 的杂种可以在进行田间试验之前根据预测放弃。还有一个潜在的应用。如果要对新的、杂种优势模式未知的品系,或者从来自不同杂种优势群(如商业杂交种)的亲本之间的杂交培育的自交系进行测交表现的评价,则 GD 估计值可以帮助育种家选择合适的测验种用于评价这些品系的配合力。

9.8 机遇和挑战

主要作物产量增长的一半通常归功于植物育种,未来还将继续依赖于植物育种的进展。然而,基因组学在作物育种计划中应用的速度、规模和范围一直落后于人们的期望。这与 20 世纪采用数量遗传学、机械化和计算机化的情况有些不同。这部分归因于植物育种中产品开发的周期长,以及市场对品种培育中的变化反馈周期长。本节将讨论在 MAS 中我们正在面临的机遇和挑战。

9.8.1 分子工具和育种系统

增加 MAS 在育种中的可用性的先决条件是建立高效的育种系统,特别是对于发展中国家的资源有限的植物育种计划。建立利用 MAS 的育种系统有以下几种策略,包括:①在育种的早期阶段进行选择,以淘汰大多数分离个体,特别是对于高度可遗传的性状;②利用高选择压和优化的选择率在发育早期阶段进行选择,特别是对于个体大的植物;③利用高通量的基因型鉴定对多个性状进行同步选择;④利用有成本效益的基因型鉴定系统;⑤高效的表型鉴定、样品追踪和数据采集;⑥快速固定和稳定化(stabilization)方法的开发和利用;⑦一次基因型鉴定,多次表型鉴定。为了增加 MAS 对育种家的可用性,最重要的事情是在发展中国家建立技术和能力,并开发决策支持工具来促进 MAS 育种计划。在接下来的 10 年中,MAS 技术将变得更便宜和易于大规模应用,利用来自育种系统中所有种质的基因型鉴定的信息,可以对与重要的目标性状相关的所有基因进行 MAS。

9.8.2　与特定作物相关的问题

除了前一节中讨论的以外，MAS 的瓶颈可能还与特定的作物有关。例如，对于玉米来说，MAS 的一个可能的限制因素是不同基因库的结构和内容。玉米基因库的例子有欧洲硬粒型和马齿型种质，美国马齿型，这些种质的每种类型有不同的杂种优势群，以及其他更大的基因库。用 DNA 标记进行的分析已经证实了这些种质群之间的差异（Smith and Smith，1992；Niebur et al.，2004）。另外，MAS 在相对复杂的群体（如综合种和OPV）中的效率还没有得到研究。

对于开放授粉作物，复杂性状的育种还受到一个额外瓶颈的限制：没有标准化的流程可用于 MAS，这种 MAS 可以自动地应用于培育自交系、杂交种、群体和综合品种所需要的各种不同的育种系统，其中在育种过程中的很多阶段，材料是高度异质和高度杂合的。这与自交作物的育种系统很不相同。如小麦几乎总是从自交系开始以自交系结束（Koebner and Summers，2003），而水稻可以从自交系开始，以自交系或基于自交系的杂交种结束（Xu Y，2003）。因此，开放授粉作物中的 MAS 工作可以包含两个同步的策略，一个利用以前已经鉴定的 MTA，另一个基于一种整合的遗传多样性分析、MTA 分析和MAS 方法来发现、验证和应用新的标记关联，所有这些分析都在相同的育种群体中进行，尽管是在不同的世代。使 MAS 从育种计划的最早的可能阶段就可以应用，同时随着数据的积累灵活持续地改善 MAS 的功效以及信息整合进后续的育种过程，这是一个挑战。

9.8.3　数量性状

传统上数量性状的遗传力是不同植物育种方法的遗传增益的最常用的预测指标。现在通过在选择指数中结合 DNA 标记和表型数据，可以使用 DNA 标记来加速和增强整个育种方法。遗传学家和植物育种家在轮回选择中使用 MAS 时需要处理连锁不平衡，特别是当使用来自作图群体的多态性标记时，作图群体常常来自不同的亲本，因此可能与目标育种材料没有什么关系。MAS 的功效还将继续严重地依赖于表型鉴定的准确性和精确性以及种质的田间表征和评价。对 QTL 的显著性进行检验的误差项，具有狭窄遗传方差的小效应的检测，或者与遗传方差或亲本差异不相关的 QTL 的数目，所有这类问题都属于正在研究的领域，需要遗传学家优先关注。解决这些问题将使植物育种家能够确定在他们的 MAS 计划中使用的个体/品系和标记的最优数目。

当 MAS 在遗传增益、时间或成本效率等方面明显比 PS 方法更优越时，植物育种家很乐意将 MAS 用于数量性状。这个领域最初的重点应该集中在没有稳定的、低成本的表型鉴定系统的性状上。为了迅速到达这个阶段需要标记-性状关联鉴定团队策略上的转移：从影响目标性状的所有 QTL 的鉴定转到对目标性状具有大效应的少数 QTL 的鉴定。主效应的 QTL 可能更容易检测（在正确的遗传材料中），并且受 GEI 和遗传背景效应的影响较小。最重要的是从分析整个遗传群体转到集中于来自相关育种群体和遗传材料的具有极端表型的选择个体，可能是用选择的个体进行 DNA 混合分析（Xu and Crouch，2008）。同样重要的将是从连锁的标记转到基于基因的诊断性标记，这通常是基于 SNP 的标记，对于高通量的基因型鉴定容易进行记录。

9.8.4　遗传网络

MAS 在作物改良中的应用潜力应该随着我们对基因组、环境和表型之间关系的了解而增加。候选的转基因将被经常地开发,它们对作物改良的贡献将利用 MAS 以最有效的方式实现。同样,候选的原生基因以及它们的基因产物和功能的鉴定,以及其他 DNA 序列[如 micro-RNA(miRNA),核基质结合区(matrix attachment region)和调控区(regulatory regions)]的鉴定,将提高关联作图和基因组扫描这类方法的能力,以便在对植物育种有重要意义的、确定的参考群体的背景中评估它们的基因型值。

植物在形态生理和生殖发育过程中,以及当处于一系列生物和非生物胁迫的条件下时,会表现出基因表达方面的大量的变化。基于通过微阵列测量的成千上万转录本的连锁和关联分析的传统技术的应用,已经出现了一个全局性基因表达的新的遗传学领域。以这种方式对数量性状的遗传结构进行的剖析,把 DNA 序列变异与表型变异联系起来,正在增进我们对转录调节和调节变异的理解(Rockman and Kruglyak,2006)。

9.8.5　发展中国家的标记辅助选择

有很多额外的因素将影响 MAS 在发展中国家的应用。为国家研究计划人员培训必要的技能,并确保那些计划拥有或者可以使用足够的能力是必不可少的先决条件。

在 20 世纪 80 年代和 90 年代已经在亚洲、非洲和拉丁美洲建立了几个作物专化的生物技术网络。很多这些网络覆盖了各种各样的活动,包括上游研究和能力建设。不幸的是,在一些情况下主要捐助人已经从这种网络中撤资。然而,所有这些网络仍然为建立分子育种的实践共同体打下了很好的基础,这种体系可以用于在国家育种计划中验证、完善和应用新技术。相反,在其他作物中常规育种网络已经足够成熟,成为引进 MAS 系统和其他分子育种方法的首要候选者。然而,很多这些育种计划没有获得国际开发援助,或者存在明显的资金不足,这严重地威胁它们的长期发展。使用联合的商业基因型鉴定中心或商业化服务提供商的分子育种国际联合体似乎是一个日益现实的选择,其中那些设备可以提供良好的服务质量、数量和时间以适合给定的育种系统。

能力建设将提升参与研究的植物育种家的技术水平,改善更广泛的团体对植物育种和相关分子技术的了解。随着很多分子技术变得充分常规化,科学家将有更多机会将其注意力转移到试验设计、分析和解释,而不是像现在这样把大部分时间用来产生数据。

发展中国家 MAS 产品的研究、开发和传播的政策选择取决于发展目标和农业部门及其下属部门的优先权,以及处理科学和技术问题的交叉活动。Dargie(2007)讨论了发展中国家发展和实施 MAS 计划的政策考虑和选项。他考虑了三种类型的国家,这些国家具有不同的设备能力和人力资源能力:①在表型评价和选择以及分子生物学方面具有高质量人力资源和设备的国家:通过建立集中化的优秀的中心和部门的/子部门的研究所,他们具有开发、验证分子标记和常规地应用 MAS 的潜力;②具有进行表型鉴定和选择的适度能力以及应用分子标记方法的一定能力的国家:这些国家具有较少的综合育种计划,因此只能覆盖较少的物种。利用优秀的地区性中心,如东非和中非生物科学研究所(Bioscience eastern and central Africa,BecA),是在他们的育种计划中实施 MAS 的一个选择;③具有进行表型鉴定和选择的有限能力而没有应用分子技术能力的国家:他们的选择是与 CGIAR 系统的研究所以及其他发达国家和发展中国家的高级研究单位合作,引进由这些单位通过 MAS 培育的含有他们所需要的目标性状的品种和高代育种品系。建立分子育种的实践共同体,通过物种和主题专化的网络、研讨会、培训课程、科学访问等在这些类型的发展中国家之间实施 MAS,将有助于提升分子生物学本身的科学和技术知识,也有助于提升联系分子方法和表型方法的科学和技术知识。

（闫双勇 译,陈建国 校）

第 10 章　基因型×环境互作

基因型定义为一个个体的遗传组成——从亲本传递到子代的 DNA 的核苷酸序列，如同第 2 章所讨论的。一个基因型的表型表达依赖于环境，环境可以定义为围绕或者影响一个生物或者一群生物的环境的总和。作物的品种，作为基因型来看，当生长在各种条件下时，容易受到不同的土壤类型、肥力水平、水分含量、温度、光周期、生物胁迫和非生物胁迫以及栽培措施的影响。由于细胞对内部和外部因子的反应而产生的调节机制可以使基因表达被修饰、增强、抑制或定时(timed)，基因型(品种)可以确定一个表型表达的范围，称为反应规范(norm of reaction)或可塑性(plasticity)，这只不过是基因型完全相同的个体的表现型表达中的变异性(Bradshaw，1965)。因此，一个品种在某些环境中可能具有最高的产量，另外一个品种在其他的环境中有最高的产量。基因型在不同环境下的相对表现的变化称为基因型×环境互作(genotype-by-environment interaction，GEI)。GEI 必须从环境、基因型及两者联系在一起来解释。利用来自地理信息系统(geographic information system，GIS)的数据对环境进行描述，我们知道实际的环境因素，如最高温度、最低温度、降水、太阳辐射等。

　　GEI 可以由基因型的变化、环境的变化或者两者的共同变化引起。这是非常普遍的，发生在植物生长和发育的各个方面，触及生物科学的各个学科。在农业科学领域里的生物学研究大部分与 GEI 有关。科学家们逐渐认识到许多的科学推断都受到 GEI 的限制。这种认识使科学家们产生了极大的兴趣，因此在理解影响植物生长发育的因素方面取得了很大的进展。同时，很多作物品种的性能有了相当大的改良(Cooper and Byth，1996)。尽管如此，我们还没有充分理解影响适应性的因素，即使对于主要农作物也是这样。因此，在植物育种策略的改进方面还有相当大的空间。

　　基因型在不同环境中的相对表现决定了互作的重要性。当不同环境下基因型之间的相对表现保持不变时就没有 GEI。在图 10.1A 中，在两种环境(E1 和 E2)下品种 A 的产量都一致地高于品种 B。因为任何两个环境中的产量差数都是 50 个单位——比例保持不变，即任何两个基因型之间在任何两个环境中的差异都是相同的，所以没有 GEI。GEI 可以以两种方式存在。①基因型之间的差异可以改变，而它们的秩次(rank)没有任何变化，称为非交叉互作(non-crossover interaction)。在图 10.1B 中存在 GEI，因为在环境 E1 中品种 A 的产量比品种 B 高 20 个单位，而在环境 E2 中则高 50 个单位。②品种间的秩次在不同环境下变化，称为交叉互作(crossover interaction，COI)。图 10.1C 中，品种 A 在环境 E1 中更高产，品种 B 在环境 E2 中更高产。对于植物育种家来说，最重要的 GEI 是由基因型之间的秩次变化所引起 COI。

　　GEI 的存在显著地影响通过植物育种对作物进行改良的效率，主要是因为它们使基因型之间的比较与试验环境混杂，并且使育种目标的定义变得复杂。为了克服作物改良的这些限制因素，我们必须了解与产量差异有关联的植物适应性的差别，特别是与 GEI

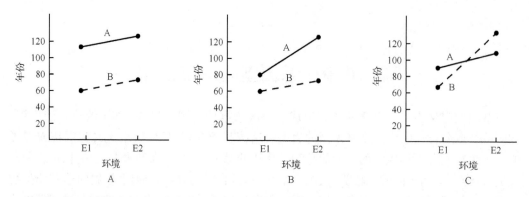

图 10.1　两个品种在两个环境(E1 和 E2)中的相对表现。(A)不存在 GEI。(B)存在 GEI 但是不改变基因型的秩次。(C)存在 GEI 并且改变基因型的秩次(改自 Allard and Bradshaw,1964)

有关联的适应性差别。植物育种家对 GEI 感兴趣有以下几个原因(Fehr，1987)：①培育用于特定目的的品种取决于对 GEI 的理解。独特的品种可能需要不同的行距、土壤类型或种植日期。②不同地理区域对特殊品种的潜在需要要求我们了解 GEI。这种交互作用的重要性可以决定在测验新的基因型和推荐品种给作物生产者时,把大的地理区域划分成小的区域是否必要。③在不同地点和年份间测定基因型时,有效的资源分配是以基因型×地点、基因型×年份和基因型×地点×年份互作的相对重要性为基础的。④基因型对环境之间变化的生产力水平的反应增强了人们对品种稳定性的理解。对不同环境下基因型稳定性的理解有助于确定它们对可能遇到的生长条件波动的适应性。

在 GEI 研究中有几个关键的领域：①用于环境刻画和分类的有效方法；②将 GEI 剖分为可重复组分和不可重复组分的策略；③对目标性状的直接选择和基于作物生理学原理的间接选择策略的相对效率进行量化的试验证据；④综合利用品种的多环境试验数据、系谱信息和基因型数据；⑤确定对 GEI 负责的基因座以及 GEI 组分的分子剖析。本章的讨论主要基于一些重要的参考文献,包括 Feher(1987)、Romagosa 和 Fox(1993)、Knapp(1994)、Xu 和 Zhu(1994)、Cooper 和 Hammer(1996)、Bernardo(2002)、Chahal 和 Gosal(2002)、Kang(2002)、Crossa 等(2004)、Cooper 等(2005)、van Eeuwijk 等(2005)以及Yan 等(2007)。

10.1　多环境试验

植物育种计划的一个主要目标是在一定范围的农业生态环境中评价各个作物基因型对于农业目的的适用性。了解和确定 GEI 的重要性需要合适的试验方法。为此目的育种家要进行所谓的多环境试验(multi-environment trial,MET)。在 MET 中,在有望代表目标环境的多个环境中对一组基因型进行评价,以便选择广泛适应的基因型或特殊适应的基因型。例如,表 10.1 提供了 18 个冬小麦品种的一个 MET 数据集,这些品种是1993 年在加拿大安大略省(Ontario)的 9 个地点进行试验的,数据来自 Yan 等(2007)。在 MET 中基因型的表现是通过为描述和解释基因型×环境数据(genotype-by-environment data,GED)而提出的统计模型来分析的。统计分析应该提供参数的估计值,这些参数既要表明基因型在不同环境中的平均表现如何,也要表明基因型在特定的环境条件下表现如何。

表 10.1 1993 年在安大略省 9 个地点(E1~E9)试验的 18 个冬小麦品种(G1~G18)的平均产量

(Yan et al.,2007) (单位:t/hm²)

基因型	试验环境									
	E1	E2	E3	E4	E5	E6	E7	E8	E9	平均
G1	4.46	4.15	2.85	3.08	5.94	4.45	4.35	4.04	2.67	4.00
G2	4.42	4.77	2.91	3.51	5.70	5.15	4.96	4.39	2.94	4.31
G3	4.67	4.58	3.10	3.46	6.07	5.03	4.73	3.90	2.62	4.24
G4	4.73	4.75	3.38	3.90	6.22	5.34	4.23	4.89	3.45	4.54
G5	4.39	4.60	3.51	3.85	5.77	5.42	5.15	4.10	2.83	4.40
G6	5.18	4.48	2.99	3.77	6.58	5.05	3.99	4.27	2.78	4.34
G7	3.38	4.18	2.74	3.16	5.34	4.27	4.16	4.06	2.03	3.70
G8	4.85	4.66	4.43	3.95	5.54	5.83	4.17	5.06	3.57	4.67
G9	5.04	4.74	3.51	3.44	5.96	4.86	4.98	4.51	2.86	4.43
G10	5.20	4.66	3.60	3.76	5.94	5.35	3.90	4.45	3.30	4.46
G11	4.29	4.53	2.76	3.42	6.14	5.25	4.86	4.14	3.15	4.28
G12	3.15	3.04	2.39	2.35	4.23	4.26	3.38	4.07	2.10	3.22
G13	4.10	3.88	2.30	3.72	4.56	5.15	2.60	4.96	2.89	3.80
G14	3.34	3.85	2.42	2.78	4.63	5.09	3.28	3.92	2.56	3.54
G15	4.38	4.70	3.66	3.59	6.19	5.14	3.93	4.21	2.93	4.30
G16	4.94	4.70	2.95	3.90	6.06	5.33	4.30	4.30	3.03	4.39
G17	3.79	4.97	3.38	3.35	4.77	5.30	4.32	4.86	3.38	4.24
G18	4.24	4.65	3.61	3.91	6.64	4.83	5.01	4.36	3.11	4.48
平均	4.36	4.44	3.14	3.49	5.68	5.06	4.24	4.36	2.90	4.19

10.1.1 试验设计

对 MET 涉及的设计、实施、分析和解释等步骤的理解是很有用的。任何试验的计划始于对要评价的概念或假说的陈述,有时候以问题的形式提出。对于传统耕作和水土保持耕作法(conservation tillage)来说基因型之间的相对表现有差别吗? 基因型对无机氮肥含量高低的反应有差别吗? 育种家可能会基于实际经验提出对这些问题的答案的假说。重要的是假说不应该被当做事实,把假说当做事实这种态度可能会歪曲对试验结果的解释。涉及多个基因型、时间和地点的 MET 通常是需要的。如果所有的基因型在所有的环境中表现相似,即总变异仅仅由环境和基因型的主效应来解释,那么就不存在 GEI。

第 i 基因型($i = 1,2,\cdots,I$) 在第 j 环境($j = 1,2,\cdots,J$) 中的经验平均反应量 $\bar{y}_{ij}$(在

$I \times J$ 个单元的每个中有 r 次重复)被表示为:

$$\bar{y}_{ij} = \mu + \tau_i + \delta_j + (\tau\delta)_{ij} + \bar{\varepsilon}_{ij} \tag{10.1}$$

式中，μ 是在所有基因型和环境上的总均值；τ_i 代表第 i 基因型的加性效应；δ_j 代表第 j 环境的加性效应；$(\tau\delta)_{ij}$ 代表第 i 基因型在第 j 环境中的非加性效应（GEI）；$\bar{\varepsilon}_{ij}$ 是（平均）误差，假定服从独立的正态分布，即 $NID(0, \sigma^2/r)$，其中 σ^2 是环境内的误差方差，假定为常数。

除 μ 之外，式(10.1)中的所有项通常被当做随机效应。为了给观察到的性状变异提供一个遗传解释的补充框架，我们也可以把性状表型变异看作是一个"遗传信号"分量 $[\tau_i + (\tau\delta)_{ij}]$、一个"环境背景"分量 (δ_j) 以及一个"环境噪声"分量 $(\bar{\varepsilon}_{ij})$ 的组合。对于误差项 $\bar{\varepsilon}_{ij}$ 的方差-协方差（VCOV）结构可以有各种不同的选择，最简单的是 $\bar{\varepsilon}_{ij}$ 为独立同分布的正态变量。式(10.1)的项也可以当做固定效应，取决于所用的取样方法和研究目的。例如，如果"环境"指的是地点，那么当它们不是从一个地区所有可能的地点随机选择的时则可以把它们看作是固定效应，如果环境指的是年份，它们则被认为是随机的选择。如果年份和地点代表的是年份与地点的常规组合，则它们完全可以被当做随机效应。

在实验设计中，挑选出来用于对可能的互作进行评价的基因型是一个需要考虑的重要因素。有些 GEI 分析不是以专门为该目的设计的试验为基础的，尤其是对与地点和年份的互作的重要性的评价。相反，育种家使用来自对基因型（包括品种、杂交种、群体和试验品系）进行测定的数据，作为常规试验计划的一部分，这些材料已经在不同的地点和年份进行了评价。

为了获得试验误差的估计值，在每个地点和年份至少需要两个重复，以便检验所关心的互作的显著性。任何额外的重复都将使试验误差的估计更加可靠。但是有时由于资源有限，不能对所有基因型设置重复，以至于仅仅一些基因型有重复。在这种情况下是一个增广的设计（augmented design）；它是一个完全合理的设计，虽然精确性变低了。

10.1.2 基本的数据分析和解释

对于所有的 MET 数据，其基本分析应包括平均数的计算、变异来源的统计显著性的检验以及合适的方差分量的估计。一个试验中的变异来源被分解为主效应和它们的互作（表 10.2）。求出各变异来源的均方（mean square），进行合适的 F 检验来评价变异来源显著的概率。可以计算基因型的主效应以及它们与地点、年份互作的方差分量。还可以计算每个方差分量的标准误差。

数据的解释包括不同变异来源的统计显著性及其实际意义。基因型×地点互作度量基因型之间在不同地点的表现的一致性。基因型在不同年份的表现的一致性用基因型×年份互作表示。基因型×地点×年份互作度量基因型×地点互作在不同年份的一致性。对于提到的所有这些互作来说，有必要对平均数进行考察，以确定一个显著的互作是归因于基因型之间秩次的变化，还是在秩次没有变化的情况下归因于不同基因型之间差数的变化（图10.1）。

表 10.2 具有不同数目的地点和年份的一个一年生作物试验的方差分析(Johnson et al.，1955)

变异来源	自由度	期望均方
一年一个地点		
重复	$r-1$	—
基因型	$g-1$	$\sigma_e^2+r(\sigma_g^2+\sigma_{gl}^2+\sigma_{gy}^2+\sigma_{gyl}^2)$
误差	$(r-1)(g-1)$	σ_e^2
多年一个地点		
年份	$y-1$	—
年份中的重复	$y(r-1)$	—
基因型	$g-1$	$\sigma_e^2+r(\sigma_{gy}^2+\sigma_{gly}^2)+ry(\sigma_g^2+\sigma_{gl}^2)$
基因型×年份	$(g-1)(y-1)$	$\sigma_e^2+r(\sigma_{gy}^2+\sigma_{gly}^2)$
误差	$y(r-1)(g-1)$	σ_e^2
一年多个地点		
地点	$l-1$	—
地点中的重复	$l(r-1)$	—
基因型	$g-1$	$\sigma_e^2+r(\sigma_{gy}^2+\sigma_{gly}^2)+rl(\sigma_g^2+\sigma_{gl}^2)$
基因型×地点	$(g-1)(l-1)$	$\sigma_e^2+r(\sigma_{gy}^2+\sigma_{gly}^2)$
误差	$l(r-1)(g-1)$	σ_e^2
多年多个地点		
年份	$y-1$	—
地点	$l-1$	—
年份和地点中的重复	$yl(r-1)$	—
年份×地点	$(y-1)(l-1)$	—
基因型	$g-1$	$\sigma_e^2+r\sigma_{gly}^2+ry\sigma_{gl}^2+rl\sigma_{gy}^2+ryl\sigma_g^2$
基因型×年份	$(g-1)(y-1)$	$\sigma_e^2+r\sigma_{gly}^2+rl\sigma_{gy}^2$
基因型×地点	$(g-1)(l-1)$	$\sigma_e^2+r\sigma_{gly}^2+ry\sigma_{gl}^2$
基因型×年份×地点	$(g-1)(y-1)(l-1)$	$\sigma_e^2+r\sigma_{gly}^2$
误差	$yl(r-1)(g-1)$	σ_e^2

基因型×地点互作

不同测定地点之间基因型秩次的广泛波动表明,通过独立的选择和测试计划,针对不同的地点培育基因型可能是合乎需要的。对不同的地理区域建立独立的育种计划成本很高;因此决策可能很困难。在建立独立的育种计划之前,育种家应该对影响基因型×地点互作的环境因素作出详细的考察。如同 Fehr(1987)提出的那样,如果地点之间的差异归因于土壤类型或者对于年份比较一致的其他因素,那么独立的计划可能是合适的。与异常的气候条件有关的地点间的暂时性差异则不支持这样做。

在确定基因型×地点互作的意义时,另一个考虑是秩次的波动可能不会妨碍对多地点的优良基因型的选择。假定一组基因型被分成三类：好的、中等的和差的。基因型×地点互作可能由三个类别内部（而不是类别之间）基因型间秩次的波动引起。这种互作不可能支持对独立的地点建立育种计划，至少对于测定的初期是这样的。

基因型×年份互作

生长在不同年份的基因型间秩次的不一致在某种程度上比基因型×地点互作更难处理。育种家不可能对不同的年份建立独立的育种计划（Fehr，1987）。可以做的主要工作是鉴定那些在不同年份间平均表现优越的基因型。这个工作就是在选择一个基因型作为品种释放之前对基因型进行几年的测定。为了缩短遗传改良的时间，常常用 1 年中的多地点试验代替多年份的试验。这种替代只有在一定条件下才是有效的，即在单个年份里不同地区的气候条件可以与不同年份的气候条件相比较。

基因型×年份×地点互作

首先，这种互作可以用来检验基因型×地点互作在不同年份间是否可以重复，从而可以确定大环境（mega-environment）。其次，当基因型秩次的波动与个别的地点-年份组合有关时可以使用这种互作。这里育种家必须确定在不同的地点和年份中具有优良的平均表现的基因型。当 MET 是在若干年份中进行的时，互作被称为三因素（三向）的数据阵列，这三个因素是基因型、地点和年份。Varela 等（2006）通过将主效可加互作可乘（additive main effect and multiplicative interaction，AMMI）模式从二向扩展到三向模式，为我们提供了一个自然的方法，用于评价不同地点和年份的反应，或者用于研究基因型在不同环境下的多属性反应（multi-attribute response）。这种三向模式被应用于两个数据集。数据集 1 包括基因型（25）×地点（4）×播种时间（4）的互作，测量了 8 个性状。数据集 2 的结构是谷物产量的基因型（20）×灌溉方式（4）×年份（3）。他们的结果表明，三向的 AMMI 分析为育种家给出了通过其他方式不能得到的合理和有用的信息：有关基因型在不同地点和年份的差异性反应以及在不同年份中地点之间的不同关系的信息。

10.2　环境的刻画

GED 分析（即单个性状的 MET 数据）的目的应该包括三个主要的方面：①大环境分析；②试验环境评价；③基因型评价（Yan and Kang，2003），三者都与环境的刻画有关。Yan 等（2007）以表 10.1 的产量数据为例，举例说明了双标图分析（bi-plot analysis）的这三个方面。当补充信息（如有关环境协变量或基因型协变量的数据）可用时，可以包括第 4 个方面，它是对基因型主效应（G）和 GEI 的原因的理解（Yan and Kang，2003；Yan and Tinker，2006），如 10.3.2 节所述。

环境的刻画包括确定影响试验中基因型的表现水平和相对表现的关键因素，以及评价这些因素与目标环境的关系。这为理解单独试验的结果以及预测它们在其他地方的应用提供了根据。这可以扩展到影响农户对品种的应用的社会学因素。在进行过的大多数 MET 中都没有明确地定义环境挑战。另外，在很多 MET 中也没有衡量试验环境与目标环境匹配得如何。可以鉴别不同类别的地点,用于协助环境的刻画。被严密监控的基准地点(benchmark site)可用于获得对在生产系统中遇到的环境混合体的理解。Cooper 和 Hammer(1996)列出了环境刻画的三个策略:①在试验过程中直接测量环境变量,这是可能的,但却费时、耗费资源,因此代价高;②以统计方法和模拟模型为基础的数量分析法;③对于特定的环境因素使用参考基因型和探针基因型(probe genotype)。应该注意的是,下一节讨论的统计方法也可以用于环境刻画。

10.2.1 环境的分类

构成环境的一部分的每个因素都有可能导致差异性表现(即 GEI)。环境因素可以分为两类:可预测的因素和不可预测的因素(Allard and Bradshaw,1964)。可预测的因素是指那些以系统的方式出现或受人控制的因素,如土壤类型、种植日期、种植密度、肥料施用量、栽培措施以及轮作制度。不可预测的因素是那些波动的和不能人工控制的因素,包括降雨、温度和相对湿度。从应用的角度出发,将环境因素区分为可以由农户操纵的和不可以由农户操纵的,这可能是有用的。在 MET 中,管理因素一般被当做环境的一部分,通常没有明确地与气候、时间和地区因素区别开。它们被看作是与 MET 中的不同地点和年份联合抽样的。然而,只要可能,植物育种家常常能够而且也的确做到了从环境中分离出一些因素,这些因素在目标环境中是可重复的和重要的。可预测的因素可以单独评价,也可以集体地评价它们与基因型的互作。现已研究了基因型×土壤类型、基因型×行距、基因型×种植日期、基因型×植物群体以及基因型×施肥的互作。

为了使种植者的产量最大化,种植区常常被分成相对同质的大环境,对每个大环境采用合适的基因型。一个大环境被定义为具有相当同质的环境的作物生长区的一个部分(不一定是连续的),它能使相似基因型的表现最好。由于若干原因,对大环境的鉴定已经引起了广泛关注(Gauch and Zobel,1997)。首先,为边缘环境(marginal environment)提供合适材料的兴趣已经增长,边缘环境受到多方面的胁迫,这些胁迫通常产生较大的 GEI,因此在非常有利的环境中表现优秀的基因型在这些地方可能表现非常差。其次,对长期的土壤保持、杀虫剂和化肥使用的降低的高度关注,促成了更加多样化的管理措施,因此在以前以更加一致的方式管理的主要作物区域中创造出许多大环境。最后,也是更一般地,大多数植物育种家觉得他们是在开发而不是忽略那些存在于 GEI 中的增产潜力。只有考虑到大环境问题以后,基因型评价和试验环境评价才是有意义的。

大环境是广泛的,通常是国际的和横贯大陆的,可以通过相似的生物胁迫和非生物胁迫、对耕作制度的要求、消费者的偏好来定义,也可以通过相关作物的高产量来定义,这足以证明它的重要性。例如,在 18 个国家中具有相关抗病性的"热带低地、晚熟、白色马齿型"玉米的种植面积为 380 万 hm^2(Gauch and Zobel,1997)。这种定义包括了大环境的环境方面、基因型方面、地理方面甚至经济方面。把一个作物的生长区域分成若干大环境,意味着植物育种家和种子生产者需要做更多的工作,但是也意味着高的遗传率、植物育种家会取得更快的进展、种子生产者会具有更强的潜在竞争力。另外,大环境分区的充要条件是可重复的"良种遇良田"(which-won-where)模式,而不仅仅是一个可重复的环境分组模式(Yan and Rajcan,2002;Yan and Kang,2003)。大环境被用来分配育种或研究计划中的资源,使育种计划之间的种质和信息交换合理化(通过集中于最有希望的材料使得哪怕是小的育种计划也能够取得进展),使充分确定且可预测的环境内的遗传率增加,提高试验和育种计划的效率,以及将基因型指定到合适的生产区域。但是,还有许多其他的项实质上也具有同样的意义,如农业气候区域或者生态地理区域。

合理的大环境分析应该把目标环境分成下面三个可能的类型之一(表 10.3)。类型 1 是人们希望得到的最容易的目标环境,但它通常是过于乐观的期待。类型 2 为 GEI 的一些利用提供了机会。这种机会如果存在就不应该被忽视,因为这是大环境分析和 GEI 分析的整个要点。类型 3 是最具挑战性的目标环境,不幸的是,这也是最常见的类型。对环境进行分组的统计方法包括分类方法、排序(ordination)方法(即利用图形中的座标来描述环境间的关系),或者分类方法和排序方法的联合应用(DeLacy and Cooper,1990)。

表 10.3　以大环境分析为基础的三个类型的目标环境(Yan et al. ,2007)

	具有交叉 GEI	没有交叉 GEI
年度间可重复	类型 2:目标环境由多个大环境组成	类型 1:目标环境由单个简单的大环境组成
	策略:为每个大环境选择特别适应的基因型。单年份多地点试验可能是足够的	策略:在单个年份中的单个试验地点上的测定足以选择单个最好的品种
年度间不可重复	类型 3:目标环境由单个复杂的大环境组成	
	策略:根据来自多年多点试验的数据以平均表现和稳定性为基础为整个区域选择一套品种	

聚类分析可以用于环境分类,它通常涉及环境的层次组群(hierarchical group)的创造,正如第 5 章中为种质所描述的那样。就基因型秩次而不是环境本身的物理因素而言,一个给定的环境与同一类中的环境的相似程度高于与不同类中的环境的相似程度。聚类方法需要对环境之间的相异点或者距离进行度量。来自 MET 的数据一般是不平衡的,因为基因型和地点常常随年份而变化。而两个环境之间的统计距离可以根据生长在两个环境中的基因型的子集的表现来决定(DeLacy and Cooper,1990)。由 Lin 等(1986)归纳的基因型的距离测度可以用于环境聚类,而 Ouyang 等(1995)将 j 和 j' 之间的距离度量为

$$D_{jj'} = \frac{1}{g} \sum_{i=1}^{g} \left(\frac{P_{ij} - \mu_j}{s_j} - \frac{P_{ij'} - \mu_{j'}}{s_{j'}} \right)^2 = \frac{1}{g} \sum_{i=1}^{g} (t_{ij} - t_{ij'})^2 \qquad (10.2)$$

式中,g 是生长在 j 和 j' 中的基因型的数目;μ_j(或 $\mu_{j'}$)是全部基因型在环境 j(或 j')中的平均数;$s_j(s_{j'})$ 是环境 j(或 j')中的全部基因型之间的表型标准差。当生长在环境 j 中的全部基因型也生长在环境 j' 中时,式(10.2)可以被改写为(Ouyang et al. ,1995)

$$D_{jj'} = 2\left(1 - \frac{1}{n}\right)(1 - r_{jj'}) \qquad (10.3)$$

式中,$r_{jj'}$ 是环境 j 和环境 j' 之间跨越基因型的相关性。这意味着如果在两个环境中基因型的表现完全相关(即 $r_{jj'} = 1$) 则两个环境之间的距离 $D_{jj'} = 0$。相反,如果 $r_{jj'} = 0$ 则距离接近 $D_{jj'} = 2$。当出现 COI 并且 $r_{jj'}$ 接近 -1 时距离接近最大值 $D_{jj'} = 4$。

如第 5 章所述,有若干方法可用于在 $D_{jj'}$ 的基础上将个别的环境和环境类(environment cluster)联合起来形成一个(新的)类。一个常用的方法是平均联接法(average linkage method),也称为利用算术平均数的无加权对组法(unweighted pair-group method using arithmetic averages,UPGMA),其中两个类之间的距离等于第一个类中的环境和第二个类中的环境之间的平均距离。用聚类图或树状图(dendrogram)来说明环境的组群(图 10.2)。聚类图表明环境的分层聚类以及它们被连接时的平均距离。以来自 MET 的 $D_{jj'}$ 为基础的聚类常常与地理学上的归组一致(Bernardo,2002)。例如,Ouyang 等(1995)根据生长在总共 2006 个环境中的 7 个玉米杂交种的表现对艾奥瓦州的 90 个县进行了剖分。聚类分析将这些县剖分成北部组群和南部组群,虽然有两个艾奥瓦州东南的县被聚类到北部的组群(图 10.2)。北方-南方组群与高海拔和低海拔地区之间到成熟期的天数的差异是一致的。艾奥瓦州的这些县被进一步再分成一个东南的类、一个西南的类、一个北部的类和一个中心的类。

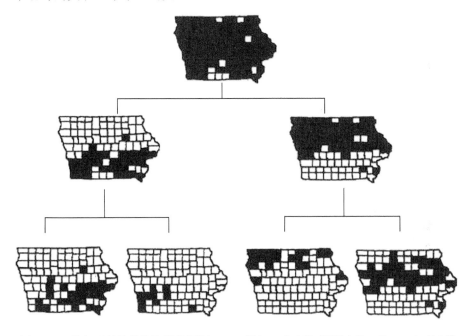

图 10.2　艾奥瓦州的县的聚类分析[Ouyang 等(1995)改绘,原图由 Rex Bernardo 绘制]

在以表 10.1 中的数据为基础的基因型主效应(G)加上基因型×环境互作(GGE)双标图的"良种遇良田"(which-won-where)视图中(图 10.3),9 个环境落入两个部分,具有不同的优胜品种。特别地,在 E5 和 E7 中 G18 是最高产的品种(但是仅仅比具有与 G18 非常接近的标记的若干其他品种稍微高一些),而在其他的环境中 G8 是最高产的品种。这种交叉的 GE 表明目标环境可以被分成不同的大环境。

品种评价系统的有效性主要取决于 MET 中的基因型表现和环境的目标总体(target population of environment,TPE)中的基因型表现之间的遗传相关。植物育种家偏爱以试验中品种鉴别的相似性为基础的分类。但是,这些工作常常没能提供对 TPE 的足够评价,因为它们需要长期的表现数据,由于成本高,这通常是不收集的。为了描述 TPE,Löffler 等(2005)利用标准的作物环境资源合成(crop environment resource synthesis,

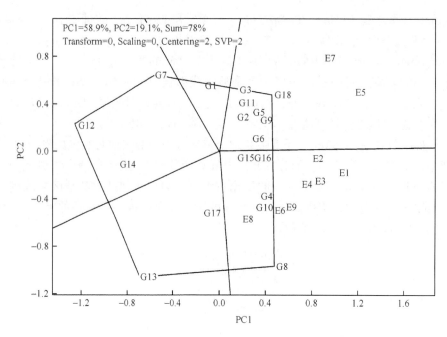

图 10.3　以表 10.1 中的 G×E 数据为基础的 GGE 双标图的"良种遇良田"视图。数据没有被转换（Transform=0），没有尺度化（Scaling=0），并且是以环境为中心的（Centering=2）。该双标图是以环境聚焦的奇异值分解为基础的（SVP=2），因此适于直观化环境之间的关系。它解释了总 G+GE 的 78%。

基因型用 G1～G18 表示，环境用 E1～E9 表示，PC 表示主成分（Yan et al.，2007）

CERES)-玉米模型输入对 1952～2002 年期间每个美国玉米带镇区（US Corn Belt Township)进行了作物模拟。为了对 MET 进行分类，输入数据是在试验地点上或附近收集的。用于模型验证的谷粒产量和生物胁迫的数据是从 2000～2002 年间生长在 266 个环境中的重复试验中的 18 个杂交种中收集的。以关键生长阶段的主要条件和观察到的 GEI 的模式为基础，确定了 6 个主要的环境类别（environment class，EC）。每个 EC 的相对频率随年份变化极大，并且观察到显著的杂交种×EC 互作方差。这个环境分类系统提供了 TPE 和 MET 的一些特征的有用描述。对影响 GEI 的发生率的 EC 的空间（地点）和时间（年份）分布的认识可用于改进美国玉米带 TPE 中的品种表现的可预测性。

　　如果可以发现在整个区域中都具有产量优势的基因型，则可以避免将作物的种植区再分成若干个大环境，也就是说，在有利的环境中培育的品种在不同的或不利的环境中也将表现得最好。但是，人们几乎不能指望单个品种或杂交种能够在全世界、在所有的环境和管理措施下种植。一个品种种植在它的大环境以外时常常会减产。此外，即使育种目标是广泛的适应性（而不是面向大环境的育种），确定若干大环境并且在每个大环境中配置一个试验地点来选择广泛的适应性仍然是最好的策略。跨国育种公司通常都有它们的育种计划，这些计划面向特定的生态地理区域。

10.2.2　GIS 和环境刻画

　　现代的植物育种计划日益使用不同来源的信息，包括由 GIS 提供的地理信息

(http://www.gis.com)。GIS 整合了硬件、软件和数据,用于获得、管理、分析和展示所有形式的地理参考信息。GIS 使我们能够通过许多途径来查看、了解、探究、解释和直观化数据,以图谱、地球仪、报告和图表的形式来揭示关系、模式和趋势。GIS 可以按照三种方式来查看。数据库视图(Database View):GIS 是世界地理数据库(geodatabase)的一个独特的数据库类型。它是一个“地理学的信息系统”。基本上,GIS 是以结构化数据库为基础的,这种结构化数据库按照地理学的术语来描述世界。地图视图(Map View):GIS 是一套灵活的地图和其他的视图,显示地球表面的特征和特征关系。可以建立内在的地理信息的图谱,用作“数据库的窗口”,以便支持信息的查询、分析和编辑。模型视图(Model View):GIS 是一套信息变换工具,用于从现存的数据中导出新的地理数据。这些地理加工功能从现存的数据集中获得信息,应用分析功能,将结果存储到新的派生数据集里。为了更加有效地利用 GIS 数据,已经开发了若干软件包。ESRI 软件为美国农业部农业研究院(NARS)、大学和国际研究中心的研究人员提供可伸缩的解决方案。从基于野外的产品(如 ArcPad)到服务器水平的空间数据库引擎(ArcSDE),都可以收集和管理数据。国际互连网地图服务器(ArcIMS)使被巨大的地理距离分隔的研究地点能够实时连接,而 ArcGIS 提供了分析农业数据集的空间组分的全部必要的工具。

通过把生物物理学的评价准则与社会经济的因素结合起来对生产环境进行分类,这种需要正在增长。地里空间技术(特别是 GIS)在这些领域中起一定的作用,空间分析提供了独特的见解。Hodson 和 White(2007)描述了用 GIS 来表征小麦生产环境,他们从国际玉米和小麦改良中心(CIMMYT)得到例子。20 世纪 80 年代以来,CIMMYT 小麦计划已经根据气候的、土壤的和生物的限制因素将生产地区分类成大环境。空间解聚数据集(spatially disaggregated data set)和 GIS 工具的进步使得大环境可以被表征并且以更加定量的方式作图。改良的作物分布数据和高空间分辨率的关键生物物理学数据的结合也使我们有可能探索病害流行的情况,如同秆锈病小种 Ug99 的例子所说明的那样。描述未来气候条件的空间数据的可利用性可以提供对下一个 10 年中小麦生产环境的潜在变化的了解。来源于遥感的近实时的每日气象数据的可利用性增加,这应该进一步提高环境的刻画,而且使动态过程的区域性尺度模型成为可能,如病害进展状态或作物水分状态。下面是一些例子,其中植物育种研究得益于实施环境刻画的空间方面。

第一个例子是在地点分组中使用 GIS 参数来确保育种家选择尽可能多的变化的地点来代表目标地区。南部非洲发展共同体(Southern African Development Community,SADC)国家中,目前的大环境在每个国家之内是混淆不清的,它限制了这些国家之间种质的交换。Setimela 等进行了一个研究以便在 SADC 国家之间对相似的玉米试验地点进行修正和归组,这些地点在每个国家之内没有混淆(Setimela et al.,2005)。研究是以三年(1999~2001 年)的玉米产量区域试验数据和来自 94 个地点的 GIS 参数为基础的。用序贯回溯(sequential retrospective,Seqret)模式分析方法来对试验地点分层,以平均的籽实产量为基础,根据它们的相似性和不相似性对它们归组。该方法使用了历史资料,考虑了由地点和年份间的变化所引起数据的不平衡,如基因型和地点的增加和删除。聚类分析将区域试验地点分成 7 个大环境,主要按照与降雨、温度、土壤 pH 和土壤氮有关的 GIS 参数来区别,总的 $R^2=0.70$。这个分析可以揭示挑战和机遇,以便在 SADC 地区更迅速和更有效地培育和使用玉米种质。

　　第二个例子是使用 GIS 参数来确定非洲独脚金(Striga)的易生长区域。独脚金是非洲的一种专性寄生杂草,侵袭禾谷类作物。在肯尼亚西部,它被农户当做玉米的主要有害生物。已经证明有一个新技术对于控制农田的独脚金很有效,这个技术是用咪唑啉酮除草剂 imazapyr 包被抗咪唑啉酮(imidazolinone resistant,IR)的玉米品种的种子。为了帮助技术推广员和种子公司作出合适的对策,通过把不同来源的资料与 GIS 结合,对这个技术的潜力做了分析(De Groote et al.,2008)。叠加二次数据、野外测量、农业统计以及农户调查使人们有可能明确地确定肯尼亚西部的独脚金易生长区域。通过对该区域中的玉米面积的推断,IR 玉米种子的潜在总需求量为每年 2000~2700t。相似的计算给出非洲的 IR 玉米种子的潜在需求量为每年 153 000t,但是这个估计是以准确性小得多的数据和专家意见而不是农户调查或试验为基础的。

　　第三个例子是根据干旱相关的参数对玉米种植环境进行分类。非洲南部玉米种植环境中的 GEI 来自与最高温度、季节降雨、季节长度、季节内干旱、底土 pH 以及导致亚最适投入应用有关的因素。选择合适的选择环境的困难限制了在变化剧烈的目标环境中对非生物胁迫耐受性的育种进展。Bänziger 等(2006)对最突出的 GEI 进行了聚类分析,将试验地点分成 8 个大环境,主要通过季节降雨、最高温度、底土 pH 和氮应用相区别。季节降雨、最高温度和底土 pH 的 GIS 信息(Hodson et al.,2002)被用来对玉米大环境绘图(表 10.4,图 10.4)。按照最高温度进行的分类因海拔而不同:大环境 A~E 对应于中海拔;大环境 F 和 G 对应于低地;大环境 H 对应于高地。但是,它们也似乎与发病率有关,叶片病害,如尾孢菌叶斑病(*Cercospora zeae-maydis*)、玉米普通锈病(*Puccinia sorghi*)和玉米大斑病(*Exserohilum turcicum*)在大环境 A 和 B 中最流行,霜霉病(downy mildews)出现在大环境 F 和 G 中,而玉米南方锈病(*Puccinia polysora*)和玉米小斑病(*Helminthosporium maydis*)主要出现在大环境 F 中。大多数具有次最佳氮肥施用的试验与大环境 D 和 E 聚类在一起,这可能预示在那些区域中肥沃的土壤类型更少,或者可能仅仅是巧合。

表 10.4　非洲南部玉米大环境的特征,通过多环境试验的序贯回溯模式分析确定

(Bänziger et al.,2006,获得 Elsevier 的授权)

玉米大环境	最高温度/℃	季节降水量/mm	底土 pH	在非洲南部的面积/×10^3hm²	占非洲南部面积/%
A	24~27	>700	<5.7	46 282	18.2
B	24~27	>700	>5.7	28 826	11.4
C	24~30	<700		48 291	19.0
D	27~30	>700	<5.7	17 166	6.8
E	27~30	>700	>5.7	49 589	19.6
F	>30	>700		17 146	6.8
G	>30	<700		38 403	15.1
H	<24			7 897	3.1

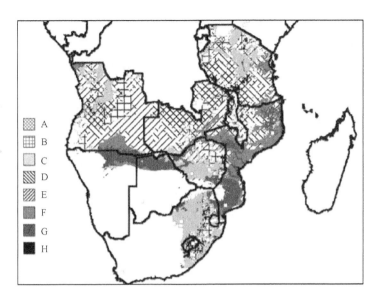

图 10.4　非洲南部的玉米大环境,通过最高温度、季节降水量和底土 pH 的组合来刻画。表 10.4 给出了 8 个环境 A～H 的详细资料。降水量＜400mm 的白色区域被排斥在分析之外。正方形 表明用于确定大环境的试验地点。气候资料和土壤资料来自于 Hodson 等(2002)(改自 Bänziger et al. ,2006,获得 Elsevier 的授权)

10. 2. 3　选择试验地点

评价试验环境的目的是确定有效地发现一个大环境的优良基因型的试验环境。一个 "理想的"试验环境应该既可以鉴别基因型又可以代表大环境。数量性状的评价地点的选 择涉及很多考虑。选择的地点通常要代表一个新品种的商业种植区域。当试验主要以机 械化系统为基础时,运输机械的成本和人员可能影响地点与主要研究中心的距离。当试 验区域的面积较大时,可利用的合适的土地可能是一个因素。应该对试验环境是否代表 目标环境以及它们鉴别基因型的能力进行评价。

地点选择方面的一个主要考虑是在一年内能够得到的环境的多样性。当需要广泛适 应的品种时这一点尤其重要。育种家将试图在这样的地点上进行试验:这些地点具有的 环境多样性类似于一个地点在不同年份间所遇到的环境多样性(Fehr, 1987)。试验地点 的选择可以以方差分析(ANOVA)、相关性以及聚类分析为基础,如同在 MET 中对试验 的基因型进行选择和评价时所采用的那些方法一样,这将在下一节讨论。

为目标区域的每个子区域培育特定的品种,而不是广泛适应的品种,可以利用正的基 因型×地点(GL)互作来提高作物产量。就阿尔及利亚硬粒小麦(*Triticum durum* Desf.)种植区而言,Annicchiarico 等(2005)进行了一个研究,目的在于:①比较 AMMI 对 GL 效应的联合回归模型;②验证基于 GIS 确定的两个子区域的可靠性,这种确定方法扩 展了以 GL 效应为基础的地点分类,GL 效应是长期的冬季平均温度的函数;③根据观察 的和预测的产量增益对广泛适应性和特定适应性进行比较。跨越 3 年在总共 47 个环境 中评价了来自欧洲和北非的国际中心的 24 个品种,完全随机区组设计,每个试验 4 个重复。结果表明 AMMI＋聚类分析和模式分析对试验地点的分类是一致的,并且与基于 GIS 确定的子区域有良好的一致性。在分配给子区域的 6 个选择环境与后期选择时它们的大小(两年,每年 3 个试验地点)成比例的假设下,在成本相似的情况下特定适应性提供的增益比广泛适应性要大 2%~7%。对于更小的、充满胁迫的内陆子区域,特定适应性的优势还要大得多(根据观察的增益确定为 39%),其中特定适应性还可以增强粮食安全。

MET 中揭示的可重复的 GL 互作可以通过地点专化的品种推荐来得到利用。但是,关于确定推荐的方法以及将结果推广到非试验地点的问题还存在不确定性。就阿尔及利亚的硬粒小麦而言,Annicchiarico 等(2006)比较了为局部的推荐确定最佳品种对(pair of cultivars)的方法,根据:①观测数据;②联合回归模型数据;③AMMI 模型数据;④因子回归模型数据;⑤AMMI 模型与 GIS 接合;⑥因子回归模型与 GIS 接合。最后两个方法将推荐扩展到 GIS 中的所有地点,GIS 是长期气候资料的函数。相对于以传统模型为基础的推荐来说,基于 GIS 的推荐意味着有轻微的减产。但是,与种植面积最大的那些品种相比,它们使得产量大约要高 9%,同时扩大了地点专化推荐的范围,并且辅助国家的种子生产和分配系统。

10.3　基因型表现的稳定性

一般来说,基因型表现的稳定性有两个概念:静态的和动态的。静态稳定性(static stability)也称为稳定性的生物学概念,意味着一个基因型在不同的环境中具有稳定的表现,没有环境间的方差,即一个基因型对投入水平的提高不起反应。动态稳定性(dynamic stability)意味着一个基因型的表现是稳定的,但是对于每个环境,它的表现对应于估计的或预测的水平,它也被称为稳定性的农学概念。Lin 等(1986)把稳定分析的统计方法分成 4 类。

(1) 类型 A:基于基因型效应的离均差(deviation from average genotype effect, DE)——代表平方和;

(2) 类型 B:基于 GEI——代表平方和;

(3) 类型 C:基于 DE 或 GEI——代表对环境平均数的回归系数;

(4) 类型 D:基于 DE 或 GEI——代表离回归。

在类型 A(1 型稳定性,等价于生物学稳定性)中,如果一个基因型的环境间方差较小则被认为是稳定的。在类型 B 和 C(2 型稳定性,等价于农学稳定性)中,如果一个基因型对环境的响应平行于一个试验中全部基因型的平均响应则它被认为是稳定的。在类型 D(3 型稳定性)中,如果基因型表现或产量关于环境指数的回归的残差均方较小,则这个基因型被认为是稳定的。Lin 和 Binns(1988)以可预测的和不可预测的非遗传变异为基础提出 4 型稳定性。他们建议对可预测的部分使用回归方法。每个基因型的地点内年份的均方被称为 4 型稳定性,这个均方作为不可预测的变异的度量。

品种在不同环境中的表现的稳定性受单株的基因型和植物的遗传结构影响。用术语体内平衡(homeostasis)和个体缓冲(individual buffering)来描述单株或植株群在不同环境中的表现的稳定性(Allard and Bradshaw, 1964; Briggs and Knowles, 1967)。已经证明杂合的个体(如 F_1 杂种)比它们的纯合亲本更稳定。杂合个体的稳定性似乎与它们在胁迫条件下比纯合植株表现更好有关系。用术语遗传自动调节(genetic homeostasis)和群体缓冲(population buffering)来描述优于其个体成员的一群植株的稳定性(Lerner,1954；Allard and Bradshaw，1964)。异质的品种通常比同质的品种具有更高的稳定性。

已经提出了很多统计方法来增强我们对 GEI 的理解，以及选择在很多环境中一致地表现优良的基因型。最早的方法是线性回归分析。Finlay 和 Wilkinson(1963)、Eberhart 和 Russell(1966)以及 Tai(1971)推广了回归方法的变异形式，假定产量对环境的预期响应是线性的。已经得到广泛关注的其他统计方法有模式分析(pattern analysis)(DeLacy et al.，1996)、AMMI 模型(Gauch and Zobel，1996)、平移乘积模型(shifted multiplicative model，SHMM)(Cornelius etal.，1996；Crossa et al.，1996)、线性-双线性模型和混合模型(Crossa et al.，2004)以及 Hühn(1996)的非参数法。Hühn(1996)和 Kang(1988；1993)的方法用一个统计量来研究产量和稳定性，该统计量可以被用作选择标准。Flores 等(1998)和 Hussein 等(2000)分别对 22 个和 15 个稳定性统计量/方法进行了比较性的评价。Flores 等(1998)将 22 个单变量和多变量方法分成三种主要类型。类型 1 的统计量主要与产量水平有关，与稳定性参数几乎没有相关性。在类型 2 中，同时考虑了产量和表现的稳定性以便减少 GEI 的影响。类型 3 的统计量仅仅强调稳定性。新近，混合模型方法在 GEI 和稳定性分析中已经变得越来越重要。

10.3.1　研究 GEI 的线性-双线性模型

检测和量化 COI 的统计方法，以及形成具有可以忽略的 COI 的环境和(或)基因型的子集的统计方法是以固定效应线性-双线性模型为基础的。这样的模型已经发展出若干类，其中一些被广泛使用。在本节中将讨论线性-双线性模型的发展，主要以 Crossa 等(2005)的综述为基础。

GEI 分析的一个早期的方法包括常规的固定效应二向(fixed effect two-way，FE2W)方差分析模型，对指数的约束条件是总和为零，如式(10.1)所示。Yates 和 Cochran(1938)将式(10.1)中的 GEI 项与环境的主效应线性地关联，也就是说，$(\tau\delta)_{ij} = \xi_i\delta_j + d_{ij}$，其中 ξ_i 是第 i 个基因型关于环境平均数的线性回归系数，d_{ij} 是离差。这个方法后来被 Finlay 和 Wilkinson(1963)采用，Eberhart 和 Russell(1966)对其进行了改进。William(1952)将 FE2W 模型与主成分分析(principal component analysis，PCA)结合起来，所考虑的模型为 $\bar{y}_{ij} = \mu + \tau_i + \lambda\alpha_i\gamma_j + \bar{\varepsilon}_{ij}$，其中 λ 是 ZZ' 和 $ZZ(Z = \bar{y}_{ij} - \bar{y}_{i.})$ 的最大奇异值(singular value)，α_i 和 γ_j 是对应的特征向量。

Gollob(1968)和 Mandel(1969，1971)扩展了 William(1952)的工作，他们把双线性的 GEI 项考虑为 $(\tau\delta)_{ij} = \sum_{k=1}^{t} \lambda_k\alpha_{ik}\gamma_{jk}$。因此，线性-双线性模型的一般公式是

$$\bar{y}_{ij} = \mu + \tau_i + \delta_j + \sum_{k=1}^{t} \lambda_k\alpha_{ik}\gamma_{jk} + \bar{\varepsilon}_{ij} \tag{10.4}$$

式中，常量 λ_k 是第 k 个乘积分量(第 k 个 PCA 轴)的奇异值，被排序为 $\lambda_1 \geqslant \lambda_2 \geqslant \cdots \geqslant \lambda_t$；$\alpha_{ik}$ 对应于第 k 个分量的左侧奇异向量，代表基因型对假设的环境因素的敏感性；假设的环

境因素由第 k 个分量的右侧奇异向量 γ_{jk} 表示。α_{ik} 和 γ_{jk} 满足正交正态约束(ortho-normalization constraint):对于 $k \neq k'$,$\sum_i \alpha_{ik}\alpha_{ik'} = \sum_j \gamma_{jk}\gamma_{jk'} = 0$;对于 $k = k'$,$\sum_i \alpha_{ik}^2 = \sum_j \gamma_{jk}^2 = 1$。当式(10.4)饱和时,双线性项的数目是 $t = \min(I-1, J-1)$,而对于任何更小的值,模型被称为是截断的。GEI 子空间的互作参数 λ_k、α_{ik} 和 γ_{jk} 是根据数据本身来估计的。式(10.4)的线性-双线性模型是对平均数的回归模型的推广,对于描述 GEI 更加灵活,因为考虑了两个以上的基因型的和环境的维数。

Cornelius 等(1996)描述了若干类线性-双线性模型,这些模型一般都是从式(10.4)推导出的,包括基因型回归模型(Genotypes Regression Model,GREG) $\bar{y}_{ij} = \mu_i + \sum_{k=1}^{t} \lambda_k \alpha_{ik} \gamma_{jk} + \bar{\varepsilon}_{ij}$,地点(环境)回归模型[Sites (environments) Regression Model,SREG] $\bar{y}_{ij} = \mu_j + \sum_{k=1}^{t} \lambda_k \alpha_{ik} \gamma_{jk} + \bar{\varepsilon}_{ij}$,完全乘积模型(Completely Multiplicative Model,COMM) $\bar{y}_{ij} = \sum_{k=1}^{t} \lambda_k \alpha_{ik} \gamma_{jk} + \bar{\varepsilon}_{ij}$,平移乘积模型(Shifted Multi plicative Model,SHMM) $\bar{y}_{ij} = \beta + \sum_{k=1}^{t} \lambda_k \alpha_{ik} \gamma_{jk} + \bar{\varepsilon}_{ij}$。

两个线性和双线性模型(SHMM 和 SREG)已经被用来研究 GEI,以及用来将基因型或地点聚类到具有统计上可以忽略的 COI 的组群中(Cornelius et al.,1992;1993;Crossa and Cornelius,1997;2002;Crossa et al.,1993;1995)。只有 SREG 模型能够检测 COI(Bernardo,2002)。

SREG 模型被用于对环境归类而不必改变基因型的秩次(Crossa and Cornelius,1997)。这些线性-双线性模型的互作参数 α_{ik} 和 γ_{jk} 确定基因型和环境的特性,当 α_{i1}、α_{i2} 和 γ_{j1}、γ_{j2} 被一起绘在双标图中绘图时(Gabriel,1978)可以得到基因型、环境以及 GEI 之间的关系的有用解释。在双标图中,第 i 个基因型和第 j 个环境之间的互作可以从一个向量到另外一个向量上的投影得到。Crossa 等(2002)使用 SREG1 分析(一个缩减模型)来研究 20 个环境之间的 GEI,值域为 $-0.41 \sim 0.43$,因此,9 个基因型在环境之间的秩次有差别(图 10.5)。一个给定的环境的主效应取决于分析中包括的其他环境。找到一个由 10 个环境组成的子集,其中产生的主效应都是正的,并且不存在 COI(图 10.5)。

Gabriel(1978)描述了式(10.4)的最小二乘配合,解释了在调整了加性(线性)项之后如何对 GEI 项的剩余矩阵 $\mathbf{Z} = \bar{y}_{ij} - \bar{y}_{i.} - \bar{y}_{.j} + \bar{y}_{..}$ 进行奇异值分解(singular value decomposition,SVD)。Zobel 等(1988)和 Gauch(1988)称式(10.4)为主效可加互作可乘模型(additive main effects and multiplicative interaction,AMMI),并且提出一个交叉印证方法用于确定重要的双线性分量的数目。AMMI 模型将 GEI 的可乘部分分解为基因型和环境的特定的响应模式。在这个分析中,从 MET 中扣除基因型和环境的主效应之后有关 GEI 的信息被用于 PCA,以便获得 GEI 或剩余变异的类型,了解这种互作的内在原因。因此它是 ANOVA 和 PCA 的结合。

在 AMMI 分析中,将参数的最小二乘估计与基因型和环境的平均数一起解释,以便对基因型和环境关于它们的稳定性进行分类。把基因型平均数和环境平均数放在 x 轴

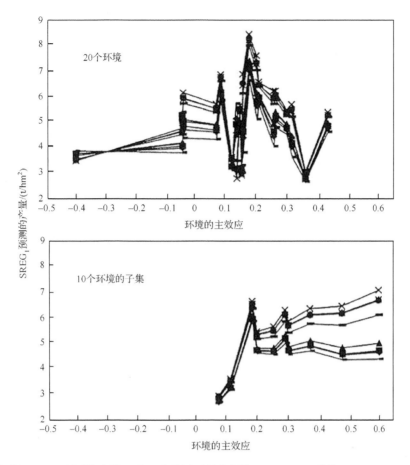

图 10.5 根据 $SREG_1$ 预测的产量:9 个玉米基因型的分析[Crossa,2002;承蒙 R. Bernardo(2002)惠允]

上,把基因型和环境的第一 PCA 得分放在 y 轴上,得到双标图。这种"双标图"可用于帮助识别 GEI 的任何类型,即个别的基因型和环境的特定互作,以 PCA 值的符号和大小为基础,特别是假定第一 PCA 解释 GEI 的最重要的类型。双标图有助于直观化 PCA 1 的特征值和基因型平均数以及环境平均数之间的关系。PCA 1 的值接近于 0 的任何基因型对试验环境表现出普遍的适应性(Fox et al. , 1997)。但是,应该注意到一个在各地都表现很差的基因型的 PCA 1 得分也会为 0。因此 PCA 1 的值应该与不同试验环境的平均表现一起使用。一个大的基因型的 PCA 1,具有高的平均表现,反映了对具有相同大小的 PCA 1 得分的环境更加专化的适应。具有相同符号的 PCA 值的基因型和环境表现正的互作,并表明专化的适应性。基因型和环境的 PCA 值符号相反表明具有负的互作,即基因型在这种环境中表现差。

10.3.2 GGE 双标图分析

作为 GED 分析的主要统计方法之一,GGE 双标图分析已经由 Yan(2000)、Yan 和 Kang(2003)以及 Yan 和 Tinker(2006)等发展起来。该方法是以最初由 Gabriel(1971)提出的双标图为基础的,这在很多科学研究领域中是一个流行的数据可视化工具,包括心理学、医学、商业、社会学、生态学和农业科学。双标图在植物育种家和农业研究人员中变得越来越流行，因为它可以用于品种评价和大环境研究。Yan 等（2000）把基于环境中心或环境内标准化 GED 的奇异值分解的双标图称为"GGE 双标图"（GGE bi-plot），因为这些双标图显示了 G 和 GE 这两个与品种评价有关的变异来源。

GGE 双标图是以 SREG 线性-双线性（可乘）模型为基础的（Cornelius et al.，1996），它可以表示为

$$\bar{y}_{ij} - \mu_j = \sum_{k=1}^{t} \lambda_k \alpha_{ik} \gamma_{jk} + \bar{\varepsilon}_{ij} \qquad (10.5)$$

该模型的约束条件为 $\lambda_1 \geqslant \lambda_2 \geqslant \cdots \lambda_t \geqslant 0$，以及对 α_{ik} 得分的正交正态性约束，如同对式（10.4）指出的那样。

μ_j 的最小二乘解是第 j 个环境的经验平均数（$\bar{y}_{\cdot j}$），$\lambda_k \alpha_{ik} \gamma_{jk}$（$i = 1, \cdots, I$；$j = 1, \cdots, J$）中的参数的最小二乘解是从矩阵 $\mathbf{Z} = [z_{ij}]$ 的 SVD 的第 k 个 PC 得到的，其中 $z_{ij} = \bar{y}_{ij} - \bar{y}_{\cdot j}$。可用于估计模型参数的 PC 的最大数目是 $p = \mathrm{Rank}(\mathbf{Z})$。一般来说，$p \leqslant \min(J, I-1)$，大多数情况下取等号。对于 $k = 1, 2, 3, \cdots$，α_{ik} 和 γ_{jk} 也被表征为第 i 个品种/基因型和第 j 个环境的一级、二级、三级可乘效应等。因此，式（10.5）可以被称作对组平均数（cell mean）与环境平均数（作为 PC 的总和）的离差建模，每个离差是一个品种得分（α_{ik}）、一个环境得分（γ_{jk}）和一个比例系数（奇异值 λ_k）的乘积。

GGE 双标图是根据 $\mathbf{Z}$ 的 SVD 的前面两个 PC 构建的，每个品种带有一个标记，以 $\hat{\lambda}_1^f \hat{\alpha}_{i1}$ 作为横坐标，$\hat{\lambda}_2^f \hat{\alpha}_{i2}$ 作为纵坐标。类似地，环境的标记是以 $\hat{\lambda}_1^{1-f} \hat{\gamma}_{j1}$ 作为横坐标，以 $\hat{\lambda}_2^{1-f} \hat{\gamma}_{j2}$ 作为纵坐标。指数 f（$0 \leqslant f \leqslant 1$）用来对品种和环境得分重定比例（rescale）以便增强双标图的视觉解释，用于特定的目的。特别地，如果 $f = 1$ 则奇异值被全部分配给品种得分（"以品种为中心"的尺度化），如果 $f = 0$ 则全部分配给环境得分（"以环境为中心"的尺度化）；如果 $f = 0.5$ 则将 $\hat{\lambda}_k$ 值的平方根分配给品种得分以及环境得分（"对称"的尺度化）。数学上，一个 GGE 双标图是 p 阶矩阵 $\mathbf{Z}$ 的 2 阶最小二乘逼近的图示。这个表示法是独特的，除了全部 $\hat{\alpha}_{i1}$ 和 $\hat{\gamma}_{j1}$ 和（或）全部 $\hat{\alpha}_{i2}$ 和 $\hat{\gamma}_{j2}$ 可能同时有符号变化以外。双标图的一个重要性质是原矩阵 $\mathbf{Z}$ 的任何条目的 2 阶近似可以通过取相应的基因型和环境向量的内积来计算，即 $(\hat{\lambda}_1^f \hat{\alpha}_{i1}, \hat{\lambda}_2^f \hat{\mu}_{i2})(\hat{\lambda}_1^{1-f} \hat{\gamma}_{j1}, \hat{\lambda}_2^{1-f} \hat{\gamma}_{j2})' = \hat{\lambda}_1 \hat{\alpha}_{i1} \hat{\gamma}_{j1} + \hat{\lambda}_2 \hat{\alpha}_{i2} \hat{\gamma}_{j2}$。这被称为双标图的内积性质。

GGE 双标图方法包括一组双标图解释方法，借此可以可视化地解决有关基因型评价和试验环境评价的重要问题。在单个大环境内，应该对品种的平均表现和跨越环境的稳定性进行评价。

图 10.6 是"平均环境坐标"（average environment coordination，AEC）视图，它是以基因型聚焦的奇异值分解（SVP）为基础的，即奇异值被全部分派到基因型得分里（GGE 双标图选项"SVP=1"）。当 SVP=1 时这个 AEC 视图也称为"均值对稳定性"视图，因为它有助于在一个大环境内的不同环境之间根据平均表现和稳定性对基因型进行比较。因为 GGE 代表 G+GEI，并且因为 AEC 横坐标近似于基因型对 G 的贡献，AEC 纵座标必须近似于基因型对 GEI 的贡献，它是它们的稳定性或不稳定性的度量。因此，图中的 G4 是

最稳定的基因型,因为它差不多被定位在 AEC 横坐标上,并且在 AEC 纵座标上具有一个接近零的投影。这表明它在这个大环境内的不同环境之间具有非常一致的秩次。相反,G17 和 G6 是平均表现超过平均数的两个最不稳定的基因型。

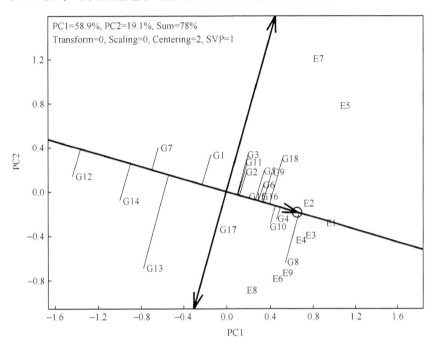

图 10.6　以表 10.1 中的 G×E 数据的一个子集为基础的 GGE 双标图的“均值对稳定性”视图。数据没有被转换(Transform＝0),没有尺度化(Scaling＝0),并且是以环境为中心的(Centering＝2)。该双标图是以基因型聚焦的奇异值分解为基础的(SVP＝1),因此适于直观化基因型之间的相似性。它解释了该子集的总 G＋GE 的 79.5%(Yan et al. ,2007)

最新的几篇论文综述和比较了上面讨论的两个统计方法:AMMI 和 GGE 双标图分析。关于它们的优缺点,请读者参考 Gauch(2006)、Yan 等(2007)以及 Gauch 等(2008)。

10.3.3　混合模型

一个有用的并且统计上效率高的方法应该是产生环境和基因型的不相交子集(disjoint subset),在线性混合模型框架之内没有显著的 COI,在那样的背景中检测 COI。线性混合模型和因子分析(factor analytic,FA)的 VCOV 结构提供了一个更现实和有效的手段来量化 COI,并形成没有 COI 的环境和基因型的子集。

根据 Crossa 等(2004),为来自 s 个地点配合的混合模型是

$$\begin{bmatrix} y_1 \\ y_2 \\ \vdots \\ y_s \end{bmatrix} = \begin{bmatrix} 1\mu_1 \\ 1\mu_2 \\ \vdots \\ 1\mu_s \end{bmatrix} + \begin{bmatrix} Z_{R_1} & 0 & \cdots & 0 \\ 0 & Z_{R_2} & \cdots & 0 \\ \vdots & \vdots & \ddots & \vdots \\ 0 & 0 & \cdots & Z_{R_s} \end{bmatrix} r + \begin{bmatrix} Z_{G_1} & 0 & \cdots & 0 \\ 0 & Z_{G_2} & \cdots & 0 \\ \vdots & \vdots & \ddots & \vdots \\ 0 & 0 & \cdots & Z_{G_s} \end{bmatrix} g + e \quad (10.6)$$

式中, y_j 是在第 j 地点($j＝1, 2,\cdots, s$)的响应变量的向量(即谷物产量);**1** 是元素为 1 的

向量;μ_j 是第 j 地点的总体均值;Z_{Rj} 和 Z_{Gj} 分别是第 j 地点内重复和基因型的随机效应的关联矩阵;r、g、e 分别是包含地点内重复、地点内基因型以及地点内剩余效应的向量,并且假定是随机的、正态分布的,具有零均值向量,并且分别具有 VCOV 矩阵 **R**,**G** 和 **E**,因此有

$$
\begin{bmatrix} r \\ g \\ e \end{bmatrix} \sim N \left(\begin{bmatrix} 0 \\ 0 \\ 0 \end{bmatrix}, \begin{bmatrix} \mathbf{R} = \mathrm{var}(rep) & 0 & 0 \\ 0 & \mathbf{G} = \mathrm{var}(genotype) & 0 \\ 0 & 0 & \mathbf{E} = \mathrm{var}(error) \end{bmatrix} \right) \quad (10.7)
$$

假定 **R** 和 **E** 具有简单的方差分量结构:

$$
\mathbf{R} = \mathrm{var}(rep) = \sum\nolimits_{rep} \otimes \mathbf{I}_r = \left[diag(\sigma_{r_j}^2, j = 1, 2, \cdots, s) \right] \otimes \mathbf{I}_r \quad (10.8)
$$

和

$$
\mathbf{E} = \mathrm{var}(error) = \sum\nolimits_{error} \otimes \mathbf{I}_{rg} = \left[diag(\sigma_{e_j}^2, j = 1, 2, \cdots, s) \right] \otimes \mathbf{I}_{rg} \quad (10.9)
$$

式中,r 是重复数;g 是基因型数目;$\mathbf{I}_r$ 和 $\mathbf{I}_{rg}$ 分别是秩为 r 和 $r \times g$ 的单位矩阵;$\sum\nolimits_{rep} = diag(\sigma_{r_j}^2, j = 1, 2, \cdots, s)$ 和 $\sum\nolimits_{error} = diag(\sigma_{e_j}^2, j = 1, 2, \cdots, s)$ 分别是 s 个地点的成对地点之间的 $s \times s$ 重复和误差 VCOV 矩阵;$\sigma_{r_j}^2$ 和 $\sigma_{e_j}^2$ 分别是第 j 地点内的重复和剩余方差,$\otimes$ 是两个矩阵的 Kronecker 积(或直积)。

VCOV 矩阵 **G** 可以表示为

$$
\mathbf{G} = \mathrm{var}(genotype) = \sum\nolimits_g \otimes \mathbf{I}_g = \begin{bmatrix} \sigma_{g_1}^2 & \rho_{12}\sigma_{g_1}\sigma_{g_2} & \cdots & \rho_{1s}\sigma_{g_1}\sigma_{g_s} \\ \rho_{21}\sigma_{g_2}\sigma_{g_1} & \sigma_{g_2}^2 & \cdots & \rho_{2s}\sigma_{g_2}\sigma_{g_s} \\ \vdots & \vdots & \ddots & \vdots \\ \rho_{s1}\sigma_{g_s}\sigma_{g_1} & \rho_{s2}\sigma_{g_s}\sigma_{g_2} & \cdots & \sigma_{g_s}^2 \end{bmatrix} \otimes \mathbf{I}_g
$$

$$(10.10)$$

式中,$s \times s$ 矩阵 Σ_g 的第 j 个对角线元素是第 j 地点内的遗传方差 $\sigma_{g_j}^2$,第 ij 个元素是地点 i 和地点 j 的基因型效应的遗传协方差 $\rho_{ij}\sigma_{gi}\sigma_{gj}$;因此 ρ_{ij} 是地点 i 和地点 j 的遗传效应的相关系数。所关心的假设是在地点的子集内成对地点(或基因型)的全部 ρ_{ij} 都是 1,这些子集以前通过 SHMM 或 SREG 聚类被确定为是没有 COI 的(Crossa et al., 2004)。

Crossa 等(2004)提出的方法是将线性混合模型方法与 COI 的量化相结合的正确方向上迈出的一步。但是,利用 SREG(以及 SHMM)检测 COI 通常是在固定效应线性-双线性的框架之内进行的(Cornelius and Seyedsadr, 1997),也就是说,在任何两个环境中的任何两个基因型效应之间的差异是模型参数的最小二乘解的线性函数,而模型参数被认为是固定的。最近,Yang(2007)认识到,在 MET 的统计分析中,基因型或环境两者之一或两者都应该被认为是随机效应,因此,COI 的检测必须考虑到一个随机环境中的基因型效应之间的差异是一个可预测的函数,涉及最佳线性无偏估计(BLUE)和最佳线性无偏预测(BLUP)。

作为 Crossa 等(2004)的方法的发展,Burgueño 等(2008)提出了一个综合的方法,以对 MET 数据配合 FA 所得到的结果为基础,对具有可忽略的 COI 的环境和基因型进行聚类。对 MET 数据配合 FA 的结果被用来检测 COI,这种检测利用了基于线性混合模

型的可预测函数(predictable function),模型中带有基因型的 FA 和 BLUP。

当假定基因型不相关,每个基因型的育种值仅仅通过该基因型本身的经验性反应的值预测时,对于基因型因子,使用了上面描述的单位矩阵 $\mathbf{I}_g$(秩为 g)。$\mathbf{G}$ 的基因型分量可以用单位矩阵 $\mathbf{I}_g$ 来建模,它假定基因型之间没有关系。

随机效应向量 $\mathbf{g}$ 的方差的遗传环境分量(Σ_g)可以用 FA 建模,它将第 j 环境中的第 i 基因型的随机效应表示为潜在变量(latent variable)x_{ik} 的线性函数,具有系数 $\delta_{jk}(k=1,2,\cdots,t)$,加上剩余误差 η_{ij}。则

$$\mathbf{G}=(\mathbf{\Lambda}\mathbf{\Lambda}'+\mathbf{\Psi})\otimes\mathbf{I}_g=\mathrm{FA}(k)\otimes\mathbf{I}_g \tag{10.11}$$

其中 $\Sigma\Delta=\begin{bmatrix}\delta_{11} & \delta_{12} & \cdots & \delta_{1t}\\ \delta_{21} & \delta_{22} & \cdots & \delta_{2t}\\ \vdots & \vdots & \ddots & \vdots\\ \delta_{s1} & \delta_{s2} & \cdots & \delta_{st}\end{bmatrix}$ 是一个 $s\times t$ 阶矩阵,其第 k 列$(k=1,\cdots,t)$ 包含第 t 个潜在因子的环境荷载(environment loading)。该 FA 模型可以被解释为基因型和 GEI 对潜在环境协变量(环境荷载)的线性回归,每个基因型具有一个独立的斜率(基因型得分),但是具有一个共同的截距(如果基因型的主效应与 GEI 没有不同的话)。基因型的斜率度量基因型对由每个环境荷载代表的假设的环境因素的敏感性。

作为例子,用 CIMMYT 的两个玉米国际 MET 来说明寻找具有可以忽略的 COI 的环境和基因型的子集的方法。来自两个数据集的结果说明提出的方法构成了具有可以忽略的 COI 的环境和(或)基因型的子集。综合研究方法的主要优点是一个独特的线性混合模型(FA 模型)可以被用于:①对环境之间的关联建模;②构成没有 COI 的环境的子集;③将基因型归组到没有 COI 的子集里;④利用合适的可预测函数来检测 COI。

多元方法有助于发现基因型的变异模式,以它们对很多环境的多维响应为基础。然而,这种归组并不代表稳定性指数的任何特定的类型,但是它可用于得出与一个已知其能力的品种的响应有关的有意义的结论。所有与一个著名的品种归组到一起或靠近它的新的基因型被认为具有相同类型的稳定性,因为已知其稳定性的基因型类型在年份间是十分稳定的。与这些已知的品种一起,从 1 年的试验中可以对大量的新品系进行稳定性的筛选。

一般说来,多元方法并没有为一个特定的基因型提供稳定性的简单度量,这种度量可以被用作育种方案中的一个性状。所有这类技术的详细说明超出了本书的范围,建议读者查阅 Freeman(1973)、Kang(1990)和 Fox 等(1997)。商业统计软件包(如 SAS)可以用于本节中描述的不同模型,如混合模型可以利用 SAS PROC MIXED 来配合。

10.4　GEI 的分子剖析

分子生物学的最新进展为了解 GEI 的分子机制提供了一些最好的工具。分子标记可以用来发现具有稳定反应的基因组区域。标记辅助的 QTL×环境互作(QEI)分析将最终提供对这个现象的更好的遗传学理解和可能的调控。可以发现提供各种环境下的稳定反应的植物基因组区域。已经提出了试验策略用于将环境因素分解成影响特定数量性

状的若干分量,因此它们的效应可以被估计或者控制(Xu Y,2002)。已有多种统计方法可用于对 GEI 中涉及的数量性状基因座(QTL)进行作图。在本节中,将讨论涉及 GEI 的遗传模型和 GEI 的分子剖析。

10.4.1　环境因素的剖分

MET 涉及各种环境因素,它们中的一些可以被剖分成若干主要组成部分。环境剖分可用于了解每个环境分量的效应、一个基因型对特定环境因素的反应以及环境依赖的性状(如温度或光周期诱导的雄性不育性)的遗传控制。

一般来说遗传分析涉及从很多来源的“噪声”(如外部环境和内部的遗传背景)中抽提遗传的信号。对于准确的遗传分析,“噪声”必须被减少或消除。通常创造“控制的”环境或遗传背景用于过滤“噪声”。在第 4 章中,我们描述了培育一组具有同质的遗传背景的个体,如近等基因系(NIL)。类似地,Xu Y(2002)提出了近等环境(near-iso environment,NIE)的概念。用于遗传分析的植物群体可以在自然的环境或受控的环境或者在这两种环境中进行评价。受控的环境可以相互比较或者与自然环境比较。如果两个环境主要在一个大环境因素方面有差别,它们被看作对比的(contrasting)或者 NIE,如果标准的小区对小区变异(plot-to-plot variation)及其他剩余的微环境效应可以忽略的话。因此一个相对的性状值来源于在每个环境中测量的两个直接的性状值,以便确定植物对胁迫的敏感性[例子见 Ni 等(1998)]。

Xu Y(2002)提供了一个例子:水稻植株如何对光周期和温度作出反应。利用‘窄叶青 8 号/京系 17’双单倍体(DH),在日照长度和温度不同的两个环境(北京和杭州)中测量了抽穗期(days-to-heading,DTH)和光温敏感性(photo-thermo sensitivity,PTS)。在光温敏感期,北京具有长日照(14.5~15h)和低温(20~27℃),而杭州具有短日照(13~13.5h)和高温(25.5~30℃)。水稻被认为是短日照植物,从营养期到生殖期的发育是受短日照长度和高温条件推动的。两个地点的光周期和温度的差异导致各别的 DH 品系的 DTH 差异为 0~39 天(图 10.7)。使用相对差(北京的 DTH-杭州的 DTH)/北京的 DTH ×100),利用 155 个限制性片段长度多态性(RFLP)和 92 个简单序列重复(SSR)标记对与 PTS 有关的基因进行了作图。在两个地点之一或者两个地点发现 4 个染色体区域显著地与 DTH 有关,但是在这些区域中 PTS 的优势的似然(likelihood of odd,LOD)得分比阈值低得多。染色体 7 上的一个区域(G397A-RM248)显著地与 PTS 有关(LOD=4.47),其中在两个地点的 DTH 的 LOD 得分比阈值低得多(图 10.7),表明这个 PTS QTL 与出穗期的 QTL 是独立的。由于通过在非生产季节或者非生产地点(它不是目标环境)种植水稻已经加快了水稻育种计划,对这类性状的标记辅助选择(MAS)可能是重要的,因为它们只能在 NIE 下被发现。

水稻中的第二个例子来自 CO39/Moroberekan 重组自交系(RIL),Maheswaran 等(2000)将试验材料种植在温室条件下和 10h、14h 日长下,比较各品系的开花期(days-to-flowering,DTF),以比 14h 光周期更短的情况下开花的延迟(14h 的 DTF 减去 10h 的 DTF)为基础,发现了与光照敏感性有关的基因座。总起来说,有 15 个 QTL 与 DTF 有关。其中只有 4 个确定为影响对光周期的反应。这些 QTL 中没有一个与染色体 7 上的

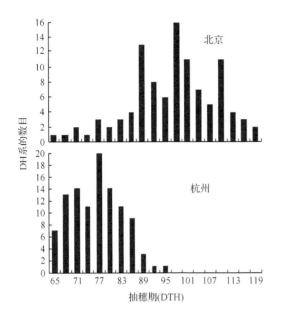

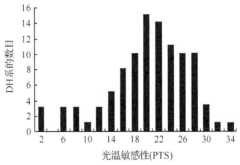

染色体	标记区间	抽穗期(DTH) 北京	抽穗期(DTH) 杭州	PTS
1	RG400-RM84	2.41*	1.68	0.87
7	G379A-RM248	1.21	0.56	4.47*
8	RG885-RM44	7.35*	6.56*	1.07
10	C16-RM228	2.67*	3.04*	0.41
12	RG463-RG323	2.30	2.55*	0.82

图 10.7 在两个环境(北京和杭州)下对水稻光温敏感性(PTS)QTL 作图。左边：种植在北京和杭州的'窄叶青 8 号/京系 17'DH 群体的抽穗期(DTH)的分布。右上部：群体中 PTS 的分布，PTS 是用两个环境中的 DTH 的差数除以北京的 DTH 来度量的。右下：在北京和杭州发现的 DTH 的 QTL 和 PTS(*LOD>2.4)(改自 Xu Y,2002)

PTS QTL 是等位的。

对环境敏感性进行的遗传作图已经提供了对 QEI 的好得多的定量评价，并且已经被成功地用来研究动物和植物中有关性状的可塑性和 GEI。

10.4.2 跨环境的 QTL 作图

基因在不同的环境中作用相似吗？答案是否定的。数量性状的表型表达受外部环境因素(如日照长度、温度、湿度以及土壤条件)的影响，它可以极大地改变数量性状的表现型。在很多情况下，外部环境的作用是调节性状的表达。人们发现当相同的作图群体在不同的环境中进行表型评价时，一些 QTL 可以在全部试验环境中被检测到，而其他的 QTL 只能在其中一些环境中被检测到(Paterson et al.，1991；Stuber et al.，1992；Lu et al.，1996；Veldboom et al.，1996)，表明 QTL 检测依赖于特定的环境。这些 QTL 可以被称为环境依赖的(敏感的)QTL。因此，为了提高作图功效和高效率的 QTL 克隆，应该找出非常适合于目标数量性状表达的特定条件。来自多环境的 QTL 作图的结果为 QEI 提供了一定的证据，除了 QTL 检测怎样依赖于环境以及哪些性状更加依赖于环境等信息之外。

利用重复的 DH 或者 RIL 群体，以及使用分离群体的分蘖(splitting tiller)，可以在不利的环境(非生物胁迫)、NIE 或者均匀的环境下研究 QTL。Xu Y(2002)概括了水稻中通过使用永久性群体在两个或更多环境中进行的 QTL 作图试验。为了便于比较，选择了在两个环境中作图的水稻 QTL 用于共享分析(sharing analysis)(表 10.5)。在 10

个 QTL 作图报告中对于 11 类数量性状总共发现了 159 个 QTL。对于不同的性状，两个环境之间共享 QTL 的频率从耐旱性的 9.5% 到千粒重的 52.9%，对于全部性状，平均起来，其中 46 个（30%）在两个环境之间是共享的或者共同的。对于所有共享的 QTL，解释的平均方差是 16.7%，但是对于非共享的 QTL，它是 10.9%。效应大的 QTL（解释的方差的比例更高）更容易共享。主基因相关的 QTL（对于抗涝性和黏滞性）具有最高的 QTL 共享频率。当跨越三个或者更多的环境进行比较时，QTL 共享频率变得更低。例如，在窄叶青 8 号/京系 17 的 DH 中总共对于 6 个农艺性状发现了 22 个 QTL，其中只有 7 个在所有 3 个试验环境中是共享的（Lu et al.，1996）。在使用 Tesanai 2/CB 的 F_2 和它的两个等价的 F_3 的 3 个试验中，发现了 8 个 QTL，其中 2 个在所有 3 个试验中被检测到（Zhuang et al.，1997）。在另一个报告中，卷叶的 11 个 QTL 中的 3 个在具有不同的干旱胁迫强度的 3 个试验中是共享的（Courtois et al.，2000）。

表 10.5　水稻中使用相同的群体在两个环境中作图的 QTL 的比较（Xu Y，2002）

性状[a]	QTL 的数目		平均 VE[b]/%		
	总数	共享的/%	总数	共享的 QTL	未共享的 QTL
产量	15	2(13.3)	8.7	12.8	8.1
每株穗数	7	3(42.9)	7.1	6.7	7.4
每穗粒数	16	4(25.0)	11.7	12.9	11.3
千粒重	17	9(52.9)	12.7	14.0	11.1
根部	30	9(30.0)	11.8	15.0	10.4
耐旱性	21	2(9.5)	9.8	10.2	9.8
耐淹性	12	3(25)	24.4	48.8	16.3
耐铝性	4	2(50)	12.5	16.0	9.0
抗病性	17	7(41.2)	10.4	11.0	10.1
幼苗活力	13	3(23.1)	16.0	19.5	14.9
黏滞性	7	2(28.6)	19.5	37.7	11.9
总和	159	46(30.0)	12.6	16.7	10.9

　　a 每个类别中的性状：产量，谷粒（t/hm²）；根，根数、根长和根密度；耐旱性、卷叶和相对含水量；耐淹性、初始的株高、株高增量、节间增量和叶片长度增量；幼苗活力、芽长、根长、芽鞘长度和中胚轴长度；黏滞性、最大黏度、热黏滞性和冷黏滞性

　　b VE，解释的方差

　　对于在 4 个试验中评价的谷粒产量和壳重（test weight）以及在 8 个试验中评价的谷粒产量构成因素，Blanco 等（2001）在硬粒小麦中总共检测到 52 个 QTL，至少在一个环境中在 $P<0.001$ 上显著，或者至少在两个环境中在 $P<0.01$ 上显著。Paterson 等（2003）描述了水分良好的生长条件和水分有限的生长条件对棉花纤维质量的遗传控制的影响，纤维质量是共同决定棉花实用性的一套复杂的性状。纤维长度、长度均匀性、延伸率、强度、纤维细度和颜色（泛黄度）分别受到 6 个、7 个、9 个、21 个、25 个以及 11 个 QTL 影响，

这些 QTL 可以在一个或多个处理中检测到。棉纤维质量的遗传控制受到生长季节(年份)之间普遍差异和水分管理制度方面的特殊差异的显著影响。17 个 QTL 仅仅在水分限制的处理中检测到,而只有 2 个是对水分良好的处理专化的。

不同环境之间 QTL 检测的不一致也可能是 QEI 的结果,它可能代表在基于品系的表现型中观察到的 GEI 的内在的遗传因素(Beavis and Keim, 1996)。在很多作物中通过比较分别在不同的环境中检测到的 QTL,已经预测到了 QEI。如同前面讨论过的,一个 QTL 在一个环境中可以被检测到,而在其他的环境则不能被检测到,这可能由实验噪声、抽样误差或者试验误差引起,因此不一定表明有 QEI。如同 Jansen 等(1995)所指出的,在多个环境中同时检测到 QTL 的可能性是很小的。另外,环境之间共享 QTL 不一定意味着没有 QEI。这一点得到如下事实的支持:通过将 QE_{ij} 结合到 QTL 分析里(如 Yan et al.,1999)对一些共享的 QTL 发现了 QEI;跨越环境估计的 QTL 效应可能差别非常大。

10.4.3　结合了 GEI 的 QTL 作图

有两种分析 QEI 的方法(Leflon et al.,2005)。第一种方法是通过比较分别在不同的环境中检测到的 QTL 来推断互作(如上节所述):在很多情况下,仅仅检测到互作,而没有对互作本身进行估计。在其他情况下,通过对主效应检测到的 QTL 和对稳定性统计量检测到的 QTL 之间的共同定位来评价 QEI(Emebiri and Moody,2006)。第二种方法通过引入 QTL 主效应和 QEI 效应在多环境试验的分析中将互作效应纳入考虑,就像 GEI 的研究一样(见 Crossa et al.,1999;Campbell et al.,2003,2004;Groos et al.,2003)。这些方法是有效的,但是它们的应用需要大量的环境测量。

利用从多地点试验中对一组核心基因型收集的数据,可以通过 ANOVA 和度量基因型稳定性的各种统计方法来检测 GEI(Lin et al.,1986;Kang,1993),如上节所述。为了确定对 GEI 负责的遗传因素,可以根据在多地点试验中对作图群体的农艺性状收集的数据对 QEI 进行评价,通过 ANOVA 比较不同环境中的 QTL 检测以便检验标记基因座×环境互作。涉及 GEI 的 QTL 作图方面的最近的工作已经证明是更有效的,主要由于结合了一个 QEI 分量,将这个互作分量结合到实际的作图算法里(Jiang and Zeng,1995;Wang D L et al.,1999)。

为了分析 MET 中产生的 GED,已经提出了各种统计模型,这些模型的差别在于额外的、遗传的、生理的以及环境的信息被结合进模型组成中的程度不同。最简单的模型是加性的二向方差分析模型,没有 GEI,其参数的解释强烈地取决于所包括的基因型和环境。最复杂的模型是多 QTL 模型和生态生理学模型的综合,以便描述一批基因型的反应曲线。在这些模型之中,因子回归模型(factorial regression model)在基因型因素和环境因素的水平上直接结合显式的遗传、生理和环境的协变量。它们也非常适合于对 QTL 主效应和 QEI 建模(van Eeuwijk et al.,2005)。

在因子回归的框架中,QEI 的模型是主效应 QTL(即被认为在不同的环境中具有稳定表现的 QTL)模型的自然延伸。在基因组中的相同位置上具有一个 QTL 主效应和 QEI 的模型可以写成

$$\mu_{ij} = \mu + x_i\rho + G_i^* + E_j + x_i\rho_j + (GE)_{ij}^* \qquad (10.12)$$

ANOVA 模型中的 $(GE)_{ij}$ 被分解为归因于 QTL 的差异性表达 $x_i\rho_j$ 和剩余效应 $(GE)_{ij}^*$，剩余效应通常被当做随机效应，因此不出现在期望值的表达式中。按照 QEI 来说，参数 ρ_j 将跨环境的平均 QTL 表达 ρ 调整到各别的环境 j 的一个更合适的水平。QEI 参数 ρ_j 本身可以对一个环境的协变量 z 进行回归，以求将差异性的 QTL 表达与关键的环境因素直接联系起来。QEI 项 $x_i\rho_j$ 被一个回归项 $x_i(\lambda z_j)$ 和一个剩余项 $x_i\rho_j^*$ 取代，当 ρ_j^* 被假设为随机的时剩余项同样从期望值中消失。参数 λ 是一个比例常数，它决定环境协变量 z 中的一个单位变化的程度，影响一个 QTL 等位基因替换的效应。

混合模型

若干论文使用混合模型来研究 GEI 的遗传基础：与变化的环境条件有关的 QTL 的差异表达，或者 QEI。QEI 的早期工作是由 Jansen 等(1995)、Jiang 和 Zeng(1995)以及 Korol 等(1998)进行的，他们使用的是混合模型方法。以回归为基础的方法是由 Sari-Gorla 等(1997)、Calinski 等(2000)、Hackett 等(2001)以及 van Eeuwijk 等(2001；2002)提出的。Piepho(2000)和 Verbyla 等(2003)提出了与 QEI 有关的其他工作。这些作者利用混合模型理论发展了分析 MET 的 QTL 作图方法，因此对不同环境的方差异质性和环境之间的相关性的建模给予了特别的关注，其中环境之间的相关性可能归因于未检测到的 QTL。

Jansen 等(1995)提出了一个分析方法，多 QTL 作图，它可用于多个 QTL 和 GEI 的作图。在不同的光周期和春化作用条件下在拟南芥的开花期的 QTL 作图中将这个方法与区间作图进行了比较。由 Jiang 和 Zeng(1995)提出的估计多个性状的 QTL 效应的方法可用于检验 QEI 的显著性。

由 Sari-Gorla 等(1997)提出的一个最小二乘区间作图方法允许在模型中包括描述试验和环境情况的参数，这样可以检验 QEI。该分析是对玉米花粉竞争能力的两个分量的数据进行的，数据来自一个 2 年的试验。与传统的单标记方法相比，该方法被证明在检测 QTL 方面是更有效的，在确定它们的图谱位置方面是更准确的。该分析发现了在不同的年份间表达的 QTL、具有主效应的假定 QTL 以及解释 GEI 的 QTL。

Piepho(2000)提出了一个混合模型方法来检测在不同的环境间具有显著的平均效应的 QTL，以及表征跨多环境的效应的稳定性。他把环境主效应当做随机效应，这意味着环境主效应和 QEI 效应都是随机的。

Verbyla 等(2003)提出了一个多环境 QTL 分析的方法。为了适应多环境分析，QTL 效应的大小被假定为随机效应。该方法导致 QEI 的因子分析类型的一个可乘的混合模型。完全的遗传模型还可以包括剩余 GEI 的一个因子分析模型，但是非遗传变异的环境模型涉及局部的、全局的以及外来的变异。该方法被用来确定 Arapiles×Franklin 的 DH 群体中产量的 QTL。

Malosetti 等(2004)提出了一个策略，利用混合模型方法与回归思想相结合来对 QEI 建模。他们提出一个简单的区间作图方法，包括沿着基因组配合一个混合模型，该模型具有一个固定的 QTL 主效应和一个固定的 QEI 项以及随机的部分——剩余的遗传变异，一个因子分析模型,具有一个可乘的项和剩余的异质性。对于识别了 QTL 表达和 QEI 的染色体位置,建模的第二步是 QEI 对一个或多个环境协变量进行回归。为了说明该方法,他们分析了来自北美洲大麦基因组计划(North American Barley Genome Project, NABGP)的籽粒产量数据(http://barleyworld.org/NABGP.html)。在 2H 染色体上发现的产量的 QEI 可以被说成是与抽穗期间的温度范围的大小有关的 QTL 表达。

因子回归模型

如果可以获得降水量、温度和太阳辐射的气候资料,因子回归模型(van Eeuwijk et al.,1996)和偏最小二乘模型(Aastveit and Martens,1986)可用于确定这些因子的每一个对 GEI 和 QEI 的影响程度(Crossa et al.,1999)。因此,正如分子标记被普遍地用来对染色体片段(QTL)一个特定的数量性状的效应建模一样,气候资料也可以用来对环境的特定方面建模,这些方面对基因型跨越一定范围的试验环境的差异表现起作用。利用因子回归模型,Crossa 等(1999)最先解释了 QEI,发现不同环境间的温度差解释了在一个热带玉米(Zea mays L.)作图群体中发现的 QEI 的一大部分。他们说明了回归方法(如偏最小二乘回归和因子回归模型)连同遗传标记和环境协变量(如最高温度和最低温度以及日照时数)可用于:①检测相关的标记和环境变量的有关的集合,这些标记和环境变量解释总 GEI 的一个显著的比例;②研究环境变量对 QTL 表达的影响,目的在于评价和解释 QEI,这里的 QEI 是 GEI 的原因。Vargas 等(2006)将作图 QTL 和 QEI 的因子回归和偏最小二乘法用于 CIMMYT 的玉米干旱胁迫计划。

Van Eeuwijk(2001;2002)把由 Crossa 等(1999)提出的 GEI 和 QEI 的因子回归模型从原始的基于标记的回归扩展到区间作图和复合区间作图。他们提出:①一个随机化检验用于控制基因组范围的出错率,按照由 Churchill 和 Doerge(1994)引入的逻辑;②一个偏最小二乘(PLS)策略来处理多个辅助因子之间多重共线性的问题。PLS 策略包括:①把被评价的染色体以外的所有标记当做辅助因子;②利用多元 PLS 求表型反应对这一组标记的回归;③计算表型反应的拟合值;④在对于评价的染色体的一个简单区间作图(simple interval mapping,SIM)方法中使用正确的表型观察值,即来自 PLS 回归的残差。

结构方程模型

大多数重要的农艺性状是很多遗传的、分子的和生理的机制的结果,这些机制或者直接地或者通过其他居间的性状间接地影响所关心的性状。变量之间的网络中的每一个性状的 GEI 受其他性状的很多 QEI 和 GEI 的直接影响或者间接影响,它们也可能受其他因素的影响(Campbell et al.,2003)。单个因变量的数量方法不能描述性状、QTL 和环境之间的复杂关系,其中一些性状既是要由其他的遗传因素和环境因素来预测的因变量,同时也是其他性状的预测变量。

Dhungana 等(2007)提出了一个系统的方法,通过结合染色体代换系来了解复杂的相关性状的 GEI,这可以利用结构方程模型(structural equation model,SEM)来研究单个染色体上的基因的效应,这种模型是涉及基因、环境条件和性状的复杂过程的近似。结构方程模型是由 Wright(1921)提出的一代通径分析,用来对很多变量之间的因果结构进行定量分析,其中每个变量可能在一些方程中起因变量的作用,而在其他的方程中起自变量的作用(Bollen,1989)。因此 SEM 对于表征 GEI 的复杂关系是理想的,其中很多性状不仅起要由环境因素和遗传因素来预测的因变量的作用,而且是更下游的其他性状的独立的预测变量(Dhungana et al. ,2007)。为了利用 SEM 来分析 GEI,要假定因果关系的方向的先验知识,并且通过通径图(path diagram)来指定,然后用一系列回归类型的方程对模型进行代数表示,其中每个变量被调整到只包含 GEI 效应。然后通过配合连续的模型并保留显著的 QEI 变量来得到最终的模型——最优拟合模型。最终的模型生产通径系数(path coefficient)和通径图,它只包含显著的路径,因此给出对性状、QTL 和环境变量之间重要关系的了解。

该方法被用于生长在多个环境中的重组自交系染色体小麦品系。最终的模型解释了产量 GEI 变异的 74%,根据发现每平方米穗数 GEI 对产量 GEI 具有最高的直接效应,遗传标记主要对营养阶段和生殖阶段的温度和降水量敏感。另外,有很多直接和间接的因果关系描述了基因如何与环境因素相互作用来影响若干重要农艺性状的 GEI。

QEI 作图的例子

现在有很多利用上面描述的方法进行 QEI 作图的例子。这里只讨论几个代表了不同方法的例子。

Romagosa 等(1996)评价了 AMMI 在 QTL 作图中的应用价值。这是通过对大麦(*Hordeum vulgare* L.)谷粒产量的 GED 的一个大的两向表的分析来完成的。NABGP 在遍及美国和加拿大的大麦生产区的 16 个环境上的获得来源于 Steptoe×Morex 杂交和两个亲本品系的 150 个 DH 的谷粒产量数据。发现了基因组的区域决定着大部分跨环境的有差异的基因型表现。它们解释了大约 50% 的基因型主效应和 30% 的 GEI 平方和。基因型和地点的 AMMI 得分的大小和符号有助于对特定互作的推断。分类(环境的聚类分析)和排序(GE 矩阵的 PCA)技术的并行使用使得 GE 矩阵中存在的大部分变异能够被归纳在少数几维中,具体地说,4 个表现适应性差异的 QTL 被归纳到环境的 4 个聚类。

Reyna 和 Sneller(2001)给出了当试图找到产量的特定遗传因素时出现的不确定性的一个例子。他们试图将"产量的等位基因"渐渗到美国南部大豆种植区的优良大豆材料中。由于变异稀少,他们试着去利用在该国的北部大豆种植区的品种 Archer 中被确定为 QTL 的有利的产量等位基因(Orf et al. ,1999)。Reyna 和 Sneller(2001)为每个 QTL 构建了 4 个 NIL,并在不同的环境条件下对它们进行了试验。他们发现在一个特定的品种和环境条件中发现的产量的 QTL 在一个不同的遗传背景和不同的环境条件中没有显著地提高产量。他们得出结论:"当等位基因被渐渗到具有不同遗传背景的群体里,或者在不同的环境中进行试验时,要获得分配给 QTL 等位基因的数值可能是困难的……。"

Ungerer 等(2003)综合利用数量遗传学和 QTL 作图在与光周期有关的不同生态环境下研究了拟南芥的两个 RIL 作图群体(Ler×Col 和 Cvi×Ler)的花序发育模式。对 13 个花序性状的大多数都经常性地观察到可塑性和 GEI。这些观察可以归因于(至少部分地)特定 QTL 的可变的效应。对性状进行合并分析,在 Ler×Col 和 Cvi×Ler 品系中分别有 12/44(27.3%)和 32/62(51.6%)的 QTL 表现出显著的 QEI。这些互作可归因于

QTL 效应大小的变化比效应的等级次序(符号)的变化更频繁。Cvi×Ler 中多个 QEI 聚集在染色体 1 和 5 上的两个基因组区域中,表明这些区域对观察到的表型模式的不成比例的贡献。

通过利用因子回归模型、农艺性状数据和分子基因型数据以及在每个试验环境中记录的 3 个环境协变量(日平均温度、降水量和太阳辐射),Campbell 等(2004)做了研究来:①通过检验各个基因型×环境的协变量互作来检测这三个环境协变量中哪一个可以解释 GEI;②检测为跨环境的可变 QTL 基因型差异提供解释的标记×环境的协变量互作。在 7 个环境中获得一个染色体 3A 重组自交系染色体品系(RICLs-3A)的群体的农艺性状和分子标记数据,这些数据与环境协变量数据一起被用来建立各个单独的因子回归,以便解释 GEI 和 QEI。开花之前的降水量和温度对‘RICLs-3A’的农艺性状影响最大,解释了那些性状的总 GEI 的相当大的部分。各别的分子标记×环境的协变量互作解释了若干农艺性状的总的标记×环境互作的一大部分。

Laperche 等(2007)用三种方法来揭示 QTL×氮素互作:①在两种类型的氮供应下分别检测到的 QTL;②作为 N^+/N^- 和 N^-/N^+ 评价的对全局的互作变量检测到的 QTL;③对因子回归斜率和纵座标参数考虑的 QTL,它们代表一个植株对氮胁迫的敏感性和植株在氮供应限制下的表现。在环境和氮供应(N^+:高供应;N^-:低供应)的每个组合中测量的性状总共检测到 233 个 QTL。通过对 N^+ 和 N^- 水平下检测到的 QTL 的比较发现 13 个非专化的 QTL,8 个 N^+ 专化的基因座和 7 个 N^- 专化的基因座。对于全局互作变量的 QTL,验证了 4 个适应性基因座(adaptive loci),发现 8 个结构基因座(constitutive loci)涉及 G×N 互作。利用因子回归变量验证了 9 个互作基因座(interactive loci),检测 3 个新的基因座。

10.4.4　MET 和基因型数据的应用

当国际的 MET 已经被有效地使用来交换种质的时候,对它们产生的大数据集只进行了有限的分析。此外,许多这样的分析集中于在 1 年中进行的一个特定的国际 MET。只在少数分析中试图结合来自不同年份的国际 MET 的信息。这些研究的长处在于它们结合了有关空间的和时间的 GEI 的大量数据,为发现可重复的互作提供了基础。然而,它们的短处在于在大多数情况下对这些互作的解释只有有限的信息基础。统计学的、遗传学的以及生物物理学的建模方法之间有很多协同作用的机会(Cooper and Hammer,1996)。很多遗传学和育种材料的完整数据集包含基因型、表现型和环境信息,为通过基因组范围的关联作图在包含 GEI 的遗传学和植物育种中综合利用它们打开了大门。在第 6 章中,我们提供了一个例子,是品种在 MET 中的使用以及在连锁不平衡作图中它们的表型数据和基因型数据(Crossa et al.,2007)。

10.5　GEI 的 育 种

育种家能够怎么处理 GEI?Eisemann 等(1990)列出了在育种计划中处理 GEI 的三种方法:①忽略它们,即使用跨环境的基因型平均数,即使存在 GEI;②避免它们;③利用它们。Kang(2002)讨论了这三个方法。当互作是显著的以及是交叉类型的时侯,它们不应该被忽略。处理这些互作的第二个方法(即避免它们)涉及使显著互作的影响减至最小。一个方法是通过聚类分析对相似的环境进行归组(形成大环境),如同前一节讨论的。对于大体上同质的环境,在其中评价的基因型预计不会表现出 COI。通过对环境进行聚类,可能会丢失潜在的有用信息。国际研究中心(如 CIMMYT)旨在鉴定在很多国际地点具有广泛适应性的玉米和小麦基因型(即在各种不同的环境中表现稳定)。如果用分亚群(subgrouping)的方法来淘汰具有相同因素的环境以及彼此相同的环境(冗余的试验环境),则通过使用尽可能少的环境地点来对环境地点进行优化,将有助于确定广泛的适应性。第三个方法是通过分析和解释基因型的和环境的差异,来考虑跨越不同环境的表现的稳定性。这个方法允许研究人员选择具有一致表现的基因型、发现 GEI 的原因以及提供纠正问题的机会。当一个基因型的不稳定表现的原因已知时,该基因型可以通过遗传的方法得到改进,或者可以提供一个合适的环境(投入和肥水管理)来增强它的生产力。

对于育种家和遗传学家来说,最好的办法可能是了解 GEI 的性质和原因,通过适当的育种、遗传的以及统计学的方法尽力使它的有害影响减到最小,并且利用它的有利的潜力(Singh et al. ,1999)。合适的数据分析可以提供利用 GEI 的机会,通过应用分析方法,如 AMMI 和 GGE 双标图,使用气候因素来解释,评价生产的风险,优化土地资源对不同基因型的分配,用于在异质的环境中进行选择。

10.5.1　资源有限环境的育种

资源有限环境的育种(breeding for resource-limited environments)是很多国际育种计划的主要目标之一。通常一个基因型在一个环境中的表现是很多相互作用的因子和环境影响的结果,这些因子和环境在类型、强度和这些挑战的时间方面有差别。

表现水平是重要的。由于使用过度而造成的环境限制使得生产力变低的地方,通过遗传的和(或)环境的改变可能比较容易达到表现的改良(Kang,2002)。比较简单的遗传改变可能对表现从而对适应性有相当根本的影响,如使用早熟性、春化作用需求乃至形态性状来避免霜害、对一个特定病害的遗传抗性、营养失调的遗传耐受性等。同样地,通过改变环境来克服限制也是可能的。在这些情况下,植物改良的关键是认识胁迫或者挑战以及适应性响应(adaptive response)的性质(Cooper and Byth,1996)。

为了通过增强的产量潜力、杂种优势、改变的株型、改良的产量稳定性、基因聚合以及外来的和转基因的种质来提高作物生产力,确定对 GEI 负责的因子是重要的。Brancourt-Hulmel(1999)在小麦中通过对互作的因子回归分析来对作物进行诊断。她提供了 GEI 的一个农艺学的解释,定义了每个基因型和每个环境的反应或者参数。抽穗早、对白粉菌的敏感性和对倒伏的敏感性是对 GEI 负责的主要因素。在相同的研究中,因子回归表明粒数形成期间的水分亏缺和氮水平也与 GEI 有关。

为了减轻对胁迫所引起的 GEI 的担忧,育种家必须了解基因型的尽可能多的各种不同的特性。他们也必须尽可能充分地表征环境(Kang,2002)。对土壤特性和天气变化范围以及植物可能遭受的胁迫的了解,对于利用基因型和环境的有利潜力以及将合适的品种指定到特定环境是必要的。

虽然生物胁迫以及它们之间的互作和(或)它们与非生物因素的互作仍然了解得不多,但是它们对植株中的 GEI 具有重要意义。植物可以通过诱导对接下去的感染的经久的、广谱的、系统性的抗病性对病原菌侵染作出反应。诱发的抗病性被称为生理的获得免疫性(physiological acquired immunity)、诱发抗病性(induced resistance)或者系统地获得抗病性(systemic acquired resistance)。基因型之间在抗虫性和抗病性方面的差异可能与稳定的或者不稳定的表现有关。对在很多环境中表达的复杂性状的 QTL 进行鉴定是非常合乎需要的。Crossa 等(1999)发现在热带玉米中,低海拔和中等海拔地点的较高的最高温度影响某些 QTL 的表达,而最低温度影响另外一些 QTL 的表达。

10.5.2　对适应性和稳定性的育种

对适应性和稳定性的遗传基础以及它们的生理原因和环境原因的了解,对于理解 GEI、评价表型值和基因型值之间的关联以及促进优良的和稳定的基因型的选择,都具有重要意义。COI 的存在对于适应性的育种策略具有重要的意义,这些策略旨在提高广泛的适应性或者特定的适应性,或者适应性的这两个分量的某种组合。

广泛适应性概念——使 GEI 减到最小(以及使 G 达到最大)的需要对于绿色革命的基于种子的技术的迅速采用是成功的。但是它适合于绿色进化(green evolution)吗? 品种必须是多样化的,并且与害虫系统的多样性相匹配,以保证有效和持久的害虫治理。在水稻的灌溉系统中基因型需要与不太能预测的水分供应相匹配。科学家可能还需要使基因型与辐射强度(同样是不可预测的)匹配以便解决将产量提高 50% 的挑战。

当我们考察植物适应性(它利用空间的 GEI)时,我们对此感兴趣主要是作为时间 GEI 的一个代表(proxy)以保证选择的基因型随时间而表现稳定吗? 在研究这个特殊的问题时需要明确我们的目标。我们是在寻找适应性本身以便利用技术上的副产品(spill-over),还是我们在利用空间的 GEI 来确保表现随时间的稳定性,以便农户在特定的地点使用改良的品种? 像模型和模拟那样的工具可以补充旨在解决适应性或者稳定性问题的、空间上的基因型×环境试验和分析。

然而更通常的,对环境的挑战可能有一个反应范围,相同的适应性响应可以由不同的挑战引起。在这些情况下,影响适应性的因子是多元的、复杂的,并且不同的基因型之间以一种不确定的方式变化。因此更加难以认识挑战的性质和解释适应性响应。在高级的试验计划中(其中基因型表现相当高的表现水平),适应性和 GEI 的特殊性质的相对差异在确定育种目标和策略方面变得越来越重要。然而,当适应性是对环境反应的一个功能,而环境在很多不可控制的因素的时间和程度上有数量上的差别时,遗传学差异的分析变得复杂(Cooper and Byth,1996)。

利用 MET,育种家可以鉴定具有特殊适应性以及具有广泛适应性的品种,这对于单个环境中的试验是不可能的。广泛的适应性提供了对一个生态系统中固有变异的稳定性,但是特殊适应性可以在特殊的环境中提供显著的产量优势,如同 10.1 节讨论的。MET 使对一年又一年(小的时间变异性)表现一致的品种的鉴定成为可能,也使对从地点到地点(小的空间变异性)表现一致的品种的鉴定成为可能。有必要培育对很多不同的环境具有广泛适应性的品种(适应性),农户也有必要使用每年表现可靠的或者一致的新品种(可靠性)(Evans,1993)。对于低投入条件的遗传改良需要利用 GEI,在低投入或者胁迫环境中的增益较慢或者有限,表明育种圃的常规的高投入管理和鉴定试验可能不能有效地选择在低投入水平上具有改良的表现的基因型(Smith M E et al.,1990)。因为在有利环境中的成功,植物育种家已经试着去解决居住在不利环境中的贫困农户的问题,通过把应用于有利的、高潜力环境的相同的方法和原理进行简单推广,没有考虑与大的 GEI 的存在有关的可能的限制(Ceccarelli et al.,2001)。需要从理论和实践上对胁迫和非胁迫环境下的选择响应以及在高投入和低投入水平上的选择响应进行比较。

如同 Kang(2002)所指出的,如果将对胁迫因子的多种抗性/耐受性结合到品种培育使用的种质中,则品种的稳定性会得到提高。如果每个品种(不同的基因型)对不同的目标环境中遇到的每个主要的胁迫具有相等的抗性/耐受性,则 GEI 将会减少。相反,如果基因型具有不同的抗性水平(一个异质的组群),并且以某种方式,我们可以使得所有的目标环境尽可能同质,则 GEI 同样会减少。因为我们不能控制年复一年的不可预测的环境,唯一的方法将会是前者。

植物已经把许多环境的信号结合到它们的发育途径里,随着时间的过去,为它们提供了广泛的适应能力。在对剧烈的环境变化作出反应时,一个基因组可能通过有选择地调控(增加、减少乃至关闭)特定基因的表达来作出响应。Jiang 等(1999)用分子标记来研究高地和低地热带玉米的适应性差异。他们得出结论认为通过集中于对特定的温度状况表现适应性的基因,对广泛的温度适应性的育种应该是可能的,虽然以减少特定适应性的进展为代价。

10.5.3　育种计划中 GEI 的度量

在中间生长阶段度量互作

作物在整个发育阶段和生长季节中遭受变化的环境因素的影响。通常,研究人员研究在最终的收割时期表现的数量性状(如产量)的 GEI 的原因。要审慎地研究 GEI,人们可能需要记录整个生长期间的特定时段的环境变量和植物生长测量,如同 Xu(1997)对于动态的 QTL 作图所建议的。这将帮助确定来自一个早期阶段的环境变量效应对中间阶段以及对最终的产量有多少影响(如果有的话)。这可以为数量性状的动态发育过程提供更好的了解。

育种初期的多环境试验

Kang(2002)建议进行早期的多环境试验。在育种的最早阶段通常缺少种子,不能在多个地点进行广泛的试验。然而,在无性繁殖作物(如甘蔗或马铃薯)中,一秆甘蔗或者一个马铃薯块茎至少可以被分成两段,种植在两个以上的环境中。类似地,在其他作物中,如果只有 20 个籽粒可用,则可以在两个不同的环境中每个种植 10 粒种子。在没有 GEI 的情况下,人们将获得基因型的良好的评价,但是如果存在 GEI,人们将在计划的早期获得关于基因型表现的一致性或不一致性的信息。这个策略将防止基因丢失或遗传浸蚀,如果试验只是在一个环境中进行,这可能会发生,并且还将导致增加的育种工作,而没有相应增加资源的费用。

不平衡的数据

植物育种家经常要处理不平衡的数据。Searle(1987)将不平衡分为设计的不平衡数据(planned unbalanced data)和缺失的观测值(missing observation)。当一组基因型被种植在一组特定的环境中时,经常不可能得到一组平衡数据(没有任何缺失的记录),特别是当使用的是各种各样的环境或进行的是长期的试验时。杂交种/品种年复一年地被不断地取代。此外所有基因型的重复数也可能不相等,因为某种原因试验小区可能被放弃。在此情况下,植物育种家必须处理不平衡的数据。

研究人员已经使用了不同的方法来研究不平衡数据中的 GEI(Kang, 2002)。通常环境效应被认为是随机的,品种效应被认为是固定的。在不平衡数据的情况下,使用最小二乘法对随机效应进行推断是不合适的,因为没有结合随机效应之间的变异信息(Searle,1987)。由于这个缘故,推荐使用混合模型公式(Henderson,1975)。限制性最大似然法通常比最大似然估计更受欢迎,因为它在计算误差时考虑了固定效应的自由度。不平衡数据的限制性最大似然稳定性方差的计算使我们能够得到稳定性参数的一个可靠的估计值,并且克服处理不平衡数据的困难(Kang and Magari,1996)。

10.5.4　QEI 的 MAS

不同试验环境的基因型平均数被用来选择用于目标环境的品系、群体、杂交种和品种,以及选择标记和 QTL 等位基因用于跨越目标环境的 MAS。选择试验环境——年份、地点及其他因素的样本来使一轮选择的速度达到最大,同时使试验的成本减到最小,使目标环境的选择增益达到最大。GEI 可以使得试验环境不能使对目标环境的选择增益达到最大,利用和不利用标记进行选择具有等价的后果。在极端时,这会发生,当跨越试验环境观察到基因型之间的差异而跨越目标环境没有差异时,或者当跨越试验环境没有观察到基因型之间的差异而跨越目标环境有差异时。后果是要么固定不利的等位基因,要么(仅仅对于 MAS)固定 QTL 上的等位基因,该 QTL 在不同的试验环境中没有平均效应,但是在使用过的不同的试验环境的样本中具有效应。GEI 的问题的根源在于试验环境和目标环境之间的差异。如果试验环境和目标环境是固定的,则关于选择的结果没有什么可以做的(Knapp,1994)。

需要其他的方法来确定 QEI 的性质。这些方法对于实际的 MAS 几乎不是必需的。只有跨越试验环境的 QTL 基因型的平均数需要估计,以便选择 QTL 用于 MAS。如果每个 QTL 表现出 COI 并且试验环境没有揭示这些互作,这就会失败,对于仔细选择的试验环境和目标环境这两种情况都是非常不可能的。例如,假定一个 QTL 表现出 COI,而该 COI 在 QTL 基因型试验环境平均数之间没有被观察到,但是它导致 QTL 在目标环境内没有总的效应,那么对这个 QTL 施加选择压力等价于选择一个中性的基因座(Knapp,1994)。这通过降低选择强度减小了选择响应,如同很多误差所起的作用那样(Edwards and Page,1994)。

区分非交叉的和交叉的 QEI 对于优化 MAS 可能是重要的。交叉的 QEI 可以影响

MAS 的结果，而非交叉的 QEI 对 MAS 的结果应该不重要。了解并表征 QEI 的性质对于优化 MAS 或者常规选择是有用的。

10.6　展　　望

到目前为止，QTL 作图已经提供了强有力的证据，证明除了跨越遗传背景和环境一致的一些加性 QTL 效应之外，优良育种群体中的遗传结构涉及上位性、GEI 和多效性的重要份量。然而，这类信息还没有被用来增强育种策略。实现的选择进展通常大大低于预测的响应，这在大多数情况下可能与 GEI 有关。为了考查分子增强的育种策略（molecular-enhanced breeding strategies）对于提高预测响应的潜力，人们已经作出了很多的努力，并且目前仍然在开展工作，来建立性状的基因到表现型的有关模型，以便辅助植物育种过程。

作为这样的一个例子，Cooper 等（2005；2007）已经将这个作为一个遗传模型问题进行了处理，通过利用基因网络，开发一个研究性状遗传结构的灵活的数量遗传学框架。这个框架称为 $E(NK)$ 模型，是 NK 基因网络模型（gene network model）的扩展，该模型是由 Kauffman（1993）引入和使用的，用来研究基因网络的行为以及它们对生物发育和进化过程的影响。当 $E(NK)$ 模型被用于研究与植物育种过程有关的问题时，它考虑到一个基因网络对一个性状的表达的影响可以在不同的环境条件中有差别这个特性。因此，E 表示在一个确定的 TPE 的背景内不同的环境类型，N 表示不同的基因，K 表示 N 个基因的总集合的子集之间的联系程度，即基因网络拓扑结构（gene network topology）（Kauffman，1993；Cooper et al.，2005）。因此，按照数量遗传学的术语 $E(NK)$ 模型是一个有限基因座多基因模型，可以被定义来包括上位性和 GEI 的效应。NK 项周围的括号用来表明 N 个基因可以以 K 种不同的方式互作，以便决定性状在 E 种不同类型的环境中的表现型。$K=0$ 表明 N 个基因在模型中独立地起作用，更大的 K 表明 N 个基因之间增加的互作水平。

Kauffman 的地貌（landscape）概念可以与模型结合起来使用，以便考查表现型地貌（phenotype landscape）的形状如何随一个性状的遗传结构而变化，如同由 E、N 和 K 的水平的改变所决定的那样。$E=1$ 和 $K=0$ 定义的是简单的加性有限基因座模型，因此 $E(NK)=1(N:0)$（图 10.8）。对于 N 的一个给定的水平，随着 E 和 K 的增加，N 个基因的备择的等位基因的效应变得越来越依赖于其他基因的基因型和环境的目标总体中的环境类型的范围。因此，可以模拟归因于上位性和 GEI 的基因的背景依赖的效应（context dependent effect）（Cooper and Podlich，2002）。以地貌譬喻（landscape metaphor）作基础（图 10.8），可以看出随着 E 和 K 的增加，我们从 $E(NK)=1(N:0)$ 的单峰的加性地貌情况移动到多峰的地貌，最终移动到 $K=N-1$ 和 $E>1$ 时的一个随机的地貌（Cooper et al.，2002b）。

基因组测序和高通量技术方面的最新进展，如第 3 章描述的 DNA 和蛋白质芯片，允许我们测量成千上万的基因或蛋白质的时空表达水平。在数量性状的遗传研究中随着在微阵列试验中的基因表达变得越来越普及，有可能同时检测很多基因的相对信号，使我们

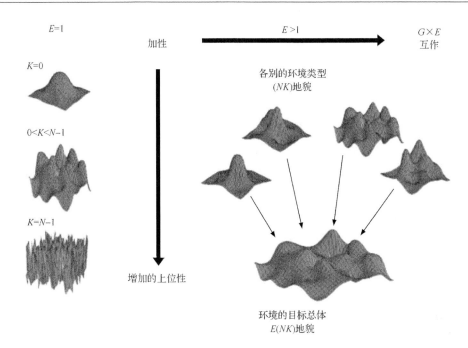

图 10.8　利用 $E(NK)$ 模型模拟的基因到表现型(G→P)模型的表型状态空间表现地貌的三维图解。
加性 $E(NK)=1(N:0)$G→P 模型被描绘成一个单峰的地貌。具有增加的上位性水平(即从 $K=1$
到 $K=N-1$)的模型被描绘成一个越来越崎岖的地貌表面。具有 GEI 的模型被描绘成不同环境类型
(E)的一系列不同的地貌表面。环境的目标总体(target population of environments,TPE)的 G→P 响
　　应面被描绘成来自不同环境类型的响应面的一个混合体(Cooper et al. ,2005)

能够更好地了解与特定的发育阶段和(或)环境因素有关的遗传网络。将大规模的微阵列
试验与遗传网络模拟结合,可以预期 GEI 将在全基因组水平上以及在遗传网络的背景中
被更进一步的揭示。

(陈建国 译,华金平 校)

第 11 章　基因的分离和功能分析

分子育种面临的挑战之一是了解成千上万的基因产物如何相互作用来控制生物的发育以及对其环境反应的能力。基因的分离及其功能分析不仅用于功能标记的开发,而且用于通过遗传转化来操控植物。对于已经测序的植物物种,鉴定每个基因的功能已经成为功能基因组学时代的一个主要焦点。

为了分离和鉴定植物中的所有基因,首先需要定义什么是基因。基因最初被定义为编码多肽的核苷酸序列。现在其定义延伸到包含更多的特性,包括植物内存在的基因家族、可变剪接、不翻译成蛋白质而又有功能的 RNA 以及其他混杂因素,这些特性合起来使我们很难对基因做出一个简单的通用定义(Cullis,2004)。在真核基因组中,当基因被定义为一个转录(或翻译)单位时,它通常会被介于中间的序列(内含子)分隔成多段编码区(外显子)。

所有基因分离技术都利用了定义基因的 4 个特性中的一个或几个(Gibson and Somerville,1993):它们具有确定的初级结构(序列);它们占据基因组内一个特定的位置;它们编码一个具有特定表达模式的 RNA;很多基因编码具有确定功能的蛋白质或mRNA产物。因此,基因的鉴定和功能分析可以从收集基因组信息的过程的各种不同点上开始,可以根据与遗传图谱上紧密连锁的标记的相对位置,根据它们在 RNA 群体中的存在,根据利用基因发现(gene finding)程序进行的基因组序列数据的分析,根据与近缘生物基因组序列数据的比较,或根据它们随着表型变异体的随后表现(subsequent appearance)而产生的崩溃等来鉴定基因(图 11.1;Cullis,2004)。

在大肠杆菌(*E. coli*)之类的简单生物中,很容易分离与特定功能关联的各个基因。人们可以在少数几个培养皿中从数百万个个体中选择所关心功能的突变体,然后人为地将野生型(如非突变体)DNA 导入突变体中,来鉴定那些使突变体恢复正常功能的片段。得到一个基因后,可以确定组成该基因的遗传信息的序列,由该信息编码的蛋白质产物及其功能,环境因子对该基因或蛋白质的活性的调控等。如此精致的基因克隆方案现在已经用于植物中,但是面临重大挑战。高等植物基因组常常含有相对大量的 DNA,并且编码 DNA 多于非编码 DNA,这使我们难以鉴定特定的目标基因。此外,高等植物具有相对长的世代周期,从几个月到几年(相对于大肠杆菌的几分钟)。基于表现型,人们很少能够研究数百万的个体,或者对一个基因的功能有足够的了解,以便从生物体的成千上万个其他的基因中将该基因分离出来。很多主效基因已经基于各种不同的方法被克隆了,但是对于受若干基因或数量性状基因座(quantitative trait loci,OTL)影响的性状,任何一个基因的效应常常被其他的基因或环境因素部分掩盖。因此,仅仅根据外观(表现型)难以辨别单个基因(或 QTL)的效应。

获取和表征 mRNA 转录本一直是基因功能和结构的经验性信息的主要来源(图 11.1)。许多高通量的方法已经被成功地用于模式植物拟南芥(*Arabidopsis thaliana*)

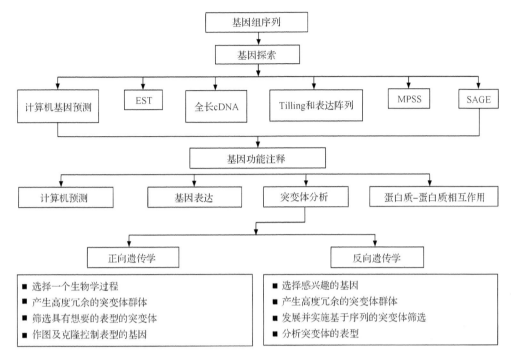

图 11.1　从基因组序列到基因功能。图中所示为基因组功能注释中所使用的步骤和实验方法。
MPSS 为大规模平行签名测序技术；SAGE 为基因表达系列分析（改自 Alonso and Ecker，2006）

（Alonso and Ecker，2006），包括表达序列标签（expressed sequence tag，EST）和全长 cDNA 测序，全基因 Tiling 微阵列和基因表达芯片，大规模平行签名测序（massively parallel signature sequencing，MPSS）技术和基因表达系列分析（serial analysis of gene expression，SAGE）。这些方法提供有关基因剪接和转录单位的信息。功能分离基因应用最广泛的方法涉及蛋白质纯化，突变体表型的互补，利用遗传图谱进行图位克隆，以及基于诱变的基因鉴定。基于功能的基因克隆的主要局限性在于，在大多生物体内，约一半的基因其产物的功能特性和生理特性是未知的，或是相应的蛋白质不能纯化到足够的量来进行氨基酸序列检测或抗体制备。然而，正如本章所讲，克隆植物基因有很多种精致的策略。

　　本章的目的是回顾已经用于植物基因的克隆和功能分析的一些基本方法。包括那些基于计算机预测（*in silico* prediction）、比较基因组学、cDNA 测序、微阵列、图位克隆及诱变的方法。对于更全面的讨论，建议读者参阅以下文献：Gibson 和 Somerville（1993）、Foster 和 Twell（1996）、Jenks 和 Feldmann（1996）、Paterson（1996b）、Weigel 等（2000）、Davuluri 和 Zhang（2003）、Ramakrishna 和 Bennetzen（2003）、Cullis（2004）、Jeon 等（2004）、Seki 等（2005）、Windsor 和 Mitchell-Olds（2006）、Gibrat 和 Marin（2007）、Nicolas 和 Chiapello（2007）、Candela 和 Hake（2008）、Jung 等（2008）。

11.1　计算机预测

近来测序技术的改良已经使大规模 DNA 测序切实可行和广泛可用,这促进了通过基因组序列数据中的外显子发现来鉴定基因的基于序列的方法的发展(Nunberg et al.,1996)。理想情况下,分析方法不应该仅仅依赖于来自其他物种的已经被分离和测序的基因。对于细菌和酵母这类拥有紧凑基因组的生物体,一般其外显子较大,内含子不存在或较小,因此通过计算的方法来鉴定基因是相对容易的。然而,对于较大的基因组(如植物基因组)则具有很大的挑战,因为外显子"信号"淹没在非基因"噪声"中。

目前,计算序列分析方法通常被作为其他功能基因组学方法的补充和组分来开发。检测基因的计算方法主要有两类:外在方法(extrinsic approach)基本上依赖于与其他相关序列的比较,内在方法(intrinsic approach)只依赖于所研究序列的局部特征(核苷酸构成和序列基序)(Windsor and Mitchell-Olds,2006)。利用序列内在信息的方法(图 11.2A)是以序列分析为基础的,并不参考数据库中储存的其他序列。这些方法通常

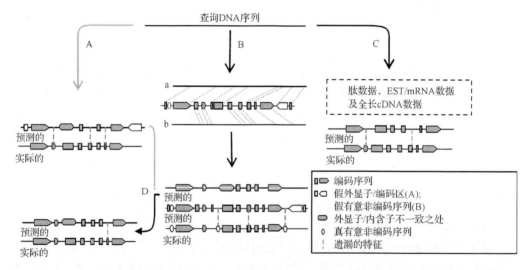

图 11.2　基因预测的内在方法(灰色箭头)和外在方法(黑色箭头)。粗黑线代表待查询序列数据。在序列链的上方或下方标明沃森-克里克-链编码序列。路径(A),从头开始的基因预测算法利用来自查询序列本身的数据对基因内容建模。这些方法可能会漏过像小的 ORF 和小的内含子之类的特征。外显子也被遗漏了,但是从头开始的方法可能错误地识别外显子或整个编码序列。一般来说,这些方法不能应用于功能性非编码序列的预测。路径(B),基于相似性的基因预测。这些方法是比较性的,结合了从一个或多个共线性 DNA 序列的比对中得到的数据。相对于从头开始的方法来说,基于相似性的方法的灵敏度和对编码与非编码序列的专化性提高了。对基因或保守特征进行预测的能力是所比较的序列数目、这些序列的进化距离、以及同源序列中特征的退化和大小的函数。路径(C),基于证据的基因预测。这些方法可以是计算的,也可以是实验的,其专化性高,但灵敏度低。预测的效力取决于可利用的表达数据的质量/范围。路径(D),组合的方法。在给出的例子中,相似性证据与从头开始的预测相结合,来提高基因内容的全面预测(改自 Windsor and Mitchell-Olds,2006,获得 Elsevier 公司的授权)

是作为从头开始的工具(*ab initio* tool)使用的,并且从定义上看并没有用比较方法(Davuluri and Zhang,2003)。从头开始的基因预测算法显示出很高的灵敏度,但是它们的输出模式的专化性低。外在基因预测方法以外在的数据(包括表达证据)和(或)序列相似性为基础(图 11.2B～D),它补充了从头开始的预测,使其专化性提高,敏感度互补。

对于新获得的组装过的基因组序列,首先要了解的两个特征是可读框(open reading frame,ORF)和剪接位点(splice site)。将这两套数据结合起来,鉴定已知的和推测的基因。可以被附加到序列上的其他可用的信息包括遗传图谱标记、提交的基因和 EST,以及来自不同物种的其他 EST 数据。比较物种内及物种间的基因家族成员所得结果与预期一致,即亲缘关系最近的物种间其基因是高度保守的。而且,外显子的蛋白编码部分的序列保守性最高。所有这些都使得基因鉴定的计算方法切实可行。

11.1.1　基于证据的基因预测

利用表达数据的基因预测框架,也叫做基于证据的基因预测,它将经验性的转录和蛋白质表达数据与基因组序列结合,来构建基因模型(图 11.2C),并促进基因注释。这种数据为基因模型预测提供了高度的特异性,但是灵敏度取决于表达数据集的范围。这个特性对具有紧密调控的或低丰度转录本的序列或各种不翻译的 RNA 的鉴定具有负面影响。将来自多个物种的表达数据结合起来,能够克服这些局限性中的一些,并使我们可以在比较分析中使用没有进行基因组测序或只有部分测序的物种(Windsor and Mitchell-Olds,2006)。

对植物界的转录组合蛋白质组数据集的分析表明:大约 19 000 种基因功能是在绿色植物世系中编码的(Vandepoele and Van de Peer,2005),其中将近 6500 种由孤独基因(orphan gene)编码,孤独基因是不能被确定地归类到一个表征过的同系物或基因家族的新型基因。

11.1.2　基于同源性的基因预测

序列的同源性或相似性是检测基因组序列中的功能性元件的一种强有力的证据。基于同源性的基因检测方法利用以不同的方式进行的种内或种间序列比较(Davuluri and Zhang,2003;Windsor and Mitchell-Olds,2006;Nicolas and Chiapello,2007)。大多数算法都利用三种类型的外部信息之一:蛋白序列,mRNA 序列或 DNA 序列。

与 EST 或 cDNA 数据库的比较

已经证明,基于同源性的克隆是鉴定组织、器官和发育阶段专化表达的基因的一个非常有效的途径,即通过对来源于相同文库的 EST 序列进行组装以及在数据库中进行同源性搜索。在一篇早期的报道中,通过简单地挑选随机的 cDNA 克隆,获得从 5′端开始的部分序列,并把部分 cDNA 序列的 6 种可能的翻译与各种不同数据库中已知的蛋白质进行比较,为人类的 5000 个克隆中的大约 18% 指定了可能的功能(Adams et al.,1991)。通过 cDNA 的测序来对 mRNA 进行测序是确定已转录的基因的序列的一种实验技术。由于测序发生在 DNA 剪接之后,cDNA 测序还能够准确地确定基因的内含子-外显子结构。通过将基因组 DNA 序列(查询)与 EST 或 cDNA 进行直接比较,可以鉴定与加工过的 mRNA 相对应的查询序列的区域。

BLASTN 是识别数据库(nr/EST)中与查询序列相似的核苷酸序的一个常用的程序[关于 BLASTN 和其他程序的更多的细节见 http://www.ncbi.nlm.nih.gov/BLAST 上的 Basic Local Alignment Search Tool (BLAST)帮助]。序列之间的相似性是通过尽可能紧密地比对序列来估计的。BLASTN 算法通过对查询序列和数据库中称为单字(word)的短序列产生一个索引表或字典来寻找相似性。然而,根据 EST 来确定基因的 DNA 结构却不是小事,因为这些序列通常不完全(一般测序 3′ 端)、质量差(仅测序一次)、有冗余(冗余性是 mRNA 丰度的函数),并且是可变剪接的。当 mRNA 序列在一个不同的生物体中获得时,问题就更加严重(Nicolas and Chiapello,2007)。如果查询序列很长,则 MEGABLAST 程序是更好的选择,它是专门被设计来在相似性极高的序列之间寻找长的比对的。MEGABLAST 还被优化了,用于比对由测序错误导致具有轻微差别的序列。Davuluri 和 Zhang(2003)建议使用一个 0.1 的期望值(e-value),并过滤复杂性低的重复序列。当使用更大的单字大小(word size)(默认值为 28)时,它提高搜索速度,限制了数据库点击的次数。对于 BLASTN,单字大小可以从默认值 11 减小到最小值 7,以提高灵敏度。可用于 DNA-cDNA 和 DNA-EST 比对的算法包括 SIM4(Florea et al.,1998)和 GENESEQUER(Usuka et al.,2000)。

基于相似性的方法(如 BLASTN,BLASTX)可能是确定一个给定的基因组区域是否转录的最好方法。与一个 cDNA/EST 的 BLASTN 匹配或与一个蛋白质的 BLASTX 匹配是该区域属于一个基因的良好证据。但是,这些方法都有它们自己的局限性(Davuluri and Zhang,2003)。甚至最全面的 cDNA 研究项目都会遗漏低拷贝数目的转录本,以及表达水平低的、细胞或组织特异性表达的,或仅在独特条件下表达的转录本。如若 mRNA 经过部分剪接,可能导致内含子区域被错分为外显子,则 cDNA 或 EST 就可能包含一个或多个内含子。一些 cDNA 序列可能导致不正确的蛋白质预测。不应该考虑与一个目标蛋白质的局部 BLASTX 比对,因为该蛋白质可能不与源基因真正直系同源,只是某些结构域相同,尽管它可能对基因预测提供一些信息。

与蛋白质序列数据库比对

可以比较 DNA 与蛋白质的相似性来预测与数据库中已经存在的蛋白质相似的蛋白质编码序列。BLASTX(Gish and States,1993)和 FASTX(Pearson et al.,1997)是两个相似性分析软件,将 DNA 序列按 6 种可读框翻译后与蛋白序列文库进行局部比对。随后,可以用 GENE-WISE、GENESEQUER、或 PROCUSTES 这样的剪接比对程序,通过比较基因组序列和目标蛋白质序列来发现基因结构。这些程序根据预测的基因产物与蛋白质序列的序列相似性得分(sequence similarity score)以及预测的内含子的内在剪接位点长度,得到一个优化的比对。然而,为了预测由多个外显子构成的编码序列的结构,在比对 DNA 序列和蛋白质序列时,必须考虑到在不与蛋白质序列匹配的长的 DNA 序列片段中内含子的存在(Nicolas and Chiapello,2007)。PROCUSTES(Gelfand et al.,1996)和 PAIRWISE(Birney et al.,1996)是解决这种剪接比对问题的最先开发出的两个程序。

　　来源于亲缘关系很近的植物物种(如高粱和玉米)的蛋白质编码 DNA 显示出相当高的序列相似性。VISTA/AVID 和 PIGMAKER 可以用来比较大基因组序列,从近缘物种中寻找直系同源的基因组序列。例如,对水稻、玉米和高粱的直系同源基因的序列分析表明,外显子比内含子更保守(Schmidt,2002)。就序列同一性(sequence identity)而论,已经证明物种之间的序列保守性程度与各个物种的趋异时间(divergence time)是一致的。对于基因预测程序,最好是比较两个亲缘关系很近,但又足够远以至于它们的基因间重复元件差异显著的基因组。作为经验法则,如果两个物种分化发生在最近 2500 万年之内,则认为它们的亲缘关系是很近的。例如,玉米和高粱是两个亲缘关系很近的物种,因为它们的分化发生在 1500 万~2000 万年前。如果来自两个物种的同源性基因组序列已知,则可以用一种新近开发的基因预测工具 SGP-1 来寻找编码蛋白质的基因(Davuluri and Zhang,2003)。

翻译的基因组序列与翻译的核苷酸数据库的比较

　　通过从 BLAST 网页中选择"Nucleotide query-Translated db〔tblast〕'"选项,可以用 TBLASTX 来识别蛋白质编码区之间的相似性。TBLASTX 取一个核苷酸查询序列,将它按所有 6 种框架翻译,把翻译产物与核苷酸数据库进行比较,这种数据库中的序列是按所有 6 种框架动态翻译的。

同源基因组序列的比较

　　科学家们常常想要从一个特定的物种中分离已经从另一个生物体中分离的基因同源的基因,而另一些科学家可能想要从同一生物体中分离一个基因家族的其他成员(旁系同源),这个基因家族至少有一个成员已经克隆了。同源基因(直系同源或旁系同源)可以用作探针来从文库中或根据简并引物(degenerate primer)方法分离目标基因。随着拟南芥、水稻等植物物种的全长基因组被更精准地注释,通过共线性,参照特定的基因簇中序列的位置,有可能寻找和分离其他未充分注释的系统中的潜在基因。但是,由于多拷贝基因的存在、其他物种中的直系同源和旁系同源的分化(Cullis,2004),以及在进化过程中染色体的小的和大的重排,这些预测可能变得复杂。因此,任何候选基因都需要被充分表征,以证明它们在时间和空间上表现出相同的功能。水稻和拟南芥基因组序列的比较表明,拟南芥中 90% 的基因都在水稻中存在同源基因,然而水稻中只有 71% 的基因在拟南芥基因组中存在同源性(IRGSP,2005)。基于相似性的分析方法的创造性应用使我们能够识别新奇的编码序列。拟南芥中数千未注释的保守区域被认识到与甘蓝(*Brassica oleracea*)的部分基因组序列相关(Ayele et al.,2005;Katari et al.,2005)。按照这些方法,拟南芥参考基因组中物理上邻近的保守区域(如同通过 TWINSCAN 所识别的),被链接在一起来产生新的基因模式。

　　当所关心的基因是一个多基因家族中的一个已知的成员时,基于同源性的克隆一直是有效的。基因家族成员的氨基酸序列比对通常揭示特别保守的区域。从而,可以设计简并性的寡核苷酸,用于文库筛选,或者直接用于基因的 PCR 克隆。

11.1.3　从头开始的基因预测

比较编码和非编码区序列之间的差异鼓励了基于 DNA 序列的概率模型的预测方法的发展,这种方法有助于克服基于同源性克隆的方法的局限性。从头开始的基因寻找程序通过模式匹配(pattern matching)或统计方法来识别在输入的基因组序列中的组成性特征的信号。基因寻找程序的性能通常是通过灵敏度和特异性来衡量的,其中灵敏度定义为被正确预测的真实信号的比例(如供体信号、外显子),特异性则是正确的预测信号的比例。一个程序,如果其灵敏度和特异性都很高,则这个程序被认为是准确的。在 http://linkage.rockefeller.edu/wli/gene/网站上有这些程序的全面评述。Stein(2001)综述了各种基因组注释方法。

剪接位点预测

由于大多数植物基因都有若干外显子,植物中基因结构的精确预测更多地依赖于剪接位点的正确预测。虽然几乎所有的内含子都起始于 GT,终止于 AG,但这种信息还不足以让剪接体(spliceosome)选择到剪接位点。在这些二核苷酸周围的其他序列信号已被使用。大多数剪接位点识别方法都以潜在位点的序列的评价为基础,通过利用概率模型,这种模型对实际的剪接位点的核苷酸组成进行逐个位置的描述。很多第一代基因预测程序使用简单的位置权重矩阵方法来对 5′端和 3′端剪接位点中的组成偏好性建模。这种模型的局限性在于它们没有考虑不连续位置之间的依赖性(O'Flanagan et al., 2005)。很多最近的程序已经通过 Markov 模型、最大依存分解模型、决策树模型以及人工神经网络研究了不同位置之间的相关性[如 Davuluri 和 Zhang(2003)的综述]。GENESPLICER、NETPLANTGENE、NETGENE2 和 SPLICEPREDICTOR 是使用剪接位点模型的一些剪接位点预测程序。也已经提出了把非毗邻位置之间的相关性纳入考虑的其他模型,如贝叶斯网络(Chen et al., 2005)。

外显子预测

外显子被定义为保留在剪接后的 mRNA 中的部分,主要包括非翻译区(UTR)和蛋白质编码区。编码蛋白质的外显子主要包括 4 种类型:①起始外显子(ATG 到第一个供体位点);②内部外显子(接受位点到供体位点);③终止外显子(接受位点到终止密码子);④单个外显子(ATG 到终止密码子,其间无内含子)。大多数基因预测程序已经发展到对编码蛋白质的外显子进行预测。通过第二代程序(如 GENSCAN、GENEMARK.HMM、MZEF 或 SPL)得到的剪接位点预测,也是外显子预测的准确性显著高于上面描述过的简单的剪接位点预测程序,因为这些程序把剪接位点模型与额外类型的信息结合起来,如外显子和内含子的组成特征。基于二次判别分析的 MZEF 程序,被专门训练来预测内部外显子(Davuluri and Zhang, 2003)。相较于 FGENESP、GRAIL、GENSCAN 和 GENE-MARK.HMMM 程序,MZEF 在测序拟南芥基因组的内部外显子方面表现更好。对于起始外显子和终止外显子的预测,GENSCAN 和 GENEMARK.HMM 是最好的选择,尽管对这些外显子的预测准确性显著低于对内部外显子的预测。

基因建模

通过结合相邻外显子的可读框的相容性来得到完整的转录本,可以进一步提高单个外显子预测的准确性。在 GENSCAN 和 GENEMARK. HMM 程序中已经使用了像隐马尔可夫模型(hidden Markov model)这样的概率模型来结合这种信息,它们对基因的不同状态(外显子、内含子、基因间区等)建模。GENEMARK 程序实行滑动窗口策略。窗口沿着序列滑动,在每个位置上程序计算出在 7 种模型下包含在窗口中的序列的概率:在三种可读框的每一个中,双链的每条链上的编码区和非编码区,以便获得每个可读框中序列的局部编码特性的概率。滑动窗口的一个简单的替代方法是由 GLIMMER 实施的(Nicolas and Chiapello, 2007)。该程序首先抽取出比某个阈值更长的 ORF,然后尝试根据它们的编码和非编码特性对其分类。

11.1.4　通过综合的方法预测基因

通过基于同源性的方法进行基因预测可能是在基因组序列中寻找基因的最有效方法,因为支撑的证据(mRNA、EST、蛋白质)已经从实验中获得(Davuluri and Zhang, 2003)。从头开始的基因预测程序不依赖于这样的数据,但是会遗漏一些已知的基因(假阴性),也会预测一些不真实的基因(假阳性)。在一些程序(如 GENOMESCAN 和 RICEGAAS)中,已经自动化地将从头开始的基因预测和基于同源的方法结合起来,以便得到蛋白质编码区的更可靠的预测。GENOMESCAN 把蛋白质同源性信息(BLASTX 点击)与 GENSCAN 的外显子-内含子预测结合起来。它首先利用 REPEATMASKER 遮蔽基因组序列中散布的重复元件,然后把 GENSCAN 预测的多肽与 BLASTX 点击(BLASTX hit)结合。该程序以给定生物体的基因组 DNA 的基因结构和组成特点的概率模型下的相似性信息为基础,确定最可能的"解析"(基因结构)。整合不同方法提高基因预测的准确性有两条主要途径(Nicolas and Chiapello, 2007)。第一种是先独立使用各种程序,然后对结果进行后处理。JIGSAW(Allen and Salzberg, 2005)是为这种任务开发的程序的一个例子。它使用动态规划算法来自动地结合用独立的程序所做出的预测。第二种途径是开发同时基于内在标准和外在标准进行预测的程序。

尽管取得了很大进步,单独通过计算的方法来进行基因预测还远未完善。对不同方法的性能进行比较是一个细致而困难的工作,如同 Nicolas 和 Chiapello(2007)所指出的,困难一部分来自要纳入考虑的信息的多样性,也来自所做的预测的多样性(编码区全序列、外显子、剪接位点)。正如内在方法的质量明确地依赖于它们对给定物种的调整一样,外在方法的质量依赖于比较的序列之间的相似性程度。最后但并非最不重要的一点是需要一个参考标准用于各种方法的比较。

在运行任何基因寻找程序之前,Davuluri 和 Zhang(2003)建议使用像 REPEAT-MASKER 这样的程序,这种程序识别存在于基因组非编码区中已知类型的散布重复序列和长的及短的散布核元件(LINE 和 SINE)。几乎所有的基因寻找程序都只能预测蛋白质编码区,还没有被训练来预测非翻译的外显子以及第一个和最后一个外显子的非编码部分。另外,单独通过计算的方法不可能识别所有外显子的准确边界鉴定并将外显子组装为不同的基因。然而,正如 Davuluri 和 Zhang(2003)指出的,即使是部分预测,对于实验的设计也是非常有价值的,这样的实验可以比单独采用实验的方法更加快速地确定基因的完整结构。

11.1.5 根据基因组序列检测蛋白质功能

用来获得蛋白质功能信息的从头开始的方法主要有三类:利用序列内在信息的方法;同源性搜索方法;基于基因上下文的方法(Gibrat and Marin, 2007)。同源性搜索技术提供精确的信息,因此占据了中心地位,而其他方法仅仅提供一般的信息。

内在的方法

该方法利用序列内在的信息来检测可识别的蛋白结构,如穿膜片段(transmembrane segment)、复杂性低的区域、卷曲螺旋(coiled coil)和细胞分拣信号(sorting signal)(Gibrat and Marin, 2007)。由于穿膜片段主要由疏水残基组成,因此检测方法应基于寻找具有合适的大小、并且表现出明显疏水特性的片段。大多数穿膜片段由 α 螺旋组成,而多肽链要以 α 螺旋的形式穿膜需要 25～30 个残基。一些蛋白质序列片段中有少数氨基酸过量,或是显示出一个特殊多肽的多少有些规则的重复。它们没有常规的三维球状结构。这些富含特异氨基酸的区域实际上不提供有关蛋白质功能的信息,在使用同源性搜索方法之前必须将它们遮蔽,因为其异常的氨基酸组成干扰了与这些技术相关联的统计量,并且常常导致对同源性的错误推断。卷曲螺旋区域两个或三个一束的 α 螺旋构成,它们可以通过统计技术来检测,这些技术考虑了在若干特殊的位置上观察到一个特定的氨基酸的概率(Lupas, 1996)。它们的最终目标是从蛋白质到细胞器的细胞分拣,这依赖于一级结构中存在的信号。基于氨基酸的全面组成的技术可以用来预测各种细胞器中蛋白质的位置。

同源性搜索方法

同源性搜索方法在发现数据库中的相似蛋白质的计算机功能分析中起主要作用。同源性蛋白质主要有两类:直系同源蛋白质(来源于物种形成过程)和旁系同源蛋白质(来源于复制过程)。Gibrat 和 Marin(2007)评价了对两个蛋白质之间的同源性关系进行推断的不同方法,包括序列比较、序型检测(profile detection)、基序检测(motif detection)和折叠识别(fold recognition)。

正如 DNA 序列比较一样,蛋白质序列比较是揭示两个蛋白质之间的同源性关系的最自然和最古老的方法。BLAST 和 FASTA 是序列比较方法,它们所基于的原理是拥有共同祖先的两个序列应该在其序列中保留一些这种关系的痕迹。基于相似序列的多重比对的序型检测可以用于估计沿蛋白质序列的每个位置的变异性。多重比对可以用 PSI-BLAST(Altschul et al. , 1997)来进行,它通过与数据库中蛋白质家族的序型的比较,在搜索过程中以迭代的方式来建立多重比对。基序检测是寻找对应于功能标签(functional signature)、甚至对应于保持蛋白质活性位点的正确的几何结构所必需的残基的基序。由于这些残基对于蛋白质的功能十分重要,所以它们是完全保守的。有些程序,如 SCAN-

REGEXP 和 PFSCAN，可以用于在 Prosite 基序库中寻找为特定蛋白质所特有的基序（Hofmann et al. ，1999）。折叠识别方法用基于三维结构上的序列比对来表明同源性关系，这可以用来揭示不能通过序列比较方法检测的久远同源性。

基因上下文方法

以基因上下文为基础的方法依赖于对不同基因组中基因的共同位置的研究。与通常提供蛋白质的分子功能信息的同源性搜索技术不同，这类技术一般提供蛋白质之间的相互作用的信息，因而也提供它们在细胞中的作用的信息。利用基因上下文方法可以基于三种不同的概念来检测蛋白质功能：基因融合（gene fusion）、基因邻近性（gene proximity）以及基因共出现（gene co-occurrence）（Gibrat and Marin，2007）。

观察到原核生物中一个由独立的酶组成的代谢途径是由一个多酶系统催化的，通过这种现象已经明确了基因融合的存在。以独立的形式存在于一个基因组中，而在另一个基因组中融合的两个蛋白质，具有很大的机会密切互作。功能模式的基因融合可分为 3 类：一是出现在生物有机体的大多数现存品系的一个共同祖先中的；二是与在不同的蛋白质中发现的遗传流动域（genetically mobile domain）有关的；三是类似于细胞色素 P450，这都为蛋白质之间的互作提供了一些信息（Gibrat and Marin，2007）。基因邻近性方法基于这样的观察：功能上连锁的基因是共调控的，并且在基因组中有紧密连锁的趋势，基因在基因组中的位置可以提供其功能的有关信息。例如，通过对被比较的不同物种中的邻近基因对的保守性有关的局部相邻性进行测量，可以预测蛋白质的功能。基因共出现基于这样的概念：牵涉到一个特定的细胞过程的基因（为这套基因组所共有）可能具有相同的系统发育谱（phylogenetic profile）。因此，如果一个未知的蛋白质与一个已知的蛋白质具有相同的系统发育谱，而该已知的蛋白质与一个特定的细胞途径有关，那么这个未知的蛋白质就很有可能在这个途径中起重要作用。

11.2　基因分离比较法

基因分离的比较法包括前一节介绍过的计算机方法，涉及图位克隆的实验方法，这种方法利用了近缘物种之间的比较分析，以及主效基因辅助的 QTL 作图，该方法通过比较由具有不同功能的基因控制的性状来分离基因。由于它们的可行性水平不同，这些方法已经在不同的尺度上被使用。

11.2.1　比较法的基因组学基础

模式植物的功能基因组学被期望能增进我们对基础植物生物学的理解，同时能有助于挖掘基因组信息来改良作物。这是因为通过直接或间接的鉴定功能基因同源性后证明，物种间大量基因的功能是保守的。比较基因组学最激动人心的应用可能是从其他近缘物种中鉴定目标物种的基因的不同版本。近缘物种中的直系同源基因与目标物种中的那些基因具有相似的序列和功能，但可能导致显著不同的表型（Xu et al. ，2005）。

亲缘关系很近的植物物种间基因内容和次序的保守性对基因的识别和注释有很大的

帮助。即使在亲缘关系很近的植物基因组中(它们的祖先在 1000 多万年以前就彼此分开了),只有直系同源区域中的基因是保守的。所有被研究过的具有大基因组的植物物种在最近 600 万年内已经通过反转录转座子的移动发生了进化,这些序列在物种间差异很大(Ramakrishna and Bennetzen,2003)。因此,那些在 5000 多万年以前彼此发生了分歧的植物物种只有外显子区域在基因间是保守的。这一特性已经非常成功地被用于改善基因注解(Tikhonov et al.,1999;Dubcovsky et al.,2001;Ramakrishna et al.,2002)。和EST 与蛋白质数据库中的项目的同源性以及以及上节介绍的基因预测程序的联合使用相比,利用比较序列分析可以更准确地预测基因结构。植物基因组之间基因组共线性、基因内容及次序的保守性对于根据跨物种的比较来分离基因有极大的帮助。

有时在植物基因组的其他方面共线性的区域中观察到基因内容的差异(Tikhonov et al.,1999;Tarchini et al.,2000;Ramakrishna et al.,2002;Bennetzen and Ramakrishna,2002)。这种现象会使基因的分离复杂化,但不会使方法完全失效。几乎在所有情况下,一个小基因组的物种将在单个细菌人工染色体(BAC)上提供许多 DNA 标记,这样能在大基因组物种中进行更详细的作图。染色体步移(chromosome walking)对于大麦、玉米和小麦这样的大基因组常常是困难的,其作为图位克隆的基本步骤将在以后的章节中详细描述。在这些情况下,与大基因组物种存在共线性的小基因组的相关植物物种(如水稻)可以用来鉴定和分离目的基因。这种方法有潜在的缺陷,特别是对于一些抗病性基因(Kilian et al.,1997;Leister et al.,1998;Pan et al.,2000)。抗性基因区域通常经历了快速的重排,导致由目标位点的缺失或易位引起的微共线性(micro-collinearity)的缺乏。然而,最起码,比较基因组学方法提供了来自一个物种的大量探针,可以用于另一个物种中的基因作图和分离(Ramakrishna and Bennetzen,2003)。

海量数据库的发展、高效的查询和比较软件以及不断改进的计算机促进了比较遗传学。许多水稻和其他禾本科中最初被测序的很多基因是通过丰富的 mRNA 来代表的(如那些编码储藏蛋白和光合作用蛋白质的基因)。相同基因家族的成员(如旁系同源基因),包括作图到相同基因组位置因而由一个共同的祖先基因通过纵向遗传演变而来的那些基因(如直系同源基因),常常在多个物种中被克隆和分析(Bennetzen and Ma,2003)。

当来自基因的两个独立部分的序列为中等保守时,可以尝试使用基于这两个序列的简并寡核苷酸(degenerate oligonucleotide)通过 PCR 来扩增内含子区域。扩增的 RT-PCR 产物或简并寡核苷酸可以用在核酸杂交中来筛选 cDNA 或基因组文库的菌落(colony)或噬菌斑(plaque)以找出目标基因的克隆。对于来自基因组文库的阳性克隆,需要证明该克隆确实含有目标基因,并需要进一步检测和鉴定基因在克隆上的位置。

11.2.2　比较分析中涉及的实验程序

Ramakrishna 和 Bennetzen(2003)描述了基于比较遗传图谱和(或)基因组序列信息的植物基因分离的方法。这种技术涉及以下环节:首先是共线性区域的鉴定,随后是克隆筛选,最后再通过序列分析来鉴定目的基因。

基本步骤

共线性区域的鉴定:具有大基因组的植物物种中目标位点的遗传图谱位置必须通过位点与紧密连锁的标记的分离分析来准确地确定。这些标记应该作图到一个有亲缘关系的小基因组植物物种的共线性区域,以便分离目标位点。具有共同分子标记的比较遗传连锁图谱可以作为最佳的起点。例如,玉米基因组大小约为 2400Mb,相当于约 2500cM 的遗传图谱。即玉米基因组中平均 1Mb=1cM。一个有 5000 个配子的大型作图群体,并且在分离的子代中无重组体,则目的基因就很有可能存在于 500kb 的区域以内。水稻基因组大小为 380~450Mb,遗传图谱约 1600cM。这使得水稻中的图位基因分离较玉米中容易得多。

在小基因组中不存在目的基因的情况下,我们仍然可以使用来自小基因组的直系同源区域的标记来进行大基因组的精细作图,因为在一些作物中标记常常是精细作图的限制因素。完整的作物基因组序列为选择合适的标记提供了丰富的信息。例如,可以使用来自水稻的合适标记来筛选玉米的 BAC 库,以鉴定包含目的基因的 BAC。下一步是在玉米的连续 BAC 上寻找侧翼标记(与目的基因紧密连锁)。这种研究的结果将显示在该区域内是否保持了全面的共线性。

克隆筛选和作图:对来自小基因组 BAC 文库的几千个克隆进行筛选,选择与作图在不同植物物种的共线性区域中的标记具有同源性的单独的克隆。

建立鸟枪法文库并测序:这两个步骤可以按照第 3 章中介绍的标准流程进行。

序列分析与注释:共线性 BAC 的序列分析(如当一个共线性的高粱 BAC 被测序,以根据玉米中的遗传图谱位置分离一个基因时)的第一步是界定保守区域,而这种区域相对于水稻又是不保守的。保守区域通常是基因,非保守区域则通常不是基因。来自直系同源 BAC 的全序列则利用 DOTTER 程序进行比较,以鉴定保守区域。基因可通过上节所述的方法进行预测。

候选基因的确认:可以采用几种独立的方法来研究候选基因的可能的功能。序列分析与注释,如上所述,通过比较序列分析、基因寻找程序和 BLAST 搜索来鉴定推定的基因。在该区域内检测出的基因的序列变异与基因结构分析(如抗病性基因情况下的感病和抗病品系中)可能有助于核实候选基因。作为例子,使用初步作图、克隆、测序、基因寻找和 BLAST 搜索鉴定了大麦 *Rpg1* 的两个候选基因。这些候选基因是通过 8518 个配子的分离分析以及对大麦秆锈病的感病品系和抗病品系的序列分析来鉴别的(Brueggeman et al. ,2002)。

可以进行进一步的实验分析来评估候选基因的功能,包括突变分析及表达分析。

突变分析可遵循以下步骤(Ramakrishna and Bennetzen,2003):

(1) 敲除突变(knock-out mutation)(即 T-DNA 或转座子插入)的分析;

(2) 通过将反义或正义基因构件转入野生型植物可以产生具有无功能基因或过表达基因的野生型品系;

(3) 可以使用 RNA 干扰,其中同源的双链 RNA(dsRNA)被用来抑制一个基因 RNA 干扰,通常导致无效的表型(与上相同,可结合起来);

(4) 互补作用研究,其中目的基因的一个野生型拷贝被转化到突变体中,以便考察 T_1 子代是否表现为野生型,后续世代中互补作用是否与转基因发生共分离;

(5) 通过定向诱导基因组局部突变技术(TILLING)搜索点突变,以产生等位基因的一系列突变。

利用 Northern 杂交分析、微阵列、报告基因构件,或反转录 PCR 来考察表达模式是否与目标基因的预测的生物学相一致,可以研究基因的组织特异性表达。

示例

植物中共线性的最综合应用可能就是利用水稻信息通过染色体步移来克隆特定的大麦抗性病基因的尝试。共线性提供了来自水稻的大量 DNA 标记,有助于大麦的染色体步移,导致了秆锈病抗性基因 $Rpg1$ 的分离,尽管与水稻的共线性没有得到该基因,因为该基因似乎不存在于水稻中(Brueggeman et al.,2002)。另一个例子是普通小麦的 $Lr21$ 叶锈病抗性基因,采取作为模式植物的二倍体小麦与普通小麦之间的穿梭作图的策略而成功分离(Huang et al.,2003)。但是大多数时候,存在微共线性(microsynteny)的破坏,妨碍了给定性状的候选基因的直接鉴定。当试图分离大麦叶锈病抗性基因 $Rph7$(Brunner et al.,2003)或光周期应答基因 $Phd-H1$(Dunford et al.,2002)时就是如此。萝卜中 Rfo 恢复基因的分离也有相似的报道:萝卜中侧翼这些基因的标记与拟南芥序列存在共线性,但基因本身并不存在于拟南芥中,虽然在拟南芥基因组的其他位置存在许多同源序列(Brown et al.,2003;Desloire et al.,2003)。

使用穿梭作图策略的案例必须逐个进行评估。现有的信息,不管是来自成功还是来自失败的例子,都有力地表明应继续优先发展有效的工具以分离每个重要家族内部的重要农艺性状的基因,正如 Delseny(2004)所指出的,虽然共线性在提供额外的标记来饱和精细遗传图谱及物理图谱方面有作用,但将我们自己限制在几种模式物种的使用上是不明智的。

11.2.3 主效基因辅助的 QTL 克隆

Robertson (1985)给出了证据表明质量性状与数量性状可能是相关位点上的基因 DNA 不同类型的变异的结果。在任何给定的位点上,次要性质的变异可能导致对基因产物负责的野生型等位基因具有不同的效率(即数量等位基因),而为正常功能基因产物所必需的主效基因区域中的主效基因重排或变化则可能导致质量性的突变等位基因。根据这个假说,Robertson 提出了一个克隆 QTL 的可能方法。根据以前的工作显然可知,数量变异的等位基因呈现可能的等位基因间的互作,且较质量变异有较小的单个效应。但是,质量突变体的等位基因可能仅仅是数量变异相同位点上的失去功能的等位基因。例如,考虑一个像株高这样的性状,在玉米中,至少已经鉴定出 17 个影响株高的质量突变体(Robertson,1985)。这些都是非等位基因突变体,且均定位到染色体上。在水稻中已经发现并定位了超过 50 个控制半矮秆或矮秆的位点(Kinoshita,1995)。如果所有这些位点有 2 个以上控制数量变异的野生型等位基因,那么这些基因的组合将差不多足以解释育种家们观察到的数量遗传模式。理论上,QTL 作图研究可以提供对这种假说的检验。

如果一个数量变异基因是质量变异基因的等位基因,那么它们应该作图到染色体上的同一位点。对于有些生物(如玉米和果蝇),许多控制形态学变异的主效质量位点已经被以很高的精度定位在遗传图谱上,而这些位置应该对相同性状的 QTL 定位具有预示性。正如 Robertson(1985)指出的,当一套位点就能够解释两种模式时,假定生物有机体保有数量性状与质量性状的两套位点是不合理的,更不必说是浪费了。

Robertson(1989)给出两个例子来支持他的假说。其中的一个例子是由一个主效基因控制的赤霉素缺乏,主效基因导致株高的数量差异。他还列出了一系列与相同种类的数量性状相关的质量性状。这个假说已经在玉米中检验过。Beavis 和他的同事试图检验质量突变体与数量变异的关系,他们利用 4 个玉米 F_2 群体对株高进行 QTL 作图,将这些QTL 的图谱位置与先前已知的相同性状的质量变异的位置进行比较(Beavis et al.,1991)。结果表明影响株高的 QTL 和主效基因的图谱位置在总体上是一致的,这与假说相吻合。

随着实际 QTL 作图的发展,QTL 和主效基因的位置相似得到很多研究结果的支持,我们在此只讨论几个早期的例子。在玉米中,许多影响株高的 QTL 定位于已知的主效位点上(Edwards et al.,1992),表明有些 QTL 可能与主效基因等位。在水稻稻瘟病抗性遗传分析中,通过对双单倍体(DH)群体中抗病与感病植株的随机扩增多态性 DNA(RAPD)分析将一个主效基因定位在 8 号染色体上(Zhu et al.,1994)。当利用分子标记对具有数量表型数据的抗性基因进行作图时,在同一染色体区域中发现一个控制数量抗性的 QTL(Wang et al.,1994)。在拟南芥的两种生态型(H51 及 Landsberg erecta)之间的杂交中鉴定了 5 个影响开花时间的 QTL,其中 4 个定位的区域包含先前被确定为推迟开花表型的突变或位点(Clarke et al.,1995)。总的来说,质量突变体和 QTL 之间的关联常常远高于偶然的期望。例如,在玉米中,包含离散的株高突变体的染色体区间中有75%也包含株高 QTL,而包含 QTL 的染色体区间中有 43%也包含突变体(Lin et al.,1995),尽管这种关联不是绝对的。一个 QTL 作图的报道在 5 个水稻群体中检测到 23 个株高的 QTL。根据限制性片段长度多态性(RFLP)标记确定的连锁关系,发现所有 13 个主效的矮化或半矮化主效基因都十分靠近这些株高 QTL(Huang et al.,1996)。在果蝇中,任何情况下刚毛 QTL 的图谱位置都大致对应于候选的神经元位点或具有主效刚毛表型的位点的图谱位置(Long et al.,1995)。但是,上面提及的大部分例子中 QTL 图谱定位的分辨率较低,增加了 QTL 与质量位点连锁而非相同的可能性,正如 Tanksley(1993)所述。在 QTL 的定位达到更高的精度和(或)克隆之前,很难证明特定的 QTL 事实上对应于由大突变体等位基因确定的已知位点。随着越来越多的 QTL 被克隆,可以检验是否存在相应的大突变体等位基因。

如 Helentjaris 等(1992)建议的,Robertson(1985)提出的理论为鉴别和克隆重要数量基因提供了一种可能的方法。对于以 Robertson 的建议为基础的 QTL 克隆,主效和微效基因都应该根据其对性状表达的相对贡献以及它们之间的相互作用而得到考察。可以预期,已知的主效基因和 QTL 之间的遗传关系是能够被确定的,或者 QTL 能与极端突变体比较,人们可以通过克隆相关的主效基因来验证这些关系并促进 QTL 克隆。

11.3　基于 cDNA 测序的克隆

一种鉴定基因的方法是克隆并测序 RNA。来源于 mRNA 的 cDNA 短序列,被称为表达序列标签(EST)。EST 通常长 200～500bp,一般由表达基因的一端或两端测序产生。基于 cDNA 序列的基因克隆方法已经在人类、秀丽隐杆线虫(*Caenorhabditis elegans*)和植物中被广泛应用。从 EST 分析得到的序列信息的精确性质和不断增加的功能已知的基因序列,使通过序列相似性分析来鉴定特定基因成为可能和有成效。思路是对 cDNA 测序(这些 cDNA 代表在不同生物体的某些细胞、组织或器官中表达的基因),然后利用这些"标签"通过碱基对匹配从一部分染色体 DNA 中钓出基因。从基因组序列中鉴定基因的难度因生物体不同而不同,取决于基因组大小和内含子(即打断基因的蛋白质编码序列的 DNA 间插序列)的有无。通过 cDNA 克隆的随机测序来产生 EST,已经在许多物种中鉴定了大量新基因。鉴于这种方法作为建立植物表型与其他生物体可用的大量序列信息之间关系的一种途径的效率,获得大量局部序列是可取的。

11.3.1　EST 的产生

要产生 EST 序列,需要分离 mRNA 并反转录成 cDNA。从 cDNA 的 5′端或 3′端或两端进行 cDNA 克隆的测序(见第 3 章)。然后对这些序列聚类以鉴定一系列暂定单一基因(tentative unique gene,TUG)或暂定重叠群(tentative contig,TC),并估计存在于初始样本中的不同 RNA 的数目。然后可以将这些 TUG 或 TC 与现有数据库进行比较,以鉴定哪些在考察的物种中已经被描述过,哪些在当前的数据库中还没有。参考其他生物 EST 的功能描述,可以预估该序列的功能(Cullis,2004)。继续对任何给定的样本测序,直到找出新序列的速率下降到一个可接受的水平以下。尽管会产生高丰度 RNA 的巨大冗余,但低丰度的 RNA 及只在特定细胞中表达的那些基因仍然可能被遗漏。因此,促进特定组织或细胞分离的技术,如激光捕获显微术(laser capture microscopy)和 RNA 扩增,可能有助于鉴定以低水平表达或在非常少的细胞中表达的基因。

因一个基因可以多次转录为 mRNA,最终由这种 mRNA 产生的 EST 可能是冗余的。也就是说,同一 EST 可能有许多相同或相似的拷贝。这样的冗余和重叠意味着当有人在 dbEST 中搜索特定的 EST 时,他们可能检索出一长列标签,其中很多可能代表同一个基因。查遍所有这些相同 EST 可能非常费时。为了解决冗余与重叠的问题,美国国家生物技术信息中心(NCBI)的研究人员开发了 UniGene 数据库。UniGene 将 GenBank 序列自动划分为一个无冗余的面向基因的聚类集合。聚类和把单个的 EST 组装为 TUG 或 TC 将减少序列冗余,最终得到的一致序列(consensus sequence)应较数据库中单个的 EST 更准确且更长。聚类算法将鉴定一个基因家族的所有转录本,并从 EST 数据中生成一个一致序列。减少冗余测序的一个可选的方法是增加低丰度转录本的 RNA 群体。Cullis(2004)描述了一系列的归一化和差减法以在克隆前富集这些低丰度的 RNA。高丰度的 cDNA 克隆可以通过利用 RNA 标签筛选高密度的 cDNA 过滤器而在测序前被移除。杂交强的克隆会被排除而最低杂交强度的克隆会重排并测序。EST 项目的最终目标是开发包含生物体全部基因的 UniGene 集合。

当在基因克隆的过程中使用 cDNA 文库时,测序的 cDNA 被用作遗传作图的分子标记,产生一个基于 cDNA 标记的饱和遗传图谱来定位基因,并最终确定哪个 cDNA 与基因效应相关。此外,通过转化或互补实验可以证实 cDNA 是否是基因。随着反向遗传学技术的发展,我们可通过定点突变和遗传工程来研究突变的 cDNA 的遗传效应及其对数量性状的影响,这可以有助于确定哪些 cDNA 与给定的性状有关(Xu, 1997)。

尽管广泛认识到 EST 的产生构成了鉴定基因的一种有效策略,但必须承认 EST 方法有若干局限性。其中之一是从某些组织和细胞中分离 mRNA 非常困难。这导致了仅在这些类型的组织或细胞中表达的某些基因的数据缺乏。第二个是重要的基因调节序列可能存在于内含子或基因的非转录区域(如启动子)。因为 EST 是由去除内含子的 mRNA产生的 cDNA 的小片段,只关注 cDNA 测序可能使大量有价值的信息丢失。尽管有这些局限性,EST 在刻画植物基因组方面仍然是非常有用的。

11.3.2　全长 cDNA 的产生

在后基因组时代,全长 cDNA 的构建是各种基因组计划的焦点。作为植物基因功能分析的必要资源,全长 cDNA 可以用于很多领域,如基因注释,包括拼接位点、表达谱、运用 X 射线晶体学测定蛋白质结构及转基因分析(Cullis, 2004)。通过利用全长 cDNA 来进行验证,可以确认根据基因组序列数据和可变剪接事件(alternative splicing event)的发生预测转录单位。全长 cDNA 可以用在同源和异源的表达系统中,产生大量蛋白质供功能及结构研究以确定基因的功能。此外,全长转录本的测序使我们可以鉴定来自基因家族的不同成员的 RNA。

全长 cDNA 文库的构建在技术上较 EST 构建更有难度。通过反转录无法高效地产生第一链的全长 cDNA,特别是当 mRNA 有稳定的二级结构时。因此,由 cDNA 构建的文库可能同时包含全长和部分的 cDNA 序列。一种利用高含量全长克隆构建 cDNA 文库的方法从第一个转录核苷酸开始。最近已经确定了一些与合成及克隆全长 cDNA 有关的关键问题。最重要的是起始材料的纯度与完整性。mRNA 常被核内不均一 RNA (hnRNA)污染,因为从植物组织中专门分离细胞质 RNA 很困难。真正的全长 cDNA 既可以从 5′端也可以从 3′端非编码区域产生序列信息。全长 cDNA 应包含从 CAP 位点到 poly(A)添加位点的全部序列。然而,普遍认为包含整个蛋白质编码序列的 cDNA 对于精确的全长测序而言是有价值的。

Cullis (2004)描述了一种收缩全长 cDNA 的方法。利用 CAP 位点和 mRNA 的 3′端是携带二醇结构的仅有位点的原理,开发了用于 CAP 结构的生物素标签。每个 mRNA 末端的二醇基团都被生物素标记,然后合成 cDNA 的第一链。合成是由兼并引物 [XTTTTTTTT(限制性酶切位点)]起始的。然后用 RNase I 消化反应混合物,它能在任何位点切割单链 RNA 分子,以去除未与 cDNA 配对的 RNA 分子。因此,所有没有得到其部分 cDNA 保护的 mRNA 的 5′端都作为单链暴露出来,像所有被生物素标记的 3′端那样都被切除(与生物素标记的 CAP 结构一道被切除)。全长的 cDNA 被包裹有链霉亲和素的磁性珠捕获,之后 cDNA 从珠上释放,并通过 RNase H 和碱水解破坏 mRNA。之后 cDNA 经低聚(dG)加尾并以此为合成第二链的引物。同样,这个引物也有一个包含限制性酶切位点的延长部分。第二链合成后,可以利用由第一链和第二链引物插入的限制性酶切位点克隆全长 cDNA。

可以利用 5′ RACE 和 3′ RACE(cDNA 末端快速扩增)技术获得目标基因的全长 cDNA。RACE 通过反转录继之以 DNA 拷贝的 PCR 扩增,产生是目标 RNA 序列的 DNA 拷贝。然后对扩增的 DNA 拷贝测序以获得原始 DNA 的部分序列。RACE 可以通过 RNA 的 5′端(5′ RACE-PCR)或 3′端(3′ RACE-PCR)转录本内部的一小段已知序列来提供 RNA 转录本的序列。

11.3.3　全长 cDNA 的测序

cDNA 克隆的广泛可用性和有效性已经激起了利用高通量方法获取全长克隆的完整序列的兴趣。获取全长 cDNA 克隆序列的方法与用来产生 EST 数据的方法是不同的。许多全长 cDNA 要比由 3′端和 5′端插入获得的序列结果更长。因此,需要额外的测序策略来获取全长 cDNA 序列。有如下三种可能的全长测序策略(Cullis,2004)。

(1)转座子诱变(Kimmel et al.,1997):转座子在体外随机插入 cDNA,使用根据转座子两端设计的引物进行测序。典型的情形下,每个 cDNA 克隆经过转座反应来产生一个亚克隆群体,每个包含一个不同位置上的转座子。然后使用转座子特异引物对亚克隆测序,最常用的是来自插入转座子的两端的引物。一系列不同转座位点的测序对完整 cDNA 序列的拼接是足够的。

(2)串联 cDNA 测序(concatenated cDNA sequencing,CCS)(Yu W et al.,1997):多个 cDNA 插入被分离,汇集并用酶连接。然后整个 cDNA 串联群体使用鸟枪法测序(可看作单个大插入的基因组克隆),单个的 cDNA 序列由计算机分析序列装配后推断。该方法非常适用于现有的高通量测序条件。然而,它同样伴随着一些技术挑战,包括最初 cDNA 串联体及鸟枪法文库的构建,cDNA 序列的解卷积(de-convolution)计算及由单个 cDNA 的质量不均匀所引起的问题。

(3)引物步移(primer walking):根据 5′端和 3′端序列设计引物并用于第二轮测序。然后设计和使用更多的引物,直到获得整个连续的 cDNA 序列。该方法已经应用于 cDNA克隆的大规模、全插入测序(Wiemann et al.,2001)。但是,这种方法也有一些局限性。首先,合成寡核苷酸的广泛使用大大增加了总成本。其次,更大的 cDNA 克隆的测序涉及许多迭代的步移过程,在一些情况下需要长时间的工作。最后,确保正确的引物-模板关联存在后勤供应的问题,特别是大规模应用时。

11.3.4　鉴定基因的定向 EST 筛选

当基于与已知基因的边缘相似性或预测的相似性从特定生物体中分离基因时,相似性通常较远而使杂交或基于 PCR 的方法无法使用。在这种情况下,定向的 EST 筛选可能是有用的。获取 EST 数据,在其中搜寻特征序列以确定一个特定的 EST 是候选基因。关于特征序列基序的最大信息以及它们在目标蛋白质序列中的大致位置是该方法成功的关键。

成功进行特定基因鉴定的定向 EST 筛选取决于两个因素(Nunberg et al.，1996)：①来自有亲缘关系的物种的充足的信息,允许特定基序的保守性进行可靠的预测,以及即使在序列数据相对有限时也能识别它们和全部序列相似性的能力；②目标基因的 mRNA 丰度中等,且在特定组织中富集。在植物中有许多直接 EST 筛选的成功例子,这种方法可以成为基于序列基序保守性分离新基因或从新物种中分离保守性较低的已知基因的特别的方法。在这些情况下,直接 EST 筛选在本质上较基于杂交或 PCR 的筛选更迅速和可靠。

11.3.5　用于基因发现与注释的全长 cDNA

全长 cDNA 的测序解决以下问题(Seki et al.，2005)。第一,它可以准确识别 $5'$ UTR 和 $3'$UTR。第二,通过与完整的基因组序列比较,它能识别所有内含子的精确位置。第三,它有助于新基因的发现。

在根据基因组 DNA 进行的所有基因预测中,基因边界和外显子-内含子结构的精确鉴定受阻于缺乏实验证据的支持。全长 cDNA 序列和生物信息学软件可以提供染色体 DNA 中基因结构的了解。因此,全长 cDNA 序列对于证实已测序的基因组中预测的基因是至关重要的。有了全长 cDNA,能够检查基因编码区的内容,也能够检查编码序列的 $5'$ 上游和 $3'$ 下游的序列。此外,就基因的存在而言,得到全长 cDNA 以后有可能训练基因搜寻程序,使基因组的未知区域可以被更准确地注释(Cullis,2004)。来自少数模式植物的很多全长 cDNA 和训练过的基因搜寻程序将使鉴定更多其他植物的部分基因组序列中的基因更容易。

11.4　定 位 克 隆

高密度的分子标记连锁图谱提供了另一种基因克隆的方法,即定位克隆(positional cloning)或称图位克隆(map-based cloning)。定位克隆通常包括侧翼目标基因并与其紧密连锁的标记的识别,通过使用构建的各种基因组文库,如酵母人工染色体(YAC),步移到基因,以及通过转化分离基因与野生型的比较或隐性等位基因的互补作用确认基因的效应(Meyer et al.，1996；Paterson,1996b)。理论上,定位克隆的方法可分离任何能精确定位的基因。

11.4.1　定位克隆的理论考虑

对于没有完整序列可用的植物物种,可通过两标记间的步移识别侧翼目标位点的 DNA 标记并用这些标记鉴定一系列连续的 DNA 克隆(重叠群),最终获得与目标位点相应的基因 DNA,这是大量研究的基础。在局部方面来看,特定区域的染色体步移提供了分离遗传作图定位在该区域的基因的手段。从整体角度而言,整个染色体重叠群的拼接可以提供有效的资源,减少未来对特定位点进行小规模调查的需要。

染色体步移是一种根据其最近的已知基因标记克隆基因(如疾病基因)的技术。离基因最近的连锁标记(如 EST 或已知基因)被用于调查基因组文库。来自阳性克隆末端的限制性酶切片段可用于检测基因组文库以确定重叠的克隆。重复这个过程若干次,直到步移过染色体而到达感兴趣的基因。图11.3A中染色体步移起始于包含 *mkrB* 的克隆。克隆的末端(空心框)用于搜索基因组文库。来自相邻基因组片段的克隆从而被鉴定和分离。这些克隆的远侧末端被用于重新搜索文库。重复以上步骤直到检测到包含 *mkrA* 或 *mkrC* 序列的克隆。然后必须评估两标记 *mkrA* 和 *mkrC* 间的克隆中是否存在目标基因 *yfg*。

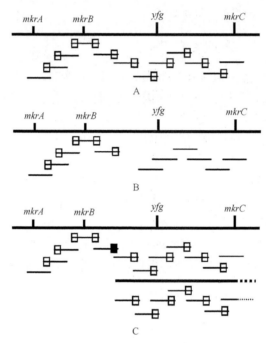

图 11.3　染色体步移。(A)染色体步移从包含 *mkrB* 的克隆起始。克隆的末端(空心框)用来搜索基因组文库直到一个克隆包含 *mkrA* 或 *mkrC* 的序列。然后评估两标记 *mkrA* 和 *mkrC* 间的克隆中是否存在目标基因 *yfg*。(B)染色体步移中断,因为要穿过的一段不能克隆的区域。(C)染色体步移因其中一个克隆末端探针(实心框)是重复序列而绕道

　　如果目标物种有完整的分子图谱,就能利用已排序的 YAC、P1 衍生人工染色体(PAC)、BAC 或黏粒克隆。知道哪些分子标记与目标基因相邻可以自动识别需检测的 YAC 和(或)黏粒。

　　染色体步移的一个难点是确定基因在两个标记之间的位置。动物(或园艺植物)基因组印迹杂交[Zoo (or garden) blot],其中来自很多物种的 DNA 被限制酶酶切、电泳和 Southern 印迹杂交,可能是有用的。基因序列较基因间序列在进化中更可能是保守的。GC 岛(GC island)的鉴定或外显子捕获(exon trapping)的使用也可能是有用的。步移时还存在其他问题。染色体步移可能因需穿过的一段区域不能克隆而中断(如它是对寄主细胞有毒的)(图 11.3B)。染色体步移可能因一个克隆末端探针(图 11.3C 中的实心框)是重复序列而在许多方向上绕道。

　　通过用一个完整的遗传图谱来估计基因组的总"遗传长度",可以计算相应于 1% 重

组率的"遗传距离"(即 1cM)的 DNA 的平均量。对应与 1cM 的 DNA 的物理量在高等植物间差别很大,从拟南芥中的约 280kb 到大麦中的超过 7000kb。奇怪的是,尽管不同分类单元在每厘摩的平均 DNA 量上存在显而易见的差异,但是同源位点间的遗传(重组)距离往往是显著相似的。这种趋势表明,高度重复的 DNA 元件作为解释植物基因组物理量大小差异的主要因素可能在重组中是相对不活跃的。另外,遗传距离和物理距离的对应关系在基因组内不同位置上存在广泛的差异。番茄,平均约 750kb/cM,估计到的个别区域显示出低至 50kb/cM 到超过 4000kb/cM 的变化(Pillen et al.,1996)。已知着丝粒区域倾向于抑制重组,许多遗传图谱在着丝粒附近显示出 DNA 标记的聚集。重复DNA 之外的因素,如渗入的染色质或重组热点也可以显著影响遗传距离和物理距离之间的关系(Paterson,1996a)。

就减数分裂后子代的数目而言,定位克隆有不可预测性,这种子代数目在一个研究预期中要进行基因型鉴定,以便将候选染色体区域缩小到少量的候选基因。例如,在水稻中,只对 1600 个配子进行基因型鉴定,来将 $Pi36(t)$ 等位基因定位到 17kb 的分辨率(Liu X Q et al.,2005),而对 18 944 个配子进行基因型鉴定将 $Bph15$ 等位基因定位到更低的 47kb 的分辨率(Yang et al.,2004)。Dinka 等(2007)以水稻为模式物种描述了改善这种预测的详细方法。他们通过将这些理论估计与 41 个成功的定位克隆工作进行比较,推导、验证并精细调整了用于估算作图群体大小的公式。然后,他们用每个经过验证的公式来检验从一个参考 RFLP 图谱中抽取的邻近的减数分裂重组率能否帮助研究者预测作图群体大小。

重叠群装配中的主要考虑是每一"步"的大小——即用于构建文库的克隆载体所能携带DNA 的量。这种考虑是把"双刃剑"—— 较大的步在重叠群的装配进程中更快,但分辨率较低,因为必须从更大的 DNA 片段中鉴定目标基因。染色体步移中已经使用过不同的克隆载体,从可携带 10～20kb 外源 DNA 的 λ 噬菌体到 400～700kb 的 YAC 载体。

虽然染色体步移在小基因组的生物体种简单易行,但是很难在大部分具有大而复杂的基因组的植物中应用。染色体步移策略基于这样一个假设:找到物理上靠近目的基因的 DNA 标记是非常困难且费时的。技术的发展已经使这个假设在很多物种中失效。结果,绘图的模式已经改变了,这样在距离目标基因的一定物理距离内分离一个或更多的DNA 标记通常是可能的,这个距离小于用于克隆分离的基因组文库的平均插入片段的大小。然后将 DNA 标记用于筛选文库,分离(或"着陆"在)包含基因的克隆,不需要任何染色体步移且没有与之相关的问题(Tanksley et al.,1995)。通过这种染色体着陆(chromosome landing)方法,Martin 等(1993)分离了番茄基因 Pto,能够抵抗桑细菌性疫病病原菌(*Pseudomonas syringae* pv.)。这说明了染色体着陆的优势,在于最初着重于很多紧密连锁的 DNA 标记的分离,不需要染色体步移,而高分辨率连锁图谱的发展促进了候选 cDNA 的鉴定。这个方法已成为定位克隆的主要策略,被应用于分离植物中的主效基因和 QTL。

重叠群组装,或者染色体步移/着陆,促进了定位克隆——以遗传图谱信息为基础分离基因。定位克隆已被证实是高等植物中基因分离的有效方法,但是可能由于物理上的大基因组、显著的重复 DNA 片段和多倍性而复杂化。定位克隆有几个基本要求(Paterson,1996b):①目标基因划定到一个小的染色体区间,最好有两个侧翼的 DNA 标记,被一个单一的兆碱基 DNA 克隆包括,或者被几个兆碱基 DNA 克隆的一个重叠群包括;②具有一种在兆碱基 DNA 克隆中识别转录本的方法;③将外源 DNA 导入目的植物中形成有效转化体系,通过突变体互补作用来鉴定目的基因。当前,定位克隆的基本要求是具有相对较大的 DNA 片段的综合性基因组文库的可用性,通常用 YAC 载体。染色体着陆方法能够容易地应用于克隆以高分辨率作图的 QTL。植物中 QTL 的高分辨率作图已经取得了进展,染色体着陆已经应用于克隆数量性状的基因,正如下节的示例。如同 Xu (1997)十多年前所预期的,到目前为止已经克隆的 QTL 是具有大的效应并且容易通过转化验证的那些。

基因组序列信息已改变了定位克隆的程序,因为染色体比对的基因组序列信息允许略过定位克隆中的几个步骤(Jander et al.,2002)。随着大量的基于序列的分子标记的可利用,一定水平的遗传作图可能会很快地将目标性状与某一特定的基因组区域联系起来,进一步的精细作图工作可以基于序列信息使目标基因组区域缩小到几个候选基因。这随后便是克隆,通过转化进行互补实验,以及整个目标区域内序列的高质量的重新测定,而不需要以前已测定的野生型 DNA 序列为引导。图 11.4 提供了 1995 年和 2002 年之间拟南芥中的图位克隆的比较,随着完整的基因组序列的可用性,图位克隆需要的总工作量由 3～5 人/年减少至不到 1 人/年。

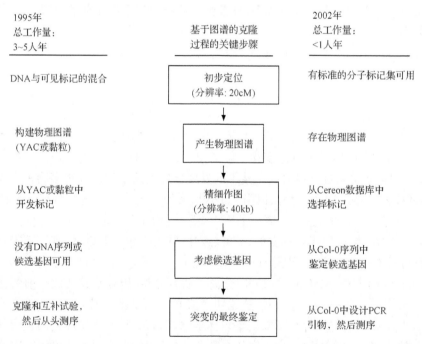

图 11.4　涉及拟南芥中的图位克隆工作的比较。给出了 1995～2002 年已变简单的关键步骤 [Jander et al.,2002;引用获得美国植物生物学家学会(American Society of Plant Biologists)的授权]

已提出克隆多个 QTL 及具有小效应的 QTL 的方法。Peleman 等(2005)提出了在单个群体中精细作图多个 QTL 的方法。第一步是对群体的一小部分进行粗放的作图分析。一旦通过标准方法将 QTL 定位到一个染色体区间,则用已确定的 QTL 的侧翼标记分析 1000 个以上植株的大群体,来选择 QTL 等基因重组体(QTL isogenic recombinant, QIR)。QIR 在目标 QTL 区间具有重组事件,而其他 QTL 具有相同的纯合基因型。随后只对这些 QIR 进行表现型鉴定,用于 QTL 精细作图。通过早期只集中于群体中的信息性个体,与先前的方法相比对群体进行基因型鉴定和表现型鉴定的工作显著减少。精细作图的连锁不平衡方法也可以提高 QTL 检测的准确性(Bink and Meuwissen,2004; Grapes et al.,2004)。

对效应小的 QTL,在缺少全基因组序列的情况下精细作图和定位克隆都会很困难。然而,在这种情况下,反向遗传学可以通过 QTL 内在的候选基因的功能基因组分析来提供一种解决方案。例如,Liu 等(2004)鉴定了 5 个候选的防卫反应(defence response, DR)基因,这些基因与稻瘟病抗性 QTL 位置相同,并与稻瘟病抗性水平相关联。

11.4.2 定位克隆的例子

定位或候选基因分离已经非常成功。一些早期的重要例子包括:①用突变体分析和已测序的基因组(Jander et al.,2002)或通过在测序或未测序的基因组中无突变体(Buschhes et al.,1997)识别质量表型内在的基因;②在未测序的基因组中鉴定数量表型内在的基因(Frary et al.,2000),以及在已测序的基因组中使用定位分析和结构/功能解释(Yano et al.,2000);③将基因的功能与其他物种中的直系同源基因比较的,探索基因在代谢途径中如何与其他基因互作(Izawa et al.,2003)。

随着水稻基因组研究的发展,与相同性状或性状构成因素相关联的若干 QTL 已被克隆。这包括 4 个抽穗期的 QTL——*Hd1*、*Hd3a*、*Hd6* 和 *Ehd1*(Yano et al.,2000; Takahashi et al.,2001; Kojima et al.,2002; Doi et al.,2004)以及与谷粒数(*Gn1a*)和谷粒大小(*GS3*)的 QTL(Ashikari et al.,2005; Fan et al.,2006)。最近,第一个具有显著多效性效应的 QTL 已被分离(Xue et al.,2008)。从一个优良的杂交水稻中分离出来的 QTL *Gdh7* 编码 CONSTANS、CONSTANS-LIKE、TOC1(CCT)域蛋白,对水稻的大量性状具有主效应,包括每穗粒数、株高和抽穗期。在长日照条件下 *Gdh7* 表达增强,延长花期,增加株高,增大稻穗。Sakamoto 和 Matsuoka(2008)总结了与水稻产量及其构成因素相关的鉴定的基因,包括穗粒数、粒重、籽粒饱满度、株高及分蘖数。这一节将详细讨论 *fw2.2* 的克隆(Frary et al.,2000),作为在未测序的基因组中识别数量表型内在的基因的一个例子。

初步遗传作图

(1) 在主要的种间作图群体中鉴定了若干与番茄果重相关联的 QTL(~11):*Lycopersicon pennellii*(小果实)× *Lycopersicon esculentum*(大果实)。

(2) 所有的野生番茄(*Lycopersicon* spp.)都包含 *fw2.2* 位点上的小果实等位基因;现代品种具有大果实等位基因,这表明该位点是一个驯化位点(domestication locus),部分隐性突变导致了大的果实。来自现代品种的 *fw2.2* 位点的等位基因在分离群体中使果重增加 5%~30%,但是在近等基因系(NIL)群体中使果重增加 47%。

　　（3）培育了近等基因系，在 *L. esculentum* 背景中总共具有 41.9cM 的 *L. pennellii* DNA（包含 *fw2.2*）（图 11.5A）。

　　（4）精细作图使包含 *fw2.2* 的区域缩小到两个 YAC 克隆（150kb 区域）（Alpert and Tanksley，1996）（图 11.5A；图 11.6）。

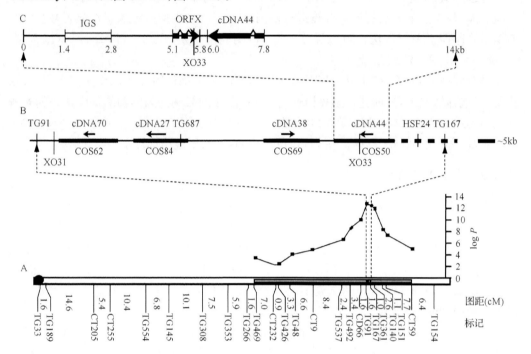

图 11.5　*fw2.2* QTL 的高分辨率作图。（A）在普通番茄（*Lycopersicon esculentum*）和一个 NIL 之间的杂交中，*fw2.2* 在番茄 2 号染色体上的位置，该 NIL 包含来自 *Lycopersicon pennellii* 的小的渗透片段（灰色区域）（Alpert and Tanksley，1996）。（B）*fw2.2* 候选区域的重叠群，由 XO31 和 XO33 上的重组事件定界（Alpert and Tanksley，1996）。箭头代表 4 个原始的候选 cDNA（70、27、38 和 44），水平粗线条是用这些 cDNA 作为探针分离的 4 种黏粒（COS62、84、69、50）。垂直线是 RFLP 或分裂多态序列标记（CAP）的位置。（C）COS50 的序列分析，包括 cDNA44、ORFX、AT 富集重复区以及最右边的重组事件 XO33 的位置（Frary et al.，2000）。转载获得 AAAS 的授权

精细作图和候选基因的鉴定

　　（1）包含 *fw2.2* 的 YAC 克隆被用作模板来筛选包含显性等位基因（*Fw2.2*）的 cDNA 文库，这允许按目标位置对候选基因进行搜索。

　　（2）鉴定了 100 个阳性 cDNA 和 4 个单一转录本（unique transcript）。

　　（3）用 4 个标记对 3472 个 F_2 代个体［来源于 NIL×轮回亲本（RP）的杂交］进行筛选，以确定 cDNA 沿着 YAC 的标记顺序（图 11.5B）。另一个方法是对 YAC 测序，然而这个方法更昂贵。

　　（4）用 cDNA 从包含 15～50kb 基因组克隆的一个 *L. pennellii* 黏粒文库中鉴定 4 种黏粒克隆（图 11.5B），它的大小足够使每个克隆包含一个以上的基因，包括增强子/启

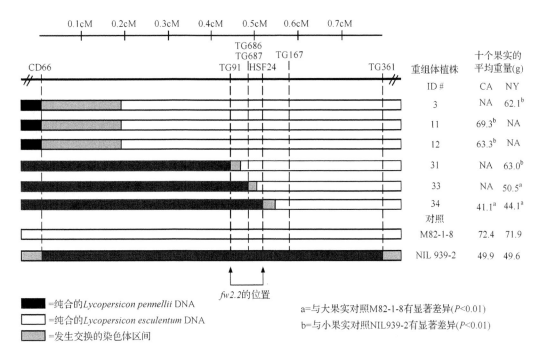

图 11.6　2 号染色体的 *fw2.2* 区域中纯合重组体的图示基因型。每种重组体植株的 5 个重复被种植在加利福尼亚州(CA)和纽约(NY)。将每个重组体的 10 个单果的平均重量(g)与大果实的 M82-1-8 和小果实的 NIL939-2 对照作比较。重组体 3#、11#、12# 和 31# 平均果重显著的大于(b; P<0.01)小果对照 NIL939-2 的果重,而重组体 33# 和 34# 的平均果重显著地小于(a; P<0.01)大果对照 M82-1-8 的果重。依据显示统计显著性的最小区域,重组体 31# 和 33# 确定了 *fw2.2* 的区域(两箭头间的区域)。害虫侵染的结果很少或没结果的植株的果实不能用于果重分析(NA)。黑色框和白色框分别显示了野生番茄(*Lycopersicon pennellii*, NIL939-2)和栽培番茄(*Lycopersicon esculentum*, M82-1-8)在分子标记上的纯合状态。灰色框显示了发生遗传重组的两个分子标记之间的大体位置。分子标记之间的遗传距离(用虚线分开)用厘摩(cM)标明(Alpert and Tanksley,1996)Ⓒ, 美国国家科学院,1996

动子、5′UTR 和 3′UTR、内含子和外显子。

互补测验

(1) 经鉴定的黏粒候选克隆用于具有两个栽培遗传背景(Mogeor,TG496)的转化实验。在半合子的 R_0 代,由于 *L. pennellii* 的不完全显性,转化株的单果重与对照相比没有显著差异。因而将 R_0 植株自交,对具有和不具有转基因的纯合 R_1 个体的表型进行比较。

(2) 只在 COS50 转化株中观察到单果重的差异,且在 Mogeor 和 TG496 遗传背景下都差异显著。

(3) 通过对 COS50 克隆测序,鉴定了两个可读框:cDNA44(用作探针)和 ORFX(图 11.5C)。

(4) 与 COS55(XO33)重组,将 *fw2.2* 划定到含有 ORFX 的区域。

ORFX 特性的探索

（1）与大果实的（栽培的）RP(*fw2.2*)相比，在小果实的 NIL(*Fw2.2*)中发现了显著高水平的 ORFX 转录本。在 *L. pennellii* cDNA 文库中没有检测到 ORFX 转录本。从开花前的心皮种提取的 mRNA 中利用 RT-PCR 仅仅检测到低水平的转录本。

（2）RP 中的心皮较重，但 RP 中的细胞大小与 NIL 相同，这表明 ORFX 控制开花前的心皮细胞数目。

（3）ORFX 被发现编码一条约 22kDa、含 163 个氨基酸的多肽。

（4）BLASTP 表明只与 GenBank 中的植物基因匹配（双子叶植物、单子叶植物、裸子植物）；没有哪个假定的同系物具有已知的功能。

（5）被断定的蛋白质的三维立体构型与小鼠中异源三聚体鸟苷三磷酸结合蛋白相似，这个蛋白质与细胞分裂的控制有关。

ORFX 的特征

（1）ORFX 代表了一个以前不曾表征的植株特异的多基因家族，它在番茄中至少有 4 个旁系同源基因，在拟南芥中有 8 个同源基因（组织成两个或三个基因的基因簇）。

（2）来自 *L. pennellii* 和 *L. esculentum* 的 ORFX 等位基因的序列比较（830nt 片段，包括来自 5′UTR 的 95nt，来自 3′UTR 的 55nt）显示了 42nt 的差异。

（3）ORF 高度保守，在内含子中只有 35nt 的差异；4 个沉默变化（silent change）；3 个导致氨基酸的变化。得出结论认为，等位基因的功能差异可以归因于 ORFX 的编码和上游区域中序列变化的组合。

（4）小果实 NIL 中细胞分裂的减少与高水平的 ORFX 转录本相关，这表明 ORFX 在细胞分裂中起负调控作用。

11.5　通过诱变鉴定基因

用于遗传分析和植物育种的表型变异来源于自然变异或诱导的突变。在种植资源的收集和保存中，自然的表型变异在种质收集中观察到，作为遍布基因组的不同"突变"的随机收集而存在，尽管自然选择使这些突变得到保留。诱变作为植物育种中的一种工具已经使用了很多年，释放了很多品种。如第 1 章所述，各种各样的物理和化学诱变剂已经被用来创造很多独特的植物突变体，来增加变异量。诱变方法已经引起了植物分子生物学家的注意，因为它们提供了一个识别所需基因的方法（Xu et al. , 2005）。全基因组诱变为植物中包含的每个基因的突变提供了机会。

在功能基因组学中，覆盖所有有可能基因的突变群体或突变体库已成为一个日益重要的工具。利用化学和物理诱变、T-DNA 插入以及转座子标签法可构建突变体库（Joen et al. , 2000；Leung et al. , 2001；Xue and Xu, 2002；An et al. , 2003；Hirochika, 2003；Hirochika et al. , 2004）。这些突变体库可用于以失功能分析（loss-of-function analyse）为基础的功能分析。功能获得（gain-of-function）方法，如 T-DNA 激活标签法和基因超量表达,是用于突变体表现型的成功鉴定的插入诱变的有力补充。还培育了增强子捕获系(enhancer trap line),这有助于调控元件的检测和分离(Wu C et al.,2003)。

与核酸序列表征不同,此方法是直接证明序列具有功能。这可通过将这个序列重新导入合适的植株或通过突变敲除这个基因来实现(Cullis,2004)。用于诱变基因和鉴定那些突变体的技术包括插入诱变(Azpiroz-Leehan and Feldmann,1997)和 TILLING 方法(McCallum et al.,2000),可识别目的基因中单个碱基的改变。第三个破坏基因功能的方法是通过 RNA 干扰(RNA interference,RNAi)使基因沉默(Cogoni and Macino,2000)。

也许植物分子生物学家为了基因克隆使用的最常用的诱变剂是插入诱变剂、T-DNA 和转座因子。这些诱变剂的优点是它们既破坏基因,也充当回收植物基因 DNA 的工具。这个过程称为基因标签(gene tagging),提供了一个考察目的基因突变的生化及发育后果的方法,也提供了一个比较容易使用的分离受影响基因的方法。

诱变引起的损伤的性质决定产生的遗传改变的功能类别。缺失、插入和重排更可能产生失去功能的等位基因,而点突变可以导致更大范围的效应,包括减效等位基因、超效等位基因和新效等位基因(即按相应的次序减少、增强基因功能或产生新的功能的等位基因)(Alonso and Ecker,2006)。

11.5.1 突变体群体的产生

查明基因功能的最可靠方法是破坏这个基因,然后确定得到的突变个体中的表型变化。一个生物体的大量突变体对科学界来说非常有价值,并且会加快基因功能分析的速度。表 11.1 列出了诱变剂及相关的突变。最常用的两个诱变方法是插入和缺失。

表 11.1 诱变剂及相关的突变

诱变剂	突变类型
乙基甲烷磺酸盐(EMS)	CG≫AT 转换(点突变)
二环氧丁烷(DEB)	点突变,小的缺失(6~8bp)
快中子(FN)	缺失(多达 1kb)
X 射线	染色体断裂重排
T-DNA	插入
转座因子(TE)	插入/缺失
RNAi 结构	插入,该处的转录产物引起基因沉默

来自单个纯合基因型(即自交系)的诱变群体拥有共同的遗传背景,个体仅仅在基因组中的一个或少数诱变位点上有差异(等基因系)。转基因诱变品系携带分子标签,便于候选基因座的快速识别。化学诱变品系只携带小的插入/缺失或点突变(表 11.1),除非候选区域已确定否则这些突变都很难被发现。在玉米中已经报道了高达 10^{-3} 等位基因/每基因的突变率,表明在没有互补作用筛选的情况下,通过筛选少至 3000 个 M_2 家系或 3000 个 M_1 植株便可能找到任何一个给定基因的等位基因(Candela and Hake,2008)。

敲除诱变(包括大多数化学诱导的)具有以下的局限性。①冗余性:植物中高度的基因重复"遗传缓冲"(备份/第二拷贝),以至于敲除基因家族的一个成员可能不会影响其表型;②致死性:有些基因的功能是必不可少的,一旦破坏就会致死,因此永远得不到在这些位点上发生敲除的植株或后代。如果必要的条件得到满足,则可以获得条件致死的突变体,如温度敏感性。

模式系统中的资源群体(resource population)为所有生物学家提供了基因组范围的资源,因此他们不必再为每个实验去培育这种群体。这些群体使得独立的实验可以将结果建立在彼此之上,因为同一套突变体得出的数据可以保存在共同的数据库中,以便世界范围内合作。

11.5.2　插入诱变

在很多植物中插入诱变通过内源转座因子的切除和重新整合自然地发生。将已知的DNA 片段插入到目的基因,相对来说,已成为哺乳动物和植物中很多系统的一种极有价值的基因组学工具。依据使用的元件的类型,可将插入事件分为 T-DNA 标签(T-DNA tagging)、转座子标签(transposon tagging)、逆转录转座子标签(retrotransposon tagging)或者包载标签(entrapment tagging)。插入事件也可根据其插入位点和插入的类型来标识(Jeon et al. ,2004)。当一个基因的编码区域或者调控区域中有插入时,基因敲除造成的是无效突变(null mutation)。若插入发生在启动子或者 3′UTR 中,则"敲落"突变(knock-down mutation)减少基因的表达量。"敲入"(knock-on)(或激活标签)突变具有一个携带组成性启动子的插入元件,如花椰菜花叶病毒(CaMV)35S 启动子,这种启动子可以促进插入片段附近基因的表达。"碰撞"突变(knock-about mutation)是一种不抑制基因的正常功能的插入。"敲门"突变(knock-knock mutation)有多个插入,导致多个基因的敲除。最后,"敲坏"突变(knock-worst mutation)包括导致大规模染色体重排的插入事件。

基因敲除意味着一个基因的活动已经被消除。植物中,主要有两种方法可用来产生基因敲除,一种是 T-DNA 插入法,另一种是转座子序列插入法(Azpiroz-Leehan and Feldmann,1997)。使用外源 DNA 作为诱变剂的独特优点是插入片段不仅破坏基因的功能,而且因其序列已知而可作为一个标签,从而极大地方便了基因分离。因为 DNA 序列已知,从而可以作为突变位置的标记。因此,通过寡聚核苷酸筛选或者利用专门的PCR,我们就能轻易地鉴定并测序被诱变的基因。这个方法首次是在果蝇的"白眼"基因座的克隆中得到印证的。

作为插入标签法的原理,允许将内源的或重组的 DNA 片段(序列已知)随机地插入到基因组中。当它插入到一个基因中时,一般导致隐性的失功能突变(loss of function mutation)。要想使插入诱变对于从一个植物基因组中分离所有基因都是有用的,则需要用插入来饱和整个基因组,以至于每个基因都发生过突变。根据基因的大小、基因组的大小以及在群体中分布的插入片段的数目,可以估计在一个给定的基因中发现一个插入的概率(Krysan et al. ,1999,2002)。假设片段随机插入到染色体中,则可以通过以下公式计算标签效率:

$$P = 1 - [1 - (L/C)]^{nf}$$

其中 P 是在一个给定的基因中发现一个插入的概率，L 是基因的平均长度，C 是单倍体基因组大小，n 是独立插入品系的数量，f 是每个品系中插入的基因座的平均数目。

举个例子：①水稻单倍体基因组大小为 3.8×10^8 bp；②水稻基因的平均长度为 3.0kb；③每个品系插入基因座的平均数目为 1.4。要以 99% 的概率在一个给定的基因中发现一个 T-DNA 插入，所要建立的群体中总共要达到 417 000 个标签品系。饱和诱变需要的标签系的数量高度取决于目标基因的长度。要以 99% 的概率使水稻中一组 1kb 的基因发生突变需要 1 250 000 个标签系，然而在 T-DNA 标签群体中，5kb 的基因只需要 250 000 个标签系。Jung 等（2008）总结了水稻中通过不同的诱变方式产生的插入突变体，包括 T-DNA、Ac/Ds、Spm/dSpm、携带增强子的 T-DNA、全长 cDNA 过表达子（FOX）系统和 Tos17。

插入标签法有以下优点：①插入标签通常使一个基因失去活性（扰乱一个可读框，打断启动子，干扰内含子剪接），这简化了表型评价；②它通过以下方法标记了要分离的基因：反向-PCR、TAIL-PCR（热不对称交错 PCR ）、转座子展示（transposon display）、AIMS（诱变插入位点的扩增）、cDNA-AFLP 等；③它在正向和反向遗传学中都可用到。在正向遗传学中，它可用来筛选感兴趣的表型，并使用标签来分离基因。在反向遗传学中，它可用来验证一个目标基因序列的插入，并推断出该插入对表型的影响；插入系 DNA 的三维池（three-dimensional pool）也可用来进行高效的筛选。

插入诱变作为基因克隆的工具也有局限性：①冗余性和致死性（与化学诱变相同）；②一些物种缺乏内源的 TE 或者不能有效地移动它们；③构建的体系要求能够制造和繁殖大量的转化体（transformant）；④失功能等位基因占优势；⑤插入片段在基因组中分布不均；⑥无法表征致死突变；⑦难以产生大到足以使基因组完全饱和的群体。

T-DNA 标签

T-DNA 是根癌农杆菌（*Agrobacterium tumefaciens*）的 Ti（肿瘤诱导）质粒中一个确定的片段，由短的（25bp）不完全重复的边界序列（称为 T-DNA 的左右边界）界定。一个 T-DNA 元件插入一条染色体后，可能会导致很多不同的结果：插入到编码区则可以导致基因的部分或者完全失活；若插入到启动子区域，则可能导致基因的完全失活、降低基因的表达或者增强基因的表达。

已经发展了好几种方法，用于将 T-DNA 导入到拟南芥中去。这些方法包括各种组织培养和整株（whole plant）培养技术。然而，针对拟南芥开发的大多数基于组织培养的转化技术都不是指向插入诱变的。绝大多数的 T-DNA 标签的基因都是从利用整株转化方法产生的转化体的群体中分离出来的（Jenks and Feldmann，1996）。已经建立了一个拟南芥的计算机数据库，其中包含了超过 50 000 个 T-DNA 插入在基因组中的精确位置。任何感兴趣的基因都可以通过简单的 BLAST 搜索被迅速地找到，如果该数据库中包含那个基因中的一个突变的话。这些插入的数据库可以在 http://signal. salk. edu/cgi-bin/tdnaexpress 上找到，也可以在威斯康星大学的拟南芥基因敲除服务机构（*Arabidopsis* Knock-out Facility at the University of Wisconsin）中找到。许多其他作物都有类似的资源，尤其是水稻，已经在很好地利用 T-DNA 插入系了（Parinov and Sundaresan，

2000；Ramachandran and Sundaresan，2001）。水稻中，已经形成一个含有 55 000 个插入系的突变群体，其中约 81% 携带一个或两个 T-DNA 片段。T-DNA 被优先整合到基因区域中（Hsing et al.，2007）。

T-DNA 是最普遍适用的方法，因为它可以用于任何能够被转化和再生的植物。由于每个转化体是一个独立事件，T-DNA 相当随机地插入基因组中，所以需要大量独立的转化事件来失活每一个基因。由于需要产生大量独立的转化体，所以这项技术限于能够以高通量的方式被转化的植物物种或特定的品系（Cullis，2004）。

T-DNA 标签的优点是有效地中断基因，低拷贝数目（1.5）优先插入到基因区域。每个品系的低拷贝数使得克隆标签基因更为容易，但要利用 T-DNA 插入来命中每个基因需要更大量的转化体。该方法的缺点包括需要耗时并高效的转化方法、组织培养中的体细胞变异，以及高比例的未标签突变体。T-DNA 并不是总与突变一起分离（"打了就跑"）；实际上 35%～40% 的突变体是利用 T-DNA 标签的。将整株植物浸在农杆菌中可避开组织培养步骤及由此引起的体细胞变异。

转座子标签

转座因子（transposable element，TE）或转座子是能从基因组的一个位置移动或转座到另一位置的 DNA 片段（序列元件），并已被用作一种基因分离的工具。转座元件的插入和切除会导致转座位点上的 DNA 的变化。当一段已知的 DNA 序列或选择标记被插入到元件中时，可以鉴定转座。

在玉米中三个主要的内源转座因子家族已被用于基因标签（Candela and Hake，2008）。所有的转座因子可以归于以下的两类：DNA 元件（DNA element）和反转录元件（retroelement）。DNA 元件，如植物中的 Ac/Ds 和 Spm，动物中的 P 元件及细菌中的 Tn，经由 DNA 中间物（intermediate）进行转座。DNA 元件的一个共同特征是其侧翼为短的反向重复序列。转座酶（transposase）识别这些序列，产生一个茎环结构（stem/loop structure）然后将其从该基因组区域切除。切下的环可以插入到基因组的另一区域。反转录元件经由 RNA 中间体进行转座。RNA 通过反转录酶复制为 DNA，DNA 整合到基因组中。植物中已经鉴定了两种内源性的转座元件：自主性的和非自主性的。自主性的 TE 编码转座酶，将元件从染色体上的插入位点切割。非自主性的 TE 缺乏转座酶功能，但是在提供转座酶时能够转座。

TEs 可以是低拷贝的（如玉米中的 Ac/Ds，水稻中的 Tos17）：通常每基因组 1～3 个拷贝，或是高拷贝的（如玉米中的 Mu）：多达每基因组 100 个拷贝，意味着只需很小的群体就能确保饱和标签。通过正向遗传学分离诱变的基因可能是困难的，因为很多个基因同时被 TE 插入击中，且一个或多个基因可能影响表型，但 TE 在反向遗传学中十分有效。

所谓 II 类转座子（Class II transposon）（如玉米中的 Ac/Ds、En/Spm 和 Mu 元件，金鱼草的 Tam 元件及来自牵牛花的 dTph1）的利用有两个主要优点（Jeon et al.，2004）。第一，与 T-DNA 不同，在存在转座酶时转座子可以从中断的基因中被切除，产生功能性的回复突变体（functional revertant），这样便能确认突变对表型的影响。第二，切除通常会导致在原始位点附近的插入,这可以通过有目的地插入到一个基因的特定域来用于局部诱变。为了追踪转座因子的切除和插入,还利用包含转座子插入片段的标记基因开发了表型分析系统,其中切除可以通过标记基因活性的恢复来监测。利用可视化标记可以选择转座子切除,这些标记有:β-葡萄糖苷酸酶(GUS)、荧光素酶、链霉素抗性或绿色荧光蛋白(GFP)。

如果使用玉米转座子 Ac,则转座子可能移动到同一染色体上相当靠近原始插入点的位置。因此,利用存在于整个基因组的各种不同的已知染色体位置上的 Ac,可以构建很多个起始品系(starter line)(Cullis,2004)。然后可以选择合适的起始品系,这种品系将有很高的概率在紧密连锁的目的基因中产生一个插入。

与 T-DNA 插入一样,构建转座子使其起增强子阱(enhancer trap)的作用也是有可能的。这样"改造的"转座子可利用 T-DNA 介导的转化法导入植物基因组中。一旦插入,只要存在有活性的转座酶,转座子就会从一个染色体位置跳跃到另一个位置(Smith et al.,1996)。尽管大多数转座子趋向于跳跃到连锁的位置,人们还是设计了对插入到不连锁位置的转座子进行选择的策略(Sundaresan et al.,1995)。

彩图 3 中显示了植物中的一个 Ac/Ds 标签系统。As/Ds 标签系统既有优点又有缺点。它是产生大的突变群体的一种高效而划算的方法,尽管二次转座使基因鉴定变复杂,而且这个转座子系统在很多物种中是不能利用的。利用转座子的好处是,它们可以被激活并转移到基因组的很多区域中。因此,在得到具有转座子的少数品系后,其转座子可以被起动,在基因组各处移动,插入每一个基因。这种技术能很容易地在玉米中应用,因为玉米的大多数转座因子已被分离(Cullis,2004)。实质上,原始的品系一直是可用的。包括一个可诱导启动子的二组分转座子系统(two-component transposon system)的构建,将使这个独特的技术更广泛地应用于大量的其他植物物种。

反转录转座标签

Ⅰ类反转录转座子是一组通过 RNA 中间体的反转录转座的可移动元件,反转录由反转录酶、RNA 酶 H 和整合酶催化,在原始位置上保留反转录转座子的一个拷贝。这个复制方式允许反转录转座子通过插入突变产生遗传多样性。基因组大的物种中反转录转座子很丰富,然而,只有一小部分是活跃的。当考虑原始或异源寄主中的转座频率时,3 种 Tyl-copia 反转录转座子(烟草中的 Tnt1 和 Tto1,水稻中的 Tos17)似乎适合于基因标签。这些反转录转座子偏爱低拷贝的、基因丰富的区域(Jeon et al.,2004)。图 11.7 显示了反转录转座子诱变。

据估计水稻基因组的 17% 由反转录转座子组成。Tos17 是水稻中内源的类 copia 因子,可以通过组织培养激活。测序过的粳稻品种 Nipponbare 只有两个拷贝的 Tos17。总数得到了 47 196 个 Tos17 诱导的插入突变体品系,这个群体中共有 500 000 个插入。在包括内含子和外显子的基因区域中发现 Tos17 的可能性比在基因间区域多三倍。在着丝粒和近着丝粒区频率低,在其他类型的反转录转座子中则不是这样。总共 78% 的插入是在热点区(成簇的),平均每个热点有 6.5 个插入(Miyao et al.,2003)。

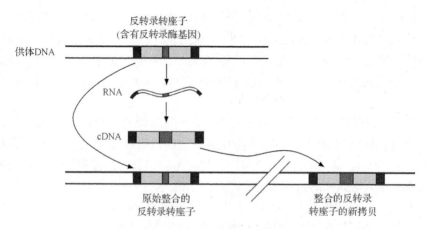

图 11.7　反转录转座子转座(改自 Buchanan et al. ,2002)

激活标签法

通过激活标签的方法,T-DNA 诱变可以被改造用来产生获功能等位基因(gain-of-function allele)(Weigel et al. , 2000)。为了达到这个目的,人们在 T-DNA 中导入了一种强的转录增强子的多个拷贝。整合后,该增强子促进附近某个基因的转录,并且导致这个基因的异常表达。常规的 T-DNA 诱变具有与转座子标签法相同的缺点,即它对标签功能冗余的基因效率很低,因为观察不到表现型。此外,无论是 T-DNA 标签法还是转座子标签法都不能鉴定生命周期多个阶段中所需的基因,也不能鉴定其功能的丧失会导致早期胚胎致死或者配子体致死的基因。为了克服这些缺点,在拟南芥中开发了一种激活标签系统,这种系统由包含强转录增强子的 T-DNA 载体组成,并且在基因克隆以及冗余基因的功能分析中得到成功的应用(Weigel et al. , 2000)。来自 CaMV 35S 基因的多个转录增强子被插入到 T-DNA 右边界附近。紧邻插入的 CaMV 35S 增强子的基因过量表达。还开发了一种转座子介导的激活标签系统,这种系统基于一种自我稳定的 Ac 转座子衍生物,使用一种携带四聚 CaMV 35S 增强子的 Ds 元件(Suzuki et al. , 2001)。

为了克服许多作物的冗长的转化过程,提出了一种新的策略,将激活标签法和 Ac/Ds 转座子标签法结合起来。在这个系统中,T-DNA 携带 Ds 元件,它包含 *Bar* 基因和 35S 增强子的一个四聚体。T-DNA 和 Ds 元件在整合或者转座后将促进它们附近基因的组成性表达。

插入的(T-DNA 或者 TE)标签包含一个选择性标记和多个增强子元件(CaMV 35S 增强子),还可能包含一个具有弱启动子的报告基因(GUS 或者 GFP)(Weigel et al. , 2000)。当 T-DNA 结构插入到基因内部或者基因附近(基因上游或下游约 3.5kb 内)时,T-DNA 结构上的转录信号(增强子)与目标基因本身的启动子相互作用,增强基因表达,产生显性获功能突变(gain-of-function mutation)。报告基因可能报告原始的表达模式,也可能报告新的模式。可以对初步的转化体进行选择,然后对得到的转化体分析所需的表型或插入事件。然后克隆 T-DNA 标签,附近的基因可以被表征。

作为一个早期的例子,Weigel 等(2000)表征了来自拟南芥的 T-DNA 激活标签库,具有不同表型的 30 多个显性的形态学突变体。T-DNA 激活标签法也已经作为一种工具，用于从遗传上难以处理的植物中分离复杂代谢途径的调节因子(van der Fits et al.，2001)，其中成千上万的长春花(*Catharanthus roseus*)悬浮细胞(用携带组成型增强子元件的 T-DNA 转化)被相当容易地针对有毒底物的抗性进行了筛选。在一个近期的例子中，Wan 等(2008)利用 pER38 激活标签载体通过农杆菌介导的转化方法得到了大约 50 000 个水稻转基因植株。载体中含有串联排列的两个 35S 增强子，靠近 T-DNA 的右边界。在两个世代中对激活标签和增强子捕获群体进行比较表型鉴定(T_0 代分别有 6000 个和 6400 个系，T_1 分别有 36 000 个和 32 000 个系)，鉴别出大约 400 个显性突变体，表明激活标签库是水稻基因组功能分析的一个宝贵的备选工具。

激活标签系可以用来鉴定基因家族的特定成员的功能，其中过表达是其特征，而失功能则无表型；还可以鉴定敲除后致死的基因的功能。激活标签系可用于阐明之前表征过的基因的新功能，其中表型取决于表达差异。

包载标签、增强子标签和启动子标签

包载标签系统(entrapment-tagging system)通过建立被标签的基因之间以及一个报告基因(如 GUS 和 GFP)的融合，使人们可以监测基因的活动。无启动子的报告基因或者携带最低效启动子的报告基因的插入不但毁坏正常基因的功能，而且激活报告基因的表达。有三种常用的包载系统：启动子包载(promoter trap)、增强子阱(enhancer trap)和基因包载(gene trap)(Springer，2000)。启动子包载元件包含一个无启动子的报告基因。报告基因在插入到一个外显子中并且在内源基因和报告基因之间形成一个翻译的融合时表达。增强子阱元件携带一个具有最低效启动子的报告基因。报告基因的表达通过插入点附近的一个染色体增强子元件激活。基因包载元件含有一个报告基因，这个报告基因具有一个携带多个剪接的供体和受体位点的内含子。当这个元件插入到转录区域时报告基因就可以表达。

基因包载的使用包括将一个报告基因连接到载体中，只有当插入到一个功能基因内部时报告基因才被激活。报告基因具有可视的表型，因此启动子区域(因而也是内源基因本身)的组织特异性可以被直接鉴定。报告基因的激活展示了被中断的基因的时空表达。由于表达水平可以在杂合植株中监测，因此基因包载系统对于研究大多数植物基因的表达模式是有用的，包括纯合时导致致死突变的必需基因(essential gene)。已经在拟南芥根中利用增强子阱 GUS 融合(enhancer trap GUS fusion)对一个器官内部的不同模式进行了精细的剖析(Cullis，2004)。

包载装置可以作为 T-DNA 或者转座元件的一部分被转移到植物细胞中。这种方法已经用于通过传统方法难以鉴定的基因上。由于基因是根据它们的报告基因的表达来鉴定的，所以不需要突变体的表型。鉴于这个优点，功能冗余的基因和在多个发育阶段具有功能的基因都可以被鉴定(Jeon et al.，2004)。

11.5.3　非标签诱变

尽管插入突变体在基因克隆和反向遗传学方面有明显的优点，然而转化介导的诱变

也有许多局限性。包括:①获取突变系或者起始系需要高的前期投入;②突变体的转基因性质妨碍其在田间大规模栽培以及不同国家的突变体收集的交换;③基因组的有些部分不能使用插入激活的方法(如通过 Ac/Ds 的热点插入),因此不能覆盖全基因组;④在某些生物中,插入诱变从未达到大规模诱变所需要的效率。由于存在这些问题,在植物物种中还使用了其他类型的突变,包括缺失和化学诱变。

化学试剂和辐射诱导的突变已经被广泛地用于植物中的随机诱变,产生了在基因组中随机出现的广泛分布的突变等位基因。与插入和缺失诱变主要导致失功能突变不同,化学诱变产生广泛的突变体等位基因,如失功能(loss-of-function)、获功能(gain-of-function)、减功能(reduction-of-function)以及新功能(novel function)。当不具备高效的转化工具时,不可能采用基因标签策略,但是这些随机的、非标签的系统可以用来创建突变体库。

电离辐射已经被广泛地用来诱导突变,用于植物育种和经典的遗传学分析,但是直到最近才在分子水平上研究电离辐射造成的后果。利用缺失突变体已经在动物和植物鉴定了一些基因。快速中子、伽马射线、X 射线以及紫外线(UV)辐射已经用在不同的系统中。通常情况下,快速中子辐照会引起大片段缺失,而其他三种辐照会导致小片段缺失或者点突变。

除电离射线之外,许多化学药品被用来诱导大量的突变体。很多化学药品可以作为诱变剂,但是二环氧丁烷(di-epoxy butane,DEB)、N-乙基-N-亚硝基脲(N-ethyl-N-nitrosourea,ENU)、乙基磺酸甲烷(ethyl-methane sulfonate,EMS)、二环氧辛烷(di-epoxyoctane,DEO)、紫外激活的三甲呋豆素(ultraviolet-activated trimethylpsoralen,UVTMP)以及六甲基磷酰胺(hexamethyllphospho-ramide,HMPA)是动物和植物中常用的诱变剂。通常情况下,由化学诱变剂引起的缺失相对较小,从点突变到几千碱基对的突变。

像 EMS 和亚硝基甲脲(nitrosomethylurea,NUM)这样的化学试剂在拟南芥中是非常有效的诱变剂。在最佳条件下,EMS 处理种子可以在每个基因组中产生约 4000 个突变,而每个转移 DNA(T-DNA)突变体平均只有 1.5 个插入(Alonso et al.,2003;Till et al.,2003)。化学试剂可以造成广泛的 DNA 改变;这些主要是单个碱基对的替换,同时也诱导小的插入和缺失。重要的是,EMS 诱导的突变分布均匀,无偏好性(Alonso and Ecker,2006)。

点突变

EMS 是一种使碱基烷基化的试剂,可以产生点突变(主要是 G/C-A/T 转换,常常导致终止密码子或者无义突变)。因为易于使用以及潜在突变体的多样性而被广泛使用。由于 EMS 可以造成高密度的突变,因此与其他的突变系统相比,只需要筛选较少的植株就可以标记到所有的基因。

然而,由 EMS 诱导的点突变是难以捉摸的变化,突变的检测可能是具有挑战性的。一旦某一种表型突变体被鉴定出来,就需要通过定位克隆策略来确定基因组中的基因座,以便克隆出相应的基因,像前面章节介绍的那样。如果某一个突变体表现出来的表型同已经鉴定的表型相同或者相似,那么需要首先进行互补杂交以确定新突变是不是等位的。

复等位基因的存在不仅可以提供基因功能相关的信息，而且对育种有益。

　　最近已经开发出可以较容易地检测像点突变那样难以捉摸的变化的策略。为了将化学试剂诱导的突变高效地应用于拟南芥和其他植物的反向遗传学研究中，McCallum 等（2000）研发了一种大规模筛选系统，定向诱导基因组局部突变（targeting induced local lesions in genomes，TILLING），它可以鉴定点突变。在基本的 TILLING 方法中，种子用 EMS 处理来进行诱变。得到的 M_1 代植株自花授粉得到 M_2 代植株，从 M_2 代个体中提取 DNA。为了筛选很多个体采用混合池（pooling）的策略。DNA 样品被混合，混合样品排列在微滴定盘，进行基因专化的 PCR 扩增。高通量 TILLING 方法（Colbert et al.，2001；Till et al.，2003）使用 CEL I 错配裂解酶，它可以识别碱基对错配（Oleykowski et al.，1998）。PCR 是使用标记过和未标记的引物的混合物来进行的。一种引物用 IR Dye 700 标记，另一种引物用 IR Dye 800 标记。PCR 产物的解链和退火继之以 CEL I 处理，这种处理可以优先裂解野生型和突变体 DNA 序列间的异源双链（heteroduplex）中的错配。对 CEL I 处理过的 PCR 产物进行平板凝胶电泳，然后通过 LI-COR 扫面仪在两个不同的泳道中进行检测。突变是通过短的、裂解的 PCR 产物显示的。如果在混合池中检测到突变体，则可以对进入混合池的每个 DNA 样品进行单独检测以鉴定携带突变的个体。一旦个体被鉴别出来，就可以确定其表型。对于大小高达 1kb 的 PCR 产物，这种筛选过程可以将突变定位在少数几个碱基对以内。这种方法的一个潜在的问题是任何一个个体都将携带多个突变。因此需要通过遗传学分析来确定任何观察到的表型改变与目标基因中的突变关联，而不是与基因组中其他位置的突变关联。然而，TILING 常常在不同系中导致大量的等位基因突变，这有助于确认表型，还可以提供蛋白质功能的信息。TILING 方法的一个重要的优点是它可以应用于基因序列已知的任何物种。

　　TILING 已经从概念证明（proof-of concept）转到了生产，在拟南芥、玉米、莲属植物和大麦中建立了公共可用的服务。在包括小麦在内的一些其他植物物种中已经完成了小规模试验性的项目。为 TILING 开发的方法已经得到改造，用于发现与重要表型性状相关的自然的碱基变异，这个方法称为 EcoTILLING（Comai et al.，2004）。Till 等（2007）综述了当前的 TILING 和 EcoTILLING 技术，并讨论了这些方法应用于很多植物物种中取得的进展。

　　此外，在基因组范围内对点突变进行高效检测的新方法正在初露曙光，包括标签阵列（tag array）上的错配修复检测（mismatch-repair detection）（Faham et al.，2005）。错配修复检测方法可以在单个实验室反应中对 1000 个以上扩增子（amplicon）的变异进行筛选。这种方法可以扩大规模，使我们能够以合理的成本在大量品系和对照之间进行全基因组编码区域的序列比较。

缺失诱变

　　电离辐照诱变导致缺失和其他类型的染色体变化。在植物中，快中子是完善的、非常有效地缺失突变剂（Koornneef et al.，1982；Li X et al.，2001）。当以 60Gy 剂量的快中子处理时，在每个系中将近 10 个基因被随机地缺失（Koornneef et al.，1982）。由于快中子缺失诱变可以在大量干燥种子上进行，也不需要植物转化实验，因此容易得到大量的突变体,具有较高的概率在每一个基因中得到突变体。

　　与化学诱变一样,克隆一个由缺失诱变的基因需要进行染色体步移。然而,缺失突变体也对反向遗传学研究有用。在拟南芥和水稻中已经建立了包含敲除突变体的缺失突变库(Li X et al.,2001)。通过对混合的 DNA 进行基因专化的 PCR 筛选可以鉴定缺失突变,其中 PCR 延伸时间缩短,因此较长的野生型片段的扩增受到抑制,只有突变系才能得到产物(Joen et al.,2004)。已经开发了在由高能电离辐射产生的突变体库中鉴定 DNA缺失的实验方法(Li and Zhang,2002),称为 Deleteagene。Deleteagene 可以应用于转化效率差的植物;它也可能提供一种同时诱变(缺失)串联重复基因的方法(Li and Zhang,2002;Zhang S et al.,2003)。与插入突变体不同,从一个缺失突变体库中更容易发现一个小基因的敲除;在插入突变中发现突变体的概率与目标基因的大小成正比,意味着鉴定小基因中的突变体是困难的(Krysan et al.,1999)。

11.5.4　RNA 干扰

　　所有基因突变的方法都有一些固有的局限性。例如,很难鉴定冗余基因的功能,以及早期胚胎发生和配子体发育中所需的基因的功能。克服冗余基因问题的一个方法是通过基因沉默的方法来同时抑制一个基因家族中的所有成员。RNA 干扰(RNA interference,RNAi)的机理是通过降解特定的 RNA 分子或者阻碍特定基因的转录来抑制基因的表达(Fire et al.,1998)。RNAi 是指同源的双链 RNA(doublestranded RNA,dsRNA)的功能,这种 RNA 可以特异地结合到一个基因的产物上,导致无表型或者减效的表型(hypomorphic phenotype)。只要干扰的目标是对于基因家族的所有成员内部保守的那些基因的一个区域,那么这个基因家族的所有成员将会同样被抑制(Tang et al.,2003)。

　　RNAi 最令人关注的方面如下(Cullis,2004):

　　(1) 干扰因子是 dsRNA,而不是单链的反义 RNA;

　　(2) 它是高度专化的;

　　(3) 它是显著有效的(每个细胞中只需要少数几个 dsRNA 分子就可以进行有效的干扰);

　　(4) 干扰活动(可能是 dsRNA)可以在远离导入位点的细胞和组织中引起。

　　RNAi 途径是通过 DICER 酶起始的,这种酶可以将长的 dsRNA 分子切割成 20～25bp 的短片段。每个片段的双链之一(称为引导链),随后被结合到一个 RNA 诱导的沉默复合体中并与互补序列配对。这种识别事件的后果中研究得最充分的是转录后的基因沉默。以这种方式,如果使用高度同源的区域,则来自一个基因家族的任何成员的所有RNA 转录本可以同时被沉默。产生的任何表型都可以被归于那个基因家族的功能,但是仍需要确定是这个基因家族的成员提供了冗余的功能,还是只有这个基因家族中的一个成员实际上在调控观察到的特定表现型。

　　人工小分子 RNA(artificial microRNA,amiRNA)为植物中有效的转录后基因沉默提供了一种高度专化的新方法,它是为瞄准感兴趣的一个或者某一些基因设计的。Warthmann 等(2008)为粳稻和籼稻设计了一种基于 amiRNA 的策略。利用一种内源的水稻

miRNA 前体和定制的 21 聚体(21mer),设计了 amiRNA 结构来瞄准三种不同的基因(八氢番茄红素脱氢酶-*Pds*、斑叶-*Spl11* 和长穗颈-*Eui1*/*CYP714D1*)。这些 amiRNA 在粳稻品种 Nipponbare 和籼稻品种 IR64 中组成性表达后,目标基因受到 amiRNA 引导的转录本裂解的下调,产生期望的突变体表型。这种效应是对目标基因高度专化的,转基因稳定遗传,它们在后代中保持有效。Ossowski 等(2008)综述了基于小 RNA 的基因沉默的各种策略,描述了基因沉默的人工 miRNA 在许多植物物种中的设计和应用,比较了调节转基因诱导的基因沉默的小 RNA 途径,包括转录后基因沉默、转录基因沉默和病毒诱导的基因沉默。

11.5.5 通过诱变分离基因

根据基因的 DNA 序列来破坏基因功能的方法主要有两种:使用靶向技术中的一种,如 RNAi 或者异位表达,或者在一个随机产生的突变库中对一个基因敲除进行筛选。鉴定一个基因内的突变的过程中,关键的一步是插入的转座子或者 T-DNA 附近的基因组 DNA 的扩增和测序。分离已经破坏的侧翼 DNA 需要几个步骤,这些步骤结合了不同的技术(Jenks and Feldmann, 1996),包括以下内容。

(1) 筛选突变体:这可以通过从突变体产生基因组文库,然后利用与左边界或者右边界区域同源的序列进行筛选来实现。当筛选是以可见的表型为基础时,如果对形态学变异进行筛选则把所有突变体种植在正常的生长条件下;如果对条件突变体(如生物或者非生物的胁迫的突变体)进行筛选则把它们种植在特殊的条件下。

(2) 共分离确认:由于使用 T-DNA 或者转座子方法产生的突变集合中的大部分突变体是没有标签的,因此对 T-DNA 序列或者选择性标记与表型进行共分离分析是克隆该基因过程中的第一步。据估计拟南芥的突变体中有 35%～40% 是由缺失、重排或者转化过程中体细胞突变造成的。一旦某一个突变体的共分离分析系统已经建立,可以通过多种方法完成突变基因的分离,如质粒拯救法、IPCR 或 TAIL-PCR。

(3) 质粒拯救法:该方法将细菌的选择性标记和来自线性细菌质粒的复制起始点整合到 T-DNA 中,以分离大肠杆菌中的 T-DNA-植物连接序列。该方法包括以下过程:在细菌质粒序列末端的 T-DNA 中存在限制酶酶切位点;抽提纯化的基因组 DNA 后,用合适的限制酶消化基因组 DNA。去除酶后将样品连接;沉降连接的 DNA,然后使用电穿孔的方法转化到重组缺陷的大肠杆菌细胞中以最大化增强子多聚体(CaMV 35S 增强子)的稳定性。回收的质粒则可以测序,以鉴定捕获的侧翼序列。

(4) 反向 PCR(inverse PCR,IPCR):在环化的基因组序列片段上使用根据左边界或者右边界序列设计的引物。IPPCR 已经被应用来分离被 T-DNA、转座子或者反转录转座子标签的转基因植株中的插入序列侧翼的基因组的 DNA 片段。这项技术涉及使用合适的限制酶消化已知序列以及已知序列侧翼的区域(Joen et al. , 2004)。成千上万的限制性酶切片段通过用 T4 DNA 连接酶进行自我连接而被环化,然后将环化的 DNA 作为 PCR 中的模板。通过位于已知序列末端的两个引物来扩增未知的侧翼 DNA 片段。第一个引物位于插入序列和植物序列之间的连接点附近,第二条引物位于用于消化突变 DNA 序列的酶切位点附近。为了分离特定的扩增产物并对 DNA 测序,引物位点和巢式

PCR 连接点之间最少要相隔 50 个核苷酸。

（5）交错式热不对称 PCR(TAIL-PCR)：使用嵌入的边界特异引物和任意的简并引物。TAIL-PCR 策略已经在多个方面应用，如从 P1 克隆和 YAC 克隆中分离插入末端序列(Liu and Whittier, 1995)，从拟南芥的转基因系中分离 T-DNA 插入序列侧翼的基因组序列(Liu et al., 1995)，以及分离水稻中侧翼 Tos17 的基因组 DNA(Yamazaki et al., 2001)。TAIL-PCR 依赖于已知序列的三个巢式引物和具有低 T_m 值的一些短的、任意的简并引物之间的扩增。相应的，PCR 过程被设置为通过温度来控制特异和非特异的产物。在起始反应中，使用已知的插入序列特异的引物经过 5 个高度严格的循环来特异性地扩增来自目标侧翼序列的线性产物。随后进行一轮不严格的反应，通过侧翼序列中的任意的简并引物来进行退火。随后的循环反应在两个高度严格的循环和一个不严格的循环之间交替，从而使目标序列按对数扩增。由巢式引物进行的第二位和第三位的反应降低了非特异性扩增。TAIL-PCR 依赖于随机引物序列在侧翼序列中的随机结合位置。因此，设计最佳的引物对于成功地扩增给定的插入序列是至关重要的。

（6）接头连接的 PCR：这是一个分离已知 DNA 序列的侧翼区域的早期方法，目前一种改进的方法(PCR 步移)已经研发用来分离侧翼 T-DNA 边界的基因组序列(Balzergue et al., 2001；Cottage et al., 2001)。这个方法有三个主要步骤：限制性酶切、接头连接和 PCR 扩增。携带 T-DNA 或者转座子的基因组 DNA 序列用平末端限制性酶消化。随后将一个不对称的接头连接到已消化的 DNA 上。通过使用一个对接头特异的引物和一个对 T-DNA 或者转座子特异的引物，就可以扩增侧翼插入位点的未知的目标 DNA 序列。

（7）互补测验：为了证明分离的基因是导致突变体表型的基因，需要进行分子互补检测，也就是将野生型的等位基因导入到突变体背景中，恢复野生表型。另外，通过对该位点的一些等位基因的分子特征描述也可以获得一些有益的证据。转座子突变体有时可以通过转座子的切除而恢复原状，这也可以用来证明转座子插入是造成表型变异的原因。

所有在不可预测的染色体位置上造成损伤的方法都可以在正向和反向遗传学方法中用于发现基因。然而，为了确保随机突变的集合可以有效地用于反向遗传学筛选中，必须达到三个主要的要求(Alonso and Ecker, 2006)。首先，集合中的突变数目应该超过基因组中基因的数量(5~10 倍)。这种冗余性对于确保有足够高的概率发现每一个基因的突变是必要的。其次，突变群体中的每一个个体都要进行编号、繁殖以及混合，这样可以有效地进行筛选。由于需要筛选的突变个体的数量非常大，因此在检测感兴趣的突变性状时有必要制作突变个体的混合池。这种需求促进了更复杂的混合池策略的发展，可以将测定的次数控制到最小，但是仍然可以在一步到两步的筛选中筛选出感兴趣的突变体(Winkler and Feldman, 1998；Alonso et al., 2003)。筛选 DNA 混合池的最佳策略取决于所使用的突变的类型，或者更具体地说，取决于 DNA 损伤的性质。最后，也许是最重要的，基于 DNA 序列的筛选方法需要足够灵敏以确保可以在野生型个体的混合池中检测到具有特异序列变化的单个植株。正如 Alonso 和 Ecker (2006)描述的那样，不同类型的 DNA 损伤(缺失、插入和点突变)需要不同的筛选方法。

反向遗传学方法的一个主要缺点是必须对每一个基因重复筛选的过程。然而，通过利用插入 DNA 的已知序列和已完成测序的植物的完整基因组序列,可以实现突变群体中全基因组插入位点的高通量鉴定。为此目的已经对各种基于 PCR 的策略进行了修改,包括 TAIL-PCR(Sessions et al.,2002)和接头连接方法(Alonso et al.,2003)。

一个给定物种中基因索引的突变的接近完全的收集最令人兴奋的一个用途是可以进行全基因组正向遗传筛选(Carpenter and Sabatini,2004)。这使研究人员能够同时检测基因组中所有基因在某一个特定的生物过程中所起的作用(Alonso and Ecker,2006)。为了达到这个目的,首先要产生纯合突变体的无冗余的收集。从拟南芥的超过 300 000 个基因索引的突变系中,最理想地,每个基因需要选择两个独立的突变系,突变需要得到确认,并且获得纯合植株。这个步骤的假设的终产物是 521 个 96 孔板的集合,对应于50 000 个突变系,25 000 个基因的每一个都有两个突变系。然后可以对这个种子文库进行系统的筛选,以研究在任何给定的生物过程中这 25 000 个被代表的基因中每一个基因的作用。在选择的生物过程受到影响突变体的鉴定使我们能够直接鉴定出内在的基因。由于每个基因都有两个独立的突变系,因此假阳性和对重复实验的需求得到很大程度的减少。

基因功能分析中一些重要进展在拟南芥中已初露端倪(Alonso and Ecker,2006),这应该为所有植物物种提供一些指导:使用反向遗传工具进行系统的正向遗传学研究(对所有基因索引的突变体同时进行表型分析)的能力,新的表型组平台的开发,定向突变(特别是同源重组)的改进,以及自然变异在基因功能研究中的利用。诱导的突变(点突变、缺失突变以及转座子和 T-DNA 介导的突变)和降低基因表达水平的其他方法[如小的抑制RNA(siRNA)、amiRNA 和人工阻抑蛋白]将在未来的一段时间内继续使用。然而,自然等位基因变异对于植物中基因功能研究的重要性可能会增加。超高通量测序(ultra high-throughput sequencing,UHTS)技术的快速发展可能在基因功能分析的两个方面具有深刻影响(Alonso and Ecker,2006),UHTS 技术可以以 3000 美元的成本在 48h 内得到 1GB 的序列(Service,2006)。第一,诱导具有在特定的遗传背景中才能观察到的表现型的等位基因(Sandaand Amasino,1996),需要使用不同的种质资源或生态型在大的突变群体中创造插入并对其进行测序;UHTS 可以促进这个过程。第二,UHTS 技术使我们可以对成百上千的种质资源进行全基因组重测序。伴随着更多表型鉴定平台的发展以及对应的表型数据库的发展,联系基因型和表现型的全基因组关系研究将成为整合植物基因功能与自然等位基因变异在植物对各种局部生长缓解的适应性中的作用的首选方法(Weigel and Nordborg,2005)。

11.6　基因分离的其他方法

正如第 3 章中讲述的那样,DNA 芯片和微阵列技术使以高通量方式进行基因分离成为可能。通过微阵列技术进行基因分离是从基因组中鉴别目标基因。有两种不同的方法:①基因表达的平行分析,通过比较不同物种中或同一物种的不同个体之间的表达,或者比较相同个体在不同的生长发育阶段或者不同的环境中的表达来进行。基于微阵列的基因表达分析可通过杂交来检测细胞中的 mRNA 的类型和丰度,该过程只需要少数样品,而且可以高度自动化。②使用同源探针可以在 cDNA 或者 EST 微阵列中分离基因。

11.6.1 基因表达分析

DNA 微阵列的主要应用之一是基因表达谱分析(Tessier et al.，2005)。通过微阵列分析基因表达谱需要检测在特定条件下基因的表达。同样的,微阵列也可以进行全基因组水平比较,如器官、基因型以及环境。一些研究已经鉴定到一些在两个以上的预先确定的类别中一致差异性表达的基因,一个基因在某个器官或者组织中的活跃程度可以通过在细胞中发现的 mRNA 的量来决定,尽管由于转录后调节而使得 mRNA 与活性蛋白质之间的相关性并不总是绝对的。此类方法有望发现在不同的细胞状态之间差异表达的一整套基因,并且在分子水平上揭示这些不同类别之间的内在差异。

检测两个不同类别之间差异表达基因的最初的策略是直截了当的。实质上它们涉及类别表达水平的对数平均数的两样品比较。差异的显著性是利用专门为微阵列数据修改的 t 检验(由于数据的性质,几乎从来不用简单的 t 检验,通常需要更复杂的 t 检验)或者对应的非参数方法来估计的。当涉及两个以上的类别时,可以应用 F 统计量和相应的非参数统计方法。

很多统计技术可用于类别预测(Finak et al.，2005),包括线性判断分析、加权表决(weighted voting)、最近邻分类器(nearest-neighbour classifier)、支持向量机(support vector machine)、神经网络和贝叶斯方法。特征选择问题是所有方法中的中心问题。目标是选择一个可以最好地区分已知的类别并能够预测新的、未见到的样品的特征(基因)的子集。

类别发现实验试图确定特定细胞状态下生物学上相关的亚类。一些方法被用于这个目的,其中最常用的技术是 K 均值聚类(K-means clustering)、等级聚类、自组织图和主成分分析。聚类的目的是将相似的样品数据组织起来。根据相似系数可以将基因或阵列大小聚类,可以让人们看出在不同阵列之间具有相似表达谱的基因,也可以看出不同基因之间具有内在相似性的阵列(Finak et al.，2005)。

类别预测实验的目的是发现所有可以最好地区分两个或者更多样品类别的基因子集。首先进行序列分析。利用基因特异的 DNA 片段设计探针,而寡聚核苷酸或 DNA 阵列是为一个生物体的所有基因制作的。在生物体的不同类别下反转录的所有 mRNA 探针与 DNA 微阵列杂交。根据杂交信号的强度,可以检测不同类别下差异的基因表达或共表达。类别依赖的基因表达可以通过比较不同类别中所有基因的表达谱而确定。这些基因可以作图到基因语义学或者代谢途径上。通过这种方法,可以分析基因的生理学功能并且确定功能相关的基因。有两个早期的例子(Lockhart et al.，1996；Wang et al.，1999)。此外,已经报道了一些在蛋白质-DNA 和蛋白质-蛋白质关系数据库中探索 mRNA表达数据的工具。其中一个例子是 CYTOSCAPE,它可以将表达数据作图到蛋白质互作网络中(Shannon et al.，2003)。这种方法可以为给定实验中纷繁的蛋白质复合体提供重要的解释,并证实所鉴别的基因的功能。

11.6.2 使用同源探针

可以制造特异抗体或者可以用于部分多肽测序的足够数量的高纯度蛋白质使克隆控制该蛋白质合成的基因成为现实。生理学和生物化学研究可以促进感兴趣表型或者生物学特征相对应的蛋白质的鉴定。如果纯化的多肽拥有一个无堵塞的 N 端,则可以直接确定 N 端的氨基酸序列。蛋白质内部的氨基酸序列可以通过对多肽链水解片段的分析获得。如果有足够数量的纯化蛋白质,这种蛋白质可以用来使动物(通常是兔子或者小鼠)产生免疫反应。动物通常可以生产并分泌可以特异性识别该蛋白质的抗体到血清中。抗血清可以用于特异性地检测免疫蛋白质。

长度为 10~30 个残基的多肽链可以有效地通过化学方法合成。小的肽链同大载体用化学方法偶联后可以是有效的免疫原(immunogen)。可以使用抗血清在表达文库中识别合成同类抗原的克隆。抗体结合到菌落或噬菌斑的蛋白质上。结合到蛋白质上的抗体可以使用各种不同的方法进行检测,如放射免疫沉淀和酶联免疫吸附试验(ELISA)。

编码已知氨基酸序列的核苷酸序列可以通过遗传密码子推断出来。由于遗传密码是冗余的,多种不同的核苷酸序列可以编码相同的氨基酸序列。为了保证实际的核苷酸序列存在于探针寡核苷酸中,在需要的时候可以合成结合了多个核苷酸的寡核苷酸。产物称为简并寡核苷酸。

如果已知一条多肽链的两个不同部分的氨基酸序列,可以利用根据这两个氨基酸序列设计的简并寡核苷酸序列来通过 PCR 的方法扩增中间序列。扩增的 RT-PCR 产物可以用于核苷酸杂交中,以对 cDNA 文库的菌落或噬菌斑筛选包含互补序列的克隆。

在 cDNA 文库中获得阳性克隆可以作为核酸杂交探针来筛选基因组 DNA 文库,从而鉴别出包含可以转录得到相应 mRNA 的基因的克隆。呈阳性反应的基因组文库克隆需要被进一步地检查从而证明该克隆确实含有这个基因并且检测该基因在克隆上的位置。

功能基因组学已经广泛地在全基因组范围内鉴定基因功能的很多工作中得到应用。例如,转录谱分析以确定基因表达模式;酵母双杂交及其他互作分析来帮助鉴定代谢途径、网络和蛋白质复合体(第 3 章;Henikoff and Comai,2003)。尽管这是一个十分困难的工作,但是已经建立起了一些方法,包括 T-DNA 敲除系和过表达研究。与以前流行的一个基因接一个基因的方法不同,正在开发新的高通量方法,既可以用于表达分析又可以用于突变体的回复和鉴定。因而实验方法正在从假设驱动的方法转变到无偏见的数据收集和归类方法,使得这些数据可以用生物信息学工具进行分析。反向遗传学(从已测序的基因到突变体和功能)在未来的功能基因组学研究中可以发挥更加重要的作用(Xu et al.,2005)。

在实际的定向诱变中,研究者选择要被扰乱的基因。最精确的定向诱变依赖于目标外源 DNA 在宿主基因组中的同源序列上的同源重组。这种方法在植物中很难成功,因此已经开发了其他的方法来改变所选择的基因的表达。定向诱变主要有两种变异型:基因沉默(RNAi)和锌指核酸酶(zinc-finger nuclease)。在这些策略中,每一个要被破坏的基因独有的特定序列必须在体外进行重组,然后导入到植株中。已经证明,在拟南芥中序列特异的锌指核酸酶的表达在植株的目标基因中产生了突变(Lloyd et al., 2005)。一大批充分表征过的锌指序列(每个具有不同的特异 DNA 识别序列)将会使我们能够使用这种方法来获得拟南芥基因组中任何目标基因的突变(Alonso and Ecker, 2006)。

高通量基因组学的发展将促进复杂性状的遗传学基础的剖析过程,包括确定遗传区间、识别候选基因,以及验证等位基因对表型的贡献。像微阵列、荧光偏振、质谱分析法和分子条码(molecular barcode)这类技术可能达到 10 000 个标记的吞吐量,这为基于自然变异或自然群体的高分辨率关联研究以及基于图谱的高通量克隆展示了希望。

（雷彬彬　胡　铖 译,陈建国 校）

第12章 转基因和遗传修饰植物

正如前面的章节中介绍的,在所有具备性周期的植物中通过有性杂种的方式,植物种间的基因转移是容易的。但随着种间遗传距离的增大,杂种基因转移变得更为困难或者不可能,结果属间基因交换非常稀少。通过遗传转化,来源于任何组织的 DNA 均可插入到其他物种的基因组中。插入的基因序列(即转基因)可来源于没有亲缘关系的另一种植物,也可来源于完全不同的物种。例如,可生产抗虫毒素的转 *Bt* 基因玉米,包含有细菌的一个抗虫基因。利用这一有力的工具,植物育种学家不仅可以做他们一直在做的工作——培育更有用、产量更高,包含新基因聚合品种,同时还突破了传统杂交授粉和选育技术可能存在的局限。含有外源基因的植物常常被称为遗传修饰作物或转基因作物,尽管实际上所有作物均是由原始野生种经过长期的驯化、选择和定向选育而来(第 1 章)。本书转基因(transgenic)这一术语用于描述存在外源基因插入的作物。

转基因和转基因作物多年来一直是一个热门话题,一些早期论述见于许多著作和期刊文章,如 McElroy 和 Brettell(1994)、Christou(1996)以及 McElroy(1996)等。本章仅介绍一些基本概念和理论。为便于读者全面了解相关信息,读者可查阅近期出版的书籍,如 Liang 和 Skinner(2004)、Parekh(2004)、Pena(2004)、Skinner 等(2004),以及 Springer 出版的《转基因作物》系列书籍。

12.1 植物组织培养和遗传转化

12.1.1 植物组织培养

植物组织培养探索植物离体生长发育的可塑性,因为很多植物细胞可再生完整植株(细胞的全能性)。大多数物种的基因交换,是利用能够再生的外植体获得完整可育植株。使用植物生长调节剂可诱导细胞分化和愈伤组织(脱分化组织)的形成、胚胎发生和器官发生。组织培养的培养基中通常添加生长素,如 2,4-二氯苯氧乙酸(2,4-D)、毒莠定和麦草畏,以及细胞分裂素,如苄氨基嘌呤(BAP)、激动素和玉米素等。植物组织培养没有通用的实用方法,因此,培养程序需要根据各自不同的属、种、品系和组织特性的需要进行改变。在同一物种内,一些"优异"种质材料通常是最不容易进行组织培养的。

12.1.2 遗传转化

植物转化进行作物遗传改良的目的是以"优异种质"为背景,以一定的频率整合外源基因,培育出优良的转基因作物。通过第 11 章介绍的方法,分离和克隆基因(在细菌载体上扩增)后,还需进行数次修饰,才能有效插入植物基因组中。任何一个成功的植物基因转化体系均包括:不影响细胞活性的 DNA 导入、转化细胞的筛选与转基因植株的再生,

以及外源基因在当代和后代中的传递。一个有代表性转基因构建,应包含能够同时成功
整合和表达的必要元件,简单地表述如下。

(1) 启动子:是控制基因在不同发育阶段、不同应答环境、特异组织和器官的表达水
平下表达的控制开关。例如,最常用的启动子,花椰菜花叶病毒(CaMV)35S 的基因启动
子启动基因组成型表达。组成型启动子可启动基因在整个生命周期中部分组织和器官中
的表达。

(2) 目的基因的修饰:用于实现外源基因在植物中更好地表达。例如,来源于细菌抗
虫 Bt 基因,有较高 A-T 含量,而植物功能基因则有较高的 G-C 含量。研究者一般在构建
Bt 基因时,会将 G-C 碱基对取代部分 A-T 碱基对,但不改变氨基酸序列,从而增强了该
基因在植物细胞中的表达量。

(3) 终止序列:将到达基因序列末尾的信号传达给细胞。

(4) 选择标记基因:存在于基因结构中并用于区分整合有外源基因的植物细胞。因
为目的基因的整合并在植物细胞中表达是小概率事件,只发生在少数目标细胞和组织中,
因此选择是必需的。选择标记基因编码的蛋白质给植物提供正常毒素抗性,如代谢抑制
物、抗生素或除草剂。正如下面介绍的,只有整合了选择标记基因的植物细胞才能够在含
有抗生素或除草剂的培养基上生长。像目的基因一样,标记基因也需要启动子和终止序
列以保证其正常的功能。

传统植物育种方法是作物改良的主要途径。应用杂交育种、基因渐渗育种、诱导基因
突变与体细胞杂交等方法随机地改良植物基因组,从而培育新品种(图 12.1A)。基因工
程育种与传统育种的区别是,基因工程任何改良都可以通过事先计划和设计,并达到预期
效果。通常是将启动子和基因融合在特定的表达框中,通过细菌转染 DNA(T-DNA)介
导至植物中(图 12.1B)。DNA(T-DNA)介导法去除了已知过敏或毒素编码基因,并能识
别插入位点,而且能快速鉴别和消除断裂基因或无义转化,这是传统育种所做不到的。常
规育种可能因不能预见可变因素导致基因沉默或基因不能激活。转基因应用的第二个优
势是可以在一年内同时改良现有品种的一个或多个性状。

植物遗传转化中还有几个重要方面在本章中不做详细讨论,现简要介绍如下:①高通
量转化,通过这个方法,所有候选基因均可在基因功能分析之前进行转化;②质体转化,因
为多数植物质体 DNA 不(通过花粉)遗传,从而可以防止基因从转基因植物漂移到其他
植物中去;③染色体重建和转化,可实现高分子质量 DNA 和多基因插入植物细胞中去。
Ogawa 等(2008)创建了大规模、高通量的拟南芥悬浮培养细胞系转化程序,即用农杆菌
转化法使每个细胞系可携带一个外源基因。他们利用 RIKEN 拟南芥全长(RAFL)
cDNA 的克隆和 Gateway 克隆体系,将各自携带全长 cDNA 的双元载体进行高通量转化。
纵观所有克隆步骤,在高通量操作中多孔板可用于同时处理 96 个样品。通过评估携带独
立的 96 个 RAFL 代谢相关 cDNA 片段的拟南芥 T87 细胞系,发现这一方法在进行高通
量、大规模功能获得系产物的功能基因组学研究时相当便利。质体转化只适合一些特定
种类的作物。例如,Ruf 等(2007)研究烟草遗传转化时将外源基因整合到叶绿体。总体
来看,他们在烟草转基因质体中只检测到低水平的父本遗传物质。本文将在 12.2.2 节对
微染色体进行简单介绍。

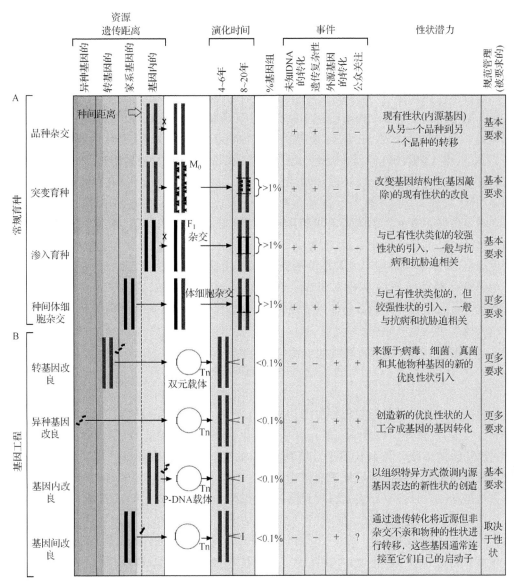

图 12.1　各种作物改良方法简述。基因资源和目的作物之间的遗传距离标注在左边 4 列中,包括
"外源"或"有性杂交亲和性"。种间隔离列以垂直虚线表示,包括异种基因,合成 DNA;外源基因,
无亲缘关系物种 DNA,如病毒、细菌、真菌和分属不同种属的植物;家族基因,如植物 DNA 来源属
于相同家族;种间遗传基因,是指有性杂交亲和性的种属,"%基因组"栏是指引入 DNA 占受体物种
基因组的百分比,规范要求用"基本要求"表示,用于农艺性状的多年田间试验和营养状况评估,"更
多要求"表示更进一步的研究,包括外源基因和环境安全的生物安全性评价。同源基因应用的要
求,依赖于性状。在这些事例中,性状的转移是指自然性状,如与抗病相关性状,认为是以上评估基
原。但是,那些相对于有性杂交亲和性性状是新性状的组分需要进一步分析。(A)常规育种方法,
"M_0"表示通过诱变介导的原有植物,随机诱变用"▲"表示,可以表示通过磺酸乙基甲烷(EMS),1,
2,3,4-双环氧丁烷(DEB),或低射线(LET)敲除上至 100kb 上百个点突变或染色体变异。(B)基因
工程的方法。Tn,植物转化(Rommens et al.,2007)

12.1.3　重要植物遗传转化的发展

植物遗传转化,特别是禾谷类作物转化,作为一种技术含量要求较高的技术,已经成为大的种子公司和农药公司工业化研究进程的一部分。大部分综合性研究团队在致力于自己的目标作物转化时,并未能获得符合自然和人类资源需求的禾谷类作物转化体系。这些局限使得许多研究机构纷纷建立核心植物转化机构(PTF)。以北美洲的 PTF 为例,就涵盖了康奈尔大学(番茄、藻类、真菌)、爱荷华州立大学(玉米、大豆)、内拉斯加大学(小麦、大豆)、得克萨斯州立大学(棉花、水稻、高粱、香蕉、针叶松)、威斯康星州立大学和加拿大国家研究中心(双低油菜、小麦和豌豆)等单位。核心植物转化机构(PTF)有较为明显的集约化、大规模开发的优势。这些优势在于劳动密集型研究的经济和集中,也就是说,将大量遗传转化专家集中起来,长时间持续研究与转化相关的问题,提供"内部"资源用于满足自己团队的特殊转化需要,既避免了显著合作的竞争,还能提供植物组织培养和转化的现场培训,便于当地生产组织提供基金,并能从私营企业获得资助,将一些转化相关任务承包给有经济能力的事业型组织。在大公司和国际中心,这些核心植物转化机构(PTF)一直运作良好。但目前的问题是,有些核心机构偏离了原本的研究目的,因而限制了相关技术更广泛的应用。

12.2　遗传转化方法

遗传转化是将摄取与同化外源的 DNA,介导进入植物细胞和器官中,引起可遗传的变异。目前,已创建了许多不同的外源基因转化方法。其共同的特征是,外源 DNA 首先穿过感受态的细胞壁和细胞膜进入植物细胞,而后到达细胞核并整合到受体染色体上。这里介绍两类最主要的介导外源遗传物质进入细胞的方法(IBRD/World Bank,2006):一类方法是基于农杆菌介导法,农杆菌是一类能够将自身基因或其他基因插入植物基因组的细菌,基因导入是通过细菌质粒(自主 DNA 片段)介导完成的,质粒是整合基因转化到植物细胞的载体构建基础。另一类方法是微粒子轰击法(biolistics),它是将携带质粒的金属微粒高速轰击植物组织,并将基因整合到植物细胞中。本章将主要介绍这两类遗传转化方法,其他直接转基因方法也要做简要论述。

12.2.1　农杆菌介导的遗传转化方法

农杆菌菌株

农杆菌是生存于土壤中、具有将自身的一个 DNA 片段浸染到植物细胞能力而受到广为关注的细菌种。当细菌 DNA 整合到植物染色体中时,能够有效地攻击植物的细胞系统,以确保细菌 DNA 在细胞中的增殖。许多园丁和果农都不幸熟识农杆菌,因为农杆菌感染可引起果树和观赏植物的根癌病。

农杆菌细胞中的 DNA 包含细菌染色体,以及称为 Ti(肿瘤诱导的)质粒的结构。Ti质粒含有一段称为 T-DNA(约 20kb)的 DNA 序列,在侵染过程中可以转到植物细胞中,其中,一系列 *vir* 基因诱导侵染过程。

　　将农杆菌包装成转化载体时,致癌基因(gall-forming sequences)已从 T-DNA 中切除,并将此位置置换为任何来源的基因表达框,而这些基因通常被很方便地插入到已整合到质粒中的多克隆序列中。外源基因和标记基因被插入至载体上两个特殊序列之间,这两个特殊序列被称为左右边界序列。只有 T-DNA 能够成功侵染植物细胞,并整合到植物细胞的基因组中(Wong,1997)。

　　目前多数植物物种遗传转化选用农杆菌介导法。该方法在双子叶植物(如大豆和番茄等阔叶植物)和单子叶植物(香蕉、禾谷类植物和它们的近缘种)都已经获得成功。农杆菌介导转化的一般流程见图 12.2。与其他转化方法(如基因枪法)相比,农杆菌介导法有如下几个方面的优势,包括能够转化大片段 DNA、片段 DNA 转化重排概率低、插入基因拷贝数较低、转化效率较高且成本较低等(Hiei et al.,1997)。另外,农杆菌转化法便于分离世代的选择标记基因删除(Komari,1996;Matthews et al.,2001)。

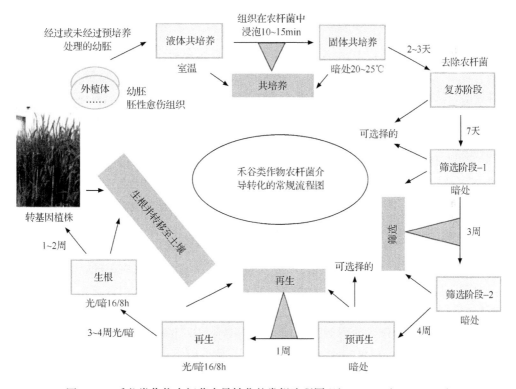

图 12.2　禾谷类作物农杆菌介导转化的常规流程图(Shrawat and Lörz,2006)

禾谷类中的应用

　　作为载体转化体系,农杆菌有宿主限制的范围。例如,最初认为禾谷物等单子叶植物细胞不适合农杆菌介导转化,因为大多数单子叶植物不是农杆菌的天然宿主。目前,农杆菌介导的谷类作物遗传转化仍然停留在愈伤组织诱导阶段,仍然有基因型依赖和体细胞无性系变异的问题,因此,开发高效可靠的农杆菌转化流程对禾谷类作物遗传转化技术的应用非常重要。

许多学者对单子叶植物农杆菌转化影响因素进行了研究和探讨（Cheng et al.，2004；Jones et al.，2000），这些筛选因素包括敏感基因型、外植体、农杆菌菌株、双元载体、选择标记基因和启动子、侵染和共培养条件、组织培养和再生培养基等。在这些因素中，基因型和外植体是农杆菌介导转化的主要制约因素，特别是转化宿主拓展到商业中时，表现尤为突出。

据报道，外植体类型、外植体质量和来源与农杆菌介导转化是否成功密切相关（Repellin et al. 评论，2001）。例如，对新分离幼胚是否进行预处理一直是大多数谷物遗传转化能否成功的关键因素之一，并且幼胚认为是最好的外植体类型（Cheng et al.，1997；Wu et al.，2003）。但是，成熟种子诱导的胚性愈伤组织介导水稻转化成功也有报道，并能产生分化细胞（Hie et al.，1994）。总之，任何处在活跃分化期的外植体都可能对农杆菌遗传转化有利。

农杆菌转化中涉及的寄主植物基因

农杆菌介导转化过程中，对涉及的植物基因进行鉴定和分子特征研究，开辟了能够更好地了解植物对农杆菌侵染的反应（Veena et al.，2003）的新途径。这种信息可能有助于开发新方法，以提高经济上相对重要的植物物种的转化频率。此外，深入研究和了解植物细胞分裂和农杆菌刺激下的基因应答机制，不仅能拓宽转化受体的优良基因型，还能提高谷类植物的遗传转化效率（Shrawat 和 Lröz，2006）。

近年来，许多学者从分子水平上研究了寄主植物和农杆菌的相互作用（Ditt et al.，2001；Veena et al.，2003）。Hwang 和 Gelvin（2004）在拟南芥中鉴定了 4 种与主 T-菌毛蛋白相互作用的蛋白质 $VirB_2$ 的特征表明，这些蛋白质的存在是高效转化所必需的。

12.2.2　微粒轰击

微粒发射轰击法，也称为"基因枪"或"生物导弹"，使用包被 DNA 的重金属颗粒（通常为钨或金），在氦气高压力下加速（图 12.3）。包被 DNA 的微粒高速轰击细胞和组织。基因枪型号主要是 PDS-1000/He，即氦气供能基因枪或类似设计——微粒流基因枪。基因枪涉及的参数包括压力（900~1300psi）、粒径（0.6~1.1μm）、材料（黄金和钨）、轰击距离（7.5~10cm）和目标材料（悬浮细胞、愈伤组织、分生组织、原生质体、幼胚）。微粒加速器产生的高速足以穿透细胞壁但不会造成细胞的过度破坏。在转化时，DNA 覆盖包被到氯化钙和亚精胺沉淀的微米级金粒或钨粒表面，并轰击插入到可再生的植物细胞中。如果外源 DNA 到达细胞核，可能造成瞬时表达，进而可能以整合的方式稳定地插入宿主染色体中。Stanford 提出最初的轰击概念（Stanford et al.，1987；Stanford，2000），并创造了术语"biolistics"，研制了基因枪（简称"生物弹道"）。微粒轰击在单子叶植物遗传转化中有特别用途，因为它没有物种限制或宿主限制，可以靶向不同类型的细胞类型，是细胞器官转化最便捷的方式。但是，人们普遍认为，基因枪转化法易形成大量的多拷贝数和高度复杂的插入位点，易造成基因重组，从而使转化基因不稳定和基因沉默。

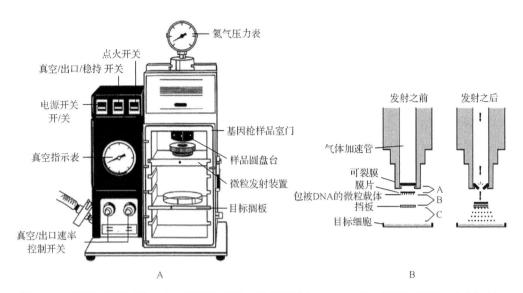

图 12.3 基因枪及其系统。(A)基因枪系统。该基因枪 PDS-1000/He 仪器包括轰击室(主体),用于连接到真空源的连通管,所有连接部件和高压氦气交换机(氦调节器,电磁阀等)。(B)轰击的过程。PDS-1000/He 基因枪系统采用高压氦气冲击,使得带有以百万计 DNA 或其他生物成分包被的钨粒或金粒的载体膜片被冲破,带动载体膜片以超高速轰击靶细胞,并穿入细胞实现转化。微载体经过短暂距离停止前进,带有 DNA 的涂层微载体继续前行,实现目标细胞的渗透和转化。微粒轰击速度取决于氦气压力(可裂膜选择)、真空量、从可裂膜和载体膜片之间的距离、载膜片和阻挡片距离、阻挡片和靶细胞的距离等因素

微粒轰击促进遗传转化的发展

Biolistic 和 Helios 系统可以用来规避昆虫培养载体病毒群体,使感染性病毒核酸直接介入到植物中。这种系统的特点就是它的灵活性,可实现不同的病毒种类和基因组元件间的合并浸染,是研究致病性和寄主抗性机制的有力工具。微粒轰击无论是用于转基因木薯,还是研究不同双粒病毒间的接合效果(Chellappan et al.,2004)都是非常有益的。微粒轰击在研究重要经济作物病毒诱导的基因沉默(VIGS 诱导)中也有重要作用(Fofana et al.,2004)。

微粒轰击没有生物学限制或寄主限制

微粒轰击利用物理学原理在植物细胞中直接引入外源 DNA,克服了农杆菌介导的遗传转化中的宿主(基因型)限制,它是基于物理原理介导 DNA 插入植物细胞,因此,此种方法可应用于所有植物(通过 DNA 修复机制),并使转基因稳定整合。对于稳定转化和转基因植物的修复来讲,微粒轰击只受限于外源 DNA 传递到可再生细胞(Altpeter et al.,2005a)。由于几乎消除了所有的其他转化方法的限制因素,微粒轰击法可应用于大多数最难转化植物物种的转化。

由于这种方法可以转化不同类型细胞,因此,能够实现其他方法很难或无法实现的转化。当需要在特定组织或细胞类型中对大批量的载体进行快速分析时,此法尤为重要。

外源 DNA 在不同细胞类型中的高效整合

微粒轰击不依赖于任何特定的细胞类型，当外源 DNA 介导进入细胞时不会被杀死。如水稻，适宜转化的组织包括：幼胚（开花后 7～8 天）、胚性愈伤组织（包括从成熟种子、未成熟种子或悬浮培养细胞诱导而来的）（Datta et al.，1998；2001；Tu et al.，1998a；1998b；Baisakh et al.，2001）。甚至可使 *gusA* 基因在未成熟胚乳上瞬时表达（Grosset et al.，1997；Clarke and Appels，1998）。

微粒轰击不需要载体

用于转化的外源 DNA 由插入在高拷贝细菌克隆载体植物基因的表达框组成，在转化过程中，只基因表达框需要表达，其他组件都不需要转移。典型的表达框通常包括一个启动子、可读框、加尾序列位点，但有时可能包含其他组件，如蛋白质定位信号等（Altpeter et al.，2005）。一旦载体从细菌培养中分离出来，即可纯化和直接用于转化。

在农杆菌介导遗传转化中，T-DNA 在转化过程中从载体上自然切除，通常，但不是总是，载体的骨架序列会被阻止整合到植物的基因组（Fang et al.，2002；Popelka and Altpeter，2003），因此，在农杆菌介导转化后，需要耗时进行基因插入位点的序列分析。相反，微粒轰击法无需进行分析，因为微粒轰击法中的克隆载体是非必需的。因此，Fu 等（2000）制定了一个简便的 DNA 轰击策略，即在微粒装载前就去除所有载体序列。标准质粒载体用于克隆植物表达框和转化目的的基因，而后从质粒上切下表达框，并用琼脂糖凝胶电泳进行纯化，最小的线性部分 DNA 包被金属微粒，用于遗传转化。

微粒轰击用于高分子质量 DNA 转化

直到现在，植物基因转化中存在的一个严重限制问题是，无法在植物基因组中引入较大的完整 DNA 结构。这种较大结构的 DNA 片段可包含多个基因，或者包含一段基因组 DNA，以便于进行植物基因的图位克隆。农杆菌介导的转化中，这一限制已被构建双元人工细菌染色体（BIBAC）和可转化人工染色体（TAC）的方法解除（Shibata and Liu，2000）。Vaneck 等（1995）在对两个番茄品种的悬浮液转化进行研究时，首次提出用微粒轰击法转化酵母人工染色体（YAC）DNA 方法，其中，一个品种获得了 YAC 转化植株，初步的研究表明，整合的 YAC 中有 4/5 "比较完整"转化。在玉米遗传转化中，将高分子质量 DNA 整合到细胞中去最有前景的方法，是创建基因工程最小染色体和将多基因整合到最小染色体（Yu et al.，2007），而后进行转化。最小染色体不仅可以像染色体一样发挥功能，而且允许基因在其上叠加。这种在玉米转化上开发的技术可以推广到其他植物上。

微粒轰击是细胞器转化最便捷的方法

到目前为止，大多数的植物基因工程是指细胞核转化。另一种转化方法是将外源基因引入叶绿体基因组中。转化叶绿体基因组的策略有许多优势，如可以获得非常高的外源基因表达，并且大多数农作物中质体基因单亲遗传（可防止花粉飘逸，阻止外源基因侵入),不存在基因沉默与位置效应,同源重组方式整合有利于外源基因的定点插入,消除载体序列,在细胞器中可精确控制外源基因和隔离外源蛋白,从而防止了胞质环境下不利互作(Altpeter et al. ,2005a)。

与其他方法的比较

除了已阐述的微粒轰击法转化功能以外,Altpeter 等(2005a)还将该方法与其他转化方法进行了全面系统的比较。不论是农杆菌介导法还是微粒轰击法,除了似乎与染色体自然断裂的位置相关外,外源基因的整合都是一个随机过程。基因组的转录活跃区有偏好性,特别是染色体末端,这些区域 DNA 似乎更容易结合外源基因,进一步断裂可能是由微粒轰击造成的,微弹可能剪切了核内 DNA 环末端(Abranches et al. ,2000;Kohli et al. ,2003),这可能部分解释了微粒轰击技术相对其他技术稳定的原因。

与基因枪技术相比,农杆菌介导转化法也有它的优势。例如,整合模式简单,转基因植株的突变较低,且因共抑制表现的基因沉默相对较少(Tzfira and Citovsky,2006)。此外,适当调整农杆菌转化流程,使得越来越多的谷物种类可以应用该法进行高效的遗传转化(Shrawat and Lorz,2006;Conner et al. ,2007)。

12. 2. 3　电击法和其他直接转化法

有几种不常用的遗传转化方法,已被证明在特定植物转化中有效,如聚乙二醇(PEG)促进的原生质体融合法、显微注射法、超声处理法和电击法等。其机理是:引起细胞壁和细胞膜瞬间微创,在损坏的细胞结构修复与融合之前,培养基中的外源 DNA 进入细胞质。使用聚乙二醇直接介导外源 DNA 融合到原生质体中,或使用电击产生的瞬时高压电场,引起细胞膜通透性改变,从而引入外源 DNA。植物叶片或胚性愈伤是用酶解法分离原生质体的常用材料。原生质体为转化起始材料的遗传转化,常需经过愈伤诱导、悬浮培养、原生质体分离、愈伤形成和植株再生等过程。关键因素是保持胚胎发生再生能力和培养保存胚性细胞悬浮系,但长时间的组织培养常导致再生能力和增殖力降低。

拟南芥遗传转化的突破性进展是真空渗透转化程序的发明,这是一种简单有效的方法,不仅能获得较高遗传转化效率,而且无需组织培养程序(Bent,2000)。植物乃至花卉等真空渗透和喷涂法遗传转化,转化效率可高达几个百分点不等的频率,最常见的遗传转化频率为 0. 1% ~1%。

电击转化法是利用短促高频电场促使细胞膜上脂质双分子层反向渗透。通常认为电脉冲提供大面积渗透压,使细胞膜薄化产生的气孔瞬间变形,允许大分子包括染料、抗体、病毒 RNA 和 DNA 微粒自由扩散。植物细胞中电脉冲转化的瞬间表达可用来研究启动子元件的功能;验证反义 RNA 基因表达;质粒、完整原生质体的细胞核蛋白质易位;研究细胞周期特异性基因表达和植物激素反应等。

作为 DNA 外源转化的一种方法,电击法操作简便且实验结果易于重复。在大多数情况下,用于同一转化目的时,此方法较其他方法如基因枪法更为有效。此外,它不受生物学基础的宿主范围限制,如不会出现使用农杆菌转化法,或利用 PEG 转化程序引起的毒性问题等。最后,电击法转化可使分析基因瞬间表达,可在转化后数小时内重复检测转染 DNA 表达情况。这与需数月才能稳定,并受"位置效应"的遗传转化策略形成鲜明对照。在一个转化流程中,虽然瞬时表达可以在获得再生转基因植株之前,快速检测新基因序列的功能,但是遗传物质稳定整合也是必需的。

电击转化为基础的转染系统由若干可变量组成,包括原生质体的制备方法,电脉冲强度和持续时间,离子浓度、电击缓冲液,DNA 的纯度、浓度和拓扑结构。Fisk 和 Dandekar (2004)对这些变量及其他参数进行优化,用于烟草原生质体遗传转化,提高了原生质体的转化表达频率。他们还研究了电激法的瞬时表达检测的条件优化,优化后的表达效率接近 90%。

12.3　表达载体

如果没有长度较小的、易于操作和使用的农杆菌双元载体的应用,植物基因工程的进展不可能像今天这样蓬勃发展(Komari et al. , 2006;2007)。第一代植物转化载体设计相对简单,缺乏克隆和表达的通用性,缺乏具体操作和应用的灵活性(图 12.4;Tzfira et al. , 2007)。

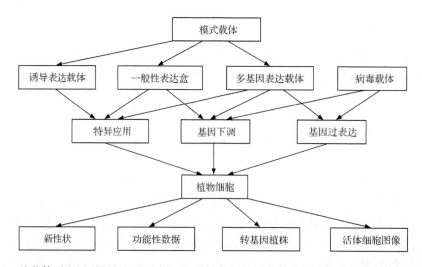

图 12.4　从载体到应用到研究细胞功能。靶向植物细胞遗传信息导入和外源基因表达需要模式载体系统,灵活的基因克隆和表达系统,以不同基因表达专用质粒。模式载体表示特定表达装配载体的起点、多基因表达载体和其他类型的植物转化载体。反过来,这些载体提供基因过量表达和下调基表达,以及特定或特殊应用,以获得新性状和基因功能数据,如在活体植物中细胞蛋白质成像、植物和转基因植株再生等

第一代双元载体改良的显著特点,是引入一个空的植物表达框,这一特征使植物生物学家对组成型表达启动子控制下的目的基因克隆更加简单与直接。双元载体不断改造,构建出许多优良双元载体,其中包括最有名的双元载体改良,其中一个双元载体 pBin19 (Bevan,1984;Komori et al. , 2007),已经在这一领域应用了数十年。该质粒载体有如下特点,将 *lacZ* 基因引入多克隆位点(MCS),能够对构建的重组质粒进行比色法鉴定;含有

细菌卡那霉素抗性基因,大肠杆菌复制起点,完整的植物选择标记基因表达框和扩展的多克隆位点。

一些新载体的设计和构建,为使用者提供了更专业、更个性化的工具,用于完成各种各样不同的研究任务。例如,超长 DNA 分子的转化(Hamilton,1997)、荧光融合蛋白表达(Goodin et al.,2002)和蛋白质相互作用研究(Bracha-Drori et al.,2004)等。而另一些载体则专为通用性和简易性设计,让植物生物学家不仅仅只有一个选择,亦便于操作这些载体满足各自不同需要。这类载体系统通常是质粒构建家族,如 pCB minibinary 载体系列都是来源于极其小 pBin19 的衍生载体(Xiang et al.,1999),pGreen 质粒载体具有通用性与灵活性等优点(Hellens et al.,2000b)。这些载体及其他许多载体家族为植物组织转化提供了大量简单易行的工具,用于各种植物转化中的基因表达分析。一些常用的知名双元载体和超级菌载体见表 12.1。

表 12.1　著名载体和超级载体(Komori et al.,2007)

载体	植物选择标记	细菌选择标记[a]	农杆菌复制起始位点[b]	大肠杆菌复制起始位点	转移情况	参考文献	文献引用率
pBin19	Kan	Kan	IncP	IncP	是	Bevan(1984)	40%
pBI121	Kan	Kan	IncP	IncP	是	Jefferson(1987)	40%
pCAMBIA 系列	Kan/Hyg	Cm/Kan	pVS1	ColE1	是	www.cambia.org	40%
pPZP 系列	Kan/Gen	Cm/Sp	pVS1	ColE1	是	Hajdukiewicz 等(1994)	30%
pGreen 系列	Kan/Hyg/Sul/Bar	Kan	IncW	pUC	是	Hellens 等(2000)	3%
pGA482	Kan	Yc/Kan	IncP	ColE1[d]	是	An 等(1985)	3%
pSB11[c]	无	Sp	无	ColE1[d]	是	Komari 等(1996)	3%
pSB1[c]	无	Tc	IncP	ColE1[d]	是	Komari 等(1996)	3%
pPCV011	Kan	Ap	IncP	ColE1[d]	是	Koncz 和 Schell(1986)	1%
pCLD04541	Kan	Tc,Kan	IncP	IncP	是	Tao 和 Zhang(1998)	1%
pBIBAC 系列	Kan/Hyg	Kan	pRi	F 因子	是	Hamilton(1997)	0%
pYLEAC	Kan/Bar	Kan	pRi	PhageP1	否	Liu 等(1999)	0%

a Kan,卡那霉素;Hyg,潮霉素;Gen,庆大霉素;Sul,磺酰脲类;Bar,草丁膦

b Kan,卡那霉素;Cm,氯霉素;Sp,壮观霉素;Tc,四环素;Ap,氨苄青霉素

c 2005~2007 年,12 个领先植物期刊刊载了 180 篇涉及根癌农杆菌介导的植物转化的文章

d IncP 载体在大肠杆菌转染中应用活跃,但是它更独立地倾向于主要在 ColE1 系统复制

2007 年,*Plant Physiology* 刊载了用于植物和生物技术研究的新载体系统开发的相关原始论文专辑。同时编撰了简要的综述文章,重点评述了应用载体的植物生物技术研究进展(Tzfira et al.,2007),它囊括了大量描述基于 MultiSite Gatewaybased 植物表达载体(Karimi et al.,2007)、叶绿体转化载体(Lutz et al.,2007)和超级启动子载体转化体系等的文章(Lee L-Y et al.,2007)。对于双元载体,可参阅 Komor 等(2007)的最新研究结果。

12.3.1　双元载体

双元载体的发明和构建(Fraley et al.,1986),是基于发现农杆菌携带的 Ti 质粒 T-

DNA 片侵染植物细胞(致瘤质粒)后,植物产生冠瘿瘤。一个关键的发现是,与 T-DNA 转移有关的致毒性基因可以被放在一个不带有 T-DNA 的复制子上(Hoekema et al.,1983)。因此,试验证明把一种"脱毒"菌株(这种菌株携带的 Ti 质粒中没有野生型 T-DNA)和一个既可以在大肠杆菌中复制也可以在农杆菌中复制的质粒内的人工 T-DNA 结合,在植物转化中是完全有功能的。术语"双元载体"在字面上是指整个组合,但携带的 T-DNA 人工质粒通常被称为双元载体。

一个双元载体由 T-DNA 和载体骨架组成(图 12.5)。T-DNA 是被边界序列限定的片段,载体包含右边界(RB)、左边框(LB)和多克隆位点,一个植物选择标记基因,以及报告基因和其他感兴趣的基因。载体骨架带有大肠杆菌和农杆菌质粒的复制功能,细菌的选择标记基因,以及细菌和其他配套元件用于协调可选代谢功能(Komori et al.,2007)。

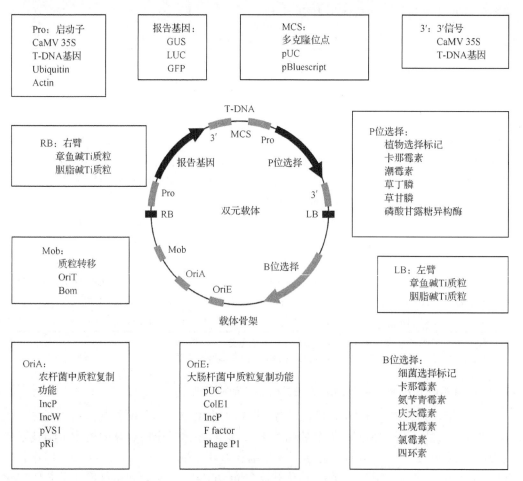

图 12.5　双元载体的典型结构(Komor et al.,2007)

右边界(RB)和左边界(LB)不完整,只有 25bp 的重复序列和 T-DNA 转移的基本的串联元件(Yadav et al.,1982)。作为从熟知的 Ti 质粒上克隆的 DNA 片段,左右边界整合在双元载体上,Ti 质粒不是章鱼碱型就是胭脂碱型。

标准亚克隆技术在双元载体适当位点插入目的基因。MCS 载体与 pUC 和 pBlue-script 等其他标准载体类似或相同,在亚克隆中仍然非常有用。但是,近期构建的载体更加友好。"稀有切点"识别位点,即具有较长 DNA 识别序列的限制酶酶切位点,非常便于识别,因为,DNA 片段上很少有这样的插入位点。最近构建一些标准载体上,一系列稀有位点整合在 T-DNA 上(Chung et al.,2005)。目前商业提供的许多辅助质粒,包含所有或大部分稀有酶切位点、亚酶切位点和其他酶切位点,其他一些辅助质粒还能提供常用的启动子、标记基因和(或)3′端。各种类型表达单元均可在这些辅助质粒中构建。而后将其整个结构单元插入标准双元载体中。因此,能将多个表达框容易地组装在同一个双元载体上。

直到 20 世纪 90 年代初,农杆菌介导的转化法主要应用于双子叶植物,难以适用于谷类作物转化。一些致病基因剂量效应的发现,带动携带致病基因的超级双元载体开发。这种超级双元载体在各种植物种转化都有很高的效率,尤其是适用于难转化植物,如重要的谷类作物。

目前,超级双元载体已得到开发,并成功地应用到单子叶作物遗传转化中,如水稻和玉米上的成功转化(Hiei et al.,1994;Ishida et al.,1996)。超级双元载体是以双元载体为基础改进而来的,并携带 14.8kb 的 Kpn I 片段,这一片段上包含来自 pTiBo542 的 $virB$、$virG$ 和 $virC$ 基因,而 pTiBo542 是来源于表现超级毒力的农杆菌菌株 A281(Jin et al.,1987;Komari,1990)。

12.3.2　基于 Gateway 的双元载体

双元载体应用于谷类作物转化时,受双元载体太大和载体上有限的有用限制性酶切位点的限制。为了避免繁琐的载体构建过程,Gateway 技术(Invitrogen 公司开发)特别构建了基因敲除的双元载体。Gateway 技术建立的克隆体系,基于噬菌体 1 的特殊位点重组系统,以及传统的 DNA 片段酶切和连接的克隆技术(Landy,1989)。大量基于 Gateway 技术、用于植物功能基因组研究的双元载体系统已被开发出来,从而实现基因的过量表达、敲除效应基因、表达融合蛋白(Earley et al.,2006)以及转化多基因(Chen et al.,2006)等。

Gateway 系统提供了另一种友好特征。Gateway 系统结合一对较短且特异序列 DNA 片段,此序列很容易被另一个 Gateway 系统的 DNA 片段置换。因此,Gateway 系统可以将外源 DNA 片段直接引入双元载体中,这种功能在许多领域非常有用。稀有限制性内切酶模块和 Gateway 重组位点整合,为用户提供了广泛的多功能克隆系统,这些克隆系统对于多基因的 T-DNA 转化尤其有用(Chen et al.,2006)。

基于 Gateway 的双元载体在双子叶植物中得到应用(Wesley et al.,2001;Curtis and Grossniklaus,2003;Tzfira et al.,2005)。然而,在单子叶植物中应用较少,主要原因是缺乏启动目的基因和植物选择标记基因的有效功能性启动子。另外,其他特殊载体元件的缺乏,如植物选择标记和复制原点,可能会妨碍双元载体行使功能。

Himmelbach 等(2007)开发了一套通用的双元载体,它能够对稳定遗传转化的谷类作物表型进行有效研究。它的分子模块结构为启动子序列和效应序列的插入提供了便利,同时提供植物选择标记盒。高效的 Gateway 重组系统,促进了双元载体操纵序列超量表达的插入载体系列和基因敲除载体系列的发展。其应用领域得到进一步拓展,可选择在稳定转化前进行瞬时表达检测分析(如大麦),可选择使用相同的双元载体转化单子叶和双子叶植物等。目前已构建出许多带有强大组成型启动子的载体,如玉米泛素启动子(ZmUbi;Furtado and Henry,2005)、双 CaMV 35S 启动子(d35S;Furtado and Henry,2005)、水稻肌动蛋白启动子(OsAct1;McElroy et al.,1990;Altpeter et al.,2006)等。此外,小麦的谷胱甘肽 S-转移酶启动子(TaGstA1,Altpeter et al.,2005b)能使外源基因在叶片表皮组成型表达。随着高效 Gateway 克隆系统的广泛应用,各种启动目的基因表达谷类启动子的开发,以及可选择的植物选择标记和不断改造载体的应用,都将为谷类作物的 DNA 序列功能特征的研究提供极大便利。

12.3.3　转化载体的选择

目前,大量双元载体和超级载体均可提供,因此,载体选择的有用指导显得越来越重要,这些有用指导文献已报道(Hellens et al.,2000;Komari et al.,2006)等,然而,没有任何一种载体能适合所有的转化目的,幸运的是,目前应用的许多载体都具备一定的通用性,它们可应用在不同实验中,并为不同实验目的实现载体转化提供了可能。载体不适合或需要选择更好的载体时,要对如下问题进行考虑,如 DNA 片段的大小和特性、农杆菌菌株类型、植物物种和实验目的等。如果 DNA 片段大于 15kb,推荐使用 IncP、BIBAC 和 TAC 等载体。此外,高拷贝数的质粒和具有不同酶切位点、选择标记和 Gateway 位点等大量不同载体应用非常便捷。一些载体是为特定用途构建的,如抑制植物基因表达的 RNA 干扰载体(RNAi)(Miki and Shimamoto,2004)等。

新一代植物转化载体给我们提供了完善的克隆策略和植物细胞基因转化策略,通常使用农杆菌为遗传转化工具。一些质粒已经发展成为质粒家族,另外一些质粒则为特定试验目的设计的单一结构。每个研究总能发现一个载体可用,包括比较特殊的激活标签应用(如 pSKI015 和 pSKI074 双元载体,Weigel et al.,2000)或地塞米松诱导表达(如 pOp/LhGR 转录激活载体 pSKI074,Samalova et al.,2005)。此外,新载体系统的开发,使人们可以利用全新的克隆技术与基因表达技术进行深入研究。同时,新载体系统的开发使得人们在更广泛的物种范围内使用转基因技术进行遗传改良,如转基因技术在树木和难转化作物上的应用(Meyer et al.,2004;Coutu et al.,2007)。还有,针对不同的植物病毒,植物中非永久性遗传改良的基因系统性表达载体正在开发(Gleba et al.,2005;Marillonnet et al.,2005)。

12.4　基因选择标记

选择标记基因系统在遗传转化中的应用有利于人们较为直接地鉴别转化植株(Ramessar et al.,2007)。如果没有选择标记基因,少数稳定整合外源基因的植物细胞可能在大量生长的野生型细胞中丢失,因为如果缺乏有效的选择性抑制,野生型细胞要比转化细胞生长旺盛。但在某些情况下,选择标记基因可能不需要,我们可以得到无选择标记的转化植株。

12.4.1　选择标记的功能

一旦植物细胞以稳定方式整合了插入的外源 DNA(如以共价键结合在寄主植物的基因组中),下一步就是从转化细胞再生出转化植株。再生事件的位置、频率和范围对于转基因植株分离至关重要。多数情况下,转化植株分离的主要限制因素是缺少转化细胞群体的再生。被子植物不同物种,以及同一物种不同栽培品种之间,再生频率和范围都存在非常大的差异。

转基因植株再生过程中的关键步骤是,区分整合有外源基因的转化细胞与大量的非转化植物细胞。鉴定转基因植株的传统方法是利用外源基因中的标记基因,根据它们的基因表达情况进行筛选。抗生素标记基因或抗除草剂基因是常用的实验室转化研究的标记基因。选择标记基因常常表达一种使筛选细胞失活(解毒)的酶,或者一种对筛选物质有抗性(耐性)的酶。例如,氨基糖苷类抗生素、卡那霉素、新霉素和 G418 等,通过抑制蛋白质翻译杀死细胞。大肠杆菌 NPTII 基因,编码新霉素磷酸转移酶,使抗生素磷酸化失活,从而允许带有抗性基因的转基因植物细胞可以在含有抗性素的培养基上生长。除草剂毒素是谷胺酸盐类似物并通过抑制谷氨酰胺酶起作用,谷氨酰胺酶是一个植物胺消化和氮消化的关键酶。Bar 基因是从吸湿链霉菌细菌中克隆出来的,用来编码膦乙酰转移酶,膦乙酰转移酶将膦转换成无毒的膦乙酰形式,并允许转化植株细胞在含草铵膦或铵盐草铵膦背景下生长。

通常情况下,缺乏选择标记的遗传系统转化效率低。而含有选择标记的遗传转化,如烟草、水稻和玉米的细胞,转化频率非常高。高效的共转化选择标记有利于含有共转子的转基因植株的鉴别。应用单一的选择标记基因,除了具备表达该基因编码自身抗性蛋白功能外,还能鉴别目标共转化组织对所携带标记基因的相对抗性。选择压的使用时间对于成功应用、转化细胞的恢复和完整都非常关键。单子叶植物对卡那霉素(常用于双子叶植物转化)相对不敏感,因此,单子叶植物转化常用其他选择标记基因替代。当选择抗性机制和应用特定标记基因时,应考虑使用特定的转化体系(尤其考虑转化材料特性和转化再生植株途径)。但是由于专利限制和操作自主性等问题的存在,往往影响标记基因的自由选择。

当外源基因整合到受体植株后,根据所选择标记,植物组织转移到含有相应选择性抗生素或除草剂的培养基上培养。当这些组织被转移到选择性培养基上生长时,只有整合了外源基因和选择标记基因的植物组织才能生存,这些植物组织也将控制目的基因。因此,在后续步骤将只使用这些存活下来的植株。

12.4.2　植物的标记基因

目前主要有两类选择标记基因:抗生素和除草剂抗性基因。抗生素抗性基因主要应用于植物遗传转化的两个重要阶段:①植物遗传转化前,在外源基因分子生物学操作中和构建载体时,用于选择菌株;②在遗传转化过程中,筛选稳定整合外源基因的细胞和植株(Ramessar et al.,2007)。抗生素抗性基因使用中有两个问题需要关注:①使用抗生素的实验效果,如抗生素抗性基因产物在转基因作物和转基因产物表达是否有效;②潜在基因漂移,即抗生素抗性标记基因可能转移到肠道和土壤微生物中(Ramessar et al.,2007)。抗除草剂基因需关注的问题:①基因漂移,转基因作物中的新基因可能通过常规的远缘杂交扩散到野生种或杂草中;②杂草化,部分作物或其野生近缘种由于新基因的转入,成为新类型杂草并稳定繁殖而蔓延到新的栖息地;③毒性和过敏性,这是与人类健康和安全相关,因为新型食品和非目标生物可能带来负面影响。

　　标记基因的选择是植物转化关键因素之一。具有抗生素或抗除草剂的抗性基因,如卡那霉素、潮霉素、膦和草甘膦等得到广泛使用,其中卡那霉素抗性最常用于双子叶植物的遗传转化。对于抗除草剂转基因植物来讲,其功能基因同时也是选择标记基因。由于对抗生素基因商业化的关注,具有补充代谢能力基因也受到重视。例如,表达磷酸甘露糖异构酶基因的植物细胞可在甘露醇作为碳源的培养基上生长,这种标记选择称为正向选择(Joersbo et al.,1998)。表12.2列出了在植物遗传转化中应用的选择性标记基因。虽然迄今为止在高等植物基因转化报道中已有20多个可选择的标记,许多标记仅在有限的植物物种和有限的范围试验过。因此,标记基因的进一步研究,有助于改善某些植物物种转化的效果(Komori et al.,2007)。

表 12.2　用于植物遗传转化中的选择性标记基因

标记基因	基因产物	来源	筛选
$npt \text{ II}$	新霉素磷酸转移酶	Tn5	卡那霉素、巴龙霉素、新霉素
ble	博来霉素抗性	Tn5、印度斯坦链异壁菌	博来霉素腐草霉素
$dhfr$	二氢叶酸还原酶	质粒 R67	甲氨蝶呤
cat	氯霉素乙酰转移酶	噬菌体	氯霉素
$aph\text{ IV}$	潮霉素磷酸转移酶	大肠杆菌	潮霉素 B
ept	链霉素磷酸转移酶	Tn5	链霉素
$AacC/aacCA$	庆大霉素乙酰转移酶	黏质沙雷氏菌、肺炎克雷白氏菌	庆大霉素
bar	膦丝菌素乙酰转移酶	吸水链霉菌	草胺膦
$epsp$	5-烯醇丙酮莽草酸-3-磷酸合酶	蜿形目矮牵牛	草甘膦
bxn	溴苯腈特异性腈水解酶	臭鼻克雷伯菌	溴草腈
$psbA$	Os 蛋白	苋属氢化物	阿特拉津
$FfdA$	2,4-D 单氧酶	富养产碱杆菌	2,4-二氯酚氧乙酸
$dhps$	二氢吡啶二羧酸合酶	大肠杆菌	S-氨乙酸 L-膦胺氨酸
ak	天冬氨酸激酶	赖氨酸和苏氨酸型大肠杆菌	高浓度筛选
sul	二氢叶酸合成酶	R46 质粒	磺酰胺
$Csr1-1$	乙酰乳酸合酶	拟南芥	磺酰脲类除草剂
Tdc	色氨酸脱羧酶	长春花	4-甲基色氨酸

　　选择标记基因均是由组成型启动子启动。CaMV35S 启动子(Odell et al.,1985)和农杆菌胭脂碱合成酶(Depicker et al.,1982)是双子叶植物常用启动子;而玉米泛素基因启动子(Christensen et al.,1992)和水稻肌动蛋白基因启动子则是在单子叶植物中普遍

应用的启动子(Zhang et al.，1991)。选择标记基因末端带有一段 DNA 片段,即所谓的 $3'$ 端。CaMV35S 启动子的转录本和野生型农杆菌胭脂碱合成酶 T-DNA 的 $3'$ 端常用来作启动子 $3'$ 端。

抗生素抗性基因

氨基糖苷类抗生素是原核生物、线粒体和叶绿体的蛋白质合成抑制剂。卡那霉素、庆大霉素/链霉素(G418)和巴龙霉素与核糖 30S 亚基结合,抑制翻译起始。潮霉素与延伸因子 EF-2 相互作用,抑制肽链的延伸。植物使用抗生素可导致叶片叶绿素合成受阻和叶片白化。在谷类作物转化应用最广泛的选择标记基因是新霉素磷酸转移酶($nptII$)基因,潮霉素磷酸转移酶基因(hpt)和膦乙酰转移酶基因(bar)(Cheng et al.，2004)。这些基因使转化子具有卡那霉素和氨基糖苷类(如 G418 和巴龙霉素)、潮霉素和 PPT 等的抗性。在这些转化体系中转化细胞能够生存,非转化细胞被选择性杀死,这类选择称为负选择。研究表明,谷类作物对相对高浓度的卡那霉素不敏感。因此,巴龙霉素的 $NPTII$ 基因已经用于水稻、玉米、小麦、燕麦和大麦等遗传转化的抗性选择上。大肠杆菌 $aphIV$ 基因(通常称为 hpt 基因)表现潮霉素抗性是基于该基因编码潮霉素磷酸转移酶(HPT),研究表明水稻对潮霉素敏感性较高。基于转基因生物安全规则的日益关注,目前商业化谷类作物生物技术应用中已去除抗生素标记,特别是在欧洲国家,抗生素标记难于应用到转基因育种程序中,其转基因产品不能得到认证。

耐除草剂基因

一些除草剂标记作为选择性标记已经应用到谷类作物转化中。目前已开发出通过抑制氨基酸合成的工程抗性的抗除草剂标记。除草剂和抗生素这两种标记,均可添加到培养基或喷洒成熟植株进行选择。它们均便于应用到育种培育程序,从而选择与转育的外源基因相关的遗传性状。但是,除草剂比抗生素有更强的知识产权保护问题。抗除草剂基因存在的问题之一,是虽然实验目的不是获得带有除草剂基因的植株,但是转化植株还需带有除草剂抗性。目前,在谷类作物基因工程中,已开发出几种耐除草剂谷物转化策略,它能通过引入带有氨基酸合成酶抗性的除草剂抗性基因表达使某种除草剂酶失活,如突变 als 基因介入嘧磺隆(Qust)抗性,bar 基因引起膦丝菌素抗性(PPT)。吸湿链霉菌 bar 基因引起耐受 PPT 除草剂抗性等,已广泛应用在水稻、玉米、小麦和大麦等类作物转化筛选中。而孟山都公司采用 5-烯醇式丙酮酸莽草酸-3-磷酸合成酶(EPSPS),杜邦使用咪唑啉、氯磺隆或乙酰乳酸合成酶(ALS),进行转基因材料的筛选。

基于抑制谷氨酸盐合成酶的抗除草剂工程

谷氨酰胺合成酶(GS)通过催化谷氨酸和游离氨合成谷氨酰胺盐。PPT 作为一种谷氨酸盐类似物,通过抑制 GS 活性造成铵积累引起细胞毒性。bar 基因来源于吸水链霉菌,编码一个膦乙酰转移酶,能使 PPT 失活或抗 PPT 除草剂。

抑制 5-烯醇式丙酮酸莽草酸-3-磷酸合成酶的除草剂工程

EPSPS 酶存在于叶绿体中,它催化芳香族氨基酸的生物合成。草甘膦,作为除草剂的活性成分,抑制质粒中 EPSPS 酶的活性,从而阻止分支酸衍生的芳香族氨基酸和植物次生代谢物的合成。研究证实含草甘膦的除草剂产生抗性的原因是,EPSPS 基因碱基发生替换,并呈现显性突变。带有 EPSPS 基因突变的转基因植物具有抗草甘膦特性。失活的细菌 gox 基因编码的草甘膦氧化酶致使含草甘膦除草剂失活。Howe 等(2002)发掘了一个高效的转基因玉米抗草甘膦除草剂的选择标记系统。

12.4.3　正向选择

如上所述,在大多数情况下,"反向"选择标记用来从非转化细胞团中筛选转化细胞。虽然完全没有科学根据证明使用抗生素或除草剂标记危害性,但是它们在转基因作物中的应用日益受到全球关注,因此,近年来,已经开发几个正向选择体系,并成功应用于转基因植物产品。在正向选择时,转化细胞需要具有先前没有(或无使用效率)的代谢底物能力,从而从大量非转化组织中长出来。与反向选择相反,正向选择不会杀死非转化细胞,但使转化细胞生长优势明显提高。正选择系统包括 N-3-葡糖苷酸苄基嘌呤(Joersbo and Okkels,1996)、木糖(Haldrup et al., 1998a,1998b)和甘露糖(Miles and Guest,1984)等。这些系统筛选转化植株时,避免了使用抗生素或除草剂抗性基因,并且已经在多种植物得到应用(如 Negrotto et al., 2000;Lucca et al., 2001;Reed et al., 2001;He et al., 2004;Gao et al., 2005)。

正向选择有多种类型,从通过转入相关酶将植物调节剂从非活性状态变为活性状态类型,到碳源选择类型——非转化细胞不能有效利用这些碳源,从而生长缓慢,或者不能生长,而转化细胞在导入的相关酶作用下可有效地代谢利用该碳源。利用正向选择,非转化细胞可能会死亡,但原则上不会使用产生酚类物质的不利选择标记。

首例证明正向选择的是 Joersbo 和 Okkels(1996),他们在培养基添加细胞分裂素葡糖苷酸,不加细胞分裂素,用叶盘法得到了带有 β-葡萄糖醛酸酶(GUS)转基因烟草植株。只有表达 GUS 的细胞能够代谢分解细胞分裂素葡糖苷酸,进而进行细胞增殖和分化成苗,而大部分没有 GUS 活性的细胞不能生存。这种正向选择的应用领域进一步扩大,不仅包括植物激素,也包括碳源和氮源(Okkels and Whenham,1994)。正向选择中最容易利用的因素为碳源,因为植物细胞培养要求碳源的存在。通常情况下,植物培养基一般添加蔗糖、葡萄糖或麦芽糖。研究表明,在大多数情况下,如果将另外的碳水化合物,如甘露糖添加到培养基,植物细胞将无法增殖,甚至死亡,而甘露糖和其他碳水化合物可以被吸收,但不能进一步代谢。另外一些作为选择转化细胞的替代糖源是脱氧葡萄糖、木糖和核糖醇等。利用这些碳水化合物的最好例子是甘露糖与大肠杆菌甘露糖异构酶(PMI)基因(*manA*)的结合使用。PMI 催化甘露糖-6-磷酸果糖转化为 6-磷酸,可以作为一种碳水化合物来源利用。PMI 标记系统在甜菜、玉米、水稻、小麦,拟南芥等及许多其他双子叶植物和单子叶植物物种中证明是有效的(Wenck and Hansen,2004)。

12.4.4　转基因植物中选择标记基因的去除

在几乎所有的转基因程序中选择标记基因是高效产生转基因植株所必需的,但是一旦获得了纯合转化子,它们的存在则不必要了。相反,它们继续存在可能会影响相同标记系统的再转化。

共转化的应用

一个简单的策略是构建两个能够共同转化植物细胞的独立 T-DNA,一个带有选择标记基因,另一个带有目的基因,从共转化体中选择没有标记的后代(Hohn et al. , 2001)。与两个独立 T-DNA 整合导致的从 T_1 代标记基因分离不同,共转化既可使用农杆菌两个菌株也可使用一个菌株。两个菌株混合体,每个菌株中均含有一个双元载体(Komari et al. , 1996),或者一个共整合载体和双元载体(De Buck et al. , 2000)等,这些载体已用于研究影响共转化频率的因素。另一种共转化策略是使用农杆菌单一菌株,研究证明使用单一菌株能有较高的共转化率(Komari et al. , 1996)。然而,该方法的便利性很大程度上依赖于要求的分析方法适用。此外,Hohn 等(2001)认为在农杆菌介导遗传转化法中,利用共转化去除标记基因特别有用。结合"双 T-DNA"的载体,通过对转化载体精心设计,可以得到无选择标记转基因植物。

将共转化体引入超级双元载体系统时,带有 T-DNA 的选择标记定位在受体载体上。例如,pSB4 和 pSB6 的共转化体载体构建在同一个 T-DNA 上,它们分别携带潮霉素抗性基因和膦丝菌素抗性基因,这一载体已经在许多植物物种实验中得到应用(Komari et al. , 1996;Ishida et al. , 2004)。共转化效率,即大量带有选择标记基因同时整合有目的基因的转化子的比例相当高,一般为 50%~80%。在共转化子中可得到超过 50% 的无选择标记转基因植株。共转化也可以使用其他类型载体。例如,Huang 等(2004)在标准的细菌双元载体骨架上插入一个选择标记基因,共转化时,一个 T-DNA 从右边界进行,另外一个 T-DNA 从左边界进行。

另一种无选择标记转基因植物的方法是由 Vain 等(2003 年)提出的,此方法采用一种新双二元载体系统 pGreen/pSoup(Hellens et al. , 2000a)。pGreen 是一个小的 Ti 双元载体,在农杆菌中如果没有另外一个双元质粒 pSoup 的存在不能复制,它们属于同一菌系载体。将带有目的基因的 pGreen 质粒与携带选择标记的 pSoup 基因进行共转化,在转基因植物后代就可能得到无选择标记植株(Vain et al. , 2003)。

通过重组去除标记基因和其他冗余片段

来源于噬菌体和酵母的重组酶,如 cre、FLP 与 R,能与 loxP、FRT 和 RS 特殊位点分别发生重组,可作为删除标记基因的有效手段(Ow,2001),这一功能在少数的模式系统中有效。处于两个特殊的重组位点之间的 DNA 片段,在相应的重组酶表达时能从植物细胞基因组中被删除。例如,转基因株系中 cre 重组酶基因表达时,含有 loxP 位点序列被删除(Moore and Srivastava,2006)。已有相关报道将各种复杂的载体元件及重组酶表达用于这种系统(Wang et al. , 2005;Jia et al. , 2006)。这些重组酶系统不仅能删除标记基因,而且也可删除其他不必要的 DNA 片段。例如,单个位点串联整合两个或两个以上拷贝数 T-DNA 的删除很普遍(Krizkova and Hrouda,1998);因为转化事件首选单一拷贝数的转化子,两个或两个以上拷贝数的 T-DNA 的整合很麻烦。如果重组位点被 T-DNA 占位,两个串联 T-DNA 之间的片段会被删除,从而可能生成简单的单一 T-DNA 整合模式。

多基因自动转化载体系统利用重组酶删除体系,产生无标记转基因植株(Sugita et al.,2000)。农杆菌异戊烯基转移酶(ipt)基因可为转化提供一个正向可视选择标记,它在无激素的培养基通过诱导转基因材料的细胞分裂素合成,从而使转化子呈现"发芽"表型。待选择完成后,借助 R/RS 系统诱导产生正常表型的无选择标记转基因植物,随后 ipt 和 MAT 再次利用于下一轮转化。最近,改良了这种方法,提高了效率,并应用于那些不能依赖细胞分裂素再生、转化子需要经过体细胞胚胎发生阶段的物种中(Endo et al.,2002b)。

Verweire 等(2007)提供了一个可获得纯合无标记转基因系的载体系统,这一系统无需删除标记。它是借助引入含有特异种质启动子启动下的 cre 重组酶基因特异自动剪切载体系统实现的,当标记基因不再需要时(如在对转化子初期选择后),转基因植株可程序化将其去除。应用带有不同种质的特异启动子,开发出了两个不同的遗传转化模型。在第一个模型中,启动子位于 cre 基因的上游,可对父本、母本或常见种质材料(如花分生组织细胞)赋予 CRE 功能。在第二个模型中,启动子位于 cre 基因的上游,但指导单一种质特异性 CRE 功能。

Mlynarova 等(2006)和 Luoet 等(2007)研究表明,使用自动剪切载体可高效切除外源基因(包括选择性标记基因和其他基因)。这种自动剪切载体的启动子是小孢子发生或种子发生的特异启动子,且被插入在特异位点重组酶基因的上游。据观察研究,重组等位基因最有效传递到子代的方法是依赖于重组酶物理和化学的诱导。这一结果由 Verweire 等(2007)证实,同时 Mlynarova 等(2006)和 Luo 等(2007)也获得了相同的结果,明确结论是,种质特异性自变剪切是一种高效、灵活和多功能体系,此体系可以从系统中删除转基因植物选择标记。

转座子的应用

玉米 Ac/Ds 转座子系统也已用于构建新的 T-DNA 载体,应用在与同一 T-DNA 共同插入植物的基因分离。T-DNA 中的 Ac 转位酶表达,可诱导目的基因从 T-DNA 到另一个染色体基因位置的转座(Shrawat and Lorz,2006),从而使目的基因从 T-DNA 和选择标记基因中分离。

同源重组的应用

正向重复片段间的同源重组提供了一种在获得转基因细胞和幼苗后删除标记基因的方法。这种方法直接利用植物自身酶且操作简单,因为无需外源特异位点 DNA 的重组酶(Corneille et al.,2001;Hajdukiewicz et al.,2001)。相对于非同源重组,该方法的有效实施依赖于高频的同源重组。该方法在有效发生同源重组的质粒中效率较高。标记基因位于正向重复序列的两侧。标记基因侧翼的正向重复片段的数量和长度影响剪切的效率。自主剪切和标记基因删除只受控于选择本身。当转化细胞被分离出来后,删除标记基因。删除进程是单向进行的,导致无标记质粒基因组的高水平快速积累。无标记基因的质粒细胞质从有标记质粒的细胞质中分离,引起无标记的转基因植株分离。无标记转基因植株即可从无性繁殖过程中得到,又可从有性杂交后代中分离出来。

正向选择标记的使用

Ebinuma 等(2001)开发了结合正向选择标记删除系统,称为 MAT 载体。MAT 载体系统设计中使用了农杆菌的致癌基因(*ipt*、*iaaM/H*、*rol*)。致癌基因调控植物内源激素表达水平和细胞对植物生长调节剂应答,用于区分转化细胞和选择无标记转化植株。致癌基因结合在位点特异性的重组系统(R/RS)中。在遗传转化中,含有致癌基因的转基因再生植株中的致癌基因,经由 R/RS 系统删除,从而产生无选择标记转基因植株。致癌基因启动子、重组酶(R)基因的选择、植物组织状态和组织培养条件等因素,都会很大程度上影响转基因植株再生和无选择标记植株的再生效率(Ebinuma et al. ,2004)。这些影响因素的分析已在一些植物物种转化中进行了探讨,以便提高转化植株的再生效率。目前,MAT 系统已应用于烟草和水稻的遗传转化中(Endo et al. ,2002a;2002b)。

如上所述,无选择标记转基因谷类作物植株的产生,常因程序和技术不同,在随后的植株有性世代外源基因的分离中转化效率差异很大。这些技术也有其自身的局限性(Shrawat and Lorz,2006)。例如,共转化技术并不适用于所有植物物种,并且其转化效率受很多因素影响,这些因素,包括农杆菌菌株和转化植物组织类型等。此外,共转化技术是劳动密集型的技术,需要培养出大量的转基因植株群体用于分离目标植株。虽然位点特异重组酶对删除标记基因提供了最大限度的保证,但是,重组酶在植物基因组潜在位点删除引起的多效性效应亦引起关注。利用转座子分离标记基因和目的基因的方法是受限的(Goldsbrough et al. ,1993)。同源重组的方法,虽然从学术角度来看是有价值的,但只在少数模式转化系统中有效。

12.5　基因整合、表达和定位

一旦获得转基因植株、产生出种子,后代植株的鉴定便开始了。转基因植株评价应该包括转基因的整合、表达和定位情况。

12.5.1　外源基因的整合

作为转基因产品商业化释放监管过程的一部分,必须充分鉴定转基因整合事件特征特性,外源基因必须是可预知并稳定表达的。相关技术的研究成果提高了我们获得所需表达转基因植物的能力。该技术之一涉及核基质附着区(MAR)序列的应用。MAR 是与蛋白纤维网络特异绑定的 DNA 序列,其散布在核基质中。这些 MAR 基质的相互作用使核染色质形成一系列独立的环状结构。研究表明,当 MAR 位于外源基因的 5′端和 3′端时,能促进外源基因的表达(Allen et al. ,2000)。

在转基因植物中不确定的基因组位点常含有复杂的整合结构,有可能引起外源基因表达变异(Day et al.,2000)。研究证实,外源基因精确地整合在预定基因组位点可降低外源基因的表达变异(Day et al.,2000)。应用特异性重组酶系统可实现外源基因在基因组内的定点整合。例如 cre/lox 和 FLP/frt(Ow et al.,2002)。同源重组方式的整合有助于建立一种简单整合模式,使外源基因插入到已知的稳定的基因组位点。

通常认为带有复杂整合模式的转基因株系不可取。利用农杆菌及其他目标重组/整合系统作为驱动器,已实现谷物的遗传转化。农杆菌介导的 DNA 转化整合过程明确,通常产生低拷贝的明确 T-DNA 整合,且目的基因通常能够插入到转录活跃位点。基因定位可以将外源基因序列放置在预定位置,从而克服转基因表达中所谓的位置效应。转座子也能用驱动重组目标插入到特异位点。

12.5.2　外源基因的表达

遗传转化技术可用于分析报告基因表达元件的特征特性,用于外源基因表达可改良内源性代谢活动,引进外源基因赋予新的表型特征,使用反义或共同抑制技术使基因失活,以及利用基因互补鉴定基因功能。在谷物转化中组成型和非组成型启动子元件特征已得到深入的研究。但也有其他非启动子元件用于调节和控制转基因植物的基因表达,包括终止子、转录稳定性、转录后修饰、翻译效率和蛋白质定位。

目前在谷类作物转化使用的外源基因结构相对简单。通常包括如下结构:①启动子,通常是植物、细菌或病毒来源,可能是结构型启动子(如 Act1)的,也可能是诱导型启动子(Hsp70)或组织特异性启动子(如 Amy1),并可能已被改良以达到最佳活性;②编码序列,可能已被改良以达到转基因植物的最佳表达,如翻译起始位点改造、定位信息、糖基化位改造和密码子修改等;③转录终止序列。

12.5.3　转基因植株的鉴定和功能分析

第 3 章讨论了鉴定已转化的转基因植株的常用方法,它们是 PCR 检测、Southern 杂交、免疫印迹、Northern 杂交、酶联免疫吸附试验(ELISA)、功能性鉴定(测试选择标记基因和目的基因存在)、原位杂交和后代分析(目的基因分离)。Southern 杂交,可鉴定插入基因是否确实存在,以及确定多基因转化子是否为相同大小的 DNA 片段(确定是否是单一转化事件),或是以克隆基因为探针确认是否存在不同大小的 DNA 片段的插入(是否为各种独立转化事件)等。Northern 杂交用于确定引入基因是否已被转录成 mRNA 并在转基因植株中积累,Western 杂交常用于鉴定转基因植株各部分中外源基因的蛋白质表达,从而分析外源基因功能。当抗生素或抗除草剂基因作为选择标记时,可对转基因苗或以后分离群体植株的叶片喷洒抗生素或涂抹除草剂,从而对其进行功能分析。一旦获得转化基因植株,转基因后代材料必须进行选择标记基因和靶基因是否存在的鉴定及其活性的试验,如编码绿色荧光蛋白(GFP)的 gfp 基因、bar 基因和抗病性基因等。

当使用 PCR 方法进行鉴定时,选择标记基因的特异引物(如 bar 或 cah 基因)可用于转基因植株基因组 DNA 的 PCR 扩增反应。应事先预知扩增 DNA 片段的大小(转基因的两对引物间碱基对长度)。当鉴定同一植株中存在带有标记的其他外源基因时,可用不同的引物扩增相同 DNA 模板来鉴定基因。应当指出的是,转化位点上有多拷贝的反向重复序列能引起基因沉默,而首尾相连的多拷贝序列却常能高水平稳定表达。许多高通量分析技术可对大量基因的 mRNA 表达水平进行量化分析。基于 RNA 的基因表达分析起始于 RNA 的提取,通过分光光度法和凝胶电泳鉴定其纯度和完整性。随后使用 Northern 杂交、反转录 PCR(RT-PCR)、实时/定量 RT-PCR 方法(QRT-PCR)、量化 RNA 和原位杂交技术等,进行 RNA 定量分析与组织水平上表达模式的分析。实时/定量 RT-PCR 是一种高敏感度的技术,常用于量化特定基因 mRNA 拷贝数。该技术能够直接检测对数增长期 PCR 反应产物的具体数量,它的工作原理是在 PCR 反应混合液中掺入荧光探针,并在热循环器上配备可视荧光量化感应器。关于技术上的选择细节,适用范围,分析基因表达各种技术比较的综述,可参阅 Jones(1995)和 Bartlett(2002)的文章。

转基因作物的稳定遗传和表达在农业生产应用中至关重要。完善的转基因事件,应包含单拷贝的外源基因,符合孟德尔分离规律,从当代到下一代均能规律地表达。然而,转基因行为研究结果表明:转基因株系的分离并不总是遵循经典的孟德尔遗传规律,而是经常有异常分离现象(Barro et al. , 1998;Vain et al. , 2003;Wu et al. , 2006)。当外源基因编码一个有用性状时,常出现一个不良性状。有许多因素可以导致外源基因表达的异常,其中包括组织培养诱导的变异或主要整合位点的嵌合(位置效应),外源基因拷贝数(剂量效果),基因突变和表观基因沉默(Shrawat and Lörz,2006)。基因沉默,是指转化后在转基因植株后续分离世代基因表达降低和丧失,它可发生在基因转录时,也可发生在转录后水平,这种现象经常和外源基因高拷贝数相关(Matzke and Matzke,1995;Matzke et al. , 2000)。在改良一些作物特殊性状时,外源基因沉默问题引起严重关注。因此,当务之急是需要对有重要经济性状的转基因株系基因表达水平,进行多世代认真鉴定。

微粒轰击法对谷物基因功能研究领域的蓬勃发展起着重要作用,特别是通过转座子标签法进行的转基因,为系统研究植物基因的功能特性提供了方便。例如,Kohli 等(2001;2004)转化得到了一个带有玉米 Ac 转座子标签较大群体的转基因水稻系。他们发现这个群体适用于饱和突变和基于快速 PCR 的断裂基因的克隆,断裂基因利用 DNA 表达盒中的特异条码元件,以便应用于遗传转化(Kohli et al. , 2001)。来自特异转座子标签法转化的水稻植株愈伤组织,在转基因水稻系再生之前保持脱分化状态,延长了由于基因组 DNA 的甲基化修饰导致的分化发育时间(Kohli et al. , 2004)。与种子直接发育成植株相比,次生转化事件的频率显著增加,从而增加了基因组的饱和度。

更详细全面的论述见 Callis(2004)第 6 章,转基因植物中全长 DNA 的标记利用是分离和鉴定蛋白质复合物在活体中存在的第一步。遗传转化也可以用来研究细胞中每个基因表达的蛋白质图谱。用染料标记全长 cDNA,并且标记探针在自身启动子的控制下转回体内。该荧光位点将鉴定基因表达的器官或组织,实现蛋白质的细胞亚定位。全长 cDNA 的重新转入也能引起该基因超表达或沉默。随后观察到的表型也可提供该基因功能表达的线索。此外,在提供全长 cDNA 的基础上,基因超表达能在一个不同系统中完成,如在体外,可在酵母或大肠杆菌中研究该蛋白质的功能。

等位基因在同基因背景下的转化可以确认独立序列基序的功能。然而,目前植物转化程序是基于非同源末端的连接的,因此导致随机整合外源基因 DNA 的位置效应、转基因的多位点插入和外源基因的变异(Xu,1997；Hanin and Paszkowski,2003)，遮蔽等位基因间的表型数量差异。这一缺陷可利用同源重组为基础的等位基因定位整合弥补。最近,发现 1%的水稻插入事件是由同源重组导致的(Terada et al.，2002)。如果这一发现能得到证实,水稻基因组学的遗传学将产生革命性变革。进一步讲,该方法如能应用于其他物种,所有的植物基因组学研究将发生类似的进步。

病毒载体可有效地用于转染植物,可致使外源基因瞬时高效表达,并可让非农杆菌细菌种群用于转化转基因植株(Chung et al.，2006)。病毒载体可提供重组蛋白的瞬时高效表达,因为它们有在宿主细胞内自主复制表达的能力(Marillonnet et al.，2004；2005)。这些病毒载体通常建立在正义 RNA 病毒的骨架上,如烟草花叶病毒(GMV)或马铃薯病毒,已用于植物外源基因序列的表达上(Porta and Lomonossoff,2002；Gleba et al.，2004)。

近期开发的农杆菌介导稳定高效的谷物转基因技术的最新进展(Shrawat and Lorz,2006；Goedeke,2007),促进了功能基因特征鉴定的各种策略的发展,从而为今后更深入研究谷类作物生物学特征特性奠定了基础(Himmelbach et al.，2007)。基因功能的综合分析包括植物基因稳定转化的超表达分析和基因敲除分析。

12.5.4　报告基因

容易监测的报告基因的表达为植物遗传转化的许多方面提供了便利。强大的、时效性的、空间性启动子和其他类型调控启动子及其他元件与报告基因相连,为外源基因的检测分析提供了便利。GUS 基因(Jefferson,1987)、荧光素酶(Ow et al.，1986)和绿色荧光蛋白(Pang et al.，1996)是常用的报告基因。报告基因蛋白和目的蛋白融合可用来进行蛋白的亚细胞定位。

连接组成型启动子的报告基因可以用来监测转化过程。高效报告基因的使用也是遗传转化体系的建立所依赖的因素之一,在转化完成后,报告基因便可用于转化事件的检测,既可用于基因瞬时表达分析,还可用于基因的稳定表达分析。当农杆菌携带外源基因侵染植物细胞后不久,报告基因的表达被称为"瞬时表达"。而在筛选培养基上生长的细胞团中,报告基因表达则是 T-DNA 片段整合到植物染色体的证据。带有组成型筛选标记和组成型报告基因的双元表达载体使用非常方便,它既可用于转化实验,又可用于基因表达分析(Komori et al.，2007)。

还应提及的是,标记基因在许多基因表达和调控研究中已发挥了关键作用。例如,在不同启动子启动下或与不同转录因子融合时,均能观察到报告基因表达。报告基因可在谷类作物转化中用于基因功能分析,监测转化组织和转化植株的选择效率,跟踪外源基因在后代植株的遗传特性。

启动子-报告基因融合的瞬时表达可用于分析基因的调控和功能。瞬时表达检测结果和稳定转化植株中的结果可能出现不一致。在谷物转化中可采用编码不同特性蛋白质的报告基因。一个优良的报告基因特性应包括：①能够在植物细胞中表达；②在转基因谷物中只有较低的背景活性；③对植物代谢没有不利的影响；④在活体细胞中稳定性相对适中,以便既可检测基因下调表达水平又可检测基因活性；⑤非破坏性的、量化的、敏感的、多功能、易于操作和物美价廉的分析系统。水母的红色荧光蛋白 DsRed 是谷物转化常用报告基因蛋白，它具有以上要求的所有特征。

β-葡萄糖醛酸酶

β-葡萄糖醛酸酶(GUS)催化许多荧光的和组织化学的 β-葡萄糖醛酸酶底物的裂解或水解。由于 GUS 基因(gus、gusA 或 uidA)首先从大肠杆菌分离得到，因此大肠杆菌的 uidA 基因的许多特性得到开发，并成功应用到植物转化上。事实上，它已成为应用最为广泛的标记系统，主要是由于该酶的稳定性好、灵敏度性高和分析操作简单——可通过荧光、分光光度法或组织化学技术进行检测。此外，高等植物组织本身很少有或根本没有 GUS 活性。通过荧光分析可以定量检测 GUS 基因融合蛋白表达情况。其组织化学分析可用于转化组织的基因活性测定。

GUS 报告基因的使用也有一些问题。如 GUS 基因的表达分析是破坏性的；GUS 蛋白具有较高的活体稳定性，可能会导致监测时基因失活的问题。GUS 酶活性的组织化学定位可能会被"遗漏"。因此，依赖 GUS 基因的表达来检测谷物转化效率常常不够准确的。

荧光素酶

萤火虫(Photinus pyralis)荧光素酶基因(luc)的产物在 ATP 存在下催化 D(-)荧光素氧化，产生氧化荧光素和黄绿色光。荧光素酶融合基因的活性可以在转化谷物组织检出，不具有破坏性。但 luc 报告基因的应用也有几个缺陷。首先，荧光素底物的浸染受限于整个植物材料需要侵染。其次，目前检测荧光素酶基因表达的设备相对昂贵。luc 基因广泛用作内标与 GUS 基因融合构建，用来研究基因瞬时表达分析和在转基因植株中基因表达。

花青素合成途径的基因

C1、B 和 R 基因编码反式作用因子，用于调控玉米种子中花青素的合成。将这些调控基因结合上组成型启动子，引导到谷物转化时，能够诱导非种子细胞组织自动积累色素。此报告系统用于基因检测时不需额外添加底物。

绿色荧光蛋白

对于一个高效的检测系统而言，遗传标记技术准确、很少有假阳性或假阴性，检测应该贯穿植株的整个生命周期，并能显示遗传连锁或融合的目的基因状态。绿色荧光蛋白(GFP)可以用于田间的整株标记。绿色荧光蛋白 1992 年首次从水母(Aequorea victoria)细胞分离，而后不断改良应用于特定领域，并转化到了许多不同的组织中。GFP 监测能够在较大空间内跟踪外源基因，利用肉眼或使用仪器检测转基因材料的绿色荧光特征。也有其他类型不同波长的 GFP 蛋白，可以检测多种蛋白。在绿色光线的激发下绿色荧光蛋白可在哺乳动物细胞中表达，产生绿色荧光，且不需要添加额外的基因产物或底物，并且检测不损伤结构。

　　由于在转化植物细胞时 GFP 活性相对较低，因此，GFP 蛋白进行了诸多改良，以增加在植物中的表达量。这些改良包括：①增加点突变提高信号强度和改变激发峰值；②突变后续密码子，实现高效转录，提高 mRNA 稳定性；③突变去除内含子而后拼接连接，以加快 mRNA 的形成进程和提高稳定性；④亚细胞定位，靶向雌激素受体，以减少对植物的毒性；⑤突变抑制热敏蛋白质的错误折叠。*mgfp5-er* 变异基因已被证明可以在野外田间条件下，进行转基因监测（Haseloff et al.，1997；Harper et al.，1999）。绿色荧光蛋白还可以与 *Bt cryIAc* 基因毒素蛋白基因连接，表现为灵活的数量标记（Harper et al.，1999；Halfhill et al.，2001）。具备了这些有利特性，GFP 监测系统的下一步发展是完善系统的表述性和克服系统弱点（Halfhill et al.，2004b）。

12.5.5　启动子

组成型基因表达启动子

　　组成型启动子在转基因谷类作物上的应用，包括：①表达报告基因以监控转化程序；②表达标记基因以选择转化细胞；③表达耐除草剂基因；④通过反义和共抑制技术，抑制内源性和（或）致病基因的表达；⑤生物分子的超量表达；⑥在用于目的基因表达前，超量表达致病和抗逆基因。组成型启动子 CaMV 35S RNA 转录本（35S 启动子）已开始用于组成型基因在谷物中的转化。CaMV 35S 启动子已广泛应用于双子叶植物的遗传转化，并开始有效地用于谷物的遗传改良，可稳定表达水稻和玉米转化的标记基因。在谷物遗传转化中，CaMV 35S 启动子的应用存在问题。它在瞬时表达分析中活性相对较低，并且在转基因谷物中不是完全组成型表达。通常，CaMV 35S 启动子不是谷物基因转化的强启动子，为了获得高水平的表达，启动子结构中需要加入内含子或其他增强子。

　　为了增强单子叶植物基因的表达，开发出了许多改良策略。这些策略是：①CaMV35S 启动子的增强，如 e35S，2×35S；②在外源基因转录本插入内含子，提高基因 mRNA 丰度；③改造单子叶植物启动子使之成为强组成型启动子，提高基因在谷物转化中的活性。例如，在 Emu 启动子中玉米 *Adh1* 序列的改良；④较高活性组成型单子叶植物启动子的分离，如水稻肌动蛋白（Act1）的和玉米泛素（Ubi1）启动子。

　　大多数超量表达的研究采用强效组成型启动子，如 CaMV 35S 启动子，随后进行转基因植株的表型分析。在许多情况下，异常表达实验对研究基因功能具有重要价值（Jack et al.，1994）。但是，由于普遍存在的超表达序列和基因产物的错位等问题，可能产生非期望的多效性。此外，非必需蛋白质的积累会导致不必要的能源消耗。反过来，产生的表型与重组蛋白本身不是直接相关的。为了避免这种不必要的多效性妨碍表型分析，正如 Himmelbach 等（2007）所述的，可以通过调控细胞和组织特异性或化学诱导启动子，以实现外源基因表达上的时间和空间特异性。

非组成型表达的启动子

　　水稻遗传转化的进展，为 GUS 报告基因非组成型启动子在转基因谷物中应用的研究提供了便利。用于水稻转化中的非结构型启动子包括谷类作物启动子（玉米 *Adh1*、小

麦 *His3* 和水稻 *rbc*S)、双子叶植物启动子(番茄 *rbc*S、马铃薯 *pinII*)、细菌启动子(发根农杆菌 *roIC*)和病毒启动子(水稻东格鲁杆状病毒主转录本)等。这些启动子在水稻上的应用可总结如下:①只包含启动子区域(通常),足以给予报告基因所预期模式的表达;②谷类作物间的信号转导通路通常是保守的,如大麦 α-淀粉酶启动子活性可在转基因水稻中的应用;③谷物启动子活性与双子叶植物启动子活性相比活性较高,如水稻中 *rbc*S 基因启动子高于番茄该基因启动子的表达活性;④内含子介导的谷物细胞基因表达增强,一般不会改变表达模式的活性。谷类作物启动子的分离和利用工作将继续进行,因为单子叶植物与双子叶植物之间存在生物化学、生理学和形态学(如糊粉层特异表达)差异,而且需要避免非谷物因素引起转基因谷物潜在危险。

12.5.6 基因失活

导致转基因失活的原因还没有定论。虽然它可能与高拷贝或复杂整合事件相关,且可能与多拷贝同源 DNA 之间的核酸相互作用有关,但是在许多单拷贝事件中,简单的操作模式和非同源序列也可能导致外源基因失活。这可能有两个原因:一个原因是转基因中插入位点可能带有多拷贝的反向重复序列,从而引起沉默,另一个原因是插入 DNA 序列的完整性问题,由部分片段插入或多拷贝重排插入等引起的问题。

失活可以发生在不同的阶段:①转录失活,由去甲基化(通常是在启动子区)和(或)异染色质形成时发生,如转基因矮牵牛中,同源依赖的玉米 *A1* 基因反式失活和玉米 *B* 位点的自然突变;②转录后失活,通过增高的 RNA 翻译翻转,形成反义和(或)缺陷转录本(如转基因烟草中,不翻译的蚀纹病毒外壳蛋白转录本的过量产物)和共抑制,如编码区去甲基化。

外源基因失活的潜在"信号"包括:①DNA 结构/整合位点,导入基因为"外来基因"的识别,及随后的对其序列进行去甲基化,如矮牵牛转化中的玉米 *A1* 基因失活(但与大丁草属的 *A1* 基因无关);②基因间 DNA-DNA 结合,导致了基于核染色质转录本状态的变化和(或)去甲基化,如重复序列诱导外源基因在拟南芥转化中的甲基化;③DNA-RNA 结合——RNA(反义/异常)积累引起反馈"信号",通过 DNA 甲基化或增加 RNA 翻转,降低基因表达,如在类病毒的 RNA-RNA 的复制中,马铃薯纺锤块茎类病毒 DNA 的甲基化。

有几个操作可减少转基因失活,这些操作在拟南芥或烟草转化中非常有用。它们是:①外源基因的整合,优化重组系统使整合的外源基因靶向合适的基因组位点;②外源基因结构,转基因重复元件的消除,包括密码子优化,以产生较少看起来"外来的"外源基因,形成"隔离"序列的分离和应用;③外源基因表达,基因转录率及/转录本结构的调控,以减少多余(异常通读/反义)RNA 介导的转录转换;④定点基因靶向的使用(如 *cre/lox*、*FLP/frp*),利于目的基因靶向最有利于基因表达的染色体区域最优序列;⑤使用双单倍体,以便快速鉴定纯合植株稳定性;⑥渗透压力诱导的甲基化,如借助丙酸或丁酸;⑦在不同田间和遗传背景下基因表达的评价。RNA 沉默和相关的 RNA 干扰,作为植物基因调控的基本机制,在调节转基因表达等的植物科学研究中有很大潜力(Eamens et al.,2008)。

12.6　转基因叠加

多基因转化到植物中对复杂遗传操作是必需的。例如,不同农艺性状的外源基因叠加、不同多肽单元组成多聚蛋白质、由多个酶指导的某个代谢途径、一个目的蛋白、一个或多个酶用于特定的翻译后修饰。正如在第1章中所述,多数农艺性状在本质上是多基因性状。植物遗传改良需要复杂的代谢操作或多个基因调控。植物育种者将在农作物中聚合基因,使之可能成为有用的品种和产品。在一个作物品种中,聚合最佳基因是一个漫长而困难的过程,特别是对传统育种来讲,通过同种或近缘种间的人工杂交聚合不同基因很是困难。分析和剖析复合代谢途径,探索多基因性状在生物技术上的需要研究日益增长(Halpin and Boerjan,2003;Tyo et al.,2007),为多基因整合(多基因聚合或叠加)到植物基因组新方法和新工具的发展提供保证,并保证这些外源基因在转基因植株中协调表达。

利用单基因载体将多基因介导到植物细胞的方法有多种(Halpin et al.,2001;Daniell and Dhingra,2002;Halpin and Boerjan,2003)。培育带有多个新性状的转基因植物的方法包括:①重新转化(Singla-Pareek et al.,2003;Seitz et al.,2007),由单个基因成功转入植株形成的多基因的叠加;②共转化(Li et al.,2003;Altpeter et al.,2005a),组合几个单一外源基因在单一转化事件中转化;③有性杂交(Ma et al.,1995;Zhao et al.,2003;Lucker et al.,2004)。带有不同基因的转基因植株之间进行有性杂交。

在本节中,将对一些转基因堆叠/聚合方法进行讨论,内容主要基于Francois等(2002a)、Dafny-Yelin和Tzfira(2007)的两篇综述,以及对不同的多基因聚合方法的回顾。表12.3总结了不同的多基因叠加优点、缺点和实例等。

12.6.1　有性杂交

在杂交试验中,两个植株通过杂交获得的后代包含两个亲本的性状。在植物转基因事件中,第一个基因转入其中一个亲本中,第二个基因转入另外一个亲本。两个转基因亲本子代中,其中25%(父母本都是半合子的转基因)或全部(如父母本都是纯合的转基因)含有两个外源基因。

对转基因叠加来说,杂交的主要优势是技术简单,它只涉及一个亲本的花粉转入母本。另外一个优点是每个转基因亲本群体可检测到每个基因的最佳表达状况,然而这个过程耗时长,转基因系的整合需要一系列的杂交。来源于杂交株系的两个外源基因最有可能位于不同染色体的位点,给进一步杂交带来困难。此外,对于一些重要的农作物,如马铃薯和木薯,物种间高水平的杂合性使得杂交方法困难且耗时。杂交在无性繁殖植物上应用非常困难(如多年生作物和许多观赏植物),因为其传背景的杂合性随着基因重组过程中的减数分裂而改变(Gleave et al.,1999)。

转基因植物中的有性杂交使人们有可能开发出强大的"超级性状",这是传统的方法无法实现的。一个典型的例子是孟山都创造出多基因叠加玉米新品种,它是由3个转基因玉米自交系:MON863、MON810和NK603,通过常规杂交培育出来的。转基因元件整合到5个基因位点,形成这个多基因叠加品系,其中4个位点携带合成基因,基因来源于

表 12.3 植物多基因叠加转化方法的利弊和事例总结

技术	优点	缺点	例子与参考文献
杂交	技术简单；可对具有优异基因表达的亲本进行预选择	费时；进一步育种困难；不能应用于繁殖生长性植物	水银解毒（Bizily et al., 2000），抗体工程（Hiatt et al., 1989），耐药性（Zhu et al., 1994）
逐一转化	适用于繁殖生长性植物；可以保持优异基因型	费时；需要不同的选择标记	植物育性恢复系统（Hird et al., 2000），选择标记基因删除（Gleave et al., 1999）
单个质粒共转化	连锁集成[a]；单个转化事件	技术要求高；连锁集成[a]	报告基因表达（Christou and Swain, 1990）
多价质粒	技术简单；单个转化事件	依赖于共转化频率	富含维生素的水稻产品（"金色大米"）（Ye et al., 2000），聚羟基脂肪酸酯产品（Slater et al., 1999）
基于 IRES[b] 的方法	只需利用单一的启动子/终止子序列；单个转化事件；多基因表达的自然体系；连锁集成[a]	组织特异性；发育调控；低表达水平；连锁集成[a]	报告基因表达（Urwin et al., 2000）
质体转化方法	只需利用单一的启动子/终止子序列；单个转化事件；多基因共表达的自然体系；连锁集成；高效表达；避免位置效应	含质体基因产物；连锁集成；能应用质体转化的植物很少；基因整合至质体基因组的频率低	抗虫性（DeCosa et al., 2001）
多蛋白病毒体系	只需利用单一的启动子/终止子序列；协同表达	费精力；病毒蛋白对植物内源底物的非正常裂解	甘露醇生物合成途径的表达（Beck and Bodman, 1995）
依赖植物蛋白酶分解法	单个转化事件；基因产物可能性靶标	需要特定的植物蛋白	线虫抗性（Francosic et al., 2002c），真菌抗性（Francosic et al., 2002c）
2A 系统	连锁集成[a]	基因表达产物中会存在额外的 2A 原始序列	报告基因表达（Uriwin et al., 1998）

a 当转基因系用于传统育种时，外源基因链接整合是有益的，然而，当外源基因之一经异交去除时，链接整合是不需要的

b IRES, 内部核糖体进入位点

病毒、细菌和无关植物的强大调节元件组合体连接。其中，前两者形成一个合成基因表达产生 EPSPS，类似大肠杆菌 EPSPS，与大多数转基因植株不同，它不含有使含有草甘膦除草剂失活的基因。第三合成基因编码杀虫 cry3Bb1 蛋白具有抗某些鞘翅目昆虫的活性，而第四个基因产物，*cry1Ab* 基因，提供对某些鳞翅目昆虫的抗性。第五个基因是编码新霉素磷酸转移基因（*nptII*）提供细菌的卡那霉素抗性。目前该五倍重叠玉米在美国有上百万公顷的种植面积，致使农药使用量大量减少。

12.6.2　质粒辅助共转化

共转化是在一个细胞中同时引进多基因，而后将这些基因整合在细胞基因组中。这些基因或者用于转染同一质粒（单质粒共转化），或者共转化独立质粒（多质粒共转化）。共转化将多个基因转化到一个植株中的主要优势是，单一转化事件能够实现多基因整合，而将多个基因连续转化，需要复杂耗时的转化过程。

不过，从理论上说，共转化还有一些技术局限性。对于单质粒共转化，主要的技术局限是难以组装装载多基因的复杂质粒（Francois et al.，2002a）。标准转化载体不能真正完成这样的任务。一个主要的问题是，多克隆位点仅限于六核苷酸限制酶酶切位点，该酶切位点仅能提供拟插入载体的一个或多个片段。插入超过一个或两个表达框时，往往要求低效的部分酶切，或利用连接子转换限制性酶切位点，或使用低效的平末端克隆。当带有多基因表达框的植物转化载体最终构建成功后，单个克隆操作不可能移动或替换表达框，原因在于现有酶切位点常位于不期望出现的区域。

多个质粒共转化的明显优势在于，容易将不同表达框进行组装，因为各个表达框的装载可以在不同载体上独立操作（Komari et al.，1996）。这项技术的成功，依赖于两个（或更多）独立转化事件转化同一植株，并整合在植物染色体上的频率（等于共转化频率）。Agrawal 等（2005）用 5 个小载体同时转化水稻，每个载体包含一个启动子、编码区和多聚腺苷酸化位点，但无载体骨架。他们发现，使用多载体可以高频率地实现多转基因共转化。在所有转基因植株中，每个植株至少含有两种外源基因，并且 16％的植株包含所有 5 个外源基因。他们的结论是，采用最小表达框进行基因转化，能高效快速地获得稳定和多个不同基因转基因的产物。这些研究结果促进了在单一转化事件中多基因操作方法的发展。

12.6.3　微粒轰击下的共转化

微粒轰击是多基因转化最简便的方法，因为含有大量不同转化结构的 DNA 混合物都可以用于轰击，不需要复杂的克隆策略，如多种农杆菌菌株或连续杂交等（Altpeter et al.，2005）。大量研究报道了除植物选择标记外，将两个或三种不同外源基因成功整合的事例。

Wu 等（2002）实验了水稻 9 个外源基因共转化，他们通过微粒轰击法转化，检测了外源基因表达水平。他们发现约 70％的植株带有非选择性基因，56％的转基因植株带有 7 个或更多的外源基因。这显著高于预期的独立整合频率，因此认同经典设想，即一个基因整合到水稻特定位点时可能介导其他基因插入同一位点（Kohli et al.，1998）。这种现象很重要,因为考虑大量基因转化时,如果每个整合事件独立进行就需要很大的化群体。Wu 等(2002)的研究也发现所有 9 个外源基因都能表达,而且每个基因表达均是相互独立的。这些发现对诸如植物代谢工程需要的多基因转化质粒实验非常有用。

最近,微粒轰击法最有意义的研究进展之一是多种基因转化的组合和清洁 DNA 技术,如多基因同步转移到水稻植株中。3 个来源于同一病毒的外壳蛋白同时转化到水稻植株,转基因水稻对单一病原体产生金字塔形的抗虫性(Sivamani et al., 1999)。同样,Maqbool 等(2001)用同样的转化策略证实了水稻金字塔形的抗虫性。Datta 等(2003)成功地研究出携带 4 个外源基因的金色籼稻新品系,除选择标记基因,或表达磷酸甘露异构酶(pmi)或潮霉素磷酸转移酶(hpt)外,还包含类胡萝卜素代谢途径的基因(psy、crtI 和 lcy)。Romano 和他的同事在番茄转化中合成了聚羟基脂肪酸酯类(PHA),插入了 phaG 和 phaC 基因编码乙酰基辅酶 A 转移酶和 PHA 合成酶,同时带有三个独立结构的新霉素磷酸转移酶选择标记(Romano et al., 2005)。

另外,除了在代谢工程及多基因抗性策略上应用外,直接转化多基因也成为一项实用转基因策略,用于转基因作物中生产多聚蛋白产品。例如,Nicholson 等(2005)在转基因植株中得到完整结构的多聚抗体,这些蛋白质包括至少两个组分:重链和轻链,甚至更复杂的抗体形式,如分泌性抗体(sIgA)还要求 J 链和分泌元件。Nicholson 等(2005)用基因枪法,同时将所有 4 个基因,连同第 5 个基因编码的选择标记共同转入水稻植株中。

对许多转基因产品应用来讲,不同的异源蛋白和多转基因转化(多基因叠加)是人们所期望的。在最近 10 年中,利用多基因叠加进行植物遗传转化的策略显著增多。它结合了共转化、再转化和杂交(单基因载体多基因转化)等的全部优点和简便性。但共转化也有其缺陷。其缺陷包括:出现非预期的复杂 T-DNA 整合、常出现在多来源的 T-DNA 整合(Neve et al., 1997;De Buck et al., 1999),以及转基因植株的再转化与杂交非常耗时。更重要的是,不同来源的基因整合在植物基因组不同位点,可能会导致各种不同表达类型,并分离传递到转基因后代中。

除了以上这些讨论的内容,其他一些方法也已应用于基因叠加的转化中。这包括载体装配、内部核糖体进入位点(IRES)的方法,质体转化技术和多聚蛋白质方法等。因此,在评价不同方法的利弊后,应该能够选择一个利于最佳目的的合适方法。此外,不同方法相结合可以显著提高其应用潜力。例如,对不同抗菌蛋白(AMP)基因转化时,通过多聚蛋白结合策略,能够加倍植物转化载体的转化能力(Goderis et al., 2002)。为此,原始载体的单基因转化单元被多聚-AMP 编码的表达框替代,当用于拟南芥转化时,在得到的转基因植株中产生单一生物学活性 AMP 得到证实。

12.7　转基因作物商业化

遗传转化为农民解决其所面临的最具挑战性的生物、非生物制约因素提供了可能。这些制约因素,包括害虫、病毒以及干旱等,仅由常规的植物育种方法难以解决。遗传转化的第二个优势是,它可在保持受体栽培品种原有期望性状的条件下,增加某些具有经济价值的新性状。例如,选择具有适应当地生态条件、产量好等优良性状的品种,进行遗传转化,提高产品质量或增加微量元素含量等。这一功能特别吸引半商业化的、小农场主的注意力,因此将该功能用于非农业产业化生产时,更利于他们农产品的消费及销售。克服发展中国家的贫困可通过种植具有优良性状的转基因作物来解决,当然这些转基因作物的种植必须遵循科学合理的生物安全和食品安全标准,以及适当的知识产权管理办法(Ortiz and Smale,2007)。

转基因植物产品的特性评价是一个广泛的评估程序。它主要是验证插入基因是否可稳定整合,而不会对其他植物的功能、产品质量和预期的生态系统造成不利影响。初步评估包括外源基因的活性、遗传稳定性,及其对植物生长、产量和质量所造成的可能的影响等。

植物通过了这些测试后,它可能不会直接应用于作物生产,而是与改良的作物品种进行杂交。这是因为并非所有的供试品种都可以有效地用于转化,且同时满足生产者和消费者的质量要求。与改良品种进行杂交,最初需要与改良亲本进行几个循环的反复回交,其目标是将带有外源基因的转基因系尽可能多地恢复原有改良亲本的基因组。

随后,如第 10 章所述在温室和田间环境下多年和多点试验评估,以检测转基因的影响效应和转基因植株的整体特性。此外,该阶段还包括环境评估和食品安全评估。

12.7.1　商业目的

转基因产品的商品化受市场影响,即消费者对改良工艺和新产品的要求,改良工艺和新产品则依赖于分子遗传学和生物化学的科学与技术发展。以下是一些以商业化为目的的例子。

(1)以杂种优势为基础的杂交制种和知识产权保护,如近交系的核雄性不育系。

(2)抗虫和抗病基因:转 *Bt* 基因、α-淀粉酶抑制剂、病毒外壳蛋白。

(3)抗逆基因:大麦 *Hval*、玉米 *ZmPLCl*。

(4)抗除草剂作物:抗拿扑净(Poast)突变体筛选,乙酰辅酶 A 羧化酶(ACCase)抑制剂,抗草甘膦(Roundup)转基因植物。

(5)有商业价值的油、蛋白质类和淀粉类相关基因:高油玉米的脂肪酸合成酶基因,种子储藏蛋白基因,转基因玉米中氨基酸含量提高相关基因,用于新型淀粉产生操纵碳链分区的基因等。

(6)改良植物性能的基因:小麦和水稻的矮化基因,窄行播种作物中 *PhyA* 基因的表达。

大多数潜在产品获得收益是通过降低作物种植成本[财政和(或)环境]来实现的,如转入抗虫和抗病载体,减少杀虫剂等化学药品的投入。以下是几个控制重要农艺性状的外源基因转化谷类作物的例子。

玉米

(1)抗虫性:从苏云金芽孢杆菌中分离获得的抗欧洲玉米螟的 CrylA 蛋白的平末端合成酶基因。

(2)抗病毒性:抗玉米矮花叶病毒的外壳蛋白基因。

(3)抗除草剂:抗 PPT(注册商标)的 *bar* 基因,抗草甘膦(Roundup)的 *EPSPS* 基因的合成酶突变体,抗磺酰脲除草剂的 *als* 基因突变体。

　　水稻

　　(1)细菌性病原体抗性:可增强抗纹枯病能力的几丁质酶基因,*Xa-21* 抗白叶枯病基因。

　　(2)抗病性:外壳蛋白介导的抗水稻条纹病基因,外壳蛋白介导的抗水稻瘤矮病基因。

　　(3)抗虫性:抗卷叶螟、穿茎螟的 *Bt CrylA*(*b*)基因表达。

　　(4)改进粮食品质:菜豆 β-种子储藏基因的表达,可提高赖氨酸和异亮氨酸含量。

　　大麦

　　(1)抗病性:外壳蛋白介导的抗大麦黄矮病基因。

　　(2)麦芽制造/酿造特性改良:杂合细菌 β-葡聚糖酶基因的表达,以提高酶的耐热性。

　　小麦

　　(1)面包制作特性改良:胚乳中 Dy10-Dx5 高分子质量嵌合蛋白基因的表达。

　　(2)抗除草剂基因的获得:抗 PPT 的 *bar* 基因,抗草甘膦的 EPSPS 合成酶突变体基因。

12.7.2　转基因作物商业化现状

　　转基因作物商业化是农业历史上最快速发展的事件之一(Borlaug,2000)。转基因作物的商业化始于 1996 年。图 12.6 提供的数据反映了过去 12 年(1996～2007 年)全球生物技术/转基因作物种植面积的增长情况(James,2008)。由于在过去 12 年里商业化带来的大量持续的利益,使得生物技术/转基因作物的种植面积逐年增加。2007 年,生物技术/转基因作物的全球种植面积达到 11.43 亿 hm^2,1996～2007 年,该数值前所未有的增长了 67 倍,使得转基因成为近代历史上发展速度最快的作物种植技术。生物技术/转基因作物的全球种植面积中发展中国家所占的比例是持续增加的,直至 2007 年,发展中国家的生物技术/转基因作物的种植面积已占 43%,相当于 4.94 亿 hm^2(图 12.6)。在全球范围内,美国、阿根廷、巴西、加拿大、印度和中国是主要的生物技术/转基因作物的主要种植国,其中美国以 5.77 亿 hm^2(占全球种植面积的 50%)的种植面积保持着世界排名第一(表 12.4)。值得注意的是,至 2007 年,转基因玉米的 63%,转基因棉花的 78%,其他转基因作物的 37% 均来自美国,这些多基因操作获得两个或三个优良性状的产品为其带来了丰厚的利益。

　　大豆是主要的生物技术/转基因作物,有 5.86 亿 hm^2 种植面积(占全球转基因作物种植面积的 51%),其次是快速发展起来的转基因玉米(3.52 亿 hm^2,31%)、转基因棉花(1.50 亿 hm^2,13%)和转基因油菜(550 万 hm^2,5%)(图 12.7A,James,2008)。自 1996 年商业化兴起以来,抗除草剂这一特性一直占主导地位(图 12.7B)。至 2007 年,抗除草剂应用于大豆、玉米、油菜、棉花、苜蓿中,约占全球转基因作物面积的 63%,即 7.22 亿 hm^2。

　　关于转基因作物全球影响的最新调查显示:1996～2006 年,生物技术/转基因作物在 2006 年为全球所带来的净收益约为 70 亿美元,而 1996～2006 年这 10 年的累积利润约为

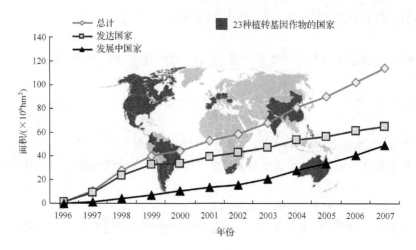

图 12.6　全球转基因作物种植面积(1996~2007)(James,2008)

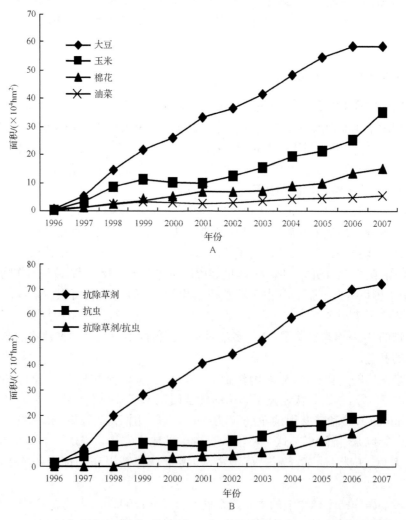

图 12.7　1996~2007 年全球转基因作物种植面积。(A)根据作物分类;(B) 根据性状分类(James,2008)

340 亿美元(其中发展中国家约为 165 亿美元,美国约为 175 亿美元);且这个估算与阿根廷二茬种植转基因大豆的收益有很重要的关系(Brookes and Barfoot,2008)。1996～2006 年农药用量累计减少了约 28.900 万 t,相当于当这些作物使用杀虫剂时对环境所造成的影响减少 15.5%,其中可用环境因素影响系数(EIQ)作为衡量环境的标准,它是基于各种环境影响因素的单一有效成分对实际环境影响的贡献率所建立的一个复合衡量标准。

表 12.4　2007 年不同国家转基因作物种植面积(James,2008)

排序	国家	面积/($\times 10^6$ hm²)	转基因作物
1	美国	57.7	大豆、玉米、棉花、油菜、南瓜、番木瓜、苜蓿
2	阿根廷	19.1	大豆、玉米、棉花
3	巴西	15	大豆、棉花
4	加拿大	7	油菜、玉米、大豆
5	印度	6.2	棉花
6	中国	3.8	棉花、番茄、杨树、矮牵牛、番木瓜、甜椒
7	巴拉圭	2.6	大豆
8	南非	1.8	玉米、大豆、棉花
9	乌拉圭	0.5	大豆、玉米
10	菲律宾	0.3	玉米
11	澳大利亚	0.1	棉花
12	西班牙	0.1	玉米
13	墨西哥	0.1	棉花、大豆
14	哥伦比亚	<0.1	棉花、康乃馨
15	智利	<0.1	玉米、大豆、油菜
16	法国	<0.1	玉米
17	洪都拉斯	<0.1	玉米
18	捷克	<0.1	玉米
19	葡萄牙	<0.1	玉米
20	德国	<0.1	玉米
21	斯洛伐克	<0.1	玉米
22	罗马尼亚	<0.1	玉米
23	波兰	<0.1	玉米

注:序号为 1～13 的国家转基因作物种植面积达到或超过 50 000 hm²

　　到 2007 年,由原来的 23 个商业化种植生物技术/转基因作物的国家增加到了 52 个国家,新增 29 个国家,且自 1996 年以来,该 52 个国家已获批进行生物技术/转基因作物的粮食和饲料的进口,以及环境释放等。目前已有 615 件批准,共涉及 23 种作物的 124 个项目。从而,生物技术/转基因作物在 29 个国家已允许进口用于食品和饲料,包括不种植生物技术/转基因作物的主要粮食进口国(如日本)。

生物技术/转基因作物的最重要的潜在贡献,将是对人道主义千年发展目标(MDG)的贡献,到 2015 年可以减少 50%贫困或饥饿人数。随着十几年转基因知识的积累,显著的经济、环境和社会经济效益,在未来多年,生物技术作物有望得到更为强劲的增长,特别是在发展中国家,具有更加迫切的需要。生物技术/转基因作物的国家数量,农作物种类、性状和公顷数预计从 2006 年到 2015 年将翻一番,是第二个商业化的 10 年(James,2008)。

尽管有全球性组织的反对,但是很少有农业革新像转基因作物一样扩展如此迅速。尽管如此,仍有许多工作要做——特别是抗病品种培育、增加产量、为贫困消费者提供生物强化食品、植物产生的靶向广谱害虫内毒素的替代品等,也许最重要的是耐旱和耐盐品种的培育(Herring,2008)。人们对生物遗传修饰(GMO)概念的理解是消除公众误解的必要条件,这些误解制约了生物技术的使用、发展和提升。还有几个和商品化相关的问题:转基因产品从研发成功到投入市场有相当长的考察期(8~10 年),一些"技术推进型"产品的收益率不确定;知识产权问题制约了关键技术利用的自由度;推广中一些不确定因素和消费者接纳度限制着贸易和投资。

12.7.3 转基因作物的监管

政府对转基因作物产品进行管制和监督存在许多原因(Jaffe,2004)。主要关注之一是,转基因食物利用的是分子设计产品,产生一种有益性状的分子也可能形成无意中的有害影响。个别转基因作物可能会给人类或环境造成风险,虽然经过 10 年的商业化没有证据说明这一点。一般来说,需要建立一个强大的但不强权的监管体系,正确地行使权力,以确保作物对人类和环境的安全。监管体系还可以避免诈骗,满足社会、伦理和公众的关注等。

风险评估

所有转基因植物商品化之前必须通过彻底和严谨的安全及风险评估。风险评估包括风险认定、危害特性暴露评估和风险特征(食品法典委员会,2001;Craig et al.,2008;Nickson,2008)。不同国家评估监督管理制度各不相同。在大多数国家转基因植物研究与发展有两套管理法规:①在实验室内遗传改良使用规定基因,从事以人员健康和安全问题为主的研究;②田间释放法规,集中于适合自然的环境风险评估和转基因植物最终用途上。每个转基因产品释放均建立在个案分析的基础上,以建立特定作物和转基因组合的经验。

美国国家研究理事会确定了转基因作物释放的潜在环境危害 4 个级别:①外源基因漂移到在不同组织和种类后并随之表达带来的相关危害;②转基因植物作为整体直接或间接相关的危害;③与转基因产品相关的非转基因植物无目标性危害;④在目标害虫种群的抗性演化(NRC,2002)。

科学和管理组织机构也普遍承认转基因作物对人体的潜在危害(Jaffe,2004)。潜在的风险一般涉及:

在不同食品植物品种中引入新的过敏原和毒素的可能性;或引入新的过敏原到花粉

的可能性;预先未知蛋白质结合产生在食品植物中的不可预见的次级或多效性作用的可能性(NRC,2001)。

然而,目前并非现有所有的过敏性评估测试均有良好的科学基础(Goodman et al.,2008)。因此,在风险评估中应铭记,但不仅限于此:①在供体中基因的功能;②外源基因对转基因作物的表型影响;③毒性和(或)致敏性证据,如巴西坚果种子储藏蛋白;④农业环境的破坏(杂草化);⑤自然环境侵袭力;⑥对非目标生物的影响,如转 *Bt* 基因玉米,现有法规需要加强分析力度,以确认任何潜在的问题;⑦外源基因通过授粉杂交或其他方式漂移到其他植物的可能性/后果,如栽培燕麦和野生燕麦有性兼容性,转基因编码的外壳蛋白通过基因转座/重组造成病毒宿主范围扩大。最近出版的有关问题的讨论可在 Craig 等(2008)、Nickson(2008)、Romeis 等(2008)和 Tabashnik 等(2008)文章中找到。

转基因植物风险评估的过程包括两个步骤:①比较分析(实质等同),以确定与非遗传工程对应物的不同;②由环境和食品/饲料评估,或任何可识别不同营养的影响鉴别(Ramessar et al.,2007)。

监管制度

有两套监管体系(这两套数据评估类似):①水平机制,基于过程的体系,适用于所有植物转化方法,如欧洲;②垂直机制,明确改良植物的特征并要求监管,如美国。

在美国,转基因植物受三个联邦机构监管:美国农业部(USDA)、环境保护署(EPA)和美国食品和药物管理局(FDA)。美国农业部控制国家间的转基因材料的转运许可,评估转基因植物抗病虫害的特性,决定何时转基因植物可以不经过通知和许可在田间种植。FDA 决定转基因植物是否按照规定进行评估,是否已充分符合其生物技术食品和饲料的要求,如为抗生素选择标记基因的安全性。美国环境保护署控制有杀虫剂特性的植物,如转 Bt 植物和抗除草剂转基因植物的登记。

在欧洲联盟(欧盟),欧盟第 2001/18/EC 号指令(欧洲议会,2001)阐述了四级条例控制转基因生物环境释放。该指令的执行均按部就班地对每个个例逐一进行审批与评估,包括对任何转基因或包含转基因成分产品在环境释放和上市之前进行对人类健康和环境安全的严格审批(欧洲议会,2003)。非欧洲共同体(欧共体)扩大条例控制新型饲料和食品,一些国家已经建立了自己的国家条例。

在日本,转基因植物的监管由农业部、林业和渔业部及卫生和福利部监管。在加拿大,转基因植物由农业、农业食品、卫生部门监管。由基因突变或转基因产生的新产品以同样的方式监管。

没有统一的国际法规以确保转基因植物品种在一国发行并在另一国接受。食品中的抗生素可能抑制转基因产品的国际贸易。

12.7.4 产品释放和市场营销策略

为弥补大量研究投资,拟进行商业产品开发的开发者要么直接种植品种或开拓转基因市场,要么和种子公司/机构签订协议,如大学、政府机构、技术开发公司以及大的农化公司。任何一个特定性状产品的市场化,都将受产品性质的影响。抗除草剂、抗逆性抗病性等,能够提高产量或减少投入,并有助于提高市场份额和(或)增加种子销售额,如 Bt 玉米,抗除草剂作物将有助于增加化学制品的销售,如 Roundup Ready 玉米。为方便种植或下游加工处理而改良谷物品质,将会提高种子销售额,如高赖氨酸玉米。

12.7.5 转基因监测

转基因农作物主要问题之一是,外源基因通过花粉传播而转移到野生亲缘或非转基因作物的可能性和可能的后果(Chandler and Dunwell,2008)。如果植物种群花粉介导基因发生漂移,则花粉肯定会在另一种群中成功受精形成可育胚珠。虽然花粉运动是转基因逃逸的关键步骤,但目前很少有直接监测花粉在野外田间条件下运动的系统。以前尝试测量基因的流动逐渐形成了遗传标记的分析方法,如第 13 章讨论(Slatkin,1985)。这些系统有其物种特异性的局限,需要昂贵的分析,几乎不能获得实时的或田间鉴定结果。Shi 等(2008)报告了自花授粉作物(谷子)和它的野生种(狗尾草)基因漂移。生长在谷田或旁边,包含三个除草剂抗性遗传、显性、隐性或母性遗传。经过 6 年的研究,在缺乏除草剂选择的情况下,在 2×10^6 个杂草种群中观察到的母性遗传的叶绿体遗传抗性。抗性杂草是正常情况的 60 倍,在 1.2×10^4 个个例中显示以核隐性抗性为主并是正常的 190 倍,在 3.9×10^4 群体中,显示显性遗传。结果表明,转基因的遗传方式在种间基因流传播中发挥了重要作用。最近应用的可视标记,如 GFP,已经被提出在全基因植物表达使用,监测农田条件下基因的流动。该方法已成功地用于评估在野外条件下的油菜异交事件(甘蓝型油菜)(Halfhill et al.,2004a)。直接方法是用绿色荧光蛋白标记的花粉来监测田间条件下花粉的运动。该系统能够在田间直接对一组单株量化花粉漂移,在一个植物群体内决定花粉传播距离和方向的模式。Hudson 等(2004)研究表明,在烟草转化中可用花粉特异性启动子来表达绿色荧光蛋白基因。绿色荧光蛋白在花粉中是可视化的,用荧光显微镜可观察花粉管生长。此外,研究目的是比较花粉运动中基因漂移的动力学过程,通过使用另一个方法,即分析后代全株绿色荧光蛋白表达情况来估算异交结实率。花粉运动和基因流在野外条件下进行量化。花粉用随身物品收集后,用荧光显微镜对绿色荧光蛋白标记筛选。野生型植株后代筛选可用手持紫外线检测仪检测 GFP 的表型。应该指出的是,绿色荧光蛋白基因来源于动物或飞虫,因此应非常小心地进行操作。这里给出的例子是由仅供研究人员参考,而不应用于商业用途。

现已发掘了一个内置型方法作为转基因水稻的筛选,转基因水稻可以用苯达松喷植株将其从常规稻中筛选出来,除草剂常用于控制水稻杂草(Lin et al.,2008)。以 RNAi 表达框标记目的基因(基因群),能特异抑制苯达松解毒酶的表达 CYP81A6,从而抑制基因水稻对苯达松的敏感性。用这种方法转基因水稻植株可生长,使用从恶臭假单胞菌来的新的抗草甘膦 EPSPS 基因,研究证明,转基因水稻植株对苯达松高度敏感、耐草甘膦,这正好与常规稻抗性相反。转基因水稻田间试验进一步证实,常规剂量喷苯达松可以选择性地 100% 杀死常规稻。此外,研究还发现,转基因水稻生长停止,生长发育差,产量与其非转基因相比没有区别。因此,这种创造转基因水稻新方法构成了新的转基因策略,这种方法的程序简单可靠、廉价。

新陈代谢发展需要转基因食品安全评估(Kuiper et al.,2003)。由于社会的需求,生产商需要证实转基因和非转基因作物之间"实质等同"，对代谢产物分析以提供可靠手段来检测两种不同类型植株间的代谢水平差异和识别潜在问题。

对转基因作物进行监测一直是国际农业研究磋商小组（CGIAR）中心广泛关注的问题。然而，监控的程序决策、政策应以科学为基础，并且也需要培训。在这一领域 CGIAR 中心可发挥重要作用。将有必要继续评估和监测需要和所需类型，用于在世界新兴经济体中新的（独特的）产品的开发和释放（Hoisington and Ortiz, 2008）。

关于遗传转化今后的发展，转基因植物生产的新技术将提高育种效率，并将有助于解决人们关于环境和健康的关注。预期的变化如下：①高效转化，也就是说，高百分比的植物细胞将能够成功整合外源基因；②更好的标记基因取代现有抗生素基因的使用；③通过使用更特异启动子更好地控制基因表达，从而使插入基因将仅在需要时间和需要地点被激活；④多基因的 DNA 片段转化以进行更复杂性状改良。

12.8　展　　望

通过遗传转化改良作物也被称为转基因育种，是农作物分子育种的两个主要途径之一。它可以利用任何生物基因，可以克服有性杂交的障碍。另外，转基因育种提供了一种快速"金字塔化"积聚不同来源的基因到同一遗传背景的方法。已有许多单基因或性状整合的转基因植物例子，如在 12.7.2 讨论的有许多典型的例子包括含抗病虫害和品种改良的转基因作物。多性状转基因作物的例子，如 12.6.1 节讨论的孟山都公司改良的多基因叠加玉米，以及中国正在开发的绿色超级杂交水稻，它通过叠加基因改良许多性状，包括抗虫、抗病、养分高效、耐旱性、优质品质和高产等（Zhang, 2007）。

以遗传改良为基础的基因转移应与其他基因组学和分子生物学方法结合。例如，第 3 章和第 11 章中讨论的功能基因组学，将给转基因育种带来新的领域和视野，提供良好性状功能的基因和优化转基因表达的工具。分子标记可用于促进转基因进程，将外源基因转化到不同的遗传背景，并以第 13 章中讨论的那样确定和筛选转基因植株。遗传转化与常规育种方法结合将促进转化，也有助于提高育种效率。

转基因育种技术的发展，相比于基因的发现、基因特性和转基因商业化产品，转基因育种的许多转基因技术措限制的施将变得不那么苛刻。可以预料，基于生产优质和高产的农产品，转基因育种将变得越来越重要。一切监管及生物安全问题将控制在一个合理的水平上；这两者都是人为提出的，是目前许多国家农民对转基因作物接受态度缓慢或拒不接受的结果。

（王彦霞 译，华金平 校）

第 13 章　知识产权和植物品种保护

随着作物改良日渐成为由高期望经济回报驱动的大型私营企业投资的企业生产过程,知识产权(intellectual property rights,IPR),尤其是专利,变得越来越重要。随着转基因植物栽培的全球性扩张和商业育种计划对基因组学工具[如标记辅助选择(MAS)]的依赖性日益增长,生物技术发明,特别是农业生物技术领域,正在不断增加。涉及许多新育种技术和作物改良产品的植物品种保护(plant variety protection,PVP)的所有权控制正越来越多地影响着在这个研究领域可供使用的公共资金的性质和范围。基因组工具同时也能为植物 DNA 指纹提供可行的方法,以获取一旦登记注册就能获得保护的新品系和商业品种的信息。

知识产权的形式可以包括基因、标记、技术流程、信息、概念以及在一些国家甚至是整个植株。专利权授予的主要标准是要求知识产权新颖、并非显而易见、实用和未被披露。个人、单位、组织/公司或者政府能单独或者共同拥有某一特定的知识产权。对特定知识产权的独家拥有者对它具有行使权,可以直接使用或实践、出售、许可或赠予他人(Boyd,1996)。关于知识产权的详情,请参阅 Krattiger 等(2006)。

根据在其他地方已有的广泛记载,涉及改性活生物体(modified living organism,MLO)的专利首次在 1980 年被美国最高法院批准。从那时起,在许多国家,覆盖生物体或它们组成成分的 IPR 已经司空见惯了,同时通过一些条约,如植物新品种保护国际公约(其法文的首字母缩写为 UPOV)和世界贸易组织(WTO)1994 年签订的《与贸易有关的知识产权协议》(TRIPS)。本章讲述了植物品种保护的各个方面,包括它的必要性、影响、策略和有关的国际协议。它还涉及知识产权对分子育种技术在作物改良的发展和应用中的影响。本章所涉及的参考著作包括 Heitz(1998),由加拿大食品检验局和国家种子论坛(CFIA/NFS,2005)组织的应用于植物品种保护的分子技术使用的会议论文集,Chan(2006),Louwaars 等(2006),由国际复兴与开发银行和世界银行(引用为 IBRD/世界银行)(2006)出版的一本出版物,Tripp 等(2006)以及 Henson-Apollonio(2007)。

13.1　知识产权和植物育种家的权利

13.1.1　知识产权的基本方面

作为法律的一个专业领域,知识产权涵盖"所有源于人类大脑运动的产物的东西"(Walden,1998)。从传统上讲,知识产权分为两组:①企业产权(发明专利、商业秘密、商标、集成电路的特殊权利等);②文学和艺术产权(版权、表演者的权利等)(Walden,1998;Ng'etich,2005)。分子育种计划可能会在任一组中寻求权利。各国政府已经制定了知识产权的法律,来实现以下几个目标。①建立激励机制,通过激励机制刺激技术革新以确保获取投资回报；②奖励一定时期内的独占权的发明者，确保他人不能获取发明者的投资回报；③为新技术的公开披露创造条件并刺激其进一步发展。在几乎所有国家的法律制度里面，个人和公司通常都能够获得知识产权，以保护他们的投资和销售，并向第三方租赁或许可所取得的知识产权的经济效益。

各国知识产权法律在登记、范围和保护期限的具体细节方面有所不同。一般知识产权法律往往被认为对于某些企业部门是不够的，从而导致由所谓的"特殊"系统来保护，如计算机集成电路、数据库和植物品种（如植物育种家的权利，PBR）。重要的是要认识到知识产权只能在其注册的本国内是可执行的。此外，知识产权法律的执法水平和性质因地理区域差异很大。这些因素显著地影响着在不同国家的产品开发和商品公司运转的部署策略。

13.1.2　植物育种中的知识产权

尽管已经进行过很多尝试来为作物品种建立知识产权制度，但植物品种保护的概念和植物专利的可能性仅仅在一个世纪前才开始出现。各种知识产权现已应用于植物育种界：植物育种家的权利、专利、商业秘密和商标等现如今都已经非常重要。此外，版权和数据库保护有可能会在分子育种方面发挥越来越重要的作用。极少数国家（如美国和日本）提供品种的专利保护，因此大多数植物育种家还必须依赖于传统育种材料的植物品种保护。然而，在植物育种中使用的生物技术可以申请专利的越来越多，从而为这些专利在新品种保护中的利用提供了更多的渠道（Louwaars et al.，2006）。

植物育种中的知识产权制度应具备两个基本作用（IBRD/World Bank，2006）。首先，在公共利益方面，知识产权制度应确保知识和材料尽早进入公共领域，同时它应该激发改进和创新，从而为农民和消费者提供更多的选择。其次，在权利人利益方面，知识产权制度应为育种者提供机会以收回投资，这些投资可能包括直接从那些保留有下个季节种植种子的农民或者非正式出售种子的邻居那里收回特许权。此外，知识产权制度应保护竞争商业种子的生产者们在未申请知识产权的情况下避免繁殖和销售该品种。许多育种公司喜欢在一个新品种的培育中，通过使用一个受保护的品种或技术和植物育种者进行竞争。在这种情况下，他们应该使用专利制度，因为植物育种权利已明确其结构来鼓励而不是排除这种类型的活动。在发展中国家，知识产权和植物新品种保护制度限制实践的程度取决于经济、行政和政治的因素（Tripp et al.，2006）。对受保护品种的种子储存进行普遍的禁止在大多数发展中国家是一个不可能的策略。尽管有关于清洁和包装农民保存的种子的协调体系，但收集特许权已经在一些经济合作与发展组织（Organisation for Economic Co-operation and Development，OECD）成员国取得成功。

作物品种对知识产权制度提出了重要的挑战（IBRD/World Bank，2006）。第一，它们是很容易繁殖的生物制品，可以供其大量使用。第二，该技术的用户（和潜在的"抄袭者"）是百万千万的农民，要监督他们遵守任何保护制度是困难和昂贵的，特别是在发展中国家。第三，农业部门涉及文化价值观和粮食安全问题，在许多国家这些问题影响着农民的生计，甚至影响着潜在的农村贫困人口的生存，从而使得施加任何的控制都是一个敏感的政治问题。第四，作物品种固有的多样性，使其难以申请被使用在传统专利制度中的新颖性和可重复性的狭隘技术标准,而标准育种方法的使用可能阻碍"创造性步骤"标准的应用。第五,新作物品种的培育总是依赖于一定程度上的公共研究,部分反应在与作物有关的生物多样性的传统公共商品的性质上。因此,以公共资金资助的研究工作的产品应用于知识产权可能会出现问题。第六,越来越多地使用生物技术已经给在植物育种中应用知识产权带来了更多的挑战。

分析美国历史中农民保存大豆种子的做法,结果表明:美国大型农场一直保存种子,在某些年份高达 60%。然而,随着"抗农达"(Roundup Ready)®大豆的引进,种子保存的性质发生了彻底的改变。随着使用在新育种材料培育上的技术与不断扩展的一系列知识产权相结合,"新的"转基因(genetically modified,GM)技术在一些国家导致了整株专利的产生,运用到植物育种技术上的工业概念不断给植物育种带来巨大的私营投资,这种植物育种正在戏剧性地改变全球商务的性质(Mascarenhas and Busch,2006)。

不仅有些国家允许使用专利保护植物、品种和基因,而且大多数的分子生物学和基因改造的工具和过程,也可作为专利。生物技术在许多常见植物育种中正变得越来越重要,也受到了保护,因此使用生物技术培育的品种的所有权的影响也在不断加。此外,由于生物技术允许更精确地了解任何作物品种的遗传组成,因此它打开了复杂的筛选和逆向工程技术之门,这些技术又反过来为受保护的品种提供新的可能性,从而导致更多必须严格遵守的保护的强制力。

为提供一套作物品种的知识产权,已做了一系列的尝试,仅在过去的几十年,工业化国家已经拥有了植物品种保护的机制。例如,《国际植物新品种保护联盟》和《与贸易有关的知识产权协议》的国际条约正试图建立具有共同特点的知识产权,尽管大多数发展中国家签署者通过其本国法律正在缓慢地批准和实施这些协议。在这些特点中,最有争议的是载于《与贸易有关的知识产权协议》的第 27.3(b),它要求世贸组织的所有成员国,对作物品种通过专利或一种有效的专门制度或两者均具备,提供知识产权保护。

13.2　植物品种保护:需求和影响

13.2.1　作物品种保护的需求

农业和生物技术行业作为一个整体,已成为一个非常大的研究与发展(R&D)投资的庞大商业。例如,先正达(Syngenta)公司 2004 年在美国这一领域的总销售额达 63.4 亿美元,然而其研究与发展总投资是 17.38 亿美元,这意味着其研究与发展投资约占销售总额的 27.4%。与此相比,约 10%的利润再投资到其他作物科研的公司,如孟山都(Monsanto)(9.4%)、巴斯夫(BASF)(8%)、先锋良种(Pioneer Hi-Bred)(10.9%)、拜耳作物科学(Bayer CropScience)(11.4%)和陶氏益农(Dow AgroSciences)(9.9%)。2004 年研发与发展投资的范围为 3.50 亿(陶氏益农)~9.26 亿美元(拜耳作物科学),整个多学科研究与发展投资的预算和国际农业研究磋商组织(CGIAR)研究中心 2004 年的 4.28 亿美元相比,其中只有 5%~10%用于生物技术(Spielman et al.,2006)。

显然,国际农业研究磋商组织和其他许多公共部门的研究机构对与私营部门农业生物技术投资的竞争很少抱有希望。相反,公共部门应加强知识产权管理能力,以建立有效的私营部门伙伴关系,这种关系可以为这些私营部门提供资金的同时对自己的产品开发计划产生协同作用。寻求专利是在知识产权保护中最常用的方法。例如,先锋单独向美国提交了 463 份申请,在 1999~2000 年财政年度向澳大利亚提交 176 份。查看所有提交的专利申请,按国家分,2004 年底被授予的专利应用比例差别很大:美国 1040 份申请的专利中授予的比例占 81.4%,而澳大利亚 399 份申请中批准的约占 30%(Chan,2006)。

　　植物育种和作物生物技术产品的开发是一个长期的过程。开发一个产品从概念的开始到将产品投入市场通常需要 7~12 年(图 13.1),这个市场涉及 MAS 或品种开发中转基因的使用。生物技术的初步进展预示着将节省大量时间将新产品推向市场。然而,随着技术的日趋成熟,可能使用生物技术手段的产品的附加值变得越来越重要了。因此,创造一个新作物品种仍然需要在技能、时间、劳动力、资源和财政方面持续的投入。对于商业性农业的生物技术投资价值,如在经济合作与发展组织的国家中,现在似乎是完善的。然而,目前最大的挑战是运用这些研发成果来培育作物新品种,这些新品种是发展中国家改善可持续农业和粮食安全的一个必不可少的工具。新品种一旦投放到市场,在许多情况下,可以很容易地被他人复制从而剥夺了原育种者的投资利润。给予新品种育种者专有权利可以鼓励在植物育种上的未来投资,同时对其他育种者来说,在他们育种计划中,使用新品种有利于农业、园艺和林业的发展。然而,随着公司在特定性状或进程上增加投资,通过专利来保护这些投资成为越来越大的压力。

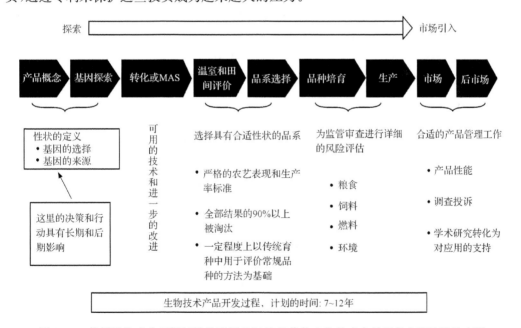

图 13.1　使用转化或分子标记辅助选择(MAS)的作物生物技术产品开发中所涉及的步骤

　　育种者培育的改良品种经常代替老品种是因为它们提供更高的产量、更好的质量和更强的适应不断变化环境的能力和市场需求。在市场上,新品种的成本与从上一代培育的品种的成本大致相同,因此农民转移品种的边际成本很低。阿根廷的经验表明受保护品种的问世并没有增加种子的价格:育种者和种子生产者为了在有未受保护品种的种子市场上保持竞争力就必须使种子的生产和贸易以及储蓄的版税合理化。然而,这种情况在发展中国家是不能比较的,在这些国家,许多农民目前可能通过非正式系统获得种子,为了转移到一个新的品种上,面临着一个显著的初始投资需求。

许多国家都在植物育种相关的公共研究上做了巨大的投资。但是经验表明,这种方法是不够的:公共资金并不能充分覆盖到每种作物需求、每个农业气候区、每一个市场的偏好等。另外,在公共植物育种和私营部门之间的产品部署中,战略研究和产品开发之间经常缺乏相互作用(Heitz,1998)。这些困难的认识是许多发展中国家在植物品种保护方面表现出兴趣的主要原因之一:植物品种保护因此是新种子政策一个不可缺少的元素,同时这种政策在公众和私营部门植物育种中都起着非常重要的作用。

育种者权利的行使

植物育种者选择以何种方式行使自己的权利取决于许多因素,同时涉及这些因素的保护范围也只是手头上的选择之一。种子作物的育种者将以一种相当宽松的方式来寻求商业(认证)种子的组织生产和在每一个多元化的阶段收取特许权使用费(分散风险);他将应用一个非常开放的许可证政策。观赏型植物的育种者不只是需要繁殖材料,同时寻求切花的生产和销售。

Heitz(1998)对为什么以"垄断"的概念为基础的经济理论和结构就作物品种而言是完全不恰当的,给出了两个原因:①育种者必然要与其他人(有效的合作伙伴)联合,以便开发他们的品种;某一特定品种及该品种育种者的商业策略的成功是许多个人决策的结果;②保护品种的育种者几乎总是与其他育种者和他们的品种有着必然的竞争。另一个相关因素是一个"农民特权"的存在和范围(商业种子与农民保存的种子竞争的必要性)。

所带来的好处

很多国家的国立农业研究机构采用知识产权主要有三个原因:认可、技术获取和转让与收入(Louwaars et al. , 2006)。在商业育种中,主要是最后一个原因;知识产权通过育种者和种子生产者之间签订拥有法律依据的许可合同来为作物品种创造附加的价值,这一合同通常包括在研究中收回投资的一个重要工具的特许权使用费的支付。然而,在公共研究中,品种培育的经费来自公共资源,研究管理者往往把重点放在其他的研究目的上。知识产权正式地将品种与机构和个人育种者联系起来。此外,知识产权有利于种子的生产,当只有一个市场时,将吸引个人种子生产商在其产品范围内生产新种子(以促进技术转让)以及如果专利可以买卖的话,技术可能会更容易获得。

植物品种保护的直接影响是促进植物育种。据报道,已成为国际植物新品种保护联盟的成员国,以及他们的农业部门在植物育种方面的投资合法的发展中国家,他们的植物育种活动量已经在增加,并对其农业有着直接的影响。然而,在发达国家,合并和收购不断减少种子部门的参与者。其他国家报道说由国外育种者培育的各式各样的品种的利用也在增加。鉴于在许多国家农业科研公共资金的不断下降,创收是许多公共机构的一个有吸引力的选择。来自知识产权的收入可以支持这些机构支付业务费用或雇用更多员工,同时为管理者提供一种金融工具来支持特别的创新研究人员或研究小组。公共品种能带来一个现成的收入,特别是过去品种如果能得到保护。

13.2.2　植物品种保护的影响

植物育种

保存育种:植物品种保护系统不仅仅是鼓励创造性的植物育种活动。一个新的改良品种能充分获益,首先是该品种能得到正当的保存,其次,品种的繁殖材料对使用者可利用。植物品种保护系统确保育种者在这些活动上有持久的兴趣(至少该品种在商业上是成功的)。

遗传多样性:进入竞争的育种计划数量不断增加,如果发生这种情况,意味着方案的多样化,这些方案将会增加获得优势品种和遗传多样性品种的概率。在产品的市场需求中,这种情况提供了一个强有力的抗衡从而产生了均匀的趋势(Heitz,1998)。然而,在种子市场中,成为私人育种供应商的趋势有利于作物品种占领市场,减少遗传多样性。自然生态系统的压力可以被减轻,通过:①提供单个田块中品种使用的均一性(便于合理和有效生产),不同田块使用的多样性;②利于相对狭窄、有所提高的基因库的广泛使用(最大限度地提高农业生产)和有利于保存大型的基因库,该库作为取得进一步进展的遗传库。

公共研究:植物品种保护也有利于公共育种。公共机构使用该系统创造收入和优化利用其品种。收入可以被用来作为抵制削减其育种计划的证据。此外,植物品种保护能在不同的合作伙伴之间帮助组织最好地任务分配,如通过有组织地共同承担任务和处理公共与私营育种之间的竞争。

国际植物新品种保护联盟(2005)提供了一份报告,该报告指出引进植物品种保护的国际植物新品种保护联盟系统和国际植物新品种保护联盟的成员可以为经济发展打开一扇大门,特别是在农业部门,并作为其个人的研究在阿根廷、中国、肯尼亚、波兰和韩国被显示。这表明,植物品种保护可以在反映国与国之间具体的不同情况中产生利益。因此,能得出一个重要的结论是,植物品种保护的国际植物新品种保护联盟系统在许多不同的情况和各部门中为植物育种提供了一个有效的激励机制,使得受益于农民、种植者和消费者的新改良品种得以发展。

农业生产和贸易

就主要农作物而言,植物育种者主要通过选择认真的合作伙伴以及淘汰不够认真的对手来创造收入。在许多国家,育种者已经建立了仲裁委员会,以至于种子生产通过品种和物种在一个相当统一的基础上被组织(Heitz,1998)。种子市场回应这些变化,因为植物育种者的参与和他们的产品、品种受知识产权的保护。作为主要用户,农民不只是获得了遗传潜力的高质量种子。在竞争激烈的市场中,育种者还提供额外福利,如作物保险的形式。他们开展推广活动,特别是比较试验以及为农民提供作物管理技术的详细信息。

随着国际贸易的扩展和知识产权的加强,国际贸易变得更加重要。例如,某热带水果的生产商在国家有关育种者权利授予的基础上,可能会被拒绝进入消费市场。相反,生产者在拥有育种者有效授予权的生产国的基础上,在许可证协议内可安全、有效地进入消费市场(Heitz,1998)。各国政府采取补贴的措施以保护当地农民免受市场力量的影响或确保丰富的农产品,补贴通过人为干预全球市场来影响其他国家的贸易。植物品种保护的问题普遍反映由于缺乏知识产权而造成的贸易障碍的辩论。也就是说,在植物育种方面缺乏创新的知识产权会导致剥夺所有权持有者的特许权给其他人(Ragavan,2006)。1994年签署了"与贸易有关的知识产权协议"来促进国际贸易,这一贸易影响了一些缺乏知识产权保护的国家。虽然引进的植物育种保护提供了关于减少扭曲贸易分析的一个方面,但关于补贴的讨论提供了前后关系的一切障碍,这些障碍包括那些与知识产权无关但影响农产品的贸易。

技术转让和技术技巧

植物品种保护在引进国外品种和其他提供给农民丰富的新遗传物质(以及相关的技术)中扮演必不可少的角色。它还有助于改善农业产品,无论是在允许这一引进还是在加快这一引进方面。

外国植物育种者对特定区域的育种活动也更加感兴趣,尤其是特定环境下的植物育种,在特定环境中该品种生长得更好。这主要是通过附属公司的组织和伙伴关系或许可协议来实现的。在这两种情况下,在技术和技术技巧的这两个流动的方面上,作为子公司必须依靠当地种子贸易。

育种策略

在公共植物育种中,创造收入概念的引进很可能对国家农业研究院所资金的分布和所采用的育种策略有影响。Louwaars等(2006)讨论了知识产权对植物育种策略的影响,归纳如下:

首先,相比其他农业科研事业,在植物育种中相对容易产生知识产权。因此,收入的追求可能会导致重要的学科,如土壤科学、社会经济学和植物病理学,被排斥或降级,仅仅为了支持育种工作。

第二个可能的影响是资金将更多地分配给在种子生产方面具有高价值的作物。在一般情况下,这些包括市场作物(在这些作物上对种子进行投资是普遍的),这些作物很难在农场繁殖(如异花授粉作物),并且具有低结实率。在实际应用中,这意味着与玉米育种计划相比开放性授粉的小谷物、豆类和块根作物更加能获得优先权。不过,后者对大多数人口的营养安全非常重要。

影响的第三个层次是育种计划本身,那里的研究人员需要去选择哪些生态地区或客户群体作为目标。收入的创造将育种集中于商业农场主和杂交种,而不是集中于资源贫乏,买不起杂交种子以及必须使用开放授粉品种代替的农民。在后一种情况下,种子行业是不可能产生利润的,同时还要支付专利使用费给育种者。

经济作物和农民的转变,可能与最近国家农业政策和公共实体商业化的趋势变化一致。然而,在一些国家,国家农业研究院所的公共任务是支持公平和国家农业生产。当国家农业研究院所把重点放在知识产权上来创造收入时,作物多样化和低投入农业以及意味着更好收益率稳定的趋势可能会被扭转。国家农业研究院所的另一个策略可能对农民来说是在市场上对一个品种的安全选择,否则这一市场可能会被拥有知识产权的大型商业公司支配。然而,后者的选择也可能改变远离小农需求的研究重点(Louwaars et al.,2006)。政策制定者和研究管理者需要认真考虑在他们包含保护的研究策略之前公共育种方面知识产权使用的影响。如果国家公共机构不该保护自己的发明,政府将不得不为他们的研究提供必要的资金。

国家农业研究组织

Louwaars 等(2006)讨论了植物品种保护所涉及的问题将怎样影响国家农业研究院所组织。当国家农业研究院所打算使用知识产权商品化品种时,它必须实现权利人为实现自己的权利,国家农业研究院所需要有能力去为设计商业化策略和许可合同负责,以及去执行这些合同。此外,研究管理人员必须要知道会有知识产权保护所涉及的许多费用,如额外的员工、知识产权收购、实施、应用和维护费用。关于哪些权利需要去申请以及什么时候交出都是需要指定的商业决策。当权利需要去辩护时,尤其是对那些拥有大量资源和丰富的谈判经验的商业公司,一个显著的成本可能会出现。

然而,当作物品种用作进一步育种的亲本在几乎所有的情况下都免费时,这就不是专利生物技术的情况。因此,国家农业研究院所需要去开发方式和方法以观察他们在育种中使用的技术和材料的权利。大多数国家在其专利法中有相当宽松的“研究免责”。这种情况通常导致专利持有人可以指定许可合同中商业化和利益分享的方式和使用(专营权费)(Louwaars et al.,2006)。因此,国家农业研究院所需要为每一个项目开发一个知识产权计划,它决定何时和如何与技术供应商接触。

知识产权的引入给国家农业研究院所带来了新的任务和责任。它不仅需要律师、知识产权专家、谈判专家和市场营销人员,更重要的是,它要求在研究人员之间“文化”的转变。当所有的研究人员通常更喜欢专注于自己的科学,而不是被“行政法规”打扰时,他们必须意识到知识产权对他们工作的潜在影响。高级管理人员,将通过精心设计的能力建设的倡议和对支持系统的协助,导致这种渐进式转变的方式。

国际农业研究

在国际农业研究中,相同的考虑是很重要的(Louwaars et al.,2006)。通过国际农业研究中心(International Agricultural Research Centres,IARC)来保护发明的策略一方面集中于技术转让参数,另一方面集中于原来制定的发展国际公共产品的目标。一些国际农业研究中心正在发展农业产业园或其他机构从而直接和私营部门连接来为技术转让提供额外途径。但是,也有这样的情况,一个国际农业研究中心可以和私营部门联合获得研究经费用于培育品种,或者获得这种品种的商业化特许权使用费。

在不削弱扶贫这一首要任务的情况下,国际农业研究中心面临的又一挑战是获得受保护的技术。如果在没有任何限制(即“资源贫乏”)的情况下,产品不能被用于可利用的目标群体,那么材料和工具可能无法用于研究。人道主义许可证和合作协议至少应包含这样的条款。

关于国际农业研究中心知识产权传播的争论,一些国家农业研究院所的商业化影响了国际农业中心扶贫的能力,最终导致资源贫乏(Louwaars et al.,2006)。一个国家农业研究院所将通过知识产权把他们的策略集中在创造收入上,因此,远离资源贫乏并赞同商业化生产的农民可能并不总是国际农业研究中心惠及穷人的合适的合作伙伴。后者可能需要寻找其他途径,如通过非政府组织,同时,在某些情况下,与种子生产者的直接接触。所有的国际农业研究中心都有知识产权的政策,虽然其中大部分仍待调整和细化。知识产权使用的增加已使得国际农业研究中心对国家农业研究组织和种子公司的互动模式进行重新评估。已采取各种办法去确保国家农业研究院所种质为农民所用。

13.3　涉及植物育种的国际协定

涉及影响植物育种相关监管制度的国际协定,包括《与贸易有关的知识产权》、《生物多样性公约(CBD)》,关于粮食和农业植物遗传资源国际条约、知识产权政府间委员会的讨论和遗传资源,《世界知识产权组织(WIPO)》的传统知识和民间文学艺术。此外,在WIPO中讨论过的实体专利法协议的发展可能会减少当前的灵活性来保护植物品种(Wallø Tvet,2005)。这些影响植物育种的协议在图13.2中有显示。

13.3.1　UPOV公约和国际植物新品种保护联盟

为成果获得专利保护,植物育种者联合知识产权专家们经过几十年的尝试,要求考虑一个特别设计的保护系统。通过1957年和1961年之间举行的会议,法国政府采取该请求,从而在1961年12月2日,签署了植物新品种保护的国际公约(也就是所谓的UPOV公约)。

国际植物新品种保护联盟系统——在1972年、1978年和1991年被修改——已逐步强化了植物育种者的权利。最后的修订30年后首次采纳,其内容是充实的。修订在:①在操作"公约"时,根据1961年以来国际植物新品种保护联盟成员国实施公约的经验去阐明某些条文;②以某些特定的方法加强对植物育种者的保护;③反映技术变化。由国际植物新品种保护联盟定义的权利叫做植物品种保护(PVP)。国际植物新品种保护联盟系统被认为是最简单的选择,对那些希望遵守"与贸易有关的知识产权协定"的国家来说,UPOV公约是植物品种保护系统的唯一模式。它不仅是一个知识产权的条约,也是农业政策领域的工具。

在UPOV公约1991年的文本中,育种者是指"培育或发现和开发某一品种的人。"因此需要给予保护的,不仅仅是来源于杂交和从后代中筛选的品种,而且当一个人在现存的植物材料中识别到已知或未知的来源的突变或变异,并且确保那个突变的或变异的植物材料能作为一个新品种被分离和繁殖时,也是需要给予保护的(Heitz,1998)。

UPOV公约非常成功地让作物品种和种子部门,特别是国际植物新品种保护联盟成员国中的作物品种和种子部门认识到,从技术角度来看,品种的概念等同于"可以保护的品种"。根据UPOV公约的1991年法令的第1(vi)条,一个"品种"基本上是一个植物的

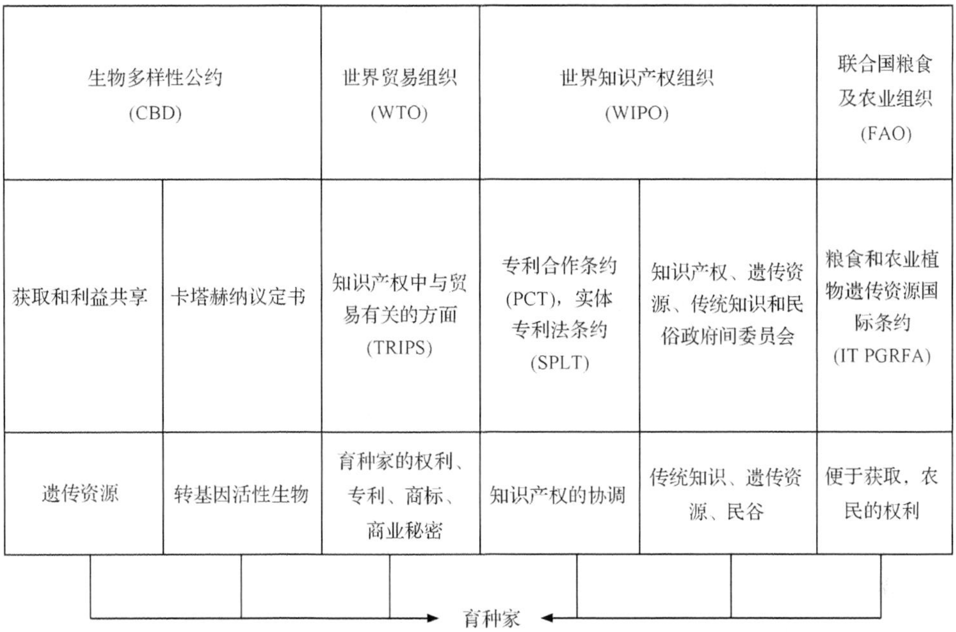

生物多样性公约 (CBD)		世界贸易组织 (WTO)	世界知识产权组织 (WIPO)		联合国粮食 及农业组织 (FAO)
获取和利益共享	卡塔赫纳议定书	知识产权中与贸易有关的方面 (TRIPS)	专利合作条约 (PCT),实体专利法条约 (SPLT)	知识产权、遗传资源、传统知识和民俗政府间委员会	粮食和农业植物遗传资源国际条约 (IT PGRFA)
遗传资源	转基因活性生物	育种家的权利、专利、商标、商业秘密	知识产权的协调	传统知识、遗传资源、民谷	便于获取,农民的权利

育种家

图 13.2 有关植物育种的国际协定(IBRO/World Bank,2006;© World Bank 2006)

归类,这一种类满足特异性、一致性和稳定性的条件,但不一定到了需要保护的程度。

特异性、一致性和稳定性(DUS)

保护需要有 5 个条件。

(1)新颖性——在由申请日期确定的某些日期之前,要保护的品种不得是商业行为的主体。

(2)独特性——(第 7 条):"该品种应被视为是不同的,它显然有别于其他任何品种,那些品种的存在在提交申请的时候是尽人皆知的。"独特性是建立在个体特征之上的(在遗传资源中说法的描述符),这一特征在本质上与植物学的和品种的农业或技术性能或价值没有必然的联系。

(3)一致性(或同质性)——(第 8 条):"该品种应该被认为是一致的,其传播的特别性性状会适应其变化,以及在其相关的特征上,具有充分的一致性。"

(4)稳定性——(第 9 条):"该品种应被认为是稳定的,其相关的特征经过反复繁殖后或者在一个特别的繁殖周期情况下,在每个这样的周期结束时,都保持不变。"

(5)命名——该品种必须给予一个将要被商业化的命名。

国际植物新品种保护联盟为评估和描述一个新品种独特的特点拟定议定书,确保它是独特、一致和稳定的(DUS)。这些标准适合于受保护物种的繁殖方式:异交作物对于一致性的要求没有无性繁殖作物那么一致性严格。满足 DUS 标准并且(在市场方面)是"新的"任何品种都有资格受到保护,而不需要像专利制度所要求的那样证明其创造性或工业应用。一个 DUS 检查涉及将候选品种与最相似的品种一起种植至少两个季节,综合记录其形态学的(以及在某些情况下,农艺学的)性状(国际复兴开发银行/世界银行,2006年)。

被用于评估 DUS 的性状包括一些描述,如花的颜色或叶形等。一个性状要被 DUS 测试或用于品种描述必须满足一些基本要求。这样的性状必须是:

(1) 来自一个给定的基因型或基因型的组合;

(2) 在特定环境中有足够的一致性和可重复性;

(3) 展现品种之间足够的变化,能够证明特异性;

(4) 拥有准确的定义和识别能力;

(5) 允许一致性和稳定性的要求得到满足。

性状可能有直接的商业相关性或没有。例如,使用上述的标准可以淘汰一些商业上重要的性状,如产量。只要符合标准,化学成分是可以接受的性状。化学成分基础上的性状通过适当的检查方法可以被很好地定义和支持,并得到很好的界定,这一点很重要。

国际植物新品种保护联盟的测试准则已经被发展成为为制定个别物种或品种归类提供增长周期、植物数量、被测试材料、或用于检测的特征的相关指导。DUS 测试直接由国际植物新品种保护联盟成员担任,或管理局指定的一方(如一个研究所、育种者),权威人士可以从其他国际植物新品种保护联盟的成员以前监督过的测试或试验的结果考虑。因此在 DUS 测试中有着很高的合作水平,其中包括,如 DUS 测试报告的购买,双方的安排以避免重复检测和 DUS 测试集中在区域或全球的水平。权威人士之间的合作可以在越来越多的试验中具有最大限度地减少 DUS 测试的时间、降低成本和优化检查等特点。

实质性派生品种

根据 UPOV 公约的"1978 年法令",任何受保护的品种都可以自由地被用作初始变异的来源从而进一步培育品种。任何此类品种本身可能会受到保护,更重要的是,对利用初始变异来源品种的育种者,这类品种可以在其育种者和使用者没有任何责任的情况下被利用。这些规则有一些例外,在实践中行之有效,并已在 1991 年的法令重申。

然而,规则并不能阻止一个人在一个作物品种中发现一个突变体(这种突变在某些物种中只有一些小的性状),或从一个品种中选择其他一些小的变种,没有得到授权或没有认识到原育种者对最终成果的贡献。在这种情况下,没有认识到这种贡献一般被认为是不合适的(Heitz,1998)。现代生物技术大大增加了这种情况的可能性;开发一个新品种可能需要 12 年,但在实验室中通过基因工程添加一个转基因来改造它只需要 3 个月。

这种情况确实可以抑制"经典"植物育种的不断追求(基因工程也因此增加另一个基因来避免该基因拥有权品种的保护)。实际上,在 UPOV 公约 1991 年文本第 14(5)条中已定义了实质性派生品种(essentially derived varieties/cultivars,EDV)的概念,以便确保"公约"能继续为植物育种提供足够的激励。该条规定,实质上来源于一个受保护品种的派生品种可以是保护的对象(如果它符合 DUS 和新颖性的正常保护标准),但在没有受保护品种的育种者授权的情况下是不能被利用的。对于实践的目的,当它们以一种几乎保留早期品种的全部遗传结构的方式被培育时,品种才会是实质性派生的。

农民特权

在特殊系统中,最突出的问题涉及所谓的"农民特权"和"育种者豁免"。农民从收获储存种子到下一季节播种的传统权利是特殊制度的一个重要方面,也是知识产权在植物育种中最具争议的方面之一。虽然这种做法往往是作为一个"农民特权",但是这里所指的由国际植物新品种保护联盟定义的"农民特权",区别于更广泛的"农民特权"的概念。

1978 年 UPOV 公约假定允许农民保存和重用那些作为"私人和非商业用途"一部分受保护的品种。然而,1991 年 UPOV 公约第 15(2)条规定:在没有育种者同意的条件下,农场种子保存是不被允许的,虽然考虑到育种者的合法权益它允许会员国详细说明可以允许使用农场保存种子的规则。在欧盟(European Union,EU)中,这一规定被解释为小农保存一些特定作物的种子和收集农场保存的种子用于大型农场的特许权的育种者权利。1991 年公约还禁止受保护品种种子在农户之间的任何转移(通过销售、交换或礼物)。植物品种的实用新型专利变得更为坚硬,同时获得专利的品种通常不能被保存,不能作为农场种子或与其他农民买卖或交换的后续利用。

农民特权的各种不同解释,有利于在许多发展中国家以 1978 年 UPOV 公约为基础的法律的采纳。大多数情况下,在这些国家对农场的粮食作物种子保存的限制,既不是行政上可行的,也不是政治上可以接受的,这种限制使得从农民到农民非法转让种子被广泛认为不符合小规模农业的传统。

保存种子的问题是知识产权如何在植物育种方面必须符合国家种子系统条件很好的例子。即使在同一个国家,不同作物生产系统的要求和条件也是不统一的,国家可以考虑解决这个变化的法律选项。例如,荷兰的早期种子法中包括保存观赏性作物种植材料的严格限制,而大田作物在国际植物新品种保护联盟 1978 年公约中的规定比较宽松。很多无性繁殖商业花卉品种可以被农民很快地繁殖,这将大大减少育种者的收入以及使得一个在荷兰农业方面很重要部门没有充分提供创造性的激励机制。法律的一个修正案使得这些物种的农场水平的传播非法化。这一例子强调,国家需要为不同类型商品设计适当的保护水平,并与国内的农业经济和植物育种能力一致。

育种者权利

1991 年的法令中采取了一种全新的方法来定义育种者权利的范围。基本权利涉及七个行为:①生产或繁殖(增殖);②为传播的目的进行调节;③供销售;④销售或其他营销;⑤出口;⑥进口;⑦为这些目中的任何一个进行库存。

这些行为的目的并不是给育种者带来更广泛的权利,而是给他们带来了更有效的权利。例如,调节实质上是种子或植物生产的一个(技术上的)步骤。

权利适用于必须相关的两类材料,也适用于相关的一类材料:①繁殖材料;②已被提供的收获材料(包括整株植物和植物的部分),假定这些材料已经通过繁殖材料的未经授权的使用而获得,并且育种者已没有合理的机会行使其与繁殖材料有关的权利;③可选地(听凭会员国处理),产品直接来源于收获材料,假定这些材料已经通过未经授权使用的收获材料获得,并且育种者没有合理的机会去行使其与收获材料相关的权利。

举例来说,在第二种情况下,育种者在某些进口收获材料上得到了一个更广泛的权利。凡由非法种子生产的收获材料,他或她现在有机会去行使其权利。

此外,1991 年法令规定 4 个事项,扩展了育种者的权利:①受保护的品种本身;②与受保护的品种没有明确区分的品种;③来自受保护的品种的实质性派生品种;④其生产需要重复使用受保护品种的品种。

对于那些不能清楚区分的品种,其附加是为了使育种者的权利更有效,以防止侵权人声称,他不是利用受保护的品种,而是一个超出"保护周界"的相似品种。

1991 年法令规定了育种者权利的三个强制性的例外和一个可选例外。这三个强制性的例外是:①私人和非商业目的的行为(特别是繁殖受保护的品种来维持生计的农民或业余园丁);②实验目的的行为;③培育其他品种这一目的的行为(提供的保护还没有应用于他们,如 EDV 的情况),目的在于利用其他的品种。

可选的例外涉及农场保存的种子。UPOV 公约的 1991 年法令规定国家可以在合理范围内使用来自农场保存的种子,豁免育种者权利,以及维护育种者的合法权益。每个会员国将根据本国国情行使这一选择。有些国家选择给农民补种先前的收获种子的无条件的权利,而另一些国家对某些农作物或小农限制这一权利。

育种者豁免

因为植物育种一般被认为是增殖的,育种者已经以现有的品种做基础以培育改良的品种。为了取得进展,与机械学或化学的情况相反,发明的描述是不够的,因为它不是从核苷酸开始重建全套的基因组。这就是为什么 UPOV 公约向育种者权利提出了例外,其包括:"(由其他人)以创造新品种为目的而把(受保护的)新品种作为变异的最初来源的使用和这些品种的销售(1961 年的 5.3 法令)。"此例外被广泛地称为育种者豁免,这在 20世纪 60 年代后期以来,一直是育种业的动力之一。它源于农民和育种者传统性无限制地使用种子。它表明任何人可以在无须持权人同意的情况下为了进一步育种培育而使用受保护的品种。

育种者豁免被看作是对农民而言促进最佳品种培育的一个好方法,它限制了长期的商业优势发展,为较小的育种公司提供了机会,从而也增强了该行业的竞争。不像农民特权,育种者豁免在以后的国际植物新品种保护联盟公约中并没有显著改变,它促使美国的一些公司为保护其种质而求助于专利系统。在 1991 年"UPOV 公约"中,唯一修改的是对 EDV 的限制,EDV 可能受到原育种者的影响。

13.3.2　1983 年《国际植物遗传资源约定》

1983 年,联合国粮食及农业组织(FAO)建立了植物遗传资源委员会(后更名为遗传资源委员会),它是第一个永久性政府之间的论坛,致力于种质资源的保护和发展。该委员会的第一次重大行动是起草一个不具约束力的决议,该决议被称为《国际植物遗传资源约定》,该决议是为了当代和子孙后代的利益,以植物遗传资源是人类共同的遗产、需要保存和充分自由使用的原则为基础的。承诺书的目的是确保遗传资源被探索、保存、评价、育种和科学利用。它基于以下原则:

(1) 遗传资源是人类的遗产,应不受任何限制;

(2) 建立"农民权利":农民应该为遗传资源的开发和保护得到补偿;

(3) 国家维持、保护和补偿其本土遗传资源创新利用的自主权。

该决议第 5 条(植物遗传资源的可用性)规定如下:

在各国政府和机构的控制下,允许访问这些植物遗传资源的样本及这些科研、植物育种或基因资源保存的资源出口,这些将是各国政府和机构坚持的政策。在相互交流或共同商定的基础上,样品应免费提供。

13.3.3 1992 年《生物多样性公约》

1992 年,在里约热内卢,联合国主办了地球首脑会议来考虑世界各国的环境状态。除了制定一系列国际环境政策的不具约束力的声明外,地球首脑会议还制定了《生物多样性公约(CBD)》。《生物多样性公约》具体关注的问题是生物多样性,该公约定义为"所有来源的活的生物体,包括物种内、物种之间和生态系统的多样性变化"。《生物多样性公约》的目标如下:

(1) 建立并保存生物多样性系统作为一项国际首要任务;

(2) 促进公平和公正地分享来自遗传资源的利益;

(3) 保持国家之间相关技术的适当访问和转移;

(4) 通过自然资源重申国家的自主权,其中包括遗传资源;

(5) 通过许可、保护、共享研发和合作培训方面的努力,促进国际协定中的技术转让。

《生物多样性公约》标志着遗传资源是"人类的共同遗产"概念的结束。《生物多样性公约》没有提到"共同遗产",其序言中指出,保护生物多样性是"人类共同的关注"。《生物多样性公约》基于一套新的原则:

申明保护生物多样性是人类共同关注的话题;

重申各国对自己的生物资源有自主权;

还重申各国有责任去保护其生物多样性以及以可持续的方式使用生物资源……

《生物多样性公约》必须被视为一个框架公约,需要实施措施。分析《生物多样性公约》下的义务的真正范围是非常困难的,因为其文本是有限制的,如"尽可能和恰当的"和"符合国家立法"。

很显然在 UPOV 公约和 FAO 的《国际植物遗传资源约定》之间一方面没有矛盾或冲突,另一方面二者与《生物多样性公约》也没有矛盾或冲突。可是落实《生物多样性公约》而采取的措施可能会产生矛盾或冲突,如果他们没有考虑之前合法的工具(和其客观背景和理由),可能和《生物多样性公约》的客观陈述背道而驰。

特别是根据第 16(2)条对知识产权的尊重明确要求有关获取和转让技术:

获取和转让技术……对发展中国家而言应该被提供和(或)便于提供在公平和最有利的条件下,包括在双方商定的减让和优惠的条件下,同时在必要的情况下,根据第 20 条和第 21 条设立财务机制。专利和其他知识产权的有关技术,如获取和转让,应该与条款认识和符合知识产权中充分和有效的保护相一致。

关于"公平和公正地分享利用遗传资源所带来的利益",它应该也是显而易见的,这意味着,首先是利益的创造,其次,享有由他和他伙伴创造利益的人的识别。所有的这些协议到目前为止都已经公布,同时这些协议都遵循由 Merck-INBio 协议(http://www.american.edu/projects/mandala/TED/MERCK.HTM)创建的模式——包括从专利所得的特许权的主要成员的共享。

13.3.4　1994 年 TRIPS 协定

在关税与贸易总协定的总结构下举行的乌拉圭回合多边贸易谈判于 1993 年 12 月 15 日结束。该协议体现了这些谈判的结果,建立世界贸易组织(WTO 协定)的协议于 1994 年 4 月 15 日在摩洛哥的马拉喀什被采纳。

那些在"WTO 协定"附件中所载的谈判的结果是《与贸易有关的知识产权协定》(TRIPS 协定)。包括《与贸易有关的知识产权协议》的"WTO 协定"(对所有 WTO 成员都具有约束力),于 1995 年 1 月 1 日起生效。前者协议建立了一个新的组织,即世界贸易组织(WTO),该组织于 1995 年 1 月 1 日开始生效。

"WTO 协定"的宗旨和目标在其序言中叙述到:

认识到应该引导贸易和经济活动领域之间的关系,着眼于提高生活水平,保证充分就业和大量的实际收入、有效需求、实际收入的稳步增长,有效的需求及扩大商品贸易和服务的生产,同时允许世界资源按照可持续发展目标来得到最佳使用,在经济发展的不同层面,寻求双方保护和维护环境,并与他们各自的需要和关注相一致的方式。进一步认识到需要积极努力来确保发展中国家,尤其是其中最不发达的国家,在国际贸易中的增长与其经济发展需要相称的股份。渴望通过进入互惠互利的协议来大幅度削减关税和其他贸易障碍以及消除国际贸易关系中的歧视性待遇来促进这些目标,……

第 27(3)条提供了一个义务来保护作物品种,发达国家于 1996 年 1 月 1 日生效,发展中国家 2000 年 1 月 1 日生效(最不发达国家在 2006 年 1 月 1 日):

大家可能也排斥专利要件:……(b)植物和动物不同于微生物,植物或动物的生物生产过程本质上也是不同于非生物以及微生物的。然而,各成员应该为植物品种保护提供专利或一个有效的专门制度或任何组合。本项规定应在"WTO 协定"生效之日起被评估四年。

显然,WTO 成员通过一个专门保护系统来执行这一义务。在关于粮食和农业的遗传资源粮农组织委员会的第四次特别会议上(罗马,1997 年 12 月 1~5 日),FAO 法律顾问得出如下评论:

事实上,《与贸易有关的知识产权协定》中的一个特殊系统的概念是很笼统的,该概念允许各国行使充足的自由裁量权。《与贸易有关的知识产权协定》不给任何直接的指示,在特殊制度应包括的元素或组件上,也不需要按照国际植物新品种保护联盟的标准,该联盟已经是植物品种保护的一个特殊制度,虽然可能不是唯一的标准。然而,这可以从《与贸易有关的知识产权协定》中推断,特殊制度有一些最低要求:①至少在广义上讲,它应该是一个保护知识产权的系统;②对所有交易的植物品种来说应当有适用的原则;③应当是有效的,也就是说,强制执行;④不应歧视申请人的原产国(国家待遇的原则);⑤应该给予最惠国的待遇。

13.3.5 2001 年粮食和农业植物遗传资源国际条约

2001 年 11 月 3 日在罗马,遗传资源及其附属机构,经过 15 届遗传资源粮农组织委员会之后,116 个国家代表批准了一项新的《粮食和农业植物遗传资源国际条约》(以下简称"条约")。该条约只适用于粮食和农业的植物遗传资源。它建立了以下目标(Sullivan, 2004；Fowler and Lower, 2005)。

(1) 鼓励植物遗传资源的保护,以维护和提高植物种类的遗传多样性和保护对食物或农业有价值的品种。

(2) 为奖励农民在改进和提供植物遗传资源上作出的贡献提出可行的法律依据。

(3) 进一步完善首次在 CBD 中设立关于植物遗传资源的国家主权的系统,同时确保主权的行使并不妨碍这些资源在国际之间的交流。

(4) 建立一个获取和惠益分享(ABS)的多边制度(MS),该制度将协调植物遗传资源的交流,并在某些情况下,通过商业性地利用这种资源的个人或实体需要支付费用,给这些资源起源的国家。

一个初始附件(1)涉及的惠利分享的多边制度适用于 35 种粮食作物和 29 个属的饲料作物,其中包括很重要的主食,如小麦、水稻、玉米和马铃薯。附件 1 列出的作物占世界热量摄入量的 80%。

"条约"是一个模糊的文件。它的目的是维护以前在与植物遗传资源有关的法律政策上,代表名额不足的团体的利益。同时,它旨在确保这些资源工业用户,使得他们的经济利益不会受到损害。"条约"在某些方面比《生物多样性公约》更具体,其政策很广泛,经常有重大的现实细节(Sullivan, 2004)。由于这些及其他原因,"条约"可以被认为是植物遗传资源的一个国际政策。它完成的时间将取决于各种政治、经济和科学的影响,该影响已经在工作中去塑造未来的政策了。

"条约"于 2004 年 6 月 29 日生效,即 40 个国家政府批准的 90 天之后。已批准该条约的各国政府将组成理事会。2006 年 6 月在马德里举行的第一次会议上,理事会处理了一些重要问题,如商品化的货币支付的水平、形式和方式,以及促进遵守"条约"的机制,筹资战略和关于粮食和农业植物遗传资源材料转让协定(SMTA)的认可标准。每个批准的国家将发展需要执行"条约"的法律和规章。

关于多边制度的不同方面,在"条约"之前和之后的讨论都很难有一个平等的地位。一方面,发达国家希望"条约"能保证对所有作物的访问。另一方面,发展中国家倾向于相信他们正在被利用,因为受知识产权保护的现代新品种已在市场上以高价格销售给他们,实际上,是他们把这些遗传材料的品种捐赠给发达国家育种的。发展中国家也明白自己是作为种质的捐助者而不是作为接受者(Fowler and Lower, 2005)。

与"条约"有关的一笔巨大的财富是遗传资源,大部分是世界主要粮食作物,保存在国际农业研究磋商小组的研究中心。从历史上看,这些资源已被视为国际遗产,最近在粮农组织和中心之间的正式协议下已免费提供给大家,大家都一致相信中心保存这些材料是由国际社会受益的。由联合国粮食及农业组织代表"条约"的监管机构与中心,于 2006 年 10 月 16 日签署的协议,促使中心采用不同的方法处理他们持有的粮食和农业植物基因资源(PGRFA),这取决于 PGRFA 是否列在附件 1 上。附件 1 所列的作物的 PGRFA 的一切转让,必须根据"标准材料转让协定"。据推测,在"种质和相关信息"上,SMTA 禁止受助人获得知识产权,并且材料的使用很少有严格的限制措施。因此,它鼓励材料的使用和发展,同时保持其在未来被其他人使用(Fowler et al. , 2005)。

13.4　植物品种保护策略

有许多机制可以用来保护植物育种者的利益,并有助于一个有竞争力和活力的国家种子部门的发展。除了植物品种保护(通过授予植物育种者权利)和专利权外,额外的选择包括生物过程(如杂交品种系统)、国家种子法、合同法、品牌保护和其他知识产权(如商标等)以及商业秘密。就专利和植物品种保护来说,这些替代品的有效性取决于当地的执法能力(IBRD/World Bank, 2006)。

13.4.1　植物品种保护或植物育种者权利

国际植物新品种保护联盟是使用最广泛的植物品种保护系统,目前已有 63 个成员国(http://www.upov.int/)。经济合作与发展组织的大多数国家和一些发展中国家是国际植物新品种保护联盟公约的成员,尽管这不是 1994 年 WTO 的 TRIPS 协定中唯一的专门选项。希望加入国际植物新品种保护联盟的国家必须提出与 1991 年公约兼容的法规。国际植物新品种保护联盟成员提供许多好处,包括品种测试之后的技术支持和被外国投资者认可和尊重的植物品种保护系统的确定。另外,1991 年"公约"的规定,对农民种子管理的做法有潜在的限制,这种做法可能是政治上不可接受的,是粮食安全的潜在威胁,在某些情况下,无法执行。由于这些原因,一些发展中国家已经拒绝加入国际植物新品种保护联盟。只有在特定情况下,种子保存可能威胁市场(如鲜花出口市场)或种子交换会减少植物育种的激励机制(如较多农民的种子销售或粮商的出售与商业种子部门的竞争),这种限制在大多数发展中国家是合理的(Tripp et al. , 2006)。

国际植物新品种保护联盟的使命是:"提供和促进有效的植物品种保护系统,目的是鼓励植物新品种的培育,造福社会"。植物品种保护为育种者提供机会,争取在培育新品种方面取得投资回报。对于大型商业农场主,在国际植物新品种保护联盟下的市场力量通常会有一个积极的局面。不过,这种情况是非常不同的,同时大幅度增加发展中国家农民的复杂性。只要资源贫乏的农民出于自己的目的继续有选择地出售公众品种或有权保存商业品种,品种保护系统可能在发展中国家行不通。植物品种保护和植物育种权利系统将使所有国家的商业农场主和农业生产力获利,这需要通过刺激私营部门的投资,增加对农民的品种选择,并促进技术转让和农业发展努力,包括作物生物技术的收购。然而,对于以农为生的农民,他们在发展中国家面临不同的系统,他们的利益要更复杂。

植物品种保护系统在过去几十年里对国际经合组织成员国的育种者和农民有利。然而,一些人认为植物育种保护的权利过于繁琐从而对他们投资的保护很有限(Janis and Kesan, 2002)。Naseem 等(2005)研究美国棉花这一情况的问题,首先研究棉花品种种植的趋势,然后量化植物品种保护的品种对棉花产量的影响。分析表明,植物品种保护使得更多品种被培育,并且通过这些品种的植物品种保护对棉花产量有一个整体的影响。

　　Chiarrolla(2006)提出了一个问题,由于保护植物相关的发明专利越来越多地使用(将在下一节讨论),特殊植物品种保护的法规是否成为多余。但是,一个全功能的独立系统,就需要去修改专利制度来防止农业豁免,这一系统受益于植物育种者和农民,并在特殊的植物育种保护系统下从专利权利覆盖到那些特别是整株植物品种相关的专利。如果特殊的植物品种保护体制继续把重点放在广泛的社会目标以及促进农业的可持续发展上,这样将面临一个危险,即将会出现一个两层系统,在这一系统中,只拥有植物品种保护的品种将会落后于私营部门资助的技术竞赛。此外,知识产权制度可以通过细化来支持商品化、科研、进一步育种和发展国家农业的需要。全球性社会意义的重要问题包括耕作制度的多样化,利用不足的作物和物种的培育和商业化以及当地品种和"丰富多样性"产品维护新的市场发展。

13.4.2　专利

　　专利是一项法律权利,由政府授予给最早发现者或一个新知识产权的"发明者",以排除他人在规定的一段时间内制造、使用或者销售没授权的知识产权"发明"。专利只授予授权人,并且只有当所声称的知识产权被认为是有用的、新颖的以及所属领域的其他技术人员不清楚的时候授予(Boyd,1996)。专利申请书是一份书面文件,该文件必须充分披露并描述所要保护的发明的足够细节和完整性的要求,来容许所属领域的技术人员去使用或在发明中实践。专利授予给新的发明,它涉及创造性的一步同时可应用于工业。20世纪80年代末以来,私营公司、大学和联邦政府都增加了专利,特别是农业生物技术,他们现在持有比一般专利更大比例的农业生物技术专利。私营公司往往在植物技术和分子水平上的农业生物技术方面的专利上占据主导地位。正如 Heisey 等(2005)所指出的那样,专利产生模式的差异不仅暗示着农业科研投资的不同,也暗示着申请专利的动机不同。

　　通过实用专利系统的植物品种保护只在少数几个国家被提供(如美国、澳大利亚和日本)。美国实用专利法指出的可专利题材的 4 个大类:合成物、机器、制造和加工的物品。植物和生物的题材没有明确地包括在其中。然而,在 1980 年,最高法院关于 Diamond 诉 Chakrabarty 的裁决解释了第 101 条包括转基因生物(GMO)。这种情况无疑有助于打开随后的基因工程生物材料和植物/植物品种专利之门。只有在栽培领域被发明或发现的植物品种才具有专利的资格,从而限制了野生近缘种专利的可能性。根据 1978 年国际植物新品种保护联盟公约,一个品种不能同时得到专利和植物品种保护的保护,但是 1991 年的公约允许这种双重的保护。表 13.1 提供了三种主要的植物品种知识产权制度的比较。在日本,专利制度仅用于那些被认为具有创新性的植物品种,而不仅仅是一个正常植物育种的产物。

　　植物品种的实用新型专利并不被认为是发展国家知识产权制度的合理选择(IBRD/World Bank,2006)。然而,由于来自于种子行业某些部分朝着这个方向努力的压力,植物品种的专利变得越来越重要,因为该选择被包括在美国和几个拉美国家之间的双边贸易谈判中。

表 13.1 植物品种的主要知识产权系统的比较（IBRD/World Bank,2006;© World Bank）

标准	UPOV 1978	UPOV 1991	实用新型专利（美国）
保护	所列出的种或属的品种	所有属或种的品种	有性生殖的植物（以及产生品种的基因、工具和方法）
排他性	未列出的物种	无	第一代杂交种，未栽培的品种
要求	新颖（在贸易方面） 独特 一致 稳定性	新颖（在贸易方面） 独特 一致 稳定性	新颖（在公共知识方面） 实用性 不明显 工业应用
公开	描述（DUS）	描述（DUS）	能够公开 最佳方式公开 新材料的存放
权利	防止别人进行商业化繁殖材料	防止别人进行商业化繁殖材料以及在一定条件下利用收获的材料	防止别人制造、利用或销售有请求权项的发明或销售该发明的一个组元
种子保存	允许私营的和非盈利的利用	仅供自己使用（只针对列出的作物）	在没有专利持有方同意的情况下不允许
种子交换	非盈利时允许	在没有权利持有人同意的情况下不允许	在没有专利持有方同意的情况下不允许
育种家的豁免权	允许在育种中使用	允许在育种中使用（但是在EDV的情况下共享权利）	在没有专利持有方同意的情况下不允许
持续时间	15~20 年（取决于作物）	20~25 年（取决于作物）	从提出开始 20 年，或从授权开始17 年（1995 年 6 月之前）
双重保护（PVP 和专利）	不允许	允许	允许

专利保护首先于 1985 年被利用，已使用植物品种保护和专利制度很多年的国家最近对专利的依赖占据了主导地位。这一选择有很多原因，尽管实用新型专利的成本较高（Lesser,2005）。植物品种保护允许农民重新使用种子（尽管对杂种 F_1 不是问题）以及开放式育种通道。专利两者都不允许。此外，资金的不足和授权书上造成的延误对育种者而言减少了植物品种保护的价值。

13.4.3 生物学的保护

保护植物品种最古老的机制是杂交。在 20 世纪初，杂种优势现象的发现为生产高产量和杂交作物的统一品种开启了新的可能性，同时也为保护商业种子利益提供了两个明显的优势。首先，杂种起源的种子在下一代中将会失去一些增产的潜能及其他有价值的特性（如一致性），这将会降低农民保存种子的积极性。其次，如果他们没有获得用于开发杂交品种的自交系来培育杂交品种，竞争的种子公司就不能繁殖一个特殊的杂交品种。

如果自交系可以物理性地被保护,则他们就拥有了一个商业秘密的特征。来自自花授粉的杂种包括水稻,在 20 世纪 70 年代中国第一个商业化并使用遗传雄性不育,现在超过 50%的水稻田种植杂交水稻,杂交稻已在中国和东南亚拥有巨大的种子市场。杂交种的使用提供了种子的稳定需求,克服了常规种子市场的不确定性因素,常规市场上如天气因素决定了在农场上有多少种子被保存,因此,具有需要新鲜种子的需求。在中国,因为杂交水稻的发展,一个繁荣和多样化的商业种子部门已存在 20 多年。

关于生物学的保护机制一个更近的例子是在品种的水平上操作的遗传使用限制技术是(V-GURTS)的引入(Louwaars et al.,2002)。在缺乏特殊处理的情况下,含有这些技术的植物生产不育的种子,确保了农民不能保存自花授粉作物(如小麦和豆类)的商业种子。该技术还使其他育种者很难使用受保护的种质资源。公司正在使用遗传转化的方法来开发几个这样的保护机制,其中包括所谓的“终止子技术”(terminator technology),这是一个通俗的名称,即通过关闭植物第二次发芽产生下一代种子的能力来限制转基因植物的使用。这种技术在商业上是不可行的,但这种技术的可能性已经引起了广泛的争议,并引起了大众媒体的关注(如 http://www.banterminator.org/;Guidetti,1998),该争议在印度的保护植物品种和农民权利法中已造成该技术的禁用(IBRD/World Bank,2006)。

13.4.4　种子法

植物育种和种子生产在品种释放和种子质量控制方面受到一系列国家规则的约束。这些规则都涉及种子保存、种子交换、保障范围、覆盖的宽度和植物品种保护的关系,并涉及农民权利关注的专利。他们在决定当前种子系统的演变上起着重要的作用。下面对种子法的讨论基于 IBRD/World Bank(2006)。

常规种子法可以为控制访问植物品种提供机会,甚至在知识产权立法存在的情况下。他们决定了可能会产生什么样的品种,并为种子认证和质量控制制定法规。他们还通过竞争者限制对手的种子生产和销售,并可执行植物品种保护的一些预期的功能。种子法律通常规定种子被认证的范围和定义能出售的品种的种类。种子的认证是强制性的,育种者可以通过控制访问育种者(或基本的)的种子来确定谁会是生产种子的人选。任何未经授权的繁殖都不会被认证机构接受。一个公共或私人育种者可以通过与种子公司签定独家代理的合同来建立一个指定品种的生产。当一个品种不被植物品种保护保护时,当局可以指定一个或更多维护者来满足持续的种子需求。种子认证的要求也可以被用来限制非正规种子的销售,尤其是当它们大规模生产时。

种子法规定,一个品种在批准进入商业种子生产前必须通过注册过程或性能测试,这一规定还能禁止在不同名字下出售发布的品种。这样,法律在一定程度上限制了一个竞争的公司使一个受保护的品种或实质性派生品种上市,包括转基因的未经授权的使用。

商业种子系统通常对农民来说很难去保存(杂交品种或小种子的蔬菜),一般只需要很少的知识产权的保护。由于种子产业的成熟和农民认识到商业种子的价值,公司将提供一个更广泛的产品,其中一些可能需要注意知识产权。种子产业的发展通常平行于农业综合企业的增长,同时特定商品的市场需要对知识产权特别的重视。种子公司可以出售种子给那些认识到商业种子的质量和便利的农民,不同国家的小规模蔬菜种子是建立在声誉和品牌的基础之上的。

13.4.5 合同法

合同是在当事人之间一个承诺或协议之上的合法交流,法律将强制执行合同。违反合同由法律来确认并提供补救措施。合同法能够被分类,它作为一般法律义务的一部分,常见于民事法律制度中。各类合同在提供法律可强制执行的协议上非常有效,这些协议能限制育种者品种的使用和为知识产权提供补充或取代。有些合同主要针对的是防止种子保存和增殖,而另一些旨在保护种质被使用在竞争对手的育种计划中。

一类在美国种子市场上越来越普遍的合同是种植者的合同,或"大标签"。这种简单(未署名的)的协议,限制了农民使用或处置收获的任何部分作为种子。农民被认为是遵守了这类合同的规定,当他们打开种子袋时。如果能用收获的产品控制市场的话,另一种类型的合同可以被强制执行。育种者可以允许一个种植者以一种特定的方式将作物品种给种植者,同时能在种植材料保存或繁殖上施加限制。例如,在鲜切花行业中,出口的绝大多数产品是在有限的批发市场出售。如果花卉品种在一个主要的批发市场所在国家受保护的话,那么其他国家的种植者可能不得不去签订合同来限制品种的繁殖或者擅自销售,否则他们可能会被拒绝进一步进入主要市场。

访问种质资源也可以通过材料转让协定(MTA)被控制,该协定可能被视为是另一种规范植物种质资源使用的合同。这样一个例子涉及的材料转让协定包括13.3.5节讨论的粮农组织与国际农业研究磋商小组各中心签订的协议。材料转让协定和其他合同安排能通过私人公司使控制基因或转基因品种被访问和使用,这些材料在一个国家受知识产权的保护,即使受援国不承认这一特别的知识产权。例如,当一个国家农业研究组织和一个主要的生物技术公司签订合同使用特定的转基因,该合同会详细说明用于生产的任何技术以及公司的义务(如提供培训或其他方面的援助)。访问生物技术的各种工具和流程,如基因改造技术或诊断方法,通常也指其使用上的限制并包括在商业产品供应商权利的合同中。

13.4.6 品牌和商标

作为一个符号,如一个名字、标识、口号和设计方案,这些都体现了一个公司、产品或服务、品牌作为知识产权法的一部分的商标的所有信息,但在种子行业这一事实在知识产权的政策辩论中往往被忽视(IBRD/World Bank, 2006)。有一小点是需要记住的:像AFLP®和"设计育种™"这样的 Keygene 公司的商标,应携带®或™标志。种子公司往往注册自己的品牌和商标,作为区别于其竞争对手的产品,并建立忠实的客户群。在缺少其他知识产权文书的情况下,一个强大品牌的形象和声誉能够保护一个公司免受某些类型公司的竞争。尽管商标能在客户(农民)之间进行很有效的沟通,但他们不能在与竞争对手的竞争中保护育种者,这些竞争对手"偷"用育种者的品种和包含在受保护的自己(品牌)产品中的权利。

由于在植物品种保护中通常禁止使用品种的名称来注册商标,对作物品种来说,注册商标是很少见的。然而,在某些情况下,商标的品种名称是非常有用的(IBRD/World Bank,2006)。例如,花卉育种者往往通过植物品种保护来注册一个名称,但上市的时候也可以用第二商标名称,这一名称可在植物品种保护到期之后长期使用和保护。一些国家禁止使用单独的商标名,同时规定在 PVP 或种子法列表中注册的名称可以在电子商务中使用。

13.4.7 商业秘密

商业秘密可以被视为一个公式、措施、过程、设计、仪器、图案或资料汇编,这些资料被一个商业家以获得超过竞争对手在同一行业或职业内的优势使用。在某些情况下,保密是保护某些技术一个有效的方式,在专利和保密之间的选择可能取决于技术的类型和公司的规模。商业秘密可能不被包含在一个独立的法律机构,但依据于标准的贸易法。在植物育种中,商业秘密的首例是用于生产杂种的自交系保护。探索这一类型秘密的能力取决于一个重要的实体安全的程度,该安全可以被用于提供植物育种设施和种子繁育地。注册要求(在植物品种保护或种子法中)可能需要育种者提供谱系(如特定的自交系)或不同的双亲系的存储样品。这项规定可以使商业秘密无效,除非登记机关可以保持信息和资料的机密性。生物技术的进步使得这种类型的保密越来越难以维护,因为新品种的逆向工程变得更加容易。即使这种行动可能会被 EDV 的实施规定所涉及,但它们有助于解释来自种子行业某些部分关于育种者豁免的进一步限制的压力(IBRD/World Bank,2006)。商业秘密对于保护植物生物技术的某些方面也是非常有用的,特别是那些不能在最终产品中检测到的,如标记和繁殖方法。

13.5 影响分子育种的知识产权

随着越来越多的植物专利被授予,知识产权将越来越多地影响分子育种的每一个过程,其中包括遗传变异的产生、鉴定、转移及选择的方法。遗传物质(DNA、标记、基因和序列)和方法(标记物检测、分子标记辅助选择、遗传转化和植物的产生)对分子育种都是关键,都受生物技术专利的严重影响。

13.5.1 基因转化技术

20 世纪 80 年代后期以来,生物技术的贡献已经改变了植物育种的科学。在植物生物技术中,最明显的(和有争议的)方面是一个生物的 DNA 片段转移到另一个生物从而产生转基因植物的能力。商业化转基因作物品种的范围仍然相当狭窄(大部分功能是耐除草剂或抗虫),转基因作物的全球种植面积的大约三分之一在发展中国家(大部分在阿根廷、巴西、印度、中国、巴拉圭和南非)(James,2006)。

辩论中反复出现的遗传转化技术应用的主题之一,一直以来都是知识产权的主角。这个术语涵盖专利的内容并且通常涉及方法的机密知识。对于生产转基因植物的品种,拥有适当的基因和序列显然是不够的。正如第 12 章中所述,有两个主要技术用来将外源遗传物质引入到生物体,一个基于农杆菌(*Agrobacterium tumefaciens*),它是一种能够将自身或其他基因插入到植物基因组的物种。第二个是基于外源基因转移到靶植物细胞的一种直接的物理转化，如通过基因枪法。引入外源遗传物质的生物体的这两个主要技术都是复杂的方法，具有广泛的修改和改进。例如，农杆菌介导法最初在单子叶植物（如谷物）中不能成功的转化，但最近的一些进展已经克服了这一限制。同样，基因枪法的成功取决于控制粒子传递的设计。因此，这两种技术都受到广泛和具体的专利诉讼，这一诉讼使得他们的利用（以及对产生的品种的任何要求）远远不是那么简单。粒子枪技术由美国公共机构研究开发，并独家授权给一家跨国公司，从而提供了一个独家使用权和转授该技术。最近宣布发现了基于农杆菌以外的其他属的细菌的转化方法，并为这些技术建立了"开源"许可机构，这个进展可能解决转化方法的限制使用问题（Broothaerts et al.，2005）。然而，这种方法是否如旧方法那样有效，仍有待观察。

植株再生是从一个单细胞或植物组织组培产生整个植株的过程，在该组培中，组织的部分被转移到人工环境中，使之能够继续生存和发挥功能。在遗传转化中，转化的植物细胞（农杆菌或基因枪方法的产物），必须重新生成整个转基因植物（第 12 章）。大部分来源于组织培养的各种技术都被用于实现这一目标，同时每个再生方案都是适合特定的物种甚至品种。这些转化方法在大部分发表的文献中都有描述，因此能被所有的研究人员使用。然而提供更高效率或适合特定物种的修改，在个人实验室是可以保密的，因为不可能在最终产品中去检测其利用。

Dunwell（2005）评论了涵盖转基因技术各个方面的现有专利，这些转基因技术从可选的标记和新颖的启动子到基因导入的方法都有。虽然在这一领域的专利中，很少有真正的商业价值，但是有少数关键专利限制了一些新公司探究该方法的"自由操作"。20 世纪 80 年代末以来，这些限制已迫使农业生物技术公司之间广泛的交叉许可，并已成为巩固这些公司背后的动力之一。

从产生第一个转基因植物以来的这段时期中，各种各样的专利在该过程的所有方面都可以见到，范围从潜在的组织培养方法到导入外源 DNA 的手段，以及这样导入的DNA 的组成结构。美国 1976～2000 年授予的"遗传转化"实用新型专利的摘要在 http://www.ars.usda.gov/data/AgBiotechIP/ 中可以找到。对于正在讨论的几个关键领域的详细分析，读者可以参考发表在其他地方的详细汇总，如在一系列综合的 CAMBIA白皮书中（http://www.cambia.org/daisy/bios/home.html）。在这些讨论中，利益的主要点常常是所考虑的专利的覆盖范围。

转化方法

正如第 12 章中所述的，有很多技术用于将含有目的外源基因的重组载体导入到植物细胞，并随后从这些细胞中繁殖再生成植株。表 13.2 总结了一些涵盖这些技术的专利。这些方法大多涉及组织培养步骤，这些可行使的协议许多都是专利申请的主题。

在这一领域的最广泛的出版物是有关农杆菌介导法的 360 页的 CAMBIA 白皮书（Roa-Rodriguez and Nottenburg，2003a）。这个文件侧重于指向方法的专利和用于转化的材料，主要是植物，但也包括其他生物体，如真菌。

表 13.2　涉及植物转化技术的专利和申请的选择(Dunwell,2005)

方法	公司/机构	专利/申请号
农杆菌	托莱多大学(University of Toledo)	US 5177010, WO 02/102979
	得克萨斯州农工大学(Texas A&M University)	US 5104310, WO 03/048369
	荷兰莱顿大学 (Leiden University)	EP 120516, 159418, 176112
		US 5149645, 5469976, 5464763
		US 4940838, 4693976
	Max Planck	EP 116718, 290799, 320500
	日本烟草(Japan Tobacco)	US 5591616
		EP 604662, 627752
	Ciba-Geigy	EP 267159, 292435
	华盛顿大学(Washington University)	US 6051757
	美国卡尔京 (Calgene)公司	US 5463174, 4762785
	Agracetus	US 5004863, 5159135
	孟山都公司(Monsanto)	WO 03/007698
	BASF	WO 03/017752
	普渡大学(Purdue University)	WO 01/020012
基因枪	康奈尔大学(Cornell University)	US 4945050
	DowElanco	US 5141131
	Dekalb	US 5538877, 5538880
	Agracetus	US 5015580, 5120657
电穿孔	康奈尔大学 Boyce Thompson 植物研究所	WO 87/06614
	Dekalb	US 5472869, 5384253
	PGS	US 5679558, 5641664
		WO 92/09696, 93/21335
Whiskers	捷利康(Zeneca)公司	US 5302523, 5464765
原生质体	Ciba-Geigy	US 5231019

基因和 DNA 序列

在这个领域的很多争论涉及许多功能未经证实的 DNA 序列的专利申请能力。有过几次尝试这样做,但关于这类申请的决定尚未最后确定。然而,事实表明,在专利数据库中仍然有很多有用的序列信息提供,同时其中的大部分都被学术研究的科学家所忽略。具体地说,据估计所有 DNA 序列中只有 30%～40%在专利数据库中可以找到,当然是因为商业(或其他)申请人没有义务将他们的 DNA 序列提交给公共数据库。可能访问这些信息最好的方法是通过 GENESEQ 系统,该系统是一个商业((Derwent)服务。

正如第 12 章中所述的,转基因作物是通过若干"外来的"遗传物质的存在来进行鉴别的。这些包括:①功能基因(即抗虫基因、耐除草剂基因,或其他所需特性的基因);②选择标记基因(很容易在实验室中被识别,当和一个功能基因相连锁时,能便于转化细胞的检测);③启动子(调节功能基因或标记基因表达的时间和场所);④终止序列(终止转录的DNA 部分序列)。在转基因作物的培育中使用的不同类型的基因、序列和技术,以及诊断工具和用于产生常规作物品种的标记辅助育种方法都将有可能成为专利保护的候选者(IBRD/World Bank,2006)。几乎所有在植物转化过程中使用的结构的重要组成部分,都已成为专利覆盖的对象。这些包括"效应基因"、其相关的调控序列、可选择的标记,以及后续的转基因的切除所需要的额外序列。

认识到专利在植物基因上的影响远比转基因品种的生产大是很重要的。很有可能去识别和保护在常规育种程序中使用的基因。例如,几个在北美洲可以利用的耐除草剂的作物品种并入专利基因,这些基因能通过突变或整个细胞选择等技术然后通过常规育种并入到一个新作物品种中。另一个例子是咪唑啉抗性玉米,该玉米在撒哈拉以南非洲地区正在被测试来控制斯特耐加的寄生杂草。在这些情况下,专利保护的关键是新颖性的定义——也就是,一些国家关于在自然界中被发现的物质禁止实行专利保护,这些物质被认为是发现而不是创新。在大多数情况下,一个发现必须进一步发展以便被认为是一种创新,并最终获得专利,这一专利能有效地包括该发现。然而,在常规育种的过程中发现和开发的基因可以在几个国家申请专利。IBRD/World Bank(2006)提供了一个抗生菜蚜虫(*Nasonovia ribisnigri*)的例子,由荷兰育种公司在美国和欧洲获得专利。然而欧洲的专利是在各方面(包括一些重要的蔬菜种子公司)的申诉下获得的。到目前为止,美国专利和商标局(US Patent and Trademark Office, USPTO)以及欧洲专利局(European Patent Office,EPO)已经把分离和纯化的核苷酸序列当做人造化学物质一样来对待(Doll,1998)。Andrews(2002)认为基因序列的有用的属性(如绑定到用于诊断目的的DNA 互补链的能力)不是科学家发明的,相反,它们是自然的,基因本身固有的特性。此外,基因专利不符合非显而易见性的标准,因为通过 *in silico* 分析,基因的功能现在可以根据与其他基因的同源性被预测。

尽管基因专利的可能性是有争议的,但这个概念本身似乎是简单的。即便如此,有些问题使这方面的专利法特别复杂。一个问题涉及广泛的专利要求,这可能会涉及很广,广泛到"所有遗传工程培育的棉花植株"。虽然如此全面的要求在生物技术上现在比早年更加困难,但广泛的专利问题仍然存在于研究的许多领域,包括植物育种企业(Barton,2000)。另一个问题是影响基因专利的是那些功能完全理解的遗传物质允许申请专利的程度。例如,人类基因组计划使得为各种不同的 DNA 序列申请专利的剧增,在没有任何相应的表征情况下,虽然这种做法在制药行业比植物育种要更加普遍,但它们说明,关于遗传物质如何有资格申请专利,目前还没有一个被广泛接受的定义。这个问题涉及第三个问题,有关可能被申请专利的基因类型或 DNA 序列。对不构成一个完整基因的 DNA 的保护已经提出了要求,包括启动子、核酸探针(用于识别 DNA 序列)和多态性。另外,专利一直被用于寻找基因的集合,从细菌克隆载体到整个基因组(IBRD/World Bank,2006)。欧洲专利局和美国专利商标局都具有关于基因要求的较强的指导方针:对基因的功能必须有一个较好的了解和描述。

第四个问题是基因本身可变的性质，这使基因专利的授予和保护复杂化。在准确地确定什么才有资格受保护方面很困难的一个很好例子由 *Bt* 基因提供，该基因在棉花、玉米和其他作物中被用来抗虫(IBRD/World Bank，2006)。*Bt* 细菌产生一定的杀虫蛋白，多年来已被用作为一种"天然的"杀虫剂。生物技术已经能够编码这些 Cry 蛋白，命名法描述了一系列不同 *cry* 基因(在细菌的不同菌株中发现)，每一个编码的独特 Cry 蛋白都能抵抗特殊的害虫。因此，*crylAc* 基因编码的 Cry1Ac 蛋白是对棉铃虫有效的，也是大多数 *Bt* 棉的基础。不仅有许多关于编码特定 Cry 蛋白基因的各种要求，而且这些在转基因植物中使用的 *cry* 是合成的，同时也明显不同于细菌中的"野生"的基因。在大多数情况下，*Bt* 基因是"修饰的密码"，因为在细菌中有功能的编码必须被改变，使之在植物中更加有效。所以，尽管通过转基因植物而产生的杀虫蛋白可能与细菌产生的一样，但控制基因可能看起来有些不同，可以对改造的基因和其改造使用的技术提出专利要求。通过消除掉某些部分来形成一个截断形式的基因(这可能被证明更有效)，*cry* 基因能进一步被改造研究并合成了"融合"基因，该基因能编码结合两个不同的 Cry 蛋白从而产生新的蛋白质。*cry* 基因的不同类型必须与特殊的启动子结合。对方法的不同方面的潜在的专利要求，以及对新颖性不同定义的争论，解释了为什么 Bt 技术在发展中国家的科学家之间引起相当大的不确定性，它是主要生物技术跨国公司之间持续的法律纠纷的主题。尽管 *Bt* 的例子特别复杂，但它说明了遗传修饰并不是简单地识别一个基因和把基因从一个生物体转移到另一个生物体这样的情况，它说明了基因专利要求可能涉及一系列问题。

转化体的选择和鉴定

转基因生物(包括植物)的产生，涉及一个目标基因的传递和一个可选择标记的使用，该标记利于转化细胞的选择和恢复。这个非常必要，因为在所有被处理的细胞中只有一小部分成为转基因的，而大部分仍然是未转化的。最近估计(Miki and McHugh，2004)约有 50 个标记基因被用于转基因和质体转基因植物研究或作物培育，这些标记在效率、生物安全、科学应用和商品化上已被评论。

选择性标记基因(选定的专利见表 13.3)可分为几类，依据是它们提供积极的还是消极的选择，以及选择是否以外部底物为条件。目前可供选择使用的最常见的策略是负向选择，在转化细胞存活的条件下，非转化细胞被淘汰。淘汰往往受处理细胞的化学物质的影响(如抗生素或除草剂)，在有一个转基因的情况下，该转基因通过一个化学物质的解读和改造，提供对化学试剂的抗性或耐受性。许多原来的工作使用抗生素抗性标记(antibiotic resistance marker，ARM)基因，它能抵抗抗生素，如新霉素、卡那霉素和潮霉素。Roa-Rodriguez 和 Nottenburg(2003b)提供了抗性基因最重要的一些科学方面的总结以及涉及使用最广泛的 ARM 选择的专利的分析。许多这些标记基因都被专利或专利申请所涵盖(表 13.3)，这些专利或专利申请拥有一个在抗生素标记和 Basta 抗性方面彻底的知识产权的分析(Mayer et al.，2004)。此外，作为替代或补充，可选性标记的使用，转化往往能通过报道者的使用或可见得到分子鉴定识别。

表 13.3　涵盖选择性标记基因的专利的选择(Pardey et al. ,2003)

选择性标记	公司	地区/国家	专利号
草丁膦，Basta	法国 Aventis 公司/德国 AgrEvo 公司	欧洲、美国等	EP 531716 等
			US 5767371 等
卡那霉素	美国孟山都公司(Monsanto)	欧洲、美国等	EP 131623
			US 6174724 等
潮霉素	瑞士 Novartis 公司	欧洲、美国等	EP 186425 等
			US 5668298 等
磺胺	Rhone Poulenc	美国	US 5714096
氨腈	Syngenta Mogen	欧洲、美国	EP 97201140
			US 6660910
乙醛	美国 Calgene 公司	欧洲、美国等	EP 0800583
			US 5633153
甘露糖/木糖	瑞士 Novartis 公司	欧洲、美国等	US 5767378 等
氨基葡萄糖	Danisco 公司	美国等	US 6444878
2,4-D	不详	欧洲、美国	EP 0738326
			US 5608147

启动子和其他调控元件

在所有生物体中,调控元件对基因表达至关重要。组成活跃、空间活跃(如组织特异性)和时间活跃(如在一定的化学或物理刺激下诱导或激活)的转录调节因子的专利景观已经得到了很好的总结(Roa-Rodriguez,2003)。

虽然受个别专利保护的发明不能完全一样,但在某些情况下,有些专利由于其范围之广可能包括其他受保护的发明,或有可能拥有共同特点的专利。在这样的情况下,Dun-well(2006)指出,不同发明并列以及可能不同的实体在该领域的周围留有回旋的空间。也需要去考虑是专利而不是完全是启动子对基因表达调控有影响。在限制性生殖技术的情况下,如那些被称为"终结者"技术,可能对调控与植物繁殖和种子生产相关基因表达的方法的使用和发展有很大的影响。

"黄金米"作为自由使用权的一个例子

对所有公司来说压倒一切的重要性的问题之一是他们是否可以商业化任何特定的产品。这种"自由使用权"(freedom-to-operate)是由知识产权的地位来确定的,该知识产权可能涉及产品的问题和该知识产权要求连续的监督(因此昂贵)。

一个众所周知的例子可以用来证明这个问题的复杂性,这就是"黄金米",一个提高 β-胡萝卜素(维生素 A 原)(Pardey et al. ,2003)的转基因株系。缺乏维生素 A 会导致夜盲症、干眼症和角膜软化症,甚至导致完全失明。在发展中国家,每年有 50 万儿童失明,每天有 600 个孩子维生素 A 营养不良(Potrykus,2005)。口服维生素 A 是存在问题的,主要是由于缺乏基础设施，替代品可能会在含有维生素 A 原的主要副食品中出现。作为许多国家的桌上食物，大米通常被碾磨来除去富含油分的糊粉层，该层存储易变质。稻谷余下的可食部分(胚乳)缺乏一些必需的营养成分，其中包括维生素 A 原。因此大米占优势的消费促使了维生素 A 缺乏。转基因的结合使其在胚乳中合成维生素 A 原(Ye et al.，2000)。在胚乳中产生 β-胡萝卜素的转基因水稻表现出黄色的谷粒，经过碾磨、抛光后谷粒的黄色是可见的，这就是"黄金米"名称的由来。"黄金米"可用于食品，也可以用来补充其他食品，减少依赖于水稻的人口中缺乏维生素 A 的现存问题。"黄金米"的技术是由 I. Potrykus 和 P. Beyer 及他们的同事发明的，由洛克菲勒基金会、瑞士联邦技术研究所、欧盟和瑞士联邦教育和科学办公室资助。

　　"黄金米"以及其在粮食生产中的使用已经涉及很多争议。有人曾提出，广泛的专利已经阻碍了把这种稻米传递给需要的人，因为在它的生产中潜在的技术就涉及约 40 个组织申请的 72 项专利技术(Kryder et al.，2000)。涵盖用于生产这种大米的 pBin 19hpc 质粒的各个组成部分的专利范围，包括番茄红素的性状基因、启动子序列、选择标记和转运肽。表 13.4 显示了产品许可的文件，详细说明可能需要的许可证和(或)"黄金米"协议。表 13.5 列出了苏黎世联邦理工学院收到的有形财产，其中包括改造中使用的仪器。一些组分是在仅供研究的许可或仅供研究的 MTA 下获得的，而其他的需要使用许可证。

表 13.4　产品通关资料：可能需要的"黄金米"的许可证和(或)协议(Kryder et al.，2000)

公司/机构[a]	专利号
American Oil Company, AMOCO	US 5545816, EP 0471056, US 5530189, WO 9113078, US 5530188, US 5656472
Bio-Rad Inc.	US 5186800
Biotechnica	WO 8603516
Calgene	WO 9907867, WO 9806862
Centra National de la RSK	WO 9636717
Cetus	WO 8504899, US 4965188, EP 0258017
Columbia University	US 4399216, US 4634665, WO 8303259
DuPont	WO 9955889, WO 995588, WO 9955887
Eli Lilly	US 5668298
Hoffman-La Roche	US 4683202, EP 0509612, EP 0502588, US 4889818
ICI, Ltd	WO 9109128
Japan Tobacco	EP 0927765, US 5591616, EP 0604662, EP 0672752, US 5731179, EP 0687730, WO 9516031
Kirin Brewery	JP 3058786, US 5429939, US 5589581, EP 0393690, US 5350688
Max Planck Gesell.	EP 0265556, EP 0270822, EP 0257472
Monsanto	US 5352605, US 5858742, WO 8402913

续表

公司/机构[a]	专利号
National Foods RI	JP 63091085
NRC Canada	WO 9419930
Nederlandse OVT	EP 0765397，WO 9535389
Phytogen	US 4536475
Plant Genetic Systems	US 5717084，US 5778925，WO 8603776，WO 9209696
Promega	US 4766072
Rhone-Poulenc Agro	US RE36449，WO 9967357
Stanford University	US 4237224
Stratagene	US 5128256，US 5188957，US 5286636，EP 0286200，WO 880508
University of Maryland	WO 9963055
University of California	US 4407956，WO 9916890
Yissum RDC	US 5792903，EP 0820221，WO 9628014
Zeneca Corp.	US 5750865，EP 0699765A1

注：这些是有关专利权利的拥有者或受让人的名字。因为随后的许可或转让，这些不一定是申请到许可证的当前实体。

表 13.5　与黄金米™有关的材料转让协定(MTA)、许可证、文件和协议(Kryder,2000)

产品	拥有许可证/协议的公司
利用研究协会(IRRI)基因结构转化的水稻种质	台北 309,从国际水稻研究所获得
PGEM4	Promega
PbluescriptKS	Stratagene
PCIB900	Ciba-Geigy 有限公司(现为 Novartis Seeds AG)
CaMv35S 启动子 (pCIB900 的组元)	孟山都公司(Monsanto)
CaMv35S 终止子(pCIB900 的组元)	孟山都公司(Monsanto)
AphIV 基因:潮霉素磷酸转移酶 (pCIB900 的组元)	Ciba-Geigy 有限公司(现为 Novartis Seeds AG)
pKSP-1	Thomas Okita,华盛顿州立大学
GT1 启动子:谷蛋白贮藏蛋白质	Thomas Okita,华盛顿州立大学(pKSP-1 的组元)
pUCET4	N. Misawa, Kirin Brewery 有限公司
豌豆 Rubisco 运输肽(component of pUCET4)	N. Misawa, Kirin Brewery 有限公司
CrtI gene：phytoene desaturase (pUCET4 的组元)	N. Misawa, Kirin Brewery 有限公司
PPZP100	Pal Maliga, 罗格斯大学(美国)
pYPIET4	Clontech, 现在由 Life Technologies 销售
电穿孔仪	Bio-Rad Corp. , Gene Pulser II System
Miroprojectile 轰击装置	Bio-Rad Corp.

在国家和国际水平上对"黄金米"的自由使用权的挑战包括：①技术十分复杂,有许多

复杂的组件和流程;②存在许多潜在的知识产权权利人或受让人;③"黄金米"潜在的生产者和消费者的范围很广;④迅速发展的全球知识产权的景观;⑤"黄金米"可能有着重要的商业价值(Kryder et al. ,2000)。这个问题已经被国际协调计划克服,这一计划旨在使这种材料的生产和分配成为流水线(http:// www. goldenrice. org/)。然而,获得"黄金米"和基本药物的问题已经刺激了美国关于美国大学有义务去为公共利益供给便利商品的辩论(Kowalski and Kryder,2002;Phillips et al. ,2004)。

"黄金米"的交易有以下条款:

发明者已经和德国 Greenovation 公司及 Zeneca 公司(现在是 Syngenta 公司)签订协议,以便在发展中世界以人道主义为目的传递免费技术。发明者(Beyer 和 Potrykus)赋予他们的专有的权利……给[Syngenta]所有的使用;[Syngenta]公司许可了用于人道主义用途的发明者转授专利给公共研究机构,贫困农民可以在本地交易黄金米;[Syngenta]在这个任务中将会支持发明者和 Syngenta 公司保留商业权利。在黄金米交易中,Syngenta 的角色是帮助黄金大米部署用于人道主义目的的管理和获得,用于人道主义使用" FTO"的大学;提供生物安全专业知识;共享可利用的规章数据。这里的"人道主义使用"意味着(研究导致的):发展中国家使用(粮农组织名单);资源贫困的农民使用(每年农业收入低于 10 000 美元);公共种质资源(=种子);无技术收费(可以收回正常成本;无保险金);当地销售能够被这样的农民允许(……城市需求);允许补种。其他许可条款包括监管要求——国家主权(或国际标准);不允许粮食出口(或种子,研究期望,其他许可证)——责任、贸易、生物安全审批;并有义务履行所有监管要求。

作为第二代"黄金米"的金稻 1 号(SGR1)和金稻 2 号(SGR2)已经由 Syngenta 公司开发,作为其商业流水线的一部分,它们的维生素 A 原(β-类胡萝卜素)的含量高达 $8.0\mu g/g$ 和 $36.7\mu g/g$,而"黄金米"含有 $1.2\sim1.8\mu g/g$(彩图 4)。和 Syngenta 对"黄金米"人道主义计划的支持一致,SGR2 转基因项目将为了进一步的研究和发展被捐赠。SGR2 项目的使用将受"黄金米"人道主义委员会和全面的法规遵从的战略方针的管理。据预计,"黄金米"的第三代将会有高水平的维生素 A 原和颜色正常的谷粒,这是大多数大米消费者更容易接受的。展望未来,一个有趣的问题已被 Potrykus(2005)指出 ,也就是"人道主义黄金米"项目的经验已经表明,"极端的预防性调控"——而不是知识产权的本身——阻止转基因生物的潜在使用来受利于穷人,以及公共领域没有能力,也不愿提供人道主义产品。但从它发明起的后十年,"黄金米"仍然停留在实验室。有组织的反对和关于转基因作物的法规防止植物在 $2\sim3$ 年内出现在亚洲农场上(Enserink ,2008)。尽管"黄金米"在亚洲的第一块试验田出现于 2008 年,但在 2011 年之前没有农民种植这种水稻。

虽然在其他作物中也有一些成功的事例,如马铃薯类胡萝卜素含量的代谢工程,通过细菌的微型通路的块茎专化的过表达(Diretto et al. ,2008),不管其是否合理,对"黄金米"的指责已经影响了改良作物营养价值的其他工作。例如,Harvest Plus 拥有 13 000 000美元的年度预算,旨在提高三个关键营养素,维生素 A、铁和锌的水平,它几乎完全依赖于传统的育种方法,只有一些工作涉及标记辅助育种。

13.5.2　标记辅助植物育种

标记辅助选择(MAS)已经在第8章和第9章中详细介绍了。MAS中涉及的标准步骤一般包括：①选择要测试的个体；②收获材料；③从材料中提取DNA,PCR扩增DNA片段来增加与特定性状或表型相关联的基因序列或DNA片段；④分离这些片段,可视化和识别DNA片段,解释和利用该信息。MAS的技术受到不同程度的保护。它们取决于DNA序列和探针,其中一些可能是公开的,而另一些则被专利覆盖。Jorasch(2004)提供了一个关于分子标记分析领域的知识产权的例子,该分子标记领域包括这一典型标记实验的不同步骤的专利以及表明实验的哪一步是已声明了的(图13.3)。Henson-Apollo-

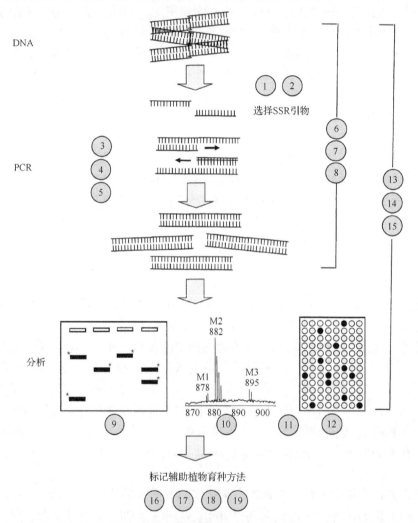

图13.3　一个涉及SSR标记的典型实验的全过程以及在第2章和第3章所述的涉及不同步骤的样品专利。首先是DNA的提取,DNA被限制性内切核酸酶消化。选择具体的SSR引物后,进行PCR反应。有许多不同的分析PCR产物的方法,包括凝胶电泳(PCR产物的荧光标记由 * 表示)、质谱和芯片分析。来自分子标记分析的结果可用于分子标记辅助育种,其中涉及多项专利(Jorasch,2004),
获得 Springer Science and Business Media 公司的授权

nio(2007)综述了知识产权对 MAS 在发展中国家的农业研究和应用中的影响,提供了一些与 MAS 有关的专利、受版权保护的软件和商标的例子。可以确定的是从那时开始有很多新的专利,特别是当第三代分子标记被使用时,如单核苷酸多态性(SNP),读者能更新与多个程序相关的数据。

微卫星引物的选择和 PCR

有一些专利是为 PCR 分析的引物申请的。图 13.3 显示了两个典型的专利,是为微卫星标记(简单重复序列,SSR)的引物申请的。一个是专利 1 号(Röderet al. ,1997),申请小麦中特定的微卫星标记,另一个是专利号 2(Nagaraju,2003),它申请某一类的 SSR 引物,简单重复序列间 PCR 引物(ISSR)。为标记分析的特定引物序列申请专利已变得较为罕见,因为引物序列逐渐成为一种商业秘密被授权给使用者。

选择引物之后,PCR 实验将会受到 1985 年登记的 PCR 中的基础专利的影响,包括发明专利号 3~5(Mullis,1992;图 13.3)。同时,还有许多其他专利保护特殊的聚合酶或方法,如反转录聚合酶链反应(RT-PCR 法)以及定量 PCR 等。

有的专利同时保护引物序列和 PCR 方法,如专利 6 号(Morgante and Vogel, 1997)、7 号(Kuiper et al. , 1997)和 8 号(van Eijk et al. , 2001;图 13.3)。这些专利的规定保护在核苷酸片段之间检测多态的过程,这些核苷酸片段使用已定义的引物序列,有的时候通过限制酶开始于 DNA 样品以前的限制以及类似于扩增片段长度多态性(AFLP)方法的某些转接序列的连接。

PCR 产物的分析

图 13.3 显示了三种不同的关于分析 PCR 产物的方法。最常见的一种是凝胶电泳分析,如果(举例来说)使用特殊的荧光标记检测,这种方法也可以申请专利。这种方法被申请为专利 9 号(Shuber and Pierceall, 2002)。所申请的方法包括含有荧光引物的 PCR、标记延伸产品的检测和 PCR 产物的大小比较。第二种分析的方法是质谱,其为专利号 10(Hillenkamp and Köster, 1999)。这项专利申请是一般质谱分析的核酸分析。可用于探针的高通量分析的微阵列技术受 Affymetrix 公司专利保护,专利号为 12(Fodor et al. , 1998)。此规定不仅保护由微阵列分析的微卫星标记的检测,而且也保护包括微卫星核苷酸序列的检测。另一种专利号 11 的高通量技术(Olek,1996)结合了质谱和微卫星标记的微阵列分析的方法。此外,专利 13 号(Caskey and Edwards,1992)、14 号(Perlin,1995)和 15 号(Saint-Louis and Paquin, 2003),总结了从 DNA 提取到 PCR 产品分析的过程,在这一过程中,结合了不同的 PCR 方法,如某些标记的核苷酸三磷酸的使用和不同的分析工具,如质谱分析或计算机。

标记辅助育种方法

最全面的专利规定申请了完整的植物育种方法,在该方法中运用了分子标记分析。例子是专利规定 16 号(Byrum and Reiter, 1998)、17 号(Beavis, 1999)、18 号(Openshaw and Bruce, 2001)和 19 号(Jansen and Beavis, 2001)(图 13.3)。这些包括前面所提到的

实验步骤,在这些步骤中,他们声称基因型与目标性状的表型之间的关联,用于分子标记分析。专利在计划群体的选择方面有所不同,这些计划群体是应用在分子生物学技术(如基因表达谱)的分析和整合中的分析和统计方法的基础。

本节只以微卫星作为例子介绍生物技术专利将会如何影响标记辅助植物育种。由于SNP标记和基因标记变得越来越可行,更多申请的专利将会和它们在植物育种中的应用相结合。虽然 MAS 技术被用在传统的植物育种中,并且得到的品种中没有外源 DNA 序列,但专利诊断技术的使用可能会影响植物育种者要求获得最终产品所有权的能力。确切的情况将取决于技术获得的条件和与供应商签订的合同上的措辞。所谓的"通过申请达到",目前在这个领域似乎没有起重要作用。专利局已经意识到这些申请的负面影响,在广泛的申请上也给予了关注。

国家专利制度已经无法跟上植物生物技术飞速发展的步伐,留下了许多领域的不确定性和争议。在发展中国家,只有少数专利局已开始考虑有关植物生物技术的应用,而在一些工业化国家,一些基本技术的申请仍然是复杂的诉讼案件的主体。因此为植物育种相关生物技术的发展规划明确有效的知识产权制度是不可能的,但重要的是认识主要的参数,并找出在未来几年内会影响知识产权政策的问题。特别关注的领域包括保护基因和其他序列,用于遗传转化的方法,在生物信息学数据库中的信息和生物技术提供传统植物育种的诊断技术(IBRD/World Bank,2006)。

13.5.3　产品开发和商业化

在发展生物技术和育种产品中涉及很多步骤,其中每一个都可能与特定的知识产权问题相联系。例如,Bt 玉米的培育也涉及许多特定专利和知识产权问题的多个步骤:①基因所有权(CrylF,PAT 标记基因);②使用的技术(基因枪法、除草剂的选择、回交、可育的转基因植株);③增强的表达(嵌合基因使用病毒的启动子、增强的表达、增强的转录效率、选择性基因表达);④培育优良玉米自交系和杂交种(专利自交系、杂交种及相关性状和基因的专利)。

一个转基因产物在从研究到农民的田地的过程涉及很多知识产权的问题。例如,在 Bt 玉米中知识产权问题将包括:①主要参与者之间的研究协议,允许植物生物技术的向前移动;②草甘磷®(Roundup Ready,RR)YieldGard 的交叉许可。孟山都公司许可 Herculex 1,而先锋公司对玉米、大豆和油菜许可 RR,或者先锋公司需要和孟山都公司一起处理种质问题。同样,发展基本技术,以最有效的技术来开发更好的产品具有更大的竞争力。此外,技术或种质资源研究的支付最终取决于农民对种子的购买。

可以预期的是在不久的将来,大量的新技术将会被开发,相关的专利也将会在分子育种领域提出申请。可能添加到当前的专利清单以及将会影响分子育种的新专利包括:①高通量自动化分子标记分析;②在硅芯片上使用 DNA 的高通量基因表达分析;③高通量的蛋白质组学分析;④高通量 DNA 测序设施;⑤通过使用母系遗传的组织而无需使用任何亲本就可以对杂交种的母本和父本进行 DNA 指纹分析的能力;⑥进行全基因组的基因-性状关联研究的能力,该研究涉及数百或数千的基因型,包括地方品种这样的异构复合物;⑦栽培品种或地方品种进行比较的全基因组扫描,以及将它们与野生近缘种进行比较,来找出潜在的有用基因位点和新的遗传多样性的能力。

如果几年后必须添加许多其他领域及相关的技术和知识,并修改我们迄今可以生成的最好的名单,这点将不足为奇。

13.6　分子技术在植物品种保护中的应用

分子技术,特别是分子标记技术,已被广泛使用在植物育种以及一些植物品种保护领域的操作中。例如,2005 年 6 月 16 日和 17 日,加拿大食品检验局(CFIA)植物生产部和全国种子论坛联合举办了 UPOV 植物品种保护和分子技术利用的研讨会。研讨会的目标是:①为植物育种者和植物品种保护的相关利益者,以及 UPOV 公约下的分子标记的使用提供信息;②为分子技术在植物育种者权利、培育植物的注册以及认证的应用潜力方面的讨论提供便利。本次研讨会的信息可在 http://www.inspection.gc.ca/english/plaveg/ pbrpov/ molece.shtml(CFIA/ NFS,2005)上查看。

正如在第 8 章中所叙述的,DNA 标记技术在植物育种中具有很大的优势,这些优势的大部分也适用于植物育种者权利。其中第 2 章中讨论的所有可用的分子标记,一旦开发,SNP 是最丰富的,而且也是非常有效的、廉价的。该技术还具有重复使用和高生产力的巨大潜力。SNP 技术正在被用于种质研究和育种计划中。这项技术广泛应用在植物保护监管系统中,尤其是品种鉴定和保护。虽然现在法院中普遍使用的是 SSR,但 SNP 能克服原有 SSR 一些固有的局限性,因而终将取代 SSR。

基于形态学观察的传统方法需要时间来完成,其结果易受到环境的影响。分子工具对传统方法可以起到补充的作用。在美国,除了对类似品种、彩色图表引用、数据分析、照片或植物标本的完整描述,分子工具同样能够提供一些如补充资料、同工酶分析结果、限制性片段长度多态性(RFLP)、SSR、SNP 或其他基因指纹测试结果的相关信息。如果那些差异满足这些差异独特性的定义,也就是说,如果它们是“清楚的”,那么就可以根据分子标记差异来给予保护。

13.6.1　DUS 测试

作为 DUS 测试的工具,分子技术在提供更快速和具有成本效益的结果方面具有很大的潜力,其结果很少受到环境、年份、生长阶段以及其他因素的影响。生物化学和技术分子 UPOV 工作小组、国际植物新品种保护联盟工作组(BMT)提出了三个选择将分子技术引入 UPOV 系统。对于某些应用,如利用基因专化的标记来识别表型特征(方案 1),把分子标记用于参照基因数据库的管理(方案 2),分子技术在国际植物新品种保护联盟公约的条款之内是可以接受的,并不会削弱它提供的保护的有效性。第三个方案提出创建一个新的系统,对分子技术可能提供机会通过使用无限数量的标记找到品种之间的差异,这将会引起人们的巨大关注,也有人担心,这将不能在形态特征上反映遗传水平的差异。

法国国家品种与种子检测中心(GEVES)以及英国环境、食品和农村事务部(DEFRA)已经使用了分子技术进行 DUS 检测。GEVES 使用了指纹[ISSR、AFLP、

SSR、序列标签位点(STS)]和基因(转基因生物、物种特异性的参考基因或抗性基因)的测试。国家农业植物研究所(NIAB、英国剑桥)的 Defra 在这个领域已经应用了一些技术,并且在 DUS 检测中已经充分使用了分子标记。NIAB 已进行的研究涉及三个国际植物新品种保护联盟 BMT 的方案。例如,Defra 资助了一个项目来建立一个独立的检测平台,可用于小麦 SSR 引物的开发。结果表明,在原则上,DUS 可以通过使用良好特征的 SSR 标记进行评估。

正如第 5 章所讨论的,早期的分子技术的调查清楚地表明,分子标记在品种鉴别、品种身份识别和多样性的度量等方面有很大的潜力。总体而言,标记技术在协助确定独特性和统一性的 PBR 过程中具有很大的潜力。将来的研究需要进一步确认基因组上的标记的类型、标记的数量、标记的质量,以及标记的分布(CFIA/NFS,2005)。

在一些特定作物或物种的 PBR/DUS 测试中,而不是在广泛的无限的整个行业的运用过程中,分子技术存在着很大的潜力。分子技术特别适用于那些具有新特征和转基因的植物。然而,对于一些农作物来说,分子技术可能是"并不需要的"(CFIA/NFS,2005)。有人指出,分子技术在识别"新特征"方面是十分有效的,因此具有"独特性"。一般来说,分子技术,特别是分子标记,在"独特性"方面的作用超过了"统一性"和"稳定性"。

尽管分子数据用于论证稳定性的潜力还不太大,但是它仍具有一定的可行性。由于育种者的种子样本其实是基因型的群体,基因型的非均匀性是非常典型的。品种中的一些变异性并"不是一件坏事"。最重要的是,变异性的数量是可以被接受的(CFIA/ NFS,2005)。当分子标记被用于均匀性的测试时,一些问题就随之而出现了:①如果基因型数据用于 DUS 类型的测试,那么该如何解释混合种子样品中的异质位点?②对于单粒种子分析,合适的样本容量是多少?③在异质的混合物中,基因型的稳定性不会那么好。那些指导原则将能够解释蓄意混合的品系的注册吗?

如果物理的外观不是独一无二的,那么去拥有一个被标记定义为独一无二的品种将是没有价值的。理论上,如果没有实物检查,那么有的人可能为一个过时的品种申请并接受 PBR。一个 DNA 指纹库可以防止这种情况发生,但是创建它将要花费一定的成本。利用植物学测量和分子测量的系统为品种提供了最好的保护。

有人认为,分子技术对具有少数可变的形态特征的品种或非常相似的品种的辨认十分有利。也有人认为,在处理一些自发的、个例的、以作物为基础的方法上,应该首选分子技术。植物育种者权利办公室工作人员认为分子标记是一个"额外描述符"或补充(CFIA/ NFS,2005)。但是如果创建一个新的平台,在其中分子技术是独立的工具,那么所有的元素应重新被处理,如阈值、独特性的定义、保护的目的、抽样方法等。

最后,有许多问题需要考虑,并提出关于在 DUS 测试中使用 DNA 标记的问题:①测量到的变异可能没有遗传基础。②如果标记与表型性状一起使用,如何将这两个系统加权?③需要建立特异性标记阈值。④关于一致性的问题,可能难以找到在所有标记位点上固定的品种。⑤某些类型的标记基因型记分有可能在不同实验室之间有变化

13.6.2　实质性派生品种

一个实质性派生品种(EDV)是从一个受保护的原始品种派生出来的,虽然有不同,

但是还保留着原始品种的本质特征。为了避免育种种质总的遗传侵蚀,支持创造性的、添加性的植物育种,"育种者豁免"的原则允许育种者为了培育新品种而使用受保护的品种。然而,新的衍生品种可能是竞争者通过非法的繁殖的方法所获取的,这个衍生产品已经被竞争者所拥有。潜在的剽窃的发生随着生物技术的发展而增长,生物技术能够将单一的基因引入育种植物中,像基因工程或分子标记辅助回交,这都有利于序列的选择,这些序列保留着亲本基因组的序列。

　　EDV 条款是为了限制"装饰性的育种"的可能性,这样的育种将会产生一个与原来的品种略有不同新的品种。UPOV 公约中对 EDV 概念的引进加强了初始品种育种者的保护。一个品种从本质上被认为来源于另一个品种(初始品种)必须是:①从原始品种中派生出来;②可以明确地与初始品种相区别;③符合初始品种的本质特征,这些本质特征来源于初始品种的基因(UPOV,1991)。Fowler 等(2005)根据不同的方法讨论了一系列"衍生产品"的可能性定义。这些定义是基于等位基因的差异、等位基因频率、表型、繁殖活动,或包括上述两种复合的定义。另一种方法是使用定义,这个定义同时允许申请知识产权,目的是确保指定加入,或其组成部分以定义的形式允许其他的接受者使用,这种方法的目的是保证材料在公共领域的公用,鼓励研究的进行。

　　一个 EDV,当它是新 DUS 的时候可以得到保护,但是要将该品种商业化,EDV 的育种者必须获得初始品种的个人或实体的同意。EDV 的概念有不同的解释,但是它一直是育种者之间讨论的议题(ISF,2004)。从法律上来说,一个新的品种究竟被认为是 EDV 还是获得知识产权的品种,这得取决于原始品种的权利(IBRD/World Bank,2006)。

　　虽然 EDV 概念的提出对打击剽窃及违反植物育种者权利提供保护,但是育种公司在关于 EDV 领域特殊育种方法的编目上没有达成一致。因此,用于估计原始品种和 EDV 之间的遗传符合度的官方指南,以及区分独立的衍生品种和 EDV 的作物特定的阈值是非常重要的,也应该建立起来。一些规模较大的公司想引入 EDV 的定义中"遗传距离"的概念,但其他人担心这一步可能会导致某些基因库的垄断。经过反复讨论,种子公司的代表为 EDV 纠纷约定了仲裁规则(ISF,2005)

　　历史样本可以被与植物品种保护有关的政府机构用于建立一个与特异性有关的阈值。一方面可以对作物进行审查以确定哪些可能被视为"相似",哪些可能被视为"不相似"。另一方面,利益相关者可以创建工作组来制定标记阈值。其根本性的问题是植物品种保护的功能,其功能是保护整个植物,而不是可能具有专利的特定的性状。因此,我们必须考虑种质中的哪些部分源自原始品种——这是我们可以称之为亲缘关系的东西。此外,EDV 必须表达初始品种的本质特征。之所以具有复杂性,是因为转移到一个品种中的性状可能涉及少数基因(简单性状)或多个基因(复杂性状)。在设置亲缘关系的程度时,复杂性就产生了。如果亲缘关系的程度设置得高(如 95% 或者更高),就会刺激其按照非生产性"装饰性"育种来避开既定的标准。相反,如果亲缘关系的程度低(如 90% 或者更低),这个性状是独立的,那么这就会被认为是独立发现的性状,这就会极大地扩大初始品种的拥有者对他们没有作出贡献的品种的控制。当使用高度多态性的分子标记时这种情况就可能发生。Lesser 和 Mutschler(2004)认为,对物种的单一的亲缘关系要求不能被平等地应用在离散性状和复杂性状上。

用来评价假定的 EDV 和其原始品种之间的遗传符合度的可能的工具中包括形态学性状、农艺性状描述和杂种优势,由于如上所述的原因,分子标记对于证明遗传符合度是最有前途的。根据分子标记估计的遗传距离是评估实质性派生和有效确定受保护的初始品种与假定的 EDV 之间的遗传符合度的一个解决办法。高度多态性标记如 AFLP、SSR 和 SNP 基因型分析是有用的,因为它们能从密切相关的品种中分离出来。

Heckenberger 等(2005a)提出了一个利用分子标记得到遗传距离来鉴定 EDV 的统计检验。对于来源于双亲本杂交的后代,与每个亲本的遗传距离取决于双亲之间的遗传距离和 p,p 是指双亲传递给后代的基因组贡献。该论文提供了 p 和 p 的方差(σ_i^2)的估计(Wang and Bernardo,2000)。形态学距离基于 25 个性状,观察到 12 个性状的中亲优势,这些都来自于 58 个欧洲玉米自交构成的 38 个三联组(triplet)。三联组由来源于 F_2、BC_1 或者 BC_2 的一个纯合品系和两个亲本品系组成。在相伴随的研究中用 100 个均匀分布的 SSR 标记和 20 个 AFLP 引物组合对全部自交系鉴定了基因型,用于计算遗传距离。对于大多数性状而言,共同祖先系数、遗传距离、形态学距离和中亲优势之间的相关性是显著的,并且相关性高。然而,利用 EDV 的阈值来鉴别 F_2 衍生和 BC_1 衍生或 BC_1 衍生和 BC_2 衍生的后代,仅仅使用形态距离或杂种优势时比利用基于 SSR 和 AFLP 的遗传距离产生高得多的错误概率(Heckenberger et al.,2005b)。因此,在玉米中的 EDV 辨别上,分子标记比形态性状和杂种优势更适合。

Heckenberger 等(2006)认为 AFLP 和 SSR 之间巨大的不同意味着遗传距离计算与自交系是无关的。每个标记系统,后代品系与双亲品系很少受到双亲遗传距离变化的影响。当固定的 EDV 阈值被考虑时,利用不同的标记系统可以检测出硬粒型和马齿型玉米种质资源库的 I 型和 II 型错误有很大不同。因此有人就建议,将阈值水平应用于特定的作物。对于作物而言,阈值应作为种质资源库的一个具体参数。此外,阈值也应该是分子标记的具体系统,因为分子标记在产生多态性标记系统方面有不同的方式。Heckenberger 等(2005a)认为,真实的遗传距离与估计的遗传距离之间的相关性对于随机分布的标记是相当低的,特别是标记密度为中等或低的时候。

13.6.3　品种鉴定

品种鉴定是植物生产系统中一个重要的方面,也是通过植物育种者权利来保护知识产权的核心。Preston 等(1999)讨论了一系列分子标记技术在植物育种者权利注册过程中的三个应用:①候选品种和现有品种库的遗传距离的分析,以确定一套比较品种;②为植物育种者权利注册品种的描述作贡献;③在植物育种者权利受侵权的情况下利用 DNA 分子标记来调查和解决品种的身份。分子技术在法庭上为育种者解决品种侵权纠纷(即有人卖其他的品种)十分有用。如分子技术已被用于加拿大谷物研究所实验室(Grain Research Laboratory,GRL)的小麦和大麦品种鉴定测试。GRL 用两种方法:酸性聚丙烯酰胺凝胶电泳(酸性 PAGE)和高效液相色谱(HPLC)。蛋白质指纹效果很好,但还是有些不足之处。利用酸性 PAGE,试样的评估便基于在统计学上具有可靠性评估的单粒和大量多粒。高效液相色谱法可用于研磨取样,但它不适合于复杂的混合物。但是这两种方法都受到有限蛋白质多样性的限制,在育种品种之间蛋白质的差异是有限的,并且并非所有育种品种都是有区别的。

目前正在开发的 DNA 定量方法使用的是 SNP 和插入/缺失多态性(indels)。目标是能寻找粮食作物的研磨取样,是确定其比例的一种混合物。其面临的主要挑战包括:准确、灵敏的定量方法的发展,并最终能够提供快速结果的便携式技术的发展。

日本小檗(Berberis thunbergii),一种观赏性灌木,因其具有耐寒性和美观性而被引用。然而,因为它能引起大量的小麦黑秆锈病,而被禁止进口。在允许进口的 11 个抗锈品种中,分子鉴定方法被用来协助 CFIA 检查被允许进口的育种品种,因为育种品种的外表不一定符合形态标准,尤其是处于休眠状态的进口植物。AFLP 分析测试结果确定了33 个参考多态性带。如果一个样本有 31 个或更多的多态性带相同则可以认为是同一品种,而如果相同带的数量是 28 个或更少,它们就不是同一个品种。如果结果显示 29 个或30 个共同的带,则重新提取 DNA 并使用更多的引物来将参考带设置到 64 个(CFIA/NFS,2005)。

尽管一个基因或一个性状在一个物种对于识别一个品种是足够的,但适用在所有的物种中可能是不够的,这时,对于具体案例和具体作物采用不同的方法可能是合适的。

13.6.4　种子认证

种子认证的目的是向消费者提供优良的种子,包括维持种子的遗传性、保证种子纯度、确保发芽率、提供种子健康和高机械纯度的种子。例如,在加拿大,进行种子的认证的必须是一个公认的品种,按严格的规定,包括工艺标准和品种纯度标准,并由加拿大种子种植者协会(CSGA)建立和监控。

"普通种子"必须满足发芽、疾病和机械纯度标准,但有些购买或使用的种子没有身份和纯度的保证。对于大多数的作物种类,普通的种子不得以品种的名义出售。普通的种子没有认证的种子昂贵,包括农场保存的种子。

"认证的种子"被那些想要保证种子质量、品种纯度和性能的农民所用。它来源于像CSGA 那样的作物种子协会颁发了种子质量合格证的作物,表明它已被授予育种者、选择、基金会、注册或认证资格证书的状态。认证种子的生产,涉及种植已知的种子材料、以前的土地使用限制、最小的隔离距离,以及进行田间考察。

CFIA 种子实验室使用的品种纯度和身份鉴定的测试方法,依据作物种类和其他因素而定。CFIA 种子实验室得到国际标准化组织(ISO)的认可,因此,使用经过验证的方法进行测试。他们使用的方法被列为常规或是非常规,范围从田间到温室生长再到 PCR。

认证的种子必须由被认可的调节器或种子种植者加工,它必须有行业人员进行取样、测试和分级。当前分子标记在 CFIA 种子实验室并没有使用,因为表型性状的种子认证还在采用传统的作物检查。然而,分子标记作为控制工具的使用以确保种子认证工作的潜力。这可以提高公众的信心,确保纯度和合格种子或粮食安全。

13.6.5　种子提纯

育种者种子的提纯是一个 3 年的过程。例如,对小麦而言,第一年涉及种子的选择以及测试。第二年包括在点播穴或短行小区上种植单穗衍生的育种者品系,根据目测及某些情况下的化学表型丢弃不要的品系。第三年,将剩余的育种者品系种植成单个的育种者品系的长行,进一步根据目测的表型丢弃不需要的品系,将所有剩余的单穗衍生的品系混合起来作为最初的育种者种子。此外,在第 3 年对品种进行直观的描述,以便注册和将来的谱系与种子生产(CFIA/NFS,2005)。对于分子特性的纯化是相同的,在第 3 年丢弃的品系也基于分子特性和纯度,但分子分析过程是在实验室进行的,而不是在田间。

分子技术在种子提纯领域中的一个重要的应用是进行种子纯度检测,特别是对杂交作物的种子纯度检测。以黄瓜为例,Staub(1999)阐明了杂交种子生产过程中的遗传标记,包括纯度检测的实用性。Xu Y(2003)讨论了分子标记在种子质量保证中的应用,包括水稻种子生产中的变异株和假杂种的识别。当涉及两系杂交种系统时,假杂交水稻通常来自母本自交,因为由超出了它们的育性转换临界温度的波动引起雄性不育系的不育不稳定性。由于多种原因,假杂种与真正的杂交种子可以相互共存。

13.7 植物品种保护的实践

13.7.1 欧盟的植物品种保护

欧洲共同体的植物品种权系统(CPVO)成立于 1994 年。在这一制度下授予的知识产权是有效的,涵盖整个欧盟的 25 个成员国。欧盟的成员大多是国际植物新品种保护联盟的成员。该系统是在 1991 年与国际植物新品种保护联盟同时建立的。它提供了一个应用程序,一个过程,一次考试,一个决定授予方式的权利。

该系统遵循国际植物新品种保护联盟的 DUS 要求。品种也必须是“新奇的”,即在欧盟内是少于 1 年,欧盟以外少于 5 年(树是 6 年)的商业化。保护长达 25 年(树、藤蔓和马铃薯为 30 年),授予权利人有该品种的繁殖、出售或国际贸易的权利。

目前还没有在 CPVO DUS 测试协议中用到分子技术,但 CPVO 资助分子技术的潜在用途的研究和开发项目,支持正在进行关于分子技术相关问题的讨论和磋商。CPVO收到来自育种者的请求,要添加一个“遗传指纹”到官方品种说明中,以方便欧洲共同体植物品种权的执法。

13.7.2 美国的植物品种保护

在美国,植物的知识产权通过植物专利、植物品种保护和实用新型专利得到保护。植物专利为无性繁殖的品种包括薯类作物提供保护。植物品种保护为两性(种子)繁殖的品种,包括薯类作物,F_1 杂交种和 EDV 提供保护。目前,实用型专利为任何植物类型或植物部分提供保护。一种植物品种在实用型和植物品种保护下也可以同时得到双重保护。

美国植物品种保护办公室负责管理植物品种保护法案,这个法案为植物品种业主提供了美国的独家销售权。这种保护要求该品种具有新颖、统一、稳定的特点,有别于其他的品种。植物品种保护法案规定,当一个品种“由一个或多个识别的形态、生理或其他特征,不同于以前的所有品种的共有特征”时,它就被认为是不同的。在这个定义中的“特征"和"识别"的含义明显含糊,以便知识和方法在未来取得进步。

植物品种保护办公室的保护适用于有性(种子)繁殖或块茎繁殖的品种和 F_1 杂交种。在美国销售或使用的品种为 1 年以上,在国外超过 4 年是得不到保护的。真菌和细菌明确地被植物品种保护法令排除在外。无性繁殖作物得到美国专利局的保护。从签发之日起,保护证书 20 年有效,对于藤蔓和树木是 25 年有效。有两种豁免的权利被授予:一种是允许农民在自己的农场里保存种子。另一种豁免是允许使用该品种进行研究。在研究领域里,种质资源允许自由交流。

在美国历史上,有关植物和农业知识产权的重大事件有:①杂交种品种可以通过商业秘密(20 世纪 30 年代)而得到保护;②美国专利局制定的《植物专利法》(1930 年),为无性繁殖的园艺作物和苗木提供保护,马铃薯不包含在内;③《植物品种保护法》(1970 年)在满足促进商业投资的植物育种目标下,为种子生产的植物提供"像专利一样"的保护;④"活体生物"的实用专利(1980 年),如同 1980 年的 *Diamond v. Chakrabarty* 最高法院的决定说表明的那样,任何公开的制造都可以申请专利,这就扩大了专利法,其中包括对生物和植物品种、性状、零件和工艺流程的所有权。

13.7.3　加拿大的植物品种保护

加拿大植物育种者权利法于 1990 年 8 月 1 日起生效。该立法使得植物育种者的植物新品种得到了法律上的保护。作物品种可以得到法律 18 年的保护。所有植物物种都有受保护的资格。

被"授予权利"的新品种业主在该品种的使用上具有独家权利,并且能够保护他们的新品种免受他人的探究。为了得到保护,该品种必须具有新颖、独特、统一和稳定的特点。

植物育种者权利办公室是加拿大食品检验局(CFIA)的一部分,其职能是通过对新品种提供保护来确保植物育种者的权利。它审查并接受申请,并进行现场审查,评论数据和比较说明,出版品种和描述比较性的照片并授予权利。

13.7.4　发展中国家的植物品种保护

知识产权制度的确立已经长达一个多世纪,但是直到最近,知识产权还未得到大多数发展中国家的植物育种和种子部门的重视。发展中国家正在被敦促来壮大知识产权从而创新和扩大贸易。在农业领域也不例外,根据《与贸易有关的知识产权协定》的规定,所有世贸组织的成员将为植物多样性保护提供自成一格的选择以满足他们 TRIPS 协定的义务(Tripp et al.,2006)。由于世贸组织的 TRIPS 协定,双边贸易谈判和来自于以出口为导向的农业部门的压力,知识产权在发展中国家正在被引入或被加强。

大多数发展中国家正处于实施和执行有关植物品种知识产权的早期阶段。在发展中国家,植物育种知识产权的使用产生一些重要问题,包括小农获得技术,公共农业研究的作用,国内私营种子部门的增长,农民开发品种的地位和日益增长的南北技术鸿沟,限制访问植物种质资源和研究工具等方面的问题(IBRD/World Bank,2006)。

相对少数的发展中国家在保护品种方面拥有一些显著经验。在系统方面,杂交品种具有相当大的商业竞争,如在中国和印度,植物品种保护是亲本和杂交的重心,特别是水稻和小麦。在一些国家,观赏植物材料的生产占有一定比例,这些材料在植物品种保护中的应用占有主导地位。

在发展中国家,转基因作物的保护已被证明特别困难。大多数转基因作物的经验围绕着解决草甘膦(Roundup Ready®)大豆和 Bt 棉问题。IBRD/World Bank(2006)的报告显示,知识产权制度的存在与控制转基因品种的种子的有效性之间并不存在必然的相关性。

在发展中国家,加强在植物育种中的知识产权的压力向决策者和投资者双方提出了近期和长期的挑战。眼前的挑战是制定和实施与 TRIPS 相一致的适当立法,并支持国家农业发展目标。长期的挑战来自知识产权制度本身,是没有可能提供一个强大的植物育种和种子部门的激励和激发机制的现实;注意其他机构和提供有利的环境也是必要的(IBRD/World Bank, 2006)。为了加强全球植物品种保护的发展,"南""北"之间的合作和理解是必须的。

13.7.5　参与式植物育种和植物品种保护

参与式植物育种(participatory plant breeding, PPB)是育种者和农民、营销者、加工者、消费者和政策制定者(食品安全、健康和营养、就业)之间合作的植物育种计划的发展。在植物育种不断发展的世界背景下,参与式植物育种涉及农民和研究者的紧密合作所带来的在一个物种范围内的植物遗传改良。

参与式植物育种被看作是克服常规育种局限性的一种方法,通过为农民提供选择的可能性,在自己的环境,该品种更好地满足他们的需求和条件。参与式植物育种通过在特定目标环境中的分化选择,利用种子特殊适应性的潜在收益,参与式育种是基因型和环境相互作用的肯定性解释的最终概念(Ceccarelli and Grando, 2007)。作为模式之一,选择是由育种家、农民和推广专家在既定的环境中共同进行的,并且最好的选择可以在重组和选择中被循环使用。

在发展中国家,公共部门的植物育种很少是牟利活动。公共部门的植物育种者很少从他们发布的产品中创造金融收益。如果引入植物育种者权利,这也是不可能改变的。因此,如何通过划分利润的需要来回报农民的问题是不复杂的。参与育种计划的农民在早期引入新材料,获得社会各界的认可,并在学习新技术中获益。在尼泊尔,涉及参与式植物育种的农民都可以从这些利润中获得很多,并能以比本地品种更高的价格出售新品种(Witcombe, 1996)。

13.8　展　　望

13.8.1　扩展和执法

植物品种保护系统将无法实现其目标,除非有利益相关者全方位的支持。育种者、种子生产者、贸易商和农民为了和其保持一致,就需要了解该系统的目标。植物品种保护系统的发展应包括所有拥有合法申明的利益相关者的一个广泛的信息活动。提供有效的执法是植物品种保护系统面临的主要挑战之一。如果没有强制的执法能力,对种子的使用进行再周密的限制也是徒劳。成立植物品种保护的私营公司和公共机构必须知道,大多数执法责任将落在他们肩上。同样,如果法院系统不能够理解或解释植物品种保护立法,那么它在识别罪犯上面不会起到很大作用。植物品种保护在司法方面的发展,可能需要一段时间(Tripp et al. , 2006)。

CFIA/NFS(2005)提出了建设性的意见,这适用于其他国家:

(1) 制定标准化协议;

(2) 更新标记系统;

(3) 利益相关者要使用阈值水平和技术开发协议;

(4) 对作物的特定协议的协调工作,因为这涉及国家和国际植物育种者权利;

(5) 制定验证测试和认证实验的手段;

(6) 再次审查目前国家和国际作物的具体项目,以确定所有可能利用的标记;

(7) 启动选定物种的研究项目;

(8) 加拿大应建立和领导在大麦和豌豆方面的 BMT 亚群,同时应该参加现有的大豆、小麦和油菜的 BMT 亚群;

(9) 加强加拿大的参与,并反馈给加拿大专家和来自于国际植物新品种保护联盟的BMT 会议的利益相关者;

(10) 和全国种子论坛进一步的探索合作。

13.8.2　实施 PVP 的管理挑战

除了要建立一个植物品种保护立法的框架外,植物品种保护的实施同时也有行政方面的挑战,包括在哪里建立新的权利机关,如何建立新品种保护,其中作物保护最为重要,如何招聘具备必要的技术和法律能力的人员,以及当局如何盈利,同时确保育种者能够负担起申请保护的费用(Tripp et al. , 2006)。研究管理者和政策的决策者要对公共研究负责,他们普遍都赞成在公共部门的育种中使用知识产权,同时他们需要在无条件支持知识产权在公共农业研究中使用之前,考虑在育种策略方面存在的潜在影响以及成本和利益(Louwaars et al. , 2006)。

对于知识产权,在植物育种中发展分子技术需要更加重视国家专利局的能力。随着品种鉴定新方法的使用,植物品种保护的政府机构应该咨询植物育种界和研究方面的专家,以使这些程序得到最好的运用。另外,新工具也增加了一些关注,包括符合国际植物新品种保护联盟公约和保护力度存在的潜在影响的合法的考虑。例如,使用转基因品种的国家将要确保得到足够的保护,在许多情况下,可信的生物安全管理条例执法、种子法和植物品种保护的正确组合可能为转基因品种提供足够的保护,至少在发展中国家它们可用性的早期阶段可行(IBRD/World Bank,2006)。

起初并不是所有作物都需要植物品种保护,哪些作物育种的努力能够从知识产权中获得最大的利润是需要抉择的。在尊重公众植物育种努力的情况下,决策者必须区分这样的情况:在哪些情况下植物品种保护是有利于刺激有公共机构扶持的育种的发展,还是会促使国家科研院所远离他们公共的任授权。进一步的决定会涉及提供给现存品种(通常是公众)的保护。考虑知识产权的根本原因是为今后的育种提供激励机制而不是奖励过去的成就,它就使得现存品种的保护期受到限制看上去很合理(Tripp et al.,2006)。

在保持育种中,作为初始源种质资源的可用性方面,植物品种保护型系统的一般概念对植物育种者提供负担得起的知识产权是适当和重要的。植物品种保护为成功的育种者提供知识产权是特别重要的,他们或许对其种子的复杂性难以理解和不可置信,或者因为缺乏专业技术而对个别基因和农艺性状的影响无法描述,但是他们或多或少地在农业、园艺或者林业中改良他们的品种。其他形式的知识产权(商业秘密、贸易、专利)也十分重要。

对于品种登记,分子技术的使用必须和它的植物育种者权利的使用相统一。要做到这一点,国际协议需要建立方法和程序。分子标记使用的合法性问题可能需要第三方的认证。相关政府机构应作为分子标记的协调员或核查员,并得到分子技术实验室的认证或认可。授予植物育种者权利的政府机构可能无法建立分子标记的标准、门槛、审查,相反,它会以类似的方式来处理植物的描述。

13.8.3　国际植物新品种保护联盟的更新需要

由于技术的发展变化,国际植物新品种保护联盟更新过一次。是时候将粮食供应再更新一次了,以适应自1991年以来的技术改进。Donnenwirth 等(2004)建议,为了适应技术的进步,需要对国际植物新品种保护联盟进行再次更新,这些更新应包括:

(1) 提供补偿和限制所有国家的保留种子;

(2) 制作更有效的 EDV 系统,以避免技术漏洞;

(3) 修改育种者的免税政策,包括从 PVP 应用的日期到某年的一段时间,在此期间育种者的免税将不会用于 UPOV 保护的资料包括商业化栽培品种;

(4) 所有 UPOV 相关的应用程序需要一个种子储存;

(5) 要求公开直至某年年末的植物新品种保护应用的所有存放资料,在对育种者免税于某年末的基础上,合理地公开所有的资料,除非公开和可用性会在相同的材料上与实用专利有冲突;

(6) 所有与 UPOV 有关的品种(除亲本和综合品种以外),国际植物新品种保护联盟保护期满后,将进入公共领域;

(7) 创建类似 PCT("专利合作条约")的系统以方便 PVP 的应用在国际上备案;

(8) 根据国际植物新品种保护联盟与粮食和农业植物遗传资源国际条约为全球提供利益共享的便利。

Janis 和 Smith(2007)提出了两个"知识产权制度的过时"的新奇和挑衅性的主张。首先,他们认为,随着技术的变化,保护新植物品种的法律制度已不可避免地过时了。他们进一步断言,植物品种保护系统的命运说明了知识产权在法律上的范围更广,更令人不安的现象——特殊、特定行业的知识产权制度的潜力,随着时间的推移会变得越来越无效。Helfer(2006)认为,"知识产权制度的过时"为植物品种保护提供了一个精辟的法律分析,知识产权法律中,至少明白其自成一体的制度,并且该文章还提出了一个具有说服力的情形,植物品种保护系统过时的关键是需要更换一个更加灵活的不公平竞争的原则。

对推进植物育种业和有关的法律学与法律和技术变革之间的关系不断发展的创新感兴趣的国际和国内政策的决策者应该好好考虑 Janis 和 Smith(2007)的论点。

13.8.4　遗传资源使用中的协作

历史上,出现了中美之间的土地授予机构和公开支持国际农业研究中心作物改良工作之间的协作。合作的标志是植物种质资源和信息的自由交流。现在从美国到国际农研中心,以及来自私营部门的公共部门,越来越多地限制种质资源的使用和交流,由于国际公共的国际农业研究磋商小组各中心以及他们协议良好的粮食和农业植物遗传资源条约,相反的情况是不可能发生的,但是这种情形会带来如下后果:

(1) 种质资源访问和使用受到限制;

(2) 法律费用和执法;

(3) 后代和出版物上的限制;

(4) 对种质资源的后代和新发现的共同拥有;

(5) 由单个基因和过程的生物技术专利造成的复杂性;

(6) 公众无法访问项目和使用技术;

(7) 公司变得越来越严格和苛刻。

另外,利用遗传资源的国际合作变得越来越重要,知识产权问题值得更多的关注。最近发生在生物技术领域的革命,引发了新一轮的"北"和"南"关于获得遗传资源和公平分享其好处的发展中国家、发达国家之间的争议。发达国家因为遗传资源匮乏主张维护相关技术的所有权,而发展中国家因为遗传资源丰富主张拥有遗传资源的所有权。然而,核心的问题在于公约和议定书的冲突,在遗传资源和生物技术方面的应用:遗传资源是作为公共物品进行处理,而生物技术是作为私人物品进行处理(Adi,2006)。发展中国家认为,对于一个遗传资源丰富的国家而言,所有权暴露了他们对跨国公司的剥削倾向(MNC),剥削主要是"北"方发达国家的行为,由 6 个"基因巨头"(Monsanto、Dupont、Syngenta、Dow、Aventis 以及 Grupo Pulsar)举办的 agbiotech 专利中的 74% 这样认为。跨国公司有时被看作是利用了它们在所有权公约的优势与弱点,日益垄断的种子和种质行业,没有适当考虑农民和发展中国家(Adi,2006)。引进更均匀公平的竞争环境,这还需要一段时间。公平的竞争环境对双方都是有利的,并可建立一个更好的制度,承认共同享有专利和植物育种或土著人权利的农民利益共享。

为了管理有关转让信息、材料或从私人公司到发展中国家的技术的知识产权问题,必须建立公私合作伙伴关系(Naylor et al.,2004)。已经成立处理这类问题的非洲农业技术基金会。一些私人公司,主要是投资在玉米上的 MAS,已同意为非洲国家提供种质资源和知识(Naylor et al.,2004;Delmer,2005)。

13.8.5　技术和知识产权的相互作用

技术对于知识产权和有效利用遗传资源来说是一把双刃剑。虽然技术可以便于遗传资源的使用,同时也可以被用在改革上,这种改革可能会破坏知识产权的现存水平。Donnenwirth 等(2004)给出了下面的例子:

（1）分子标记技术可用于母本自交系中杂交种子快速识别的商业秘密。为了进一步育种，可能会直接使用这些自交系杂种的双亲。

（2）分子标记技术可用于识别分隔统一品种中的分子特征，从而选择在隔离源中没有花费任何育种努力的一个鲜明的"新"品种。

（3）现有品种可以通过基因工程被转化，凭借其独特性，并不做任何努力就改变该品种的遗传基础而获得品种地位。

（4）现有品种能够改变，甚至只是使用分子标记辅助育种，以便它保留最初品种的重要农艺性状的属性，但是也会避免由其地位导致的依赖，这些依赖通过对分子标记的选择成为一种 EDV。

（5）现有品种可能在其整体的 DNA 标记文件中发生巨大的变化，可能由于选择其遗传学使用的分子标记或基因组数据的靶向选择，使得该文件中包含一些重要的影响重要农业性状的基因。

（6）可以迅速创造一个含有杂交种的母本的关键基因的自交系，使用一个或一套技术，包括双单倍体、分子标记、基因组学、冬季苗圃和高通量的实验室遗传分析和筛选技术。自交系则是用来作为杂交的双亲或作为进一步育种的双亲。

（7）类似地还可以创造和使用含有杂交种父本的关键基因的自交系（迄今基本上是不可能通过杂交种获得的）。

13.8.6　种子保存和植物品种保护

种子保存是个历史文化现象，可以追溯到农业的起源。它有助于农民控制自己的企业，并保持其独立性，这使他们能预测在一下季节获得怎样的收成。种子保存允许农民参与到作物的持续种植当中，同时为抵抗不充足的种子供应提供保险，也有助于保障粮食安全，并创建一个可行的市场，确保种子价格的实惠（Mascarenhas and Busch，2006）。由于种子本身就包含着其自身再生产的能力，因而可能成为一个特别大的"资本积累"的绊脚石。在美国，知识产权立法和最高法院的决定在克服这些独特的特点方面起到了重要作用。ETC 集团（2005）（包括孟山都、杜邦、先正达等十大种子公司），目前占全球商业种子销售的 21 亿美元，估计市值约占全球种子市场的 50%。Mascarenhas 和 Busch（2006）认为，知识产权的扩大和结合，"新的"通用技术条件和技术意识形态已经成功地克服了种子的资本积累固有的障碍。因此，美国农民正面临着进一步对农业生产过程中的控制的损失。

例如，美国大多数种植大豆的农民一直保存着大豆种子，在某些年份高达 60%。然而，随着草甘磷（Roundup Ready）大豆种子的引进，其保存性质被彻底改变。保存率从 1960 年高峰期的 63% 降至 1991 年的 33% 不等。在转基因大豆出现之前，从 1955 年到 1974 年，大豆自留种子数量每年大约下降 1.4%。然而，随着 1996 年孟山都公司的"抗农达"（Roundup Ready）大豆——一个转基因抗除草剂品种的引入，大豆自留种子的下降率在 1996—2002 年间增加到每年下降 2.3%。

转基因大豆被推广以来，最引人注目的是，2004 年孟山都的 Roundup Ready 大豆占全球转基因大豆的种植面积的 91%（ETC 集团，2005）。然而，Ervin 等（2000）表明，在全球范围内,目前所有可用的转基因作物产量增加不超过 2%。相反,政府的数据源显示,在一些地区种子保存几乎已经停止(USDA,2002a)。为了解释这显而易见的矛盾,Mascarenhas 和 Busch(2006)引进"技术跑步机"(technological treadmill)的理论(Cochrane,1993),他们认为迅速采用草甘磷大豆的"技术跑步机"就是一个典型的例子。该理论认为,由于农民无法影响他们收到的商品作物的价格,他们通过采用新技术来降低其成本从而增加他们的利润。然而,仅仅通过新技术的获得,因为"效率"通常就增加利润,通过广泛推动所有农民下调价格来获得,从而失去了任何比较的优势。当遇到自然生产技术的迅速扩张,农民就只剩下几个选择了,"技术跑步机"或退出该行业,后面的选择是大多数人愿意选择的。

种子保存一直在迅速地下降,而种子成本却在不断上升。例如,1975 年一蒲式耳大豆种子成本为 7.34 美元,20 年后的 1994 年是 12.21 美元。然而,在 1997 年,1 年后引进的草甘磷大豆,大豆种子价格跃升至 17.40 美元,6 年后的 2003 年,每蒲式耳以 24.20 美元的价格出售。种子保存的下降使得箱子运输的种子发生了显著性的变化,箱子运输的种子从农民到商业种子零售商及到其母公司所有者其价值不断转变。箱子运输的种子在 2000 年的价值约 1.7 亿美元,或者是相当于草甘磷大豆出台前一半的价值。箱子运输的种子降额相当于 2001 年商业种子零售商的约 3.74 亿美元的额外利润。

上述信息是否说明,使用草甘磷种子的农民一定赔了钱? 草甘磷大豆的目的主要是减少农民的劳动和管理时间。这一点是显著的,尤其是当一个人回想起通过自己的能力利用农场劳动来维持家庭农场的持久性时。此外,转基因大豆的使用是相对简单的,同时提高了除草剂应用的灵活性,使用草甘膦除草剂,允许喷洒的作物周期的大部分时间发生的这种灵活性也非常符合目前在实践中的保护性耕作和其他生产投入(USDA,2002b)。

种子保存如大豆的下降已经发生在美国,预计也将发生在世界其他地方,这带来了两个重要问题。首先,防备自然灾害或内乱(特别是灾害性天气和全球气候变化等),对保护国内粮食安全是至关重要的,农民需要:①有一些手头上保存的种子;②有必要的技能,该技能需要妥善地保存种子,同时只有当种子可以定期保存时,该技能才能被维持。第二个问题是由于种子保存的下降遗传多样性可能会降低。如果这个降低仍然存在,它会造成种植在连续地区的作物的极大同质性。而且,在 1972~1973 年南部玉米叶枯病的情况下,种植的植物缺乏生物多样性代价可能是非常昂贵的。

13.8.7　其他植物产品

正如在第 1 章和第 5 章中讨论的,植物为人类提供各种资源,育种者通过各种育种计划培育作物品种,主要是提供食品、饲料、纤维、燃料和其他需要。在许多情况下,育种工作与植物天然产品相结合,以满足人类的需求。作为一个例子,在许多发展中国家和发达国家中,传统医学已在人类健康保健中占据重要组成部分。据估计,25 000 个和 75 000 个植物物种已用于传统医药,其中 1%已经被科学家接受用于商业用途(Aguilar,2001)。

世界草药市场以 5%~15%的速度增长,大概估计是 60 亿美元。目前,知识产权的机制还不能够保护传统知识和土著人民(Kartal,2007)。当地的人们认为他们是生物盗版,是传统知识或者是生物资源在未经授权的情况下使用的。研究人员或公司在略微修改知识产权之后,再将其应用于保护传统知识和土著人民。然而,知识产权法并不能充分保护传统知识。有效保护传统知识的统一制度应充分体现在国家和国际水平(Kartal,2007)。传统知识、现代医学和现代科学与系统方向组成的金三角,将形成一种新的、更安全、更便宜和更有效的解决方法(Patwardhan,2005)。国家和人民为自然产品的研究提供资源,并且现在对药物开发的福利和权利的保障非常完善。这将对合作中利益的划分产生直接的影响(Gurib-Fakim, 2006)。加强立法,而不仅仅是协助事实上的传统知识持有人补偿他们的损失,同时还要鼓励公司投资于生物勘探活动。加强对由于快速的社会文化变化所带来的传统知识的丧失,以及对官僚雷区(bureaucratic minefield)的抑制性研究的关注,这个雷区可能会阻止这方面知识的记录和传输。

由 Biber-Klemm 和 Cottier(2006)所编的书讨论了有关植物遗传资源和传统知识的权利方面的基本问题和展望。它涵盖了建立激励机制所需要的方法、设备和机构,以便在现存的世界贸易秩序的框架内促进传统知识和植物遗传资源的保护,以及这些知识和资源在粮食生产和农业方面的可持续利用。

(张再君 译,华金平 校)

第 14 章　育种信息学

在前几章,我们已经讨论了遗传变异,因为它与植物育种有关,也讨论了用于剖析、转移和选择新颖性状和基因的分子工具。利用这些分子技术可以产生大量的数据。从这些数据的海洋中提取有用的信息需要整合不同来源的数据,以及以有效和高效的方法分析和直观化数据的能力。过去 10 年的基因组学计划大多数常常是在大学、研究所以及公司内进行的,与产生大量数据的实验室结成紧密的同盟。虽然生物信息学已经涉及第一手数据,但它还是必须显著地集中在应用领域,如植物育种。然而,这种情形正在开始改变。植物育种的进展将很大程度地取决于我们能够如何管理和利用所有相关的信息(Xu et al.,2009b)。这一章将讨论与育种有关的信息学,包括信息收集、储存、整合和挖掘。

14.1　信息驱动的植物育种

如同在其他学科中一样,植物育种,尤其是分子植物育种,已经由各种型式的信息的可用性和可访问性(accessibility)驱动。第一个计算机网络——阿帕网(ARPAnet),是在20 世纪 50 年代后期作为冷战的产物被开发的。到 80 年代,遍及北美洲和西欧的大学通过全国性的网络连接起来,如英国的联合学术网络(Joint Academic Network,JANet)。分子生物学家定期地登录到中心服务器来运行序列分析程序,以及将数据从一台机器转移到另一台机器。在 90 年代初,发明了环球信息网(World Wide Web,WWW),并且将国际互连网转变为现在的世界范围的文化现象。WWW 已经使得数十年前 Marshal McLuhan 提出的"地球村"(global village)的思想成为现实。1991 年,在日内瓦的欧洲核研究组织(Organisation Européenne pour la Recherche Nucléaire：European Organization for Nuclear Research,CERN)工作的科学家 Tim Berners-Lee 和 Robert Caillou,开发了超文本传输协议(Hypertext Transfer Protocol,HTTP),作为连接和交叉引用保存在不同计算机中的文档的一种方法。现在很多专业人员,包括植物育种家在内,把定期使用国际互连网作为他们工作的组成部分。

通过这些网络,信息已经以不断增加的速率在世界范围内传递,信息的数量正在按指数规律增加。仅仅考虑 DNA 序列数据,生物学信息的量大约每 6 个月翻一番。这比计算能力的指数增长速率更快,如同 Moore 定律(很久以前获得的一个经验观察,直到今日仍然成立)表明的那样:处理器能力每 12 个月翻一番(Sobral,2002)。随着高通量技术的发展,基因型信息(包括遗传多态性和基因表达谱)将按指数规律增加。自从 20 世纪 80年代以限制性片段长度多态性(RFLP))标记为基础发展了第一个分子遗传图谱以来,已经产生了大量的分子标记和遗传图谱信息,并且已经变得对于很多植物物种是可利用的。现在基因型信息主要是利用基于 PCR 的标记[如简单序列重复(SSR)和单核苷酸多态性(SNP)]以及高通量系统产生的标记。这些分子多态性可以被准确地度量,并且容易在不同的实验室和试验之间进行比较。

历史上,植物育种一直由表型信息驱动,并且在数十年的植物育种计划中积累了大量的表现型和系谱数据。一个典型实例是多环境试验(MET)的使用,这对于大多数植物育种计划来说通常已经进行了好多年。很多私营育种公司中的产量试验数据常常可以追溯到每个特定育种计划的最开始阶段。大多数育种研究所/公司在收集各种农艺性状的表型数据方面具有广泛的设施和专业人员。将这类信息与来自遗传学和基因组学的其他来源的信息结合起来,将导致两种类型的信息更加有效地应用于植物育种。

14.1.1　信息学基础

生物信息学可以看作是若干学科的综合,包括生物学、生物化学、统计学和计算机与信息科学。它涉及运用计算机技术和统计方法来管理和分析海量的生物学数据。生物信息学为分子生物学家、生物化学家、分子进化论者、统计学家、计算机科学家、信息技术专家和很多其他科学家的合作提供了一个共同的概念性框架。

数据库允许人们组织和操纵大量数据,并以有用的归纳和格式迅速地转化和传递那些信息。数据库可以定义为存储在计算机上的记录或数据的结构化的集合。数据库可以被查询,检索的记录可用于作出决策。用来管理和查询数据库的计算机软件被称为数据库管理系统(database management system,DBMS)。

数据库的结构描述被称为架构(schema)。架构描述数据库中代表的对象以及它们之间的关系。有若干不同的数据库模型(或数据模型),现在最常用的是关系模型,它以不同组的表格中的数据记录的形式代表信息和它们之间的关系。

任何数据库应用程序都有 4 个主要的组分:①输入或编辑数据的方法——通常为数据输入筛选或导入函数;②数据存储机制——在计算机上存储数据的方法;③查询机制,允许用户以结构化的方式来过滤和汇总数据;④报表生成程序,从存储的数据中提取和解释信息。

要了解数据库,第一个基本概念是数据和信息之间的区别。所谓的数据实际上是一个特定领域中的许多事实;这些事实可能是测量值、观察、反应乃至图片。数据单独是没有意义的,但是一旦被以有用的方式组织起来,它就变成了有意义的信息。因此,实质上数据库只不过是组织和访问大量数据的工具,以便人们可以将数据转变成有用的信息。

数据库的内容决定它的类型。数据库的主要类型包括下面列出的那些,以及它们中的一些组合。

(1) 文献数据库:例子有图书馆目录和论文索引。图书馆目录是说明图书馆拥有什么的一个数据库。目录中的每个项描述图书馆中的一本书或其他物品。论文索引是描述一组特殊的期刊、杂志、报纸和(或)其他文档的内容的数据库。

(2) 全文数据库:全文数据库提供出版物的全文。例如,伽利略科研图书馆(格鲁吉亚图书馆学习在线)不仅提供对期刊论文的引用,而且常常还提供论文的全文。

(3) 数值数据库:例子有人口调查局数据库(Census Bureau database)和股票市场信息数据库,每个主要是包含数值数据(统计数字、人口普查资料、经济指标等)。

(4) 图 像 数 据 库:这 些 数 据 库 仅 仅 收 集 图 像 信 息 (EBSCO 宿 主 图 像 集,

www. ebscohost. com)。

(5)音频数据库:包含 MP3 或 wav 文件等的数据库。

元数据库(meta-database)包含关于数据库的信息。它们允许用户对由其他数据库索引的内容进行搜索。例如,基因组在线数据库(GOLD, http://www. genomeson line. org/)是用于访问全世界完成的和正在进行的基因组计划的信息的一个国际互连网资源,而 JAKE(联合管理的知识环境,http://jake. openly. com)是一个文献数据库的元数据库。如果你在一个文献数据库中发现对一篇论文的引用,并且想要确定在另一个数据库中是否可以得到该论文的全文,你可以在 JAKE 中对该期刊进行搜索,以便得到索引那个特定出版物的所有数据库的一个列表,以及那些数据库是否包含它的全文。

14.1.2 生物信息学和植物育种之间的空白

植物育种界对生物信息学的吸收一直有一些滞后。大多数生物信息学数据库缺乏有关表型、性状及其他生物体数据的信息,主要因为生物信息学源出分子生物学和生物化学。当应用于植物育种时,生物信息学数据必须与其他类型的信息结合,包括植物表型以及有关环境(表型在其中被测量)的信息。因此,育种信息学集中于以育种为中心的数据库以及算法和统计工具的开发,以便分析、解释和挖掘这些数据集(Xu et al., 2009b)。

虽然最近许多植物物种的遗传数据和基因组数据的迅速增长已经导致公共可用的植物数据库的激增,但是这些知识财富还没有找到它进入主流植物育种的方法。对这一点可能有若干解释。第一,很多植物育种家不清楚植物基因组学中产生的大量原始信息怎样或是否能够被用于现实的育种情形。第二,育种需要整合来自不同来源的信息,通常保存在不同的数据库中,由不同的科学家小组管理(如系谱、基因型和表型)。第三,生物信息学数据的许多公共可用的工具和界面是面向细胞/分子水平的,而大多数育种家是在生物体水平上工作和思考的。第四,直到最近,大部分基因组学研究(因此也是公共可用的数据)一直集中于物种之间基因的比较,而不是植物育种需要的物种内部的基因多样性。因此,需要重新定向工具和信息,以便作物研究人员和普遍生物学家能够正确地查询和运用它们。如同在很多信息学计划中一样,植物生物信息学成功的一个要素将会是整合有关信息并利用支持决策功能的工具来查看和分析它的能力。随着信息量的持续增加,对这种工具的需要也在增长。

生物信息学数据一般包括 cDNA 和基因组序列数据,突变体的遗传图谱、DNA 标记和图谱、候选基因和数量性状基因座(QTL)、以染色体断点为基础的物理图谱,基因表达数据,以及大的 DNA 插入,如细菌人工染色体和辐射杂种(radiation hybrid)。已经建立了从分子标记到遗传图谱到序列以及到基因的信息流。然而,在基于序列的信息和育种相关的信息(如种质、系谱和表型)之间存在空白(gap)。我们将依赖于表型鉴定作为大约40%的基因的功能分析的基础,尽管一个完全的序列是可用的。因此,育种相关的信息与基因组学数据库的整合对于以基因组学为基础的育种计划是需要的。

Mayes 等(2005)讨论了遗传信息怎样能够被整合到植物育种计划中,利用生物信息学来从分子变异中产生品种,以及作物科学家可能想要从生物信息学中得到什么。他们考查了生物信息学工具怎样可以用来追寻控制可持续性性状的内在的基因,以及在植物育种计划中可以怎样通过标记辅助选择(MAS)来利用这些基因。

14.1.3　信息管理和数据分析的通用系统

现代植物育种需要信息采集、存放、分类、整合、解释以及使用的一个标准化的并且普遍接受的系统。应该利用整合、提取和分析有用信息的工具将三种主要类型的信息-基因型信息、表型信息和环境信息集中在一起。

来自数据寄存机构以及那些管理大规模基因组测序计划的机构的成功史为我们提供了一个启示:对于现代植物育种计划来说基于万维网的信息管理系统是一个比本地的、独立的系统更好的办法。基于万维网的信息管理系统,一旦作为独立的系统被充分开发,预期具有如下若干优点。

(1)它们为期待显著提高质量并降低信息管理成本的育种机构/计划提供效率很高的尖端技术解决方案。

(2)它们提供适合所有育种计划的通用信息管理系统,以便在国际互连网计算环境中简化终端用户的应用安装和维护,因为在用户的计算机上没什么好安装、配置或者维护的。每个机构不需要利用他们自己的工具和人员来维护、管理和整合他们的数据。

(3)它们通过为育种家提供价格可承受得多的信息管理系统来加快育种过程。应用程序仅仅需要在网络服务器上被安装、配置和修改,降低了客户和服务器的机器之间配置不一致和软件版本不兼容的风险。

(4)它们为典型的客户支持问题创建知识库;所有客户支持查询的单个整合的来源;以及更有效地分析信息的能力。

(5)它们通过提供更方便使用的方法,以共同利益为基础共享数据和共享知识产权,来促进合作。

(6)它们提供有效的、灵活的和具有竞争性的方法来把数据转换成知识,这些知识对于不断地寻找方法来改进它们的产品和服务的公司和机构是非常重要的。

利用这样的系统,顾客能够运用数据管理和分析的能力,连同计算生物学和比较基因组学一起,来创建一个与他们的特定品种和杂交种相关联的知识产权的资产组合(portfolio)。本章后面要讨论的国际作物信息系统(ICIS)正在朝着为全世界的植物育种计划提供这样一个通用系统的方向发展,具有巨大的潜力,但是还有很长的路要走。

14.1.4　将信息转化成新品种

现代植物育种的一个挑战是如何有效地和综合地利用所有的相关信息,利用信息学来支持分子育种。基因型信息、表型信息和环境信息的整合研究是更有效的和可预测的植物育种的关键。

数据库将会组织遗传信息,以及为育种家提供机会,通过软件接口来提出特定的问题,帮助他们精心挑选和识别想要的亲本和子代。通过追溯育种历史和系谱来了解可追踪的性状可能出现在哪里,育种家将能够寻找他们想要培育的特定的性状。

通过对遗传作图、等位基因挖掘以及种质收集的分子多样性和功能多样性的多年研究,我们已经积累了与影响特定农艺性状的遗传因子/等位基因的基因组位置以及植物育种中可利用的等位基因变异有关的大量知识,但是这些知识常常不处于为所有研究人员容易使用的格式之中。对于大多数性状,当仅仅在田间考查了品系的表型时,很难检测特定等位基因的存在;然而,通过在 DNA 或序列水平上考查品系,这变成可能的了。Xu Y (2002)提供了一个例子来说明在信息驱动的植物育种中这种工作的重要性。来源于 IR64/Azucena 的一个水稻双单倍体(DH)群体已经在世界范围内共享并用于很多不同性状的遗传作图,鉴定了成百上千的基因/QTL,主要以第一代 RFLP 图谱为基础。然而原始的表型数据从来没有被共享。不同的实验室收集的表型数据本应通过元分析来进行分析,并利用由大约 1000 个 SSR 标记组成的最新的遗传图谱进行精细作图,而不是利用仅仅包括 175 个 RFLP 标记的分子图谱的最初版本的个人努力。在几乎所有充分研究过的禾谷类作物中都可以发现相同的问题。由于水稻例子中的两个亲本品系已经被广泛地用于产量和适应性性状的育种,通过共同的努力将所有相关的信息集中起来并通过整合的数据分析对这些信息进行挖掘,将会有助于将它们转化成新的品种。

14.2 信息收集

14.2.1 数据收集方法

对研究做出计划和开发数据收集策略是研究管理中的第一步。在开始数据收集之前,应该清楚地回答下列问题:要检验的假设是什么? 需要收集什么数据? 怎样收集这些数据? 数据收集需要什么设备或物资?

植物育种信息来自很多不同的来源,并且以很多不同的形式,包括植物本身的描述、它的基因型和表型以及对环境的描绘(图 14.1)。什么数据应该保存在储存库中取决于很多因素,然而,如果人力和计算资源不受限制,建议保存所有的历史资料,以便能够为了新的假设对它进行重新分析,以及指导新的研究。将构建什么系统,这应该是灵活的,因为有的客户需要最少的数据,而其他的客户需要所有的数据。一般来说,数据应该包括种质信息[种质基本资料(passport data)、系谱和系谱学、遗传材料]、基因型信息(DNA 标记、序列、表达信息)、表型信息以及环境信息。

可靠的数据收集技术将保证信息以一种与其他现存的信息不矛盾的方式被系统地收集,并且应该考虑下列事项:在数据收集中要使用的对照、抽样方法、样本容量、试验地点、重复以及以前使用过的数据收集技术。数据收集过程中的偏差可能来自有缺陷的仪器、有偏的观察、抽样误差等。通过核对有关数据以及将收集的信息与期望值、对照和假设进行比较和对比,可以完成对数据收集的质量控制。此外,在数据被输入到数据库之前,一些初步的组织和分析可能是需要的。由于表型鉴定过程受多项因子的影响,包括环境误差和测量误差,对于大多数数量遗传性状来说多次重复通常是必需的。为了验证数据质量和表型鉴定的可靠性,从一个试验内部的多个重复中收集的数据可以对重复之间的相关性进行分析。当试验群体或品种内部存在比较大的遗传变异时,相关系数应该是高的,如对于具有中等遗传率和高遗传率的性状,分别为 0.6 和 0.8 或更高。

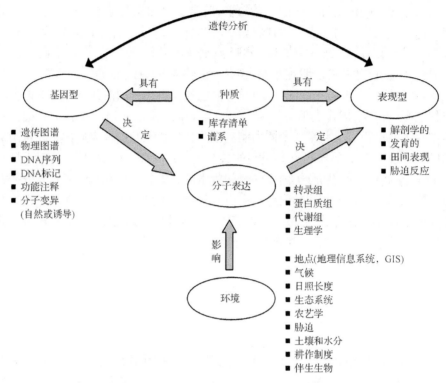

图 14.1　作物生物学的概念、关系和育种相关的信息

修改自 Richard Bruskiewich(ICIS 研讨会,2005,http://www.icis.cgiar.org)

常常存在已经被别人收集过的相关信息,尽管它可能不一定已经被分析或发表。努力找出并审阅这些信息是一个好的起始点,并且可以帮助计划一个更有效的试验。

14.2.2　种质信息

一个特定的种质登记材料的信息可能包括种质基本资料、系谱和系谱学信息以及在基因型水平或表型水平上的所有其他的测量。对于种质收集(germplasm collection),信息可能包括收集内部的亲缘关系和结构,以及通过群体遗传学分析确定的其他特性。

作为若干重要作物遗传资源表征方面的一个主要工作,世代挑战计划(generation challenge program,GCP)已经对成千上万的登记材料进行了分子表征,并且将信息交联,便于作物改良的新颖等位基因和种质的发现,重点在胁迫性状(尤其是干旱)。这个计划包括一系列的信息学开发组分,旨在开发作物研究的一个整合的网络启动平台(Bruskiewich et al.,2008)。显然这种工作也已经在大多数大的育种公司内部进行。表 14.1 提供了有关种质资源的一些精选的国际互连网资源。

种质基本资料

种质基本资料包括登录号和(或)其他的数字标识符、描述来源(原产国、收集地点、收集考察队、供体研究所)的定语、植物学分类(学名、分类学系统、作物、繁殖方法)以及育种信息(研究所、方法和阶段)。大多数植物种质数据库包含它们维护的登记材料的种质基本资料。

表 14.1　有关种质资源的精选的国际互连网资源

政府间组织

　　粮食与农业遗传资源委员会(FAO)：http://www.fao.org/ag/cgrfa/

　　世界农业研究咨询小组(CGIAR)：http://www.cgiar.org/

　　生物多样性公约秘书处：http://www.biodiv.org/

　　FAO 植物遗传资源：http://www.fao.org/ag/cgrfa/PGR.htm

　　国际生物多样性组织：http://www.bioversityinternational.org

　　CGIAR 的全系统遗传资源信息网(SINGER)：http://singer.grinfo.net/

　　全系统遗传资源网(SINGER)：http://singer.cgiar.org/

国家/地区的活动

　　亚洲蔬菜研究和发展中心：http://www.avrdc.org/

　　遗传资源信息系统：http://www.genres.de/genres-e.htm

　　荷兰遗传资源中心：http://www.cgn.wur.nl/UK/

　　英国植物遗传资源组织：http://ukpgrg.org/

　　俄罗斯 N.I. 瓦维洛夫植物工业研究所：http://www.vir.nw.ru/

　　南非发展共同体(SADC)植物遗传资源项目：http://www.ngb.se/sadc/sadc.html

　　美国农业部(USDA)遗传资源信息网：http://www.ars-grin.gov/

　　中国作物种质信息系统：http://icgr.caas.net.cn/cgris_english.html

非政府组织

　　保护国际：http://www.conservation.org/

　　全球生物多样性论坛：http://www.gbf.ch/

　　世界资源研究所：http://www.wri.org/

　　遗传资源国际行动(GRAIN)：http://www.grain.org/

系谱和系谱学

　　系谱(pedigree)代表品系的祖先历史,表明一个特定的登记材料/品系怎样由它的亲本派生而来,包括杂交、自交、回交和选择。系谱学(genealogy)是种质集合之间的祖先关系,它是一个登记材料/品系的育种历史的更一般的描述。对于大多数禾谷类作物来说,存在一个登记制度,它需要系谱和系谱学信息。当一个品种被释放或一个登记材料/品系被收集时要指定名称;然而,对于把名称从一种语言翻译成另一种语言则没有标准。因而,在一个国家(如中国)培育的一个特定的品种,当它被翻译成英语时可能具有好几个不同的名称,取决于使用的是哪一个中文发音系统以及哪些规则被用来分隔品种名称中的多个中文单词。此外,名称被不同的育种家记录的方式也随着破折号、空格和代码而变化。

　　已经在若干国际研究机构建立了系谱学管理系统。例如,国际干旱地区农业研究中心(ICARDA)具有大麦和鹰嘴豆的这种系统。标准化的系谱学管理系统需要建立系谱语义学(genealogy ontology)。表14.2提供了利用语义学的概念来命名一个种质登记材料的例子。

表14.2 系谱语义学:种质登记材料是如何命名的[国际作物信息系统(ICIA)研讨会,2005]

根据登录号	是纯合个体(的收集)的名称吗
外部给予的	来自育种群体
本地给予的	收集的
是一个商业品种的名称吗	从很多植株收集
杂合的	是杂草吗
无性繁殖的	不是杂草
是一个杂合基因型的纯合收集吗	从单个植株收集
是一个无性繁殖的传统品种吗	是群体(异质/杂合个体的集合)的名称吗
通过杂交繁殖的	用于育种
少数自交系的杂交	轮回选择的循环名称
通过农户的选择	公认的遗传材料
通过混合选择	群体的有意混合
自交系的杂交	根据收集的地点命名
纯合的	农场外收集的
来源于一个高度近交的群体的单个亲本	
是一个传统品种	
是固定品系的有意混合	

遗传材料

一个遗传材料(genetic stock)是表现一种特定变异(或变异的一个特定的小集合)的一个植物样本。因而,遗传材料是它们内在遗传变异的活的例子。一个具有遗传材料信息的数据库帮助对一个特定的变异或基因座有兴趣的科学家寻找和获得包含一个想要的变异的活的组织。

最常使用的植物遗传材料的类型包括近等基因系(NIL),单个、系列或基因组范围的突变体,具有分离基因型的群体[重组自交系(RIL)、DH、渐渗系(IL)],细胞遗传学材料(初级三体、易位系等),细胞培养品系以及基因和DNA克隆。遗传材料的可用性可能因作物的不同而有极大的变化。例如,日本国立遗传学研究所提供在日本培育的大约11 000份遗传材料的信息。这些资源包括标记基因测验种、突变系、等基因系、同源四倍体品系、初级三体、相互易位纯合体品系、细胞质代换系以及细胞培养品系。

14.2.3 基因型信息

驱动育种信息学和产品的根本上是基因型信息。基因型得分(genotypic score)是由一个个体的基因型或多个个体的合并DNA样品确定的。一个基因型是由DNA序列、由序列编码的基因以及从序列翻译的基因产物决定的。因此,基因型信息是以内在的DNA多态性为基础的,这种多态性可以利用很多不同的技术进行检测(图14.1)。这些基因的效应并不总是加性的,因此上位性(等位基因的特定组合)和基因型×环境互作可能是极为重要的。

分子标记

很多分子育种计划涉及覆盖植物全基因组的大量分子标记（数百到数千）。这些标记用来对大量的种质登记材料（全部种质收集或核心种质收集，来源于一个选择的杂交的个体、一套农家品种或一个群体）进行基因型鉴定或指纹鉴定。这将创建一个有价值的信息数据库，可用于确定哪些杂交或个体可能比其他的杂交或个体更有价值。

DNA 标记的信息（如基于 PCR 的标记的引物）包括描述标记的特征以及如何最好地将它们应用于植物育种。作为例子，表 14.3 中给出了一个基于 PCR 的标记的有关信息，这是一个分子数据库能够管理和提供的。

已经开发了带有显示标记相关信息的特征的一些数据库。虽然许多数据库涉及 SNP 和多态性数据，但是在一个基因组浏览器上显示 SNP 已经变得相当简单。例如，Ensembl 可以在 ContigView 显示中将 SNP 位置显示为一个轨迹，利用彩色编码来突出那些位于编码区域、内含子区域或上游区域的基因。单击一个 SNP 产生一个带有更多细节的 SNPView 页面，包括（在适当的地方）引物、验证状态、杂合性、品系差异以及与变异数据库 [如 dbSNP 和 HGVBase（Hammond and Birney，2004）和植物的 Panzea] 中的项目的联系。

如同前几章讨论过的，许多基因筛选方法都需要分子标记，从传统的正向遗传学方法中的基因作图，到 QTL 鉴定研究，到基因型鉴定和单倍型鉴定研究。随着

表 14.3　与基于 PCR 的 DNA 标记有关的信息

标记本身
　　标记名称和同义词
　　重复基序/酶和重复长度
　　引物序列
　　PCR 流程（即退火温度和循环次数）
　　一个对照品种或一组品种中的期望等位基因大小
　　等位基因的数目
　　等位基因频率（最常见的等位基因/最不常见的等位基因）
　　信号强度
　　等位基因大小/范围
　　多态性信息含量
　　染色体位置
　　与其他标记的连锁
　　图像和凝胶图片
　　参考文献
　　来源（库存清单）
　　专利信息
　　历史资料（如与一个性状的关联）
　　项目数据（日期、标题、种质、报告等）
标记衍生的
　　遗传图谱（包括单倍型区块）
　　物理图谱
　　一致性图谱
　　比较图谱

我们进入后基因组学时代，对遗传标记的需要并没有减少，即使在基因组已经全部测序的物种内也是如此。不管应用分子标记的最终原因是什么，对分子标记的表征以及代表全基因组的高密度的、均匀的图谱有一般需要。若干植物物种中全基因组序列的可用性已经产生了一些基于基因组的资源，以加速和促进传统的育种和作图方法。现在，大的表达序列标签（EST）收集（collection）对于越来越多的植物物种是可用的，1800 个以上的物种在 dbEST 中具有超过 6300 万 EST（2009 年 9 月 25 日；http://www.ncbi.nlm.nih.gov/dbest）。EST 序列信息，连同内在的冗余序列和亲本关联一起，已经被用在对于 SNP、

SSR 和保守的同源基因集（conserved orthologue set，COS）标记的预测方法中，标记表征和验证的速度和成功一般都超过传统方法。假定具有了对分子标记进行计算机（*in silico*）检测的技能，则事实上存在由这些序列给出的分子标记的一个巨大的潜在收集。已经创建了一个数据库资源 PlantMarkers，用于预测、分析和显示植物分子标记（Rudd et al.，2005）。已经开发了技术来根据可用的序列收集鉴定假定的 SNP、SSR 和 COS 标记。已经采取了一个系统化方法，通过从超过 50 种植物中筛选可用的 openSputnik unigene 共有序列（openSputnik unigene consensus sequence）来鉴定大量假定的标记。在可能的情况下，假定的标记已被锚定到可用的蛋白质编码序列。已经保留了与克隆库、品系或品种有关的内在的序列注释，允许选择在不同的收集之间分离的假定的多态性序列。在 http://markers. btk. fi 上的一个网站提供的功能允许用户根据很多特定的准则对物种特异性的标记进行搜索，并不局限于在不同品种之间分离的非同义的 SNP 或测量的多态性 SSR。

序列

典型的序列数据是核苷酸（或氨基酸）残基的字符串。每个 DNA 或蛋白质序列数据库条目都具有下列信息：一个指定的登记号码、原始有机体、基因座的名称、参考文献、应用于序列的关键字、在序列中的特征（如编码区域、内含子拼接位点和突变）以及序列本身。氨基酸序列源自于 cDNA 序列或基因组 DNA 序列中预测的基因结构的翻译。部分序列也是通过 EST 序列或基因组 DNA 序列在总共 6 个可读框中的翻译导出的。有很多结构上的特征可用于描述一个特定的蛋白质，包括活性部位、序列和结构基序、结构域、指纹、一级结构、序列和结构谱、三维结构和家族分类。

植物基因组序列数据一直在从三个主要的来源得到积累：①全基因组测序和组装［如拟南芥、水稻、蒺藜苜蓿（*Medicago truncatula*）］；②基因组调查测序（玉米）；③EST（对于所有的目标物种）。这种数据流很可能将继续下去，焦点在于"参考物种"（拟南芥、水稻、高粱、玉米、蒺藜苜蓿、番茄）的完全测序，其他选择的物种的草图测序，以及进一步的 EST 和全长的 cDNA 测序。

植物生物技术和生物信息学研究机构面临的一个挑战是将全基因组序列数据翻译成蛋白质结构和预测的功能。这样的步骤将提供一个生物体的遗传学和它的表现型之间的重要联系。蛋白质组对植物的表现型测量具有强烈的影响，或者直接通过蛋白质含量或功能，或间接地通过一个蛋白质与代谢组的关系。

表达信息

与 DNA 序列相反（DNA 序列可以显示不同群体之间的变异和个体内部的不变性），基因表达是高度动态的，研究人员正是利用表达模式的这种变异来研究基因之间的关系。单独来讲，基因表达数据没有多少内在的信息。基因表达信息的价值或意义来自实验的背景（Sobral，2002）。生物体的分类学、性别和发育阶段是什么？它的生长条件是什么？样品是从哪些器官和组织抽提的？样品制备中使用的什么流程？

根据序列数据设计的微阵列已经用来测量响应于生态相关变量中的变化的基因表达

的变化。微阵列提供了细胞转录活动的高通量鉴定。这种能力把它们摆在了植物功能基因组学变革的中心,正如高通量测序曾经有过的那样。要从响应于环境胁迫和反应的基因表达模式的分析中获得新的理解,有很多计算方面的挑战。这些挑战包括通过结合序列和表达数据来进行功能性序列注释的新方法,利用群体和物种水平上的序列和表达数据中的变异的更好的概率统计技术,在能够提高我们的解释和预测能力的模型中利用基因组数据的手段。

微阵列和基于序列的方法在表达谱中的应用已经为当前的基因组数据增加了一个额外的维数,并且已经导致生物信息学内部若干基于统计学的学科的发展。微阵列技术继续在发展:在很多植物物种中正在产生基因表达分析的 cDNA 阵列,对于主要的植物物种正在开发基于全部寡核苷酸的 UniGene 阵列。因此,产生的与植物育种相关的大量数据在持续膨胀。随着微阵列数据产生领域中的持续发展,在这些数据能够被结构化用于高效的查询之前,数据分析和整合方面的显著改进是必需的。

14.2.4　表型信息

表现型的定义和评分在基因组学和植物育种中具有重要的作用。表型数据包括在各种基因组学和育种计划中收集的全部数据,或者用于基础研究,或者用于产品输出,它描述一个发育的或成熟的个体的一个可区别的特征、特性、品质或物理特性。例子有面筋胚乳、抗病性、株高、感光性、雄性不育性等。表现型由基因型在特定环境中的表达引起。这里环境可以被认为是一个非常一般的术语,不仅包括外部的生长条件,而且包括内部条件,如其他基因、调节基因、器官和生长阶段。在这些项中,基因表达数据是表型的。

由于若干原因,表现型是重要的。它们使我们能够观察遗传的性状和事件,并帮助我们进行遗传操作。可以从物理上进行评分的、改变一个性状的遗传变化已经以很大的优势被利用。表现型也是关键性的,因为它们是基因型的表达,并且揭示基因功能。在这点上,表型是从基础遗传学到生物学的认识这个途径中的一个必不可少的媒介。

传统上,植物育种家产生并收集大量的表型数据。这些数据与育种方法或阶段有关。最系统地收集的与植物育种有关的信息可能是产量试验数据,自从开始进行控制的植物育种计划以来,这种信息已经在很多植物中积累了多年。随着越来越多的育种目标被增加,以及先进仪器的开发,现在有很多额外的表型性状被测量,如营养特性、化学反应、胁迫耐受性等。

植物育种家感兴趣的表现型类别包括产量和产量构成因素、产品质量以及生物化学特性、形态特征(如株高)、生理特征(如开花期)以及非生物胁迫和生物胁迫的耐受性。从1.7 节中列出的育种目标中可以得到一个更加全面的列表。

除了由植物育种家产生的表型数据之外,更多的表现型正在由生理学家、遗传学家、病理学家及其他生物学家在模式生物和非模式生物上产生。新技术,如 RNA 干扰(RNAi)现在使得基因组范围的敲除(knock-down)研究切实可行,并且已经以高通量的方式被应用于很多新奇的特性。随着微阵列技术在转录组学和代谢组学中被广泛地使用,分子的表型数据将不断拓宽表现型的定义。

我们需要高效、准确和全面的大规模表现型鉴定技术。这提出了一个困难的挑战,因为表型为数众多,形式多种多样,并且它们可以在分子、细胞和有机体的水平上被观察和注释。Bochner(2003)描述了开发新的、高效的技术用于评价简单的微生物细胞的模式生物,如大肠杆菌($E.$ $coli$)和酿酒酵母($Saccharomyces$ $cerevisiae$)的细胞表型的工作。可以为任何植物物种的离体培养的表征开发这种系统。通过一种全植株方法来获得表型谱,将促进表型数据的收集和加工。

14.2.5 环境信息

环境信息学可以看做是生物多样性和生态信息学与地理信息系统(GIS)及其他环境资料的融合(图14.1)。环境资料包括对作物生长发育起作用的全部环境因素,包括土壤类型和化学成分,土壤中的含水量和营养成分,每日的、每月的和每年的温度、湿度和降水量分布,日照长度,甚至还有风及其他气候因素,如同表14.4中所列的,加上很多的环境因素,如对作物造成胁迫的干旱和低温。

表 14.4 影响植物和植物育种的环境因素

土壤	水分
质地	水分含量
含水量	降水量
土壤肥力	地下水
营养成分	水质
生产指数	潜在蒸发蒸腾量
空气	耕作制度
污染物	间作
CO_2 的传播	前茬
光照	伴生生物
光照强度	根际微生物
日照长度	杂草
温度	病原菌
每日的平均、最高、最低温度	昆虫
有效温度	
有效生长期的长度	

GIS已经被证明对于作物野生祖先应该在其中茂盛生长的环境的预测是非常有用的,这种预测是通过已知收集地点的气候资料与所有其他地点的气候资料的数学比较来进行的。严格地说,GIS是一个计算机系统,能够集成、存储、编辑、分析、共享和显示地理参考信息。在更一般的意义上说,GIS是一个工具,允许用户创建交互式的查询,分析空间信息,编辑数据和图谱,显示所有这些操作的结果。GIS技术可以用于科学调查、资源管理、资产管理、环境影响评估、城市规划、制图学、犯罪学、历史、销售、市场和航线计划。例如,加拿大地理信息系统用来存储、分析和操作加拿大土地统计局(Canada Land Inventory,CLI)收集的数据——这是一个动议,旨在通过有关土壤、农业、娱乐、野生动物、水鸟、林业和土地利用等方面的地图信息来确定加拿大农村的土地生产力。

虽然高收入国家的育种计划可以使用实时的GIS信息来更加准确地衡量来自MET

的信息(Podlich et al.，1999)，但是那些机遇很少存在于低收入国家，因为既缺少实时的GIS 信息，又没有资源来进行大量的 MET。在 1997 季节，国际玉米小麦改良中心(CIM-MYT)启动了一个计划，目标在于改良玉米用于易干旱的、中海拔的南部非洲。该育种计划是面向产物的，因此同时考虑了若干需要优先考虑的限制因素，包括干旱、低氮以及主要的叶部病害和穗部病害。为了研究出在变化剧烈的易干旱环境中提高生产力的育种策略，应用聚类方法来分析最突出的基因型×环境互作，将试验地点分成 8 个大环境(Bänziger et al.，2004)，主要通过季雨量、最高温度、底土 pH 以及氮肥施用的 GIS 信息进行区分(Hodson et al.，2002)。

14.3　信 息 整 合

因为基因组学有希望使得农业系统更加高效、可持续和对环境无害，各种型式的生物学数据必须被集成，以便揭示 DNA、RNA、蛋白质、环境和表现型之间的功能关系(Sobral et al.，2001)。这种整体化的方法将在很大程度上依赖于信息系统和分析方法的发展，将需要已经被用于实验室试验流程的开发所使用过的同样的精力和资源。生物信息学领域面临的新的挑战是在传统的遗传学和观察的表现型之间提供复杂的数据整合——通过基因组、转录组、蛋白质组和代谢组["组学"(omics)学科](Edwards and Batley，2004)。植物科学界的主要挑战将是如何将基因组学从模式生物推广到作物，以及如何整合各种型式的数据。

人们越来越认识到，很多生物学功能(即使不是大多数)是由很多组分之间的相互作用或网络引起的。这表明生物学的学科将需要结合系统的思想，如同工程技术中通常的那样。如同 Sobral(2002)指出的，必须至少为下列类型的分子数据提供整合。①结构基因组学：DNA 序列(到全基因组)和图谱(遗传的、物理的或细胞学的)；②基因表达：mRNA谱和单基因谱(Northern)；③生物化学：途径(代谢途径和信号途径)、代谢产物、蛋白质组学。当考虑育种相关的信息时，整合应该扩展到包括各种各样的表型信息和环境信息。

满足一个理想的植物改良策略的需要和挑战仍然是通过严格的试验阶段将传统的育种思想和基因组学工具相结合的问题，包括信息整合在内。各种型式的信息之间的逻辑连接将提高所有类型的原始数据的内在价值，并促进生物学的新发现。举例来说，对于一个给定的基因，一个数据库可以水平地连接序列、结构、图谱位置和关联的种质材料，还可以包括与该基因的表达谱有关的元素，它的蛋白质结构、范例表现型以及影响基因表达的环境因素。所有这些信息应该与一个给定作物的可用的遗传资源相关。

在数据库的水平上，有三个主要的方法来集成信息，称为连接整合(link integra-tion)、视图整合(view integration)和数据仓库(data warehousing)。对于连接整合，研究人员利用一个数据源开始他们的查询，然后在其他的数据源中跟踪与相关信息的联系。视图整合将信息保留在它的源数据库中，但是围绕该数据库构建一个环境，使得它们看来像是一个大系统的一部分。一个数据仓库把所有的数据汇集到单个数据库的"屋檐"下。通过标准化的数据收集、共用的词汇/术语(语义学)和有助于相关数据的交叉数据库查询和并行分析的数据库工具的开发,可以促进信息整合。

14.3.1　数据标准化

基因组学和植物育种正在产生大而异质的数据集。有效的共享、计算的整合以及研究结果的准确的科学解释需要关于基本数据的格式和语义学的协定。一组共同的生物学的域模型(domain model)对实现这个目标是必不可少的。标准化命名法将促进数据库搜索、比较和外推,遍及模式生物学系统,从细菌到拟南芥和水稻。

为了从生物学问题和信息的一个整合的方法中取得一些收益,必须建立数据解释和比较以及将它转化为信息和知识的标准(Sobral, 2002)。数据库的标准化已经受到越来越多的关注,因为它是跨数据库整合所需要的。目前重点在功能基因组学,但是正在扩展到其他的领域,包括植物育种。很多动议已经为功能基因组学试验提出了标准的报告指导原则。与这些相联系的是数据模型,这些模型可以被用作以标准格式存储和传递实验数据的软件工具设计的基础。

数据标准以及它们内在的正式数据描述符可以产生很多的好处(Jenkins et al.,2005),包括:①最佳措施和标准操作程序的考虑和开发,它反过来使我们能够进行试验结果的正确解释、有原则的数据集比较以及试验重复;②试验的标准化报告以及数据的储蓄和存档与发表或其他标准的工作相联系;③数据库的开发,以及储存、收集和传播结果的可核实的传播机制的开发。

当表现型被作为一个整体(表型组)来表征时,需要表型的标准化,这一点已经被育种和原种中心认识到。表型组是通过基因组与环境互作产生的生物体的特征。已经开始了若干与遗传突变体的处理相联系的项目,来研究标准化方法,以便开发注释和数据库。Jenkins 等(2005)描述了与最近对植株代谢组学提出的被称为代谢组学的构造(architecture for metabolomics, ArMet)的数据模型相符的数据集的收集,并举例说明了通过软件工程师和生物学家之间的合作已经发展出的稳健数据收集的很多方法。

数据库管理者正在将研究人员提供的原始数据集从它们的原始格式(包括结构、句法、假设、命名规则和惯例)转换成与相应的基因组数据库兼容并且上下文一致的格式,同时保持事实和解释的准确性。此外,管理者帮助用户访问和查询数据,与其他的小组合作来改进软件和数据分布基础设施。

14.3.2　通用数据库的开发

数据库和应用软件的数目和类型不断增加,使得研究人员越来越难以确定哪些数据库应该用于各种型式的信息。需要通用的或可改进的数据库系统,因此是一个自动更新的系统。此外,数据被访问和显示的不同方式为试图将可用的资源应用于他们的研究的研究人员造成了额外的负担。以生物多样性为例,查找、访问和利用生物多样性数据的困难包括科学的生物多样性信息的"自下而上"进化的悠久历史,生物多样性本身的分布与描述它的信息的分布之间的不匹配,最重要的是,生物多样性和生态学数据的内在复杂性。这一点归因于为数众多的数据类型、缺乏共同的内在语言以及跨越空间距离或时间距离或两者的不同研究者/数据记录者的多样的感知(Lane et al., 2000)。

已经提出了解决这些问题的技术,如 BioMOBY 计划(Wilkinson et al. , 2005)。Bio-MOBY 是一个国际研究项目,涉及生物学的数据主机、服务提供者和编码器,其目标是探索生物学数据的表示、分布和发现的各种方法。此外,国家人类基因组研究所(national human genome research institute)已经资助了一个合作的科研项目,称为通用模式生物数据库(generic model organism database)(GMOD;http://www. gmod. org)来促进软件、架构和标准操作规程的开发和共享。该项目的主要目的是构建一个通用的生物数据库工具箱,使研究人员能够建立一个现成的基因组数据库。Ensembl 系统的最新发展包括对物种间序列水平的访问和多态性数据的显示的改进,同时用户可以在其他注释的背景中显示他们自己的数据(Hammond and Birney,2004)。

14. 3. 3　规范化词表和语义学的使用

多种多样的数据库反映了维持它们的小组的专业知识和兴趣。复杂注释和整合的一个当前的局限性是缺乏跨数据库的商定的(agreed-upon)格式。有很多整合方面的挑战。最困难的挑战之一(也是看起来可能最次要的一个):你怎样跨数据库指定和维持生物学对象的正确名称?

一个更微妙的问题是当用户从一个数据库转移到另一个数据库时概念的冲突。最先被 Michael Ashburner 注意到的一个极端的例子是,不同的研究人员和研究团体对使用术语"假基因"(pseudogene)的考虑。对一些人来说,一个假基因是一个类似基因的结构,包含框架内终止密码子或反转录的证据。对另一些人来说,假基因的定义被扩大到包括那些包含全部可读框(ORF)但是不转录的基因结构。同时,奈瑟氏菌属淋病研究团体的一些成员使用假基因来表示在抗原变异的过程中被重排的一个可转座的盒子(transposable cassette)(Stein,2003)。

还有更微妙的不一致。人类遗传学团体用术语"等位基因"来指任何基因组学的变异体,包括位于基因外面的沉默的核苷酸多态性,但是很多模式生物团体的成员更喜欢用术语"等位基因"来指改变基因的变异体。即使基因本身的概念对不同的研究团体来说都可能意味着完全不同的东西,因为随着遗传学领域的前进它已经被细化了(refined)。一些研究人员可能把基因看作转录单位本身,但是其他的研究人员将这个定义推广到包括上游和下游调控元件,还有一些人仍然使用顺反子和遗传互补的传统的定义。植物育种家可能认为基因是一个在育种过程中可以操作的单位,它可以和传统回交育种中转移的一个基因复合体(gene complex)一样大,或者和能够在 MAS 中检测到的单个核苷酸差异一样小。

为了开发比较基因组学和表型组的策略以便阐明植物生物学的功能方面和研究共线性(synteny),进行数据库间查询将越来越合乎需要。然而,用来描述比较对象的术语在数据库之内和数据库之间有时变化很大,限制了在不同的数据库中和跨越不同的数据库准确而成功地查询信息的能力。为了解决这个问题,规范化词表(controlled vocabulary)和语义学变得越来越重要。与生物语义学(bio-ontologies)中的每个概念相关联的唯一标识符可以用于连接和查询数据库(Bard and Rhee,2004)。自然语言处理(natural language processing,NLP)技术被越来越多地用来使文本中描述的新的生物学发现的获取自动化。开发了一个新奇的代表性的架构——PGschema,能够把表型的、遗传的及其他在文本叙述中发现的相关信息转化为定义明确的数据结构,这种数据结构中包含从已经建立起来的语义学中获取的表型的概念和遗传的概念,以及修饰语和关系式(Friedman et al.,2006)。

　　共享的语义学可以帮助生物信息学家在如何描述生物学对象上意见一致,但是不一定帮助他们在如何命名它们上意见一致。同一生物学对象可能有多个名称,同一名称可能表示多个对象。一个方法是建立全球性唯一标识符来使描述标准化。在对全球性唯一标识符感兴趣的小组之中,有两种主要的思路。一种认为对象标识符应该指向对象本身,而使用一个统一资源定位器(uniform resource locator,URL)句法;另一种思路将一个资源的位置概念从它的官方来源中分离。

　　词典、百科全书和数据库架构是语义学的例子,像很多基于万维网的实体(如搜索引擎 Google)一样。处理这个问题的一个方法是让生物学家描述和概念化共同的生物学元件,并产生一个可以用于某些类型的生物体的动态的、规范化的词表。语义学只不过是关于一个特定领域的概念的一个有组织的集合。它通常包括两个组分:①术语(概念)的一个索引了的规范化词表;②关于这些术语之间语义关系的信息。与试图获取知识领域中的主要概念的复杂类型的规范化词表一样,语义学是重要的促进者,但是仅仅通过它们并没有导致生物学数据库的整合。共享的语义学的存在,允许两个数据库被合并,在一定程度上保证:在一个数据库中使用的术语对应于另外一个数据库中的同一术语。

　　有很多语义学项目,从植物中的突变体表现型的描述到脊椎动物的解剖结构[详情可以在全球开放的生物语义学(global open biological ontologies)网站上找到]。生物学中不完善的语义学有蛋白质和基因序列术语的"基因语义学"(gene ontology),关于一个微阵列试验的最少信息(MIAME)(Brazma et al.,2001)以及更广泛的基于植物信息的植物语义学[Plant Ontology™ Consortium(植物语义学联盟),2002]。一旦建立了语义学,就需要在一致的术语下对数据库进行注释。目前,只有少数植物基因组数据库,如拟南芥和水稻,具有初步的基因语义学注释。

　　为了满足不同数据库中基因产物的一致描述的需要,于 1998 年启动了基因语义学(gene ontology,GO)项目,作为三个模式生物数据库之间的协作[gene ontology consortium(基因语义学联盟),2000]:FlyBase(果蝇)、酵母基因组数据库(saccharomyces genome database,SGD)以及小鼠基因组数据库(mouse genome database,MGD)。从那时起,GO联盟已经扩大到包括很多的数据库,包括世界上植物、动物和微生物基因组的若干主要的储存库(成员组织的全部列表见 GO 网页 http://www.geneontology.org)。GO 合作者正在开发三个结构化的规范化词表(语义学),根据与基因关联的生物学过程、细胞组分和分子功能,以独立于物种的方式来描述基因产物。

　　作为 GO 联盟的一个扩展的样式,由美国国家科学基金会(National Science Foundation)资助的植物语义学联盟(Plant Ontology™ Consortium,POC),旨在开发、管理和共享描述植物结构和生长发育阶段的规范化词表(语义学),为跨数据库进行有意义的物种交叉查询提供一个语义学框架(Plant Ontology™ Consortium,2002;Avraham et al.,2008)。POC 计划的第一个任务是有效地整合目前使用的多种不同的词汇表来描述拟南芥、玉米和水稻中的解剖学、形态和生长发育阶段。在未来的几年中,POC 将把这个规范化词表扩展到包括豆科(Fabaceae)、茄科(Solanaceae)及其他科的植物。植物表现型的描述已经成为植物语义学中的一个关键问题,它是以复杂的知识和表现型鉴定流程为基础的,而这些要么有待于发展,要么因物种而有极大的不同。

近年来,创建了植物结构语义学(plant structure ontology,PSO),这是一种有花植物的形态和解剖的第一个通用的语义学表示法(Ilic et al. , 2007)。PSO 是为广大的植物研究团体设计的,包括实验室科学家、基因组数据库的管理者以及生物信息学家。PSO 的最初版本整合了拟南芥、玉米和水稻的现存的语义学;该语义学的更新的版本包括与豆科、茄科、其他禾谷类作物以及白杨有关的术语。

在较低的分类学水平上,表型性状语义学的开发有望为在作物表现型和基因组之间的查询提供一个正式的框架。性状语义学计划(trait ontology initiative)还处于发展的初期,需要做大量的工作来把以植物发育为中心的分层的表现型与相关的农艺性状匹配起来。在将与水稻关联的性状和内在的生物学项目相匹配方面的初步进展(http://www. gramene. org)为有关的研究团体提供了一个讨论的焦点。虽然这是通过把水稻性状语义学与由国际作物信息系统(international crop information system,ICIS)建立的性状定义相关联而开始取得的成就,但是还需要对大量词汇表进行定义(King,2004)。作为植物语义学(Plant Ontology™)的一个例子,可以通过 Gramene 上的语义学搜索链节,对植物语义学联盟(Plant Ontology™ Consortium)(2002)的玉米叶片形态(具体地说是叶舌)进行探索。

与建立符合要求的词汇表(特别是跨物种的词汇表)有关的问题是相当大的。甚至在分类学中在词汇表上也有不一致的地方,虽然分类学中有一个已经建立了几个世纪的体系。对于像发育生物学、植物和动物病理学、基因和蛋白质命名规则、代谢关系或者实验室流程这样最新的和动态的领域,形势还远远没有得到解决。所有这些领域在确定基因表达系统的应用性方面将是举足轻重的。研究团体需要合作,共享限制的词汇表。在这方面成功协作的一个例子是遗传资源系统范围信息网络(system-wide information network for genetic resources,SINGER)。SINGER 是通往国际农业研究磋商小组(CGIAR)的 12 个中心管理的 GeneBank 数据库的一个共同的途径。在 SINGER 的开发中必须以一致的分类学及其他描述符为基础,采用一个共同的结构,同时保留对 SINGER 作出贡献的各个数据库的身分和独立性,就它们的软件和硬件平台和结构而言(Sobral,2002)。

14.3.4　可互操作的查询系统

科学家们已经认识到来自不同生物体的数据应实现可查找、可见,最重要的是可比较。为了寻找一个特定的性状中涉及的基因,人们必须搜索不同的数据库,并且通过人工的方法弄清有关基因之间的直系同源关系。这些物种专化的数据库分布范围很广,适合不同的目标,并且它们以不同的格式存储表型数据。因此必须做大量的手工作业来比较不同生物体中同一基因的表现型。一个简单的元搜索引擎或者这些数据库的一个可互操作的查询系统(interoperable query system)单独可以解决这种问题。

　　数据库的有生产价值的应用需要可互操作性：也就是说，信息从一个数据库到另一个数据库的准确而灵活的相互关连。目前要实现大规模的可互操作性有两个主要的障碍：数据库保护立法的状态和计算机安全问题（Greenbaum et al.，2005）。虽然大多数非商业性/学术性数据库可能不是过分地涉及它们的知识产权的保护，但是由于担心它们的计算基础设施的安全，它们仍然为这些数据库的进入设置了障碍。

　　对于水稻和玉米，可以利用一个基于万维网的面向对象的查询系统来进行文本对象的数据库交叉查询和显示，这个系统是 Gene Logic Inc 公司的 OPM（object-protocol model，对象协议模型）数据管理工具。这些工具具有独特的能力，对一个现存的关系数据库框架施加一个统一的面向对象的数据模型，其中用户可以从异质的数据库中探索和调集生物学信息。这个查询系统促进了禾谷类物种中核苷酸水平上的共线性的直接分析，也可以用于探索多种作物数据库。来自不同研究的数据集的进一步结合将使数据库形成的闭合的网络，并为便于跨全系统查询的元整合数据库（meta-integrated database）创造基础。

14.3.5　冗余数据浓缩

　　如同在种质收集中存在冗余的登记材料一样，冗余数据（redundant data）是不可避免的，因为由不同的科研小组或者为了不同的目的利用相同的基因型产生重复的数据集。全基因组序列以及大批其他的序列数据的可用性，正在导致对这些数据如何能够被组织和查询的其他可能的观点。通过对一致序列或全基因组序列的参照，正在浓缩基因发现计划中高水平的冗余性。如果一个特定作物的全基因组序列是不可用的，则可以使用亲缘关系很近的共线性的基因组。DNA 序列数据库大小的不断增加持续推进生物信息学的能力，对冗余数据的浓缩有不断增加的需要（Edwards and Batley，2004）。信息整合和冗余数据浓缩常常是两个可以相互作用和互相支持的过程。

14.3.6　数据库整合

　　从严格和系统的测序工作得到的序列数据库不应该仅仅起到数百万碱基或者氨基酸的仓库的作用。特别重要的是把丰富的基因组学信息附加于序列的能力。将继续进行研究，来鉴定基因并预测它们编码的蛋白质，确定蛋白质表达的时间和地点，以及它们如何相互作用，这些表达谱和互作谱如何响应于环境信号而被修饰。对基因型元件和基因组元件的内在价值的强调必须以一个表型为中心的方法来进行平衡。满足这种需要的一个方法是把包含各种型式的信息的资源连结起来，如基因组数据、表型数据或表达数据以及遗传资源。

　　不同来源的数据库全部都使用不同的基因座描述系统（即基因索引），直系同源关系并不总是明显的，可能难以发现很多重要的表型关系。因此，需要一个共同的数据模型将数据与一个共同的基因索引结合起来。直系同源数据必须是可用的，面向案例的用户界面应该便于对表型数据的访问。把每个生物体专化的研究团体之间显著差异的表型术语整合起来有一定的困难。

　　一旦从分子水平到生物体水平的整合已经发生，下一个前沿变为生态系统信息（环境以及生物体和群体之间的相互作用)的整合,作为从分子跨接到生态系统的终结步骤。正在进行各种工作来将环境信息与生物体连接起来。

这种工作的一个代表是 FLORAMAP(http://www.floramap-ciat.org),它是一个用于预测植物及其他生物体在世界上的分布的计算机工具。像 FLORAMAP 那样的方法可以使科学家能够根据环境特性来连接完全不同的研究(Sobral,2002)。概念上,应该有可能利用 GIS 对作物执行一个类似的功能,来预测哪些环境是相似的并且预计可以产生一个相似的基因型反应,虽然在实践中该过程是相当不同的。

14.3.7　以工具为基础的信息整合

为了更加彻底地处理生物学问题以及从各种不同的数据库中提取更多的信息,研究人员需要使它们能够以一种动态的、假设驱动的方式对不同的数据集进行整合的工具。例如,研究人员需要有效而直观的工具来帮助鉴定共同的基因组区域,以及影响目标性状表达的可能的特定基因在什么地方,跨越各种不同的种质和生长条件。为了满足这些需要,Sawkins 等 (2004)开发了一个比较图谱和性状查看器(comparative map and trait viewer,CMTV),作为 ISYSTM 平台的一部分,可以用作对不同种类的基因组数据进行整合的一个直观的、可扩展的框架。另一个例子是 PHENOMAP® (http://www.deltaphenomics.com),它可以创建一致性图谱,覆盖一致图谱上的全部 QTL,鉴定物种之间的共线性区域,连接不同图谱的共同的标记等。GENEFLOW® (http://www.geneflowinc.com/)也提供包含禾本科、豆科和茄科的作图和 QTL 信息的管理的、注释的数据库。

通过合并来自许多模式生物和人类的公用的基因型/表现型数据创建了一个多物种基因型/表现型数据库,PhenomicDB(http://www.phe nomicdb.de)(Kahraman et al.,2005)。通过表型数据字段的粗放的语义学作图将这些大量的资料编辑到单个集成的资源里,通过包括共同的基因索引(NCBI Gene)以及通过利用关联的直系同源关系。利用它的面向使用案例的界面,PhenomicDB 使科学家能够同时比较和浏览来自不同生物的一个给定的基因或一组基因的已知的表现型。

虽然把生物学数据库的整合作为一个技术问题来处理是吸引人的,但是事实上实现这个目标的主要障碍不是技术上的而是社会学的。如同 Stein(2002)指出的,没有数据提供者的协作就不能实现有意义的可伸缩的整合。这也包括数据产生者的协作。只要数据提供者继续产生在线的数据库而不考虑信息将被聚集的方式,整合将是一个巨大的任务(Stein,2003)。

14.4　信息检索和挖掘

14.4.1　信息检索

信息检索(information retrieval,IR)可以包括搜索文档本身和文档内的信息以及描述文档的元数据,或者搜索一个数据库,包括独立的数据库或超文本网络数据库,如

WWW。在本节中,我们将讨论数据检索、文档检索和文本检索,每个信息检索都有它自己的文献主体、理论、实践和技术。

自动化的 IR 系统被用来减少信息超载(information overload)。很多大学和公共图书馆使用 IR 系统来提供对图书、期刊及其他文档的访问。IR 系统常常是以对象和查询为基础的。对象是在数据库中保留或存储信息的实体。用户查询是与保存在数据库中的对象相匹配的。像 Google、Live. com 或 Yahoo! 搜索之类的网络搜索引擎是当前的一些 IR 应用程序。

文献数据库

文献的使用对于寻求各种知识(包括植物育种)是很重要的。通过搜索和阅读,我们了解我们的同事正在做什么、拓宽我们的专业范围、得到想法以及证实我们的发现。科学文献已经变为一个正在膨胀的知识库,代表由国际学术团体进行的工作的共同的档案文件(Trawick and McEntyre, 2004),文献数据库已经成为科学家日常生活的一部分。

传统上,术语"文献数据库"(bibliographic database)指的是学术文献的"摘要和索引服务"。由于技术已经发展,这个概念已经扩展到包括全文论文、原始数据、图像和图书。对于普通的生物学家,挖掘文献通常意味着 Pubmed 中的关键字搜索。然而,从科学文献中提取生物学事实的方法已经大大地提高了,相关的工具或许将很快用来自动地注释和分析越来越多的全系统范围的试验数据集。由于文本主体的增加和很多期刊的开放访问政策,文献挖掘已经变得对假说生成(hypothesis generation)和生物学发现都有用(Jensen et al. , 2006)。

摘要

搜索一个在线的文摘集(collection of abstract)常常是研究一个新的课题或对一个已知的研究领域寻找最新进展的首要方法。有若干可用的在线文摘和索引服务,其中有许多需要预定。主要的文献数据库之间有相当多的内容重叠。有三个主要的文摘数据库:科学网(Web of Science)、现刊目录(Current Contents)和生命预览(BIOSYS Previews)。

科学情报研究所(Institute for Scientific Information, ISI)出版"科学网"(Web of Science)———一个连接到 ISI 引文数据库(ISI Citation Database)的界面,该数据库包括 5300 份以上的科学期刊,从 1980 年开始,每周更新。科学网最有价值的一个特征是包含了与每个摘要关联的引用。有可能:①查看在原始(根源)论文中引用的全部论文的摘要;②找到自从原始(根源)论文以来发表的所有论文以及那些已经引用过它的论文;③找到已经引用过一个特定作者的所有的论文。

科学网也与 ISI 现刊目录数据库(ISI Current Contents Databases)连接。现刊目录划分为广泛的科目类别,其中生命科学(Life Science)类别(大约覆盖 1400 种期刊)是与植物育种最有关系的。可以搜索现刊目录数据库,可以查看找到的论文摘要,可以显示和浏览这些论文所来自的期刊的目录。

生命预览(BIOSIS Previews)由两个数据库组成:生物学文摘(Biological Abstracts),其中包括来自 5000 种以上期刊的大约 1200 万条记录,以及生物学文摘 RRM(Biological

Abstracts/RRM),其中涵盖报告、综述和会议——没有在科学研究期刊上正式发表的信息。这包括来自会议项目的参考文献、学术讨论会、专题讨论会、评论文章、图书、图书章节、软件以及与生命科学相关的美国专利。它涵盖生物科学,从生物化学到动物学,包括几乎所有与植物育种有关的领域。

作为国际上发表的研究的一个完全可查找的摘要数据库,植物育种文摘(Plant Breeding Abstracts)可以在 http://www.cabi.org 上获得。植物育种文摘数据库包括植物育种和遗传学的所有方面的最新信息,包括:①对特定性状的植物育种、遗传资源、品种试验和品种描述;②植物遗传学(传统的和分子的)、细胞遗传学、特定性状的遗传学;③植物生物技术、遗传工程、转基因植物;④分类学和进化;⑤离体培养;⑥害虫、病害和抗药性;⑦胁迫耐受性;⑧作物产量的育种和遗传学,植物学,稳定性和品质性状;⑨生殖行为。植物育种文摘在线(Plant Breeding Abstracts Online)每个星期提供所有新的高度目标化的、可搜寻的概要,涵盖关于植物育种、遗传学和植物生物技术的主要的英语和非英语期刊论文、报告、会议和图书。每年有超过 16 000 条记录被添加到该数据库。

研究论文的全文

现在数千种生物学期刊具有可用的电子版本,其中大多数是纸质版的在线对应物。有些期刊只有在线版。越来越多的期刊已经使得来自过期期刊的论文可以免费利用,更多的出版商提供对论文的免费访问。

对在线的期刊论文有若干常见的访问方法。论文全文可以通过摘要数据库来访问。很多数据库已经在摘要和相应的在线全文论文之间建立链接,允许用户无缝地访问全文,如果下列情况是真实的:①期刊(更具体地说,期刊期号)是在线发表的;②期刊的出版商已经同意该数据库使得论文可以通过这个途径被利用;③个人或个人所在单位的图书馆订阅了该期刊,或者出版商使得该论文可以免费阅读。

还可以通过直接登录到出版商的网点来访问论文全文。很多出版商已经开发了他们自己的在线界面链接到它们的期刊数据库。Science Direct(http:///www.sciencedirect.com/)和 Link(http://link.springer.de)是具有论文全文收集的两个主要的出版商。开放访问期刊(可以在线免费阅读、下载、复制、散发和使用)已经变得越来越普及。PLoS〔公共科学图书馆(Public Library of Science), http://www.plos.org/〕,作为开放访问出版商之一,正在发行 7 种同行审阅的在线期刊。另一个例子是 Hindawi 出版公司(http:// www.hindawi.com/),它出版科学、技术和医学方面的超过 100 种开放访问的期刊。

最后,HighWire 出版社(http://highwire.stanford.edu/)与科学界和出版商合作,为他们的印刷版期刊创建在线的副本。它容纳了影响力高的、内容被同行审阅的最大的资料档案库,具有来自超过 130 家大学出版社的 1036 种期刊和 6 100 549 篇论文全文。被 HighWire 收纳的出版社已经共同提供了 1 940 665 篇免费的论文。与它的搭档出版社一起,HighWire 出版了 200 种最经常引用的期刊中的 71 种。它允许跨越所有与其合作的期刊进行基本的搜索。

图书和富文本网站

虽然图书从纸质形式转换为电子形式比期刊要慢,但是越来越多的图书正在变得可以在线阅读。一个增长的趋势是使图书与详细情况和勘误的网络站点相关联。最近 NCBI(National Center for Biotechnology Information)已经开始了一个计划,来把生物医学教科书放到网上,使得它们可以被搜索,并且将它们与 PubMed 和其他数据资源整合起来。图书出版商也在它们的网络站点上为新的和最近出版的图书提供信息和简短的描述。

任何搜索引擎都可用于搜索分子生物学信息。很多出版商、生物技术公司、研究实验室、教师以及其他人显示可以被免费浏览的信息。如同 Trawick 和 McEntyre(2004)所指出的,以这种方式找到的信息应该仔细地评价。任何人都可以在国际互连网上发表几乎是任何东西,因此评价在线信息的正确性的一个关键因素是其来源的可靠性。重要的是要评价个人或者组织发表这些信息的资质是什么,他们这样做的动机可能是什么。和任何文献研究一样,应该对找到的信息进行交叉验证和审慎地评价。

由 Google 提供的一个搜索引擎(http://scholar. google. com/)最近在文献搜索方面变得很流行。按照作者、关键词或者作者的单位搜索将得到全部有关的出版物(论文、图书等),有论文标题、著者目录、引用次数等。从提供的链节中可以浏览论文全文。可以浏览引用了一篇特定论文的所有论文。因此,对一个特定主题的关键词进行搜索将会提供一系列的链接信息。

14.4.2　信息挖掘

植物生物学家在后基因组时代的第一个主要目标是要了解每个基因的功能以及各个基因产物如何相互作用并贡献于主要的植物过程。植物功能基因组学的这个新的挑战注定要成为植物生物学中最困难的障碍,需要全球的分子方法通过生物信息学集成起来进行系统的应用。现在需要若干工具来解释基因功能,包括随机诱变的传统方法,基因敲除和沉默,以及转录组学、蛋白质组学和代谢组学的高通量的组学学科。挖掘这种基因组信息并将它有效地应用到植物育种中确实是一个重大的挑战。

数据挖掘

数据挖掘,或数据库中的知识发现(knowledge discovery in databases,KDD),被称为"从数据中提取隐含的、以前未知而潜在有用的信息"(Frawely et al. , 1991)。目前生物信息学中的大多数数据挖掘实践是建立在对通过大的、通常以序列为基础的数据集搜索"直系同源"的需求上的。生物信息学在传统上有助于鉴定细胞的分子组分和它们的功能,常常按照与一个生化活性的关系来进行描述。这包括基因发现、基序识别、相似性搜索、多序列比对、蛋白质结构预测、系统发育分析及其他有关的方法。

与序列数据库相比,提取与植物育种有关的信息并不是一件容易的事。这像是大海捞针一样。育种相关的数据包括很多互相关联的、复杂的数据类型,因此搜寻、检索和分析它们需要复杂的查询。传统的多元统计和判别统计与很多生物学的数据挖掘实践有关。在对植物科学家目前可用的完全不同的、复杂的信息进行系统的或综合的数据挖掘方面还没有取得显著的进展。

植物育种家可能想要挖掘下列信息：①从全世界的机构收集的种质信息；②为特定育种计划的目标性状报道的标记-性状关联；③通过转化和渐渗来改良重要农艺性状所需要的基因；④用于开发 MAS 工具的分子标记和标记相关的信息。

比较信息学

由于比较遗传学现在被看做扩展植物基因组和基因的知识的一个主要组成部分，比较生物信息学仍然是这种研究的一个必不可少的策略。比较信息学促进不同作物基因组的联系，为了解基因和基因组是如何组织的以及它们如何进化提供解答。通过共线性的鉴定，有可能利用具有较小基因组的亲缘作物中同源基因的信息从具有大基因组的作物中分离基因。也应该促进植物和非植物物种的数据库之间的连接和相互作用。

Horan 等（2005）把来自拟南芥和水稻的所有蛋白质序列聚类到相似群里，计算它们相应的比对，定位它们的保守域并生成距离树。得到的数据集提供了一个代表性的单子叶植物和一个代表性的双子叶植物之间相似性和不相似性的全面的信息，就它们的家族和单态蛋白质的大小、数量和组成而言。提供的数据集为将来研究这两个物种的直系同源和旁系同源序列奠定了基础。用户友好的基因组聚类数据库（Genome Cluster Database，GCD；http：//bioinfo. ucr. edu/projects/gcd）是用来为拟南芥和水稻提供一个有效的聚类挖掘工具，以进行各种不同的种内比较和种间比较，以及检索来其他生物的相关的序列。

有 4 种基本的比较生物信息学分析，包括如下几个。

（1）DNA-DNA 保守性：对来自两个植物物种的全部 DNA 序列进行对比以便确定 DNA-DNA 保守性，需要的计算量很大，执行这种分析的算法正处于活跃的开发中。

（2）共线性区块：对两个物种之间特定基因顺序保守的基因组片段（共线性区块）的鉴定，不仅对于研究染色体结构的进化有意义，而且有助于物种之间（是或不是）直系同源的成对基因的预测和鉴定。

（3）直系同源：另一类比较分析集中于基因和蛋白质，企图鉴定不同植物中的直系同源基因。在大多数情况下，直系同源基因可以预期是功能上等效的。

（4）表型组的相似性：表型的和生理的相似性可用于鉴定具有相同或相似表现型的不同基因。

序列相似性分析

DNA 序列相似性分析可用于追踪等位基因、基因或染色体片段，鉴定序列或基因之间的相似性，以及对多个序列进行比对。蛋白质序列分析包括搜索蛋白质相似性和考察初级、二级以及三级结构。

BLAST（Basic Local Alignment Search Tool，基本的局部比对搜索工具）是一套相似性搜索程序，用来探索全部可利用的序列数据库，不管查询的是蛋白质序列还是 DNA 序列。可用的 BLAST 服务包括：核苷酸 BLAST（NUCLEOTIDE BLAST）、蛋白质

BLAST(PROTEIN BLAST)、翻译 BLAST(TRANSLATED BLAST)、基因组 BLAST(GENOMIC BLAST)页面(人类基因组、真核生物基因组、微生物基因组),以及特殊的BLAST 页面(VECSCREEN 一个基于 BLAST 的载体污染检测;IGBLAST,用于分析GenBank 中的免疫球蛋白序列;GEO BLAST,用于基因表达数据;以及 SNP BLAST)。这些服务由美国 NCBI 提供,在 NCBI 的国际互连网上可以得到。

14.5　信息管理系统

　　理想地,用于植物育种的信息管理工具的核心组分应该支持关于基因组、蛋白质、生化途径、细胞系统、生物模型、生态系统、地理生物多样性、种质评价、田间试验测量、表型变异以及环境互作的信息的采集、储存和分析。此外,系统应该适应正在涌现的信息基础设施,如①可伸缩计算;②分布式传感器、数据、人和计算机;③面向网络和对象的软件结构;④内容和软件设计者的分散化(Sobral,2002)。

　　现行的信息管理和数据分析系统具有如下缺陷:

　　(1) 就什么信息是可用的以及它能够被如何使用而言,在育种和分子生物学之间存在一个巨大的概念盲区(concept gap)。

　　(2) 许多系统是为表型数据和基因型数据独立开发的,由两组不同的科学家使用,包括育种家/农学家和遗传学家/分子生物学家。

　　(3) 在大多数育种计划中育种信息一直是利用比较简单的工具,如 MS ACCESS 和AGROBASE(http://www.agronomix.mb.ca/)来管理的,这些软件需要的训练较少。然而,当分子数据和多资源数据(multiple-resource data)被结合时,这些工具不适合于数据管理和统计分析。

　　(4) 育种家/农学家和遗传学家/分子生物学家之间交流不够,是缺乏适合于这两群人的工具的原因之一。因而,大多数育种机构中的硬件、数据库和软件支持是非常有限的,或者与生物技术和 IT 产业中建立的那些条件有很大的差距。

　　(5) IT 科学家和育种家之间,以及工具开发者和育种家之间也缺乏了解和交流。这是为植物育种而设计的信息系统发展不足,以及现行的信息系统在基因组学中使用有限的原因之一。

　　(6) 很多育种公司和研究所,特别是发展中国家的,缺乏生物技术产业中发展良好的信息管理人员和工具。

14.5.1　实验室信息管理系统

　　为了处理从实验室到育种家的不断的数据流,以及整合来自分子标记、遗传作图和表现型鉴定的信息,需要很多信息管理的工具。分子育种计划往往需要高通量的实验室,这使得实验室信息管理系统(Laboratory Information Management Systems,LIMS)成为必要。LIMS 管理数据、样品、实验室使用者、仪器、标准,支持实验室功能,如货物托运、平皿管理、样品跟踪以及作业流程自动化。以一个典型的基因型鉴定项目作例子,LIMS 可能包括从田间到平皿以及到储藏室对样品进行跟踪,管理从平皿到基因型鉴定装置以及到计算机的数据流,从内部和外部组织和优化试验。

现在的趋势是将信息收集、管理、分析、决策、评论和发布的整个过程转移到工作场所中。一个 LIMS 的目标是创建一个无缝的组织,其特点如下。

(1) 仪器被统一到实验室网络中,它们在此接收来自 LIMS 的指令和工作清单,并把完成了的结果(包括原始数据)返回到一个中心资料档案库,在这里 LIMS 能够把相关的信息更新到外部系统。

(2) 实验室人员执行计算,利用来自连接的仪器的在线信息对结果进行审阅和记录,利用连接到 LIMS 的实验室电子笔记本来查阅数据库及其他资源。

(3) 管理能够监督实验室过程,对工作流程中的瓶颈作出反应,确保调控的需求得到满足。

(4) 实验室参与者能够安排工作要求,跟踪进展,审阅结果及其他文档。

由于一个实验室每天流出的数据点成千上万甚至上百万,结果的及时鉴定并传送到育种家是一个高效的育种系统的基本要求。进行基因型鉴定和记录的训练有素的助手,连同能够以有意义的方法分析数据的研究科学家,是一个数据管理和传送系统的关键组成部分。一个具有良好设备的实验室还必须具有数据整合、操作、分析和挖掘的合格人员和合适的软件。将数据及时地传送到育种家也同样重要,因为在很多情况下育种家不得不作出选择的时间窗口是非常有限的。利用现行的高通量基因型鉴定和数据管理系统,需要花费大约一个星期来对一个由几百个个体组成的育种群体产生和分析数据。这其中包括的活动从叶片组织的采收到 DNA 抽提、基因型鉴定、数据记录、分析、总结和报告。

14.5.2　育种信息管理系统

涉及分子育种的机构应该建立信息管理系统,能够处理来自多种来源的信息,包括机构自己的信息和公共数据库中的信息。数据模型用作植物育种领域中不同的机构之间数据传输的基础。从不同的来源收集的遗留数据(legacy data)应该按照这个规定进行净化和组织,而新的数据是从用户通过一个标准接口传送的,以便确保数据的格式。收集的数据被保存在统一的数据库中。可以建立不同的数据仓库来满足数据分析和决策的需要。育种机构内部产生的原始的表型和基因型信息可以保存在两个独立的数据库中;然而,应该创建一个知识库,它合并了来自这两个数据源的数据。

数据管理系统是用作连接基因型信息和表型信息的一个桥梁,提供工具用于收集数据、将公共的信息整合到育种者的数据仓库里、并且为育种提取有用的信息。这种系统的构件包括信息支持、IT 基础设施支持、数据评分、采集和数据格式化、数据寄存(data hosting)、数据整合和数据挖掘。

大多数生物信息学数据和工具可以通过国际互连网得到。后基因组学试验需要同时访问许多数据类型的数以万计的数据点。这不能利用普通的基于万维网的工具来实现;这种分析需要对网络界面进行编程的访问(programmatic access),以至于大量的数据可以被从一个界面传送到下一个界面。BioMOBY 是一个生物学网络服务平台——(http://www.biomoby.org/),通过它,无数在线的生物学数据库和分析工具可以以一种完全自动化和可互操作的方式提供它们的信息和分析服务(Wilkinson et al.,2005)。

为分子植物育种设计的信息管理系统的组分是把基因位置、功能和等位基因数值数据与目标环境表征数据联系起来的数据库模块,在育种计划中使用的种质单位,还有用于查询该数据库的工具。这个工作非常重要,也非常艰巨。如上所述,与局部的独立系统相比,基于万维网的育种信息管理系统有若干优点,因为大多数公立育种机构的 IT 和服务支持是有限的。

14.5.3　国际作物信息系统

信息学已经成为分子育种的一个先决条件,因为育种相关的信息正在以如此高的速率增加,以至于在没有合适的统计学、生物统计学和信息学工具的情况下,收集、存储、挖掘和操纵这种信息用于选择决策是不可能的。因此需要一个集成的育种工具来快速地收集、分析和表示育种相关的数据,唯一地识别种质单位,记录它们的共同祖先,在大多数选择决策可用的短的时间窗口中把基因信息与这些单位关联起来。这对任何基于分子的育种策略来说都是关键性的。此外,需要计算工具来把研究结果转化和整合成便于植物育种计划使用的形式(Dwivedi et al. , 2007)。国际作物信息系统(International Crop Information System, ICIS)被确定为能够把基因、表现型和环境数据与育种计划中使用和操纵的唯一识别的种质单位联系起来的关键组成部分。

ICIS 是一个数据库系统,从 1996 年以来已经由国际农业研究磋商小组(CGIAR)多中心小组的生物学家和情报学家设计原型(www. icis. cgiar. org),来管理和整合关于遗传资源、作物改良和资源管理的所有研究数据,并将这些信息与全球的环境和基因组学数据资源联系起来(McLaren et al. , 2005)。ICIS 正在试图拉平发达国家和发展中国家之间的信息差距,它受 CGIAR 委托来共享研究信息以及种质和技术。到目前为止简单的资源与强烈的义务已经产生了一个创新的设计原型,用于一般地追踪和记录种质收集、表征评价和开发中的所有过程。该系统已经在水稻、小麦、玉米、大麦、豇豆和菜豆中得到使用或评价,并且被私营的和公立的育种计划使用。

ICIS 具有一种模块化结构,具有一个核心,包括系谱学管理系统(Genealogy Management System, GMS),它管理有关种质的命名、来源、开发和使用的数据,以及数据管理系统(Data Management System, DMS),它管理和记录鉴定数据和评价数据。专业化的用户界面为来自不同学科的作物科学家提供数据视图和决策支持工具,它访问相同的数据资源,导致研究数据的有效利用和重新使用。不同作物数据库的开发(独立的ICIS 实施)正在导致每个作物的集中的数据和信息管理。同时,通过共享国家农业系统中的培训任务,以及通过在智力开发、编程、试验和维护方面的合作,一个共同的结构可以保证获得巨大的节省。

GMS 和 DMS 之间的连接为生物科学家提供了强大的查询功能。ICIS 的查询能力不会使敏感数据处于危险之中。为了使研究人员能够与来自其他来源的数据并联地管理他们自己的数据,ICIS 具有中央版本和本地版本的一个并行结构。这个结构提供了本地的读/写能力,允许本地产生的数据在本地用户的处理下被合并,并且与中央数据库一致。

ICIS 与农业中使用的其他信息技术无缝连接。系统范围遗传资源计划(System-wide Genetic Resources Program, SGRP)已经认可 ICIS 为种质信息系统中的一个关键性的动议(initiative)。SGRP 进行的一个当前的项目保证 ICIS 和遗传资源系统范围信息网络(System-wide Information Network for Genetic Resources,SINGER)能够流畅地交换数据;澳大利亚分子植物育种合作研究中心的另一个项目的目标在于建立传统的评价数据和 ICIS 内部的分子标记数据之间的连接。此外,ICIS 在许多方面是互补的,并且正在变得越来越依赖于植物基因组数据库的内容和技术。由于 ICIS 越来越朝育种和田间评价与关联的分子数据整合的方向发展,这个需求已经鼓舞了正在进行的合作,来将 ICIS 数据与外部的遗传的、基因组的、转录组的以及蛋白质组的数据集整合起来,如物种特异的植物基因组学数据库、美国农业部(USDA)Gramene 比较基因组学数据库、欧洲 PlaNet 小组(European PlaNet group)以及其他的数据库。

　　虽然 ICIS 已经建立了一些分子育种需要的基本组分,但是植物育种有若干通用的需求仍然需要大量的发展:①为所有育种相关的信息建立数据库,如气候、土壤和用于选择的表型数据以及目标环境;②为特定育种目的进行的数据挖掘,如环境分类、基因型×环境互作以及新颖等位基因和遗传变异的鉴定;③利用多种来源的育种信息对育种过程和选择方案建模,来淘汰作出选择决策所需要的一些田间试验和实验室试验,这对于复杂性状可能是非常重要的;④通过对一个特定的育种计划中产生的信息与来自公共数据库的所有相关信息进行综合研究来提取有用的信息。

　　表型数据和遗传数据应该被保存在一个通用数据库(如 ICIS)中,或者(如有必要)被保存在与一个标准的信息学平台兼容的其他数据库中。例如,目前用于获取玉米表型数据和试验数据的"国际玉米小麦改良中心玉米田间记载簿"(CIMMYT MAIZE FIELD-BOOK)正在与 ICIS 结合起来。MAIZEFINDER 软件中开发的功能正在被作为一个数据仓库以及一个在 ICIS 中查询数据的界面使用。这个整合将使育种家能够继续使用由 MAIZE FIELDBOOK 和 MAIZEFINDER 提供的功能,而且能够访问 ICIS 的功能,如系谱管理和基因组数据的储存。ICIS 也提供与 GCP 信息学平台的整合,称为 Pantheon (http://pantheon. generationcp. org)。这个软件包括一个基于万维网的搜索引擎、独立的 Java 图形用户接口,并且整合到其他的第三方软件,如 ISYSTM(http://www. ncgr. org/cmtv),基因组多样性和表型联结(Genomic Diverstiy and Phenotype Connection,GDPC)(http://www. maizegenetics. net/gdpc/index. html)以及 BioMOBY 网络服务适应的工具(http://www. biomoby. org/)。该平台可以通过 GDPC 来使用关联分析用的 TASSEL 软件,通过 ISYSTM 来使用可视化工具,如比较图谱和性状查看器(Comparative Map and Trait Viewer)(http://www. ncgr. org/cmtv),那是对 QTL 作图和 MAS 有用的。

　　数据应该与其他的公众可用的数据交联,可能包括下列数据类型的一些:①QTL 和(比较)遗传作图数据,来自特定的项目以及这种信息的公共来源,如 Gramene、GrainGenes 和 MaizeGDB;②其他公共的序列和注释数据,当它成为可用的时,可能包括各种类型的分子标记数据;③作物突变体数据;④来自其他相关的国际植物数据库的信息,尤其是拟南芥信息资源(arabidopsis information resource,TAIR)和同类的模式生物数据库。

　　为了帮助用户选择最合适的试验设计和数据分析方法,以及为他们提供合适选项的定期更新的选择,正在由 GCP 项目开发的系统旨在提供要使用的软件的所有排列组合之间数据流的自动转换。标记辅助植物育种的这个整合的决策支持系统(类似于 AGRO-BASE)称为 iMAS,将便于分子育种途径从头至尾进行整合的、无误差的以及合适的数据分析。作为标记辅助植物育种的一个整合的决策支持系统,iMAS 被开发来无缝地促进标记辅助植物育种,通过整合在从个体的表型鉴定和基因型鉴定到与性状关联的标记的鉴定和应用的历程中涉及的免费可用的优质软件,提供易学易用的在线决策指南来正确地使用这些软件程序并解释和使用它们的结果。潜在的有用软件包括那些用于试验设计的产生、表型数据的生物统计分析、连锁图的构建、通过 QTL 分析进行的标记鉴定、通过关联分析进行的标记鉴定以及确定前景选择和背景选择所需要的样本容量的软件。ICIS 最终应该与 iMAS 结合起来,使得所有可用的软件都收归旗下。

　　其他的统计工具和软件也应该通过 ICIS 被整合到相同的平台里。这种工具之一是 CROPSTAT,一个用于试验数据的管理和基本统计分析的计算机程序。CROPSTAT 可以从 www.irri.cgiar.org 上免费获得(现在的下载网址为:http://archive.irri.org/science/software/cropstat.asp),主要是为农业田间试验的数据分析开发的,但是许多特性可以用于分析其他来源的数据。主要的模块和工具有:①利用电子表格进行的数据管理;②文本编辑器;③概括统计量和散点图;④方差分析;⑤回归和相关;⑥混合模型分析;⑦植物育种品种试验的单地点分析;⑧交叉地点和主效可加互作可乘(AMMI)分析;⑨基因型×环境互作的模式分析;⑩广义线性模型;⑪对数线性模型;⑫QTL 分析;⑬试验设计的随机化和布局;⑭一般因子的期望均方(EMS)的线性形式的显示;⑮正交多项式系数的产生。

　　虽然 CROPSTAT 是一个易于使用的软件包,但是它不宜用于分析大规模的数据集。

14.5.4　其他的信息学工具

　　有若干信息学工具可以从私营的或公共的部门中获得。其中有些软件具有与植物育种有关的多种功能,而其他的软件只提供植物育种中的特定的应用。这里将只介绍一些代表性的工具。

　　AGROBASE Generation II(http://www.agronomix.com/)是为农学家、植物育种家和植物研究人员设计的一个综合的数据库管理和分析系统。它的基本系统提供数据管理、试验管理和统计分析。品种比较模块(Varietal Comparisons Module)比较一个试验内部或者跨越所有试验、地点和年份的品种或者处理的相对性能,以及分析基因型×环境互作。高级统计模块(Advanced Statistics Module)支持更多高级试验设计的随机化和分析、产量试验的空间分析、多元分析及其他高级统计分析。系谱数据管理模块(Pedigree Data Management Module)支持很多作物类型的植物育种需要。图像显示模块(Image Display Module)支持品种或处理的图像显示,包括任何品种或基因型的生长阶段、花颜色或形状、植株构件和特性或者分子标记。

　　GERMINATE(Lee et al.,2005),由苏格兰作物研究所(Scottish Crop Research Institute)和约翰旅馆中心(John Innes Centre)(http://germinate.scri.sari.ac.uk/)开发,是一个通用的植物数据管理系统,用来存放各种不同的数据类型,从分子的到表型的,允许在这些数据之间对任何植物物种进行查询。数据被以一种独立于技术的方式保存在

GERMINATE 中,这样的话,当新的技术出现时可以被容纳在该数据库中,而不必修改内在的架构。

Plabsoft 数据库(Heckenberger et al.,2008)是一个综合的数据库管理系统(DBMS),用于整合学术性的和商业的植物育种计划中的表型数据和基因组数据。该数据库结构能够管理在所有主要作物的育种计划中观察到的下列类型的数据:①任何物种的种质数据,包括系谱数据;②任何性状和性状复杂性的表型数据;③任何田间和试验设计的试验管理数据;④所有常见的标记类型的分子标记数据;⑤项目和研究管理数据。通过把该数据库结构实施到 DBMS 里,已经开发了用于数据导入、数据检索、与常用的统计分析软件之间相互传输数据的功能。

与上述信息学工具相比,GENEFLOW(http://www.geneflowinc.com/geneflow.html)是一个与分子育种更加有关的综合的工具。该系统整合系谱、基因型和表型数据——传统上保存在独立的数据库中的信息,但是通过联系在一起可以获得相当多的价值和能力。这使研究人员能够研究性状的遗传,探索遗传构成和观察的表型之间的关系,寻找与一个性状相关联的遗传组分,跟踪一组个体的遗传指纹,识别一个基因或性状的可能来源的祖先,所有的信息都来自单个平台。该系统包括的主要组分如下:

(1) 一个系谱模块,用于基于系谱的显示,支持在已知家族关系的背景内的遗传和表型数据的叠加和分析;

(2) 一个基因型模块,提供各种个体的遗传内容和结构的详细的、染色体水平的视图;

(3) 一个群体模块,分析结构化的群体,对子代排序并产生详细的报告和显示;

(4) 一个报告模块,产生大量的关键报告和图形,阐明遗传多样性的结构以及基因和性状之间的关系。

14.5.5　信息学工具的未来需要

需要开发一个综合的统计分析系统。这个系统应该提供基本的和高级的统计方法、分析工具和基于万维网的分析和可视化软件,用于管理、分析并挖掘各种各样的数据,包括那些与表型、基因型、序列和表达有关的在内。应该被归入该系统的功能性组分有:①多年的试验数据:环境分类和产量稳定性分析;②杂种优势模式分析和杂种优势库(heterotic pooling);③基因型×环境互作;④种质表征和分类;⑤标记表征和遗传作图;⑥遗传交配系统;⑦表型水平和基因型水平上的新变异的鉴定和量化;⑧遗传多样性和进化过程的分子分析和功能分析;⑨通过连锁遗传学的基因型与表型的关联;⑩用于精细作图的统计方法,利用多群体、多环境、比较作图和连锁不平衡作图;⑪基因网络和生物学互作的模拟和建模,包括主效基因互作、主效基因-QTL 互作和 QTL-QTL 互作;⑫杂种优势和配合力分析以及杂交种和自交系性能预测;⑬多种来源的分子数据的统计方法。

目前,生物信息学是由一群专业化的个体进行的。大多数生物学家仅仅使用基本的生物信息学工具,没有多少植物育种家介入。这已被认为是当今生物信息学的一个主要局限(Rhee,2005)。在未来的数十年中,大多数生物学家将需要像编程、大规模数据的数据库开发和管理以及数据的定量分析和统计分析那样的技能。可利用的信息丰富和巨大,如了解一个生物体中的每个基因的功能,将使研究转变到利用信息学方法进行的更多的理论生物学中。生物信息学的另一个当前的问题包括数据的异质性和它是如何被分析、注释和显示的,以及可用数据之间缺乏连接性。最近在准备建立数据库管理者的科学学会(http://www. biocurator. org),还有些项目在把不同模式生物数据库的工作汇集在一起(http://www. gmod. org),这些都初步表明生物信息学正在发展成为一个与生物学更加相干的学科。随着基因组学的成熟,作物基因组信息已经采用标准的数据格式和架构,将来的数据库设计很可能以交叉连接能力作为优先考虑。全基因组序列的可用性使我们能够更进一步地挖掘新的启动子序列及其他调控的特征,如微 RNA(micro-RNA)。这种三级注释提供了与表型和控制发育及对环境的反应的复杂调节机制的联系(Edwards and Batley,2004)。

作物基因组数据库发生的更显著的变化之一是朝图形用户界面方向前进,这提供更加友好的搜索环境。Ensembl 数据库架构(它非常强调图形的用户对话)被用在禾谷类比较基因组学数据库 Gramene 中(Liang et al.,2008)。任何单个的数据库都不能试图存储关于一个生物体的全部可能的信息。因此,基因组浏览器的一个关键作用是提供与外部数据库的多种多样的链接。随着来自更多生物体的基因组序列变得可用,像 Ensembl 这样的项目正在试图提供基因组和蛋白质序列的基因组范围的物种间比较的访问。需要相同的策略来开发物种间作物信息学资源,旨在为植物育种界服务。

表型组学领域的迅速发展——通过表型的数量分析对基因必要性(gene dispensability)进行的基因组范围的研究已经导致了对新的数据分析和可视化工具的不断增加的需要。大多数有价值的表型数据存在于公共的文献中,不是在数据库中获得的。要把这些数据也收集在一起,需要有效的文本挖掘。然而文本挖掘的一个先决条件,是编目和验证术语的特定辞典(thesauri)的可用性。

为了满足这种需求,设计了一个用于挖掘、过滤和直观化表型数据的公共资源——PROPHECY 数据库用于对环境挑战的条件中酵母缺失收集中的突变株的生长行为的生理上有关的定量数据进行容易和灵活的访问(Fernandez-Ricaud et al.,2005)。我们将期待作物中的类似工作。

一些信息学工具在第 15 章讨论。

14.6　植物数据库

在 http://www. oxfordjournals. org/nar/database/a/上可以找到当前可用的分子生物学数据库的一个列表。该列表在 *Nucleic Acid Research* 每年的 1 月刊中更新。2008年的更新包括 1078 个数据库,它可以被分为 14 类(表 14.5;Galperin,2008)。此外,在ExPASy 生 命 科 学 目 录(ExPASy Life Science Directory)(http://expasy. ch/alinks. html)上可以得到一个全面的数据库列表。

人们正在作出很多的尝试来在系统水平上了解生物学的主题。用于这些方法的一种主要的资源是生物学数据库,存储关于 DNA、RNA 和蛋白质序列的大量信息,包括它们功能性的和结构上的基序、分子标记、mRNA 表达水平、代谢产物浓度、蛋白质-蛋白质互

表 14.5 分子生物学数据库:类别和数目

核苷酸序列数据库	代谢途径和信号途径
国际核苷酸序列数据库协作(3)	酶和酶命名法(12)
编码和非编码 DNA(41)	代谢途径(19)
基因结构、内含子和外显子、拼接位点(25)	蛋白质-蛋白质互作(70)
转录调节位点和转录因子(60)	信号途径(5)
RNA 序列数据库(63)	人类及其他脊椎动物基因组
蛋白质序列数据库	模式生物,比较基因组学(63)
一般的序列数据库(15)	人类基因组数据库,图谱和视图(19)
蛋白质特性(16)	人类 ORF(28)
蛋白质定位和寻靶(22)	人类基因和疾病
蛋白质序列基序与活性部位(22)	一般的人类遗传学数据库(13)
蛋白质域数据库;蛋白质分类(38)	一般的多态性数据库(28)
个别的蛋白质家族的数据库(65)	癌症基因数据库(22)
结构数据库	基因-、系统-或疾病-专化的数据库(50)
小分子(15)	微阵列数据及其他基因表达数据库(65)
碳水化合物(9)	蛋白质组学资源(18)
核酸结构(16)	其他的分子生物学数据库(41)
蛋白质结构(75)	药物和药物设计(23)
基因组学数据库(非脊椎动物)	分子探针和引物(9)
基因组注释术语、语义学和命名法(12)	细胞器数据库
分类学和鉴定(10)	线粒体基因和蛋白质(18)
一般的基因组数据库(44)	植物数据库
病毒基因组数据库(25)	一般的植物数据库(38)
原核生物基因组数据库(61)	拟南芥(26)
单细胞真核生物基因组数据库(15)	水稻(17)
真菌基因组数据库(32)	其他植物(18)
无脊椎动物基因组数据库(51)	免疫学数据库(27)

注:根据 http://www. oxfordjournals. org/nar/database/a/归纳;括号中的数字是类别中的数据库的数目

作、表型性状或分类学关系。作为综合资源的一个例子,NCBI 提供分析和检索工具,用于 GenBank® 中的数据及其他通过 NCBI 的网址可以获得的生物学数据,除了维持 GenBank® 核酸序列数据库之外(Wheeler et al.,2007)。NCBI 资源包括 Entrez,Entrez 编程工具,My NCBI,PubMed,PubMed Central,Entrez Gene,NCBI Taxonomy Browser,BLAST、BLAST LINK(BLINK),Electronic PCR,OrfFinder,Spidey,Splign,RefSeq,UniGene,HomoloGene,ProtEST,dbMHC,dbSNP,癌症染色体(Cancer Chromosomes),Entrez 基因组(Entrez Genome),基因组计划(Genome Project)和相关的工具,追踪和组装文件(Trace and Assembly Archives),图谱查看器(Map Viewer),模型制作者(Model Maker),证据查看器(Evidence Viewer),直系同源组的聚类(Clusters of Orthologous Groups,COG),病毒基因型鉴定工具(Viral Genotyping Tools),流感病毒资源(Influenza Viral Resources),HIV-1/人类蛋白质互作数据库(HIV-1/Human Protein Interaction Database),基因表达汇编(Gene Expression Omnibus,GEO),Entrez 探针(Entrez

Probe)，GENSAT，人类在线孟德尔遗传（Online Mendelian Inheritance in Man，OMIM），动物在线孟德尔遗传（Online Mendelian Inheritance in Animals，OMIA），分子建模数据库（Molecular Modelling Database，MMDB），保守域数据库（Conserved Domain Database，CDD），保守域结构检索工具（Conserved Domain Architecture Retrieval Tool，CDART）以及小分子数据库的 PubChem 程序组。

　　与植物育种有关的信息可能被放在核苷酸、RNA 和蛋白质序列数据库、结构数据库、基因组学数据库、代谢途径和信号途径、微阵列数据及其他基因表达数据库、蛋白质组学资源、细胞器数据库和植物数据库中。本节中要讨论的一些数据库并不是用于植物物种的，然而，它们可能在比较基因组学、遗传学和表型组学中有用。

14.6.1　序列数据库

核苷酸序列数据库

　　最重要的 DNA 序列数据库列在表 14.6 中，还列出了它们的 URL 和简短的描述。国际核苷酸序列数据库协作网（International Nucleotide Sequence Database Collaboration）是欧洲生物信息学研究所（European Bioinformatics Institute，EBI）、日本 DNA 数据库（DNA Data Bank of Japan，DDBJ）和美国 NCBI 的一个联合的研究计划。核苷酸序列数据库是数据储存库，接受来自共同体的核酸序列数据并使其免费可用。

表 14.6　DNA 和蛋白质序列数据库

数据库名称	统一资源定位器（URL）	数据库描述
DDBJ	http://www.ddbj.nig.ac.jp	日本 DNA 数据库（DDBJ），国际核苷酸序列数据库协作网的三个主要数据库之一
EMBL 核苷酸序列数据库	http://www.ebi.ac.uk/embl	EMBL 核苷酸序列数据库是欧洲生物信息学研究所（EBI）维护的，与 DDBJ 和 NCBI（美国）的 GenBank® 进行国际协作
GenBank®	http://www.ncbi.nlm.nih.gov	一个综合的序列数据库，包括 170 000 种以上不同生物体的公共可用的 DNA 序列，主要是通过各个实验室提交的序列数据以及大规模测序计划批量提交的序列数据获得的。
EXProt	http://www.cmbi.kun.nl/EXProt	一个非冗余的蛋白质数据库，包括从基因组注释计划和公共数据库中选择的条目，目的在于仅仅包括用实验方法验证了功能的蛋白质
MIPS	http://mips.gsf.de	慕尼黑蛋白质序列信息中心的数据库
NCBI Protein	http://www.ncbi.nlm.nih.gov/entrez/query.fcgi?db=Protein	NCBI Entrez 蛋白质数据库，由取自各种来源的序列组成，包括 Swiss PROT、蛋白质信息资源（Protein Information Resource）、蛋白质研究基金会（Protein Research Foundation）、蛋白质数据库（Protein Data Bank）、以及从 GenBank® 和 RefSeq 数据库中注释的编码区域翻译的蛋白质

续表

数据库名称	统一资源定位器(URL)	数据库描述
Patome	http://www.patome.org	在专利和发表的应用程序中公开的生物学序列数据,以及它们的分析信息
PIR-PSD	http://pir.georgetown.edu	蛋白质信息资源(Protein Information Resource,PIR)一个整合的公共生物信息学资源,支持基因组和蛋白质组的研究和科学研究。PIR已经为科学界提供了很多蛋白质数据库和分析工具,包括功能上注释了的蛋白质序列的 PIR-国际蛋白质序列数据库(International Protein Sequence Database,PSD)
PRF	http://www.prf.or.jp/en/index.shtml	蛋白质研究基金会的氨基酸数据库:序列、文献和非自然的氨基酸
RefSeq	http://www.ncbi.nlm.nih.gov/RefSeq	NCBI 参考序列(NCBI Reference Sequence,RefSeq)数据库为基因组区域、转录本(包括拼接变异体)和蛋白质提供管理的非冗余的序列标准
Swiss-PROT	http://www.expasy.org/sprot	UniProt/Swiss-PROT 蛋白质知识库是一个管理的蛋白质序列,提供高水平的注释(如蛋白质功能的描述、域结构、翻译后修饰、变异体等)、最低水平的冗余和与其他数据库的高水平的整合。它是通用蛋白质知识库(Universal Protein Knowledgebase,UniProtKB)的一部分
TCDB	http://www.tcdb.org	转运蛋白分类数据库(Transporter Classification Database,TCDB)是一个管理的关系数据库,包括来自各种生活有机体的运输系统的序列、分类、结构信息、功能信息和进化信息
UniProt	http://www.uniprot.org	UniProt(通用蛋白质资源)是世界上关于蛋白质的信息的最全面的编目。它是蛋白质序列和功能的一个中央储存库,通过合并 Swiss-PROT、TrEMBL 和 PIR 中包含的信息来建立。UniProt 有三个组分,每个为不同的运用而优化。UniProt 知识库(UniProtKB)是广泛的管理的蛋白质信息(包括功能、分类和交叉引用)的中央存取点。UniProt 参考聚类(UniProt Reference Clusters,UniRef)数据库把有关的序列紧密地合并到单个记录里以便加快搜索。UniProt 档案库(UniProt Archive,UniParc)是一个综合的储存库,反映所有蛋白质序列的历史

　　一个数据库中的每个条目都有一个唯一标识符,它是对应于那个记录的一串字母和数字。这个唯一标识符被称为登录号(accession number),可以在科学文献中被引用。由于登录号是永久的,另一个代码被用来表明一个特定的序列已经经历的变化的次数。这个代码被称为序列版本(Sequence Version),由登录号后面跟一个句点和一个表明特定版本的数字组成。

　　自从它们在 20 世纪 80 年代开始以来,核酸序列数据库已经经历了指数性增长,档案库的大小大约每 18 个月翻一番,反映了测序技术的进步。

蛋白质序列数据库

蛋白质序列数据库是关于蛋白质的最综合的信息来源，其中一些列在表 14.5 中。它们可以被区分为涵盖来自所有物种的蛋白质的通用数据库，和存储有关特定的蛋白质家族或组群的信息或有关一个特定生物体的蛋白质的专门化的数据收集。可以辨别出两类通用的蛋白质序列数据库：①序列数据的简单档案库；②注释数据库，其中附加信息已经被增加到序列记录。

蛋白质信息资源（PIR）是最古老的蛋白质序列数据库。它是在 1984 年由国家生物医学研究基金会（National Biomedical Research Foundation，NBRF）建立的，从 1988 年以来由 PIR 维护。

Swiss-PROT，于 1986 年作为一个注释的通用蛋白质序列数据库而建立，由瑞士生物信息学研究所（Swiss Institute of Bioinformatics，SIB）和 EBI 共同维护，提供高水平的注释、最低水平的冗余、与其他的生物分子数据库和广泛的外部文档高水平的整合。Swiss-PROT 中的每个条目都被详尽地分析和注释，以确保高标准的注释并保持该数据库的质量。在 Swiss-PROT 中可以区分两种类型的数据：核心数据和注释。核心数据包括序列数据、引用信息（文献学的参考文献）和分类学数据（描述蛋白质的生物学来源）。注释描述蛋白质的功能，转录后修饰（碳水化合物、磷酸化作用、乙酰化、糖基化磷脂酰肌醇-锚等），域位点[钙结合区域、ATP 结合位点、锌指（zinc finger）、同源异型盒（homeobox）、kringle 等]，二级结构，四级结构（同型二聚体、异质三聚体等），与其他蛋白质的相似性，与蛋白质和序列冲突中的缺陷相联系的疾病、变异体等。

TrEMBL（EMBL 核苷酸序列数据库的翻译），是 Swiss-PROT 的补充，为了使得新的序列尽快地可用，于 1996 年建立，因为保持 Swiss-PROT 的高质量是一个耗时的过程，涉及广泛的序列分析和由专门的注解者作出的详细的管理。TrEMBL 包括来源于 EMBL 核苷酸序列数据库中所有编码序列的翻译的计算机注释条目，除了已经包括在 Swiss-PROT 中的那些之外。

在蛋白质数据库中搜索已经成为生命科学中的一个标准的研究工具。为了产生有价值的结果，源数据库应该是全面的、非冗余的、良好注释的和最新的。然而，由于没有一个蛋白质序列数据库满足所有这 4 个评价标准，使得用户要搜索多个数据库。通过统一 PIR、Swiss-PROT 和 TrEMBL 数据库的活动，PIR 国际（PIR International）及其股东 EBI 和 SIB，已经产生了一个世界范围的蛋白质序列和功能数据库 UniProt，它是蛋白质序列和功能数据的中央储存库，通过合并 Swiss-Prot、TrEMBL 和 PIR 中包含的信息来建立。

14.6.2　通用的基因组学和蛋白质组学数据库

表 14.7 提供了一些通用的基因组学和蛋白质组学数据库。二维凝胶电泳数据的数据库，如由日内瓦大学医院的中央临床化学实验室和 SIB 共同维护的 Swiss-2DPAGE，已经被认为是传统的蛋白质组学数据库之一。

表 14.7 通用的基因组学和蛋白质组学数据库

数据库名称	统一资源定位器(URL)	数据库描述
TIGR Gene Indices	http://compbio.dfci.harvard.edu/tgi	利用可用的 EST 和基因序列数据来识别和分类真核生物中的转录序列的数据库
GO	http://www.geneontology.org	基因语义学联盟数据库
KEGG	http://www.genome.ad.jp/kegg	KEGG(基因和基因组的京都百科全书)是日本基因组网络(Japanese GenomeNet)服务的主要数据库资源,用于根据细胞或生物体的基因组信息来了解它的高阶功能意义和应用性
Swiss-2DPAGE	http://www.expasy.org/ch2d	由日内瓦大学医院的中央临床化学实验室和瑞士生物信息学研究所(SIB)共同维护,该数据库包含在各种二维 PAGE 和 SDS-PAGE 参考图谱上识别的蛋白质的有关数据,来自人类、小鼠、拟南芥、盘基网柄菌(*Dictyostelium discoideum*)、大肠杆菌、酿酒酵母以及金黄葡萄球菌
COG	http://www.ncbi.nlm.nih.gov/COG	蛋白质直系同源组聚类(COG)是通过比较在全基因组中编码的蛋白质序列而刻划的,代表主要的系统发育谱系。每个 COG 包括个别的蛋白质或来自至少三个谱系的旁系同源的群组,因此对应于一个古老的保守域
ERGO	http://www.ergo-light.com	ERGO,以前的 WIT 数据库,提供与酶的功能性作用的信息的链接(通过链接到 KEGG 中的数据);与每个酶的 NCBI Medline 条目的链接;以及与酶和每个酶的代谢途径记录的链接。该数据库也提供对在一个代谢重建的框架之内详尽注释的基因组的访问,连接到序列数据;蛋白质比对和系统演化树;以及有关基因簇、潜在的操纵子和功能域的数据
wwPDB	http://www.wwpdb.org	世界范围的蛋白质数据库(wwPDB)包括的结构起着储蓄、数据处理以及 PDB 数据的集散中心的作用。wwPDB 的任务是维持全球公众免费可用的大分子结构数据的单个蛋白质数据库(Protein Data Bank Archive)
Genome Project Database	http://www.ncbi.nlm.nih.gov/entrez/query.fcgi?CMD=search&DB=genomeprj	NCBI Entrez 基因组计划数据库是用来作为细胞生物体的完全的和不完全的(进行中的)大规模测序、组装、注释以及作图计划的一个可搜索的收集
Entrez Gene	http://www.ncbi.nlm.nih.gov/entrez/query.fcgi?db=gene	Entrez Gene 是 NCBI 的基因专化信息的数据库,重点在已经全部测序的基因组,具有一个活跃的研究团体来贡献基因专化的信息,或者计划进行密集的序列分析
Entrez Genomes	http://www.ncbi.nlm.nih.gov/sites/entrez?db=genome	NCBI 的数据库收集,用于分析完的和未完成的病毒、原核生物和真核生物的基因组

续表

数据库名称	统一资源定位器(URL)	数据库描述
ACeDB	http://www.acedb.org	秀丽隐杆线虫(*Caenorhabditis elegans*)、裂殖酵母(*Schizosaccharomyces pombe*)以及人类序列和基因组信息
FlyBase	http://flybase.org	果蝇的遗传、分子以及描述性数据的一个整合的资源,包括交互式的基因组图谱,基因产物描述,突变体等位基因表型,遗传互作,表达模式,转基因的结构以及它们的插入、剖析和图像,以及遗传材料的收集

很多数据库考虑了基因组或蛋白质组比较的一些方面。基因和基因组的京都百科全书(Kyoto Encyclopedia of Genes and Genomes,KEGG)是基因功能的系统分析的一个知识库,把基因组信息与高阶功能信息联系起来。KEGG 主要考虑调控和代谢途径,虽然 KEGG 正在计划扩展来包括很多非代谢相关的功能。蛋白质直系同源组群聚类(Clusters of Orthologous Groups of protein,COG)是完全测序的基因组中编码的蛋白质的一个种系发生分类。COG 把相关的蛋白质与相似的但是有时不完全相同的功能集中在一起。

EBI 的蛋白质组分析计划(Proteome Analysis Initiative)具有更一般的目标:整合来自各种来源的信息,那将共同促进全蛋白质组集合中蛋白质的分类。这些蛋白质组集合是根据 Swiss-PROT 和 TrEMBL 蛋白质序列数据库构建的,这些数据库提供可靠的、良好注释的数据作为分析的基础。蛋白质组分析计划提供按照描述特定的测序基序或序列相似性的特征分类的蛋白质组数据的一个广泛的视图。同时它提供考查各种细节的选项,如结构或可搜寻的功能分类。InterPro(http://www.ebi.ac.uk/interpro)和 CluSTr (http://www.ebi.ac.uk/clustr)资源已经用来按照序列相似性对数据进行分类。结构信息包括蛋白质组的每一个的氨基酸组成、由蛋白质的二级结构导出的同源性(Homology derived Secondary Structure of Proteins,HSSP)分类和与蛋白质数据库(Protein Data Bank,PDB)的联系。利用基因语义学(Gene Ontology,GO)的一个可搜寻的功能分类也是可用的。蛋白质组分析数据库(Proteome Analysis Database)包括来自完全测序的基因组的蛋白质的统计数据和分析数据。

14.6.3　通用的植物数据库

表 14.8 列出了通常覆盖多种植物或具有多种功能的数据库。这些数据库中包含的信息包括遗传作图和物理作图、测序、聚类、微阵列分析、功能注释、信号转导分析等。

一些数据库包括比较简单的信息,如顺式元件基序、植株基因组大小(C 值)、启动子序列、小核仁 RNA(snoRNA)或非编码 RNA(ncRNA)、线粒体蛋白质、顺式作用调控元件/增强子/抑制子以及预测的植物蛋白质的聚类。

表 14.8　通用的植物数据库

数据库名称	统一资源定位器(URL)	数据库描述
AgBase	http://www.agbase.msstate.edu	农业植物和动物基因产物的功能分析的一个管理的、开源的、可以网络访问的资源
BarleyBase	http://www.barleybase.org	植物微阵列的一个在线数据库,带有数据可视化和统计分析的集成的工具
Cereal Small RNA Database	http://sundarlab.ucdavis.edu/smrnas	水稻和玉米表达的小 RNA 的一个集成的资源,包括一个基因组浏览器和一个 smRNA 目标关系数据库以及有关的生物信息学工具
CR-EST-Crop ESTs	http://pgrc.ipk-gatersleben.de/cr-est	一个公共可用的在线资源,提供对德国 IPK Gatersleben 的作物 EST 计划的序列、分类、聚类以及注释数据的访问
CropNet	http://ukcrop.net	英国作物生物信息学网络(UK Crop Plant Bioinformatics Network,UK CropNet),为了利用在英国开展的作物基因组作图中的广泛的工作而建立。该资源通过为作物和模式物种之间的比较分析奠定基础,促进了农业上重要的基因的鉴定和操作。已经开发了很多软件工具来促进数据可视化和分析
FLAGdb++	http://urgv.evry.inra.fr/projects/FLAGdb++/HTML/index.shtml	致力于完全测序的基因组的高通量功能分析的数据的整合和可视化,如同以拟南芥为例所说明的那样
GénoPlante-Info	http://www.genoplante.com	通过旨在开发作物(玉米、小麦、油菜、向日葵和豌豆)和模式植物(拟南芥和水稻)的基因组分析程序的法国公共研究所和私营公司之间的协作,使已经产生的基因组序列、转录组、蛋白质组、等位基因变异性、作图和共线性、突变数据以及工具(数据库、界面、分析软件)数据整合和公共可用
GeneFarm	http://urgi.versailles.inra.fr/Genefarm	拟南芥基因和蛋白质家族的专门的注释
GrainGenes	http://wheat.pw.usda.gov	小麦、大麦、黑麦、黑小麦和燕麦的分子信息和表型信息
Gramene	http://www.gramene.org	禾本科植物的一个比较基因组作图数据库,具有自动的和手工的管理来合并和互连关于基因组和 EST 序列、遗传图谱、物理图谱和基于序列的图谱、蛋白质、分子标记、突变体表型和 QTL 以及出版物的信息

续表

数据库名称	统一资源定位器(URL)	数据库描述
MIPSPlantsDB	http://mips.gsf.de/proj/plant/jsf	MIPS(生物信息学研究所的植物基因组生物信息学)植物基因组小组,集中于植物基因组的生物信息学。它从拟南芥基因组注释小组发展而来,目前提供下列数据库:MIPS 拟南芥基因组数据库,玉米基因组,水稻基因组(MOsDB),苜蓿基因组数据库,莲属植物基因组数据库,番茄基因组数据库,顺式调控元件检测在线(CREDO),MIPS 重复元件数据库(MIPS-REdat),MIPS 重复元件编目(MIPS-REcat),以及 MotifDB
MPIM	http://www.plantenergy.uwa.edu.au/applications/mpimp/index.html	一个数据库,包括有关线粒体蛋白质输入装置的信息,来自各种各样的生物体,包括酵母、人类、大鼠、小鼠、果蝇、斑马鱼(*Danio rerio*)、*Cenorhabtidis legans*、拟南芥、水稻以及镰状疟原虫
PathoPlant®	http://www.pathoplant.de	关于植物-病原菌相互作用以及诱导植物发病机制的信号转导途径的组分的数据库
ICIS	http://www.icis.cgiar.org	国际作物信息系统(ICIS)是关于任何作物的遗传资源和作物改良的全球信息的管理和整合的一个数据库系统
Phytome	http://www.phytome.org	用来促进功能植物基因组、分子育种和进化研究的一个比较基因组学数据库。它包括对来自一个大的、系统发育上多种多样的植物分类单元的集合的蛋白质的预测蛋白质序列、蛋白质家族分派、多重序列比对、种系发生,以及功能注释
PHYTOPROT	http://urgi.versailles.inra.fr/phytoprot	预测的植物蛋白质的聚类
dbEST	http://www.ncbi.nlm.nih.gov/dbEST	GenBank 的一个分支,包含关于来自很多生物体的"单程"(single pass)cDNA 序列或者 EST 的序列数据及其他信息
PLACE	http://www.dna.affrc.go.jp/htdocs/PLACE	包含在植物基因中发现的顺式元件基序的一个数据库
Plant DNA C-values database	http://www.kew.org/genome-size/homepage.html	植物基因组大小的一个一站式(one-stop)、用户友好的数据库。最近的版本(版本 4.0,2005 年 10 月)包含 5150 个物种的基因组大小数据,包括 4427 种被子植物、207 种裸子植物、87 种蕨类植物和石松植物、176 种苔藓植物以及 253 种海藻
Plant Genome Central	http://www.ncbi.nlm.nih.gov/genomes/PLANTS/PlantList.html	提供对来自大规模测序计划、遗传图谱以及大规模 ST 测序计划的数据的访问

续表

数据库名称	统一资源定位器(URL)	数据库描述
Plant MPSS	http://mpss. udel. edu	MPSS(Massively Parallel Signature Sequencing,大规模并行签名测序)是一个基于测序的技术,运用一个独特的方法来量化基因表达水平,每个文库产生数百万短序列标签。植物 MPSS 是基于标签的基因表达数据的最大的公共可用的数据集
Plant Ontology™ database	http://www. plantontology. org	植物语义学(Plant Ontology,PO)是若干植物数据库和植物分类学、植物学和基因组学方面的专家之间的一个合作研究计划,旨在开发简单的、然而强健和可扩展的准确反映植物结构(形态和剖析)和发育阶段的规范化词汇表
Plant snoRNA DB	http://bioinf. scri. sari. ac. uk/cgi-bin/plant_snorna/home	植物中的小的核仁 RNA(snoRNA)基因
PLANT-PIs	http://bighost. area. ba. cnr. it/PLANT-PIs	用于简化植物蛋白酶抑制剂(PI)及其基因信息的检索的一个数据库
PlantGDB	http://www. plantgdb. org	一个植物基因组序列的数据库,尤其是对应于在特殊的条件下积极转录的基因片段的 EST(目前有 48 个植物物种的数据)
PlantProm	http://mendel. cs. rhul. ac. uk/mendel. php? topic=plantprom	一个植物启动子序列的数据库
PlantsP/PlantsT	http://plantsp. sdsc. edu	PlantsP 和 PlantsT 是植物特异的管理数据库,它将序列导出的信息与实验的功能基因组学数据结合起来。PlantsP 集中于磷酸化作用过程中涉及的蛋白质(即激酶和磷酸酶),而 PlantsT 集中于膜转运蛋白质
POGs/PlantRBP	http://plantrbp. uoregon. edu	一个关系数据库,通过把拟南芥和水稻的完全的蛋白质组和可用的玉米序列放到"假想的直系同源组群"(POG)里,来整合来自水稻、拟南芥和玉米的数据
TAED	http://www. bioinfo. no/tools/TAED	TAED(Adaptive Evolution Database,适应进化数据库)是一个基于系统发育的工具,用于比较基因组学
TIGR plant repeat database	http://www. tigr. org/tdb/e2k1/plant. repeats	植物基因组中的重复序列的分类
TIGR Plant Transcript Assembly Database	http://plantta. tigr. org	该数据库运用从 NCBI GenBank® 核苷酸数据库中收集的表达序列来进行转录本的组装。收集的序列包括 EST 和全长的和不完全的 cDNA,但是不包括通过计算预测的基因
TropGENE DB	http://tropgenedb. cirad. fr	一个管理热带作物的遗传信息和基因组信息的数据库

数据库名称	统一资源定位器(URL)	数据库描述
PLEXdb	http://www.plexdb.org	PLEXdb(Plant Expression Database,植物表达数据库)是植物和植物病原菌的基因表达的一个统一的公共资源,用作一个桥梁,来把新的、迅速膨胀的基因表达剖面数据集与传统的结构基因组学和表型数据进行整合
PLANTS Database	http://plants.usda.gov	植物数据库(PLANTS Database)提供有关美国及其领域范围的维管束植物、苔藓、地钱、金鱼藻以及地衣的标准化的信息
UK CropNet Databases	http://ukcrop.net/db.html	包括 6 个数据库[Arabidopsis Genome Resource(拟南芥基因组资源)、BarleyDB、BrassicaDG、CropSeqDB、Fogg-DB、MilletGenes]以及很多其他与植物有关的数据库的镜像

除了数据集成和可视化之外,一些数据库还提供管理和挖掘数据所需的特定工具,如植物 EST 聚类和功能注释、信号转导分析、农业植物和动物基因产物的功能分析、重复序列的分类、基于系统发育的比较基因组学工具以及植物蛋白酶抑制剂的检索(PIs)以及它们的基因。

一些数据库涵盖一组植物物种,如 GrainGenes 涵盖小麦、大麦、黑麦、黑小麦和燕麦,TropGENE DB 涵盖热带作物,PLANTS Database 涵盖美国及其领域范围的维管束植物、苔藓、地钱、金鱼藻和地衣。

一些数据库提供多种类别的信息,也提供多功能的工具。一个典型的例子是 ICIS,在前一节已经描述过它。作为另一个例子,Phytome 是一个在线的比较基因组学资源,在来自各种植物物种的公共可用的序列和图谱信息的基础上建立,重点在被子植物,或有花植物。它提供与各种系统发育基因组(phylogenomic)分析结果的连接。Phytome 被设计来促进模式和非模式植物物种中的功能基因组学、分子育种和进化研究。当前,Phytome 包括用于预测蛋白质序列(单肽("Unipeptides"))的系统发育信息和功能信息。将来的发展将结合基于序列的比较图谱分析的数据和工具。

有一些数据库支持比较生物学的功能。Gramene 是一个这样的数据库,用于禾本科植物的比较基因组作图,具有自动的和手工的管理来合并和互连关于基因组和 EST 序列、遗传图谱、物理图谱和基于序列的图谱、蛋白质、分子标记、突变体表型和 QTL 以及出版物的信息。作为一个信息资源,Gramene 的目的是为公共部门内部可用的数据集提供附加价值,它将促进研究者理解水稻基因组的能力,并且利用水稻基因组序列来识别和了解其他禾本科作物中相应的基因、途径和表型。这是通过建立水稻和其他禾谷类之间的自动化的和管理的关系来实现的。自动化和管理的关系是利用规范化词汇表和基于万维网的显示来查询和显示的。目前使用的规范化词汇表(语义学)包括基因语义学(Gene ontology)、植物语义学(Plant Ontology)、性状语义学(Trait ontology)、环境语义学(Environment ontology)和禾谷类分类语义学(Gramene Taxonomy ontology)。用于表型的基于万维网的显示包括基因和数量性状基因座(QTL)模块。在 Genomes 模块中基于序列的关系是利用由 Ensembl 改编而来的基因组浏览器显示的,在 Maps 模块中则利用来自 GMOD 的比较图谱查看器(comparative map viewer,CMAP),以及在 Proteins 模块中显示。BLAST 被用来搜索相似的序列。

一些站点是它们自己的数据库的主机,也是其他相关数据库的镜像。为了利用在英国开展的作物基因组作图中的广泛的工作而建立的英国作物生物信息学网络(UK Crop-Net)就是一个这样的例子。UK CropNet 包括 6 个数据库[Arabidopsis Genome Resource(拟南芥基因组资源)、BarleyDB、BrassicaDG、CropSeqDB、FoggDB、MilletGenes]。它也是很多其他的与植物有关的数据库的镜像(表 14.7)。

14.6.4　单个植物的数据库

表 14.9、表 14.10 和表 14.11 列出了特定植物的数据库。作为模式植物,拟南芥和水稻数据库被列在单独的表中。虽然大多数植物数据库在内容方面有相当大的差别,但是一个物种特异数据库的一般内容可能包括:①遗传学图谱和细胞遗传学图谱;②基因组探针,核苷酸序列;③基因、等位基因和基因产物;④表型、数量性状和 QTL;⑤品种、遗传材料及其他种质的基因型和系谱;⑥病理学和相应的病原菌、害虫和非生物胁迫;⑦作物和近缘物种的分类学;⑧同僚的地址和研究兴趣;⑨有关文献资料的出处。

表 14.9　拟南芥数据库

数据库名称	统一资源定位器(URL)	数据库描述
AGNS	http://wwwmgs. bionet. nsc. ru/agns	AGNS(Arabidopsis GeneNet supplementary,拟南芥基因网补充)数据库,提供对各种水平上已知的拟南芥基因的功能描述的访问——mRNA、蛋白质、细胞、组织的水平,以及最终在器官和生物体的水平上,在野生型和突变体背景中
AGRIS	http://arabidopsis. med. ohio-state. edu	拟南芥基因调控信息服务(Arabidopsis Gene Regulatory Information Serve,AGRIS)是拟南芥启动子序列、转录因子以及它们的目标基因的一个信息资源,目前包括两个数据库,AtTFDB(拟南芥转录因子数据库)和 AtcisDB(拟南芥顺式调控数据库)
拟南芥线粒体蛋白质数据库	http://www. plantenergy. uwa. edu. auapplications/ampdb/index. html	用实验方法鉴定的拟南芥线粒体蛋白质
拟南芥 MPSS	http://mpss. udel. edu/at	通过大规模并行签名测序检测的拟南芥基因表达
拟南芥核仁蛋白质数据库	http://bioinf. scri. sari. ac. uk/cgi-bin/atnopdb/proteome_comparison	人类和拟南芥的核仁蛋白质组的比较分析

续表

数据库名称	统一资源定位器(URL)	数据库描述
ARAMEMNON	http://aramemnon. botanik. uni-koeln. de	拟南芥穿膜(TM)蛋白质和转运蛋白的一个管理的数据库
ARTADE	http://omicspace. riken. jp/ARTADE	一个数据库,包括通过 ARTADE 阐明的转录结构,它以 tiling 阵列数据和基因组序列数据为基础,估计结构上未知的基因的外显子/内含子结构
ASRP	http://asrp. cgrb. oregonstate. edu	拟南芥小 RNA 计划的一个数据库
AtGDB	http://www. plantgdb. org/AtGDB	PlantGDB——植物基因组数据库和分析工具的一部分,为拟南芥提供一个方便的以序列为中心的基因组视图,主要集中于基因结构注释
AthaMap	http://www. athamap. de	拟南芥中推定的转录因子结合位点的基因组范围的图谱
ATTED-II	http://www. atted. bio. titech. ac. jp	一个数据库,以从微阵列数据和预测的顺式元件推断出的共同表达的基因为基础,提供共同调节的基因关系
DATF	http://datf. cbi. pku. edu. cn	拟南芥转录因子数据库(DATF),收集所有的拟南芥转录因子(共计 1922 个基因座和 2290 个基因模式),并将它们分类成 64 个家族
GABI-Kat	http://www. gabi-kat. de	一个基于侧翼序列标签(Flanking Sequence Tag, FST)的数据库,用于由 GABI-Kat 计划产生的 T-DNA 插入突变体
MAtDB	http://mips. gsf. de/proj/thal/db	MIPS(生物信息学研究所的植物基因组生物信息学)拟南芥数据库
NASCarrays	http://affymetrix. arabidopsis. info	诺丁汉拟南芥原种中心微阵列数据库
PLprot	http://www. pb. ipw. biol. ethz. ch/proteomics	拟南芥叶绿体蛋白数据库
RARGE	http://rarge. gsc. riken. jp	RIKEN 拟南芥基因组百科全书(RARGE),包括拟南芥 cDNA、突变体和微阵列数据
SeedGenes	http://www. seedgenes. org	拟南芥发育必需的基因
SUBA	http://www. suba. bcs. uwa. edu. au	拟南芥亚细胞数据库(SUBA),包括公共可用的蛋白质亚细胞定位数据,来自模式植物拟南芥的各种来源
TAIR	http://www. arabidopsis. org	拟南芥信息资源(TAIR),包含拟南芥基因组的数据

表 14.10　水稻数据库

数据库名称	统一资源定位器（URL）	数据库描述
稻属标签品系 （Oryza Tag Line）	http://urgi. versailles. inra. fr/ OryzaTagLine	一个数据库，组织从水稻（*Oryza sativa* L. cv. Nipponbare）T-DNA 插入品系库的表型表征得到的数据
BGI-RISe	http://rise. genomics. org. cn	北京基因组学研究所水稻信息系统（BGI-RISe），包括来自籼稻（*O. sativa* L. ssp. *indica*）的全面的数据，来自粳稻（*O. sativa* L. ssp. *japonica*）的基因组信息，以及可以从其他禾谷类作物中获得的 EST 序列。参照物理的/遗传的标记、cDNA 和 BAC 终端序列，已经进一步地把籼稻（93-11）的序列重叠群装配到兆碱基对大小的工作架里，并锚定到水稻染色体上。该水稻基因组已经对于基因含量、重复元件、基因重复（串联的和分段的）以及水稻亚种之间的 SNP 进行了注释
WhoGA	http://rgp. dna. affrc. go. jp/ whoga	WhoGA 是一个利用 GBrowse 网络服务器应用程序的水稻基因组注释查看器。除了预测的基因之外，WhoGA 也包括有或者没有 EST /全长 cDNA 支持的假基因的基因模型，基因在其中不能建模的区域（尽管显示出与已知基因的显著的同源性），以及通过单个基因预测程序预测的 ORF
IRIS	http://www. iris. irri. org	国际水稻信息系统（IRIS）是国际作物信息系统（ICIS，www. cgiar. org/icis）的水稻实施，ICIS 是一个数据库系统，用于管理和整合关于任何作物的遗传资源和作物改良的全球信息
MOsDB	http://mips. gsf. de/proj/plant/ jsf/rice/index. jsp	一个资源，用于公共可用的水稻（*O. sativa* L. ）基因组序列，来提供有关水稻基因和基因组的所有可用的数据，包括突变体信息和表达谱
OryGenesDB	http://orygenesdb. cirad. fr	一个水稻基因、T-DNA 和转座因子侧翼序列标签的数据库
Oryzabase	http://www. shigen. nig. ac. jp/ rice/oryzabase	一个综合的水稻科学数据库，最初的目的在于收集尽可能多的资料，从经典的水稻遗传学到最新的基因组学，从基本的信息到热门话题
RAP-DB	http://rapdb. lab. nig. ac. jp	水稻注释计划数据库（RAP-DB），提供对注释数据的访问。通过把注释链接到其他的水稻基因组学数据，如全长 cDNA 和 Tos17 突变系，RAP-DB 起着水稻基因组学的一个网络集线器的作用
RetrOryza	http://www. retroryza. org	RetrOryza 是一个数据库，旨在为研究机构提供关于水稻的长末端重复-逆转录转座子的最完全的资源
RAD	http://golgi. gs. dna. affrc. go. jp/SY-1102 rad/index. html	水稻注释数据库（RAD）是一个面向重叠群的数据库，用于水稻基因组计划的高质量的手工注释，它可以通过合并累积的 PAC/BAC 克隆来显示非冗余的重叠群分析

续表

数据库名称	统一资源定位器（URL）	数据库描述
RMD	http：//rmd. ncpgr. cn	水稻突变体数据库（RMD），包括通过一个增强子诱捕系统产生的大约 129 000 个水稻 T-DNA 插入（增强子诱捕）品系的信息
Rice Pipeline	http：//cdna01. dna. affrc. go. jp/PIPE	一个通用化工具，它动态地收集和编辑来自国家农业生物科学研究所（National Institute of Agrobiological Sciences, NIAS）的科学数据库中的数据，以便提供一个水稻的独特的科学资源，集中了公共可用的数据
水稻蛋白质组数据库	http：//gene64. dna. affrc. go. jp/RPD/main_en. html	水稻蛋白质组数据库
RiceGAAS	http：//RiceGAAS. dna. affrc. go. jp	水稻基因组自动化注释系统（RiceGAAS）
RMD	http：//www. ricefgchina. org/mutant	水稻突变体数据库

表 14.11　其他植物的数据库（不包括拟南芥和水稻）

数据库名称	统一资源定位器（URL）	数据库描述
芸薹属 BASC（Brassica BASC）	http：//bioinformatics. pbcbasc. latrobe. edu. au	BASC 系统提供遗传学数据、基因组学数据和表型数据的综合挖掘和浏览的工具，存储有关芸薹属物种的信息，支撑芸薹属基因组跨国测序计划（Multinational Brassica Genome Sequencing Project）
硅藻 EST 数据库（Diatom EST Database）	http：//www. biologie. ens. fr/diatomics/EST	来自两种硅藻，假微型海链藻（*Thalassiosira pseudonana*）和三角褐指藻（*Phaeodactylum tricornutum*）的 EST
ForestTreeDB	http：//foresttree. org/ftdb	一个集中了来自若干树种的大规模 EST 测序结果的资源
豆类信息（Legume Information）	http：//www. comparative-legumes. org	豆类信息系统（Legume Information, LIS），以前的苜蓿基因组系统计划（Medicago Genome System Initiative, MGI），是一个 EST 序列数据库和分析系统，支持诺布尔苜蓿基因组研究基础中心（Noble Foundation Center for Medicago Genome Research）的 EST 测序
MaizeGDB	http：//www. maizegdb. org	玉米遗传学和基因组学数据库（Maize Genetics and Genomics Database, MaizeGDB）是玉米序列、原种、表型、基因型变异和核型变异以及染色体作图数据的一个中央储存库。此外，MaizeGDB 还提供超过 2400 个玉米合作研究人员的联系信息，便于迅速扩大的玉米共同体的成员之间的相互联系

续表

数据库名称	统一资源定位器(URL)	数据库描述
MtDB	http://www. medicago. org/MtDB	蒺藜状苜蓿(*Medicago truncatula*)基因组数据库
NRESTdb	http://genome. ukm. my/nrestdb	天然橡胶 EST 数据库(Natural Rubber EST Database,NRESTdb)用作橡胶树的功能基因组学的一个分子资源
Panzea	http://www. panzea. org	Panzea 数据库包括由玉米基因组计划中的分子和功能多样性(Molecular and Functional Diversity in the Maize Genome project)产生的基因型、表型和多态性数据
PoMaMo	https://gabi. rzpd. de/PoMaMo. html	PoMaMo(Potato Maps and More,马铃薯图谱等),在德国植物基因组计划"GABI"内部建立,储存有关全部 12 条马铃薯染色体的分子图谱的信息(具有大约 1000 个作图了的元件)、序列数据、推定的基因功能、来自 BLAST 分析的结果、来自不同的二倍体和四倍体马铃薯基因型的 SNP 和 Indel 信息、出版物参考文献、以及与其他公共的数据库(如 NCBI 或 SGN,见下面)的链接
SGMD	http://psi081. ba. ars. usda. gov/SGMD/default. htm	大豆基因组学和微阵列数据库
SoyGD	http://soybeangenome. siu. edu	大豆基因组数据库(Soybean Genome Database,SoyGD)基因组浏览器,整合了公共可用的物理图谱、BAC 序列数据库以及与遗传图谱关联的基因组数据
TED	http://ted. bti. cornell. edu	番茄表达数据库
TIGR 玉米数据库(TIGR Maize database)	http://maize. tigr. org	公共可用的玉米基因组序列的一个储存库
TomatEST DB	http://biosrv. cab. unina. it/tomatestdb/	一个二级数据库,整合了从 dbEST 中收集的多个番茄物种的来自不同文库的 EST/cDNA 序列信息
大豆基因组(Soybean Genome)	http://www. soybeangenome. org	致力于共享和传播大豆基因组学以及基因组信息在大豆中的应用的所有方面的公共信息
BarleyBase	http://www. plexdb. org/plex. php?	BarleyBase是一个适应 MIAME 的并且用植物语义学(Plant Ontology)增强了的数据库 = 植物微阵列数据的大麦表达数据库
Dendrome	http://dendrome. ucdavis. edu	Dendrome 是国际林木育种界的林木基因组数据库及其他林木遗传信息资源的一个收集
TropGENE	http://tropgenedb. cirad. fr	一个数据库,管理由国际开发农业研究中心(法语的缩写为 CIRAD)研究的热带作物的遗传学的和基因组的信息,包括香蕉、可可、椰子、咖啡、棉花、油棕、水稻、橡胶树和甘蔗

续表

数据库名称	统一资源定位器(URL)	数据库描述
Cotton	http://www.cottondb.org	一个数据库,包括棉花(*Gossypium* spp.)的基因组的、遗传学的和分类学的信息。它既是一个档案性的数据库,又是一个可以纳入新的数据和用户资源的动态数据库
CyanoBase	http://bacteria.kazusa.or.jp/cyano	CyanoBase 提供有关蓝细菌基因组的序列和结构的全面注释数据的一个容易访问的方式
BeanGenes	http://beangenes.cws.ndsu.nodak.edu	一个植物基因组数据库,目前包括与菜豆(*Phaseolus*)和豇豆(*Vigna*)有关的信息
SGN	http://sgn.cornell.edu	SOL 基因组学网络(SOL Genomics Network,SGN)是一个面向种系分枝的数据库(Clade Oriented Database,COD),包括 Euasterid 种系分枝中的物种的基因组的、遗传学的和分类学的信息,包括茄科(如番茄、马铃薯、茄子、辣椒、矮牵牛)和茜草科(咖啡)
RAPESEED	http://rapeseed.plantsignal.cn	上海油菜籽数据库(Shanghai RAPESEED database),包括芸薹属(*Brassica napus*)的 EST、全长 cDNA、独特的基因表达序列分析(SAGE)标签、以及 EMS 突变体的信息
ICIS	http://www.icis.cgiar.org	一个数据库系统,提供有关作物改良和管理的全球信息的综合管理,既用于个别的作物,又用于耕作制度

　　作为一个模式作物,水稻具有高度多样化的数据库,它导致每个数据库包含特殊的信息,如突变体和 T-DNA 插入,或者充当一个特殊的功能,如注释和蛋白质组的分析(表14.10)。有两种与注释相关的数据库,一种面向重叠群,用于高质量的手工注释(RAD),另外一种提供一个系统来整合用于预测和分析编码蛋白质的基因结构的程序(Rice-GAAS)。从拟南芥数据库的列表(表14.9)中也可以看出单个物种内数据库多样化的迹象。

　　对于其他的植物数据库(表14.10),这里将简短地描述两个。MaizeGDB——玉米遗传学和基因组学数据库——为公共的玉米信息提供一个中央储存库,其显示信息的方式可以让研究人员很容易建立直观的生物学联系。它还提供一系列的计算工具,以一种易于使用的形式直接处理生物学家的问题。它的数据中心包括下列信息:数据中心、细菌人工染色体(BAC)、EST、基因产物、基因座、图谱、代谢途径、微阵列、overgos、人员/机构、表型、探针、QTL、参考文献、序列、SSR、原种、变异。在 CIMMYT,已经为小麦和玉米开发了两个作物专化的数据库(http://iwis.cimmyt.org/ICIS5/)。

　　Dendrome 是国际林木育种界的林木基因组数据库和信息资源的一个收集。Dendrome 是为主要作物和林木物种构建基因组数据库的一个更大的合作研究计划的组成部分。Dendrome 的主要的基因组数据库被称作 TreeGenes。TreeGenes 提供有关遗传图谱、DNA 序列、种质、标记、QTL 和 EST 的管理的信息。这个研究计划的目标是为图谱之间的比较提供一个改进了的界面,并整合表达数据和 EST 数据。

14.7　育种信息学的前景

　　将来的植物育种将主要由分子生物学和信息学驱动。育种效率将取决于育种家能够使用到多少信息,以及他们能够如何聪明地和有效地在他们的育种计划中使用它。

　　育种相关的数据库和信息系统必须被改进,使育种家更容易使用它们。育种家和其他学科的科学家之间缺乏相互了解将仍旧是一个主要的限制因素,因此信息管理系统和工具应该被改良,以便它们能够更容易地被育种家访问和使用。

　　有关数据库和信息学工具的巨大增长使得它们较少为大多数育种家所利用。这些资源的使用常常受到如下事实的阻碍:它们是为特定的应用领域而设计的,因而缺乏通用性。作为用户,育种家为了特定的目的必须访问很多不同的数据库,使用不同的工具软件包,取决于育种家研究的是哪种作物、他想要检索的信息类型以及想要执行的不同功能。因而,要知道如何访问和使用这些数据库就需要投入大量的时间和精力。

　　存储在中央数据库(如 KEGG、BRENDA 或 SABIO-RK)中的数据常常被限制在只读访问。如果研究人员想要存储他们自己的数据,要么必须开发他们自己的信息系统来管理数据,这可能是费时和费钱的,要么必须把他们的数据存储在现有的系统中,这常常是被限制的。从而,需要一种独特的信息系统来管理育种相关的数据。作为这种工作的一个例子,Weise 等(2006)设计了一个信息系统 META-ALL,提供代谢途径的管理,包括反应动力学、详细的位置、环境因素以及分类学信息。数据可以与质量标签(quality tag)一起存储,并且可以存储在不同的并行版本中。

　　由于很多信息系统和数据库是通过专门的基金计划开发的,这些计划通常仅仅持续一段特定的时间,因此它们变得过时了,并且得不到良好的支持。它们还可能被全然放弃。维护已经开发的数据库和工具需要连续不断的基金和技术支持,这几乎是不可能的,如果数据库的数目和信息学工具继续以目前的速度增长的话。一个方法是开发需要最少维护的数据库和工具,或者可以自动升级或更新的数据库和工具。另一个方法是为信息驱动的植物育种开发一个通用的数据库和信息学工具软件包,这需要世界范围的合作,通过一个全球的科学计划,以一种与人类基因组测序计划相似的方式。

　　开发一个通用的数据库或者一个所有数据库的数据库可能需要一种能够被所有的植物物种共享的通用语言。基因语义学和植物语义学计划代表了这种工作的一个好的开端。还需要另一种通用的语言,能够用于育种家、数据库管理者、生物信息学家、分子生物学家以及工具开发者之间的交流。在这样一种通用的数据库或语言的开发中,育种家应该是主要演员而不是旁观者。

　　　　　　　　　　　　　　　　　　　　　　　　　　(陈建国　王松文 译,华金平 校)

第15章 决策支持工具

分子育种涉及有利遗传变异的识别以及合乎需要的重组体的选择,它通过分子技术更加有效和高效地管理和利用遗传变异,包括两种主要的方法:标记辅助选择(MAS)和遗传转化。一般说来,MAS依赖于简单遗传的标记的可靠识别和应用,这些标记在遗传因子的内部或者非常接近于遗传因子,这些遗传因子影响对作物改良有重大意义的简单的、寡基因的和多基因的性状。从对来自遗传群体的个体进行表现型鉴定和基因型鉴定,到标记-性状关联的识别,以及最终将标记应用于分子育种计划,这个历程取决于很多决策支持工具的相继使用,这些决策支持工具促进分子生物学家、遗传学家、生物信息学家、性状专家和育种家之间朝着有效的学科间决策的方向的交流与合作。最终,分子育种计划将使MAS与各种不同的技术辅助的干预相结合,包括全基因组扫描、先进的生物统计分析以及数量遗传学建模,这些都将需要越来越复杂的工具软件。

有效的分子育种需要很多不同元件的谨慎的平衡,以便使时间、成本和遗传增益之间达到最好的折中:

(1)鉴定有利遗传变异的新的来源以及开发出稳健的标记-性状关联。

(2)管理和操作大量的基因型、系谱和表现型数据。

(3)通过表型信息和基因型信息(在时间和空间上)的最优组合来选择合乎需要的重组体。

(4)开发育种系统,使群体大小、世代数目以及总成本减到最小,同时使传统的和新的目标性状的遗传增益达到最大。

图15.1归纳了与分子育种产品交付有关的正向和反向遗传学方法。要管理和优化分子植物育种的很多组分需要决策支持工具。很多决策支持工具是软件。在英国生物学和生物医学研究的高质量国际互连网资源网关中(http://bioresearch. ac. uk/browse/mesh/D012984. html),有全部可用软件的一览表,其中一些与分子育种有关。洛克菲勒大学统计遗传学实验室也提供了遗传连锁分析的网络资源,各种软件按字母次序列出(http://linkage. rockefeller. edu/soft/list. html)。

本章提供了支持分子育种计划所需要的关键决策支持工具的一个概述,包括种质评价、育种群体管理、基因型×环境互作(GEI)、遗传图谱构建、标记-性状连锁和关联分析、MAS和育种系统设计及模拟。植物品种保护和育种信息管理分别在第13章和第14章中讨论了。

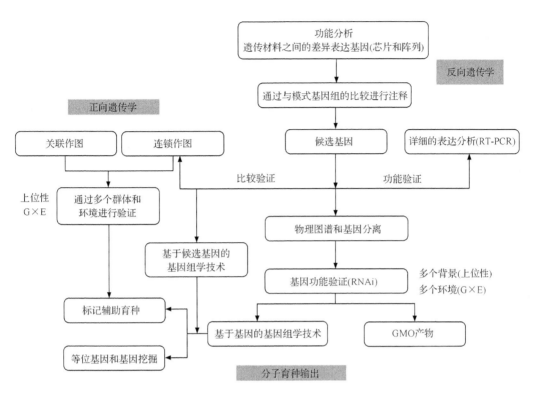

图 15.1　分子育种方法和输出的流程图。概括了本书中讨论的各种分子育种方法,包括正反向遗传学方法以及它们的关联的育种产品。每个步骤可能都需要决策支持工具。G × E:基因型×环境互作

15.1　种质和育种群体的管理与评价

种质收集和育种群体是作物改良中需要的基础材料。需要决策支持工具来管理和评价作物遗传资源和育种材料,包括遗传多样性和变异性分析,群体结构评价,以及对于杂交种作物来说,利用遗传多样性来确定杂种优势群和预测杂交种的表现。

15.1.1　种质管理和评价

遗传资源为所有的植物育种计划提供基础。高效的种质应用需要合适的抽样策略。遗传多样性分析以及它与目标性状的功能变异的关系是种质评价的基本依据(第 5 章)。来自栽培的和野生的亲缘植物的新等位基因和新基因提供了种质创新的引擎。然而,标记技术显著地提高遗传变异对于推动新产品开发的速度、精确性和效率的能力。

如同在第 5 章中讨论过的,GenBank 管理者使用许多方法来指导他们的种质收集和管理策略。与收集种质的地点有关的地理信息系统(GIS)数据是一个种质材料的标准描述(种质基本资料)的一个重要组分。植物育种家可以使用 GIS 数据来获得新的遗传资源被种植在其中的生态环境的宝贵信息。因此,从易干旱地区或重要病害的热点收集的遗传资源可能是作物改良计划的新的有益遗传变异的丰富来源。当收集的地点与地理位

置不相关联时,单独利用 GIS 数据可能会误导。然而,DNA 标记分析为 GIS 数据提供了宝贵的补充,因为它可以帮助建立类属关系(generic relationship)并估计遗传资源之间的遗传距离。因此,将 GIS 和 DNA 标记数据结合起来,可以有助于把种质筛选工作的重点按优先次序列出。

由于种质收集的规模已经增加,GeneBank 管理者已经试图使遗传资源分层,以便为育种家和研究人员提供代表一大部分总的遗传变异的少数登记材料(accession)。这导致了所谓核心种质(core collection)的建立(第 5 章)。育种家和研究人员通常将首先评价核心种质,以便鉴定带有他们想要的目标性状的高水平的登记材料,然后转而去从主要的收集中筛选亲缘关系紧密的种质。令人遗憾的是,核心种质充其量不过跟它所基于的数据一样好,它经常构成分类学描述符和农艺性状的一个相对小的数目。通过表现型、基因型和 GIS 数据的联合分析可以产生更加稳健的核心种质。然而,需要一个可以用于结合这些不同评价准则的工具。随着来自功能上表征了的基因和基因组区域的可用遗传信息越来越多,核心种质的构建还可以利用这种功能的多样性,而不是通过当前的大多数研究中使用的分子标记揭示的中性信息。以所有可能的数据类型为基础开发核心种质将需要强有力的新的计算工具。最终,种质使用者需要具备在线的动态选择工具,允许他们利用他们自己独特的评价准则,以所有可用数据的分析为基础来选择种质的一个子集。

标记辅助种质评价(marker-assisted germplasm evaluation,MAGE)将在与种质的采集/分发、维护和使用有关系的过程中起重要作用(Bretting and Widrlechner, 1995;Xu Y 2003;第 5 章)。高效的标记辅助种质管理依赖于若干关键资源的可用性(Xu Y, 2003),包括:①合适的遗传标记,用于表征等位基因数目、多态性信息含量(PIC 值)、等位基因大小和范围、信号强度、工作条件和倍增的必要信息;②高密度分子图谱,允许选择均匀地覆盖全基因组或密集地覆盖特定目标区域的标记;③已经建立的重要农艺性状的标记-性状关联;④高通量的基因型鉴定系统;⑤高效的数据管理和分析系统。此外,种质收集应该提供大量有关的登记材料用于目标研究。虽然所有有关的分析都可得到计算程序,如同在第 5 章中讨论过的,包括计算机模拟和重抽样(Xu et al., 2004),但是需要一个充分整合的、用户界面友好的图形窗口程序,来把所有这些功能集中在一起,以便推进通过种质评价的所有方面进行决策。

最近对种质收集的分子表征的强调以及随后在作物改良中对那些种质的利用,已经产生了很多生物信息学科研项目来开发新的工具以提高这种分析的能力和范围。模糊的种质鉴定、追踪系谱信息方面的困难以及跨越遗传资源的数据库的缺乏整合、表征、评价和使用,已经被认为是开发知识引导的种质创新程序的主要限制因素。

可视化工具使我们能够同时查看大量数据,识别我们的数据集中的内在模式。我们还需要分析工具来帮助寻找目标性状与个别标记或标记单倍型之间的关联,以及利用我们们的种质收集来寻找遗传多样性的模式。开发了 GENE-MINE(http://www. genemine. org;Davenport et al., 2004),把数据库开发、数据查询和可视化、计量方法和计算方法等方面的专家汇集在一起,来开发新的工具,用于通过分子标记表征的种质收集的分析。在 GENE-MINE 项目中,开发了一个通用信息系统,用于研究大规模种质收集数据库之间的关系,这些数据库来自 GeneBank 材料,如分子标记数据、性状表现型、种质基本资料和环境数据。该系统用一个通用模型来把性状、遗传数据和分子数据这样的特性与种质材料的数据关联起来。用户能够利用来自种质查询语言(germplasm query language,GQL)(结构化查询语言的扩展)的术语来进行查询。GQL 允许定义数据库中没有存放的专家查询术语(specialist query term)。对于种质分析,这些可能包括系谱术语(如祖父母或祖先)、地理术语(如接壤的国家),以及标记术语(如单倍型)。

种质分析的图形工具被认为对于 GENE-MINE 及其他类似的工具是必不可少的,包括:①地理学工具,可以显示种质登记材料的来源和遗传多样性的分布;②单倍型工具,显示基因型信息;③图形工具,可以显示系谱和系统演化树或网络(图形包含闭合回路,它可用于表示生物之间的遗传交换);④图谱工具,显示遗传标记在有关的连锁图谱上的分布;⑤绘图工具,可以显示散点图,如成对种质登记材料和主分量之间的多样性距离的散点图(Davenport et al.,2004)。

Borevitz 等(2003)开发了一个高通量平台,用于鉴定复杂基因组中的单特征多态性(single feature polymorphism,SFP)。这是以拟南芥基因组的 DNA 对一种 RNA 表达基因芯片(GeneChip)的杂交为基础的。他们的信息学分析涉及到开发分析工具,通过对参考生态型 Columbia 和 Landsberg *erecta* 的比较来鉴定 4000 个 SFP。利用一个线性聚类算法以 5% 的出错率来识别 111 个转座子、抗病性基因和涉及次生代谢的基因中代表潜在的缺失的 SFP。在作物中,以来自水稻的两个亚种(籼稻品种‘93-11’和粳稻品种‘日本晴’)的基因组序列为基础,已经建立了一个基因组范围的水稻 DNA 多态性数据库。这个数据库包含 1 703 176 个单核苷酸多态性(SNP)和 479 406 个插入/缺失(Indel),大约在水稻基因组中每 268bp 一个 SNP,每 953bp 一个 Indel(Shen et al.,2004)。

若干商业软件或免费软件,如 STATISTICA、JMP、SAS、NTSYS、GENEFLOW、STRUCTURE 和 POWERMARKER,可以用于种质评价,包括用来鉴定不同的群或群体的主成分或主坐标分析、用来发现群体结构的聚类或结构分析。STRUCTURE 是由 Pritchard 等(2000a)开发的,它运用多位点基因型数据来研究群体结构,可用于推断不同群体的存在、将个体分派到群体、研究杂种带(hybrid zone)、鉴定迁移者和混合的个体,以及在很多个体为迁移者或被混合的情况下估计群体等位基因频率。它可以用于大多数常用的遗传标记。

POWERMARKER(http://www.powermarker.net)作为一个软件包,对从一套种质登记材料中收集的标记数据进行统计分析,提供了标记数据的一个数据驱动的综合分析环境(integrated analysis environment,IAE)。该 IAE 将数据管理、分析和可视化集成在一个用户友好的图形界面中。它加快了分析过程,使用户能够在整个过程中保持数据的完整性。POWERMARKER 处理来自大多数常用遗传标记的各种各样的数据,包括简单序列重复(SSR)、SNP 和限制性片段长度多态性(RFLP)。结果可以作为频率、距离和树被导出。各种各样的数据可以通过 POWERMARKER 进行分析。它的概括统计量包括基本统计、等位基因和基因型频率、单倍型频率、Hardy-Weinberg 不平衡、两位点连锁不平衡和多位点连锁不平衡。结构分析包括群体分化检验、经典的 F 统计量、群体专化

的 F 统计量和共祖系数矩阵(co-ancestry matrix)。在系统发育分析中,在计算了频率和基于频率的距离之后,利用自举法可以获得树结构。可以通过单位点病例对照检验、单位点 F 检验和单倍型趋势回归(haplotype trend regression)来进行关联分析。

有若干软件包用于处理和分析对种质登记材料所收集的数据。由 van Berloo(1999)开发的 GRAPHICAL GENOTYPES(GGT)软件允许用户将分子标记数据转换成简单的多色染色体图。除了图示之外,GGT 还可以用于标记数据的选择或过滤。POPDIST 计算很多不同的遗传特性(genetic identity)、系统发育重建测度(phylogeny reconstructing measure)和距离重建测度(http://genetics. agrsci. dk/~bg/popgen/)。ADEGENET 是一个致力于分子标记数据的多元分析的软件包(http://pbil. univ-lyon1. fr/software/adegenet/)。这个软件包与 ADE4 有关,ADE4 是一个用于多元分析、绘图、系统发育和空间分析的 R 程序包。

对 DNA 序列变异进行探索,用于对群体中的进化过程做出推断,最近变得越来越重要,需要“一套核苷酸分析程序”(a Suite of Nucleotide Analysis Programs, SNAP; http://www. cals. ncsu. edu/plantpath/people/faculty/carbone/snap. html)的协同实施,每个分析程序受到特定的假设和限制条件的约束。开发了一个工作台工具(workbench tool),使现有的群体遗传学软件更方便使用,并促进新工具的整合,用于分析系统发育中DNA 序列变异的模式。SNAP 工具可以共同作为理论和应用群体遗传学分析之间的一个桥梁(Aylor et al. , 2006)。

15.1.2　育种群体管理

需要管理育种群体的决策支持工具来帮助进行亲本品系、杂交类型以及育种系统特性的选择。计算工具还可以帮助建立和维护杂种优势群、选择品系用于创造综合品种、预测子代和杂种的表现;以及监测群体改良过程中基因组的分布。

建立杂种优势模式

优势很强的杂交种的产生,非常依赖于潜在亲本的种质库中是否具有足够的遗传多样性。然而,在很多作物中仍然不可能根据亲本品系的分析来预测杂种优势的水平。例如,商业玉米杂交种一般是由来自互补的杂种优势群的自交系之间杂交产生的。因此,对于很多作物来说,构建或培育杂种优势群是杂交种育种的关键策略之一。然而,发展到更加确定的系统来预测每个杂种优势群中哪些基因型应该被杂交以便使杂种优势达到最大,在很多作物中仍然是不可能的。

在全基因组尺度上对亲本品系进行基因型鉴定,特别是当基于基因的标记可用时,可以提供一个在分子水平上建立亲本-杂交种表现的关系的机会。在某些作物中基因组范围的杂合性和等位基因的特定组合可能是使杂种优势最大化的有用的决定因素。Melchinger 和 Gumber(1998)提出一种多阶段方法来鉴定杂种优势群(第 9 章)。确定杂种优势模式是一个连续的过程,其中每一轮包括三个步骤:①聚类分析,用来鉴定广泛的杂种优势群;②配合力和杂种优势分析,用来确定杂种优势的模式;③更新和保持杂种优势群。用于鉴别杂种优势群的工具通常与种质分类和归组中使用的那些相同。

预测杂交种的表现

一个成功的杂交种培育过程取决于对亲本基因型及其遗传组合和互作在杂交种中的重要性的全面了解。杂交种育种包括两个主要过程:培育亲本品系和选择那些亲本品系的最佳组合用于杂种生产。这些过程涉及田间评价、测交和后裔测定的大量工作。育种家必须不断地决定测试哪些试验性的单交种、推荐哪些高级杂种去做进一步的试验或商业化以及用哪些亲本进行杂交来形成自交系/群体培育的新的基础群体(Bernardo,1999)。因而,对于所有与杂交种有关的自交系培育,需要大规模的测交。测交可以在育种过程中的很多阶段进行,经常开始于第一代。这个"对全部进行尝试以找到最佳"的过程消耗了大部分的育种工作,但是目前没有可替代的办法,因为在大多数作物中杂交种的表现是高度不可预测的。因此,在所有的杂交种育种计划中预测杂交种的表现始终是一个主要的目标。

预测单交种的表现的方法将极大地提高杂交种育种计划的效率。建立可靠的方法,利用标记数据和标记与表型数据相结合用于预测杂交种的表现或杂种优势,而不必产生和测试数百或数千个单交组合,这一直是很多研究的目标,尤其在玉米和水稻中。考虑到杂交种的表现肯定受很多基因控制,因此在全基因组尺度上对亲本品系进行基因型鉴定,特别是当使用基于基因的标记时,提供了在分子水平上建立亲本-杂种表现关系的机会。基因组范围的杂合性和等位基因组合分析可以为培育杂种优势更强的杂交种提供一些线索。因此,利用亲本的基因型鉴定可以降低基于测交的表型鉴定分析所需要的水平。

最佳线性无偏预测(BLUP)方法已经被用于评价动物(特别是奶牛)的遗传价值(genetic merit)达数十年。传统上一直把群体内的加性遗传模型用于动物育种中的 BLUP(Henderson,1975)。Bernardo(1994;1996)在玉米育种中使用 BLUP,利用群体间遗传模型,该模型既涉及一般配合力又涉及特殊配合力,结果表明 BLUP 对于单交种表现的常规预测是有用的。随后可以用预测的单交种表现来预测 $F_2 \times$ 测交组合、三交或双交的表现。与系谱关系一起,BLUP 方法可以利用性状数据,或者同时利用性状和标记数据,来进行预测。

在一个育种计划内的一些特殊情况下,需要选择性基因型鉴定(selective genotyping)和合并 DNA 分析(pooled DNA analysis)的工具,如第 7 章和 Xu 等(2008)所述。GENEPOOL (http://genepool.tgen.org/)是一个这样的软件包,它提供了分析工具,利用基于 SNP 的基因型鉴定微阵列来检测合并的基因组 DNA 与对照之间相对等位基因频率的漂移。GENEPOOL 支持来自 Affymetrix 和 Illumina 的基因型鉴定平台(Pearson et al.,2007)。另一个软件是 PDA(POOLED DNA ANALYSER),一个用于分析合并的 DNA 数据的工具(http://www.ibms.sinica.edu.tw/~csjfann/first%20flow/programlist.htm; Yang H C et al.,2006b)。

除了上面介绍的用于种质和育种群体管理与评价的工具之外,知识产权和植物品种保护也需要决策支持工具。第 13 章提供了关于分子标记如何可以用于这个目的的一节。

15.2 遗传作图和标记-性状关联分析

利用分子标记构建遗传图谱(第 2 章)以及在标记-性状关联分析中利用这些图谱(第 6 和第 7 章)是 MAS 需要的两个必须预先具备的步骤。目前有大量的方法和工具可用于各种类型的群体和标记。在本节中,仅仅讨论这些工具中的一些,同时,我们期望开发更多的工具用于新的作图策略和标记以及新的群体类型。

15.2.1 构建遗传图谱

如第 2 章所述,对于具有不同倍性水平的物种,可以利用不同类型的分离群体来构建遗传图谱。最早的和最常使用的图谱构建软件是 MAPMAKER/EXP,它是由 White-head Institute 开发的(Lander et al., 1987)。几乎所有以第一代分子标记 RFLP 为基础的分子图谱都是利用这个软件构建的。作为一个替代方案,MAP MANAGER CLASSIC 是一个作图孟德尔遗传位点的图形界面的人机对话程序,利用试验植物或动物中具有共显性标记的杂交、回交或重组自交系(RIL)(Manly, 1993; http://www.mapmanager.org/mapmgr.html)。

为了利用具有严重偏分离(distortion of segregation)的标记来构建图谱,可能需要一些特殊的统计学修正。MAPDISTO(web/ftp: http://mapdisto.free.fr/)是一个这样的程序,用于作图偏分离情况下的遗传标记,利用试验的分离群体比如回交、双单倍体(DH)和 RIL 群体。它能够:①通过一个图形接口计算和绘制遗传图谱;②便于由配子或合子的生活力差异而导致显示偏分离的标记数据的分析。

通过联合作图可以将来源于不同杂交的多个群体的图谱或者数据合并成单个的或者一致的图谱。JOINMAP 是一个软件包,用于对几种类型的作图群体构建遗传连锁图谱:BC_1、F_2、RIL、F_1-衍生的 DH 和 F_2-衍生的 DH 以及异花授粉的全同胞家系(http://www.kyazma.nl/index.php/mc.JoinMap/)。它可以把若干来源的数据合并到一个整合的图谱里,还具有若干其他的功能,包括确定连锁群,自动确定异花授粉全同胞家系的连锁相、若干诊断法和绘制图谱(van Ooijen and Voorrips, 2001)。

一个具有比较功能的软件包是 CMAP,它是作为一个基于网络的工具开发的,允许用户查看遗传图谱和物理图谱的比较。该软件还包括管理图谱数据的工具(http://www.gmod.org/cmap; Ware et al., 2002)。

15.2.2 以连锁为基础的 QTL 作图

目标性状/基因和分子标记之间证实的连锁/关联是以遗传连锁和连锁不平衡(LD)作图试验为基础的(第 6 章和第 7 章)。基因型-表现型关联需要的决策支持工具包括:①统计方法和工具,利用可以从跨越年份、季节和地点的多个试验中获得信息的单群体、多群体或者全部遗传资源,通过连锁作图、LD 或者关联作图以及计算机作图(*in silico* mapping,),来建立、验证和比较基因型-表现型关联;②统计方法和工具,用于鉴别遗传背景效应、多个位点上的数量性状位点（QTL）等位基因和一个位点上的复等位基因；③促进从连锁标记到功能标记和候选基因的过程的工具；④促进遗传群体、图谱和相关标记数据和表型数据的管理的工具。

　　有很多商业软件或免费软件可以用于建立标记基因型和性状表现型之间的关联。最常用的是 QTL CARTOGRAPHER、MAPQTL、PLABQTL 和 QGENE。所有这些软件仅仅处理二等位基因的群体，而 MCQTL（Jourjon et al.，2005）还可以进行多等位基因情况下的 QTL 作图，包括由分离的亲本构成的双亲本的群体，或者双亲本的、二等位基因群体的集合。20 世纪 80 年代和 90 年代期间最经常使用的软件是 MAPMAKER/QTL，它是由 Lander 等（1987）开发的 MAPMAKER/EXP 的一个姐妹软件包（http：//www-genome. wi. mit. edu/genome_software）。这个软件是以利用区间作图得到的标记和表现型之间连锁的最大似然估计为基础的，它处理简单的 QTL 和若干标准的群体。另一个早期的软件包 MAPL（MAPping and QTL analysis；http：//lbm. ab. a. u-tokyo. ac. jp/software. html；Ukai et al.，1995）使用户能够得到有关分离比率、连锁测验、重组值、连锁群标记、按照多维尺度对标记排序、绘制图谱和图示基因型等方面的结果，并且通过区间作图和方差分析（ANOVA）进行 QTL 作图。

　　目前广泛使用的一个 QTL 作图软件是 QTL CARTOGRAPHER（http：//statgen. ncsu. edu/qtlcart/cartographer. html），它执行若干同时利用多个标记的统计方法，包括复合区间作图和多重复合区间作图。还可以估计识别的 QTL 之间的互作。PLABQTL 使用复合区间作图，具有与 QTL CARTOGRAPHER 相似的很多功能。可以定位和表征通过自交或 DH 产生的双亲本杂交群体中的 QTL。简单区间作图和复合区间作图是利用一种快速的多元回归方法进行的。作为其他很多软件包所没有的一个额外的功能，它可以用于 QTL×环境互作分析（Utz and Melchinger，1996）。

　　QGENE（http：//www. qgene. org/）用于以分析人员使用最多的高效率的计算方法来进行 QTL 作图数据集的比较分析。它也被编写成具有插件的程序结构，便于扩展。QGENE 大约开始于 1991 年，当时是作为一个图谱和群体模拟程序，QTL 分析被加入到这个程序中。最近已经用 Java 语言对 QGENE 进行了改写，使它能够在任何计算机操作系统上运行。它提供大多数常规的 QTL 作图方法并且允许它们的并排比较。它的界面可以被翻译成任何想要的人类语言；该转换仅仅需要有兴趣的用户编写一个转换文件。QGENE 可以用于性状的分析、QTL 和排列以及群体和性状的模拟。

　　若干软件包可以用于在异交植物物种中构造连锁图谱。ONEMAP 提供了这样一个环境，利用来源于两个异交（非近交的）亲本植株的全同胞家系（http：//www. ciagri. usp. br/～aafgarci/OneMap/；Garcia et al.，2006）。另一个是 MAPQTL（用于计算 QTL 在遗传图谱上的位置的软件，http：//www. mapqtl. nl），它可以用于几种类型的作图群体，包括 BC_1、F_2、RIL、（加倍）单倍体和异交物种的全同胞家系。它可以用于 QTL 的区间作图、复合区间作图和非参数作图，具有自动选择辅助因子和排列检验的功能。

　　少数作图软件考虑了 QTL 作图中的上位性。EPISTACY 是一个 SAS 程序，用来检验所有可能的两位点组合对一个数量性状的上位性（互作）效应。该程序实际上是一个 SAS 程序模板，用户必须对它进行修改以便适合他们自己的数据集。在最简单的情况下，用户仅仅需要改变包含他们数据的文件的名称。然而，该程序使用最小二乘法而不使用区间作图法（Holland，1998）。

近年来贝叶斯 QTL 作图已经得到很多关注，开发了一些软件包。例如，开发了 BQTL（Bayesian Quantitative Trait Locus mapping，贝叶斯数量性状位点作图），用于来自品系间杂交和 RIL 的遗传性状的作图（http://hacuna. ucsd. edu/bqtl；Borevitz et al. ，2002）。它进行：①多基因模型的最大似然估计；②通过拉普拉斯逼近（Laplace Approximation）的多基因模型的贝叶斯估计；③遗传位点的区间作图和复合区间作图。开发了 BLADE（Bayesian LinkAge DisEquilibrium mapping，贝叶斯连锁不平衡作图），用于 LD 作图的单倍型贝叶斯分析（http://www. people. fas. harvard. edu/～junliu/TechRept/ 03folder/；Liu et al. ，2001；Lu X et al. ，2003）。MULTIMAPPER 是一个贝叶斯 QTL 作图软件，用于分析来自自交系的设计杂交试验的回交、DH 和 F_2 数据（Martinez et al. ，2005）。MULTIMAPPER/OUTBRED 将这个软件扩展到来源于异交品系的群体（http://www. rni. helsinki. fi/～mjs/）。

一些作图软件可用于一些特殊需要的 QTL 作图，如 MCQTL，用于在多个杂交和群体中同时进行 QTL 作图（http://www. genoplante. com；Jourjon et al. ，2005）。它允许对来源于自交系的常见群体进行分析，并且通过假定全部群体中的 QTL 位置相同，来将家系联系起来。此外，当使用多个有亲缘关系的家系时，可以使用 QTL 效应的一个双列杂交模型。再如 MAPPOP，用于通过从作图群体中选择好的样本和在预先存在的图谱上定位新的标记，来进行选择性作图（selective mapping）和框架作图（bin mapping）（Vision et al. ，2000）。此外，还开发了 QTLNETWORK，用于作图并直观化来源于两个自交系之间杂交的试验群体的复杂性状的内在遗传结构（http://ibi. zju. edu. cn/software/qtl-network；Yang et al. ，2008）。

随着基于网络的工具变得越来越重要，已经可以使用基于网络的 QTL 分析工具了。作为这种软件的一个例子，开发了 WEBQTL，这是一个交互的网站，可用于探索数以百计的研究者使用老鼠重组自交系的参考面板（reference panel）在 30 年的期间内收集的成千上万表现型的遗传调整（modulation）（http://www. webqtl. org/search. html）。WEBQTL 包括跨越 35 个以上小鼠品系获得的密集的、核对过错误的遗传图谱，以及广泛的基因表达数据集（Affymetrix）。QTL EXPRESS 是一个基于网络的用户友好的软件，用于对异交群体进行作图（http://qtl. cap. ed. ac. uk；Seaton et al. ，2002），这个软件是为品系间杂交、半同胞家系、核心家系（nuclear family）以及同胞对开发的。它为 QTL 显著性检验提供了两个选项：①排列检验（permutation test），用来确定经验显著性水平；②自举法（bootstrapping），用来估计 QTL 位置的经验置信区间。可以配合固定的效应/协变量，并且模型可以包括单个 QTL 或多个 QTL。

15.2.3　eQTL 作图

随着很多植物物种中全基因组序列的可利用性,连锁分析、图位克隆(positional cloning)和微阵列逐渐成为揭示表现型与基因型或基因之间的联系的有力工具。为了显示 e 性状(eTrait)、标记与基因之间数不清的关系,我们需要便利的生物信息学工具来直观化各种尺度上的 eQTL 作图结果,从单个位点到整个基因组。另外,研究人员需要快速和简易的方法来把这些结果与在该生物上以前的研究中得到的额外的信息整合起来。为了满足这些需要,eQTL Explorer 软件应运而生(Mueller et al.,2006),用来在关系数据库中存储表达谱、连锁数据和来自外部来源的信息,通过 Java 图形接口使我们可以同时对合并的数据进行可视化和直观的解释。Zou 等(2007)开发了一个基于网络的工具,eQTL Viewer,来对 eQTL 作图结果绘图。产生的图在单个视图中显示成千上万个 e 性状的 eQTL,它使得顺式和反式调控这样的模式容易被识别。它们还使这种图具有显示注释、突出特征以及按照生物类群(如生化途径)来组织 e 性状的能力。所有这些特性使得 eQTL Viewer 成为一个直观的和信息丰富的环境,用来发现和了解基因组范围的转录调控模式。

由 Bhave 等(2007)开发的一个网站——PhenoGen,可用于寻找控制复杂性状的候选基因,以微阵列试验差异表达基因的共同出现或者表型 QTL(phenotypic QTL)和表达 QTL 的共同出现为基础。PhenoGen 必须知道在 QTL 区域之内存在多少个候选基因,根据已知的文献报告和那些候选者的详细信息以及表明它们的候选资格(candidacy)的相关报告。Xiong 等(2008)开发了一个软件工具——PGMAPPER,用于通过合并来自 Ensembl 数据库的作图信息和来自 OMIM(http://www.ncbi.nlm.nih.gov/sites//entrez?db=omim)的基因功能信息以及 PubMed 数据库(http://www.ncbi.nlm.nih.gov/sites//entrez)自动地将表现型匹配到基因,该基因来自一个确定的基因组区域或者一群给定的基因。PGMAPPER 现在可用于搜索人类、小鼠、大鼠、斑马鱼和 12 种其他物种的候选基因。

15.2.4　基于连锁不平衡的 QTL 作图

关联作图或 LD 作图已经变得越来越流行(第 6 章)。它运用非结构化的群体,这些群体由没有亲缘关系的个体、种质登记材料或者随机选择的品种组成。在 LD 作图之前,要对基因型鉴定的单元进行统计分析来消除最重要的因子——群体结构,它可以导致归因于间接的相关性而不是真实连锁的假阳性关联。例如,STRUCTURE 软件(Pritchard et al.,2000a)可以用于这个目的。已经开发了一些 LD 作图的软件包,这些软件包具有分析群体结构的功能。STRAT 是 STRUCTURE 的一个伙伴程序,它将一种结构化的关联方法用于 LD 作图,即使在有群体结构的情况下也能够进行有效的病例对照研究(http://pritch.bsd.uchicago.edu/software/STRAT.html;Pritchard et al.,2000b)。

基于 LD 的 QTL 作图

TASSEL 是一个综合的软件包,用于通过关联、进化和连锁对性状进行分析。它进行各种遗传分析,包括 LD 作图、多样性估计以及计算 LD(http://sourceforge. net/projects/tassel/; Zhang Z et al. , 2006)。基因型和表现型之间的 LD 分析可以通过一般线性模型或混合线性模型来进行。一般线性模型允许用户分析复杂的田间设计、环境的互作和上位性。混合模型专门用来处理在多种亲缘关系水平(包括系谱信息)上的多基因效应。这些分析允许在各式各样的植物和动物物种中进行 LD 分析。

其他的软件包括复等位基因的等位基因不平衡分析软件(Multiallelic Interallelic Disequilibrium Analysis Software,MIDAS),它用来分析和可视化复等位基因标记之间的等位基因不平衡(http://www. genes. org. uk/software/midas; Gaunt et al. , 2006),以及 PEDGENIE(http://bioinformatics. med. utah. edu/PedGenie/index. html; Allen-Brady et al. , 2006),它是作为分析任意大小和结构的家系中遗传标记和性状之间的关联和传递不平衡(TDT)的一个通用工具开发的。利用 PEDGENIE,可以把任何大小的系谱结合到这个工具中,从独立的个体到大的系谱。独立的个体和家系可以被一起分析。

GENERECON(http://www. daimi. au. dk/~mailund/GeneRecon/)是利用溯祖理论(coalescent theory)进行 LD 作图的另一个软件包。它是以使用动物中的高密度标记图谱进行精细尺度的 LD 作图的贝叶斯马尔可夫链蒙特卡罗方法为基础的。GENERECON 明确地对一个疾病位点附近的病例染色体的样本的系谱建模。给定基因型或单倍型信息形式的病例和对照数据,它估计很多参数,最重要是疾病位置(Mailund et al. , 2006)。

基因组范围的关联作图

现在正在广泛地进行基因组范围的关联(GWA)研究,来发现遗传性变异与人类中的常见疾病以及植物中的农艺性状之间的联系。理想地,一个效率最佳的 GWA 研究将涉及对成千上万个体的数十万 SNP 的测定。由这些试验产生的海量数据对分析提出了很高的要求。在这种数据的分析过程中有很多重要的步骤,其中有许多可能存在若干瓶颈。在进行 LD 检验之前,数据需要被导入和检查,以便进行初始的质量控制。结果的评价可能涉及更进一步的统计分析,如排列检验,或者关联标记的更进一步的质量控制;又如,复审原始的基因型鉴定强度。最后,显著的关联需要被优先考虑,使用功能的和生物学的判读方法、浏览可用的生物学注释、途径信息和 LD 的模式(Pettersson et al. , 2008)。Pettersson 等(2008)开发了一个 GWA 研究的分析和可视化的综合工具 GOLDSURFER2(GS2)。GS2 是一个交互式的和用户友好的图形应用程序,可用于 GWA 项目的所有步骤中,从原始数据的质量控制和分析到结果的生物学评价和验证。该程序是在 Java 中执行的,可以在所有的平台上使用。利用 GS2,可以对非常大的数据集(如 500K 标记和 5000 个样本)进行质量评价、快速分析并与基因组的序列信息整合。可以选择候选 SNP 并进行功能评价。

为 GWA 研究开发的其他工具包括 GENOMIZER(一个独立于平台的 Java 程序,用于 GWA 试验的分析;http://www.ikmb.uni-kiel.de/genomizer)、PLINK(一个全基因组 LD 分析工具集;http://pngu.mgh.harvard.edu/purcell/plink;Purcell et al.,2007)、MAPBUILDER(用于染色体范围的 LD 作图;http://bios.ugr.es/BMapBuilder;Abad-Grau et al.,2006)以及两阶段设计的关联分析的功效计算器(CATS),它为二阶段 GWA 研究计算功效和其他有用的参数(http://www.sph.umich.edu/csg/abecasis/CaTS)(Skol et al.,2006)。

大规模 GWA 研究的结果正在以越来越高的频率储存在公共数据库中。但是分析和解释 GWA 数据集的现有软件可能难以使用(Buckingham,2008)。迫切需要用户友好的软件来提供新的方法,使得 GWA 数据集易于探索和在研究人员之间分享,以及设计分析软件,来处理由这些数据集提出的越来越多的计算需求。

集成的单倍型和 LD 分析

大量 SNP 数据的分析在单倍型分析以及它们与目标性状的关联方面产生了困难。通常用相当简单的方法(如两个或三个 SNP 滑动窗口)来在大的区域上产生单倍型,但是当相邻的 SNP 处于强的 LD 并且具有冗余信息时这些方法的价值可能是有限的。最近 SNP 数据和单倍型的遗传分析已经得到越来越多的关注,已经为单倍型分析开发了各种软件包,这些软件包有时与 LD 分析结合起来。

HAPLOBUILD(http://snp.bumc.bu.edu/modules.php? name＝HaploBuild),是为构造和检验彼此的物理距离非常近、但不一定连续的 SNP 的单倍型而创建的(Laramie et al.,2007)。包含在单倍型中的 SNP 的数目是不限制的,因此可以对复杂的单倍型结构进行评价。

HAPLOVIEW(http://www.broad.mit.edu/personal/jcbarret/haploview)通过提供与单倍型分析有关的若干任务的一个公用接口,来简化和加速这种分析的过程。目前 HAPLOVIEW 允许用户考查块结构、在这些块中产生单倍型、进行关联检验、并以很多格式保存数据。所有的功能是高度可定制的(Barrett et al.,2005)。

HAPSTAT(http://www.bios.unc.edu/~lin/hapstat/)是一个用户友好的软件接口,用于单倍型-疾病关联的统计分析。HAPSTAT 允许用户通过使(观测数据)似然函数达到最大来估计或检验单倍型效应和单倍型-环境互作,该似然函数正确地解释了连锁相的不确定性和研究设计。当前的版本考虑了截面的(cross-sectional)、病例对照的和同龄组(cohort)的研究。

其他相关的软件包括:

(1) DPPH(完美系统发育单倍型鉴定的直接法;http://wwwcsif.cs.ucdavis.edu/~gusfield/dpph.html;Bafna et al.,2003);

(2) EHAP(检测单倍型和表现型之间的关联;http://wpicr.wpic.pitt.edu/WPIC-CompGen/ehap__v1.htm);

(3) HAPLOBLOCK,为单倍型分块识别、单倍型解析和 LD 作图提供综合方法的一个软件包,适合于高密度的、已知连锁相或未知连锁相的 SNP 数据(http://bioinfo. cs. technion. ac. il/haploblock);

(4) HAPLOT,用于图示化呈现单倍型块结构、标签选择的 SNP 和 SNP 变异的一个简单程序(Gu et al. , 2005);

(5) HAPLOREC,以群体为基础的单倍型鉴定软件(Eronen et al. , 2004);

(6) HAP,是进行疾病关联研究的一个单倍型分析系统,也是基于不完善的系统发育这个假设的一种连锁相分析法(http://research. calit2. net/hap)。

15. 2. 5　基因型×环境互作分析

为了最好地将遗传效应从环境效应和它们的互作中分离,在传统的和分子的育种计划中统计方法是最重要的(第 10 章)。当为非生物胁迫耐受性研制 MAS 系统时这些方法变得更加重要,其中,举例来说,种质必须在干旱或者低氮条件下被测试。在胁迫条件下,种植植物的土壤变得极其可变和不均匀,因此从环境效应中分离遗传效应要比正常情况下难得多。

各种方法有助于基因型-环境系统的表征(Cooper et al. , 1999)。基因型×环境互作(GEI)分析非常需要综合的决策支持工具:①开发田间试验设计,确定环境的目标总体(TPE)和基因型;②对各种田间条件评价 GEI,确定具有可以忽略的交叉互作效应的基因型和地点的子集,从其中可以鉴定出具有类似的响应的地点和基因型的亚群,以便使选择响应达到最大;③对目标性状的重要组分性状的 QTL 和 QTL×环境互作(QEI)进行作图;④为表型数据和分子标记数据研制一个选择指数,以便选择最佳的基因型用于下一轮的选择;⑤将环境的和(或)基因型的变量结合到统计模型里,以便解释 GEI 的原因(在干旱下土壤的物理条件和化学条件可能是重要的,可能是 GEI 的主要原因);⑥研究与目标性状有关联的作物基因型的遗传多样性;⑦对那些性状进行 LD 作图;⑧从微阵列试验中研究在目标条件下的基因表达。

将最重要的试验环境分类到大环境需要决策支持工具,然后大环境将确定合适的TPE。以这些环境的分类为基础可以发展育种策略,用于更高效和迅速地实现针对那些特定环境的遗传增益。此外,把气候变量(环境的特性)和分子标记(基因型的特性,如QTL)结合到统计模型里,促进了 GEI 的原因的鉴别,因此有助于 QEI 的解释。这允许解释、理解和利用 GEI 及 QEI,并且允许对影响一个性状的染色体区域的鉴别,这些性状高度受外部气候条件的影响。这还促进具有可以忽略的、遗传的交叉效应的环境的归组,以及没有基因型交叉 GEI(genotypic crossover GEI)的基因型的聚类。

Podlich 和 Cooper(1998)开发了 QUGENE 软件,用于进行作物育种中 GEI 的数量遗传分析,这个软件已经成为育种计划中越来越广泛使用的一个决策支持工具。最近,由Crossa 等(2006)提出的一个统计模型结合了系谱信息(通过亲缘系数)用于对 GEI 建模时检验基因型。这个模型可用于进行更高效的 LD 作图研究以及计算机 QTL 检测。在各种各样的模型之中,混合线性模型在计算机 QTL 连锁和 LD 作图的过程中是基本的。这个决策支持工具正在通过整合全植株生理学模型进一步地改善。

15.2.6　比较作图和一致图谱

在过去的几十年中,利用不同的功能标记和分子标记方法在多种物种中已经产生了大量的基因组数据。为了揭示这些独立的实验中包含的信息的全部潜力,研究人员需要高效的和直观的手段来鉴定共同的基因组区域和基因,这些区域和基因涉及跨越不同条件的目标表型性状的表达。试验者们试图应用很多不同的 QTL 研究,但是在概括、相互关联和集成这些研究方面面临复杂的问题。用于构建 QTL 一致图谱(consensus map)的工具可以在为一个性状指定一个一致 QTL 位置之前对数据进行泛分析(extensive analysis)或元分析(Sawkins et al.，2004；Arcade et al.，2004)。

CMTV(Comparative Map and Trait Viewer,比较图谱和性状查看器；Sawkins et al.，2004)作为一个直观的和可扩展的框架,用于整合各种各样的基因组数据。该软件组分利用由国家遗传资源中心(National Center for Genetic Resources)开发的 ISYS(Integrated SYStem)整合平台(Siepel et al.，2001)来访问和直观化图谱数据,并且使信息(如种质系谱关系)互相关联。CMTV 是以多个基因组图谱的对象的集合之间算法上确定的一致性为基础的,并且可以显示跨越分类单元的共线性区域,将来自独立试验的图谱合并到一个一致图谱里,或者将来自不同图谱的数据投射到一个共同的坐标框架里。作为这样一个例子,Schaeffer 等(2006)使用过一个一致 QTL 图谱的策略,它平衡 MaizeGDB 中的高度管理的数据,特别是很多的 QTL 研究和图谱在一个共同的坐标系上与其他的基因组数据结合。此外,他们利用了一个系统的 QTL 命名法,以及在 20 世纪 90 年代中期发展的超过 400 个玉米性状的一个层次的归类；将该分级结构的主要节点与禾谷类作物的一个比较作图数据库 Gramene(http://www.gramene.org)上的性状语义学比对。对于一个性状类别——对害虫的反应(80 个 QTL)、两个性状——谷粒产量(71 个 QTL)和籽粒重(113 个 QTL)给出了一致图谱,代表了超过 20 个独立的 QTL 图谱集,每个图谱集 10 个染色体。该策略独立于种质,反映了可能被选择的任何性状关系。

将基因和表型性状关联起来的一个系统化的方法也已经被实践了,这个方法把文献挖掘与比较基因组分析结合。内在的原理是共享一个表现型的物种可能共享与相同的生物过程相联系的直系同源基因,因此基因和性状两者跨越物种的存在和不存在之间的相关性应该表明有关的基因型-表现型关联(Korbel et al.，2005)。在涉及 92 种原核生物基因组的一个全局分析(global analysis)中,从反映物种表型相似性的 MEDLINE 文献数据库中检索出 323 个簇(cluster),总共包含 2700 个显著的基因型-表现型关联。一些簇主要包含已知的关系,如涉及运动性(motility)或者植物退化的基因,经常具有额外的与那些表现型相联系的假设的蛋白质。其他的簇构成不能预料的关联,如一个与食物和腐坏相关的组群被联系到一些基因,这些基因预计涉及细菌性食物中毒。在该簇之中,观察到与致病性相关的关联的富集,表明这个方法揭示了可能在传染性的疾病中起作用的很多新奇的基因(Korbel et al.，2005)。

对标记-性状关联研究兴趣的迅速增长已经导致植物中大量的报告,每个以它自己的试验群体为基础。每个试验受规模的限制,并且通常局限于单个群体或单个杂交,种植在特定环境中。如同由 Xu Y(2002)所指出的那样,对于研究人员来说,在对基因和性状进行命名和报道时遵循一般的规则是重要的。举例来说,这便于通过 QTL 研究结果的元分析(Goffinet and Gerber,2000)或者原始数据的联合分析(Haley,1999)来综合来自若干研究的信息。扩展当前的数据库来包含来自基因作图项目的原始数据将促进这个工作。另外,很多永久性群体已经在国际间被共享用于基因组的研究,原始的表现型和基因型数据应该也同时被共享。以来自 IR64 和 Azucena 之间杂交的一个 DH 群体为基础的一个水稻 RFLP 图谱已经用大约 1000 个 SSR 标记饱和(Chen et al.,1997;Temnykh et al.,2000;McCouch et al.,2002)。然而,在 SSR 标记被发展之后多年,从事 QTL 作图的研究人员仍然沿用一个仅仅包含 175 个 RFLP 标记的分子图谱。显然,通过牢固建立起来的数据库,如 Gramine 或者 GrainGenes 来共享标记和表现型信息已经使得所有来源的数据更加有价值。

一个标准的报告系统对于比较基因组学、QTL 等位性测验、数据共享和挖掘以及主效基因和 QTL 之间的关联也是很重要的。如同由 Xu Y(2002)所讨论的那样,一个标准的标记-性状关联系统应该包括等位基因表征数据,如等位基因大小、基因效应、由每个基因或者模型中的全部基因解释的变异、基因互作(如果多于一个基因被识别)、GEI(如果多于一个环境被涉及)。遗传信息应该被共享,并且与植物育种中产生的数据相结合,如种质多样性、作图群体、系谱、图示的基因型、突变体及其他遗传材料。

最后,开发了一个综合的工具,Rosetta Syllego 系统(http://www.rosettabio.com/products/syllego/;Broman et al.,2003b),作为一个遗传数据管理和分析系统来推进全基因组连锁、LD 和 eQTL 研究。为生物学家、统计遗传学家和负责产生基因型数据的研究者而设计,Syllego 系统为我们提供一个易于使用的项目工作空间,以便我们可以组织、分析和共享基因型和表现型数据以及分析结果。利用 Syllego 系统,产生高质量的分析数据和有意义的结果就变得简单了。它使全部繁重的数据管理和数据格式化任务自动化,以致利用精选的分析方法可以使遗传分析工作流程流线化。管理全部遗传数据和参考信息是简单的。Syllego 系统转换公共的和私有的基因型数据集和参考性注释,如 dbSNP(http://www.ncbi.nlm.nih.gov/projects/SNP/)和 HapMap(http://www.hapmap.org/),以及个别的(样本)信息到单个、一致的储存库里,用于快速、便利的访问。

15.3　标记辅助选择

MAS 是分子育种的主要活动之一(第 8 章和第 9 章)。它需要各种各样的决策支持工具,包括那些用于前景选择和背景选择的,以及鉴别具有有利等位基因和等位基因组合的重组体的。然而,到目前为止只有少数工具可用于一些 MAS 流程。开发全功能的 MAS 决策支持工具仍然面临许多挑战。

大规模的 MAS 将产生庞大的数据,这些数据集需要被分析以及与其他类型的数据结合起来,以便在短的时间窗内(如在营养期到开花期的 4 个星期内,或者从收割到种植下一季的期间)作出选择决策。因此,为了加快这个过程,同时保持准确性和精确性,决策支持工具是必不可少的。虽然已经开发了很多用于辅助种质评价、遗传作图和 MAS 的工具,但是它们要么独立地工作,依赖于不同的操作系统,要么需要不同的数据格式,这就不可能完成综合的数据分析来使结果为育种家所用,在短时间内做出决策。

15.3.1　MAS 方法和实施

有很多因素影响 MAS 的效率。理论上,当一个性状的遗传率低时,在 QTL 和 DNA 标记之间有紧密连锁的情况下(Dudley, 1993;Knapp, 1998),利用较大的群体大小(Moreau et al. , 1998)以及在选择早期世代,在标记-性状关联被重组浸蚀之前(Lee, 1995),预计 MAS 的效率高于表型选择。Edwards 和 Page(1994)认为标记和 QTL 之间的距离是由 MAS 获得的增益的一个最大的限制因素。Lande 和 Thompson(1990)中的一个例子说明,在单个性状上,综合利用分子信息和表型信息进行选择的潜在的选择效率取决于性状的遗传率、与标记位点有关的加性遗传方差的比例以及选择方案。如果加性遗传方差的一大部分与标记位点有关联,则对于遗传率低的性状来说 MAS 的相对效率是最大的。

决策支持工具对于下列与 MAS 有关的过程是需要的:①确定前景选择/背景选择的最小样本容量;②估计遗传增益(对选择的响应);③构建选择指数用于多个性状和全基因组选择;④每个渐渗世代上选择的个体的受体基因组含量的估计和图形显示;⑤根据表现型和基因型鉴别合乎需要的植株;⑥成本效益分析;⑦用于 MAS 和模拟的软件(利用全部可利用的信息)。

对利用遗传模型来模拟 MAS 的软件的开发一直有很浓厚兴趣。早期的工作价值有限,如 GREGOR 仅仅以预先确定的遗传连锁图谱为基础来模拟 MAS,因此它对于育种方案中 MAS 的模拟价值有限。程序 GREGOR 实现了基本原理,但是交互式的使用以及它仅仅模拟一些预先确定的遗传连锁图谱的事实限制了它对于育种计划的模拟的价值。

Frisch 等(2000)开发了一个用于 MAS 计划的模拟的工具 PLABSIM。该软件可用于研究不同的群体大小、标记密度和位置以及选择策略对育种产品的遗传组成的影响,以及对需要的标记数据点的数目的影响。它具有下列特征:①可以对在任意数目的染色体的任意位置上具有任意数目的位点的二倍体基因组进行模拟;②实现的繁殖方案包含全部常见的繁育体系;③一个任意数目的选择步骤可以与一个选择策略结合;④选择可以对确定的位点上的基因型进行,或者对于由若干位点上的等位基因频率计算的选择指数进行;⑤可以对大量的遗传参数分析模拟数据,包含群体大小、标记密度和位置及对于育种产品的遗传组成的选择策略,以及所需要的标记数据点的数目。

为了把各种不同的工具集成到一个共同的平台里来推动它们在作物改良中的有效使用,iMAS(www. generationcp. org)是一个初步的努力,创建一个公共可用的计算平台,来辅助标记辅助育种的发展和应用。iMAS 目前集成了可用的免费软件,从个体的表现型鉴定和基因型鉴定到与性状连锁的标记的识别和应用。

其他的 MAS 工具包括:①POPMIN,一个用于标记辅助回交计划中群体大小的数值优化的程序(Hospital and Decoux, 2002);②BCSIM,回交模拟软件,用于评价标记辅助的回交计划(http://www.plantbreeding.wur.nl/UK/software_bcsim.html);③GGT,图示基因型软件,允许用户将分子标记数据转换成简单的彩色染色体图(van Berloo,1999)。

15.3.2　标记辅助的自交系和综合品种培育

对于开放授粉的作物,通过选择的无性繁殖系或者自交系间杂交来培育综合品种,该品种通过开放传粉来进行制种。对于自花受粉作物,综合品种是不同纯系的混合物。用来培育综合品种的育种方法取决于培育优良的纯系和无性繁殖系的可行性。对于像玉米这样的物种,综合品种的自交系是通过培育杂交种所使用的相同方法来培育的。对于很多饲料作物,自交衰退太严重以至于不能形成自交系,但是亲本可以容易地通过无性繁殖来保存和繁殖。在综合品种的培育过程中要考虑的因素包括:①群体的构成;②各个自交系/无性繁殖系本身的评价;③自交系/无性繁殖系的配合力的评价;④试验的综合品种的评价;⑤制备种子用于商业用途(Fehr,1987)。

可以通过混和由 MAS 培育的自交系或者通过混合来源于 MAS 的任何阶段的单株来培育综合品种(Dwivedi et al.,2007)。随着全部选择的个体或者自交系的跨越全基因组的基因型信息的可利用,需要支持工具来促进培育综合品种,以便包含互补的基因型、固定的杂合性以及遗传结构的最佳组合。

15.4　模拟和建模

随着分子生物学和生物技术的快速发展,重要育种性状的大量生物学数据变得越来越可利用,这反过来允许以多种来源的信息为基础进行选择。然而,如同前面几节所讨论的,由于缺乏合适的工具,可利用的信息没有在作物改良中有效地使用。在本节中,将讨论通过模拟和建模来进行的植物育种,包括利用大量的和多样的信息,通过将模拟和建模结合到育种计划里来开发和升级各种不同的决策支持工具。

15.4.1　模拟和建模的重要性

育种性状的基因组学信息的累积已经使得模拟和建模越来越切实可行和重要,因为计算机模拟可以帮助研究很多"如果怎样就会怎样"的杂交和选择方案,允许在一个短时期中对很多的方案进行计算机检验,这反过来帮助育种家作出重要的决策,以便最小化和最优化高度资源需求的田间试验。随着发表的各种性状的基因和 QTL 数目的持续增加,举例来说,植物育种家面临一个挑战:如何最好地将这些大量的信息用于作物改良。虽然数量遗传学为育种计划中使用的选择方法的设计和分析提供了大部分框架(Falconer andmackay,1996;Lynch and Walsh,1998;Goldman,2000),但是在数量遗传学中设立了各种各样的假设来使理论在数学上或者统计上易于处理。这些假设中的一些可以通过一定的试验设计来容易地检验或满足;其他的,如没有连锁、没有复等位基因以及没有 GEI 的假设,可能难以满足。其他的假设,像存在或者不存在上位性和多效性,则在统计上难以定义和检验。计算机模拟提供一个工具来研究放宽一些假设的意义以及它对一个育种计划的实施的影响(Kempthorne，1988)。计算机模拟提供一个机会，通过调节这些因素来减少这些假设的影响，因此提高遗传模型在植物育种中的使用的有效性。当育种家想要比较不同选择策略的育种效率、利用已知的基因信息预测杂交的表现以及在育种中有效地利用鉴定的主效基因和 QTL 时，这个方法将是非常有帮助的。

由于重要的农艺性状显著地受环境影响，整株生理学模型(whole-plant physiology modelling)正在变得越来越重要，用于将复杂性状剖分到它们的组分里，以及理解那些组分如何彼此相互作用和贡献于不同环境条件中的总的性状表达。利用对组分性状的基因组学分析，整株生理学模型提供了分子遗传学和作物改良之间的一个关键性环节。对内在的生理学过程具有通用方法的作物模型(Wang et al.，2002)提供了通过模拟分析连接一个计算机植株或者虚拟植株的表现型和基因型的手段(Tardieu，2003)。用这种方法有可能剖析适应性性状的生理基础，并且通过建模确定它们在整株水平上的调控。

一个植株需要关于它的环境以及它与那个环境相互作用的信息，并且运用那些信息来决定它的适应性反应，该反应导致植株表现型。现在整株建模领域中的很多工作都旨在理解和辅助作物改良(Cooper et al.，2002a；Chapman et al.，2002；2003；Hammer et al.，2002；Yin et al.，2003；Wang et al.，2004；Yin X et al.，2004；Wang J et al.，2005)。有三个领域，在其中作物建模可以帮助对提高植物育种效率的方案的作用进行计算机评价(Cooper et al.，2002a)：①表征环境以便定义环境的目标总体；②评价特定的假定性状(putative trait)在改良株型方面的价值；③增进分子遗传方法的整合。从而，植物育种家可以提出问题，从如何最好地利用田间表现数据，到如何将基因效应或功能的知识应用于一个复杂 TPE 中的选择。

15.4.2　模拟中使用的遗传模型

多个数学形式(mathematical formalism)已经用来对遗传的以及，更一般地说，代谢的网络建模。例子包括：①布尔(ON/OFF)网络；②Petri(并行信息流)网；③S-系统(由化学动力学推动的连续时间模型)；④微分方程模型；⑤神经网络模型；⑥贝叶斯网络(Welch et al.，2004)。虽然有这样广泛的努力，但是很少把注意力集中于预测植物育种家所关心的表现型或者集中于集成多个环境因素的影响。

利用比较简单的遗传模型进行的模拟已经被用于植物育种中很多特殊的研究(Casali and Tigchelaar，1975；Reddy and Comstock，1976；van Oeveren and Stam，1992；van Berloo and Stam，1998；Frisch and Melchinger，2001)。然而当它被用于涉及复杂性状的遗传模型时，结果是不确定的。Coors(1999)总结了许多玉米籽实产量的轮回选择的发表的研究。我们可以从 Coors 对发表的研究的综合中得出概要，强烈地表明这个性状的实现的选择进展大大低于预测的响应。对于大多数涉及应用育种的人来说这个结果是不令人吃惊的。然而，这个量化的观测结果促使我们考虑由传统的数量遗传学理论得到的预测和从应用育种中得到的实现的响应之间的差异的可能原因。

一个作物可以对于各种不同尺度上的过程进行分析:群落、群体、植株、器官、组织、细胞以及向下到分子水平。White 和 Hoogenboom(2003)确定了 6 个水平的遗传细节用于模拟,来阐明品种之间植株生长发育中的差异。

(1) 没有参考物种的遗传模型。

(2) 没有参考基因型的物种专化的遗传模型。

(3) 由品种专化的参数代表的遗传学差异。

(4) 由特定的等位基因代表的遗传学差异,基因作用和基因效应通过对模型参数的线性效应给出。

(5) 由基因型代表的遗传学差异,基因作用被明确地模拟,以基因表达的调控和基因产物的作用的知识为基础。

(6) 由基因型代表的遗传学差异,基因作用在调节基因、基因产物及其他代谢产物的相互作用的水平上被模拟。

最前面两个水平存在于早期的作物模型中,对于仅仅需要物种的遗传表示(genetic representation)的模型,这两个水平仍然被使用。大多数当前的作物模型在水平 3。水平 4 对应于 GeneGro Version 1(White and Hoogenboom, 1996)和基因效应的线性模型中使用的方法,水平 5 在 GeneGro Version 2(Hoogenboom and White, 2003)的物候学子程序中被部分地表现,以对基因作用的认识为基础。水平 6 的可行性被含蓄地在模式生物中的单细胞生物(如 E-CELL)中考虑了(Tomita et al., 1999),它可以促进我们对细胞生物化学和基因调控的理解,但是当前的应用还远远不能提供对一个植株的生长进行模拟的能力,即使简化到少数主要的细胞类型并且维持在一个稳定的环境中(White and Hoogenboom, 2003)。最后三个水平代表了涉及更高水平的遗传细节和生化细节的一连串方法。

为了研究基因网络的行为以及它们对生物发育和进化过程的影响,Cooper 等(2005)开发了 $E(NK)$ 模型,如同在第 10 章中讨论过的,它是由 Kauffman(1993)引入和使用过的 NK 基因网络模型的扩展。van Eeuwijk 等(2004)提出了各种统计模型用于分析多环境试验数据,这些模型的差别在于额外的遗传、生理以及环境的信息被结合进模型组成中的程度不同。他们的模型从最简单的仅仅具有加性的双向方差分析的模型到复杂的模型,涉及多个 QTL 模型和一个生态生理模型的综合,该生态生理模型描述许多基因型的反应曲线。在这些极端的模型之间,他们讨论了线性-双线性模型,其参数只能间接地与遗传的和生理的信息有关,以及因子回归模型,它们允许在基因型因素和环境因素的水平上直接结合显式的遗传、生理和环境协变量。

Hammer 等(2005)探索了复杂性状的生理剖分和综合建模是否能够以一种可以提高高粱中分子育种策略的功效的方式将表现型的复杂性与内在的遗传系统联系起来。这个方法被用于 4 个主要的适应性性状(物候学、渗透性的调节、蒸腾效率和持绿性)。假定 3~5 个基因与每个性状相关联,每个位点有两个等位基因,以加性的方式起作用。结果表明使用作物生长发育模型框架能够以提高分子育种策略的功效的方式将表现型复杂性和内在的遗传系统联系起来。环境的表征和生理学的知识有助于剖析和解释数据中的基因和环境背景依赖性,以及以基因效应估计值为基础来模拟一系列的 MAS 育种策略。

QTL 作图可以将表现型剖分成内在的遗传因子,但是它对于在一组环境因素或者管理措施中检测到的 QTL 在一组新的条件中如何表现的预测能力是有限的(Stratton,1998)。生态生理模型提供了对影响 GEI 的因素的了解(Tardieu,2003),但是它也有助于确定对环境变化的响应差异的遗传基础。生态生理模型与遗传作图结合,为建立以 QTL 为基础的作物生理学模型提供了机会,这可能是分析依赖于复杂环境的产量相关性状的遗传基础的有效方法。例如,研究人员利用这个方法预测了大麦中的比叶面积(specific leaf area)(Yin et al.,1999),高粱中对氮的持绿性响应(Borrell et al.,2001),玉米中叶片生长对温度和水分亏缺的反应(Reymond et al.,2003)以及大麦中开花前的持续时间(Yin et al.,2005)。通过消除基因和环境背景依赖性,有可能设计育种策略,经过几轮的选择后提高产量改良的速率。Messina 等(2006)把一个生态生理模型(CROPGRO-Soybean)与一个线性模型结合起来,该线性模型作为 E 位点(E-loci)的一个函数预测品种专化的参数。这个方法预测成熟期方差的 75%,产量方差的 54%,说明农业基因组学数据可以被有效地用于预测品种表现和改善作物育种系统。

基因型到表现型(genotype-to-phenotype,GP)模型,作为育种设计的一个主要组成部分,描述不同的基因型如何与环境相互作用来产生不同的表现型(Cooper et al.,2005)。利用来自基因、核心种质以及基础亲本的信息,当与生物学特性和目标环境的育种目标相结合时,可以模拟和优化育种程序和选择方法,可以预测合乎需要的基因型和培育新品种的概率。

不同作物基因组之间的比较揭示了高水平的相似性,看起来很有可能将一个作物中的基因作用模型推广到植物学上同一个科中的其他作物(如在豆类之间或者禾谷类作物之间)。然而,Helentjaris 和 Briggs(1998)指出,在玉米中鉴定在其他物种中描述过的基因的同系物(homologues)的工作已经证明比最初预期的要困难得多。一个问题是单个物种可能具有多个序列相似而功能不同的基因。

如果基因组学的进展加深我们对 GP 关系和 GEI 的了解,将来有可能建立更加逼真的遗传模型(Bernardo,2002;Cooper et al.,2005)。可能必须在一个按指数增长的知识库的背景中重新评价关于以 GP 模型为基础的育种策略的优缺点的结论。这个信息将有助于确定基因数目和基因对表现型的效应。此外,常规的植物育种提供了关于性状遗传率和相关性的大量信息。这种信息一旦确定,将有助于确定机误、连锁和多效性效应(pleiotropic effect)。此外,作物生理学模型也可以帮助调整育种建模的遗传模型(Reymond et al.,2003;Yin X et al.,2004;Hammer et al.,2005)。White 和 Hoogenboom(2003)讨论了以基因为基础的建模中的一些实际问题,包括如何存取遗传数据和分子数据,哪些物种、性状以及什么尺度和细节水平要被建模,来自动物系统的结果对于植株生物学的相关性,以及如何确保作物建模者、遗传学家和分子生物学家之间的有效合作。

15.4.3　一个用于遗传学和育种的模拟模块:QULINE

一般地,育种是通过杂交和从子代中选择来进行的。由于有机会对作物表现进行预测,以及对想要的基因型×环境×育种方案组合进行显式计算机建模,育种在其角色方面发生了转变。当模型系统(或者其他信息丰富的系统)成为建模的有用工具时,育种家本身成为模型的试验者。一旦表现型×基因型×环境模型通过明确的育种试验被验证,任务就是通过不同作物的育种计划来推动模型本身。进行这类模式转变的一个吸引人的工作是 QUantitative GENEtics(QUGENE;www. pig. ag. uq. edu. au/qu-gene)系统。

QUGENE 是遗传模型的数量分析的一个模拟平台,它通过它的二阶段结构提供机会来开发一个实际育种计划的通用模拟程序(Podlich and Cooper,1998)。第一阶段是引擎,它有两个作用:①定义基因型×环境(GE)系统(即模拟试验的全部遗传信息和环境信息);②产生个体的起始群体(基础种质)。第二阶段包括应用模块,它的作用是在由引擎定义的 GE 系统之内研究、分析或操纵个体的起始群体。应用模块通常代表一个育种计划的操作。引擎内部的核心模型可以结合由 GE 系统的表征揭示的性状构造的许多特征。它包括多个性状和具有不同效应的 QTL、基因组位置信息(如由分子图谱提供的)、基因网络内部的上位性、差异性基因表达、GEI 以及 TPE 内部的结构。Cooper 等(1999)提供了这个方法用于常规的表型策略和 MAS 策略之间的比较的一个例子。

利用 QUGENE 软件,通过结合生理的约束条件开发了一个育种模块用于高粱,并且通过连接到农业生产系统模拟器(Agricultural Production System Simulator,APSIM)耕作制度模型来实施(Keating et al.,2003;http://www. apsru. gov. au)。这个模块可用于模拟育种品系在一个给定环境中的表现,并推断长期选择对很多育种周期和季节的影响。另一个由世代挑战计划(Generation Challenge Programme)支持的科研项目将 QU-GENE/APSIM 与干旱下玉米叶片生长的 QTL 数据联系起来。这些科研项目旨在将建模工具交付到分子育种家及其他研究人员的手里,来扩大它们的使用范围和影响,尤其对于像耐旱性这样的复杂性状(Dwivedi et al.,2007)。

作为 QUGENE 的一个应用模块,QULINE 是在国际玉米小麦改良中心(CIMMYT)被开发的,专门用于小麦育种计划的模拟。它是一个计算机工具,能够定义一系列的遗传模型,从简单到复杂,并模拟培育最终的改良品系的育种过程。模拟表明它可用于最优化育种方法和提高育种效率。QULINE 可用于集成具有复等位基因的不同基因,这些基因在上位性的网络之内起作用,以及差异性地与环境相互作用,并且预测对一个特定杂交应用了一个真实的选择方案之后的结果(Wang et al. 2003,2004)。能够用 QULINE 来进行模拟的育种方法有混合选择、系谱系统(包括单粒传)、集团群体系统、回交育种、顶交(或者三向杂交)育种、DH 育种、MA 以及这些方法的很多组合和变体。

QULINE 具有为海量的生物学数据与育种家对最优化选择增益和效率之间的查询提供一个桥梁的潜能。它已经被用来比较两种选择策略(Wang et al.,2003),研究显性和上位性对选择的影响(Wang et al.,2004),利用已知的基因信息预测杂交的表现(Wang J et al.,2005)以及最优化 MAS 来有效地聚合多个基因(Kuchel et al.,2005;

Wang J et al. , 2007)。

通过定义育种策略,QULINE 将复杂的育种过程转化为计算机能够理解和模拟的方式。QULINE 允许同时定义好几个育种策略。然后该程序在第一个育种周期为所有定义的策略开始相同的虚拟杂交,包括相同的初始群体、杂交和基因型以及环境系统,允许合适的比较。定义 QULINE 中的一个育种策略来包括一个完整的育种周期中涉及的全部活动,如杂交、种子繁殖和选择(Wang and Pfeiffer, 2007)。一个育种周期以杂交为起点,当选择的改良品系变成作为新的亲本的杂交部件时结束。一个基因型的基因型值是以基因作用的定义为基础计算的。表型值和家系平均数由基因型值及其关联的误差(环境偏差)派生而来。利用全部定义的表型值和基因型值,QULINE 然后根据表型值进行家系内选择,根据家系平均数进行家系间选择。

为了在 QULINE 中进行模拟,必须定义种子繁殖的类型来说明来自前一轮选择或前一个世代的一个保留的家系中的中选植株如何被繁殖来产生种子,用于当前的一轮选择或世代。Wang 和 Pfeiffer(2007)定义了种子繁殖的 9 个选项,它可以按照增加遗传多样性(不包括 F_1)的次序被显示为:①无性繁殖系(无性生殖);②DH(双单倍体);③自交(自花受粉);④单交(两个亲本之间的单交);⑤回交(与两个亲本之一的回交);⑥顶交(与第三个亲本杂交,又名三向杂交);⑦双交(两个 F_1 之间杂交);⑧随机交配(一个家系中选择的植株之间随机交配);⑨非自交(随机交配,但是自花授粉被淘汰)。F_1 的种子源自于初始群体(或者杂交部件)中的亲本之间的杂交。QULINE 从一个定义的初始群体中随机地确定每个杂交的母本和父本,或者,人们可以从杂交部件中选择一些偏爱的亲本。用来鉴定这种偏爱的亲本的选择标准可以根据杂交部件(称为 F_0 代)内部的家系间和家系内选择描述符来定义。通过使用种子繁殖类型的参数,如果不是全部至少大多数自花授粉作物中的种子繁殖方法可以在 QULINE 中被模拟。

15. 4. 4 模拟和建模的将来

在模拟和建模中有一些实际的实施问题要解决,包括:①交流和培训,这是将建模和模拟与真实的育种计划相结合所需要的,通过其他科学家的介入,包括育种家、农学家和遗传学家;②数据收集的标准化和文档编制,用于表型的、环境的和基因组的信息,需要通过科研项目被执行;③与其他胁迫因素少得多的育种环境相比,选择中以及目标环境内存在的意外而巨大的变异需要更加全面的数据收集;④当建模和模拟涉及越来越多的因素时,应该以更多的数据维数(包括更多的地点、样本和重复)来进行数据生成和收集。

实际应用经常要求作物建模者着重经济产量的模拟。胁迫反应中涉及的一组性状也是值得考虑的。当允许对植物的反应和基因表达进行准确调控的时候,特定的胁迫反应可能主要是生存机制。因此,尽管它们的研究可以提高植物生存的模拟,但是结果可能难以与生长和分配的基本过程的模拟相关联(White and Hoogenboom, 2003)。创新的模拟模型将填补分子的和常规的植物育种之间的空隙,并且将鼓舞战略研究和战术的育种决策(www. generationcp. org/sccv10/sccv10_upload/modelling_links. pdf)。模拟模型集成了关于基因和更简单的性状之间相互作用的分子信息,允许对更复杂的性状(如耐旱性和产量)进行实际的预测。

　　开发和实施复杂性状的一个设计引导的育种系统,需要更加注意精确性表现型鉴定、生态生理建模以及标记验证,来确保稳健性和选择的功效。这些途径需要一系列学科的反复而系统的整合,包括建模者、生理学家、遗传学家、育种家以及分子生物学家。然而,本节中评述过的最早的初步研究表明在知识引导、设计推动的植物育种中一个新的模式是一个切实可行的方案,并且第一次,基因组学可以最终实现它对复杂性状育种的潜在影响(Dwivedi et al.,2007)。

　　虽然很多关于基因、等位基因、基因序列和基因组序列以及相关的信息的公共数据库是由遗传学家和分子生物学家维持的,但是生理学家和建模者可能发现这些数据库没有期望的那么有用。用户界面假定用户熟悉生物信息学。在大多数情况下基因序列和蛋白质结构的数据库缺乏实际的基因功能的信息。对一个给定的基因表征的品系或品种的数目通常局限于在描述该基因中使用过的亲本,几乎没有发现关于田间表现的数据(White and Hoogenboom,2003)。例如,拟南芥信息资源(Arabidopsis Information Resource)(2000)声称为作为模式植物的拟南芥提供更多的表型数据,但是仍然达不到整株模型的需要。对于水稻及其相关的数据库同样如此。

15.5　设　计　育　种

　　应用基因组学的进展以及产生大规模标记数据集的可能性为我们提供了工具,来确定所有重要农艺性状的遗传基础。此外,现在也有了用于评价这些重要农艺位点的等位基因变异的方法。这种综合的知识最终将允许育种家以控制的方式把所有这些位点上的有利等位基因组合起来,进行优良品种的计算机设计。这个概念被称作"设计育种"(Peleman and van der Voort,2003),并且由于分子标记技术的迅速发展,已被推广到利用通过各种工作鉴定的基因组范围的 QTL-标记关联的育种设计(Bernardo,2002;Peleman and van der Voort,2003)。该目标可以采用一个三步法来达到:①对涉及所有相关农艺性状的位点作图;②评价那些位点上的等位基因变异;③采用"设计育种"方法。因为全部重要位点的位置被作图,可以利用侧翼标记准确地选择重组事件来核对彼此相邻的不同的有利等位基因。软件工具应该使我们能够通过品系杂交并利用标记选择将最终结合所有那些等位基因的特定组合,来确定那些嵌合基因型的世代的最优路径。这个方法的前提条件包括可利用的极其饱和的标记图谱,能够产生高分辨率的染色体单倍型,用于染色体单倍型鉴定和等位基因评价的作图群体和自交系的全部农艺性状的广泛的表现型鉴定。"设计育种"涉及综合而互补地应用技术工具和当前可用的材料来培育优良品种。在这个过程中,产生和积累了巨大的知识资源,应该使育种家能够在将来使用更加合理和精练的育种策略。高通量基因型鉴定和遗传作图以及相关联的统计方法的发展现在已经使这个策略可以达到了。自然可用的遗传资源的优化开发应该创造非常卓越的可能性来产生新的性状和作物性能。

15.5.1　亲本的选择

选择亲本来进行杂交是植物育种的第一步,也是最重要的一步(Fehr,1987)。由于不完全的基因信息(即有些抗性基因和它们对表现型的影响是已知的,而其他的基因以及其他农艺性状的大多数基因是未知的),很多看起来好的杂交在一个育种程序的分离阶段被放弃了。几乎所有的农艺性状(包括抗病性、胁迫耐受性和产量)都涉及复杂的遗传学。在我们决定用一个亲本与另一个亲本杂交之前,尽可能多地了解植物亲本(包括基因型)是有意义的。在大多数植物育种程序中,全部杂交中只有不到1%的能够最终成为品种。对一个外行来说,可能效率低得难以置信,但事实就是如此。在植物育种中最重要的是挑选正确的亲本,这样育种家将处理较少的杂交,并且将能够将更多的时间和精力花在将产生优良材料的杂交上。

一般而言,具有最高的子代平均数和最大的遗传方差的杂交具有最大的潜力来产生最佳的品系(Bernardo,2002)。在加性遗传模型下,中亲值是子代平均数的一个好的预测值,但是方差不能单独从亲本的表现得出。估计子代方差的最好方法是产生和检验子代。育种家通常使用两种类型的亲本选择之一:一个以亲本的信息为基础,如亲本的表现或亲本之间的遗传多样性;另外一个以亲本和子代的信息为基础。在第一种情况下,以前的研究发现高×高和高×低杂交两者都有产生最佳品系的潜能。在第二种情况下,子代需要被种植和检验,它排除了亲本的选择。由于复杂的基因内、基因间互作和 GEI,没有办法能够给出杂交表现的准确预测(Wang et al.,2005)。

育种家已经知道什么亲本是可利用的,但是育种家的表型数据和田间数据经常以电子表格的形式出现,具有很多与遗传学和基因组学中产生的其他数据类型没有太多关联的数据列和行。一旦可以利用软件来显示全部可能亲本的全基因组基因型,人们就可以问,举例来说,哪些亲本将提供高产和对一个特定病害的抗性。信息学工具将向育种家表明什么基因将是在子代中可追踪的,哪些是跟踪这些基因的分子标记的最佳集合。

15.5.2　育种产品预测

设计有效的育种系统需要关于目标基因、供体种质和建议的优良轮回亲本的信息。这可以与对目标生物学特性的评价数据和对于 TPE 的育种目标相结合,以便通过建模和模拟分析来最优化育种程序和选择方法。这类分析还将预测合乎需要的目标基因型和通过建议的育种系统成功地产生新品种的概率。

当调控目标性状的基因的有关信息已知时杂交表现是可以被准确预测的。如果一个育种程序中选择后的子代阵列可以被预测,那么植物育种的效率将被极大地提高。以小麦为例。对于小麦育种中的大多数重要的经济性状来说,调控它们的表达基因仍然是未知的。然而,对于小麦品质这种信息是已知的,虽然对于小麦品质的某些方面这种信息还不全(Eagles et al.,2002;2004)。Wang 和 Pfeiffer(2007)说明了小麦品质育种中,在关键的选择性状的全部基因信息已知的条件下,在选择之后杂交表现如何能够利用 QU-LINE 被预测。

植物育种家始终面临着新个体的期望表型表现的预测问题,这些个体具有未经试验的基因组合(新的基因型),关于性状的 GP 结构信息有限。分子育种的成功取决于以等位基因变异为基础对表型变异进行有效的预测。有可能应用分子技术来进一步地改善当今使用的以系谱为基础的育种策略。它最终不足以证明我们能够预测由于利用遗传信息而导致的表型变异和表型改变,但是这些知识允许我们改进当前通过对表现型单独进行常规选择所取得的成果。

15.5.3 选择方法评价

为了培育遗传上比一个特定的目标环境中现用的那些基因型更好的基因型,植物育种家使用一系列选择方法。已经进行了很多的田间试验来比较不同育种方法的效率。然而,因为进行田间试验需要花费很多的时间和精力,建模和预测的思想对植物育种家始终是有意义的。

以 CIMMYT 的普通小麦育种为例,育种家在选择亲本进行目标的杂交方面花费了巨大的努力,在对农艺性状(如株高、耐倒伏性、分蘖、合适的出穗期和平衡的产量构成因素)、抗病性(如秆锈病、叶锈病和条锈病)以及终端使用品质(如面团强度和延伸性、蛋白质含量和品质)进行选择之后,50%~80%的杂交在 F_1~F_8 代被淘汰。然后,在两轮的产量试验之后(即在 F_8 进行初步的产量试验,在 F_9 进行重复的产量试验),只有剩下 10% 的初始杂交,其中 1%~3% 最初做的杂交被作为来自 CIMMYT 的国际苗种场的品种发布(Wang et al. , 2003;2005)。这个事实对于不同物种的植物育种计划都是如此,它要求一个更高效的育种系统。

两种选择方法在 CIMMYT 的小麦育种计划中被普通使用。1944~1985 年主要使用系谱选择。1985 年直到 20 世纪 90 年代下半叶主要的选择方法是一种改进的系谱/集团选择法(modified pedigree/ bulk method,MODPED),它产生了很多广泛适应的小麦品种,在 90 年代后期被选择的集团选择法(selected bulk method,SELBLK)取代(van Ginkel et al. , 2002)。MODPED 方法从 F_2 中单株的系谱选择开始,继之以 F_3~F_5 的三次集团选择和 F_6 中的系谱选择;由此得名改进的系谱/集团选择法。在 SELBLK 方法中,一个杂交中选择的 F_2 植株的麦穗被成批地收获,得到每个杂交的一批 F_3 种子。这个过程从 F_3 持续到 F_5,而系谱选择仅仅在 F_6 使用。与 MODPED 相比,SELBLK 的主要优点是需要收获脱粒和对种子的外观进行选择的种子批次较少,显著地节省了与苗圃制备、栽植和小区标签有关的时间、劳力和成本(van Ginkel et al. , 2002)。

在模拟之前,育种家已经知道 SELBLK 可以比 MODPED 节省成本。已经进行了一些小规模的田间试验来比较 MODPED 和 SELBLK 的效率(Singh et al. , 1998),但是这两种方法的相对效率还没有进行大规模的试验。Wang 和 Pfeiffer(2007)以 CIMMYT 的小麦育种程序作为例子,通过 QULINE 模块的使用阐明了模拟原理。他们提出了包括上位性、多效性和 GEI 的遗传模型。对于每个选择方法,模拟试验由来源于 200 个亲本的相同的 1000 个杂交组成,具有一个假设,即经过 10 个世代的选择之后总共保留了 258 个改良的品系。在 12 个 GE 系统上,对这两种方法的检验每个重复 500 次。该模拟不仅提供了一个明确的答案,说明采用 SELBLK 不会导致产量增益损失,而且表明了一个 CIM-MYT 的育种家并未认识到的事实,即在最终的选择群体中,SELBLK 可以比 MODPED 保留更多的杂交。

15.6　展　　望

合适的试验设计和数据分析工具的使用是分子育种方法的成功发展和应用的一个关键性组分,特别是标记辅助的育种系统。图 15.2 显示了一个从数据到输出的信息流程图,通过使用不同的分析工具。正确地作出这些选择是一个高度专业化的功能。对于非专业人员缺少合适的和使用简单的指导原则,这使他们难以有把握地选择由各种型式的软件提供的合适的设计和分析方法。具备一个集中的和发展的资源为分子育种提供生物统计学的输入对于研究界和育种界将是非常有价值的财富。

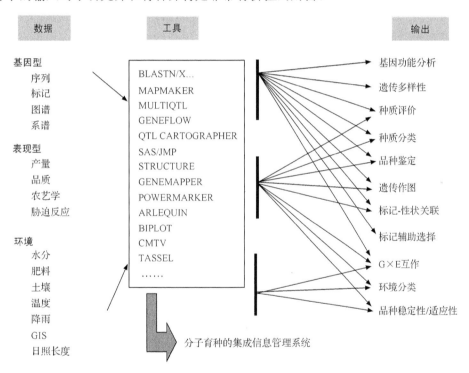

图 15.2　与植物育种中的程序有关的分析工具和输出。利用各种工具分析来自基因型(G)、表现型(P)和环境(E)的三种类型的数据,输出将被提交给育种家用于决策

迫切需要综合的分子工具,包括那些用于促进分子育种设计的工具、集成的作图和 MAS,以及基因组学科学家、遗传学家、生物信息学家和育种家之间的交流。

还需要开发分子育种决策支持工具,可以使用之前存在的和科研项目产生的全部数据的建模和模拟分析。这些工具将帮助育种家设计和实施最高效的育种方案(包括与成本和时间相关的因素),以 MAS(既用于前景又用于背景)和表型选择的最优组合为基础。

分子育种中需要的其他决策支持工具包括：①那些用于样本收集、存放、回收和追踪的；②那些用于数据获得、收集、加工和挖掘的；③数据库。

　　独立于使用的平台和分析方法，大多数情况下微阵列试验的结果是差异表达基因的一个列表。已经提出了一个利用基因语义学(Gene Ontology)的自动的语义学分析方法来帮助对这种结果作出生物学解释(Khatri et al.，2002)。目前这个方法是高通量试验的二级分析的事实上的标准，已经为此目的开发了大量的工具。Khatri 和 Drăghici(2005)提供了 14 个这种工具的一个详情的比较，利用下列评价准则：分析的范围，可视化能力，使用的统计模型，多重比较的相关性，可利用的微阵列，安装问题和注释数据的来源。这些工具的能力的这个详细分析将帮助研究人员选择最合适的工具用于一个给定类型的分析。更重要地，尽管这类分析已经被普遍地采用，这个方法还是具有一些固有的缺点。这些缺点与讨论过的所有工具有关联，代表了语义学分析的当前状态的概念上的局限性。这些是下一代二次数据分析工具的挑战。如果将来的工具能够突破一些这样的局限性而不是提供相同想法的无穷尽的变异形式，则将是更加有益的。

　　需要根据基因、蛋白质、代谢产物和表现型数据系统地构建生物学的关系图解(Blanchard，2004)。现在的挑战是以有意义的方式使用大规模的数据集来除去与高通量技术关联的高的假阳性率，并且封装知识来验证和扩展现存的模型(Blanchard，2004)。图示化的模型(graphical model)是概率论和图论的结合，因此代表有关关系图解的工作的自然延伸。

（陈建国　王松文 译，华金平 校）

分子植物育种:进展与展望

——中文版跋

徐云碧

中国农业科学院作物科学研究所/CIMMYT-中国

Molecular Plant Breeding（Xu,2010）从出版到现在已近 4 年了。四年来分子育种的许多领域已经发生显著的变化,主要进展在于标记辅助育种的相关领域和分子育种平台的构建。作为两大类分子育种方法之一的转基因技术,相对于分子标记辅助育种技术,过去几年的进展主要在于转基因品种的进一步商业化。几年前启动、引起全世界瞩目的中国"转基因生物新品种培育科技重大专项",目前主要局限于转基因产品的研发阶段,而主要粮食作物转基因品种的大面积推广应用还需要进行大量科普工作使之被广大国民所接受。2013 年的 *Nature* 特刊(GM crops：promise and reality, a Nature special issue, Nature 497:5-66)探讨了 GM 作物的希望、恐惧、现状和未来,可以作为近年来转基因技术研究和应用的总结、回顾和展望。本章将仅对分子标记辅助育种技术进行进展评述和展望。另外,国际杂志 *Molecular Breeding* 于 2012 年出版了我本人、黎志康博士、Michael J. Thomson 博士主编的第三届国际分子植物育种大会的文集(Xu et al., 2012b),可以作为近年来分子育种领域进展的重要参考文献。

农作物复杂性状的分子育种需要理解和操控许多因素,其中包括影响植物生长、发育的因素和植物对各种生物和非生物逆境条件的反应。本章的进展和展望将以 Xu 等(2012c)所发展的全基因组策略为基础开展讨论。通过全基因组策略,分子标记辅助育种程序将变得更加可行,并导致革命性的变化。全基因组策略利用全基因组测序和全基因组分子标记对代表性的或全部遗传资源和育种材料进行分析,以有效地考虑分子育种中面临的各种基因组和环境因素。这些策略正日益依赖于对特定基因组区域、基因/等位基因、单倍型、连锁不平衡区块、基因网络以及这些因素对特定表现型的贡献。大规模高密度的基因型鉴定和全基因组选择是全基因组策略的两个重要组成部分。高通量、精准表现型鉴定和环境型鉴定(e-typing)也是全基因组策略的重要组成部分,应该在此基础上重构有较强支撑系统的分子育种平台和方法,包括育种信息学和决策支持系统。本章还将讨论一些基本策略,其中包括①基于种子 DNA 的基因型鉴定,以简化分子标记辅助选择,降低育种成本,增加规模和提高效率;②选择性基因型鉴定和表现型鉴定,结合 DNA 混合池分析,以捕获与育种相关的大多数重要信息;③灵活的基因型鉴定系统,如通过测序和芯片进行基因型鉴定,并加以优化以适合于不同的选择方法,包括分子标记辅助选择、分子标记辅助轮回选择和基因组选择;④利用联合的连锁-LD 作图的方法进行标记-性状关联分析;⑤基于序列的分子标记开发、等位基因发掘、基因功能研究和分子育种。

一、引言

过去 50 年来,世界各国在农作物改良方面作出了艰辛的努力,显著改良了许多重要农作物的产量潜力、品质、生物和非生物胁迫耐性。为了养活发展中国家快速增加的人口、应对全球气候变化及脆弱自然资源所带来的挑战,我们需要在 30～40 年内实现作物产量至少翻番的目标。同时,在优化试验条件下可以达到的理论产量与农民田间条件下所能获得的实际产量间还存在巨大差异。以水稻为例,亚洲国家在正常农艺措施管理条件下所获得的平均产量大约为 $5t/hm^2$,这还不到育种家在试验站达到的理论产量的 30%(Chaudhary, 2000)。这种巨大差异的产生既有社会经济学的因素又有生物学的因素。因此,高效低成本的作物育种已变得日益重要。

复杂性状的作物育种必须考虑许多因素,需要了解性状的遗传、生理和分子基础、性状组间的互作及其与环境的互作。为加快育种进程,必须发展新技术,改善基因型鉴定和表现型鉴定的方法,增加种质资源的遗传多样性(Tester and Langridge, 2011)。利用测序或芯片分析可以降低基因型鉴定的成本,并获得覆盖全基因组的遗传信息。高通量表现型鉴定的重要性正在日益增加,表型组学(包括相关仪器设备和计算机软件)的发展使高通量的表现型鉴定日益成为可能。另外,正如我们最近所指出的,同等重要的是搜集和分析影响田间试验的各种环境因素(Xu et al., 2012c)。全基因组策略就是通过整合所有基因型、表现型和环境型的信息,以实现植物分子标记辅助育种的高效设计和顺利实施。

虽然遗传转化和分子标记辅助选择的分子育种方法已在私营公司(特别是跨国公司)得到成功应用,但在发展中国家公共研究机构,其应用仍然受诸多因素的限制(Xu and Crouch, 2008; Ribaut et al., 2010; Delannay et al., 2012; Tester and Langridge, 2011; Xu et al., 2013)。这些限制因素包括低成本、高通量基因型鉴定系统的获取能力、复杂性状遗传构成的认知程度、分子标记技术的适用性、基因型-环境互作效应的复杂性,以及强大的信息和决策支持工具的可用性等。从基因组学基础研究到获得巨大育种影响之路漫长而坎坷,更不用说一路上可能歧路叠起、阻碍难料(Xu, 2010)。因此,只有建立了综合的实施方案,基因组学才能最终有效地应用于育种。而这个方案的建立依赖于高通量技术、低成本方法、遗传和环境因素的全面整合以及对于数量性状遗传的精确认知(Xu, 2010; Tester and Langridge, 2011; Xu et al., 2013)。我们所面临的挑战是,为了支持公共植物育种研究,必须将基因组学和分子生物学,包括全基因组策略,整合成实用的工具和方法。

二、全基因组策略的概念

全基因组策略可以定义为:全基因组水平上对分子植物育种需要的有效工具和方法的全面集成(Xu et al., 2012c)。全基因组策略的建立涉及下列信息的完美整合:所有种质资源的全基因组序列,覆盖全基因组的分子标记、基因和功能等位基因标记、不同目标性状(在多个环境条件下测量)的精准表现型鉴定系统,以及影响基因、基因型和整株表现的相关环境因素(图 1)。全基因组策略的最终目标就是将最佳的基因型/基因、等位基因或单倍型、连锁不平衡区块、优化的基因网络和特定基因组区域导入育成的优良育种材料中去。

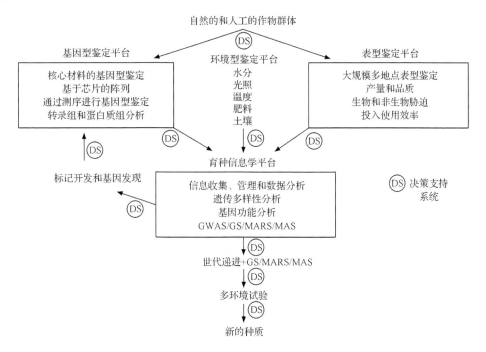

图1 标记辅助植物育种中的全基因组策略流程图。该系统从自然和人工作物群体开始,通过5个关键的平台来培育新种质:基因型鉴定、表现型鉴定、环境型鉴定(环境的测定),以及育种信息学,而在产品开发的每一步都离不开决策支持系统

分子育种的重要概念之一包括多年前本人提出的数量性状遗传位点(QTL)的聚合、分离和克隆策略,即怎样通过操纵多个QTL来获得理想的基因型(Xu,1997)。当时提出这个概念时看起来很天真,但其设想在20世纪已经变成了现实。随着水稻等模式作物中大量QTL的鉴定,将所有QTL作为一个整体来看待,即"QTL的全局观"日显重要(Xu,2002)。QTL的全局观考虑了不同遗传背景的效应和基因型与环境互作。

根据选择策略划分,分子育种经历了两个主要发展阶段,MAS和基因组选择(Genomic selection,GS)。第一阶段主要基于与目标性状显著关联的分子标记,即仅利用显著关联的标记进行选择。这一阶段的代表性方法包括①分子标记辅助的回交转移主基因或主效QTL(Hospital et al.,1992;Hospital and Charcosset,1997;Hospital,2001;Stam,2003;Frisch,2004);②复杂性状的分子标记辅助轮回选择(MARS)(Edwards and Johnson,1994;Lee,1995;Stam,1995)。第二阶段基于覆盖全基因组的所有标记,其代表性方法是GS,即利用所有标记进行模型构建和后代预测。因此GS的产生标志着分子标记辅助育种向全基因组策略迈进了一大步。

最常用的标记-性状关联分析方法是基于两个或多个亲本衍生的分离群体的连锁分析方法,其次是基于自然群体的连锁不平衡(LD)或关联作图方法。基于连锁的作图方法现在已发展到全基因组水平,即基于测序或芯片的基因型鉴定方法,最终将利用覆盖所有基因位点及其不同等位基因或单倍型（Haplotype）的高密度分子标记。利用分子标记本身进行的关联作图已在水稻、玉米和大麦中得到应用（如 Huang et al.，2009；Xie et al.，2010；Elshire et al.，2011），尽管有时所用的标记密度还未能覆盖全基因组。由于可以从每个基因获得多个标记，植物中的 LD 作图已经从基于候选基因的策略转化到全基因组扫描，即全基因组关联（genome-wide association，GWA）分析（Atwell et al.，2010；Huang et al.，2010；2012）。通过培育大量突变体/近等基因系库和全基因组选择性扫描（whole genome selective scan），能对所有基因同时进行选择性分析（selective analysis）和连锁检验。全基因组分子育种策略另外两个重要的组成部分包括：①精准表现型鉴定；②环境型鉴定（etyping 或称环境测定，environmental assay）。

三、群体大小

群体大小影响基因定位和分子标记辅助育种的许多方面。导入或转移主基因性状所需要的群体大小取决于标记和目标基因之间的距离、目标区域重组率、目标性状的遗传特点（如显性度）等。对于微效多基因控制的性状或复杂性状，所需群体大小还要考虑与目标基因相关的其他因素，如基因数目、基因效应、基因互作、基因在染色体上的相对位置。高密度分子标记必须与大群体相结合才能完全发挥其效率，这一点被很多研究者所忽视。例如，两个紧密连锁基因间的重组需要足够大的群体才能实现。为有效地鉴定标记-性状关联并用于标记辅助选择，多年前所推荐的群体大小主要是根据当时可以获得的分子标记的数量，同时也考虑了基因型鉴定的成本。当基因型鉴定成本显著下降，可以实现大群体的低成本分析时，适当增加群体大小就变得日益重要了。

利用大群体的观点同时受到另外两种方法的推动。首先，利用种子提取 DNA 能有效地取代叶片 DNA 提取（Gao et al.，2008）。利用种子进行分析，取样和 DNA 提取很容易自动化。大型跨国公司开发了提取种子 DNA 的种子取样技术（seed chipping），使大群体的利用成为现实。同时，在播种前基于种子 DNA 进行选择可以大大节省种植、取样等实验成本。另外，基于种子 DNA 的分子标记辅助选择可以尽可能地鉴定足够多的样本，直到获得一定数量的理想基因型。然而值得注意的是，当种子 DNA 分析方法应用于单子叶植物时，由于异受精的结果，种子胚乳的基因型可能不同于胚发育而成的植株基因型。玉米中，由于异受精导致群体基因型被胚乳基因型误判的频率为 0.4%～3.12%（Gao et al.，2010）。因此，有时可能需要利用叶片 DNA 分析或其他方法对当选个体进行确认。

混合 DNA 分析或混合分离体分析（bulked segregant analysis，BSA）（Stuber et al.，1980；Lebowitz et al.，1987；Lander and Botstein，1989；Giovannoni et al.，1991；Michelmore et al.，1991）与选择性基因型鉴定相结合是第二种可以显著减小群体、降低成本的分析方法（Xu and Crouch，2008；Xu，2010）。在医学基因组学研究中，该方法的缺点是检测功效不够高，不过这个缺点被认为几乎可以忽略不计（Knight and Sham，2006；MacGregor et al.，2008）。在植物应用的初期阶段，由于试验所用的总群体（原始群体）一般较小（$n=200\sim300$）、极端表型群体过小（当选的个体数为 10～20）、标记密度严重不足（每 10～30cM 一个标记），因而导致较高的 QTL 假阳性（Xu and Crouch，

2008）。因此初试检测为阳性的标记必须利用原始群体的所有个体进行连锁验证。利用大群体（3000 个或以上个体的总群体）、选择更多个体（每尾选择 30～100 个的极端表型个体）、增加标记密度（每厘摩 1 个以上的分子标记），就完全可以用选择性基因型分析来取代全群体分析，并能对微效 QTL、连锁或互作的 QTL 进行精细作图（Sun et al.，2010）。另有模拟分析显示，酵母中利用 10^5 个杂交后代，可以高精度检测许多微效 QTL（Ehrenreich et al.，2010）。最后，选择性基因型鉴定与混合 DNA 分析相结合，实际上可以用来分析任何群体，包括自然群体和突变体/渐渗库等。如果能够获得大量的遗传和育种群体，在理论上就可以实现"所有性状一个平板完成"（all-in-one plate）的设想，即用一个 384 孔板可以定位某个作物几乎所有的重要农艺性状。这是因为利用高密度分子标记进行混合 DNA 分析，每个性状只需分析两个样本，一个平板就可以一次性分析 192 个性状。为了检验这个设想，CIMMYT 玉米分子育种团队从全世界玉米育种和遗传学研究计划中收集了代表不同农艺性状的 3000 多个极端表型品系（Xu et al.，2009），并成功地应用于玉米抗倒伏的 QTL 定位（Farhari et al.，2013）。

最近，Lui 等（2012）发展了基于 RNA-Seq 的 BSA 方法，该方法利用 RNA-Seq reads 对群体中过去不曾鉴定到多态性标记的基因进行了有效定位，并用于克隆玉米基因 *glossy3*（*gl3*）。他们首先将具有下调表达的单个基因定位到大约 2M 的作图区间，然后通过分析多个独立的转座子诱导突变等位基因证实该基因为 *gl3*。*gl3* 编码一个假定的 *myb* 转录因子，其直接或间接地影响与极长链脂肪酸合成有关的一系列基因的表达。

对于育种计划中涉及多个亲本的分离群体的极端表型个体，可以假定这些极端表型含有不同来源的有利等位基因，且这些等位基因通过杂交和选择已经得到聚合。这些极端表型个体可以用来快速发掘单个基因/等位基因以及它们的联合效应（Sun et al.，2010）。在进行生物胁迫或非生物胁迫分析时，可以对大量植株进行快速的极端表型鉴定，这种情形下选择性分析方法就特别有效。与从遗传学研究到育种的常规途径相比，极端基因型的选择性分析可以将常规途径改变为反向育种到遗传学（reversed breeding-to-genetics）的非常规途径。采用这种非常规途径方法，每轮循环可以节省 3～4 个季节，且能与正在进行的育种程序完美结合。

也许有人可能会争辩说，由于成本显著降低，基因型鉴定可能不再是分子育种的限制因素，因此选择性基因型鉴定方法就不那么有吸引力了。然而，与全群体分析相比，选择性分析与 DNA 池分析相结合仍然具有几方面的优势。例如，在分析 2000 个个体的大群体时，从群体的两个尾端各选 30 个个体进行选择性分析，其成本仅仅是全群体分析的 3%，而 DNA 池分析进一步将成本降到 1%。其次，取样和数据分析变得更加容易，因为 DNA 池分析将实验规模降到了 0.1%。这样很容易将群体大小扩大上百倍。最后，当从大群体中选择稀有等位基因时，通过多个亚群分别进行基因型鉴定，可以进一步提高 QTL 的检测功效。亚群体池分析完成后，如果有必要，还可以对其每个个体作进一步的基因型鉴定。还需要强调的是，选择性 DNA 池分析及其优点适合于所有类型的分子标记和基因型鉴定平台，包括基于芯片或测序式基因型（genotyping by sequencing，GBS）鉴定。

在植物中已发展了基于 DNA 池分析（每个池几个个体）和单个样本分析、利用下一代测序技术的低成本关联作图方法。可以考虑个体总数、混合池中的个体数和测序覆盖度，进行最优的设计（Kim et al.，2010b）。总体来说，当投入（成本）一定时，对较大混合池（含较多个体）进行浅测序比对较小混合池（含较少个体）进行深度测序具有更高的统计功效，这个结论在误差率很高时依然成立。植物中，对深度从头（de novo）测序（20~60X）亲本所衍生的后代进行表现型分组，然后对每组取 100 个个体进行深度测序（如 50X），就可以根据两组间等位基因频率的差异来鉴定与目标性状紧密连锁的标记或候选基因。

四、基因组覆盖度

基因组覆盖度是全基因组育种策略的另一个重要指标。通常分子标记辅助育种的效率与基因组的标记覆盖度相关。表 1 比较了过去几十年常用的局部基因组策略和日益成熟的全基因组策略。可以采用几种方法来提高基因组覆盖度，如高精度基因型鉴定、全基因组重测序、全基因组关联分析、分子标记辅助轮回选择（MARS）或全基因组选择（GS）。

1. 标记类型

遗传标记经历了从形态到细胞学、蛋白质标记和分子标记的发展过程（Xu，2010）。而分子标记的发展在过去的二三十年中，更是层出不穷，经历了从 RFLP 到 RAPD、AFLP、SSR 和 SNP 等几个重要的发展阶段。考虑到 SNP 标记所揭示的是 DNA 水平的直接变异，未来分子标记的发展将在 SNP 的基础上衍生而来，包括各种可能的结构变异，如存在/缺失（presence/absence）和拷贝数目的变异（copy number variation）。Wray 等（2013）讨论了利用 SNP 进行复杂性状预测时存在的限制和缺陷以及不合理的预测可能会导致严重的偏差以及相关结果的错误解释。

2. 标记数量

实现全基因组覆盖所需的标记数量与基因组大小有关。为了检测某个基因内部及其侧翼区域的各种等位基因变异，标记密度应该高到能够覆盖所有的等位基因变异，因此每个基因区间也许需要数十到数百个标记。以关联作图为例，对于 LD 衰减较慢的物种（如水稻），全基因组扫描需要至少上千个标记，但是对于 LD 衰减较快的物种（如玉米），则可能需要上百万个的标记。根据 Romay 等（2013）的报道，对于具有高度单倍型多样性的玉米基因组区域，由于快速的 LD 衰减，即使采用 700 000 个 SNP，也有可能无法找到与特定目标关联因子存在 LD 的标记，如 ZmCCT 基因所在的第 10 染色体的一个大区域，热带玉米自交系比其他种质存在高得多的单倍型多样性。因此，尽管对于温带玉米等位基因的分析 700 000 个 SNP 可能是足够了，但还不足以用于热带玉米等位基因的精确 GWAS 分析。

3. 单倍型和标签 SNP

基于单个 SNP 的关联分析忽略了这样一个事实：SNP 间并不是独立的。然而，序列变异临界值的确定取决于 SNP 间的 LD 状况。因为群体中 DNA 序列的变异是过去变异传递的结果，这个传递史对发现关联基因具有重要价值。有三个理由认为利用基因单倍型进行分析可以改进关联分析。第一，候选基因的蛋白质产物出现在肽链上，其折叠和其他特性可能取决于特定的氨基酸组合（Clark，2004）。第二，群体遗传学原理表明，群体中的变异以单倍型结构进行遗传。第三，无论群体遗传学的原因如何，单倍型可以降低关联检测问题的维数,并因此增加检测的功效。

玉米是第一个构建了单倍型图谱的作物。在 27 个多样性玉米自交系中鉴定出了数百万个序列多态性,并发现玉米基因组包含了高度多样性的单倍型(Gore et al.,2009)。玉米单倍型图谱第二版 HapMap2 的构建由中国和美国 17 家研究机构的 38 位科学家合作完成(Chia et al.,2012),其构建利用了来自 103 个玉米自交系的全基因组序列信息,包括 60 份改良自交系、23 份地方品系、19 份近缘野生系和一个玉米姐妹属,涉及 5500 万个 SNP 标记。最近我国科学家还完成了谷子单倍型图谱的构建(Jia et al.,2013)。单倍型图谱的构建为作物遗传和育种提供了重要的资源。单倍型作图能取代单个标记连锁作图,以改善作图功效,从而鉴定出基因内的特定等位基因或对同一目标性状起作用的不同座位等位基因的组合体。另外,从大量的 SNP 标记,可以开发出标签 SNP,每个标签代表一个单倍型片段(Johnson et al.,2001),利用这些标签 SNP 可以覆盖全基因组。在玉米中,利用 10kb 范围内所有 SNP 建立的单倍型有效地提高了 QTL 的作图效率(Lu et al.,2010)。

4. 测序质量和数量

全基因组序列的开发应同时考虑测序的数量和质量。Feuillet 等(2011)在评述农作物基因组测序时,讨论了测序质量的差异对不同研究的影响,展望了农作物测序时的策略问题。对于大而复杂的基因组,需要利用新测序技术的优势,在保证质量且能合理负担的条件下,增加测序量,以获得高质量参考基因组序列。我们玉米重测序的经验表明,像玉米这样的复杂物种,要获得某一物种高质量的参考基因组序列需要组装多个基因组。即使对于像水稻这样已经具有一个高质量参考基因组序列的农作物,也需要更多的参考基因组序列以覆盖物种内所有的遗传多样性。水稻科学家希望有一个像粳稻基因组序列那样高质量的籼稻基因组序列(Gao et al.,2013)。这对玉米也是一样。因为第一个玉米参考基因组序列是基于温带玉米品系 B73,第二个全基因组序列也来源于温带玉米(Mo17),玉米界期望获得一个或多个热带玉米自交系的高质量全基因组序列。虽然热带玉米在遗传学和基因组学研究中较少受到关注,但由于玉米起源于热带,热带玉米种质的 de novo 测序对开发和利用蕴藏在热带种质中的遗传多样性具有重要意义。

正如水稻、玉米、大豆、谷子的相关研究所示,一旦获得了高质量的参考基因组序列,就可以通过对代表性的多样性种质进行重测序来揭示某个物种的遗传多样性、驯化和改良过程的全貌(Huang et al.,2010,2012;Lai et al.,2010;Lam et al.,2010;Chia et al.,2012;Jiao et al.,2012;Jia et al.,2013)。随着测序成本的降低,对分离群体进行大规模测序也成为可能。例如,在水稻中,利用仅仅 0.02X 的重测序就能建立高密度的遗传图谱(Huang et al.,2009)。而对于高度多样性的农作物如玉米,可能需要更高的测序深度,如 0.1X 或更高。玉米和水稻重测序研究还表明:每种农作物我们至少需要重测序一个分离群体,因为重测序的群体不但可以用来填补已有参考序列存在的缺口,还能获得许多重要的遗传和育种信息,如全基因组重组频率变异、异常分离和结构变异等。最近我们发展了作物基因组的重测序策略。对于玉米这样的复杂基因组,根据现有的测序技术(测序长度和精度),可能需要进行三个 1000X 层次的重测序:①1000 份材料的浅测序(1X),以获得广泛的代表性;②100 份材料的中度重测序(10X),以获得核心材料的遗传多样性;③10 份野生近缘种质或起源地材料的深度重测序(100X),以获得最大的等位基因多样性。目前玉米已经实现三个层次的重测序目标。

自从大规模平行 cDNA 测序或 RNA-seq 技术以来,短短几年已经显示其在转录组定量分析和特征描述方面的优势。最近的 RNA-seq 进展提供了转录组特点更完全的描述。这些进展包括改善的转录起始位点作图、链特异检测、基因融合检测,以及 RNA 选择性剪切事件的检测(Ozsolak and Milos,2011)。RNA-seq 技术仍在进一步发展中,特别是直接 RNA 测序和用少量细胞进行 RNA 定量的方法。最近,在野生拟南芥中,开展了群体水平的基因组、转录组和甲基化组 DNA 测序,通过 RNA 介导的 DNA 甲基化区域与遗传变异的关联分析,鉴定了成千上万的甲基化 QTL,揭示了群体水平上表观基因组变异的模式(Schmitz et al.,2013)。

5. 分子网络

植物表观遗传学正受到空前的重视,不仅成为基础研究的重要内容,也是植物育种有利性状改良的一个潜在的新资源。最近研究显示,表观遗传学途径(如 DNA 甲基化、组蛋白变异和修饰、核糖体的位置和小 RNA)是植物生长和生殖调节的重要组成部分。植物发育的许多方面,如开花时间、配子发生、逆境反应、光信号和形态改变等都直接或间接受表观遗传学信号的调控(Feng and Jacobsen,2011)。由于表观遗传学的调节机制负责可遗传的表观遗传学基因变异(表观遗传等位基因)的形成,也能调节转座子的转移,这两个方面都可以用来拓展植物的表现型和基因型变异,从而改善植物对环境变化的适应性,最终提高产量(Mirouze and Paszkowski,2011)。

过去 10 年,自上而下和自下而上的网络重建方法已经大大加速了生物学网络的整合和分析,其中包括转录、蛋白质互作和代谢网络。随着多维高通量数据的日益增加,生物学网络也不断更新,从而可以更精确地理解整个细胞的特点。多样性和大规模的数据整合到相关模型中最终将改善我们对生物学过程起作用的分子网络的认知(Moreno-Risueno et al.,2010)。表观基因组学研究的结果将进一步拓宽我们对植物基因组的认识,并为相关途径的机制和功能提供重要线索。相关途径可以用遗传学和生物化学的方法进行深入测试(Schmitz and Zhang,2011)。多个拟南芥全基因组数据库的整合表明,可以将新基因和感兴趣的表现型相结合,但需要继续开发新的基因组学方法(Ferrier et al.,2011)。基于 ChIPSeq 的全基因组位置研究与基因表达谱数据相结合,将为过去遗传和分子分析所阐明的调节网络提供全基因组概貌,从而鉴定网络的新组分和新结点。这个趋势预期将会持续下去,最终将建立整合多个组学数据库的更加成熟的网络,并改进我们对生物学系统的认知(Kim et al.,2010a)。

五、标记-性状关联分析

现已发展了多种标记-性状关联分析方法。目前已经发表的农作物表型 QTL(phQTL)作图文章可谓成千上万。当前 QTL 分析的热点是通过基因转录水平的量化来理解基因表达的遗传调控,或称表达 QTL(eQTL)(Holloway and Li,2010)。利用新技术可以平行定量测定成千上万个蛋白质和代谢产物,从而定位蛋白 QTL(pQTL)和代谢 QTL(mQTL)。系统分析能在多个水平上揭示 DNA 序列变异的影响,包括反映基因表达水平的 eQTL,反映蛋白质丰度或性状活性水平的 pQTL,反映代谢物含量水平的 mQTL,反映形态性状水平的 phQTL(Jansen et al.,2009b)。有几篇综述全面地涵盖了在不同非生物逆境条件下 QTL 与作物生产(Collins et al.,2008;Roy et al.,2011)。最近也有几个关于 QTL 元分析的报道(Xu et al.,2012a;Zhang et al.,2014)。

标记-性状关联分析大量采用双亲群体,如 $F_2/F_{2,3}$、BC_1、双单倍体(DH)以及重组自交系(RIL),每个群体只能用于少数目标性状的定位。进行基因精细定位和基因挖掘一般需要进行几轮分子标记辅助选择和群体培育来缩小目标基因组区域。这个方法虽然费时,但对效应较大的基因和低频等位基因非常有效。本书的有关章节已对双亲群体进行了充分地讨论,这里我们仅仅对多亲本群体和自然群体进行一些补充(表1)。

表1 标记辅助植物育种局部基因组策略和全基因组策略之间平台和工具的比较

	局部基因组分析	全基因组分析
DNA 取样	叶片	种子和叶片
群体管理	双亲本群体和独立的关联群体	联合运用各类群体,包括 NAM、MAGIC 和自然群体
基因型鉴定	通过标记或者芯片进行基因型鉴定	通过测序和高密度标记芯片进行基因型鉴定
表现型鉴定	对个别目标性状进行表现型鉴定	对所有性状进行高通量、精准表现型鉴定
标记-性状关联	与标记或少数候选基因关联	利用高密度的标记或者 GBS 进行 GWAS
选择	基于显著关联的标记	基于所有参与效应估计的标记
环境效应	在不使用环境数据的情况下根据表现型数据进行评价	通过多年和多地点收集的表现型数据和环境数据进行评价
信息管理	二维的:G-P,通过 Excel 和数据库来管理	三维的:G-P-E,通过基于万维网的工具或者网络来管理
决策支持工具	由单独的工具支持的个人决策	由具有全球思维的集成工具支持的集体决策

1. 基于多亲本群体的策略

第一个在植物中建立的多亲本群体是玉米中的巢式关联作图群体(Yu et al.,2008)。该群体是用 25 个多样性玉米自交系作为基础品系与 B73 参考系杂交建立一个包含 5000 个重组自交系的群体(每个组合大约 200 个系),总共涉及 136 000 个重组事件。Bergelson 和 Roux(2010)系统地比较了 NAM 群体作图与传统的连锁和关联作图,结果显示自然种质资源和 NAM 群体的联合分析能极大提高检测功效,从而精确定位与表型变异关联的基因组区域。利用 NAM 群体检测到许多微效位点,同时很少发现两个位点的 LD 或异常分离,表明主效基因和基因互作对适应的作用有限(McMullen et al.,2009)。NAM 群体已经用来研究开花时间(Buckler et al.,2009)、玉米小斑病抗性(Kump et al.,2011)和叶片结构(Tian et al.,2011)。

因为大多数关联作图要么利用等位基因变异有限的人工群体,要么利用自然存在的单倍型,因而具有一定的局限性。所以应该继续探索解析复杂性状的其他资源。其中一个基于多亲本群体的新方法是利用多亲本高世代互交群体(multiparent advanced generation inter-cross,MAGIC)。预期 MAGIC 方法可以改善 QTL 作图的精度以及 QTL 克隆的未来。植物中第一个 MAGIC 群体是 19 个拟南芥品系相互杂交产生的 527 个 RIL

(Kover et al. , 2009)。这些 RIL 和 19 个基础系用 1260 个 SNP 进行了基因型鉴定和发育性状的表现型鉴定。将每个系的基因组重新构建为各基础系的嵌合物,建立了基于 MAGIC 的 QTL 精细定位方法。模拟分析显示在大多数条件下能检测到解释表型变异 10% 的 QTL,平均作图误差大约为 300kb。如果将 RIL 的数量增加一倍,作图误差将减少到 200kb 以内。

2. 基于自然群体的策略

随着高通量基因型鉴定能力的增强、DNA 测序技术的进步以及适合存在群体结构的统计学方法的建立,对农作物关联作图的兴趣也日益增加。尽管 GWA 研究正在不断增加,但大多数已发表的农作物关联作图研究主要是以候选基因为基础(Rafalski,2010)。现已明确为什么 GWA 对简单遗传性状分析效果较好。Atwell 等(2010)提供了几个例子,其中包括抗病反应基因。在所有这些例子中,无论是否进行了群体结构的校正,GWA 都获得了明确的结果,其原因并非在于这些例子中不存在导致混淆的因素。在人类遗传学中倍受关注、未连锁的非因果位点间关联显著性被夸大的问题依然存在。然而,如果采用真正的全基因组覆盖,这个问题就变得不重要了,因为真阳性总是显示最强的关联信号。

日益增强的高通量测序技术已经使稀有变异的研究成为可能,但并非总能成功,所以仍然需要发展合适的分析方法。Bansal 等(2010)考虑了一种数据分析方法,可以用来检测表现型与某个(组)特定区间所有稀有等位基因间的关联。最终,虽然存在许多不同的分析方法,但需要进一步研究以确定其在不同条件下的特点和功效。

典型的 GWA 分析技术都是将标记进行单独分析。然而,复杂性状不可能由单个基因控制。因此急切需要同时分析多个 SNP 的方法来揭示成对比较组合间在系统层次的差异。Braun 和 Buetow(2011)提出了一个涉及多个 SNP 的 GWA 分析方法,称之为代谢途径判别分析法(pathways of distinction analysis, PoDA)。在人类疾病遗传学研究中,该方法用 GWA 数据和已知遗传途径的基因、基因-SNP 关联将病例和对照区分开来。可以采用本书(Xu,2010)描述的基于性状的分析方法。

GWA 现已用于转录水平的分析。Richards 等(2012)评价了拟南芥的两个自然材料野生状态下的全基因组表达模式,考察了其生命周期中转绿水平变异的特性、基因表达和自然环境波动的相关。他们将拟南芥种植在自然田间环境下,并从苗期到生殖生长期每隔三天测量全基因组时间序列的基因表达。结果发现有 15 352 个基因在田间表达,且材料和开花状态是影响转录水平变异的重要组分。同时鉴定出 110~190 个时间变异基因表达类别,其中很多是被非生物和生物逆境所调节的超表达基因。营养体基因表达的两个主成分与田间温度和降雨相关,其中最大的主成分包括了温度调节基因,而第二主成分与降雨有关并含有干旱反应基因。

与生物生长的复杂而波动的环境相比,在精细的实验设计下可以直接地确定基因表达模式的驱动力。Nagano 等(2012)收集了稻田植株叶片的转录组数据及其相应的气候资料,然后用于统计模型,以研究影响基因表达的外源和内源影响因子。结果表明转录组动力学主要由内源日常节律、周围温度、植株时期、太阳辐射所决定。数据揭示了环境刺激因子影响转录的日大门,以及由生理节奏和环境因子所触发的、对不同代谢基因的相对影响。模型还预测了温度变化对转录组动力学的影响。

鉴于自然表观遗传变异为表型多样性提供了变异源，GWA 已用于全基因组表观遗传学的研究。最近 Salk 研究所完成了一项野生植物全表观基因组学的研究分析，发现了自然表观遗传变异与遗传信息相互作用的共同模式（Schmitz et al.，2013）。对从北半球各地收集的基因型不同的野生拟南芥进行了详细的群体水平分析，包括 217 株植物的全基因组 DNA 测序，其中 152 株植株的全基因组甲基化图谱分析，144 株植株的基因转录图谱分析。结果表明单胞嘧啶甲基化多态性与基因型不存在关联。在 RNA 介导的 DNA 甲基化所锚定的区域，甲基化存在分化的区域间 LD 的衰减速率与 SNP 的 LD 衰减速率相似。通过 RNA 介导的 DNA 甲基化区域与遗传变异体间的关联分析，发现了数千个甲基化 QTL。群体非甲基化转座子和基因的分析表明，花粉和种子中由 RNA 介导的 DNA 甲基化所锚定的位点受表观遗传学所激活。野生植物遭遇多种、波动的环境因素的影响，它们处于复杂的自然环境中，依赖其遗传调控网络发挥功能并不断进化。全表观基因组的多样性为植物适应各种环境提供了不改变 DNA 序列的快速途径。未来还需要进行更大规模的全表观遗传组学分析，包括收集上千份样品。目标是通过分离空间和时间影响的家族或自交系，最大限度地减少遗传变异，找出常见的表观等位基因（epiallele）。

3. 联合的连锁-关联作图

需要强调的是连锁作图和 LD 作图是两类互补的方法，这两种方法其实比通常假定的更为相似（Myles et al.，2009）。不像脊椎动物，受控制的杂交成本很高或者不可能，植物科学家可以同时利用控制杂交和 LD 作图的优势来增加统计功效，提高作图精度。为了有效结合两种方法的优点已经提出了联合连锁-LD 作图的策略（Myles et al.，2009；Lu et al.，2010）。联合作图可以通过平行作图和整合作图来实现，前者利用双亲分离群体和自然群体分别进行作图，后者将双亲群体和自然群体的信息综合起来进行作图。

我们报道了作物中第一个用平行作图和整合作图方法进行连锁-LD 联合作图的例子（Lu et al.，2010）。试验采用了三个玉米 RIL 群体和一个含有 305 个自交系的自然群体，用 2053 个 SNP 标记进行了基因型鉴定。联合作图方法鉴定了 18 个开花吐丝间隔期的加性 QTL，这些 QTL 单独用连锁或 LD 方法均不能检测到。在最小等位基因频率小于 5%、无法包括在 LD 分析的 277 个 SNP 中，93 个在其中一个 RIL 群体中是多态的，且在 RIL 群体中等位基因频率恢复到正常的 1:1。连锁分析发现其中 3 个 SNP 和目标性状相关联。

用双亲本群体、多亲本群体和自然群体可以建立三种形式的联合作图策略：①几个双亲/多亲群体加一个自然群体，正如玉米（Lu et al.，2010）和水稻（Famoso et al.，2011）中所报道的；②结合利用多个群体，如 NAM 群体（Kump et al.，2011；Tian et al.，2011）和 MAGIC 群体（Kover et al.，2009）；③NAM 群体，外加一个包含 500 个或更多品系的自然群体。当高密度基因型鉴定变得更为廉价，可以进行大量样品的精准表现型鉴定时，第③种选择可能是最好的。另外，理论上连锁-LD 联合作图应该可以扩展到多亲本群体，如 MAGIC 群体。

4. 功能标记和等位基因

因为标记-目标性状基因间的重组率与 MAS 的功效是成比例的，因此建立基因内标记和功能标记就变得日益重要了。克隆的 QTL 基因序列为 MAS 提供了理想的标记,同时为利用 EcoTILLING 技术(Till et al. , 2007)挖掘农作物或野生种质中潜在优良等位基因变异提供了模板。由于精准表现型鉴定是全面解析 QTL 的关键,因此图位克隆大多局限于遗传率较高的性状和容易孟德尔化的主效 QTL(Collins et al. , 2008)。De novo 测序的完成加速了基因的图位克隆,导致大量的基因被克隆,尤其是在最先完成测序的作物——水稻中(Qiu et al. , 2011;Miura et al. , 2011)。已经图位克隆的水稻基因包括粒数、籽粒大小和质量、抽穗期、抗病性、非生物逆境耐性和产量有关的驯化基因等。

在小麦中已经开发了株高、春化作用、光周期、粒重和谷粒质量等性状的功能标记(Liu et al. , 2012)。例如,通过等位基因特异的 PCR 标记鉴定了 7 个 *Glu-A*3、10 个 *Glu-B*3 和 3 个 *Glu-D*3 蛋白等位基因。在玉米中已经建立了基于序列标签的 PCR 标记并用来选择番茄红素 ε 环化酶 *LYCE*(lycopene epsilon cyclase)的优良等位基因,该基因是类胡萝卜素途径中的关键基因。已经开发了这个途径中 *LYCE* 的有利等位基因(Harjes et al. , 2008)和该途径另外一个关键基因 *CrtR-B*1 的标记(Yan et al. , 2010)。通过大规模种质资源重测序已在禾本科植物中发现了许多特定位点的等位基因并进行了功能分析。这些被验证的等位基因可以用来发展功能标记。

六、选择方法

现已设计了若干 MAS 方案并应用于植物育种。每个方案适合于特定类型的性状和育种程序。它们可以单独使用,也可以整合起来用于同一育种计划中,进行一个特定的性状或者多个性状的改良。由于已有很多论文着力综述和评价了作物的 MAS 方案(如 Lee, 1995; Eathington et al. , 2007; Jena and Mackill, 2008; Gupta et al. , 2010; Prasanna et al. , 2010; Xu, 2010;Xu et al. , 2012c; 2013),这里只讨论与全基因组策略有关的一些问题(图 2)。

1. 标记辅助回交(MABC)

已经证明标记辅助的前景选择和背景选择对主效基因性状的育种非常有用,对此已有许多作者作过详细讨论(Xu, 2003; 2010; Crosbie et al. , 2006; Dwivedi et al. , 2007; Ragot and Lee, 2007; Xu et al. , 2012c; 2013)。

适合于主效基因性状的 MABC 方案主要有两种(图 2)。第一种用于主效基因渐渗(只涉及目标基因),其中每个目标性状需要 2～10 个标记,可以用于单个性状和多个性状的渐渗育种,群体样本大小为数百个。第二个是同时考虑目标基因和遗传背景的 MABC,具有相同规模的群体大小,其中每个性状的前景选择需要 2～10 个标记,加上至少 200 个多态性标记用于背景选择。

然而,标记辅助的前景选择对于效应较小的 QTL 不是很有效,因为遗传作图无法检测到稀有的或者效应较小的 QTL。仅仅捕获一部分的遗传方差(Goddard and Hayes, 2007)可能导致标记效应的过高估计(Lande and Thompson, 1990;Beavis, 1998),并且在不同的群体之间、不同的环境或者在若干轮的选择之后可能就不存在标记-性状的关联了(Podlich et al. , 2004)。对于由效应较小的 QTL 控制的复杂性状,可以采用两个更加有效的 MAS 方案——MARS 和 GS。

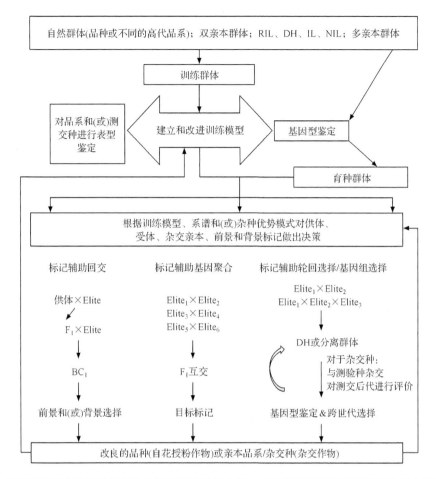

图 2 若干重要育种选择过程有关的标记辅助选择方案。三种类型的重要标记辅助选择方案涉及多个步骤,这些步骤从初始群体开始来改良产品,包括回交、聚合以及轮回选择和基因组选择,既考虑了自交系(自花受粉作物),也考虑了杂交种(异交作物)

2. 标记辅助轮回选择(MARS)

标记辅助轮回选择(MARS)是 20 世纪 90 年代提出的(Edwards and Johnson,1994;Lee,1995;Stam,1995)。该方法在每个世代利用标记来检测所有的重要性状,并获得这些性状的遗传信息。当 QTL 作图是基于双亲群体时,两个亲本都可以贡献有利的等位基因。因此,理想的基因型是来自两个亲本染色体片段的嵌合体。要产生或获得接近这个理想的基因型,其育种方案可能涉及若干连续世代的个体间杂交(Stam,1995;Peleman and van der Voort,2003)。MARS 指的是通过一轮的"标记辅助选择"(即以表现型数据和标记得分为基础的选择),继之以两三轮仅仅基于标记的选择(即仅仅以标记得分为基础的选择)来改良一个 F$_2$ 群体(图 2)。这个思路可以扩展到有利等位基因来自多于两个亲本的情形。MARS 还可以在没有任何 QTL 信息的情况下开始,以 MARS 过程中所确定的显著的标记-性状关联为基础进行选择。模拟研究表明,在将有利等位基因聚合在一个个体方面,MARS 通常优于表型选择(van Berloo and Stam,1998;2001;Charmet et al.，1999)，其效率比表型选择高3%～20%(van Berloo and Stam，2001)。现已研究了在遗传模型下具有QTL先验知识的有用性，包括不同QTL数目、不同遗传率水平、不等基因效应、连锁以及上位性。MARS对于中等数目(如40)QTL控制的性状是最有效的(Bernardo and Charcosset，2006)。

3. 基因组选择(GS)

与其术语的含义相反，基因组选择(genomic selection，GS)，或者全基因组选择(genome-wide selection)已经被定义得非常狭义，用来代表仅仅基于标记的选择，即在不鉴定与性状有显著关联的标记子集的情况下进行选择(Meuwissen et al.，2001;表1，图2)。GS包括三个步骤:①预测模型的训练和验证;②单交组合育种值的预测;③以这些预测为基础进行选择。在GS模型训练中，利用具有表现型数据和全基因组标记数据的种质组成训练群体(training population，TP)，进行标记效应的估计。标记效应估计值和单交组合的标记数据相结合，用来计算基因组估计育种值(genomic estimated breeding values，GEBV)，其中GEBV是某个体包括在模型中的全部标记效应的总和。然后利用GEBV作为选择标准对单交组合进行选择。因此，与利用少量显著的标记进行预测和选择的MARS策略相反，GS试图利用基因组范围的标记及其效应估计值来获得总的加性遗传方差。效应低于统计显著性水平的标记在传统的MARS中是弃之不用的，但是在GS中则被用来预测育种值。这一点对于由大量微效基因控制的数量性状尤其重要(Rutkoski et al.，2011)。

GS可望导致植物育种的巨大变化，因为它运用标记数据来预测育种品系在一项测试中的表现，直接分析育种群体，并把全部标记包括在模型中，因此效应的估计值是无偏的，并且可以解释较小效应的QTL。通过分析GS在玉米数量性状改良中的前景，得出了如下结论:这个方法虽然更加昂贵，但对于复杂性状的改良要优于MARS，因为GS有效地避免了几个重要问题，包括控制性状的QTL数目、QTL等位基因效应的分布以及由于遗传背景导致的上位性(Bernardo and Yu，2007)。

另外，GS可以降低表现型鉴定的频率，因为选择是以基因型数据而不是以表现型数据为基础的。GS还可以缩短育种周期，从而增加单位时间(如每年)的选择增益。最早的大规模GS结果来自于奶牛育种计划。作物中正在兴起的研究表明GS将成为极为有用的植物育种工具(Heffner et al.，2009)。模拟(Wong and Bernardo，2008;Zhong et al.，2009)和应用研究(Lorenzana and Bernardo，2009)都表明植物群体GS将获得比表现型选择更大的单位时间增益。在一项模拟的玉米育种计划中，通过比较GS与MARS，发现GS提高了选择响应，尤其对于遗传率较低的性状(Bernardo and Yu，2007)。与低投入、涉及简单MAS的小麦育种计划相比，GEBV准确性为0.5的GS就可以使年增益提高两倍;与高投入、涉及简单MAS的玉米育种计划相比，GS可使年增益提高三倍(Heffner et al.，2010)。

Rutkoski等(2011)以小麦秆锈病的持久抗性作为一个例子，讨论了与GS有关的一些理论问题。①标记密度需要有效地覆盖整个基因组，以保证至少有一个标记与每个基因区域处于LD之中。如前所述，实现基因组有效覆盖所需的最小标记数取决于LD的衰减速度。由于突变、重组、群体大小、群体交配模式以及混合度等因素的影响，不同物种、群体以及基因组之间的 LD 衰减速度存在广泛的变异(Flint-Garcia et al.，2003)。②训练群体(training population，TP)的构成——当训练群体较大、训练群体包含受选群体的亲本或者最近祖先、训练群体由多个世代组成时，所能取得的 GS 准确性最高。③标记效应的估计——有关训练 GS 模型的三个统计方法，包括岭回归最佳线性无偏预测、贝叶斯 A 和贝叶斯 B(Meuwissen et al.，2001)，其相对准确性取决于标记效应的大小。④性状遗传率——有关牛的研究表明遗传率较低的性状需要更大的训练群体来保持较高的准确性(Hayes et al.，2009)，因为遗传率降低导致 GEBV 准确性降低。⑤GS 使我们能够根据基因型而不是表现型直接计算育种值，因此提出了利用 F_2 个体之间 GS 的轮回选择修正方案，以避免因为种子产量不足阻碍了选择的使用和 F_1 代的重组(Bernardo，2010)。

　　虽然 GS 已经被普遍认为是富有生命力、适合复杂性状的 MAS 方法，但是还需考虑三个特定的问题：①在 GS 中使用农家品种或者外来种质时，可能需要很高的标记密度以及较大的训练群体来保证其准确性(Meuwissen，2009)。Bernardo(2009)通过模拟确定了 GS 对"适应品种×外来品种"杂交组合进行快速改良的有效性。②当单交组合与训练群体(TP)没有亲缘关系时，即使有足够的标记和训练记录可用，标记效应也可能不一致，因为存在不同的等位基因、等位基因频率、以及遗传背景效应，即上位性(Bernardo，2008)。这些因素可能导致标记效应估计的不准确，因而降低 GEBV 的准确性。③虽然等位基因频率的不同和群体中分离等位基因的不同将无疑会影响 QTL 效应的估计，但是我们不清楚 QTL×遗传背景互作影响的总体重要性。总的说来，无亲缘关系的个体之间 QTL 效应可能是不一致的。如果 TP 由没有亲缘关系的个体组成，这种不一致性就可能影响 GEBV 的准确性。由于很难有一个训练模型能包括训练群体所有这些复杂情况，所以模拟可能很难反映真实的 GS。因此，对 GS 的遗传增益和准确性的评价应该谨慎，尤其是涉及远缘或多亲本群体时。

　　虽然 GS 已经得到模拟结果的强有力支持，并在若干跨国公司得到广泛使用，但其植物育种效率还需要更多试验数据的支持。跨国公司运用 GS 连同其他的加速世代方法(如 DH 技术)，可以在目标环境以外的地点进行更多轮次的选择，这样每年可以完成更多的世代从而加快育种进程，这是导致 GS 被广泛运用的原因。国际玉米小麦改良中心(CIMMYT)现在正在进行若干试验验证(proof-of-concept)计划，希望通过大规模 GS 辅助育种获得更多有力的证据。

　　最近在小麦和玉米中已有关于 GS 应用的报道。在小麦中，利用 GBS 进行基因组选择试验，证实了 GBS 可以用于小麦这类大而复杂的多倍体基因组物种育种材料的基因型鉴定和精确 GS 模型构建(Poland et al.，2012)。对来自 CIMMYT 半干旱小麦育种计划的 254 份高代品系进行 GBS 分析，检测到 41 371 个 SNP。利用这套未定位的标记，评价了四种不同缺失标记值的估算方法，发现在标记水平上，随机森林回归和新开发的多元正态期望-最大估算法，比异质或平均估算法能提供更为准确的估算，但不同估算法之间 GEBV 的准确性不存在显著差异。利用 GBS 所获得的 GEBV 预测产量的准确性为 0.28~0.45，与业已建立的小麦标记平台相比，改进了 0.1~0.2。在玉米中，对两个半矮秆适应性组合进行了四轮的 GS 试验，并与四轮的表型回交进行比较 (Combs and Bernardo，2013）。结果表明，在 0 轮对株高和产量进行全基因组预测的准确性分别为 0.67～0.70 和 0.57～0.70。第 1～5 轮的基因组选择维持或改进了第 1 轮表型选择所取得的进展，所获得的进展通常与预期的进展相一致。不利的遗传相关导致难于选择到矮秆高产的植株。与表型回交相比，GS 获得了更佳的平均表现和更高比率的外源基因组。

最近的一项研究确定了干旱条件下玉米产量和次级性状的遗传率、遗传方差和遗传相关，并比较了通过次级性状进行间接选择和 GS 的效率（Ziyomo and Bernardo，2013）。利用来自玉米 IBM 群体 238 个 RIL 的测交组合，2009 年和 2010 年在美国明尼苏达州的人工干旱和非干旱条件下进行了多点比较试验。干旱条件下的平均产量为对照的 52%。干旱和非干旱条件下产量的遗传率分别为 0.37 ± 0.08 和 0.60 ± 0.04。不能预期在非干旱条件下根据开花-吐丝间隔期、叶片叶绿素含量或产量进行的简接选择比在干旱条件下对产量的直接选择更为有效。在干旱条件下利用 998 个标记进行的 GS，其相对预测效率为 1.24。利用全基因组标记效应估计的遗传相关与利用遗传方差所估计的相关符合得很好。如果每年可以完成基于标记的多轮选择，而且假定干旱的基因型鉴定比表型鉴定更为廉价，则 GS 可以提高干旱条件下产量选择的遗传进展。

4. 多个性状的选择

发展改良多个性状的 MAS 策略需要了解不同的性状之间的相关性（很复杂性状比如耐旱性各组分之间的互作），剖分发育相关性状的遗传组分，了解遗传网络，以及构建多个性状的选择指数。可以利用聚合影响某特定性状多个基因的方法来聚合控制不同性状的 QTL 等位基因。但概念上的明显差别在于待聚合的不同性状位点上的等位基因可能具有不同的有利方向，即对某些性状负的等位基因是有利的，而对另外一些性状正的等位基因是有利的（Xu，1997）。因此，为了达到育种目标，人们可能需要将某些性状的正向 QTL 等位基因与另外一些性状的负向等位基因结合在一起。

可以开发一个 MAS"试剂盒"，以包括与主效基因控制的性状有关的一组关键标记，外加均匀地覆盖全基因组的标记用于标记辅助的背景选择。数个精心选择的 SNP 标记可以制作成芯片，随着越来越多的重要经济性状的基因被识别和功能鉴定，这些中性标记可以被更新并最终被基因标记和功能标记所取代。只要群体足够大，就可以获得结合不同有利性状的目标个体，从而一步完成多个性状的选择。然而，由于获得理想重组体所需要的群体大小随着性状/位点数目的增加而呈指数增加，实际上一步所能操纵的性状位点数目将受到限制。

遗传相关包括两个主要的原因，多效性和紧密连锁，在 QTL 或者基因水平上这两个原因常常无法分开。基因多效性可以是下列 4 个事件的任一结果（Chen and Lübberstedt，2010）：①具有单个分子功能的单基因同时涉及到多个分子过程；②一个基因有多种功能，每个对不同的性状起作用；③一个基因决定着一个性状，而这个性状导致另一个性状或者对另一个性状部分地起作用；④负责某个生物合成分支的基因其变异导致两个生物合成分支之间代谢流的重新定向。LD 作图、TILLING、以及基因替换（gene replacement）不仅可以在基因水平上对性状相关性进行剖析，而且可以将引起性状相关的多效性和 QTL 的基因内连锁（intragenic linkage）区分开来。这将显著地影响育种策略，并有助于理解性状相关的实质。

七、分子育种平台

1. 通过测序进行基因型鉴定

新一代测序(NGS)技术的进步大大降低了测序成本,现在已经可以对高度多样性、大基因组的作物进行大规模重测序了。NGS 涉及多个技术步骤,包括模板制备、测序和成像、基因组比对和组装(Metzker,2010)。Des-champs 和 Campbell(2010)讨论了 NGS 平台在植物基因组学和遗传变异体检测中的应用。Elshire 等(2011)报道了建立测序式基因型鉴定(genotyping-by-sequencing,GBS)文库的方法。该方法利用限制性内切核酸酶(restriction enzyme,RE)降低基因组复杂性,它简单、快速、极其专一、具有高度可重复性,并且可能到达序列捕获方法达不到的基因组重要区域。通过利用甲基化敏感的 RE,可以避开基因组的重复区域,而以两到三倍的高效率瞄准低拷贝的区域。这极大地简化了高度遗传多样性物种中比对分析所面临的计算挑战。利用玉米(IBM)和大麦(俄勒冈沃尔夫大麦,Oregon Wolfe Barley)RIL 群体为例说明了该 GBS 方法的应用,分别定位了大约 200 000 个和 25 000 个序列标签(Elshire et al.,2011)。Poland 和 Rife(2012)讨论了 GBS 在遗传育种方面所能提供的一些新的研究机会,包括随着测序产出的增加、参考基因组的建立和生物信息学的进展,GBS 将更为有效的领域。利用 Cornell 开发的 GBS 系统,CIMMYT 全球玉米项目在其复杂性状改良的 MARS 和 GS 研究中大规模进行基因型鉴定。

最近,美国科学家对保存在美国国家玉米种质库、来自世界各地的 2815 份自交系进行了 GBS 分析(Romay et al.,2013),GBS 共产生了 6 821 257 个 SNP 标记,其中一半以上的 SNP 为稀有。尽管大部分稀有等位基因已都被整合到公共的温带玉米育种计划中,但在商业化的种质中只存在适度数量的多样性。遗传距离分析揭示了群体层化(population stratification)作用,关键的玉米品系仅仅集中在少量的大亚群中。平均固定指数为 0.06,表明三个主要玉米亚群间存在中度的分化。LD 衰减快速,但 LD 的程度极大地取决于特定的种质类群和基因组区域。利用两个相对简单遗传的性状和一个复杂性状进行了 GWA 测试分析,发现了与籽粒颜色、甜质玉米、开花时间候选基因非常紧密关联的 SNP。

GBS 技术的另一个平台,就是直接利用重测序技术。重测序技术为 MAS 直接提供了覆盖全基因组的高密度分子标记,既包括已经大量报道的新型 SNP 标记,也包括传统的 SSR 标记(如 Xu et al.,2013a)。同时,该技术正在大大推动正向遗传学的进展,利用这种方法进行突变体等位基因的快速鉴定将在很多实验室中成为常规技术。该方法的一个简单延伸就用于作物主效遗传变异体的克隆。在不久的将来,可以预期测序式作图将成为发现 QTL 基因工作的中心。然而,最大的影响可能是利用该方法从具有重要性状遗传变异的非模式、非栽培植物中获取基因(Schneeberger and Weigel,2011)。

Huang 等(2010)提出了利用全基因组重测序对 RIL 群体进行高通量基因型鉴定的方法。根据从 150 个 RIL 所获得的高质量序列(每个相当于覆盖水稻基因组的 0.023×),总共检测到 1 493 461 个 SNP,标记平均密度为 25 SNP/Mb 或者每 40kb 1 个 SNP。利用基于序列的遗传图谱,一个效应较大的株高 QTL 被定位在水稻"绿色革命"

基因 100kb 的区域中。Xie 等(2010)提出了一个不依赖于亲本高质量序列来识别 SNP 的策略,该策略以极低覆盖度的测序为基础对作图群体进行基因型鉴定。对两个未测序水稻品种间的每个 RIL 进行 0.05×重测序,建立了一个超高密度的连锁图谱。利用这个图谱,一个以前克隆过的谷粒宽度(GW5)QTL 被定位到其假定的基因组区域、长度为 200kb 的区块(bin)。

NGS 技术已用于具有参考基因组序列的物种,包括水稻 (Huang et al. , 2010; Gao et al. , 2013)、玉米(Chia et al. , 2012; Jiao et al. , 2012)、谷子 (Jia et al. , 2013)等的大规模重测序以及基于重测序的遗传学、育种学和基因组学研究。在玉米中,通过对来自不同育种阶段 278 个温带自交系的重测序,表明现代育种导致了玉米基因组的高度动态遗传学变化,人工选择影响了数以千计的选择目标,包括基因区和非基因区,造成核苷酸多样性的降低和稀有等位基因频率的增加。育种导致了迅速的遗传变化,涉及 SNP、Indel 和拷贝数的广泛变异,这些变化甚至涉及 IBD 区域。

2. 精准、高通量、选择性表现型鉴定

高通量和精准表现型鉴定是利用分子标记进行性状的遗传分析、在育种中快速经济地实施 MAS 的关键。精准表现型鉴定就是要详细地测量植株性状,对许多内在基因型的性状表现型进行可靠估计(表 1)。然而,植株表现型的准确评价落后于我们对基因型进行表征的能力。为了发展和采用高通量的表现型鉴定技术,我们必须认识到表现型组学的重要性并加以实施(Houle et al. , 2010)。为了与现行的基因型鉴定系统的能力和成本效率相匹配,精准表现型鉴定系统必须实现高通量的数据生成、收集、加工、分析以及输出(图 3)。

最近开发了在生长箱中进行表现型鉴定的自动化平台(Jansen et al. , 2009a; Massonnet et al. , 2010),并建立了国际植物表型组学网络(International Plant Phenomics Network, IPPN),从而为高通量表现型鉴定提供一系列新技术,如可以超越植株较小、寿命较短的模式植物和作物整个生命周期的高通量、自动、非侵入式成像技术,可以用于代谢组学分析和数量表现型鉴定(Bergelson and Roux, 2010)。在拟南芥的表型组学研究中,利用 191 个在基因组上相互重叠覆盖的自交系对 107 个主要数量表现型进行了初步的 GWA 研究,涉及对病原菌的抗性、开花性状以及生活史习性(Atwell et al. , 2010)。考虑到遗传变异容易受到自然选择的影响,这种自动化的平台还将有助于推动自然条件下植物群体的表现型鉴定。更具有挑战性的是开发适合于生活周期长、植株高大的植物(如玉米和高粱)的高通量表现型鉴定平台。理想表型组学研究的基本需求说出来容易但要实现却很困难,包括:①大量基因型样本的基因组信息,每个基因型都在一系列的环境下进行检测;②跨越生长发育的整个空间和时间范围、广泛而精细的表现型鉴定;③低成本。早期的表型组学研究项目没有一个能接近全部表型组学视野的要求,这主要是由于成本和表现型鉴定能力的限制(Houle et al. , 2010)。

一方面,由于缺乏在田间试验中对大量基因型的地上部分生物量进行非破坏性表现型鉴定的合适工具,难于对植物生长早期的性状进行育种、基因组学以及生理学研究。另一方面,植物地下部分的性状,如根系结构、营养吸收以及氮素固定等,是非常有希望启动新一轮绿色革命的特征性状(Den Herder et al. , 2011),但是缺乏低成本的测量工具。

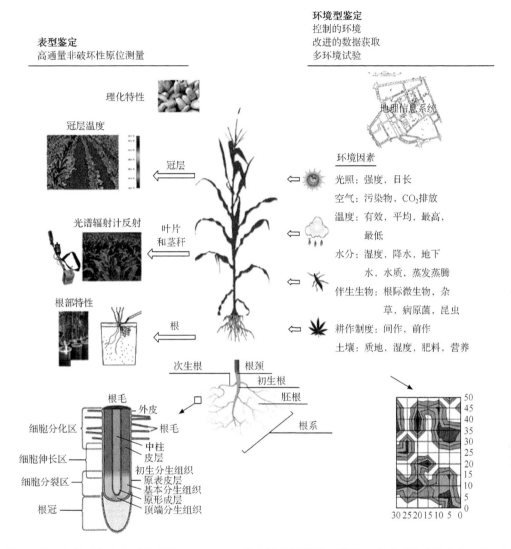

图 3 关于表现型鉴定和环境型鉴定(e-typing)基本组分的例子。借助于表现型鉴定平台和工具,表现型鉴定可以对植物的不同部分进行,包括籽粒、冠层、叶片、茎秆、以及根部。环境型鉴定可以通过人工控制环境、改良数据采集技术以及涉及植物影响因子的多环境试验来实现

Montes 等(2011)设计了一个高通量的表现型鉴定平台,使用安装在拖拉机上的照明幕和分光反射传感器,在田间条件下在玉米植株的早期发育阶段进行高通量、非破坏性的生物量测定。正如玉米的耐旱性研究(Lu et al. , 2011;图 3)所示,通过利用光谱辐射计测定植被指数,可以实现全冠层水平上生长和衰老的评价。这类平台可以用于不同非生物胁迫的大规模筛选。最近,通过对水稻根系结构的精确测定和分析,克隆了与水稻避旱性有关的基因 *DEEPER ROOTING 1* (*DRO1*)(Uga et al. , 2013)。精准表现型鉴定表明 *DRO1* 的高度表达增加了根系生长角度,使根系向下生长导致深根而避免干旱胁迫。

虽然控制实验条件下的高通量和精准性鉴定对于某些研究可能是重要的,但从育种的观点来看,更重要的是提高田间表现型鉴定的通量和精确性。除了那些为控制环境或

生长条件而精心设计的环境之外,植株生长的田间环境是很难模拟的。对于田间精准表现型鉴定(图 3),重要的是要降低"信噪比",这也许可以通过下列措施来实现:选择在土壤特性方面空间变异较小的研究小区;通过良好的杂草和病虫害防治使不同区域的资源投入均一化;设置适当的小区保护行;选择能够控制重复内变异的试验设计;通过数据分析来减少或消除空间趋势;采用新的田间试验技术,如养料和水分的精确应用以及利用遥感技术来检测次级性状;正确选择、校验和使用各类仪器,如中子探测仪、射线传感器、光谱辐射计以及叶绿素和光合作用计量器。

随着基因型鉴定成本的显著降低,更有效的方式可能是首先对整个群体进行基因型鉴定,然后挑选最具信息的个体进行后续的表现型鉴定,这种方法称为选择性表现型鉴定。可以根据下列指标挑选用于表现型鉴定的植株或家系:①若干关键性状的 MAS,②待推广品种不可或缺的基因,③个体之间最低相关性,外加最优的亚群体结构和等位基因代表性。然后可以对所选的植株或家系构成的子集进行精确表现型鉴定。选择性表现型鉴定尤其适合于难以评价或者表型鉴定成本高昂的性状。现在已知的一个非常有意义的选择性表现型鉴定实例,就是通过对一组目标基因和性状进行 MAS 来显著地减少需要进行表现型鉴定的双单倍体(DH)品系数。这种选择性表现型鉴定已被跨国公司所广泛采用,这主要是因为不可能对所有 DH 品系进行大规模的田间表现型鉴定,而且表现型鉴定的成本远远高于基因型鉴定。

3. 环境型鉴定或环境测定

标记-性状关联的确定、标记效应的可靠估计、MARS 和 GS 过程中的表现型鉴定等需要在特定的环境条件下进行,这对 MAS 的准确性和效率产生了重要的影响。如上所述,精准表现型鉴定在很大程度上取决于环境因素及其误差能否被有效地管理和控制。这对于需要在控制或胁迫环境下进行表现型鉴定的性状(如非生物胁迫耐性)来说尤为重要。另外,一直以来基因型-环境互作(GEI)是利用特定环境下不同基因型的表现型数据进行度量的。然而,环境数据本身很少被结合进 GEI 的估计,也没有用于揭示环境因素对特定表现型的作用。在此我们提出了环境型鉴定(environment-typing,e-typing)或者环境测定(environmental assay)的概念,作为现代植物育种图像的第三维(Xu et al.,2012c)。环境型鉴定提供了描述一个植株所需要的综合性环境信息,是对基因型信息和表现型信息的补充(表 1,图 3)。MAS 导致了植物育种方法的巨大变革,通过基于表现型的选择转换到基于表现型＋基因型的选择,它代表了植物育种概念从"线"到"面"的变化。环境型鉴定,与基因型鉴定和表现型鉴定一起,又将植物育种概念由基因型＋表现型确定的"面"转变成由基因型＋表现型＋环境型所确定的三维"空间"概念(图 4)。

环境型鉴定需要考虑包括各种不同的环境因素(图 3)。基本因素包括那些显著影响植株发育的要素(Xu,2010),如土壤、空气、光照、温度、水分、耕作制度以及伴生生物。根据对植株发育和生产力的影响,可以进行环境或农田的分类。例如,土壤类型和降雨量是可以用于分类的两个重要指标,据此可以形成不同的大环境。重要的田间梯度——养料和水分对于非生物胁迫的度量具有关键作用,它们也会对小区之间的环境变异产生影响。

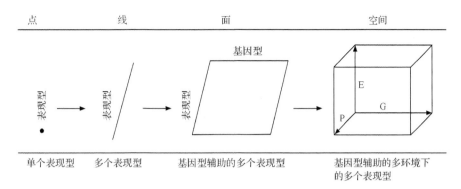

图4　分子植物育种概念的三维图像,即从点发展到线、平面和空间。早期的植物育种选择只是针对某个合乎需要的表现型来进行的("点")。经典的植物育种则是以多个表现型为基础进行选择("线")。现代标记辅助育种依赖于表现型和基因型两者确定的选择标准("面"),而未来的植物育种将根据基因型鉴定、表现型鉴定和环境型鉴定(环境测定)所获得的综合认知("空间")

　　除了大环境的气候和土壤具有公开的数据可用之外,国际农业研究磋商小组(CGIAR)的各中心和跨国公司组织的国际育种计划已积累了大量多点试验的环境数据,并且代表性目标环境和多地点试验的数据正在日益增加。来自这类环境型鉴定的信息尚未被充分用于帮助我们了解植物对环境因素的响应。通过大规模环境型鉴定进行有计划的环境评价,以及通过诸如地理信息系统(GIS)之类的高级系统改进数据的收集,大大丰富了环境信息的内涵。来自环境型鉴定的信息可以按照多种方式进行挖掘并以用于植物育种:精确测定影响特定发育过程或阶段的环境因素;为特定环境适应性的鉴定确定目标环境;分析单个或多个环境因素对某项田间试验或试验区组内表现型变异的贡献;将GEI中涉及的环境因素剖分为特定的组分;通过育种改进植物对特定环境、环境因素及其各种组合的反应。最终,可以建立包括三维图像(基因型、表现型和环境型)的植物育种计划(图4),并且对基因型进行设计以获得对特定环境条件具有最佳适应性的最优表现型。

　　4. 育种信息学和决策支持工具

　　对来自遗传群体的个体进行表现型鉴定和基因型鉴定,进而进行标记-性状关联的识别以及最终将关联标记或全基因组标记应用于分子育种计划,这些过程取决于很多的决策支持工具。这些决策支持工具促进分子生物学家、遗传学家、生物信息学家、性状专家和育种家之间进行交流和合作,从而做出有效的多学科决策。最终,分子育种计划需要有效地将MAS与各样不同的技术辅助措施相结合,包括全基因组扫描、先进的生物统计分析以及数量遗传学建模,这些都将需要越来越复杂的辅助软件(表1)。这需要谨慎平衡很多不同元件,以实现时间、成本以及遗传增益之间的最佳结合(Xu, 2010),其中包括:①鉴定新的有益遗传变异;②开发稳健的标记-性状关联和覆盖全基因组、无偏的分子标记;③管理和分析大量的基因型、系谱、表现型以及环境数据;④通过表现型信息和基因型信息(在时间和空间上)的最优组合来选择符合需要的重组体;⑤开发育种系统,最大限度地降低群体大小、世代数目以及总成本,从而使传统和新颖目标性状的遗传增益最大化。支持分子育种计划所需的决策支持工具涉及很多方面,包括种质评价、育种群体管理、

GEI 分析、遗传图谱构建、标记-性状关联分析、MAS 以及育种系统设计和模拟、植物品种保护以及育种信息管理。

八、展望

随着大多数主要农作物高质量参考基因组序列的日益增加,可以通过重测序、GBS、包含所有基因信息的高密度 SNP 芯片来进行物种内不同材料的全基因组基因型鉴定。高密度标记的可用性以及基因型鉴定成本的迅速降低使众多性状的 MAS 成为可能。在分子育种中可以管理和操作极大群体的可能性,连同高密度的分子标记,使复杂性状的遗传分析和操作比以往任何时候都更为有效。

虽然 MAS 方法已被跨国公司和发达国家的一些公共机构常规地用于加快育种产品的开发,但在发展中国家仍然停留在标记应用的试验阶段,实际应用大多局限于少数重要作物,如水稻、小麦和玉米(Gupta et al.,2010;Prasanna et al.,2010;Li et al.,2010;Xu et al.,2012c;Xu et al.,2013)。目前仍然存在阻碍标记辅助育种最新方法在发展中国家有效利用的各种制约环节(Xu and Crouch,2008;Ribaut et al.,2010)。借助于信息和通信技术革命产生的各类重要平台,育种家现在能够更好地获得基因组学资源、先进的实验室服务以及强健的分析和数据管理工具。但分子育种仍然面临许多重要挑战,包括人力资源的限制和田间基础设施的不足。

通过分子育种(包括 MAS 和转基因方法),跨国公司已经发放了若干育种产品(见 Xu and Crouch,2008 的综述;Xu et al.,2012c;Xu et al.,2013),虽然我们对其育种过程及其产品的性质、规模和范围等缺乏详细的了解。然而,从公共部门通过 MAS 选育和发放的育种产品非常有限。在中国,MAS 与传统的育种相结合,已经培育了一批水稻和小麦材料,包括抗病性和抗虫性得到改良的品种(Wei et al.,2009;Wang et al.,2009;Li et al.,2010;Liu et al.,2012)。

另外,现代分子和生物技术的进步为分子设计育种(breeding by molecular design)提供了越来越多的理论、技术和方法,包括定点清除和替换技术(Long et al.,2013)、反向育种技术(reverse breeding)(Wijnker et al.,2012)等。

虽然在作物改良中仍然面临很多挑战,但是在降低信息采集成本、扩大育种计划规模和效率方面,也存在许多令人振奋的机遇。在育种方案中,特别是在发展中国家有效地采用全基因组策略,将需要强有力的投入、执著的努力和研究机构的广泛支持。

致谢

感谢陈建国和闫双勇两位同行协助翻译论文 Xu 等(2012c)。作者本人在 CIM-MYT、CIMMYT-中国和中国农业科学院作物科学研究所有关玉米分子育种的相关研究得到了中国国家 973 计划项目(2014CB138206)、863 计划项目(2012AA101104)、国家自然科学基金项目(31271736、31371638)、科技部国际合作项目(2011DFA31140、2012DFA32290)和比尔盖茨基金会等的资助。

参 考 文 献

Atwell S, Huang YS, Vilhjálmsson BJ, Willems G, Horton M, Li Y, Meng D, Platt A, Tarone AM, Hu TT, Jiang R, Muliyati NW, Zhang X, Amer MA, Baxter I, Brachi B, Chory J, Dean C, Debieu M, de Meaux J, Ecker JR, Faure N, Kniskern JM, Jones JD, Michael T, Nemri A, Roux F, Salt DE, Tang C, Todesco M, Traw MB, Weigel D, Marjoram P, Borevitz JO, Bergelson J, Nordborg M (2010) Genome-wide association study of 107 phenotypes in *Arabidopsis thaliana* inbred lines. Nature 465: 627-631

Bansal V, Libiger O, Torkamani A, Schork NJ (2010) Statistical analysis strategies for association studies involving rare variants. Nat Rev Genet 11:773-785

Beavis WD (1998) QTL analyses: power, precision and accuracy. In: Paterson, A. H. (ed.) Molecular Dissection of Complex Traits. CRC Press, Boca Raton, Florida, pp. 145-162

Bergelson J, Roux F (2010) Towards identifying genes underlying ecologically relevant traits in *Arabidopsis thaliana*. Nat Rev Genet11:867-879

Berger SL, Kouzarides T, Shiekhattar R, Shilatifard A (2009) An operational definition of epigenetics. Genes Dev 23: 781-783

Bernardo R (2008) Molecular markers and selection for complex traits in plants: learning from the last 20 years. Crop Sci 48: 1649-1664

Bernardo R (2009) Genomewide selection for rapid introgression of exotic germplasm in maize. Crop Sci 49: 419-425

Bernardo R (2010) Genomewide selection with minimal crossing in self-pollinated crops. Crop Sci 50:624-627

Bernardo R, Charcosset A (2006) Usefulness of gene information in marker-assisted recurrent selection: A simulation appraisal. Crop Sci 46:614-621

Bernardo R, Yu J (2007) Prospects for genomewide selection for quantitative traits in maize. Crop Sci 47: 1082-1090.

Braun R, Buetow K (2011) Pathways of distinction analysis: A new technique for multi-SNP analysis of GWAS data. PLoS Genet 7(6): e1002101.

Buckler ES, Holland JB, Bradbury PJ, Acharya CB, Brown PJ, Browne C, Ersoz E, Flint-Garcia S, Guill K, Kroon DE, Larsson S, Lepak NK, Li H, Mitchell SE, Pressoir G, Peiffer JA, Rosas MO, Rocheford TR, Romay MC, Romero S, Salvo S, Villeda HS, Da Silva HS, Sun Q, Tian F, Upadyayula N, Ware D, Yates H, Yu J, Zhang Z, Kresovich S, McMullen MD (2009) The genetic architecture of maize flowering time. Science 325: 714-718

Charmet G, Robert N, Perretant MR, Gay G, Sourdille P, Groos C, Bernard S, Bernard M (1999) Marker-assisted recurrent selection for cumulating additive and interactive QTLs in recombinant inbred lines. Theor Appl Genet 99: 1143-1148

Chaudhary RC (2000) Strategies for bridging the yield gap in rice: a regional perspective for Asia. Internatl Rice Comm Newsl 49: 22-31

Chen Y, Lübberstedt T (2010) Molecular basis of trait correlations. Trends Plant Sci 15: 454-461

Chia JM, Song C, Bradbury PJ, Costich D, de Leon N, Doebley J, Elshire RJ, Gaut B, Geller L, Glaubitz JC, Gore M, Guill KE, Holland J, Hufford MB, Lai J, Li M, Liu X, Lu Y, McCombie R, Nelson R, Poland J, Prasanna BM, Pyhäj?rvi T, Rong T, Sekhon RS, Sun Q, Tenaillon MI, Tian F, Wang J, Xu X, Zhang Z, Kaeppler SM, Ross-Ibarra J, McMullen MD, Buckler ES, Zhang G, Xu Y, Ware D (2010) Maize HapMap2 identifies extant variation from a genome in flux. Nat Genet 44: 803-807.

Clark AG (2004) The role of haplotypes in candidate gene studies. Genet Epidem 27: 321-333

Collins NC, Tardieu F, Tuberosa R (2008) Quantitative trait loci and crop performance under abiotic stress: where do we stand? Plant Physiol 147:469-486

Combs E, Bernardo R (2013) Genomewide selection to introgress semidwarf maize germplasm into U. S. Corn Belt inbreds. Crop Sci 53：1427-1436

Cong L, Ran FA, Cox D, Lin S, Barretto R, Habib N, Hsu PD, Wu X, Jiang W, Marraffini LA, Zhang F (2013) Multiplex genome engineering using CRISPR/Cas systems. Science 339：819-823

Crosbie TM, Eathington SR, Johnson GR, Edwards M, Reiter R, Stark S, Mohanty RG, Oyervides M, Buehler RE, Walker AK, Dobert R, Delannay X, Pershing JC, Hall MA, Lamkey KR (2006) Plant breeding：Past, present, and future. p. 3-50. In：Lamkey KR and Lee M (ed.) Plant breeding：The Arnel R. Hallauer International Symposium. Blackwell, Ames, IA.

Delannay X, McLaren G, Ribaut, JM (2011) Fostering molecular breeding in developing countries. Mol Breed (in press)

Den Herder G, Van Isterdael G, Beeckman T, De Smet I (2011) The roots of a new green revolution. Trends Plant Sci 15：600-607

Deschamps S, Campbell MA (2010) Utilization of next-generation sequencing platforms in plant genomics and genetic variant discovery. Mol Breed 25：553-570

Dwivedi SL, Crouch JH, Mackill DJ, Xu Y, Blair MW, Ragot M, Upadhyaya HD, Ortiz R (2007) The molecularization of public sector crop breeding：progress, problems and prospects. Adv Agron 95：163-318

Eathington SR, Crosbie TM, Edwards MD, Reiter RS, Bull JK (2007) Molecular markers in a commercial breeding program. Crop Sci 47(S3)：S154-S163

Edwards M, Johnson L (1994) RFLPs for rapid recurrent selection. In：Proceedings of Symposium on Analysis of Molecular Marker Data. American Society of Horticultural Science and Crop Science Society of America, Corvallis, Oregon, pp. 33-40.

Ehrenreich IM, Torabi N, Jia Y, Kent J, Martis S, Shapiro JA, Gresham D, Caudy AA, Kruglyak L (2010) Dissection of genetically complex traits with extremely large pools of yeast segregants. Nature 464：1039-1042

Elshire RJ, Glaubitz JC, Sun Q, Poland JA, Kawamoto K, Buckler ES, Mitchell SE (2011) A robust, simple genotyping-by-sequencing (GBS) approach for high diversity species. PLoS ONE 6(5)：e19379.

Famoso AN, Zhao K, Clark RT, Tung C-W, Wright MH, Bustamante C, Kochian LV, McCouch SR (2011) Genetic architecture of aluminum tolerance in rice (*Oryza sativa*) determined through genome-wide association analysis and QTL mapping. PLoS Genet 7(8)：e1002221

Farkhari M, Krivanek A, Xu Y, Naghavi MR, Samadi BY, Rong T, Lu Y (2013) Root-lodging resistance in maize as an example for high-throughput genetic mapping via single nucleotide polymorphism-based selective genotyping. Plant Breed 132：90-98.

Feng S, Jacobsen SE (2011) Epigenetic modifications in plants：an evolutionary perspective. Curr Opin Plant Biol 14：179-186

Ferrier T, Matus JT, Jin J, Riechmann JL (2011) *Arabidopsis* paves the way：genomic and network analyses in crops. Curr Opin Biotech 22：260-270

Feuillet C, Leach JE, Rogers J, Schnable PS, Eversole K (2011) Crop genome sequencing：lessons and rationales. Trends Plant Sci 16：77-88

Flint-Garcia SA, Thornsberry JM, Buckler ES (2003) Structure of linkage disequilibrium in plants. Ann Rev Plant Biol 54：357-374

Frisch M (2004) Breeding strategies：optimum design of marker-assisted backcross programs. In：Lörz H, Wenzl G (eds) Biotechnology in Agriculture and Forestry, Vol. 55. Molecular Marker Systems in Plant Breeding and Crop Improvement. Springer-Verlag, Berlin, pp. 319-334

Gao S, Martinez C, Skinner DJ, Krivanek AF, Crouch JH, Xu Y (2008) Development of a seed DNA-based genotyping system for marker-assisted selection in maize. Mol Breed 22：477-494

Gao S, Babu R, Lu Y, Martinez C, Hao Z, Krivanek AF, Wang J, Rong T, Crouch J, Xu Y (2011) Revisiting the hetero-fertilization phenomenon in maize. PLoS ONE 6(1): e16101

Gao ZY, Zhao SC, He WM, Guo LB, Peng YL, Wang JJ, Guo XS, Zhang XM, Rao YC, Zhang C, Dong GJ, Zheng FY, Lu CX, Hu J, Zhou Q, Liu HJ, Wu HY, Xu J, Ni PX, Zeng DL, Liu DH, Tian P, Gong LH, Ye C, Zhang GH, Wang Jian, Tian FK, Xue DW, Liao Y, Zhu L, Chen MS, Li JY, Cheng SH, Zhang GY, Wang Jun, Qian Q (2013) Dissecting yield-associated loci in super hybrid rice by resequencing recombinant inbred lines and improving parental genome sequences. Proc Natl Acad Sci USA (in press)

Giovannoni JJ, Wing RA, Ganal MW, Tanksley SD (1991) Isolation of molecular markers from specific chromosome intervals using DNA pools from existing populations. Nucl Acids Res 19: 6553-6558

Goddard ME, Hayes BJ (2007) Genomic selection. J Anim Breed Genet 124: 323-330

Gore MA, Chia JM, Elshire RJ, Sun Q, Ersoz ES, Hurwitz BL, Peiffer JA, McMullen MD, Grills GS, Ross-Ibarra J, Ware DH, Buckler ES (2009) A first-generation haplotype map of maize. Science 326:1115-1117

Gupta PK, Langridge P, Mir RR (2010) Marker-assisted wheat breeding: present status and future possibilities. Mol Breed 26:145-161

Harjes CE, Rocheford TR, Bai L, Brutnell TP, Kandianis CB, Sowinski SG, Stapleton AE, Vallabhaneni R, Williams M, Wurtzel ET, Yan J, Buckler ES (2008) Natural genetic variation in *Lycopene Epsilon Cyclase* tapped for maize biofortification. Science 319: 330-333

Hayes BJ, Bowman PJ, Chamberlain AJ, Goddard ME (2009) Genomic selection in dairy cattle: progress and challenges. J Dairy Sci 92:433-443

Heffner EL, Sorrells ME, Jannink JL (2009) Genomic selection for crop improvement. Crop Sci 49:1-12

Heffner EL, Lorenz AJ, Jannink JL, Sorrells ME (2010) Plant breeding with genomic selection: gain per unit time and cost. Crop Sci 50:1681-1690

Holloway B, Li B (2010) Expression QTLs: applications for crop improvement. Mol Breed 26: 381-391

Hospital F (2001) Size of donor chromosome segments around introgressed loci and reduction of linkage drag in marker-assisted backcross programs. Genetics 158: 1363-1379.

Hospital F, Chevalet C, Mulsant P (1992) Using markers in gene introgression breeding programs. Genetics 231: 1199-1210

Hospital F, Charcosset A (1997) Marker-assisted introgression of quantitative trait loci. Genetics 147: 1469-1485

Houle D, Govindaraju DR, Omholt S (2010) Phenomics: the next challenge. Nat Rev Genet 11:855-866

Huang X, Feng Q, Qian Q, Zhao Q, Wang L, Wang A, Guan J, Fan D, Wang Q, Huang T, Dong G, Sang T, Han B (2009) High-throughput genotyping by whole-genome resequencing. Genome Res19: 1068-1076

Huang X, Wei X, Sang T, Zhao Q, Feng Q, Zhao Y, Li C, Zhu C, Lu T, Zhang Z, Li M, Fan D, Guo Y, Wang A, Wang L, Deng L, Li W, Lu Y, Weng Q, Liu K, Huang T, Zhou T, Jing Y, Li W, Lin Z (2010) Genome-wide association studies of 14 agronomic traits in rice landraces. Nature Genet doi:10. 1038/ng. 695

Jansen M, Gilmer F, Biskup B, Nagel KA, Rascher U, Fischbach A, Briem S, Dreissen G, Tittmann S, Braun S, De Jaeger I, Metzlaff M, Schurr U, Scharr H, Walter A (2009a) Simultaneous phenotyping of leaf growth and chlorophyll fluorescence via GROWSCREEN FLUORO allows detection of stress tolerance in *Arabidopsis thaliana* and other rosette plants. Funct Plant Biol 11: 902-914

Jansen RC, Tesson BM, Fu J, Yang Y, McIntyre LM (2009b) Defining gene and QTL networks. Curr Opin Plant Biol 12:241-246

Jena KK, Mackill DJ (2008) Molecular markers and their use in marker-assisted selection in rice. Crop Sci 48: 1266-1276

Jia G, Huang X, Zhi H, Zhao Y, Zhao Q, Li Wenjun, Chai Y, Yang L, Liu K, Lu H, Zhu C, Lu Y, Zhou C, Fan D, Weng Q, Guo Y, Huang T, Zhang L, Lu T, Feng Q, Hangfei Hao H, Liu H, Lu P, Zhang N, Li Y, Erhu Guo E, Wang Shujun, Wang Suying, Liu J, Zhang W, Chen G, Zhang B, Li Wei, Wang Y, Li H, Zhao B, Li J, Diao X, Han H (2013) A haplotype map of genomic variations and genome-wide association studies of agronomic traits in foxtail millet (*Setaria italica*). Nat Genet 45:957-961

Jiao Y, Zhao H, Ren L, Song W, Zeng B, Guo J, Wang B, Liu Z, Chen J, Li W, Zhang M, Xie S, Lai J (2012) Genome-wide genetic changes during modern breeding of maize. Nature Genet 44:812-815

Johnson GC, Esposito L, Barratt BJ, Smith AN, Heward J, Di Genova G, Ueda H, Cordell HJ, Eaves IA, Dudbridge F, Twells RC, Payne F, Hughes W, Nutland S, Stevens H, Carr P, Tuomilehto-Wolf E, Tuomilehto J, Gough SC, Clayton DG, Todd JA (2001) Haplotype tagging for the identification of common disease genes. Nat Genet 29: 233-237

Kim TY, Kim HU, Lee SY (2010a) Data integration and analysis of biological networks. Curr Opin Biotech 21:78-84

Kim SY, Li Y, Guo Y, Li R, Holmkvist J, Hansen T, Pedersen O, Wang J, Nielsen R (2010b) Design of association studies with pooled or un-pooled next-generation sequencing data. Genet Epidem 34: 479-491

Knight J, Sham P (2006) Design and analysis of association studies using pooled DNA from large twin samples. Behav Genet 36: 665-77

Kover PX, Valdar W, Trakalo J, Scarcelli N, Ehrenreich IM, Purugganan MD, Durrant C, Mott R (2009) A Multi-parent Advanced Generation Inter-Cross to Fine-Map Quantitative Traits in *Arabidopsis thaliana*. PLoS Genet 5 (7): e1000551

Kump KL, Bradbury PJ, Wisser RJ, Buckler ES, Belcher AR, Oropeza-Rosas MA, Zwonitzer JC, Kresovich S, McMullen MD, Ware D, Balint-Kurti PJ, Holland JB (2011) Genome-wide association study of quantitative resistance to southern leaf blight in the maize nested association mapping population. Nat Genet 43: 63-168

Lai J, Li R, Xu X, Jin W, Xu M, et al. (2010) Genome-wide patterns of genetic variation among elite maize inbreds. Nat Genet 42: 1027-1030

Lam HM, Xu X, Liu X, Chen W, Yang G, Wong FL, Li MW, He W, Qin N, Wang B, Li J, Jian M, Wang J, Shao G, Wang J, Sun SSM, Zhang G (2010) Resequencing of 31 wild and cultivated soybean genomes identifies patterns of genetic diversity and selection. Nat Genet 12: 1053-1059

Lande R, Thompson R (1990) Efficiency of marker-assisted selection in the improvement of quantitative traits. Genetics 124: 743-756

Lander ES, Botstein D (1989) Mapping Mendelian factors underlying quantitative traits using RFLP linkage maps. Genetics 121:185-199

Lebowitz RL, Soller M, Beckmann JS (1987) Trait-based analysis for the detection of linkage between marker loci and quantitative trait loci in cross between inbred lines. Theor Appl Genet 73: 556-562

Lee M (1995) DNA markers and plant breeding programs. Adv Agron 55: 265-344

Li Y, Wang JK, Qiu LJ, Ma YZ, Li XH, Wan JM (2010) Crop molecular breeding in China: Current status and perspectives. Acta Agron Sinica 36: 1425-1430

Lorenzana RE, Bernardo R (2009) Accuracy of genotypic value predictions for marker-based selection in biparental plant populations. Theor Appl Genet 120:151-161

Liu S, Yeh C-T, Tang HM, Nettleton D, Schnable PS (2012) Gene mapping via bulked segregant RNA-Seq (BSR-Seq). PLoS ONE 7(5): e36406.

Liu Y, He Z, Appels R, Xia X (2012) Functional markers in wheat: current status and future prospects. Theor Appl Genet 125:1-10

Lu Y, Zhang SH, Shah T, Xie C, Hao Z, Li X, Farkhari M, Ribaut JM, Cao M, Rong T, Xu Y (2010) Joint linkage-linkage disequilibrium mapping is a powerful approach to detecting quantitative trait loci underlying drought tolerance in maize. Proc Natl Acad Sci USA 107:19585-19590

Lu Y, Hao Z, Xie C, Crossa J, Araus JL, Gao S, Vivek BS, Magorokosho C, Mugo S, Makumbi D, Taba S, Pan G, Li X, Rong T, Zhang S, Xu Y (2011) Large-scale screening for maize drought resistance using multiple selection criteria evaluated under water-stressed and well-watered environments. Field Crops Res 124:37-45

Macgregor S, Zhao ZZ, Henders A, Nicholas MG, Montgomery GW, Visscher PM (2008) Highly cost-efficient genome-wide association studies using DNA pools and dense SNP arrays. Nucl Acids Res 36(6):e35

Massonnet C, Vile D, Fabre J, Hannah MA, Caldana C, Lisec J, Beemster GTS, Meyer RC, Messerli G, Gronlund JT, Perkovic J, Wigmore E, May S, Bevan MW, Meyer C, Rubio-Díaz S, Weigel D, Micol JL, Buchanan-Wollaston V, Fiorani F, Walsh S, Rinn B, Gruissem W, Hilson P, Hennig L, Willmitzer L, Granier C (2010) Probing the reproducibility of leaf growth and molecular phenotypes: a comparison of three *Arabidopsis* accessions cultivated in ten laboratories. Plant Physiol 152: 2142-2157

McMullen MM, Kresovich S, Villeda HS, Bradbury P, Li H, Sun Q, Flint-Garcia S, Thornsberry J, Acharya C, Bottoms C, Brown P, Browne C, Eller M, Guill K, Harjes C, Kroon D, Lepak N, Mitchell SE, Peterson B, Pressoir G, Romero S, Rosas MO, Salvo S, Yates H, Hanson M, Jones E, Smith S, Glaubitz JC, Goodman M, Ware D, Holland JB, Buckler ES (2009) Genetic properties of the maize nested association mapping population. Science 32: 737-740

Metzker ML (2010) Sequencing technologies-the next generation. Nat Rev Genet 11:31-46

Meuwissen TH (2009) Accuracy of breeding values of 'unrelated' individuals predicted by dense SNP genotyping. Genet Sel Evol 41:35

Meuwissen THE, Hayes BJ, Goddard ME (2001) Prediction of total genetic value using genomewide dense marker maps. Genetics 157: 1819-1829

Michelmore RW, Paran I, Kesselli RV (1991) Identification of markers linked to disease resistance genes by bulked segregant analysis: a rapid method to detect markers in specific genome regions using segregating populations. Proc Nat Acad Sci USA 88: 9828-9832

Mirouze M, Paszkowski J (2011) Epigenetic contribution to stress adaptation in plants. Curr Opin Plant Biol 14: 267-274

Miura K, Ashikari M, Matsuoka M (2011) The role of QTLs in the breeding of high-yielding rice. Trend Plant Sci 16: 319-326

Montes JM, Technow F, Dhillon BS, Mauch F, Melchinger AE (2011) High-throughput non-destructive biomass determination during early plant development in maize under field conditions. Field Crops Res 121: 268-273

Moreno-Risueno MA, Busch W, Benfey PN (2010) Omics meet networks —using systems approaches to infer regulatory networks in plants. Curr Opin Plant Biol 13:126-131

Myles S, Peiffer J, Brown PJ, Ersoz ES, Zhang Z, Costich DE, Buckler ES (2009) Association mapping: critical considerations shift from genotyping to experimental design. Plant Cell 21: 2194-2202.

Nagano AJ, Sato Y, Mihara M, Antonio BA, Motoyama R, Itoh H, Nagamura Y, Izawa T (2012) Deciphering and prediction of transcriptome dynamics under fluctuating field conditions. Cell 151: 1358-136.

Ozsolak F, Milos PM (2011) RNA sequencing: advances, challenges and opportunities. Nat Rev Genet 12:87-98

Peleman JD, van der Voort JR (2003) Breeding by design. Trends Plant Sci 8: 330-334

Podlich DW, Winkler CR, Cooper M (2004) Mapping as you go: an effective approach for marker-assisted selection of complex traits. Crop Sci 44: 560-1571

Poland JA, Rife TW (2012) Genotyping-by-sequencing for plant beeding and genetics. Plant Genome 5:92-102.

Poland J, Endelman J, Dawson J, Rutkoski J, Wu S, Manes Y, Dreisigacker S, Crossa J, Sánchez-Villeda H, Sorrells M, Jannink JL (2012) Genomic Selection in Wheat Breeding using Genotyping-by-Sequencing. Plant Genome 5:103-113.

Prasanna BM, Pixley K, Warburton ML, Xie CX (2010) Molecular marker-assisted breeding options for maize improvement in Asia. Mol Breed 26:339-356

Qiu LJ, Guo Y, Li Y, Wang XB, Zhou GA, Liu ZX, Zhou SR, Li XH, Ma YZ, Wang JK, Wan JM (2011) Novel gene discovery of crops in China: Status, challenging, and perspective. Acta Agron Sinica 37: 1-17

Rafalski JA (2010) Association genetics in crop improvement. Curr Opin Plant Biol 13:1-7

Ragot M, Lee M (2007) Marker-assisted selection in maize: Current status, potential, limitations and perspectives from the private and public sectors. p. 117-150. In: Guimar? es EP et al. (ed.) Marker-assisted Selection, Current Status and Future Perspectives in Crops, Livestock, Forestry, and Fish. FAO, Rome.

Ribaut JM, de Vicente MC, X Delannay X (2010) Molecular breeding in developing countries: challenges and perspectives. Curr Opin Plant Biol 13:213-218.

Richards CL, Rosas U, Banta J, Bhambhra N, Purugganan MD (2012) Genome-wide patterns of Arabidopsis gene expression in nature. PLoS Genet 8: e1002662.

Romay MC, Millard M, Glaubitz JC, Peiffer JA, Swarts K, Casstevens T, Elshire RJ, Acharya CB, Mitchell SE, Flint-Garcia S, McMullen MD, Holland JB, Buckler ES, Gardner C (2013) Comprehensive genotyping of the USA national maize inbred seed bank. Genome Biol 14:R55.

Roy SJ, Tucker EJ, Tester M (2011) Genetic analysis of abiotic stress tolerance in crops. Curr Opin Plant Biol 14:1-8

Rutkoski JE, Heffner EL, Sorrells ME (2011) Genomic selection for durable stem rust resistance in wheat. Euphytica 179:161-173

Schmitz RJ, Zhang X (2011) High-throughput approaches for plant epigenomic studies. Curr Opin Plant Biol 14:130-136

Schmitz RJ, Schultz MD, Urich MA, Nery JR, Pelizzola M, Libiger O, Alix A, McCosh RB, Chen H, Schork NJ, Ecker JR (2013) Patterns of population epigenomic diversity. Nature 495: 193-198

Schneeberger K, Weigel D (2011) Fast-forward genetics enabled by new sequencing technologies. Trends Plant Sci 16: 282-288

Stam P (1995) Marker-assisted breeding. In: Van Ooijen JW, Jansen J (eds) Biometrics in Plant Breeding: Applications of Molecular Markers. Proceedings of the 9th Meeting of EUCARPIA Section on Biometrics in Plant Breeding (1994). Centre for Plant Breeding and Reproduction Research, Wageningen, Netherlands, pp. 32-44

Stam P (2003) Marker-assisted introgression: speed at any cost? In: van Hintum Th. JL, Lebeda A, Pink D, Schut JW (eds) Proceedings of the Eucarpia Meeting on Leafy Vegetables Genetics and Breeding, 19-21 March 2003, Noordwijkerhout, Netherlands. Centre for Genetic Resources (CGN), Wageningen, Netherlands, pp. 117-124

Stuber CW, Moll RH, Goodman MM, Schaffer HE, Weir BS (1980) Allozyme frequency changes associated with selection for increased grain yield in maize (Zea mays). Genetics 95: 225-336.

SunY, Wang J, Crouch JH, Xu Y (2010) Efficiency of selective genotyping for genetic analysis of complex traits and potential applications in crop improvement. Mol Breed 26:493-511

Tester M, Langridge P (2011) Breeding technologies to increase crop production in a changing world. Science 327: 818-822

Tian F, Bradbury PJ, Brown PJ, Hung H, Sun Q, Flint-Garcia S, Rocheford TR, McMullen MD, Holland JB, Buckler ES (2011) Genome-wide association study of leaf architecture in the maize using nested association mapping population. Nat Genet 43:159-162

Till BJ, Comai L, Henikoff S (2007) TILLING and EcoTILLING for crop improvement. In: Varshney RK, Tuberosa R (eds) Genomics-Assisted Crop Improvement. Vol. 1: Genomic Approaches and Platforms. Springer, Dordrecht, Netherlands, pp. 333-350

Uga Y, Sugimoto K, Ogawa S, Rane J, Ishitani M, Hara N, Kitomi Y, Inukai Y, Ono K, Kanno N, Inoue H, Takehisa H, Motoyama R, Nagamura Y, Wu J, Matsumoto T, Takai T, Okuno K, Yano M (2013) Control of root system architecture by DEEPER ROOTING 1 increases rice yield under drought conditions. Nat Genet 45:1097-1102

van Berloo R, Stam P (1998) Marker-assisted selection in autogamous RIL populations: a simulation study. Theor Appl Genet 96: 147-154

van Berloo R, Stam P (2001) Simultaneous marker-assisted selection for multiple traits in autogamous crops. Theor Appl Genet 102: 1107-1112

Wang CL, Zhang YD, Zhu Z, Chen T, Zhao L, Lin J, Zhou LH (2009) Development of a new japonica rice variety Nanjing 46 with good eating quality by marker assisted selection. Mol Plant Breed7: 1070-1076

Wei X Jin, Liu LL, Xu JF, Jiang L, Zhang WW, Wang JK, Zhai HQ, Wan JM (2009) Breeding strategies for optimum heading date using genotypic information in rice. Mol Breed 25: 287-298

Wijnker E, van Dun K, de Snoo CB, Lelivelt CLC, Keurentjes JJB, Naharudin NS, Ravi M, Chan SWL, de Jong H, Dirks R (2012) Reverse breeding in Arabidopsis thaliana generates homozygous parental lines from a heterozygous plant. Nat Genet 44: 467-470

Wong CK, Bernardo R (2008) Genomewide selection in oil palm: Increasing selection gain per unit time and cost with small populations. Theor Appl Genet 116: 815-824

Wray NR, Yang J, Hayes BJ, Price AL, Goddard ME, Visscher PM (2013) Pitfalls of predicting complex traits from SNPs. Nat Rev Genet 14: 507-515

Xie W, Feng Q, Yu H, Huang X, Zhao Q, Xing Y, Yu S, Han B, Zhang Q (2010) Parent-independent genotyping for constructing an ultrahigh-density linkage map based on population sequencing. Proc Natl Acad Sci USA 107: 10578-10583

Xu J, Liu Y, Liu J, Cao M, Wang J, Lan H, Xu Y, Lu Y, Pan P, Rong T (2012a) The genetic architecture of flowering time and photoperiod sensitivity in maize as revealed by QTL review and meta analysis. J Integr Plant Biol 54: 358-373.

Xu J, Liu L, Xu Y, Chen C, Rong T, Ali F, Zhou S, Wu F, Liu Y, Wang J, Cao M, Lu Y (2013a) Development and characterization of simple sequence repeat markers providing genome-wide coverage and high resolution in maize. DNA Research 20: 497-509

Xu Y (1997) Quantitative trait loci: separating, pyramiding, and cloning. Plant Breed Rev 15: 85-139

Xu Y (2002) Global view of QTL: rice as a model. p. 109-134. In: Kang MS (ed.) Quantitative Genetics, Genomics and Plant Breeding, CABI Publishing, Wallingford, UK.

Xu Y (2003) Developing marker-assisted selection strategies for breeding hybrid rice. Plant Breed Rev 23: 73-174

Xu Y (2010) Molecular Plant Breeding, Wallingford, UK: CAB International. 734pp.

Xu Y, Crouch JH (2008) Marker-assisted selection in plant breeding: from publications to practice. Crop Sci 48: 391-407

Xu Y, Lu Y, Yan J, Babu R, Hao Z, Gao S, Zhang S, Li J, Vivek BS, Magorokosho C, Mugo S, Makumbi D, Taba S, Palacios N, Guimarães CT, Araus JL, Wang J, Davenport GF, Crossa J, Crouch JH (2009) SNP-chip based genomewide scan for germplasm evaluation and marker-trait association analysis and development of a molecular breeding platform. Proceedings of 14th Australasian Plant Breeding & 11th Society for the Advancement in Breeding Research in Asia & Oceania Conference, 10 to 14 August 2009, Cairns, Tropical North Queensland, Australia. Distributed by CD RAM.

Xu Y, Wan J, He Z, Prasanna BM (2011) Marker-assisted selection: Strategies and examples from cereals. In: Gupta PK, Varshney RK (ed.) Cereal Genomics II. Springer, in press.

Xu Y, Li ZK, Thomson MJ (2012b) Molecular breeding in plants: moving into the mainstream. Mol Breed 29: 831-832.

Xu Y, Lu Y, Xie C, Gao S, Wan J, Prasanna BM (2012c) Whole-genome strategies for marker-assisted plant breeding. Mol Breed 29: 833-854

Xu Y, Xie C, Wan J, He Z, Prasanna BM (2013b) Marker-assisted selection in cereals: platforms, strategies and examples. In: P. K. Gupta and R. K. Varshney (eds.), Cereal Genomics II, Springer Science+Business Media Dordrecht, pp375-411.

Yan J, Kandianis CB, Harjes CE, Bai L, Kim E, Yang X, Skinner D, Fu Z, Mitchell S, Li Q, Fernandez MGS, Zaharieva M, Babu R, Fu Y, Palacios N, Li J, DellaPenna D, Brutnell T, Buckler ES, Warburton ML, Rocheford T (2010b) Rare genetic variation at Zea mays crtRB1 increases β-carotene in maize grain. Nat Genet 42: 322-327

Yu J, Hollan JB, McMullen MD, Buckler ES (2008) Genetic design and statistical power of nested association mapping in maize. Genetics 178: 539-551.

Zhang H, Uddin MS, Zou C, Xie C, Li WX, Xu Y (2013) Meta-analysis and candidate gene mining of low-phosphorus tolerance in maize. J Integr Plant Biol 56:262-270

Zhong SQ, Dekkers JCM, Fernando RL, Jannink JL (2009) Factors affecting accuracy from genomic selection in populations derived from multiple inbred lines: A barley case study. Genetics 182: 355-364

Ziyomo C, Bernardo R (2013) Drought tolerance in maize: indirect selection through secondary traits versus genome-wide selection. Crop Sci 53:1269-1275.

原书参考文献

Aastveit, H. and Martens, H. (1986) ANOVA interactions interpreted by partial least squares regression. *Biometrics* 42, 829–844.

Abad-Grau, M.M., Montes, R. and Sebastiani, P. (2006) Building chromosome-wide LD maps. *Bioinformatics* 22, 1933–1934.

Able, J.A., Langridge, P. and Milligan, A.S. (2008) Capturing diversity in the cereals: many options but little promiscuity. *Trends in Plant Sciences* 12, 71–79.

Abranches, R., Santos, A.P., Williams, S., Wegel, E., Castilho, A., Christou, P., Shaw, P. and Stoger, E. (2000) Widely-separated multiple transgene integration sites in wheat chromosomes are brought together at interphase. *The Plant Journal* 24, 713–723.

Acosta-Gallegos, J.A., Kelly, J.D. and Gepts, P. (2007) Prebreeding in common bean and use of genetic diversity from wild germplasm. *Crop Science* 47(S3), S44–S59.

Adams, M.D., Kelley, J.M., Gocayne, J.D., Dubnick, M., Polymeropoulos, M.H., Xiao, H., Merril, C.R., Wu, A., Olde, B., Moreno, R.E., Kerlavage, A.R., Combie, W.R. and Venter, J.C. (1991) Complementary DNA sequencing: expressed sequence tags and human genome project. *Science* 252, 1651–1653.

Adams, R.P. (1997) Conservation of DNA: DNA banking. In: Callow, J.A., Ford-Lloyd, B.V. and Newbury, H.J. (eds) *Biotechnology and Plant Genetics Resources Conservation and Use*. CAB International, Wallingford, UK, pp.163–174.

Adi, B. (2006) Intellectual property rights in biotechnology and the fate of poor farmers' agriculture. *The Journal of World Intellectual Property* 9, 91–112.

Aebersold, R. and Goodlett, D.R. (2001) Mass spectrometry in proteomics. *Chemical Reviews* 101, 269–295.

Aebersold, R. and Mann, M. (2003) Mass spectrometry-based proteomics. *Nature* 422, 198–207.

Agrawal, P.K., Kohli, A., Twyman, R.M. and Christou, P. (2005) Transformation of plants with multiple cassettes generates simple transgene integration patterns and high expression levels. *Molecular Breeding* 16, 247–260.

Aguilar, G. (2001) Access to genetic resources and protection of traditional knowledge in the territories of indigenous peoples. *Environmental Science and Policy* 4, 241–256.

Ahmadi, N., Albar, L., Pressoir, G., Pinel, A., Fargette, D. and Ghesquiere, A. (2001) Genetic basis and mapping of the resistance to rice yellow mottle virus. III. Analysis of QTL efficiency in introgressed progenies confirmed the hypothesis of complementary epistasis between two resistance QTL. *Theoretical and Applied Genetics* 103, 1084–1092.

Ahmadian, A., Gharizadeh, B., Gustafsson, A.C., Sterky, F., Nyren, P., Uhlen, M. and Lundeberg, J. (2000) Single nucleotide polymorphism analysis by pyrosequencing. *Analytical Biochemistry* 280, 103–110.

Ahn, S.N. and Tanksley, S.D. (1993) Comparative linkage maps of the rice and maize genomes. *Proceedings of the National Academy of Sciences of the United States of America* 90, 7980–7984.

Ahn, S.N., Anderson, J.A., Sorrells, M.E. and Tanksley, S.D. (1993) Homoeologous relationships of rice, wheat and maize chromosomes. *Molecular and General Genetics* 241, 483–490.

Ajmone Marson, P., Castiglioni, P., Fusari, F., Kuiper, M. and Motto, M. (1998) Genetic diversity and its relationship to hybrid performance in maize as revealed by RFLP and AFLP markers. *Theoretical and Applied Genetics* 96, 219–227.

Akaike, H. (1969) Fitting autoregressive models for prediction. *Annals of the Institute of Statistical Mathematics* 21, 243–247.

Alan, A.R., Mutchler, M.A., Brants, A., Cobb, E. and Earle, E.D. (2003) Production of gynogenic plants from hybrids of *Allium apa* L. and *A. roylei* Stearn. *Plant Science* 165, 1201–1211.

Allard, R.W. (1956) Formulas and tables to facilitate the calculation of recombination values in heredity. *Hilgardia* 24, 235–278.

Allard, R.W. (1988) Genetic changes associated with the evolution of adaptedness in cultivated plants and their progenitors. *Journal of Heredity* 79, 225–238.

Allard, R.W. (1999) *Principles of Plant Breeding*, 2nd edn. John Wiley & Son, Inc., New York, 254 pp.

Allard, R.W. and Bradshaw, A.D. (1964) Implications of genotype–environmental interactions in applied plant breeding. *Crop Science* 4, 503–507.

Allen, G.C., Spiker, S. and Thompson, W.F. (2000) Use of matrix attachment regions (MARs) to minimize transgene silencing. *Plant Molecular Biology* 43, 361–376.

Allen-Brady, K., Wong, J. and Camp, N.J. (2006) PedGenie: an analysis approach for genetic association testing in extended pedigrees and genealogies of arbitrary size. *BMC Bioinformatics* 7, 209.

Allison, D.B., Cui, X., Page, G.P. and Sabripour, M. (2006) Microarray data analysis: from disarray to con-solidation and consensus. *Nature Reviews Genetics* 7, 55–65.

Alonso, J.M. and Ecker, J.R. (2006) Moving forward in reverse: genetic technologies to enable genome-wide phenomic screens in *Arabidopsis*. *Nature Reviews Genetics* 7, 524–536.

Alonso, J.M., Stepanova, A.N., Leisse, T.J., Kim, C.J., Chen, H., Shinn, P., Stevenson, D.K., Zimmerman, J., Barajas, P., Cheuk, R., Gadrinab, C., Heller, C., Jeske, A., Koesema, E., Meyers, C.C., Parker, H., Prednis, L., Ansari, Y., Choy, N., Deen, H., Geralt, M., Hazari, N., Hom, E., Karnes, M., Mulholland, C., Ndubaku, R., Schmidt, I., Guzman, P., Aguilar-Henonin, L., Schmid, M., Weigel, D., Carter, D.E., Marchand, T., Risseeuw, E., Brogden, D., Zeko, A., Crosby, W.L., Berry, C.C. and Ecker, J.R. (2003) Genome-wide insertional mutagenesis of *Arabidopsis thaliana*. *Science* 301, 653–657.

Alpert, K.B. and Tanksley, S.D. (1996) High-resolution mapping and isolation of a yeast artificial chromo-some contig containing *fw2.2*: a major fruit weight quantitative trait locus in tomato. *Proceedings of the National Academy of Sciences of the United States of America* 93, 15503–15507.

Altpeter, F., Baisakh, N., Beachy, R., Bock, R., Capell, T., Christou, P., Daniell, H., Datta, K., Datta, S., Dix, P.J., Fauquet, C., Huang, N., Kohli, A., Mooribroek, H., Nicholson, L., Nguyen, T.H., Nugent, G., Raemakers, K., Romano, A., Somers, D.A., Stoger, E., Taylor, N. and Visser, R. (2005a) Particle bombardment and the genetic enhancement of crops: myths and realities. *Molecular Breeding* 15, 305–327.

Altpeter, F., Varshney, A., Abderhalden, O., Douchkov, D., Sautter, C., Kumlehn, J., Dudler, R. and Schweizer, P. (2005b) Stable expression of a defense-related gene in wheat epidermis under transcriptional con-trol of a novel promoter confers pathogen resistance. *Plant Molecular Biology* 57, 271–283.

Altschul, S., Madden, T., Schaffer, A., Zhang, J., Zhang, Z., Miller, W. and Lipman, D. (1997) Gapped BLAST and PSI-BLAST: a new generation of protein database search programs. *Nucleic Acids Research* 25, 3389–3402.

Álvarez-Castro, J.M. and Carlborg, Ö. (2007) A unified model for functional and statistical epistasis and its application in quantitative trait loci analysis. *Genetics* 176, 1151–1167.

Amratunga, D. and Cabrera, J. (2004) *Exploration and Analysis of DNA Microarray and Protein Array Data*. John Wiley & Sons, Inc., New York.

An, G., Watson, B.D., Stachel, S. and Gordon, M.P. (1985) New cloning vehicles for transformation of higher plants. *EMBO Journal* 4, 277–284.

An, G., Jeong, D.-H., An, S., Kang, H.-G., Moon, S., Han, J., Park, S., Lee, H. S. and An, K. (2003) Activation tagged mutants to discover novel rice genes. In: Mew, T.W., Brar, D.S., Peng, S., Dawe, D. and Hardy, B. (eds) *Rice Science: Innovations and Impact for Livelihood. Proceedings of the International Rice Research Conference*, 16–19 September 2002, Beijing, China, International Rice Research Institute, Chinese Academy of Engineering and Chinese Academy of Agricultural Sciences, pp. 195–204.

Andersen, J.R. and Lübberstedt, T. (2003) Functional markers in plants. *Trends in Plant Science* 8, 554–560.

Anderson, J.A., Churchill, G.A., Autrique, J.E., Tanksley, S.D. and Sorrells, M.E. (1993) Optimizing parental selection for genetic linkage maps. *Genome* 36, 181–186.

Andrews, L.B. (2002) Genes and patent policy: rethinking intellectual property rights. *Nature Reviews Genetics* 3, 803–808.

Anido, F.L., Cravero, V., Asprelli, P., Firpo, T., García, S.M. and Cointry, E. (2004) Heterotic patterns in hybrids involving cultivar-groups of summer squash, *Cucurbita pepo* L. *Euphytica* 135, 355–360.

Annicchiarico, P., Bellah, F. and Chiari, T. (2005) Defining subregions and estimating benefits for a specific-adaptation strategy by breeding programs: a case study. *Crop Science* 45, 1741–1749.

Annicchiarico, P., Bellah, F. and Chiari, T. (2006) Repeatable genotype × location interaction and its exploi-tation by conventional and GIS-based cultivar recommendation for durum wheat in Algeria. *European Journal of Agronomy* 24, 70–81.

Antonio, B.A., Inoue, T., Kajiya, H., Nagamura, Y., Kurata, N., Minobe, Y., Yano, M., Nakagahra, M. and Sasaki, T. (1996) Comparison of genetic distance and order of DNA markers in five populations of rice. *Genome* 39, 946–956.

Arabidopsis Information Resource (2000) The Arabidopsis Information Resource (TAIR). TAIR, Stanford,

California. Available at: http://www.arabidopsis.org (accessed 17 November 2009).

Aranzana, M.J., Kim, S., Zhao, K., Bakker, E., Horton, M., Jakob, K., Lister, C., Molitor, J., Shindo, C., Tang, C., Toomajian, C., Traw, B., Honggang Zheng, H., Bergelson, J., Dean, C., Marjoram, P. and Nordborg, M. (2005) Genome-wide association mapping in *Arabidopsis* identifies previously known flowering time and pathogen resistance genes. *PLoS Genetics* 1, e60.

Arcade, A., Labourdette, A., Falque, M., Mangin, B., Chardon, F., Charcosset, A. and Joets, J. (2004) BioMercator: integrating genetic maps and QTL towards discovery of candidate genes. *Bioinformatics* 20, 2324–2326.

Arcelllana-Panlilio, M. (2005) Principles of application of DNA microarrays. In: Sensen, C.W. (ed.) *Handbook of Genome Research, Genomics, Proteomics, Metabolomics, Bioinformatics, Ethical and Legal Issues*. Wiley-VCH Verlag GmbH & Co. KGaA, Weinheim, Germany, pp. 239–260.

Arumuganathan, K. and Earle, E.D. (1991) Nuclear DNA content of some important plant species. *Plant Molecular Biology Reporter* 9, 208–219.

Ashikari, M., Sakakibara, H., Lin, S., Yamamoto, T., Takashi, T., Nishimura, A., Angeles, R.E., Qian, Q., Kitano, H. and Matsuoka, M. (2005) Cytokinin oxidase regulates rice grain production. *Science* 309, 741–745.

Ashman, K., Moran, M.F., Sicheri, F., Pawson, T. and Tyers, M. (2001) Cell signalling – the proteomics of it all. *Science's STKE*. Available at: http://stke.sciencemag.org/cgi/content/full/sigtrans;2001/103/pe33 (accessed 17 November 2009).

Ashmore, S. (1997) *Status Report on the Development and Application of* in vitro *Techniques for the Conservation and Use of Plant Genetic Resources*. Engelmann, F. (vol. ed.) International Plant Genetic Resources Institute, Rome.

Auger, D.L., Gray, A.D., Ream, T.S., Kato, A., Coe, E.H., Jr and Birchler, J.A. (2005) Nonadditive gene expression in diploid and triploid hybrids of maize. *Genetics* 169, 389–397.

Auzanneau, J., Huyghe, C., Julier, R. and Barre, P. (2007) Linkage disequilibrium in synthetic varieties of perennial ryegrass. *Theoretical and Applied Genetics* 115, 837–847.

Avise, J.C. (1986) Mitochondrial DNA and the evolutionary genetics of higher animals. *Philosophical Transactions of the Royal Society of London B* 312, 325–342.

Avise, J.C. (2004) *Molecular Markers, Natural History and Evolution*, 2nd edn. Sinauer Associates, Inc., Sunderland, Massachusetts.

Avraham, S., Tung, C.-W., Ilic, K., Jaiswal, P., Kellogg, E.A., Susan McCouch, S., Pujar, A., Reiser, L., Rhee, S.Y., Sachs, M.M., Schaeffer, M., Stein, L., Stevens, P., Vincent, L., Zapata, F. and Ware, D. (2008) The Plant Ontology Database: a community resource for plant structure and developmental stages controlled vocabulary and annotations. *Nucleic Acids Research* 36, D449–D454.

Ayele, M., Haas, B.J., Kumar, N., Wu, H., Xiao, Y., Van Aken, S., Utterback, T.R., Wortman, J.R., White, O.R. and Town, C.D. (2005) Whole genome shotgun sequencing of *Brassica oleracea* and its application to gene discovery and annotation in *Arabidopsis. Genome Research* 15, 487–495.

Aylor, D.L., Price, E.W. and Carbone, I. (2006) SNAP: combine and map modules for multilocus population genetic analysis. *Bioinformatics* 22, 1399–1401.

Ayoub, M., Armstrong, E., Bridger, G., Fortin, M.G. and Mather, D.E. (2003) Marker-based selection in barley for a QTL region affecting α-amylase activity of malt. *Crop Science* 43, 556–561.

Ayres, N.M., Mclung, A.M., Larkin, P.D., Bligh, H.F.J., Jones, C.A. and Park, W.D. (1997) Microsatellites and a single-nucleotide polymorphism differentiate apparent amylose classes in an extended pedigree of US rice germ plasm. *Theoretical and Applied Genetics* 94, 773–781.

Azpiroz-Leehan, R. and Feldmann, K.A. (1997) T-DNA insertion mutagenesis in *Arabidopsis*: going back and forth. *Trends in Genetics* 13, 152–156.

Babar, M.A., Reynolds, M.P., van Ginkel, M., Klatt, A.R., Raun, W.R. and Stone, M.L. (2006) Spectral reflectance to estimate genetic variation for in-season biomass, leaf chlorophyll and canopy temperature in wheat. *Crop Science* 46, 1046–1057.

Babar, M.A., van Ginkel, M., Klatt, A.R., Prasad, B. and Reynold, M.P. (2007) The potential of using spectral reflectance indices to estimate yield in wheat grown under reduced irrigation. *Euphytica* 150, 155–172.

Babu, R., Nair, S.K., Prasanna, B.M. and Gupta, H.S. (2004) Integrating marker assisted selection in crop breeding – prospects and challenges. *Current Science* 87, 607–619.

Babu, R., Nair, S.K., Kumar, A., Venkatesh, S., Sekhar, J.C., Singh, N.N., Srinivasan, G. and Gupta, H.S. (2005) Two-generation marker-aided backcrossing for rapid conversion of normal maize lines to Quality Protein Maize (QPM). *Theoretical and Applied Genetics* 111, 888–897.

Bachem, C.W.B., van der Hoeven, R.S., de Bruijn, S.M., Vreugdenhil, D., Zabeau, M. and Visser, G.R.F.

(1996) Visualization of differential gene expression using a novel method of RNA fingerprinting based on AFLP: analysis of gene expression during potato tuber development. *The Plant Journal* 9, 745–753.

Bafna, V., Gusfield, D., Lancia, G. and Yooseph, S. (2003) Haplotyping as perfect phylogeny: a direct approach. *Journal of Computational Biology* 10, 323–340.

Bagge, M. and Lübberstedt, T. (2008) Functional markers in wheat: technical and economic aspects. *Molecular Breeding* 22, 319–328.

Bagge, M., Xia, X. and Lübberstedt, T. (2007) Functional markers in wheat. *Current Opinion in Plant Biology* 10, 211–216.

Baginsky, S. and Gruissem, W. (2004) Choroplast proteomics: potentials and challenges. *Journal of Experimental Botany* 55, 1213–1220.

Baginsky, S. and Gruissem, W. (2006) *Arabidopsis thaliana* proteomics: from proteome to genome. *Journal of Experimental Botany* 57, 1485–1491.

Baieri, A., Bogdan, M., Frommlet, F. and Futschik, A. (2006) On locating multiple interacting quantitative trait loci in intercross designs. *Genetics* 173, 1693–1703.

Baisakh, N., Datta, K., Oliva, N., Ona, I., Rao, G.J.N., Mew, T.W. and Datta, S.K. (2001) Rapid development of homozygous transgenic rice using anther culture harboring rice chitinase gene for enhanced sheath blight resistance. *Plant Biotechnology* 18, 101–108.

Baker, R.J. (1986) *Selection Indices in Plant Breeding.* CRC Press, New York.

Bal, U. and Abak, K. (2007) Haploidy in tomato (*Lycopersicon esculenttum* Mill.): a critical review. *Euphytica* 158, 1–9.

Balint-Kurti, P.J., Zwonitzer, J.C., Wisser, R.J., Carson, M.L., Oropeza-Rosas, M.A., Holland, J.B. and Szalma, S.J. (2007) Precise mapping of quantitative trait loci for resistance to southern leaf blight, caused by *Cochliobolus heterostrophus* race O and flowering time using advanced intercross maize lines. *Genetics* 176, 645–657.

Balzergue, S., Dubreucq, B., Chauvin, S., Le-Clainche, I., Le Boulaire, F., de Rose, R., Samson, F., Biaudet, V., Lecharny, A., Cruaud, C., Weissenbach, J., Caboche, M. and Lepiniec, L. (2001) Improved PCR-walking for large-scale isolation of plant T-DNA borders. *Biotechniques* 30, 496–503.

Bänziger, M., Setimela, P.S., Hodson, D. and Vivek, B. (2004) Breeding for improved drought tolerance in maize adapted to southern Africa. In: *New Directions for a Diverse Planet*, Proceedings of the 4th International Crop Science Congress, 26 September–1 October 2004, Brisbane, Australia. Published on CD-ROM. Available at: http://www.cropscience.org.au/icsc2004 (accessed 17 November 2009).

Bänziger, M., Setimela, P.S., Hodson, D. and Vivek, B. (2006) Breeding for improved abiotic stress tolerance in maize adapted to southern Africa. *Agricultural Water Management* 80, 212–224.

Bao, J.B., Lee, S., Chen, C., Zhang, X.-Q., Zhang, Y., Liu, S.-Q., Clark, T., Wang, J., Cao, M.-L., Yang, H.-M., Wang, S.M. and Yu, J. (2005) Serial analysis of gene expression study of a hybrid rice strain (*LYP9*) and its parental cultivars. *Plant Physiology* 138, 1216–1231.

Barclay, I.R. (1975) High frequencies of haploid production in wheat (*Triticum aestivum*) by chromosome elimination. *Nature* 256, 410–411.

Bard, J.B.L. and Rhee, S.Y. (2004) Ontologies in biology: design, applications and future challenges. *Nature Reviews Genetics* 5, 213–222.

Bar-Hen, A., Charcosset, A., Bourgoin, M. and Guiard, J. (1995) Relationship between genetic markers and morphological traits in a maize inbred lines collection. *Euphytica* 84, 145–154.

Barrett, J.C., Fry, B., Maller, J. and Daly, M.J. (2005) Haploview: analysis and visualization of LD and haplotype maps. *Bioinformatics* 21, 263–265.

Barrett, S.C.H and Kohn, J.R. (1991) Genetic and evolutionary consequences of small population size in plants: implications for conservation. In: Falk, D.A. and Holsinger, K.E. (eds) *Genetics and Conservation of Rare Plants.* Oxford University Press, Oxford, UK, pp. 3–30.

Barro, F., Cannell, M.E., Lazzeri, P.A. and Barcelo, P. (1998) The influence of auxins on transformation of wheat and tritordeum and analysis of transgene integration patterns in transformants. *Theoretical and Applied Genetics* 97, 684–695.

Bartlett, J.M.S. (2002) Approaches to the analysis of gene expression using mRNA – a technical overview. *Molecular Biotechnology* 21, 149–160.

Barton, J. (2000) Reforming the patent system. *Science* 287, 1933–1934.

Barton, N.H. and Keightley, P.D. (2002) Understanding quantitative genetic variation. *Nature Reviews Genetics* 3, 11–21.

Barua, U.M., Chalmers, K.J., Hackett, C.A., Thomas, W.T., Powell, W. and Waugh, R. (1993) Identification of RAPD markers linked to a *Rhynchosporium secalis* resistance locus in barley using near-isogenic lines and bulked segregant analysis. *Heredity* 71, 177–184.

Beaujean, A., Sangwan, R.S., Hodges, M. and Sangwan-Norreel, B.S. (1998) Effect of ploidy and homozygosity on transgene expression in primary tobacco transformants and their androgenetic progenies. *Molecular and General Genetics* 260, 362–371.

Beavis, W.D. (1994) The power and deceit of QTL experiments: lessons from comparative QTL studies. In: *49th Annual Corn and Sorghum Industry Research Conference*. American Seed Trade Association, Washington, DC, pp. 250–266.

Beavis, W.D. (1998) QTL analyses: power, precision and accuracy. In: Paterson, A.H. (ed.) *Molecular Dissection of Complex Traits*. CRC Press, Boca Raton, Florida, pp. 145–162.

Beavis, W.D. (1999) QTL mapping in plant breeding populations. Patent EP 1042507.

Beavis, W.D. and Keim, P. (1996) Identification of QTL that are affected by environment. In: Kang, M.S. and Gaugh, H.G. (eds) *Genotype-by-Environment Interaction*. CRC Press, Boca Raton, Florida, pp. 123–149.

Beavis, W.D., Grant, D., Albertson, M. and Fincher, R. (1991) Quantitative trait loci for plant height in four maize populations and their associations with qualitative genetic loci. *Theoretical and Applied Genetics* 83, 141–145.

Beck von Bodman, S., Domier, L.L. and Farrand, S.K. (1995) Expression of multiple eukaryotic genes from a single promotor in *Nicotiana*. *BioTechnology* 13, 587–591.

Beckert, M. (1994) Advantages and disadvantages of the use of *in vitro/in situ* produced DH maize plants. In: Bajaj, Y.P.S. (ed.) *Biotechnology in Agriculture and Forestry*, Vol. 25. Springer-Verlag, Berlin, pp. 201–213.

Beckmann, J.S. and Soller, M. (1986a) Restriction fragment length polymorphisms in plant genetic improvement. *Oxford Surveys of Plant Molecular and Cell Biology* 3, 196–250.

Beckmann, J.S. and Soller, M. (1986b) Restriction fragment length polymorphisms and genetic improvement of agricultural species. *Euphytica* 35, 111–124.

Bedell, J.A., Budiman, M.A., Nunberg, A., Citek, R.W., Robbins, D., Jones, J., Flick, E., Rohlfing, T., Fries, J., Bradford, K., McMenamy, J., Smith, M., Holeman, H., Roe, B.A., Wiley, G., Korf, I.F., Rabinowicz, P.D., Lakey, N., McCombie, W.R., Jeddeloh, J.A. and Martienssen, R.A. (2005) Sorghum genome sequencing by methylation filtration. *PLoS Biology* 3, 0103–0115.

Beer, S.C., Siripoonwiwat, W., O'Donoughue, L.S., Sousza, E., Matthews, D. and Sorrells, M.E. (1997) Associations between molecular markers and quantitative traits in a germplasm pool: can we infer linkages? *Journal of Agricultural Genomics* 3. Available at: http://www.ncgr.org/research/jag/papers97/paper197/indexp197.html (last accessed 31 December 2007).

Bekaert, S., Storozhenko, S., Mehrshahi, P., Bennett, M.J., Lambert, W., Gregory, J.F. III, Schubert, K., Hugenholtz, J., van der Straeten, D. and Hanson, A.D. (2008) Folate biofortification in food plants. *Trends in Plant Science* 13, 28–35.

Benchimol, L.L., de Souza, C.L., Jr, Garcia, A.F.F., Kono, P.M.S., Mangolin, C.A., Barbosa, A.M.M., Coelho, A.S.G. and de Souza, A.P. (2000) Genetic diversity in tropical maize inbred lines: heterotic group assignment and hybrid performance determined by RFLP markers. *Plant Breeding* 119, 491–496.

Benjamini, Y. and Hochberg, Y. (1995) Controlling the false discovery rate: lessons from comparative QTL approach to multiple testing. *Journal of the Royal Statistical Society, Series B* 57, 289–300.

Bennet, S.T., Barnes, C., Cox, A., Davies, L. and Brown C. (2005) Toward the 1,000 dollar human genome. *Pharmacogenomics* 6, 373–382.

Bennett, M.D., Finch, R.A. and Barclay, I.R. (1976) The time rate and mechanism of chromosome elimination in *Hordeum* hybrids. *Chromosoma* 54, 175–200.

Bennetzen, J.L. (1996) The use of comparative genome mapping in the identification, cloning and manipulation of important plant genes. In: Sobral, B.W.S. (ed.) *The Impact of Plant Molecular Genetics*. Birkhäuer, Boston, Massachusetts, pp. 71–85.

Bennetzen, J.L. and Ma, J. (2003) The genetic colinearity of rice and other cereals on the basis of genomic sequence analysis. *Current Opinion in Plant Biology* 6, 128–133.

Bennetzen, J.L. and Ramakrishna, W. (2002) Numerous small rearrangements of gene content, order and orientation differentiate grass genomes. *Plant Molecular Biology* 48, 821–827.

Benson, E.E. (1990) *Free Radical Damage in Stored Plant Germplasm*. International Board for Plant Genetic Resources (IBPGR), Rome.

Bent, A.F. (2000) *Arabidopsis in planta* transformation. Uses, mechanisms and prospects for transformation of other species. *Plant Physiology* 124, 1540–1547.

Bernacchi, D., Beck-Bunn, T., Emmatty, D., Eshed, Y., Inai, S., Lopez, J., Petiard, V., Sayama, H., Uhlig, J., Zamir, D. and Tanksley, S.D. (1998a) Advanced backcross QTL analysis of tomato: II. Evaluation of near-isogenic lines carrying single-donor introgressions for desirable wild QTL-alleles derived from *Lycopersicon hirsutum* and *L. pimpinellifolium*. *Theoretical and Applied Genetics* 97, 170–180.

Bernacchi, D., Beck-Bunn, T., Eshed, Y., Lopez, J., Petiard, V., Uhlig, J., Zamir, D. and Tanksley, S.D. (1998b) Advanced backcross QTL analysis in tomato. I. Identification of QTLs for traits of agronomic importance from *Lycopersicon hirsutum*. *Theoretical and Applied Genetics* 97, 381–397.

Bernardo, R. (1991) Retrospective index weights used in multiple trait selection in a maize breeding program. *Crop Science* 31, 1174–1179.

Bernardo, R. (1992) Relationship between single-cross performance and molecular marker heterozygosity. *Theoretical and Applied Genetics* 83, 628–634.

Bernardo, R. (1993) Estimation of coefficient of coancestry using molecular markers in maize. *Theoretical and Applied Genetics* 85, 1055–1062.

Bernardo, R. (1994) Prediction of maize single-cross performance using RFLPs and information from related hybrids. *Crop Science* 34, 20–25.

Bernardo, R. (1996) Best linear unbiased prediction of maize single-cross performance. *Crop Science* 36, 50–56.

Bernardo, R. (1999) Best linear unbiased predictor analysis. In: Coors, J.G. and Pandey, S. (eds) *Genetics and Exploitation of Heterosis in Crops*. ASA-CSSA-SSSA, Madison, Wisconsin, pp. 269–276.

Bernardo, R. (2001) What if we knew all the genes for a quantitative trait in hybrid crops? *Crop Science* 41, 1–4.

Bernardo, R. (2002) *Breeding for Quantitative Traits in Plants*. Stemma Press, Woodbury, Minnesota, 369 pp.

Bernardo, R. (2004) What proportion of declared QTL in plants are false? *Theoretical and Applied Genetics* 109, 419–424.

Bernardo, R. (2008) Molecular markers and selection for complex traits in plants: learning from the last 20 years. *Crop Science* 48, 1649–1664.

Bernardo, R. and Yu, J. (2007) Prospects for genomewide selection for quantitative traits in maize. *Crop Science* 47, 1082–1090.

Bernot, A. (2004) *Genome, Transcriptome and Protein Analysis*. John Wiley & Sons, Ltd, Chichester, UK.

Betrán, F.J., Ribaut, J.M., Beck, D. and Gonzalez de León, D. (2003) Genetic diversity, specific combining ability and heterosis in tropical maize under stress and nonstress environments. *Crop Science* 43, 797–806.

Bevan, M. (1984) Binary *Agrobacterium* vectors for plant transformation. *Nucleic Acids Research* 12, 8711–8721.

Bhave, S.V., Hombaker, C., Phang, T.L., Saba, L., Lapadat, R., Kechris, K., Gaydos, J., McGoldrick, D., Dolbey, A., Leach, S., Soriano, B., Ellington, A., Ellington, E., Jones, K., Mangion, J., Belknap, J.K., Williams, R.W., Hunter, L.E., Hoffman, P.L. and Tabakoff, B. (2007) The PhenoGen informatics website: tools for analyses of complex traits. *BMC Genetics* 8, 59.

Bhojwani, S.S. (ed.) (1990) *Plant Tissue Culture: Applications and Limitations*. Elsevier Science Publishers, The Netherlands.

Biber-Klemm, S. and Cottier, T. (2006) (eds) *Rights to Plant Genetic Resources and Traditional Knowledge: Basic Issues and Perspectives*. CAB International, Wallingford, UK, 448 pp.

Bidinger, F.R., Serraj, R., Rizvi, S.M.H., Howarth, C., Yadav, R.S. and Hash, C.T. (2005) Field evaluation of drought tolerance QTL effects on phenotype and adaptation in pearl millet (*Pennisetum glaucum* (L.) R. Br.) top cross hybrids. *Field Crops Research* 94, 14–32.

Bijlsma, R., Allard, R.W. and Kahler, A.L. (1986) Nonrandom mating in an open-pollinated maize population. *Genetics* 112, 669–680.

Bingham, P.M., Levis, R. and Rubin, G.M. (1981) Cloning of DNA sequences from the white locus of *Drosophila melanogaster* by a general and novel method. *Cell* 25, 693–704.

Bink, M.C.A.M. and Meuwissen, T. (2004) Fine mapping of quantitative trait loci using linkage disequilibrium in inbred plant populations. *Euphytica* 137, 95–99.

Birchler, J.A., Auger, D.L. and Riddle, N.C. (2003) In search of the molecular basis of heterosis. *The Plant Cell* 15, 2236–2239.

Birney, E., Thompson, J.D. and Gibson, T.J. (1996) PairWise and SearchWise: finding the optimal alignment in a simultaneous comparison of a protein profile against all DNA translation frames. *Nucleic Acids Research* 24, 2730–2739.

Biswas, S., Storey, J.D. and Akey, J.M. (2008) Mapping gene expression quantitative trait loci by singular value decomposition and independent component analysis. *BMC Bioinformatics* 9, 244.

Bizily, S.P., Rugh, C.L. and Meagher, R.B. (2000) Phytodetoxification of hazardous organomercurials by genetically engineered plants. *Nature Biotechnology* 18, 213–217.

Blakeslee, A.F. and Avery, A.H. (1937) Methods of inducing chromosome doubling in plants. *Journal of Heredity* 28, 393–411.

Blanc, G., Charcosset, A., Mangin, B., Gallais, A. and Moreau, L. (2006) Connected populations for detecting quantitative trait loci and testing for epistasis: an application in maize. *Theoretical and Applied Genetics* 113, 206–224.

Blanchard, J.L. (2004) Bioinformatics and systems biology, rapidly evolving tools for interpreting plant response to global change. *Field Crops Research* 90, 117–131.

Blanco, A., Lotti, C., Simeone, R., Signorile, A., De-Santis, V., Pasqualone, A., Troccoli, A. and Di-Fonzo, N. (2001) Detection of quantitative trait loci for grain yield and yield components across environments in durum wheat. *Cereal Research Communications* 29, 237–244.

Bligh, H.F.J., Till, R.I. and Jones, C.A. (1995) A microsatellite sequence closely linked to the waxy gene of *Oryza sativa*. *Euphytica* 86, 83–85.

Blow, N. (2008) Mass spectrometry and proteomics: hitting the mark. *Nature Methods* 5, 741–747.

Bochner, B.R. (1989) Sleuthing out bacterial identifies. *Nature* 339, 157–158.

Bochner, B.R. (2003) New technologies to assess genotype–phenotype relationships. *Nature Reviews Genetics* 4, 309–314.

Boer, M.P., ter Braak, C.J.F and Jansen, R.C. (2002) A penalized likelihood method for mapping epistatic quantitative trait loci with one-dimensional genome searches. *Genetics* 162, 951–960.

Bogyo, T.P., Lance, R.C.M., Chevalier, P. and Nilan, P.A. (1988) Genetic models for quantitatively inherited endosperm characters. *Heredity* 60, 61–67.

Bohanec, B., Jakse, M. and Havey, M.J. (2003) Genetic analysis of gynogenetic haploid production in onion. *Journal of American Horticulture Science* 128, 571–574.

Bollen, K.A. (1989) *Structural Equations with Latent Variables*. John Wiley & Sons, New York.

Bonnet, D.G., Rebetzke, G.J. and Spielmeyer, W. (2005) Strategies for efficient implementation of molecular markers in wheat breeding. *Molecular Breeding* 15, 75–85.

Boppenmaier, J., Melchinger, A.E., Seitz, G., Geiger, H.H. and Herrmann, R.G. (1993) Genetic diversity for RFLPs in European maize inbreds. III. Performance of crosses within versus between heterotic groups for grain traits. *Plant Breeding* 111, 217–226.

Borevitz, J.O. and Ecker, J.R. (2004) Plan genomics: the third wave. *Annual Review of Genomics and Human Genetics* 5, 443–477.

Borevitz, J.O., Maloof, J.N., Lutes, J., Dabi, T., Redfern, J.L., Trainer, G.T., Werner, J.D., Asami, T., Berry, C.C., Weigel, D. and Chory, J. (2002) Quantitative trait loci controlling light and hormone response in two accessions of *Arabidopsis thaliana*. *Genetics* 160, 683–696.

Borevitz, J.O., Liang, D., Plouffe, D., Chang, H.S., Zhu, T., Weigel, D., Berry, C.C., Winzeler, E. and Chory, J. (2003) Large-scale identification of single-feature polymorphisms in complex genomes. *Genome Research* 13, 513–523.

Borevitz, J.O., Hazen, S.P., Michael, T.P., Morris, G.P., Baxter, I.R., Hu, T.T., Chen, H., Werner, J.D., Nordborg, M., Salt, D.E., Kay, S.A., Chory, J., Weigel, D., Jones, J.D.G. and Ecker, J.R. (2007) Genome-wide patterns of single-feature polymorphism in *Arabidopsis thaliana*. *Proceedings of the National Academy of Sciences of the United States of America* 104, 12057–12062.

Borlaug, N.E. (1972) *The Green Revolution, Peace and Humanity*. CIMMYT Reprint and Translation Series No. 3, International Maize and Wheat Improvement Center, Mexico DF.

Borlaug, N.E. (2000) Ending world hunger. The promise of biotechnology and the threat of antiscience zealotry. *Plant Physiology* 124, 487–490.

Borlaug, N.E. (2001) Feeding the world in the 21st century: the role of agricultural science and technology. Speech given at Tuskegee University, April 2001. Available at: http://www.agbioworld.org/biotech-info/topics/borlaug/borlaugspeech.html (accessed 17 November 2009).

Borrell, A.K., Hammer, G.L. and van Oosterom, E. (2001) Staygreen: a consequence of the balance between supply and demand for nitrogen during grain filling? *Annals of Applied Biology* 138, 91–95.

Botstein, D.R., White, R.L., Skolnick, M. and Davis, R.W. (1980) Construction of a genetic linkage map in man using restriction fragment length polymorphisms. *American Journal of Human Genetics* 32, 314–331.

Boumedine, K.S. and Rodolakis, A. (1998) AFLP allows the identification of genomic markers of ruminant *Chlamydia psittaci* strains useful for typing and epidemiological studies. *Research in Microbiology* 149, 735–744.

Bourgault, R., Zulak, K.G. and Facchini, P.J. (2005) Applications of genomics in plant biology. In: Sensen, C.W. (ed.) *Handbook of Genome Research, Genomics, Proteomics, Metabolomics, Bioinformatics, Ethical and Legal Issues.* Wiley-VCH Verlag GmbH & Co. KGaA, Weinheim, Germany, pp. 59–80.

Bowers, J.E., Abbey, C., Anderson, S., Chang, C., Draye, X., Hoppe, A.H., Jessup, R., Lemke, C., Lennington, J., Li, Z., Lin, Y.-R., Liub, S.-C., Luo, L., Marler, B.S., Ming, R., Mitchell, S.E., Qiang, D., Reischmann, K., Schulze, S.R., Skinner, D.N., Wang, Y.-W., Kresovich, S., Schertz, K.F. and Paterson, A.H. (2003a) A high-density genetic recombination map of sequence-tagged site for *Sorghum*, as a framework for comparative structural and evolutionary genomics of tropical grains and grasses. *Genetics* 165, 367–386.

Bowers, J.E., Chapman, B.A., Rong, J. and Paterson, A.H. (2003b) Unravelling angiosperm genome evolution by phylogenetic analysis of chromosomal duplication events. *Nature* 422, 433–438.

Bowman, J.G.P., Blake, T.K., Surber, L.M.M., Habernicht, D.K. and Bockelman, H. (2001) Feed-quality variation in the barley core collection of the USDA National Small Grains Collection. *Theoretical and Applied Genetics* 41, 863–870.

Boyd, M.R. (1996) The position of intellectual property rights in drug discovery and development from natural products. *Journal of Ethnopharmacology* 51, 17–27.

Boyer, J.S. (1982) Plant productivity and environment. *Science* 218, 443–448.

Bracha-Drori, K., Shichrur, K., Katz, A., Oliva, M., Angelovici, R., Yalovsky, S. and Ohad, N. (2004) Detection of protein–protein interactions in plants using bimolecular fluorescence complementation. *The Plant Journal* 40, 419–427.

Bradshaw, A.D. (1965) Evolutionary significance of phenotypic plasticity in plants. *Advances in Genetics* 13, 115–155.

Bradshaw, H.D., Jr and Settler, R.F. (1995) Molecular genetics of growth and development in populus. IV. Mapping QTLs with large effects on growth, form and phenology traits in a forest tree. *Genetics* 139, 963–973.

Brancourt-Hulmel, M. (1999) Crop diagnosis and probe genotypes for interpreting genotype environment interaction in winter wheat trials. *Theoretical and Applied Genetics* 99, 1018–1030.

Branton, D., Deamer, D.W., Marziali, A., Bayley, H., Benner, S.A., Butler, T., Ventra, M.D., Garaj, S., Hibbs, A., Huang, X., Jovanovich, S.B., Krstic, P.S., Lindsay, S., Ling, X.S., Mastrangelo, C.H., Meller, A., Oliver, J.S., Pershin, Y.V., Ramsey, J.M., Riehn, R., Soni, G.V., Tabard-Cossa, V., Wanunu, M., Wiggin, M. and Schloss, J.A. (2008) The potential and challenges of nanopore sequencing. *Nature Biotechnology* 26, 1146–1153.

Brazma, A., Hingamp, P., Quackenbush, J., Sherlock, G., Spellman, P., Stoeckert, C., Aach, J., Ansorge, W., Ball, C.A., Causton, H.C., Gaasterland, T., Glenisson, P., Holstege, F.C., Kim, I.F., Markowitz, V., Matese, J.C., Parkinson, H., Robinson, A., Sarkans, U., Schulze-Kremer, S., Stewart, J., Taylor, R., Vilo, J. and Vingron, M. (2001) Minimum information about a microarray experiment (MIAME) – toward standards for microarray data. *Nature Genetics* 29, 365–371.

Breitling, R., Pitt, A.R. and Barrett, M.P. (2006) Precision mapping of the metabolome. *Trends in Biotechnology* 24, 543–548.

Brem, R.B. and Kruglyak, L. (2005) The landscape of genetic complexity across 5,700 gene expression traits in yeast. *Proceedings of the National Academy of Sciences of the United States of America* 102, 1572–1577.

Brem, R.B., Yvert, G., Clinton, R. and Kruglyak, L. (2002) Genetic dissection of transcriptional regulation in budding yeast. *Science* 296, 752–755.

Brenner, S., Johnson, M., Bridgham, J., Golda, G., Lloyd, D.H., Johnson, D., Luo, S., McCurdy, S., Foy, M., Ewan, M., Roth, R., George, D., Eletr, S., Albrecht, G., Vermaas, E., Williams, S.R., Moon, K., Burcham, T., Pallas, M., DuBridge, R.B., Kirchner, J., Fearon, K., Mao J.-I. and Corcoran, K. (2000) Gene expression analysis by massively parallel signature sequencing (MPSS) on microbead arrays. *Nature Biotechnology* 18, 630–634.

Breseghello, F. and Sorrells, M.E. (2006a) Association mapping of kernel size and milling quality in wheat (*Triticum aestivum* L.) cultivars. *Genetics* 172, 1165–1177.

Breseghello, F. and Sorrells, M.E. (2006b) Association analysis as a strategy for improvement of quantitative traits in plants. *Crop Science* 46, 1323–1330.

Bretting, P. and Duvick, D. (1997) Dynamic conservation of plant genetic resources. *Advances in Agronomy* 61, 1–51.

Bretting, P.K. and Goodman, M.M. (1989) Genetic variation in crop plants and management of germplasm collections. In: Stalker, H.T. and Chapman, C. (eds) *Scientific Management of Germplasm: Charaterization, Evaluation and Enhancement*. International Board for Plant Genetic Resources (IBPGR) Training Courses: Lecture Series 2. Department of Crop Science, North Carolina State University, Raleigh, North Carolina and IBPGR, Rome, pp. 41–54.

Bretting, P.K. and Widrlechner, M.P. (1995) Genetic markers and plant genetic resource management. *Plant Breeding Reviews* 13, 11–86.

Brick, M.A., Byrne, P.F., Schwartz, H.F., Ogg, J.B., Otto, K., Fall, A.L. and Gilbert, J. (2006) Reaction to three races of *Fusarium* wilt in the *Phaseolus vulgaris* core collection. *Crop Science* 46, 1245–1252.

Briggs, R.N. and Knowles, P.F. (1967) *Introduction to Plant Breeding*. Reinhold Books, New York.

Broman, K.W. (1997) Identifying quantitative trait loci in experimental crosses. PhD thesis, Department of Statistics, University of California, Berkeley.

Broman, K.W. (2005) The genomes of recombinant inbred lines. *Genetics* 169, 1133–1146.

Broman, K.W., Churchill, G.A., Yandell, B.S. and Zeng, Z.B. (2003a) Statistical methods for mapping quantitative trait loci in experimental crosses. Available at: http://www.stat.wisc.edu/~yandell/statgen (accessed 17 November 2009).

Broman, K.W., Wu, H., Sen, S. and Churchill, G.A. (2003b) R/qtl: QTL mapping in experimental crosses. *Bioinformatics* 19, 889–890.

Brondani, C., Rangel, N., Brondani, V. and Ferreira, E. (2002) QTL mapping and introgression of yield-related traits from *Oryza glumaepatula* to cultivated rice (*Oryza sativa*) using microsatellite markers. *Theoretical and Applied Genetics* 104, 1192–1203.

Brookes, G. and Barfoot, P. (2008) *GM Crops: Global Socio-economic and Environmental Impacts 1996–2006*. PG Economics, Dorchester, UK.

Broothaerts, W., Mitchell, H.J., Weir, B., Kaines, S., Smith, L.M.A., Yang, W., Mayer, J.E., Roa-Rodriguez, C. and Jefferson, R.A. (2005) Gene transfer to plants by diverse species of bacteria. *Nature* 433, 629–633.

Brown, A.D.H. (1989a) The case for core collections. In: Brown, A.D.H., Frankel, O.H., Marshall, R.D. and Williams, J.T. (eds) *The Use of Plant Genetic Resources*. Cambridge University Press, Cambridge, UK, pp. 136–156.

Brown, A.D.H. (1989b) Core collection: a practical approach to genetic resources management. *Genome* 31, 818–824.

Brown, A.H.D. and Brubaker, C.L. (2002) Indicators for sustainable management of plant genetic resources: how well are we doing? In: Engels, J.M.M., Ramanatha Rao, V., Brown, A.H.D. and Jackson, M.T. (eds) *Managing Plant Genetic Diversity*. International Plant Genetics Resources Institute (IPGRI), Rome, pp. 249–262.

Brown, A.H.D. and Weir, B.S. (1983) Measuring genetic variability in plant populations. In: Tanksley, S.D. and Orton, T.J. (eds) *Isozymes in Plant Genetics and Breeding*, Vol. 1A. *Developments in Plant Genetics and Breeding* 1. Elsevier, Amsterdam, pp. 219–240.

Brown, G.G., Formanova, N., Jin, H., Wargachuk, R., Dondy, C., Patil, P., Laforest, M., Zhang, J., Cheung, W.Y. and Landry, B.S. (2003) The radish *Rfo* restorer gene of Ogura cytoplasmic mole sterility encodes a protein with multiple pentatricopeptide repeat. *The Plant Journal* 35, 262–272.

Brown, P.J., Rooney, W.L., Franks, C. and Kresovich, S. (2008) Efficient mapping of plant height quantitative trait loci in a sorghum association population with introgressed dwarfing genes. *Genetics* 180, 629–637.

Brown, S.D. and Peters, J. (1996) Combining mutagenesis and genomics in the mouse – closing the phenotype gap. *Trends in Genetics* 12, 433–435.

Brown, S.M. and Kresovich, S. (1996) Molecular characterization for plant genetic resources conservation. In: Paterson, A.H. (ed.) *Genome Mapping in Plants*. R.G. Landes Co., Austin, Texas, pp. 85–93.

Brown, T.A. (2002) *Genomics*, 2nd edn. Wiley-Liss, Wilmington, Delaware, pp. 125–159.

Brownstein, M.J., Carpten, J.D. and Smith, J.R. (1996) Modulation of non-templated nucleotide addition by *Taq* DNA polymerase: primer modifications that facilitate genotyping. *Biotechniques* 20, 1004–1006.

Brueggeman, R., Rostoks, N., Kudrna, D., Kilian, A., Han, F., Chen, J., Druka, A., Steffenson, B. and Kleinhofs, A. (2002) The barley stem rust-resistance gene *Rpg1* is a novel disease-resistance gene with homology to receptor kinases. *Proceedings of the National Academy of Sciences of the United*

States of America 99, 9328–9333.

Brummer, E.C. (1999) Capturing heterosis in forage crop cultivar development. *Crop Science* 39, 943–954.

Brummer, E.C. (2006) Breeding for cropping systems. In: Lamkey, K.R. and Lee, M. (eds) *Plant Breeding: the Arnel R. Hallauer International Symposium.* Blackwell Publishing, Oxford, UK, pp. 97–106.

Brunner, S., Keller, B. and Feuillet, C. (2003) A large rearrangement involving genes and low copy DNA interrupts the micro-collinearity between rice and barley at the *Rph7* locus. *Genetics* 164, 673–683.

Bruskiewich, R., Senger, M., Davenport, G., Ruiz, M., Rouard, M., Hazekamp, T., Takeya, M., Doi, K., Satoh, K., Costa, M., Simon, R., Balaji, J., Akintunde, A., Mauleon, R., Wanchana, S., Shah, T., Anacleto, M., Portugal, A., Ulat, V.J., Thongjuea, S., Braak, K., Ritter, S., Dereeper, A., Skofic, M., Rojas, E., Martins, N., Pappas, G., Alamban, R., Almodiel, R., Barboza, L.H., Detras, J., Manansala, K., Mendoza, M.J., Morales, J., Peralta, B., Valerio, R., Zhang, Y., Gregorio, S., Hermocilla, J., Echavez, M., Yap, J.M., Farmer, A., Schiltz, G., Lee, J., Casstevens, T., Jaiswal, P., Meintjes, A., Wilkinson, M., Good, B., Wagner, J., Morris, J., Marshall, D., Collins, A., Kikuchi, S., Metz, T., McLaren, G. and van Hintum, T. (2008) The Generation Challenge Programme platform: semantic standards and workbench for crop science. *International Journal of Plant Genomics*, Article ID 369601, 6 pages. Available at: http://www.hindawi.com/journals/ijpg/2008/369601.html (accessed 17 November 2009).

Buchanan, B., Gruissem, W. and Jones, R.L. (eds) (2002) *Biochemistry and Molecular Biology of Plants.* John Wiley & Sons Inc., Chichester, UK.

Buckingham, S.D. (2008) Scientific software: seeing the SNPs between us. *Nature Methods* 5, 903–908.

Buckler, E.S. IV and Thornsberry, J.M. (2002) Plant molecular diversity and applications to genomics. *Current Opinion in Plant Biology* 5, 107–111.

Buckler, E.S., Holland, J.B., Bradbury, P.J., Acharya, C.B., Brown, P.J., Browne, C., Ersoz, E., Flint-Garcia, S., Garcia, A., Glaubitz, J.C., Goodman, M.M., Harjes, C., Guill, K., Kroon, D.E., Larsson, S., Lepak, N.K., Huihui Li, H., Mitchell, S.E., Pressoir, G., Pfeiffer, J.A., Oropeza Rosas, M., Rocheford, T.R., Cinta Romay, M., Romero, S., Salvo, S., Sanchez-Villeda, H., Sofia da Silva, H., Qi Sun, Q., Tian, F., Upadyayula, N., Ware, D.,Yates, H., Yu, J., Zhang, Z., Kresovich, S. and McMullen, M.D. (2009) The genetic architecture of maize flowering time. *Science* 325, 714–718.

Burgueño, J., Crossa, J., Cornelius, P.L. and Yang, R.-C. (2008) Using factor analytic models for joining environment and genotypes without crossover genotype × environment interaction. *Crop Science* 48, 1291–1305.

Burns, J., Fraser, P.D. and Bramley, P.M. (2003) Identification and quantification of carotenoids, tocopherols and chlotophylls in commonly consumed fruits and vegetables. *Phytochemistry* 62, 939–947.

Burr, B. and Burr, F.A. (1991) Recombinant inbreds for molecular mapping in maize: theoretical and practical considerations. *Trends in Genetics* 7, 55–60.

Burr, B., Burr, F.A., Thompson, K.H., Albertson, M.C. and Stuber, C.W. (1988) Gene mapping with recombinant inbreds in maize. *Genetics* 118, 519–526.

Burton, G.W. (1981) Meeting human needs through plant breeding: past progress and prospects for the future. In: Frey, K.J. (ed.) *Plant Breeding II.* Iowa State University Press, Ames, Iowa, pp. 433–466.

Busch, W. and Lohmann, J.U. (2007) Profiling a plant: expression analysis in *Arabidopsis. Current Opinion in Plant Biology* 10, 136–141.

Büschhes, R., Hollricher, K., Ranstruga, R., Simons, G., Wolter, M., Frijters, A., van Daelen, R., van der Lee, T., Diergaarde, P., Groenendijk, J., Töpsch, S., Vos, P., Salamini, F. and Schulze-Lefert, P. (1997) The barley *Mlo* gene: a novel control element of plant pathogen resistance. *Cell* 88, 695–705.

Busso, C.S., Liu, C.J., Hash, C.T., Witcombe, J.R., Devos, K.M., deWet, J.M.J. and Gale, M.D. (1995) Analysis of recombination rate in female and male gametogenesis in pearl millet (*Pennisetum glaucum*) using RFLP markers. *Theoretical and Applied Genetics* 90, 242–246.

Bustamam, M., Tabien, R.E., Suwarmo, A., Abalos, M.C., Kadir, T.S., Ona, I., Bernardo, M., VeraCruz, C.M. and Leung, H. (2002) Asian rice biotechnology network: improving popular cultivars through marker-assisted backcrossing by the NARES. Abstract of International Rice Congress, 16–22 September 2002, Beijing China. Available at: http://www.irri.org/irc2002/index.htm (last accessed 31 December 2007).

Butlin, R.K. and Tregenta, T. (1998) Levels of genetic polymorphism: marker loci versus quantitative traits. *Philosophical Transactions of the Royal Society of London B* 353, 1–12.

Byrum, J. and Reiter, R. (1998) A method for identifying genetic marker loci associated with trait loci. Patent EP 0972076.

Caetano-Anollés, G., Bassam, B.J. and Gresshoff, P.M. (1991) DNA amplification fingerprinting using very short arbitrary oligonucleotide primers. *Bio/Technology* 9, 553–557.

Caicedo, A.L. and Purugganan, M.D. (2005) Comparative plant genomics. Frontiers and prospects. *Plant Physiology* 138, 545–547.

Caliñski, T., Kaczmarek, Z., Krajewski, P., Frova, C. and Sari-Gorla, M. (2000) A multivariate approach to the problem of QTL localization. *Heredity* 84, 303–310.

Campbell, B.T., Baezinger, P.S., Gill, K.S., Eskridge, K.M., Budak, H., Erayman, M., Dweikat, I. and Yen, Y. (2003) Identification of QTLs and environmental interactions associated with agronomic traits on chromosome 3A of wheat. *Crop Science* 43, 1493–1505.

Campbell, B.T., Baenziger, P.S., Eskridge, K.M., Budak, H., Streck, N.A., Weiss, A., Gill, K.S. and Erayman, M. (2004) Using environmental covariates to explain genotype × environment and QTL × environment interactions for agronomic traits on chromosome 3A of wheat. *Crop Science* 44, 620–627.

Campbell, M.A., Zhu, W., Jiang, N., Lin, H., Ouyang, S., Childs, K.L., Haas, B.J., Hamilton, J.P. and Buell, C.R. (2007) Identification and characterization of lineage-specific genes within the Poaceae. *Plant Physiology* 145, 1311–1322.

Candela, H. and Hake, S. (2008) The art and design of genetic screens: maize. *Nature Reviews Genetics* 9, 192–203.

Cardon, L.R. and Bell, J.I. (2001) Association study designs for complex diseases. *Nature Reviews Genetics* 2, 91–98.

Carlborg, Ö. and Andersson, L. (2002) Use of randomization testing to detect multiple epistatic QTLs. *Genetical Research* 79, 175–184.

Carlborg, Ö. and Haley, C.S. (2004) Epistasis: too often neglected in complex trait studies? *Nature Reviews Genetics* 5, 618–625.

Carlborg, Ö., Andersson, L. and Kinghorn, B. (2000) The use of a genetic algorithm for simultaneous mapping of multiple interacting quantitative trait loci. *Genetics* 155, 2003–2010.

Carlborg, Ö., Brockmann, G.A. and Haley, C.S. (2005) Simultaneous mapping of epistatic QTL in DU6i × DBA/2 mice. *Mammalian Genome* 16, 481–494.

Carninci, P. and Hayashizaki, Y. (1999) High-efficiency full-length cDNA cloning. *Methods in Enzymology* 303, 19–44.

Carpenter, A.E. and Sabatini, D.M. (2004) Systematic genome-wide screens of gene function. *Nature Reviews Genetics* 5, 11–22.

Cartwright, D.A., Troggio, M., Velasco, R. and Gutin, A. (2007) Genetic mapping in the presence of genotyping errors. *Genetics* 176, 2521–2537.

Casali, V.W.D. and Tigchelaar, E.C. (1975) Computer simulation studies comparing pedigree, bulk and single seed descent selection in self-pollinated populations. *Journal of American Society of Horticulture Science* 100, 364–367.

Casasoli, M., Derory, J., Morera-Dutrey, C., Brendel, O., Porth, I., Guehl, J.-M., Villani, F. and Kremer, A. (2006) Comparison of quantitative trait loci for adaptive traits between oak and chestnut based on an expressed sequence tag consensus map. *Genetics* 172, 533–546.

Caskey, T. and Edwards, A. (1992) DNA typing with short tandem repeat polymorphisms and identification of polymorphic short tandem repeats. Patent EP 0639228.

Castle, W.E. (1921) On a method of estimating the number of genetic factors concerned in cases of blending inheritance. *Science* 54, 93–96.

Causier, B., Graham, J. and Davis, B. (2005) Large-scale yeast two-hybrid analysis. In: Leister, D. (ed.) *Plant Functional Genomics.* Food Products Press, New York, pp. 119–135.

Causse, M.A., Fulton, T.M., Cho, Y.G., Ahn, S.N., Chunwongse, J., Wu, K., Xiao, J., Yu, Z., Ronald, P.C., Harrington, S.E., Second, G., McCouch, S.R. and Tanksley, S.D. (1994) Saturated molecular map of the rice genome based on an interspecific backcross population. *Genetics* 138, 1251–1274.

Cavalli-Sforza, L.L. and Edwards, A.W.F. (1967) Phylogenetic analysis: models and estimation procedures. *American Journal of Human Genetics* 19, 233–257.

Ceccarelli, S. and Grando, S. (2007) Decentralized participatory plant breeding: an example of demand driven research. *Euphytica* 155, 349–360.

Ceccarelli, S., Grando, S., Amri, A., Asaad, F.A., Benbelkacem, A., Harrabi, M., Maatougui, M., Mekni, M.S., Mimoun, H., El-Einen, R.A., El-Felah, M., El-Sayed, A.F., Shreidi, A.S. and Yahyaoui, A. (2001) Decentralized and participatory plant breeding for marginal environments. In: Cooper, H.D., Spillane, C. and Hodgkins, T. (eds) *Broadening the Genetic Bases of Crop Production.* CAB International. Wallingford, UK, pp. 115–135.

Cerna, F.J., Cianzio, S.R., Rafalski, A., Tingey, S. and Dyer, D. (1997) Relationship between seed yield heterosis and molecular marker heterozygosity in soybean. *Theoretical and Applied Genetics* 95, 460–467.

CFIA/NFS (Canadian Food Inspection Agency/National Forum on Seed) (2005) Seminar on the use of molecular techniques for plant variety protection. Available at: http://www.inspection.gc.ca/english/plaveg/pbrpov/molece.shtml (last accessed 30 June 2008).

Chagné, D., Batley, J., Edwards, D. and Forster, J.W. (2007) Single nucleotide polymorphisms genotyping in plants. In: Oraguzie, N.C., Rikkerink, E.H.A., Gardiner, S.E. and De Silva, H.N. (eds) *Association Mapping in Plants*. Springer, Berlin, pp.77–94.

Chahal, G.S. and Gosal, S.S. (2002) *Principles and Procedures of Plant Breeding, Biotechnological and Conventional Approaches*. Alpha Science International Ltd, Pangbourne, UK.

Chaïb, J., Lecomte, L., Buret, M. and Causse, M. (2006) Stability over genetic backgrounds, generations and years of quantitative trait loci (QTLs) for organoleptic quality in tomato. *Theoretical and Applied Genetics* 112, 934–944.

Chan, E.K.F., Rowe, H.C. and Kliebenstein, D.J. (2009) Understanding the evolution of defense metabolites in *Arabidopsis thaliana* using genome-wide association mapping. *Genetics* (in press).

Chan, H.P. (2006) International patent behaviour of nine major agricultural biotechnology firms. *AgBioForum* 9, 59–68.

Chandler, P.M., Marrion-Poll, A., Ellis, M. and Gubler, F. (2002) Mutants at the *Slender1* locus of barley cv Himalaya. Molecular and physical characterization. *Plant Physiology* 129, 181–190.

Chandler, S. and Dunwell, J.M. (2008) Gene flow, risk assessment and the environmental release of transgenic plants. *Critical Reviews in Plant Sciences* 27, 25–49.

Chapman, S.C., Hammer, G.L., Podlich, D.W. and Cooper, M. (2002) Linking biophysical and genetic models to integrate physiology, molecular biology and plant breeding. In: Kang, M.S. (ed.) *Quantitative Genetics, Genomics and Plant Breeding*. CAB Internationl, Wallingford, UK, pp. 167–187.

Chapman, S., Cooper, M., Podlich, D.W. and Hammer, G.L. (2003) Evaluating plant breeding strategies by simulating gene action and dryland environment effects. *Agronomy Journal* 95, 99–113.

Charcosset, A. and Essioux, L. (1994) The effect of population structure on the relationship between heterosis and heterozygosity at marker loci. *Theoretical and Applied Genetics* 89, 336–343.

Charcosset, A. and Gallais, A. (1996) Estimation of the contribution of quantitative trait loci (QTL) to the variance of a quantitative trait by means of genetic markers. *Theoretical and Applied Genetics* 93, 1193–1201.

Charcosset, A., Lefort-Buson, M. and Gallais, A. (1991) Relationship between heterosis and heterozygosity at marker loci: a theoretical computation. *Theoretical and Applied Genetics* 81, 571–575.

Charcosset, A., Causse, M., Moreau, L. and Gallais, A. (1994) Investigation into the effect of genetic background on QTL expression using three recombinant inbred lines (RIL) populations. In: van Ooijen, J.W. and Jansen, J. (eds) *Biometrics in Plant Breeding: Applications of Molecular Markers*. Centre for Plant Breeding and Reproduction Research, Wageningen, The Netherlands, pp. 75–84.

Charcosset, A., Mangin, B., Moreau, L., Combes, L., Jourjon, M.F. and Gallais, A. (2000) Heterosis in maize investigated using connected RIL populations. In: *Quantitative Genetics and Breeding Methods: the Way Ahead*. Institut National de la Recherche Agronomique (INRA), Paris, pp. 89–98.

Chardon, F., Virlon, B., Moreau, L., Falque, M., Joets, J., Decousset, L., Murigneux, A. and Charcosset, A. (2004) Genetic architecture of flowering time in maize as inferred from quantitative trait loci meta-analysis and synteny conservation with the rice genome. *Genetics* 168, 2169–2185.

Charmet, G., Robert, N., Perretant, M.R., Gay, G., Sourdille, P., Groos, C., Bernard, S. and Bernard, M. (1999) Marker-assisted recurrent selection for cumulating additive and interactive QTLs in recombinant inbred lines. *Theoretical and Applied Genetics* 99, 1143–1148.

Chase, S.S. (1969) Monoploids and monoploid derivatives of maize (*Zea mays* L.). *The Botanical Review* 35, 117–167.

Chavarriaga-Aguirre, P., Maya, M.M., Tohme, J., Duque, M.C., Iglesias, C., Bonierbale, M.W., Kresovich, C. and Kochert, G. (1999) Using microsatellites, isozymes and AFLPs to evaluate genetic diversity and redundancy in the cassava core collection and to assess the usefulness of DNA-based markers to maintain germplasm collections. *Molecular Breeding* 5, 263–273.

Chellappan, P., Masona, M.V., Vanitharani, R., Taylor, N.J. and Fauquet, C.M. (2004) Broad spectrum resistance to ssDNA viruses associated with transgene-induced gene silencing in cassava. *Plant Molecular Biology* 56, 601–611.

Chen, H., Wang, S., Xing, Y., Xu, C., Hayes, P.M. and Zhang, Q. (2003) Comparative analyses of genomic locations and race specificities of loci for quantitative resistance to *Pyricularia grisea* in rice and barley.

Proceedings of the National Academy of Sciences of the United States of America 100, 2544–2549.

Chen, J., Griffey, C.A., Chappell, M., Shaw, J. and Pridgen, T. (1999) Haploid production in twelve wheat F_1 by wheat × maize hybridization method. In: *Proceedings of National Fusarium Head Blight Forum*, December 1999, Sioux Falls, South Dakota, pp.147–149.

Chen, J.Q., Zhou, H.M., Chen, J., and Wang, X.C. (2006) A GATEWAY-based platform for multiple plant transformation. *Plant Molecular Biology* 62, 927–936.

Chen, L. and Storey, J.D. (2006) Relaxed significance criteria for linkage analysis. *Genetics* 173, 2371–2381.

Chen, M., Presting, G., Barbazuk, W.B., Goicoechea, J.L., Blackmon, B., Fang, G., Kim, H., Frisch, D., Yu, Y., Sun, S., Higingbottom, S., Phimphilai, J., Phimphilai, D., Thurmond, S., Gaudette, B., Li, P., Liu, J., Hatfield, J., Main, D., Farrar, K., Henderson, C., Barnett, L., Costa, R., Williams, B., Walser, S., Atkins, M., Hall, C., Budiman, M.A., Tomkins, J.P., Luo, M., Bancroft, I., Salse, J., Regad, F., Mohapatra, T., Singh, N.K., Tyagi, A.K., Soderlund, C., Dean, R.A. and Wing, R.A. (2002) An integrated physical and genetic map of the rice genome. *The Plant Cell* 14, 537–545.

Chen, S., Lin, X.H., Xu, C.G. and Zhang, Q. (2000) Improvement of bacterial blight resistance of 'Minghui 63', an elite restorer line of hybrid rice, by molecular marker-assisted selection. *Crop Science* 40, 239–244.

Chen, T.M., Lu, C.C. and Li, W.H. (2005) Prediction of splice sites with dependency graphs and their expanded Bayesian networks. *Bioinformatics* 21, 471–482.

Chen, X., Temnykh, S., Xu, Y., Cho, Y.G. and McCouch, S.R. (1997) Development of microsatellite framework map providing genome-wide coverage in rice (*Oryza sativa* L.). *Theoretical and Applied Genetics* 95, 553–567.

Chen, Y., Lu, C., He, P., Shen, L., Xu, J., Xu, Y. and Zhu, L. (1997) Gametic selection in a doubled haploid population derived from anther culture of *indica/japonica* cross of rice. *Acta Genetica Sinica* 24, 322–329.

Cheng, M., Fry, J.E., Pang, S., Zhou, H., Hironaka, C., Duncan, D.R., Conner, T.W. and Wan, Y. (1997) Genetic transformation of wheat mediated by *Agrobacterium tumefaciens*. *Plant Physiology* 115, 971–980.

Cheng, M., Lowe, B.A., Spencer, T.M., Ye, X. and Armstrong, C.L. (2004) Factors influencing *Agrobacterium*-mediated transformation of monocotyledonous species. *In Vitro Cellular and Development Biology – Plant* 40, 31–45.

Chiarrolla, C. (2006) Commodifying agricultural biodiversity and development-related issues. *The Journal of World Intellectual Property* 9 (1), 25–60.

Chin, H.E. and Roberts, E.H. (eds) (1980) *Recalcitrant Crop Seeds*. Tropical Press Sdn. Bhd., Kuala Lumpur, Malaysia.

Cho, Y.G., Ishii, T., Temnykh, S., Chen, X., Lipovich, L., McCouch, S.R., Park, W.D., Ayres, N. and Cartinhour, S. (2000) Diversity of microsatellites derived from genomic libraries and GeneBank sequences in rice. *Theoretical and Applied Genetics* 100, 713–722.

Choisne, N., Samain, S., Demange, N., Orjeda, G., Michelet, L., Pelletier, E., Salanoubat, M., Weissenbach, J. and Quetier, F. (2007) The sequencing of plant nuclear genomes. In: Morot-Gaudry, J.F., Lea, P. and Briat, J.F. (eds) *Functional Plant Genomics*. Science Publishers, Enfield, New Hampshire, pp. 23–51.

Choo, T.M., Reinbergs, E. and Park, S.J. (1982) Comparison of frequency distribution of doubled haploid and single seed descent lines in barley. *Theoretical and Applied Genetics* 61, 215–218.

Choo, T.M., Reinbergs, E. and Kasha, K.J. (1985) Use of haploids in breeding barley. *Plant Breeding Reviews* 3, 219–252.

Christensen, A.H., Sharrock, R.A. and Quail, P.H. (1992) Maize polyubiquitin genes: structure, thermal perturbation of expression and transcript splicing and promoter activity following transfer to protoplasts by electroporation. *Plant Molecular Biology* 18, 675–689.

Christiansen, M.J., Anderson, S.B. and Ortiz, R. (2002) Diversity changes in an intensively bred wheat germplasm during the 20th century. *Molecular Breeding* 9, 1–11.

Christou, P. (1996) Transformation technology. *Trends in Plant Science* 1, 423–431.

Christou, P. and Swain, W.F. (1990) Cotransformation frequencies of foreign genes in soybean cell cultures. *Theoretical and Applied Genetics* 79, 337–341.

Chung, S.M., Frankman, E.L. and Tzfira, T. (2005) A versatile vector system for multiple gene expression in plants. *Trends in Plant Science* 10, 357–361.

Chung, S.-M., Vaidya, M. and Tzfira, T. (2006) *Agrobacterium* is not alone: gene transfer to plants by viruses and other bacteria. *Trends in Plant Science* 11, 1–4.

Churchill, G.A. and Doerge, R.W. (1994) Empirical threshold values for quantitative trait mapping. *Genetics* 138, 963–971.

Clark, R.L., Shands, H.L., Bretting, P.K. and Eberhart, S.A. (1997) Germplasm regeneration: developments in population genetics and their implications. *Crop Science* 37, 1–6.

Clark, R.M., Schweikert, G., Toomajian, C., Ossowski, S., Zeller, G., Shinn, P., Warthmann, N., Hu, T.T., Fu, G., Hinds, D.A., Chen, H., Frazer, K.A., Huson, D.H., Schölkopf, B., Nordborg, M., Rätsch, G., Ecker, J.R. and Weigel, D. (2007) Common sequence polymorphisms shaping genetic diversity in *Arabidopsis thaliana. Science* 317, 338–342.

Clarke, B.C. and Appels, R. (1998) A transient assay for evaluating promoters in wheat endosperm tissue. *Genome* 41, 865–871.

Clarke, J.H., Mithen, R., Brown, J.K.M. and Dean, C. (1995) QTL analysis of flowering time in *Arabidopsis thaliana. Molecular and General Genetics* 248, 278–286.

Coburn, J., Temnykh, S., Paul, E. and McCouch, S.R. (2002) Design and application of microsatellite marker panels for semi-automated genotyping of rice (*Oryza sativa* L.). *Crop Science* 42, 2092–2099.

Cochrane, W. (1993) *The Development of American Agriculture.* University of Minnesota Press, Minneapolis, Minnesota.

Codex Alimentarious Commission (2001) *Codex Guidelines (ALINORM 01/22).* FAO/WHO, Rome. Available at: http:/www.codexalimentarious.net (accessed 17 November 2009).

Coe, E.H. (1959) A line of maize with high haploid frequency. *American Naturalist* 93, 381–382.

Cogoni, C. and Macino, G. (2000) Post-transcriptional gene silencing across kingdoms. *Genes and Development* 10, 638–643.

Cokcerham, C.C. and Zeng, Z.-B. (1996) Design III with marker loci. *Genetics* 143, 1437–1456.

Colbert, T., Till, B.J., Tompa, R., Reynolds, S., Steine, M.N., Yeung, A.T., McCallum, C.M., Comai, L. and Henikoff, S. (2001) High-throughput screening for induced point mutations. *Plant Physiology* 126, 480–484.

Collard, B.C.Y. and Mackill, D.J. (2008) Marker-assisted selection: an approach for precision plant breeding in the twenty-first century. *Philosophical Transactions of The Royal Society* B 363, 557–572.

Collard, B.C.Y., Jahufer, M.Z.Z., Brouwer, J.B. and Pang, E.C.R. (2005) An introduction to markers, quantitative trait loci (QTL) mapping and marker-assisted selection for crop improvement: the basic concepts. *Euphytica* 142, 169–196.

Collard, B.C.Y., Vera Cruz, C.M., McNally, K.L., Virk, P.S. and Mackill, D.J. (2008) Rice molecular beeding laboratories in the genomics era: current status and future considerations. *International Journal of Plant Genomics* Article ID 524847, 25 pp. Available at: http://www.hindawi.com/journals/ijpg/2008/524847.html (accessed 17 November 2009).

Collins, W.W. and Qualset, C.O. (1999) *Biodiversity in Agroecosystems.* CRC Press, Boca Raton, Florida.

Comai, L., Young, K., Till, B.J., Reynolds, S.H., Greene, E.A., Codomo, C.A., Enns, L.C., Johnson, J.E., Burtner, C., Odden, A.R. and Henikoff, S. (2004) Efficient discovery of DNA polymorphisms in natural populations by Ecotilling. *The Plant Journal* 37, 778–786.

Complex Trait Consortium (2004) The Collaborative Cross, a community resource for the genetic analysis of complex traits. *Nature Genetics* 36, 1133–1137.

Comstock, R.E. and Robinson, H.F. (1952) Estimation of average dominance of genes. In: Gowen, J.W. (ed.) *Heterosis.* Iowa State College Press, Ames, Iowa, pp. 494–516.

Comstock, R.E., Robinson, H.F. and Harvey, P.H. (1949) A breeding procedure designed to make maximum use of both general and specific combining ability. *Agronomy Journal* 41, 360–367.

Concibido, V.C., Denny, R.L., Lange, D.A., Orf, J.H. and Young, N.D. (1996) RFLP mapping and molecular marker-assisted selection of soybean cyst nematode resistance in PI 209332. *Crop Science* 36, 1643–1650.

Concibido, V.C., La Vallee, B., Mclaird, P., Pineda, N., Meyer, J., Hummel, L., Yang, J., Wu, K. and Delannay, X. (2003) Introgression of a quantitative trait locus for yield from *Glycine soja* into commercial soybean cultivars. *Theoretical and Applied Genetics* 106, 575–582.

Cone, K.C., McMullen, M.D., Bi, I.V., Davis, G.L., Yim, Y.-S., Gardiner, J.M., Polacco, M.L., Sanchez-Villeda, H., Fang, Z., Schroeder, S.G., Havermann, S.A., Bowers, J.E., Paterson, A.H., Soderlund, C.A., Engler, F.W., Wing, R.A. and Coe, E.H. (2002) Genetic, physical and informatics resources for maize. On the road to an integrated map. *Plant Physiology* 130, 1598–1605.

Conner, A.J., Barrell, P.J., Baldwin, S.J., Lokerse, A.S., Cooper, P.A., Erasmuson, A.K., Nap, J.P. and Jacobs,

J.M.E. (2007) Intragenic vectors for gene transfer without foreign DNA. *Euphytica* 154, 341–353.

Cooper, M. and Byth, D.E. (1996) Understanding plant adaptation to achieve systematic applied crop improvement – a fundamental challenge. In: Cooper, M. and Hammer, G.L. (eds) *Plant Adaptation and Crop Improvement*. CAB International, Wallingford, UK, pp. 5–23.

Cooper, M. and Hammer, G.L. (1996) Synthesis of strategies for crop improvement. In: Cooper, M. and Hammer, G.L. (eds) *Plant Adaptation and Crop Improvement*. CAB International, Wallingford, UK, pp. 591–623.

Cooper, M. and Podlich, D.W. (2002) The $E(NK)$ model: extending the NK model to incorporate gene-by-environment interactions and epistasis for diploid genomes. *Complexity* 7, 31–47.

Cooper, M., Podlich, D.W. and Chapman, S.C. (1999) Computer simulation linked to gene information databases as a strategic research tool to evaluate molecular approaches for genetic improvement of crops. Workshop on Molecular Approaches for the Genetic Improvement of Cereals for Stable Production in Water-Limited Environments, Cento Internacional de Mejoramiento de Maiz y Trigo (CIMMYT), Mexico, 21–25 June 1999. Available at: http://www.cimmyt.org/ABC/map/research_tools_results/wsmolecular/workshopmolecular/WorkshopMolecularcontents.htm (accessed 30 June 2008).

Cooper, M., Chapman, S.C., Podlich, D.W. and Hammer, G.L. (2002a) The GP problem: quantifying gene-to-phenotype relationships. *In Silico Biology* 2, 151–164.

Cooper, M., Podlich, D.W., Micallef, K.P., Smith, O.S., Jensen, N.M., Chapman, S.C. and Kruger, N.L. (2002b) Complexity, quantitative traits and plant breeding: a role for simulation modelling in the genetic improvement of crops. In: Kang, M.S. (ed.) *Quantitative Genetics, Genomics and Plant Breeding*. CAB International, Wallingford, UK, pp. 143–166.

Cooper, M., Smith, O.S., Graham, G., Arthur, L., Feng, L. and Bodlich, D.W. (2004) Genomics, genetics and plant breeding: a private sector perspective. *Crop Science* 44, 1907–1914.

Cooper, M., Podlich, D.W. and Smith, O.S. (2005) Gene-to-phenotype and complex trait genetics. *Australian Journal of Agricultural Research* 56, 895–918.

Cooper, M., Podlich, D.W. and Luo, L. (2007) Modelling QTL effects and MAS in plant breeding. In: Varshney, R.K. and Tuberosa, R. (eds) *Genomics-Assisted Crop Improvement*. Volume 1. *Genomics Approaches and Platforms*. Springer, Dordrecht, Netherlands, pp. 57–95.

Coors, J.G. (1999) Selection methodologies and heterosis. In: Coors, J.G. and Pandey, S. (eds) *The Genetics and Exploitation of Heterosis in Crops*. ASA-CSSA-SSSA, Madison, Wisconsin, pp. 225–245.

Coque, M. and Gallais, A. (2006) Genomic regions involved in response to grain yield selection at high and low nitrogen fertilization in maize. *Theoretical and Applied Genetics* 112, 1205–1220.

Corneille, S., Lutz, K., Svab, Z. and Maliga, P. (2001) Efficient elimination of selectable marker genes from the plastid genome by the CRE-lox site-specific recombination system. *The Plant Journal* 27, 171–178.

Cornelius, P.L. and Seyedsadr, M.S. (1997) Estimation of general linear–bilinear models for two-way tables. *Journal of Statistical Computation and Simulation* 58, 287–322.

Cornelius, P.L., Seyedsadr, M. and Crossa, J. (1992) Using the shifted multiplicative model in search for 'separability' in corn cultivar trials. *Theoretical and Applied Genetics* 84, 161–172.

Cornelius, P.L., van Sanford, D.A. and Seyedsadr, M.S. (1993) Clustering cultivars into groups without rank-change interactions. *Crop Science* 33, 1193–1200.

Cornelius, P.L., Crossa, J. and Seyedsadr, M.S. (1996) Statistical tests and estimates of multiplicative models for GE interaction. In: Kang, M.S. and Hauch, H.G., Jr (eds) *Genotype-by-Environment Interaction*. CRC Press, Boca Raton, Florida, pp. 199–234.

Correns, C. (1901) Bastarde zwischen Maisrassen, mit besonderer Berucksichtigung der Xenien. *Bibliotheca Botanica* 53, 1–161.

Cottage, A., Yang, A.P., Maunders, H., de Lacy, R.C. and Ramsay, N.A. (2001) Identification of DNA sequences flanking T-DNA insertion by PCR walking. *Plant Molecular Biology Reporter* 19, 321–327.

Courtois, B. (1993) Comparison of single seed descent and anther culture-derived lines of three single crosses of rice. *Theoretical and Applied Genetics* 85, 625–631.

Courtois, B., McLaren, G., Sinha, P.K., Prasad, K., Yadav, R. and Shen, L. (2000) Mapping QTL associated with drought avoidance in upland rice. *Molecular Breeding* 6, 55–66.

Coutu, C., Brandle, J., Brown, D., Brown, K., Miki, B., Simmonds, J. and Hegedus, D.D. (2007) pORE: a modular binary vector series suited for both monocot and dicot plant transformation. *Transgenic Research* 16, 771–781.

Craig, W., Tepfer, M., Degrassi, G. and Ripandelli, D. (2008) An overview of general feature of rick assessments and genetically modified crops. *Euphytica* 164, 853–880.

Cravatt, B.F., Simon, G.M. and Yates, J.R. (2007) The biological impact of mass-spectrometry-based proteomics. *Nature* 450, 991–1000.

Cregan, P.B., Shoemaker, R.C. and Specht, J.E. 1999) An integrated genetic linkage map of the soybean genome. *Crop Science* 39, 1464–1490.

Cresham, D., Dunham, M.J. and Botstein, D. (2008) Comparing whole genomes using DNA microarrays. *Nature Reviews Genetics* 9, 291–302.

Crosbie, T.M., Eathington, S.R., Johnson, G.R., Edwards, M., Reiter, R., Stark, S., Mohanty, R.G., Oyervides, M., Buehler, R.E., Walker, A.K., Dobert, R., Delannay, X., Pershing, J.C., Hall, M.A. and Lamkey, K.R. (2006) Plant breeding: past, present and future. In: Lamkey, K.R. and Lee, M. (eds) *Plant Breeding: the Arnel R. Hallauer International Symposium.* Blackwell Publishing, Oxford, UK, pp. 3–50.

Croser, J.S., Lulsdorf, M.M., Davies, P.A., Clarke, H.J., Dayliss, K.L., Mallikarjuna, N. and Siddique, K.H.M. (2006) Toward doubled haploid production in the Fabaceae: progress, constraints and opportunities. *Critical Reviews in Plant Sciences* 25, 139–157.

Crossa, J. and Cornelius, P.L. (1997) Sites regression and shifted multiplicative model clustering of cultivar trial sizes under heterogeneity of error variances. *Crop Science* 37, 406–415.

Crossa, J. and Cornelius, P. (2002) Linear–bilinear models for the analysis of genotype-environment interaction. In: Kang, M.S. (ed.) *Quantitative Genetics, Genomics and Plant Breeding.* CAB International, Wallingford, UK, pp. 305–322.

Crossa, J. and Franco, J. (2004) Statistical methods for classifying genotypes. *Euphytica* 137, 19–37.

Crossa, J., Cornelius, P.L., Seyedsadr, M. and Byrne, P. (1993) A shifted multiplicative model cluster analysis for grouping environments without genotypic rank change. *Theoretical and Applied Genetics* 85, 577–586.

Crossa, J., Cornelius, P.L., Sayre, K. and Ortiz-Monasterio, R.J.I. (1995) A shifted multiplicative model fusion method for grouping environments without cultivar rank change. *Crop Science* 35, 54–62.

Crossa, J., Cornelius, P.L. and Seyedsadr, M.S. (1996) Using the shifted multiplicative model cluster methods for crossover GE interaction. In: Kang, M.S. and Hauch, H.G., Jr (eds) *Genotype-by-Environment Interaction.* CRC Press, Boca Raton, Florida, pp. 175–198.

Crossa, J., Vargas, M., van Eeuwijk, F.A., Jiang, C., Edmeades, G.O. and Hoisington, D. (1999) Interpreting genotype × environment interaction in tropical maize using linked molecular markers and environmental covariables. *Theoretical and Applied Genetics* 99, 611–625.

Crossa, J., Cornelius, P.L. and Yan, W. (2002) Biplots of linear–bilinear models for studying crossover genotype × environment interaction. *Crop Science* 42, 619–633.

Crossa, J., Yang, R.-C. and Cornelius, P.L. (2004) Studying crossover genotype × environment interaction using linear–bilinear models and mixed models. *Journal of Agricultural Biological and Environmental Statistics* 9, 362–380.

Crossa, J., Burgueño, J., Autran, D., Vielle-Calzada, J.-P., Cornelius, P.L., Garcia, N., Salamanca, F. and Arenas, D. (2005) Using linear–bilinear models for studying gene-expression × treatment interaction in microarray experiments. *Journal of Agricultural, Biological and Environmental Statistics* 10, 337–353.

Crossa, J., Burgueño, J., Cornelius, P.L., McLaren, G., Trethowan, R. and Krischnamachari, A. (2006) Modeling genotype × environment interaction using additive genetic covariance of relatives for predicting breeding values of wheat genotypes. *Crop Science* 46, 1722–1733.

Crossa, J., Burdueno, J., Dreisigacker, S., Vargas, M., Herrera-Foessel, S.A., Lillemo, M., Singh, R.P., Trethowan, R., Warburton, M., Franco, J., Reynolds, M., Crouch, J.H. and Ortiz, R. (2007) Association analysis of historical bread wheat germplasm using additive genetic covariance of relatives and population structure. *Genetics* 177, 1889–1013.

Crow, J.F. (1999) Dominance and overdominance. In: Coors, J.G. and Pandey, S. (eds) *Genetics and Exploitation of Heterosis in Crops.* ASA-CSSA-SSSA, Madison, Wisconsin, pp. 49–58.

Crow, J.F. (2000) The rise and fall of overdominance. *Plant Breeding Reviews* 17, 225–257.

Cui, Y. and Wu, R. (2005) Statistical model for characterizing epistatic control of triploid endosperm triggered by maternal and offspring QTLs. *Genetical Research* 86, 65–75.

Cullis, C.A. (2004) *Plant Genomics and Proteomics.* John Wiley & Sons, Inc., Chichester, UK.

Curtis, J.J., Brunson, A.M., Hubbard, J.E. and Earle, F.R. (1956) Effect of the parent on oil content of the corn kernel. *Agronomy Journal* 48, 551–555.

Curtis, M.D. and Grossniklaus, U. (2003) A Gateway cloning vector set for high-throughput functional analysis of genes *in planta*. *Plant Physiology* 133, 462–469.

Dafny-Yelin, M. and Tzfira, Z. (2007) Delivery of multiple transgenes to plant cells. *Plant Physiology* 145, 1118–1128.

D'Amato, F. (1975) The problem of genetic stability in plant tissues and cell cultures. In: Frankel, O. and Hawkes, J.G. (eds) *Crop Genetic Resources for Today and Tomorrow*. Cambridge University Press, Cambridge, UK, pp. 333–348.

Damude, H.G. and Kinney, A.J. (2008) Enhancing plant seed oils for human nutrition. *Plant Physiology* 147, 962–968.

Daniell, H. and Dhingra, A. (2002) Multigene engineering: dawn of an exciting new era in biotechnology. *Current Opinion in Biotechnology* 13, 136–141.

Dargie, J.D. (2007) Marker-assisted selection: policy considerations and options for developing countries. In: Guimarães, E.P., Ruane, J., Scherf, B.D., Sonnino, A. and Dargie, J.D. (eds) *Marker-Assisted Selection, Current Status and Future Perspectives in Crops, Livestock, Forestry and Fish*. Food and Agriculture Organization of the Unites Nations, Rome, pp. 441–471.

Darrah, L.L. and Zuber, M.S. (1986) 1985 United States maize germplasm base and commercial breeding strategy. *Crop Science* 26, 1109–1113.

Darvasi, A. and Soller, M. (1992) Selective genotyping for determination of linkage between a molecular marker and a quantitative trait. *Theoretical and Applied Genetics* 85, 353–359.

Darvasi, A. and Soller, M. (1994) Selective DNA pooling for determination of linkage between a molecular marker and a quantitative trait. *Genetics* 138, 1365–1373.

Darvasi, A. and Soller, M. (1995) Advanced intercross lines, an experimental population for fine genetic mapping. *Genetics* 141, 1199–1207.

Darvasi, A. and Soller, M. (1997) A simple method to calculate resolving power and confidence interval of QTL map location. *Behavior Genetics* 27, 125–132.

Darvasi, A., Weinreb, A., Minke, V., Weller, J.I. and Soller, M. (1993) Detecting marker-QTL linkage and estimating QTL gene effect and map location using a saturated genetic map. *Genetics* 134, 943–951.

Datta, K., Vasquez, A., Tu, J., Torrizo, L., Alam, M.F., Oliva, N., Abrigo, E., Khush, G.S. and Datta, S.K. (1998) Constitutive and tissue-specific differential expression of crylA(b) gene in transgenic rice plants conferring resistance to rice insect pest. *Theoretical and Applied Genetics* 97, 20–30.

Datta, K., Tu, J., Oliva, N., Ona, I., Velazhahan, R., Mew, T.W., Muthukrishnan, S. and Datta, S.K. (2001) Enhanced resistance to sheath blight by constitutive expression of infection-related rice chitinase in transgenic elite *indica* rice cultivars. *Plant Science* 160, 405–414.

Datta, K., Baisakh, N., Thet, K.M., Tu, J. and Datta, S.K. (2002) Pyramiding transgenes for multiple resistance in rice against bacterial blight, yellow stem borer and sheath blight. *Theoretical and Applied Genetics* 106, 1–8.

Datta, K., Baisakh, N., Oliva, N., Torrizo, L., Abrigo, E., Tan, J., Rai, M., Rehana, S., Al-Babili, S., Beyer, P., Potrykus, I. and Datta, S.K. (2003) Bioengineered 'golden' *indica* rice cultivars with beta-carotene metabolism in the endosperm with hygromycin and mannose selection systems. *Plant Biotechnology Journal* 1, 81–90.

Davenport, C.B. (1908) Degeneration, albinism and inbreeding. *Science* 28, 454–455.

Davenport, G., Ellis, N., Ambrose, M. and Dicks, J. (2004) Using bioinformatics to analyse germplasm collections. *Euphytica* 137, 39–54.

Davuluri, R.V. and Zhang, M.Q. (2003) Computer software to find genes in plant genomic DNA. In: Grotewold, E. (ed.) *Methods in Molecular Biology*, Vol. 236: *Plant Functional Genomics: Methods and Protocols*. Humana Press, Inc., Totowa, New Jersey, pp. 87–107.

Day, C.D., Lee, E., Kobayashi, J., Holappa, L.D., Albert, H. and Ow, D.W. (2000) Transgene integration into the same chromosome location can produce alleles that express at a predictable level, or alleles that are differentially silenced. *Genes and Development* 14, 2869–2880.

Day Rubenstein, K., Heisey, P., Shoemaker, R., Sullivan, J. and Frisvold, G. (2005) *Economic Information Bulletin* No. (EIE2), p. 47. Available at: http://www.ers.usda.gov/publications/eib2/ (accessed 17 November 2009).

De Buck, S., Jacobs, A., Van Montagu, M. and Depicker, A. (1999) The DNA sequences of T-DNA junctions suggest that complex T-DNA loci are formed by a recombination process resembling T-DNA integration. *The Plant Journal* 20, 295–304.

De Buck, S., De Wilde, C., Van Montagu, M. and Depicker, A. (2000) T-DNA vector backbone sequences are frequently integrated into the genome of transgenic plants obtained by *Agrobacterium* mediated transformation. *Molecular Breeding* 6, 459–468.

De Cosa, B., Moar, W., Lee, S.B., Miller, M. and Daniell, H. (2001) Overexpression of the *Bt cry2Aa2* operon in chloroplasts leads to formation of insecticidal crystals. *Nature Biotechnology* 19, 71–74.

De Groote, H., Wangare, L., Kanampiu, F., Odendo, M., Diallo, A., Karaya, H. and Friesen, D. (2008) The potential of a herbicide resistant maize technology for Striga control in Africa. *Agricultural Systems* 97, 83–94.

De Hoog, C.L. and Mann, M. (2004) Proteomics. *Annual Review of Genomics and Human Genetics* 5, 267–293.

de Koning, D.J. and Haley, C.S. (2005) Genetical genomics in humans and model organisms. *Trends in Genetics* 21, 377–381.

De Neve, M., De Buck, S., Jacobs, A., Van Montagu, M. and Depicker, A. (1997) T-DNA integration patterns in co-transformed plant cells suggest that T-DNA repeats originate from co-integration of separate T-DNAs. *The Plant Journal* 11, 15–29.

De Silva, H.N. and Ball, R.D. (2007) Linkage disequilibrium mapping concepts. In: Oraguzie, N.C., Rikkerink, E.H.A., Gardiner, S.E. and De Silva, H.N. (eds) *Association Mapping in Plants*. Springer, Berlin, pp. 103–132.

De Vicente, M.C. and Tanksley, S.D. (1991) Genome-wide reduction in recombination of backcross progeny derived from male versus female gametes in an interspecific cross of tomato. *Theoretical and Applied Genetics* 83, 173–178.

De Vicente, M.C. and Tanksley, S.D. (1993) QTL analysis of transgressive segregation in an interspecific tomato cross. *Genetics* 134, 585–596.

Dean, R.E., Dahlberg, J.A., Hopkins, M.S. and Kresovich, S. (1999) Genetic redundancy and diversity among 'Orange' accessions in the U.S. national sorghum collection as assessed with simple sequence repeat (SSR) markers. *Crop Science* 39, 1215–1221.

Deimling, S., Röber, F.K. and Geiger, H.H. (1997) Methodik und Genetik der *in-vivo*-Haploideninduktion bei Mais. *Vortr. Pflanzenzüchtg.* 38, 203–224.

DeLacy, I.H. and Cooper, M. (1990) Pattern analysis for the analysis of regional variety trials. In: Kang, M.S. (ed.) *Genotype-by-Environment Interaction and Plant Breeding*. Louisiana State University Agricultural Center, Baton Rouge, Louisiana, pp. 301–334.

DeLacy, I.H., Cooper, M. and Basford, K.E. (1996) Relationships among analytical methods used to study genotype-by-environment interactions and evaluation of their impact on response to selection. In: Kang, M.S. and Hauch, H.G., Jr (eds) *Genotype-by-Environment Interaction*. CRC Press, Boca Raton, Florida, pp. 51–84.

DellaPenna, D. and Last, R.L. (2008) Genome-enabled approaches shed new light on plant metabolism. *Science* 320, 479–481.

Delmer, D.P. (2005) Agriculture in the developing world: connecting innovations in plant research to downstream applications. *Proceedings of the National Academy of Sciences of the United States of America* 102, 15739–15746.

Delseny, M. (2004) Re-evaluating the relevance of ancestral shared synteny as a tool for crop improvement. *Current Opinion in Plant Biology* 7, 126–131.

Delvin, B. and Risch, N. (1995) A comparison of linkage disequilibrium measures for fine-scale mapping. *Genomics* 29, 311–322.

Dempster, A.P., Laid, N.M. and Rubin, D.B. (1977) Maximum likelihood from incomplete data via the EM algorithm. *Journal of the Royal Statistical Society Series B* 39, 1–38.

Depicker, A., Stachel, S., Dhaese, P., Zambryski, P. and Goodman, H.M. (1982) Nopaline synthase: transcript mapping and DNA sequence. *Journal of Molecular and Applied Genetics* 1, 561–573.

Dereuddre, J., Blandin, S. and Hassen, N. (1991) Resistance of alginate-coated somatic embryos of carrot (*Daucus carota* L.) to desiccation and freezing in liquid nitrogen: 1. Effects of preculture. *Cryo-Letters* 12, 125–134.

Desloire, S., Gherbi, H., Laloui, W., Marhadour, S., Clouet, V., Cattolico, L., Falentin, C., Giancola, S., Renard, M., Budar, F., Small, I., Caboche, M., Delourme, R. and Bendahmane, A. (2003) Identification of the fertility restoration locus, *Rfo*, in radish, as a member of the pentatricopeptide-repeat protein family. *EMBO Reports* 4, 588–594.

Devaux, P. and Zivy, M. (1994) Protein markers for anther culturability in barley. *Theoretical and Applied Genetics* 88, 701–706.

Devaux, P., Kilian, A. and Kleinhofs, A. (1995) Comparative mapping of the barley genome with male and female recombination-derived, doubled haploid populations. *Molecular and General Genetics* 249, 600–608.

DeVerna, J.W., Chetelat, R.T., Rick, C.M. and Stevens, M.A. (1987) Introgression of *Solanum lycopersicoides* germplasm. In: Nevins, D.J. and Jones, R.A. (eds) *Tomato Biotechnology*. Proc. Seminar, University of California, Davis, California, 20–22 August 1986. *Plant Biology* Vol.4, Alan R. Liss, New York, pp. 27–36.

DeVerna, J.W., Rick, C.M., Chetelat, R.T., Lanini, B.J. and Alpert, K.B. (1990) Sexual hybridization of *Lycopersicon esculentum* and *Solanum rickii* by means of a sesquidiploid bridging hybrid. *Proceedings of the National Academy of Sciences of the Unites States of America* 87, 9486–9490.

Dhillon, B.S., Boppenmaier, J., Pollmer, W.G., Hermann, R.G. and Mechinger, A.E. (1993) Relationship of restriction fragment length polymorphisms among European maize inbreds with ear dry matter yield of their hybrids. *Maydica* 38, 245–248.

D'hoop, B.B., Paulo, M.J., Mank, R.A., van Eck, H.J. and van Eeuwijk, F.A. (2008) Association mapping of quality traits in potato (*Solanum tuberosum* L.). *Theoretical and Applied Genetics* 161, 47–60.

Dhungana, P., Eskridge, K.M., Baenziger, P.S., Champbell, B.T., Gill, K.S. and Dweikat, I. (2007) Analysis of genotype-by-environment interaction in wheat using a structural equation model and chromosome substitution lines. *Crop Science* 47, 477–484.

Dias, A.P., Brown, J., Bonello, P. and Brotewold, E. (2003) Metabolite profiling as a functional genomics tool. In: Grotewold, E. (ed.) *Methods in Molecular Biology 236. Plant Functional Genomics: Methods and Protocols*. Humana Press, Totowa, New Jersey, pp. 415–425.

Diatchenko, L., Lau, Y.-F.C., Campbell, A.P., Chenchik, A., Moqadam, F., Huang, B., Lukyanov, S., Lukyanov, K., Gurskaya, N., Sverdlov, E.D. and Siebert, P.D. (1996) Suppression subtractive hybridization: a method for generating differentially regulated or tissue-specific cDNA probes and libraries. *Proceedings of the National Academy of Sciences of the United States of America* 93, 6025–6030.

Dijkhuizen, A., Dudley, J.W., Rocheford, T.R., Haken, A.E. and Eckhoff, S.R. (1998) Comparative analysis for kernel composition using near infrared reflectance and 100g Wetmill Analysis. *Cereal Chemistry* 75, 266–270.

Dilday, R.H. (1990) Contribution of ancestral lines in the development of new cultivars of rice. *Crop Science* 30, 905–911.

Dinka, S.J., Campbell, M.A., Demers, T. and Raizada, M.N. (2007) Predicting the size of the progeny mapping population required to positionally clone a gene. *Genetics* 176, 2035–2054.

Diretto, G., Al-Babili, S., Tavazza, R., Papacchioli, V., Beyer, P. and Giiliano, G. (2008) Metabolic engineering of potato carotenoid content through tuber-specific over-expression of a bacterial mini-pathway. *PLoS ONE* 2(4), e350. doi:10.1371/journal.pone.0000350. Available at: http://www.plosone.org (accessed 17 November 2009).

Ditt, R.F., Nester, E.W. and Comai, L. (2001) Plant gene expression to *Agrobacterium tumefaciens*. *Proceedings of the National Academy of Sciences of the United States of America* 98, 10954–10959.

Dixon, A.L., Liang, L., Moffatt, M.F., Chen, W., Heath, S., Wong, K.C., Taylor, J., Burnett, E., Gut, I., Farrall, M., Lathrop, G.M., Abecasis, G.R. and Cookson, W.O.C. (2007) A genome-wide association study of global gene expression. *Nature Genetics* 39, 1202–1207.

Dodds, J.H. (1991) Introduction: conservation of plant genetic resources – the need for tissue culture. In: Dodds, J.H. (ed.) In Vitro *Methods for Conservation of Plant Genetic Resources*. Chapman & Hall, London, pp. 1–9.

Doebley, J. (1992) Molecular systematics and crop evolution. In: Soltis, D.E., Soltis, P.S. and Doyle, J.J. (eds) *Molecular Systematics of Plants*. Chapman & Hall, New York, pp. 202–222.

Doebley, J., Stec, A. and Gustus, C. (1995) Teosinte branched1 and the origin of maize: evidence for epistasis and the evolution of dominance. *Genetics* 141, 333–346.

Doerge, R.W. and Churchill, G.A. (1996) Permutation tests for multiple loci affecting a quantitative character. *Genetics* 142, 285–294.

Doi, K., Izawa, T., Fuse, T., Yamanouchi, U., Kubo, T., Shimatani, Z., Yano, M. and Yoshimura, A. (2004) *Ehd1*, a B-type response regulator in rice, confers short-day promotion of flowering and controls *FT*-like gene expression independently of *Hd1*. *Genes and Development* 18, 926–936.

Doll, J. (1998) The patent of DNA. *Science* 280, 689–690.

Dong, Y.S., Cao, Y.S., Zhang, X.Y., Liu, S.C., Wang, L.F., You, G.X., Pang, B.S., Li, L.H. and Jia, J.Z. (2003) Establishment of candidate core collections in Chinese common wheat germplasm. *Journal of Plant Genetic Resources* 4, 1–8.

Donnenwirth, J., Grace, J. and Smith, S. (2004) Intellectual property rights, patents, plant variety protection and contracts: a perspective from the private sector. *IP Strategy Today*, No. 9.

Doumas, P., Al-Ghazi, Y., Rothan, C. and Robin, S. (2007) DNA microarrays in plants. In: Morot-Gaudry, J.F., Lea, P. and Briat, J.F. (eds) *Functional Plant Genomics*. Science Publishers, Enfield, New Hampshire, pp. 165–190.

Dreher, K., Khairallah, M., Ribau, J.M. and Morris, M. (2003) Money matters (I): cost of field and laboratory procedures associated with conventional and marker-assisted maize breeding at CIMMYT. *Molecular Breeding* 11, 221–234.

Dubcovsky, J. (2004) Marker-assisted selection in public breeding programs. The wheat experience. *Crop Science* 44, 1895–1898.

Dubcovsky, J., Ramakrishna, W., SanMiguel, P.J., Busso, C.S., Yan, L., Shiloff, B.A. and Bennetzen, J.L. (2001) Comparative sequence analysis of colinear barley and rice BACs. *Plant Physiology* 125, 1342–1353.

Dudley, D.N., Saghai Maroof, M.A. and Rufener, G.K. (1991) Molecular markers and grouping of parents in a maize breeding program. *Crop Science* 31, 718–723.

Dudley, J.W. (1977) Seventy six generations of selection for oil and protein percentage in maize. In: Pollak, E., Kempthorne, O. and Bailey, T.B. (eds) *Proceedings of International Conference on Quantitative Genetics*. Iowa State University Press, Ames, Iowa, pp. 459–473.

Dudley, J.W. (1993) Molecular markers in plant improvement: manipulation of genes affecting quantitative traits. *Crop Science* 33, 660–668.

Dudley, J.W. (1997) Quantitative genetics and plant breeding. *Advances in Agronomy* 59, 1–23.

Dudley, J.W. (2007) From means to QTL: the Illinois Long-Term Selection Experiment as a case study in quantitative genetics. *Crop Science* 47(S3), S20–S31.

Dudley, J.W. (2008) Epistatic interactions in crosses of Illinois High Oil × Illinois Low Oil and of Illinois High Protein × Illinois Low Protein corn strains. *Crop Science* 48, 59–68.

Dudley, J.W. and Lambert, R.J. (1992) Ninety generations of selection for oil and protein in maize. *Maydica* 37, 81–87.

Dudley, J.W. and Lambert, R.J. (2004) 100 generations of selection for oil and protein in corn. *Plant Breeding Reviews* 24 (Part 1), 79–110.

Dudley, J.W., Lambert, R.J. and Alexander, D.E. (1974) Seventy generations of selection for oil and protein concentration in the maize kernel. In: Dudley, J.W. (ed.) *Seventy Generations of Selection for Oil and Protein in Maize*. Crop Science Society of America, Madison, Wisconsin, pp. 181–212.

Dudley, J.W., Lambert, R.J. and de la Roche, I.A. (1977) Genetic analysis of crosses among corn strains divergently selected for percent oil and protein. *Crop Science* 17, 111–117.

Dunford, R.P., Yano, M., Kurata, N., Sasaki, T., Huestis, G., Rocheford, T. and Laurie, D.A. (2002) Comparative mapping of the barley *Phd-H1* photoperiod response gene region, which lies close to a junction between two rice linkage segments. *Genetics* 161, 825–834.

Dunn, G. and Everitt, B.S. (1982) *An Introduction to Mathematical Taxonomy*. Cambridge Studies in Mathematical Biology. Vol. 5. Cambridge University Press, Cambridge, UK.

Dunning, A.M., Durocher, F., Healey, C.S., Teare, M.D., McBride, S.E., Carlomagno, F., Xu, C.-F., Dawson, E., Rhodes, S., Ueda, S., Lai, E., Luben, R.N., Van Rensburg, E.J., Mannermaa, A., Kataja, V., Rennart, G., Dunham, I., Purvis, I., Easton, D. and Ponder, B.A.J. (2000) The extent of linkage disequilibrium in four populations with distinct demographic histories. *American Journal of Human Genetics* 67, 1544–1554.

Dunninnton, E.A., Haberefeld, A., Stallard, L.G., Siegel, P.B. and Hillel, J. (1992) Deoxyribonucleic-acid fingerprint bands linked to loci coding for quantitative traits in chicken. *Poultry Science* 71, 1251–1258.

Dunwell, J.M. (2005) Intellectual property aspects of plant transformation. *Plant Biotechnology Journal* 3, 371–384.

Dunwell, J.M. (2006) Patents and transgenic plants. In: Fári, M.G., Holb, I. and Bisztray, G.D. (eds) *Proceedings of Vth International Symposium on In Vitro Culture and Horticultural Breeding*. International Society for Horticultural Science. *Acta Horticulturae* 725, 719–732.

Dutfield, G. (2003) Protecting Traditional Knowledge and Folklore, Issue Paper 1. International Centre on Trade and Sustainable Development and United Nations Conference on Trade and Development Project on Intellectual Property Rights and Sustainable Development, Geneva.

Duvick, D.N. (1977) Major USA crops in 1976. *Annals of the New York Academy of Sciences* 287, 86–96.

Duvick, D.N. (1984) Genetic contribution to yield grains of U.S. hybrid maize, 1930–1980. In: Fehr, W.R. (ed.) *Genetic Contributions to Yield Grains of Five Major Crop Plants*. Crop Science Society of America

(CSSA) Spec. Publ. 7. CSSA and American Society of Agronomy (ASA), Madison, Wisconsin, pp. 15–47.

Duvick, D.N. (1990) Genetic enhancement and plant breeding. In: Janick, J. and Simon, J.E. (eds) *Advances in New Crops*. Proc. First National Symposium on New Crops: Research, Development, Economics. Timber Press, Portland, Oregon, pp. 90–96.

Duvick, D.N. (1999) Heterosis: feeding people and protecting natural resources. In: Coors, J.G. and Pandey, S. (eds) *Genetics and Exploitation of Heterosis in Crops*. ASA-CSSA-SSSA, Madison, Wisconsin, pp. 19–29.

Duvick, D.N., Smith, J.S.C. and Cooper, M. (2004) Long-term selection in commercial hybrid maize breeding programs. *Plant Breeding Reviews* 24 (Part 2), 109–151.

Dwivedi, S.L., Blair, M., Upadhyaya, H.D., Serraj, R., Balaji, J., Buhariwalla, H.K., Ortiz, R. and Crouch, J.H. (2005) Using genomics to exploit grain legume biodiversity in crop improvement. *Plant Breeding Reviews* 26, 176–357.

Dwivedi, S.L., Crouch, J.H., Mackill, D.J., Xu, Y., Blair, M.W., Ragot, M., Upadhyaya, H.D. and Ortiz, R. (2007) The molecularization of public sector crop breeding: progress, problems and prospects. *Advances in Agronomy* 95, 163–318.

Eagles, H.A., Bariana, H.S., Ogbonnaya, F.C., Rebetzke, G.J., Hollamby, G.J., Henry, R.J., Henschke, P.H. and Carter, M. (2001) Implementation of markers in Australian wheat breeding. *Australian Journal of Agricultural Research* 52, 1349–1356.

Eagles, H.A., Hollamby, G.J., Gororo, N.N. and Eastwood, R.F. (2002) Estimation and utilization of glutein gene effects from the analysis of unbalanced data from wheat breeding programs. *Australian Journal of Agricultural Research* 53, 367–377.

Eagles, H.A., Eastwood, R.F., Hollamby, G.J., Martin, E.M. and Cornish, G.B. (2004) Revision of the estimates of glutenin gene effects at the *Glu-B1* locus form southern Australian wheat breeding programs. *Australian Journal of Agricultural Research* 55, 1093–1096.

Eamens, A., Wang, M.-B., Smith, N.A. and Waterhouse, P.M. (2008) RNA silencing in plants: yesterday, today and tomorrow. *Plant Physiology* 147, 456–468.

Earley, K.W., Haag, J.R., Pontes, O., Opper, K., Juehne, T., Song, K. and Pikaard, C.S. (2006) GATEWAY-compatible vectors for plant functional genomics and proteomics. *Plant Journal* 45, 616–629.

East, E.M. (1908) Inbreeding in corn. *Rep. Connecticut Expt. Stat. Years 1907–1908*, pp. 419–428.

Eathington, S.R. (2005) Practical applications of molecular technology in the development of commercial maize hybrids. In: *Proceedings of the 60th Annual Corn and Sorghum Seed Research Conferences*. American Seed Trade Association, Washington, DC.

Eathington, S.R., Crosbie, T.M., Edwards, M.D., Reiter, R.S. and Bull, J.K. (2007) Molecular markers in a commercial breeding program. *Crop Science* 47(S3), S154–S163.

Eberhart, S.A. and Russell, W.A. (1966) Stability parameters for comparing varieties. *Crop Science* 6, 36–40.

Ebinuma, H.K., Sugita, K., Matsunaga, E., Endo, S., Yamada, K. and Komamine, A. (2001) Systems for removal of a selection marker and their combination with a positive marker. *Plant Cell Reports* 20, 383–392.

Ebinuma, H.K., Sugita, E., Endo, S., Matsunaga, E. and Yamada, K. (2004) Elimination of markers genes from transgenic plants using MAT vector system. In: Peña, L. (ed.) *Methods in Molecular Biology*, vol. 286: *Transgenic Plants: Methods and Protocols*. Humana Press Inc., Totowa, New Jersey, pp. 237–253.

Eder, J. and Chalyk, S. (2002) *In vivo* haploid induction in maize. *Theoretical and Applied Genetics* 104, 703–708.

Edmeades, G.O., Bänziger, M. and Ribaut, J.M. (2000) Maize improvement for drought-limited environments. In: Otegui, M.E. and Slafer, G.A. (eds) *Physiological Bases for Maize Improvement*. Food Products Press, New York, pp. 75–111.

Edwards, D. and Batley, J. (2004) Plant bioinformatics: from genome to phenome. *Trends in Biotechnology* 22, 232–237.

Edwards, D., Forster, J.W., Chagné, D. and Batley, J. (2007a) What is SNPs? In: Oraguzie, N.C., Rikkerink, E.H.A., Gardiner, S.E. and De Silva, H.N. (eds) *Association Mapping in Plants*. Springer, Berlin, pp. 41–52.

Edwards, D., Forster, J.W., Cogan, N.O.I., Batley, J. and Chagné, D. (2007b) Single nucleotide polymorphism discovery. In: Oraguzie, N.C., Rikkerink, E.H.A., Gardiner, S.E. and De Silva, H.N. (eds) *Association Mapping in Plants*. Springer, Berlin, pp. 53–76.

Edwards, J.D., Janda, J., Sweeney, M.T., Gaikwad, A.B., Liu, B., Leung, H. and Galbraith, D.W. (2008) Development and evaluation of a high-throughput, low-cost genotyping platform based on oligonucleotide microarrays in rice. *Plant Methods* 4, 13.

Edwards, M. and Johnson, L. (1994) RFLPs for rapid recurrent selection. In: *Proceedings of Symposium on Analysis of Molecular Marker Data.* American Society of Horticultural Science and Crop Science Society of America, Corvallis, Oregon, pp. 33–40.

Edwards, M.D. and Page, N.J. (1994) Evaluation of marker-assisted selection through computer simulation. *Theoretical and Applied Genetics* 88, 376–382.

Edwards, M.D., Stuber, C.W. and Wendel, J.F. (1987) Molecular-marker-facilitated investigations of quantitative trait loci in maize. I. Numbers, genomic distribution and types of gene action. *Genetics* 116, 113–125.

Edwards, M.D., Helentjaris, T., Wright, S. and Stuber, C.W. (1992) Molecular-marker-facilitated investigations of quantitative trait loci in maize. 4. Analysis based on genome saturation with isozyme and restriction fragment length polymorphism markers. *Theoretical and Applied Genetics* 83, 765–774.

Eisemann, R.L., Cooper, M. and Woodruff, D.R. (1990) Beyond the analytical methodology, better interpretation and exploiting of GE interaction in plant breeding. In: Kang, M.S. (ed.) *Genotype-by-Environment Interaction and Plant Breeding.* Louisiana University Agricultural Center, Baton Rouge, Louisiana, pp. 108–117.

Eitan, Y. and Soller, M. (2004) Selection induced genetic variation. In: Wasser, S. (ed.) *Evolutionary Theory and Processes: Modern Horizon.* Papers in honour of Eviatar Nevo. Kluwer Academic Publishers, Dordrecht, Netherlands, pp. 154–176.

Elston, R.C. (1984) The genetic analysis of quantitative trait differences between two homozygous lines. *Genetics* 108, 733–744.

Emebiri, L.C. and Moody, D.B. (2006) Heritable basis for some genotype-environment stability statistics: inference from QTL analysis of heading date in two-rowed barley. *Field Crops Research* 96, 243–251.

Empig, L.T., Gardner, C.O. and Compton, W.A. (1972) Theoretical grains for different population improvement procedures. Nebraska Agricultural Experiment Station Miscellaneous Publications 26 (revised).

Emrich, S., Li, L., Wen, T.J., Ashlock, D., Aluru, S. and Schnable, P. (2007b) Nearly identical paralogs: implications for maize (*Zea mays* L.) genome evolution. *Genetics* 175, 429–439.

Endo, S., Kasahara, Y., Sugita, K. and Ebinuma, H. (2002a) A new GST-MAT vector containing both the *ipt* gene and *iaaM/H* genes can produce marker-free transgenic plants with high frequency. *Plant Cell Reports* 20, 923–928.

Endo, S., Sugita, K., Sakai, M., Tanaka, H. and Ebinuma, H. (2002b) Single-step transformation for generating marker-free transgenic rice using the ipt-type MAT vector system. *The Plant Journal* 30, 115–122.

Engelmann, F. and Engels, J.M.M. (2002) Technologies and strategies for *ex situ* conservation. In: Engels, J.M.M., Ramanatha Rao, V., Brown, A.H.D. and Jackson, M.T. (eds) *Managing Plant Genetic Diversity.* International Plant Genetic Resources Institute, Rome, pp. 89–103.

Engels, J.M.M. and Visser, L. (2003) A guide to effective management of germplasm collections. *IPGRI Handbook for Genebanks* No. 6. International Plant Genetic Resources Institute, Rome.

Enserink, M. (2008) Tough lessons from golden rice. *Science* 320, 468–471.

Eronen, L., Geerts, F. and Toivonen, H. (2004) A Markov chain approach to reconstruction of long haplotypes. *Pacific Symposium on Biocomputing* 9, 104–115.

Ervin, D., Batie, S., Welsh, R., Carpentier, C.L., Fern, J.I., Richman, N.J. and Schulz, M.A. (2000) *Transgenic Crops: an Environmental Assessment.* Henry A. Wallace Center for Agricultural and Environmental Policy at Winrock International, Arlington, Virginia.

Erwin, T. (1991) An evolutionary basis for conservation strategies. *Science* 253, 750–752.

Eshed, Y. and Zamir, D. (1994) A genomic library of *Lycopersicon pennellii* in *L. esculentum*: a tool for fine mapping of genes. *Euphytica* 79, 175–179.

Eshed, Y. and Zamir, D. (1995) An introgression line population of *Lycopersicon pennellii* in the cultivated tomato enables the identification and fine mapping of yield associated QTL. *Genetics* 141, 1147–1162.

Eshed, Y. and Zamir, D. (1996) Less-than-additive epistatic interactions of quantitative trait loci in tomato. *Genetics* 143, 1807–1817.

Esquinas-Alcázar, J.T. (1993) Plant genetic resources. In: Hayward, M.D., Bosemark, N.O. and Romagosa, I. (eds) *Plant Breeding: Principles and Prospects.* Chapman & Hall, London, pp. 33–51.

Esquinas-Alcázar, J. (2005) Protecting crop genetic diversity for food security: political, ethical and technical challenges. *Nature Reviews Genetics* 6, 946–953.

ETC Group (Action Group on Erosion, Technology and Concentration) (2005) Global seed industry concentration – 2005. *Communique* September/October 2005, pp. 1–12.

Etzel, C. and Guerra, R. (2003) Meta-analysis of genetic-linkage of quantitative trait loci. *American Journal of Human Genetics* 71, 56–65.

Eujayl, I., Sorrels, M.E., Baum, M., Wolters, P. and Powell, W. (2002) Isolation of EST-derived microsatellite markers for genotyping the A and B genomes of wheat. *Theoretical and Applied Genetics* 104, 399–407.

European Parliament (2001) Directive 2001/18/EC of the European Parliament and of the Council of 12 March 2001 on the deliberate release into the environment of genetically modified organisms and repealing Council Directive 90/220/EEC – Commission Declaration. *Official Journal of European Community L* 106, 1–39.

Evans, L.T. (1993) *Crop Evolution, Adaptation and Yield.* Cambridge University Press, New York.

Faham, M., Zheng, J., Moorhead, M., Fakhrai-Rad, H., Namsaraev, E., Wong, K., Wang, Z., Chow, S.G., Lee, L., Suyenaga, K., Reichert, J., Boudreau, A., Eberle, J., Bruckner, C., Jain, M., Karlin-Neumann, G., Jones, H.B., Willis, T.D., Buxbaum, J.D. and Davis, R.W. (2005) Multiplexed variation scanning for 1,000 amplicons in hundreds of patients using mismatch repair detection (MRD) on tag arrays. *Proceedings of the National Academy of Sciences of the United States of America* 102, 14717–14722.

Falconer, D.S. (1960) *Introduction to Quantitative Genetics.* Oliver & Boyd, Edinburgh, UK.

Falconer, D.S. (1981) *Introduction to Quantitative Genetics*, 2nd edn. Longman, London.

Falconer, D.S. (1989) *Introduction to Quantitative Genetics*, 3rd edn. Wiley, New York.

Falconer, D.S. and Mackay, T.F.C. (1996) *Introduction to Quantitative Genetics*, 4th edn. Longman Scientific & Technical Ltd, Harlow, UK.

Faleiro, F.G., Ragagnin, V.A., Moreira, M.A. and de Barros, E.G. (2004) Use of molecular markers to accelerate the breeding of common bean lines resistant to rust and anthracnose. *Euphytica* 138, 213–218.

Falque, M. and Santoni, S. (2007) Molecular markers and high-throughput genotyping analysis. In: Morot-Gaudry, J.F., Lea, P. and Briat, J.F. (eds) *Functional Plant Genomics.* Science Publishers, Enfield, New Hampshire, pp. 503–527.

Falque, M., Decousset, L., Dervins, D., Jacob, A.-M., Joets, J., Martinant, J.-P., Raffoux, X., Ribière, N., Ridel, C., Samson, D., Charcosset, A. and Murigneux, A. (2005) Linkage mapping of 1454 new maize candidate gene loci. *Genetics* 170, 1957–1966.

Falush, D., Stephens, M. and Pritchard, J.K. (2003) Inference of population structure using multilocus genotype data: linked loci and correlated allele frequencies. *Genetics* 164, 1567–1587.

Fan, C., Xing, Y., Mao, H., Lu, T., Han, B., Xu, C., Li, X. and Zhang, Q. (2006) GS3, a major QTL for grain length and weight and minor QTL for grain width and thickness in rice, encodes a putative transmembrane protein. *Theoretical and Applied Genetics* 112, 1164–1171.

Fang, Y.-D., Akula, C. and Altpeter, F. (2002) *Agrobacterium*-mediated barley (*Hordeum vulgare* L.) transformation using green fluorescent protein as a visual marker and sequence analysis of the T-DNA:genomic DNA junctions. *Journal of Plant Physiology* 159, 1131–1138.

FAO (Food and Agriculture Organization of the United Nations) (1998) *The State of the World's Plant Genetic Resources for Food and Agriculture.* FAO, Rome.

Faris, J.D., Laddomada, B. and Gill, B.S. (1998) Molecular mapping of segregation distortion loci in *Aegilops tauschii. Genetics* 149, 319–327.

Faris, J.D., Fellers, J.P., Brooks, S.A. and Gill, B.S. (2003) A bacterial artificial chromosome contig spanning the major domestication locus *Q* in wheat and identification of a candidate gene. *Genetics* 164, 311–321.

Fashena, S.J., Serebriiskii, I. and Golemis, E.A. (2000) The continued evolution of two-hybrid screening approaches in yeast: how to outwit different preys with different baits. *Gene* 250, 1–14.

Fatokun, C.A., Menancio-Hautea, D.I., Danesh, D. and Young, N.D. (1992) Evidence for orthologous seed weight genes in cowpea and mung bean based on RFLP mapping. *Genetics* 132, 841–846.

Fauquet, C.M. and Tohme, J. (2004) The global cassava partnership for genetic improvement. *Plant Molecular Biology* 86, v–x (editorial).

Fehr, W.R. (1987) *Principles of Cultivar Development.* Vol. 1. *Theory and Techniques.* Macmillan Publishing Company, London.

Feltus, F.A., Singh, H.P., Lohithaswa, H.C., Schulze, S.R., Silva, T.D. and Paterson, A.H. (2006) A comparative genomic strategy for targeted discovery of single-nucleotide polymorphisms and conserved-noncoding sequences in orphan crops. *Plant Physiology* 140, 1183–1191.

Fenn, J.B., Mann, M., Meng, C.K., Wong, S.F. and Whitehouse, C.M. (1989) Electrospray ionization for the mass spectrometry of large biomolecules. *Science* 246, 64–71.

Fernandez-Ricaud, L., Warringer, J., Ericson, E., Pylvanainen, I., Kemp, G.J.L., Nerman, O. and Blomberg, A. (2005) PROPHECY – a database for high-resolution phenomics. *Nucleic Acids Research* 33, D369–D373.

Fernando, R.L. (2002) Methods to map QTL. Available at: http://meishan.ansci. iastate.edu/rohan/notes-dir/QTL.pdf (accessed 31 December 2007).

Fernando, R.L., Nettleton, D., Southey, B.R., Dekkers, J.C.M., Rothschild, M.F. and Soller, M. (2004) Controlling the proportion of false positives in multiple dependent tests. *Genetics* 166, 611–619.

Ferrie, A.M.R. (2007) Doubled haploid production in nutraceutical species: a review. *Euphytica* 158, 347–357.

Ferro, M., Salvi, D., Rivière-Polland, H., Vernat, T., Seigneurin-Berny, D., Grunwald, D., Garin, J., Joyard, J. and Rolland, N. (2002) Integral membrane proteins of the chloroplast envelope: identification and subcellular localization of new transporters. *Proceedings of the National Academy of Sciences of the United States of America* 99, 11487–11492.

Fiehn, O. (2002) Metabolomics – the link between genotypes and phenotypes. *Plant Molecular Biology* 48, 155–171.

Fiehn, O., Wohlgemuth, G., Scholz, M., Kind, T., Lee, D.Y., Lu, Y., Moon, S. and Nikolau. B. (2008) Quality control for plant metabolomics: reporting MSI-compliant studies. *The Plant Journal* 53, 691–704.

Fields, S. and Song, O. (1989) A novel genetic system to detect protein–protein interactions. *Nature* 340, 245–246.

Filipski, A. and Kumar, S. (2005) Comparative genomics in eukaryotes. In: Gregory, T.R. (ed.) *The Evolution of the Genome*. Elsevier Inc., Amsterdam, pp. 521–583.

Finak, G., Hallett, M., Park, M. and Pepin, F. (2005) Bioinformatics tools for gene-expression studies. In: Sensen, C.W. (ed.) *Handbook of Genome Research. Genomics, Proteomics, Metabolomics, Bioinformatics, Ethical and Legal Issues*. WILEY-VCH, Weinheim, Germany, pp. 415–434.

Finlay, K.W. and Wilkinson, G.N. (1963) The analysis of adaptation in a plant-breeding programme. *Australian Journal of Agricultural Research* 14, 742–754.

Fire, A., Xu, S., Montgomery, M., Kostas, S., Driver, S. and Mello, C. (1998) Potent and specific genetic interference by double-stranded RNA in *Caenorhabditis elegans*. *Nature* 391, 806–811.

Fisher, R.A. (1918) The correlation between relatives on the supposition of Mendelian inheritance. *Transactions of the Royal Society of Edinburgh, Earth Sciences* 52, 399–433.

Fisher, R.A. (1935) The detection of linkage with dominant abnormalities. *Annals of Eugenics* 6, 187–201.

Fisher, R.A. (1936) The use of multiple measurements in taxonomic problems. *Annals of Eugenics* 7, 179–188.

Fisk, H.J. and Dandekar, A.M. (2004) Electroporation. In: Peña, L. (ed.) *Methods in Molecular Biology*, Vol. 286. *Transgenic Plants: Methods and Protocols*. Humana Press Inc., Totowa, New Jersey, pp. 79–90.

Flint, J. and Mott, R. (2001) Finding the molecular basis of quantitative traits: successes and pitfalls. *Nature Reviews Genetics* 2, 437–445.

Flint-Garcia, S.A., Thornsberry, J.M. and Buckler, E.S. (2003) Structure of linkage disequilibrium in plants. *Annual Review of Plant Biology* 54, 357–374.

Florea, L., Hartzell, G., Zhang, Z., Rubin, G.G. and Miller, W. (1998) A computer program for aligning a cDNA sequence with a genomic DNA sequence. *Genome Research* 8, 967–974.

Flores, F., Moreno, M.T. and Cubero, J.I. (1998) A comparison of univariate and multivariate methods to analyze G × E interaction. *Field Crops Research* 56, 271–286.

Fodor, S., Dower, W. and Solas, D. (1998) Detection of nucleic acid sequences. Patent EP 0834576.

Fofana, I.B.F., Sangaré, A., Collier, R., Taylor, C. and Fauquet, C.M. (2004) A geminivirus-induced gene silencing system for gene function validation in cassava. *Plant Molecular Biology* 56, 613–624.

Foolad, M.R. and Jones, R.A. (1992) Models to estimate maternally controlled genetic variation in quantitative seed characters. *Theoretical and Applied Genetics* 83, 360–366.

Foolad, M.R. and Jones, R.A. (1993) Mapping salt-tolerance genes in tomato (*Lycopersicon esculentum*) using trait-based marker analysis. *Theoretical and Applied Genetics* 87, 184–192.

Forster, B.P. and Thomas, W.T.B. (2004) Doubled haploids in genetics and plant breeding. *Plant Breeding Reviews* 25, 57–88.

Forster, B.P., Ellis, R.P., Thomas, W.T.B., Newton, A.C., Tuberosa, R., This, D., El-Enein, R.A., Bahri, M.H. and Ben Salem, M. (2000) The development and application of molecular markers for abiotic stress. *Journal of Experimental Botany* 51, 19–27.

Forster, B.P., Herberle-Bors, E., Kasha, K.J. and Touraev, A. (2007) The resurgence of haploids in higher plants. *Trends in Plant Science* 12, 368–375.

Foster, G.D. and Twell, D. (eds) (1996) *Plant Gene Isolation: Principles and Practice*. John Wiley & Sons, Chichester, UK, 426 pp.

Fowler, C. and Hodgkin, T. (2004) Plant genetic resources for food and agriculture: assessing global availability. *Annual Review of Environment and Resources* 29, 143–179.

Fowler, C. and Lower, R.L. (2005) Politics of plant breeding. *Plant Breeding Reviews* 25, 21–55.

Fowler, C., Hawtin, G., Ortiz, R., Iwanaga, M. and Engels, J. (2005) The questions and derivatives: promoting use and ensuring availability of non-proprietary plant genetic resources. *The Journal of World Intellectual Property* 7, 641–663.

Fox, P.N., Crossa, J. and Romagosa, I. (1997) Multi-environment testing and genotype × environment interaction. In: Kempton, R.A. and Fox, P.N. (eds) *Statistical Methods for Plant Variety Evaluation*. Chapman & Hall, London, pp. 117–138.

Fraley, R. (2006) Presentation at Monsanto European Investor Day, 10 November 2006. Available at: http://www.monsanto.com (accessed 17 November 2009).

Fraley, R.T., Rogers, S.G. and Horsch, R.B. (1986) Genetic transformation in higher plants. *Critical Reviews in Plant Sciences* 4, 1–46.

Francia, E., Tacconi, G., Crosatti, C., Barabaschi, D., Bulgarelli, D., Dall'Aglio, E. and Vale, G. (2005) Marker assisted selection in crop plants. *Plant Cell, Tissue and Organ Culture* 82, 317–342.

Franco, J., Crossa, J., Taba, S. and Shands, H. (2005) A sampling strategy for conserving genetic diversity when forming core subsets. *Crop Science* 45, 1035–1044.

Franco, J., Crossa, J., Warburton, M.L. and Taba, S. (2006) Sampling strategies for conserving maize diversity when forming core subsets using genetic markers. *Crop Science* 46, 854–864.

François, I., Broekaert, W. and Cammue, B. (2002a) Different approaches for multi-transgene-stacking in plants. *Plant Science* 163, 281–295.

François, I.E.J.A., De Bolle, M.F.C., Dwyer, G., Goderis, I.J.W.M, Wouters, P.F.J., Verhaert, P., Proost, P., Schaaper, W.M.M., Cammue, B.P.A and Broekaert, W.F. (2002b) Transgenic expression in *Arabidopsis thaliana* of a polyprotein construct leading to production of two different antimicrobial proteins. *Plant Physiology* 128, 1346–1358.

François, I.E.J.A., Dwyer, G.I., De Bolle, M.F.C., Goderis, I.J.W.M, van Hemelrijck, W., Proost, P., Wouters, P.F.J., Broekaert, W.F. and Cammue, B.P.A. (2002c) Processing in transgenic *Arabidopsis thaliana* plants of polyproteins with linker peptide variants derived from the *Impatiens balsamina* antimicrobial polyprotein precursor. *Plant Physiology and Biochemistry* 40, 871–879.

Frankel, O. (1984) Genetic perspectives of germplasm conservation. In: Arber, W., Limensee, K., Peacock, W.J. and Starlinger, P. (eds) *Genetic Manipulation: Impact on Man and Society*. Cambridge University Press, Cambridge, UK, pp. 161–170.

Frankel, O.H. (1986) Genetic resources – museum or utility. In: Williams, T.A. and Wratt, G.S. (eds) *Plant Breeding Symposium, DSIR 1986*. Agronomy Society of New Zealand, Christchurch, pp. 3–7.

Frankel, O.H. and Brown, A.H.D. (1984) Current plant genetic resources: a critical appraisal. In: *Genetics: New Frontiers* (Vol. IV). Oxford & IBH, New Delhi.

Frankel, W.N. (1995) Taking stock of complex trait genetics in mice. *Trends in Genetics* 11, 471–477.

Frary, A., Nesbitt, T.C., Frary, A., Grandillo, S., van de Knaap, E., Cong, B., Liu, J., Meller, J., Elber, R., Alpert, K.B. and Tanksley, S.D. (2000) *fw2.2*: a quantitative trait locus key to the evolution of tomato fruit size. *Science* 289, 85–88.

Frascaroli, E., Canè, M.A., Landi, P., Pea, G., Gianfranceschi, L., Villa, M., Morgante, M. and Pè, M.E. (2007) Classical genetic and quantitative trait loci analyses of heterosis in a maize hybrid between two elite inbred lines. *Genetics* 176, 625–644.

Frawely, W.J., Piatetsky-Shapiro, G. and Matheus, C.J. (1991) Knowledge discovery in databases: an overview. In: Piatetsky-Shapiro, G. and Frawely, W.J. (eds) *Knowledge Discovery in Databases*. AAAI Press, Menlo Park, California and MIT Press, Cambridge, Massachusetts, pp. 1–27.

Freeman, G.H. (1973) Statistical methods for the analysis of genotype–environment interactions. *Heredity* 31, 339–354.

Freudenreich, C.H., Stavenhagen, J.B. and Zakian, V.A. (1997) Stability of CTG:CAG trinucleotide repeat in yeast is dependent on its orientation in the genome. *Molecular and Cell Biology* 4, 2090–2098.

Fridman, E., Pleban, T. and Zamir, D. (2000) A recombination hotspot delimits a wild-species quantitative trait locus for tomato sugar content to 484 bp within an invertase gene. *Proceedings of the National Academy of Sciences of the United States of America* 97, 4718–4723.

Fridman, E., Carrari, F., Liu, Y.S., Fernie, A.R. and Zamir, D. (2004) Zooming in on a quantitative trait for tomato yield using interspecific introgressions. *Science* 305, 1786–1789.

Friedman, C., Borlawsky, T., Shagina, L., Xing, H.R. and Lussier, Y.A. (2006) Bio-ontology and text: bridging the modelling gap. *Bioinformatics* 22, 2421–2429.

Frisch, M. (2004) Breeding strategies: optimum design of marker-assisted backcross programs. In: Lörz, H. and Wenzl, G. (eds) *Biotechnology in Agriculture and Forestry*, Vol. 55. *Molecular Marker Systems in Plant Breeding and Crop Improvement*. Springer-Verlag, Berlin, pp. 319–334.

Frisch, M. and Melchinger, A.E. (2001) Marker-assisted backcrossing for simultaneous introgression of two genes. *Crop Science* 41, 1716–1725.

Frisch, M. and Melchinger, A.E. (2005) Selection theory for marker-assisted backcrossing. *Genetics* 170, 909–917.

Frisch, M. and Melchinger, A.E. (2008) Precision of recombination frequency estimates after random intermating with finite population sizes. *Genetics* 178, 597–600.

Frisch, M., Bohn, M. and Melchinger, A.E. (1999a) Comparison of selection strategies for marker-assisted backcrossing of a gene. *Crop Science* 39, 1295–1301.

Frisch, M., Bohn, M. and Melchinger, A.E. (1999b) Minimum sample size and optimal positioning of flanking markers in marker-assisted backcrossing for transfer of a target gene. *Crop Science* 39, 967–975.

Frisch, M., Bohn, M. and Melchinger, A.E. (2000) PLABSIM: software for simulation of marker-assisted backcrossing. *Journal of Heredity* 91, 86–87.

Fu, H. and Dooner, H.K. (2002) Intraspecific violation of genetic colinearity and its implications in maize. *Proceedings of the National Academy of Sciences of the United States of America* 99, 9573–9578.

Fu, X.D., Duc, L.T., Fontana, S., Bong, B.B., Tinjuangjun, P., Sudhakar, D., Twyman, R.M., Christou, P. and Kohli, A. (2000) Linear transgene constructs lacking vector backbone sequences generate low-copy number transgenic plants with simple integration patterns. *Transgenic Research* 9, 11–19.

Fu, Y., Wen, T.J., Ronin, Y.I., Chen, H.D., Guo, L., Mester, D.I., Yang, Y., Lee, M., Korol, A.B., Ashlock, D.A. and Schnable, P.S. (2006) Genetic dissection of intermated recombinant inbred lines using a new genetic map of maize. *Genetics* 174, 1671–1683.

Fu, Y.B., Peterson, G.W., Williams, D., Richards, K.W. and Fetch, J.M. (2005) Patterns of AFLP variation in a core subset of cultivated hexaploid oat germplasm. *Theoetical and Applied Genetics* 111, 530–539.

Fulton, T.M., Beck-Bunn, T., Emmatty, D., Eshed, Y., Lopez, J., Petiard, V., Uhlig, J., Zamir, D. and Tanksley, S.D. (1997) QTL analysis of an advanced backcross of *Lycopersicon peruvianum* to the cultivated tomato and comparisons with QTLs found in other wild species. *Theoretical and Applied Genetics* 95, 881–894.

Fulton, T.M., van der Hoeven, R., Eannetta, N.T. and Tanksley, S.D. (2002) Identification, analysis and utilization of conserved ortholog set markers for comparative genomics in higher plants. *The Plant Cell* 14, 1457–1467.

Furtado, A. and Henry, R.J. (2005) The wheat Em promoter drives reporter gene expression in embryo and aleurone tissue of transgenic barley and rice. *Plant Biotechnology Journal* 3, 421–434.

Gabriel, K.R. (1971) The biplot graphic display of matrices with application to principal component analysis. *Biometrika* 58, 453–467.

Gabriel, K.R. (1978) Least squares approximation of matrices by additive and multiplicative models. *Journal of the Royal Statistical Society, Series B* 40, 186–196.

Gale, M.D. (1975) High α-amylase breeding and genetical aspects of the problem. *Cereal Research Communications* 4, 231–243.

Gale, M.D. and Devos, K.M. (1998) Comparative genetics in the grasses. *Proceedings of the National Academy of Sciences of the United States of America* 95, 1971–1974.

Galinat, W.C. (1977) The origin of corn. In: Sprague, G.F. (ed.) *Corn and Corn Improvement*, 2nd edn. American Society of Agronomy, Madison, Wisconsin, pp. 1–48.

Gallais, A. and Bordes, J. (2007) The use of doubled haploids in recurrent selection and hybrid development in maize. *Crop Science* 47(S3), S190–S201.

Gallais, A., Moreau, L. and Charcosset, A. (2007) Detection of marker–QTL associations by studying change in marker frequencies with selection. *Theoretical and Applied Genetics* 114, 669–681.

Galperin, M.Y. (2008) The molecular biology database collection: 2008 update. *Nucleic Acids Research* 36, D2–D4.

Galperin, M.Y. and Koller, E. (2006) New metrics for comparative genomics. *Current Opinion in Biotechnology* 17, 440–447.

Gao, S., Martinez, C., Skinner, D.J., Krivanek, A.F., Crouch, J.H. and Xu, Y. (2008) Development of a seed DNA-based genotyping system for marker-assisted selection in maize. *Molecular Breeding* 22, 477–494.

Gao, Z., Xie, X., Ling, Y., Muthukrishnan, S. and Liang, G.H. (2005) *Agrobacterium tumefaciens*-mediated sorghum transformation using a mannose selection system. *Plant Biotechnology Journal* 3, 591–599.

Garcia, A.A., Kido, E.A., Meza, A.N., Souza, H.M., Pinto, L.R., Pastina, M.M., Leite, C.S., Silva, J.A., Ulian, E.C., Figueira, A. and Souza, A.P. (2006) Development of an integrated genetic map of a sugarcane (*Saccharum* spp.) commercial cross, based on a maximum-likelihood approach for estimation of linkage and linkage phases. *Theoretical and Applied Genetics* 112, 298–314.

Gauch, H.G., Jr (1988) Model selection and validation for yield trials with interaction. *Biometrics* 44, 705–715.

Gauch, H.G. (2006) Statistical analysis of yield trials by AMMI and GGE. *Crop Science* 46, 1488–1500.

Gauch, H.G. and Zobel, R.W. (1988) Predictive and postdictive success of statistical analysis of yield trials. *Theoretical and Applied Genetics* 76, 1–10.

Gauch, H.G. and Zobel, R.W. (1996) AMMI analysis of yield trials. In: Kang, M.S. and Hauch, H.G., Jr (eds) *Genotype-by-Environment Interaction*. CRC Press, Boca Raton, Florida, pp. 85–122.

Gauch, H.G. and Zobel, R.W. (1997) Identifying mega-environments and targeting genotypes. *Crop Science* 37, 311–326.

Gauch, H.G., Piepho, H.-P. and Annicchiarico, P. (2008) Statistical analysis of yield trials by AMMI and GGE: further considerations. *Crop Science* 48, 866–889.

Gaunt, T.R., Rodriguez, S., Zapata, C. and Day, I.N.M. (2006) MIDAS: software for analysis and visualisation of interallelic disequilibrium between multiallelic markers. *BMC Bioinformatics* 7, 227.

Gaut, B.S. and Ross-Ibarra, J. (2008) Selection on major components of angiosperm genomes. *Science* 320, 484–486.

Gayen, P., Madan, J.K., Kumar, R. and Sarkar, K.R. (1994) Chromosome doubling in haploids through colchicine. *Maize Genetics Cooperation Newsletter* 68, 65.

Gebhardt, C., Ballvora, A., Walkemeier, B., Oberhagemann, P. and Schüler, K. (2004) Assessing genetic potential in germplasm collections of crop plants by marker–trait association: a case study for potatoes with quantitative variation of resistance to late blight and maturity type. *Molecular Breeding* 13, 93–102.

Gedil, M.A., Wye, C., Berry, S., Segers, B., Peleman, J., Jones, R., Leon, A., Slabaugh, M.B. and Knapp, S.J. (2001) An integrated restriction fragment length polymorphism-amplified fragment length polymorphism linkage map for cultivated sunflower. *Genome* 44, 213–221.

Geldermann, H. (1975) Investigations on inheritance of quantitative characters in animals by gene markers. I. Methods. *Theoretical and Applied Genetics* 46, 319–330.

Geleta, L.F., Labuschagne, M.T. and Viljoen, C.D. (2004) Relationship between heterosis and genetic distance based on morphological traits and AFLP markers in pepper. *Plant Breeding* 123, 467–473.

Gelfand, M.S., Mironow, A.A. and Pevzner, P.A. (1996) Gene recognition via spliced sequence alignment. *Proceedings of the National Academy of Sciences of the United States of America* 93, 9061–9066.

Gene Ontology Consortium (2000) Gene ontology: tool for the unification of biology. *Nature Genetics* 25, 25–29.

George, E.I. and McMulloch, R.E. (1993) Variable selection via Gibbs sampling. *Journal of The American Statistical Association* 91, 883–904.

Georgiady, M.S., Whitkus, R.W. and Lord, E.M. (2002) Genetic analysis of traits distinguishing outcrossing and self-pollinating forms of currant tomato, *Lycopersicon pimpinellifolium* (Jusl.) Mill. *Genetics* 161, 333–344.

Gepts, P. (2006) Plant genetic resources conservation and utilization: the accomplishments and future of a societal insurance policy. *Crop Science* 46, 2278–2292.

Gerdes, J.T. and Tracy, W.F. (1993) Pedigree diversity within the Lancaster Surecrop heterotic group of maize. *Crop Science* 33, 334–337.

Gerdes, J.T., Behr, C.F., Coors, J.G. and Tracy, W.F. (1993) *Compilation of North America Maize Breeding Programs*. Crop Science Society of America, Madison, Wisconsin.

Gernand, D., Rutten, T., Varshney, A., Rubtsova, M., Prodanovic, S., Brüß, C., Kumlehn, J., Matzk, F. and Houben, A. (2005) Uniparental chromosome elimination at mitosis and interphase in wheat and pearl millet crosses involves micronucleus formation, progressive heterochromatinization and DNA fragmentation. *The Plant Cell* 17, 2431–2438.

Gerry, N.P., Witowski, N.E., Day, J., Hammer, R.P., Barany, G. and Barany, F. (1999) Universal DNA micro-array method for multiplex detection of low abundance point mutations. *Journal of Molecular Biology* 292, 251–262.

Gethi, J.G., Labate, J.A., Lamkey, K.R., Smith, M.E. and Kresovich, S. (2002) SSR variation in important U.S. maize inbred lines. *Crop Science* 42, 951–957.

Gibbon, B.C. and Larkins, B.A. (2005) Molecular genetic approaches to developing quality protein maize. *Trends in Genetics* 21, 227–233.

Gibrat, J.F. and Marin, A. (2007) Detecting protein function from genome sequences. In: Morot-Gaudry, J.F., Lea, P. and Briat, J.F. (eds) *Functional Plant Genomics*. Science Publishers, Enfield, New Hampshire, pp. 87–106.

Gibson, G. and Weir, B. (2005) The quantitative genetics of transcription. *Trends in Genetics* 21, 616–623.

Gibson, S. and Somerville, C. (1993) Isolating plant genes. *Trends in Biotechnology* 11, 306–313.

Gill, B.S., Appels, R., Botha-Oberholster, A.-M., Buell, C.R., Bennetzen, J.L., Chalhoub, B., Chumley, F., Dvořák, J., Iwanaga, M., Keller, B., Li, W., McCombie, W.R., Ogihara, Y., Quetier, F. and Sasaki, T. (2004) A workshop report on wheat genome sequencing: International Genome Research on Wheat Consortium. *Genetics* 168, 1087–1096.

Gimelfarb, A. and Lande, R. (1994a) Simulation of marker-assisted selection in hybrid populations. *Genetical Research* 63, 39–47.

Gimelfarb, A. and Lande, R. (1994b) Simulation of marker-assisted selection for non-additive traits. *Genetical Research* 64, 127–136.

Gimelfarb, A. and Lande, R. (1995) Marker-assisted selection and marker-QTL associations in hybrid populations. *Theoretical and Applied Genetics* 91, 522–528.

Giovannoni, J.J., Wing, R.A., Ganal, M.W. and Tanksley, S.D. (1991) Isolation of molecular markers from specific chromosome intervals using DNA pools from existing populations. *Nucleic Acids Research* 19, 6553–6558.

Gish, W. and States, D.J. (1993) Identification of protein coding regions by database similarity search. *Nature Genetics* 3, 266–272.

Gizlice, Z., Carter, T.E., Jr and Burton, J.W. (1993) Genetic diversity in North American soybean: II. Prediction of heterosis in F_2 populations of southern founding stock using genetic similarity measures. *Crop Science* 33, 620–626.

Glass, G.V. (1976) Primary, secondary and meta-analysis of research. *Educational Researcher* 5, 3–8.

Glazier, A.M., Nadeau, J.H. and Aitman, T.J. (2002) Finding genes that underlie complex traits. *Science* 298, 2345–2349.

Gleave, A.P., Mitra, D.S., Mudge, S.R. and Morris, B.A.M. (1999) Selectable marker-free transgenic plants without sexual crossing: transient expression of cre recombinase and use of a conditional lethal dominant gene. *Plant Molecular Biology* 40, 223–235.

Gleba, Y., Marillonnet, S. and Klimyuk, V. (2004) Engineering viral expression vectors for plants: the 'full virus' and the 'deconstructed virus' strategies. *Current Opinion in Plant Biology* 7, 182–188.

Gleba, Y., Klimyuk, V. and Marillonnet, S. (2005) Magnifection – a new platform for expressing recombinant vaccines in plants. *Vaccine* 23, 2042–2048.

Goderis, I.J.W.M., De Bolle, M.F.C., François, I.E.J.A., Wouters, P.F.J., Broekaert, W.F. and Cammue, B.P.A. (2002) A set of modular plant transformation vectors allowing flexible insertion of up to six expression units. *Plant Molecular Biology* 50, 17–27.

Godshalk, E.B., Lee, M. and Lamkey, K.R. (1990) Relationship of restriction fragment length polymorphisms to single-cross hybrid performance of maize. *Theoretical and Applied Genetics* 80, 273–280.

Goedeke, S., Hensel, G., Kapusi, E., Gahrtz, M. and Kumlehn, J. (2007) Transgenic barley in fundamental research and biotechnology. *Transgenic Plant Journal* 1, 104–117.

Goff, S.A., Ricke, D., Lan, T.H., Presting, G., Wang, R., Dunn, M., Glazebrook, J., Sessions, A., Oeller, P., Varma, H., Hadley, D., Hutchison, D., Martin, C., Katagiri, F., Lange, B.M., Moughamer, T., Xia, Y., Budworth, P., Zhong, J., Miguel, T., Paszkowski, U., Zhang, S., Colbert, M., Sun, W.L., Chen, L., Cooper, B., Park, S., Wood, T.C., Mao, L., Quail, P., Wing, R., Dean, R., Yu, Y., Zharkikh, A., Shen, R., Sahasrabudhe, S., Thomas, A., Cannings, R., Gutin, A., Pruss, D., Reid, J., Tavtigian, S., Mitchell, J., Eldredge, G., Scholl, T., Miller, R.M., Bhatnagar, S., Adey, N., Rubano, T., Tusneem, N., Robinson, R., Feldhaus, J., Macalma, T., Oliphant, A. and Briggs, S. (2002) A draft sequence of the rice genome (*Oryza sativa* L. ssp. *japonica*). *Science* 296, 92–100.

Goffinet, B. and Gerber, S. (2000) Quantitative trait loci: a meta-analysis. *Genetics* 155, 463–473.

Goldman, I.L. (1999) Inbreeding and outbreeding in the development of a modern heterosis concept. In: Coors, J.G. and Pandey, S. (eds) *Genetics and Exploitation of Heterosis in Crops*. ASA-CSSA-SSSA, Madison, Wisconsin, pp. 7–18.

Goldman, I.L. (2000) Prediction in plant breeding. *Plant Breeding Reviews* 19, 15–40.

Goldman, I.L., Rocheford, T.R. and Dudley, J.W. (1993) Quantitative trait loci influencing protein and starch concentration in the Illinois long term selection maize strains. *Theoretical and Applied Genetics* 87, 217–224.

Goldman, I.L., Rocheford, T.R. and Dudley, J.W. (1994) Molecular markers associated with maize kernel oil concentration in the Illinois High Protein × Illinois Low Protein Cross. *Crop Science* 34, 908–915.

Goldsbrough, A.P., Lastrella, C.N. and Yoder, J.I. (1993) Transposition mediated re-positioning and subsequent elimination of marker genes from transgenic tomato. *Bio/Technology* 11, 1286–1292.

Gollob, H.F. (1968) A statistical model which combines features of factor analytic and analysis of variance. *Psychometrika* 33, 73–115.

Goodin, M.M., Dietzgen, R.G., Schichnes, D., Ruzin, S. and Jackson, A.O. (2002) pGD vectors: versatile tools for the expression of green and red fluorescent protein fusions in agroinfiltrated plant leaves. *The Plant Journal* 31, 375–383.

Goodman, R.E., Vieths, S., Sampson, H.A., Hill, D., Ebisawa, M., Tyaler, S.L. and van Ree, R. (2008) Allergenicity assessment of genetically modified crops – what make sense? *Nature Biotechnology* 26, 73–81.

Goodnight, C.J. (2004) Gene interaction and selection. *Plant Breeding Reviews* 24 (Part 2), 269–291.

Gorg, A., Obermaier, C., Boguth, G. and Weiss, W. (1999) Recent developments in two-dimensional gel electrophoresis with immobilized pH gradients: wide pH gradients up to pH 12, longer separation distances and simplified procedures. *Electrophoresis* 20, 712–717.

Grandillo, S. and Tanksley, S.D. (1996) QTL analysis of horticultural traits differentiating the cultivated tomato from the closely related species *Lycopersicon pimpinellifolium*. *Theoretical and Applied Genetics* 92, 935–951.

Graner, A., Jahoor, A., Schondelmaier, J., Siedler, H., Pollen, K., Fischbeck, G., Wenzel, G. and Herrmann, R.G. (1991) Construction of an RFLP map of barley. *Theoretical and Applied Genetics* 83, 250–256.

Grapes, L., Dekkers, J.C.M., Rothschild, M.F. and Fernando, R.L. (2004) Comparing linkage disequilibrium-based methods for fine mapping quantitative trait loci. *Genetics* 166, 1561–1570.

Green, P.J. (1995) Reversible jump Markov chain Monte Carlo computation and Bayesian model determination. *Biometrika* 82, 711–732.

Greenbaun, D., Smith, A. and Gerstein, M. (2005) Impediments to database interoperation: legal issues and security concerns. *Nucleic Acids Research* 33, D3–D4.

Greene, S.L. and Guarino, L. (eds) (1999) *Linking Genetic Resources and Geography: Emerging Strategies for Conserving and Using Crop Biodiversity*. American Society of Agronomy (ASA) and Crop Science Society of America (CSSA), Madison, Wisconsin.

Gregory, B.D., Yazaki, J. and Ecker, J.R. (2008) Utilizing tiling microarrays for whole-genome analysis in plants. *The Plant Journal* 53, 636–644.

Groos, C., Robert, N., Bervas, E. and Charmet, G. (2003) Genetic analysis of grain protein-content, grain yield and thousand-kernel weight in bread wheat. *Theoretical and Applied Genetics* 106, 1032–1040.

Grosset, J., Alary, R., Gautier, M.F., Menossi, M., Martinez-Izquierdo, J.A. and Joudrier, P. (1997) Characterization of a barley gene coding for an alpha-amylase inhibitor subunit (CMd protein) and analysis of its promoter in transgenic tobacco plants and in maize kernels by microprojectile bombardment. *Plant Molecular Biology* 34, 331–338.

Grupe, A., Germer, S., Usuka, J., Aud, D., Belknap, J.K., Klein, R.F., Ahluwalia, M.K., Higuchi, R. and Peltz, G. (2001) *In silico* mapping of complex disease-related traits in mice. *Science* 292, 1915–1918.

Gu, S., Pakstis, A.J. and Kidd, K.K. (2005) HAPLOT: a graphical comparison of haplotype blocks, tagSNP sets and SNP variation for multiple populations. *Bioinformatics* 21, 3938–3939.

Guidetti, G. (1998) Seed terminator and mega-merger threaten food and freedom. Available at: http://www.sustainable-city.org/articles/terminat.htm (accessed 17 November 2009).

Guo, B., Sleper, D.A., Sun, J., Nguyen, H.T., Arelli, P.R. and Shannon, J.G. (2006) Pooled analysis of data from multiple quantitative trait locus mapping populations. *Theoretical and Applied Genetics* 113, 39–48.

Guo, M., Rupe, M.A., Zinselmeier, C., Habben, J., Bowen, B.A. and Smith, O.S. (2004) Allelic variation of gene expression in maize hybrids. *The Plant Cell* 16, 1707–1716.

Guo, M., Rupe, M.A., Yang, X., Crasta, O., Zinselmeier, C., Smith, O.S. and Bowen, B. (2006) Genome-wide transcript analysis of maize hybrids: allelic additive gene expression and yield heterosis. *Theoretical and Applied Genetics* 113, 831–845.

Gupta, P.K. and Rustgi, S. (2004) Molecular markers from the transcribed/expressed region of the genome in higher plants. *Functional and Integrated Genomics* 4, 139–162.

Gur, A. and Zamir, D. (2004) Unused natural variation can lift yield barriers in plant breeding. *PLoS Biology* 2(10), e245.

Gurib-Fakim, A. (2006) Medicinal plants: traditions of yesterday and drugs of tomorrow. *Molecular Aspects of Medicine* 27, 1–93.

Haanstra, J.P.W., Wye, C., Verbakel, H., Meijer-Dekens, F., Van den Berg, P., Odinot, P., van Heusden, A.W., Tanksely, S., Lindhout, P. and Peleman, J. (1999) An integrated high-density RFLP-AFLP map of tomato based on two *Lycopersicon esculentum* × *L. pennellii* F$_2$ populations. *Theoretical and Applied Genetics* 99, 254–271.

Haberer, G., Young, S., Bharati, A.K., Gundlach, H., Raymond, C., Fuks, G., Butler, E., Wing, R.A., Rounsley, S., Birren, B., Nusbaum, C., Mayer, K.F.X. and Messing, J. (2005) Structure and architecture of the maize genome. *Plant Physiology* 139, 1612–1624.

Hackett, C.A., Meyer, R.C. and Thomas, W.T.B. (2001) Multi-trait QTL mapping in barley using multivariate regression. *Genetical Research* 77, 95–106.

Hagberg, A. and Hagberg, G. (1980) High frequency of spontaneous haploids in the progeny of an induced mutation barley. *Hereditas* 93, 341–343.

Hahn, W.J. and Grifo, F.T. (1996) Molecular markers in plant conservation genetics. In: Sobral, B.W.S. (ed.) *The Impact of Plant Molecular Genetics*. Birkhäuer, Boston, Massachusetts, pp. 113–136.

Hajdukiewicz, P., Svab, Z. and Maliga, P. (1994) The small, versatile pPZP family of *Agrobacterium* binary vectors for plant transformation. *Plant Molecular Biology* 25, 989–994.

Hajdukiewicz, P.T.J., Gilbertson, L. and Staub, J.M. (2001) Multiple pathways for Cre/lox-mediated recombination in plastids. *The Plant Journal* 27, 161–170.

Haldane, J.B.S. (1919) The combination of linkage values and the calculation of distance between the loci of linkage factors. *Journal of Genetics* 8, 299–309.

Haldane, J.B.S. and Smith, C.A.B. (1947) A new estimate of the linkage between the genes for colour-blindness and haemophilia in man. *Annals of Eugenics* 14, 10–31.

Haldane, J.B.S. and Waddington, C.H. (1931) Inbreeding and linkage. *Genetics* 16, 357–374.

Haldrup, A., Petersen, S.G. and Okkels, F.T. (1998a) Positive selection: a plant selection principle based on xylose isomerase, an enzyme used in the food industry. *Plant Cell Reports* 18, 76–81.

Haldrup, A., Petersen, S.G. and Okkels, F.T. (1998b) The xylose isomerase gene from *Thermoanaerobacterium thermosulfurogenes* allows effective selection of transgenic plant cells using D-xylose as the selection agent. *Plant Molecular Biology* 37, 287–296.

Haley, C. (1999) Advances in quantitative trait locus mapping. In: Dekkers, J.C.M., Lamont, S.J. and Rothschild, M.F. (eds) *From Jay Lush to Genomics: Visions for Animal Breeding and Genetics*. Animal Breeding and Genetics Group, Department of Animal Science, Iowa State University, Ames, Iowa, pp. 47–59.

Haley, C.S. and Knott, S.A. (1992) A simple regression method for mapping quantitative trait loci in line crosses using flanking markers. *Heredity* 69, 315–324.

Haley, C.S., Knott, S.A. and Elsen, J.-M. (1994) Mapping quantitative trait loci in crosses between outbred lines using least squares. *Genetics* 136, 1195–1207.

Halfhill, M.D., Richards, H.A., Mabon, S.A. and Stewart, C.N., Jr (2001) Expression of GFP and Bt transgenes in *Brassica napus* and hybridization and introgression with *Brassica rapa*. *Theoretical and Applied Genetics* 103, 362–368.

Halfhill, M.D., Zhu, B., Warwick, S.I., Raymer, P.L., Millwood, R.J., Weissinger, A.K. and Stewart, C.N., Jr (2004a) Hybridization and backcrossing between transgenic oilseed rape and two related weed species under field conditions. *Environmental Biosafety Research* 3, 73–81.

Halfhill, M.D., Millwood, R.J. and Stewart, C.N., Jr (2004b) Green fluorescent protein quantification in whole plants. In: Peña, L. (ed.) *Methods in Molecular Biology*, Vol. 286. *Transgenic Plants: Methods and Protocols*. Humana Press Inc., Totowa, New Jersey, pp. 215–225.

Hall, J.G., Eis, P.S., Law, S.M., Reynaldo, L.P., Prudent, J.R., Marshall, D.J., Allawi, H.T., Mast, A.L., Dahlberg, J.E., Kwiatkowski, R.W., de Arruda, M., Neri, B.P. and Lyamichev, V.I. (2000) Sensitive detection of DNA polymorphisms by the serial invasive signal amplification reaction. *Proceedings of the National Academy of Sciences of the United States of America* 97, 8272–8277.

Hallauer, A.R. (1990) Methods used in developing maize inbreds. *Maydica* 35, 1–16.

Hallauer, A.R. (2007) History, contribution and future of quantitative genetics in plant breeding: lessons from maize. *Crop Science* 47(S3), S4–S19.

Hallauer, A.R. and Miranda, J.B. (1988) *Quantitative Genetics in Maize Breeding*, 2nd edn. Iowa State University Press, Ames, Iowa.

Hallauer, A.R., Russell, W.A. and Lamkey, K.R. (1988) Corn breeding. In: Sprague, G.F. and Dudley, J.W. (eds) *Corn and Corn Improvement*, 3rd edn. ASA-CSSA-SSSA, Madison, Wisconsin, pp. 463–564.

Hallauer, A.R., Ross, A.J. and Lee, M. (2004) Long-term divergent selection for ear length in maize. *Plant Breeding Reviews* 24 (Part 2), 153–168.

Halpin, C. and Boerjan, W. (2003) Stacking transgenes in forest trees. *Trends in Plant Science* 8, 363–365.

Halpin, C., Barakate, A., Askari, B.M., Abbott, J.C. and Ryan, M.D. (2001) Enabling technologies for manipulating multiple genes on complex pathways. *Plant Molecular Biology* 47, 295–310.

Hamilton, C.M. (1997) A binary-BAC system for plant transformation with high-molecular-weight DNA. *Gene* 200, 107–116.

Hamilton, C.M., Frary, A., Lewis, C. and Tanksley, S.D. (1996) Stable transfer of intact high molecular weight DNA into plant chromosomes. *Proceedings of the National Academy of Sciences of the United States of America* 93, 9975–9979.

Hammer, G.L., Kropff, M.J., Sinclair, T.R. and Porter, J.R. (2002) Future contribution of crop modeling: from heuristics and supporting decision making to understanding genetic regulation and aiding crop improvement. *European Journal of Agronomy* 18, 15–31.

Hammer, G.L., Chapman, S., van Oosterom, E. and Podlich, D.W. (2005) Trait physiology and crop modeling as a framework to link phenotypic complexity to underlying genetic systems. *Australian Journal of Agricultural Research* 56, 947–960.

Hammond, M.P. and Birney, E. (2004) Genome information resources – developments at Ensembl. *Trends in Genetics* 20, 268–272.

Han, B. and Xue, Y. (2003) Genome-wide intraspecific DNA-sequence variations in rice. *Current Opinion in Plant Biology* 6, 134–138.

Han, O.K., Kaga, A., Isemura, T., Wang, X.W., Tomooka, N. and Vaughan, D.A. (2005) A genetic linkage map for azuki bean [*Vigna angularis* (Willd.) Ohwi & Ohashi]. *Theoretical and Applied Genetics* 111, 1278–1287.

Han, X., Aslanian, A. and Yates, J.R. III (2008) Mass spectrometry for proteomics. *Current Opinion in Chemical Biology* 12, 483–490.

Hanash, S. (2003) Disease proteomics. *Nature* 422, 226–232.

Hanin, M. and Paszkowski, J. (2003) Plant genome modification by homologous recombination. *Current Opinion in Plant Biology* 6, 157–162.

Hanocq, E., Laperche, A., Jaminon, O., Lainé, A.-L. and Le Guis, J. (2007) Most significant genome regions involved in the control of earliness traits in bread wheat, as revealed by QTL meta-analysis. *Theoretical and Applied Genetics* 114, 569–584.

Hansen, B.G., Halkier, B.A. and Kliebenstein, D.J. (2008) Identifying the molecular basis of QTLs: eQTLs add a new dimension. *Trends in Plant Science* 13, 72–77.

Hansen, M., Kraft, T., Ganestam, S., Säll, T. and Nilsson, N.-O. (2001) Linkage disequilibrium mapping of the bolting gene in sea beet using AFLP markers. *Genetical Research* 77, 61–66.

Hanson, W.D. (1959) Early generation analysis of lengths of heterozygous chromosome segments around a locus held heterozygous with backcrossing or selfing. *Genetics* 44, 833–837.

Harding, K. (2004) Genetic integrity of cryopreserved plant cells: a review. *Cryo Letters* 25, 3–22.

Harlan, H.V. and Pope, M.N. (1922) The use and value of back-crosses in small grain breeding. *Journal of Heredity* 13, 319–322.

Harlan, H.V., Martini, M.L. and Stevens, H. (1940) A study of methods in barley breeding. *USDA Technical Bulletin* 720.

Harlan, J. (1965) The possible role of weed races in the evolution of cultivated plants. *Euphytica* 14, 173–176.

Harlan, J.R. (1971) Agricultural origins: centers and noncenters. *Science* 174, 468–474.

Harlan, J. (1992) *Crops and Man*, 2nd edn. Crop Science Society of America, Madison, Wisconsin.

Harlan, J.R. (1987) Gene centers and gene utilization in American agriculture. In: Yeatman, C.W., Kafton, D. and Wilkes, G. (eds) *Plant Genetic Resources: a Conservation Imperative*. Westview Press, Boulder, Colorado, pp. 111–129.

Harlan, J.R. and de Wet, J.M.J. (1971) Towards a rational classification of cultivated plants. *Taxon* 20, 509–517.

Harper, B.K., Mabon, S.A., Leffel, S.M., Halfhill, M.D., Richards, H.A., Moyer, K.A. and Stewart, C.N., Jr (1999) Green fluorescent protein as a marker for expression of a second gene in transgenic plants. *Nature Biotechnology* 17, 1125–1129.

Harris, S.A. (1999) Molecular approaches to assessing plant diversity. In: Benson, E.E. (ed.) *Plant Conservation Biotechnology*. Taylor & Francis Ltd, London, pp. 11–24.

Hart, G.E., Gale, M.D. and McIntosh, R.A. (1993) Linkage maps of *Triticum aestivum* (Hexaploid wheat, 2n = 42, genome A, B and D) and *T. tauschii* (2n = 14, genome D). In: O'Brien, S.J. (ed.) *Genetic Maps: Locus Maps of Complex Genomes*. Cold Spring Harbor Laboratory Press, Cold Spring Harbor, New York, pp. 6.204–6.219.

Harushima, Y., Kurata, N., Yano, M., Nagamura, Y., Sasaki, T., Minobe, Y. and Nakagahra, M. (1996) Detection of segregation distortions in an *indica–japonica* rice cross using a high-resolution molecular map. *Theoretical and Applied Genetics* 92, 145–150.

Harushima, Y., Yano, M., Shomura, A., Sato, M., Shimano, T., Kuboki, Y., Yamamoto, T., Lin, S.Y., Antonio, B.A., Parco, A., Kajiya, H., Huang, N., Yamamoto, K., Nagamura, Y., Kurata, N., Khush, G.S. and Sasaki, T. (1998) A high-density rice genetic linkage map with 2275 markers using a single F_2 population. *Genetics* 148, 479–494.

Haseloff, J., Siemering, K.P., Prasher, D. and Hodge, S. (1997) Removal of a cryptic intron and subcellular localization of green fluorescent protein are required to mark transgenic *Arabidopsis* plants brightly. *Proceedings of the National Academy of Sciences of the United States of America* 94, 2122–2127.

Havey, M.J. (1998) Molecular analyses and heterosis in the vegetables: can we breed them like maize? Lamkey, K.R. and Staub, J.E. (eds) *Concepts and Breeding of Heterosis in Crop Plants*. Crop Science Society of America (CSSA), Madison, Wisconsin, pp. 109–116.

Hawtin, G. (1998) Conservation of agrobiodiversity for tropical agriculture. In: Chopra, V.L., Singh, R.B and Varma, A. (eds) *Crop Productivity and Sustainability – Shaping the Future, Proceedings of the 2nd International Crop Science Congress*. Oxford & IBH Publishing Co., New Delhi, pp. 917–925.

Hayes, B. and Goddard, M.E. (2001) The distribution of the effects of genes affecting quantitative traits in livestock. *Genetics Selection Evolution* 33, 209–229.

Hazekamp, Th. (2002) The potential role of passport data in the conservation and use of plant genetic resources. In: Engels, J.M.M., Ramanatha Rao, V., Brown, A.H.D. and Jackson, M.T. (eds) *Managing Plant Genetic Diversity*. International Plant Genetic Resources Institute, Rome, pp. 185–194.

Hazekamp, Th., Serwinski, J. and Alercia, A. (1997) Mulit-crop passport descriptors. In: Lipmann, E., Jongen, M.W.M., Hintum, Th.J.L. van, Gass, T. and Maggioni, L. (compilers) *Central Crop Databases: Tools for Plant Genetic Resources Management*. Report of a Workshop, 13–16 October 1996, Budapest, Hungary. International Plant Genetic Resources Institute, Rome, Italy/CGN, Wageningen, Netherlands, pp. 35–39.

Hazen, S.P., Pathan, M.S., Sanchez, A., Baxter, I., Dunn, M., Estes, B., Chang, H.-S., Zhu, T., Kreps, J.A. and Nguyen, H.T. (2005) Expression profiling of rice segregating for drought tolerance QTL using a rice genome array. *Functional and Integrative Genomics* 5, 104–116.

He, P., Li, J.Z., Zheng, X.W., Shen L.S., Lu, C.F., Chen, Y. and Zhu, L.H. (2001) Comparison of molecular linkage maps and agronomic trait loci between DH and RIL populations derived from the same rice cross. *Crop Science* 41, 1240–1246.

He, X.H. and Zhang, Y.M. (2008) Mapping epistatic quantitative trait loci underlying endosperm traits using all markers on the entire genome in a random hybridization design. *Heredity* 101, 39–47.

He, Y., Chen, C., Tu, J., Zhou, P., Jiang, G., Tan, Y., Xu, C. and Zhang, Q. (2002) Improvement of an elite rice hybrid, Shanyou 63, by transformation and maker-assisted selection. In: *Abstracts of the Fourth International Symposium on Hybrid Rice*, 14–17 May 2002, Hanoi, Vietnam, p. 43.

He, Y., Li, X., Zhang, J., Jiang, G., Liu, S., Chen, S., Tu, J., Xu, C. and Zhang, Q. (2004) Gene pyramiding to improve hybrid rice by molecular marker technique. *4th International Crop Science Congress*. Available at: http://www.cropscience.org.au/icsc2004/ (accessed 17 November 2009).

He, Z., Fu, Y., Si, H., Hu, G., Zhang, S., Yu, Y. and Sun, Z. (2004) Phosphomannose-isomerase (*pmi*) gene as a selectable marker for rice transformation via *Agrobacterium*. *Plant Science* 166, 17–22.

Heckenberger, M., Bohn, M., Maurer, H.P., Frisch, M. and Melchinger, A.E. (2005a) Identification of essentially derived varieties with molecular markers: an approach based on statistical test theory and computer simulations. *Theoretical and Applied Genetics* 111, 598–608.

Heckenberger, M., Bohn, M., Klein, D. and Melchinger, A.E. (2005b) Identification of essentially derived varieties obtained from biparental crosses of homozygous lines: II. Morphological distances and heterosis in comparison with simple sequence repeat and amplified fragment length polymorphism data in maize. *Crop Science* 45, 1132–1140.

Heckenberger, M., Muminovic, J., van der Voort, J.R., Peleman, J., Bohn, M. and Melchinger, A.E. (2006) Identification of essentially derived varieties from biparental crosses of homogenous lines. III. AFLP data from maize inbreds and comparison with SSR data. *Molecular Breeding* 17, 111–125.

Heckenberger, M., Maurer, H.P., Melchinger, A.E. and Frisch, M. (2008) The Plabsoft database: a comprehensive database management system for integrating phenotypic and genomic data in academic and commercial plant breeding programs. *Euphytica* 161, 173–179.

Hedden, P. (2003) The genes of the green revolution. *Trends in Genetics* 19, 5–19.

Hedgecock, D., Lin, J.Z., DeCola, S., Haudenschild, C., Meyer, E., Manahan, D.T. and Bowen, B. (2002) Analysis of gene expression in hybrid Pacific oysters by massively parallel signature sequencing. *Plant & Animal Genome X Conference Abstract*. Available at: http://www.intl-pag.org/pag/10/abstracts/PAGX_W15.html (accessed 30 June 2007).

Hedges, L.V. and Olkin, I. (1985) *Statistical Methods for Meta-analysis*. Academic Press, Orlando, Florida.

Heisey, P.W., King, J.L. and Rubenstein, K.D. (2005) Patterns of public sector and private-sector patenting in agricultural biotechnology. *AgBioForum* 8, 73–82.

Heitz, A. (1998) Intellectual property rights and plant variety protection in relation to demands of the world trade organization and farmers in sub-Saharan Africa. In: *Proceedings of the Regional Technical Meeting on Seed Policy and Programmes for Sub-Saharan Africa*, Abidjan, Côte d'Ivoire, 23–27 November 1998. Available at: http://www.fao.org/ag/agp/AGPS/abidjan/tabcont.htm (accessed 17 November 2009).

Helentjaris, T. and Briggs, K. (1998) Are there too many genes in maize? *Maize Genetics Cooperation Newsletter* 72, 39–40.

Helentjaris, T., Cushman, M.A.T. and Winkler, R. (1992) Developing a genetic understanding of agronomy traits with complex inheritance. In: Dettee, Y., Dumas, C. and Gallais, A. (eds) *Reproductive Biology and Plant Breeding*. Springer-Verlag, Berlin, pp. 397–406.

Helfer, L.R. (2006) The demise and rebirth of plant variety protection: a comment on obsolescence in intellectual property. *Regimes. Public Law and Legal Theory* (Vanderbilt University Law School), Working Paper Number 06–28. Vanderbilt University, Nashville, Tennessee.

Hellens, R., Mullineaux, P. and Klee, H. (2000) Technical focus: a guide to *Agrobacterium* binary Ti vectors. *Trends in Plant Science* 5, 446–451.

Hellens, R.P., Edwards, E.A., Leyland, N.R., Bean, S. and Mullineaux, P.M. (2000) pGreen, a versatile and flexible binary Ti vector for *Agrobacterium*-mediated plant transformation. *Plant Molecular Biology* 42, 819–832.

Henderson, C.R. (1975) Best linear unbiased estimation and prediction under a selection model. *Biometrics* 31, 423–447.

Henikoff, S. and Comai, L. (2003) Single-nucleotide mutations for plant functional genomics. *Annual Review of Plant Biology* 54, 375–401.

Henry, Y., De Buyser, J., Agache, S., Parker, B.B. and Snape, J.W. (1988) Comparison of methods of haploid production and performance of wheat lines produced by doubled haploidy and single seed descent. In: Miller, T.E. and Koebner, R.M.D. (eds) *Proceedings of 7th International Wheat Genetics Symposium*, Cambridge, 13–19 July 1988. Institute of Plant Science Research, Cambridge, UK, pp. 1087–1092.

Henson-Apollonio, V. (2007) Impacts of intellectual property rights on marker-assisted selection research and application for agriculture in developing countries. In: Guimarães, E.P., Ruane, J., Scherf, B.D., Sonnino, A. and Dargie, J.D. (eds) *Marker-Assisted Selection, Current Status and Future Perspectives in Crops, Livestock, Forestry and Fish*. Food and Agriculture Organization of the United Nations, Rome, pp. 405–425.

Herring, R.J. (2008) Opposition to transgenic technologies: ideology, interests and collective action frames. *Nature Reviews Genetics* 9, 458–463.

Heun, M., Kennedy, A.E., Anderson, J.A., Lapitan, N.L.V., Sorrells, M.E. and Tanksley, S.D. (1991) Construction of a restriction fragment length polymorphism map for barley (*Hordeum vulgare*). *Genome* 34, 437–447.

Hiatt, A.C., Cafferkey, R. and Bowdish, K. (1989) Production of antibodies in transgenic plants. *Nature* 342, 76–78.

Hiei, Y., Ohta, S., Komari, T. and Kumashiro, T. (1994) Efficient transformation of rice (*Oryza sativa* L.) mediated by *Agrobacterium* and sequence analysis of the boundaries of the T-DNA. *The Plant Journal* 6, 271–282.

Hiei, Y., Komari, T. and Kubo, T. (1997) Transformation of rice mediated by *Agrobacterium tumefaciens*. *Plant Molecular Biology* 35, 205–218.

Hijmans, R.J., Guarino, L., Cruz, M. and Rojas, E. (2001) Computer tools for spatial analysis of plant genetic resources data. 1. DIVA-GIS. *Plant Genetic Resources Newsletter* 127, 15–19.

Hillel, D. and Rosenzweig, C. (2005) The role of biodiversity in agronomy. *Advances in Agronomy* 88, 1–34.

Hillel, J., Avner, R., Baxter-Jones, C., Dunnington, E.A., Cahaner, A. and Siegel, P.B. (1990) DNA fingerprints from blood mixes in chickens and turkeys. *Animal Biotechnology* 2, 201–204.

Hillenkamp, F. and Köster, H. (1999) Infrared matrix-assisted laser desorption/ionization mass spectrometric analysis of macro-molecules. Patent EP 1075545.

Himmelbach, A., Zierold, U., Hensel, G., Riechen, J., Douchkov, D., Schweizer, P. and Kumlehn, J. (2007) A set of modular binary vectors for transformation of cereals. *Plant Physiology* 145, 1192–1200.

Hintum, Th.J.L. van (1999) The Core Selector, a system to generate representative selections of germplasm accessions. *Plant Genetic Resources Newsletter* 118, 64–67.

Hird, D.L., Paul, W., Hollyoak, J.S. and Scott, R.J. (2000) The restoration of fertility in male sterile tobacco demonstrates that transgene silencing can be mediated by T-DNA that has no DNA homology to the silenced transgene. *Transgenic Research* 9, 91–102.

Hirochika, H. (2003) Insertional mutagenesis in rice using the endogenous retrotransposon. In: Mew, T.W., Brar, D.S., Peng, S., Dawe, D. and Hardy, B. (eds) *Rice Science: Innovations and Impact for Livelihood, Proceedings of the International Rice Research Conference*, 16–19 September 2002, Beijing, China. International Rice Research Institute, Chinese Academy of Engineering and Chinese Academy of Agricultural Sciences, pp. 205–212.

Hirochika, H., Guiderdoni, E., An, G., Hsing, Y.I., Eun, M.Y., Han, C.D., Upadhyaya, N., Ramachandran, S., Zhang, Q., Pereira, A., Sundaresan, V. and Leung, H. (2004) Rice mutant resources for gene discovery. *Plant Molecular Biology* 54, 325–334.

Hittalmani, S., Parco, A., Mew, T.V., Zeigler, R.S. and Huang, N. (2000) Fine mapping and DNA marker-assisted pyramiding of the three major genes for blast resistance in rice. *Theoretical and Applied Genetics* 100, 1121–1128.

Hodgkin, T. and Ramanatha Rao, V. (2002) People, plant and DNA: technical aspects of conserving and using plant genetic resources. In: Engels, J.M.M., Ramanatha Rao, V., Brown, A.H.D. and Jackson, M.T. (eds) *Managing Plant Genetic Diversity*. International Plant Genetic Resources Institute, Rome, pp. 469–480.

Hodson, D.P. and White, J.W. (2007) Use of spatial analyses for global characterization of wheat-based production systems. *Journal of Agricultural Science* 145, 115–125.

Hodson, D.P., Martinez-Romero, E., White, J.W., Corbett, J.D. and Bänziger, M. (2002) *Africa Maize Research Atlas* (v. 3.0), CD-ROM Publication. Centro Internacional de Mejoramiento de Maiz y Trigo (CIMMYT), Mexico, DF.

Hoekema, A., Hirsch, P.R., Hooykaas, P.J.J. and Schilperoort, R.A. (1983) A binary plant vector strategy based on separation of vir- and T-region of the *Agrobacterium tumefaciens* Ti-plasmid. *Nature* 303, 179–180.

Hoeschele, I. and VanRaden, P.M. (1993a) Bayesian analysis of linkage between genetic markers and quantitative trait loci. I. Prior knowledge. *Theoretical and Applied Genetics* 85, 953–960.

Hoeschele, I. and VanRaden, P.M. (1993b) Bayesian analysis of linkage between genetic markers and quantitative trait loci. II. Combining prior knowledge with experimental evidence. *Theoretical and Applied Genetics* 85, 946–952.

Hofmann, K., Bucher, P., Falquet, L. and Bairoch, A. (1999) The Prosite database, its status in 1999. *Nucleic Acids Research* 27, 215–219.

Hoheisel, J.D. (2006) Microarray technology: beyond transcript profiling and genotype analysis. *Nature Reviews Genetics* 7, 200–210.

Hohn, B., Levy, A.A. and Puchta, H. (2001) Elimination of selection markers from transgenic plants. *Current Opinion in Biotechnology* 12, 139–143.

Hoisington, D. and Ortiz, R. (2008) Research and field monitoring on transgenic crops by the Centro Internacional de Mejoramiento de Maiz y Trigo (CIMMYT). *Euphytica* 164, 893–902.

Holland, J.B. (1998) EPISTACY: a SAS program for detecting two-locus epistasis interactions using genetic marker information. *Journal of Heredity* 89, 374–375.

Holland, J.B. (2001) Epistasis and plant breeding. *Plant Breeding Reviews* 21, 29–32.

Holland, J.B. (2004) Implementation of molecular markers for quantitative traits in breeding programs – challenges and opportunities. In: *New Direction for a Diverse Planet*, Proceedings of the 4th International Crop Science Congress, 26 September–1 October 2004, Brisbane, Australia. Published on CD-ROM. Available at: http://www.cropscience.org.au/icsc 2004/ (accessed 17 November 2009).

Hopkins, C.G. (1899) Improvement in the chemical composition of the corn kernel. *Illinois Agricultural Experiment Station Bulletin* 55, 205–240.

Horan, K., Lauricha, J., Bailey-Serres, J., Raikhel, N. and Girke, T. (2005) Genome cluster database. A sequence family analysis platform for *Arabidopsis* and rice. *Plant Physiology* 138, 47–54.

Hori, K., Kobayashi, T., Shimizu, A., Sato, K., Takeda, K. and Kawasaki, S. (2003) Efficient construction of high-density linkage map and its application to QTL analysis in barley. *Theoretical and Applied Genetics* 107, 806–813.

Hori, K., Sato, K. and Takeda, K. (2007) Detection of seed dormancy QTL in multiple mapping populations derived from crosses involving novel barley germplasm. *Theoretical and Applied Genetics* 115, 869–876.

Hormaza, J.I., Dollo, L. and Polito, V.S. (1994) Identification of a RAPD marker linked to sex determination in *Pistacia vera* using bulked segregant analysis. *Theoretical and Applied Genetics* 89, 9–13.

Hospital, F. (2001) Size of donor chromosome segments around introgressed loci and reduction of linkage drag in marker-assisted backcross programs. *Genetics* 158, 1363–1379.

Hospital, F. (2002) Marker-assisted backcross breeding: a case study in genotype building theory. In: Kang, M.S. (ed.) *Quantitative Genetics, Genomics and Plant Breeding*. CAB International, Wallingford, UK, pp. 135–141.

Hospital, F. and Charcosset, A. (1997) Marker-assisted introgression of quantitative trait loci. *Genetics* 147, 1469–1485.

Hospital, F. and Decoux, G. (2002) Popmin: a program for the numerical optimization of population sizes in marker-assisted backcross breeding programs. *Journal of Heredity* 93, 383–384.

Hospital, F., Chevalet, C. and Mulsant, P. (1992) Using markers in gene introgression breeding programs. *Genetics* 231, 1199–1210.

Hospital, F., Moreau, L., Lacoudre, F., Charcosset, A. and Gallais, A. (1997) More on the efficiency of marker-assisted selection. *Theoretical and Applied Genetics* 95, 1181–1189.

Hospital, F., Goldringer, I. and Openshaw, S. (2000) Efficient marker-based recurrent selection for multiple quantitative trait loci. *Genetical Research* 75, 1181–1189.

Hoti, F. and Sillanpää, M.J. (2006) Bayesian mapping of genotype × expression interaction in quantitative and qualitative traits. *Heredity* 97, 4–18.

Howe, A.R., Gasser, C.S., Brown, S.M., Padgette, S.R., Hart, J., Parker, G.B., Fromn, M.E. and Armstrong, C.L. (2002) Glyphosate as a selective agent for the production of fertile transgenic maize (*Zea mays* L.) plants. *Molecular Breeding* 10, 153–164.

Howell, W.M., Jobs, M., Gyllensten, U. and Brooks, V. (1999) Dynamic allele-specific hybridization. A new method for scoring single nucleotide polymorphisms. *Nature Biotechnology* 17, 87–88.

Hsing, Y.-I., Chern, C.-G., Fan, M.-J., Lu, P.-C., Chen, K.-T., Lo, S.-F., Sun, P.-K., Ho, S.-L., Lee, K.-W., Wang, Y.-C., Huang, W.-L., Ko, S.-S., Chen, S., Chen, J.-L., Chung, C.-I., Lin, Y.-C., Hour, A.-L., Wang, Y.-W., Chang, Y.-C., Tsai, M.-W., Lin, Y.-S., Chen, Y.-C., Yen, H.-M., Li, C.-P., Wey, C.-K., Tseng, C.-S., Lai, M.-H., Huang, S.-C., Chen, L.-J. and Yu, S.-M. (2007) A rice gene activation/knockout mutant resource for high throughput functional genomics. *Plant Molecular Biology* 63, 351–364.

Hu, J. and Vick, B.A. (2003) Target region amplification polymorphism: a novel marker technique for plant genotyping. *Plant Molecular Biology Reporter* 21, 289–294.

Hua, J., Xing, Y., Wu, W., Xu, C., Sun, X., Yu, S. and Zhang, Q. (2003) Single-locus heterotic effects and dominance by dominance interactions can adequately explain the genetic basis of heterosis in an elite rice hybrid. *Proceedings of National Academy of Sciences of United States of America* 100, 2574–2579.

Hua, J.P., Xing, Y.Z., Xu, C.G., Sun, X.L., Yu, S.B. and Zhang, Q. (2002) Genetic dissection of an elite rice hybrid revealed that heterozygotes are not always advantageous for performance. *Genetics* 162, 1885–1895.

Huamán, Z., Ortiz, R., Zhang, D. and Rodríguez, F. (2000) Isozyme analysis of entire and core collection of *Solanum tuberosum* subsp. *andigena* potato cultivars. *Crop Science* 40, 273–276.

Huang, L., Brooks, S.H., Li, W., Fellers, J.P., Trick, H.N. and Gill, B.S. (2003) Map based cloning of leaf rust resistance gene *Lr21* from the large and polyploid genome in bread wheat. *Genetics* 164, 655–664.

Huang, N., Courtois, B., Khush, G.S., Lin, H., Wang, G., Wu, P. and Zheng, K. (1996) Association of quantitative trait loci for plant height with major dwarfing genes in rice. *Heredity* 77, 130–137.

Huang, N., Angeles, E.R., Domingo, J., Magpantay, G., Singh, S., Zhang, G., Kumaravadivel, N., Bennet, J. and Khush, G.S. (1997) Pyramiding of bacterial blight resistance genes in rice: marker-assisted selection using RFLP and PCR. *Theoretical and Applied Genetics* 95, 313–320.

Huang, S., Gilbertson, L.A., Adams, T.H., Malloy, K.P., Reisenbigler, E.K., Birr, D.H., Snyder, M.W., Zhang, Q. and Luethy, M.H. (2004) Generation of marker-free transgenic maize by regular two-border *Agrobacterium* transformation vectors. *Transgenic Research* 13, 451–461.

Huang, X., Feng, Q., Qian, Q., Zhao, Q., Wang, L., Wang, A., Guan, J., Fan, D., Wang, Q., Huang, T., Dong, G., Sang, T. and Han, B. (2009) High-throughput genotyping by whole-genome resequencing. *Genome Research* 19, 1068–1076.

Hudson, L.C., Halfhill, M.D. and Stewart, C.N., Jr (2004) Transgene dispersal through pollen. In: Peña, L. (ed.) *Methods in Molecular Biology*, Vol. 286. *Transgenic Plants: Methods and Protocols*. Humana Press Inc., Totowa, New Jersey, pp. 365–374.

Huelsenbeck, J.P., Ronquist, F., Nielsen, R. and Bollback, J.P. (2001) Bayesian inference of phylogeny and its impact on evolutionary biology. *Science* 294, 2310–2314.

Hühn, M. (1996) Nonparametric analysis of genotype × environment interactions by ranks. In: Kang, M.S. and Hauch, H.G., Jr (eds) *Genotype-by-Environment Interaction*. CRC Press, Boca Raton, Florida, pp. 235–271.

Hulden, M. (1997) Standardization of central crop databases. In: Lipmann, E., Jongen, M.W.M., Hintum, Th.J.L. van, Gass, T. and Maggioni, L. (compilers) *Central Crop Databases: Tools for Plant Genetic Resources Management*. Report of a Workshop, 13–16 October 1996, Budapest, Hungary. International Plant Genetic Resources Institute, Rome, Italy/CGN, Wageningen, Netherlands, pp. 26–34.

Hunt, M. (1997) *How Science Takes Stock: the Story of Meta Analysis*. Russell Sage Foundation, New York.

Hussein, M.A., Bjornstad, A. and Aastveit, A.H. (2000) SASG × ESTAB: a SAS program for computing genotype × environment stability statistics. *Agronomy Journal* 92, 454–459.

Hyne, V. and Kearsey, M.J. (1995) QTL analysis – further uses of marker regression. *Theoretical and Applied Genetics* 91, 471–476.

Hyten, D.L., Song, Q., Choi, I.-Y., Yoon, M.-P., Specht, J.E., Matukumalli, L.K., Nelson, R.L., Shoemaker, R.C., Young, N.D. and Cregan, P.B. (2008) High-throughput genotyping with the GoldenGate assay in the complex genome of soybean. *Theoretical and Applied Genetics* 116, 945–952.

IBPGR (International Board for Plant Genetic Resources) (1986) *Design, Planning and Operation of In Vitro Genebanks: Reports of a Subcommittee of the IBPGR Advisory Committee on In Vitro Storage*. IBPGR, Rome.

IBRD/World Bank (The International Bank for Reconstruction and Development/The World Bank) (2006) *Intellectual Property Rights: Designing Regimes to Support Plant Breeding in Developing Countries*. The World Bank, Washington, DC.

Ideta, O., Yoshimura, A. and Iwata, N. (1996) An integrated linkage map of rice. *Rice Genetics III. Proceedings of the Third International Rice Genetics Symposium*, 16–20 October 1995, Manila. International Rice Research Institute (IRRI), Manila, Phillipines.

Igartua, E., Casas, A.M., Ciudad, F., Montoya, L. and Romagosa, I. (1999) RFLP markers associated with major genes controlling heading date evaluated in a barley germ plasm pool. *Heredity* 83, 551–559.

Igartua, E., Edney, M., Rossnagel, B.G., Spaner, D., Legge, W.G., Scoles, G.L., Ecksteins, P.E., Penner, G.A., Tinker, N.A., Briggs, K.G., Falk, D.E. and Mather, D.E. (2000) Marker-assisted selection of QTL affecting grain and malt quality in two-row barley. *Crop Science* 40, 1426–1433.

Ikeda, A., Ueguchi-Tanaka, M., Sonoda, Y., Kitano, H., Koshioka, M., Futsuhara, Y., Matsuoka, M. and Yamaguchi, J. (2001) *slender* rice, a constitutive gibberellin response mutant, is caused by a null mutation of the *SLR1* gene, an ortholog of the height-regulating gene *GAI/RGA/RHT/D8*. *The Plant Cell* 13, 999–1010.

Ilic, K., Kellogg, E.A., Jaiswal, P., Zapata, F., Stevens, P.F., Vincent, L.P., Avraham, S., Reiser, L., Pujar, A., Sachs, M.M., Whitman, N.T., McCouch, S.R., Schaeffer, M.L., Ware, D.H., Stein, L.D. and Rhee, S.Y. (2007) The Plant Structure Ontology, a unified vocabulary of anatomy and morphology of a flowering plant. *Plant Physiology* 143, 587–599.

International Human Genome Sequencing Consortium (2001) Initial sequencing and analysis of human genome. *Nature* 409, 860–921.

Ioannidis, J.P., Ntzani, E.E., Trikalinos, T.A. and Contopoulos-Ioannidis, D.G. (2001) Replication validity of genetic association studies. *Nature Genetics* 29, 306–309.

IRGSP (International Rice Genome Sequencing Project) (2005) The map-based sequence of the rice genome. *Nature* 436, 793–800.

ISF (International Seed Federation) (2004) *Protection of Intellectual Property and Access to Plant Genetic Resources*. Proceedings of an International Seminar, 27–28 May, 2004, Berlin, CD-ROM.

ISF (International Seed Federation) (2005) Essential derivation from a not-yet protected variety and dependency. ISF Position Paper, June 2005. Available at: http://www.worldseed.org/Position_papers/ ED&Dependency.htm (accessed 30 June 2007).

Ishida, Y., Saito, H., Ohta, S., Hiei, Y., Komari, T. and Kumashiro, T. (1996) High efficiency transformation of maize (*Zea mays* L.) mediated by *Agrobacterium tumefaciens*. *Nature Biotechnology* 14, 745–750.

Ishida, Y., Murai, N., Kuraya, Y., Ohta, S., Saito, H., Hiei, Y. and Komari, T. (2004) Improved co-transformation of maize with vectors carrying two separate T-DNAs mediated by *Agrobacterium tumefaciens*. *Plant Biotechnology* 21, 57–63.

Ishimaru, K. (2003) Identification of a locus increasing rice yield and physiological analysis of its function. *Plant Physiology* 122, 1083–1090.

Ivandic, V., Hackett, C.A., Nevo, E., Keith, R., Thomas, W.T.B. and Forster, B.P. (2002) Analysis of simple sequence repeats (SSRs) in wild barley from the Fertile Crescent: associations with ecology, geography and flowering time. *Plant Molecular Biology* 48, 511–527.

Ivandic, V., Thomas, W.T.B., Nevo, E., Zhang, Z. and Forster, B.P. (2003) Association of SSRs with quantitative trait variation including biotic and abiotic stress tolerance in *Hordeum spontaneum*. *Plant Breeding* 122, 300–304.

Iwata, H., Uga, Y., Yoshioka, Y., Ebana, K. and Hayashi, T. (2007) Bayesian association mapping of multiple quantitative trait loci and its application to the analysis of genetic variation among *Oryza sativa* L. germplasms. *Theoretical and Applied Genetics* 114, 1437–1449.

Izawa, T., Takahashi, Y. and Yano, M. (2003) Comparative biology comes into bloom: genomic and genetic comparison of flowering pathways in rice and *Arabidopsis*. *Current Opinion in Plant Biology* 6, 113–120.

Jaccoud, D., Peng, K., Feinstein, D. and Kilian, A. (2001) Diversity arrays: a solid state technology for sequence information independent genotyping. *Nucleic Acids Research* 29, e25.

Jack, T., Fox, G.L. and Meyerowitz, E.M. (1994) *Arabidopsis* homeotic gene APETALA3 ectopic expression: transcriptional and posttranscriptional regulation determine floral organ identity. *Cell* 76, 703–716.

Jaffe, G. (2004) Regulation transgenic crops: a comparative analysis of different regulatory processes. *Transgenic Research* 13, 5–19.

Jain, S.M., Sopory, S.K. and Veilleux, R.E. (1996–1997) In Vitro *Haploid Production in Higher Plants*. Kluwer Academic Publishers, Dordrecht, Netherlands.

James, C. (2006) *Global Status of Commercialized Biotech/GM Crops: 2006. ISAAA Briefs* No. 35. International Service for the Acquisition of Agri-biotech Applications (ISAAA), Ithaca, New York.

James, C. (2008) *2007 ISAAA Report on Global Status of Biotech/GM Crops*. International Service for the Acquisition of Agri-biotech Applications (ISAAA). Available at: http://www.isaaa.org (accessed 17 November 2009).

Jander, G., Norris, S.R., Rounsley, S.D., Bush, D.F., Levin, I.M. and Last, R.L. (2002) *Arabidopsis* map-based cloning in the post-genome era. *Plant Physiology* 129, 440–450.

Janick, J. (1988) Horticulture, science and society. *HortScience* 23, 11–13.

Janick, J. (1998) Hybrids in horticulture crops. In: Lamkey, K.R. and Staub, J.E. (eds) *Concepts and Breeding of Heterosis in Crop Plants*. Crop Science Society of America (CSSA), Madison, Wisconsin, pp. 45–56.

Janis, M.D. and Kesan, J.P. (2002) U.S. plant variety protection: sound or furry ...? *Houston Law Review* 39, 727–778.

Janis, M.D. and Smith, S. (2007) Obsolescence in intellectual property regimes. University of Iowa Legal Studies Research Paper No. 05-48. Abstract available at: http://papers.ssrn.com/sol3/papers. cfm?abstract_id=897728 (accessed 17 November 2009).

Jannink, J.L. (2005) Selective phenotyping to accurately mapping quantitative trait loci. *Crop Science* 45, 901–908.

Jannink, J.L. and Jansen, R.C. (2000) The diallel mating design for mapping interacting QTLs. In: *Quantitative Genetics and Breeding Methods: the Way Ahead*. Institut National de la Recherche Agronomique (INRA), Paris, pp. 81–88.

Jannink, J.L. and Jansen, R. (2001) Mapping epistatic quantitative trait loci with one-dimensional genome searches. *Genetics* 157, 445–454.

Jannink, J.L. and Walsh, B. (2002) Association mapping in plant populations. In: Kang, M.S. (ed.) *Quantitative Genetics, Genomics and Plant Breeding*. CAB International, Wallingford, UK, pp. 59–68.

Jannink, J.L., Bink, M. and Jansen, R.C. (2001) Using complex plant pedigrees to map valuable genes. *Trends in Plant Science* 6, 337–342.

Jansen, C., Thomas, D.Y. and Pollock, S. (2005) Yeast two-hybrid technologies. In: Sensen, C.W. (ed.) *Handbook of Genome Research, Genomics, Metabolomics, Bioinformatics, Ethical and Legal Issues*. WILEY-VCH Verlag GmbH & Co., KGaA, Weinheim, Germany, pp. 261–272.

Jansen, J.P.A. (1996) Aphid resistance in composites. International application published under the patent cooperation treaty (PCT) No. WO 97/46080.

Jansen, R.C. (1996) A general Monte Carlo method for mapping multiple quantitative trait loci. *Genetics* 142, 305–311.

Jansen, R.C. and Beavis, W.D. (2001) MQM mapping using haplotyped putative QTL-alleles: a simple approach for mapping QTLs in plant breeding populations. Patent EP 1265476.

Jansen, R.C. and Nap, J.P. (2001) Genetical genomics: the added value from segregation. *Trends in Genetics* 17, 388–391.

Jansen, R.C. and Stam, P. (1994) High resolution of quantitative traits into multiple loci via interval mapping. *Genetics* 136, 1447–1455.

Jansen, R.C., Van-Ooijen, J.W., Stam, P., Lister, C. and Dean, C. (1995) Genotype-by-environment interaction in genetic mapping of multiple quantitative trait loci. *Theoretical and Applied Genetics* 91, 33–37.

Jansen, R.C., Jannink, J.-L. and Beavis, W.D. (2003) Mapping quantitative trait loci in plant breeding populations: use of parental haplotype sharing. *Crop Science* 43, 829–834.

Jarvis, A., Yeaman, S., Guarino, L. and Tohme, J. (2005) The role of geographic analysis in locating, understanding and using plant genetic diversity. In: Zimmer, E. (ed.) *Molecular Evolution: Producing the Biochemical Data*, Part B. Elsevier, New York, pp. 279–298.

Jarvis, D.I. and Hodgkin, T. (1999) Wild relatives and crop cultivars: detecting natural introgression and farmer selection of new genetic combinations in agroecosystems. *Molecular Ecology* 8, S159–S173.

Jayasekara, N.E.M. and Jinks, J.L. (1976) Effect of gene dispersion on estimates of components of generation means and variances. *Heredity* 36, 31–40.

Jefferson, R.A. (1987) Assaying chimeric genes in plants: the GUS gene fusion system. *Plant Molecular Biology Reporter* 5, 387–405.

Jenkins, H., Johnson, H., Kular, B., Wang, T. and Hardy, N. (2005) Toward supportive data collection tools for plant metabolomics. *Plant Physiology* 138, 67–77.

Jenkins, S. and Gibson, N. (2002) High-throughput SNP genotyping. *Comparative and Functional Genomics* 3, 57–66.

Jenks, M.A. and Feldmann, K. (1996) Cloning genes by insertion mutagenesis. In: Paterson, A.H. (ed.) *Genome Mapping in Plants*. R.G. Landes Company, Austin, Texas, pp. 155–168.

Jensen, C.J. (1974) Chromosome doubling techniques in haploids. In: Kasha, K.J. (ed.) *Haploids in Higher Plants: Advances and Potentials*. Guelph University Press, Guelph, Canada, pp. 153–190.

Jensen, L.J., Saric, J. and Bork, P. (2006) Literature mining for the biologist: from information retrieval to biological discovery. *Nature Reviews Genetics* 7, 119–129.

Jeon, J.-S., Kang, H.-G. and An, G. (2004) Tools for gene tagging and mutagenesis. In: Christou, P. and Klee, H. (eds) *Handbook of Plant Biotechnology*. John Wiley & Sons Ltd, Chichester, UK, pp. 103–125.

Jia, H., Pang, Y., Chen, X. and Fang, R. (2006) Removal of the selectable marker gene from transgenic tobacco plants by expression of Cre recombinase from a tobacco mosaic virus vector through agroinfection. *Transgenic Research* 15, 375–384.

Jiang, C. and Zeng, Z.B. (1995) Multiple trait analysis of genetic mapping for quantitative trait loci. *Genetics* 140, 1111–1127.

Jiang, C., Pan, X. and Gu, M. (1994) The use of mixture models to detect effects of major genes on quantitative characters in plant breeding experiment. *Genetics* 136, 383–394.

Jiang, C., Edmeades, G.O., Armstead, I., Lafitte, H.R., Hayward, M.D. and Hoisington, D. (1999) Genetic analysis of adaptation differences between highland and lowland tropical maize using molecular markers. *Theoretical and Applied Genetics* 99, 1106–1119.

Jiang, N., Bao, Z., Zhang, X., Hirochika, H., Eddy, S.R., McCouch, S.R. and Wessler, S.R. (2003) An active DNA transposon family in rice. *Nature* 421, 163–167.

Jin, C., Lan, H., Attie, A.D., Churchill, G.A., Bulutuglo, D. and Yandell, B.Y. (2004) Selective phenotyping for increased efficiency in genetic mapping study. *Genetics* 168, 2285–2293.

Jin, S., Komari, T., Gordon, M.P. and Nester, E.W. (1987) Genes responsible for the supervirulence phenotype of *Agrobacterium tumefaciens* A281. *Journal of Bacteriology* 169, 4417–4425.

Jinks, J.L. and Perkins, J.M. (1969) The detection of linked epistatic genes for a metrical trait. *Heredity* 24, 465–475.

Jinks, J.L. and Perkins, J.M. (1972) Predicting the range of inbred lines. *Heredity* 28, 399–403.

Joen, J.-S., Lee, S., Jung, K.-H., Jun, S.-H., Joeng, D.-H., Lee, J., Kim, C., Jang, S., Yang, K., Nam, J., An, K., Han, M.J., Sung, R.-J., Choi, H.-S., Yu, J.-H., Choi, J.-H., Cho, S.-S., Cha, S.-S., Kim, S.-I. and An, G. (2000) T-DNA insertional mutagenesis for functional genomics in rice. *The Plant Journal* 22, 561–571.

Joersbo, M. and Okkels, F.T. (1996) A novel principle for selection of transgenic plant cells: positive selection. *Plant Cell Reports* 16, 219–221.

Joersbo, M., Donaldson, I., Kreiberg, J., Petersen, S.G., Brunstedt, J. and Okkels, F.T. (1998) Analysis of mannose selection used for transformation of sugar beet. *Molecular Breeding* 4, 111–117.

Johannes, F. (2007) Mapping temporally varying quantitative trait loci in time-to-failure experiments. *Genetics* 175, 855–865.

Johnson, B., Gardner, C.O. and Wrede, K.C. (1988) Application of an optimization model to multi-trait selection programs. *Crop Science* 28, 723–728.

Johnson, G.R. (2004) Marker assisted selection. *Plant Breeding Reviews* 24, 293–310.

Johnson, H.E., Broadburst, D., Goodacre, R. and Smith, A.R. (2003) Metabolic fingerprinting of salt-stressed tomatoes. *Phytochemistry* 62, 919–928.

Johnson, H.W., Robinson, H.F. and Comstock, R.E. (1955) Estimates of genetic and environmental variability in soybeans. *Agronomy Journal* 47, 314–318.

Johnson, R. (2001) Marker-assisted sweet corn breeding: a model for special crops. In: *Proceedings of 56th Annual Corn and Sorghum Industry Research Conference* Chicago, Illinois, 5–7 December 2001. American Seed Trade Association, Washington, DC, pp. 25–30.

Jones, H. (ed.) (1995) *Plant Gene Transfer and Expression Protocols.* Humana Press, Totowa, New Jersey.

Jones, H.D., Doherty, A. and Wu, H. (2005) Review of methodologies and a protocol for the *Agrobacterium*-mediated transformation of wheat. *Plant Methods* 2005, 1–5.

Jorasch, P. (2004) Intellectual property rights in the field of molecular marker analysis. In: Lörz, H. and Wenzel, G. (eds) *Biotechnology in Agriculture and Forestry*, Vol. 55. *Molecular Marker Systems.* Springer-Verlag Berlin, pp. 433–471.

Jordaan, J.P., Engelbrecht, S.A., Malan, J.H. and Knobel, H.A. (1999) Wheat and heterosis. In: Coors, J.G. and Pandey, S. (eds) *Genetics and Exploitation of Heterosis in Crops.* ASA-CSSA-SSSA, Madison, Wisconsin, pp. 411–421.

Jordan, D., Tao, Y., Godwin, I., Henzell, R., Cooper, M. and McIntyre, C. (2004) Prediction of hybrid performance in grain sorghum using RFLP markers. *Theoretical and Applied Genetics* 106, 559–567.

Jorde, L.B. (2000) Linkage disequilibrium and the search for complex disease genes. *Genome Research* 10, 1435–1444.

Joseph, M., Gopalakrishnan, S., Sharma, R.K., Singh, V.P., Singh, A.K., Singh, N.K. and Mohapatra, T. (2003) Combining bacterial blight resistance and Basmati quality characteristics by phenotypic and molecular marker-assisted selection in rice. *Molecular Breeding* 13, 1–11.

Jourjon, M.F., Jasson, S., Marcel, J., Ngom, B. and Mangin, B. (2005) MCQTL: multi-allelic QTL mapping in multi-cross design. *Bioinformatics* 21, 128–130.

Jung, K.-H., An, G. and Ronald, P.C. (2008) Towards a better bowl of rice: assigning function to tens of thousands of rice genes. *Nature Reviews Genetics* 9, 91–101.

Kahler, A.L., Gardner, C.O. and Allard, R.W. (1984) Nonrandom mating in experimental populations of maize. *Crop Science* 24, 350–354.

Kahraman, A., Avramov, A., Nashev, L.G., Popov, D., Ternes, R., Pohlenz, H.-D. and Weiss, B. (2005) PhenomicDB: a multi-species genotype/phenotype database for comparative phenomics. *Bioinformatics* 21, 418–420.

Kahvejian, A., Quackenbush, J. and Thompson, J.F. (2008) What would you do if you could sequence everything? *Nature Biotechnology* 26, 1125–1133.

Kamujima, O., Tanisaka, T. and Kinoshita, T. (1996) Gene symbols for dwarfness. *Rice Genetics Newsletter* 13, 19–25.

Kang, M.S. (1988) A rank-sum method for selecting high-yielding, stable corn genotypes. *Cereal Research Communications* 16, 113–115.

Kang, M.S. (1990) Understanding and utilization of genotype–environment interaction in plant breeding. In: Kang, M.S. (ed.) *Genotype-By-Environment Interactions and Plant Breeding*. Louisiana State University Agriculture Center, Baton Rouge, Louisiana, pp. 52–68.

Kang, M.S. (1993) Simultaneous selection for yield and stability in crop performance trials: consequences for growers. *Agronomy Journal* 85, 754–757.

Kang, M.S. (2002) Genotype–environment interaction: progress and prospects. In: Kang, M.S. (ed.) *Quantitative Genetics, Genomics and Plant Breeding*. CAB International, Wallingford, UK, pp. 221–243.

Kang, M.S. and Magari, R. (1996) New developments in selecting for phenotypic stability in crop breeding. In: Kang, M.S. and Gauch, H.G., Jr (eds) *Genotype-by-Environment Interaction*. CRC Press, Boca Raton, Florida, pp. 1–14.

Kantety, R.V., Rota, M.L., Mathews, D.E. and Sorrels, M.E. (2002) Data mining for simple-sequence repeats in expressed sequence tags from barley, maize, rice, sorghum and wheat. *Plant Molecular Biology* 48, 501–510.

Kao, C.H. (2004) Multiple-interval mapping for quantitative trait loci controlling endosperm traits. *Genetics* 167, 1987–2002.

Kao, C.H. (2006) Mapping quantitative trait loci using the experimental designs of recombinant inbred populations. *Genetics* 174, 1373–1386.

Kao, C.H. and Zeng, Z.B. (1997) General formulas for obtaining the MLEs and the asymptotic variance–covariance matrix in mapping quantitative trait loci when using the EM algorithm. *Biometrics* 53, 653–665.

Kao, C.H., Zeng, Z.B. and Teasdale, R.D. (1999) Multiple interval mapping for quantitative trait loci. *Genetics* 152, 1203–1216.

Karas, M. and Hillenkamp, F. (1988) Laser desorption ionization of proteins with molecular mass exceeding 10000 daltons. *Analytical Chemistry* 60, 2299–2301.

Karimi, M., Bleys, A., Vanderhaeghen, R. and Hilson, P. (2007) Building blocks for plant gene assembly. *Plant Physiology* 145, 1183–1191.

Karp, A. and Edwards, J. (1997) DNA markers: a global overview. In: Caetano-Anolles, G. and Gresshoff, P.M. (eds) *DNA Markers – Protocols, Applications and Overviews*. Wiley-Liss, Inc., New York, pp. 1–13.

Kartal, M. (2007) Intellectual property protection in the natural product drug discovery, traditional herbal medicine and herbal medicinal products. *Phytotherapy Research* 21, 113–119.

Kasha, K.J. (2005) Chromosome doubling and recovery of doubled haploid plants. In: Palmer, C.E., Keller, W.A. and Kasha, K.J. (eds) *Biotechnology in Agriculture and Forestry*, Vol. 56. *Haploids in Crop Improvement II*. Springer-Verlag, Berlin, pp. 123–152.

Katari, M.S., Balija, V., Wilson, R.K., Martienssen, R.A. and McCombie, W.R. (2005) Comparing low coverage random shotgun sequence data from *Brassica oleracea* and *Oryza sativa* genome sequence for their ability to add to the annotation of *Arabidopsis thaliana*. *Genome Research* 15, 496–504.

Kato, A. (2002) Chromosome doubling of haploid maize seedlings using nitrous oxide gas at the flower primordial stage. *Plant Breeding* 121, 370–377.

Kauffman, S.A. (1993) *The Origins of Order: Self-Organization and Selection in Evolution*. Oxford University Press, Oxford, UK.

Kaushik, N., Sirohi, M. and Khanna, V.K. (2004) Influence of age of the embryo and method of hormone application on haploid embryo formation in wheat x maize crosses. In: *New Directions for a Diverse Planet*, Proceedings of the 4th International Crop Science Congress, 26 September–1 October, 2004, Brisbane, Australia. Published on CD-ROM. Available at: http://www.cropscience.org.au/icsc2004/ (accessed 17 November 2009).

Kearsey, M.J. and Farquhar, A.G.L. (1998) QTL analysis in plants: where are we now? *Heredity* 80, 137–142.

Kearsey, M.J. and Hyne, V. (1994) QTL analysis: a simple 'marker regression' approach. *Theoretical and Applied Genetics* 89, 698–702.

Kearsey, M.J. and Jinks, J.L. (1968) A general method of detecting additive, dominance and epistasis variation for metrical traits. I. Theory. *Heredity* 23, 403–409.

Kearsey, M.J., Pooni, H.S. and Syed, N.H. (2003) Genetics of quantitative traits in *Arabidopsis thaliana*. *Heredity* 91, 456–464.

Keating, B.A., Carberry, P.S., Hammer, G.L., Probert, M.E., Robertson, M.J., Holzworth, D., Huth, N.I., Hargreaves, J.N.G., Meinke, H., Hockman, Z., McLean, G., Verburg, K., Snow, V., Dimes, J.P., Silburn,

M., Wang, E., Brown, S., Bristow, K.L., Asseng, S., Chapman, S., McCown, R.L., Freebairn, D.M. and Smith, C.J. (2003) An overview of APSIM, a model designed for farming system simulation. *European Journal of Agronomy* 18, 267–288.

Keightley, P.D. (2004) Mutational variation and long-term selection response. *Plant Breeding Reviews* 24(1), 227–247.

Keightley, P.D. and Bulfield, G. (1993) Detection of quantitative trait loci from frequency changes of marker alleles under selection. *Genetical Research* 62, 195–203.

Keller, E.R.J. and Korzun, L. (1996) Haploidy in onion (*Allium cepa* L.) and other *Allium* species. In: Jain, S.M., Sopory, S.M. and Veilleux, R.E. (eds) In Vitro *Haploid Production in Higher Plants*. Vol. 3: *Important Selected Plants*. Kluwer Academic Publisher, Dordrecht, Netherlands, pp. 51–75.

Kempthorne, O. (1957) *An Introduction to Genetics Statistics*. Wiley, New York.

Kempthorne, O. (1988) An overview of the field of quantitative genetics. In: Weir, B.S., Eisen, E.J., Goodman, M.M. and Namkoong, G. (eds) *Proceedings of the 2nd International Conference on Quantitative Genetics*. Sinauer Associates, Inc., Sunderland, Massachusetts, pp. 47–56.

Kennedy, B.G., Waters, D.L.E. and Henry, R.J. (2006) Screening for the rice blast resistance gene *Pi-ta* using LNA displacement probes and real-time PCR. *Molecular Breeding* 18, 185–193.

Kermicle, J.L. (1969) Androgenesis conditioned by a mutation in maize. *Science* 166, 1422–1424.

Kerns, M.R., Dudley, J.W. and Rufener, G.K. (1999) QTL for resistance to common rust and smut in maize. *Maydica* 44, 37–45.

Kersten, B., Berkle, L., Kuhn, E.J., Giavalisco, P., Konthur, Z., Lueking, A., Walter, G., Eickhoff, H. and Schneider, U. (2002) Large-scale plant proteomics. *Plant Molecular Biology* 48, 133–141.

Keurentjes, J.J., Bentsink, L., Alonso-Blanco, C., Hanhart, C.J., Blankestijn-De Vries, H., Effgen, S., Vreugdenhil, D. and Koornneef, M. (2007a) Development of a near-isogenic line population of *Arabidopsis thaliana* and comparison of mapping power with a recombinant inbred line population. *Genetics* 175, 891–905.

Keurentjes, J.J.B., Jingyuan Fu, L., Terpstra, I.R., Garcia, J.M., Ackerveken, G., Snoek, L.B., Peeters, A.J.M., Vreugdenhil, D., Koornneef, M. and Jansen, R.C. (2007b) Regulatory network construction in *Arabidopsis* by using genome-wide gene expression quantitative trait loci. *Proceedings of the National Academy of Sciences of the United States of America* 104, 1708–1713.

Keurentjes, J.J.B., Koornnef, M. and Vreugdenhil, D. (2008) Quantitative genetics in the age of omics. *Current Opinion in Plant Biology* 11, 123–128.

Khatkar, M.S., Thomson, P.C., Tammen, I. and Raadsma, H.W. (2004) Quantitative trait loci mapping in dairy cattle: review and meta-analysis. *Genetics Selection Evolution* 36, 163–190.

Khatri, P. and Drăghici, S. (2005) Ontological analysis of gene expression data: current tools, limitations and open problems. *Bioinformatics* 21, 3587–3595.

Khatri, P., Drăghici, S., Ostermeier, G.C. and Krawetz, S.A. (2002) Profiling gene expression using Onto-Express. *Genomics* 79, 266–270.

Khush, G.S. (1987) List of gene markers maintained in the Rice Genetic Stock Center, IRRI. *Rice Genetics Newsletter* 4, 56–62.

Khush, G.S. (1999) Green revolution: preparing for the 21st century. *Genome* 42, 646–655.

Kiesselbach, T.A. (1926) The immediate effect of gametic relationship and of parental type upon the kernel weight of corn. *Nebraska Agricultural Experiment Station Bulletin* 33, 1–69.

Kikuchi, K., Terauchi, K., Wada, M. and Hirano, Y. (2003) The plant MITE mPing is mobilized in anther culture. *Nature* 421, 167–170.

Kilian, A., Chen, J., Han, F., Steffenson, B. and Kleinhofs, A. (1997) Towards map-based cloning of the barley stem rust resistance gene *Rpg1* and *rpg4* using rice as an intergenomic cloning vehicle. *Plant Molecular Biology* 35, 187–195.

Kilian, A., Kudrna, D. and Kleinhofs, A. (1999) Genetic and molecular characterization of barley chromosome telomeres. *Genome* 42, 412–419.

Kilpikari, R. and Sillanpää, M.J. (2003) Bayesian analysis of multilocus association in quantitative and qualitative traits. *Genetic Epidemiology* 25, 122–135.

Kim, K.-W., Chung, H.-K., Cho, G.-T., Ma, K.-H., Chandrabalan, D., Gwag, J.-G., Kim, T.-S., Cho, E.-G. and Park, Y.-J. (2007) PowerCore: a program applying the advanced M strategy with a heuristic search for establishing core mining sets. *Bioinformatics* 23, 2155–2162.

Kimmel, A. and Oliver, B. (eds) (2006a) *DNA Microarrays Part A: Array Platforms and Wet-Bench Protocols*. Elsevier Inc., Amsterdam.

Kimmel, A. and Oliver, B. (eds) (2006b) *DNA Microarrays Part B: Databases and Statistics*. Elsevier Inc., Amsterdam.

Kimmel, B.E., Palazzolo, M.J., Martin, C.H., Boeke, J.D. and Devine, S.E. (1997) Transposon-mediated DNA sequencing. In: Birren, B., Green, E.D., Klapholz, S., Myers, R.M. and Roskams, J. (eds) *Genome Analysis: a Laboratory Manual,* Vol. 1. Cold Spring Harbor Laboratory Press, Cold Spring Harbor, New York, pp. 455–532.

Kimura, M. (1969) The number of heterozygous nucleotide sites maintained in a finite population due to steady flux of mutations. *Genetics* 61, 893–903.

King, G.L. (2004) Bioinformatics: harvesting information for plant and crop science. *Seminars in Cell and Developmental Biology* 15, 721–731.

King, J., Armstead, I.P., Donnison, I.S., Thomas, H.M., Jones, R.N., Kearseyc, M.J., Roberts, L.A., Thomas, A., Morgan, W.G. and King, I.P. (2002) Physical and genetic mapping in the grasses *Lolium perenne* and *Festuca pratensis. Genetics* 161, 315–324.

Kinoshita, T. (1995) Report of Committee on Gene Symbolization, Nomenclature and Linkage Groups. *Rice Genetics Newsletter* 12, 9–153.

Kinoshita, T. and Takahashi, M. (1991) The one hundredth report of genetical studies on rice plant: linkage studies and future prospects. *Journal of the Faculty of Agriculture, Hokkaido University* 65, 1–61.

Kirst, M., Myburg, A.A., De León, J.P.G., Kirst, M.E., Scott, J. and Sederoff, R. (2004) Coordinated genetic regulation of growth and lignin revealed by quantitative trait locus analysis of cDNA microarray data in an interspecific backcross of eucalyptus. *Plant Physiology* 135, 2368–2378.

Kisana, N.S., Nkongolo, K.K., Quick, J.S. and Johnson, D.L. (1993) Production of doubled haploids by anther culture and wheat × maize method in a wheat breeding programme. *Plant Breeding* 110, 96–102.

Kiviharju, E., Moisander, S. and Laurila, J. (2005) Improved green plant regeneration rates from oat anther culture and the agronomic performance of some DH lines. *Plant Cell, Tissue and Organ Culture* 81, 1–9.

Kjemtrup, S., Boyes, D.C., Christensen, C., McCaskill, A.J., Hylton, M. and Davis, K. (2003) Growth stage-based phenotypic profiling of plants. In: Grotewold, E. (ed.) *Methods in Molecular Biology,* Vol. 236. *Plant Functional Genomics: Methods and Protocols.* Humana Press, Totowa, New Jersey, pp. 427–441.

Klein, P.E., Klein, R.R., Cartinhour, S.W., Ulanch, P.E., Dong, J., Obert, J.A., Morishige, D.T., Schlueter, S.D., Childs, K.L., Ale, M. and Mullet, J.E. (2000) A high-throughput AFLP-based method for constructing integrated genetic and physical maps: progress toward a sorghum genome map. *Genome Research* 10, 789–807.

Klein, P.E., Klein, R.R., Vrebalov, J. and Mullet, J.E. (2003) Sequence-based alignment of sorghum chromosome 3 and rice chromosome 1 reveals extensive conservation of gene order and one major chromosomal rearrangement. *The Plant Journal* 34, 605–621.

Klose, J., Nock, C., Herrmann, M., Stühler, K., Marcus, K., Blüggel, M., Krause, E., Schalkwyk, L.C., Rastan, S., Brown, S.D.M., Büssow, K., Himmelbauer, H. and Lehrach, H. (2002) Genetic analysis of mouse brain proteome. *Nature Genetics* 30, 385–393.

Knapp, S.J. (1991) Using molecular markers to map multiple quantitative trait loci: models for backcross, recombinant inbred and doubled haploid progeny. *Theoretical and Applied Genetics* 81, 333–338.

Knapp, S.J. (1994) Mapping quantitative trait loci. In: Philip, R.I. and Vasil, I.K. (eds) *DNA-Based Markers in Plants.* Kluwer Academic Publishers, Dordrecht, Netherlands, pp. 58–96.

Knapp, S.J. (1998) Marker-assisted selection as a strategy for increasing the probability of selecting superior genotypes. *Crop Science* 38, 1164–1174.

Knapp, S.J., Holloway, J.L., Bridges, W.C. and Liu, B.-H. (1995) Mapping dominant markers using F_2 matings. *Theoretical and Applied Genetics* 91, 74–81.

Knoll, J. and Ejeta, G. (2008) Marker-assisted selection for early-season cold tolerance in sorghum: QTL validation across populations and environments. *Theoretical and Applied Genetics* 116, 541–553.

Knox, M.R. and Ellis, T.H. (2001) Stability and inheritance of methylation states at PstI sites in *Pisum. Molecular Genetics and Genomics* 265, 497–507.

Kobiljski, B., Quarrie, S., Denčić, S., Kirby, J. and Ivegeš, M. (2002) Genetic diversity of the Novi Sad wheat core collection revealed by microsatellites. *Cellular and Molecular Biology* 7, 685–694.

Koebner, R.M. and Summers, R.W. (2003) 21st century wheat breeding: plot selection or plate detection? *Trends in Biotechnology* 21, 59–63.

Koester, R.P., Sisco, P.H. and Stuber, C.W. (1993) Identification of quantitative trait loci controlling days to flowering and plant height in two near isogenic lines of maize. *Crop Science* 33, 1209–1216.

Kohli, A., Leech, M., Vain, P., Laurie, D.A. and Christou, P. (1998) Transgene organization in rice engineered through direct DNA transfer supports a two-phase integration mechanism mediated by the establishment of integration hot spots. *Proceedings of the National Academy of Sciences of the United States of America* 95, 7203–7208.

Kohli, A., Xiong, J., Greco, R., Christou, P. and Pereira, A. (2001) Transcriptome Display (TTD) in *indica* rice using Ac transposition. *Molecular Genetics and Genomics* 266, 1–11.

Kohli, A., Twyman, R.M., Abranches, A., Wegel, E., Christou, P. and Stoger, E. (2003) Transgene integration, organization and interaction in plants. *Plant Molecular Biology* 52, 247–258.

Kohli, A., Prynne, M.Q., Berta, M., Pereira, A., Cappell, T., Twyman, R.M. and Christou, P. (2004) Dedifferentiation-mediated changes in transposition behavior make the Activator transposon an ideal tool for functional genomics in rice. *Molecular Breeding* 13, 177–191.

Koizuka, N., Imai, R., Fujimoto, H., Hayakawa, T., Kimura, Y., Kohno-Murase, J., Sakai, T., Kawasaki, S. and Imamura, J. (2003) Genetic characterization of a pentatricopeptide repeat protein gene, *orf687*, that restores fertility in the cytoplasmic male-sterile Kosena radish. *The Plant Journal* 34, 407–415.

Kojima, S., Takahashi, Y., Kobayashi, Y., Monna, L., Sasaki, T., Araki, T. and Yano, M. (2002) *Hd3a*, a rice ortholog of the *Arabidopsis FT* gene, promotes transition to flowering downstream of *Hd1* under short-day conditions. *Plant Cell and Physiology* 43, 1096–1105.

Koller, A., Washburn, M.P., Lange, B.M., Andon, N.L., Deciu, C., Haynes, P.A., Hays, L., Schieltz, D., Ulaszek, R., Wei, J., Wolters, D. and Yates, J.R. III (2002) Proteomic survey of metabolic pathways in rice. *Proceedings of the National Academy of Sciences of the United States of America* 99, 11969–11974.

Komari, T. (1990) Transformation of cultured cells of *Chenopodium quinoa* by binary vectors that carry a fragment of DNA from the virulence region of pTiBo542. *Plant Cell Reports* 9, 303–306.

Komari, T., Hiei, Y., Saito, Y., Murai, N. and Kumashiro, T. (1996) Vectors carrying two separate T-DNAs for co-transformation of higher plants mediated by *Agrobacterium tumefaciens* and segregation of transformants free from selection markers. *The Plant Journal* 10, 165–174.

Komari, T., Takakura, Y., Ueki, J., Kato, N., Ishida, Y. and Hiei, Y. (2006) Binary vectors and super-binary vectors. In: Wang, K. (ed.) *Methods in Molecular Biology* 343: *Agrobacterium Protocols*, Vol. 1, 2nd edn. Humana Press, Totowa, New Jersey, pp. 15–41.

Komori, T., Ohta, S., Murai, N., Takakura, Y., Kuraya, Y., Suzuki, S., Hiei, Y., Imaseki, H. and Nitta, N. (2004) Map-based cloning of a fertility restorer gene, *Rf-1*, in rice (*Oryza sativa* L.). *The Plant Journal* 37, 315–325.

Komori, T., Imayama, T., Kato, N., Ishida, Y., Ueki, J. and Komari, T. (2007) Current status of binary vectors and superbinary vectors. *Plant Physiology* 145, 1155–1160.

Koncz, C. and Schell, J. (1986) The promoter of TL-DNA gene 5 controls the tissue-specific expression of chimaeric genes carried by a novel type of *Agrobacterium* binary vector. *Molecular and General Genetics* 204, 383–396.

Konieczny, A. and Ausubel, F. (1993) A procedure for mapping *Arabidopsis* mutations using co-dominant ecotype-specific PCR based markers. *The Plant Journal* 4, 403–410.

Konishi, T., Abe, K., Matsuura, S. and Yano, Y. (1990) Distorted segregation of the esterase isozyme genotypes in barley *Hordeum vulgare* L. *Japanese Journal of Genetics* 65, 411–416.

Konishi, T., Yano, Y. and Abe, K. (1992) Geographic distribution of alleles at the *ga2* locus for segregation distortion in barley. *Theoretical and Applied Genetics* 85, 419–422.

Koonin, E.V. (2005) Orthologies, paralogs and evolutionay genomics. *Annual Review of Genetics* 39, 309–338.

Koornneef, M., Dellaert, L.W.M. and van der Veen, J.H. (1982) EMS- and radiation-induced mutation frequencies at individual loci in *Arabidopsis thaliana* (L.) Heynh. *Mutation Research* 93, 109–123.

Korbel, J.O., Doerks, T., Jensen, L.J., Perez-Iratxeta, C., Kaczanowski, S., Hooper, S.D., Andrade, M.A. and Bork, P. (2005) Systematic association of genes to phenotypes by genome and literature mining. *PLos Biology* 3, e134.

Korol, A.B., Ronin, Y.I., Nevo, E. and Hayes, P. (1998) Multi-interval mapping of correlated trait complexes: simulation analysis and evidence from barley. *Heredity* 80, 273–284.

Korol, A.B., Ronin, Y.I., Itskovichi, A.M., Peng, J. and Nevo, E. (2001) Enhanced efficiency of quantitative trait loci mapping analysis based on multivariate complexes of quantitative traits. *Genetics* 157, 1789–1803.

Kosambi, D.D. (1944) The estimation of map distances from recombination values. *Annals of Eugenics* 12, 172–175.

Kota, R., Rudd, S., Facius, A., Kolesov, G., Theil, T., Zhang, H., Stein, N., Mayer, K. and Graner, A. (2003) Snipping polymorphisms from large EST collections in barley (*Hordeum vulgare* L.). *Molecular Genectics and Genomics* 270, 24–33.

Kowalski, S.P. and Kryder, R.D. (2002) Golden rice: a case study in intellectual property management and international capacity building. *RISK: Health, Safety and Environment* 13, 47–67.

Kraakman, A.T.W., Niks, R.E., van den Berg, P.M.M.M., Stam, P. and van Eeuwijk, F.A. (2004) Linkage disequilibrium mapping of yield and yield stability in modern spring barley cultivars. *Genetics* 168, 435–446.

Kraft, T., Hansen, M. and Nilsson, N.-O. (2000) Linkage disequilibrium and fingerprinting in sugar beet. *Theoretical and Applied Genetics* 101, 323–326.

Krapp, A., Morot-Gaudry, J.F., Boutet, S., Bergot, G., Lelarge, C., Prioul, J.L. and Noctor, G. (2007) Metabolomics. In: Morot-Gaudry, J.F., Lea, P. and Briat, J.F. (eds) *Functional Plant Genomics*. Science Publishers, Enfield, New Hampshire, pp. 311–333.

Krattiger, A., Mahoney, R.T., Nelsen, L., Bennett, A.B., Graff, G.D., Fernandez, C. and Kowalski, S.P. (eds) (2006) *Intellectual Property Management in Health and Agricultural Innovation, a Handbook of Best Practices*. Centre for the Management of Intellectual Property in Health R&D, Oxford, UK and Public Intellectual Property Resource for Agriculture, Davis, California.

Kresovich, S. and McFerson, J.R. (1992) Assessment and management of plant genetic diversity: consideration of intra- and interspecific variation. *Field Crops Research* 29, 185–204.

Kresovich, S., Luongo, A.J. and Schloss, S.J. (2002) 'Mining the gold': finding allelic variants for improved crop conservation and use. In: Engels, J.M.M., Ramanatha Rao, V., Brown, A.H.D. and Jackson, M.T. (eds) *Managing Plant Genetic Diversity*. International Plant Genetic Resources Institute, Rome, pp. 379–386.

Kriegner, A., Cervantes, J.C., Burg, K., Mwanga, R.O.M. and Zhang, D.P. (2003) A genetic linkage map of sweetpotato (*Ipomoea batatas* (L) Lam) based on AFLP markers. *Molecular Breeding* 11, 169–185.

Krishnan, P., Kruger, N.J. and Ratcliffe, R.G. (2005) Metabolite fingerprinting and profiling in plants using NMR. *Journal of Experimental Botany* 56, 255–265.

Krizkova, L. and Hrouda, M. (1998) Direct repeats of T-DNA integrated in tobacco chromosome: characterization of junction regions. *The Plant Journal* 16, 673–680.

Kruglyak, L. (2008) The road to genome-wide association studies. *Nature Reviews Genetics* 9, 314–318.

Kryder, R.D., Kowalski, S.P and Krattiger, A.F. (2000) The intellectual and technical property components of pro-vitamin A rice (GoldenRice™): a preliminary freedom-to-operate review. *ISAAA Briefs* No. 20. International Service for the Acquisition of Agri-biotech Applications (ISAAA), Ithaca, New York, 56 pp.

Krysan, P.J., Young, J.C. and Sussman, M.R. (1999) T-DNA as an insertional mutagen in *Arabidopsis*. *The Plant Cell* 11, 2283–2290.

Krysan, P.J., Young, J.C., Jester, P.J., Monson, S., Copenhaver, G., Preuss, D. and Sussman, M.R. (2002) Characterization of T-DNA insertion sites in *Arabidopsis thaliana* and the implications for saturation mutagenesis. *OMICS* 6, 163–174.

Kuchel, H., Ye, G., Fox, R. and Jefferies, S. (2005) Genetic and economic analysis of a targeted marker-assisted wheat breeding strategy. *Molecular Breeding* 16, 67–78.

Kuchel, H., Fox, R., Reinheimer, J., Mosionek, L., Willey, N., Bariana, H. and Jefferies, S. (2008) The successful application of a marker-assisted wheat breeding strategy. *Molecular Breeding* 20, 295–308.

Kuiper, H.A., Kok, E.J. and Engel, K.H. (2003) Exploitation of molecular profiling techniques for GM food safety assessment. *Current Opinion in Biotechnology* 14, 238–243.

Kuiper, M., Zabeau, M. and Vos, P. (1997) Amplification of simple sequence repeats. Patent EP 0805875.

Kumar, I. and Khush, G.S. (1986) Genetics of amylose content in rice (*Oryza sativa* L.). *Journal of Genetics* 65, 1–11.

Kumar, P.V.S. (1993) Biotechnology and biodiversity – a dialectical relationship. *Journal of Scientific and Industrial Research* 52, 523–532.

Kumpatla, S.P. and Mukhopadhyay, S. (2005) Mining and survey of simple sequence repeats in expressed sequence tags of dicotyledonous species. *Genome* 48, 985–998.

Kurata, N., Moore, G., Nagamura, Y., Foote, T., Yano, M., Minobe, Y. and Gale, M. (1994) Conservation of genome structure between rice and wheat. *Nature Biotechnology* 12, 276–278.

Kusterer, B., Piepho, H.P., Utz, H.F., Schön, C.C., Muminovic, J., Meyer, R.C., Altmann, T. and Melchinger, A.E. (2007) Heterosis for biomass-related traits in *Arabidopsis* investigated by a novel QTL analysis of the triple testcross design with recombinant inbred lines. *Genetics* 177, 1839–1850.

Lagercrantz, U. and Lydiate, D. (1995) RFLP mapping in *Brassica nigra* indicates different recombination rates in male and female meiosis. *Genome* 38, 255–264.

Laird, N.M. and Lange, C. (2006) Family-based designs in the age of large-scale gene-association studies. *Nature Reviews Genetics* 7, 385–394.

Lalonde, S., Ehrhardt, D.W., Loqué, D., Chen, J., Rhee, S.Y. and Frommer, W.B. (2008) Molecular and cellular approaches for the detection of protein–protein interactions: latest techniques and current limitations. *The Plant Journal* 53, 610–635.

Lamkey, K.R. and Edwards, J.W. (1999) Quantitative genetics of heterosis. In: Coors, J.G. and Pandey, S. (eds) *The Genetics and Exploitation of Heterosis in Crops.* American Society of Agronomy (ASA) and Crop Science Society of America (CSSA), Madison, Wisconsin, pp. 31–48.

Lamkey, K.R., Schnicker, B.J. and Melchinger, A.E. (1995) Epistasis in an elite maize hybrid and choice of generation for inbred development. *Crop Science* 35, 1272–1281.

Lan, H., Chen, M., Flowers, J.B., Yandell, B.S., Stapleton, D.S., Mata, C.M., Mui, E.T.-K., Flowers, M.T., Schueler, K.L., Manly, K.F., Williams, R.W., Kendziorski, C. and Attie, A.D. (2006) Combined expression trait correlations and expression quantitative trait locus mapping. *PLoS Genetics* 2(1), e6.

Lande, R. and Thompson, R. (1990) Efficiency of marker-assisted selection in the improvement of quantitative traits. *Genetics* 124, 743–756.

Landegren, U., Kaiser, R., Sanders, J. and Hood, L. (1988) A ligase-mediated gene detection technique. *Science* 241, 1077–1080.

Lander, E. and Kruglyak, L. (1995) Genetic dissection of complex traits: guidelines for interpreting and reporting linkage results. *Nature Genetics* 11, 241–247.

Lander, E.S. and Botstein, D. (1989) Mapping Mendelian factors underlying quantitative traits using RFLP linkage maps. *Genetics* 121,185–199.

Lander, E.S. and Green, P. (1987) Construction of multilocus genetic linkage maps in humans. *Proceedings of the National Academy of Sciences of the United States of America* 84, 2363–2367.

Lander, E.S., Green, P., Abrahamson, J., Barlow, A., Daly, M.J., Lincoln, S.E. and Newburg, L. (1987) MAP-MAKER: an interactive computer package for constructing primary genetic linkage maps of experimental and natural populations. *Genomics* 1, 174–181.

Landy, A. (1989) Dynamic, structural and regulatory aspects of lambda-site-specific recombination. *Annual Review of Biochemistry* 58, 913–949.

Lane, M.A., Edwards, J.L. and Nielsen, E.S. (2000) Biodiversity informatics: the challenges of rapid development, large databases and complex data. In: *Proceedings of the 26th International Conference on Very Large Databases*, 10–14 September 2000, Cairo, Egypt. Very Large Data Base Endowment, Inc., USA.

Lang, N.T., Subudhi, P.K., Virmani, S.S., Brar, D.S., Khush, G.S., Li, Z. and Huang, N. (1999) Development of PCR-based markers for thermosensitive genetic male sterility gene *tms3(t)* in rice (*Oryza sativa* L.). *Hereditas* 131, 121–127.

Laperche, A., Brancourt-Hulmel, M., Heumez, E., Gardet, O., Hanocq, E., Devienne-Barret, F. and Le Gouis, J. (2007) Using genotype × nitrogen interaction variables to evaluate the QTL involved in wheat tolerance to nitrogen constraints. *Theoretical and Applied Genetics* 115, 399–415.

Laramie, J.M., Wilk, J.B., DeStefano, A.L. and Myers, R.H. (2007) HaploBuild: an algorithm to construct non-contiguous associated haplotypes in family based genetic studies. *Bioinformatics* 23, 2190–2192.

Larkin, P.J. and Scowcroft, W.R. (1981) Somaclonal variation – a novel source of variability from cell cultures for plant improvement. *Theoretical and Applied Genetics* 60, 197–214.

Lashermes, P. and Beckert, M. (1988) Genetic control of maternal haploidy in maize (*Zea mays* L.) and selection of haploid inducing lines. *Theoretical and Applied Genetics* 76, 405–410.

Lassner, M.W. and Orton, T.J. (1983) Detection of somatic variation. In: Tanksley, S.D. and Orton, T.J. (eds) *Isozymes in Plant Genetics and Breeding*. Vol. 1A. *Developments in Plant Genetics and Breeding*, 1. Elsevier, Amsterdam, Netherlands, pp. 209–217.

Laurie, C.C., Chasalow, S.D., LeDeaux, J.R., McCarroll, R., Bush, D., Hauge, B., Lai, C., Clark, D., Rocheford, T.R. and Dudley, J.W. (2004) The genetic architecture of response to long-term artificial selection for oil concentration in the maize kernel. *Genetics* 168, 2141–2155.

Laurie, D.A. and Bennett, M.D. (1986) Wheat and maize hybridization. *Canadian Journal of Genetics and Cytology* 28, 313–316.

Laurie, D.A. and Reymondie, S. (1991) High frequencies of fertilization and haploid seedling production in crosses between commercial hexaploid wheat varieties and maize. *Plant Breeding* 106, 182–189.

Laurie, D.A., Pratchett, N., Bezant, J.H. and Snape, J.W. (1994) Genetic analysis of a photoperiod response gene on the short arm of chromosome 2(2H) on *Hordeum vulgare* (barley). *Heredity* 72, 619–627.

Lebowitz, R.L., Soller, M. and Beckmann, J.S. (1987) Trait-based analysis for the detection of linkage between marker loci and quantitative trait loci in cross between inbred lines. *Theoretical and Applied Genetics* 73, 556–562.

Lee, E.A, Ash, M.J. and Good, B. (2007) Re-examining the relationship between degree of relatedness, genetic effects and heterosis in maize. *Crop Science* 47, 629–635.

Lee, J.M., Davenport, G.F., Marshall, D., Noel Ellis, T.H., Ambrose, M.J., Dicks, J., van Hintum, T.J.L. and Flavell, A.J. (2005) GERMINATE: a generic database for integrating genotypic and phenotypic information for plant genetic resource collections. *Plant Physiology* 139, 619–631.

Lee, L.-Y., Kononov, M.E., Bassuner, B., Frame, B.R., Wang, K. and Gelvin, S.B. (2007) Novel plant transformation vectors containing the superpromoter. *Plant Physiology* 145, 1294–1300.

Lee, M. (1995) DNA markers and plant breeding programs. *Advances in Agronomy* 55, 265–344.

Lee, M., Godshalk, E.B., Lamkey, K.R. and Woodman, W.L. (1989) Association of restriction length polymorphism among maize inbreds with agronomic performance of their crosses. *Crop Science* 29, 1067–1071.

Lee, M., Sharopova, N., Beavis, W.D., Grant, D., Katt, M., Blair, D. and Hallauer, A. (2002) Expanding the genetic map of maize with the intermated B73 × Mo17 (IBM) population. *Plant Molecular Biology* 48, 453–461.

Leflon, M., Lecomte, C., Barbottin, A., Jeuffroy, M.-H., Robert, N. and Brancourt-Hulmel, M. (2005) Characterization of environments and genotypes for analyzing genotype × environment interaction. Some recent advances in winter wheat and prospects for QTL detection. *Journal of Crop Improvement* 14, 249–298.

Leister, D.M., Kurth, J., Laurie, D.A., Yano, M., Sasaki, T., Devos, K., Graner, A. and Schulze-Lefert, P. (1998) Rapid re-organization of resistance gene homologues in cereal genomes. *Proceedings of the National Academy of Sciences of the United States of America* 95, 370–375.

Leng, E.R. (1962) Results of long-term selection for chemical composition in maize and their significance in evaluating breeding systems. *Zeitschrift für Pflanzenzüchtung* 47, 67–91.

Lerner, I.M. (1950) *Population Genetics and Animal Improvement.* Cambridge University Press, Cambridge.

Lerner, I.M. (1954) *Genetic Homeostasis.* Oliver and Boyd, London.

Lesser, W. (2005) Intellectual property rights in a changing political environment: perspectives on the types and administration of protection. *AgBioForum* 8, 64–72.

Lesser, W. and Mutschler, M.A. (2004) Balancing investment incentives and social benefits when protecting plant varieties: implementing initial systems. *Crop Science* 44, 1113–1120.

Leung, H., Wu, C., Baraoidan, M., Bordeos, A., Ramos, M., Madamba, S., Cabauatan, P., Vera Cruz, C., Portugal, A., Reyes, G., Bruskiewich, R., McLaren, G., Lafitte, R., Gregorio, G., Bennett, J., Brar, D., Khush, G., Schnable, P., Wang, G. and Leach, J. (2001) Deletion mutants for functional genomics: progress in phenotyping, sequence assignment and database development. In: Khush, G.S., Brar, D.S. and Hardy, B. (eds) *Rice Genetics IV. Proceedings of the Fourth International Rice Genetics Symposium*, 22–27 October 2000, Los Baños, Philippines. Science Publishers, Inc., New Delhi and International Rice Research Institute, Los Baños, Philippines, pp. 239–251.

Levinson, G. and Gutman, G.A. (1987) Slipped-strand mispairing: a major mechanism for DNA sequence evolution. *Molecular Biology and Evolution* 4, 203–221.

Lewin, B. (2007) *Genes IX.* Jones & Bartlett, Sudbury, Massachusetts, 892 pp.

Lewington, A. (2003) *Plants for People.* Eden Project Books, London.

Lewontin, R.C. (1964) The interaction of selection and linkage. I. General considerations; heterotic models. *Genetics* 49, 49–67.

Lewontin, R.C. and Berlan, J.P. (1990) The political economy of agricultural research: the case of hybrid corn. In: Carroll, C.R., Vandermeer, J.H. and Rosset, P. (eds) *Agroecology.* McGraw Hill, New York, pp. 613–628.

Li, C.C. (1955) *Population Genetics.* University of Chicago Press, Chicago, Illinois.

Li, H., Ye, G. and Wang, J. (2007) A modified algorithm for the improvement of composite interval mapping. *Genetics* 175, 361–374.

Li, H., Ribaut, J.M., Li, Z. and Wang, J. (2008) Inclusive composite interval mapping (ICIM) for digenic epistasis of quantitative traits in biparental populations. *Theoretical and Applied Genetics* 116, 243–260.

Li, L., Zhou, Y., Cheng, X., Sun, J., Marita, J.M., Ralph, J. and Chiang, V.L. (2003) Combinatorial modification of multiple lignin traits in trees through multigene cotransformation. *Proceedings of the National Academy of Sciences of the United States of America* 100, 4939–4944.

Li, R., Lyons, M.A., Wittenburg, H., Paigen, B. and Churchill, G.A. (2005) Combining data from multiple inbred line crosses improves the power and resolution of quantitative trait loci mapping. *Genetics* 169, 1699–1709.

Li, R., Tsaih, S.W., Shockley, K., Stylianou, I.M., Wergedal, J., Paigen, B. and Churchill, G.A. (2006) Structural model analysis of multiple quantitative traits. *PLoS Genetics* 2(7), e114.

Li, X. and Zhang, Y. (2002) Reverse genetics by fast neutron mutagenesis in higher plants. *Functional and Integrative Genomics* 2, 254–258.

Li, X., Song, Y., Century, K., Straight, S., Ronald, P.C., Dong, X., Lasser, M. and Zhang, Y. (2001) Deleagene™: a fast neutron mutagenesis-based reverse genetics system for plants. *The Plant Journal* 27, 235–242.

Li, Y., Shi, Y., Cao, Y. and Wang, T. (2004) Establishment of a core collection for maize germplasm preserved in Chinese national gene bank using geographic distribution and characterization data. *Genetic Resources and Crop Evolution* 51, 845–852.

Li, Z.K., Pinson, S.R., Stansel, J.W. and Park, W.D. (1995) Identification of quantitative trait loci (QTL) for heading date and plant height in cultivated rice (*Oryza sativa* L.). *Theoretical and Applied Genetics* 91, 374–381.

Li, Z.K., Luo, L.J., Mei, H.W., Wang, D.L., Shu, Q.Y., Tabien, R., Zhong, D.B., Ying, C.S., Stansel, J.W., Khush, G.S. and Paterson, A.H. (2001) Overdominance epistatic loci are the primary genetic basis of inbreeding depression and heterosis in rice: I. Biomass and grain yield. *Genetics* 158, 1737–1753.

Li, Z.K., Fu, B.-Y., Gao, Y.-M., Xu, J.-L., Ali, J., Lafitte, H.R., Jiang, Y.-Z., Rey, J.D., Vijayakumar, C.H.M., Maghirang, R., Zheng, T.-Q. and Zhu, L.-H. (2005) Genome-wide introgression lines and their use in genetic and molecular dissection of complex phenotypes in rice (*Oryza sativa* L.). *Plant Molecular Biology* 59, 33–52.

Liang, C., Jaiswal, P., Hebbard, C., Avraham, S., Buckler, E.S., Casstevens, T., Hurwitz, B., McCouch, S., Ni, J., Pujar, A., Ravenscroft, D., Ren, L., Spooner, W., Tecle, I., Thomason, J., Tung, C.-W., Wei, X., Yap, I., Youens-Clark, K., Ware, D. and Stein, L. (2008) Gramene: a growing plant comparative genomics resource. *Nucleic Acids Research* 36, D947–D953.

Liang, F., Deng, Q., Wang, Y., Xiong, Y., Jin, D., Li, J. and Wang, B. (2004) Molecular marker-assisted selection for yield-enhancing genes in the progeny of '9311 × *O. rufipogon*' using SSR. *Euphytica* 139, 159–165.

Liang, G.H. and Skinner, D.Z. (eds) (2004) *Genetically Modified Crops: Their Development, Uses and Risks*. Food Products Press, Binghamton, New York.

Lillemo, M., van Ginkel, M., Trethowan, R.M., Hernández, E. and Rajaram, S. (2004) Associations among international CIMMYT bread wheat yield testing locations in high rainfall areas and their implications for wheat breeding. *Crop Science* 44, 1163–1169.

Lilley, J.M., Ludlow, M.M., McCouch, S.R. and O'Toole, J.C. (1996) Locating QTL for osmotic adjustment and dehydration tolerance in rice. *Journal of Experimental Botany* 47, 1427–1436.

Lin, C., Fang, J., Xu, X., Zhao, T., Cheng, J., Tu, J., Ye, G. and Shen, Z. (2008) A built-in strategy for containment of transgenic plants: creation of selectively terminable transgenic rice. *PLoS ONE* 3, e1818. Available at: http://www.plosone.org (accessed 17 November 2009).

Lin, C.S. and Binns, M.R. (1988) A method of analyzing cultivar × location × year experiments: a new stability parameter. *Theoretical and Applied Genetics* 76, 425–430.

Lin, C.S., Binns, M.R. and Lefkovitch, L.P. (1986) Stability analysis: where do we stand? *Crop Science* 26, 894–900.

Lin, H.X., Yamamoto, T., Sasaki, T. and Yano, M. (2000) Characterization and detection of epistatic interactions of 3 QTLs, *Hd1*, *Hd2* and *Hd3*, controlling heading date in rice using nearly isogenic lines. *Theoretical and Applied Genetics* 101, 1021–1028.

Lin, Y.R., Schertz, K.F. and Paterson, A.H. (1995) Comparative analysis of QTLs affecting plant height and maturity across the Poaceae, in reference to an interspecific sorghum population. *Genetics* 140, 391–411.

Lippman, Z.B. and Zamir, D. (2007) Heterosis: revisiting the magic. *Trends in Genetics* 23, 60–66.

Liu, B., Zhang, S., Zhu, X., Yang, Q., Wu, S., Mei, M., Mauleon, R., Leach, J., Mew, T. and Leung, H. (2004) Candidate defense genes as predictors of quantitative blast resistance in rice. *Molecular Plant–Microbe Interaction* 17, 1146–1152.

Liu, B.H. (1998) *Statistical Genomics: Linkage, Mapping and QTL Analysis*. CRC Press, Boca Baton, Florida, 611 pp.

Liu, G., Zhang, Z., Zhu, H., Zhao, F., Ding, X., Zeng, R., Li, W. and Zhang, G. (2008) Detection of QTLs with additive effects and additive-by-environment interaction effects on panicle number in rice (*Oryza sativa* L.) with single-segment substitution lines. *Theoretical and Applied Genetics* 116, 923–931.

Liu, J.H., Xu, X.Y. and Deng, X.X. (2005) Intergeneric somatic hybridization and its application to crop genetic improvement. *Plant Cell, Tissue and Organ Culture* 82, 19–44.

Liu, J.S., Sabatti, C., Teng, J., Keats, B.J.B. and Risch, K. (2001) Bayesian analysis of haplotypes for linkage disequilibrium mapping. *Genome Research* 11, 1716–1724.

Liu, K., Goodman, M., Muse, S., Smith, J.S., Buckler, E.D. and Doebley, J. (2003) Genetic structure and diversity among maize inbred lines as inferred from DNA microsatellites. *Genetics* 165, 2117–2128.

Liu, S., Zhou, R., Dong, Y., Li, P. and Jia, J. (2006) Development, utilization of introgression lines using a synthetic wheat as donor. *Theoretical and Applied Genetics* 112, 1360–1373.

Liu, S.C., Kowalski, S.P., Lan, T.H., Feldmann, K.A. and Paterson, A.H. (1996) Genome-wide high-resolution mapping by recurrent intermating using *Arabidopsis thaliana* as a model. *Genetics* 142, 247–258.

Liu, X.C. and Wu, J.L. (1998) SSR heterotic patterns of parents for making and predicting heterosis in rice breeding. *Molecular Breeding* 4, 263–268.

Liu, X.Q., Wang, L., Chen, S., Lin, F. and Pan, Q.H. (2005) Genetics and physical mapping of *Pi36(t)*, a novel rice blast resistance gene located on rice chromosome 8. *Molecular Genetics and Genomics* 274, 394–401.

Liu, X.Z., Peng, Z.B., Fu, J.H., Li, L.C. and Huang, C.L. (1997) Application of RAPD in group classification studies. *Scientia Agricultura Sinica* 30, 44–51.

Liu, Y. and Zeng, Z.B. (2000) A general mixture model approach for mapping quantitative trait loci from diverse cross designs involving multiple inbred lines. *Genetical Research* 75, 345–355.

Liu, Y.G. and Whittier, R. (1995) Thermal asymmetric interlaced PCR: automatable amplification and sequencing of insert and fragments from P1 and YAC clones for chromosome walking. *Genomics* 25, 674–681.

Liu, Y.G., Mitsukawa, N., Oosumi, T. and Whittier, R. (1995) Efficient isolation and mapping of *Arabidopsis thaliana* T-DNA insert junctions by thermal asymmetric interlaced PCR. *The Plant Journal* 8, 457–463.

Liu, Y.-G., Shirano, Y., Fukaki, H., Yanai, Y., Tasaka, M., Tabata, S. and Shibata, D. (1999) Complementation of plant mutants with large genomic DNA fragments by a transformation-competent artificial chromosome vector accelerates positional cloning. *Proceedings of the National Academy of Sciences of the United States of America* 96, 6535–6540.

Lloyd, A., Plaisier, C.L., Carroll, D. and Drews, G.N. (2005) Targeted mutagenesis using zinc-finger nucleases in *Arabidopsis. Proceedings of the National Academy of Sciences of the United States of America* 102, 2232–2237.

Lockhart, D.J., Dong, H., Byrne, M.C., Follettie, M.T., Gallo, M.V., Chee, M.S., Mittmann, M., Wang, C., Kobayashi, M., Norton, H. and Brown, E.L. (1996) Expression monitoring by hybridization to high-density oligonucleotide arrays. *Nature Biotechnology* 14, 1675–1680.

Löffler, C.M., Wei, J., Fast, T., Gogerty, J., Langton, S., Bergman, M., Merrill, B. and Cooper, M. (2005) Classification of maize environments using crop simulation and geographic information systems. *Crop Science* 45, 1708–1716.

Lolle, S.J., Victoria, J.L., Young, J.M. and Pruitt, R.E. (2005) Genome-wide non-Mendelian inheritance of extra-genomic information in *Arabidopsis. Nature* 434, 505–509.

Long, A.D., Mullaney, S.L., Reid, L.A., Fry, J.D., Langley, C.H. and Mackay, T.F. (1995) High resolution mapping of genetic factors affecting abdominal bristle number in *Drosophila melanogaster. Genetics* 139, 1273–1291.

Longin, C.F.H., Utz, H.F., Reif, J.C., Schipprack, W. and Melchinger, A.E. (2006) Hybrid maize breeding with doubled haploids: I. One stage versus two-stage selection for testcross performance. *Theoretical and Applied Genetics* 112, 903–912.

Lonnstedt, I. and Speed, T.P. (2002) Replicated microarray data. *Statistica Sinica* 12, 31–46.

Lonosky, P.M., Zhang, X., Honavar, V.G., Dobbs, D.L., Fu, A. and Rodermel, S.R. (2004) A proteomic analysis of maize chloroplast biogenesis. *Plant Physiology* 134, 560–574.

Lörz, H. and Wenzel, G. (eds) (2005) *Molecular Marker Systems in Plant Breeding and Crop Improvement. Biotechnology in Agriculture and Forestry*, Vol. 55. Springer-Verlag, Berlin.

Louwaars, N.P., Visser, B., Eaton, D., Beekwilder, J. and van der Meer, I. (2002) Policy response to technological developments: the case of GURTs. In: Louwaars, N.P. (ed.) *Seed Policy, Legislation and Law: Widening a Narrow Focus*. Food Products Press, Binghamton, New York, pp. 89–102.

Louwaars, N.P., Tripp, R. and Eaton, D. (2006) Public research in plant breeding and intellectual property rights: a call for new institutional policies. *Agricultural and Rural Development Notes* Issue 13, p. 4. World Bank, Washington, DC.

Lu, C., Shen, L., Tan, Z., Xu, Y., He, P., Chen, Y. and Zhu, L. (1996) Comparative mapping of QTL for agronomic traits of rice across environments using a double haploid population. *Theoretical and Applied Genetics* 93, 1211–1217.

Lu, H., Romero-Severson, J. and Bernardo, R. (2003) Genetic basis of heterosis explored by simple sequence repeat markers in a random-mated maize population. *Theoretical and Applied Genetics* 107, 494–502.

Lu, H., Redus, M.A., Coburn, J.R., Rutger, J.N., McCouch, S.R. and Tai, T.H. (2005) Population structure and breeding patterns of 145 U.S. rice cultivars based on SSR marker analysis. *Crop Science* 45, 66–76.

Lu, L., Romero-Severson, J. and Bernardo, R. (2002) Chromosomal regions associated with segregation distortion in maize. *Theoretical and Applied Genetics* 105, 622–628.

Lu, X., Niu, T. and Liu, J.S. (2003) Haplotype information and linkage disequilibrium mapping for single nucleotide polymorphisms. *Genome Research* 13, 2112–2117.

Lu, X.G., Gu, M.H. and Li, C.Q. (eds) (2001) *Theory and Technology of Two-line Hybrid Rice*. China Science Press, Beijing.

Lu, X.G., Mou, T.M., Hoan, N.T. and Virmani, S.S. (2004) Two-line hybrid rice breeding in and outside of China. In: Virmani, S.S., Mao, C.X. and Hardy, B. (eds) *Hybrid Rice for Food Security, Poverty Alleviation and Environmental Protection*. International Rice Research Institute, Manila, Phillipines.

Lu, Y., Yan, J., Guimarães, C.T., Taba, S., Hao, Z., Gao, S., Chen, S., Li, J., Zhang, S., Vivek, B.S., Magorokosho, C., Mugo, S., Makumbi, D., Parentoni, S.N., Shah, T., Rong, T., Crouch, J.H. and Xu, Y. (2009) Molecular characterization of global maize breeding germplasm based on genome-wide single nucleotide polymorphisms. *Theoretical and Applied Genetics* 120, 93–115.

Lübberstedt, T., Klien, D. and Melchinger, A.E. (1998a) Comparative QTL mapping of resistance to *Ustilago maydis* across four populations of European flint-maize. *Theoretical and Applied Genetics* 97, 1321–1330.

Lübberstedt, T., Melchenger, A.E., Fähr, S., Klein, D., Dally, A. and Westhoff, P. (1998b) QTL mapping in test crosses of flint lines of maize: III. Comparison across populations for forage traits. *Crop Science* 38, 1278–1289.

Lucca, P., Ye, X.D. and Potrykus, I. (2001) Effective selection and regeneration of transgenic rice plants with mannose as selective agent. *Molecular Breeding* 7, 43–49.

Lucken, K.A. (1986) The breeding and production of hybrid wheat. In: Smith, E.L. (ed.) *Genetic Improvement in Yield of Wheat*. American Society of Agronomy (ASA) and Crop Science Society of America (CSSA), Madison, Wisconsin, pp. 87–107.

Lucken, K.A. and Johnson, K.D. (1988) Hybrid wheat status and outlook. In: International Rice Research Institute (IRRI) (ed.) *Hybrid Rice*. IRRI, Manila, Philippines, pp. 243–255.

Lucker, J., Schwab, W., van Hautum, B., Blaas, J., van der Plas, L.H., Bouwmeester, H.J. and Verhoeven, H.A. (2004) Increased and altered fragrance of tobacco plants after metabolic engineering using three monoterpene synthases from lemon. *Plant Physiology* 134, 510–519.

Luo, K., Duan, H., Zhao, D., Zheng, X., Deng, W., Chen, Y., Stewart, C.N., Jr, McAvoy, R., Jiang, X., Wu, Y., He, A., Pei, Y. and Li, Y. (2007) 'GM-Gene-deletor': fused loxP-FRT recognition sequences dramatically improve the efficiency of FLP or CRE recombinase on transgene excision from pollen and seed of tobacco plants. *Plant Biotechnology Journal* 5, 263–274.

Luo, L.J., Li, Z.K., Mei, H.W., Shu, Q.Y., Tabien, R., Zhong, D.B., Ying, C.S., Stansel, J.W., Khush, G.S. and Paterson, A.H. (2001) Overdominant epistatic loci are the primary genetic basis of inbreeding depression and heterosis in rice. II. Grain yield components. *Genetics* 158, 1755–1771.

Lupas, A. (1996) Prediction and analysis of coiled coil structures. *Methods in Enzymology* 266, 513–523.

Lush, J.L. (1937) *Animal Breeding Plans*. Iowa State College Press, Ames, Iowa.

Lush, J.L. (1945) *Animal Breeding Plans*, 3rd edn. Iowa State College Press, Ames, Iowa.

Lussier, Y.A. and Li, J. (2004) Terminological mapping for high throughput comparative biology of phenotypes. *Proceedings of the Pacific Symposium on Biocomputing*, 6–10 January 2004, Hawaii. PSB, Stanford, California, pp. 202–213.

Lutz, K.A., Azhagiri, A.K., Tungsuchat-Huang, T. and Maliga, P. (2007) A guide to choosing vectors for transformation of the plastid genome of higher plants. *Plant Physiology* 145, 1201–1210.

Lyamichev, V., Mast, A.L., Hall, J.G., Prudent, J.R., Kaiser, M.W., Takova, T., Kwiatkowski, R.W., Sander, T.J., de Arruda, M., Arco, D.A., Neri, B.P. and Brow, M.A.D. (1999) Polymorphism identification and quantitative detection of genomic DNA by invasive cleavage of oligonucleotide probes. *Nature Biotechnology* 17, 292–296.

Lyman, J.M. (1984) Progress and planning for germplasm conservation of major food crops. *Plant Genetic Resources Newsletter* 60, 3–21.

Lynch, M. and Walsh, B. (1998) *Genetics and Analysis of Quantitative Traits*. Sinauer Associates, Sunderland, Massachusetts, 980 pp.

Ma, C.X., Casella, G. and Wu, R.L. (2002) Functional mapping of quantitative trait loci underlying the character process: a theoretical framework. *Genetics* 61, 1751–1762.

Ma, J.K., Hiatt, A., Hein, M., Vine, N.D., Wang, F., Stabila, P., van Dolleweerd, C., Mostov, K. and Lehner, T. (1995) Generation and assembly of secretory antibodies in plants. *Science* 268, 716–719.

Ma, J.K.-C., Chikwamba, R., Sparrow, P., Fischer, R., Mahoney, R. and Twyman, R.M. (2005) Plant-derived pharmaceuticals – the road forward. *Trends in Plant Science* 10, 580–585.

MacBeath, G. and Schreiber, S.L. (2000) Printing proteins as microarrays for high-throughput function determination. *Science* 289, 1760–1763.

MacCoss, M.J., McDonald, W.H., Saraf, A., Sadygov, R., Clark, J.M, Tasto, J.J., Gould, K.L., Wolters, D., Washburn, M., Weiss, A., Clark, J.I. and Yates III, J.R. (2002) Shotgun identification of protein modifications from protein complexes and lens tissue. *Proceedings of the National Academy of Sciences of the United States of America* 99, 7900–7905.

MacDonald, J.A., Mackey, A.J., Pearson, W.R. and Haystead, T.A. (2002) A strategy for the rapid identification of phosphorylation sites in the phosphoproteome. *Molecular and Cellular Proteomics* 1, 314–322.

Mackay, I. and Powell, W. (2007) Methods for linkage disequilibrium mapping in crops. *Trends in Plant Science* 12, 57–63.

Mackay, T.F.C. (1995) The genetic basis of quantitative variation: number of sensory bristles of *Drosophila melanogaster* as a model system. *Trends in Genetics* 11, 464–470.

Mackay, T.F.C., Stone, E.A. and Ayroles, J.F. (2009) The genetics of quantitative traits: challenges and prospects. *Nature Reviews Genetics* 10, 565–577.

Mackill, D.J. and McNally, K.L. (2004) A model crop species: molecular markers in rice. In: Lörz, H. and Wenzel, G. (eds) *Molecular Marker Systems in Plant Breeding and Crop Improvement*. Springer Verlag, Heidelberg, pp. 39–54.

Mackill, D.J., Salam, M.A., Wang, Z.Y. and Tanksley, S.D. (1993) A major photoperiod-sensitivity gene tagged with RFLP and isozyme markers in rice. *Theoretical and Applied Genetics* 85, 536–540.

Mackill, D.J., Zhang, Z., Redoña, E.D. and Colowit, P.M. (1996) Level of polymorphism and genetic mapping of AFLP markers in rice. *Genome* 39, 969–977.

Macomber, R.S. (1998) *A Complete Introduction to Modern NMR Spectroscopy*. John Wiley & Sons, Chichester, UK.

Magnuson, V.L., Ally, D.S., Nylund, S.J., Karanjawala, Z.E., Rayman, J.B., Knapp, J.I., Lowe, A.L., Ghosh, S. and Collins, F.S. (1996) Substrate nucleotide-determined non-templates addition to adenine by *Taq* DNA polymerase: implication for PCR-based genotyping and cloning. *Biotechniques* 21, 700–709.

Maheswaran, M., Huang, N., Sreerangasamy, S.R. and McCouch, S.R. (2000) Mapping quantitative trait loci associated with days to flowering and photoperiod sensitivity in rice (*Oryza sativa* L.). *Molecular Breeding* 6, 145–155.

Mailund, T., Schierup, M.H., Pedersen, C.N.S., Madsen, J.N., Hein, J. and Schauser, L. (2006) GeneRecon – a coalescent based tool for fine-scale association mapping. *Bioinformatics* 22, 2317–2318.

Malakoff, D. (1999) Bayes offers a 'new' way to make sense of numbers. *Science* 286, 1460–1464.

Malmberg, R.L. and Mauricio, R. (2005) QTL-based evidence for the role of epistasis in evolution. *Genetical Research* 86, 89–95.

Malmberg, R.L., Held, S., Waits, A. and Mauricio, R. (2005) Epistasis for fitness-related quantitative traits in *Arabidopsis thaliana* grown in the field and in the greenhouse. *Genetics* 171, 2013–2027.

Malosetti, M., Voltas, J., Romagosa, I., Ullrich, S.E. and van Eeuwijk, F.A. (2004) Mixed models including environmental variables for studying QTL by environment interaction. *Euphytica* 137, 139–145.

Malosetti, M., van der Linden, C.G., Vosman, B. and van Eeuwijk, A. (2007) A mixed-model approach to association mapping using pedigree information with an illustration of resistance to *Phytophthora infestans* in potato. *Genetics* 175, 879–889.

Maluszynski, M., Kasha, K.J., Forster, B.P. and Szarejko, I. (eds) (2003) *Doubled Haploid Production in Crop Plants – a Manual*. Kluwer Academic Publishers, Dordrecht, Netherlands.

Mandel, J. (1969) The partitioning of interaction in analysis of variance. *Journal of Research of the National Bureau of Standards, Series B* 73, 309–328.

Mandel, J. (1971) A new analysis of variance model for nonadditive data. *Technometrics* 13, 1–18.

Manenti, G., Galvan, A., Pettinicchio, A., Trincucci, G., Spada, E., Zolin, A., Milani, S., Gonzalez-Neira, A. and Dragani, T.A. (2009) Mouse genome-wide association mapping needs linkage analysis to avoid false-positive loci. *PLoS Genetics* 5(1), e1000331.

Mangelsdorf, P.C. (1974) *Corn: Its Origin, Evolution and Improvement*. Harvard University Press, Cambridge, Massachusetts.

Manly, K.F. (1993) A Macintosh program for storage and analysis of experimental genetic mapping data. *Mammalian Genome* 4, 303–313.

Mannschreck, S. (2004) Optimierung der Methode zur Chromosomalen Aufdopplung von *in-vivo* induzierten Haploiden bei Mais (*Zea mays* L.). MSc thesis, Universität Hohenheim, Germany.

Maqbool, S.B., Riazuddin, S., Loc, N.T., Gatehouse, A.M.R., Gatehouse, J.A. and Christou, P. (2001) Expression of multiple insecticidal genes confers broad resistance against a range of different rice pests. *Molecular Breeding* 7, 85–93.

Marchini, J., Donnelly, P. and Cardon, L.R. (2005) Genome-wide strategies for detecting multiple loci that influence complex diseases. *Nature Genetics* 4, 413–417.

Margulies, M., Egholm, M., Altman, W.E., Attiya, S., Bader, J.S., Bemben, L.A., Berka, J., Braverman, M.S., Chen, Y.-J., Chen, Z., Dewell, S.B., Du, L., Fierro, J.M., Gomes, X.V., Godwin, B.C., He, W., Helgesen, S., Ho, C.H., Irzyk, G.P., Jando, S.C., Alenquer, M.L.I., Jarvie, T.P., Jirage, K.B., Kim, J.-B., Knight, J.R., Lanza, J.R., Leamon, J.H., Lefkowitz, S.M., Lei, M., Li, J., Lohman, K.L., Lu, H., Makhijani, V.B., McDade, K.E., McKenna, M.P., Myers, E.W., Nickerson, E., Nobile, J.R., Plant, R., Puc, B.P., Ronan, M.T., Roth, G.T., Sarkis, G.J., Simons, J.F., Simpson, J.W., Srinivasan, M., Tartaro, K.R., Tomasz, A., Vogt, K.A., Volkmer, G.A., Wang, S.H., Wang, Y., Weiner, M.P., Yu, P., Begley, R.F. and Rothberg, J.M. (2005) Genome sequencing in open microfabricated high density picoliter reactors. *Nature* 437, 376–380.

Marillonnet, S., Giritch, A., Gils, M., Kandzia, R., Klimyuk, V. and Gleba, Y. (2004) *In planta* engineering of viral RNA replicons: efficient assembly by recombination of DNA modules delivered by *Agrobacterium*. *Proceedings of the National Academy of Sciences of the United States of America* 101, 6852–6857.

Marillonnet, S., Thoeringer, C., Kandzia, R., Klimyuk, V. and Gleba, Y. (2005) Systematic *Agrobacterium tumefaciens*-mediated transfection of viral replicons for efficient transient expression in plants. *Nature Biotechnology* 23, 718–723.

Martienssen, R.A., Rabinowicz, P.D., O'Shaughnessy, A. and McCombie, W.R. (2004) Sequencing the maize genome. *Current Opinion in Plant Biology* 7, 102–107.

Martin, G.B., Williams, J.G.K. and Tanksley, S.D. (1991) Rapid identification of markers linked to a *Pseudomonas* resistance gene in tomato by using random primers and near-isogenic lines. *Proceedings of the National Academy of Sciences of the United States of America* 88, 2336–2340.

Martin, G.B., Brommonschenkel, S.H., Chunwongse, J., Frary, A., Ganal, M.W., Spivey, R., Wu, T., Earle, E.D. and Tanksley, S.D. (1993) Map-based cloning of a protein kinase gene conferring disease resistance in tomato. *Science* 262, 1432–1436.

Martin, J.M., Talbert, L.E., Lanning, S.P. and Blake, N.K. (1995) Hybrid performance in wheat as related to parental diversity. *Crop Science* 35, 104–108.

Martin, O.C. and Hospital, F. (2006) Two- and three-locus tests for linkage analysis using recombinant inbred lines. *Genetics* 173, 451–459.

Martinez, L. (2003) *In vitro* gynogenesis induction and doubled haploid production in onion (*Allium cepa* L.). In: *Doubled Haploid Production in Crop Plants*. Kluwer Academic Publisher, Dordrecht, Netherlands, pp. 275–281.

Martinez, O. and Curnow, R.N. (1992) Estimating the locations and the sizes of the effects of quantitative trait loci using flanking markers. *Theoretical and Applied Genetics* 85, 480–488.

Martinez, V., Thorgaard, G., Robison, B. and Sillanpää, M.J. (2005) An application of Bayesian QTL mapping to early development in double haploid lines of rainbow trout including environmental effects. *Genetical Research* 86, 209–221.

Mascarenhas, M. and Busch, L. (2006) Seeds of change: intellectual property rights, genetically modified soybeans and seed saving in the United States. *Sociologia Ruralis* 46, 122–138.

Mather, K. (1949) *Biometrical Genetics*. Chapman & Hall, London.

Mather, K. and Jinks, J.L. (1982) *Biometrical Genetics*. Chapman & Hall, London.

Mathesius, U., Imin, N., Natera, S.H.A. and Rolfe, B.G. (2003) Proteomics as a functional genomics tool. In: Grotewold, E. (ed.) *Methods in Molecular Biology*, Vol. 236. *Plant Functional Genomics: Methods and Protocols*. Humana Press, Totowa, New Jersey, pp. 395–413.

Matsumura, H., Ito, A., Saitoh, H., Winter, P., Kahl, G., Reuter, M., Kruger, D.H. and Terauchi, R. (2005) SuperSAGE. *Cell Microbiology* 7, 11–18.

Matthews, P.R., Wang, M.B., Waterhouse, P.M., Thornton, S., Fieg, S.J., Gubler, F. and Jacobsen, J.V. (2001) Marker gene elimination from transgenic barley, using co-transformation with adjacent 'twin T-DNA' on a standard *Agrobacterium* transformation vector. *Molecular Breeding* 7, 195–202.

Matus, I., Corey, A., Filichkin, T., Hayes, P.M., Vales, M.I., Kling, J., Riera-Lizarazu, O., Sato, K., Powell, W. and Waugh, R. (2003) Development and characterization of recombinant chromosome substitution lines (RCSLs) using *Hordeum vulgare* subsp. *spontaneum* as a source of donor alleles in a *Hordeum vulgare* subsp. *vulgare* background. *Genome* 46, 1010–1023.

Matzke, M.A. and Matzke, A.J.M. (1995) How and why do plants inactivate homologous (Trans) genes? *Plant Physiology* 107, 679– 685.

Matzke, M.A., Mette, M.F. and Matzke, A.J.M. (2000) Transgene silencing by the host genome defense: implications for the evolution of epigenetic control mechanisms in plants and vertebrates. *Plant Molecular Biology* 43, 401–415.

Maxted, N., Ford-Lloyd, B.V. and Hawkes, J.G. (1997) Complementary conservation strategies. In: Maxted, N., Ford-Lloyd, B.V. and Hawkes, J.G. (eds) *Plant Genetic Resources Conservation*. Chapman & Hall, London, pp. 15–39.

Mayer, J., Sharples, J. and Nottenburg, C. (2004) *Resistance to Phosphinothricin*. CAMBIA Intellectual Property, Canberra.

Mayer, J.E., Pfeiffer, W.H. and Beyer, P. (2008) Biofortified crops to alleviate micronutrient malnutrition. *Current Opinion in Plant Biology* 11, 166–177.

Mayes, S., Parsley, K., Sylvester-Bradley, R., May, S. and Foulkes, J. (2005) Integrating genetic information into plant breeding programmes: how will we produce varieties from molecular variation, using bioinformatics? *Annals of Applied Biology* 146, 223–237.

McCallum, C.M., Comai, L., Greene, E.A. and Henikoff, S. (2000) Targeting Induced Local Lesions IN Genomes (TILLING) for plant functional genomics. *Plant Physiology* 123, 439–442.

McCarthy, M.I., Abecasis, G.R., Cardon, L.R., Goldstein, D.B., Little, J., Ioannidis, J.P.A. and Hirschhorn, J.N. (2008) Genome-wide association studies for complex traits: consensus, uncertainty and challenges. *Nature Reviews Genetics* 9, 356–269.

McCouch, S.R., Teytelman, L., Xu, Y., Lobos, K.B., Clare, K., Walton, M., Fu, B., Maghirang, R., Li, Z., Xing, Y., Zhang, Q., Kono, I., Yano, M., Fjellstrom, R., DeClerck, G., Schneider, D., Cartinhour, S., Ware, D. and Stein, L. (2002) Development and mapping of 2240 new SSR markers for rice (*Oryza sativa* L.). *DNA Research* 9, 199–207.

McCouch, S.R., Sweeney, M., Li, J., Jiang, H., Thomson, M., Septiningsih, E., Edwards, J., Moncada, P., Xiao, J., Garris, A., Tai, T., Martinez, C., Tohme, J., Sugiono, M., McClung, A., Yuan, L.P. and Ahn, S.N. (2007) Through the genetic bottleneck: *O. rufipogon* as a source of trait-enhancing alleles for *O. sativa*. *Euphytica* 154, 317–339.

McElroy, D. (1996) The industrialization of plant transformation. *Nature Biotechnology* 14, 715–716.

McElroy, D. and Brettell, R.I.S. (1994) Foreign gene expression in transgenic cereals. *Trends in Biotechnology* 12, 62–68.

McElroy, D., Zhang, W.G., Cao, J. and Wu, R. (1990) Isolation of an efficient actin promoter for use in rice transformation. *The Plant Cell* 2, 163–171.

McLaren, C.G., Bruskiewich, R.M., Portugal, A.M. and Cosico, A.B. (2005) The International Rice Information System. A platform for meta-analysis of rice crop data. *Plant Physiology* 139, 637–642.

McMullen, M.M., Kresovich, S., Villeda, H.S., Bradbury, P., Li, H., Sun, Q., Flint-Garcia, S., Thornsberry, J., Acharya, C., Bottoms, C., Brown, P., Browne, C., Eller, M., Guill, K., Harjes, C., Kroon, D., Lepak, N., Mitchell, S.E., Peterson, B., Pressoir, G., Romero, S., Rosas, M.O., Salvo, S., Yates, H., Hanson, M., Jones, E., Smith, S., Glaubitz, J.C., Goodman, M., Ware, D., Holland, J.B. and Buckler, E.S. (2009) Genetic properties of the maize nested association mapping population. *Science* 325, 737–740.

McNally, K.L., Bruskiewich, R., Mackill, D., Buell, C.R., Leach, J.E. and Leung, H. (2006) Sequencing multiple and diverse rice varieties. Connecting whole-genome variation with phenotypes. *Plant Physiology* 141, 26–31.

Meaburn, E., Butcher, L.M., Schalkwyk, L.C. and Plomin, R. (2006) Genotyping pooled DNA using 100K SNP microarrays: a step towards genomewide association scans. *Nucleic Acids Research* 34, e28.

Meghi, M.R., Dudley, J.W., Lamkey, R.J. and Sprauge, G.F. (1984) Inbreeding depression, inbred and hybrid grain yields and other traits of maize genotypes representing three eras. *Crop Science* 24, 545–549.

Melchinger, A.E. (1993) Use of RFLP markers for analyses of genetic relationships among breeding materials and prediction of hybrid performance. In: Buxton, D.R., Shibles, R., Forsberg, R.A., Blad, B.L., Asay, K.H., Paulson, G.M. and Wilson, R.F. (eds) *International Crop Science I.* Crop Science Society of America (CSSA), Madison, Wisconsin, pp. 621–628.

Melchinger, A.E. (1999) Genetic diversity and heterosis. In: Coors, J.G. and Pandey, S. (eds) *The Genetics and Exploitation of Heterosis in Crops.* Crop Science Society of America (CSSA), Madison, Wisconsin, p. 54 (abstract).

Melchinger, A.E. and Gumber, R.K. (1998) Overview of heterosis and heterotic groups in agronomic crops. In: Lamkey, K.R. and Staub, J.E. (eds) *Concepts and Breeding of Heterosis in Crop Plants.* Crop Science Society of America (CSSA), Madison, Wisconsin, pp. 29–44.

Melchinger, A.E., Geiger, H.H. and Schnell, F.W. (1986) Epistasis in maize (*Zea mays* L.) I. Comparison of single and three-way cross hybrids among early flint and dent inbred lines. *Maydica* 31, 179–192.

Melchinger, A.E., Lee, M., Lamkey, K.R. and Woodman, W.L. (1990) Genetic diversity for restriction fragment length polymorphisms: relation to estimated genetic effects in maize inbreds. *Crop Science* 30, 1033–1040.

Melchinger, A.E., Messmer, M.M., Lee, M., Woodman, W.L. and Lamkey, K.R. (1991) Diversity and relationships among U.S. maize inbreds revealed by restriction fragment length polymorphism. *Crop Science* 31, 669–678.

Melchinger, A.E., Boppenmaier, J., Dhillon, B.S., Pollmer, W.G. and Herrmann, R.G. (1992) Genetic diversity for RFLPs in European maize inbreds. II. Relation to performance of hybrids within versus between heterotic groups for forage traits. *Theoretical and Applied Genetics* 84, 627–681.

Melchinger, A.E., Graner, A., Singh, M. and Messmer, M.M. (1994) Relationships among European germplasm: I. Genetic diversity among winter and spring cultivars revealed by RFLPs. *Crop Science* 34, 1191–1199.

Melchinger, A.E., Utz, H.F. and Schön, C.C. (1998) Quantitative trait locus (QTL) mapping using different testers and independent populations samples in maize reveals low power of QTL detection and large bias in estimates of QTL effects. *Genetics* 149, 383–403.

Melchinger, A.E., Utz, H.F. and Schön, C.C. (2000) From Mendel to Fisher. The power and limits of QTL mapping for quantitative traits. *Vortr Pflanzenzüchtg* 48, 132–142.

Melchinger, A.E., Utz, H.F. and Schön, C.C. (2004) QTL analyses of complex traits with cross validation, bootstrapping and other biometric methods. *Euphytica* 137, 1–11.

Melchinger, A.E., Longin, C.F., Utz, H.F. and Reif, J.C. (2005) Hybrid maize breeding with doubled haploid lines: quantitative genetic and selection theory for optimum allocation of resources. In: *Proceedings of the Forty First Annual Illinois Corn Breeders' School* 7–8 March 2005, Urbana-Champaign, Illinois. University of Illinois at Urbana-Champaign, pp. 8–21.

Melchinger, A.E., Utz, H.F., Piepho, H.P., Zeng, Z.-B. and Schön, C.C. (2007) The role of epistasis in the manifestation of heterosis – a system-oriented approach. *Genetics* 177, 1815–1825.

Melchinger, A.E., Utz, H.F. and Schön, C.C. (2008) Genetic expectations of quantitative trait loci main and interaction effects obtained with the triple testcross design and their relevance for the analysis of heterosis. *Genetics* 178, 2265–2274.

Menkir, A., Melake-Berhan, A., The, C., Ingelbrecht, I. and Adepoju, A. (2004) Grouping of tropical mid-altitude maize inbred lines on the basis of yield data and molecular markers. *Theoretical and Applied Genetics* 108, 1582–1590.

Menz, M.A., Klein, R.R., Mullet, J.E., Obert, J.A., Unruh, N.C. and Klein, P.E. (2002) A high-density genetic map of *Sorghum bicolor* (L.) Moench based on 2926 AFLP, RFLP and SSR markers. *Plant Molecular Biology* 48, 483–499.

Mertz, E.T., Bates, L.S. and Nelson, O.E. (1964) Mutant gene that changes protein composition and increases lysine content of maize endosperm. *Science* 145, 279–280.

Messina, C.D., Jones, J.W., Boote, K.J. and Vallejos, C.E. (2006) A gene-based model to simulate soybean development and yield response to environment. *Crop Science* 46, 456–466.

Messmer, M.M., Melchinger, A.E., Herrmann, R.G. and Boppenmaier, J. (1993) Relationships among early European maize inbreds. II. Comparisons of pedigree and RFLP data. *Crop Science* 33, 944–950.

Meudt, H.M. and Clarke, A.C. (2007) Almost forgotten or latest practice? AFLP applications, analyses and advances. *Trends in Plant Science* 12, 106–117.

Meuwissen, T.H.E., Hayes, B.J. and Goddard, M.E. (2001) Prediction of total genetic value using genome-wide dense marker maps. *Genetics* 157, 1819–1829.

Meyer, K., Benning, G. and Grill, E. (1996) Cloning of plant genes based on genetic map location. In: Paterson, A.H. (ed.) *Genome Mapping in Plants*. R.G. Landes Company, Austin, Texas, pp. 137–154.

Meyer, S., Nowak, K., Sharma, V.K., Schulze, J., Mendel, R.R. and Hansch, R. (2004) Vectors for RNAi technology in poplar. *Plant Biology* 6, 100–103.

Meyers, B.C., Scalabrin, S. and Morgante, M. (2004) Mapping and sequencing complex genomes: let's get physical! *Nature Reviews Genetics* 5, 578–588.

Michelmore, R.W. and Shaw, D.V. (1988) Character dissection. *Nature* 335, 672–673.

Michelmore, R.W., Paran, I. and Kesselli, R.V. (1991) Identification of markers linked to disease resistance genes by bulked segregant analysis: a rapid method to detect markers in specific genome regions using segregating populations. *Proceedings of the National Academy of Sciences of the United States of America* 88, 9828–9832.

Miernyk, J.A. and Thelen, J.J. (2008) Biochemical approaches for discovering protein–protein interactions. *The Plant Journal* 53, 597–609.

Miki, B. and McHugh, S. (2004) Selectable marker genes in transgenic plants: applications, alternatives and biosafety. *Journal of Biotechnology* 107, 193–232.

Miki, D. and Shimamoto, K. (2004) Simple RNAi vectors for stable and transient suppression of gene function in rice. *Plant and Cell Physiology* 45, 490–495.

Mikkilineni, V. and Rocheford, T.R. (2004) RFLP variant frequency differences among Illinois long-term selection protein strains. *Plant Breeding Reviews* 24(1), 111–131.

Miklas, P.N., Kelly, J.D. and Singh, S.P. (2003) Registration of anthracnose-resistant pinto bean germplasm line USPT-ANT-1. *Crop Science* 43, 1889–1890.

Miles, J.S. and Guest, J.R. (1984) Nucleotide sequence and transcriptional start point of the phosphomannose isomerase gene (mana) of *Escherichia coli*. *Gene* 32, 41–48.

Miller, W., Makova, K.D., Nekrutenko, A. and Hardison, R.C. (2004) Comparative genomics. *Annual Review of Genomics and Human Genetics* 5, 15–56.

Mitchell, A.A. and Chakravarti, A. (2003) Undetected genotyping errors cause apparent overtransmission of common alleles in the transmission/disequilibrium test. *American Journal of Human Genetics* 72, 598–610.

Miyahara, K. (1999) Analysis of LGC1, low glutelin mutant of rice. *Gamma Field Symposia* 38, 43–52.

Miyao, A., Tanaka, K., Murata, K., Sawaki, H., Takeda, S., Abe, K., Shinozuka, Y., Onosato, K. and Hirochika, H. (2003) Target site specificity of the Tos17 retrotransposon shows a preference for insertion within genes and against insertion in retrotransposon-rich regions of the genome. *The Plant Cell* 15, 1771–1780.

Miyata, M., Yamamoto, T., Komori, T. and Nitta, N. (2007) Marker-assisted selection and evaluation of the QTL for stigma exsertion under *japonica* rice genetic background. *Theoretical and Applied Genetics* 114, 539–548.

Mlynarova, L., Conner, A.J. and Nap, J.P. (2006) Directed microspore-specific recombination of transgenic alleles to prevent pollen-mediated transmission. *Plant Biotechnology Journal* 4, 445–452.

Mo, H. (1988) Genetic expression for endosperm traits. In: Weir, B.S., Eisen, E.J., Goodman, M.M. and Namkoog, S.N. (eds) *Proceedings of the 2nd International Conference of Quantitative Genetics*. Sinauer Associates, Sunderland, Massachusetts, pp. 478–487.

Mo, H. (1993a) Genetic analysis for qualitative–quantitative traits. I. The genetic constitution of generations and identification of major gene genotypes. *Acta Agronomica Sinica* 19, 1–6 (in Chinese with English abstract).

Mo, H. (1993b) Genetic analysis for qualitative–quantitative traits. II. Generation means and genetic variances. *Acta Agronomica Sinica* 19, 193–200 (in Chinese with English abstract).

Mockler, T.C. and Ecker, J.R. (2004) Application of DNA tiling arrays for whole-genome analysis. *Genomics* 85, 1–15.

Mohler, V. and Singrün, C. (2004) General considerations: marker-assisted selection. In: Lörz, H. and Wenzl, G. (eds) *Biotechnology in Agricultural and Forestry*, Vol. 55. *Molecular Marker Systems in Plant Breeding and Crop Improvement*. Springer-Verlag, Berlin, pp. 305–317.

Mohler, V. and Schwartz, G. (2005) Genotyping tools in plant breeding: from restriction fragment length polymorphisms to single nucleotide polymorphisms. In: Lörz, H. and Wenzel, G. (eds) *Molecular Marker Systems in Plant Breeding and Crop Improvement. Biotechnology in Agriculture and Forestry*, Vol. 55. Springer-Verlag, Berlin, pp. 23–38.

Moing, A., Deborde, C. and Rolin, D. (2007) Metabolic fingerprinting and profiling by proton NMR. In: Morot-Gaudry, J.F., Lea, P. and Briat, J.F. (eds) *Functional Plant Genomics*. Science Publishers, Enfield, New Hampshire, pp. 335–344.

Molloy, M.P. and Witzmann, F.A. (2002) Proteomics: technologies and applications. *Briefings in Functional Genomics and Proteomics* 1, 23–29.

Moncada, P., Martinez, C.P., Borrero, J., Chatel, M., Gauch, H., Guimaraes, E., Tohme, J. and McCouch, S.R. (2001) Quantitative trait loci for yield and yield components in an *Oryza sativa* × *Oryza rufipogon* BC$_2$F$_2$ population evaluated in an upland environment. *Theoretical Applied Geneics* 102, 41–52.

Monna, L., Lin, H.X., Kojima, S., Sasaki, T. and Yano, M. (2002) Genetic dissection of a genomic region for a quantitative trait locus, *Hd3*, into two loci, *Hd3a* and *Hd3b*, controlling heading date in rice. *Theoretical and Applied Genetics* 104, 772–778.

Mooers, C.A. (1921) The agronomic placement of varieties. *Journal of American Society of Agronomy* 13, 337–352.

Moore, S.K. and Srivastava, V. (2006) Efficient deletion of transgenic DNA from complex integration locus of rice mediated by *Cre/lox* recombination system. *Crop Science* 46, 700–705.

Moreau, L., Charcosset, A., Hospital, F. and Gallais, A. (1998) Marker-assisted selection efficiency in populations of finite size. *Genetics* 148, 1353–1365.

Moreau, L., Lemarie, S., Charcosset, A. and Gallais, A. (2000) Economic efficiency on one cycle of marker-assisted selection. *Crop Science* 40, 329–337.

Moreau, L., Charcosset, A. and Gallais, A. (2004) Experimental evaluation of several cycles of marker-assisted selection in maize. *Euphytica* 137, 111–118.

Moreno-Gonzalez, J., Dudley, J.W. and Lambert, R.J. (1975) A design II study of linkage disequilibrium for percent oil in maize. *Crop Science* 15, 840–843.

Morgante, M. and Vogel, J. (1997) Compound microsatellite primers for the detection of genetic polymorphisms. Patent EP 0804618.

Morris, M., Dreher, K., Ribau, J.M. and Khairallah, M. (2003) Money matters (II): cost of maize inbred line conversion schemes at CIMMYT using conventional and marker-assisted selection. *Molecular Breeding* 11, 235–247.

Morton, N.E. (1955) Sequential test for the detection of linkage. *American Journal of Human Genetics* 7, 277–318.

Moser, H. and Lee, M. (1994) RFLP variation and genealogical distance, multivariate distance, heterosis and genetic variance in oats. *Theoretical and Applied Genetics* 87, 947–956.

Mu, J., Zhou, H., Zhao, S., Xu, C., Yu, S. and Zhang, Q. (2004) Development of contiguous introgression lines covering entire genome of the sequenced *japonica* rice. In: *New Directions for a Diverse Planet*: Proceedings of the 4th International Crop Science Congress, 26 September–1 October 2004, Brisbane, Australia. Published on CD-ROM. Available at: http://www.cropscience.org.au/icsc2004/ (accessed 17 November 2009).

Muehlbauer, G.J., Specht, J.E., Thomas-Compton, M.A., Staswick, P.E. and Bernard, R.L. (1988) Near-isogenic lines – a potential resource in the integration of conventional and molecular marker linkage maps. *Crop Science* 28, 729–735.

Mueller, M., Goel, A., Thimma, M., Dickens, N.J., Aitman, T.J. and Mangion, J. (2006) eQTL Explorer: integrated mining of combined genetic linkage and expression experiments. *Bioinformatics* 22, 509–511.

Mukhambetzhanov, S.K. (1997) Culture of nonfertilized female gametophytes *in vitro*. *Plant Cell, Tissue and Organ Culture* 48, 111–119.

Mullis, K. (1992) Process for amplifying nucleic acid sequences. Patent EP 0201184B1.

Mumm, R.H. and Dudley, J.W. (1994) Classification of 148 U.S. maize inbreds. I. Cluster analysis based on RFLPs. *Crop Science* 34, 842–851.

Munafò, M.R. and Flint, J. (2004) Meta-analysis of genetic association studies. *Trends in Genetics* 20, 439–444.

Muranty, H. (1996) Power of tests for quantitative trait loci detection using full-sib families in different schemes. *Heredity* 76, 156–165.

Murigneux, A., Baud, S. and Beckert, M. (1993) Molecular and morphological evaluation of doubled-haploid lines in maize: 2. Comparison with single-seed-descent lines. *Theoretical and Applied Genetics* 87, 278–287.

Mýles, S., Peiffer, J., Brown, P.J., Ersoz, E.S., Zhang, Z., Costich, D.E. and Buckler, E.S. (2009) Association mapping: critical considerations shift from genotyping to experimental design. *The Plant Cell* 21, 2194–2202.

Nagaraju, J. (2003) Novel FISSR-PCR primes and method of identifying genotyping diverse genomes of plant and animal systems including rice varieties, a kit thereof. Patent WO 03085133.

Nakagahra, M. (1972) Genetic mechanism on the distorted segregation of marker gene belonging to the eleventh linkage group in cultivated rice. *Japanese Journal of Breeding* 22, 232–238.

Nakazaki, T., Okumoto, Y., Horibata, A., Yamahira, S., Teraishi, M., Nishida, H., Inoue, H. and Tanisaka, T. (2003) Mobilization of a transposon in the rice genome. *Nature* 421, 170–172.

Naqvi, S., Zhu, C., Farrea, G., Ramessara, K., Bassiea, L., Breitenbach, J., Conesa, D.P., Ros, G., Sandmann, G., Capell, T. and Christou, P. (2009) Transgenic multivitamin corn through biofortification of endosperm with three vitamins representing three distinct metabolic pathways. *Proceedings of the National Academy of Sciences of the United States of America* 106, 7762–7767.

Narayanan, N.N., Baisakh, N., Oliva, N.P., Vera Cruz, C.M., Gnanamanickam, S.S., Datta, K. and Datta, S.K. (2004) Molecular breeding: marker-assisted selection combined with biolistic transformation for blast and bacterial blight resistance in *indica* rice (cv. CO39). *Molecular Breeding* 14, 61–71.

Naseem, A., Oehmmke, J.F. and Schimmelpfennig, D.E. (2005) Does plant variety intellectual property protection improve farm productivity? Evidence from cotton varieties. *AgBioForum* 8, 100–107.

Navarro, R.L., Warrier, G.S. and Maslog, C.C. (2006) *Genes Are Gems: Reporting Agri-Biotechnology. A Sourcebook for Journalists.* International Crops and Research Institute for the Semi-Arid Tropics, Andhra Pradesh, India, 136 pp.

Naylor, R.L., Falcon, W.P., Goodman, R.M., Jahn, M.M., Sengooba, T., Tefera, H. and Nelson, R.J. (2004) Biotechnology in the developing world: a case for increased investments in orphan crops. *Food Policy* 29, 15–44.

Negrotto, D., Jolley, M., Beer, S., Wenck, A.R. and Hansen, G. (2000) The use of hosphomannose-iso-merase as a selectable marker to recover transgenic maize plants (*Zea mays* L.) via *Agrobacterium* transformation. *Plant Cell Reports.* 19, 798–803.

Nei, M. (1972) Genetic distance between populations. *The American Naturalist* 106, 283–292.

Nei, M. (1973) Analysis of gene diversity in subdivided populations. *Proceedings of the National Academy of Sciences of the United States of America* 70, 3321–3323.

Nei, M., Tajima, F. and Tateno, Y. (1983) Accuracy of estimated phylogenetic trees from molecular data. II. Gene frequency data. *Journal of Molecular Evolution* 19, 153–170.

Nelson, O.E. (2001) Maize: the long trail to QTM. In: Reeve, E.C.R. and Black, I. (eds) *Encyclopedia of Genetics.* Fitzroy Dearborn, London, pp. 657–660.

Neuffer, M.G., Coe, E.H. and Wessler, S. (1997) *Mutants of Maize.* Cold Spring Harbor Laboratory Press, Cold Spring Harbor, New York.

Ng'etich, K.A. (2005) *Indigenous Knowledge, Alternative Medicine and Intellectual Property Rights Concerns in Kenya.* 11th General Assembly, 6–10 December 2005, Maputo, Mozambique. Egerton University, Njoro, Kenya.

Nguyen, B.D., Brar, D.S., Bui, B.C., Nguyen, T.V, Pham, L.N. and Nguyen, H.T. (2003) Identification and mapping of the QTL for aluminum tolerance introgressed from the new source *Oryza rufipogon* Griff. into *indica* rice (*Oryza sativa* L.). *Theoretical and Applied Genetics* 106, 583–593.

Nguyen, H.T., Chandra Babu, R. and Blum, A. (1997) Breeding for drought tolerance in rice: physiology and molecular genetics considerations. *Crop Science* 37, 1426–1434.

Nguyen, T.T.T., Klueva, N., Chamareck, V., Aarti, A., Magpantay, G., Millena, A.C.M., Pathan, M.S. and Nguyen, H.T. (2004) Saturation mapping of QTL regions and identification of putative candidate genes for drought tolerance in rice. *Molecular Genetics and Genomics* 272, 35–46.

Ni, J.J., Wu, P., Senadhira, D. and Huang, N. (1998) Mapping QTLs for phosphorus deficiency tolerance in rice (*Oryza sativa* L.). *Theoretical and Applied Genetics* 97, 1361–1369.

Ni, Z.F., Sun, Q.X., Liu, Z.Y. and Huang, T.C. (1997) Studies on heterotic grouping in wheat: II. Genetic diversity among common wheat, Tibet semi-wild wheat and spelt wheat. *Journal of Agricultural Biotechnology* (China) 5, 103–111.

Nicholas, F.W. (2006) Discovery, validation and delivery of DNA markers. *Australian Journal of Experimental Agriculture* 46, 155–158.

Nicholson, L., Gonzalez-Melendi, P., van Dolleweerd, C., Tuck, H., Perrin, Y., Ma, J.K.-C., Fischer, R., Christou, P. and Stoger, E. (2005) A recombinant multimeric immunoglobulin expressed in rice shows assembly dependent subcellular localization in endosperm cells. *Plant Biotechnology* 3, 115–127.

Nickson, T.E. (2008) Planning environmental risk assessment for genetically modified crops: problem for-mulation for stress-tolerant crops. *Plant Physiology* 147, 494–502.

Nicolas, P. and Chiapello, H. (2007) Gene prediction. In: Morot-Gaudry, J.F., Lea, P. and Briat, J.F. (eds) *Functional Plant Genomics*. Science Publishers, Enfield, New Hampshire, pp. 71–85.

Niebur, W.S., Rafalski, J.A., Smith, O.S. and Cooper, M. (2004) Applications of genomics technologies to enhance rate of genetic progress for yield of maize within a commercial breeding program. In: Fischer, T. (ed.) *New Directions for a Diverse Planet*. Proceedings of the 4th International Crop Science Congress, Brisbane, Australia. Available at: http://www.cropscience.org.au/icsc2004/ (accessed 17 November 2009).

Nilsson, M., Malmgren, H., Samiotaki, M., Kwiatkowski, M., Chowdhary, B.P. and Landegren, U. (1994) Padlock probes: circularization oligonucleotides for localized DNA detection. *Science* 265, 2085–2088.

Nobécourt, P. (1939) Sur la pérennite et l'augmentation de volume des cultures de tissus végétaux. *Comptes Rendus des Séances-Societe Biologie* 130, 1270–1271.

Noirot, M., Anthony, F., Dussert, S. and Hamon, S. (2003) A method for building core collections. In: Hamon, P., Seguin, M., Perrier, X. and Glaszmann, J.C. (eds) *Genetic Diversity of Cultivated Tropical Plants*. Science Publishers, Enfield, New Hampshire and CIRAD, Paris, pp. 65–75.

Nordborg, M. (2000) Linkage disequilibrium, gene trees and selfing: an ancestral recombination graph with partial self-fertilization. *Genetics* 154, 923–929.

Nordborg, M., Borevitz, J.O., Bergelson, J., Berry, C.C., Chory, J., Hagenblad, J., Kreitman, M., Maloof, J.N., Noyes, T., Oefner, P.J., Stahl, E.A. and Weigel, D. (2002) The extent of linkage disequilibrium in *Arabidopsis thaliana*. *Nature Genetics* 30, 190–193.

NRC (National Research Council) (2001) *Genetically Modified Pest-Protected Plants: Science and Regulation*. National Academy Press, Washington, DC.

NRC (National Research Council) (2002) *Environmental Effects of Transgenic Plants: the Scope and Adequacy of Regulation*. National Academy Press, Washington, DC.

Nunberg, A.N., Li, Z. and Thomas, T.L. (1996) Analysis of gene expression and gene isolation by high-throughput sequencing of plant cDNAs. In: Paterson, A.H. (ed.) *Genome Mapping in Plants*. R.G. Landes Company, Austin, Texas, pp. 169–177.

Nyquist, W.E. (1991) Estimation of heritability and prediction of selection response in plant populations. *Critical Review of Plant Science* 10, 235–322.

O'Brien, S.J. and Mayr, E. (1991) Bureaucratic mischief: recognizing endangered species and subspecies. *Science* 251, 1187–1188.

O'Flanagan, R.A., Paillard, G., Lavery, R. and Sengupta, A.M. (2005) Non-additivity in protein–DNA binding. *Bioinformatics* 21, 2254–2263.

Odell, J.T., Nagy, F. and Chua, N.H. (1985) Identification of DNA sequences required for activity of the cauliflower mosaic virus 35S promoter. *Nature* 313, 810–812.

Ogawa, Y., Dansako, T., Yano, K., Sakurai, N., Suzuki, H., Aoki, K., Noji, M., Saito, K. and Shibata, D. (2008) Efficient and high-throughput vector construction and *Agrobacterium*-mediated transformation of *Arabidopsis thaliana* suspension-cultured cells for functional genomics. *Plant and Cell Physiology* 49, 242–250.

Oka, H.I. (1988) *Origin of Cultivated Rice*. Japan Scientific Societies Press, Tokyo.

Okkels, T.F. and Whenham, R.J. (1994) Method for the selection of genetically transformed cells and compound for the used in the method. Patent EP 0601092B1.

Olek, A. (1996) Amplification of simple sequence repeats. Patent EP 0870062.

Oleykowski, C.A., Bronson Mullins, C.R., Godwin, A.K. and Yeung, A.T. (1998) Mutation detection using a novel plant endonuclease. *Nucleic Acids Research* 26, 4597–4602.

Oliver, S.G., Winson, M.K., Kell, D.B. and Baganz, F. (1998) Systematic functional analysis of the yeast genome. *Trends in Biotechnology* 16, 373–378.

Olufowote, J.O., Xu, Y., Chen, X., Park, W.D., Beachell, H.M., Dilday, R.H., Goto, M. and McCouch, S.R. (1997) Comparative evaluation of within-cultivar variation of rice (*Oryza sativa* L.) using microsatellite and RFLP markers. *Genome* 40, 370–378.

Openshaw, S. and Bruce, W.B. (2001) Marker-assisted identification of a gene associated with a phenotypic trait. Patent EP 1230385.

Openshaw, S.J. and Frascaroli, E. (1997) QTL detection and marker-assisted selection for complex traits in maize. *Proceedings of Corn and Sorghum Industrial Research Conference* 52, 44–53.

Oraguzie, N.C., Wilcox, P.L., Rikkerink, E.H.A. and De Silva, H.N. (2007) Linkage disequilibrium. In: Oraguzie, N.C., Rikkerink, E.H.A., Gardiner, S.E. and De Silva, H.N. (eds) *Association Mapping in Plants*. Springer, Berlin, pp. 11–39.

Orf, J.H., Chase, K., Jarvik, T., Mansur, L.M., Cregan, P.B., Adler, F.R. and Lark, K.G. (1999) Genetics of agronomic traits: I. Comparison of three related recombinant inbred populations. *Crop Science* 39, 1642–1651.

Ortiz, R. and Smale, M. (2007) Transgenic technology: pro-poor or pro-rich? *Chronica Horticulturae* 47, 9–12.

Ossowski, S., Schwab, R. and Weigel, D. (2008) Gene silencing in plants using artificial microRNAs and other small RNAs. *The Plant Journal* 53, 674–690.

Ouyang, Z., Mowers, R.P., Jensen, A., Wang, S. and Zeng, S. (1995) Cluster analysis for genotype × environment interaction with unbalanced data. *Crop Science* 33, 1300–1305.

Ow, D.W. (2001) The right chemistry for marker gene removal? *Nature Biotechnology* 19, 115–116.

Ow, D.W. (2002) Recombinase-directed plant transformation for the post-genomic era. *Plant Molecular Biology* 48, 183–200.

Ow, D.W., Wood, K.V., DeLuca, M., de Wet, J.R., Helinski, D.R. and Howell, S.H. (1986) Transient and stable expression of the firefly luciferase gene in plant cells and transgenic plants. *Science* 234, 856–859.

Owen, H.R. (1996) Plant germplasm. In: Hunter-Cevera, J.C. and Belt, A. (eds) *Maintaining Cultures for Biotechnology and Industry.* Academic Press, Inc., London, pp. 197–228.

Paine, J.A., Shipton, C.A., Chaggar, S., Howells, R.M., Kennedy, M.J., Vernon, G., Wright, S.Y., Hinchliffe, E., Adams, J.L., Silverstone, A.L. and Drake, R. (2005) Improving the nutritional value of Golden Rice through increased pro-vitamin A content. *Nature Biotechnology* 23, 482–487.

Palmer, C.E. and Keller, W.A. (2005) Overview of haploidy. In: Palmer, C.E., Keller, W.A. and Kasha, K.J. (eds) *Biotechnology in Agriculture and Forestry*, Vol. 56. *Haploids in Crop Improvement II.* Springer-Verlag, Berlin, pp. 3–9.

Palmer, C.E., Keller, W.A. and Kasha, K.J. (eds) (2005) *Biotechnology in Agriculture and Forestry*, Vol. 56. *Haploids in Crop Improvement II.* Springer-Verlag, Berlin.

Palmer, L.E., Rabinowicz, P.D., O'Shaughnessy, A.L., Balija, V.S., Nascimento, L.U., Dike, S., de la Bastide, M., Martienssen, R.A. and McCombie, W.R. (2003) Maize genome sequencing by methylation filtration. *Science* 302, 2115–2117.

Palmer, R.G. and Shoemaker, R.C. (1998) Soybean genetics. In: Hrustic, M., Vidic, M. and Jackovic, D. (eds) *Soybean Institute of Field and Vegetative Crops.* Novi Sad, Yugoslavia, pp. 45–82.

Palmiter, R.D., Norstedt, G., Gelinas, R.E., Hammer, R.E. and Brinster, R.L. (1983) Metallothionein – human GH fusion genes stimulate growth of mice. *Science* 222, 809–814.

Pan, Q.L., Liu, Y.S., Budai-Hadrian, O., Sela, M., Carmel-Goren, L., Zamir, D. and Fluhr, R. (2000) Comparative genetics of nucleotide binding size leucine-rich repeat resistance gene homologues in the genomes of two dicotyledons: tomato and *Arabidopsis. Genetics* 155, 309–322.

Panaud, O., Chen, X. and McCouch, S.R. (1996) Development of microsatellite markers and characterization of simple sequence length polymorphism (SSLP) in rice (*Oryza sativa* L.). *Molecular and General Genetics* 252, 597–607.

Pang, S.-Z., DeBoer, D.L., Wan, Y., Ye, G., Layton, J.G., Neher, M.K., Armstrong, C.L., Fry, J.E., Hinchee, M.A.W. and Fromm, M.E. (1996) An improved green fluorescent protein gene as a vital marker in plants. *Plant Physiology* 112, 893–900.

Para, R., Acosta, J., Delgado-Salinas, A. and Gepts, P. (2005) A genome-wide analysis of differentiation between wild and domesticated *Phaseolus vulgaris* from Mesoamerica. *Theoretical and Applied Genetics* 111, 1147–1158.

Paran, I. and Michelmore, R.W. (1993) Development of reliable PCR-based markers linked to downy mildew resistance genes in lettuce. *Theoretical and Applied Genetics* 85, 985–993.

Paran, I., Kesseli, R.V. and Michemore, R.W. (1991) Identification of RFLP and RAPD markers linked to downy mildew resistance genes in lettuce using near-isogenic lines. *Genome* 34, 1021–1027.

Pardey, P.G., Wright, B.D., Nottenburg, C., Binenbaum, E. and Zambrano, P. (2003) Intellectual property and developing countries: freedom to operate in agricultural biotechnology. *Biotechnology and Genetic Resource Policies* Brief 3. International Food Policy Research Institute (IFPRI), Washington, DC.

Parekh, S.R. (ed.) (2004) *The GMO Handbook: Genetically Modified Animals, Microbes and Plants in Biotechnology.* Humana Press, Totowa, New Jersey.

Parinov, S. and Sundaresan, V. (2000) Functional genomics in *Arabidopsis*: large scale insertional mutagenesis complements the genome sequencing project. *Current Opinion in Biotechnology* 11, 157–161.

Parisseaux, B. and Bernardo, R. (2004) *In silico* mapping of quantitative trait loci in maize. *Theoretical and Applied Genetics* 109, 508–514.

Park, S.J., Walsh, E.J., Reinbergs, E., Song, L.S.P. and Kasha, K. (1976) Field performance of doubled haploid barley lines in comparison with lines developed by the pedigree and single seed descent methods. *Canadian Journal of Plant Science* 56, 467–474.

Parkin, I.A.P., Gulden, S.M., Sharp, A.G., Lukens, L., Trick, M., Osborn, T.C. and Lydiate, D.J. (2005) Segmental structure of the *Brassica napus* genome based on comparative analysis with *Arabidopsis thaliana*. *Genetics* 171, 765–781.

Paterson, A.H. (1996a) Mapping genes responsible for differences in phenotype. In: Paterson, A.H. (ed.) *Genome Mapping in Plants*. R.G. Landes Company, Austin, Texas, pp. 41–54.

Paterson, A.H. (1996b) Physical mapping and map-based cloning: bridging the gap between DNA markers and genes. In: Paterson, A.H. (ed.) *Genome Mapping in Plants*. R.G. Landes Company, Austin, Texas, pp. 55–62.

Paterson, A.H. (ed.) (1998) *Molecular Dissection of Complex Traits*. CRC Press, Boca Raton, Florida, 305 pp.

Paterson, A.H., Lander, E.S., Hewitt, J.D., Peterson, S., Lincoln, S.E. and Tanksley, S.D. (1988) Resolution of quantitative traits into Mendelian factors, using a complete linkage map of restriction fragment length polymorphisms. *Nature* 335, 721–726.

Paterson, A.H., Deverna, J.W., Lanini, B. and Tanksley, S.D. (1990) Fine mapping of quantitative trait loci using selected overlapping recombinant chromosomes, in an interspecific cross of tomato. *Genetics* 124, 735–742.

Paterson, A.H., Damon, S., Hewitt, J.D., Zamir, D., Rabinowitch, H.D., Lincoln, S.E., Lander, E.C. and Tanksley, S.D. (1991) Mendelian factors underlying quantitative traits in tomato: comparison across species, generation and environments. *Genetics* 127, 181–197.

Paterson, A.H., Lin, Y.R., Li, Z., Schertz, K.F., Doebley, J.F., Pinson, S.R.M., Liu, S.-C., Stansel, J.W. and Irvine, J.E. (1995) Convergent domestications of cereal crops by independent mutations at corresponding genetic loci. *Science* 269, 1714–1718.

Paterson, A.H., Saranga, Y., Menz, M., Jiang, C.X. and Wright, R.J. (2003) QTL analysis of genotype × environment interactions affecting cotton fiber quality. *Theoretical and Applied Genetics* 106, 384–396.

Patwardhan, B. (2005) Ethnopharmacology and drug discovery. *Journal of Ethnopharmacology* 100, 50–52.

Peacock, J. and Chaudhury, A. (2002) The impact of gene technologies on the use of genetic resources. In: Engels, J.M.M., Ramanatha Rao, V., Brown, A.H.D. and Jackson, M.T. (eds) *Managing Plant Genetic Diversity*. International Plant Genetic Resources Institute, Rome, pp. 33–42.

Peakall, R., Gilmore, S., Keys, W., Morgante, M. and Rafalski, A. (1998) Cross-species amplification of soybean (*Glycine max*) simple sequence repeats (SSRs) within the genus and other legume genera: implications for the transferability of SSRs in plants. *Molecular Biology and Evolution* 15, 1275–1287.

Pearson, J.V., Huentelman, M.J., Halperin, R.F., Tembe, W.D., Melquist, S., Homer, N., Brun, M., Szelinger, S., Coon, K.D., Zismann, V.L., Webster, J.A., Beach, T., Sando, S.B., Aasly, J.O., Heun, R., Jessen, F., Kölsch, H., Tsolaki, M., Daniilidou, M., Reiman, E.M., Papassotiropoulos, A.P., Hutton, M.L., Stephan, D.A. and Craig, D.W. (2007) Identification of the genetic basis for complex disorders by use of pooling-based genomewide single-nucleotide-polymorphism association studies. *American Journal of Human Genetics* 80, 126–139.

Pearson, W.R., Wood, T., Zhang, Z. and Miller, W. (1997) Comparison of DNA sequences with protein sequences. *Genomics* 15, 24–36.

Peleg, Z., Saranga, Y., Suprunova, T., Ronin, Y., Röder, M.S., Kilian, A., Korol, A.B. and Fahima, T. (2008) High-density genetic map of durum wheat × wild emmer wheat based on SSR and DArT markers. *Theoretical and Applied Genetics* 117, 103–115.

Peleman, J.D. and van der Voort, J.R. (2003) Breeding by design. *Trends in Plant Science* 8, 330–334.

Peleman, J.D., Wye, C., Zethof, J., Sorensen, A.P., Verbakel, H., van Oeveren, J., Gerats, T. and van der Voort, J.R. (2005) Quantitative trait locus (QTL) isogenic recombinant analysis: a method for high-resolution mapping of QTL within a single population. *Genetics* 171, 1341–1352.

Peña, L. (ed.) (2004) *Methods in Molecular Biology*, Vol. 286: *Transgenic Plants: Methods and Protocols*. Humana Press Inc., Totowa, New Jersey.

Peng, J., Richards, D.E., Hartley, N.M., Murphy, G.P., Devos, K.M., Flintham, J.E., Beales J., Fish, L.J., Wordland, A.J., Pelica, F., Sudhakar D., Christou, P., Snape, J.W., Gale, M.D. and Harberd, N.P. (1999) 'Green revolution' genes encode mutant gibberellin response modulators. *Nature* 400, 256–261.

Peng, Z.B., Liu, X.Z., Fu, J.H., Li, L.C. and Huang, C.L. (1998) Preliminary studies on the superior inbred groups and construction of heterosis mode. *Acta Agronomica Sinica* 24, 711–717.

Pereira, M.G., Lee, M.M. and Rayapati, P.J. (1994) Comparative RFLP and QTL mapping in sorghum and maize. In: *Second Internal Conference on the Plant Genome*. Scherago Int., New York, Poster 169.

Pérez, T., Albornoz, J. and Dominguez, A. (1998) An evaluation of RAPD fragment reproducibility and nature. *Molecular Evolution* 7, 1347–1358.

Pérez-Enciso, M. (2004) *In silico* study of transcriptome genetic variation in outbred populations. *Genetics* 166, 547–554.

Perkins, J.M. and Jinks, J.L. (1973) The assessment and specificity of environmental and genotype–environmental components of variability. *Heredity* 30, 111–126.

Perlin, M. (1995) Method and system for genotyping. Patent EP 0714537.

Perumal, R., Krishnaramanujam, R., Menz, M.A., Katilé, S., Dahlberg, J., Magill, C.W. and Rooney, W.L. (2007) Genetic diversity among sorghum races and working groups based on AFLPs and SSRs. *Crop Science* 47, 1375–1383.

Pesek, J. and Baker, R.J. (1969) Desired improvement in relation to selection indices. *Canadian Journal of Plant Science* 49, 803–804.

Peters, J.L., Cnudde, F. and Gerats, T. (2003) Forward genetics and map-based cloning approaches. *Trends in Plant Science* 8, 484–491.

Peterson, D.G., Schulze, S.R., Sciara, E.B., Lee, S.A., Bowers, J.E., Nagel, A., Jiang, N., Tibbitts, D.C., Wessler, S.R. and Paterson, A.H. (2002) Integration of Cot analysis, DNA cloning and high throughput sequencing facilitate genome characterization and gene discovery. *Genome Research* 12, 795–807.

Peterson, P.A. (1992) Quantitative inheritance in the era of molecular biology. *Maydica* 37, 7–18.

Pettersson, F., Morris, A.P., Barnes, M.R. and Cardon, L.R. (2008) Goldsurfer2 (Gs2): a comprehensive tool for the analysis and visualization of genome wide association studies. *BMC Bioinformatics* 9, 138.

Phillips, R.L. (2006) Genetic tools from nature and the nature of genetic tools. *Crop Science* 46, 2245–2252.

Phillips, R.L. (2008) Can genome sequencing of model plants be helpful for crop improvement? *Proceedings of 5th International Crop Science Congress*, 13–18 April 2008, Jeju, Korea. International Crop Science Society, Madison, Wisconsin.

Phillips, R.L., Chen, J., Okediji, R. and Burk, D. (2004) Intellectual property rights and the public good. *The Scientist* 18, 8.

Phizicky, E., Bastiaens, P.I.H., Zhu, H., Snyder, M. and Fields, S. (2003) Protein analysis on a proteomic scale. *Nature* 422, 208–215.

Pickering, R.A. and Devaux, P. (1992) Haploid production: approaches and use in plant breeding. In: Shewry, P.R. (ed.) *Barley: Genetics, Molecular Biology and Biotechnology*. CAB International, Wallingford, UK, pp. 511–539.

Picoult-Newberg, L., Ideker, T.E., Pohl, M.G., Taylor, S.L., Donaldson, M.A., Nickerson, D.A. and Boyce-Jacino, M. (1999) Mining SNPs from EST databases. *Genome Research* 9, 167–174.

Piepho, H.P. (2000) A mixed model approach to mapping quantitative trait loci in barley on the basis of multiple environment data. *Genetics* 156, 2043–2050.

Pillen, K., Pineda, O., Lewis, C.B. and Tanksley, S.D. (1996) Status of genome mapping tools in the taxon Solonaceae. In: Paterson, A.H. (ed.) *Genome Mapping in Plants*. R.G. Landes Company, Austin, TX, pp. 281–308.

Pineda, O., Bonierbale, M.W., Plaisted, R.L., Brodie, B.B. and Tanksley, S.D. (1993) Identification of RFLP markers linked to the *H1* gene conferring resistance to the potato cyst nematode *Globodera rostochiensis*. *Genome* 36, 152–156.

Plant Ontology™ Consortium (2002) The Plant Ontology™ Consortium and plant ontologies. *Comparative and Functional Genomics* 3, 137–142.

Plomion, C., Durel C.-E. and O'Malley, D.M. (1996) Genetic dissection of height in maritime pine seedlings raised under accelerated growth conditions. *Theoretical and Applied Genetics* 93, 849–858.

Plotsky, Y., Cahaner, A., Haberfeld, A., Lavi, U., Lamont, S.J. and Hillel, J. (1993) DNA fingerprint bands applied to linkage analysis with quantitative trait loci in chickens. *Animal Genetics* 24, 105–110.

Podlich, D.W. and Cooper, M. (1998) QU-GENE: a platform for quantitative analysis of genetic models. *Bioinformatics* 14, 632–653.

Podlich, D.W., Cooper, M.E. and Basford, K.E. (1999) Computer simulation of a selection strategy to accommodate genotype–environment interactions in a wheat recurrent selection programme. *Plant Breeding* 118, 17–28.

Podlich, D.W., Winkler, C.R. and Cooper, M. (2004) Mapping as you go: an effective approach for marker-assisted selection of complex traits. *Crop Science* 44, 1560–1571.

Poehlman, J.M. and Quick, J.S. (1983) Crop breeding in a hunger world. In: Wood, D.R., Rawal, K.M. and Wood, M.N. (eds) *Crop Breeding*. American Society of Agronomy and Crop Science Society of America, Madison, Wisconsin, pp. 1–19.

Pollak, L.M., Gardner, C.O., Kahler, A.L. and Thomas-Compton, M. (1984) Further analysis of the mating system in two mass selected populations of maize. *Crop Science* 24, 793–796.

Pooni, H.S., Kumar, I. and Khush, G.S. (1992) A comprehensive model for disomically inherited metrical traits expressed in triploid tissues. *Heredity* 69, 166–174.

Pooni, H.S., Kumar, I. and Khush, G.S. (1993) Genetical control of amylose content in selected crosses of *indica* rice. *Heredity* 70, 269–280.

Popelka, J.C. and Altpeter, F. (2003) *Agrobacterium tumefaciens*-mediated genetic ransformation of rye (*Secale cereale* L.). *Molecular Breeding* 11, 203–211.

Popelka, J.C., Xu, J. and Altpeter, F. (2003) Generation of rye plants with low copy number after biolistic gene transfer and production of instantly marker-free transgenic rye. *Transgenic Research* 12, 587–596.

Porceddu, A., Albertini, E., Barcaccia, G., Marconi, G., Bertoli, F. and Veronesi, F. (2002) Development of S-SAP markers based on an LTR-like sequence from *Medicago sativa* L. *Molecular Genetics and Genomics* 267, 107–114.

Porta, C. and Lomonossoff, G.P. (2002) Viruses as vectors for the expression of foreign sequences in plants. *Biotechnology and Genetic Engineering Reviews* 19, 245–291.

Portyanko, V.A., Hoffman, D.L., Lee, M. and Holland, J.B. (2001) A linkage map of hexaploid oat based on grass anchor DNA clones and its relationship to other oat maps. *Genome* 44, 249–265.

Potrykus, I. (2005) Golden Rice, vitamin A and blindness – public responsibility and failure. Available at: http://www.goldenrice.org/PDFs/Potrykus_Zurich_2005.pdf (accessed 17 November 2009).

Prasanna, B.M., Vasal, S.K., Kassahun, B. and Singh, N.N. (2001) Quality protein maize. *Current Science* 81, 1308–1319.

Preston, L.R., Harker, N., Holton, T. and Morell, M.K. (1999) Plant cultivar identification using DNA analysis. *Plant Varieties and Seeds* 12, 191–205.

Price, A.H. and Tomos, A.D. (1997) Genetic dissection of root growth in rice (*Oryza sativa* L.): II. Mapping quantitative trait loci using molecular markers. *Theoretical and Applied Genetics* 95, 143–152.

Primmer, C.R., Ellengren, H., Saino, N. and Moller, A.P. (1996) Directional evolution in germline microsatellite mutations. *Nature Genetics* 13, 391–393.

Primrose, S.B. (1995) *Principles of Genome Analysis*. Blackwell Science, Oxford, UK, pp. 14–37.

Pritchard, J.K. and Rosenberg, N.A. (1999) Use of unlinked genetic markers to detect population stratification in association studies. *American Journal of Human Genetics* 65, 220–228.

Pritchard, J.K., Stephens, M. and Donnelly, P. (2000a) Inference of population structure using multilocus genotype data. *Genetics* 155, 945–959.

Pritchard, J.K., Stephens, M., Rosenberg, N.A. and Donnelly, P. (2000b) Association mapping in structured populations. *American Journal of Human Genetics* 67, 170–181.

Purcell, S., Neale, B., Todd-Brown, K., Thomas, L., Ferreira, M.A.R., Bender, D., Maller, J., de Bakker, P.I.W., Daly, M.J. and Sham, P.C. (2007) PLINK: a toolset for whole-genome association and population-based linkage analysis. *American Journal of Human Genetics* 81, 559–575.

Qi, X., Stam, P. and Lindhout, P. (1998) Use of locus-specific AFLP markers to construct a high-density molecular map in barley. *Theoretical and Applied Genetics* 96, 376–384.

Qi, X., Pittaway, T.S., Lindup, S., Liu, H., Waterman, E., Padi, F.K., Hash, C.T., Zhu, J., Gale, M.D. and Devos, K.M. (2004) An integrated genetic map and a new set of simple sequence repeat markers for pearlmillet, *Pennisetum glaucum*. *Theoretical and Applied Genetics* 109, 1485–1493.

Qian, W., Sass, O., Meng, J., Li, M., Frauen, M. and Jung, C. (2007) Heterotic patterns in rapeseed (*Brassica napus* L.): I. Crosses between spring and Chinese semi-winter lines. *Theoretical and Applied Genetics* 115, 27–34.

Quarrie, S.A., Lazić-Jančić, V., Kovačević, D., Steed, A. and Pekić, S. (1999) Bulk segregant analysis with molecular markers and its use for improving drought resistance in maize. *Journal of Experimental Botany* 50, 1299–1306.

Rabinowicz, P.D., Schulz, K., Dedhia, N., Yordan, C., Parnemm, L.D., Parnell., L.D., Stein, L., McCombie, R. and Martienssen, R.A. (1999) Differential methylation of genes and retrotransposons facilitates shot gun sequencing of maize genome. *Nature Genetics* 23, 305–308.

Raboin, L.-M., Pauquet, J., Butterfield, M., D'Hont, A. and Glasmann, J.-C. (2008) Analysis of genome-wide linkage disequilibrium in the high polyploidy sugarcane. *Theoretical and Applied Genetics* 116, 701–714.

Rae, S.J., Macaulay, M., Ramsay, L., Leigh, F., Mathews, D., O'Sullivan, D.M., Donini, P., Morris, P.C., Powell, W., Marshall, D.F., Waugh, R. and Thomas, W.T.B. (2007) Molecular barley breeding. *Euphytica* 158, 295–303.

Rafalski, A. (2002) Applications of single nucleotide polymorphisms in crop genetics. *Current Opinion in Plant Biology* 5, 94–100.

Ragavan, S. (2006) Of plant variety protection, agricultural subsidies and the WTO. Available at: http://www. law.ou.edu/faculty/facfiles/OfPlantVarietyProtection.pdf (accessed 17 November 2009).

Ragot, M. and Lee, M. (2007) Marker-assisted selection in maize: current status, potential, limitations and perspectives from the private and public sectors. In: Guimarães, E.P., Ruane, J., Scherf, B.D., Sonnino, A. and Dargie, J.D. (eds) *Marker-Assisted Selection, Current Status and Future Perspectives in Crops, Livestock, Forestry and Fish*. Food and Agriculture Organization of the United Nations, Rome, pp. 117–150.

Ragot, M., Biasiolli, M., Delbut, M.F., Dell'Orco, A., Malgarini, L., Thevenin, P., Vernoy, J., Vivant, J., Zimmermann, R. and Gay, G. (1995) Marker-assisted backcrossing: a practical example. In: Berville, A. and Tersac, M. (eds) *Les Colloques, No. 72. Techniques et Utilisations des Marqueurs Moléculaires*. Institute National de la Recherche Agronomique (INRA), Paris, pp. 45–56.

Ragot, M., Gay, G., Muller, J.P. and Durovray, J. (2000) Efficient selection for the adaptation to the environment through QTL mapping and manipulation in maize. In: Ribaut, J.-M. and Poland, D. (eds) *Molecular Approaches for the Genetic Improvement of Cereals for Stable Production in Water-limited Environments*, Centro Internacional de Mejoramiento de Maiz y Trigo (CIMMYT), México, DF, pp. 128–130.

Rajaram, S., van Ginkel, M. and Fischer, R.A. (1994) CIMMYT's wheat breeding mega-environments (ME). In: *Proceedings of the 8th International Wheat Genetics Symposium*, 20–25 July 1993 Beijing, China. Agricultural Scientech Press, Beijing, pp. 1101–1106.

Ramachandran, S. and Sundaresan, V. (2001) Transposons as tools for functional genomics. *Plant Physiology and Biochemistry* 39, 243–252.

Ramage, R.T. (1983) Heterosis and hybrid seed production in barley. In: Frankel, R. (ed.) *Monographs on Theoretical and Applied Genetics*, Vol. 6. *Heterosis*. Springer-Verlag, Berlin, pp. 71–93.

Ramakrishna, W. and Bennetzen, J.L. (2003) Genomic colinearity as a tool for plant gene isolation. In: Grotewold, E. (ed.) *Methods in Molecular Biology*, Vol. 236. *Plant Functional Genomics: Methods and Protocols*. Humana Press, Inc., Totowa, New Jersey, pp. 109–121.

Ramakrishna, W., Dubcovsky, J., Park, Y.-J., Busso, C., Emberton, J., SanMiguel, P. and Bennetzen, J.L. (2002) Different types and rates of genome evolution detected by comparative sequence analysis of orthologous segments from four cereal genomes. *Genetics* 162, 1389–1400.

Ramessar, K., Peremarti, A., Gómez-Galera, S., Naqvi, S., Moralejo, M., Muñoz, P., Capell, T. and Christou, P. (2007) Biosafety and risk assessment framework for selectable marker genes in transgenic crop plants: a case of the science not supporting the politics. *Transgenic Research* 16, 261–280.

Ramlingam, J., Basharat, H.S. and Zhang, G. (2002) STS and microsatellite marker-assisted selection for bacterial blight resistance and waxy gene in rice, *Oryza sativa* L. *Euphytica* 127, 255–260.

Rao, K.E.P. and Rao, V.R. (1995) The use of characterization data in developing a core collection of sorghum. In: Hodgkin, T., Brown, A.H.D., van Hintum, Th.J.L. and Morales, E.A.V. (eds) *Core Collections of Plant Genetic Resources*. Wiley–Sayce, Chichester, UK, pp. 109–115.

Rappsilber, J., Siniossoglou, S., Hurt, E.C. and Mann, M. (2000) A generic strategy to analyze the spatial organization of multi-protein complexes by cross-linking and mass spectrometry. *Analytical Chemistry* 72, 267–275.

Rebai, A. and Goffinet, B. (1993) Power of test for QTL detection using replicated progenies derived from a diallel crosses. *Theoretical and Applied Genetics* 86, 1014–1022.

Rebai, A., Goffinet, B., Mangin, B. and Perret, D. (1994) QTL detection with diallel schemes. In: van Ooijen, J.W. and Jansen, J. (eds) *Biometrics in Plant Breeding: Applications of Molecular Markers*. Centre for Plant Breeding and Reproduction Research, Wageningen, Netherlands, pp. 170–177.

Reddy, B.V.S. and Comstock, R.E. (1976) Simulation of the backcross breeding method. I. Effect of heritability and gene number on fixation of desired alleles. *Crop Science* 16, 825–830.

Reed, J., Privalle, L., Powell, M.L., Meghji, M., Dawson, J., Dunder, E., Suttie, J., Wenck, A., Launis, K., Kramer, C., Chang, Y.-F., Hansen, G. and Wright, M. (2001) Phosphomannose isomerase: an efficient selectable marker for plant transformation. In Vitro *Cellular and Developmental Biology – Plant* 37, 127–132.

Reeves, T., Pinstrup-Anderson, P. and Randya-Lorch, R. (1999) Food security and role of agricultural research. In: Coors, J.G. and Pandey, S. (eds) *The Genetics and Exploitation of Heterosis in Crops*. ASA-CSSA-SSSA, Madison, Wisconsin, pp. 1–5.

Reif, J.C., Melchinger, A.E., Xia, X.C., Warburton, M.L., Hoisington, D.A., Vasal, S.K., Srinivasan, G., Bohn, M. and Frisch, M. (2003) Genetic distance based on simple sequence repeats and heterosis in tropical maize populations. *Crop Science* 43, 1275–1282.

Reif, J.C., Xia, X.C., Melchinger, A.E., Warburton, M.L., Hoisington, D.A., Beck, D., Bohn, M. and Frisch, M. (2004) Genetic diversity determined within and among CIMMYT maize populations of tropical, subtropical and temperate germplasm by SSR markers. *Crop Science* 44, 326–334.

Reif, J.C., Melchinger, A.E. and Frisch, M. (2005) Genetical and mathematical properties of similarity and dissimilarity coefficients applied in plant breeding and seed bank management. *Crop Science* 45, 1–7.

Reiter, R. (2001) PCR-based marker systems. In: Phillip, R.L. and Vasil, I.K. (eds) *DNA-Based Markers in Plants*. Kluwer Academic Publishers, Dordrecht, Netherlands, pp. 9–29.

Remington, D.L., Thornsberry, J.M., Matsuoka, Y., Wilson, L.M., Whitt, S.R., Doebley, J., Kresovich, S., Goodman, M.M. and Buckler IV, E.S. (2001) Structure of linkage disequilibrium and phenotypic associations in the maize genome. *Proceedings of the National Academy of Sciences of the United States of America* 98, 11479–11484.

Repellin, A., Båga, M., Jauhar, P.P. and Chibbar, R.N. (2001) Genetic enrichment of cereal crops via alien gene transfer: new challenges. *Plant Cell, Tissue and Organ Culture* 64, 159–183.

Reymond, M., Muller, B., Leonardi, A., Charcosset, A. and Tardieu, F. (2003) Combining quantitative trait loci analysis and an ecophysiological model to analyze the genetic variability of the responses of maize leaf growth to temperature and water deficit. *Plant Physiology* 131, 664–675.

Reyna, N. and Sneller, C.H. (2001) Evolution of marker-assisted introgression of yield QTL alleles into adapted soybean. *Crop Science* 41, 1317–1321.

Reynolds, J., Weir, B.S. and Cockerham, C.C. (1983) Estimation of the coancestry coefficient: basis for a short-term genetic distance. *Genetics* 105, 767–769.

Rhee, S.Y. (2005) Bioinformatics: current limitations and insights for the future. *Plant Physiology* 138, 569–570.

Ribaut, J.-M. and Betrán, J. (1999) Single large-scale marker-assisted selection (SLS-MAS). *Molecular Breeding* 5, 531–541.

Ribaut, J.-M. and Ragot, M. (2007) Marker-assisted selection to improve drought adaptations in maize: the backcross approach, perspectives, limitations and alternatives. *Journal of Experimental Botany* 58, 351–360.

Ribaut, J.-M., Hoisington, D.A., Deutsch, J.A., Jiang, C. and González-de-León, D. (1996) Identification of quantitative trait loci under drought conditions in tropical maize. I. Flowering parameters and the anthesis-silking interval. *Theoretical and Applied Genetics* 92, 905–914.

Ribaut, J.-M., Huu, X., Hoisington, D. and Gonzales de Leon, D. (1997) Use of STSs and SSRs as rapid and reliable preselection tools in marker-assisted selection backcross scheme. *Plant Molecular Biology Reporter* 15, 156–164.

Ribaut, J.-M., Edmeades, G., Perotti, E. and Hoisington, D. (2000) QTL analyses, MAS results and perspectives for drought-tolerance improvement in tropical maize. In: Ribaut, J.-M. and Poland, D. (eds) *Molecular Approaches for the Genetic Improvement of Cereals for Stable Production in Water-limited Environments*. Centro Internacional de Mejoramiento de Maiz y Trigo (CIMMYT), México, DF, pp. 131–136.

Ribaut, J.-M., Jiang, C. and Hoisington, D. (2002a) Simulation experiments on efficiencies of gene introgression by backcrossing. *Crop Science* 42, 557–565.

Ribaut, J.-M., Bänziger, M., Betran, J., Jiang, C., Edmeades, G.O., Dreher, K. and Hoisington, D. (2002b) Use of molecular markers in plant breeding: drought tolerance improvement in tropical maize. In: Kang, M.S. (ed.) *Quantitative Genetics, Genomics and Plant Breeding*. CAB International, Wallingford, UK, pp. 85–99.

Richardson, K.L., Vales, M.I., Kling, J.G., Mundt, C.C. and Hayes, P.M. (2006) Pyramiding and dissecting disease resistance QTL to barley stripe rust. *Theoretical and Applied Genetics* 113, 485–495.

Rick, C.M. (1974) High soluble-solids content in large-fruited tomato lines derived from a wild green-fruited species. *Hilgardia* 42, 493–510.

Rick, C.M. (1988) Tomato-like nightshades: affinities, autoecology and breeders' opportunities. *Economic Botany* 42, 145–154.

Rickert, A.M., Premstaller, A., Gebhardt, C. and Oefner, P.J. (2002) Genoptying of SNPs in a polyploid genome by pyrosequencing™. *Biotechniques* 32, 592–603.

Roa-Rodriguez, C. (2003) *Promoters Used to Regulate Gene Expression*. CAMBIA Intellectual Property, Canberra.

Roa-Rodriguez, C. and Nottenburg, C. (2003a) *Agrobacterium-mediated Transformation of Plants*. CAMBIA Intellectual Property, Canberra.

Roa-Rodriguez, C. and Nottenburg, C. (2003b) *Antibiotic Resistance Genes and Their Uses in Genetic Transformation, Especially in Plants*. CAMBIA Intellectual Property, Canberra.

Röber, F.K. (1999) Fortpflanzungsbiologische und genetische Untersuchungen mit RFLP-Markern zur *in-vivo*-Haploideninduktion bei Mais. Dissertation, University of Hohenheim. Grauer Verlag, Stuttgart.

Röber, F.K., Gordillo, G.A. and Geiger, H.H. (2005) *In vivo* haploid induction in maize – performance of new inducers and significance of doubled haploid lines in hybrid breeding. *Maydica* 50, 275–284.

Robert, V.J.M., West, M.A.L., Inai, S., Caines, A., Arntzen, L., Smith, J.K. and St-Clair, D.A. (2001) Marker-assisted introgression of blackmold resistance QTL alleles from wild *Lycopersicon chesmanii* to cultivated tomato (*L. esculentum*) and evaluation of QTL phenotypic effects. *Molecular Breeding* 8, 217–233.

Roberts, E.H. (1973) Predicting the viability of seeds. *Seed Science and Technology* 1, 499–514.

Roberts, J.K. (2002) Proteomics and a future generation of plant molecular biologists. *Plant Molecular Biology* 48, 143–154.

Robertson, D.S. (1985) A possible technique for isolating genomic DNA for quantitative traits in plants. *Journal of Theoretical Biology* 117, 1–10.

Robertson, D.S. (1989) Understanding the relationship between qualitative and quantitative genetics. In: Helentjaris, T. and Burr, B. (eds) *Development and Application of Molecular Markers to Problems in Plant Genetics*. Cold Spring Harbor Laboratory Press, Cold Spring Harbor, New York, pp. 81–87.

Rockman, M.V. and Kruglyak, L. (2006) Genetics of global gene expression. *Nature Reviews Genetics* 7, 862–872.

Rockman, M.V. and Kruglyak, L. (2008) Breeding designs for recombinant inbred advanced intercross lines. *Genetics* 179, 1069–1078.

Rockman, M.V. and Wray, G.A. (2002) Abundant raw material for *cis*-regulatory evolution in humans. *Molecular Biology and Evolution* 19, 1991–2004.

Röder, M., Plaschke, J. and Ganal, M. (1997) Microsatellite markers for plants of the species *Triticum aestivum* and tribe Triticeae and the use of said markers. Patent EP 0835324B1.

Rogers, J.S. (1972) Measures of genetic similarity and genetic distance. In: *Studies in Genetics* VII, Publ. 7213. University of Texas, Austin, Texas, pp. 145–153.

Romagosa, I. and Fox, P.N. (2003) Genotype × environment interaction and adaptation. In: Hayward, M.D., Bosemark, N.O. and Romagosa, I. (eds) *Plant Breeding, Principles and Prospects*. Chapman & Hall, London, pp. 373–390.

Romagosa, I., Ullrich, S.E., Han, F. and Hayes, P.M. (1996) Use of the additive main effects and multiplicative interaction model in QTL mapping for adaptation in barley. *Theoretical and Applied Genetics* 93, 30–37.

Romano, A., van der Plas, L.H.W., Witholt, B., Eggink, G. and Mooibroek, H. (2005) Expression of poly-3-(R)-hydroxyalkanoate (PHA) polymerase and acyl-CoA-transacylase in plastids of transgenic potato leads to the synthesis of a hydrophobic polymer, presumably medium-chain-length PHAs. *Planta* 220, 455–464.

Romeis. J., Bartsch, D., Bigler, F., Candolfi, M.P., Gielkens, M.M.C., Hartley, S.E., Hellmich, R.L., Huesing, J.E., Jepson, P.C., Layton, R., Quemada, H., Raybould, A., Rose, R.I., Schiemann, J., Sears, M.K., Shelton, A.M., Sweet, J., Vaituzis, Z. and Wolt, J.D. (2008) Assessment of risk of insect-resistant transgenic crops to nontarget anthropods. *Nature Biotechnology* 26, 203–208.

Rommens, C.M., Haring, M.A., Swords, K., Davies, H.V. and Belknap, W.R. (2007) The intragenic approach as a new extension to traditional plant breeding. *Trends in Plant Science* 12, 397–403.

Ron Parra, J. and Hallauer, A.R. (1997) Utilization of exotic maize germplasm. *Plant Breeding Reviews* 14, 165–187.

Rong, J., Feltus, F.A., Waghmare, V.N., Pierce, G.J., Chee, P.W., Draye, X., Saranga, Y., Wright, R.J., Wilkins, T.A., May, O.L., Smith, C.W., Gannaway, J.R., Wendel, J.F. and Paterson, A.H. (2007) Meta-analysis of polyploid cotton QTL shows unequal contributions of subgenomes to a complex network of genes and gene clusters implicated in lint fiber development. *Genetics* 176, 2577–2588.

Roos, E.E. (1984) Genetic shifts in mixed bean populations. I. Storage effects. *Crop Science* 24, 240–244.

Roos, E.E. (1988) Genetic changes in a collection over time. *HortScience* 23, 86–90.

Rostoks, N., Mudie, S., Cardle, L., Russell, J., Ramsay, L., Booth, A., Svensson, J.T., Wanamaker, S.I., Walia, H., Rodriguez, E.M., Hedley, P.E., Liu, H., Morris, J., Close, T.J., Marshall, D.F. and Waugh, R. (2005) Genome-wide SNP discovery and linkage analysis in barley based on genes responsive to abiotic stress. *Molecular Genetics and Genomics* 274, 515–527.

Rudd, S., Schoof, H. and Mayer, K. (2005) PlantMarkers – a database of predicted molecular markers from plants. *Nucleic Acids Research* 33, D628–632.

Ruf, S., Karcher, D. and Rock, R. (2007) Determining the transgene containment level provided by chloroplast transformation. *Proceedings of the National Academy of Sciences of the United States of America* 114, 6998–7002.

Sackville Hamilton, N.R. and Chorlton, K.H. (1997) Regenaration of accessions in seed collections: a decision guide. *Handbook for Genebanks* No. 5. International Plant Genetic Resources Institute, Rome.

Saghai Maroof, M.A., Yang, G.P., Zhang, Q. and Gravois, K.A. (1997) Correlation between molecular marker distance and hybrid performance in US southern long grain rice. *Crop Science* 37, 145–150.

Saha, S., Sparks, A.B., Rago, C., Akmaev, V., Wang, C.J., Vogelstein, B., Kinzler, K.W. and Velculescu, V.E. (2002) Using the transcriptome to annotate the genome. *Nature Biotechnology* 20, 508–512.

Saint-Louis, D. and Paquin, B. (2003) Method for genotyping microsatellite DNA markers by mass spectrometry. Patent WO 03035906.

Sakamoto, T. and Matsuoka, M. (2008) Identifying and exploiting grain yield genes in rice. *Current Opinion in Plant Biology* 11, 209–214.

Salathia, N., Lee, H.N., Sangster, T.A., Morneau, K., Landry, C.R., Schellenberg, K., Behere, A.S., Gunderson, K.L., Cavalieri, D., Jander, G. and Queitsch, C. (2007) Indel arrays: an affordable alternative for genotyping. *The Plant Journal* 51, 727–737.

Salse, J., Piegu, B., Cooke, R. and Delseny, M. (2004) New *in silico* insight into the synteny between rice (*Oryza sativa* L.) and maize (*Zea mays* SL.) highlights reshuffling and identifies new duplications in the rice genome. *The Plant Journal* 38, 396–409.

Salvi, S. and Tuberosa, R. (2005) To clone or not to clone plant QTLs: present and future challenges. *Trends in Plant Science* 10, 297–304.

Samalova, M., Brzobohaty, B. and Moore, I. (2005) pOp6/LhGR: a stringently regulated and highly responsive dexamethasone-inducible gene expression system for tobacco. *The Plant Journal* 41, 919–935.

San Noeum, L.H. (1976) Haploids of *Hordeum vulgare* L. from *in vitro* culture of unfertilized ovaries. *Annales de l' Amelioration des Plantes* 26, 751–754.

Sánchez-Monge, E. (1993) Introduction. In: Hayward, M.D., Bosemark, N.O. and Romagosa, I. (eds) *Plant Breeding, Principles and Prospects*. Chapman & Hall, London, pp. 3–5.

Sanda, S.L. and Amasino, R.M. (1996) Ecotype-specific expression of a flowering mutant phenotype in *Arabidopsis thaliana*. *Plant Physiology* 111, 641–644.

Sano, Y. (1990) The genic nature of gamete eliminator in rice. *Genetics* 125, 183–191.

Sant, V.J., Patankar, A.G., Sarode, N.D., Mhase, L.B., Sainani, M.N., Deshmukh, R.B., Ranjekar, P.K. and Gupta, V.S. (1999) Potential of DNA markers in detecting divergence and in analyzing heterosis in Indian elite chickpea cultivars. *Theoretical and Applied Genetics* 98, 1217–1225.

Saravanan, R.S., Bashir, S. and Rose, J.K.C. (2004) Plant proteomics. In: Christou, P. and Klee, H. (eds) *Handbook of Plant Biotechnology*. John Wiley & Sons Ltd, Chichester, UK, pp. 183–199.

Sari-Gorla, M., Calinski, T., Kaczmarek, Z. and Krajewski, P. (1997) Detection of QTL × environment interaction in maize by a least squares interval mapping method. *Heredity* 78, 146–157.

Sarkar, K.R., Pandey, A., Gayen, P., Mandan, J.K., Kumar, R. and Sachan, J.K.S. (1994) Stabilization of high haploid inducer lines. *Maize Genetics Cooperation Newsletter* 68, 64–65.

Satagopan, J.M., Yandell, B.S., Newton, M.A. and Osborn, T.G. (1996) A Bayesian approach to detect quantitative trait loci using Markov chain Monte Carlo. *Genetics* 144, 805–816.

Sauer, S., Gelfand, D.H., Boussicault, F., Bauer, K., Reichert, F. and Gut, I.G. (2002) Facile method for automated genotyping of single nucleotide polymorphisms by mass spectrometry. *Nucleic Acid Research* 30, e22.

Sawkins, M.C., Farmer, A.D., Hoisington, D., Sullivan, J., Tolopko, A., Jiang, Z. and Ribaut, J.M. (2004) Comparative Map and Trait Viewer (CMTV): an integrated bioinformatic tool to construct consensus maps and compare QTL and functional genomics data across genomes and experiments. *Plant Molecular Biology* 56, 465–480.

Sax, K. (1923) The association of size differences with seed coat pattern and pigmentation in *Phaseolus vulgaris*. *Genetics* 8, 552–560.

Scarascia-Mugnozza, G.T. and Perrino, P. (2002) The history of *ex situ* conservation and use of plant genetic resources. In: Engels, J.M.M., Ramanatha Rao, V., Brown, A.H.D. and Jackson, M.T. (eds) *Managing Plant Genetic Diversity*. International Plant Genetics Resources Institute (IPGRI), Rome, pp. 1–22.

Schadt, E.E., Monks, S.A., Drake, T.A., Lusis, A.J., Che, N., Colinayo, V., Ruff, T.G., Milligan, S.B., Lamb, J.R., Cavet, G., Linsley, P.S., Mao, M., Stoughton, R.B. and Friend, S.H. (2003) Genetics of gene expression surveyed in maize, mouse and man. *Nature* 422, 297–302.

Schaeffer, M., Byrne, P. and Coe, E.H., Jr (2006) Consensus quantitative trait maps in maize: a database strategy. *Maydica* 51, 357–367.

Schauer, N. and Fernie, A.R. (2006) Plant metabolomics: towards biological function and mechanism. *Trends in Plant Science* 11, 508–516.

Scheuring, C., Barthelson, R., Gailbraith, D., Betran, J., Cothren, J.T., Zeng, Z.-B. and Zhang, H.-B. (2006) Preliminary analysis of differential gene expression between a maize superior hybrid and its parents using the 57K maize gene-specific long-oligonucleotide microarray. In: *48th Annual Maize Genetic Conference*, 9–12 March 2006, Pacific Grove, California, 132 pp.

Schmid, K.J., Rosleff Sörensen, T., Stracke, R., Törjék, O., Altmann, T., Mithell-Olds, T. and Weisshaar, B. (2003) Large-scale identification and analysis of genome wide single nucleotide polymorphisms for mapping in *Arabidopsis thaliana*. *Genome Research* 13, 1250–1257.

Schmidt, R. (2002) Plant genome evolution: lessons from comparative genomics at the DNA level. *Plant Molecular Biology* 48, 21–37.

Schmierer, D.A., Kandemir, N., Kudrna, D.A., Jones, B.L., Ullrich, S.E. and Kleinhofs, A. (2004) Molecular marker-assisted selection for enhanced yield in malting barley. *Molecular Breeding* 14, 463–473.

Schön, C.C., Utz, H.F., Groh, S., Truberg, B., Openshaw, S. and Melchinger, A.E. (2004) Quantitative trait locus mapping based on resampling in a vast maize testcrosses experiment and its relevance to quantitative genetics for complex traits. *Genetics* 167, 485–498.

Schranz, M.E., Song, B.-H., Windsor, A.J. and Mitchell-Olds, T. (2007) Comparative genomics in the Brassicaceae: a family-wide perspective. *Current Opinion in Plant Biology* 10, 168–175.

Schüller, C., Backes, G., Fischbeck, G. and Jahoor, A. (1992) RFLP markers to identify the alleles on the *Mla* locus conferring powdery mildew resistance in barley. *Theoretical and Applied Genetics* 84, 330–338.

Schuster, S.C. (2008) Next-generation sequencing transforms today's biology. *Nature Methods* 5, 16–18.

Schwarz, G., Herz, M., Huang, X.Q., Michalek, W., Jahoor, A., Wenzel, G. and Mohler, V. (2000) Application of fluorescence-based semi-automated AFLP analysis in barley and wheat. *Theoretical and Applied Genetics* 100, 545–551.

Scott, K.D. (2001) Microsatellites derived from ESTs and their comparison with those derived by other methods. In: Henry, R.J. (ed.) *Plant Genotyping: the DNA Fingerprinting of Plants*. CAB International, Wallingford, UK, pp. 225–237.

Searle, S.R. (1987) *Linear Model for Unbalanced Data*. John Wiley & Sons, New York.

Seaton, G., Haley, C.S., Knott, S.A., Kearsey, M. and Visscher, P.M. (2002) QTL Express: mapping quantitative trait loci in simple and complex pedigrees. *Bioinformatics* 18, 339–340.

Seitz, C., Vitten, M., Steinbach, P., Hartl, S., Hirsche, J., Rathje, W., Treutter, D. and Forkmann, G. (2007) Redirection of anthocyanin synthesis in *Osteospermum hybrida* by a two-enzyme manipulation strategy. *Phytochemistry* 68, 824–833.

Seitz, G. (2005) The use of doubled haploids in corn breeding. In: *Proceedings of the Forty First Annual Illinois Corn Breeders' School*, 7–8 March 2005, Urbana-Champaign, Illinois. University of Illinois at Urbana-Champaign, pp. 1–8.

Seki, M., Narusaka, M., Satou, M., Fujita, M., Sakurai, T., Oono, Y., Akiyama, T., Yamaguchi-Shinozaki, K., Iida, K., Carninci, P., Ishisa, J., Kawai, J., Nakajima, M., Hayashizaki, Y., Enju, A. and Shinozaki, K. (2005) Full-length cDNAs for the discovery and annotation of genes in *Arabidopsis thaliana*. In: Leister, D. (ed.) *Plant Functional Genomics*. Food Products Press, Binghamton, New York, pp. 3–22.

Semagn, K., Bjørnstad, Å., Skinnes, H., Marøy, A.G., Tarkegne, Y. and William, M. (2006) Distribution of DArT, AFLP and SSR markers in a genetic linkage map of a doubled-haploid hexaploid wheat population. *Genome* 49, 545–555.

Sen, S. and Churchill, G.A. (2001) A statistical framework for quantitative trait mapping. *Genetics* 159, 371–387.

Septiningsih, E.M., Prasetiyono, J., Lubis, E., Tai, T.H., Tjubaryat, T., Moeljopawiro, S. and McCouch, S.R. (2003) Identification of quantitative trait loci for yield and yield components in an advanced backcross population derived from the *Oryza sativa* variety IR64 and the wild relative *O. rufipogon*. *Theoretical and Applied Genetics* 107, 1419–1432.

Service, R.F. (2006) Gene sequencing. The race for the $1000 genome. *Science* 311, 1544–1546.

Servin, B., Martin, O.C., Mézard, M. and Hospital, F. (2004) Toward a theory of marker-assisted gene pyramiding. *Genetics* 168, 513–523.

Sessions, A. Burke, E., Presting, G., Aux, G., McElver, J., Patton, D., Dietrich, B., Ho, P., Bacwaden, J., Ko, C., Clarke, J.D., Cotton, D., Bullis, D., Snell, J., Miguel, T., Hutchison, D., Kimmerly, B., Mitzel, T., Katagiri, F., Glazebrook, J., Law, M. and Goff, S.A. (2002) A high-throughput *Arabidopsis* reverse genetics system. *The Plant Cell* 14, 2985–2994.

Setimela, P., Chitalu, Z., Jonazi, J., Mambo, A., Hodson, D. and Bänziger, M. (2005) Environmental classification of maize-testing sites in the SADC region and its implication for collaborative maize breeding strategies in the subcontinent. *Euphytica* 145, 123–132.

Sham, P., Bader, J.S., Craig, I., O'Donovan, M. and Owen, M. (2002) DNA pooling: a tool for large-scale association studies. *Nature Reviews Genetics* 3, 862–871.

Shannon, P., Markiel, A., Ozier, O., Baliga, N.S., Wang, J.T., Ramage, D., Amin, N., Schwikowski, B. and Ideker, T. (2003) Cytoscape: a software environment for integrated models of biomolecular interaction networks. *Genome Research* 13, 2498–2504.

Sharopova, N., McMullen, M.D., Schultz, L., Schroeder, S., Sanchez-Villeda, H., Gardiner, J., Bergstrom, D., Houchins, K., Melia-Hancock, S., Musket, T., Duru, N., Polacco, M., Edwards, K., Ruff, T., Register, J.C., Brouwer, C., Thompson, R., Velasco, R., Chin, E., Lee, M., Woodman-Clikeman, W., Long, M.J., Liscum, E., Cone, K., Davis, G. and Coe, E.H., Jr (2002) Development and mapping of SSR markers for maize. *Plant Moelcular Biology* 48, 463–481.

Shatskaya, O.A., Zabirova, E.R., Shcherbak, V.S. and Chumak, M.V. (1994) Mass induction of maternal haploids in corn. *Maize Genetics Cooperation Newsletter* 68, 51.

Shen, J.H., Li, M.F., Chen, Y.Q. and Zhang, Z.H. (1982) Breeding by anther culture in rice improvement. *Scientia Agricultura Sinica* 2, 15–19.

Shen, L., Courtois, B., McNally, K.L., Robin, S. and Li, Z. (2001) Evaluation of near-isogenic lines of rice introgressed with QTLs for root depth through marker-aided selection. *Theoretical and Applied Genetics* 103, 75–83.

Shen, Y.-J., Jiang, H., Jin, J.-P., Zhang, Z.-B., Xi, B., He, Y.-Y., Wang, G., Wang, C., Qian, L., Li, X., Yu, Q.-B., Liu, H.-J., Chen, D.-H., Gao, J.-H., Huang, H., Shi, T.-L. and Yang, Z.-N. (2004) Development of genome-wide DNA polymorphism database for map-based cloning of rice genes. *Plant Physiology* 135, 1198–1205.

Shendure, J. and Ji, H. (2008) Next-generation DNA sequencing. *Nature Biotechnology* 26, 1135–1145.

Shi, Y., Wang, T., Li, Y. and Darmency, H. (2008) Impact of transgene inheritance on the mitigation of gene flow between crops and their wild relatives: the example of foxtail millet. *Genetics* 180, 969–975.

Shibata, D. and Liu, Y.G. (2000) *Agrobacterium*-mediated plant transformation with large DNA fragments. *Trends in Plant Science* 5, 354–357.

Shimamoto, K. and Kyozuk, J. (2002) Rice as a model for comparative genomics of plants. *Annual Review of Plant Biology* 53, 399–419.

Shin, B.K., Wang, H., Yim, A.M., Naour, F.L., Brichory, F., Jang, J.H., Zhao, R., Puravs, E., Tra, J., Michael, C.W., Misek, D.E. and Hanash, S.M. (2003) Global profiling of the cell surface proteome of cancer cells uncovers an abundance of proteins with chaperone function. *Journal of Biological Chemistry* 278, 7607–7616.

Shizuya, H., Birren, B., Kim, U., Mancino, V., Slepak, T., Tachiiri, Y. and Simon, M. (1992) Cloning and stable maintenance of 300-kilobase-pair fragments of human DNA in *Escherichia coli* using an F-factor-based vector. *Proceedings of the National Academy of Sciences of the United States of America* 89, 8794–8797.

Shoemaker, J.S., Painter, I.S. and Weir, B.S. (1999) Bayesian statistics in genetics. A guide for the uninitiated. *Trends in Genetics* 15, 354–358.

Shrawat, A.K. and Lörz, H. (2006) *Agrobacterium*-mediated transformation of cereals: a promising approach crossing barriers. *Plant Biotechnology Journal* 4, 575–603.

Shuber, A. and Pierceall, W. (2002) Methods for detecting nucleotide insertion or deletion using primer extension. Patent EP 1203100.

Shull, G.H. (1908) The composition of a field of maize. *American Breeders' Association Report* 4, 296–301.

Siepel, A., Farmerm A., Tolopko, A., Zhuang, M, Mendes, P., Beavis, W. and Sobral, B. (2001) ISYS: a decentralized, component-based approach to the integration of heterogeneous bioinformatic resources. *Bioinformatics* 17, 83–94.

Sillanpää, M.J. and Arjas, E. (1998) Bayesian mapping of multiple quantitative trait loci from incomplete inbred line cross data. *Genetics* 148, 1373–1388.

Sillanpää, M.J. and Arjas, E. (1999) Bayesian mapping of multiple quantitative trait loci from incomplete outbred offspring data. *Genetics* 151, 1605–1619.

Sillanpää, M.J. and Bhattacharjee, M. (2005) Bayesian association-based fine mapping in small chromosomal segments. *Genetics* 169, 427–439.

Sillanpää, M.J. and Corander, J. (2002) Model choice in gene mapping: what and why. *Trends in Genetics* 18, 301–307.

Silver, J. (1985) Confidence limits for estimates of gene linkage based on analysis of recombinant inbred strains. *Journal of Heredity* 76, 436–440.

Simko, I., Costanzo, S., Haynes, K.G., Christ, B.J. and Jones, R.W. (2004a) Linkage disequilibrium mapping of a *Verticillium dahliae* resistance quantitative trait locus in tetraploid potato (*Solanum tuberosum*) through a candidate gene approach. *Theoretical and Applied Genetics* 108, 217–224.

Simko, I., Haynes, K.G., Ewing, E.E., Costanzo, S., Christ, B.J. and Jones, R.W. (2004b) Mapping genes for resistance to *Verticillium albo-atrum* in tetraploid and diploid potato populations using haplotype association tests and genetic linkage analysis. *Molecular Genetics and Genomics* 271, 522–531.

Simmonds, N.W. (1979) *Principles of Crop Improvement.* Longman, London.

Simmonds, N.W. (1982) The context of the workshop. In: Withers, L.A. and Williams, J.T. (eds) *Crop Genetic Resources – the Conservation of Difficult Material.* IUBS Series B42, International Union of Biological Sciences/International Board for Plant Genetic Resources/International Genetic Federation, Paris, pp. 1–3.

Singh, M., Ceccarelli, S. and Grando, S. (1999) Genotype × environment interaction of crossover type: detecting its presence and estimating the crossover point. *Theoretical and Applied Genetics* 99, 988–995.

Singh, R.P., Rajaram, S., Miranda, A., Huerta-Espino, J. and Autrique, E. (1998) Comparison of two crossing and four selection schemes for yield, yield traits and slow rusting resistance to leaf rust in wheat. *Euphytica* 100, 35–43.

Singla-Pareek, S.L., Reddy, M.K. and Sopory, S.K. (2003) Genetic engineering of the glyoxalase pathway in tobacco leads to enhanced salinity tolerance. *Proceedings of the National Academy of Sciences of the United States of America* 100, 14672–14677.

Sinha, S.K. and Swaminathan, M.S. (1984) New parameters and selection criteria in plant breeding. In: Vose, P.B. and Blixt, S.G. (eds) *Crop Breeding, a Contemporary Basis.* Pergamon Press, Oxford, UK.

Siripoonwiwat, W. (1995) Application of restriction fragment length polymorphism (RFLP) markers in the analysis of chromosomal regions associated with some quantitative traits for hexaploid oat improvement. MS thesis, Cornell University, Ithaca, New York.

Sivamani, E., Huet, H., Shen, P., Ong, C.A., DeKochko, A., Fauquet, C.M. and Beachy, R.N. (1999) Rice plants (*Oryza sativa* L.) containing three rice tungro spherical virus (RTSV) coat protein transgenes are resistant to virus infection. *Molecular Breeding* 5, 177–185.

Skinner, D.Z., Muthukrishnan, S. and Liang, G.H. (2004) Transformation: a powerful tool for crop improvement. In: Liang, G.H. and Skinner, D.Z. (eds) *Genetically Modified Crops: Their Development, Uses and Risks.* Food Products Press, Binghamton, New York, pp. 1–16.

Skol, A.D., Scott, L.J., Abecasis, G.R. and Boehnke, M. (2006) Joint analysis is more efficient than replication-based analysis for two-stage genome-wide association studies. *Nature Genetics* 38, 209–213.

Slater, S., Mitsky, T.A., Houmiel, K.L., Hao, M., Reiser, S.E., Taylor, N.B., Tran, M., Valentin, H.E., Rodriguez, D.J., Stone, D.A., Padgette, S.R., Kishore, G. and Gruys, K.J. (1999) Metabolic engineering of *Arabidopsis* and *Brassica* for poly(3-hydroxybutyrate-co-3-hydroxyvalerate) copolymer production. *Nature Biotechnology* 17, 1011–1016.

Slatkin, M. (1985) Gene flow in natural populations. *Annual Review of Ecology and Systematics* 16, 393–430.

Smith, D., Yanai, Y., Lui, Y.-G., Ishiguro, S., Okada, K., Shibata, D., Whitter, R.F. and Fedoroff, N.V. (1996) Characterization and mapping of Ds-GUS-T-DNA lines for targeted insertional mutagenesis. *The Plant Journal* 10, 721–732.

Smith, G.D. and Egger, M. (1998) Meta-analysis bias in location and selection of studies. *BMJ* 317, 625–629.

Smith, H.F. (1936) A discriminant function for plant selection. *Annals of Eugenics* 7, 240–250.

Smith, J.S.C. (1986) Genetic diversity within the corn belt dent racial complex of maize (*Zea mays* L.). *Maydica* 21, 349–367.

Smith, J.S.C. and Smith, O.S. (1992) Fingerprinting crop varieties. *Advances in Agronomy* 47, 85–140.

Smith, M.E., Coffman, W.R. and Barker, T.C. (1990) Environmental effects on selection under high and low input conditions. In: Kang, M.S. (ed.) *Genotype-By-Environment Interactions and Plant Breeding.* Louisiana State University Agriculture Center, Baton Rouge, Louisiana, pp. 261–272.

Smith, O.S., Smith, J.S.C., Bowen, S.L., Tenborg, R.A. and Wall, S.J. (1990) Similarities among a group of elite maize inbreds as measured by pedigree, F_1 grain yield, grain yield heterosis and RFLPs. *Theoretical and Applied Genetics* 80, 833–840.

Smith, O.S., Smith, J.S.C., Bowen, S.L. and Tenborg, R.A. (1991) Numbers of RFLP probes necessary to show associations between lines. *Maize Genetics Newsletter* 65, 66.

Smith, O.S., Hoard, K., Shaw, F. and Shaw, R. (1999) Prediction of single-cross performance. In: Coors, J.G. and Pandey, S. (eds) *The Genetics and Exploitation of Heterosis in Crops.* American Society of Agronomy (ASA) and Crop Science Society of America (CSSA), Madison, Wisconsin, pp. 277–285.

Smith, S. and Beavis, W. (1996) Molecular marker assisted breeding in a company environment. In: Sobral, B.W.S. (ed.) *The Impact of Plant Molecular Genetics.* Birkhäuer, Boston, Massachusetts, pp. 259–272.

Smith, S. and Helentjaris, T. (1996) DNA fingerprinting and plant variety protection. In: Paterson, A.H. (ed.) *Genome Mapping in Plants.* R.G. Landes Company, Austin, Texas, pp. 95–110.

Sneath, P. and Sokal, R.R. (1973) *Numerical Taxonomy*, 2nd edn. W.H. Freeman, San Francisco, California.

Sobral, B.W.S. (2002) The role of bioinformatics in germplasm conservation and use. In: Engels, J.M.M., Ramanatha Rao, V., Brown, A.H.D. and Jackson, M.T. (eds) *Managing Plant Genetic Diversity.* International Plant Genetics Resources Institute (IPGRI), Rome, pp. 171–178.

Sobral, B.W.S., Waugh, M. and Beavis W. (2001) Information systems approaches to support discovery in agricultural genomics. In: Phillips, R.L. and Vasil, I.K. (eds) *DNA-based Markers in Plants.* Kluwer Academic Publishers, Dordrecht, Netherlands.

Sobrino, B., Briona, M. and Carracedoa, A. (2005) SNPs in forensic genetics: a review on SNP typing methodologies. *Forensic Science International* 154, 181–194.

Sobrizal, K., Ikeda, K., Sanchez, P.L., Doi, K., Angeles, E.R., Khush, G.S. and Yoshimura, A. (1999) Development of *Oryza glumaepatulla* introgression lines in rice, *O. sativa* L. *Rice Genetics Newsletter* 16, 107.

Sokal, R.R. (1986) Phenetic taxonomy: theory and methods. *Annual Review of Ecological Systems* 17, 423–442.

Soller, M. and Beckmann, J.S. (1990) Marker-based mapping of quantitative trait loci using replicated progenies. *Theoretical and Applied Genetics* 80, 205–208.

Somers, D.J., Isaac, P. and Edwards, K. (2004) High-density microsatellite consensus map for bread wheat (*Triticum aestivum* L.). *Theoretical and Applied Genetics* 109, 1105–1114.

Song, J., Bradeen, J.M., Naess, S.K., Raasch, J.A., Wielgus, S.M., Haberlach, G.T., Liu, J., Austin-Phillips, S., Buell, C.R., Helgeson, J.P. and Jiang, J. (2003) Gene *RB* cloned from *Solanum bulbocastanum* confers broad spectrum resistance to potato late blight. *Proceedings of the National Academy of Sciences of the United States of America* 100, 9128–9133.

Song, R. and Messing, J. (2003) Gene expression of a gene family in maize based on noncollinear haplotypes. *Proceedings of the National Academy of the Sciences of the United States of America* 100, 9055–9060.

Song, R., Llaca, V. and Messing, J. (2002) Mosaic organization of orthologous sequences in grass genome. *Genome Research* 12, 1549–1555.

Sopory, S. and Munshi, M. (1996) Anther culture. In: Jain, S.M., Sopory, S.K. and Vielleux, R.E. (eds) In Vitro *Haploid Production in Higher Plants*, Vol. 1.Kluwer Academic Publisher, Dordrecht, Netherlands, pp. 145–176.

Sorensen, D. and Gianola, D. (2002) *Likelihood, Bayesian and MCMC Methods in Quantitative Genetics.* Springer-Verlag Inc., New York.

Sorrells, M.E. and Wilson, W.A. (1997) Direct classification and selection of superior alleles for crop improvement. *Crop Science* 37, 691–697.

Sorrells, M.E., La Rota, M., Bermudez-Kandianis, C.E., Greene, R.A., Kentety, R., Munkvold, J.D., Miftahudin, Mahmoud, A., Ma, X.F., Gustafson, P.J., Qi, L.L., Echalier, B., Gill, B.S., Matthews, D.E., Lazo, G.R., Chao, S., Anderson, O.D., Edwards, H., Linkiewicz, A.M., Dubcovsky, J., Akhunov, E.D., Dvorak, J., Zhang, D., Nguyen, H.T., Peng, J., Lapitan, N.L.V., Gonzalez-Hernandez, J.L., Anderson, J.A., Hossain, K., Kalavacharla, V., Kianian, S.F., Choi, D.-W., Close, T.J., Dilbirligi, M., Gill, K.S., Steber, C., Walker-Simmons, M.K., McGuire, P.E. and Qualset, C.Q. (2003) Comparative DNA sequence analysis of wheat and rice genomes. *Genome Research* 13, 1818–1827.

Sourdille, P., Singh, S., Cadalen, T., Brown-Guedira, G.L., Gay, G., Qi, L., Gill, B.S., Dufour, P., Murigneux, A. and Bernard, M. (2004) Microsatellite-based deletion bin system for the establishment of genetic-physical map relationships in wheat (*Triticum aestivum* L.). *Functional and Integrative Genomics* 4, 12–25.

Southern, E.M. (1975) Detection of specific sequences among DNA fragments separated by gel electrophoresis. *Journal of Molecular Biology* 98, 503–517.

Spielman, D., Cohen, J. and Zambrano, P. (2006) Will agbiotech applications reach marginalized farmers? Evidence from developing countries. *AgBioForum* 9, 23–30.

Spielman, R.S., McGinnis, R.E. and Ewens, W.J. (1993) Transmission test for linkage disequilibrium: the insulin gene region and insulin-dependent diabetes mellitus (IDDM). *American Journal of Human Genetics* 52, 506–516.

Spooner, D., van Treuren, R. and de Vicente, M.C. (2005) Molecular markers for genebank management. *IPGRI Technical Bulletin* No. 10. Available at: http://www.ipgri.cgiar.org/publications/pdf/1082.pdf (accessed 30 June 2007).

Sprague, G.F. and Tatum, L.A. (1942) General vs. specific combining ability in single crosses of corn. *Journal of American Society of Agronomy* 34, 923–932.

Sprague, G.F., Russell, W.A., Penny, L.H. and Horner, T.W. (1962) Effects of epistasis on grain yield of maize. *Crop Science* 2, 205–208.

Springer, P.S. (2000) Gene traps: tools for plant development and genomics. *The Plant Cell* 12, 1007–1020.

Stadler, L.J. (1928) Mutations in barley induced by X-rays and radium. *Science* 68, 186–187.

Stam, P. (1991) Some aspects of QTL analysis. *Proceedings of the Eighth Meeting of the Eucarpia Section Biometrics on Plant Breeding*, 1–6 July 1991, Brno, Czechoslovakia, pp. 24–32.

Stam, P. (1993) Construction of integrated genetic linkage maps by means of a new computer package: JoinMap. *The Plant Journal* 3, 739–744.

Stam, P. (1995) Marker-assisted breeding. In: Van Ooijen, J.W. and Jansen, J. (eds) *Biometrics in Plant Breeding: Applications of Molecular Markers. Proceedings of the 9th Meeting of EUCARPIA Section on Biometrics in Plant Breeding* (1994). Centre for Plant Breeding and Reproduction Research, Wageningen, Netherlands, pp. 32–44.

Stam, P. (2003) Marker-assisted introgression: speed at any cost? In: van Hintum, Th.J.L., Lebeda, A., Pink, D. and Schut, J.W. (eds) *Proceedings of the Eucarpia Meeting on Leafy Vegetables Genetics and Breeding*, 19–21 March 2003, Noordwijkerhout, Netherlands. Centre for Genetic Resources (CGN), Wageningen, Netherlands, pp. 117–124.

Stam, P. and Zeven, A.C. (1981) The theoretical proportion of the donor genome in near-isogenic lines of self-fertilizers bred by backcrossing. *Euphytica* 30, 227–238.

Stamatoyannopoulos, J.A. (2004) The genomics of gene expression. *Genomics* 84, 449–457.

Stanford, J.C. (2000) The development of the biolistic process. In Vitro *Cellular and Developmental Biology – Plant* 36, 303–308.

Stanford, J.C., Klein, T.M., Wolf, E.D. and Allen, N. (1987) Delivery of substances into cells and tissues using a particle bombardment process. *Particulate Science and Technology* 5, 27–37.

Staub, J.E. (1999) Intellectual property rights, genetic markers and the hybrid seed production. *Journal of New Seeds* 1, 39–64.

Stebbins, G.L. (1957) Self fertilization and population variability in the higher plants. *American Nature* 91, 337–354.

Stebbins, G.L. (1970) Adaptive radiation of reproductive characteristics in angiosperms: I. Pollination mechanisms. *Annual Review of Ecology and Systematics* 1, 307–326.

Steele, K.A., Price, A.H., Shashidhar, H.E. and Witcombe, J.R. (2006) Marker-assisted selection to introgress rice QTL controlling root traits into an Indian upland rice variety. *Theoretical and Applied Genetics* 112, 208–221.

Stein, L. (2001) Genome annotation: from sequence to biology. *Nature Reviews Genetics* 2, 493–503.

Stein, L.D. (2002) Creating a bioinformatics nation. *Nature* 417, 119–120.

Stein, L.D. (2003) Integrating biological databases. *Nature Reviews Genetics* 4, 337–345.

Stein, N., Perovic, D., Kumlehn, J., Pellio, B., Stracke, S., Streng, S., Ordon, E. and Graner, A. (2005) The eukaryotic translation initiation factor 4E confers multiallelic recessive Bymovirus resistance in *Hordeum vulgare* (L.). *The Plant Journal* 42, 912–922.

Stelly, D.M., Lee, J.A. and Rooney, W.L. (1988) Proposed schemes for mass-extraction of doubled haploids of cotton. *Crop Science* 28, 885–890.

Sterling, T.D. (1959) Publication decision and their possible effects on inferences drawn from tests of significance – or vice versa. *Journal of the American Statistical Association* 54, 30–34.

Stich, B. and Melchinger, A.E. (2009) Comparison of mixed-model approaches for association mapping in rapeseed, potato, sugar beet, maize, and *Arabidopsis*. *BMC Genomics* 10, 94.

Stich, B., Melchinger, A.E., Piepho, H.-P., Heckenberger, M., Maurer, H.P. and Reif, J.C. (2006) A new test for family-based association mapping using inbred lines from plant breeding programs. *Theoretical and Applied Genetics* 113, 1121–1130.

Stich, B., Yu, J., Melchinger, A.E., Piepho, H.P., Utz, H.F., Maurer, H.P. and Buckler, E.S. (2007) Power to detect higher-order epistatic interactions in a metabolic pathway using a new mapping strategy. *Genetics* 176, 563–570.

Stich, B., Möhring, J., Piepho, H.-P., Heckenberger, M., Buckler, E.S. and Melchinger, A.E. (2008) Comparison of mixed-model approaches for association mapping. *Genetics* 178, 1745–1754.

Stitt, M. and Fernie, A.R. (2003) From measurements of metabolites to metabolomics: an 'on the fly' perspective illustrated by recent studies of carbon–nitrogen interactions. *Current Opinion in Biotechnology* 14, 136–144.

Stoyanova, S.D. (1991) Genetic shifts and variations of gliadins induced by seed aging. *Seed Science and Technology* 19, 363–371.

Stratton, D.A. (1998) Reaction norm functions and QTL-environments for flowering time in *Arabidopsis thaliana*. *Heredity* 81, 144–155.

Stuber, C.W. (1992) Biochemical and molecular markers in plant breeding. *Plant Breeding Reviews* 9, 37–61.

Stuber, C.W. (1994a) Breeding multigenic traits. In: Phillips, R.L. and Vasil, I.K. (eds) *DNA Based Markers in Plants*. Kluwer Academic Publishers, Dordrecht, Netherlands, pp. 97–115.

Stuber, C.W. (1994b) Heterosis in plant breeding. *Plant Breeding Reviews* 12, 227–251.

Stuber, C.W. (1995) Mapping and manipulating quantitative traits in maize. *Trends in Genetics* 11, 477–481.

Stuber, C.W. (1999) Biochemistry, molecular biology and physiology of heterosis. In: Coors, J.G. and Pandey, S. (eds) *The Genetics and Exploitation of Heterosis in Crops*. American Society of Agronomy (ASA) and Crop Science Society of America (CSSA), Madison, Wisconsin, pp. 173–184.

Stuber, C.W. and Moll, R.H. (1972) Frequency changes of isozyme alleles in a selection experiment for grain yield in maize (*Zea mays* L.). *Crop Science* 12, 337–340.

Stuber, C.W. and Sisco, P.H. (1991) Marker-facilitated transfer of QTL alleles between elite inbred lines and responses of hybrids. *Proceedings of 46th Annual Corn and Sorghum Industry Research Conference* 46, 104–113.

Stuber, C.W., Moll, R.H., Goodman, M.M., Schaffer, H.E. and Weir, B.S. (1980) Allozyme frequency changes associated with selection for increased grain yield in maize (*Zea mays*). *Genetics* 95, 225–336.

Stuber, C.W., Goodman, M.M. and Moll, R.H. (1982) Improvement of yield and ear number resulting from selection at allozyme loci in a maize population. *Crop Science* 22, 737–740.

Stuber, C.W., Lincoln, S.E., Wolff, D.W., Helentjaris, T. and Lander, E.S. (1992) Identification of genetic factors contributing to heterosis in a hybrid from two elite maize inbred lines using molecular markers. *Genetics* 132, 823–839.

Stuber, C.W., Polacco, M. and Senior, M.L. (1999) Synergy of empirical breeding, marker-assisted selection and genomics to increase crop yield potential. *Crop Science* 39, 1571–1583.

Stuper, R.M. and Springer, N.M. (2006) *Cis*-transcriptional variation in maize inbred lines B73 and Mo17 lead to additive expression patterns in the F1 hybrid. *Genetics* 173, 2199–2210.

Subrahmanyam, N.C. and Kasha, K.J. (1975) Chromosome doubling of barley haploids by nitrous oxide and colchicine treatment. *Canadian Journal of Genetics and Cytology* 17, 573–583.

Subramanian, A., Tamayo, P., Mootha, V.K., Mukherjee, S., Ebert, B.L., Gillette, M.A., Paulovich, A., Pomeroy, S.L., Golub, T.R., Lander, E.S. and Mesirov, J.P. (2005) Gene set enrichment analysis: a knowledge-based approach for interpreting genome-wide expression profiles. *Proceedings of the National Academy of Sciences of the United States of America* 102, 15545–15550.

Sughrou, J.R. and Rockeford, T.R. (1994) Restriction fragment length polymorphism differences among the Illinois long-term selection oil strains. *Theoretical and Applied Genetics* 87, 916–924.

Sugita, K., Kasahara, T., Matsunaga, E. and Ebinuma, H. (2000) A transformation vector for the production of marker-free transgenic plants containing a single copy transgene at high frequency. *The Plant Journal* 22, 461–469.

Sullivan, S.N. (2004) Plant genetic resources and the law: past, present and future. *Crop Science* 135, 10–15.

Sumner, L.W., Mendes, P. and Dixon, R.A. (2003) Plant metabolomics: large-scale phytochemistry in the functional genomics era. *Phytochemistry* 62, 817–836.

Sun, D.J., He, Z.H., Xia, X.C., Zhang, L.P., Morris, C., Appels, R., Ma, W. and Wang, H. (2005) A novel STS marker for polyphenol oxidase activities in bread wheat. *Molecular Breeding* 16, 209–218.

Sun, Q.X., Huang, T.C., Ni, Z.F. and Procunier, D.J. (1996) Studies on heterotic grouping in wheat: I. Genetic diversity between varieties revealed by RAPD. *Journal of Agricultural Biotechnolgy* (China) 4, 103–110.

Sun, Q.X., Wu, L.M., Ni, Z.F., Meng, F.R., Wang, Z.K. and Lin, Z. (2004) Differential gene expression patterns in leaves between hybrids and their parental inbreds are correlated with heterosis in a diallelic cross. *Plant Science* 166, 651–657.

Sun, Y., Wang, J., Crouch, J.H. and Xu, Y. (2009) Efficiency of selective genotyping for complex traits and its innovative use in genetics and plant breeding. *Molecular Breeding* (in press)

Sundaresan, V., Springer, P., Volpe, T., Haward, S., Jones, J.D., Dean, C., Ma, H. and Martienssen, R. (1995) Patterns of gene action in plant development revealed by enhancer trap and gene trap transposable elements. *Genes and Development* 9, 1797–1810.

Suter, B., Kittanakom, S. and Stagljar, I. (2008) Two-hybrid technologies in proteomics research. *Current Opinion in Biotechnology* 19, 316–323.

Suzuki, Y., Uemura, S., Saito, Y., Murofushi, N., Schmitz, G., Theres, K. and Yamaguchi, I. (2001) A novel transposon tagging element for obtaining gain-of-function mutants based on a self-stablizing *Ac* derivative. *Plant Molecular Biology* 45, 123–131.

Swaminathan, M.S. (2006) An evergreen revolution. *Crop Science* 46, 2293–2303.

Swaminathan, M.S. (2007) Can science and technology feed the world in 2025? *Field Crops Research* 104, 3–9.

Swaminathan, M.S. and Singh, M.P. (1958) X-ray induced somatic haploidy in watermelon. *Current Science* 27, 63–64.

Swanson-Wagner, R.A., Jia, Y., DeCook, R., Borsuk, L.A., Nettleton, D. and Schnable, P.S. (2006) All possible modes of gene action are observed in a global comparison of gene expression in a maize F_1 hybrid and its inbred parents. *Proceedings of the National Academy of Sciences of the United States of America* 103, 6805–6810.

Syvänen, A.-C. (1999) From gels to chips: 'minisequencing' primer extension for analysis of point mutations and single nucleotide polymorphisms. *Human Mutation* 13, 1–10.

Syvänen, A.-C. (2001) Accessing genetic variation: genotyping single nucleotide polymorphisms. *Nature Reviews Genetics* 2, 930–942.

Syvänen, A.-C. (2005) Toward genome-wide SNP genotyping. *Nature Genetics* 37, S5–S10.

Syvänen, A.-C., Aalto-Setala, K., Harju, L., Kontula, K. and Soderlund, H. (1990) A primer-guided nucleotide incorporation assay in the genotyping of apolipoprotein E. *Genomics* 8, 684–692.

Szalma, S.J., Hostert, B.M., LeDeaux, J.R., Stuber, C.W. and Holland, J.B. (2007) QTL mapping with near-isogenic lines in maize. *Theoretical and Applied Genetics* 114, 1211–1228.

Szarejko, I. and Forster, B.P. (2007) Doubled haploidy and induced mutation. *Euphytica* 158, 359–370.

Tabashnik, B.E., Gassmann, A.J., Crowder, D.W. and Carrière, Y. (2008) Insect resistance to *Bt* crops: evidence verus theory. *Nature Biotechnology* 26, 199–202.

Taberner, A., Dopazo, J. and Castaãera, P. (1997) Genetic characterization of populations of a *de novo* arisen sugar beet pest, *Aubeonymus mariaefranciscae* (Coleopteram Curculionidae), by RAPD analysis. *Journal of Molecular Evolution* 45, 24–31.

Tai, G.C.C. (1971) Genotypic stability analysis and its application to potato regional trials. *Crop Science* 11, 184–190.

Taji, A., Kumar, P.P. and Lakshmann, P. (2002) In Vitro *Plant Breeding*. Food Products Press, Binghamton, New York, 167 pp.

Takahashi, Y., Shomura, A., Sasaki, T. and Yano, M. (2001) *Hd6*, a rice quantitative trait locus involved in photoperiod sensitivity, encodes the alpha subunit of protein kinase CK2. *Proceedings of the National Academy of Sciences of the United States of America* 98, 7922–7927.

Talbot, C.J., Nicod, A., Cherny, S.S., Fulker, D.W., Collins, A.C. and Flint, J. (1999) High-resolution mapping of quantitative trait loci in outbred mice. *Nature Genetics* 21, 305–308.

Tan, Y.F., Li, J.X., Yu, S.B., Xing, Y.Z., Xu, C.G. and Zhang, Q. (1999) The three important traits for cooking and eating quality of rice grain are controlled by a single locus in an elite rice hybrid, Shanyou 63. *Theoretical and Applied Genetics* 99, 642–648.

Tang, G.L., Reinhart, B.J., Bartel, D.P. and Zamore, P.D. (2003) A biochemical framework for RNA silencing in plants. *Genes and Development* 17, 49–63.

Tang, H., Bowers, J.E., Wang, X., Ming, R., Alam, M. and Paterson, A.H. (2008) Synteny and collinearity in plant genomes. *Science* 320, 486–488.

Tanksley, S.D. (1983) Molecular markers in plant breeding. *Plant Molecular Biology Reporter* 1, 1–3.

Tanksley, S.D. (1993) Mapping polygenes. *Annual Review of Genetics* 27, 205–233.

Tanksley, S.D. and McCouch, S.R. (1997) Seed banks and molecular maps: unlocking genetic potential from the wild. *Science* 277, 1063–1066.

Tanksley, S.D. and Nelson, J.C. (1996) Advanced backcross QTL analysis: a method for the simultaneous discovery and transfer of valuable QTLs from unadapted germplasm into elite breeding. *Theoretical and Applied Genetics* 92, 191–203.

Tanksley, S.D. and Rick, C.M. (1980) Isozyme gene linkage map of the tomato: applications in genetics and breeding. *Theoretical and Applied Genetics* 57, 161–170.

Tanksley, S.D., Miller, J., Paterson, A. and Bernatzky, R. (1988) Molecular mapping of plant chromosomes. In: Gustafson, J.P. and Appels, R. (eds) *Chromosome Structure and Function – Impact of New Concepts*. Proceedings of the 18th Stadller Genetics Symposium. Plenum Press, New York, pp. 157–173.

Tanksley, S.D., Young, N.D., Paterson, A.H. and Bonierbale, M.W. (1989) RFLP mapping in plant breeding: new tools for an old science. *Bio/Technology* 7, 257–263.

Tanksley, S.D., Ganal, M.W. and Martin, G.B. (1995) Chromosome landing: a paradigm for map based gene cloning in plants with large genomes. *Trends in Genetics* 11, 63–68.

Tanksley, S.D., Grandillo, S., Fulton, T.M., Zamir, D., Eshed, Y., Petiard, V., Lopez, J. and Beck-Bunn, T. (1996) Advanced backcross QTL analysis in a cross between an elite processing line of tomato and its wild relative *L. pimpinellifolium*. *Theoretical and Applied Genetics* 92, 213–224.

Tao, Q. and Zhang, H.-B. (1998) Cloning and stable maintenance of DNA fragments over 300 kb in *Escherichia coli* with conventional plasmid-based vectors. *Nucleic Acids Research* 26, 4901–4909.

Tarchini, R., Biddle, P., Wineland, R., Tingey, S. and Rafalski, A. (2000) The complete sequence of 340kb of DNA around the rice *Adh1-Adh2* region reveals interrupted colinearity with maize chromosome 4. *The Plant Cell* 12, 381–391.

Tardieu, F. (2003) Virtual plants: modeling as a tool for the genomics of tolerance to water deficit. *Trends in Plant Science* 8, 9–14.

Tauz, D. and Renz, M. (1984) Simple sequences are ubiquitous repetitive components of eukaryotic genomes. *Nucleic Acids Research* 12, 4127–4138.

Taylor, B.A. (1978) Recombinant inbred strains: use in gene mapping. In: Morse, H.C. (ed.) *Origin of Inbred Mice*. Academic Press, New York, pp. 423–438.

Tekeoglu, M., Rajesh, P.N. and Muehlbauer, F.J. (2002) Integration of sequence tagged microsatellites to the chickpea genetic map. *Theoretical and Applied Genetics* 105, 847–854.

Temnykh, S., Park, W.D., Ayres, N., Cartinhour, S., Hauck, N., Lipovich, L., Cho, Y.G., Ishii, T. and McCouch, S.R. (2000) Mapping and genome organization of microsatellite sequences in rice (*Oryza sativa* L.). *Theoretical and Applied Genetics* 100, 697–712.

Tenaillon, M.I., Sawkins, M.C., Long, A.D., Gaut, R.L., Doebley, J.F. and Gaut, B.S. (2001) Patterns of DNA sequence polymorphism along chromosome 1 of maize (*Zea mays* ssp. *mays* L.). *Proceedings of the National Academy of Sciences of the United States of America* 98, 9161–9166.

Tenhola-Roininen, T., Immonen, S. and Tanhuanpää, P. (2006) Rye doubled haploids as a research and breeding tool – a practical point of view. *Plant Breeding* 125, 584–590.

Terada, R., Urawa, H., Inagaki, Y., Tsugane, K. and Iida, S. (2002) Efficient gene targeting by homologous recombination in rice. *Nature Biotechnology* 20, 1030–1034.

Tessier, D.C., Arbour, M., Benoit, F., Hogues, H. and Rigby, T. (2005) A DNA microarray fabrication strategy for research laboratories. In: Sensen, C.W. (ed.) *Handbook of Genome Research. Genomics, Proteomics, Metabolomics, Bioinformatics, Ethical and Legal Issues*. WILEY-VCH, Weinheim, Germany, pp. 223–238.

The Arabidopsis Genome Initiative (2000) Analysis of the genome sequence of the flowering plant *Arabidopsis thaliana*. *Nature* 408, 796–815.

Therneau, T.M. and Grambsch, P.M. (2000) *Modeling Survival Data: Extending the Cox Model*. Springer, New York.

Thiel, T., Michalek, W., Varshney, R.K. and Graner, A. (2003) Exploiting EST data bases for the development and characterization of gene-derived SSR-markers in barley (*Hordeum vulgare* L.). *Theoretical and Applied Genetics* 106, 411–422.

Thoday, J.M. (1961) Location of polygenes. *Nature* 191, 368–370.

Thomas, C.D., Cameron, A., Green, R.E., Bakkenes, M., Beaumont, L.J., Collingham, Y.C., Erasmus, B.F.N., Ferreira de Siqueira, M., Grainger, A., Hannah, L., Hughes, L., Huntley, B., van Jaarsveld, A.S., Midgley, G.F., Miles, L., Ortega-Huerta, M.A., Peterson, A.T., Phillips, O.L. and Williams, S.E. (2004) Extinction risk from climate change. *Nature* 427, 145–148.

Thompson, J.A., Halewood, M., Engels, J. and Hoogendoorn, C. (2004) Plant genetic resources collections: a survey of issues concerning their value, accessibility and status as public goods. In: *New Directions for a Diverse Planet: Proceedings of the 4th International Crop Science Congress*, 26 September–1 October 2004, Brisbane, Australia. Published on CD-ROM. Available at: http://www.cropscience.org. au/icsc2004/ (accessed 17 November 2009).

Thomson, M.J., Tai, T.H., McClung, A.M., Hinga, M.E., Lobos, K.B., Xu, Y., Martinez, C. and McCouch, S.R. (2003) Mapping quantitative trait loci for yield, yield components and morphological traits in an advanced backcross population between *Oryza rufipogon* and the *Oryza sativa* cultivar Jefferson. *Theoretical and Applied Genetics* 107, 479–493.

Thomson, M.J., Edwards, J.D., Septiningsih, E.M., Harrington, S.E. and McCouch, S.R. (2006) Substitution mapping of *dth1.1*, a flowering-time quantitative trait locus (QTL) associated with transgressive variation in rice, reveals multiple sub-QTL. *Genetics* 172, 2501–2514.

Thorisson, G.A., Muilu, J. and Brookes, A.J. (2009) Genotype–phenotype databases: challenges and solutions for the post-genomic era. *Nature Reviews Genetics* 10, 9–18.

Thornsberry, J.M., Goodman, M.M., Doebley, J., Kresovich, S., Nielsen, D. and Buckler IV, E.S. (2001) *Dwarf8* polymorphisms associate with variation in flowering time. *Nature Genetics* 28, 286–289.

Tikhonov, A.P., SanMiguel, P.J., Nakajima, Y., Gorenstein, N.M., Bennetzen, J.L. and Avramova, Z. (1999) Colinearity and its exceptions in orthologous *adh* regions of maize and sorghum. *Proceedings of the National Academy of Sciences of the United States of America* 96, 7409–7414.

Till, B.J., Reynolds, S.H., Greene, E.A., Codomo, C.A., Enns, L.C., Johnso, J.E., Burtner, C., Odden, A.R., Young, K., Taylor, N.E., Henikoff, J.G., Comai, L. and Henikoff, S. (2003) Large-scale discovery of induced point mutations with high-throughput TILLING. *Genome Research* 13, 524–530.

Till, B.J., Comai, L. and Henikoff, S. (2007) TILLING and EcoTILLING for crop improvement. In: Varshney, R.K. and Tuberosa, R. (eds) *Genomics-Assisted Crop Improvement*. Vol.1: *Genomic Approaches and Platforms*. Springer, Dordrecht, Netherlands, pp. 333–350.

Tinker, N.A. and Mather, D.E. (1993) GREGOR: software for genetic simulation. *Journal of Heredity* 84, 237.

Tirosh, I., Bilu, Y. and Barkai, N. (2007) Comparative biology: beyond sequence analysis. *Current Opinion in Biotechnology* 18, 371–377.

Tomita, M., Hashimoto, K., Takahashi, K, Shimizu, T.S., Matsuzaki, Y., Miyoshi, F., Saito, K., Tanida, S., Yugi, K., Venter, J.C. and Hutchison, C.A. III (1999) E-CELL: software environment for whole-cell simulation. *Bioinformatics* 15, 72–84.

Trawick, B.W. and McEntyre, J.R. (2004) Bibliographic databases. In: Sansom, C.E. and Horton, R.M. (eds) *The Internet for Molecular Biologists*. Oxford University Press, Oxford, UK, pp. 1–16.

Trethewey, R.N. (2005) Metabolite profiling in plants. In: Leister, D. (ed.) *Plant Functional Genomics*. Food Products Press, Binghamton, New York, pp. 85–117.

Tripp, R., Louwaars, N.P. and Eaton, D. (2006) Intellectual property rights for plant breeding and rural development: challenges for agricultural policymakers. *Agricultural and Rural Development Notes* Issue 12.

Truco, M.J., Antonise, R., Lavelle, D., Ochoa, O., Kozik, A., Witsenboer, H., Fort, S.B., Jeuken, M.J.W., Kesseli, R.V., Lindhout, P., Michelmore, R.W. and Peleman, J. (2007) A high-density, integrated genetic linkage map of lettuce (*Lactuca* spp.). *Theoretical and Applied Genetics* 115, 735–746.

Tsien, R.Y. (1998) The green fluorescent protein. *Annual Review of Biochemistry* 67, 509–544.

Tu, J., Datta, K., Alam, M.F., Khush, G.S. and Datta, S.K. (1998a) Expression and function of a hybrid *Bt* toxin gene in transgenic rice conferring resistance to insect pests. *Plant Biotechnology* 15, 183–191.

Tu, J., Ona, I., Zhang, Q., Mew, T.W., Khush, G.S. and Datta, S.K. (1998b) Transgenic rice variety IR72 with Xa21 is resistant to bacterial blight. *Theoretical and Applied Genetics* 97, 31–36.

Turcotte, E.L. and Feaster, C.V. (1963) Haploids: high-frequency production from single-embryo seeds in a line of Pima cotton. *Science* 140, 1407–1408.

Turcotte, E.L. and Feaster, C.V. (1967) Semigamy in Pima cotton. *Journal of Heredity* 58, 54–57.

Tuvesson, S., Dayteg, C., Hagberg, P., Manninen, O., Tanhuanpää, P., Tenhola-Roininen, T., Kiviharju, E., Weyen, J., Förster, J., Schondelmaier, J., Lafferty, J., Marn, M. and Fleck, A. (2007) Molecular markers and doubled haploids in European plant breeding programmers. *Euphytica* 158, 305–312.

Tyo, K.E., Alper, H.S. and Stephanopoulos, G.N. (2007) Expanding the metabolic engineering toolbox: more options to engineer cells. *Trends in Biotechnology* 25, 132–137.

Tzfira, T. and Citovsky, V. (2006) *Agrobacterium*-mediated genetic transformation of plants: biology and biotechnology. *Current Opinion in Biotechnology* 17, 147–154.

Tzfira, T., Tian, G.W., Lacroix, B., Vyas, S., Li, J., Leitner-Dagan, Y., Krichevsky, A., Taylor, T., Vainstein, A. and Citovsky, V. (2005) pSAT vectors: amodular series of plasmids for autofluorescent protein tagging and expression of multiple genes in plants. *Plant Molecular Biology* 57, 503–516.

Tzfira, T., Kozlovsky, S.V. and Vitaly Citovsky, V. (2007) Advanced expression vector systems: new weapons for plant research and biotechnology. *Plant Physiology* 145, 1087–1089.

Ufaz, S. and Galili, G. (2008) Improving the content of essential amino acids in crop plants: goals and opportunities. *Plant Physiology* 147, 954–961.

Uga, Y., Fukuta, Y., Cai, H.W., Iwata, H., Ohsawa, R., Morishima, H. and Fujimura, T. (2003) Mapping QTLs influencing rice floral morphology using recombinant inbred lines derived from a cross between *Oryza sativa* L. and *Oryza rufipogon* Griff. *Theoretical and Applied Genetics* 107, 218–226.

Uga, Y., Nonoue, Y., Liang, Z.W., Lin, H.X., Yamamoto, S., Yamanouchi, U. and Yano, M. (2007) Accumulation of additive effects generates a strong photoperiod sensitivity in the extremely late-heading rice cultivar 'Nona Bokra'. *Theoretical and Applied Genetics* 114, 1457–1466.

Ukai, Y., Osawa, R., Saito, A. and Hayashi, T. (1995) MAPL: a package of computer programs for construction of DNA polymorphism linkage maps and analysis of QTL (in Japanese). *Breeding Science* 45, 139–142.

Ulloa, M., Saha, S., Jenkins, J.N., Meredith, W.R., Jr, McCarty, J.C., Jr and Stelly, D.M. (2005) Chromosomal assignment of RFLP linkage groups harboring important QTLs on an intraspecific cotton (*Gossypium hirsutum* L.) joinmap. *Journal of Heredity* 96, 132–144.

Ungerer, M.C., Halldorsdottir, S.S., Purugganan, M.D. and Mackay, T.F.C. (2003) Genotype–environment interactions at quantitative trait loci affecting inflorescence development in *Arabidopsis thaliana*. *Genetics* 165, 353–365.

Ünlü, M., Morgan, M.E. and Minden, J.S. (1997) Difference gel electrophoresis: a single gel method for detecting changes in protein extracts. *Electrophoresis* 18, 2071–2077.

Upadhyaya, H.D. and Ortiz, R. (2001) A mini core subset for capturing diversity and promoting utilization of chickpea genetic resources in crop improvement. *Theoretical and Applied Genetics* 102, 1292–1298.

Upadhyaya, H.D., Bramel, P.J., Ortiz, R. and Singh, S. (2002) Developing a mini core of peanut for utilization of genetic resources. *Crop Science* 42, 2150–2156.

Upadhyaya, H.D., Gowda, C.L.L., Pundir, R.P.S., Reddy, V.G. and Singh, S. (2006a) Development of core subset of fingermillet germplasm using geographical origin and data on 14 quantitative traits. *Genetic Resources and Crop Evolution* 53, 679–685.

Upadhyaya, H.D., Reddy, L.J., Gowda, C.L.L., Reddy, K.N. and Singh, S. (2006b) Development of a mini core subset for enhanced and diversified utilization of pigeonpea germplasm resources. *Crop Science* 46, 2127–2132.

UPOV (The International Union for the Protection of New Varieties of Plants) (1991) The 1991 Act of the UPOV Convention. Available at: http://www.upov.int/en/publications/conventions/1991/content.htm (accessed 17 November 2009).

UPOV (The International Union for the Protection of New Varieties of Plants) (2005) *UPOV Report on the Impact of Plant Variety Protection*. UPOV Publication No. 353 (E), UPOV, Geneva, December 2005, 98 pp.

Urwin, P.E., McPheron, M.J. and Atkinson, H.J. (1998) Enhanced transgenic plant resistance to nematodes by dual proteinase inhibitor constructs. *Planta* 204, 472–479.

Urwin, P., Yi, L., Martin, H., Atkinson, H. and Gilmartin, P.M. (2000) Functional characterization of the EMCV IRES in plants. *Plant Journal* 24, 583–589.

USDA (United States Department of Agriculture) (2002a) Statistical indicators. *Agricultural Outlook*, January–February 2002, Economic Research Service, USDA, Washington, DC, pp. 30–59.

USDA (United States Department of Agriculture) (2002b) Genetically engineered crops: US adoption and impacts. *Agricultural Outlook*, September 2002, Economic Research Service, USDA, Washington, DC, pp. 24–27.

Usuka, J., Zhu, W. and Brendel, V. (2000) Optimal sliced alignment of homologous cDNA to a genomic DNA template. *Bioinformatics* 16, 203–211.

Utz, H.F. and Melchinger, A.E. (1994) Comparison of different approaches to interval mapping of quantitative trait loci. In: van Ooijen, J.W. and Jansen, J. (eds) *Biometrics in Plant Breeding: Applications of*

Molecular Markers. Proceedings of the Ninth Meeting of the EUCARPIA Section Biometrics in Plant Breeding, 6–8 July 1994, Wageningen, Netherlands, pp. 195–204.

Utz, H.F. and Melchinger A.E. (1996) PLABQTL: a program for composite interval mapping of QTL. *Journal of Agricultural Genomics*. Available at: http://www.cabi-publishing.org/jag/papers96/paper196/indexp196.html (accessed 30 June 2007).

Utz, H.F., Melchinger, A.E. and Schön, C.C. (2000) Bias and sampling error of the estimated proportion of genotypic variance explained by quantitative loci determined from experimental data in maize using cross validation and validation with independent samples. *Genetics* 154, 1839–1849.

Vain, P., Afolabi, A.S., Worland, B. and Snape, J.W. (2003) Transgene behaviour in populations of rice plants transformed using a new dual binary vector system: pGreen/pSoup. *Theoretical and Applied Genetics* 107, 210–217.

Vallegos, C.E. and Chase, C.D. (1991) Linkage between isozyme markers and a locus affecting seed size in *Phaseolus vulgaris* L. *Theoretical and Applied Genetics* 81, 413–419.

van Berloo, R. (1999) GGT: software for the display of graphical genotypes. *Journal of Heredity* 90, 328–329.

van Berloo, R. and Stam, P. (1998) Marker-assisted selection in autogamous RIL populations: a simulation study. *Theoretical and Applied Genetics* 96, 147–154.

van Berloo, R. and Stam, P. (1999) Comparison between marker-assisted selection and phenotypical selection in a set of *Arabidopsis thaliana* recombinant inbred lines. *Theoretical and Applied Genetics* 98, 113–118.

van Berloo, R. and Stam, P. (2001) Simultaneous marker-assisted selection for multiple traits in autogamous crops. *Theoretical and Applied Genetics* 102, 1107–1112.

van Berloo, R., Aalbers, H., Werkman, A. and Niks, R.E. (2001) Resistance QTL confirmed through development of QTL-NILs for barley leaf rust resistance. *Molecular Breeding* 8, 187–195.

van der Fits, L., Hilliou, F. and Memelink, J. (2001) T-DNA activation tagging as a tool to isolate regulators of a metabolic pathway from a generally non-tractable plant species. *Transgenic Research* 10, 513–521.

van der Wurff, A.W., Chan, Y.L., Van Straalen, N.M. and Schouten, J. (2000) TE-AFLP: combining rapidity and robustness in DNA fingerprinting. *Nucleic Acids Research* 28, e105.

van Deynze, A.E., Nelson, J.C., O'Donoughue, L.S., Ahn, S.N., Siripoonwiwat, W., Harrington, S.E., Yglesias, E.S., Braga, D.P., McCouch, S.R. and Sorrells, M.E. (1995a) Comparative mapping in grasses. Oat relationships. *Molecular and General Genetics* 249, 349–356.

van Deynze, A.E., Nelson, J.C., O'Donoughue, L.S., Ahn, S.N., Siripoonwiwat, W., Harrington, S.E., Yglesias, E.S., Braga, D.P., McCouch, S.R. and Sorrells, M.E. (1995b) Comparative mapping in grasses. Wheat relationships. *Molecular and General Genetics* 248, 744–754.

van Eeuwijk, F.A., Denis, J.-B. and Kang, M.S. (1996) Incorporating additional information on genotype and environments in models for two-way genotype by environment tables. In: Kang, M.S. and Gaugh, H.G. (eds) *Genotype-by-Environment Interaction*. CRC Press, Boca Raton, Florida, pp. 15–50.

van Eeuwijk, F.A., Crossa, J., Vargas, M. and Ribaut, J.M. (2001) Variants of factorial regression for analysing QTL by environment interaction. In: Gallais, A., Dillmann, C. and Goldringer, I. (eds) *Eucarpia, Quantitative Genetics and Breeding Methods: the Way Ahead*. Institut National de la Rescherche Agronomique (INRA) Editions, Versailles. Les colloques 96, 107–116.

van Eeuwijk, F.A., Crossa, J., Vargas, M. and Ribaut, J.-M. (2002) Analysing QTL by environment interaction by factorial regression, with an application to the CIMMYT drought and low nitrogen stress programme in maize. In: Kang, M.S. (ed.) *Quantitative Genetics, Genomics and Plant Breeding*. CAB International, Wallingford, UK, pp. 245–256.

van Eeuwijk, F.A., Malosetti, M., Yin, X., Struik, P.C. and Stam, P. (2004) Modeling differential phenotypic expression. In: *New Directions for a Diverse Planet: Proceedings 4th International Crop Science Congress* (ICSC), 26 September–1 October 2004, Brisbane, Australia. ICSC, Brisbane, Australia. Available at: http://www.cropscience.org.au/icsc2004/ (accessed 17 November 2009).

van Eeuwijk, F.A., Malosetti, M., Yin, X., Struik, P.C. and Stam, P. (2005) Statistical models for genotype by environment data: from conventional ANOVA models to eco-physiological QTL models. *Australian Journal of Agricultural Research* 56, 883–894.

van Eijk, M., Peleman, J. and de Ruiter-Bleeker, M. (2001) Microsatellite-AFLP. Patent EP 1282729.

van Ginkel, M., Trethowan, R., Ammar, K., Wang, J. and Lillemo, M. (2002) Guide to bread wheat breeding at CIMMYT (rev). *Wheat special report* No. 5. Centro Internacional de Mejoramiento de Maiz y Trigo (CIMMYT), Mexico, DF.

van Oeveren, A.J. and Stam, P. (1992) Comparative simulation studies on the effects of selection for quantitative traits in autogamous crops: early selection versus single seed decent. *Heredity* 69, 342–351.

van Ooijen, A.J. and Voorrips, R.E. (2001) *JoinMap (tm) 3.0: Software for the Calculation of Genetic Linkage Maps*. Plant Research International, Wageningen, Netherlands.

van Ooijen, J.W. (1992) Accuracy of mapping quantitative trait loci in autogamous species. *Theoretical and Applied Genetics* 84, 803–811.

van Os, H., Andrzejewski, S., Bakker, E., Barrena, I., Bryan, G.J., Caromel, B., Ghareeb, B., Ishidore, E., de Jong, W., van Koert, P., Lefebvre, V., Milbourne, D., Ritter, E., van der Voort, J.N.A.M., Rousselle-Bourgeois, E., van Vliet, J., Waugh, R., Visser, R.G.F., Bakker, J. and van Eck, H.J. (2006) Construction of a 10,000-marker ultradense genetic recombination map of potato: providing a framework for accelerated gene isolation and a genomewide physical map. *Genetics* 173, 1075–1087.

van Treuren, R. (2001) Efficiency of reduced primer selectivity and bulked DNA analysis for the rapid detection of AFLP polymorphisms in a range of crop species. *Euphytica* 117, 27–37.

van Wijk, K.J. (2001) Challenges and prospects of plant proteomics. *Plant Physiology* 126, 301–308.

Vandepoele, K. and Van de Peer, Y. (2005) Exploring the plant transcriptome through phylogenetic profiling. *Plant Physiology* 137, 31–42.

Vaneck, J.M., Blowers, A.D. and Earle, E.D. (1995) Stable transformation of tomato cell-cultures after bombardment with plasmid and YAC DNA. *Plant Cell Reports* 14, 299–304.

Vane-Wright, R.I., Humphries, D.J. and Williams, P.H. (1991) What to protect? Systematics and the agony of choice. *Biological Conservation* 55, 235–254.

Varela, M., Crossa, J., Rane, J., Joshi, A. and Trethowan, R. (2006) Analysis of a three-way interaction including multi-attributes. *Australian Journal of Agricultural Research* 57, 1185–1193.

Vargas, M., van Eeuwijk, F.A., Crossa, J. and Ribaut, J.-M. (2006) Mapping QTL and QTL × environment interaction for CIMMYT maize drought stress program using factorial regression and partial least squares methods. *Theoretical and Applied Genetics* 122, 1009–1023.

Varshney, R.K., Graner, A. and Sorrells, M.E. (2005a) Genic microsatellite markers in plants: features and applications. *Trends in Biotechnology* 23, 48–55.

Varshney, R.K., Graner, A. and Sorrells, M.E. (2005b) Genomics-assisted breeding for crop improvement. *Trends in Plant Science* 10, 621–630.

Varshney, R.K., Nayak, S.N., May, G.D. and Jackson, S.A. (2009) Next-generation sequencing technologies and their implications for crop genetics and breeding. *Trends in Biotechnology* 27, 522–530.

Vavilov, N.I. (1926) Studies on the origin of cultivated plants. *Bulletin of Applied Botany, Genetics and Plant Breeding* 16, 1–248.

Veena, J.H., Doerge, R.W. and Gelvin, S. (2003) Transfer of T-DNA and Vir proteins to plant cells by *Agrobacterium tumefaciens* induces expression of host genes involved in mediating transformation and suppresses host defense gene expression. *The Plant Journal* 35, 219–236.

Velculescu, V.E., Zhang, L., Vogelstein, B. and Kinzler, K.W. (1995) Serial analysis of gene expression. *Science* 270, 484–487.

Veldboom, L.R., Lee, M. and Woodman, W.L. (1994) Molecular-marker-facilitated studies in an elite maize population: I. Linkage analysis and determination of QTL for morphological traits. *Theoretical and Applied Genetics* 88, 7–16.

Veldboom, L.R., Lee, M. and Woodman, W.L. (1996) Molecular-marker-facilitated studies in an elite maize population: I. Linkage analysis and determination of QTL for morphological traits. *Theoretical and Applied Genetics* 88, 7–16.

Venter, J.C., Adams, M.D., Myers, E.W., Li, P.W., Mural, R.J. *et al.* (2001) The sequence of the human genome. *Science* 291, 1304–1351.

Verbyla, A.P., Eckermann, P.J., Thompson, R. and Cullis, B.R. (2003) The analysis of quantitative trait loci in multi-environment trials using a multiplicative mixed model. *Australian Journal of Agricultural Research* 54, 1395–1408.

Verdonk, J.C., De Vos, C.H.R., Verhoeven, H.A., Harina, M.A., van Tunen, A.J. and Schuurink, R.C. (2003) Regulation of floral scent production in petunia revealed by targeted metabolomics. *Phytochemistry* 62, 997–1008.

Verhaegen, D., Plomion, C., Gion, J.-M., Poitel, M., Costa, P. and Kremer, A. (1997) Quantitative trait dissection analysis in *Eucalyptus* using RAPD markers: 1. Detection of QTL in interspecific hybrid progeny, stability of QTL expression across different ages. *Theoretical and Applied Genetics* 95, 597–608.

Verweire, D., Verleyen, K., Buck, S.D., Claeys, M. and Angenon, G. (2007) Marker-free transgenic plants through genetically programmed auto-excision. *Plant Physiology* 145, 1220–1231.

Veyrieras, J.-B., Goffinet, B. and Alain Charcosset, A. (2007) MetaQTL: a package of new computational methods for the meta-analysis of QTL mapping experiments. *BMC Bioinformatics* 8, 49.

Vickers, C., Xue, G. and Gresshoff, P.M. (2006) A novel *cis*-acting element, ESP, contributes to high-level endosperm-specific expression in an oat globulin promoter. *Plant Molecular Biology* 62, 195–214.

Vigouroux, Y., Mitchell, S., Matsuoka, Y., Hamblin, M., Kresovich, S., Smith, J.S.C., Jaqueth, J., Smith, O.S. and Doebley, J. (2005) An analysis of genetic diversity across the maize genome using microsatellites. *Genetics* 169, 1617–1630.

Villar, M., Lefevre, F., Bradshaw, H.D., Jr and du-Cros, E.T. (1996) Molecular genetics of rust resistance in poplars (*Melampsora larici-populina* Kleb/*Populus* sp.) by bulked segregant analysis in a 2 × 2 factorial mating design. *Genetics* 143, 531–536.

Virk, P.S., Ford-Lloyd, B.V., Jackson, M.T., Pooni, H.S., Clemeno, T.P. and Newbury, H.J. (1996) Predicting quantitative variation within rice germplasm using molecular markers. *Heredity* 76, 296–304.

Vision, T.J., Brown, D.G., Shmoys, D.B., Durrett, R.T. and Tanksley, S.D. (2000) Selective mapping: a strategy for optimizing the construction of high-density linkage maps. *Genetics* 155, 407–420.

Visscher, P.M. and Goddard, M.E. (2004) Prediction of the confidence interval of quantitative trait loci location. *Behavior Genetics* 34, 477–482.

Visscher, P.M., Thompson, R. and Haley, C.S. (1996) Confidence intervals in QTL mapping by bootstrapping. *Genetics* 143, 1013–1020.

Visscher, P.M., Hill, W.G. and Wray, N.R. (2008) Heritability in the genomics era – concepts and misconceptions. *Nature Reviews Genetics* 9, 255–266.

Vogl, C. and Xu, S. (2000) Multipoint mapping of viability and segregation distorting loci using molecular markers. *Genetics* 155, 1439–1447.

Vos, P., Hogers, R., Bleeker, M., Reijans, M., van de Lee, T., Hornes, M., Frijters, A., Pot, J., Peleman, H., Kuiper, M. and Zabeau, M. (1995) AFLP: a new technique for DNA fingerprinting. *Nucleic Acids Research* 23, 4407–4414.

Vuylsteke, M., Kuiper, M. and Stam, P. (2000) Chromosomal regions involved in hybrid performance and heterosis: their AFLP®-based identification and practical uses in prediction models. *Heredity* 85, 208–218.

Walden, I. (1998) Preserving diversity: the role of property rights. In: Swanson, T.M. (ed.) *Intellectual Property Rights and Biodiversity Conservation*. Cambridge University Press, Cambridge, UK, pp. 176 –197.

Walker, D., Boerma, H.R., All, J. and Parrott, W. (2002) Combining *cry1Ac* with QTL alleles from PI 229358 to improve soybean resistance to lepidopteran pests. *Molecular Breeding* 9, 43–51.

Walker, D.R., Narvel, J.M., Boerma, H.R., All, J.N. and Parrott, W.A. (2004) A QTL that enhances and broadens *Bt* insect resistance in soybean. *Theoretical and Applied Genetics* 109, 1051–1957.

Wallace, D.H. (1985) Physiological genetics of plant maturity, adaptation and yield. *Plant Breeding Reviews* 3, 21–158.

Wallace, R.B., Shaffer, J., Murphy, R.F., Bonner, J., Hirose, T. and Itakura, K. (1979) Hybridization of synthetic oligodeoxyribonucleotide to phi 174 DNA: the effect of single base pair mismatch. *Nucleic Acids Research* 6, 3543–3557.

Walling, G.A., Visscher, P.M., Andersson, L., Rothschild, M.F., Wang, L., Moser, G., Groenen, A.M., Bidanel, J.P., Cepica, S., Archibald, A.L., Geldermann, H., Koning, D.J., Milan, D. and Haley, C.S. (2000) Combined analysis of data from quantitative trait loci mapping studies: chromosome 4 effects on porcine growth and fatness. *Genetics* 155, 1369–1378.

Wallø Tvet, M.W. (2005) How will a Substantive Patent Law Treaty affect the public domain for genetic resources and biological material? *Journal of World Intellectual Property* 8, 311–344.

Walsh, B. (2001) Quantitative genetics in the age of genomics. *Theoretical Population Biology* 59, 175–184.

Walsh, B. (2004) Population- and quantitative-genetic models of selection limits. *Plant Breeding Reviews* 24 (Part 1), 177–225.

Wan, S., Wu, J., Zhang, Z., Sun, X., Lv, Y., Gao, C., Ning, Y., Ma, J., Guo, Y., Zhang, Q., Zheng, X., Zhang, C., Ma, Z. and Lu, T. (2008) Activation tagging, an efficient tool for functional analysis of the rice genome. *Plant Molecular Biology* 69, 69–80.

Wang, D.L., Zhu, J., Li, Z.K. and Paterson, A.H. (1999) Mapping QTLs with epistatic effects and QTL × environment interactions by mixed linear model approaches. *Theoretical and Applied Genetics* 99, 1255–1264.

Wang, E., Robertson, M.J., Hammer, G.L., Carberry, P.S., Holzworth, D., Meinke, H., Chapman, S.C., Hargreaves, J.N.G., Huth, N.I. and McLean, G. (2002) Development of a generic crop model template in the cropping system model APSIM. *European Journal of Agronomy* 18, 121–140.

Wang, G.-L., Mackill, D.J., Bonman, J.M., McCouch, S.R., Champoux, M.C. and Nelson, R.J. (1994) RFLP mapping of genes conferring complete and partial resistance to blast in a durably resistant rice cultivar. *Genetics* 136, 1421–1434.

Wang, G.W., He, Y.Q., Xu, C.G. and Zhang, Q. (2005) Identification and confirmation of three neutral alleles conferring wide compatibility in inter-subspecific hybrids of rice (*Oryza sativa* L.) using near-isogenic lines. *Theoretical and Applied Genetics* 111, 702–710.

Wang, G.W., He, Y.Q., Xu, C.G. and Zhang, Q. (2006) Fine mapping of *f5-Du*, a gene conferring wide-compatibility for pollen fertility in inter-subspecific hybrids of rice (*Oryza sativa* L.). *Theoretical and Applied Genetics* 112, 382–387.

Wang, H., Zhang, Y.M., Li, X., Masinde, G.L., Mohan, S., Baylink, D.J. and Xu, S. (2005) Bayesian shrinkage estimation of quantitative trait loci parameters. *Genetics* 170, 465–480.

Wang, J., van Ginkel, M., Podlich, D., Ye, G., Trethowan, R., Pfeiffer, W., DeLacy, I.H., Cooper, M. and Rajaram, S. (2003) Comparison of two breeding strategies by computer simulation. *Crop Science* 43, 1764–1773.

Wang, J., van Ginkel, M., Trethowan, R., Ye, G., DeLacy, I., Podlich, D. and Cooper, M. (2004) Simulating the effects of dominance and epistasis on selection response in the CIMMYT Wheat Breeding Program using QuCim. *Crop Science* 44, 2006–2018.

Wang, J., Eagles, H.A., Trethowan, R. and van Ginkel, M. (2005) Using computer simulation of the selection process and known gene information to assist in parental selection in wheat quality breeding. *Australian Journal of Agricultural Research* 56, 465–473.

Wang, J., Chapman, S.C., Bonnett, D.G., Rebetzke, G.J. and Crouch, J. (2007) Application of population genetic theory and simulation models to efficiently pyramid multiple genes via marker-assisted selection. *Crop Science* 47, 582–588.

Wang, J.K. and Bernardo, R. (2000) Variance and marker estimates of parental contribution to F_2 and BC_1-derived inbreds. *Crop Science* 40, 659–665.

Wang, J.K. and Pfeiffer, W.H. (2007) Simulation modeling in plant breeding: principles and applications. *Agricultural Sciences in China* 6, 908–921.

Wang, X., Rea, T., Bian, J., Gray, S. and Sun, Y. (1999) Identification of the gene responsive to etoposide-induced apoptosis: application of DNA chip technology. *FEBS Letters* 445, 269–273.

Wang, X., Hu, Z., Wang, W., Li, Y., Zhang, Y.M. and Xu, C. (2007) A mixture model approach to the mapping of QTL controlling endosperm traits with bulked samples. *Genetica* 132, 59–70.

Wang, X.Y., Chen, P.D. and Zhang, S.Z. (2001) Pyramiding and marker-assisted selection for powdery mildew resistance genes in common wheat. *Acta Genetica Sinica* 28, 640–646 (in Chinese; summary in English).

Wang, Y., Chen, B., Hu, Y., Li, J. and Lin, Z. (2005) Inducible excision of selectable marker gene from transgenic plants by the *Cre/lox* site-specific recombination system. *Transgenic Research* 14, 605–614.

Wang, Y.H., Liu, S.J., Ji, S.L., Zhang, W.W., Wang, C.M., Jiang, L. and Wan, J.M. (2005) Fine mapping and marker-assisted selection (MAS) of a low glutelin content gene in rice. *Cell Research* 15, 622–630.

Wang, Z., Zou, Y., Li, X., Zhang, Q., Chen, L., Wu, H., Su, D., Chen, Y., Guo, J., Luo, D., Long, Y., Zhong, Y. and Liu, Y.G. (2006) Cytoplasmic male sterility of rice with Boro II cytoplasm is caused by a cytotoxic peptide and is restored by two related PPR motif genes via distinct modes of mRNA silencing. *The Plant Cell* 18, 676–687.

Ware, D. and Stein, L. (2003) Comparison of genes among cereals. *Current Opinion in Plant Biology* 6, 121–127.

Ware, D.H., Jaiswal, P., Ni, J., Yap, I.V., Pan, X., Clark, K.Y., Teytelman, L., Schmidt, S.C., Zhao, W., Chang, K., Cartinhour, S., Stein, L.D. and McCouch, S.R. (2002) Gramene, a tool for grass genomics. *Plant Physiology* 130, 1606–1613.

Warthmann, N., Chen, H., Ossowski, S., Weigel, D. and Hervé, P. (2008) Highly specific gene silencing by artificial miRNAs in rice. *PLoS ONE* 3(3), e1829.

Wassom, J.J., Wong, J.C., Martinez, E., King, J.J., DeBaene, J., Hotchkiss, J.R., Mikkilineni, V., Bohn, M.O. and Rocheford, T.R. (2008) QTL associated with maize kernel oil, protein and starch concentrations; kernel mass; and grain yield in Illinois High Oil × B73 backcross-derived lines. *Crop Science* 48, 243–252.

Waugh, R., Mclean, K., Flavell, A.J., Pearce, S.R., Kumar, A. and Thomas, B.B.T. (1997) Genetic distribution of Bare-1 like retrotransposable elements in the barley genome revealed by sequence-specific amplification polymorphism (S-SAP). *Molecular and General Genetics* 253, 687–694.

Wayne, M.L. and McIntyre, L.M. (2002) Combining mapping and arraying: an approach to candidate gene identification. *Proceedings of the National Academy of Sciences of the United States of America* 99, 14903–14906.

Weber, A.L., Briggs, W.H., Rucker, J., Baltazar, B.M., Sánchez-Gonzalez, J.D.J., Feng, P., Buckler, E.S. and Doebley, J. (2008) The genetic architecture of complex traits in teosinte (*Zea mays* ssp. *parviglumis*): new evidence from association mapping. *Genetics* 180, 1221–1232.

Weckwerth, W. (2003) Metabolomics in systems biology. *Annual Review of Plant Biology* 54, 669–689.

Weckwerth, W., Wenzel, K. and Fiehn, O. (2004) Process for the integrated extraction, identification and quantification of metabolites, proteins and RNA to reveal their co-regulation in biochemical networks. *Proteomics* 4, 78–83.

Wehrhahn, C. and Allard, R.W. (1965) The detection and measurement of the effects of individual genes involved in the inheritance of a quantitative character in wheat. *Genetics* 51, 109–119.

Weigel, D. and Nordborg, M. (2005) Natural variation in *Arabidopsis*. How do we find the causal genes? *Plant Physiology* 138, 567–568.

Weigel, D., Ahn, J.H., Blazquez, M.A., Borevitz, J.O., Christensen, S.K., Fankhauser, C., Ferrandiz, C., Kardailsky, I., Malancharuvil, E.J., Neff, M.M., Nguyen, J.T., Sato, S., Wang, Z., Xia, Y., Dixon, R.A., Harrison, M.J., Lamb, C.J., Yanofsky, M.F. and Chory, J. (2000) Activation tagging in *Arabidopsis*. *Plant Physiology* 122, 1003–1013.

Weir, B.S. (1990) *Genetic Data Analysis, Methods for Discrete Population Genetic Data*. Sinauer Associates, Inc., Sunderland, Massachusetts, pp. 222–260.

Weir, B.S. (1996) *Genetic Data Analysis II*. Sinauer Associates, Inc., Sunderland, Massachusetts, 376 pp.

Weise, S., Grosse, I., Klukas, C., Koschützki, D., Scholz, U., Schreiber, F. and Junker, B.H. (2006) Meta-All: a system for managing metabolic pathway information. *BMC Bioinformatics* 7, 465.

Welch, R.M. and Graham, R.D. (2004) Breeding for micronutrients in staple food crops from a human nutrition perspective. *Journal of Experimental Botany* 55, 353–364.

Welch, S.M., Dong, Z. and Roe, J.L. (2004) Modeling gene networks controlling transition to flowering in *Arabidopsis*. In: *New Directions for a Diverse Planet: Proceedings 4th International Crop Science Congress* (ICSC), 26 September–1 October 2004, Brisbane, Australia. ICSC, Brisbane, Australia. Available at: http://www.cropscience.org.au/icsc2004/ (accessed 17 November 2009).

Welsh, J. and McClelland, M. (1990) Fingerprinting genomes using PCR with arbitrary primers. *Nucleic Acids Research* 18, 7231–7238.

Wenck, A. and Hansen, G. (2004) Positive selection. In: Peña, L. (ed.) *Methods in Molecular Biology*, Vol. 286. *Transgenic Plants: Methods and Protocols*. Humana Press Inc., Totowa, New Jersey, pp. 227–235.

Wenzel, W.G. and Pretorius, A.J. (2000) Heterosis and xenia in sorghum malt quality. *South-African Journal of Plant Soil* 17, 66–69.

Wenzl, P., Carling, J., Kudrna, D., Jaccoud, D., Huttner, E., Kleinhofs, A. and Kilian, A. (2004) Diversity array technology (DArT) for whole-genome profiling of barley. *Proceedings of the National Academy of Sciences of the United States of America* 101, 9915–9920.

Wenzl, P., Li, H., Carling, J., Zhou, M., Raman, H., Paul, E., Hearnden, P., Maier, C., Xia, L., Caig, V., Ovesná, J., Cakir, M., Poulsen, D., Wang, J., Raman, R., Smith, K.P., Muehlbauer, G.J., Chalmers, K.J., Kleinhofs, A., Huttner, E. and Kilian, A. (2006) A high-density consensus map of barley linking DArT markers to SSR, RFLP and STS loci and agricultural traits. *BMC Genomics* 7, 206.

Werner, K., Friedt, W. and Ordon, F. (2005) Strategies for pyramiding resistance genes against the barley yellow mosaic virus complex (BaMMV, BaYMV, BaYMV-2). *Molecular Breeding* 16, 45–55.

Wesley, S.V., Helliwell, C.A., Smith, N.A., Wang, M.B., Rouse, D.T., Liu, Q., Gooding, P.S., Singh, S.P., Abbott, D., Stoutjesdijk, P.A., Robinson, S.P., Gleave, A.P., Green, A.G. and Waterhouse, P.M. (2001) Construct design for efficient, effective and high-throughput gene silencing in plants. *The Plant Journal* 27, 581–590.

Wheeler, D.L., Barrett, T., Benson, D.A., Bryant, S.H., Canese, K., Chetvernin, V., Church, D.M., DiCuccio, M., Edgar, R., Federhen, S., Feolo, M., Geer, L.Y., Helmberg, W., Kapustin, Y., Khovayko, O., Landsman, D., Lipman, D.J., Madden, T.L., Maglott, V., Miller, D.R., Ostell, J., Pruitt, K.D., Schuler, G.D., Shumway, M., Sequeira, E., Sherry, S.T., Sirotkin, K., Souvorov, A., Starchenko, G., Tatusov, R.L., Tatusova, T.A., Wagner, L. and Yaschenko, E. (2007) Database resources of the National Center for Biotechnology Information. *Nucleic Acids Research* 36, D13–D21.

White, J.W. and Hoogenboom, G. (1996) Integrating effects of genes for physiological traits into crop growth models. *Agronomy Journal* 88, 416–422.

White, J.W. and Hoogenboom, G. (2003) Gene-based approaches to crop simulation: past experiences and future opportunities. *Agronomy Journal* 95, 52–64.

White, P.J. and Broadley, M.R. (2005) Biofortifying crops with essential mineral elements. *Trends in Plant Science* 10, 586–593.

White, P.R. (1934) Potentially unlimited growth of excised tomato root tips in a liquid medium. *Plant Physiology* 9, 585–600.

Whitelaw, C.A., Barbazuk, W.B., Pertea, G., Chan, A.P., Cheung, F., Lee, Y., Zheng, L., van Heeringen, S., Karamycheva, S., Bennetzen, J.L., SanMiguel, P., Lakey, N., Bedell, J., Yuan, Y., Budiman, M.A., Resnick, A., van Aken, S., Utterback, T., Riedmuller, S., Williams, M., Feldblyum, T., Schubert, K., Beachy, R., Fraser, C.M. and Quackenbush, J. (2003) Enrichment of gene-coding sequences in maize by genome filtration. *Science* 302, 2118–2120.

Whitelegge, J.P. (2002) Plant proteomics: BLASTing out of a MudPIT. *Proceedings of the National Academy of Sciences of the United States of America* 99, 11564–11566.

Whitesides, G.M. (2006) The origins and the future of microfluidics. *Nature* 442, 368–373.

Whittaker, J.C., Haley, C.S. and Thompson, R. (1997) Optimal weighting of information in marker-assisted selection. *Genetical Research* 69, 137–144.

Wiemann, S., Weil, B., Wellenreuther, R., Gassenhuber, J., Glassl, S., Ansorge, W., Bocher, M., Blocker, H., Bauersachs, S., Blum, H., Lauber, J., Düsterhöft, A., Beyer, A., Köhrer, K., Strack, N., Mewes, H.-W., Ottenwälder, B., Obermaier, B., Tampe, J., Heubner, D., Wambutt, R., Korn, B., Klein, M. and Poustka, A. (2001) Toward a catalog of human genes and proteins: sequencing and analysis of 500 novel complete protein coding human cDNAs. *Genome Research* 11, 422–435.

Wilkes, G. (1993) Germplasm collections: their use, potential, social responsibility and genetic vulnerability. In: Buxton, D.R., Shibles, R., Forsberg, R.A., Blad, B.L., Asay, K.H., Paulsen, G.M. and Wilson, R.F. (eds) *International Crop Science I*. Crop Science Society of America, Madison, Wisconsin, pp. 445–450.

Wilkinson, M., Schoof, H., Ernst, R. and Haase, D. (2005) BioMOBY successfully integrates distributed heterogeneous bioinformatics web services. The PlaNet Exemplar case. *Plant Physiology* 138, 5–7.

Wilkins-Stevens, P., Hall, J.G., Lyamichev, V., Neri, B.P., Lu, M., Wang, L., Smith, L.M. and Kelso, D.M. (2001) Analysis of single nucleotide polymorphisms with solid phase invasive cleavage reactions. *Nucleic Acids Research* 29, e77.

William, H.M., Morris, M., Warburton, M. and Hiosington, D.A. (2007a) Technical, economic and policy considerations on marker-assisted selection in crops: lessons from the experience at an international agricultural research center. In: Guimarães, E.P., Ruane, J., Scherf, B.D., Sonnino, A. and Dargie, J.D. (eds) *Marker-Assisted Selection, Current Status and Future Perspectives in Crops, Livestock, Forestry and Fish*. Food and Agriculture Organization of the Unites Nations, Rome, pp. 381–404.

William, H.M., Trethowan, R. and Crosby-Galvan, E.M. (2007b) Wheat breeding assisted by markers: CIMMYT's experience. *Euphytica* 157, 307–319.

Williams, C.E. and St Clair, D.A. (1993) Phenetic relationships and levels of variability detected by restriction fragment length polymorphism and random amplified polymorphic DNA analysis of cultivated and wild accessions of *Lycopersicon esculentum*. *Genome* 36, 619–630.

Williams, E.J. (1952) The interpretation of interactions in factorial experiments. *Biometrika* 39, 65–81.

Williams, J.G.K., Kubelik, A.R., Livak, K.J., Rafalski, J.A. and Tingey, S.V. (1990) DNA polymorphisms amplified by arbitrary primers are useful as genetic markers. *Nucleic Acids Research* 18, 6531–6535.

Williams, J.S. (1962) The evaluation of a selection index. *Biometrics* 18, 375–393.

Wilson, J.A. (1968) Problems in hybrid wheat breeding. *Euphytica* 17 (Suppl.1), 13–33.

Wilson, L.M., Whitt, S.R., Ibanez, A.M., Rocheford, T.R., Goodman, M.M. and Buckler IV, E.S. (2004) Dissection of maize kernel composition and starch production by candidate gene association. *The Plant Cell* 16, 2719–2733.

Wilson, P. and Driscoll, C.J. (1983) Hybrid wheat. In: Frankel, R. (ed.) *Monographs on Theoretical and Applied Genetics*, Vol. 6. *Heterosis*. Springer-Verlag, Berlin, pp. 94–123.

Wilson, W.A., Harrington, S.E., Woodman, W.L., Lee, M., Sorrells, M.E. and McCouch, S.R. (1999) Inferences on the genome structure of progenitor maize through comparative analysis of rice, maize and the domesticated panicoids. *Genetics* 153, 453–473.

Windsor, A.J. and Mitchell-Olds, T. (2006) Comparative genomics as a tool for gene discovery. *Current Opinion in Biotechnology* 17, 1–7.

Wingbermuehle, W.J., Gustus, C. and Smith, K.P. (2004) Exploiting selective genotyping to study genetic diversity of resistance to *Fusarium* head blight in barley. *Theoretical and Applied Genetics* 109, 1160–1168.

Wink, M. (1988) Plant breeding: importance of plant secondary metabolites for protection against pathogens and herbivores. *Theoretical and Applied Genetics* 75, 225–233.

Winkler, R.G. and Feldman, K.A. (1998) PCR-based identification of T-DNA insertion mutants. *Methods in Molecular Biology* 82, 129–136.

Winzeler, E.A., Richards, D.R., Conway, A.R., Goldstein, A.L., Kalman, S., McCullough, M.J., McCusker, J.H., Stevens, D.A., Wodicka, L., Lockhart, D.J. and Davis, R.W. (1998) Direct allelic variation scanning of the yeast genome. *Science* 281, 1194–1197.

Wishart, D.S., Tzur, D., Knox, C., Eisner, R., Guo, A.C., Young, N., Cheng, D., Jewell, K., Arndt, D., Sawhney, S., Fung, C., Nikolai, L., Lewis, M., Coutouly, M.-A., Forsythe, I., Tang, P., Shrivastava, S., Jeroncic, K., Stothard, P., Amegbey, G., Block, D., Hau, D.D., Wagner, J., Miniaci, J., Clements, M., Gebremedhin, M., Guo, N., Zhang, Y., Duggan, G.E., Macinnis, G.D., Weljie, A.M., Dowlatabadi, R., Bamforth, F., Clive, D., Greiner, R., Li, L., Marrie, T., Sykes, B.D., Vogel, H.J. and Querengesser, L. (2007) HMDB: The Human Metabolome Database. *Nucleic Acids Research* 35(Database issue), D521–526.

Witcombe, J.R. (1996) Participatory approaches to plant breeding and selection. *Biotechnology and Development Monitor* 29, 2–6.

Witcombe, J.R. and Hash, C.T. (2000) Resistance gene deployment strategies in cereal hybrids using marker-assisted selection: gene pyramiding, three-way hybrids and synthetic parent populations. *Euphytica* 112, 175–186.

Withers, L.A. (1993) New technologies for the conservation of plant genetic resources. In: Buxton, D.R., Shibles, R., Forsberg, R.A., Blad, B.L., Asay, K.H., Paulsen, G.M. and Wilson, R.F. (eds) *International Crop Science I*. Crop Science Society of America, Madison, Wisconsin, pp. 429–435.

Withers, L.A. (1995) Collecting *in vitro* for genetic resources conservation. In: Guarino, L., Ramanatha Rao, V. and Reid, R. (eds) *Collecting Plant Genetic Diversity*. CAB International, Wallingford, UK, pp. 511–515.

Wold, B. and Myers, R.M. (2008) Sequence census methods for functional genomics. *Nature Methods* 5, 19–21.

Wolf, Y.I., Rogozin, I.B., Grishin, N.V. and Koonin, E.V. (2003) Genome-scale phylogenetic trees. In: *Frontiers in Computational Genomics*. Caister Academic Press, Wymondham, UK, pp. 241–260.

Wollenweber, B., Porter, J.R. and Lübberstedt, T. (2005) Need for multidisciplinary research towards a second green revolution. Commentary. *Current Opinion in Plant Biology* 8, 337–341.

Wong, D.W.S. (1997) *The ABCs of Gene Cloning*. Chapman & Hall, New York.

Worland, A.J. and Law, C.N. (1986) Genetic analysis of chromosome 2D of wheat. I. The location of genes affecting height, daylength insensitivity, hybrid dwarfism and yellow-rust resistance. *Zeitschrift für Pflanzenzüchtung* 96, 331–345.

Wouters, F.S., Verveer, P.J. and Bastiaens, P.I.H. (2001) Imaging biochemistry inside cells. *Trends in Cell Biology* 11, 203–221.

Wright, A.J. and Mowers, R.P. (1994) Multiple regression for molecular-marker, quantitative trait data from large F2 populations. *Theoretical and Applied Genetics* 89, 305–312.

Wright, S. (1921a) Correlation and causation. *Journal of Agricultural Research* 20, 557–585.

Wright, S. (1921b) Systems of mating I. The biometric relations between parent and offspring. *Genetics* 6, 111–123.

Wright, S. (1978) *Evolution and Genetics of Populations*, Vol. IV. The University of Chicago Press, Chicago, Illinois.

Wright, S.I., Bi, I.V., Schroeder, S.G., Yamasaki, M., Doebley, J.F., McMullen, M.D. and Gaut, B.S. (2005) The effects of artificial selection on the maize genome. *Science* 308, 1310–1314.

Wu, C., Li, X.J., Yuan, W.Y., Chen, G.X., Kilian, A., Li, J., Xu, C., Li, X.H., Zhou, D.-X., Wang, S. and Zhang, Q. (2003) Development of enhancer trap lines for functional analysis of the rice genome. *The Plant Journal* 35, 418–427.

Wu, H., Sparks C., Amoah, B. and Jones, H.D. (2003) Factors influencing successful *Agrobacterium*-mediated genetic transformation of wheat. *Plant Cell Reports* 21, 659–668.

Wu, H., Sparks, C. and Jones, H.D. (2006) Characterization of T-DNA loci and vector backbone sequences in transgenic wheat produced by *Agrobacterium*-mediated transformation. *Molecular Breeding* 18, 195–208.

Wu, L., Nandi, S., Chen, L., Rodriguez, R.L. and Huang, N. (2002) Expression and inheritance of nine transgenes in rice. *Transgenic Research* 11, 533–541.

Wu, M.S., Wang, S.C. and Dai, J.R. (2000) Application of AFLP markers to heterotic grouping of elite maize inbred lines. *Acta Agronomica Sinica* 26, 9–13.

Wu, R., Lou, X.Y., Ma, C.X., Wang, X., Larkins, B.A. and Casella, G. (2002a) An improved genetic model generates high-resolution mapping of QTL for protein quality in maize endosperm. *Proceedings of the National Academy of Sciences of the United States of America* 99, 11281–11286.

Wu, R., Ma, C.-S. and Casella, G. (2002b) Joint linkage and linkage disequilibrium mapping of qualitative trait loci in natural mapping populations. *Genetics* 160, 779–792.

Wu, R., Ma, C.X., Gallo-Meagher, M., Littell, R.C. and Casella, G. (2002c) Statistical methods for dissecting triploid endosperm traits using molecular markers: an autogamous model. *Genetics* 162, 875–892.

Wu, R., Ma, C.-X., Lin, M., Wang, Z. and Casella, G. (2004) Functional mapping of quantitative trait loci underlying growth trajectories using the transform-both-sides of the logistic model. *Biometrics* 60, 729–738.

Wu, R., Ma, C. and Casella, G. (2007) *Statistical Genetics of Quantitative Traits: Linkage, Maps and QTL (Statistics for Biology and Health)*. Springer, Berlin.

Wu, R.L. and Lin, M. (2006) Functional mapping: how to map and study the genetic architecture of dynamic complex traits. *Nature Reviews Genetics* 7, 229–237.

Wu, R.L. and Zeng, Z.B. (2001) Joint linkage and linkage disequilibrium mapping in natural populations. *Genetics* 157, 899–909.

Wu, W., Zhou, Y., Li, W., Mao, D. and Chen, Q. (2002) Mapping of quantitative trait loci based on growth models. *Theoretical and Applied Genetics* 105, 1043–1049.

Wu, W.R. and Li, W.M. (1994) A new approach for mapping quantitative trait loci using complete genetic marker linkage maps. *Theoretical and Applied Genetics* 89, 535–539.

Wu, W.R. and Li, W.M. (1996) Model fitting and model testing in the method of joint mapping of quantitative trait loci. *Theoretical and Applied Genetics* 92, 477–482.

Wu, W.-R., Li, W.-M., Tang, D.-Z., Lu, H.-R. and Worland, A.J. (1999) Time-related mapping of quantitative trait loci underlying tiller number in rice. *Genetics* 151, 297–303.

Xi, Z.Y., He, F.H., Zeng, R.Z., Zhang, Z.M., Ding, X.H., Li, W.T. and Zhang, G.Q. (2006) Development of a wide population of chromosome single segment substitution lines in the genetic background of an elite cultivar of rice (*Oryza sativa* L.). *Genome* 49, 476–484.

Xia, L., Peng, K., Yang, S., Wenzl, P., de Vincente, M.C., Fregene, M. and Kilian, A. (2005) DArT for high-throughput genotyping of cassava (*Manihot esculenta*) and its wild relatives. *Theoretical and Applied Genetics* 110, 1092–1098.

Xia, X.C., Reif, J.C., Melchinger, A.E., Frisch, M., Hoisington, D.A., Beck, D., Pixley, K. and Warburton, M.L. (2005) Genetic diversity among CIMMYT maize inbred lines investigated with SSR markers: II. Subtropical, tropical mid-altitude and highland maize inbred lines and their relationships with elite U.S. and European maize. *Crop Science* 45, 2573–2582.

Xiang, C., Han, P., Lutziger, I., Wang, K. and Oliver, D.J. (1999) A mini binary vector series for plant transformation. *Plant Molecular Biology* 40, 711–717.

Xiao, J., Li, J., Yuan, L. and Tanksley, S.D. (1995) Dominance is the major genetic basis of heterosis in rice as revealed by QTL analysis using molecular markers. *Genetics* 140, 745–754.

Xiao, J., Grandillo, S., Ahn, S.N., McCouch, S.R., Tanksley, S.D., Li, J. and Yuan, L. (1996a) Genes from wild rice improve yield. *Nature* 384, 223–224.

Xiao, J., Li, J., Yuan, L., McCouch, S.R. and Tanksley, S.D. (1996b) Genetic diversity and its relationship to hybrid performance and heterosis in rice as revealed by PCR-based markers. *Theoretical and Applied Genetics* 92, 637–643.

Xiao, J., Li, J., Yuan, L. and Tanksley, S.D. (1996c) Identification of QTLs affecting traits of agronomic importance in a recombinant inbred population derived from subspecific rice cross. *Theoretical and Applied Genetics* 92, 230–244.

Xiao, J., Li, L., Grandillo, S., Yuan, L., Tanksley, S.D. and McCouch, S.R. (1998) Identification of trait-improving quantitative trait loci alleles from a wild rice relative, *Oryza rufipogon*. *Genetics* 150, 899–909.

Xiong, Q., Qiu, Y. and Gu, W. (2008) PGMapper: a web-based tool linking phenotype to genes. *Bioinformatics* 24, 1011–1013.

Xu, C., He, X. and Xu, S. (2003) Mapping quantitative trait loci underlying triploid endosperm traits. *Heredity* 90, 228–235.

Xu, S. (1996) Mapping quantitative trait loci using four-way crosses. *Genetical Research* 68, 175–181.

Xu, S. (1998) Mapping quantitative trait loci using multiple families of line crosses. *Genetics* 148, 517–524.

Xu, S. (2002) QTL analysis in plants. In: Camp, N.J. and Cox, A. (eds) *Methods in Molecular Biology*, Vol. 195. *Quantitative Trait Loci: Methods and Protocols*. Humana Press, Totowa, New Jersey, pp. 283–310.

Xu, S. (2003) Estimating polygenic effects using markers of the entire genome. *Genetics* 163, 789–801.

Xu, S. (2007) An empirical Bayes method for estimating epistatic effects of quantitative trait-loci. *Biometrics* 63, 513–521.

Xu, S. and Jia, Z. (2007) Genome-wide analysis of epistatic effects for quantitative traits in barley. *Genetics* 175, 1955–1963.

Xu, Y. (1994) Application of molecular markers in genetic improvement of quantitative traits in plants. In: *Proceedings of the Third Young Scientists Symposium on Crop Genetics and Breeding*. Publishing House of Agricultural Science and Technology of China, Beijing, pp. 38–49.

Xu, Y. (1997) Quantitative trait loci: separating, pyramiding and cloning. *Plant Breeding Reviews* 15, 85–139.

Xu, Y. (2002) Global view of QTL: rice as a model. In: Kang, M.S. (ed.) *Quantitative Genetics, Genomics and Plant Breeding*. CAB International, Wallingford, UK, pp. 109–134.

Xu, Y. (2003) Developing marker-assisted selection strategies for breeding hybrid rice. *Plant Breeding Reviews* 23, 73–174.

Xu, Y. and Crouch, J.H. (2008) Marker-assisted selection in plant breeding: from publications to practice. *Crop Science* 48, 391–407.

Xu, Y. and Luo, L. (2002) Biotechnology and germplasm resource management in rice. In: Luo, L., Ying, C. and Tang, S. (eds) *Rice Germplasm Resources*. Hubei Science and Technology Publisher, Wuhan, China, pp. 229–250.

Xu, Y.B. and Shen, Z.T. (1991) Diallel analysis of tiller number at different growth stages in rice (*Oryza sativa* L.). *Theoretical and Applied Genetics* 83, 243–249.

Xu, Y. and Shen, Z. (1992a) Detection and genetic analyses of the gene dispersed crosses: some theoretical considerations. *Acta Agricultura Zhejiangensis* 18, 109–117 (in English with Chinese abstract).

Xu, Y. and Shen, Z. (1992b) Detection and genetic analyses of the gene dispersed cross for tiller angle in rice (*Oryza sativa* L.). *Acta Agricultura Zhejiangensis* 4, 54–60.

Xu, Y. and Shen, Z. (1992c) Accumulation of the alleles with similar effects at four loci controlling tiller angle from gene dispersed crosses in rice (*Oryza sativa* L.). *Journal of Biomathematics* (Beijing) 7, 1–10.

Xu, Y.B. and Shen, Z.T. (1992d) Distorted segregation of waxy gene and its characterization in *indica–japonica* hybrids. *Chinese Journal of Rice Science* 6, 89–92 (in Chinese).

Xu, Y. and Zhu, L. (1994) *Molecular Quantitative Genetics* (in Chinese). China Agriculture Press, Beijing, China, 291 pp.

Xu, Y., Shen, Z., Chen, Y. and Zhu, L. (1995) A statistical technique and generalized computer software for interval mapping of quantitative trait loci and its application. *Acta Agronomica Sinica* 21, 1–8 (in Chinese with English abstract).

Xu, Y., Zhu, L., Xiao, J., Huang, N. and McCouch, S.R. (1997) Chromosomal regions associated with segregation distortion of molecular markers in F_2, backcross, doubled haploid and recombinant inbred populations of rice (*Oryza sativa* L.). *Molecular and General Genetics* 253, 535–545.

Xu, Y., McCouch, S.R. and Shen, Z. (1998) Transgressive segregation of tiller angle in rice caused by complementary action of genes. *Crop Science* 38, 12–19.

Xu, Y., Lobos, K.B. and Clare, K.M. (2002) Development of SSR markers for rice molecular breeding. In: *Proceedings of Twenty-Ninth Rice Technical Working Group Meeting*, 24–27 February 2002, Little Rock, Arkansas. Rice Technical Working Group, Little Rock, Arkansas, p. 49.

Xu, Y., Ishii, T. and McCouch, S.R. (2003) Marker-assisted evaluation of germplasm resources for plant breeding. In: Mew, T.W., Brar, D.S., Peng, S. and Hardy, B. (eds) *Rice Science: Innovations and Impact for Livelihood. Proceedings of the 24th International Rice Research Conference*, 16–19 September 2002, Beijing. International Rice Research Institute, Chinese Academy of Engineering and Chinese Academy of Agricultural Sciences, Beijing, pp. 213–229.

Xu, Y., Beachell, H. and McCouch, S.R. (2004) A marker-based approach to broadening the genetic base of rice (*Oryza sativa* L.) in the US. *Crop Science* 44, 1947–1959.

Xu, Y., McCouch, S.R. and Zhang, Q. (2005) How can we use genomics to improve cereals with rice as a reference genome? *Plant Molecular Biology* 59, 7–26.

Xu, Y., Wang, J. and Crouch, J.C. (2008) Selective genotyping and pooled DNA analysis: an innovative use of an old concept. In: *Proceedings of the 5th International Crop Science Congress*, 13–18 April 2008, Jeju, Korea. Published on CD-ROM. Available at: http://www.cropscience2008.com (accessed 30 June 2008).

Xu, Y., Babu, R., Skinner D.J., Vivek, B.S. and Crouch, J.H. (2009a) Maize mutant Opaque2 and the improvement of protein quality through conventional and molecular approaches. In: Shu, Q.Y. (ed.) *Induced Plant Mutations in the Genomics Era*. Food and Agriculture Organization of the United Nations, Rome, pp. 191–196.

Xu, Y., Lu, Y., Yan, J., Babu, R., Hao, Z., Gao, S., Zhang, S., Li, J., Vivek, B.S., Magorokosho, C., Mugo, S., Makumbi, D., Taba, S., Palacios, N., Guimarães, C.T., Araus, J.-L., Wang, J., Davenport, G.F., Crossa, J. and Crouch, J.H. (2009b) SNP-chip based genomewide scan for germplasm evaluation and marker–trait association analysis and development of a molecular breeding platform. *Proceedings of 14th Australasian Plant Breeding & 11th Society for the Advancement in Breeding Research in Asia & Oceania Conference*, 10–14 August 2009, Cairns, Tropical North Queensland, Australia. Distributed by CD-ROM.

Xu, Y., Skinner, D.J., Wu, H., Palacios-Rojas, N., Araus, J.L., Yan, J., Gao, S., Warburton, M.L. and Crouch, J.H. (2009c) Advances in maize genomics and their value for enhancing genetic gains from breeding. *International Journal of Plant Genomics* Volume 2009, Article ID 957602, 30 pages. Available at: http://www.hindawi.com/journals/ijpg/2009/957602.html (accessed 21 December 2009).

Xu, Y., This, D., Pausch, R.C., Vonhof, W.M., Coburn, J.R., Comstock, J.P., McCouch, S.R. (2009d) Water use efficiency determined by carbon isotope discrimination in rice: genetic variation associated with population structure and QTL mapping. *Theoretical and Applied Genetics* 118, 1065–1081.

Xue, W., Xing, Y., Weng, X., Zhao, Y., Tang, W., Wang, L., Zhou, H., Yu, S., Xu, C., Li, X. and Zhang, Q. (2008) Natural variation in *Gdh7* is an important regulator of heading date and yield potential in rice. *Nature Genetics* 40, 761–767.

Xue, Y. and Xu, Z. (2002) An introduction to the China Rice Functional Genomics Program. *Comparative and Functional Genomics* 3, 161–163.

Yadav, N.S., Vanderleyden, J., Bennett, D.R., Barnes, W.M. and Chilton, M.D. (1982) Short direct repeats flank the T-DNA on a nopaline Ti plasmid. *Proceedings of the National Academy of Sciences of the United States of America* 79, 6322–6326.

Yadav, R.S., Hash, C.T., Bidinger, F.R., Cavan, G.P. and Howarth, C.J. (2002) Quantitative trait loci associated with traits determining grain and stover yield in pearlmillet under terminal drought stress conditions. *Theoretical and Applied Genetics* 104, 67–83.

Yamada, K., Lim, J., Dale, J.M., Chen, H., Shinn, P., Palm, C.J., Southwick, A.M., Wu, H.C., Kim, C., Nguyen, M., Pham, P., Cheuk, R., Karlin-Newmann, G., Liu, S.X., Lam, B., Sakano, H., Wu, T., Yu, G., Miranda, M., Quach, H.L., Tripp, M., Chang, C.H., Lee, J.M., Toriumi, M., Chan, M.M.H., Tang, C.C., Onodera, C.S., Deng, J.M., Akiyama, K., Ansari, Y., Arakawa, T., Banh, J., Banno, F., Bowser, L., Brooks, S., Carninci, P., Chao, Q., Choy, N., Enju, A., Goldsmith, A.D., Gurjal, M., Hansen, N.F., Hayashizaki, Y., Johnson-Hopson, C., Hsuan, V.W., Iida, K., Karnes, M., Khan, S., Koesema, E., Ishida, J., Jiang, P.X., Jones, T., Kawai, J., Kamiya, A., Meyers, C., Nakajima, M., Narusaka, M., Seki, M., Sakurai, T., Satou, M., Tamse, R., Vaysberg, M., Wallender, E.K., Wong, C., Yamamura, Y., Yuan, S., Shinozaki, K., Davis, R.W., Athanasios Theologis, A. and Ecker, J.R. (2003) Empirical analysis of transcriptional activity in the *Arabidopsis* genome. *Science* 302, 842–846.

Yamagishi, M., Yano, M., Fukuta, Y., Fukui, K., Otani, M. and Shimada, T. (1996) Distorted segregation of RFLP markers in regenerated plants derived from anther culture of an F_1 hybrid of rice. *Genes & Genetic Systems* 71, 37–41.

Yamamoto, T., Takemori, N., Sue, N. and Nitta, N. (2003) QTL analysis of stigma exsertion in rice. *Rice Genetics Newsletter* 20, 33–34.

Yamazaki, M., Tsugawa, H., Miyao, A., Yano, M., Wu, J., Yamamoto, S., Matsumoto, T., Sasaki, T. and Hirochika, H. (2001) The rice retrotransposon Tos17 prefers low-copy-number sequences as integration targets. *Molecular and General Genetics* 265, 336–344.

Yan, J., Zhu, J., He, C., Benmoussa, M. and Wu, P. (1998a) Molecular dissection of developmental behavior of plant height in rice (*Oryza sativa* L.). *Genetics* 150, 1257–1265.

Yan, J., Zhu, J., He, C., Benmoussa, M. and Wu, P. (1998b) Quantitative trait loci analysis for the developmental behavior of tiller number in rice (*Oryza sativa* L.). *Theoretical and Applied Genetics* 97, 267–274.

Yan, J., Zhu, J., He, C., Benmoussa, M. and Wu, P. (1999) Molecular marker-assisted dissection of genotype × environment interaction for plant type traits in rice (*Oryza sativa* L.). *Crop Science* 39, 538–544.

Yan, J., Yang, X., Shah, T., Sánchez-Villeda, H., Li, J., Warburton, M., Zhou, Y., Crouch, J.H. and Xu, Y. (2009) High-throughput SNP genotyping with the GoldenGate assay in maize. *Molecular Breeding* (in press).

Yan, W. and Kang, M.S. (2003) *GGE Biplot Analysis: a Graphical Tool for Breeders, Geneticists and Agronomists*. CRC Press, Boca Raton, Florida.

Yan, W. and Rajcan, I. (2002) Biplot evaluation of test sides and trait relations of soybean in Ontario. *Crop Science* 42, 11–20.

Yan, W. and Tinker, N.A. (2006) Biplot analysis of multi-environment trial data: principles and applications. *Canadian Journal of Plant Science* 86, 623–645.

Yan, W., Hunt, L.A., Sheng, Q. and Szlavnies, Z. (2000) Cultivar evolution and mega-environment investigation based on GGE biplot. *Crop Science* 40, 596–605.

Yan, W., Rutger, J.N., Bockelman, H.E. and Tai, T. (2004) Development of a core collection from the USDA rice germplasm collection. In: Norman, R.J., Meullenet, J.-F. and Moldenhauer, K.A.K. (eds) *B. R. Wells Rice Research Studies 2003*. Arkansas Agricultural Expteriment Research Station Series No. 517, pp. 88–96. Available at: http://www.uark.edu/depts/agripub/publications/research (accessed 31 December 2007).

Yan, W., Kang, M.S., Ma, B., Woods, S. and Cornelius, P.L. (2007) GGE biplot vs. AMMI analysis of genotype-by-environment data. *Crop Science* 47, 643–655.

Yang, H., You, A., Yang, Z., Zhang, F., He, R., Zhu, L. and He, G. (2004) High-resolution genetic mapping at the *Bph5* locus for brown planthopper resistance in rice (*Oryza sativa* L.). *Theoretical and Applied Genetics* 110, 182–191.

Yang, H.-C., Liang, Y.-J., Huang, M.-C., Li, L.-H., Lin, C.H., Wu, J.-Y., Chen, Y.-T. and Fann, C.S.J. (2006a) A genome-wide study of preferential amplification/hybridization in microarray-based pooled DNA experiments. *Nucleic Acids Research* 34, e106.

Yang, H.-C., Pan, C.-C., Lin, C.-Y. and Fann, C.S.J. (2006b) PDA: pooled DNA analyzer. *BMC Bioinformatics* 7, 233.

Yang, J., Hu, C., Hu, H., Yu, R., Xia, Z., Ye, X. and Zhu, J. (2008) QTLNetwork: mapping and visualizing genetic architecture of complex traits in experimental populations. *Bioinformatics* 24, 721–723.

Yang, R. and Xu, S. (2007) Bayesian shrinkage analysis of quantitative trait loci for dynamic traits. *Genetics* 176, 1169–1185.

Yang, R.-C. (2004) Epistasis of quantitative trait loci under different gene action models. *Genetics* 167, 1493–1505.

Yang, R.-C. (2007) Mixed model analysis of crossover genotype-environment interactions. *Crop Science* 47, 1051–1062.

Yang, R.Q., Tan, Q. and Xu, S.Z. (2006) Mapping quantitative trait loci for longitudinal traits in line crosses. *Genetics* 173, 2339–2356.

Yang, X., Rupe, M., Bickel, D., Arthur, L., Smith, O. and Guo, M. (2006) Effects of *cis–trans*-regulation on allele-specific transcript expression in the meristems of maize hybrids. In: *48th Annual Maize Genetic Conference*, 9–12 March 2006, Pacific Grove, California, 132 pp.

Yang, X.R., Wang, J.R., Li, H.L. and Li, Y.F. (1983) Studies on the general medium for anther culture of cereals and increasing of the frequency of green pollen-plantlets-induction of *Oryza sativa* subsp. *hseni*. In: Shen, J.H., Zhang, Z.H. and Shi, S.D. (eds) *Studies on Anther-Cultured Breeding in Rice*. Agriculture Press, Beijing, pp. 61–69.

Yano, M., Harushima, Y., Nagamura, Y., Kurata, N., Minobe, Y. and Sasaki, T. (1997) Identification of quantitative trait loci controlling heading date in rice using a high-density linkage map. *Theoretical and Applied Genetics* 95, 1025–1032.

Yano, M., Katayose, Y., Ashikari, M., Yamanouchi, U., Monna, L., Fuse, T., Baba, T., Yamamoto, K., Umehara, Y., Nagamura, Y. and Sasaki, T. (2000) *Hd1*, a major photoperiod sensitivity quantitative trait locus in rice, is closely related to the *Arabidopsis* flowering time gene *CONSTANS*. *The Plant Cell* 12, 2473–2484.

Yano, M., Kojima, S., Takahashi, Y., Lin, H.X. and Sasaki, T. (2001) Genetic control of flowering time in rice, as short-day plant. *Plant Physiology* 127, 1425–1429.

Yao, Y., Ni, Z., Zhang, Y., Chen, Y., Ding, Y., Han, Z., Liu, Z. and Sun, Q. (2005) Identification of differentially expressed genes in leaf and root between wheat hybrid and its parental inbreds using PCR-based cDNA subtraction. *Plant Molecular Biology* 58, 367–384.

Yates, F. and Cochran, W.G. (1938) The analysis of groups of experiments. *Journal of Agricultural Science* 28, 556–580.

Ye, X., Al-Babili, S., Klöti, A., Zhang, J., Lucca, P., Beyer, P. and Potrykus, I. (2000) Engineering the pro-vitamin A (*β*-carotene) biosynthetic pathway into (carotenoid-free) rice endosperm. *Science* 287, 303–305.

Yi, N. (2004) A unified Markov chain Monte Carlo framework for mapping multiple quantitative trait loci. *Genetics* 167, 967–975.

Yi, N. and Shriner, D. (2008) Advances in Bayesian multiple quantitative trait loci mapping in experimental crosses. *Heredity* 100, 240–252.

Yi, N. and Xu, S. (2002) Mapping quantitative trait loci with epistatic effects. *Genetical Research* 79, 185–198.

Yi, N., George, V. and Allison, D.B. (2003) Stochastic search variable selection for identifying multiple quantitative trait loci. *Genetics* 164, 1129–1138.

Yi, N., Yandell, B.S., Churchill, G.A., Allison, D.B., Eisen, E.J. and Pomp, D. (2005) Bayesian model selection for genome-wide epistatic quantitative trait loci analysis. *Genetics* 70, 1333–1344.

Yi, N., Zinniel, D.K., Kim, K., Eisen, E.J., Bartolucci, A., Allison, D.B. and Pomp, D. (2006) Bayesian analyses of multiple epistasis QTL models for body weight and body composition in mice. *Genetical Research* 87, 45–60.

Yi, N., Banerjee, S., Pomp, D. and Yandell, B.S. (2007) Bayesian mapping of genomewide interacting quantitative trait loci for ordinal traits. *Genetics* 176, 1855–1864.

Yin, T.M., DiFazio, S.P., Gunter, L.E., Riemenschneider, D. and Tuskan, G.A. (2004) Large-scale heterospecific segregation distortion in *Populus* revealed by a dense genetic map. *Theoretical and Applied Genetics* 109, 451–463.

Yin, X., Kropff, M.J. and Stam, P. (1999) The role of ecophysiological models in QTL analysis: the example of specific leaf area in barley. *Heredity* 82, 415–421.

Yin, X., Stam, P., Kropff, M.J. and Schapendonk, A.H.C.M. (2003) Crop modeling, QTL mapping and their complementary role in plant breeding. *Agronomy Journal* 95, 90–98.

Yin, X., Struik, P.C. and Kropff, M.J. (2004) Role of crop physiology in predicting gene-to-phenotype relationships. *Trends in Plant Science* 9, 426–432.

Yin, X., Struik, P.C., Tang, J., Qi, C. and Liu, T. (2005) Model analysis of flowering phenology in recombinant inbred lines of barley. *Journal of Experimental Botany* 56, 959–965.

Yoo, B.H. (1980) Long-term selection for a quantitative character in large replicate populations of *Drosophila melanogaster*. I. Response to selection. *Genetical Research* 35, 1–17.

Yoon, D.-B., Kang, K.-H., Kim, H.-J., Ju, H.-G., Kwon, S.-J., Suh, J.-P., Jeong, O.-Y. and Ahu, S.-N. (2006) Mapping quantitative trait loci for yield components and morphological traits in an advanced backcross population between *Oryza grandiglumis* and the *O. japonica* cultivar Hwaseongbyeo. *Theoretical and Applied Genetics* 112, 1052–1062.

Young, N.D. (1999) A cautiously optimistic vision for marker assisted breeding. *Molecular Breeding* 5, 505– 510.

Young, N.D. and Tanksley, S.D. (1989a) Restriction fragment length polymorphism maps and the concept of graphical genotypes. *Theoretical and Applied Genetics* 77, 95–101.

Young, N.D. and Tanksley, S.D. (1989b) RFLP analysis of the size of chromosomal segments retained around the *Tm-2* locus of tomato during backcross breeding. *Theoretical and Applied Genetics* 77, 353–359.

Young, N.D., Zamir, D., Ganal, M. and Tanksley, S.D. (1988) Use of isogenic lines and simultaneous probing to identify DNA markers tightly linked to the *Tm-2a* gene in tomato. *Genetics* 120, 579–585.

Yousef, G.G. and Juvik, J.A. (2001a) Comparison of phenotypic and marker-assisted selection for quantitative traits in sweet corn. *Crop Science* 41, 645–655.

Yousef, G.G. and Juvik, J.A. (2001b) Evaluation of breeding utility of a chromosomal segment from *Lycopersicon chmielewskii* that enhances cultivated tomato soluble solids. *Theoretical and Applied Genetics* 103, 1022–1027.

Yu, G.-X. and Wise, R.P. (2000) An anchored AFLP- and retrotransponson-based map of diploid *Avena*. *Genome* 43, 736–749.

Yu, J., Hu, S., Wang, J., Wong, G.K.S., Li, S., Liu, B., Deng, Y., Dai, L., Zhou, Y., Zhang, X., Cao, M., Liu, J., Sun, J., Tang, J., Chen, Y., Huang, X., Lin, W., Ye, C., Tong, W., Cong, L., Geng, J., Han, Y., Li, L., Li, W., Hu, G., Huang, X., Li, W., Li, J., Liu, Z., Li, L., Liu, J., Qi, Q., Liu, J., Li, L., Li, T., Wang, X., Lu, H., Wu, T., Zhu, M., Ni, P., Han, H., Dong, W., Ren, X., Feng, X., Cui, P., Li, X., Wang, H., Xu, X., Zhai, W., Xu, Z., Zhang, J., He, S., Zhang, J., Xu, J., Zhang, K., Zheng, X., Dong, J., Zeng, W., Tao, L., Ye, J., Tan, J., Ren, X., Chen, X., He, J., Liu, D., Tian, W., Tian, C., Xia, H., Bao, Q., Li, G., Gao, H., Cao, T., Wang, J., Zhao, W., Li, P., Chen, W., Wang, X., Zhang, Y., Hu, J., Wang, J., Liu, S., Yang, J., Zhang, G., Xiong, Y., Li, Z., Mao, L., Zhou, C., Zhu, Z., Chen, R., Hao, B., Zheng, W., Chen, S., Guo, W., Li, G., Liu, S., Tao, M., Wang, J., Zhu, L., Yuan, L. and Yang, H. (2002) A draft sequence of the rice genome (*Oryza sativa* L. ssp. *indica*). *Science* 296, 79–92.

Yu, J., Arbelbide, M. and Bernardo, R. (2005a) Power of *in silico* QTL mapping from phenotypic, pedigree and marker data in a hybrid breeding program. *Theoretical and Applied Genetics* 110, 1061–1067.

Yu, J., Wang, J., Lin, W., Li, S., Li, H., Zhou, J., Ni, P., Dong, W., Hu, S., Zeng, C., Zhang, J., Zhang, Y., Li, R., Xu, Z., Li, S., Li, X., Zheng, H., Cong, L., Lin, L., Yin, J., Geng, J., Li, G., Shi, J., Liu, J., Lv, H., Li, J., Wang, J., Deng, Y., Ran, L., Shi, X., Wang, X., Wu, Q., Li, C., Ren, X., Wang, J., Wang, X., Li, D., Liu, D., Zhang, X., Ji, Z., Zhao, W., Sun , Y., Zhang, Z., Bao, J., Han, Y., Dong, L., Ji, J., Chen, P., Wu, S., Liu, J., Xiao, Y., Bu, D., Tan, J., Yang, L., Ye, C., Zhang, J., Xu, J., Zhou, Y., Yu, Y., Zhang, B., Zhuang, S., Wei, H., Liu, B., Lei, M., Yu, H., Li, Y., Xu, H., Wei, S., He, X., Fang, L., Zhang, Z., Zhang, Y., Huang, X., Su, Z., Tong, W., Li, J., Tong, Z., Li, S., Ye, J., Wang, L., Fang, L., Lei, T., Chen, C., Chen, H., Xu, Z., Li, H., Huang, H., Zhang, F., Xu, H., Li, N., Zhao, C., Li, S., Dong, L., Huang, Y., Li, L., Xi, Y., Qi, Q., Li, W., Zhang, B., Hu, W., Zhang, Y., Tian, X., Jiao, Y., Liang, X., Jin, J., Gao, L., Zheng, W., Hao, B., Liu, S., Wang, W., Yuan, L., Cao, M., McDermott, J., Samudrala, R., Wang, J., Wong, G.K.-S. and Yang, H. (2005b) The genome of *Oryza sativa*: a history of duplications. *PLoS Biology* 3, E38.

Yu, J., Pressoir, G., Briggs, W., Bi, I.V., Yamasaki, M., Doebley, J.F., McMullen, M.D., Gaut, B.S., Nielsen, D.M., Holland, J.B., Kresovich, S. and Buckler, E.S. (2006) A unified mixed-model method for association mapping that accounts for multiple levels of relatedness. *Nature Genetics* 38, 203–207.

Yu, J., Hollan, J.B., McMullen, M.D. and Buckler, E.S. (2008) Genetic design and statistical power of nested association mapping in maize. *Genetics* 178, 539–551.

Yu, J., Zhang, Z., Zhu, C., Tabanao, D.A., Pressoir, G., Tuinstra, M.R., Kresovich, S., Todhunter, R.J. and Buckler, E.S. (2009) Simulation appraisal of the adequacy of number of background markers for relationship estimation in association mapping. *The Plant Genome* 2, 63–77.

Yu, J.K., La Rota, M., Kantety, R.V. and Sorrells, M.E. (2004) EST-derived SSR markers for comparative mapping in wheat and rice. *Molecular Genetics and Genomics* 271, 742–751.

Yu, K., Park, S.J. and Poysa, V. (2000) Marker-assisted selection of common beans for resistance to common bacterial blight: efficacy and economics. *Plant Breeding* 119, 411–415.

Yu, S.B., Li, J.X., Xu, C.G., Tan, Y.F., Gao, Y.J., Li, X.H., Zhang, Q.F. and Saghai Maroof, M.A. (1997) Importance of epistasis as the genetic basis of heterosis in an elite rice hybrid. *Proceedings of the National Academy of Sciences of the United States of America* 94, 9226–9231.

Yu, W., Andersson, B., Worley, K.C., Muzny, D.M., Ding, Y., Liu, W., Ricafrente, J.Y., Wentland, M.A., Lennon, G. and Gibbs, R.A. (1997) Large-scale concatenation cDNA sequencing. *Genome Research* 7, 353–358.

Yu, W., Han, F., Gao, Z., Vega, J.M. and Birchler, J. (2007) Construction and behavior of engineered minichromosomes in maize. *Proceedings of the National Academy of Sciences of the United States of America* 104, 8924–8929.

Yuan, L.P. (1992) Development and prospects of hybrid rice breeding. In: You, C.B. and Chen, Z.L. (eds) *Agricultural Biotechnology. Proceedings of the Asian Pacific Conference on Agricultural Biotechnology.* China Agricultural Press, Beijing, pp. 97–105.

Yuan, L.P. (2002) Future outlook on hybrid rice research and development. In: *Abstracts of the Fourth International Symposium on Hybrid Rice*, 14–17 May 2002, Hanoi, Vietnam. International Rice Research Institute (IRRI), Manila, Philippines, p.3.

Yuan, L.P. and Chen, H.X. (eds) (1988) *Breeding and Cultivation of Hybrid Rice*. Hunan Science and Technology Press, Changsha, China.

Yuan, Y., SanMiguel, P.J. and Bennetzen, J.L. (2003) High Cot sequence analysis of the maize genome. *The Plant Journal* 34, 249–255 (erratum: *The Plant Journal* 36, 430).

Zabeau, M. and Voss, P. (1993) Selective restriction fragment amplification: a general method for DNA fingerprinting. European Patent Application. 92402629.7 (Publ. Number 0 534 858 A1).

Zale, J.M., Clancy, J.A., Ullrich, S.E., Jones, B.L., Hays, P.M. and the North American Barley Genome Mapping Project (2000) Summary of barley malting QTL mapped in various mapping populations. *Barley Genetics Newsletter* 30, 1–4.

Zamir, D. (2001) Improving plant breeding with exotic genetic libraries. *Nature Reviews Genetics* 2, 983–989.

Zeng, R., Zhang, Z. and Zhang, G. (2000) Identification of multiple alleles at the *Wx* locus in rice using microsatellite class and G–T polymorphism. In: Liu, X. (ed.) *Theory and Application of Crop Research*. China Science and Technology Press, Beijing, pp. 202–205.

Zeng, Z.-B. (1993) Theoretical basis of separation of multiple linked gene effects on mapping quantitative trait loci. *Proceedings of the National Academy of Sciences of the United States of America* 90, 10972–10976.

Zeng, Z.-B. (1994) Precision mapping of quantitative trait loci. *Genetics* 136, 1457–1468.

Zeng, Z.-B. (1998) Mapping quantitative trait loci: interval mapping, composite interval mapping and multiple interval mapping. *Summer Institute for Statistical Genetics*, Module 7. Department of Statistics, North Carolina State University, Raleigh, North Carolina.

Zenkteler, M. and Nitzsche, W. (1984) Wide hybridization experiments in cereals. *Theoretical and Applied Genetics* 68, 311–315.

Zhang, H.B. and Wing, R.A. (1997) Physical mapping of the rice genome with BACs. *Plant Molecular Biology* 35, 115–127.

Zhang, J., Chandra Babu, R., Pantuwan, G., Kamoshita, A., Blum, A., Wade, L., Sarkarung, S., O'Toole, J.C. and Nguyen, N.T. (1999) Molecular dissection of drought tolerance in rice: from physio-morphological traits to field performance. In: Ito, O., O'Toole, J. and Hardy, B. (eds) *Genetic Improvement of Rice for Water-limited Environments*. International Rice Research Institute (IRRI), Manila, Philippines, pp. 331–343.

Zhang, J., Zheng, H.G., Aarti, A., Pantuwan, G., Nguyen, T.T., Tripathi, J.N., Sarial, A.K., Robin, S., Babu, R.C., Nguyen, B.D., Sarkarung, S., Blum, A. and Nguyen, H.T. (2001) Locating genomic regions associated with components of drought resistance in rice: comparative mapping within and across species. *Theoretical and Applied Genetics* 103, 19–29.

Zhang, J., Xu, Y., Wu, X. and Zhu, L. (2002) A bentazon and sulfonylurea sensitive mutant: breeding, genetics and potential application in seed production of hybrid rice. *Theoretical and Applied Genetics* 105, 16–22.

Zhang, J., Li, X., Jiang, G., Xu, Y. and He, Y. (2006) Pyramiding of *Xa7* and *Xa21* for the improvement of disease resistance to bacterial blight in hybrid rice. *Plant Breeding* 125, 600–605.

Zhang, J.F. and Stewart, J.McD. (2004) Semigamy gene is associated with chlorophyll reduction in cotton. *Crop Science* 44, 2054–2062.

Zhang, L.P., Lin, G.Y., Niño-Liu, D. and Foolad, M.R. (2003) Mapping QTLs conferring early blight (*Alternaria solani*) resistance in a *Lycopersicon esculentum* ×*L. hirsutum* cross by selective genotyping. *Molecular Breeding* 12, 3–19.

Zhang, N., Xu, Y., Akash, M., McCouch, S. and Oard, J.H. (2005) Identification of candidate markers associated with agronomic traits in rice using discriminant analysis. *Theoretical and Applied Genetics* 110, 727–729.

Zhang, Q. (2007) Strategies for developing green super rice. *Proceedings of the National Academy of Sciences of the United States of America* 104, 16402–16409.

Zhang, Q. and Huang, N. (1998) Mapping and molecular marker-based genetic analysis for efficient hybrid rice breeding. In: Virmani, S.S., Siddiq, E.A. and Muralidharan, K. (eds) *Advances in Hybrid Rice Technology. Proceedings of the Third International Symposium on Hybrid Rice*, 14–16 November 1996, Hyderabad, India. International Rice Research Institute (IRRI), Manila, Philippines, pp. 243–256.

Zhang, Q., Gao, Y.J., Yang, S.H., Ragab, R.A., Saghai Maroof, M.A. and Li, Z.B. (1994) A diallel analysis of heterosis in elite hybrid rice based on RFLPs and microsatellites. *Theoretical and Applied Genetics* 89, 185–192.

Zhang, Q., Gao, Y.J., Saghai Maroof, M.A., Yang, S.H. and Li, J.X. (1995) Molecular divergence and hybrid performance in rice. *Molecular Breeding* 1, 133–142.

Zhang, S., Raina, S., Li, H., Li, J., Dec, E., Ma, H., Huang, H. and Fedoroff, N.V. (2003) Resources for targeted insertional and deletional mutagenesis in *Arabidopsis*. *Plant Molecular Biology* 53, 133–150.

Zhang, W., McElroy, D. and Wu, R. (1991) Analysis of rice *Act1* 5' region activity in transgenic rice plants. *The Plant Cell* 3, 1155–1165.

Zhang, X., Yazaki, J., Sundaresan, A., Cokus, S., Chan, S.W.-L., Chen, H., Henderson, I.R., Shinn, P., Pellegrini, M., Jacobsen, S.E. and Ecker, J.R. (2006) Genome-wide high-resolution mapping and functional analysis of DNA methylation in *Arabidopsis*. *Cell* 126, 1189–1201.

Zhang, Y.M. and Xu, S. (2004) Mapping quantitative trait loci in F2 incorporating phenotypes of F3 progeny. *Genetics* 166, 1981–1993.

Zhang, Y.M. and Xu, S. (2005) A penalized maximum likelihood method for estimating epistatic effects of QTL. *Heredity* 95, 96–104.

Zhang, Z., Bradbury, P.J., Kroon, D.E., Casstevens, T.M. and Buckler, E.S. (2006) TASSEL 2.0: a software package for association and diversity analyses in plants and animals. Poster presented at *Plant and Animal Genomes XIV Conference*, 14–18 January 2006, San Diego, California.

Zhao, J.Z., Cao, J., Li, Y., Collins, H.L., Roush, R.T., Earle, E.D. and Shelton, A.M. (2003) Transgenic plants expressing two *Bacillus thuringiensis* toxins delay insect resistance evolution. *Nature Biotechnology* 21, 1493–1497.

Zhao, M.F., Li, X.H., Yang, J.B., Xu, C.G., Hu, R.Y., Liu, D.J. and Zhang, Q. (1999) Relationships between molecular marker heterozygosity and hybrid performance in intra- and inter-subspecific crosses of rice. *Plant Breeding* 118, 139–144.

Zhao, S. and Bruce, W.B. (2003) Expression profiling using cDNA microarray. In: Grotewold, E. (ed.) *Methods in Molecular Biology*, Vol. 236. *Plant Functional Genomics: Methods and Protocols*. Humana Press, Totowa, New Jersey, pp. 365–380.

Zhao, W., Li, H., Hou, W. and Wu. R. (2007) Wavelet-based parametric functional mapping of developmental trajectories with high-dimensional data. *Genetics* 176, 1879–1892.

Zhao, Z., Wang, C., Jiang, L., Zhu, S., Ikehashi, H. and Wan, J. (2006) Identification of a new hybrid sterility gene in rice (*Oryza sativa* L.). *Euphytica* 151, 331–337.

Zheng, K., Qian, H., Shen, B., Zhuang, J., Liu, H. and Lu, J. (1994) RFLP-based phylogenetic analysis of wide compatibility varieties in *Oryza sativa* L. *Theoretical and Applied Genetics* 88, 65–69.

Zheng, X., Wu, E.J.G., Lou, X.Y., Xu, H.M. and Shi, C.H. (2008) The QTL analysis on maternal and endosperm genome and their environmental interactions for characters of cooking quality in rice (*Oryza sativa* L.). *Theoretical and Applied Genetics* 116, 335–342.

Zhou, P.H., Tan, Y.F., He, Y.A., Xu, C.G. and Zhang, A. (2003) Simultaneous improvement of four quality traits of Zhenshan 97, an elite parent of hybrid rice, by molecular marker-assisted selection. *Theoretical and Applied Genetics* 106, 326–331.

Zhu, C., Gore, M., Buckler, E.S. and Yu, J. (2008) Status and prospects of association mapping in plants. *The Plant Genome* 1, 5–20.

Zhu, H., Bilgin, M. and Snyder, M. (2003) Proteomics. *Annual Review of Biochemistry* 72, 783–812.

Zhu, J. and Weir, B.S. (1994) Analysis of cytoplasmic and maternal effects. II. Genetic models for triploid endosperm. *Theoretical and Applied Genetics* 89, 160–166.

Zhu, L., Xu, J., Chen, Y., Ling, Z., Lu, C. and Xu, Y. (1994) Location of unknown resistance gene to rice blast using molecular markers (in Chinese). *Science in China* (Ser. B) 24, 1048–1052.

Zhu, Q., Maher, A., Masoud, S., Dixon, R.A. and Lamb, C.J. (1994) Enhanced protection against fungal attack by constitutive co-expression of chitinase and glucanase genes in transgenic tobacco. *Bio/Technology* 12, 807–812.

Zhu, Y. Nomura, T., Xu, Y., Zhang, Y., Peng, Y., Mao, B., Hanada, A., Zhou, H., Wang, R., Li, P., Zhu, X., Mander, L.N., Kamiya, Y., Yamaguchi, S. and He, Z. (2006) *ELONGATED UPPERMOST INTERNODE* encodes a cytochrome P450 monooxygenase that epoxidizes gibberellins in a novel deactivation reaction in rice. *The Plant Cell* 18, 442–456.

Zhu, Z.F., Sun, C.Q., Jiang, T.B., Fu, Q. and Wang, X.K. (2001) The comparison of genetic divergences and its relationships to heterosis revealed by SSR and RFLP markers in rice (*Oryza sativa* L.). *Acta Genetica Sinica* 28, 738–745.

Zhuang, J.Y., Lin, H.X., Lu, J., Qian, H.R., Hittalmani, S., Huang, N. and Zheng, K.L. (1997) Analysis of QTL × environment interaction for yield components and plant height in rice. *Theoretical and Applied Genetics* 95, 799–808.

Zimmerli, L. and Somerville, S. (2005) Transcriptomics in plants: from expression to gene function. In: Leister, D. (ed.) *Plant Functional Genomics*. Food Products Press, Binghamton, New York, pp. 55–84.

Zivy, M., Joyard, J. and Rossignol, M. (2007) Proteomics. In: Morot-Gaudry, J.F., Lea, P. and Briat, J.F. (eds) *Functional Plant Genomics*. Science Publishers, Enfield, New Hampshire, pp. 217–244.

Zobel, R.W., Wright, M.J. and Gaugh, H.G., Jr (1988) Statistical analysis of a yield trial. *Agronomy Journal* 80, 388–393.

Zou, F., Yandell, B.S. and Fine, J.P. (2001) Statistical issues in the analysis of quantitative traits in combined crosses. *Genetics* 158, 1339–1346.

Zou, W. and Zeng, Z.-B. (2008) Statistical methods for mapping multiple QTL. *International Journal of Plant Genomics* 2008, Article ID 286561. Available at: http://www.hindawi.com/journals/ijpg/2008/286561.html (accessed 17 November 2009).

Zou, W., Aylor, D.L. and Zeng, Z.-B. (2007) eQTL Viewer: visualizing how sequence variation affects genome-wide transcription. *BMC Bioinformatics* 8, 7.

译 后 记

《分子植物育种》是徐云碧博士以一人之力、历十年之攻，呕心沥血而成的一部专著，英文版出版后立即得到广泛的关注和好评。2010年6月，华金平教授向徐云碧博士建议将这本书翻译成中文。从那时至今已有将近4年的时间，各位译者都付出了艰辛的劳动。整个翻译工作由陈建国主持实施，负责各章翻译的有湖北大学陈建国教授(前言，第1、第6、第8、第10、第14、第15章)，中国农业大学华金平教授(第2、第3、第11、第12章)，天津市农业科学院闫双勇研究员(第4、第7、第9章)，湖北省农业科学院张再君研究员(第5、第13章)。中国农业科学院作物科学研究所杨庆文研究员帮助校对第5章，其余章节由4位译者共同校对与修改，最后由陈建国协调定稿。协助翻译的还有中国农业大学农学与生物技术学院的部分博士研究生和硕士研究生：李朋波、梁清志、王彦霞、雷彬彬、胡铖、赵清翠等。在翻译过程中，我们尽量忠实于原文，对于原文中的个别错误也做了修正。但由于水平有限，难免有不当或疏漏之处，敬请读者批评指正。

本译著的出版要感谢科学出版社王海光编辑对此书认真负责的工作。另外，华金平教授和徐云碧博士筹集了本书的出版费用，对此，我们也表示感谢。

译者

2014年1月